西部人文资源研究丛书

陇戛寨人的生活变迁

——梭戛生态博物馆研究

方李莉等 著

学苑出版社

图书在版编目（CIP）数据

陇戛寨人的生活变迁：梭戛生态博物馆研究／方李莉等著 .—北京：学苑出版社，2009.12
ISBN 978-7-5077-3461-4

Ⅰ. ①陇… Ⅱ . ①方… Ⅲ . ①生态环境－博物馆－研究－贵州省 Ⅳ . ① X321.273

中国版本图书馆 CIP 数据核字（2009）第 241004 号

出 版 人：孟　白
责任编辑：刘　丰
出版发行：学苑出版社
社　　址：北京市丰台区南方庄 2 号院 1 号楼
邮政编码：100079
网　　址：www.book001.com
电子信箱：xueyuan@public.bta.net.cn
销售电话：010-67675512、67602949、67678944
印 刷 厂：高碑店市鑫宏源印刷包装有限责任公司
开本尺寸：787×1092　1/16
印　　张：38.625
字　　数：850 千字
版　　次：2010 年 1 月第 1 版
印　　次：2010 年 1 月第 1 次印刷
定　　价：150.00 元

西部人文资源研究丛书编委会

本书具体分工

方李莉 全书写作方案的制订、审稿、统稿等工作，以及第一、三（部分）、四、十二章、后记的写作

吴 昶 第二、三（部分）、五章的写作，全书的苗语注音

安丽哲 第三（部分）、七、十一章的写作，附录中的大部分歌词采录

孟凡行 第六、十章的写作，全书的最后校对

杨 秀 第八章的写作

崔 宪 第九章的写作及全书完稿以后的审定与校对

总 序

“西部人文资源研究丛书”，是由国家重点课题“西部人文资源的保护、开发和利用”课题组完成的。课题始于国家提出西部大开发的第二年，由费孝通先生提出，中国艺术研究院具体牵头执行，并联合清华大学、北京大学以及西部地区各院校的许多学者共同参与。有关“人文资源”的概念，是费孝通先生在课题立项时提出来的。他指出：“人文资源是人类从最早的文明开始一点一点地积累、不断地延续和建造起来的。它是人类的历史、人类的文化、人类的艺术，是我们老祖宗留给我们的财富。人文资源虽然包括很广，但概括起来可以这么说：人类通过文化的创造，留下来的、可以供人类继续发展的文化基础，就叫人文资源。”也就是说，人文资源是人类的文化积累和文化创造，它不是今天才出现在我们的生活中，而是自古就有的。但将其作为资源来认识，却是今天才有的。资源并非完全客观的存在，当某种存在物没有同一定社会活动目标联系在一起的时候，它是远离人类活动的自在之物，并非我们所论述的资源。也就是说，如果人类一代一代流传下来的文化遗产，只是静态地存在于我们的生活中，甚至博物馆里，与我们的现实生活没有联系时，其只能称为遗产，不能称为资源，只有当它们与我们的现实生活和社会活动及社会的发展目标联系在一起后，才能被称为资源。

我们对有关西部人文资源课题研究的认识是：

一、我国西部的开发应该是一个全方位推进的系统工程，它需要来自各方面人才的共同努力和参与。但在一般人的眼里，西部开发仅仅是经济的开发，经济的增长率就是最高的追求目标，在这样的利益驱动下，人们可能会忽视生态的问题，尤其是处于隐蔽状态的文化生态问题。文化生态的失衡，不仅使文化多样性减少，文化传统消失，人文资源被破坏，还会带来民族矛盾的激化、民族宗教的纷争等严重问题，最终也会带来经济上的巨大损失。我国是一个多民族国家，其中大部分的少数民族都集中在西部的10个省、市、自治区，这里是我国文化最多样化的地区。因此，从某种意义上来说，西部大开发也可以说是西部民族地区经济社会的大开发。在这一过程中，不同民族文化的接触与碰撞在所难免，解析不同民族文化的变迁历史，寻找文化沟通、交流的有效途径，并从中找到各民族文化共同发展进步的新生之路，应是课题所要研究的重大问题之一。

二、西部地区是中国文化的重要发源地之一。远在约一百万年前，那里就活动着元谋人、蓝田人，在二十多万年前还活动过原始的大荔人，新石器时期的仰韶文化、龙山文化，也都在那里留下了人类活动的痕迹。那里还是黄帝、炎帝的故土，上古时期的中国神话，一直都与这片土地有着密切的关系。中国古代的西北地区曾是农耕文明最发达的地区之一，是中国经济繁荣的政治和文化中心，从西周到唐代，曾有十一朝皇帝在这里建都，这里也是中国最早对外开放、最早接受西来文化的地方。早在汉代，这一带就开辟了一条通往西域的丝绸之路，随后在这条路上传来了中亚、西亚乃至欧洲各国的文化，这些交流极大地影响了中国文化的发展和流变。

同时，这一地区又是我国少数民族和汉族杂居的地区。各民族世代相传，积累保存了各种文字的大量文献资料，各种民族的口传史记，各种形态的生活民俗、宗教信仰、歌舞音乐、戏曲、绘画等非物质文化遗产。这些珍贵的非物质文化遗产，对于研究人类心理、行为、语言和社会结构等诸方面的变迁过程，对于研究宗教和艺术的起源、发展和演变过程，以及各民族世代相传的原生态文化，都极有价值。

三、西部这些珍贵的物质的和非物质的文化遗产，不仅仅是一种静态的需要我们去保护的珍贵财富，同时还是中华民族未来文化发展的重要基础之一，是我们民族文化的根。在全球一体化的今天，如何确证我们中华民族自身的存在和存在的价值，是非常重要的。在外来强势文化的冲击下，如果一个民族不能在文化上自我肯定，甘愿接受外在文化的文化殖民，就必定会出现一定程度的文化焦虑和心理危机，同时导致传统文化的根基遭到动摇。中国改革开放后直到今天整个社会的道德危机，其根正源于此。也正因此，为了抵御正在形成的单边主义，各国的文化主体性正在觉醒，主张文化多样性的保护正在成为一种浪潮，不仅是来自民间，最重要的是各国政府也在积极参与。这和以往的文物保护不一样，文物保护不代表文化的完整性保护，而文化多样性的保护和非物质文化遗产的保护就是文化的完整性保护。所谓的文化不仅包括了物质的部分，还包括了一个民族集体认同的价值观、宇宙观，以及道德准则等非物质部分。在这样的时代背景下，文化遗产就不再只是放在博物馆展览的死的物，而是一种活态的、可以在此基础上发展和建构我们未来的政治、文化及经济的资源。从文化遗产到人文资源的研究，不仅包括了以上的政治问题，还包括了经济的问题和文化安全的问题。

如果说在工业文明时期，各个国家争夺的主要是自然资源的话，在下一轮的后工业文明时期，各个国家要争夺的不仅是自然资源，还将包括人文资源，今后人文资源是否丰富也将是一个国家国力是否强盛的标志。中国不仅自然资源丰富，生物基因多样，其各个不同地方的传统知识也异常的丰富。这种知识不仅包括了不同的宗教信仰、价值观、宇宙观，也包括了各种手工技艺、动植物知识、气象知识、中草药知识等，这些是构成未来生态文明社会的基础。这些知识蕴藏在各地的传统民间社会中，是农业文明遗留给我们的宝贵财富。在未来的人类社会发展中，这些人文资源都是可以重新认识的无价之宝。它们是否能完整地保存下来，并得到合理的利用和发展，是我们在课题中必须研究和必须回答的问题。

在全球一体化的今天，整个人类社会的政治结构、经济结构和文化结构都在发生巨大的变化。民族的文化传统与文化遗产，正成为一种人文资源，被用来建构和产生在全球一体化语境中的民族政治和民族文化的主体意识，同时也被活用成当地的文化和经济的新的建构方式，不仅重新模塑了当地文化，同时也成为当地新的经济增长点。因此，现在在世界范围内，许多民族文化以及各种民间文化呈一种复兴状态，而这种复兴，就是传统文化的复活，但这种复活并不是在实用层面上，而是在精神层面的。它是作为一种昔日的精神家园给予人们的寄托，让人们在这里看到自己的过去，或领略到不同地域的人文风光，甚至成为一种可以欣赏的活的艺术。这就是费孝通先生所讲的"一件文物或一种制度的功能可以变化，从满足这种需要转去满足另一种需要"。从功能上来讲，它不再能从制度上物质上去满足现代生活的需要，但它却能从另一个层面，即人们的心理需求和审美需求去满足人们的需要，这就是文化产业和旅游业能得到发展的根基，也是许多地方文化得以复兴的经济基础。在这样的背景下，传统人类学家所认为的，传统与变迁是对立的、习俗与理性也是对立的观念发生了转变。正如人类学家萨林斯所认为的，"晚期资本主义"最令人惊叹之处就是："传统"文化并非必然与资本主义不相容。许多地方正在出现本土化的现代性。但是这种本土化的现代性，如何实现与如何实践，都需要我们去探索和思考。

针对这些内容，课题的研究分为两个部分：第一个部分是对西北地区人文资源的全面梳理，从而我们大概知道在中国的西北地区有哪些重要的人文资源，其大概的分布及现存状况。这就是费孝通先生说的摸清家底，其既是一种文化的研究记录方式，也是一种文化的保存方式。为此我们建立了"西北人文资源环境基础数据库"。第二个部分是对西部不同文化类型区域进行实地考察。人文资源这个词在我们的理论文章里是抽象的，概念化的，但当我们将其放在一个具体的生活情境中，同时了解到具体承载着这些文化的群体时，我们会发现，我们的研究顿时会具体起来，我们会遇到许多在抽象的理论中未曾提出和未曾认识到的问题。因此，我们在做面的梳理的同时，还做了系列的个案研究工作，企图用解剖麻雀的方法，来找到我们所需要研究的问题所在。当笔者带着问题去请教费孝通先生时，他指出："解剖麻雀，以小见大，这是人类学里面常用的方法，但要注意，一只麻雀是不能代表所有麻雀的，要多解剖几个，而且要用它们来相互比较。只要我们能科学地解剖这些麻雀，并摆正点与面的位置，恰当处理两者的关系，那么在一定的程度上，点上的调查也能反映全局的基本面貌。这么多年的学术研究，我总结出来的经验就是：只有理论联系实际才能出真知，只有到实地中去调查研究，才能懂得什么是中国的特点，什么是中国文化的内在本质。你们的研究要摆脱在概念中兜圈子、从书本到书本的模式，要走出书斋，在实际考察中认识西部、了解西部。"他还说："围绕着西部的文化变迁和人文资源的保护、开发和利用这个主题，来提出问题，然后通过考察来认识问题和回答问题，这种做法是可行的。这种从实践中得来的认识往往比从书本上得来的认识具体得多、充实得多。因为它不是从概念中推论出来的，更不是凭主观中臆想出来的，所以只要能自觉地、不留情面地把考察中一切不符合实际的成分筛选掉，它就会成为西部文化变迁的历史轨迹的真实记录，即使过了几十年甚至几百年，当人们来翻看它时，仍然具有价值。”

费孝通先生给我们课题的研究指明了方向，也就是说，我们的课题组成员虽然来自不同的人文学科领域，却能对一个共同的地域文化，从不同角度提出自己的看法，也就是我们不仅有一个共同的研究目标，还有一个共同的研究方法，那就是到实地去，到田野中去，观察最鲜活的社会事实，捕捉最新的文化重构方式，感受最新的时代发展脉搏。

通过 7 年多的研究，课题完成了 73 篇考察报告，并按内容编辑成 5 本考察集（《关中民间器具与农民生活》、《西部人文资源考察实录》、《西北少数民族仪式考察——傩舞 · 仪式 · 萨满 · 崇拜 · 变迁》、《陇戛寨人的生活变迁——梭戛生态博物馆研究》、《“呼图克沁”——蒙古村落仪式表演》），完成了 4 本考察笔记（《西行风土记——陕西民间艺术田野笔记》、《梭戛日记——一个女人类学家在苗寨的考察》、《陕西药王崇祀风俗考察记》、《西南山地文化考察记》），3 本论著（《人文资源法律保护论——以西部人文资源保护为起点的研究》、《西部人文资源论坛文集》、总报告书《从遗产到资源——西部人文资源研究报告》），共 12 本书，400 余万字。

7 年多来，课题组成员在西部的追踪考察，使我们亲身参与并感受到了西部民间文化的剧烈变化过程，这种变化过程不再是传统意义上缓慢的文化变迁，而是文化在各种内在与外在力量及权力交锋中的重组或重构，在这一过程中，西部的传统文化成为各种力量和权力都在反复利用和开发的资源。在开发和利用的过程中，其“资源”意义远远大于或超越其“遗产”意义。因此，从“遗产”到“资源”，不是一种理论研究，而是一种社会实践，是一种正在进行着的、我们还没有来得及深入研究、还不能很清楚地辨别其利弊的社会实践。

课题立项不久，我国非物质文化遗产保护工程就开始启动并迅速展开。与联合国教科文组织世界物质文化遗产与非物质文化遗产保护同步的我国非物质文化遗产保护工程，对我们的课题无疑是重大的促进。因此，我们也希望我们的研究成果能汇入这一保护工程，为学术界提供一个可以继续讨论的话语空间，促使这一研究的进一步深入。我们知道，西部人文资源这样一个课题的研究内容是很广的，以我们这么短的时间及人力、物力想完全做好是很困难的。但笔者认为，只要我们努力，每个人都尽一点自己的微薄之力，哪怕是为后来的研究者提出一些思路、提供一些研究的线索也是值得的。

另外，课题结束了，我们课题的学术总指导费孝通先生却离开了我们，我们谨以我们勤奋的工作来纪念费先生，来继承他未竟的事业。

方李莉
2008 年夏

目 录

目 录

第一章　总论

第一节　选题的价值与意义

我们以梭戛[1]生态博物馆信息资料中心所在地陇戛寨为切入口，研究中国第一座生态博物馆——贵州六枝梭戛生态博物馆（以下简称梭戛生态博物馆），是出于完成国家重点课题“西部人文资源的保护、开发和利用”。随着社会的高速发展，西部许多传统的文化正在快速消失，所以，如何保护西部文化的多样性，保护西部珍贵的人文资源及文化遗产，成了我们亟须研究的课题。

对于文化多样性的保护，无非有三种方式：一、普查记录、存档、建立数据库；二、确立名录，指定传承人，制订保护法；三、建立生态博物馆、社区博物馆，或像日本、台湾地区，搞社区总体营造，也就是将文化活态地保存在一个完整的生活空间中，让其得到发展培育。这第三种保护最难，灵活性最大，也最有吸引力。因为其不仅与活态保护、传承教育联系在一起，还和振兴地方经济、发展文化产业联系在一起。因此，研究的难度最大，价值也最高。

正如博物馆专家苏东海先生所说的，传统博物馆保护的都是有形的文化遗产，在这里，有形遗产已经终止在一个历史点上，而且凝固在一个物质外壳之中，因此对它是按一个历史文物的特征来保护的。也就是说，博物馆的存在是一种历史的存在，是出于过去时的存在而不是现在进行时的存在。而无形遗产却还鲜活地存在于生活之中，存在于不同的介质之中，因此，对它是按一个现实物的特征来保护的。作为历史有形遗产的保护，我们已经有了几百年的经验和传统的方法，而无形遗产作为现实物，我们刚刚在探索保护它的有效方式。到目前为止，有两种方法是被提倡的，一是用信息技术开展记忆工程，二是鼓励传承，使之保持活力继续发展下去。[2]

目前，这两种方式正在被不断实践着。第一种方式实际上是将活态的东西形象化，并动态地呈现在人们面前。而生态博物馆的保护方式是属于第二种，是要传承和保持文化的活力。一般地说，有形文化遗产即物质遗产是历史上一定社会的产物，是历史的化石，是不能再生的。我们不可能再回到诞生这件物质遗产的环境中去再诞生它，不可再生是物质遗产的一个特征。但无形文化遗产即非物质文化遗产恰恰与之相反，无形文化遗产必须不断地再生产才能延续它的存在。如果不再生产、不再传承，它就消失了。语言如果无人使用，它就不复存在。所以无形遗产必须在使用中、传承中才能存在，它是活的历史传统，被称为活的文化财产，活的人类财富。[3] 而生态博物馆是一种来自欧洲的经验，正在被许多发展中国家实践，包括中国。

针对这样的状况，我们的课题研究包括了以上的两种方式，第一是建立《西北人文资源环境基础数据库》，从地理与自然、历史与环境出发，着重记录整理以非物质文化为中心的西北人文资源。里面包含了文字的记录，也包含了音频、视频和图片的记录。第二是通过大量田野考察和活生生的个案研究及剖析来认识和理解西部人文资源的保护、开发和利用现状。

贵州的梭戛生态博物馆是中国与挪威合作创建的，也是中国的第一座生态博物馆，它具有典型性和示范性。从 1995 年至我们考察的 2005 年，该生态博物馆已创建了 10 年，10 年的实践会告诉我们一些什么样的经验？课题希望对其进行深入研究，通过排比归纳与总结，为我国当前正在开展的非物质文化遗产保护工作提供可以参照的经验与政策制定的理论依据。它的实践对于当前的中国实在是太重要了，因为迄今为止，中国许多地方的民俗村、文化生态园，都由于过度地开发旅游业致使人文资源和自然环境遭到严重破坏。如何在保护和发展中找到平衡，又如何在全球一体化的过程中保护地方文化，同时激发地方文化的活力？在国内目前的所有研究中都还未能找到一个好的答案。因此，我们决定将贵州梭戛生态博物馆选为课题研究的一个案例，无论其告诉我们的是成功的经验还是失败的教训，都将是非常有价值的。

我们研究梭戛生态博物馆，一方面是要了解一个活生生的文化是怎样被传承和被保护的，而且生态博物馆这样的形式，能让一种古老的文化得到传承、再生与发展吗？如果不能，是为什么？另外，正如贵州生态博物馆项目科学顾问挪威博物馆专家达格·梅克勒伯斯特先生所说：“当一个封闭了两百年以上的寨子，突然向世界开放时，来自世界上高度发展的社会和技术的交流，以及文化影响会造成什么样的结果呢？这是研究梭戛生态博物馆的关键性问题。”[4] 研究一种古老的文化和外来文化撞击以后的变化，这也是我们所关注的重要内容之一。

第二节　生态博物馆产生的背景与理念

前面所谈到的是我们为什么要研究生态博物馆，接下来我们要进一步了解的是：

什么是生态博物馆，其产生的背景及理念是什么？众所周知，博物馆一直都是文化遗产保护的重要场所，也是一种帮助人们了解历史和文化的教育工具。但传统博物馆对文化遗产的保护手段是静态的和局部的，是将一些可以移动的文化遗产搬离其原产地，放在博物馆里，使文化遗产与原产地的自然环境及人文环境分离。

20 世纪 70 年代以后，人们对博物馆的理解发生了革命性的转变。不同的国家有不同的转变背景，这些来自不同国家的转变背景可以概括成如下几个方面：1. 前殖民地国家的独立，大多数在非洲，这些解放了的和刚独立的国家，自然会产生强烈的民族意识，要求彻底摆脱前殖民统治者的文化影响，回归自己的民族文化。2. 在北美，面对白人统治集团，拉丁美洲裔和印第安后裔的有色人种掀起了争取作为公民的平等权利的斗争，同时他们也开始寻他们的根。此时，人们对少数民族文化和遗产重新开始感兴趣，由此出版了有色人种寻根的书籍，被称为"回归"的被疏远的有色人种民族文化珍宝开始展出。3. 在拉丁美洲的多个国家，由印第安民族和混血种族主导发起了要求政治和社会权利、为了自由和民主、反对军事独裁的革命斗争运动。通过民族学和考古学研究，以及文学作品，重新发现了殖民以前的民族历史。4. 由一小群知识和政治精英发起的广义社会、文化、教育、经济等根本性问题的全面论证，引发了学生运动。他们鼓励想象和创造，以及回归传统价值。[5]

以上是法国生态博物馆发起人雨果·黛瓦兰在他的文章中所做的介绍，在这里我们还要加上的就是，20 世纪 70 年代是人类社会的一大转折时期，从社会转型来讲，是工业社会向后工业社会转型的开端，也是工业文明向信息文明转型的开端。另外，20 世纪 70 年代的能源危机，工业文明高速发展带来的空气污染、自然生态破坏等，使人们对世界的看法开始改变，认识到地球资源的有限性，以及环境保护的重要性。从对自然物种多样性的保护，开始重新发现小地方"部落"的文化和社会价值。

另外，当时还有一种思潮，主张民族依靠文化认同来维系。抽象、无形的文化认同需用具体的文化遗产来体现。特定族群与文化遗产，应有紧密的关系，该民族有权生存在由文化遗产构成的环境中，认同文化，享受文化，传承文化。文化遗产也应留在原处，一方面，该族群人民与后世子孙得以接近、利用；另一方面，此文物与周边环境之关系，依"脉络"关系带来知识与信息，有助于对文物历史的了解。

上述观点，在联合国教科文组织于 1972 年巴黎第 17 届会议上得到了支持，会上通过了保护世界文化遗产和自然遗产公约。虽然有关保护文化多样性及非物质文化遗产保护的口号是在 20 世纪末和 21 世纪初以后才越来越响亮的，但事实上，从 20 世纪 70 年代开始，这样的思想就已经在发展。

也就是在这样的背景下，欧洲和北美的"新博物馆"理念开始兴起。"新博物馆"改革过去保守传统的经营方式，博物馆不再只局限于"物"的收集、维护与展示的角色，而是扩展至强调在国家、甚至国际的网络中，博物馆与地方环境与社区发展之间关系的未来性。

在"新博物馆"理念中，"人"才是轴心。通过博物馆媒介的运作，将人与人、人与环境交织成一个时空上互动的网，并且，认为生态博物馆实际上是群众自己自发、主动地参与到把地方上的"文化遗产"（文化资源）保存、诠释与再现的过程。

因此，新博物馆学的概念，基本上涵括了“生态博物馆”及“社区博物馆”的思考架构，是一种以社会文化进步、发展为指标，富有生机的新博物馆类型。[6]以上是西方生态博物馆产生的背景及基本理念。

日本也在20世纪70年代出现了类似西方生态博物馆的社区。日本是亚洲最早进入工业文明的国家，也是城市化最早和受欧洲文化影响最早的国家。他们历来重视文化遗产的保护，将文化遗产称为文化财。20世纪70年代，他们不仅和欧洲人一样，感受到了能源危机和自然生态被破坏的危机的影响，还感受到了在西方化的过程中自己国家的民族性逐步丧失的危机。另外，在工业化的过程中，许多年轻人离开家乡到城市读书或工作，农村只剩下老人和孩子，他们称其为“农村人口疏离化”，这种“疏离化”的结果是，农村的许多传统产业不断消失，许多传统的文化习俗也开始远离了人们。

于是，日本人提出了重振地方文化、活用地方文化资源的口号。其目的是将文化传统活态地保留在社区中，借此，恢复日本传统文化的活力，并在此基础上再造农村社区新生活。在这样的背景下，日本人开展了地方文化的整体营造，通过设立地方博物馆，调动当地居民的积极性，来共同保护和再现自己的传统文化。这不仅是来自民间的力量和专家的推动，更重要的是政府的支持。

在日本的《我国的文化行政》一书的前言中，提出日本的文化管理机构——文化厅的任务是：“推进艺术的创作活动，振兴地方的文化，保存和活用文化财，推进国际文化交流，不断提高我国的‘文化力’。文化厅作为国家管理文化的权力机构，是以一个‘文’字来表达的。这个‘文’字的一横、一撇、一捺是以三个椭圆形来表示的，这三个椭圆代表的是：‘过去·现在·未来’‘创造·发展’‘保存·继承’的循环。而这个‘文’的形状是上面一个点代表一个人的头，一横代表双肩，一撇、一捺代表人的双腿。而这个站立着的人代表的是创造艺术，传承和保存传统艺术的文化厅的姿态。”[7]

正是在这样的理念下，日本发起了类似欧洲生态博物馆似的文化保护活动。其虽然和西方生态博物馆产生的文化背景不完全相同，名称也不一样，但内容和形式基本相同，同样强调将文化遗产活态地保护在原有的自然环境和文化环境中，而且只有社区的居民才是其真正的主人。

在日本的影响下，我国台湾地区、韩国也产生了类似的将文化遗产活态保护以振兴地域经济的现象。韩国的文化背景和日本基本相似，所以其理念和形式也基本一样。韩国和日本一样将文化遗产称为文化财，其保护法称为文化财保护法。而我国台湾地区称为文化资产，其保护法称为文化资产保护法。这里的文化财和文化资产基本等同于文化遗产，但其含义又不完全相同，文化遗产更偏重的是历史性、过去的遗留物，而文化财和文化资产接近于文化资源的概念，强调它的活用性和现实的可再利用性。

我国的台湾地区和日本、韩国少许不同的是，20世纪90年代台湾的政治形态发生了变化，国民党单一政党执政受到严重的挑战，在本土势力全面抬头的情况下，文化政策与建设的方向也被赋予新的思维，开始强调由下而上的政策形成。台湾的文化资产保存政策，一方面趋于经由社区民众的参与形成地方民众的文化认同为出发点，来进行估计保存；另一方面，也考量到地方文化的保存与经济发展的冲突，故提出将地方文化特色加以产业化的策略，使古迹通过活化的利用，成为地方文化产业的资源，倡导经济诱因与地方生机。

在日本的文化财保护法中有一段话："政府及地方公共团体必须正确理解文化财为我国历史、文化等不可欠缺者，认识其为奠定未来文化向上发展的基础，并周密留意彻底致力于实行保存的宗旨。"[8] 虽然我国台湾地区的文化背景和日本有少许的不同，但保护文化遗产的理念却相似，因此，其不断地向日本学习。台湾学者评价："事实上，一国文化财即使是历史再悠久，再辉煌，总有不喜过往的、传统的气氛之人，但是对于前瞻的、建设的、且是向上发展的，任何人皆会加以关心、重视。因而，此中对'未来文化向上发展的基础'的强调，实是其立法英明之举。"因此认为，日本的文化财的保护方式，既是取以活用方式的手段，且是从国民文化着手走向世界文化，其目的就并非"为保存而保存的单向思维，而是再度回到原点，即需假以全体国民之手双向互助达成的"。[9]

正因为如此，从 20 世纪 90 年代开始，我国台湾地区也学习日本的社区总体营造的方式，展开了许多动员民众、活态保护文化遗产并促进地方传统经济发展的活动。

以上是北美、欧洲和日本、韩国及我国台湾地区，在新的文化背景下所产生的试图通过生态博物馆及其他类似博物馆的方式，开展的将文化遗产活态保护并利用其发展地方文化与经济的一种举措。

第三节　生态博物馆理念在中国的实践

我国的文化遗产保护有两个系统：一个是以国家文物局所主持的，由各级文博系统所执行的对物质文化遗产的博物馆式保护；另一个是由文化部所主持的，由各级文化系统所执行的非物质文化遗产的活态保护。由于当今的世界是一个越来越开放的世界，我国的文化遗产保护也是在一个开放的空间中进行的。所谓的开放的空间，就是我们的保护方式越来越与国际接轨，越来越受到国外经验和理论的影响。与国际接轨的理念使得这两个文化遗产保护的系统几乎走到了一条共同的道路上。

从 20 世纪 90 年代中期开始，文博系统接受欧洲生态博物馆的理念，在贵州、广西、内蒙古等地建了不少生态博物馆。而文化部所主持的非物质文化遗产工作，由于关注非物质文化遗产的活态传承问题，关注文化保护的整体性等问题，也在安徽和福建建立了文化生态保护区试点，这是中央政府目前在做的工作。

实际上，民间和地方政府也早已在做这一工作。在全国许多地方，尤其是少数民族地区，早在十几年前就或是自发或是受到日本及欧洲的影响，展开了"一村一品"的活动，不少地方建立了民俗文化村、文化生态村、文化生态园、民间艺术村等。这些在各种不同名称下的对当地文化资源的保护和发掘，有点类似日本的用传统文化振兴地方经济的理念。但许多地方用的虽然是保护的名称，最终还是为发展旅游业的需要而发掘和经营文化遗产，并不像日本是将其作为“未来文化向上发展的基础”的思考来进行的，也没有我国台湾人有关文化认同的思考，更不像欧洲人那样是在考虑保持人类文化的多样性与避免人类文化的衰退。由于没有正确的导向，有些地方可能会在开发的过程中注意文化遗产的保护，但多数地方却对当地的传统文化资源进行过度的开发、盲目的开发，造成许多地方的文化遗产迅速遭到破坏和流失。这令许多学者和民众感到痛心。

如何让传统的文化遗产在保护中发展，在保护中得到合理利用，目前在国内还没有得到深入的研究。但实践已经走到了理论研究的前面，中国目前非物质文化遗产被破坏的现状，迫使我们的专家必须要加强这一方面的研究。我们的课题就是针对“西部人文资源的保护、开发和利用”的一个研究项目。中国的西部是少数民族最集中的地区，也是文化遗产保护和旅游开发的热点地区，尤其需要有系列的这类研究成果出来，帮助和指导当地的文化产业及旅游产业得到良性的、可持续的发展，这种发展不是和文化遗产的保护发生冲突，而是互补和互利。

在国外，文化遗产保护已经和文化产业及旅游业发展形成了一个有机的整体，其实西方所谓的生态博物馆，以及在日本、我国台湾地区开展的社区总体营造，都多少是这两者的结合。生态博物馆建立的目的，一方面是对文化遗产保护的一种探索过程，同时也是将所保护的文化遗产对外展示的过程，这种展示本身就带有观光旅游的性质。

在韩国，类似我国文化部的这样一个政府机构为文化观光部，是将文化和旅游合成一个部门。而日本的文化部不仅管理文化财的保护工作，还要促进文化财的活用及地方文化的振兴，其实这些内容就是将文化的保护和旅游结合在了一起。但文化遗产的保护和旅游业及文化产业，真的能有机地联合成一个整体吗？这正是本课题所感兴趣的。

我们认为，在所有的国外理念中，生态博物馆的理念是最诱人的，相对也是最少商业性的。生态博物馆的创始人雨果·黛瓦兰说：“自然和文化遗产都是一种资源，是不可再生资源（我们不可能再生失去的风景，也不可能再生倒塌的纪念性建筑，也不可能再生一个过去的大师，或者过去的工艺，因为他们都是独有的，至少对于他们社区是独有的）和可再生资源（我们可以再建新的风景区，新的生活环境，新的艺术品）。我们都知道旅游团体、工业污染和经济危机能严重地和快速地损害文化遗产或自然环境，而且也损害遗产地居民的文化和生活方式，我们必须对这些外来损害因素加以预防和进行教育。所以我们需要一种教育工具，在地区和全球范围，教育现在和将来一代怎样认识、尊重、利用、传承和发展人类精华。”

黛瓦兰认为，生态博物馆就是这样的一种教育工具。他说：“生态博物馆教育的最重要的意义是当地居民懂得了他们自己所肩负的责任：保护和平衡利用他们的环境和自然资源；当然这些社区能够，也必须适应社会、经济和技术变化，以他们自己的节拍，以社区过去和按照他们活的文化，在允许和可持续的范围发展。”

“生态博物馆的一个优点是它的内部的相互作用；它不是传统的教育工具，而是

‘教育储备’，当地居民将自己知道的知识传授给不知道的人。这是一种双向学习，通过共同举办展览，居民以具体的知识和经验与知道得更多的理论家进行交流。在这一过程中，表现了真正的生态博物馆的理念，建立起了共同分享的理解，以及在自己文化范围内达到地区发展的目标。”

但是这种理论能在现实中实现吗？生态博物馆是在西方发达国家中所产生出来的理论和经验，能够在中国实践吗？如果实践将会是一个什么样的模式？另外，生态博物馆的方式能够将传统文化保护和旅游观光的关系妥善解决吗？我们希望能通过我们的研究来回答这一问题。

第四节 梭戛生态博物馆所面临的挑战

在 2005 年“贵州生态博物馆群建成暨国际学术论坛”上，许多到会学者的发言，使我们了解到梭戛生态博物馆建立时的理念与雄心，同时也看到了它在进一步巩固时所面临的种种困境。

梭戛生态博物馆的开放是在 1998 年 10 月。为了生态博物馆的建设和巩固，挪威政府和中国政府一起在中国贵州的六枝及挪威的奥斯陆举办了研习班。在研习班上，政府和学者们提出了一个生态博物馆的管理原则，因为研习班起始于六枝，所以也称为“六枝原则”，内容如下：1. 村民是其文化的拥有者，有权认同与解释其文化；2. 文化的含义与价值必须与人联系起来，并应予以加强；3. 生态博物馆的核心是公众参与，必须以民主方式管理；4. 当旅游和文化保护发生冲突时，应优先保护文化，不应出售文物但鼓励以传统工艺制造纪念品出售；5. 长远和历史性规划永远是最重要的，损害长久文化的短期经济行为必须被制止；6. 对文化遗产保护进行整体保护，其中传统工艺技术和物质文化资料是核心；7. 观众有义务以尊重的态度遵守一定的行为准则；8. 生态博物馆没有固定的模式，因文化及社会的不同条件而千差万别；9. 促进社区经济发展，改善居民生活。[10]

这一原则是挪威专家和中国专家共同协商建立的，归纳起来有三个方面：第一，当地的民众是他们文化的主人，他们必须参与管理；第二，当旅游和文化保护发生冲突时，应优先保护文化；第三，在不损害传统价值的基础上必须提高居住于此的居民的生活水平。但这些方面在我们具体实施时能做得到吗？就比如说第一个方面，在贵州生态博物馆群实施小组组长胡朝相的发言中，我们就看到了中国体制上的特殊性。他说：“在中国建立生态博物馆离不开政府行为，必须以政府为主导，这是我国的政治体制所决定的，因为文化的主管和建设是通过政府的职能部门及文化部门来施行的。建生态博物馆涉及的各个方面都要通过政府部门来协调。”[11]这就涉及一个问题，在六枝原则中规定，“村民是他们的文化的拥有者”，“文化是公共和民众的财产，必须由公众参与管理”。可是由于体制的原因，在梭戛生态博物馆里无论是管理人员还是工作人员，没有一个当地人，都是政府文化部门派来的干部。在博物馆工作必须是干部编制，但当地的村民不可能转入干部编制。

另外，“在贵州的任何一个地方，不论是搞生态博物馆也好，还是搞文化保护区也好，如果不和村民的脱贫致富发生联系，是不会得到村民们拥护的”。[12] 事实上不仅得不到村民们的拥护，也得不到当地政府的支持，因为这里实在太贫穷了。正如贵州生态博物馆项目科学顾问挪威博物馆专家达格·梅克勒伯斯特先生所说：“在贵州四个生态博物馆中，梭戛是最困难的一个，由于低生活水平，有一种村民会将遗产卖掉的危险性。外面世界知道引人入胜的妇女头饰，组团旅游可以到达这里。梭戛在它的有限空间里，吸引了相当数量的旅游者，包括国外和国内的。这是村寨生活还是旅游点，很难找到平衡点。另一项面临的挑战是确保旅游收入用于保护村寨的文化遗产。”[13] 他在这里看到了两点：一是因为太贫穷，人们很可能会为了利益而出卖当地的文化遗产，即将村寨变成旅游点；二是，即使有了旅游的收入，人们也很难将其用于文化保护，而是首先解决生活的困难。在会议上，天津南开大学黄春雨副教授的发言引起了我们的注意。他带领一些学生在当地考察了一个多星期，他说：“弱势群体可能珍视自己的文化传统，也可能自动地将其全部或部分加以抛弃。从狭义的、技术的立场说，一方面，弱势群体固有文化保存与否，有待于他自己的宗旨和理念对弱势群体特别是弱势文化的传承发挥自己独特的作用；另一方面，他又必须时刻提醒自己，充分尊重社区居民文化的解释权、发展权，当社区居民因强势文化的冲击有可能背离传统文化的道路，并仅仅把生态博物馆视为改善社区生活的工具时，生态博物馆就会面临很大的危机。因为，生态博物馆能够凸现自己有益于社区发展并直接使他们感到实际利益的途径，到目前为止，似乎只有借助旅游一条道路。如果社区居民参与博物馆的热情和力度是以此维系的话，生态博物馆也就自然失去了它的意义，而成为一个观光博物馆。”[14]

梭戛生态博物馆的中方创始人苏东海先生也深深地认识到这其中的困境，他在发言中说道：“在中国，我们选择建立生态博物馆的地区都是社会经济处于封闭的前工业化的古老村寨，由于封闭，它们仍然传承着各具异彩的传统文化。中国的少数民族地区都有经济落后、文化丰厚的特点，这正是我们保护文化多样性的重要工作地区。这些村寨建立生态博物馆，政府是积极的，博物馆专家的热情也很高，村民们由于利益的驱动，也是积极参加的。有政府、专家、村民三种积极性，在中国建立生态博物馆的条件就有了。在这三方面，专家和地方干部是主导力量，村民是被领导的，因为他们并不知道什么是生态博物馆，也不知道要干什么。我不得不说，事实上外来的力量成了村寨文化的代理人，村民从事实上的主人变成了名义上的主人，没有外来力量的进入，就不可能有生态博物馆，这是事实。在中国建立一个生态博物馆并不难，而巩固它比建立它就难多了。”[15] 他认为，“只有文化的主人真正成为事实上的主人的时候，生态博物馆才可能巩固下去”。这需要一个由文化代理到文化自主的回归过程，但这个过程是漫长的。事实上，梭戛生态博物馆所遇到的困境是必然的，因为生态博物馆只是一种探索和试验，它的成功是要靠无数次实验才能取得的，我们不能要求每一次实验都那么顺利，那么成功。

第五节　近距离的观察方法

目前，我们并不缺少一些宏大的人类文化遗产或文化资源保护的理论。自 2001 年，我国第一项世界口头与非物质文化遗产代表作昆曲向联合国教科文组织申报成功后，非物质文化遗产保护的研究就成了学术界的一项热门，不少学者发表文章出版专著对其进行研究。但我们还缺少对真正的生活和实践的近距离的直接观察和剖析，就像埃马纽埃尔 · 勒华拉杜里所说的："在无数相同的水滴中，一滴水显不出有任何特点。然而，假如是出于幸运或是出于科学，这滴特定的水被放在显微镜下观察，如果它不是纯净的，便会显现出种种纤毛虫、微生物和细菌，一下子引人入胜起来。"[16]

对于梭戛生态博物馆管辖内的长角苗人，他们是怎么生活的，将他们的生活和周围的环境划入生态博物馆的社区，他们会如何思考？前来参观的世界各地的游客们会打搅他们原本平静的生活吗？他们会由此改变他们的生活方式乃至价值观吗？等等，这些都是非常具体的，是我们希望了解的问题。

按生态博物馆的介绍，在贵州六枝特区梭戛苗族彝族回族乡（以下简称梭戛乡）居住的这支苗族叫"箐苗"，是苗族一个稀有的具有独特文化的分支。这一分支有 4000 多人，分布在附近 12 个村寨中，他们长年居住在高山上，与外界很少联系。在他们之中存在和延续着一种古老的以长牛角头饰为特征的独特苗族文化，因此，又叫"长角苗"。[17] 这种文化非常古朴，有十分丰富的婚嫁、丧葬和祭祀的礼仪，有别具风格的音乐、舞蹈和十分精美的蜡染刺绣艺术。

苏东海先生在他的文章中介绍："这个村寨保持着一种很古老、很独特的文化，它属于前农业文明的范畴，甚至没有文字而靠刻竹记事。""这个村寨社区的传统管理方式是由寨老（精神领袖、最高权力者）、鬼师（文化领袖）和寨主（行政管理的操作者）三驾马车组成的。这是几百年来他们的传统管理方式。这三位领袖不是选举产生的，他们的领袖地位是自然形成的。""这个村寨目前仍然处于自然经济状态。衣服从种麻、织布、染色、刺绣都是在家庭内完成的，生产生活都是属于自然经济。开放以后，市场经济开始冲击他们。他们开始穿胶鞋，在市场上买塑料鞋、针织品等等工业品。生产工具也改变了。进入市场后，经济观念也改变了，有了一些商业行为。""这个村寨的生活还停留在很原始的状态，连电都没有。但这种状态不会维持多久，我们正在帮助他们解决水电问题。帮助这个村寨脱贫，也许是其他国家生态博物馆少有的任务。"[18]

这是在我们没有进入寨子考察以前知道的一些基本情况，所有的一切都是处于概念中的，大而模糊。当我们真正进入考察阶段以后，我们选择了生态博物馆信息资料中心的所在地——陇戛寨，作为我们放在显微镜下研究的那滴水。当然，我们能不能把这滴水里的所有一切都辨认清楚，这要取决于我们的研究水平和研究方法。在我们没有到来之前，就已经朦胧地感到了当地生活的迅速变化，如果用传统的人类学的研究方法可能会有一定的难处，虽然我们把研究的范围限定在陇戛寨，不过并不排除兼考察其他寨子，包括生活在四周的布依族、彝族、汉族，但所有的考察都是围绕陇戛寨，对其他寨子的研究是为了进行比较。陇戛寨不再是一个封闭的社区，博物馆的存在还有许多游客及新闻媒体的到来，包括类似我们这样的学者们在那里的居住，都和当地人形成了一种新的关系，都会对当地人的生活方式及价值观带来新的影响，这就需要有一种动态的眼光，还需要细心地去体察他们生活中的种种变化。也就是说，现代社会已经把多种文明置于密切的关联之中，当地的社会生活由此变得复杂起来。因此，我们的研究也会面临许多新的、以往人类学家所没有遇到的挑战。

第六节　集体合作的研究方式

我们决定在这里做一个深入细致的研究。这一研究只是我们总课题的一个部分，我们不可能有太长的时间泡在这里，但要在短时间内对一个地方做深入细致的研究，有一定的难度。于是，我们决定采用集体合作的方式。我们组成了一个考察组，于2005年夏天第一次来到了这里。在2006年的春天，我们再一次来到了这里。第一次我们住了一个月，第二次住了两个半月。

我们原以为，作为一个已经建立了10年的生态博物馆，肯定对这一族群的文化历史、社会制度、工艺技术、信仰习俗等有了一个完整的记录。但深入了解以后才发现，这一工作在博物馆建立之初也许做过，而现在竟然许多资料都不存在了。因为保管不善，电脑中所有的资料都丢失了，一些原始的录像带和录音带也因保管不善而无法使用了。在这样一个巨大的生态博物馆里，竟然没有完整的文字、影像和音响的资料，即使其所展示的一些实物资料，也还有不少缺项。这太令人吃惊了，也太危险了。

这是一个没有文字的民族，他们的文化全凭口传心授，极其脆弱。如果在没有任何准备的情况下就对外开放了，其文化的流失是非常迅速的。以前，我们以为要做的只是对生态博物馆的研究，但在这种情况下，我们除了要研究生态博物馆的运行方式以及生态博物馆与当地民众的关系外，还需要将这一族群的文化尽可能完整地记录下来。当然，这样的记录不是一种静态的记录，其中还包括了外来文化进入以后在这里所引起的各种碰撞的记录，在这里，文化动态地、系统地存在着。尽管我们的时间和经费都不够，但我们还是尽最大的努力工作。

面对一个陌生族群的文化，如何切入，如何理解，又如何将其完整地记录下来，并对其进行分类归纳整理，加以解释，这对于我们来讲都是不容易的。

我们这支考察队伍，各有专攻，尽管每个人的专长不一样，但在具体的研究上都尽可能地采用人类学的和其他学科相结合的方法。

正如本尼迪克所说："大多数人类学家研究的弱点正是太过于专注分析文化的特

性而忽视了文化作为合成的整体这一事实。整体决定着局部，要认识行为之意义的唯一方法就是把在文化中规范化了的动机、情感和价值作为背景。也就是说，我们应当研究那些活着的文化的完形。”[19] 她的这段话提醒我们，虽然我们各有所长、各有侧重，但在研究的过程中如果只关注文化不同侧面的局部，很可能就会成为盲人摸象，把一种文化肢解得七零八落，尽管用了很大的工夫，却难以揭示它的整体面貌。因此在研究过程中，我们除了各个击破、专注于一个方面的考察之外，还必须对其文化有一个整体的论述和理解，这一方面的工作主要由笔者来做，另外，大家在考察之余经常一起讨论，交换意见和看法。

在研究的过程中，我们不仅要访谈和记录研究，更重要的是参与当地人的生活。细心地体察他们在生活中如何表达他们的情感，他们行为背后的意义与规范，他们一整套的符号体系及图像表达如何在他们的生活中起作用？还有他们的音乐如何在仪式中唤起人们内心的各种不同感情？当他们遇到生理和心理危机的时候，如何实施巫术及采用体现集体意识的仪式来面对？他们又是如何用神话故事、用不同的礼仪活动使得自己的生活更加秩序化和规范化？在整个的社区生活中，最起作用的是哪些人？他们是如何分工的？他们和周围的其他民族是如何互动，又是如何相互影响的？他们的经济状态和他们的物质文化以及价值观有什么样的相互联系，又是如何成为一个整体来呈现的？还有，他们所在的自然环境是如何制约他们的生产发展，又是如何让他们形成了目前这样的生活方式和生产方式的？生态博物馆建立以后，外来的文化是如何打破了他们以往生活的平衡和次序的？在新的文化影响下人们又在如何组建新的社会秩序和调适自己的文化？生态博物馆的建立给他们带来的最大变化是什么？他们是如何看待生态博物馆的？还有当地的学者、政府官员，他们对当地文化的看法，尤其是对生态博物馆的看法。还有生态博物馆已经建立了10年，在这10年中我们最值得总结的经验有哪些？等等。其实研究少数民族的文化，往往是在他们身上找到我们自己的影子。人类学的观点是将“异文化”作为反射自己文化的镜子，以达到研究者对自身文化的一种反思。我们的考察组能够通过我们的记录研究回答出这么多的问题吗？我们没有把握，只有努力去做。

大家集体做一个社区的研究，对于我们来说是第一次，是一次研究，也是一次尝试。我们认为，面对复杂的、文化正在发生急剧变化的社区，要在较短的时间内取得尽可能多的一手资料，这也许不失为一种更合适的研究方式。

第七节　具体的研究方案

在考察过程中，最困难的就是缺少文献资料。如有关他们的政治制度，也就是他们的社会组织结构，按传统，他们的社会组织结构有“寨老、鬼师和寨主”，但当我们来到这个寨子，我们没有看到这种结构。我们试图到县档案馆查“土改”以前有关这一族群的资料，发现这里没有任何有关这一族群在1960年以前的记载。在地方志和当地政协所写的文史资料中，有关这一族群的文献资料也很少。因为他们没有自己的文字，也没有本民族的知识分子，所有的一切都很难在文字资料中寻找，只能靠做大量的访谈。在语言上，我们也还有一定的困难，因为不懂苗语，尽管当地读过几年书的人都会讲一些贵州的地方方言，通过努力我们也基本可以和他们用方言沟通，但他们的汉语表达能力有限，有很多相应的名词难以用汉语来表达。尽管我们找到当地的大学生熊光禄参加我们的研究并为我们担任翻译，但他毕竟年轻，而且因为努力读书也较少参加本民族的民俗活动，对本民族的文化了解还不够深刻。

根据以上的情况，我们研究了一个具体的方案：

第一，我们将以陇戛寨为考察的中心，争取对寨子里的情况有一个较清楚的了解，甚至熟悉寨子里的每一户人家，每一个人。对寨子里的主要人物以及每个家族的生活史、迁徙史要有一个基本的了解，要做详细的访谈以及认真的观察。另外，我们要扩大考察的面，找一些汉语比较好、人也热情容易沟通的长角苗寨子做进一步的考察。在陇戛寨，由于其是生态博物馆的核心社区，很多问题问他们，他们一般都避免回答，不知道是因为我们表达不清楚，还是他们有意回避这些问题。如寨子里是否有寨老或者寨主、他们到底是长角苗还是箐苗等等这类问题，基本得不到准确的回答。所以我们决定选择安柱寨与陇戛寨做对比研究。那个寨子由于有汉人杂居，当地的人们汉语比较好，交流起来没有什么困难，也没有任何顾忌。而且在那里我们认识了一个叫杨忠敏的中年男性，他父亲曾是当地的小学教员，他自己也是在他那个年龄当中为数不多的读过初中的人，是一个头脑清晰并且肯帮助人的人。只要我们把安柱的情况搞清楚了，再来反证陇戛寨，就会容易得多。

第二，去纳雍县的张维镇，那里据说是长角苗的故乡，至今还生活着箐苗的另一支系——短角苗，看看那里的物质文化和非物质文化，对比两个箐苗支系族群，对于我们了解长角苗的民族源流会有帮助。

第三，到附近的水沟村去考察，那是一个多民族聚集的村庄，居住有布依族、彝族、回族、苗族和汉族，一方面能从中了解到陇戛寨长角苗与周围民族的互动关系，另一方面要找出长角苗自身的文化特质，以及这些不同民族所面临的文化涵化的问题，通过研究周边民族及其对陇戛苗寨的看法，会使我们更完整更立体地理解我们的研究对象。

第四，去六枝档案馆或地方志办公室查找一些地方文献，包括这一地区的民族分布图，长角苗十二寨的社会组织沿革，包括人口增长率、人口结构等。还要去村委会拿到寨子里的户口登记本，里面有许多我们可以分析的数据。到医务所拿到有关当地人近10年来生病状况和死亡率的资料，通过这些我们可以了解当地人的生活包括营养状况。另外，我们还需要当地人帮助我们测量寨子里的人的身高和体重，为未来的研究者留下一份珍贵的资料。

第五，去周围其他不同苗族的支系，如大花苗、小花苗、歪梳苗等居住的地方做一个粗略的考察，以了解他们之间的相互关系。当然，这些研究都是为了反证我们现在考察的陇戛寨。

第六，了解当地政府官员和博物馆工作人员的看法，除做访谈、经常和乡政府保持联络外，要和当地的学者及有关的管理者们一起开座谈会，听听他们对生态博物馆的看法，以及对它今后的期待。将我们的研究报告初步发表出来，征求他们的意见。

第七，我们的研究必须涉及其文化的动态一面，即其文化的重构与变迁。尤其是建立生态博物馆以后，哪些重要的社会因子在起作用，是其社会重构和变迁最重要的变量。同时，最初发生变化的是表现在其物质文化如食物、器物、居室、服饰、生产工具、交通工具等方面，还是表现在其信仰仪式、道德礼仪、艺术风尚等方面。按照人类学的说法，食品、居处、交通等物质文化，可以被一个团体整个搬去，于是和物质生产有密切关系的仪式等，也逐一地被搬去，代替了旧有的而现在已失去了效用的仪式，结果这些也被拉入这个社会的整个配置丛体里了。当然，有时候即使是物质文化改变了，其非物质文化也未必会改变。就以长角苗的文化来说，以我们的考察，其从狩猎的生活方式转到农耕的生活方式应该是比较晚的，即使在半个多世纪以前，狩猎还是其生活方式之一。理由是，他们的物质文化基本上是向汉人学习的，几乎找不到其独创的一面。尽管由于经济的原因，他们学习的不是汉人的先进的技术，而是落后的技术。可以说从建筑到生产器具到生活用具到食物，他们都和当地的汉人没有多少区别，只是更简陋、更粗糙而已。但在他们的非物质文化方面，如信仰仪式、道德礼仪、艺术风尚等，还是保持了自己民族的文化的完整性。但自从生态博物馆建立以后，这种文化的完整性正在从各个方面发生断裂与重构。如何断裂与重构，这也是我们在报告中要着重描述的。

第八节　研究成果的呈现方式与写作分工

在3个半月的时间里，我们8个人工作，录制了100多小时的录音、40多小时的录像，拍摄了5000余张照片，完成了60余万字的报告书，还有60余万字的考察日记。收集的资料不可谓不多，但如何将其整理出来，并从中找出一套建立中国式的生态博物馆的理论来，不是一件容易的事。但是，我们的这次考察最低限度也能给后来的研究者提供一份比较全面的研究资料。这份资料无论对于研究中国式的生态博物馆，还是研究有关苗族人的文化，都将是非常珍贵的。因为我们相信，这个族群的文化还会迅速变化，我们记录的许多内容以后也许会不复存在了，我们是在抢救一份珍贵的文化遗产。

在以往的研究中，人们最关心的是研究的结果，出版给读者的也都是整理得非常完整的研究报告或专著。至于考察和研究过程，那是一种后台的工作，就像前台的表演非常精彩，但谁也不会告诉观众，在后台大家是如何准备和如何工作的。在我们的具体工作中，有一套连续的体系，如怎样与当地人建立联系，如何选择调查合作人、作笔录、记录亲属系谱、绘制田野地图、记日记等等，这些研究的过程，其实也是非常重要的，其不仅是一种研究的过程，也是研究成果中的一个部分。所以，我们这次考察，不仅整理出了考察报告，连平时的考察日记也整理出来了。因为日记和报告同样重要，它们是两条平行的，但又不完全一样的思考线路。

因此，有关梭戛生态博物馆的考察与研究，我们有了两套学术成果，一套是我们经过查资料、访谈、记录、整理、归纳分析写出来的田野考察报告；另一套是记录了我们整个考察过程的日记，里面包括了我们在考察中所遇到的种种问题，种种困难，所产生的种种疑虑，对一个我们不熟悉的文化产生的种种看法，等等。

另外，我们还将我们的录像整理成系列人类学影片，有《变化中的陇戛寨》、《通往灵界的路》、《长角苗的跳花节》等。它们是我们文字记录和研究的有效补充，也许其不能像文字那样能有抽象的思辨，并提出一种理论的模式，但它能将具体的形象动态地、直接地呈现在我们的眼前，这确实是文字无法比拟、无法达到的。

我们相信，多样化的记录方式和表述方式，会让读者们对我们所研究的这一社区和族群更为了解。当然，尽管我们试图完整、试图真实、试图客观，但事实上谁也不可能完全做到这一点，因为在文字描述的过程中作者总是难免将自己的看法渗入其中，即使是在摄像和摄影的过程中，作者也难免会根据自己的喜好来选择。所以我们只敢说，我们显现出来的是我们眼中的陇戛寨，是我们理解中的陇戛寨。

我们考察的任务是繁杂的，所涉及的面又是比较宽泛的，但时间却是短促的。在当地时觉得自己掌握的资料已经很充分了，回到北京写作才知道还有很多的东西并未完全搞清楚。但我们已经没有机会去了，一是时间不允许，再者经费也不允许。希望有后来者继续对其进行考察研究，以补充我们的不足。

在本章的最后，我们有必要将本书的写作分工予以说明。全书写作方案的制订、审稿、统稿等工作，以及第一、三（部分）、四、十二章、后记的写作工作由方李莉负责；第二、三（部分）、五章的写作，全书的苗语注音由吴昶负责；第三（部分）、七、十一章的写作，附录中的大部分歌词采录由安丽哲负责；第六、十章的写作，全书的最后校对由孟凡行负责；第八章的写作由杨秀负责；第九章的写作及全书完稿以后的审定与校对由崔宪负责。全书的苗语翻译由熊光禄负责，部分照片由朱阳提供。

注释

[1] 梭戛的“戛”当地人读“gǎ”（嘎）音，《六枝特区志》中也注明了“gǎ”音。“陇戛”的“戛”仍正读。从当地对这两个地名的读音和这两个汉字读音两方面看，大概是定名者当初选字时将“戛”字误认做“嘎”（ga），“戛”、“嘎”不分。这两个字常被混淆使用，如“梭戛／嘎”、“陇戛／嘎”。只是在正式文献和地图中仍写“梭戛”，本书也暂持“将错就错”态度，采用“梭戛”二字，以期与现有的正式文献和地图等一致，并不改为“梭嘎”。

[2] 苏东海：《博物馆的沉思——苏东海论文集》，第69页，北京：文物出版社，2006年。

[3] 联合国教科文组织执行局第142次会议作出的《关于活的人类财富的决定》，转引自苏东海著《博物馆的沉思——苏东海论文集》，第69页，北京：文物出版社，2006年。

[4] 中国博物馆学会主编：《2005年贵州生态博物馆国际论坛论文集》，第12页。

[5] 雨果·黛瓦兰：《20世纪60—70年代新博物馆运动思想和"生态博物馆"用词和概念的起源》，载于中国博物馆学会编《2005年贵州生态博物馆国际论坛论文集》，第72页，北京：紫禁城出版社，2006年。

[6] Walsh, Kevin: 1992 The Representation of the Past: Museums and Heritage in the Post-Modern World, London: Routledge.

[7] [日]《平成17年度：我国的文化行政》，日本：文化厅长官官房政策署发行。

[8] [日]《文化财保护法的务实》，东京：柏书房，1979年。

[9] 林保尧：《中日文化资产法令比较与案例省思》，台湾《文资报》，第189页，2005年。

[10] 中国博物馆学会主编：《2005年贵州生态博物馆国际论坛论文集》，第13页，北京：紫禁城出版社，2006年。

[11] 同上，第23页。

[12] 同上，第23页。

[13] 同上，第13-14页。

[14] 同上，第63页。

[15] 中国博物馆学会主编：《2005年贵州生态博物馆国际论坛论文集》，第1-2页，北京：紫禁城出版社，2006年。

[16] 埃马纽埃尔·勒华拉杜里著，许明龙、马胜利译：《蒙塔尤——1294-1324年奥克西坦尼的一个小山村》，第1页，北京：商务印书馆，2003年。

[17] 长角苗为黔西苗族的一支，从服饰上看，其以头戴长的牛角头饰有别于其他民族及苗族其他支系。"长角苗"与"短角苗"、"大花苗"和"歪梳苗"等一样，初为民间习惯的区别性称呼，在相对"官方"的称呼里多以"箐苗"或"苗族的一支"名之。20世纪90年代以后，随着对这支苗族的介绍和关注越来越多，"长角苗"的称呼也被各界认同。考虑到这支苗族如今的"知名度"等因素，本书使用有特指的"长角苗"一词称呼他们。

[18] 中国博物馆学会主编：《2005年贵州生态博物馆国际论坛论文集》，第499-501页，北京：紫禁城出版社，2006年。

[19] 转引自王铭铭主编：《西方人类学名著提要》，第240页，南昌：江西人民出版社，2006年。

第二章　梭戛生态博物馆

本研究的缘起是为了解剖生态博物馆，为当今非物质文化遗产的活态保护找到一种可能性，于是梭戛生态博物馆出现在我们的视野中。生态博物馆与传统博物馆的不同之处，在于传统的博物馆是将文物移至一个或多个建筑空间内，进行陈设展出，被展示的文物和它所处的自然生态环境及人文环境是分离的，同时这些文物也是固态的，不再发生变化的。但生态博物馆中所有的存在都是活态的，它的空间边界不是建筑，而是社区。在这一章节的研究中，我们将把梭戛生态博物馆拉近到我们的眼前，对其建成的时间与背景、管理与沿革、保护的内容及措施、与当地人的互动等方面进行考察与研究，为整个报告做一个先期铺陈。

第一节　生态博物馆建成的时间与背景

1995 年 4 月，挪威博物馆学家约翰·杰斯特龙教授和中国博物馆学会苏东海研究员等博物馆学家受贵州省文化厅的邀请，赴梭戛乡苗寨考察，并写出了在梭戛长角苗社区建立生态博物馆的可行性研究报告书，提出建立社区文化和自然遗产整体保护的方案，并以此推动整个社区的经济发展。中央政府和贵州省政府十分重视，项目分别于 1995 年和 1996 年获得了贵州省人民政府和国家文物局的批准，拨出 90 万元人民币专款进行修建。挪威政府也给予了 90 万元人民币的无偿援助。

1997 年 10 月 23 日，中国国家主席江泽民和挪威国王哈拉尔五世出席了中挪文化合作项目——中国贵州六枝梭戛生态博物馆等 5 个项目的签字仪式。在国家文物局和各级政府的支持下，在挪威开发合作署的无偿援助下，通过 3 年的努力工作，于

1998 年 10 月 31 日初步建成中国乃至亚洲的第一座生态博物馆。

按照《贵州六枝梭戛生态博物馆资料汇编》的说法，“梭戛生态博物馆的定义包括箐苗 12 个村寨和 1 个资料信息中心，博物馆的面积等于 12 个箐苗村寨的面积，约 10 平方公里，箐苗总人数 4900 余人。资料信息中心储存箐苗文化遗产资料，为研究、观光者提供参观、研究、服务，同时也是箐苗的活动场所”。

12 个村寨原状地保护古朴的苗族文化，含管理制度、生产生活、传统工艺、音乐舞蹈、婚丧嫁娶、节日庆典、宗教礼仪等，梭戛生态博物馆以整体保护长角苗社区的文化遗产为目的，并促进整个社区的经济、文化生活的发展。

第二节　生态博物馆的行政编制与管理

一、生态博物馆的行政编制

梭戛生态博物馆是一个正科级单位。从行政关系来讲，隶属六枝特区；从业务管理上来说，隶属国家文物局和省文化厅，接受它们的指导与管理。

博物馆的历任馆长及工作人员沿革一览表

姓名	学历	性别	民族	出生时间	任职情况
徐美陵	副研究馆员	男	汉	1948 年	1998 年之前为六枝特区文化馆馆长，1998 年任梭戛生态博物馆首任副馆长（博物馆至今无正馆长一职），2000 年兼任六枝特区文化局副局长（副馆长一职由林平代任），1994 年正式成为副研究馆员。
林　平	大专	男	汉		原六枝特区第三中学英语教师，2000 年自六枝特区旅游局调任梭戛生态博物馆副馆长，2002 年调至特区文化局。
焦兴敏	大专	女	汉	1972 年	原梭戛乡副乡长，2002 年调任梭戛生态博物馆副馆长，2004 年 3 月调任特区保密局局长。
牟辉绪	中专	男	汉	1958 年	原六枝特区党委宣传部宣传科科长，2004 年 6 月调任梭戛生态博物馆副馆长至今。
罗　刚	大专	男	汉	1976 年	1998 年自六枝特区文化局办公室调入博物馆，2004 年 3 ~ 6 月期间代行副馆长职，2004 年 6 月调至文化局文物管理所。
郭　迁	中专	男	汉	1974 年	2003 年 4 月自梭戛乡农业技术服务中心调入博物馆。
叶胜明	中专	男	汉	1970 年	2003 年 9 月自梭戛乡文化站调入博物馆。
毛仕忠	大专	男	彝	1962 年	原梭戛乡党委书记，去职后于 2003 年 4 月自梭戛乡政府调入博物馆。

二、生态博物馆的行政职能与权限

梭戛生态博物馆这个概念有两层意思。首先，按字面意思理解，它的范围应当是 1997 年 10 月 23 日中挪文化合作项目协议书所称的整个长角苗十二寨，其权力主体应当是 2000 年 8 月 9 日《六枝原则》上所定义的十二寨村民。但这只是一个尚未达到的理想化的目标。10 年来，在梭戛生态博物馆的整个实际操作过程中，则是一个外来派驻人员的行政建制，而且仅是正科级文化事业单位，这个行政单位的决策者和工作人员只拥有建议权和参与监督权，不仅不能真正有效地运作整个社区的文化保护，而且由于梭戛生态博物馆划归六枝特区（县级）政府管理，生态社区中属毕节地区的 5 个村寨（化董寨、依中底寨、小兴寨、苗寨、后寨）实际上也不在其行政能力的范围之内，这就增加了实际工作上的难度。

我们就梭戛生态博物馆的职责和权限问题专门向现任副馆长牟辉绪请教。牟馆长认为，由于梭戛生态博物馆的情况具有国情、省情的背景，与杰斯特龙的理念并不太一样，结合生态博物馆理念的要求，结合自己本职工作的理解认识以及六枝特区政府的要求，牟辉绪馆长做了以下的谈话。

他说："按照《六枝原则》，村民是生态博物馆的真正主人。现任的博物馆工作人员班子主要是协助他们开展工作。在箐苗村民不具备管理博物馆的能力时，特区政府要派人员来成立一个机构，这个机构叫做'梭戛生态博物馆'。现在这些人员叫管理人员也行，叫工作人员也行，主要任务是采用图片、图像、文字等形式协助当地人收集整理他们现在的箐苗文化及文化记忆。

"因为随着社会进步与发展，很多东西会慢慢消亡，比如他们不可能长期用木桶去背水，必须采取某种手段去把这些事情保留下来，让人们能够看得到。我们是协助当地人将他们在生产劳动、生活礼仪等多方面的文化事象，通过摄影、摄像等现代化手段记录下来，并用电脑储存起来。我们目前只能做到这一步，进一步建立数据库的事情我们也在逐步计划之中。

"还有一条职责就是协调社区 12 个村寨，为了使箐苗文化得以保护传承，2002 年博物馆专门成立了一个社区管理委员会。虽然各个村寨都有（至少）一个代表，但是现在还没有详细的工作章程来明确这一职责。按照我的理解，这个管理委员会的主要职责是为箐苗文化的传承和保护提出一些建议。我上任以后先后开了两次馆委会的座谈会，分别是在 2005 年和 2006 年春节。借迎春的机会互相联络，但是他们的文化要浅一点，要他们谈一个大的感想体会他们谈不出来。

"根据《六枝原则》和生态博物馆理念的要求，我们的任务是通过民族工艺品和旅游方面的开发，把箐苗文化资源转化为一种经济，让他们有收入，引导他们进行加工生产。现在正在改造旅游接待站和卫生公厕的建筑，就是要来实施这个事情。去年国庆节时，特区政府专门对梭戛博物馆进行了一次调研，拟定了两份内容，首先，蒋承云区长（六枝特区）给生态博物馆定了一个位，即梭戛生态博物馆是特区政府就箐苗文化进行传承保护的一个派驻机构，这是从狭义上而言，因为从广义上来讲生态博物馆是指的整个生态社区。他所说的是我们就现在这个机构的职责——箐苗文化传承的保护事业而言。其他的社区发生的一切箐苗文化的事情，我们要做记录；社区发生的变化、建设，不管政府任何部门开展的，博物馆要参与，换句话来说，生态博物馆要履行一个监督职责。这个监督要从哪里来？按照生态博物馆建设的要求，生态博物馆要充分保护箐苗的传统文化，如在维护传统建筑风格等的前提下来开展建设。比如陇戛寨目前的民居乱搭乱建现象，我们正在跟村委会进行商议。

“陇戛寨是核心保护区，这个寨子的变化太大，我们向他们提出过建议，没有人听，我们要写成文字，进行记录工作，否则的话，就是我们的失职。看到他们即将消亡的文化，我们要赶快写成文字给政府打报告，我们建议政府，赶快对此地进行规划。农民有了余钱，会凭自己的意愿去修房子，改变太严重就要由政府出面干预，政府每年都要拿出一定的钱来对他们的建筑进行维修。此外，民族工艺品的开发还是要做，我们还要配合旅游部门设一些旅游景点、景观，在符合我们民族文化保护规则的前提下进行开发。一句话，不论任何一个政府部门来，我们都要履行一个保护文化的职责，不要以牺牲我们箐苗的文化为代价来获取短期的经济利益。

“那么权限是怎样的呢？本来我们的生态博物馆是泛指这 12 个村寨，但目前我们只能顾及到我们特区，甚至范围再缩小一点，可以说，我们这几个（管理人员）的精力只能顾及到梭戛乡。再缩小一点，就是这里（陇戛寨），还可以顾及到高兴村这一片，安柱那边不是说顾及不到，它主要问题是没有和这边连成一片，但也还是顾得到的。按照行政区划，织金县的这 5 个村寨（化董寨、依中底寨、小兴寨、苗寨、后寨），一般来说它的管辖权属于织金那边的行政部门，我们特区政府不容易去管，假如都是我们特区政府来管就比较好操作。所以织金县境内发生的事情我们只能说是提出建议，也只有这个权限，我们管不到织金县（属于毕节地区）。

“另外，按生态博物馆的理念，村民才是他们文化真正的主人，我们对村民，只能是协助他们，这是一层含义。第二层含义是我们可以和他们协商，共同完成民族文化保护，他们的文化是他们的，但也是世界的，我们要有这个保护的责任。但还有一个问题，我们当前的行政体制使得在行政方面你无法干预到他的时候，你对他是没有制约权的。比如说他不干，你罚不了他的款。他乱搭乱建你也只能提出你的建议，他可以完全不听，你也罢免不到他的村长职务。村里行政机构班子的组成我们可以参与，但他们也可以不征求我们的意见。所以说到责任与权限关系的时候，我们只能表述为‘责任大于权限’。权力实际上没有，我们只有监督的职责。责任主要就是收集整理他们的文化信息资料，责任是重大的。我们要协助他们，看到他们日新月异的变化的时候，我们一方面觉得是好事，但另一方面也是一种担忧。但我们没有办法控制，所以我们是职责要大一些，权限要小一些，甚至可以说没有权力。因为这个体制就是这样，博物馆是特区政府的一个派驻机构，因此对于社区的文化保护来讲是没有什么干预的能力，这是一个方面。另外，我们在行政上依靠特区政府，因为我们要吃饭，需要工资，但在业务上我们又直接归国家文物局和省文化厅，这样一来许多事情又要受到限制，当特区政府和省文化厅的意见不一致时，我们听谁的？本身生态博物馆就是一个新的事物，我们梭戛生态博物馆是中国第一座乃至亚洲第一座生态博物馆，贵州省的专家学者们都还尚处在探索研究阶段，很多人还没有理解到它新生事物的特殊性，因此理顺这个关系很重要。”

在这里我们所看到的是，梭戛生态博物馆境内是一个群体的活生生的文化，人们要生存要发展是谁也不可阻拦的。由于没有当地民众的参与和互动，博物馆的工作是被动的，又由于没有行政职能，博物馆的工作权限又是受限制的。因此，工作难以开展。

第三节　生态博物馆文化保护的方式

一、保护范围及分级

梭戛生态博物馆将社区划分为三个保护层面。第一层面是核心保护区，即陇戛寨；第二层面是重点保护区，以高兴村为主；第三层面就是整个社区。

保护区的范围界定，主要考虑以下几个因素：

1. 梭戛生态博物馆重点保护范围内的四个寨子，都是（长角）头饰为特征的苗族，尤其是陇戛寨建有中国第一座生态博物馆的信息中心，它们是现存的形成梭戛生态社区（长角）苗族风情的核心，因此，保护区必须以此为中心。

2.（长角）苗族的遗产、历史见证物、建筑等，以民族文化及文物两方面考虑应作为核心的组成部分。

3. 梭戛生态社区作为一个整体，它的文化遗产、自然景观遗产是生态博物馆的重要组成部分。

根据上述几点，博物馆将保护区作如下划分。

（一）核心保护区

高兴村辖区内4个（长角）苗族村寨：陇戛寨、小坝田寨、高兴寨和补空寨，总面积为5.26平方公里。其居民生活居住区域面积：陇戛寨7.875公顷，小坝田寨11公顷，补空寨11公顷，高兴寨3公顷。

核心保护区内，要求全面整体地原状保存寨子传统风貌及建筑的空间尺度，不宜再建设新房，并改造和搬迁少量影响村寨原始风貌的房屋，如学校等。因寨子的地形坡度较大，为了不影响原汁原味的寨子风貌，不考虑车辆通行，道路只做适当调整、理顺，路面用石板或卵石铺装。

（二）严格保护区

核心保护区外围，梭戛生态社区保护范围以内的区域，保护面积4.93平方公里。

严格保护区主要是保护农业生产风貌，保护山体的植被及经果林。将保护范围内的山体均植树造林、封山育林，全面保护各寨子视线范围内的植被。

二、保护内容及措施

（一）民居建筑保护

梭戛长角苗人大多是在山区聚族而居，其村寨多建筑在山腰及山顶，其住房依山形地势而建，因地制宜，不讲究朝向。民居形式多为一层平房，分木结构草顶房、土墙草顶房和石墙草顶房三种。一般为三开间，少数为二开间。

1．木结构草顶房，是历史较长、比较普遍的建筑形式。这支苗族 12 个村寨中均保留这种建筑。房屋为木柱、木梁穿斗结构，四壁多用木板，走马板多用竹条编织。房屋正中有吞口，多数民居带有院坝。茅草顶、屋脊茅草加厚堆高另具风格。

2．土墙草顶房，也是主要的建筑形式，以陇戛寨为典型。其构造是房屋四周墙体均用黄泥土夯筑而成。房屋正中无吞口。门一般用木板，也有用竹、藤编织的。隔墙均用竹、藤编织，抹上泥土。屋顶盖草。

3．石墙草顶房，建筑墙体均用石块堆砌而成。盖草顶。挑檐枋用条石，做工较考究。

村寨内不宜再建民居，新增农户迁入陇戛新寨，老寨子以整理及修缮为主，拆除乱搭建的棚屋，有条件的民居可设厕所，畜禽棚可用水冲洗，入户小路用石板或卵石铺装。

需要修缮的民居按省文化部门的要求修复。村寨内的房屋应由其所有者继续使用，并且不改变其建筑功能。加固和维修必须遵循一定的原则。

（二）文物、历史见证物的保护

利用资料信息中心记录和保存寨子的文物、历史见证物等文化遗产，利用一个小型展览室向观众介绍其文化的基本情况，并告诉人们作为一名观众（或客人）的行为要求，以及他们将要看到和经历什么。

（三）植被保护

很早以前梭戛社区内的村寨周围都是浓密的森林，后来由于人为的破坏，森林被毁殆尽。森林消失使居住环境变得十分恶劣，他们从经验中逐渐认识到森林的重要性，如今各个村寨周围都种植浓郁的树木，林木被视为神而保护、供奉起来。

对于植被的保护：保护好现有林地，保留良田好土，对 25 度以上坡地要尽可能退耕还林；对荒山坡地以封山植树为主，提高森林覆盖率，为梭戛社区提供良好的生态环境。

（四）水源保护

梭戛生态社区，水资源十分匮乏，仅有流量不大的山泉供人畜饮用。因此，对水源的保护尤其重要。首先，要保护社区内的生态环境不再被破坏，以免造成生态失衡，水资源遭到破坏，其次要保护现有的泉点和井点不被污染，尽快建设排污管线及处理设施，改善村寨的饮水条件和环境。

（五）耕地保护

梭戛生态社区内的寨子周围的农业生产用地，属梭戛乡基本农田保护区范畴，也是各个村寨寨民赖以生存和开展生态旅游的主要载体，因此，在除必须建设的旅游服务设施外，不再侵占各个寨子及其周围的农耕地。

（六）民族文化的保护

六枝梭戛长角苗这个有特色的文化群，在建立生态博物馆之前基本上处于封闭状态。对它的民居、水源、植被、农耕地的全面保护，构成梭戛生态社区全面保护的主体骨架。而梭戛长角苗文化的保护，在于它的整体保护，即把梭戛长角苗人的文化遗产和自然景观尽可能地原状保存在其所在社区和区域内。

第四节　生态博物馆对长角苗社区的影响

一、生态博物馆对长角苗社区的行政影响

我们手头上有一份“梭戛生态博物馆村民管理委员会成员表”，参与者都是梭戛生态社区的长角苗居民，该管理委员会于2002年成立。但他们除了参加如“生态博物馆社区迎春座谈会”（自2005年以来每年一次）之类的聚会座谈以外，基本上没有实质性地参与任何馆务工作。2006年召开的梭戛生态博物馆社区迎春座谈会上，安柱村代表缺席，而化董、大湾新寨的代表也没有来，有的甚至是找人代替。会议上主要是主持常务的副馆长牟辉绪发言，村民代表们羞于开口。后来采取有奖问答的形式，以洗衣粉、毛巾、香皂等为奖品，将会议气氛活跃起来。当时所设的问题诸如“生态博物馆社区有多少个寨子？分别是哪些？共有多少人？”“生态博物馆社区到目前为止有多少人参加工作？有多少个大学生？多少个中专生？多少个高中生？”“请你说出生态博物馆的真正主人是谁？”等等，尽管这些问题是博物馆行政方事先所假设的长角苗社区文化的基本常识，但与会者仍然有不少人不知道确切答案，许多人都在猜测中犹豫不决。从这些提问和回答中，我们看到当地民众不仅对生态博物馆的理念搞不清楚，就连其所管辖的范围也不知道，而且他们也不想知道，因为这些知识与他们的日常生活基本无关，因此，保护长角苗文化是博物馆的事，他们只是被派来应

付差事。

梭戛生态博物馆村民管理委员会成员表

姓　名	性别	年龄	职　务	住　址
熊玉文	男	45	名誉馆长	六枝特区梭戛乡陇戛寨（新寨）
王兴洪	男	40	馆委会成员、村委主任	六枝特区梭戛乡陇戛寨
熊朝贵	男	37	馆委会成员、村民组长	六枝特区梭戛乡陇戛寨
杨　兴	男	31	馆委会成员	六枝特区梭戛乡陇戛寨
熊朝进	男	52	馆委会成员	六枝特区梭戛乡陇戛寨
王开光	男	44	馆委会成员	六枝特区梭戛乡小坝田寨
王洪国	男	47	馆委会成员	六枝特区梭戛乡高兴寨
杨得虎	男		馆委会成员	织金县阿弓镇小兴寨
王顺福	男		馆委会成员	织金县阿弓镇化董寨
王云华	男		馆委会成员	织金县阿弓镇依中底寨
杨正云	男		馆委会成员	六枝特区梭戛乡安柱寨
王光明	男		馆委会成员	六枝特区梭戛乡大湾新寨

（资料来源：梭戛生态博物馆信息资料中心）

表格中的这些人虽然都是生态博物馆的名誉馆长或管委会成员，但基本不参加管理的任何工作，博物馆也很少组织活动，影响并不大。

二、生态博物馆对长角苗社区的经济影响

生态博物馆建立以后在文化保护上的力度虽然不太大，但在推动当地经济发展方面却有很大的影响，尤其是在扶贫上。以高兴寨为例：

农业生产方面。引用良种（2002 年引入西山 7 号玉米种、脱毒马铃薯种薯等）良法（1997 年引入麦肥分带轮作、石灰改良土壤；1998 年引入芋苞分带），科技种植（2002 年建立金银花基地，2003 年建立花椒基地、杨梅基地、两批核桃基地，2005 年建立辣椒基地等），植树造林。

交通方面。建馆之前从梭戛乡政府到陇戛寨只有一条烂毛路，但在 1998 年建馆以后由六枝特区拨款砌好路基，2004 年柏油路面铺设完工，投入使用。

教育方面。1996 年以前，高兴小学设在陇戛寨熊玉方家的牛棚里，1996 年生态博物馆项目立项之时，陇戛苗族希望小学同时建成，“牛棚小学”的历史结束；到 2002 年，投资 40 万的陇戛逸夫希望小学综合楼建成。学校教师队伍从 1996 年的 3 人扩充到 2006 年的 11 人，原陇戛希望小学校舍转让给高兴村村委会作为活动室。

传统建筑维修方面。2002 年，贵州省文物处拨专款，并聘请黔东南古建筑施工

队对陇戛寨杨德学、熊朝贵、熊朝进、熊光祥、杨朝忠、杨德贵、杨正开、杨正祥、熊光达、杨光祥 10 户木建筑老宅，按原建筑比例并在尽可能保留原有建筑材料的条件下进行了重建和维修。

第五节　当地人对博物馆的看法和评价

一、当地领导的看法

上述各项扶贫措施，除传统建筑维修方面，其余都属于梭戛乡的政府行为，博物馆虽然只是协从参与，但这些扶贫项目与之有着间接的因果关系。也就是说，博物馆的存在使梭戛苗族社区由相对闭塞的边缘地位走向绝对公开的窗口地位。这一身份的变化导致社会各界的不断关注，博物馆也受到来自各方面的压力。2002 年 8 月，贵州省委书记钱运录视察梭戛生态博物馆时提出："贫穷不是社会主义，保护优秀传统文化不是保护落后，要把文化保护和扶贫开发工作结合起来，不断提高社区居民的生活水平，把梭戛生态博物馆建设成为宣传贵州精神文明建设和改革开放成果的重要窗口，充分显示社会主义的优越性。"他此行的谈话对以后政府部门开展梭戛生态博物馆工作思路的影响极其深刻，实际上，杰斯特龙最初所主张的"非营利性"和"学术价值"已经备受质疑，科技扶贫、新寨工程、发展旅游业和进行手工艺品开发都在进行之中，因为如果一味强调它的原生态和学术价值，必然会不利于其经济发展，不利于其走向脱贫。政府方面也不希望在这样一个对外展示的"窗口"上面临尴尬。

为此，六枝特区一位副区长以非常沉重的语调谈道："我曾经批评一些文化人，人家要盖房子都不准，他们认为就应该让人家住破茅草房，整道路也不准整，长期这么下去的话要形成（民族、干群关系方面的）矛盾了。我们这支苗族，博物馆也清楚，在以前是多么的贫穷，甚至为什么我们领导要去，有人拦住领导的车哭，是一个什么愿望？说明他们希望能够发展。如果说长期让他们总是这样子的话，他们是不满意的，他们有发展文化的权利。我们不能阻挡它，我们也没有理由去让他们长期这个样子。"因此，当地的文化官员们尝试着使用一种折中妥协性的新表述——"中国特色的生态博物馆"。

关于"中国特色的生态博物馆"这一说法，六盘水市一位文化局副局长，在我们考察组和当地学者和领导座谈的一次会议上解释说："当初我觉得它就是一个具有中国特色的生态博物馆，因为 2002 年的时候，国际博物馆学会换届大会在西班牙举行，我去参加了，也参观了西班牙的生态博物馆，我认为国际生态博物馆的理念引到中国来，是有差异的。第一，国外的生态博物馆多是在发达国家；第二，它们是建立在人民现代化教育程度比较高、富裕程度比较高的土壤上、基础上的。我们的梭戛生态博物馆建立在贵州西部一个贫穷落后、人的现代化教育程度比较偏低的这么一个地方。这就有很多问题，我也和方（李莉）教授他们闲聊的时候讲过，要用国际生态博物馆的理念来管理梭戛生态博物馆，我们是做不到的，售门票也好，对外开放也好，我们和苏东海教授及国内外专家都探讨过，都提出了我们的一些不同的看法。但是我们梭戛生态博物馆确实是非常特殊，特殊就特殊在它非常贫穷落后。那么为什么又要选择在这样一个地方建这样一个生态博物馆？用国际生态博物馆学家杰斯特龙先生的原话说，就是‘因为它贫穷，因为它闭塞，所以它的原生态、原汁原味的民族文化的东西、民风民俗没有消失，没有受到外来文化的侵袭，没有受到破坏，没有受到污染’。所以这就是一对矛盾。”

二、陇戛寨居民的评价

陇戛寨村民对博物馆的评价总体来说都还比较好，但受益情况不同的人群态度也不同，比如 2002 年搬迁到新寨的 40 户居民，对博物馆普遍都持感激、支持态度，老寨的 10 家古木建筑改建维修户也对博物馆表示感激和支持，但两次扶助都没有轮上的居民则褒贬不一，虽然政府给予陇戛寨的扶助投入最高，包括投资修建水窖和危房改造，但一些居民还是有怨言。他们大多数认为分配不公平，还有的是对表演队的报酬微薄有意见。总而言之，经济利益是放在第一位的，文化保护与否对他们来说并不重要，在他们看来，他们处在最贫苦的生存环境之中，摆脱这种艰辛的生活，过起码要跟汉族人一样的生活才是最重要的事情。高兴村村长王兴洪是陇戛寨人，在一次酒后闲谈中，他坦率地说：“你们可以说我在这个村子里算是生活过得非常好的了，可是我知道比下有余，比上不足，我希望我的小孩能受到良好的教育，将来能考上大学，能够不再去过像我们老辈人那样恼火的生活。”

我们曾问他：“你是如何看待博物馆的？”他说：“博物馆建起来还是好，但我有一个看法，博物馆要保护生态环境和文化遗产是好，但如果只是保护，老百姓富不起来。比如说，博物馆为了保护景观的原生态，不让把以前的草房拆掉，老百姓的生活如何改变？他们也想过和城里人一样的生活。”

“博物馆的范围是长角苗的 12 个寨，如果这 12 个寨子都按博物馆的理念来保护，我认为有困难。我的想法是，你想保护原生态可以，房子的外观可以像传统一样是茅草的，木结构或土墙结构的，但里面一定是宽敞的和现代化的。不然，你要保持原生态，传统的房子都那么窄，那么小，来个人都没地方坐。下雨时，外面下大雨里面下小雨，这咋个办？如何改变老百姓的生活？博物馆考虑过没有？另外，保存历史，我也总结过，要保存也就只在陇戛寨保存就行了，这里保持传统可以搞旅游，其他的寨子则可以改变，可以发展。12 个寨子都保存，代价太大了。从目前发展的情况来看，没有谁愿意再穿苗装，因为穿苗装的成本太高。第一个，不方便不舒服，不便于劳动。第二个，一件苗装要从种麻、施肥、割麻、煮麻，晒麻、纺麻开始，工序非常多，劳动强度也大，纺完麻后还要染，要裁剪、缝制，还要绣花，在这一过程中不知道要花多长的工夫。”

说着，他指指自己身上穿的一件外套说："你看我身上的这件衣服，才百把块钱，可以穿好多年，又暖和又好看。现在的村民也意识到了，时间也是金钱，有那么多的时间去种麻、煮麻、织布、绣花，还不如去打工，钱来得更多更快。"

他的看法代表了陇戛寨人的普遍心声，也代表了村民们当前急于致富的心态。

三、其他长角苗村寨居民的评价

高兴村其他三寨的居民对博物馆都有不同层面的评价。

原来担任过高兴村村支书的高兴寨村民熊开文说："博物馆对我们那高兴村的影响是很大的……目前主要是陇戛寨受益得最多，比如修新村，现在又在资助他们修建水窖。博物馆的帮助、影响主要体现在农业技术扶贫、公路交通这些方面，比如良种良法的推广、脱毒马铃薯这些等等。脱毒马铃薯因为不好吃，所以没有推广成气候，但是总的来说，还是每年都在改变。"

小坝田寨的王开云、王开忠等人对博物馆比较了解，他们一方面谈到博物馆对长角苗文化的保护方面所付出的努力，并且受到鼓舞，十分乐意把祖先们的历史传统向来访者娓娓道来；另一方面也表示博物馆对陇戛寨的扶持力度大而对小坝田所顾及到的十分有限，他们有意见。小坝田寨的一位村民甚至还向我们打听如何才能获得来自博物馆和政府部门的扶贫资助，因为他的妻子身体不好，家里房屋又是土墙房，生活过得十分不易，他希望能像陇戛寨的居民们那样得到改造危房的机会和资金。

在他们的言谈中我们注意到，有一些原本不是他们民族的东西，他们也一并视为可称道的文化保护工作。比如说向游客表演时的一些舞蹈动作是博物馆请老师来教给他们的，他们不敢在自己平时的节日跳那些舞，因为那样会被邻里们视做疯子，他们会觉得很害羞。但他们并不觉得向游客表演这些舞蹈是对他们文化传统的肆意篡改，在他们的认识中，那也是值得学的东西，是体现一个人与众不同的才赋能力的好机会。

同属梭戛乡的安柱村长角苗居民获得贵州省煤炭管理局等单位投资 166.05 万元兴建的安柱新村 46 套两层楼砖房，并给搬迁户每家配发床、椅、无烟煤炉，当地村民对此非常高兴与感激。由于安柱村是苗汉混居村落，除安柱寨（包括上安柱和下安柱两个寨子）外，其周围还有高家寨等汉族寨子，受汉族人的影响，安柱寨的长角苗居民绝大部分住上了石墙房和水泥平房，种植以小麦和玉米为主的粮食作物，尽管安柱村的村民们尚不富裕，但他们对博物馆的评价大体还是乐观和满意的。

此外，织金县阿弓镇化董村的化董、依中底两个寨子的箐苗居民都知道有这么一个博物馆，也听说这个博物馆已经改变了陇戛寨以及高兴村人的生活，他们知道在陇戛的亲戚日子过得好多了，也通上了水电和公路。但对于他们自己而言，博物馆对他们生活方面的影响几乎一点都没有。由于梭戛乡与阿弓镇不仅分别属于六枝特区和织金县，而且还各属于六盘水地区和毕节地区，行政区划上的间隔太大，而梭戛生态博物馆目前只是六枝特区文化局的下属机构，职责权限实际上根本无法顾及到它们。尽管如此，这些地方的长角苗居民也仍然表示一方面要靠自己的双手改变贫苦艰辛的生活，另一方面也希望能够正式加入这个博物馆的受益群体。

梭戛乡各族村民对梭戛生态博物馆的认识情况调查表

姓名	性别	年龄	民族	社会身份	对博物馆的认识	从博物馆受惠	对博物馆的意见	对博物馆的态度
刘高荣	男		回族	梭戛乡卫生院院长	保护文化；推动经济发展	梭戛镇的生活水平和环境越变越好	无	支持
王开文	男		苗族	陇戛逸夫小学校长	扶持教育，保护民族文化	新建教学大楼，希望工程及国内外捐款、捐物	无	支持
王兴洪	男	40	苗族	高兴村现任村长	帮助大，但不够	全村居民生活水平有所提高	工作人员少，不常在馆；负责人调动频繁导致政策不力	支持
杨学富	男	49	苗族	梭戛乡高兴村陇戛寨农民	帮助不大	乡里发给5只小鸡崽	缺少实质性帮助	无所谓
王大秀	女	50	苗族	梭戛乡高兴村陇戛寨农民	没有什么帮助	同上	缺少实质性帮助	无所谓
田松	男		汉族	岩脚镇人，梭戛乡文化服务中心干部	帮助当地人，影响周边乡村的文化保护意识	岩脚镇和梭戛镇经济都会被旅游带动起来	无	支持
高大鹏	男	65	汉族	梭戛乡安柱村高家寨农民	保护民族文化；帮助苗族人脱贫	无直接受惠	无	支持
沙云伍	男	71	彝族	陇戛逸夫小学代课教师	改善了陇戛村民落后的生活习惯	教育扶贫力度增大；家门前公路修通	无	支持
陈少军	男	42	穿青人	梭戛乡顺利村老高田寨农民	老高田寨通过与博物馆水换电通上了电	以后陇戛寨通向化董寨的公路修好，可以改善交通状况	生活还是困难，现在水不够吃，用电也很紧张	支持
熊开高	男	37	苗族	梭戛乡高兴村小坝田寨农民	不了解	无	希望获得其帮助而不知该怎么办	支持
王开忠	男	43	苗族	梭戛乡高兴村小坝田寨农民	有帮助，但不够	即将获得5000元危房改造款	对参与舞蹈表演活动者应该付给相应报酬	支持
王开正	男	43	苗族	梭戛乡高兴村小坝田寨农民	了解不多	无	不清楚	无所谓
杨加祥	男		苗族	梭戛乡高兴村陇戛寨（新寨）原村民组长	帮助特别大	搬迁到新寨安居；获得耕牛一头	无	支持

四、周边其他各族居民的评价

我们采访的对象还包括梭戛乡乐群村、顺利村的垭口寨、老高田寨和七块田寨、麻地窝村（属织金县“大花苗”聚居村）、安柱村的高家寨、岩脚乡等乡、村、寨的各族居民，他们都对博物馆有所了解，知道这个博物馆正在使陇戛人生活水平越来越好。他们对这个博物馆的了解主要包括三个层面：1. 有很多外国人和官员前来观光，比较热闹；2. 高兴村（或陇戛寨）的居民们现在受到的特殊待遇（如新村搬迁、不断的旅游收入等）很让人羡慕；3. 希望这种福泽能惠及周边村落。持第一种看法的居民往往是住在离高兴村比较近的梭戛乡各族居民，他们或是耳闻或是亲自到博物馆信息中心参观过，因此比较熟悉，但对利益问题看得比较淡，纯粹是了解；持第二种看法的人则主要是生活水平更为贫困的周边居民，如老高田寨的“穿青人”、麻地窝村的“大花苗”族群等，他们村寨所处的位置是在海拔更高一些的山间坡地，缺水和交通不便问题至今尚未得到很好的解决；持第三种观点的主要是梭戛乡和岩脚乡的汉族、回族居民，他们在接受采访时表达出希望或者相信将来生态博物馆所带来的潜在经济推动力最终会带动周边的文化旅游热，促进当地人文旅游经济的兴起。

第六节　梭戛生态博物馆工作所面临的问题

本章的资料来源一是博物馆本身的文本、文件，二是访谈和问卷调查，内容主要涉及博物馆的运行机制和当地领导及群众对博物馆的看法。从这些材料中可以看到目前博物馆存在的一些问题：第一，梭戛生态博物馆从 1998 年正式建立到 2006 年，八年的时间，一共换了五任馆长，至今还没有一任馆长是正职，最长的副馆长任职两年，最短的只有三个月，频繁的人事调动，使得博物馆的内部管理较没有条理。而且在工作人员中没有专职的保管员，也没有专职的电脑方面的专业人才，因此，资料的硬件和软件的保管方面都有所损失。第二，当地的民众基本没有参与博物馆的管理和文化保护的工作，虽然设了由当地民众参与的管理委员会，但基本没有开展工作。第三，博物馆建立以来当地的民众在物质生活上的确有了很大的改善，许多民众对博物馆有好感，但在文化保护工作方面却做得不太得力。比如博物馆缺少专业的研究人员，在对当地文化的收集整理方面缺少人手，而且由于没有当地人参与，收集资料时在语言的沟通方面也有一定的难处。博物馆建立了近 10 年的时间，虽然对当地的文化进行了一定的收集，但非常零散，有些歌虽然录了音，但并没有进行翻译和整理。虽然有些文字资料，但过于简单，甚至不够准确。

以上情况许多都是由于客观原因造成的。第一，是体制。博物馆馆长的任命并不是根据对方对此是否有研究或有兴趣，而是根据人事安排的需要，所以来的人并不太安心。第二，这里远离城市，生活条件艰苦，又没有食堂，在这里工作的人，远离家庭生活，没人照顾，也照顾不了家。徐美陵馆长是我们见到的最敬业的馆长，在山上他每天吃面条，已吃出了胃病。每次来了客人，没地方住，他往往将自己的住所让出来，自己则在沙发上靠一夜。这样的工作条件的确让人难以安心工作，更不要说是搞好工作。第三，生态博物馆是一个新鲜事物，国内本身缺少这方面的专家，六枝特区，作为一个县级单位，找不出这方面的专家也是正常的，所以即使大家有工作的积极性也不知道如何工作。第四，当地民众的生活太贫困，以至于大家不得不把所有关注的焦点放在脱贫上，而不是文化保护上，这就是中国特色的生态博物馆。最终的危险是，生态博物馆建立了，寨子也对外开放了，当地的文化在发生着迅速的变化，但生态博物馆却没有能力将当地原有的文化记录下来，虽然他们也知道这很重要，就像牟辉绪副馆长所说的，他们甚至想建一个数据库，但他们没有这方面的人才，也没有资金。而且就连以前收集的一些资料也因保管不善丢失了；还有许多录音带，我们曾想过利用它们，但也因保管不善已经没法用了；有许多酒令歌眼看着寨子里都没人会唱了，也没有人想办法录下来，并翻译出来。

为此，我们感到我们下一步的工作重要的不是研究梭戛生态博物馆本身，更重要的是抓紧时间对这一族群的文化进行记录整理和研究。

第三章　我们的聚焦点——陇戛寨

第一节　研究区域的界定

梭戛生态博物馆的范围包括了居住在跨六枝特区和织金县两个县边界处3个乡的12个长角苗寨子。即六枝特区梭戛乡安柱村安柱寨（蒙如，mu nthu），高兴村陇戛寨（姆嘉，mu ngjia）、小坝田寨（姆厚跌，mu heu diae）、高兴寨（姆依，muyi）、补空寨（姆科姆，mu kom），新华乡新寨村大湾新寨（姆憋，mu biae），双屯村新发寨（姆苏，mu su），织金县阿弓镇长地村后寨（姆撒，mu sae），官寨村苗寨（姆祖苏，mu theu su）、小新寨（姆噶，mu ga），化董村化董寨（姆奴，mu nu）、依中底寨（姆松低，mu thong di）。我们这次研究的重点是陇戛寨。

陇戛寨是梭戛生态博物馆的核心保护区，也是生态博物馆信息中心所在地。陇戛寨虽然只是博物馆的信息中心，但在当地人的眼里，那就是生态博物馆。因为除了那里就再也没有地方有博物馆的服务设施了。生态博物馆的概念是，社区的建筑与生活方式、生产方式，以及它们和当地的自然环境一起，构成了生态博物馆所要展示和要保护的整个内容。这样的概念别说当地的老百姓，就连政府官员都不理解。在他们看来，所谓的生态博物馆，就是信息中心那坐落在陇戛寨一个坪坝上的几栋草顶的颇有点地方风味的房子。这里是外来游客们的聚集点，也是村民们经常为游客表演的地方。

选择这里作为我们的观察点和研究区域，第一，有利于我们观察生态博物馆与当地居民之间的互动关系，也有利于我们观察当地人与外来游客之间的互动关系。第二，正如在总论中所说的，我们的研究是试图将一滴水放在显微镜下，做微观的研究，因此，选择的研究区域不宜太大，当然也不能太小。对此，费孝通先生曾说：“为了对人们的生活进行深入细致的研究，研究人员有必要把自己的调查限定在一个小的社会单位内来进行。这是出于实际的考虑。调查者必须容易接近被调查者，以便能够亲自进行密切的观察。另一方面，被研究的社会单位也不宜太小，它应该能够提供人们社会生活较完整的切片。”[1]

我们将尽可能研究陇戛寨居民的族源、历史形成的过程与缘由、其文化的整体面貌，其中包括制度的、器物的和精神的三个方面，做到尽可能完整地记录和呈现。但在当今时代，任何一个区域的生活都不会是完全封闭的，也不会是完全自给自足的，所以研究陇戛寨一定要把它放在一个大的文化背景下来研究。首先是生态博物馆的建立给这个寨子带来了一个什么样的新变化，这些变化是如何产生的，又是在如何起作用的。为了了解这些情况，我们又必须在我们的研究中关注到生态博物馆建立以后与陇戛寨居民所产生的互动，还有许多通过博物馆渠道而来的外来领导、学者及游客等与陇戛寨人的接触后所造成的陇戛寨文化的种种变化等。这是一个动态的研究，我们所记录的是一个具有空间和时间维度的社区建构历程。

虽然在我们的研究中是将陇戛寨作为中心点，但如前所述，陇戛寨不是一个封闭的区域，我们还必须有一个更宽的视野，避免我们的研究流于片面。为此，除陇戛寨之外，我们还选择了几个点，作为与陇戛寨进行比较研究的标杆。第一个点是高兴、小坝田、补空三个寨子，这三个寨子与陇戛寨组成一个村庄，叫高兴村，居住的全部是长角苗人，由于平时较少和其他民族接触，本民族的传统文化保持得较好。它们都属于梭戛生态博物馆的重点保护区，但我们在考察中发现，真正受到生态博物馆影响的主要是陇戛寨，其他三个寨子受到的影响并不是太大。第二个点是杂居在汉族文化圈中的长角苗寨子安柱寨。梭戛乡是一个多民族的居住区，高兴村是清一色的长角苗寨子，还有些寨子是和汉族寨子在一起，即一个村有一些长角苗寨子还有一些是汉族或其他民族的寨子，还有的长角苗人和汉族人杂居。所以梭戛生态博物馆里包含的是12个寨子，但在他们举行葬礼时，我们却听说来了二十几个寨子的客人，也就是说有些杂居在汉族寨子里的长角苗人也来了。我们考察安柱寨的目的，一方面是这个寨子的居民由于长期和汉族人交往，汉语程度比较高，没有语言上的障碍；另一方面它不是生态博物馆的重点保护区，在这里我们可以了解到没有博物馆影响的长角苗文化是如何发展的，甚至可以看到他们文化的原貌。第三个点是生活在陇戛寨周边的一些少数民族村寨，水沟村、田坝头、老高田、大屯脚、麻地窝等，在这些寨子里居住着彝族、布依族、大花苗、回族等不同民族，这些考察可以帮助我们了解陇戛寨长角苗文化是如何与周边民族文化互动并相互影响而形成自己的文化特点的。总而言之，这些点的研究都是为了帮助我们认识陇戛寨，而认识和解剖陇戛寨的目的又是为了帮助我们理解和认识我们所要研究的长角苗文化，以及梭戛生态博物馆与长角苗社区之间形成的保护和被保护的关系，同时在这些关系的互动中所发生的文化变迁或是文化重组和重构的种种轨迹。

第二节 陇戛寨的地理位置与自然环境

一个区域文化的形成和其所处的区位空间是紧密联系的，所以我们想了解陇戛寨，就首先要将它的地形地貌、气候及自然环境、人文环境的图景展示出来。

陇戛寨隶属六枝特区梭戛乡。梭戛乡位于六枝特区西北部，距六枝特区政府驻地32公里，地处东经105°23'14"—105°26'59"，北纬26°23'16"—26°29'0"，东接新华乡，南抵岩脚镇，西与新场乡、牛场乡接壤，北与织金县毗邻。全乡国土总面积83639亩，地势为东北部高、西南部低，高低落差大，最高海拔为1790米，最低海拔1150米。生态博物馆的信息资料中心位于梭戛乡政府的东部3.5公里处，海拔为1650米。生态博物馆区划内的村寨的交通状况比较原始，除由乡政府驻地至生态博物馆3.5公里新改造的柏油路之外，从陇戛寨去往其他民族村寨的道路全部为便道形初级土路，天晴时还好，阴雨日子就不堪设想，到处是沟壑林立，泥浆满路。

梭戛乡地处三岔河流域北岸，历史上曾是"古木股森，藤萝结，闻猿啼声"。[2]但是由于历史原因，包括1958年"大跃进"，大炼钢铁，伐木代薪，森林破坏严重。1960年，受自然灾害影响，为生产自救，大量毁林开荒，该地森林资源遭受严重破坏。根据2004年的调查统计，全乡森林覆盖率仅为9.77%，为六枝特区全区的覆盖率最低乡，全区平均覆盖率为20.17%。古书上记载的状况早已不在，陇戛寨后面的林场都是最近几年新种植起来的，都是些小树。我们考察的长角苗是箐苗的分支，"箐"是大森林的意思，所谓的箐苗就是生活在箐林中的苗族人。当地人向我们叙述，他们生活的地方曾是"黑阳大箐"，即森林茂密得遮住了阳光，林中一片黑暗。但现在，"黑阳大箐"仅仅成为老人们脑海中的一个记忆和苗歌中的一种描述了，只有林场里面仅存的几棵大树见证着箐林曾经的繁茂。

这里的气候属亚热带季风湿润气候，但由于地处高寒深山区、石山区，海拔1600米以上，气候温凉、雾罩大。年平均气温为14.5摄氏度，年平均降水量1482.3毫米。降水量虽不算小，但此地属典型的喀斯特地貌，地下多漏斗、岩洞，缺少保水层，地表水资源贫乏。在陇戛寨，每年从农历的十月份到来年的四月份都是枯水期，吃水非常困难。

此地地貌类型具有一定的区域性，山地面积占有较大比例，大致可分为土层较薄的石灰岩山区，土壤以黑色沙土为主；土层深厚的土山区，土壤以黄沙土、黄胶泥为主。境内成土母岩主要以碳酸钙为主，只有零星的砂页岩和冲积层，石漠化现象突出，水土流失严重，生态环境比较恶劣。梭戛乡境内无矿产资源，是一个典型的纯农业乡，耕地主要为旱地，主产玉米、小麦、油菜等农作物，副作物有红薯、花生、马铃薯、地萝卜等。农作物品种很少并且产量极低，这也是本地老百姓长期生活贫困的重要原因。

陇戛寨在梭戛乡东北面，离梭戛场约4.5公里。在我们的眼里，梭戛是乡政府所在地，但在陇戛人的眼里，梭戛是他们经济交换、朋友聚会、信息交流、开阔视野的重要场所。

梭戛乡是一个多民族杂居的乡，居住着汉族、彝族、苗族、布依族、回族等不同的民族。每一个民族独有自己的居住范围和居住习惯，当地话叫“高山苗，水仲家，彝族住在半山腰，汉族人住在石旮旯”。[3] 这里的水仲家指的是布依族，他们常常是依水而居，主要种稻米；汉族人住在石旮旯，指的是汉族人往往居住在山与山之间的平地上；高山苗大家很好理解，就是说苗族人往往居住在高高的山顶上。陇戛寨的所在地证实了当地的俗语，其确实是坐落在一座山的山顶上。而且山顶不是一块平地，而是斜的坡，到每一户人家都需要爬山，在这里很少能走平路。

这里的生活很不方便，尤其缺水，寨子里只在信息中心附近的山腰上有一口井，人们叫它幸福泉。在政府没有进行解困工程之前，寨子里的人们都是用木桶到这里来背水喝。每年的枯水季节，成群的村民要在这里日夜排队等水沁出，以供人畜饮用。

这里用来背水的木桶很美，一般都是由女人来背。现在寨子里通水电了，平时有自来水，但在冬天的枯水季节和寨子里来了游客需要表演寨子里的生活时，女人们同样还要来这里背水。游客们很希望看这里原始古朴的生活，女人们背着漂亮的红木桶在山间的树林里穿行，真的是一道美丽的风景线。

寨子中间是一些弯弯曲曲的小石板路，通往各个人家的门口。在寨子里，我们经常能看到行走的狗、鸡鸭和其他的牲畜。寨子里好像是没有下水道，在路上总是流着一些污水，还有些鸡鸭的粪便，夏天总有不少的苍蝇爬在上面。寨子里传统的房子都是土墙或木墙结构的茅草房，它们错落有致地隐藏在寨子里的竹林中。

自从陇戛寨成为生态博物馆的信息中心后，得到了当地政府的高度重视。据说最开始，挪威的专家杰斯特龙和中国的博物馆专家苏东海先生选择在这里建中国的第一座生态博物馆时，当地的领导还不愿意，觉得这里太落后太穷了，认为我们不能把我们的贫穷和落后给外国人看。但杰斯特龙则太喜欢这里了，他没想到世界上还有这么古朴、这么原生态的地方，而且当地的人也是那么的热情和那么的好。他甚至不想让这个地方开放，也不想让女孩子们上学，因为他太怕破坏了这里的生活原状。当然，这是不可能的，作为外来者可以观看贫困，但作为生活在这里的人，必须摆脱贫困。不仅是当地的村民，就是政府也是如此。所以生态博物馆一建立，政府就投了4000万人民币，修通了公路，为寨子安上了电灯和自来水，对陇戛寨一些靠路边的房子做了整修。整修后的房子外表保持了原样，木墙还上了桐油，窗户还雕了花并装了玻璃，但实际的结构和里面都做了调整。尽管为了不破坏当地的人文景观，博物馆不让在寨子里盖水泥瓦房，但政策抑制不住人们向往新生活的愿望，寨子里人盖起了不少石头的或水泥的瓦房。因此，寨子里的景观是半新半旧。

在许多人的房子前都有一个平的台子，每当寨子里来了客人，姑娘们、媳妇们就会坐在台子上绣花或织布，好一派男耕女织的生动场景。其实平时，这里的女性虽然还是要绣花的，但织布就很少了。现在人们都是去集市买布，很少还有人自己纺麻织布。

这里不产棉花，在寨子周围种有麻，到了收割期间人们将麻割下来。晒干煮透后，纺成麻线然后织布。我们去后，倒是见到了一小块种了麻的地，但没见到割麻和纺麻，寨子里还有个别的人在织麻布，但多数只是表演了。平时没感到这里是生态博物馆，只有当人们在表演时，我们才感到了这不是普通的苗寨，而是一座生态博物馆。

以上介绍的只是陇戛寨的老寨，在离这里2公里的寨门的山脚下还有一个新村。陇戛寨原来共有138户人家，现在搬了40多户人家下去住。新村是在2002年开始建的，2003年完工，修得很漂亮，灰色的石头墙和黑色的瓦，清一色的两层楼，一家一栋。这是他们有史以来住过的最好的房子。但据说村民们还不习惯，因为建房时并没有考虑到他们的生活特点，没修牛棚和猪圈，没法养牲畜。

以前寨子里没有石板路，下雨一走一脚泥，现在寨子里铺上了石板路，尽管寨子里的卫生习惯还不太好，到处流着污水，但和以前相比已是今非昔比了。

生态博物馆的信息中心设在老寨靠边山腰的一块平地上，一共有三栋房子，一栋是厨房兼饭厅，一栋是陈列室，里面有生态博物馆的介绍及有关长角苗族群的物质生活的展示，还有一栋是接待室，来了领导或重要客人往往在这里接待。另外还有一个四五百平方米的草坪，来了客人可以在这里表演舞蹈。信息中心有一个木栅门，从木栅门出去有一条小路，顺着小路出去不远，是幸福泉，我们每天路过这里，常常能看到寨子里的妇女在这里背水或洗衣服。幸福泉的右边有一条通往寨子的山路，另外还有一条顺着山腰向前走，大约半公里处有一个不大的广场，平时空无一人，但如果来了客人，这里就是最热闹的地方。广场中间是舞蹈和唱歌的人，在四周的山坡上则站满了观众。旁边还有一栋房子，是以前的接待室，现在供表演时换服装、平时装道具。旁边还有一个停车场，客人多时，这里就停满了各种车辆。

再往前走不远的地方就是寨子的大门，寨子门口有一座非常漂亮的学校，叫陇戛逸夫小学，这是梭戛乡最好的小学。在没有建生态博物馆之前，寨子里没有正式的小学，只是借用了寨子里的一个牛棚，一位老师教年龄大小不同、年级高低不同的一班学生。那个时候女孩子基本不上学，但现在你走进学校去看，女孩子一点也不比男孩子少。

从生态博物馆中心出发，一路下坡，将近1公里，我们就可以到达新村。现在这里建起了40多栋漂亮的石瓦房，在新村的最顶头还有一个医务所，里面除了看病还兼卖一些食品。这些都是博物馆建立以后才有的，在这之前，寨子里的人生了病基本不去看医生，而是请弥拉（mila，类似巫师）来解，因为在他们的观念中所有的病都是鬼所致。另外，想买一点东西必须等到赶场天，寨子里没有商店。

在离信息中心不远的山腰上，建有专家观察站，有四五间房子，我们就住在那里。这里的住房条件应该还不错，是按标准间设计的，有卫生间等设施，只是缺乏管理，许多东西都是坏的。但我们还是很满足，如果没有这个工作站，我们的条件将会更加艰苦。我们每天出门到寨子里考察，和寨子里的人们聊天，有时还会到其他的寨子里参加当地人的葬礼，包括巫术及其他的仪式。经过几个月的居住，我们熟悉了寨子里的很多人，同样他们也熟悉了我们。通过他们，我们了解了寨子里的文化和许多事情；通过我们，他们也了解了许多他们以外的事情，包括北京。其实我们是在互相给予各自不同的经验和互相改变对方对世界的看法，在这种互动中很难说谁获得更多些。因此，博物馆给他们建造的不仅是一种新的物质环境，而且也营造了一个有许多外来者参与的新的人文环境。这一切都在一步一步地改变着陇戛人的外部世界与内部世界。

第三节　陇戛寨周边民族分布及民族关系

陇戛寨所属的梭戛乡是一个多民族杂居的乡，有汉族、布依族、彝族、仡佬族、穿青人（下文或称青族），还有另外一个苗族分支——大花苗。在这样一个多民族地区，陇戛寨长角苗人的民族环境究竟怎样，与周围各个民族的交流情况到底是怎么样的呢？是互相没有来往还是来往很频繁呢？我们从陇戛寨周围 8 个寨子去分析。

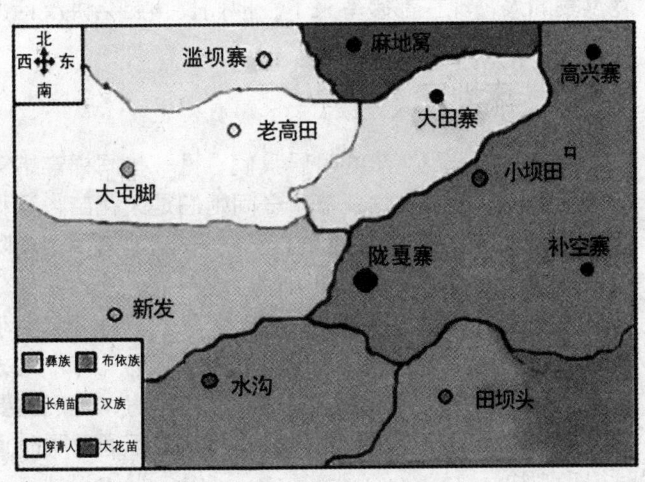

陇戛周边民族关系图

一、水沟村与田坝头

离陇戛寨不远就是布依族人的寨子，我们在住地就可以看见，每天白雾从那儿升起，一直蔓延上来，将整个陇戛寨笼罩住，等白雾散去的时候就可以看见山下那些人家的袅袅炊烟。有时候还可以听到水声，长角苗人讲布依族从来都是靠水而居，缺水的地方他们不住。怪不得当地人都称布依族为“水族”，又称“仲家”。水沟村与田坝头是以前的建制，现在都叫做“乐群村”了。然而，老人们讲起来仍然是称水沟村和田坝头。这个村子的主体民族是布依族，有几户从山上搬下来的长角苗，还有一户彝族。这里的布依族人已经基本汉化，不再穿民族服饰，但是仍然说布依语。有意思的是当我们多次采访后发现，原来这里的布依族的主体竟然是青族的后代，原来是老高田的青族男子跑来娶了布依族的女子从此改为布依族，然而姓氏仍为青族姓氏排辈，仍然还与青族认亲戚，怪不得我们发现这里的陈家与老高田的陈家姓名中三个字两个都一样，而且更重要的是屋内供奉着跟老高田的青族一样的祖先。

田坝头的土地跟陇戛寨的土地犬牙交错，所以在农忙的时候大家彼此经常看到，因此两个民族的人常有来往，比较亲密。据陇戛寨的杨姓老人讲：“有人说布依族的人比较野，但是交往起来非常够朋友的。我还有不少的布依族的朋友，因为田地都在一起，经常看见就认识了，他们布依族在过六月六的时候还会喊我去喝酒。这个六月六是他们布依族最大的节日。以前在田地总是听他们讲话，我也就能听懂一些布依话了，但是自己不会说。去了就用汉语交流，我们很多人家都有些地在下头跟布依的地在一起，寨子里有个老人为了打田方便就带着小孩搬下去了，就是杨朝忠的二弟。”原来部分长角苗人与布依族的人混居，更是长期互相了解互相帮助。布依族的陈家讲到两族的情况时说：“以前我在上面的时候和他们都是一个大寨子，整天去去来来，很多家我们都很熟悉。我们在老寨子时就在博物馆上面，那叫做杉树林，我们也算是陇戛寨的人，现在都搬下来了。他们长角苗会讲汉话、苗话还会讲布依话哩。”

二、麻地窝

在正月初十跳花节的时候我们看见一些同样穿蜡染衣裙、头顶别螺形发髻的妇女提着录音机前来参加跳花节，一问她们是大花苗，又称大花背，因为民族服装主要是背上带花，来自老高田后面的寨子——麻地窝，距离陇戛寨稍微远些，属于织金县的范围。这是距离陇戛寨长角苗最近的一个另外的苗族分支。同样是苗族分支，他们之间又有什么关系呢，带着这个疑问，我们步行一个多小时来到了麻地窝。大花苗是一个流动的民族，如果环境不适应就流动到另外一个地方生活，这里的大花苗是最近几十年才从云南迁入的。这里到处是土坯草房，他们主要居住土坯草房。由于属于外地的苗族，大花苗与长角苗的语言竟然完全不通，平时通话只能靠有限的汉语，所以平时很少交往。

三、大田寨与滥坝寨

这两个寨子的主体民族为汉族，我们去调查的次数并不多，所以并不知道汉族从何时迁入大田与滥坝寨，但是我们可以看到虽然滥坝寨与陇戛寨同属一个地区，路也不好，但是经济状况似乎比长角苗人好一些。这两个地方的汉族与长角苗人由于语言不通，故很少打交道。这里的汉族小伙子给我们讲述两族的情况：“我们很少去陇戛寨玩，没事我们不去的。过去买一点东西，去玩，认识的人太少，因为他们说的话我们听不懂。有时候他们男的说话我们也听不清楚。”

四、新发寨

从陇戛寨沿着柏油路下去不远就是新发寨，属于顺利村，果然像当地谚语“不高不低是彝家”所说，这里生活着彝族。彝族现在仍然讲彝族语言，属汉藏语系藏缅语族彝语支的黔西北次方言。但是从服装上来看已经没有民族服饰，同汉族无异。彝族是远古时代的羌人南下，定居贵州的，东汉、魏、晋、南北朝时的“夷”、“缥”，唐、宋时期的“乌蛮”，元、明时期的“罗罗”、“保罗”等，都是当时对西南彝族先民的称呼。以前这大片的土地都是属于彝族土司的，苗族人得以在此处安居也是通过租用彝族土司的土地。问起长角苗人对彝族的印象却也是好得很，顺利村是陇戛寨的长角苗人下去梭戛乡赶场的必经之路，他们路上口渴经常会到新发寨的彝族人家去讨水喝，彝族人家总是很热情。经常这样也有了不少往来。而且为长角苗人的教育付出一生辛勤汗水的老师沙云伍就住在这个地方。

在这样一个多民族地区，尽管大家说着不同的语言，有着不同的习俗，但是各个民族的交流并没有因此停滞。尽管比起纯汉族地区不同村寨间的交往相对来说不太频繁，然而在博物馆建立后，随着经济的发展、教育的提高，学习汉语的人增多了，民族之间的差异变小了，陇戛寨的长角苗人与周围其他的民族村寨之间的交往日益频繁成为一种趋势。

第四节　箐苗与长角苗族源的探究

一、箐苗在苗族中所属的支系

在陇戛寨做考察时，陇戛寨人所属族群的名称问题一直困扰着我们。他们管自己叫长角苗，外族的人也叫他们长角苗，但在博物馆的资料中，将他们定为“箐苗”的一个分支，“箐苗”本身是苗族的一个分支，它们又是属于箐苗的一个分支，那么除了他们，“箐苗”还有哪些分支？这一名称是什么时候确定的？是官方的学名还是当地老百姓的称呼？这些都有待查证。

苗族是我国一个古老的民族，人口较多，分布面广。据称苗族是“蚩尤”的后裔，传说蚩尤与炎、黄“涿鹿之战”，兵败被杀。到尧、舜、禹和夏、商、西周王朝对九黎、三苗和“苗蛮”的大规模“征伐”，苗族先民被分化瓦解，势力日衰，被迫离开长江中下游平原，进行历史的大迁徙，跋山涉水，徙居偏僻的南部山区和西南高原。[4]《礼记·衣疏·引甫刑·郑注》“有苗，九黎之后。颛顼代少昊，诛九黎，分流其子孙，为居于西裔者三苗”等语，也直接指出“三苗”是九黎的遗裔。《日下旧闻考》卷二说：“画本以飞空走险”，是说蚩尤有翼能飞行。《山海经》说三苗首领驩兜也有翼能飞：“驩头，人面鸟喙，有翼……仗翼而行”；又说“西北海外黑水之北有人有翼，名曰苗民，……驩头生苗民”。蚩尤为首的“九黎”和驩兜时期的“三苗”都被说成有翅，能飞行，表明两者都盛行鸟图腾崇拜。《战国策·魏策》引吴起语曰：“昔者三苗之居，左彭蠡之波，右洞庭之水。汶山在其南，衡山在其北。”《史记·五帝本纪》曰：“三苗在江淮荆州数为乱。”《史记正义》载：“今江州、鄂州、岳州三苗之地也。”

根据上述记载，当时的三苗国大致处于江汉、江淮流域和长江中下游南北、洞庭彭蠡之间这一辽阔地域内，即今天河南省南部、安徽省西部，以及湖北、湖南、江西三省之地。[5]当然，对于古书上记载的三苗是否就是今天的苗族，一些学者抱有存疑态度，但无论如何苗族是一支与汉族有着一样古老历史的民族，这是毫无疑问的。在历史上，它曾与许多少数民族一起被称为“南蛮”、“荆蛮”、“黔中蛮”、“武陵蛮”、“五溪蛮”，总而言之是属于“蛮夷”之邦，经过元、明、清数百年的发展后，苗族才从蛮夷的混称中分离出来，形成了自己的不同支系。在明代，先有“白苗”、“黑苗”、“红苗”的提法，清初《黔游记》在讲到贵州省“苗蛮”种类时，提到了“花苗”和“青苗”，说明苗族五大支系的形成是起源于元代而成熟于清代。清康熙年间陆次云著《峒溪纤志》说：“苗人，盘瓠之种也……尽夜郎境多有之。有白苗、花苗、青苗、黑苗、红苗。苗部所衣各别以色，散处山谷，聚而成寨。”黄元《黔中杂记》亦云：“饮食起居，诸苗亦相若，惟衣裳颜色则各从其类。如白苗衣白，黑苗衣青是也。”以服饰色彩作为区分苗族支系的依据，虽不够科学，但这种区分沿袭已久且习以为常，同时也基本反映了苗族内部不同支系的表面特征。

但无论苗族的分支有多少，都是属于“白苗”、“花苗”、“青苗”、“黑苗”、“红苗”这五大支系，而箐苗是属于哪一个支系呢？在凌纯声、芮逸夫著的《湘西苗族调查报告》中写道：“箐苗，亦黑族别种，腊耳山多有之。居依山箐，不善耕田，惟种山粮，以麻子为食，衣皆用麻。”[6]也就是说，箐苗属于黑族的别种居住在腊耳山，《清稗类钞》记腊耳山云：“腊耳山介楚、黔之间，其山自贵州正大营起，北界老凤、芭茅、猴子诸山，东接栗林、天星、鸭堡、岑头诸坡，故苗之介居三厅（乾州厅、永绥厅、凤凰厅）及松桃、铜仁，旧史统谓之腊耳山苗。”从地点来讲，似乎与我们目前考察的箐苗并不一致。黑苗除分布在湖南的湘西一带，也分布在贵州的黔东南一带，田雯的《黔书·苗俗》有“九股黑苗”条，载曰“九股黑苗在兴隆凯里司，于偏桥黑苗一类”。这里的凯里就是今天的黔东南凯里市。在李宗昉的《黔记》中载，“黑苗……在都匀、八寨、丹江、镇远、黎平、清江、古州等处”。八寨、丹江今合为黔东南丹寨县，清江为今黔东南剑河，古州今黔东南榕江县，其余与今县市同。也就是说，从分布的地点来看，如果说我们所考察的这一支苗族为箐苗的话，和黑苗相隔甚远。

另，在李宗昉的《黔记》中载，“青苗……在黔西、镇宁、修文、贵巩等处。在平越者又曰箐苗”，[7]青苗和箐苗的读音很相似，这里写的分布地点仍然不同，但据吴泽霖、陈国钧等著的《贵州苗夷社会研究》中写道：“贵州安顺为一苗夷族之集中地，苗族有青苗、花苗二种。”“花苗的分布最广，以贵阳附近为起点，散处于黔省北部与西北部，开阳、仁怀、织金，郎岱、水城、安顺等县皆有之。”[8]我们考察的箐苗离安顺倒是很近，它是不是青苗的分支我们不敢确认，但从分布的地域来讲，箐苗和花苗倒大体一致。《黔记》中载“花苗……在贵阳、大定、安顺、遵义属。”[9]其中的大定就是现在的贵州西部毕节地区大方县，与织金县、纳雍县交界，而我们考察的这支苗族就在织金纳雍与六枝的交界处。当然，同一境内未必就是同一支系，但我们可以从三个方面来进行考证。

有学者认为，在贵州鉴别苗夷族的种类，最普通的标准，就是根据女子的服饰，因为男子的服饰与汉族农人所穿没有多大区别，只有女子尚保持着原来的装束。所谓青苗、黑苗、白苗者即指这般女子们所穿衣服的颜色，或尚青、或尚黑、或尚白。[10]我们认为这样的说法很有道理，因为苗族支系的区分本身就是以服饰为标志的。

贵州的苗族主要分为东南路和西北路两大支。《贵州苗夷社会研究》写道："苗夷民所穿衣服颜色，为青灰黑白四种，别色亦无从购买，衣服的原料，西北路衣多自编之麻或有将麻易场市中汉人所织的土布，东南路出土棉、衣为自纺自织，自染土布。"[11]而我们所考察的这支苗族所穿衣服属"自编之麻或有将麻易场市中汉人所织的土布"，因此，其属于西北路无疑。

另外，黑苗妇女上穿无领对襟衣，下穿裤，外罩百褶裙。着盛装时，戴上银角、银花等头饰，分为上、下两排，每排10个，颈项戴两三个项圈，手腕戴三四副银手镯。全身所戴银饰重达数公斤，最重者可达10公斤。我们所考察的这支苗族，下身并不穿裤子，而是系绑腿，也并不佩银饰，在服饰上并无相同之处。

田雯的《黔书·苗俗》载："花苗在新贵县广顺州。男女折败布缉条以织衣，无袷衿窍，而纳诸首，以青蓝布裹头。少年缚楮皮于额，婚乃去之。妇敛马鬃尾杂人发为髻，大如斗，笼以木梳，裳服先用蜡绘花于布。而后染之，即染，去蜡则花现。饰袖以锦，故曰花苗。"[12]从头饰特征上来看，妇女用木梳挽成的巨大发髻是相符合的，而记载中的服饰的工艺特色也与长角苗人的完全相同。

除服饰外，语言也是鉴别一个族群的重要标志，根据我们考察的这支苗族的自述，他们的语言与水城一带的"小花苗"（咪姆诸，mi mu ndru）80%可以相通，与"歪梳"（蒙撒，mu nsa，当地人亦有人称其为"汉苗"）50%可以相通，只是语音、语调有所区别，与自云南迁来的"大花苗"（姆诸，mu ndru）族群只有25%左右的词汇相同，一般情况下彼此通常需要用汉语才能进行正常交流；与周边被识别为彝族、布依族、回族、穿青人的其他各个文化族群间只能用汉语西南官话区的贵州方言进行交流。

从生产工具来看，我们所考察的这支苗族和花苗都是属于农耕民族，但他们都有过狩猎的历史，而且这种历史距离现在还不太远。据说我们考察的这支苗族以前是生活在森林中，头上配的角就是为了吓唬深林中的野兽，还有直到现在他们在做巫术和安葬老人的仪式时，还要用弓箭做道具。而生活在这一带的花苗也曾经以狩猎为生，他们做的弩在当地非常有名。因此，他们可能有过同样的生活方式，为此我们初步认定，箐苗属于花苗的支系。

但它和青苗有关系吗？按记载，"青苗主要是分布在贵州中部，以贵阳附近为最多，遵义、安顺地区也有。'花苗'在遵义、贵阳、安顺地区虽有分布，但明确时期主要集中在黔西北，毕节一带主要是'小花苗'，威宁和昭通地区各县主要为'大花苗'"。[13]从这里可以看到，"青苗"与"花苗"居住地呈犬牙交错状，同时存在族群融合的现象，因此说青苗和箐苗有关系。也许正是花苗和青苗的某部分融合，形成了箐苗。但真正的细探后，从分布的地域语言来看，我们认为还是花苗中的小花苗与箐苗的关系更深。

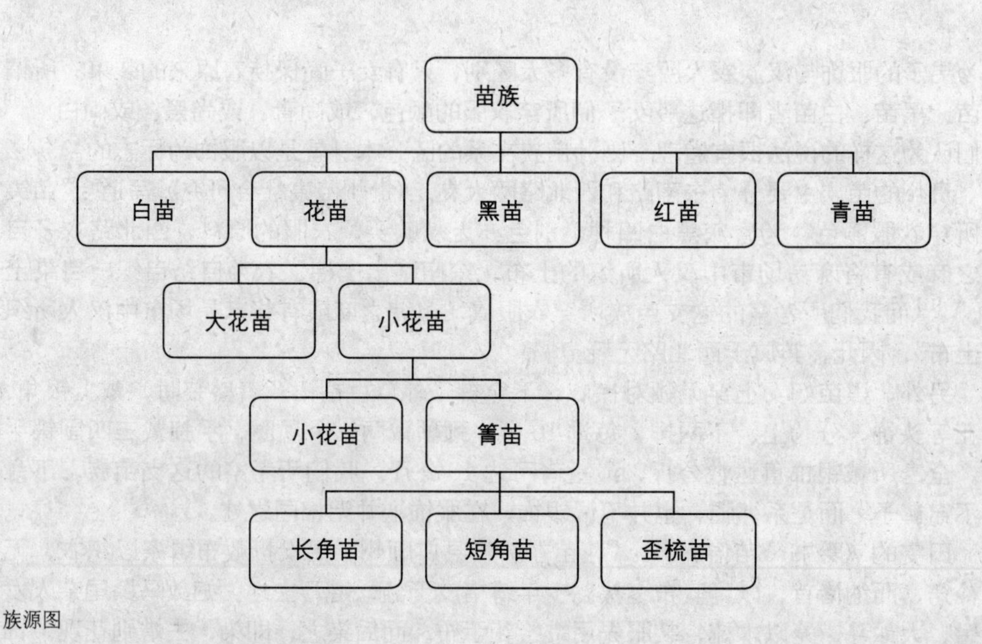

族源图

二、长角苗与箐苗的关系

有关我们考察的这一族群的民族识别，按博物馆的资料介绍是属于箐苗，但他们自己及周围的民族都称他们为长角苗。我们问寨子里年轻一点的人，都不知道箐苗这一称呼，只知道长角苗的称呼，他们甚至不知道箐苗这一称呼用当地的苗语如何说，以至于我们都怀疑，箐苗这一称呼是汉族学者加上去的。但当我们到安柱寨参加打嘎（黔西北一带彝族、布依族、苗族通行的宰牛送葬仪式，长角苗语读做“啊夸”a kua）问到一位叫王宏的老人时，他说：“早先是叫过箐苗的，在当地的苗语称‘姆松’（mu thong）。但现在已经没人这样称呼了，在六枝和梭戛乡修建的中学、小学都叫长角苗中学或长角苗小学。”

生态博物馆徐美陵馆长的讲法是，长角苗是外面的人对他们的称呼，尤其是一些记者，利用媒体将这一名字传播开来。长角苗，既形象又好记，于是箐苗这一名称反而没人叫了，因此，年轻人只知道长角苗，不知道箐苗了。真实情况是这样的吗？我们不敢确定。

按博物馆的介绍，长角苗只是箐苗的一个分支。那么它还有几个分支？这些分支和他们有什么样的关系？他们之间又是如何联系的？有关这些资料，博物馆没有任何记载，在其他的文献中也查找不到。

但无论如何长角苗不会是孤立存在的，在它的周围还生活着其他几支不同的苗族，那就是歪梳苗、小花苗、短角苗。在很多长角苗人的叙述中，活动范围只有方圆几十里的这几支苗族是那样的遥远，但是从地图上来看它们都分布在六枝周围的县城里。而且尽管长角苗将这几支苗族与自己在穿着习惯上区分得那么清楚，但是他们那同样蜡染绣花的衣服、头上用木梳与假发髻缠起的特征，以及他们基本完全相同的语言，证明着他们之间千丝万缕的关系。

歪梳苗：长角苗人称呼歪梳苗为“蒙撒”(mu nsa)。“蒙撒”以头上挽木梳与歪髻为特征，同样穿着蜡染刺绣衣服。陇戛寨周围并没有歪梳苗，在六枝特区与水城县交界有个叫箐口的地方生活着这支苗族，生态博物馆12个民族村寨之一的大湾新寨也就在其附近。歪梳苗的语言与长角苗的语言基本相同，但是腔调不同。

小花苗：长角苗人称呼小花苗为“姆诸”(mu ndru)。其服饰假髻相同，但无木梳，服装也尚蜡染刺绣。陇戛寨周围同样没有小花苗的寨子，但是在与六枝特区接壤的水城县以及纳雍县都有分布。其语言与长角苗人80%是相通的。伍新福在其《略论苗族支系》中提到：“根据苗族流传的古歌和传说资料来看，黔西北和滇东北的苗族是在唐末宋初经水东、水西迁来的。这一部分苗族在元明之际相对稳定下来，形成了自己的方言——滇东北次方言，同时也就形成了‘花苗’这一支系。”

箐苗：长角苗人称呼箐苗为“姆洽”(mu chia)。“姆洽”同样头上用类似于牛角的木梳与假发髻挽于头顶，只是木梳的弧度更大并且挽法不同，远远看起来那个木梳有如牛角插在圆柱形的假发髻上。据陇戛寨杨姓老人讲，“他们跟我们长角苗的语言是通的，但是比较远，我们没有跟他们交往。他们住在老卜底河对面，走路要一天12个小时才能到”。老人所讲的老卜底就位于梭戛生态博物馆东南方靠近水城县的地方，老人提到的河就是“补那河”。

短角苗：长角苗人称呼其为“道督”(dau du)。其服饰同样为木梳假髻，但是木梳稍有不同，假髻将木梳全部围起，类似圆柱形，服饰样式与长角苗最为接近。短角苗主要聚居在纳雍县张维镇补作寨、老翁寨一带。长角苗和短角苗有许多共同的特征，如：女性皆戴角状木梳，区别是长角苗女性头戴的是长长的白色木质新月形角梳(洛匝，luo zra)，发冠（撒不笼，sa blom）围绕木梳绕成∞形。短角苗女性头戴的是红色的鹿角状木梳，发冠按逆时针方向缠绕成圆形。长角苗的角很长，做工比较粗糙，本色未涂漆，当然这不是一般的木头，而是一种白色的桦槔木，色泽白中透点粉；短角苗的角则要短得多，但造型很讲究，类似一种鹿角，用红漆漆得亮亮的。另外，他们的语言完全相通，传统建筑的形制基本相同，服装样式相近，蜡染、刺绣的花纹都是平绣，尤其是十字绣为主要风格，其区别主要是在色彩和一些纹样及装饰的细节上。他们之间长期以来就有互相迁居、通婚、融合的传统。

后来我们发现有来自毕节地区纳雍县张维镇的短角苗人到陇戛来走亲戚，从他们那里了解到，长角苗一般不和其他民族通婚，但和短角苗通婚。而且他们的故乡也都是在张维，大多数长角苗都说自己是从张维迁来的，有的在过年时还会到张维去拜坟。现在，许多长角苗的祖坟还埋在那里。

长角苗很少有人自称为箐苗，但短角苗则自称为箐苗。如果说长角苗是箐苗的分支的话，那么短角苗则是它的另一个分支，但箐苗是否还有其他的分支，目前还不知道。起码知道了箐苗不是只有长角苗的十二寨4000多人，还应当包括短角苗。另外，他们和附近的歪梳苗也有一部分语言相通，而且他们之间也通婚，有的长角苗还是由歪梳苗转变过来的。是不是歪梳苗也是箐苗的分支？如果是这样，我们可不可以初步认为：箐苗是属于花苗的支系，而在箐苗中又有短角苗、长角苗、歪梳苗三个分支。在这里，短角苗是源，长角苗和歪梳苗是流，尤其是歪梳苗可能是几个族群的融合。

通过以上的界定，在这本报告中决定将我们考察的这一族群称为“长角苗”，理由是他们自己和当地其他民族的人都采用的是这一称呼。不管过去是如何称呼的，现今的这一称呼已经约定俗成。另外，箐苗不是一个单一的族群，称长角苗为箐苗容易造成误会。

三、长角苗十二寨形成的时间和缘由

为了搞清楚长角苗十二寨是如何形成的，我们到长角苗群体原有的迁徙地——毕节地区的纳雍县张维镇考察。考察的第一个寨子叫补作寨，这是一个短角苗人居住的寨子，寨子里的人以李姓为主。在前面的老翁村以及附近的短角苗寨子中，有杨、熊、王、朱、郭、赵几姓。这些都和我们考察的长角苗的姓一模一样，只是在我们考察过的长角苗的寨子中还没有发现姓赵的。长角苗十二寨中是否有，还不得而知。

当地的村民告诉我们，他们一直在这里生活，底下以前有个花苗寨，叫三家苗，据说他们以前是从那里来的，现在那里已经没有人烟了。他们的这一说法似乎证实了他们和花苗的关系，我们在陇戛寨考察时也听说，寨子里熊、杨、王三姓最早也是从三家苗迁徙而来的，直到现在，每年过年时，这三姓人家还要到三家苗拜祭祖先。这证明了长角苗和短角苗的确是同一族源。

但短角苗不称自己为短角苗，而自称为箐苗，我们在补作寨找到一位 86 岁的老人李洪道，他曾在长角苗的化董寨当过小学老师，还娶了一位长角苗的女性做妻子。以下是我们和他的对话：

“最早人家叫我们苗子，后来被官府追赶，我们躲在箐里开山、种地、生活，就被别人喊成了箐苗。”

“从什么时候开始别人喊你们箐苗的？”

“好多辈人，十几辈人了，记不清楚了。”

“人家称你们为短角苗吗？”

“不称，是称箐苗。”

“你知道长角苗吗？”老人说：“知道，我们是亲戚，我们穿的衣服一样，话语一样，就是头上戴的角不一样，他们的角要长一点，我们带的角要短一点。”

“那人家称长角苗也称箐苗吗？”

“不是，是叫长角苗。”

看来他们这里历史长，是长角苗的源头，也是箐苗的源头，而长角苗是从这里分化出去的。

在考察中我们还了解到，苗族是一个很容易迁徙的民族，他们家里的东西非常少，房子也简陋，值不了多少钱，搬迁很容易。一般遇到一些事情，比如和当地的汉族闹矛盾，特别是发生了械斗，他们就会迁走，苗族人的方针是打得赢就打，打不赢就走。

我们告诉李洪道老人说："梭戛的长角苗都说自己是从这里搬迁去的，连五代以内的一些祖坟都在这里。"老人说："那些长角苗在这里的时候都是短角苗，迁走后才改变成了长角，所以长角苗和短角苗实际上是一个祖宗。"他说，这些苗族的迁徙并不是一下迁过来的，而是一家跟着一家，亲戚带亲戚，朋友带朋友，还有嫁姑娘、女婿入赘等等。包括梭戛的长角苗也一样，并不是某一天大家一起迁过去的，而是陆陆续续，有早有晚。

他说的这些是有道理的，但为什么在这里是短角苗，到了那里都成了长角苗？是一开始他们在这里的时候就和短角苗不同，还是迁去以后变成了长角苗？奇怪的是尽管长角苗人都说是从张维镇一带迁过去的，但在这里并未发现有长角苗居住，他们为什么搬迁得如此彻底？还是真如李洪道老人说的那样，他们在这里的时候是短角苗，到了梭戛以后才改变了自己的某些装束？相比较起来，梭戛那边是一个更偏僻、更少汉化、更加与世隔绝的地方，是那里的自然环境让他们加大了自己头上的角，还是那里的生活环境让他们的打扮更简朴？比如角上并不涂漆，衣服上不再是彩色的蜡染，那些彩色蜡染颜色比蓝靛要贵得多，是贫困的生活使他们减少了这些工序？

根据我们在陇戛寨、高兴寨、安柱寨和张维镇的补作寨的考察，还有安柱寨和高兴寨两个葬礼上的开路歌歌词中有亡灵需要在去往冥界的路上经过纳雍等情况的综合分析，我们可以大致作出如下推断：长角苗人群的主体部分是在20世纪之前从纳雍县、织金县逐渐南迁过来的，他们缓慢而零散的迁徙过程从清末或者更早的时候一直持续到解放以后。当然，这时间的界定也需重新确认，按《梭戛生态博物馆资料汇编》中的记载，12个寨子的长角苗迁徙到这里大约有200多年历史，但据我们的调查，长角苗人葬在这一带的祖墓最早的是五代，最古老的房子也就是住过五代人。村民们也说，他们搬迁到这里是五辈，也有说四辈的。五代人最多不过是百余年的时间。而且据安柱寨的王宏和熊开安说，杨家、李家、王家是在咸丰、同治年间抗清时逃到这边来的。熊开安说他的祖母参加了这次逃难，熊开安80多岁，如果她的祖母在的话也就是100多岁。要按这样的说法，他们到这里最多只有100多年时间。另外，《梭戛生态博物馆资料汇编》中记载，长角苗十二寨迁徙到这里是为了躲避战争，这个问题也值得探讨。即使是杨家也有好几个不同的家族，陇戛寨的杨朝忠就告诉我们，他们家族是为了躲瘟疫而来的；还有一部分杨姓居民自己承认自己是由歪梳苗转变过来的。由此，我们可以认为在这12个寨子中的长角苗有不同的来源，并不是所有人都来自同一时间、同一地点，有的可能是以上原因来到此地的，还有的会不会是因为原先的地方人口过于稠密、土地不够，为投奔亲友迁徙到此的？总之，是在一个并不完全一致的时间段和由于并不完全一致的缘由，在近一两百年间形成了今天的长角苗十二寨。

第五节　陇戛寨姓氏构成以及家族来源

一、陇戛寨的姓氏构成

在我们所要考察的陇戛寨，我们接触到的是一个个鲜活的人物，还有一个个不同姓氏的家族。这许多人之间究竟是什么关系呢？他们是不是一个族群，他们分属于哪些家族，这些家族是从哪里来，是为什么，又是什么时候来到这个地方？问题很明确，但回答却很难。由于语言的问题，他们并不能顺畅地表达他们的意思，还是由于语言的问题，我们只能有损失地吸收他们表达出来的那部分内容。当采访很多老人的时候，他们对谈自己的家世还是非常感兴趣的，然而汉语水平终究限制着他们的表达，幸而有熊光禄为我们做翻译，加上平时的观察分析，随着调查的深入终于理出一个大概的脉络。

在陇戛寨共有杨、熊、李、王四姓，但是这四个姓并不代表四个家族。杨姓里又具体分为“三限”杨、“五限”杨，这个“限”有两种解释：一种是说一限就是一代人，五限代表有五代人迁徙到了这里，三限代表来这里三代人了；另外一种讲法是说根据各个家族祭祀祖先的辈分不一样叫的，祭祀五代祖先的就是五限，祭祀三代祖先的就是三限。也有人写成“献”字，“五限”家族以家祭时给五代祖先献饭为特点，“三限”家族即以家祭时只给三代祖先献饭为特点。由于“献”字和“限”字读音一样，长角苗人自己也无法区分应该用哪一个字，在这里我们就主观地选择用“限”字。

其实就是三限或五限的家族内部，也有不同来源的族支，他们之间是可以相互开亲（通婚）的。高兴村一带的三限熊姓有两支，据说是因为当初两家人住在不同的树下，但陇戛寨的熊姓则全部为一个家族。最早前来的是李家，其次是杨、熊两姓。王姓是在民国时期搬来的，至今只有三户人家、三四代人。

在本寨，三限杨、五限杨、五限熊大约各占全寨户数的1/3，两限王一共只有两户。然而随着调查的继续，我们发现原来五限杨虽然都是祭祀五代的祖先，然而却祭祀着两家完全不同的家谱与祖先，三限杨祭祀着三家完全不同的家谱与祖先，也就是说，五限杨还分两个家族，三限杨分三个家族，分别于不同的时期从不同的地方迁入陇戛寨。这样算下来，在陇戛寨一共有七个家族，分别为一个五限熊、两个五限杨、三个三限杨、一个两限王。而李家在陇戛寨只剩下一口人了，那就是杨宏祥的妈妈李秀珍，所以不再算是一个家族。

二、陇戛诸姓的迁徙

（一）李姓

李姓是陇戛寨最早的姓氏之一，在苗语中被呼为“兹叩哉”（dzi kou dzai）。在杨姓主持祭山仪式之前，陇戛寨的祭山仪式一直由李氏家族来主持。1976 年左右，陇戛李氏家族最后一个男性后裔病殁后，如今只剩下一位 80 多岁的李秀珍老人（杨宏祥之母）。也就是说，陇戛寨的李氏家族已经不存在。不过，在今天的梭戛乡安柱村，还有 10 余户李姓“长角苗”居民。李秀珍对李家的历史并不太了解，所以李家究竟是何时搬入陇戛寨我们已经无从得知了。

（二）杨姓

陇戛寨人口最多的是杨姓，在苗语中被呼为“一茨哉”（yi tsi dzai）。但杨姓居民的来源与成分非常复杂，他们并不是一个家族，而是由两个五限杨家族和三个三限杨家族组成的。

1. 三限杨家系

(1)“补采”(bu tsai) 家族

包括杨朝忠家、杨开中家、杨开成家、杨开青家等。

陇戛李姓家族消亡之后，杨姓“补采”家族是陇戛现在最古老的住户，它们搬迁自织金县三家苗（地名，传为有三户苗族人家在此居住，一家姓熊，两家姓杨，故而得名，如今三个家族的后人包括织金县化董寨王氏家族、陇戛寨和依中底寨“三限杨”家族和陇戛寨熊玉文所属的熊氏家族。三家苗的详细位置在织金县白泥塘乡与鸡场乡之间的小屯坡下烂田寨）。在这 5 个杨姓家族中，这一家族是最先到达陇戛寨的。迁徙原因是当地暴发了瘟疫。当年他们搬家时人们都是把草鞋倒过来穿，趁天黑偷偷走出来的。因为当时认为瘟病是鬼病，是一种魔鬼所作的恶，偷偷走是为了不让鬼知道；倒穿草鞋走是为了迷惑病魔，好让它朝相反的方向去追人，最后找不到而作罢。这一支杨姓从迁到陇戛到如今已经有五代人。老祖先“补采”（bu tsai）葬于织金县三家苗烂田寨，其子“补聪”（bu tsong）来到陇戛。“补聪”生“补兼”（bu gjian）、“补刮”（bu gua）、“补爵”（bu gjio）三子，除“补爵”迁依中底寨外，其余儿子都在陇戛。迁依中底寨的“补爵”一支人丁较为兴旺；“补兼”的汉名叫做“杨洪顺”，即今陇戛寨杨朝忠的祖父；“补刮”当时则只育有一女。

(2)“补森”(bu sien) 家族

包括杨宏祥家、杨学富家等。

这一支人是由“歪梳苗”变成的长角苗。他

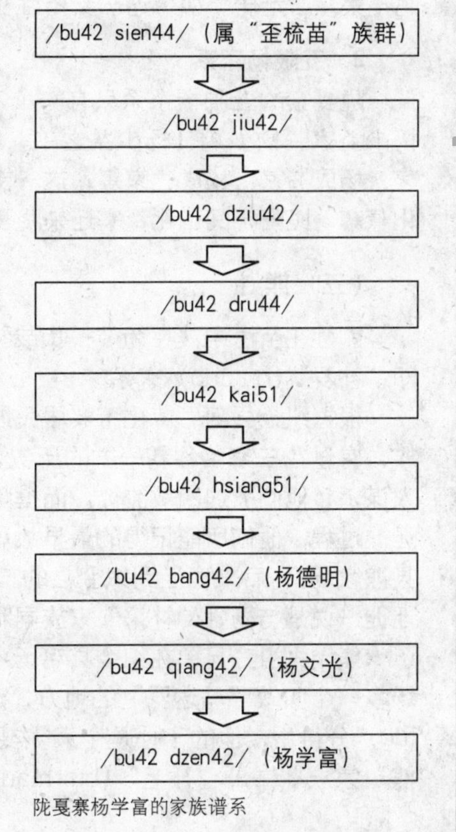

陇戛寨杨学富的家族谱系

们所记得的第一代祖先“补森”（bu sien）还是“歪梳苗”，从100多年前他们的第四代祖先“补凯”（bu kai）自织金县小龙场迁来陇戛寨时算起，迄今已有7代人。陇戛寨现有8户，其中“补凯”之子“补甚”（bu sien）的后人分两支，即今天的杨宏祥家、杨学富两家，除此之外，这一家族现在织金县阿弓镇长地村还有20多户，梭戛乡安柱村有16户，仓边村5户。

（3）“补碓”（bu dei）家族

包括杨朝进家、杨正方家等。

杨正方与现住陇戛新村的杨朝进都生于陇戛寨，是亲兄弟，他们的父亲“补碓”（杨朝文）大约是在1920年的时候携妻子自大湾新寨迁到陇戛寨落户。

（4）“补丛”（bu tson）家族

包括杨德学家、杨正坤家、杨正开家、杨正华家、杨正祥家等。

他们原先是短角苗，从纳雍县泛泥滥坝一带迁来陇戛寨约100年左右。这一家人在此落户后被同化成长角苗，迄今有6代人。这一支家族是最晚融入长角苗族群中的杨姓家族。

（5）“补台”（bu tai）家族

这一家族现在在陇戛寨仅杨德华一家，杨德华的祖父最早居于梭戛乡仓边村，后迁至沙子河小坡。1913年，其父“补台”（杨二）又娶“补采”家族女子为妻，迁居陇戛寨垭口定居。如今这一支杨姓在安柱、雨滴等村寨还有后裔。

2．五限杨家系

陇戛寨的五限杨家系只有一个家族（一说杨宏祥家也是五限杨家系之一），包括杨少益家、杨少周（杨少益之弟，杨兰青之子）家、杨成富家、杨成云家、杨成学家、杨成书家、杨成达家等。这一支人最早是由“歪梳苗”融入箐苗，定居于织金县化董寨，民国年间自化董寨迁来陇戛寨的三兄弟。

（三）熊姓

熊姓在苗语中被呼为“一呔哉”（yi dai dzai）。陇戛的熊姓人家都是一个家族，即“补罗”（bu luo）家系。

根据织金县阿弓镇化董寨居民熊朝明讲述，熊姓的祖先最早来自湖南，可能是汉族，有过在三家苗称霸一方的历史，因一位势力强大的先祖补恩谷（bu ngu）被邻人谋杀，他们被迫四散流徙。而据陇戛寨熊玉文、熊光武等人讲述，陇戛熊氏家族的迁徙过程：他们所能记得的最早故居在梭戛乡北面的纳雍县张维镇附近（一说是织金县熊家场），后来南迁到织金县的三家苗。因那里瘟病肆虐，被迫再次迁徙。他们的迁徙一说是与杨姓“补采”家族同时，一说时间要稍晚一点。

熊氏先祖三兄弟在织金县鸡场乡茭花箐（小地名）暂居，后来又辗转到织金县鸡场乡一个叫做“马达罗”的地方，这时三兄弟决定分家、分财产：大哥“补罗”（bu luo）分得牛，他的子孙是今天陇戛寨及其他长角苗村寨中的一支人丁兴旺的“五限熊”家族；二哥“补毛”（bu mau）分得羊却没有接受，仍回茭花箐居住，这一系逐渐融入今天的“歪梳苗”；老幺“补磋”（bu tsuo）分得马，来到织金县的熊家场，由于他掘宝发了财，又娶了汉族女子为妻，这一支人逐渐成为熊家场的汉族居民。

“补罗”来到织金三家苗，育有三子，分成三房，大房“补恩谷”系迁至陇戛，二房“补夕罗”（bu hluo）有三子，但三个儿子中只有“补兹尤”（bu dziu）有后嗣，这一系后来搬迁到陇戛，与大房“补恩谷”系会合，成为今天陇戛寨人丁最兴旺的家族。

（四）王姓

王姓在苗语中被呼为“洛瓦哉”（luo va dzai）。陇戛的王姓有五户，分为两个家族。

王少华家族，包括今天的王兴洪家、王定权家。王兴洪与王定权是亲兄弟，他们的父亲王少华自幼随上一辈人从织金县阿弓镇吹聋（狗场）迁来，是迄今为止陇戛寨迁来时间最晚的箐苗家族。王少华家族与小坝田寨的一部分王姓居民原本同出一家。每年冬月的第一个“龙日”，是箐苗族群的传统节日——“耗子粑节”。过耗子粑节的象征意义原本是为了让耗子不侵犯已逝老人的遗体，但如今的情况是一些家族会做耗子粑，一些家族则不会。不会做耗子粑的箐苗家庭，不论何种姓氏，都流传着同样的一个故事：一位儿媳妇在做耗子粑的时候偷吃了一块，却不慎卡在喉咙里，结果被噎死，从此这一家人就不做耗子粑了。但是陇戛的王氏家族都会做耗子粑，这一习俗与小坝田王开云家相同。王开云称，他们祖上最早来自纳雍县，陇戛王姓是否也来自纳雍，则不得而知。

王金明家族，包括王金明家、王兴富家和王兴贵家。王兴富和王兴贵是王金明的两个儿子，已经分别成家。这一家族是从织金县化董（化格）寨迁来的。

梭戛长角苗人家很看重自己家与别人家之间的区别，家族的概念可以通过几个参考标准比较明确地判定出来。在所谓同一家族，即风俗习惯、姓氏、献祭代数完全相同人家之间绝不允许通婚。同一姓氏的家族之间，除了以“三限”和“五限”来作为彼此身份不同之外，还有通过用“会不会打耗子粑”“打嘎时究竟是顺时针绕嘎还是逆时针绕嘎”“会不会建嘎房”“准不准女人爬楼梯”这些生活和仪式习俗中的细微之事作为评判标准来区别不同的家支。彼此习俗相同的就不可以开亲，彼此习俗不同的方才有开亲的可能。这些评价体系的目的之一就是为了在有限的人口内部建构一个可以从形式上避免伦理禁忌危机的家族婚姻制度。也就是说，有了这些区别之后，同姓之间婚配开亲则具有了族群内的合法性。

据寨子里的各姓老人讲述的他们来到陇戛寨的历史。在陇戛寨这块地方生活的最早只有李家，老人们讲李家的祖先可能是小花苗，当时只有几户人家，但是后来李家人渐渐在陇戛寨消失了。

除了李家之外，熊家是最早到陇戛的家族。熊姓老人给我们讲述了自家的历史：“我们熊家的老祖先是湖南的汉族人，当年剿水西的时候跟随吴王（吴三桂）来打仗，打完仗之后就没再回去，在织金县熊家场讨得了个歪梳苗的媳妇，那个时候在织金县的都是歪梳苗，这个媳妇号称长奶妇，那个奶子长到背上去给娃娃吃奶，生有8个儿子分为了两支，一支成为苗族，一支成为汉族。留在熊家场的那支成了汉族，他们现在都还存有家谱的，家里过得红火，出了很多大学生。我们这一支后来到了织金纳雍交界的一个叫做三家庙的小寨，这个小寨有三个姓，熊、王、杨三姓，我们熊家与王家是歪梳苗，杨家是短角苗。我家老祖爷在那里出名得很，叫做熊振全，苗名叫做崩古（音），从他到我们这一代就 10 辈人了。那个时候他厉害得很，如果想吃腊肉什么的，就拿个袋袋放在地上，别人都乖乖地把肉放进去，结果有人就把老祖爷给害了，他一去世子孙都稳不住了，那个地方总是有人来抢，我们就赶紧到处跑了，先是跑到安柱，再后来迁到陇戛寨，在这陇戛寨大概生活了七八代的样子，将近 200 年了。我们原来住的那个寨子现在石基都还在，原来老祖爷就埋在前面一块地，把他埋了后大家才跑出来的。后来这三个姓的人都跑到现在这十多个寨子里来了，慢慢都成了长角苗。那个三家苗已经荒了，现在过年的时候我们从三家苗来的三姓人还要过去拜祭祖先。”

继熊家之后没多久到达陇戛寨的是上文提到的三家苗的短角苗——三限杨杨朝忠家。

继杨朝忠的老祖爷迁人陇戛寨不久，大约 150 多年前，五限杨杨少益的祖爷从织金县迁人，本来他们是歪梳苗，在社会战乱的时候开始流亡，正好走到这里有个长角苗的寨子，语言相通，风俗习惯相似，于是歪梳苗的杨家儿子娶了长角苗的女子并且留在了这个地方慢慢成为长角苗。

继五限杨杨少益的祖先之后是五限杨杨宏祥家祖先于 120 多年前由织金县迁人。继杨宏祥祖先来到陇戛寨之后，大约 90 多年前，三限杨杨得学的母亲携带刚几岁的他迁人。杨家是从纳雍县迁徙过来的短角苗，在纳雍现在还有很多的本家，本家杨光辉家还有家谱，家谱中记载道：当时苗人反乱了 12 年，杨家祖先造反，被清廷赶到扁担山，再逃到发离，这个地方属于纳雍，比较远，每年杨得学还会去那儿串坟。杨得学一家在发离大概待了六七十年的时间，又在桂花树待了 20 多年，桂花树这个地方属于现在的马场乡，后来杨得学的父亲杨顺清去世之后，其母亲带着孩子到了陇戛寨。

清代至民国末年该地人群迁徙示意图

最后迁入陇戛寨的是王兴洪家。王家为两限王，在陇戛寨一共两户，与其他家族相比，王家是比较地道的长角苗。据王家老人讲述，王家在 400 多年前迁入水城县与纳雍县交界的吹聋场地，那里聚居着很多长角苗，但是那里海拔太高，寒冬腊月的时候白天都是雾气，看不到人。王家十五六辈人都住在场地，后来有个老祖爷下到岩脚镇赶场的时候看到这里的气候好得多，没有那么多雾气，就携家属搬迁到安柱，其他长角苗人也陆续迁出场地。王家在安柱大概住了有 7 辈人，但是由于自家的老祖爷是清朝的老寨（解放前一寨之中最有实权的人物，负责为保长征收和管理赋税钱粮。本章第六节有详述），帮官家收租，后来划分为富农并且于 1932 年被扒掉房子，祖爷也在这个时候去世了。之后老祖奶为了躲避被批斗，带着刚生下个把月的孩子于 70 多年前从安柱寨迁入陇戛寨。

综上所述，陇戛寨 4 个姓 7 个家族，最晚于 20 世纪 30 年代都已迁入，加上当时的李家，一共 8 家生活在陇戛寨的格局已经形成。基本的迁徙走向都是从北向南从织金县与纳雍县迁入。

这 8 家的历史让我们看到一个民族演变的脉络。在这里我们看到的不是一个土著的长角苗族群，而是由短角苗、歪梳苗、汉人在这里生息、重组、融合，在奔涌向前的历史潮流中，形成一个具有共同习惯、共同特征的带有地域性的独立的民族分支——长角苗。也许所有苗族的分支都是如此不断地融合演变的。鉴于许多文献的记录有真实也有谬误，我们作如此细致的解剖是为了认真地了解并勾画一个族群搬迁和构成的历史。

三、从迁徙到定居

通过当地老人对陇戛寨各姓氏来源地的讲述，我们大致可以了解到，至少在 100 多年以前，黔西北地区的苗族，包括长角苗族群还过着漂泊不定的游居和半定居生活。虽然当时梭戛一带已经形成了十多个以长角苗村民为人口主体的村寨，但他们搬家的情况非常普遍，一般一代人住一个地方，下一代人就可能去了远在 10 公里之外的另一村寨投奔亲友家落了户。这种迁居活动非常普遍，以至于他们根本没有形成中原汉族农村普遍地对"上门女婿"的歧视心理。不同于"大花苗"族群的是，梭戛长角苗的迁居活动要相对少一些，由于需要依赖"大箐"（森林）提供安全保障和生活资源，他们多数家庭处在半定居状态；而大花苗的迁徙游居则相对频繁得多。关于这一点，我们在织金县麻地窝村"大花苗"居民和六枝特区高兴村长角苗居民中作了专门的采访。他们两个族群的居民都熟悉彼此不同的居住习惯。但从总体而言，梭戛的苗族居民们对于土地的理解跟当地汉族、布依族等稻作民族是有很大差异的。

民国年间，由于国民政府对乡村治安及民间枪支弹药流通缺乏有效管理，在贵州的许多村寨，土匪及各种地方非法武装十分普遍，很多弱势群体为了保证自己的安全相互结成政治、军事和经济的小同盟体，有的自身也逐渐发展为地方武装。梭戛的长角苗居民长期遭受匪患，纷纷以寨为单位，与周边的豪强大户结成同盟。例如陇戛寨长期以来就依附梭戛彝族"黑土目"金树民家族，建立了自己的小规模武装力量，如今一些老人还称自己的父辈或兄长曾经"给金家背过枪"，当时"周围人都怕"；高兴寨与小坝田寨则因为一次被土匪围困，是由附近沙子河汉族龚家派私人武装解救，才逐渐与龚家结成互保；补空寨则是依附老卜底李家（汉族）。由于长角苗族群自身的力量十分弱小，这种互保关系对他们而言具有较强的依附色彩，为了得到武装保护，一些长角苗家庭每年要向豪强大户上交1–2石（约300–600斤）包谷，这种沉重的经济负担使得定居户们在获得安全的同时从自耕农逐渐沦为佃农。当然，有关长角苗族群全部是赤贫的佃农这一说法也是不正确的，陇戛寨居民杨德忠告诉我们，他的曾祖父杨五在靠近织金县的梭戛地界就曾经拥有10多亩旱地，他把这些土地课给周边的佃户种，日子过得还比较安逸，当时他家每到过年就要杀好几头猪。这也从侧面充分反映了这个寨子当年已经有了经济生活水平相当稳定的常住居民。

中华人民共和国成立以后，1951年全国各地开展了土地改革运动。梭戛一带也不例外，属于较早实行了土地改革的地方。梭戛的土改运动主要程序是由政府派人到村到户对土地进行逐一测量，然后对人口进行阶级成分的划分认定，通过按人头计土地面积以及将土地划分为高产地和低产地的方式最后将土地落实到户。贵州苗族地区的土改工作曾经是引起政府部门高度重视的一件事情。

《邓小平文选》中还留下这样一段记录："有一些特殊问题，也要根据实际情况解决。比如我们在少数民族地区确定不搞减租，不搞土改，但是贵州苗族人要求减租，要求土改，而且比汉人还迫切。究其原因，这是很自然的，因为贵州苗族中地主很少，他们绝大部分种汉人的地，而且是山坡地。他们的要求很合理。如果不允许他们实行减租、土改，那就是大汉族主义，就是不直接照顾他们的利益。但是这样的要求，可能苗族上层少数地主分子不赞成。所以我们特别作了规定，凡是种的土地是汉人地主的，就实行减租、土改，而种的土地是苗族地主的，就不实行减租、土改，由他们本民族慢慢地采取协商的办法去解决。这就是说，减租、土改在少数民族地区不是完全不提，有些地区还应该进行，但必须有一个条件，就是他们有这个要求，而且不是少数人要求，而是大多数人要求，不是我们从外面给他们做决定，而是由他们自己做决定。又如，在少数民族地区，怎样实行民族区域自治，怎样成立联合政府，要考虑方式方法问题。"（《关于西南少数民族问题》1950年7月21日）

政府部门强有力的介入使得长角苗居民与彝族金家和汉族龚家、李家之间的关系由之前长期稳固的租佃关系、互保关系迅速变化为明显的阶级斗争关系，各村寨先前的老寨、甲长都受到了冲击，传统的乡民社会政治结构被彻底打破。由于土匪及地方私人武装已经纷纷缴械投降或者向新政府投诚，地方传统黑恶势力的威胁不存在了，因此这种建立在半定居民族和定居民族之间的互保结盟关系失去了其存在的价值，也就成了过去的历史，继而代之的是人与土地一一对应的关系。1951年之前，苗族居民们盼望拥有真正属于自己的土地；1951年之后，他们则渐渐被固定在自己的土地上，生活方式并没有很快被外界所同化，所以像佩戴木角梳、从种麻种靛到制作蜡染刺绣服装的习俗和弥拉（mi la)、松丹（苗语音"so ndan"，其意义详见本章第七节）这些文化的口承者以及祭山、扫寨、祭献家先等大小仪式均能够保留下来。由于物资和文化交流都十分匮乏，他们的生活水平仍然处于温饱线以下，文化教育事业一直到20世纪50年代末才开始出现。1958年彝族青年教师沙云伍到高兴村兴办教育的时候，当地居民绝大多数是无法与他进行语言沟通的，他唯有依靠两位上了年岁的、见过世面的苗族老人抽空用汉语教习，花了两年的时间才逐渐能够使用苗语跟学龄儿童们进行语言交流。

据陇戛寨老人杨朝忠回忆，在“四清”运动早期的时候，政府提出要搞“五旁四坎”，即对田边、地角、房前、屋后的闲地、荒地进行开垦。“大跃进”时期的“大炼钢铁”风也波及到这个地表植被稀薄、生态环境极其脆弱的地区。不加控制的滥砍滥伐造成了生态环境的破坏，石漠化问题越来越突出。直到20世纪90年代政府出台封山育林政策，环境危机方才得到逐步扭转。

有必要补充说明的是，在土改后的几年里，长角苗村寨之间仍然有零星散户搬来搬去的现象，其主要原因是当时分土地是按人头来算土地面积的，没有考虑到一些男丁较多的家庭年轻人婚嫁以后土地吃紧以及女儿较多的家庭土地荒废等细节问题，这样一来，女孩出嫁、媳妇进门以后，有的家庭就会出现男多女少田不够或者是女多男少田有余的情况。他们自己的内部协调措施就是分给亲戚来种，或者把子女遣出去种地，这就会产生迁入者。再就是开荒，这就会产生迁出者。这种向村寨四周蚕食的搬迁活动造成的结果是扩大了原有村寨的规模。由于生活条件得到改善，医疗水平逐步提高，人口得以迅速增长，以陇戛寨为例，1949年梭戛乡解放时，全寨才15户人家，合计不到100人；1979年人口普查时，增至70余户，合计达到325人；80年代80来户，大概有400人左右；90年代90来户，450人；2003年101户，500多人；2004年112户；2005年已经增长为140户。陇戛寨老寨已经容纳不下这么多人，政府给盖起新村，挪过去40户人，形成一个具有规模的长角苗村寨。

从1980年到1981年的两年期间，家庭联产承包责任制已经在中国农村绝大部分地区推广。贵州六枝特区的农村也正是在这段时期进行了家庭联产承包责任制的推广。对于梭戛一带的长角苗居民而言，“包产到户”一词远远不及“土地下放”给他们的印象深刻。因为之前虽然家家都有土地，但土地的支配权仍然不属于个人或家庭，而是属于国家。但1981年以后，他们获得了更多支配自己土地的权利。随着整个中国改革开放的影响不断深入黔西北腹地，梭戛的长角苗居民接触并引进了越来越多的新事物（例如良种玉米、水泥瓦、黑毛线、洗衣粉和各种现代生活日用品）。医疗卫生条件逐步得到改善，各种瘟疫疾病得到有效控制，定居生活开始变得丰富多彩。如今，虽然梭戛长角苗族群的生活水平仍然相对比较滞后，但对当地人而言，无论是大规模迁徙还是小范围的游居现象都已经很少有耳闻了。

第六节　寨子里的“寨老”与“寨主”

在《生态博物馆资料汇编》中提到，这里的苗族人由于其地处偏僻、交通不便，所以直到今天还保留着原始民主的社会组织结构，保留着寨主、寨老的制度。寨主是全寨的最高行政长官，主要管理苗族的习俗，由自然选举产生的德高望重并懂得日常习俗、规矩的人终身担任。寨主老了以后就称为寨老，不再直接管理日常事务，只是在现任寨主有不能解决的事情或有疑问的时候才出面进行协调或说明。寨主是通过集体选举而成的，寨老则是个人魅力自然形成的。但我们对这一说法始终抱有怀疑，因为我们知道1949年以后，整个国家都是统一的行政管理方式，不可能还留下一个与其他地方不一样的真空。

通过文献我们了解到，在军阀统治时期，苗族地区的政治制度大体上有三种表现形式：原始公社末期的寨老制，以封建领主统治为基础的土司制和以封建地主统治为基础的保甲制。前两种是残余，后一种则占统治地位。因此在这时期，还保留有寨老制的地区在继续发生蜕变，还保存有土司制的地区继续废除，而封建地主势力在军阀的支持下则逐渐加强。

在苗族社会封建化的过程中，由农村公社保持下来的寨老制为封建主所利用。寨老是寨中年岁高、享有威信的男子，根据习惯法，参与全寨公共事务和民事纠纷的处理和调停，维护社会秩序。其社会组织是“丛会”，以群众会议的形式共议公约，选举丛头。丛头有的担任了保甲长，有的协助保甲长执行管理职能，保甲长则利用丛会形式来收税收款。丛会已变为封建制度的一种附属组织。在贵州省从江县的月亮山一带，也存在寨老制。寨老被称为“该歪”（gai wai，即“王”）。在这些地区，清代改土归流时，虽派有汉人充当土千、把总等一类土官，而基层仍然依靠寨老治理。民国以后，土官虽废，寨老犹存。其后军阀政府按照国民党的制度，建立保甲，保长由政府委派充任，甲长则是轮流担任。保甲长主管派兵、派款；“该歪”则主持调解纠纷。当群众抗命时，保甲长还要请“该歪”，说明在群众的心目中“该歪”的地位居于保甲长之上。有些苗族地区还保存着土司制。

这三种政治制度在陇戛寨是如何存在的呢？是真的如《生态博物馆资料汇编》上所说的至今还保留着“寨老”和“寨主”的原始民主吗？那么陇戛寨的寨主、寨老是谁呢？寨主我们始终没有打听到，但据博物馆介绍，陇戛寨的寨老是杨朝忠。杨朝忠今年65岁，从16岁开始当这个寨子的村民组长，4年以前开始退休在家，在这里当了45年的村民组长。在这一带，寨子是比村更小的行政单位，村民组长就是寨子里最高的行政长官。杨朝忠的父亲以前就是陇戛寨的村民组长，可见他们一家在这个寨子里的地位。

我们问他：“你是怎么当上村民组长的？是大家选的吗？”他回答说：“不是，是党和人民的需要嘛。”我们问：“你是党员吗？”回答：“不是。”很有意思，当了45年的村民小组长，没有入党，这在农村是不多见的。为了了解解放以前这里的行政组织结构情况，我们向他打听当时寨子里谁是最高行政长官，他说：“是甲长嘛，还有几个卫兵，专门跟在甲长后面的。比甲长大的，还有保长和乡长。”按照他的说法，当时的组织结构是甲长、保长、乡长。我们想也许寨主、寨老是民间约定俗成的，和政府不是一个系统，所以问他：“如果寨子里有什么纠纷，是由谁出面调解？”他说：“是甲长，当时，陇戛寨和小坝田是属于一个甲长管。”

我们又问：“听说你们这里以前有寨主、寨老的制度。”他回答说：“我从来都没听说过什么‘寨主’和‘寨老’的事。”我们又问他：“大家都说你就是陇戛寨的‘寨老’。”他笑着回答说：“那是他们喜欢那样说嘛。”他又接着说：“‘寨老’我不知道，但我倒知道有‘老寨’。”杨朝忠告诉我们说，他们所在的梭戛乡，是苗族、彝族、回族、汉族共同居住的地方。苗族的寨子都很穷，没有自己的土地，都是租用彝族或汉族地主的土地。因此，这些寨子里的农民都是雇农，当时，陇戛寨和小坝田的寨民们都是租种的一位彝族姓金的地主的地，高兴寨和补空寨则是租汉族地主的地。

彝族地主委托一位寨子里的头人管他们，这位头人称为“老寨”，小坝田一个，陇戛寨一个。彝族地主为了拉拢他们，送给他们一大片土地，他们则帮彝族地主管理这些寨民，同时负责收租。在收租时往往是大斗进小斗出，杨朝忠解释说：“大斗进小斗出的意思是，老寨向农民收租时，一斗是七十斤，而他交给地主时一斗则是六十斤。而这里面的差额则由他挣了。”我们问：“老寨是大家选的吗？”他说：“不是，是金家地主指定的。”村里发生一些纠纷，大都是由老寨处理。由于大家都是租种金家地主的地，也就是他家的雇农了，因此，金家地主在寨子里也有很大的权威，犯了事老寨处理不了，则由金家地主出面处理。再处理不了则由甲长处理，那就是地方政府出面了。当地人称金家为官家，金家还有衙门，一个衙门在梭戛，一个衙门在郎岱。

金家只不过是地主，怎么会被当地人称为官家，还有自己的衙门？当地的长角苗人讲不清楚。我们去六枝档案馆想查查有关土改时的金家的资料，但在档案馆竟然查不到有关梭戛乡60年代以前的资料，更不要说是土改时期的了。在当地的有关文献中，有关梭戛乡长角苗的资料也很少，当地的彝族、布依族都有受过汉族教育的文化精英，有关本民族在民国时期的历史都有不少的回忆录，唯独长角苗人几乎没有。幸而金家是彝族的地主，所以在当地的一些文史资料中还有一些记载。

通过当地的一些文史资料和老人们的口述，我们大体了解到，在明代，统治者为了加强对少数民族的管理，在一些少数民族地区封了土司，这些土司都是他们本民族的大地主，得到官方的赐封以后，势力就更大了，有的还有自己的地方武装。到清后期，为了控制这些少数民族地方势力的膨胀，政府又实行了“改土归流”制，即取消土司，用不断流动的汉族官员来管理这些少数民族地区。“改土归流”后，苗族地区普遍设立了府、厅、州、县，进行清户口、设保甲。保甲组织以十户为一牌，立一牌头；十牌为一甲，设一甲长；十甲为一保，立一保正。有的地区是十户立一头人，十头人立一寨长。实行联保连坐，“逐村经理，逐户稽查”，“一家被盗，全村干连，保甲不能觉察，左邻右舍不能救护，各皆酌罚，无所逃罪”，[14]但在少数地方还是保持了土司的势力。陇戛的金家就是当地遗留的土司，所以他有自己的衙门，所谓的衙门就是土司的官邸，所以，陇戛寨的老百姓称“金家”为“官家”。

在这里还有一个问题是我们一直在思考的，就是1949年前生活在梭戛这一带的长角苗是否是生苗，即没有被归入政府管辖体制内，政府未为其封土司，其也不用向政府纳税。生苗一般都生活在较偏僻、政府不太能管得到的地方，他们与汉族人很少接触，生产生活方式都较落后，汉化程度也较低。我们这样考虑的理由是，在这十二寨的苗族中竟然没有一户人家当过地主，虽然有少数人拥有过一点薄地，但却大多数都只是当地彝族或汉族人的雇农，这里的彝族人有土司而长角苗人没有。

在1949年前，高兴村四个寨子的长角苗人租用的都是金姓彝族地主的地，据老人们回忆，当时的金家委托了一个熊姓的老寨来为他管理这些苗族的雇工，包括收租子，寨子里很多事摆不平，不是由官府出面处理，而是由老寨或者金家来处理。金家则给老寨一些土地和粮食，老寨的生活比一般的长角苗人会好得多。

这些彝族土司的实力很大，在地方上很霸道，设有自己的衙门和武装，一方面他们要防御土匪，另一方面他们也要镇压敢反抗他们的苗民。在陇戛寨子里有两处石头营盘，据资料介绍是当年长角苗迁徙到这里为抵御外来侵犯者修筑的。但据我们实地考察发现，寨子里的两个石营盘，一个在寨前，一个在寨后，寨前的营盘很简陋，好像是为了抵御外来者，寨后的则修得很结实也很大，不像是为了抵御外来者，却好像是为了防范寨子里的人而修的，当地村民说，那是彝族地主金家修的防御工事。

所以我们推断，那时的陇戛寨应该是保甲制和土司制同时存在。但有没有寨老就说不清了，有没有寨主更说不清了，因为杨朝忠始终说没有，寨子里的其他人也都说没有，只有老寨。我们思考这有几种可能性，一种就是我们的语言不同，杨朝忠和寨子里的其他老人虽然会说汉话，但他们并不能完全理解汉话中寨老的意思。还有一种可能就是真的像杨朝忠所说的，这里根本不存在寨老制，只是学者们在编写资料时，根据其他地方的情况想当然地加上去的。

我们问杨朝忠："土改的时候，你们斗地主吗？"他说："斗，我们寨子里没有地主，斗的都是老寨。"以前总认为这个地方是世外桃源，解放以后的历次运动都没有波及它，看来并不是如此。杨朝忠说，解放时这里照样打土豪分田地，"大跃进"时这里也炼过钢铁。他说："就在那山后面的坝坝里炼嘛，炼得热火朝天的。"后来成立人民公社，陇戛寨成为陇戛生产小队，他任小队长。改革开放后这里又成为寨子，和高兴寨、小坝田寨一起成为一个自然村，由梭戛乡管辖，他也由小队长变成了村民组长。

以上我们考察到的材料，实际上不仅说明在长角苗的寨子里是否至今还保留着原始的"寨老"制，也是在向我们展示一幅有关这个寨子作为一个行政区域和一个社会组织的变迁过程。我们的工作，有时候真有点像考古，考古是通过人类活动遗留下来的实物复活过去的历史，而我们则是通过老人们的记忆来复活过去的历史。它有太多的迷雾要我们不断甄别，而且因为我们研究的对象是人，他是有生命、有思想、有灵魂的活物，一方面他不可能像机械那样准确，同时他还有自己的看法、自己的记忆筛选。因此，我们的研究不能只局限于某个人，还需要有更多人来论证，同时，这些老人的寿命是有限的，一旦他们去世，许多发生过的事情也就会永远湮灭。

第七节　寨子里的"文化人"

在早期的人类学家中，考察一个群体文化时最重视的就是其整体的社会结构和集体表象，包括列维－斯特劳斯所说的文化语法及潜伏在人的行为中的文化系统。到了20世纪80年代，人类学家开始关注社会现象和人类行为的辩证性，强调人的主动性和人的社会实践。也就是说人们并不是被动地在被文化的法则牵着鼻子走，他们在先于他们存在的社会认知结构和认知图式面前，一方面是接受，另一方面也在不断地试图挑战与创新。而且在任何一个群体中都会有他们的精英、他们自己的文化人，这些人一方面可能是他们文化重要的传承者和坚定执行者，另一方面可能又是最有能力挑战他们文化传统并进行文化创新的人，他们是寨子里的知识分子，也是他们自身文化的谋士。我们在考察中一直关注着他们。虽然我们在寨子里没有找到寨主和寨老，但寨子里除村民小组长外，还有没有其他的虽然没有行政职务，但在寨子里德高望重、威信甚至超过村民组长的人？除行政事务外，寨子里的各种祭祀、婚礼、葬礼、巫术是由哪些人来操持？经过长时间的考察，我们终于找到了一个这样的群体，他们在寨子里有着各自不同的分工，各司其职地不断重复生产和构建着本族群的文化图式，如果说社会生活是一种意图和表演，他们就是这些意图和表演的主导者。

一、家族历史的记忆者——“松丹”

对于一个没有文字的族群来说，他们是如何记忆自己的历史、如何传承自己的文化的？是集体传承还是有更重要的个体在其中起更大的作用？这是我们一直很感兴趣的。后来我们发现“松丹”（so ndan）是其中的重要人物。“松丹”是苗语，“丹”（ndan）在苗语中是“鬼”的意思，实际上就是因为他们通晓的人和事都是死去的人和事，因此，其称呼就和鬼连在了一起。而“松”是头目的意思，也是被尊重的人的意思，两个字连起来应该是“鬼师”。这种人是为了记忆家族历史而存在的，每个家族都有好几个。松丹的工作就是记住家族里的每一代人的名字，包括逝去的长者。这对长角苗来说是一项非常重要的工作，因为他们没有文字，所有的家族历史都需要有专门的人来记忆。在博物馆的资料里说鬼师是当地的巫师，但“松丹”不是巫师，而是通晓自己家族历史和每代祖宗姓名及亲属称谓的人，同时也是主持各种祭祀和葬礼的祭师。在苗族民间，祭师同时又是歌师，凡是能主持祭祀活动的祭师往往要有几天几夜都“唱不翻头的歌”。因此，他们是长角苗重要的文化传人。

松丹一般是从小培养，每一个家族都会选几个记性好又聪明的少年来学习，首先要背祖先的名字，要学会怎么祭祖，怎么主持葬礼，怎么唱酒令歌、开路歌等。高兴寨的松丹杨进学告诉我们，他学“松丹”学了八九年，刚刚正式当上“松丹”。家族共有两个松丹，一辈人一个，管两房三限杨，一房在高兴寨，一房在吹聋新寨。高兴寨的一房在世的大约有30人，已去世的三代老人178个，“松丹”必须要把这178个去世了的老人的名字背下来，包括吹聋新寨的一房。只要是这两房杨家有重大的祭祖或葬礼都要请他去，每一个节气的祭祖都要由他来念祭文，还要杀鸡。在长角苗的寨子里，祭祖是每个家庭的常备功课，不仅是过年过节、搬家等，就连平常有点好吃的也要祭祖，不重要的祭祀一般人都是自己在家祭，并不请松丹。一般的人都只知道自己的祖先，但松丹则知道整个家族的祖先。安柱寨一位松丹叫熊开安，他告诉我们他们的家族很大，分散在高兴寨、小坝田、张家湾，100多户人家，需要记住的祖宗有20多个。所谓的家族就是共一个祖爷爷，他们这里说的祖爷爷有三代的也有五代的。“三限”的是三代，“五限”的则是五代。熊开安今年已经83岁了，现在他在培养新的松丹，在他们的家族中，有三个年轻人在学，10岁就可以开始学，要记性好，只要学会了年纪轻也能做。

在长角苗的所有仪式中葬礼是最重要的，当地人称之为打嘎，也就是在葬礼上要杀许多的牛，分散在十二寨的亲友都要参加。在葬礼中，松丹的任务首先是主持献饭、献酒仪式。所谓的献饭就是用布袋或塑料袋装一点饭，有的还要加一只鸡，一般都是放一块肉或一只蛋，献饭的人把饭交给“松丹”，松丹则会告诉死者，谁谁来为你献饭了。“松丹”一定要讲清楚献饭人与死者的身份。因此他必须非常清楚每个人和死者的关系，包括辈分和亲属称谓。还有“交牛”一事也是由松丹主持。所谓“交牛”，就是在杀牛之前，人们要打开棺材盖，将牛牵到棺材前，把牵牛的缰绳放进棺木中，然后由松丹告诉死者是谁来为他送牛了。总之，在所有的仪式中，只要牵涉到报人姓名的工作，都是由松丹出面主持。当地的彝族人也有和松丹类似的祭师，他们叫毕摩，其基本职责和松丹一样，区别在于，对于苗族人来讲，所有用来祭祖的鸡、羊、牛都要经过“松丹”的手，如果没有通过“松丹”的手，不能宰杀，不能用来祭祖，而彝族是先杀了以后才通过“毕摩”的手。

正在唱开路歌的熊开安 方李莉摄

在葬礼上松丹还有一个任务就是为死者主持开路仪式，在长角苗的观念里人死后都会返回自己的祖先那里，但死去的灵魂是不认识路的，必须有人带他上路，而这个人就是松丹。但并不是所有的松丹都能主持开路仪式，是由专门的家族的松丹来承担的。在开路仪式上要唱很长的开路歌，歌词优美而悲伤，里面的内容涵盖面很广，也很多。当地人告诉我们现在会唱这种歌的人越来越少了，因为学起来要花很长的时间，年

“松丹”杨正学（左二）正在为死者献酒 方李莉摄

轻人都不爱学。松丹虽然从事的都是和死去的人打交道的事，但他们并不通灵，在苗寨只有鬼师才能通灵。

在陇戛寨也有不少的松丹，如杨朝忠、杨宏祥、熊朝进、熊光武等都是他们各自家族的松丹，他们都是寨子里的能干人和聪明人。杨朝忠是寨子里的老村民组长，杨宏祥是梭戛乡的前副乡长，熊朝进是新任的陇戛寨的村民组长，熊光武是寨子里为数不多的能把所有酒令歌唱全的人。

二、主持仪式的长者——“祭宗”

陇戛寨的“祭宗”杨朝忠 朱阳摄

“祭宗”（gji drom）是苗语，有关“祭宗”这一职责在博物馆的资料里并没有记载，这是我们无意中了解到的。在我们寻找寨子里的寨老的时候，寨子里的老人告诉我们，寨子里没有寨老，但每一个寨子里都有一个专门主持祭山仪式的长者，苗语叫“祭宗”。他和村长不一样，他不属于官方的官员，他往往是一个家族的“松丹”。“祭宗”和“松丹”的不同之处在于：“松丹”只是一个家族的祭司，而“祭宗”则是整个寨子的祭司，虽然没有行政权力，但在寨子里却很有威信，如有什么纠纷不能解决，他可以出面调停，最重要的是每年三月三祭山时，由他主持，由他封坛。封坛时要他讲几句话，寨子才能顺顺利利，平平安安。

当祭宗要有几个条件：第一，其家族一定是最早到这个寨子里来的。第二，必须要在 40 岁以上。第三，要能干，庄稼种得好。第四，为人正直，在群众中有威信。一旦被选上就是终身制。

陇戛寨的“祭宗”是杨朝忠。“祭宗”是否就是寨老，我们始终搞不清楚。我们只知道每次有人来的时候，生态博物馆总是对外介绍说杨朝忠就是陇戛寨的“寨老”，但杨朝忠却不承认他是寨老，我们不知道是语言的翻译问题，还是寨老和“祭宗”真的不是一回事。

杨朝忠说，到陇戛寨来的最早主人并不是杨家或熊家，而是李家。他说，最早村里有五家姓李的，他们是这个寨子里最老的主人，每次祭山都是由李家主持，后来李家无后，慢慢衰败了，最后一个李姓男人在 30 年前去世了。李家无人后，就由杨家主持，因为杨家是仅次于李家最早来到这里的。

三、葬礼的主持者——布通宗

在长角苗人的观念中，没有什么比葬礼更大的事情了，如果一位老人死去，12

个寨子的每户人家基本都会有人来，长角苗12个寨子4000多人，一个葬礼人多时可以达到2000人。在这么大的仪式中必须要有一个能全面主持的人，这个人叫“布通宗”(bu tong zrong)，翻成汉语叫“总管”，通常由两个人来共同担当，另外还有五六个助手，叫“布通”(bu tong)，翻成汉语叫“管事”。但什么样的人才能担任“布通宗”，是谁来委派的，为什么要委派他？

在长角苗的家庭里，一旦有老人去世，请一位布通宗来帮助处理丧事是非常重要的。在请之前会有一个挑选和衡量，这要家里的亲人们一起商量。被请的人一旦承诺下来，他就会很辛苦，因为他要负责打理很多事情。但这也是一件很光荣的事情，起码他的能力、人格都得到认可，尽管很辛苦，也没有任何报酬，但可以提高担任者在族别中的声望。

我们参加过安柱寨王坐清葬礼中布通宗的任命仪式，在葬礼的第一天晚上，举行完开路仪式，接下来就是议事，即商量如何办理丧事。主持议事的必须是布通宗，这时已经被选择出来了，他坐在死者的棺木前，面对着大家。在房子里有死者家族里所有的父系亲戚（全部是男性，女性是不能参加这些重要的决策性活动的）。被选出来的两位总管，一位叫杨新华，38岁，还有一位叫王正明，41岁，这两个人一看就是非常精明能干的人。我问死者的大侄子，为什么要请他们两个人？他问答说，因为他们会说话，为人正直，在寨子里有威望。但为什么这两个人会说话，而且有威望呢？是他们在村里担任了什么行政职务，还是因为他们有钱吗？我们将这些问题提出来后，死者的侄子说，都不是。他们既不是村干部，也不是村子里最有钱的人。但这两个人都是初中生，在他们那个年龄段读过初中就是寨子里学历最高的人了。看来读过书的人会比没有读过书的人能得到更多的尊重。当然，最重要的原因还有他们都是非常正直的人。在这里，正直诚实是一种优秀的品质，也是一种有教养的表现。

死者家族里也有一个出头管事的人，这个人就是死者的大侄子杨忠敏，是他代表孝家（即死者的父系家族）提着酒去把这两位总管请来的，大家坐好后，他当众宣布杨新华和王正明为这次丧事的主管，宣布以后，王正明代表主管当众向主人表示愿意承担此重任。但他不是用言语来回答，而是用歌来回答，他对着死者方的儿子唱，大家坐在那里静静地听。因为是用苗语唱的，我们听不懂，旁边有人告诉我们说，他是在表示他一定会尽力帮助主人办好这次丧事，让主人家放心。我们觉得有意思的是，这些苗族人一旦遇到重要的事情就不再用语言，而是用歌来表达。

当总管一承担下这个职责以后，他就要向主人承诺一定把事情办好，而主人则把所有的权力交给他，包括办丧事开销的所有费用都交给他管理和分配。他可以请至少6位助手来和他一起承办这一丧事。组好班子以后，首先要议事，商议在办丧事的过程中需要请多少客人，谁去请，如何请，需要多少人帮忙，而帮忙的人又如何分工，还有各寨的人来后如何住宿，住在谁家，谁来收粮食，谁来分饭，谁来收礼，谁来宰牛，谁来抬棺木，谁来鸣炮仗，谁来做饭、接客、陪客等一应大小事务。不仅如此，最重要的是和客人打交道，在打嘎的前一天下午，各寨的客人都要来到寨子里，总管的助手们手持竹棍接待他们，等他们哭完，献完饭，则要将他们安排到各家各户居住和吃饭。在深夜3点直到凌晨五六点间，总管要代表主人挨家挨户地去看这些客人。这不是普通地看，而是必须熟悉客人的身份以及其与主人家的关系，还要以唱歌的形式来对话。客人也请代理人，是寨子里能说会道的人，要是总管机智，就能说服对方，为主人家省下不少酒，但要是比较笨，又不熟悉12个寨子的规矩，以及各种亲属网络之间的关系，叫错了辈分，就会不断遭到罚酒和嘲笑。

当总管的人一定要正直和不贪小利，主人的所有钱财全部托付给了他，如果他偷偷地搬一点酒或割一点肉回家，或者是在钱上面做点手脚坏了名声，今后在寨子里就会站不住脚。再与别人合作时，就没有人愿意和他在一起，当他家有事情需要人帮忙时，寨子里的人也会借口忙而回绝他。相反，如果他是一个正直又会办事的人，在族群里就会享有很高的威望，一旦他家有事，就会一呼百应。谁家举行葬礼时，人越多也就越荣耀，所以许多人会不惜钱财挣得这种荣耀。

长角苗人的文化很有意思，“打嘎”是一场葬礼的仪式，但实际上也是长角苗人的文化演习场，每个人通过这样的演习展示着自己的人格魅力，争取在社区的声誉和地位。这也是对人格和能力的一种考验和确认，正因为如此，在“打嘎”场上人人都努力地扮演着自己的角色，一点不敢马虎。

在跳花场上的王兴洪村长 安丽哲摄

在这些丧事中，我们看不到行政的力量，村长好像没有参与，即使参与只是作为普通的人，在这里一切运作都是民间的运作，这时总管的能力和威望要超过行政长官。但事实上村一级的行政长官，往往又是从这民间仪式的总管成长起来的。如王兴洪就告诉我们说，他就当过好多次这样的布通宗。王兴洪以前是陇戛寨的村民小组长，现在是高兴村的村长。王家在陇戛寨和整个高兴村都是小家族，在陇戛寨 138 户人家中王家只占了 3 户，王兴洪以其家族的弱势，却能当选为村长，与他常被选为总管有一定关系。

四、通灵的人——“弥拉”

在少数民族地区考察，巫术总是最重要的研究对象之一，而“弥拉”类似于“巫师”，是当地重要的能通灵的人。在长角苗人的文化中鬼是非常重要的概念，人生病了是因为有鬼在作祟，人运气不好或遇上了什么意外，都是因为遇到了鬼，而谁才能治这些鬼呢？那就是弥拉。如果说松丹专门与死人打交道，那么弥拉则是专门和鬼打交道。

对于长角苗人来讲，人们在生活中无时不在与祖先沟通，无时不在与鬼魂打交道，在日常生活中发生的许多事情都与这些看不见的祖先及鬼魂有关系，但同时人又不能和他们直接沟通、直接打交道，这一切都有赖于弥拉；一切解释不了的神秘事物，包括所作的梦的征兆，都要靠弥拉来解释。因此，弥拉就成了寨子里有知识和权威的人士之一。每一个寨子起码都会有一个弥拉。

弥拉调查表

姓名（苗名）	地名	性别	年龄	阴师住的地方
熊玉安	陇戛寨	男	60	住在地下水洞
熊金祥	陇戛寨	男	42	天仙
王洪祥	高兴寨	男	55	海里
补凯	化董	男	60	天仙
补瑶	化董	男	52	水洞
波芭	依得	女	70	水洞
阿波卓	打水冲	女	63	水洞
王金明	依中底寨	男	50	水洞
补兰	吹聋	男	67	水洞
补绸	大湾寨	男	56	水洞
补詹	小坝田	男	67	水洞

长角苗族群是一个初级的农业社会，所有的职业都未形成专业化。在这里每个人首先是农民，兼做点其他，就包括弥拉也一样，平时都是种地人，只是在谁家遇到了事时才会请他去做弥拉。

长角苗文化精英所需具备的能力

松丹	弥拉	总管	祭宗
1. 能够记住家族的历史及每代老人的名称	1. 要有阴师附体	1. 为人正直，有威望	1. 其家族必定是最早搬迁到寨子里的
2. 对家族内部不同亲属称谓烂熟于心	2. 要能够通灵，能够懂得各种巫术的技能	2. 会记账，会算数	2. 其必须要有一定年龄，至少是 40 岁以上
3. 懂得各种不同祭祀中的礼仪与程序	3. 要能够为大家解除病痛及各种灾难	3. 对本民族各种规矩烂熟于心	3. 其必须在寨子里要有威望，是寨子里最有权威的人之一
4. 是本家族和本民族的知识记忆库	4. 要有一定的中草药知识	4. 能说会道，反应敏捷	

第八节　陇戛寨人的体质与寿命

我们认为，如果不清楚当地人的体质结构和健康状况与他们的生活条件、生产方式、饮食习惯及风俗习惯有什么关系，我们就很难真正理解他们的民族文化，也不能清楚地知道生态博物馆给当地人的生活质量究竟带来了多大的变化。但这项工作光靠我们自己很困难，必须要和当地的卫生院联合。当地政府对我们的工作很重视和支持，乡卫生院的刘毅医生带来器具，加上村卫生所的所才海医生，和我们一起工作。

在村卫生所拿到了这几年的人口死亡登记册。经过统计，发现这里婴幼儿的死亡率很高，几乎每年都有婴儿夭折。20—40 岁的年轻人死亡率也较高，但近几年好一点。对当地人的死亡原因我们做了一些简单的调查，发现新生儿死亡率高是因为当地妇女生孩子不上医院，或者缺乏科学的护理经验。另外，死亡率最高的是呼吸道疾病，主要是因为当地烧煤，房子里窗户很小，到冬天几乎一天到晚都燃着煤炭火，房间里很呛人，空气很差，导致得肺病的人很多。其次是消化系统疾病，这里的卫生条件差，到夏天寨子里到处是苍蝇，容易得肠道病。然后是酒精中毒、肝硬化，这主要是因为苗族人爱喝酒造成的。再就是意外伤亡，主要是他们干的大多是重体力活，危险性较高。至于城里人多得的高血压、心脏病、脑血栓、癌症，几乎一例也没有。我们查

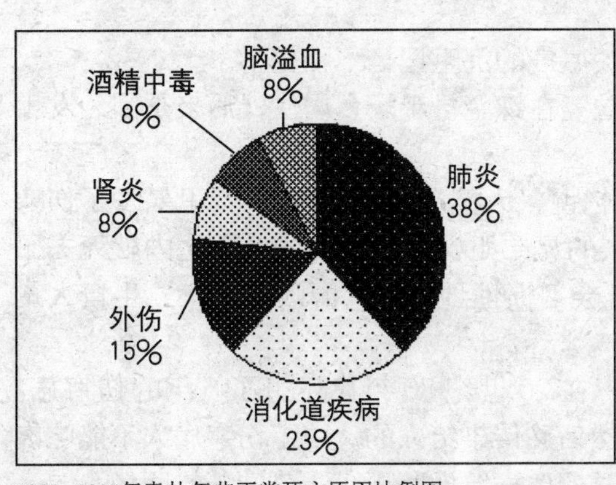

1998—2005年青壮年非正常死亡原因比例图

的是1998年至2005年的情况，是生态博物馆建立以来的时间段，查的范围是所有高兴村居民。据统计，1998年这里的平均死亡年龄是29岁，而2005年则是64岁。其实这里也有一些老人的寿命挺长的，可达到80多岁，只是数量比较少。

乡卫生院的刘医生说，这里人的个子小，健康状况不好，死亡率高主要是以下几个原因造成的：1．近亲结婚。在长角苗的习俗中，大多是姑妈家与舅舅家，姨妈家与姨妈家的后代结婚，都是表兄妹家。2．早婚。一般的女孩子，十五六岁就结婚，有的甚至十三四岁结婚，十五六岁生孩子，过于早孕会影响女性的正常发育。十五六岁的女性尚未发育成熟，这时生孩子对女性的身体健康很不利，这里的女性80%都有妇科病。3．营养状况比较差。食物主要是玉米、洋芋、酸汤，由于土地贫瘠，收成不高，粮食只能吃半年，还有半年就靠到外面打零工来填饱。4．这里人佝偻病很普遍。主要原因是因为吃的是井盐，现在改成海盐，含碘量增加了，这种病也就少了。5．地氟病占80%。这种病的主要症状是牙齿黑，严重的会导致手足关节变形，再严重还会影响到心脏、肾脏。6．关节炎的人比较多。主要是因为气候潮湿，长期爬坡承重，膝关节磨损，疼痛。中年以上的人关节炎占50%。尤其是女性，长期下山背水，造成脊柱弯曲，而关节变形、关节疼痛比男性更甚。7．传染病容易蔓延。这与他们的生活习俗有关系。“长角苗”人习惯把各种牲畜、家禽饲养在居室内，饲养在室内的动物主要包括鸡、鸭、鸽子、猪、狗、猫等。鸡鸭白天在室外活动，晚上回到室内的木笼中，或者主人的床下，或者被主人用一只背篓扣在堂屋内；鸽巢一般被设置在天花板四角，用背篓、箜箕或塑料桶做成；如果没有足够的猪厩，猪通常是被关在主人的床下；狗和猫比较自由，睡在大土灶旁或者户外都是允许的。有的家庭将牛舍的外墙封死，只在靠堂屋的一侧开有槽门，牛每次进出都只能从堂屋穿行，屋主人认为这样的建筑设计可以有效地防范盗牛贼。还有一些居民在从陇戛老寨搬迁到新村以后，还试图保留将牛饲养在堂屋内的传统生活习惯，结果因被政府部门和医生劝阻而作罢。

人畜共居的生活习惯所可能引发的问题在于：传染病交叉感染的几率大，发病率比较高。在高兴村，这种情况屡见不鲜，每到夏季，苍蝇、蚊子经常在动物和人畜粪便上爬动，然后又飞到人吃的饭菜食物上去，使人易患上伤寒病、痢疾等传染性疾病。

我们在当地人的口述史中搜索到的有关瘟疫的沉重记忆不胜枚举：

陇戛寨居民熊玉文说，当年熊氏家族曾经在织金县鸡场乡居住，后来是因为发生了瘟疫才迁徙到陇戛来。

陇戛寨老人杨朝忠转述父亲当年的回忆说，大概在1931年时，寨里暴发了伤寒病（又叫冷热病、干痨病或疟疾）。他父亲的兄弟姐妹们在短短的7天之内就死去了10个人。老人谈到传染病问题的时候，就会习惯性地提到“旧政府时代”生育大量孩童对于一个家庭延续下去的重要意义。

高兴村补空寨一位老人（1934年生）在20世纪80年代还患了6年的伤寒病。他说，当时病是家里饲养的猪先感染上，然后又传染给人的。由于伤寒病人不能吃肉类、油腻和禽蛋、不能劳动，长期卧床，长期患病给他留下了十分痛苦的回忆。

“打嘎”，是苗族最盛大的葬礼仪式，几乎整个族群的人都会参加。在仪式上会杀牛祭祀，然后用大锅煮牛肉，煮好后大家都用筷子在里面夹来吃，汤汤水水，大家的筷子都在里面捞，很不卫生。另外，喝酒，你喝一口我喝一口，不分碗。这就容易从口腔传染疾病。

在1996年和1997年期间，这里曾流传过一次伤寒病，是一个在贵阳挖煤打工的男性得了伤寒，回家休养，由于没有注意隔离，造成了传染。加上大家都参加“打嘎”，病情立即蔓延开了，后来通过多方配合治疗，终于抑制住了，但不久又“打嘎”，一些没好断根的人又开始传播。就这样反复多次，当时的村民们50%的人都得了伤寒，这里刚刚扑灭，一“打嘎”又传播开了，前后流传了半年多时间，基本传染到了每家，政府花了很大的力气才控制住。

我们问：“除伤寒外，这里有没有肝炎流传？”刘医生说：“目前还没有发现，毕竟这里比较封闭，外来的疾病较少。”

他的讲话使我们想起了印第安人，在白人没有入侵美洲大陆时，印第安人中传染病不是太多，后来欧洲人大量进入美洲，不仅带去了他们的文化和生活方式，也带去了不少传染病，印第安人由于缺少对这些外来疾病的抵抗，人种迅速衰退。看来，全球一体化，不仅带来了经济上、生活方式上的一体化，同时也增加了传染病传播的机会，以前一种疾病的传染都是地域性的，以后很可能就是全球性的，因为现在人口流动的速度太快，人们活动的空间范围也越来越大，由地区到全国，由全国到全世界。

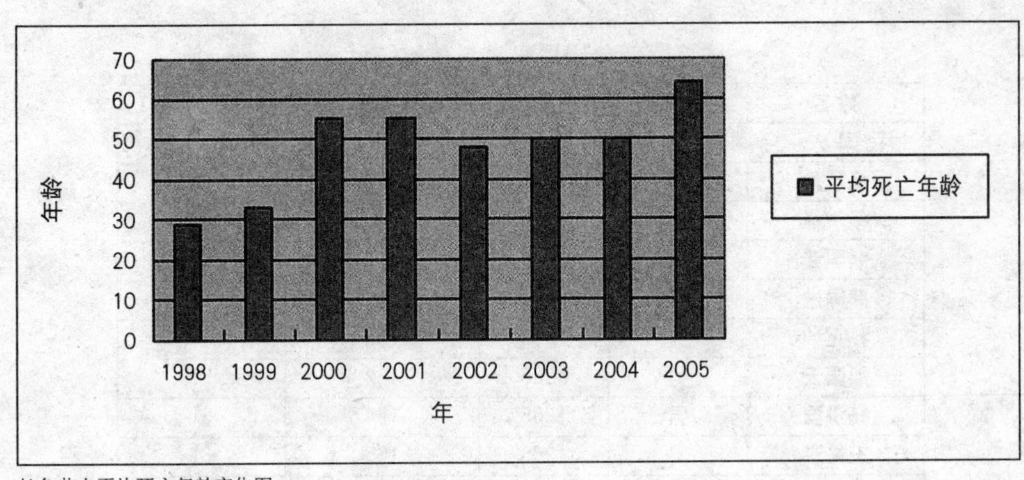

长角苗人平均死亡年龄变化图

这里人的个子非常瘦小，我们测量了31位村民，又到陇戛小学抽查了小学一、四、五、六四个年级。在我们测量的这些村民中，最高的男性为1.66米，最矮的男性为1.46米，平均身高为1.57米。最高的女性为1.54米，最矮的女性是1.20米，平均身高为1.45米。

但年轻一代有所改善，以我们抽查的陇戛小学六年级和五年级的学生为例，我们一共抽查了11位六年级的学生，9位五年级的学生，共20人。最大年龄的16岁，最

考察组和当地卫生院的刘医生一起为陇戛寨的居民量身高。 方李莉摄

小年龄的12岁。在抽查的这些学生中，男性最高的为1.62米，17岁；最矮的为1.26米，15岁；平均身高为1.40米，平均年龄为14岁。女性最高的为1.52米，15岁；最矮的为1.36米，12岁；平均身高为1.47米，平均年龄为14岁。以上抽查的男女的平均年龄皆为14岁，属于未成年的年龄，这些未成年的男性平均身高为1.40米，矮于成年男性的1.57米，考虑到男性成熟期较晚，这些少年成年后肯定会高于他们父辈很多。女性的成熟期较早，她们的平均身高是1.47米，超过了她们母亲辈1.45米的平均身高。

陇戛寨部分居民身高、体重统计表

姓名	性别	出生年	身高（厘米）	体重（公斤）
村民31人				
杨从仲	男	1922	146	45
杨洪祥	男	1953	160	54
熊国武	男	1955	161	67
熊国进	男	1963	166	57
杨正坤	男	1963	153	53
熊国云	男	1965	162	51
杨洪国	男	1965	154	51
王兴洪	男	1966	165	61
熊光权	男	1968	155	51
杨忠学	男	1971	149	55
杨德贵	男	1972	162	51
杨成书	男	1973	157	55
熊状军	男	1977	161.5	52
熊状友	男	1980	161	62
杨兴付	男	1980	156	53

（续表）

姓名	性别	出生年	身高（厘米）	体重（公斤）
熊杨氏	女	1930	125	29
杨德贵母亲	女	1931	133	39
王中英	女	1932	120	44
朱开珍	女	1939	136	38
杨国珍	女	1945	139	40
李龙珍	女	1945	143	54
杨才珍	女	1946	144	42
杨学芬	女	1951	141	49
杨明芬	女	1965	143	45
王光美	女	1974	147	48
朱进芬	女	1977	150	51
王家珍	女	1978	147.5	48
杨天珍	女	1978	147	50
杨光芬	女	1980	145.5	44
熊进珍	女	1980	144	41
熊壮英	女	1981	154	45
六年级 11 人				
王家英	女	1990	147	42
王　芬	女	1990	148	50
熊金艳	女	1992	146	45
熊金团	男	1989	162	54
熊朝友	男	1990	151	45
杨光照	男	1990	134	34
熊　德	男	1990	155	50
杨春发	男	1991	142	37
杨忠武	男	1991	146	39
杨　平	男	1991	154	37
熊家虎	男	1993	139	34
五年级 9 人				
杨　光	男	1991	126	20
杨新俊	男	1992	153	39.5
熊　勇	男	1993	136	25
杨新洪	男	1993	119	19
杨　雄	男	1993	136	29
熊添江	男	1993	128	25
熊添森	男	1994	133	29.5
熊　莉	女	1991	152	44
杨明琼	女	1994	136	29.5

（续表）

姓名	性别	出生年	身高（厘米）	体重（公斤）
四年级 13 人				
熊　会	女	1991	144	43
熊　强	男	1993	139	31
杨付艳	女	1993	137	30
杨明科	男	1994	127	26
杨云光	男	1994	124	24
熊　诚	男	1994	124	24
杨光文	男	1994	129	24
熊天松	男	1994	113	19
杨光华	男	1994	133	33
杨景雄	男	1994	136	32
熊天珍	女	1994	125	20
熊江美	女	1994	135	29
杨　辉	男	1996	123	24
一年级 17 人				
杨　俊	男	1996	116	23
杨春江	男	1997	110	18
杨文豪	男	1997	108	21
杨春活	男	1998	110	18
杨春海	男	1998	110	18
杨明忠	男	1998	106	16
熊壮勇	男	1998	108	22
熊金林	男	1998	113	19
熊　涛	男	1999	106	16
杨忠义	男	1999	105	15
杨光辉	男	1999	102	16
杨明君	男	2000	104	17
杨开芬	女	1996	113	21
熊天艳	女	1998	110	17
杨　敏	女	1998	115	19
熊强艳	女	1998	112	19
杨开英	女	1999	110	17

共测量：81 人

测量时间：2006 年 3 月 10 日

测量地点：陇戛寨内、陇戛逸夫小学

测量人：所才海、杨忠发、杨秀、孟凡行、吴昶

统计、录入：杨秀

从统计数据可以看出，梭戛生态博物馆开办10年，使人们的平均寿命提高了，身高体重也发生了明显的变化。乡卫生院的刘毅医生说，近几年营养改善后，当地人的体质明显提高，这里的成年人脸色都发黑发青，但到学校看看孩子们，下一代人的皮肤明显变白了，变红润了。

以前这附近没有医院，也没有公路，交通很不方便，女人生孩子都不进医院，只是在家里自己生，普通的人生了病只有请弥拉。1992年以后成立了梭戛乡，建立了乡卫生院，生态博物馆建立后，陇戛寨也有了卫生站，还有了一位卫校毕业的所医生，平时可以为大家打点针和拿点药。所医生说，这里的人一点小病都不去医院，等到晚期再去治时，花费太高又舍不得治，所以现在国家对农村采取了合作医疗，每人交10元钱，然后根据医疗费的多少，按比例报销。

注释

[1] 费孝通：《江村经济》，第24页，北京：商务印书馆，2001年。

[2] 《普安州志》，转引自《六盘水市志民族志》，第46页，贵阳：贵州人民出版社，2003年。

[3] 类似的说法还有"高山苗，水仲家，不高不低是彝家"，"汉街坊，水仲家，苗族住在石窠旯"，等等。

[4] 伍新福：《苗族文化史》，第3页，成都：四川民族出版社，2000年。

[5] 伍新福：《中国苗族通史》，贵阳：贵州民族出版社，1999年。

[6] 凌纯声、芮逸夫：《湘西苗族调查报告》，第20页，北京：民族出版社出版，2003年。

[7] 同上。

[8] 吴泽霖、陈国钧：《贵州苗夷社会研究》，第198页，北京：民族出版社，2004年。

[9] （清）李宗昉：《黔记》卷三。

[10] 吴泽霖、陈国钧：《贵州苗夷社会研究》，第15页，北京：民族出版社出版，2004年。

[11] 同上，第3页。

[12] 《贵州古籍集萃》，第18页，贵阳：贵州人民出版社，1992年。

[13] 伍新福：《略论苗族支系》，载于贵州苗学研究会编：《苗学研究》，第45页，贵阳：贵州民族出版社，1989年。

[14] 《贵州通志·前事志》19，第9页"鄂尔泰疏"。

第四章　祭祀·巫术与日常知识

第一节　概述

当我们对生态博物馆和陇戛寨的基本情况有了一个大致的介绍后，我们接下来就要对长角苗的整体文化进行研究和介绍。

我们认为，要想真正了解长角苗文化，就首先要了解它的超自然观念。人们用这种观念来解释超出自己理解力范围的事物，而这观念就是一种宗教的观念，也是人类宇宙知识的一个部分。那么长角苗人是如何理解他们所面对的这个自然世界及人的社会的？这就涉及他们的宗教思想，也就是信仰部分。

涂尔干曾说："真正的宗教信仰永远为一个确定的群体所共有，这个群体习惯于参加并实行与他有关的礼仪。这些信仰不仅被该群体所有成员以个人身份接受，而且还是集体的事情，与群体融为一体。组成群体的个人感到他们彼此是联系在一起的，仅由他们有一种共同的信仰这一点联系起来。一个社区，其成员团结一致，因为他们以同样的方式想象神圣世界以及它与世俗的关系，也因为他们在共同的实践中表达了这种共同的表象。"[1]长角苗与其他任何民族一样，有他们共同的信仰与仪式活动，也有他们的集体表象和他们共同的想象中的神圣世界，正是这一切让他们凝聚在一起，产生彼此间的认同。但这一切是如何形成的，他们有哪些共同崇拜的对象，又是以什么样的形式来崇拜、来祭祀的，并且举行一些什么样的仪式活动，人们又是如何参与的……，这都是我们要进一步研究和探讨的。

在研究中我们发现，长角苗人的宗教有两个方面的内容，一个是自然崇拜，一个是祖先崇拜。同时他们还是一个深信巫术的族群，这样一些信仰从不同的层面包含了长角苗人对宇宙及宇宙间超自然现象的一些基本认识，形成了他们特有的一套价值体系，并从这套价值体系中衍生出他们的宇宙观和日常知识。

第二节 自然崇拜

正如涂尔干所认为的，人不可能在和大自然发生联系的同时却不了解它的广大性和无限性。大自然到处表现出这一点。在人所能见到的空间之外，还有其他的无边无垠的太空；时间中的每一个时刻的前面和后面都还有不能规定任何界限的时间；江河长流表现出一种无限的力量，因为什么也不能使它枯竭。大自然没有一个方面不能唤起我们的这种确凿的、包围与支配着我们的无限的感觉。而就是从这种感觉中产生了宗教。[2] 也就是说，人类在试图认识和理解自然的同时产生了宗教，而自然崇拜就是人类最早宗教的雏形。

在许多苗族地区，都存在着对自然的崇拜，他们往往认为一些巨形或奇形的自然物是一种灵性的体现，因而对之顶礼膜拜，献酒献肉，以达到驱魔逐邪、延年益寿、人畜兴旺的目的。所崇拜的主要对象有：

大树。村寨中的大树，常被人们称为“神树”。许多苗族村寨都有有关本寨大树

陇戛寨的神树林，中间一棵大树为神树。 方李莉摄

的佳话和大树“显灵”的传说。不少人常带小孩去“拜祭”它，求其庇护，希望孩子能像大树一样健康成长。

巨石（怪石），矗立的独个巨石或形状奇特的怪石，也是苗族崇拜的对象。贵州雷山县的掌坳苗村，有一颗形如乌龟的巨石，苗民们称之为“石父”、“石母”，顶礼膜拜。缺儿少女之家，求其赐男送女。欲生男则杀雄性牲畜献祭；欲生女则杀雌性牲畜敬祭。[3]

岩洞，苗族崇拜岩洞也极为普遍，他们认为岩洞是神灵居住之地，因此，成为他们求子求福的对象，认为杀猪宰羊、焚香化纸祭拜，便可得到洞中神灵的帮助。

山林，黔西北的部分苗族，于每年农历三月初的“龙”日，带着食物和一只公鸡到一片固定的山林里，在一棵最大的“树王”面前敬祭，由鬼师祈祷，求其保佑寨子平安。[4]

对大自然的崇拜和祭祀，在苗族聚居的各方言地区仍以不同的形式存在着。云南省金平苗族瑶族傣族自治县的苗族认为，自然界中“石大有神、树大有鬼”，凡生活在寨子周围的大树、巨石，都不准乱砍、乱采，以免触怒神灵，给人类带来无穷无尽的灾难。每当一些人家的孩子生病，就得准备一些鸡、猪肉及米饭去朝拜祭祀，乞求保佑病人早日康复，每当粮食等庄稼在生长期大量需要水分或充足的温度却久旱不雨时，就要祭祀天神，以求风调雨顺，保证庄稼的茁壮成长。[5]

长角苗是怎样看待大自然，又是如何对自然进行祭祀的呢？长角苗是一支在森林中生活的族群，森林在他们的心中有神圣的地位。所有长角苗的寨子都有一片神树林，每年大家都会到神树林去祭山，这片神树林的树是不能砍的。而神树林以外的树也不能随意砍伐，如果有人要砍的话，要请弥拉去看，去请问祖先能不能砍，如果祖先说不能砍就不砍。

为了知道祭山的详细情况，考察组于 2006 年 4 月 9 日参加了陇戛寨的祭山活动，同时采访了弥拉熊金祥，祭宗杨朝忠。祭山有两部分：一部分是扫寨，这是由弥拉主持；一部分是祭神树，这是由寨子里的祭宗主持。因此，他们两位是主持祭山活动的关键人物。以下就是通过亲自参与和访谈后整理出来的长角苗祭山的整个过程。

长角苗的祭山活动是在三月（农历）的第一个龙日举行。长角苗人将每一天的日子都用十二属相来表示，我们很难判断这个龙日具体在哪一天，因为它每年都不一样，当地人有当地人自己的算法。2006 年农历三月的第一个龙日是在公历 4 月 9 日。

祭山是长角苗每年都要有的传统活动，它有一套完整的约定俗成的规程。每年由七家人当值，一般是从山脚下依次数上去，七家一组，轮到山顶以后，又反过来数下去。轮到当值的七家人，就是当年祭山的组织者和后勤工作的承担者。他们在祭山前的一个月就要开始准备，首先大家要分头到各家各户去收钱，至于每户每年要收多少则要根据物价而定，我们参加的那次每家收 2 元钱。将钱收好后，就由这七家人去市场买东西，要买七只大鸡，还要买酒，每年大约要买 50 斤酒左右，其余的钱则买点猪肉。

在祭山的那一天，七户人家要有一两户负责，用稻草搓成绳子，中间扎有两个小茅草人，要用金丝茅草扎。扎多少按路口而定，陇戛寨共有 5 个路口，因此，要扎 5

份。其长度按路口的宽度而定，只需能连接路口之两旁即可。搓好、扎好后，要将这些茅草人用草绳拴在进村的各个路上。相传，它能阻止一切不利之事进入寨中，使得村子里平安无事。

在祭山的头一天，还要去请弥拉，并从七只鸡里面选出一只鸡交给弥拉，让他第二天牵着去扫寨，扫完寨后，这只鸡就留给弥拉，作为扫寨的报酬。另外，再有一两户人家跟弥拉去扫寨子，后面常常跟有许多看热闹的孩子。在扫寨之前，每家均要一块布装点煤灰，意将什么病魔、天罗地网、口嘴、哭神等都装在里面。扫寨时，由弥拉带头，他一手拿酒，一手拿一只簸箕，里面装一些豆子。请一人用绳子拉着一只大公鸡，另一人扛着一棵竹竿，竹竿的一头花成几瓣。扛竹竿的人边走边摇竹竿，竹竿发出响声，每到一家，就要喷一口酒，朝天撒上几颗豆子。然后说，"我今天来到某某家，我金银财宝都不吼，只吼鬼神快走开。"接着又说，"病魔出不出？"后面的人便接着叫"出！"其又说，"天罗地网出不出？""出！""口嘴出不出？""出！""哭神出不出？""出！"就这样，每问一句，那些跟在后面的大人和孩子都异口同声地叫一声"出"。喊完后，由主人家将准备好的包着病魔、天罗地网、口嘴、哭神等的灰包挂在竹竿上。待扫寨完毕，就将大公鸡及系有灰包的竹竿拿来村口外，将竹竿丢掉，杀了公鸡，拔几根毛及血粘在竹竿上，让它将一切不利于村子的事都带去。然后，弥拉及所有小孩均往所要祭之箐林去了。

七户人家的另一些人，则跟着寨子里的祭宗，许多年来都是由杨朝忠领头。所谓的祭山实际上是祭树，因为祭山的活动是要在一棵大树下进行，一棵大树四周必定还有一些其他的树木，这就是人们所讲的神树林。现在大片的树林已经消失了，所谓的神树林也就是稀稀拉拉的几棵树而已。陇戛寨一共有三个神树林，每一个神树林都要祭到。祭的顺序是，最先到博物馆后面的那棵大树，其次到去小坝田路上的一棵神树，最后是到熊金祥家后面山上的神树，这个神树的下面就埋着一个瓷水罐，也就是祭山时要看的"龙潭"。每个树林杀两只鸡，三个树林一共六只鸡。

陇戛人祭山时使用的小祭台

到了神树林后，先要用四个树杈杈搭一个台台，好放东西。搭好台子之后给神树献酒，由领头人敬，边敬酒边说："今天是龙天，是好日子，我们打一杯酒给你老神灵喝。"然后，将酒洒在树干上。献完酒，就开始点火烧水，杀鸡。杀鸡必须由祭宗杀，在陇戛寨是由杨朝忠来杀。杀鸡时血溅到树上，杀完后，拔出一些毛及血粘在神树上。

给神树敬完酒、杀完鸡，就有人负责收柴生火煮鸡肉。鸡肉熟了，又要再一次给神树献酒，嘴里说："我敬你这老神树一杯酒。"然后将酒倒在树干上。献完酒后，一手把两只煮熟了的鸡肝拿在手中，还有一只手拿马勺，马勺里装点饭，然后说："老神树我献酒给你喝，再给你一些饭，请您吃。"说完，将鸡肝用手掐碎，将其和饭也一起倒在树干上。最后还要献一杯酒。

鸡头、鸡卦（就是鸡腿上面一截）必须留下来。待鸡肉煮熟后，取出鸡腿，将腿上的肉剔尽，由领头人来看鸡卦。杨朝忠看过好多年的鸡卦。他说，在鸡腿骨的关节上，若有许多孔靠在一起，不清楚，第二年的年成就不好，有可能会下"白雨"（即冰雹），如果孔少，最好是一只腿骨一个孔、另一只腿骨两个孔，那是最好的，是风调雨顺的征兆。从颜色上来讲，煮熟了的鸡骨头如果是红色的就不好，可能第二年寨子里会死人，或有别的血光之灾。如果是白色的就很吉利。看完鸡卦，就将鸡骨头挂在树上，然后又再一次给神树敬酒，边敬边说："明年请您给我们送些儿女来，为我们将百病带走。"

祭完神树，还要看龙潭。龙潭，其实是在神树的脚下用瓷罐子装的水，用石块在上面盖着。只能在每年的祭山之日才能打开来看，否则会有所不利。把石块拿开，若水是满的，则预示今年又是一个大丰收年，一切大吉大利；若水下降很深，则预示有可能会闹旱灾或受冰雹袭击，这样就须将水灌满，以免遭受旱灾。

祭完树神，看完龙潭，然后大家把鸡汤喝了，把肉带走。接着又到另一个神树林去，重复刚才的仪式。

最后，将七个鸡头分给另外七家人，即到明年由他们负责祭山，剩下的鸡肉分给各家各户。

我们曾问，这样的祭山活动是从什么时候开始的？寨子里的人说他们也不知道，只知道是世代相传。祭山的目的一方面是祛除各种灾难与病痛，但最主要的还是希望风调雨顺。在访谈中，我们感到长角苗人最惧怕的就是天降冰雹，他们是农民，是靠天吃饭，下冰雹，不仅会降低收成，有时还可能会颗粒无收。为了知道他们是怎样解释和认识这种自然现象的，我们曾问杨朝忠："你们知道天上为什么会下白雨？"

他回答说："老人说是天上有一个洞，洞里有一个大蟒蛇，大蟒蛇一发怒，就会从嘴里吹出白雨来。"

"在这时候你们要怎么办？"

"要请弥拉来作法嘛，还有每年都祭山。"

"你们怕不怕干旱？"

"当然怕。庄稼长不起来了嘛。"

"如果干旱，你们怎么办？求雨吗？"

"在离这里不远的吹聋镇附近有个大龙潭，向它求雨非常灵验。每当求雨的时候老人们就组织，大家凑钱到场上去买一只大羊子，一宰，将羊头用铁丝穿在竹竿上，放进龙潭，马上大雨就下起来了。"

长角苗人住在山顶上，这里几乎没有河流，也没有任何水利设施，只能靠老天降雨。但长角苗人并不甘愿被动地等待着上天的恩赐，他们希望能借助一种宗教的力量来支配自然，甚至驾驭自然，而这种能力是通过一系列的仪式来取得的，也就是说，借助祭山的仪式能够给予长角苗人安全感，同时也是其希望以自己的意志来制服大自然的一种手段。当然，在这样的过程中，他们还希望能借助一种看不见的超自然的力量来帮助自己，如山神的力量、龙潭里的龙的力量等。

陇戛寨的祭山活动，在"文革"时曾被中断，直到20世纪80年代曾短暂恢复过，但后来又停止了，近年来恢复它主要是因为生态博物馆的组织。

后来我们去了补空寨、大湾新寨与化董寨、安柱寨，发现这些寨子都在两三年前停止了祭山。在安柱寨时，我们曾问过杨忠敏，1949年后寨子里祭过山吗？他说，最早的他不知道，"文革"时因为政府禁止就不祭山了。但1989年祭过，那是改革开放以后第一次祭山，是他组织的。当时老人说不祭山爱下冰雹，爱发瘟疫，那几年这里正好下冰雹，因此在大家的鼓动下这里祭了一次山。但从那以后就再也没祭过山了，因为大家发现祭山并没有多大的用处，更何况以后打工的人越来越多，靠天吃饭的依赖性也越来越小。也就是说，除了陇戛寨，长角苗的其他寨子都不再举行祭山仪式了。其原因是社会的文化背景已发生了变化。另外，生态环境也发生了变化，山上的树越来越少，许多寨子根本就已经没有了所谓的神树林。

这周围的民族，除苗族祭山外，彝族也祭山。但现在他们还祭山吗，我们没有深入考察，但我们曾就这个问题问过彝族的沙云伍。他说："我们寨子从1959年开始就不祭山了，那是因为以前我们寨子旁边有一大片神树林，但是50年代大炼钢铁，树木都被砍光了，只剩下几棵小树。没有了神树林也就不祭山了。"看来当地的彝族停止祭山的时间比长角苗更早，也许是因他们住在山腰，树林被破坏得更早更彻底。看来习俗的改变与政府的倡导有关，与社会结构的改变有关，也与自然环境的改变有关。

我们之所以还能在陇戛寨考察到祭山的仪式，那是因为它是生态博物馆的中心区，为了文化遗产保护的需要还在继续留存着，但这也基本上是一个形式了，其内涵的意义已经改变。

第三节　祖先崇拜

涂尔干说："人们所看到的宗教制度无论古今都有如下表现：在不同形式下同时存在两种宗教，它们紧密地结合在一起，甚至互相渗透，但又有所区别。一种针对的是自然现象，或指宇宙间的巨大力量，诸如：风、河流、星辰、天空等等，或指大地表面的各种物体：植物、动物、岩石等等。由于这个原因人们把它叫做自然崇拜。另一种则以精神存在为对象：神灵、灵魂、精灵、本义的神，一些活跃的，像人一样有意识的施动者，但又和人有区别，因为他们所拥有的力量性质不同，特别是因为它们具有不以和人同样的方式影响感官这一特点，所以通常人的眼睛察觉不到它们。人们称这种宗教为万物有灵论。”[6]

这里所讲的自然崇拜，在宗教中往往会转化成一种图腾崇拜，而万物有灵论则往往会转化成一种祖先崇拜。在长角苗人的宗教中，自然崇拜是一种普遍的现象，他们对自然的树木、山、怪石、岩洞、水塘崇拜的同时，也崇拜动物，后面我们将会进一步讨论。尽管这里普遍存在自然崇拜的现象，但我们并没有发现图腾。而祖先崇拜则是这里最重要的宗教形式，甚至胜过了自然崇拜。其实祖先崇拜不仅存在于苗族，也是汉族人重要的宗教形式之一。

按照泰勒的理论，祖先崇拜来源于万物有灵论，在万物有灵论中人的肉体和灵魂是可以分离的。但灵魂不是一种神灵，它附属于一个身体，只在特殊的情况下才从那里出来。只要它不再有更多的东西，它就不是任何崇拜的对象。而神灵正相反。一般常驻于一件确定的东西，可以随意离开它，人只是在礼仪方面保持谨慎小心才能和它联系。因此，灵魂只有在转化的条件下才能变成神灵，而死则是灵魂转化的一个重要方式。因为只有死，肉体才会和灵魂真正的分离，灵魂才会变成脱离了任何人体、自由来到空间的神灵。随着时间的推移，它们的数量越来越多，在活着的人周围形成了一个灵魂的群体。这些人的灵魂，拥有人的需要和人的感情，它们试图参与它们昨天的伙伴的生活，或去帮助他们，或去伤害他们，根据它们对他们的感情而定。按照不同的情况，它们的本性使它们或者成为可贵的助手，或者成为可怕的敌人。它们极端灵活，可以钻入人体，引起疾病和各种混乱，也可以相反使人充满生命力。于是人类陷入了对这些用自己的双手和形象创造出来的精神力量的依附。因为如果灵魂掌握着健康与疾病、善行与伤害，那么还是赢得它们的仁慈照顾和在它们发怒时使它们平息下来最为聪明：由此产生了供奉、祭献、祈祷，一句话，产生了所有遵从教规的仪式。泰勒认为，既然是死才能产生这种神化，所以最终是向死者、向祖先的灵魂施行人类意识到的第一项礼仪。这样最早的礼仪就是丧葬的礼仪，最早的祭献就是为了满足死者需要的食品的供奉，最早的祭坛就是坟墓。[7]

对此，涂尔干提出的问题是，如果确实是像万物有灵论的假设提出来的那样，最早的圣物是死者的灵魂、最初的崇拜是祖先的崇拜，人们就应该能够证实：社会越是低等，这种崇拜在宗教生活中也越占有重要的位置。而事实却相反，祖先崇拜只在诸如中国、埃及以及希腊和拉丁人的城市等先进社会里才能得到发展甚至表现为有特色的形式，反过来在我们了解代表最低等、最简单的社会组织形式的澳大利亚社会中却没有祖先崇拜。[8]在澳大利亚的社会中所存在的是图腾崇拜，因此，也有人类学家认为，只有图腾崇拜才是人类最早的宗教形式。

在长角苗的文化中，我们看到有对自然的山、树及石头等的崇拜，但很难说这就是一种图腾崇拜，因为图腾崇拜首先它要成为一个族群的标志与徽章，在长角苗的服饰里虽然有不少的纹饰，但我们还没有找到一个类似图腾的具有标志性的、能代表着一族群徽章的纹饰。也许他们头上的角是一个标志，但我们也很难说他们就是牛图腾的崇拜者。而他们对祖先的崇拜确实随处可见，在生活的每一个部分都有所体现，孝敬好祖先的灵魂几乎成为他们生活中最重要的事情之一。

《苗族历史与文化》一书写道："苗族对自己的祖先十分虔诚，他们认为祖先'虽死犹生'，其灵魂几乎与之同住，因而在苗族中盛行祖先崇拜。每逢佳节，必以美味佳肴奠祭祖先。""家中遇有不幸之事，则向祖先祈祷，呼喊着祖先的名字，便可得到祖先的保佑和帮助。故苗族宗教活动之最，首推祭祖盛典。"[9] 他们认为人活着的时候就有灵魂，死后灵魂仍脱离人的躯壳而"存在"，每个人都会"灵魂不灭"。为此，必须进行一系列的祭祀活动，才能使子孙得到祖先的"护佑"。长角苗作为苗族的分支，也是如此。

长角苗人认为，人死后有三个魂魄。在尸体入葬以后，一个回家并保护其子女，一个守坟墓，一个则送回祖先的发祥地去。除了对尸体的处理外，还有一套对灵魂的处理仪式。在尸体葬毕，由参加葬礼者中一人拾一石头往坟上掷，表示要震动死者灵魂，让鬼魂转回家中守护。埋葬的人回到丧家时，设一凳子在家中火坑边，表示留给死者鬼魂坐，并斟一杯酒给死者的鬼魂喝。对于守坟的魂，人们不要他来，认为他回来了家中还会死人，于是人们定时去坟上供祭，并细心保护坟墓。对祖先发祥地的鬼魂，人们在埋葬死者前，请巫师举行开路仪式，念咒送魂，并把死者父母的名字告诉死者，使他们能根据名字去找自己的父母。

因此，在长角苗人的生活中，祖宗始终和自己生活在一起。一次祭祖的地方有两处，一处是在自己的家中，一处是在坟墓前。在家中的祭祖，一般是以家庭为单位的，每个节气都要举行，比如元月十五元宵节，三月三祭山，四月八，五月端午节，七月十五中元节，九月九重阳节，十一月耗子粑节，春节等。即使是没有节日的平时，只要有好吃的东西，也都要祭祖。

2006 年的正月十五，我们专门到杨朝忠家看他祭祖。我们去时正好饭熟了，他开始祭祖。将饭菜端上桌，盛一碗饭，杨朝忠把饭放在桌上，一手拿着一只木勺，一手拿着一块鸡肝。他用木勺假装舀一勺饭，给祖先吃，舀了几勺以后，又掐一点鸡肝扔在地上。口里念念有词地说："补公闹孬、波公闹孬，补简闹孬、波简闹孬，补冲闹孬、波冲闹孬，补采闹孬、波采闹孬。"苗语里"闹孬"（nau nau）是吃的意思，也就是说，他在请某某祖先吃饭。我们也曾让松丹杨进学为我们表演，他边祭祖边用苗语唱给我们听，我们什么也听不懂，就听懂了"某某闹孬，某某闹孬"。这样的祭祖既不供牌位，也不放照片，也不烧香，非常简单。

杨朝忠说："我们五限杨记祖宗只记五代，等到五代的最下面一代的人全都去世了，就把最上一代去掉，往下移一代。祭祖时不仅要叫男性祖先的名字，也要喊女性祖先的名字。"在这里，同一辈的男祖先和女祖先是同时祭的。

我们问他："你家的祖墓在哪里？"他说："我们能记住的最早的一代祖宗是补采、波采，他们没有被埋在陇戛寨而是埋在织金县的三家苗那里，我们曾住在那里，我们是从补公以后迁到这里来的。这里只有补公、波公，补简，波简，补冲，波冲三代的祖墓。每年大年初一，我们都先要到山上拜补公、波公，补简、波简，补冲、波冲三代的祖墓，然后再到三家苗去拜补采、波采的坟，另外还要串坟，所谓的串坟就是不仅要拜祖宗的坟，还要拜祖宗亲戚的坟。"

当地苗族人的坟墓，由于他们不认识字，墓上没有碑。 方李莉摄

从他的谈话中我们了解到，他们祭祖是从最近的长辈开始往前祭，如补公是杨朝忠的父亲，补简是祖父，补冲是曾祖父，补采是曾祖父的父亲，是他们家族要祭的最老的祖先。所谓的五代，是从杨朝忠这一代开始往上数，他是活着的人里面的最高长辈。等他去世后就会把他加入到要祭的祖先中，而把补采一辈去掉。

以上是以家庭为单位的祭祖，还有一些以家族为单位的祭祖仪式，比如每年的拜坟和串坟就是以家族为单位的祭祖活动。一般是在大年初一由族长出面召集全家族的人以家庭为单位，凑钱买供品、香烛及鞭炮，然后一起上山拜坟。长角苗人没有庙宇，也没有祠堂，坟墓就是他们的庙宇、他们的祠堂；长角苗人也没有神，祖先就是他们的神。因此，祖先墓葬的地方也往往是家族成员们聚集的地方。

对于长角苗人来说，建新房和搬新居都是生活中的大事，因此也要祭祖，而且不

群体祭祀的单位构成

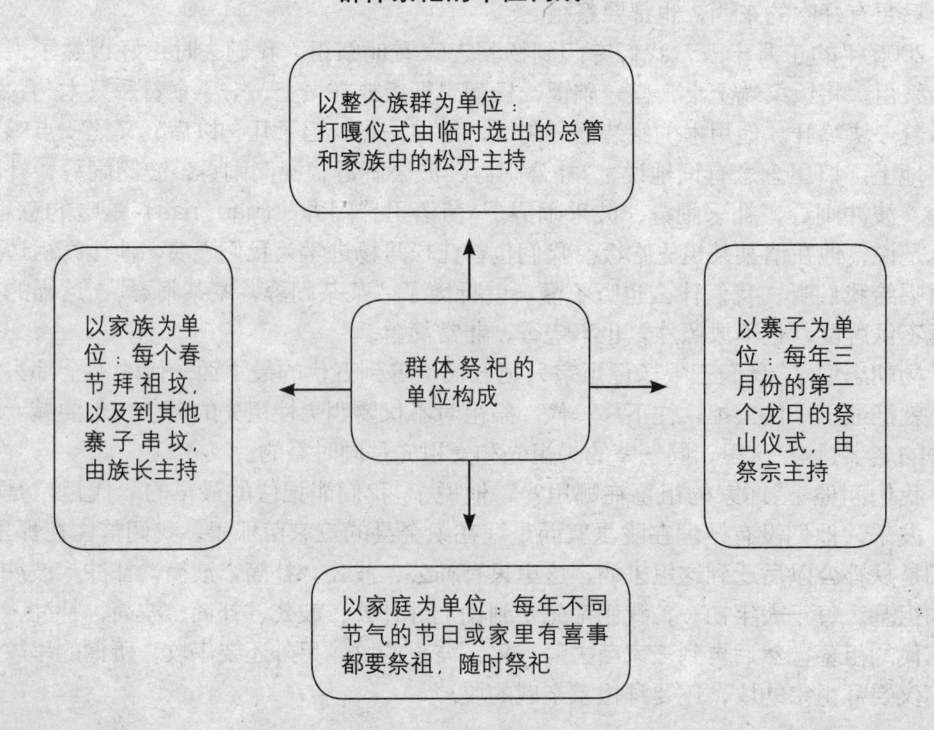

是以家庭为单位，是要召集所有的父系家族的男性亲戚一起祭。一次早上，我们到安柱寨考察，正好遇见熊开安的侄子搬新房。房主把我们让进屋子，我们看到桌子上有很多酒菜，里面坐了一些男人，这些人都是房主的长辈，有他的伯伯、叔叔、姑父、堂兄等，早上把这些人召来主要是为了祭祖。熊开安是这个家族的长者，祭祖由他主持。他一只手上拿了一把塑料勺（传统是木勺），另一只手拿了一块豆腐干，然后边假装在菜碗和饭碗里用勺子舀菜，边念是送给谁吃，还不时地用手掐一小块豆腐干扔在地上，念完后他“嘿－嘿”（苗语颂词和歌词中表示某一段相同主题的叙述结束的语气助词）几声就算结束了。我问他念什么，他告诉我说：他是在告诉死去了的祖先们，他们的后代某某建了新房，所以来请他们吃饭。仍是将每一个祖宗的名字念一遍，让每个祖宗都来吃饭吃菜。总之，在长角苗的生活中祭祖是常见的，也是要经常举行的，但这里的祭祖方式很简单也很方便。

熊开安告诉我们，他们家族是三限熊，祭的是三代祖宗，即在他以上的三代死去的长辈，他告诉我，他们的这些长辈共有二十几位，而由这些长辈传下来的子孙，即还活着的这房人已有 100 多家，分散在好几个寨子里居住，大约有四五百人。平时大家来往不多，但每年的拜坟和串坟，整个家族会聚在一起。也就是说，所谓的祭祖从某种程度来说也是一个家族认同的方式，祭祖的仪式加强了家族的团结和向心力。

特纳说：“没有一个人能否定宗教信仰与宗教行为所起的无比重要的作用，无论是在对人类社会结构与精神和心理结构的维持上，还是对这些结构进行剧烈的变革上。”[10] 也就是说，要想了解一个群体的文化，包括它的文化图式与认知结构，就不可能不去了解它的宗教。而每一种宗教又都是由表象和仪式的实践所组成，其中仪式的研究更为重要。莫尼卡·威尔逊说：“仪式能够在最深的层次揭示价值之所在……人们在仪式中所表达出来的，是他们最为之感动的东西，而正因为表达是缘于传统和形式的，所以一个仪式所揭示的实际上是一个群体的价值。我发现了理解人类社会基本构成的关键所在：仪式的研究。”[11] 因此，要想理解长角苗的文化就必须理解它的宗教，而这种宗教的核心价值和象征性意义又是通过仪式来表达的，可见研究其仪式有何等的重要。

长角苗所有的仪式都是一种祭祀，而这种祭祀有以家庭为单位的祭祖仪式，有以家族为单位的拜坟、串坟仪式，有以同一聚居村寨（自然寨）为单位的祭山仪式，有以整个长角苗族群为单位的“打嘎”仪式。

第四节 “打嘎”仪式

祭山仪式和祭祖仪式相对比较简单，“打嘎”则是所有仪式中最复杂、最庄严、最盛大，持续时间最长，涉及人数最多的仪式。我们不知道泰勒所说的，人类最早的礼仪就是葬礼、最早的献祭就是为了死者需要的食品的献祭、最早的祭坛就是坟墓是否正确，但在长角苗的族群里，的确最隆重的仪式就是葬礼，最重要的献祭就是为了死者需要的食品的献祭，这里的祭坛就是坟墓。

本书第八章有整个打嘎仪式的过程记录，这里只是一些理论方面的分析与探讨。我们观察了整个长角苗的生活，发现12个寨子的长角苗分属于两个不同县的三个乡，在这三个乡里不仅居住着长角苗人，还有彝族人、布依族人和汉族人，有些长角苗寨子是和其他民族的寨子杂居在一起，成为一个行政村的，有的长角苗人干脆是和其他的民族杂居在一个寨子里。另外，除这12个寨子外，还有些分散居住在其他8个寨子里的长角苗人。这些隶属于不同县、不同乡、不同村寨的长角苗人们，他们平时是如何交往又是如何相互认同的呢？他们有没有自己的庆典活动，或者是宗教活动？

通过不断的考察，我们了解到他们全族群共庆、全族群共同交流感情、共同举行仪式的机会就是他们的葬礼。这里人称葬礼为打嘎，但打嘎又不能简单地等同于葬礼，因为只有满了30岁，并有了孩子的人才能打嘎。所谓的打嘎就是在举行葬礼时要杀牛。也就是说只有杀了牛的葬礼才叫打嘎，不打嘎的葬礼也就不是隆重的葬礼。

在这里，死者的年龄越大为他举办的打嘎仪式就越隆重，因为年龄越大就意味着他所繁衍的子孙越多，在社区中所结成的各种关系网络就越广，参加的人也就越多。因为长角苗人大都是族内通婚，大家相互之间不是亲戚也往往是亲戚的亲戚或亲戚的朋友，所以只要有一家办丧事，就会惊动所有的长角苗寨子，几乎所有的人都会来参加葬礼，即使不来家里也肯定有代表来。

埃文思－普里查德认为："物质文化可以视为社会关系的一部分，因为物质对象是社会关系赖以绕之运作的链条，物质文化越简单，通过它所表达出来的关系就越繁多。"[12] 长角苗人的生产技术比较落后，所拥有的物质对象的种类也比较少，这就导致族群内部的人在某种道德意义上被更紧密地结合在一起，这样一来他们便高度地相互依赖，而所有的活动也趋向于一种联合性。同时，文化也容易被缩小到几个简单的兴趣中心上，只有范围很小的"关系—形式"，但却有着高度的稳固性。长角苗人的打嘎仪式，就是他们生活中重要的

打嘎中的亲属称谓

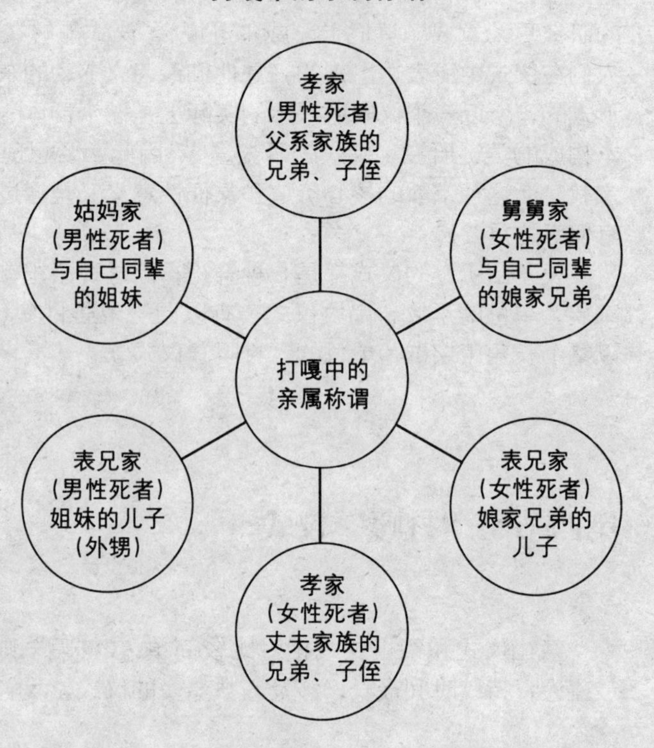

兴趣中心之一。在这里，仪式的程序是复杂的，各个不同家族中体现出的亲属关系是复杂的，而且人与人之间的相互依赖不仅是一种情感，还是一种交换，这种交换，不是一种货币的交换，而是一种人情的交换。在这样的一套复杂的仪式程序中，我们能够找到他们的内在社会结构以及一套自行运转的社会秩序。

从社会组织来说，虽然长角苗是一个共同的族群，但寨与寨之间只是一个松散的联合体，没有一个联合各寨的统一组织，如果这其中没有类似打嘎这样的集体都参加的活动，这一民族就将会解体，自己的民族文化特性也将衰退，甚至消失。因此，打嘎是他们这个族群必不可少的、大家都要参加的活动。这不仅是一种情感上的需要，也是社会构成的需要。从这个角度来讲，我们最需要关注的不是仪式的过程，而是需要知道这些吊丧队伍的人员构成，因为从这些构成中我们可以了解到长角苗人的亲属网络关系及社会结构状况。

在长角苗的社会结构中阶层的体系不明显，因为在 1949 年以前，他们基本没有自己的土地，大多是给彝族和汉族当雇农，寨子里除极个别为地主充当管理者的人较富外，其余的都很穷，而且大家的贫富悬殊不大，基本上没有阶级分化。1949 年以后，土地归于国家。即使 80 年代，土地个人承包，也有些人出外打工，但长角苗人的经济状态还是大家差不多，没有特别富裕的人，还没有形成商品经济，雇用劳动力。因此，在这样的社区中，亲属体系就非常重要，其构成了长角苗人的主要社会关系。这种关系在长角苗人的葬礼中表现得非常突出，值得我们认真地去研究。

一般来讲，葬礼的参与者由三个部分的家族成员构成，第一部分是血亲，称为“孝家”，也就是男性死者的父系家族，女性死者的夫系家族。第二部分是表亲，是男性死者姐妹的家族，称为“姑妈家”（长角苗的称谓都是跟着子女辈称呼），是女性死者兄弟的家族，称为“舅舅家”；在表亲中还有一个主要的家族，就是表兄家，这个表兄并不是死者的表兄，而是死者的外甥，是死者子女们的表兄。第三部分是姻亲，主要是女儿、侄女、孙女的家族，称为“拉牛家”。孝家、姑妈家、表兄家、拉牛家，这四个部分的家族构成了整个葬礼人员组织。

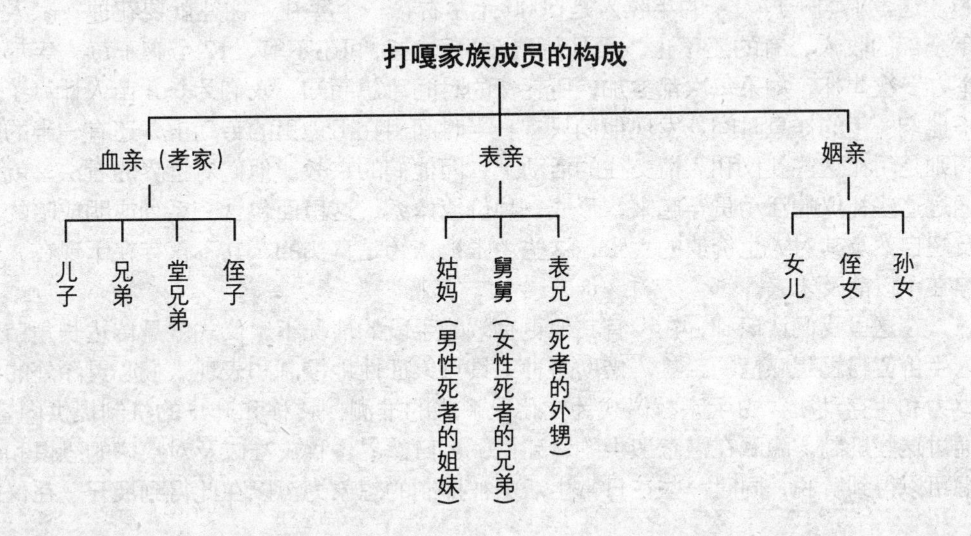

来吊孝的每一支队伍都分属于姑妈家、表兄家和拉牛家。比如死者的女儿是属于拉牛家的，不仅她自己和她的丈夫要来，她丈夫的整个家族都要来，这个家族范围与平时祭祖的家族划分相同，多以三代同祖或五代同祖为限。同时，一些与这个家族同寨子的好友也会跟着来，按当地人的观念是，朋友或亲戚要去拉牛自己应该去帮他，这样，当自己遇到了事情时对方也会给予帮助。这样，一支来吊孝的家族队伍至少都有三四十人。12 个寨子每个寨子都来人，多的有 2000 多人，少的也有 1000 多人。

这四个部分的家族都非常重要，在葬礼中有着各自不一样的地位与作用。孝家不用说，是葬礼的组织者。姻亲家称为拉牛家，是因为所有来参加葬礼的女儿、侄女、孙女都要拉一头牛或一头羊来，大多是女儿拉牛，侄女和孙女拉羊。因此在葬礼中女儿越多，侄女和孙女越多，也就越光彩和越热闹。姑妈家是死者的姐妹家，在葬礼中地位最高，最有发言权，孝家必须要将其伺候好。丧事是否隆重、是否得体，她最有权挑剔。不仅是挑剔葬礼，包括死者生前子女是否孝顺，对父亲的照顾是否尽力，她都有权挑剔。表兄家主要在打嘎仪式上为死者打牛，在死者魂归祖先时为死者拉牛。在这里我们看到了姐姐和弟弟以及外孙和舅舅的特殊关系，这也许是母系社会的遗留习俗。通过葬礼我们看到了长角苗人不同家族间的互动关系，这种关系被有序地组织在一起，形成一种特殊的社会网络纽带。

拉德克利夫－布朗写道，宗教仪式“是社会影响其个人成员并使一系列感情存活在他们心中的手段。没有宗教仪式，这些感情就不会存在，而没有这些感情，现有的社会组织就不可能存在”。[13] 因此，在打嘎仪式中所体现出的不仅有长角苗人的社会组织部分，还有其社会情感和价值认同等部分。

长角苗人举行打嘎仪式的时间很长，从老人去世为他净身、换衣服、守灵、通知亲友、任命总管、议事、唱开路歌、献饭、哭丧、跳脚、会客、建嘎房、杀牛、绕嘎、将棺木运到墓地，到最后进行财产的分配，前后差不多要一个星期左右。即使这样，棺木往往还未安置，因为还需要有合适的时间，这样的时间有时是几天，有时甚至要几个月，等棺木下葬时还要有仪式。因此，葬礼在长角苗人的生活中是非常重要的。这里平均一户人家的年收入是 5000 元左右，一个葬礼，往往就要花掉一家人一年全部的收入，有的还不止。而且耗费在里面的时间还不算，12 个寨子每一年都要举办多次葬礼，如果每次都参加，所耗费的时间可想而知。我们为长角苗人计算了一下他们一年的作息时间，发现他们只有一半时间用在田地里的劳动上，还有一半的时间则是用在这些礼仪和人情交往的活动上。而他们的宗教、他们对世界的看法，就是通过这些礼仪的活动贯穿起来，形成一种价值体系。这里面包含一系列或明或暗的涉及超自然及其对人生价值的主张，这些主张被认为是真实的，其不仅存在于现在，也存在于以前及未来。

在这里我们认识到，在没有其他更有效的手段的情况下，仪式就是传达长角苗人人生价值与思想感情的工具，借助这种工具可象征性地控制和表现人们心灵深处的内驱力和生存动机。由于宗教仪式为文化上形成的推测、转移和升华的机制提供内容，通过这些机制，隐藏在潜意识中的对死亡、对自然界各种灾难以及对疾病的恐惧和焦虑可以得到解脱，同时一些在日常生活中被抑制的想象力可以在此得到展开，在仪式的歌声中，人们的情感经验会得到彼此的交融。

通过考察，我们看到在长角苗人所有的仪式中都离不开歌，几乎每一个环节都有歌相伴。“开路歌”是打嘎仪式中内容最丰富也是最重要的歌之一（重要的还有孝歌和酒令歌）。在长角苗人的概念中，死去的人将会到灵界的祖先们身边生活，亲人们要帮助他，要让它的灵魂安心上路，并请来一位“松丹”为他唱歌引路，这就是开路歌。在这里提到它，是因为我们认为，每一个民族总会有一个让它的群体最能团聚在一起的仪式，还有一首最能表达他们集体情感的歌。而相对于长角苗人来讲，葬礼仪式就是最能将他们族群团聚在一起的仪式，而开路歌则是最能表达他们集体表象和意志的歌。吟唱开路歌的人是个体，但这首歌被长角苗人世世代代吟唱，在这无数的个人吟唱者和个人听众中所引起的集体的表象所达到的那种强烈的程度，是任何纯个人的意识形态都不可能达到的，因为它们拥有无数的、用以构成它们之中的每一个人的表象。我们倾听他们就是在倾听社会，所有人的声音有一种个人声音所不可能有的加强音。这种加强音所形成的是一种集体的力量，而这种集体的力量只能是存在于个体的意识中，并通过个体的意识而存在，这样它就成为个体生命中不可缺少的部分，而且因此得到升华和显示。

我们在听开路歌时，感觉到吟唱者并不是一个简单的传声筒，在他的身上会有一种力量漫溢出来，甚至有一种超过他的道德力量在支配他的感觉，他只是这种力量的表达者，而力量的这种由内而外的增加是确实存在的，它来自于听他吟唱的那些听众，他讲话激发的感情返回到他身上，扩大了也增强了他自己的情感，他激起的情感的力量在他身上引起了反应，提高了他的基调。这不再是一个唯一的人在吟唱了，而是一个具体的与人格化了的群体在吟唱。

第五节　巫术

一、概述

就中国文化整体来看，对中国文化心态发生影响，主要是儒家思想。但在中国文化史上，儒、道、佛、巫都曾经不同程度地影响到中国文化的心态。在这诸多因素中，巫的影响也是极为重要的。中国的文化，在相当一个时期内，巫史不分，史俗并载。巫官文化（以南方为主）和史官文化（以北方为主），不仅曾经密切地结合在一起，而且构成了中国文化的一大特色。

南方的巫文化又以楚巫文化为代表，有学者认为，从史学角度看，楚是春秋战国时期江汉流域的一个蛮族国家，它是以古三苗地域和三苗遗族为基础建立起来的。[14]

从史学、文化人类学、民间文学、民俗学的角度加以考察得知，楚俗之巫风巫教与古三苗“相尚听于鬼神”有继承关系。古三苗巫文化、楚巫文化、苗族的巫教文化是一脉相承的。[15]可见，巫文化并不是苗族人独有的，而是从中国的远古时期就很发达，尤其是在南方的楚国。巫文化曾是中国文化的一个非常重要的组成部分，在现代文明中，这类的文化都已逐步消失了。但在长角苗的文化中它还仍然存在，并保持着活力。我们对其进行探讨和研究，可能帮助我们更深刻地理解中国的传统文化。

在长角苗人的眼里，鬼差不多与人一样重要，远远超出了神仙。其实，这是容易理解的，因为神仙不易见到，死人、棺材、墓穴、磷火则是不难目睹的。死一个人就有一具死尸，一副棺材，一个墓穴，一片磷火，一个鬼，鬼在人们生活中的地位就自然显赫了。他们普遍信鬼祭鬼。认为祖先以外的“游魂野鬼”都是恶鬼，都爱与人作对，只有祈禳才可免受其害，所以每当人、畜生病，就要延巫占卜，杀牲供祭，但求免灾，破费在所不惜。

二、长角苗的“弥拉”

（一）成为“弥拉”前的“生病”现象

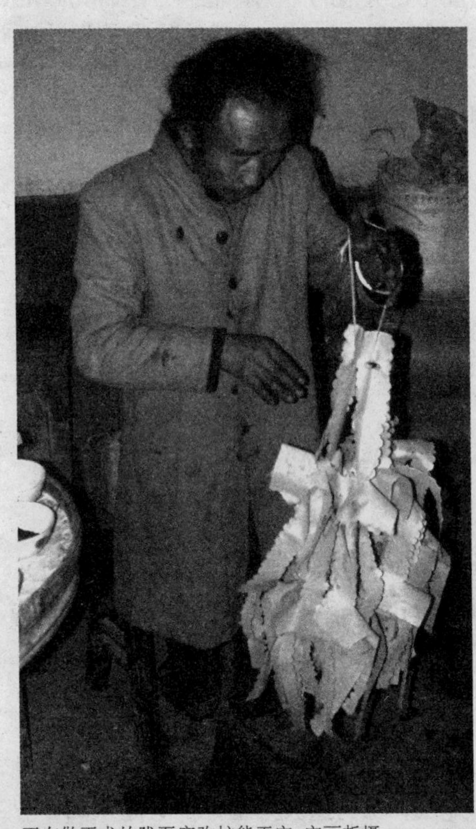

正在做巫术的陇戛寨弥拉熊玉安 安丽哲摄

在长角苗的每个寨子里都有一两个或两三个巫师——“弥拉”。弥拉的身份不是通过学习而得来的，按他们的叙述是“无师自通”的。其中有相当的部分是家传的，但这种家传并不是生前经验的传授，而是死后灵魂的相通。

陇戛寨一共有两位弥拉。一位叫熊玉安，大约60岁。据说，他13岁开始生病，病了差不多10年。到23岁那年，头疼得要死，人几乎都昏死过去了，许多天不省人事。活过来以后，就成了弥拉。他告诉我们说：“我们这里的弥拉都是无师自通，是鬼找到了你，将他们的魂附在你身上，受你调遣，这样，你就有了与众人不同的法术，这一切都是附在你身上的鬼魂在帮你。并不是你自己有什么能耐。”另一位叫熊金祥，42岁，他说：“在我们这里，当弥拉是祖传的，但一般不是爸爸传给儿子，而是由爷爷传给孙子，而且是长孙。还必须是在爷爷魂归西天以后，在生是不能传授的。我当弥拉的本领也是我爷爷传给我的。在我30岁的那年，

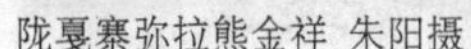
陇戛寨弥拉熊金祥 朱阳摄

高兴寨的弥拉王洪祥 方李莉摄

做了一个梦，梦见了我的爷爷（爷爷早已去世了），他画了好几道符给我，并把他的法术传给了我。醒来后我就病了，在床上迷迷糊糊地躺了 3 个月。病好以后我就开始有了法术。”

高兴寨的王洪祥则说，他 21 岁时生了一场病，在那次病中被鬼魂附了体，那些鬼魂将他打得死去活来，要他去指挥这些鬼魂，折腾了半个多月，病就好了。紧接着他参军到越南打仗，从部队转业回来，到 39 岁又重新被鬼魂附体，成为弥拉。王洪祥说他的奶奶和父亲都是弥拉，他们家的弥拉是代代相传。但都是在前人死后才传。

据这些资料我们可以得知，长角苗里的普通人要成为弥拉，必须要有两个条件：第一是要大病一场，然后有鬼魂附体；再一个要有家族的遗传，但这种遗传是先天的，并不是当面传授的。弥拉没有师傅，但在个别情况下会传授一些体会，在死后将自己的能力交给另一个弥拉。如熊玉安说：“我有一个师爷，他对我很好，他会告诉我他做弥拉的一些体会。在我们这里，弥拉之间是不互相交流的，像我和我师爷的这种关系是很少的。后来，我的老师爷过世了，他就把他的弥拉过到我的身上，让我的力量更强大。”家族里前辈的弥拉也会将自己的力量过给后辈，使后辈的力量更强。

（二）附在弥拉身上的“夸”

根据前面的叙述我们知道，每一个弥拉身上都附有鬼魂，他们称这鬼魂为“夸”（kua，苗语音，翻译成汉语为“客”），一个弥拉是否有力量主要取决于附在他身上的“夸”。

这里每个弥拉的夸都有自己的名字，他们最大的区别就是有些住在天上，有些住在树林里，或水塘里，或山洞里，一般以树林里和水塘里居多，天上较少。

对于鬼的世界或神（夸）的世界，不同的弥拉有不同的解释方式。如熊金祥告诉我们说：“这个附在我身上的夸叫白华公主，她平时在天上，如果谁家有难了或生病了来找我，我就上天去请白华公主来。她每次来的时候，都是驾着白云飘然而来。穿的是白色的衣裙，夹杂着有绿色和青莲色。后面跟着三头牛，七匹狮子，还有 500 个天兵保驾。她会知道来请弥拉的人家里究竟有什么难，或病是如何起因的。大部分是由于祖坟没埋好，或撞到了鬼，或中了邪。白华公主会告诉请神者怎么做才能摆脱困境。”

他说：“如果有人来看病，我就会拿来一只碗，再往里倒上酒，将画好的符放在酒里烧，然后用手蘸点酒往火中一弹。我就失去了知觉，而灵魂随着火中的烟雾，一直飘到天上，这时可以听到天上有擂鼓的声音，白华公主听到擂鼓的声音头就会痛，就知道是凡间有事叫她，她就会和我一起来到凡间为人治病。”

我们问他，白华公主是如何向你传达她的意志的呢？他说是显灵，然后，用苗语在他耳朵里说话。我们问，一般是什么时候显灵？他的回答是，任何时候，任何地方，只要你求她。而这位白华公主除了熊金祥其他人是看不到她的。

他说，他看病的方法有好几种，有的是用画符或求神来治，有的也是用草药来治。但就是用草药，也是在请白华公主之后，白华公主会告诉他，到哪座山的什么部位去采哪种药，又如何使用这种药。然后，他按照指点到山上去挖草药，并按其所说的方法让患者服用。

附在熊玉安身上的夸是住在山洞里和水塘里，他告诉我们，附在他身上的夸不止一个，而是好几个，有 5 个群体之多，他们分别住在不同的山洞里或深潭中。需要时，它们就会附在熊玉安的身上，帮他为患者治病。我们问他附在他身上的是什么神，他说，在织金县岩脚下有一个五神神，木桥那里还有一个五道神，狗场那里还有一个黑武神，住在水塘中，就是这些夸来帮他。

附在王洪祥身上的夸是海龙王大将军，在海龙王大将军的手下还有许多的海兵。在我们考察的弥拉中，在大海里的夸只有王洪祥，因为只有他到过越南见过大海。那么王洪祥又是如何治病的呢？他告诉我说，每次他为病人治病时，这位海龙王大将军就会骑马从天而降。因为海龙王来帮他时骑的是马，所以为了感激马，他从不吃马肉。其实，每个弥拉都有一种不吃的东西，这是他们的夸规定的。

这里的人只有鬼的概念，而没有神的概念。他们把死去的人叫“丹”（ndaen），所有的祖先死去后都变成了“丹”。这种“丹”翻译成汉语也可以叫做鬼，但这种鬼是不害人的。那种害人的凶狠的鬼叫做“泵聪”（bong tsong）。他们只有阴间的概念，没有天堂的概念，在他们的心目中阎王是灵界最重要的权威，因为他掌管着人的生死大权。在这里没有一个大家共同崇拜的最高神灵。他们唯一要祭拜的神就是山神，就是神树林，但这种神树林只是一种非常抽象的环境地域的概念，在我们所听到的故事和酒令歌中还没有发现有拟人化的山神出现。而在这里熊玉安告诉我们附在他身上的这些神神，用苗语还是称为丹，当他附在人身上时即被称为“夸”，意为“客”，也很有意思，当他附在人身上时，他可以借助这个人来驱鬼，但它并不是这个躯体的主人，而是他的“客”。

附在弥拉身上的夸究竟是神还是鬼，弥拉们自己也说不清楚，他们对于不同夸的叫法是具体的，所以很难说夸是鬼还是神。在我们的观念中所有的鬼都是不好的，是与人对立的，是邪恶的化身，所有的神都是好的，是真善美的化身。但夸不是，它虽然会帮人治病，但弄得不好也会害人，弥拉们也很怕它们，不敢得罪它们。他们会成为弥拉有时并不是自愿的而是被它们强迫的，如果不服从，它们还会打弥拉。这些夸大多居住在树林、水洞或地下洞穴里。除了夸还有哪些东西会住在这些地方呢？涂尔干说，由于灵魂一般都与其所栖居的躯体保持着一定的亲缘关系，因此，人们很自然地便相信，这些祖先的灵魂仍然喜欢经常到那些保留着他们有形的外表的地方去。[16]那么，夸是属于祖先的灵魂吗？弥拉们从没有这样讲过。另外，涂尔干还说，人们认为他们（恶神）完全和祖先的灵魂一样居住在树林、水洞、山石或地下洞穴里。这些恶神并不属于任何一个已确定的图腾中心，它们属于社会范畴之外。人们根据恶魔这些特征确认它们具有更多的魔力，而不是宗教力量。实际上，它们特别是与巫师关系密切。巫师的力量往往是从恶魔那里得到的。[17]虽不能说这些夸是神或祖先，但如果说它们是恶魔弥拉们也不会同意，因为它们毕竟会为人们治病。所以，涂尔干又说，人们认为有时还存在另外一些精灵，它们能阻止或消除恶魔所造成的坏影响。这种精灵和前者一样，也具有魔力。[18]那么附在长角苗弥拉身上的夸也许就是这样的一些精灵，它们也有长角苗人概念中“泵聪”的能力，但它们又常常会附在弥拉们的身上为人治病。

（三）弥拉的登坛仪式

在长角苗人中要想成为弥拉，不仅要有夸附体，还必须要有仪式，只有通过了仪式才会成为大家认可的弥拉。这个仪式称为“登坛”。其过程是，即将成为弥拉的人，要在楼上放一个升，放一个月以后，再在客厅里放一张桌子，上面放上那个升，升里面放满玉米，玉米上插一把杀猪刀，放上 1.2 元钱，放一盏煤油灯，四周放 5 只碗。然后要邀请其他的老弥拉参加，请其帮助开坛，并指点和操办仪式的所有过程。

在登坛时，还要邀请家里的兄弟姐妹、家族里的人及寨子里的人，杀好一只鸡将其煮熟，大家一起吃，实际上就是向大家宣布自己成了弥拉。弥拉登坛一定要 40 岁以上，不能太年轻。

三、长角苗人有关鬼的概念

（一）鬼的成因

在汉族或其他民族的宗教信仰中，会有一个大家都认可和清楚的神或鬼的谱系，但在这里基本没有。每一个弥拉对鬼或神的解释都不完全相同，而且各自的名称也不完全一样，苗寨的普通人知道有鬼，但是什么鬼叫什么名字，长得如何，无人能完整地说清楚，只有弥拉才知道。我们想这与传播手段有关系，因为这里没有文字可以来让大家共同记录和确认，也没有庙宇可以描述神和鬼的形象，所有的一切都由弥拉口述，而口述往往随意性较大，很难有一个规范性的概念。

根据弥拉们的描述，在这里，一般正常的人死了就去阴间，不会变成鬼，只有一些非正常死亡的人、没有后代的人才会变成鬼，在外面游荡，没有人管。每个人都有三魂七魄，正常死的人魂魄是不会散的，而非正常死亡的人会魂飞魄散，而这种散开的魂魄就会变成鬼，在世间飘荡，害人。

在这里，非正常死亡的人是不举行“打嘎”仪式的，因为在他们的概念中，“打嘎”就是将死者送到祖先身边，而这种非正常死亡的人祖先不会收留。由于祖先不收留，他也就不能归在祖先里，也没有人将他当祖先祭。还由于不为其“打嘎”，没有人为其唱开路歌，所以他找不到阴间，只能在外面游荡，成为野鬼。

这里人对于遭到的不幸都会归结于有鬼在作祟，在我们考察期间，高兴寨死了一位妇女，是从房顶上掉下来摔死的，本来只是一个偶然的事故，但在人们的眼里，是因为她被鬼找到了，寨子里的人认为，如果她事先有预感，找到弥拉解了就好了。

由于这位妇女是摔死的，在举行葬礼的时候，虽然为她唱了开路歌，但并没把她交给祖宗。她的坟是单独埋在旁边，和祖坟不在一起。长角苗人告诉我们，“因为她死时带了伤口，流了不少血，所以很凶，会抢其他人的供品。所以在扫墓时要多给她烧钱纸，多给她供饭，不然，她就会抢别人的吃。后代的人在家献饭祭祖时不喊她的名字，也不给她供饭，她最后也就成了真正的孤魂野鬼了”。

在当地，意外死亡、自杀死亡、生孩子死亡等的人都会变成鬼。一般来讲，女鬼比较多，因为生孩子死亡、跳河、上吊自杀大多是女性。除这些女鬼之外，还有六种鬼。一种是厉鬼（bong tsong），这种鬼是跌死、打死或被压死等，总之是意外身亡，例如从房子上掉下来的那个妇女，她的灵魂就会成为凶山鬼。第二种是拴骑鬼，这是一种流浪鬼（ndan kau），一般是人或牲畜不回家，到外面流浪死在外面，死了以后变成鬼也是躲在山洞、树洞里等，鬼魂可大可小。第三种是迁棺木鬼（sa ndan），这种鬼是因为下葬时没有选好风水，需要迁坟。在这里迁坟是不迁棺木的，只是将棺木中的尸骨取出来，另外用新棺木装着，然后选新址埋葬，旧的棺木还在原址不动。而这旧的棺木空了，有的鬼会穿过土层进入棺木，这种鬼就叫迁棺木鬼。家师说，人睡觉时，如果感到有东西压在自己身上，往往是因为撞到了这样的鬼。第四种鬼叫天龙地碗鬼，这种鬼的解释很有意思，是地上如果打破了一只碗，天上的神骑着天龙或天马路过这里，不小心踩到了那只破碗，如果有一个人正好路过这里，就会因受到惊吓而成病，死后就成为天龙地碗鬼。第五种水枉鬼，一般是淹死的人变的。这种鬼在水中会吹唢呐，会打鼓。第六种叫神树鬼，要是有人砍了神树林的树，就会被神树鬼找到索命。寨子里的人说，熊玉安就是得了神树鬼的帮助。

这里人对鬼深信不疑，他们说，你们信科学，但我们还是信鬼，晚上我们常能见到鬼火。这里的一位大学生，虽然受了现代教育，但他也说：“我 13 岁那年的一个傍晚，在山上放羊，走到一个小溪边，看到一只石鸡，想去抓。突然，听到一阵咚咚的打鼓声，紧接着又传来一阵唢呐声，我一看，四周并无任何人。非常害怕，就赶快回家了。”据说这就是水枉鬼，它们出来往往伴随着音乐。

据说，这里的厉鬼最多，所谓的厉鬼就是意外伤亡后变的，这是当地人死亡率最高的方面之一。

（二）死去的人所居住的阴间

在考察中，我们一直没能发现长角苗人精神世界里的一个能一统天下的神，在他们的纹饰图像里也没有发现一个完整的神的形象。他们也有自己的神话传说，而这些传说都不是以故事的形式出现的，而是以酒令歌的形式出现的，里面出现的人物与其说是神还不如说是祖先，是一些创造了他们礼仪制度和生活器用以及繁衍了他们的祖先。而且通过考察，我们了解到在长角苗人的宇宙空间中，只有人世间和阴间，没有天堂。阴间是死去的每个人都必须去的地方，那里生活着他们崇敬的祖先，还有掌握着人生死大权的阎王。但阴间是什么样的？又由谁来向大家描述阴间的样子？

我们了解到弥拉在治病时，附在他身上的夸是可以随意在人世间和阴间穿行的，而此时的弥拉也会和夸一起到达阴间，所以他们可以向我们描述阴间是什么样的。有一位弥拉告诉我们说，阴间和人间一样，我看到的阴间，在一片大坡上，有街道有房子，在那里，可以看到死去的人和祖先。那些人在那里住家，种地。除有人之外，还有牛，有马，生活很苦，房子很小，都是些小棚棚，没有火，很冷，饭也吃不饱。先祖住在前面，刚到阴间的人住在后面，男的要先死会跟祖先们住在一起，女的死了会和死去的丈夫住在一起。如果一个女的丈夫死时她才三四十岁，又重嫁了一个丈夫，一旦她死去，她就会先和以前的丈夫过一个甲子，再和后面的丈夫过一个甲子。也就是说生时是夫妻死后还是夫妻。到阴间过了60年以后再投生，投生以后夫妇就不再认识了。投生后有变人的，也有变成动物的。生活在这里的人全部由阎王管理。阎王和凡人一样，个子很高大，四五十岁。在阴间有七八个阎王，他们有不同的分工。有两个看大门的，门口有两个大狗，还有翻簿子和勾魂的，他们是最有权力的，也是管人生死的阴司。

“在阴间，投生时由阎王勾簿子，他让你变什么就变什么，犯了罪的人或被枪毙的人，要在阴间待120年，投生变什么自己不能自主，由阎王决定。如果你在生时打死过人或打死过动物，阎王就会减你的寿。”

从以上的描述中我们对长角苗人的鬼神观有了一个基本的认识。

四、弥拉的工作与其在族群中的地位

（一）弥拉的工作

弥拉是长角苗人的巫师，他的工作当然就是实行巫术了，但一般是在什么样的情况下实行巫术，人们遇到了些什么样的问题会来找他们？这是我们感兴趣的。通过考察我们了解到，当人们生病时，死牛马时，丢失财产时，做不好的梦时，家里或个人有不顺心的事时，见到蛇进屋、狗上床等动物的异常现象时，都是祖先有事相托等等，都要找弥拉来解。

王洪祥说：“弥拉除治病、解梦外，如果老人死后阴魂来找你了，让你‘兜啰嗦’，也是弥拉解。”在苗寨人的眼里，祖宗去世了，安息是很重要的，你不能随便去得罪他，如果得罪了他，他会来找麻烦，让你不得安宁，也就是当地人讲的“兜啰嗦”（当地汉语，即“自找麻烦”的意思）。所以，这里的人一方面是对祖宗的尊重，另一方面也是怕得罪祖宗，担当不起，所以都不敢得罪祖宗，逢年过节都要祭祖。他说："在我们这里祖宗是通过蛇来显灵的，凡是蛇进屋或是狗上床都是祖宗找你来了，很可能是你得罪了祖宗。这个时候，你就要请弥拉帮你解。"

长角苗人很重视梦，他们认为所有的梦都是一种预兆。如梦到了掉牙齿不好，掉上面的大牙是死父亲，掉下面的大牙是要死母亲；掉前面的门牙是儿女有性命危险，上面是儿子、下面是女儿。还有，梦到鱼是要破财，梦到太阳下山是父母有危难等等。还有些梦是好梦，比如梦到蛇，是要生儿子，梦到有动物的血溅到身上是要走红运，梦到大粪是要发财。当做了不好的梦时，也要请弥拉来解。

除解梦和安抚祖宗外，看病、驱鬼、求阎王，是最重要的。在长角苗人的眼里，鬼往往是造成人生病或倒霉的重要原因，弥拉的任务就是如何安抚或降服这些鬼，有时还要欺骗阎王，以帮助大家从病痛或灾难中解脱出来。如王洪祥说："你平时和谁的关系不和，把人打死了，那人死后在阴间到阎王那里告了你和你打官司，如果你输了，阎王就要把你的魂魄勾去，这时你就要去请弥拉，让他拿茅人和棺材去抵，另外还要烧点钱纸，这样就好了。"这里讲的茅人和棺材，就是欺骗阎王的道具，让阎王以为他要抓的人已经死了，也就躲过了这一劫难。至于如何欺骗，还有很多手法，后面会详细讲到。

在考察时，我们发现寨子里的男性一般不戴项圈，而女性戴的项圈一般都是铜条外面包着粉色的塑料装饰，前面裹着一个绣了花的宽布条，颜色非常漂亮。但奇怪的是少数人却戴着没有任何装饰的铜项圈和藤项圈。听说这一般是因为要好的朋友死了，想念生者，希望在生的朋友能到阴间和自己做伴，于是鬼魂找到生前的好友，这位鬼魂生前的好友会因此生病，如果不采取任何措施，这位生者可能会因病死去，于是，要做一个项圈戴在脖子上。如果鬼死的时候是孩子，生病的人就戴藤项圈，因为孩子不到年龄就去世了，变成鬼以后的法力不大，故戴藤项圈就能保证生者不会被鬼魂带走。而如果鬼在死的时候是老人，生病的人就要戴铜项圈，因为老人寿终正寝，成鬼后法力比较大，所以要用铜项圈。这些项圈的作用就像一把锁，能把生者的灵魂锁住，不让鬼魂带走。而这一切都是请弥拉看出来的。

寨子里还有一种说法，就是有的孩子生病总是不好，请弥拉看后，发现这孩子是投错了胎，本来应该生在杨家的却生在了王家。因此，就要拜一对王家的夫妇当干爹干妈，病才能好。所以弥拉在寨子里是非常重要的，他要帮助寨子里的人解梦，让他们从噩梦中走出来。还要帮他们安慰祖先，让祖先别找他们的麻烦，而是保佑他们。当人们的牛马死了，或遇到了什么不顺心的事，都要让弥拉来解决。尤其是生病，要让弥拉来帮助找出病因并治疗。因此，对于长角苗人来说，弥拉是他们生活中不可缺少的人。

（二）弥拉在寨子里的地位

在长角苗的社会里，弥拉虽然会治病、驱鬼，在生活中非常重要，但他们并不是社会的中坚力量和主流，在遇到鬼事的时候，是由他们来处理，但遇到人事的时候，却是由其他的人来处理——日常的祭祖由松丹主持，祭山由祭宗主持。也就是说他处理的只是人与鬼之间的关系，而不处理人与人之间，包括人与祖先之间的关系，只有在人受到了祖先的责难时他才会出面。在打嘎这一长角苗最盛大的仪式活动中，祭祀的主角是松丹，而不是弥拉，尽管许多重要的人都出面承担其中的活动，但却没有弥拉。从这里可以看出巫师和祭师并不是一回事，不仅是苗族，彝族也一样，巫师并不参与祭祀活动，也不参加任何与人事有关系的活动。正因为如此，弥拉并不是社会制度层面的中心人物，相反，他是被社会边缘化了的人物。还有一个特征就是，长角苗属于父系社会，所有制度层面的重要人物都是男性，没有女性，而弥拉不仅有男性也有女性。这也是其不属于社会中心人物的特征之一。

为什么如此？因为弥拉本身并没有力量，有力量的是附在他身上的夸，夸是属于社会范畴之外的东西，它身上具有的魔力能为人治病，但它不是祖先也不是神。它是人们请求帮助的对象，但不是人们崇拜的对象，它只和弥拉打交道，并不直接和人打交道。它处于社会的边缘地带，因此承载着它的弥拉也被社会边缘化了。而且，长角苗的社会除男女有区别之外，在其他方面还是一个比较平等的社会，很难说弥拉是他们的精神领袖，也很难说松丹是他们的精神领袖，他们各有分工。

（三）弥拉的报酬

一般来说，在长角苗的社会里，每一个人都是农民，没有任何人可以脱离种地的生活。这里从来就没有地主，也没有像其他的民族那样还有过土司，长角苗人在1949年以前，过的是不断迁徙的生活，没有固定的土地，也没有多少财产，主要是靠给当地的彝族或汉族的地主种地生活。这里基本没有明确的社会分工，每个人都要种地，不管是什么身份的人。弥拉也一样，其首先是农民，其次才是弥拉，主要的时间用于种地，业余的时间才是做弥拉。所以其靠弥拉挣的钱是很少的，如果不种地是不能养家糊口的。

在当地称做巫术为“阿莫”（a mo），每次做阿莫的报酬是：一只鸡，一瓶酒，一升玉米，一个蛋，其实这些东西也是做“阿莫”时的道具和必需品，仪式结束了，东西就给弥拉了。钱根据请的人的经济状况随便给，但一定要是12的倍数，最少是1.2元，其他2.4、3.6……12、24、36元不等。

五、巫术（阿莫）的具体实施方式

设坛的道具 方李莉摄

（一）设坛用的道具

一张方桌，上面放一个升，升里面放满玉米，玉米上插一把杀猪刀，插上一卷主人给的钱，插上三至五支香，放一盏煤油灯，四周放五只碗（根据夸的数量，四五只不等）。

（二）坐坛做仪式时用的道具

整张的草纸，用草纸串成的大钱纸、小钱纸，弓箭，茅人，鸡毛，公鸡，用树皮做的假棺木，花棍，破碗，破锅（用来破天龙地碗鬼的），红辣椒，镜子，鸡蛋，竹马，铁钎，犁，用钱纸剪成的人，酒，红布条，竹片若干，木棍若干等。

（三）不同道具的作用

这些道具各有各的作用，其中的动物作用很大。在苗族的民间故事中曾流传，很久以前，天上没有日月，天下一片漆黑。苗族的四位老人，造了12对日月挂在天上，让它们轮流出来送热照光。可它们不听话，一出来便是一个接一个一起出来，烧得天下草木枯焦，河水断流。四位老人于是派一位神箭手射下11对日月，剩下的一对日月吓得躲了起来，不敢露面，大地又是一片漆黑。四位老人于是又先后派蜜蜂、黄牛、狗去请日月出来，但都没有请到，最后让公鸡去，才好不容易把日月请了出来。[19]

长角苗人认为，公鸡能把太阳请出来，是因为它是太阳的外甥，和太阳有一种特殊的关系。因此，长角苗人称其为叫天子，也就是说它能叫得动太阳，而太阳是光明，是阳气，鬼和阎王都很怕它，所以长角苗人用它来驱鬼，充当弥拉与阎王之间的信使和联系人。另外，人死后还要用它来引魂，也就是引领死者的灵魂到祖先那里去。就连鸡毛都很重要，想送给阎王的信，粘上几根鸡毛就行。“开路”时也要用鸡带路，因为鸡有翅膀，会飞。在这里，叫魂要用鸡，祭祖要用鸡，祭山要用鸡，鸡的骨头还可以看鸡卦，鸡在这里很重要。

在做阿莫时，狗和鸭子也常用，甚至猪和羊，它们主要是用来贿赂阎王的。同时，动物的血鬼也很怕，也可以用来喷在鬼身上，它就会害怕和跑走。

玉米也很重要，迎夸和送夸时一定要撒玉米。每次做阿莫时都要准备许多的草纸，并在这些草纸上打上孔，串成大钱纸、小钱纸，在送鬼时烧，鬼一定要得到钱以后他才愿走。在作法的过程中，钢刀也是不可缺少的，钢刀最好是杀过猪或牛羊的，刀上面沾有血就有灵气、有神力，人们常称为杀猪刀。用这种刀砍衣服，是把鬼砍走，把人的魂收回来。另外，过钢刀，即把很多刀放在地上，从钢刀上踏过去——就是把你身上的祸解了，过了钢刀就等于经历了一次刀祸，以后就不再有这样的祸事了。还有那些树皮捆的棺木、茅草扎成的茅人等，都是用来哄鬼的。

（四）做阿莫的程序与方式

1．请夸。用汉语来说就是请神附体，对长角苗的弥拉来说就是请夸附体，这些夸平时并不在弥拉身上，只是有事时才能请他们来。请的方式是焚香烧纸，把烧好的纸灰放在簸箕中间的一个碗里，碗里倒满水，然后在水上边画符边请夸来附体，同时还要对着空中撒玉米。

2．坐坛治鬼。这是弥拉和夸共同坐，夸通过弥拉来显灵。

治鬼的方法有好多种，不同的鬼用不同的方式，而且不同的弥拉所采用的方式也不一样。但总的归纳起来有以下几种方式。第一，骗鬼。把茅人装在棺木里，并埋在土里，告诉鬼，这人已经死了，你不要再找他。第二，赶鬼、打鬼。即用箭射鬼，用木棍、棒槌打鬼，用狗血、鸡血或鸭血喷鬼。第三，贿赂鬼。即给鬼钱纸，说好话。

第四，威胁鬼。用烧红的铁锅放在头上，用烧红的犁放在脚下踩，用舌头来舔烧红的铁钎。通过在鬼面前显示自己的能力让鬼害怕，从而逃走。第五，贿赂阎王。将鸡、鸭、狗、猪送给阎王，让他改生死簿，让他把那些到处飘游害人的鬼收回去。

有关弥拉欺骗阎王的方式，王洪祥曾向我们讲述："如果你遇到了难以逃脱的大祸，就要供土棺，也就是在地里埋一个假棺木，以欺骗阎王，好让阎王以为你已死了，不再来向你索命。方法是，在一个高坎上挖一个洞，又从高坎的另一面挖一个洞，人则从这个洞进，从那个洞出来。再在洞里放一个装了茅人的假棺木，用土埋起来。这样的供土棺，一般是在比较高的梯田上做，在这样的地形上才好挖洞。有时也用尿或其他的动物当替身，放在土棺里埋起来，以迷惑阎王。"

王洪祥还说："在我们这里，最厉害的鬼是水枉鬼和讨债鬼。这样的鬼要首先把一个鸡挂在门上才开始请夸，请完夸要把鸡杀了，在鸡心还跳时让病人吃。要是吃不下去，就在火炉上放一缸水，水烧开后把心放进去，用盖子盖上，煮熟后吃。吃完鸡心，再把鸡冠上滴出的血给病人喝。病人吃了鸡心、喝了鸡血后，鸡就会和夸所率领的兵将一起到阴间，让阎王改簿子，改完簿子，病人就好了。一般到阎王那里去换一个簿子，弥拉需要一只鸡，得到这只鸡以后，弥拉将它吃掉，才能由鸡引路，和夸一起去找阎王，查证簿子换了没有。有时还要问阎王需要什么，是要猪、鸭还是羊，要什么就要买什么。要是主人家没钱或买不到，就用泥来捏一个，然后弄上一些动物的毛粘在上面，再用点红墨水当血，这就是骗阎王。"

通过以上的归纳和叙述，我们可以认识到，在弥拉的法术中，最重要的对鬼采用的手段就是欺骗、打击、贿赂、威胁。而对阎王则主要是欺骗和贿赂。当地的弥拉们说："弥拉的标准就是能把鬼送走，病治好，用什么手段都可以。"

六、"阿莫"实施过程的案例之一

要了解巫术，仅仅靠做访谈是不够的，还必须亲自参与。一天下午，机会来了，我们到寨子里的熊玉方家做访谈，正碰上他邀请弥拉。我们问为什么要请弥拉，他说，他晚上做了不好的梦，心情不好，所以要请弥拉来解。我问他做了什么样的梦，为什么不好，他不愿意说，我们也不好再继续问。我们担心有外人在场会有什么不便，但熊玉方说，没关系，只要你们有兴趣，尽管留下来看。

没过多久弥拉来了，是熊玉安，只见他穿了一件灰色的女式羊绒大衣，怪怪地进来了。我一眼就能看出，他穿的这件衣服是城市居民们捐献给贫困地区的。我们问他，以前做弥拉有专门的弥拉服吗？他说，有。我们问，为什么不穿，而要穿这种女式大衣呢？他笑而不答。我们想，他有可能不知道他穿的是女式衣服，只是觉得这种衣服很有特点，穿起来会比传统的弥拉服更好看、更时尚。这也说明，这是一种并没有严格规矩的民间信仰，服式可以随意换。

熊玉安进来后，熊玉方和一些来帮忙的人就忙着准备东西。我们先跟熊玉安聊了起来。他今年64岁，家里有八兄弟，现在已有三个不在了，他排行第二。他们家现在还活着的五兄弟，熊玉方是他的弟弟。

做法事的道具布置好了。只见在客厅对着门的地方放了一张桌子，桌子上放了一个簸箕，簸箕里面放了五个碗，其中四个空碗，中间一个碗里装了一点水，放了一些纸灰。簸箕中间有一只木斗，斗里装满了玉米，上面放着一盏煤油灯，插了一把杀猪刀、几支香、一卷人民币，还有一把类似刀一样的法器。在斗旁边还放了一瓶酒。看来他们很熟练，知道做巫术需要些什么。

只见熊玉安走过去，站在桌子旁边，手上拿了一叠草纸，念念有词。不一会儿，他从玉米上取下法器，在手上摇动，又放在有水的碗里划了几下，然后把法器插回去。手上的草纸有各种不同形状的孔，熊玉安边翻看草纸边念念有词，好像在读书。我们悄悄走过去，试图看看草纸上有什么我们能看懂的东西，但面对那些孔眼我们一点也看不懂，不知道是些什么符号。

屋子里还有几个帮忙的人，他们在用茅草编成小小的茅草人，共三个，然后用树皮捆成五个小捆（以代表棺木），还用竹子扎成几个竹马。这里做“阿莫”好像并不在意有外人在场，我们在里面不停地看和拍照，他们并未显得不高兴。

熊玉安念了一会儿后，用手蘸点水，拿出一沓打了孔的草纸在上面画符，画完符后将纸点着，放在门口烧，然后摇动法器，边摇边念。

旁边还有一个人，用一个铁器在草纸上打孔，打完孔后，将草纸中间穿一个孔，又将这些纸拉成条状。这些被打孔的纸，一拉开竟然成了连接不断的长条，串成一串一串的，挂在一起，就成为长角苗人称的纸钱。

熊玉安边念边吩咐其他的人还要多做一些茅人。所谓茅人就是用茅草编的人，究竟要做多少个大家都不知道，只有熊玉安才知道，看来每次要做的茅人数量不一。

熊玉安又拿来一叠没有孔的草纸要旁边的人打孔，并告诉他应该如何打孔，看来这打孔的形式和数量都是根据不同的情况定。

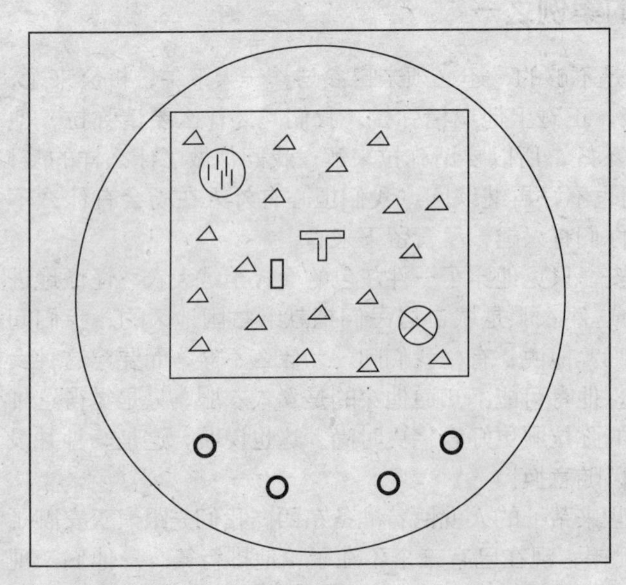

祭祀供桌物品分布图

用茅草扎成的茅人之一

用茅草扎成的茅人之二

我们发现熊玉安念的时候用苗语，也偶尔用汉语念，涉及东西南北方向的字还有数字都是用汉语。另外，我还听到了“投胎”、“阎王”等字样。这些词对于长角苗来说也许都是外来语，也就是说，这些都是他们本来没有的词或概念，是从汉文化中借用过来的。

这时我看到打孔的草纸被拉成了由各种条形组成的一挂东西（后来我们才知道这打着大孔眼的叫大钱纸，打着小孔眼的叫小钱纸），并被挂在了墙上。

熊玉安将三个树皮捆拿在手上，蘸上水在手指上画符，画完一捆后又拿上一捆，边念边继续画。最后，翻开一叠打了孔的草纸，嘴里不断地算着数字，我走近试图听清他的讲话，但听不懂，只听到了一句三三见九的数字，还有 12 月份等的字句。他用的竟然是九九乘法表，看来他们本民族并没有乘法，是借用了汉族的，包括月份的计算，也是如此，不然他就不会用汉话了。走近后，我们发现五个碗中除一只装了水并在里面化了很多纸灰的碗外，还有一只装着半碗酒的碗，其他装的都是水。

熊玉方拿了一套小孩的衣服过来，我问他这是什么意思，他说是他外孙女的衣服，她不在家，用衣服代表她。今天的“弥拉”是帮他和他外孙女做的，因为他梦见外孙女掉到水里了，他怕这其中会有什么凶险出现，所以用外孙女的衣服将她的魂唤回来。

接着熊玉安出门将茅人挂在了门口的一棵树上，一共挂了三个，有一个是挂在一个草圈上的。

熊玉安拿来五个削好的木锥用灯熏后，蘸水在上面画符，然后扔在地上。

又将两个茅人扔在门口的台阶上，然后在门口放了一条长凳，又将九把刀从门口一直排到屋里，凳子上放了两个木锥、两把刀、一捆树皮。

熊玉安还拿来一面镜子，也在上面画好符放在簸箕里，前面还放了一杆秤。然后抓来一只雄鸡，熊玉安将雄鸡放在身上，用手指蘸上水画符，边画边念念有词，然后又将熊玉方外孙女的一件红色的外衣放在手上，蘸水画符。这时我们才看清玉米上卷的是 24 元钱。

这时熊玉方的妻子又到房间里拿来一件女式外衣给熊玉安画符，还有一件男式的上衣，好像是一个十几岁少年穿的运动服，这些衣服都是熊玉方的儿女或孙子的，他们人都不在，这些衣服就是代替他们的。

熊玉安将插在玉米上的一把刀取了下来，又将画了符的草纸放在树上的茅人边，手上端着放满纸灰的碗，并将刚才画过符的衣服在树上挂了一下又拿下来，接着将树上的草纸点燃，用嘴往草纸上喷酒，是那只放在簸箕中的碗里的酒。旁边一个人手上抓着雄鸡。然后，熊玉安回到屋里拿来一些打了孔的纸让人帮忙烧，另一人手上拿了一面镜子对着燃烧的纸，还有一人则拿着雄鸡站在旁边不停地晃动。

接着有个人拿来一杆秤，将画了符的一件红衣服挂在秤上，并对着大门，熊玉安则在门口用手蘸着水边往地下弹水边念，前面的那个人则持着挂在秤上的衣服越走越近，最后走进屋里。然后大家将所有的刀都收起来，又将长凳移到屋里，再将门口那些木锥、树皮捆拿到三岔路边，用锄头挖一个洞埋起来。

熊玉安用几根橘红的布条扎在法器上，法器上以前就捆了些红布条。

我们看见地上还有四个树皮捆、两个小茅人。熊玉安又在翻动那沓打了孔的草纸，就像是翻经书，但我们一点也看不出上面有什么。

接着有两个人又拿来了一捆茅草，共有三个人帮忙扎茅人，还有一个人搓草绳。

一个人将扎好的茅人交给熊玉安，熊玉安又在上面用水蘸着画符，接着将先前扎好的竹马放在一边并将画过符的茅人和树皮捆放在上面。旁边又来了一个人帮忙搓草绳，熊玉安则坐在一旁等待，这些人忙得不亦乐乎。

我们走近看发现插在玉米上的刀不是一般的刀，是一种尖刀，上面有花纹，两面不一样，熊玉方告诉我们说是杀猪或杀羊的刀。

我们又仔细地看了看熊玉安的法器，是一把窄形的尖刀，在刀柄的顶上有一个纽丝状的圆铁环，上面套着一些类似铜线的大小不一的铁圈，大的铁圈上还捆着一个刻着齿的竹条，好像就是人们常说的苗族人用来算历法和日子的木刻刻，用好几条红布条将木刻刻捆在长形的尖刀上，作法时就拿着刀柄摇动。

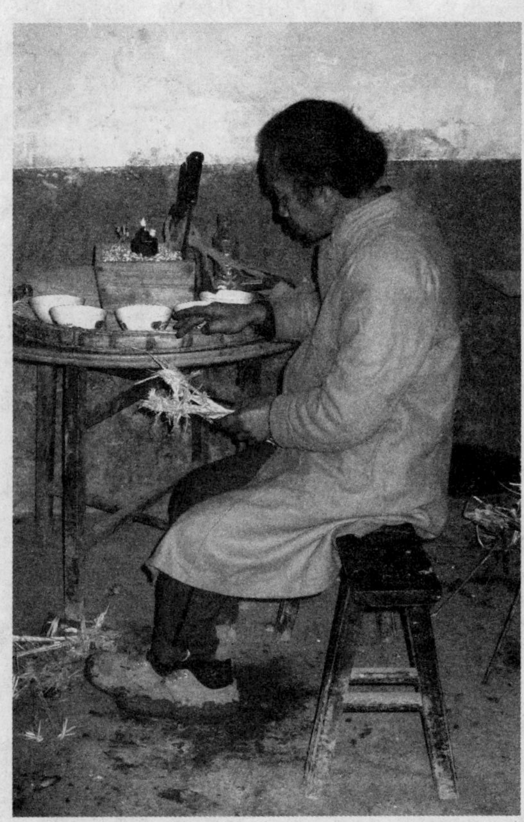
熊玉安正在为茅人画符

大家又扎了不少的茅人，熊玉安先拿起 5 个茅人放在手上，另一只手蘸水在茅人身上画符，接着他又拿来几张草纸，在上面画符，画完后放在茅人旁边，又拿起三个茅人蘸水画符，画完后丢在一边，这时帮手们将三个茅人和树皮捆的竹马依次放在门口，一只放在门前，一只放在门槛上，还有一只放在门里。

然后大家又将茅人捆在一根刚从山上砍下来削了皮的木棍上，还在上面吊了一个用纸包着的茅人，一共有五个茅人，中间吊着一只，一边两只。这支木棍约有一米多长，好像是一棵完整的小树，最下面有一部分还连着了树根。一个人把以前的那些衣服又抱了过来，雄鸡又再次被抓来。熊玉方和他的妻子一人抬着木棍的一边，每人手上拿着几件衣服，女的拿女式衣服，男的拿男式衣服。棍子中间的茅人对着门槛，门槛上有一只竹马，熊玉安向他们夫妇对话，他们回答，看来很随意，讲的全是苗语，我们一句也听不懂。熊玉安又拿出法器，这时我才看清他手抓着铁圈，然后用铁圈上的尖刀指点着木棍中间用草纸包着的茅人，接着又把插在玉米上的尖刀拿来，用刀在木棍的各个部位点一下，有一人又用雄鸡在前面晃动，结束后将木棍踏断。大家收起木棍、竹马、茅人出去，到三岔路，将鬼魂给送走。

我们看见他们将衣服用草绳挂在树上，然后有一个人不断晃动雄鸡，熊玉安则端着碗，不断洒酒不停念，又往衣服上喷酒，最后将草绳砍断，把衣服拿下来。

又回到屋里，将三个茅人拿在手上画符，旁边的人又在搓草绳。接着熊玉安又拿来一叠草纸画符，我看到那只装着玉米粒的碗里的酒已经没有了。熊玉安在往里添酒。

一会儿，人们把搓好的草绳捆在熊玉方夫妇的手上，衣服捆在他们身上，在草绳的后面还捆着一个茅人，熊玉方夫妇手上拿一叠草纸。休息时，熊玉安告诉我，这些草纸代表钱，将这些钱烧给鬼，鬼就不来打扰了。熊玉方夫妇站在那里，熊玉安不停地往他们身上弹水，旁边一个人则又在不停地晃动雄鸡，然后，两人站出来，到三岔路口将草绳扔了。

我看见熊玉安口干了就喝有纸灰的水，他说，这种水最值钱，这是用画过符的草纸烧的。这时我们看到人们将树皮棍捆在鸡身上，然后用一根绳子捆在鸡的一只脚上，绳子很长，被牵在一个人的手上。

熊玉安则拿着一根铁棍，上面插着一只玉米芯，我们发现簸箕里多了一瓶煤油，这时熊玉方的女儿、女婿和外孙以及全家都回来了，站在房子的中间，外面用一根绳子将他们套住，熊玉安则向他们身上扔玉米粒。然后一个人拖着鸡在每个房间里转，熊玉安跟在后面，边蘸水边念经，然后又将玉米棒点燃，围着站在房子中间的熊家人走。走着走着，熊玉安拿起那瓶放在簸箕里的煤油，猛喝了一口，并将煤油喷在玉米棒上，喷一口，火猛地燃了一下，火光一亮，射向熊玉方的家人。

熊家的外孙女看到这不断喷出的火，吓得大声地哭了起来。到最后，拖鸡的人将鸡提起来不停在熊家人头上晃动。这一切做完就算结束了。结束后，人们离开房子中间，站到了一边。熊玉安则将他不停翻动的那些打了孔的纸放在地上，排成有规律的两个图案，一个图案 10 张草纸，一共 20 张草纸。

然后将串成一串的钱纸弹上水，让熊玉方背在身上，熊玉方的妻子背着外孙女，另一个人拉着一串钱纸还有衣服站在她旁边。熊玉安边向地上的草纸弹水边念叨，没多久又将另一串小钱纸换给熊玉方。熊玉安又到门口好像是在对鬼讲话，他讲的时候

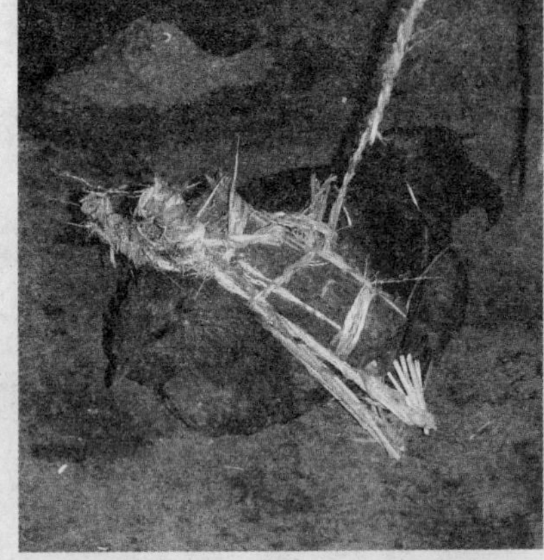

用于施法的公鸡 安丽哲摄

熊玉安在地上摆放草纸 方李莉摄

熊家夫妇站在那里，熊妻背上的外孙女则不停地哭。

一切都做完了，两个钱纸放在两个图案上并在上面一边放三炷香，一边放两炷香，小钱串上放三炷，接着两个人每人手上都拿着一叠打了孔的草纸，点上火，然后点燃纸钱。点火时两只手交叉放，烧完后，熊玉安拿了一只簸箕将这些纸灰扇到一边，留出中间的空地。接着又将装着纸灰水的碗拿过来念念有词，边往地上弹水。最后人们将地扫干净。

接着，帮忙的人拿来两条红色的布，剪断夹在一个竹夹上。我们问这个布是干什么的，旁边的人说是用来还债的。这两条用竹夹夹好，先插在玉米上，然后熊玉安拿在手上对着这布讲了些什么，将其点燃。这时有两个空碗里装了两碗水，然后熊玉安将纸烧了放在碗里，两个人将这装了纸灰的水端到三岔路口倒掉，熊玉安抓了一把玉米，从门口往里撒。接着，他又坐回放着簸箕的桌前烧钱纸，烧完后又朝天撒玉米，再摇了摇法器，将碗反扣，就算结束了。

这一活动从 2 点半开始，到 5 点半结束，整整 3 个小时。他们告诉我撒玉米就是退夸，在熊玉安作法的整个过程他都是有夸附体的。但我们一点都没有感觉出来，觉得他和正常人一样，我们几个人在里面拍照片、拍录像、记录，好像也没什么忌讳。只是熊玉安讲的是苗语，我们一句也听不懂，只是努力地记录下整个过程。

到吃晚饭的时间了，在我们不经意的空隙中，熊玉方家竟然已把饭菜摆上了桌，熊玉方一家硬要留我们吃饭，恭敬不如从命。我们坐在熊玉安旁边，他告诉我说，熊玉方是中了鬼，是被五鬼找到了，他做弥拉时扎的茅人就是代表鬼，五个茅人就是五鬼。

巫术最重要的内容就是咒语、仪式和执行人，我们记录了它全部仪式的经过和执行人（弥拉）的行动，但就是没听懂咒语。而马林诺夫斯基认为，咒语是巫术中最隐秘的部分，只有少数执行者知道要诀。当要传授巫术给另一个人时，巫师只需把咒语教给新手即可。他还认为，巫术的价值、力量和灵验在于它们的咒语中。我们见到在许多情况下，如果是直接向着对象物发力，光凭咒语已经足够。仪式的作用是把咒语传递到或转移到目的物上，并在某些情况下，通过中介物的性质和他最后采用的方式强调咒语的意义。[20]

所以，听不懂他的咒语也就不能真正知道其巫术的含义，但如果不是做阿莫，我们要弥拉们念咒语给我们听是绝对不可能的，他们说咒语很灵，不能乱念，如果没有事用咒语将他们身上的“夸”招来了，会出问题的。所以我们只好等机会，希望在下次做阿莫时我们能将咒语录下来，再请人将其翻译出来。

七、“阿莫”实施过程的案例之二

机会很快就来了。一天晚上，据说熊玉安在杨得学家做弥拉，原因是杨得学的儿子晚上做了一个梦，梦见太阳下山，按当地人的观念，梦见太阳下山是父母有生命危险，所以要请弥拉来解。我们赶快过去看，并作记录。

（一）实施巫术者：熊玉安

（二）被实施巫术的对象：杨得学，51岁，杨得学的儿子，23岁。

（三）实施巫术的道具：一只簸箕，里面放着一只升，升里装满了玉米，在玉米上插了一把杀猪刀，一把司刀，还有一盏煤油灯，一卷钱，围着升放了五只碗，中间的一只碗里有水，里面放着烧过的草纸；另外，在簸箕里还有三把弓箭（用桃树枝弯成），一支红辣椒，三炷香，一面镜子。一个装着十七个鸡蛋的簸箕放在门口的凳子上，地上放着棺木五个（用树皮捆的假棺木），茅人若干，三个用红线缠着的竹马，铁钎插着一个玉米芯，烧红的铁钎一根，用钱纸剪成的人，一瓶酒，一只鸡，红布条、竹片若干。

（四）巫术仪式的程序

1．把鸡蛋簸箕放在凳子上，凳子横跨过门槛。

2．用手蘸水在鸡蛋上画符。

3．将铁钎烧红用舌头舔。

4．将鸡蛋簸箕放在里屋火炉边的一条凳子上，然后将烧红的铁钎放在脚下踏。

5．将玉米芯插在铁钎上，用水画符，然后浇上煤油用火点燃，然后喝煤油喷在玉米芯上，火燃起再将其扔到门口。

用来设坛的道具 方李莉摄

当箭使用的插在桃树枝上的辣椒 方李莉摄

做阿莫时所用的“棺木” 方李莉摄

供射箭用的竹马 方李莉摄

6．在辣椒和弓箭上画符。

7．在用草纸剪成的人上画符。弥拉念咒语："现在天很黑，到处是阴沉沉的一片，也许现在很多人要哭了，我用镜子照一下就会亮了，现在我照着了，你们可以走了，你们从东方来就从东方走，从西方来就从西方走，从哪里来就从哪里走。"

8．在做梦者（儿子）身上捆一茅人和纸人，再在上面画符，三个男青年一人手上拿一个弓箭、两个辣椒（代替箭）、一支香（代替箭）。弥拉念咒语："现在你（雄鸡）该走了，我准备把你送出门，你从哪里来我就会把你送回到哪里去。（重复）我会带你到那个地方去的，你别怕，你去不了，我用这个箭帮你开通（箭射到哪里，那里的路就通了，如果你去到阎王老爷面前，他问是谁叫你要的，你就说是熊师傅叫我来的，是熊师傅的镜子照我来的。现在所有的鬼神都让你带他们走，你能带也要带，不能带也要带。"

9．父亲持尖刀，门口依次排了三个竹马。

10．三个青年手持弓箭，将点燃的香当箭，跟在做梦的青年后面在屋里转圈，然后回到客厅，做梦青年来到客厅，三个青年手持弓箭站在后面。主人拿来一只鸡给弥拉，弥拉蘸水在鸡上画符，画完后主人手拿着鸡不停晃动，三个男青年将手中的箭射出，然后做梦青年走出家门，三个男青年跟在后面用辣椒射出。弥拉念咒语："今天我会送你（鸡）到最黑的地方去，你去了千年万年都不要回来，去了就不要回头，你别怕天黑，有我熊师傅在这里用镜子照着你，你去了之后会觉得高兴，也会觉得快乐，把茅人挂在竹马上，不是我熊师傅害你，是有人需要你去帮他们解身，我熊师傅会拿这面镜子照着你走，所有的鬼都要让你带去，带去了永远别回来。

"现在我的镜子就要给你们（鬼）了，你们带着镜子自己走，去了就别回答（必须用根红线牵着）现在我拿了这块镜子，天空和地上都是灰蒙蒙，我要把人和鬼隔开，把人留在家里，把鬼送出去。"

11．回到家里，做梦青年将树皮做的棺木和茅人挂在后背，然后将画好符的钱纸挂在上面，弥拉边唱边画符，男主人拿来鸡不停地摆动。弥拉念咒语："雄鸡呀，我现在叫你把鬼带到阎王老爷那里去，我要用这个镜子给你带去，将他们家一族12户的魂都照回来，你去的时候，如果阎王老爷问你是谁指使你来，你就说是熊师傅。你去的时候，你能说要说，不能说也要说，一定要说服阎王老爷，现在所有鬼都要让你背去，鬼去的时候是哭的，你要把人叫回家来，把哭的鬼带走，一直把他们带到日落的地方去。"

12．做梦青年走到门口，另一青年拿一个鸡在旁边晃动，弥拉在做梦男青年胸口

准备背到阎王那里去的“大钱” 方李莉摄

画符，然后将做梦青年挂在身后的钱纸烧燃，扔掉。

旁边的人拎起三挂钱纸，主人手上拿了几件衣服，弥拉拿着钱纸边画符边念咒语：“现在我把这块镜子背在你（雄鸡）身上，你把这个信交到阎王老爷的手上，如果阎王老爷问是谁让你带来，你就说是熊师傅要你带来给他，你叫他把人打回来，把鬼叫过去，你把这信交给他时，你说：熊师傅已经把我们分到人住的地方，把鬼也分在鬼住的地方了，他所做的都写在这纸上，你要这样笑着对阎王老爷说才好。”

13. 将两件衣服放在一个少年肩上，然后，弥拉放上钱纸，画符，唱：“现在我要把人留在家里，要叫你（茅人）把鬼带出去了，现在我把信放在你的包里，你快背去见阎王老爷，茅人大哥，你必须把这书信交给他，让他把他的书也翻出来与这封信对照，他就会明白。”

少年又到门口，转身对着房内，弥拉在其肚子上画符。结束，将钱纸点燃扔在地上。

弥拉不停地翻动手上一叠草纸，上面什么都没有，但他却好像在看书。

弥拉做几个竹圈，上面捆着茅人、钱纸，挂到树上。杨才学的儿子脖子上捆一条毛巾，跟着弥拉到了树下，弥拉让他和另一个男青年爬到树上，在另一个男青年的帮助下，杨的儿子从竹圈里钻出来。在树上钻竹圈是个高难动作，非常精彩。在钻圈的时候，弥拉念咒语：“现在人就要回家了，鬼就应该走了，不要再回家。现在我熊师傅叫你（雄鸡）带去，你至少带去12年（三个竹圈代替草绳，把竹圈挂在树上让人从竹圈中钻过，竹圈上的茅人就可以替人去死。有人不在家就用衣服代替，用净水弹到衣服上念，做完后将衣服放下来，小孩睡着了，做完后将衣服给小孩穿）。现在我把这个镜子给你背上，让你把所有的鬼都带走。我也把信给你，你去给阎王老爷。我送你到十字路口，你就不要回头，我叫你三声你也不要答应。你要把一切都带到阎王老爷那里去，这是熊师傅对你的要求，你千万要记住，你带到阎王面前的时候，你给阎王老爷说，这些鬼是穷是富让我带回来交给你，你要叫他们去一辈子都不要回到人间。

“雄鸡呀，你去告诉阎王老爷，这里有一丈二尺的红布，300炷香，12封信，这些都是熊师傅叫我带给你的。

“雄鸡大哥，你背得了也要背去，背不了也要背去，我熊师傅会都交给你了，你要代表我去跟阎王老爷说：要把这家人的灵魂都打回来（扫屋、把家里的鬼都扫出去，用一根草绳把全家人圈起来，弥拉则围着四周念，他还要到所有的房间念）。

“今晚上，我把什么都赶出去，我把牛瘟、马瘟、鸡病赶出去，它们去不了有雄鸡带路，有雄鸡背它们走。

“我把一家 12 人、一族几户的人都打回来，现在我就把你们（鬼和瘟疫）赶出去了，我让茅人大哥带着你们去。

“茅人大哥呀，你去的时候，你要把鸡病、鬼神、牛瘟、马瘟都带走，如果阎王老爷问，你就说是我熊师傅让你带去的。”

烧钱纸 方李莉摄

14．把钱纸铺在地上，铺成两个图案，再把两串钱纸放在两个图案上并在上面一边放三炷香，接着两个人每人手上都拿着一叠打了孔的草纸，点上火，然后点燃纸钱，点火时两只手交叉放，烧完后，弥拉将装着纸灰水的碗拿过来，边往地上弹水边念念有词：“所有的人，即使在睡梦中都不要随便来抢钱，在 360 公里之内的人，都不要乱来抢钱。年轻人不要乱来抢钱，如果你执迷不悟，我也没办法。抢的时候你要先想好，这个钱不是随便可以要，交给山山会裂，交给树树会翻根，交给石头石头会粉碎，现在你们就可以抢了。”

火灭后，弥拉拿一只簸箕将这些纸灰扇到一边，留出中间的空地。边用筛子扇边唱：“你既然来抢了，我也不能救你，你从哪里来就到哪里找人来救你吧，我熊师傅已经对你无能为力了，如果你不想走你赶快去找人。”

弥拉烧纸的目的是找人的灵魂来代替杨得学家的人去死，当然他不想涉及更多的无辜者，所以，他边烧纸边希望有人的灵魂来抢钱，又希望不要来太多，因为只要来抢钱，就会成为替死鬼。

道具和程序的解释：

过钢刀，经过钢刀以后就不会被别人杀，不再会受刀伤。

用三根桃树枝钉茅人，一根钉胸，两根钉脚，放在三岔路口，抓到鬼后，钉住就不会再来。

镜子，在太黑的地方，用镜子照亮，帮夸照，帮雄鸡和茅人照，以便他们能顺利到达阴间。

弥拉在衣服上画符，是用衣服来将活人的魂替进棺木。

将稻草绳挂在树上，然后将衣服挂在一边，用鸡来叫魂和把人鬼隔开。

用一根树枝将棺木放在中间，两边有两个茅人，相当于人抬棺木，骗鬼这人已经死了。

钱击，一种特制的专门用来做钱纸的工具，程序是将一叠草纸放在木板上，用钱击在上面打眼，一般五行，每行九个眼。

交大钱，当事人背着一个棺木、一个茅人、一大串钱纸，然后旁人抱着一只鸡，鸡是与茅人一起去阴间交钱，公鸡当代言人，只有鸡才能跟鬼说话。

换字，将人在阎王殿中的簿子上的记录换出来，这种记录的文字要是模糊了，人就会死，换掉了就会好。

大钱纸，用钱击做成的有眼的草纸叫“大钱纸”，用来到阎王殿去换字，烧完纸后，用筛子扇，可以看见是谁来抢钱。这位抢钱者是还活着的人，但他的魂已经离开了身体，过不了多久就会生病死亡。一般弥拉不会告诉是谁，但如果是本家族的人弥拉就会不让他抢。

将辣椒插在桃树枝上当箭头，用来射鬼。

将棺木放在床上，替活着的人去死。

用铁钎在净水（放烧过的钱纸的碗里的水）里蘸水，在床上、门上画符，为的是封床和封门，让鬼进不来。

烧完纸后，有人抢钱就相当于有人替你去死，所以是好事。

将鸡在头顶上绕是为驱鬼，鸡可充当使者，即“代言人”。

将一家人用一个竹圈圈起来，再用煤油喷火，相当于驱鬼，让全家人健康。

仪式结束后，我们看见熊玉安还拿了一瓶酒在灯底下反复看。杨得学说：“是我的小孙孙病了，叫熊师傅给他看看，然后叫叫魂。”我想，那瓶酒一定是孩子哈过气的酒，因为只有病人哈过气的酒才能在里面看到有关病人的情况。只见他并未将酒倒出来，而是将酒瓶盖好，然后将酒瓶横放，在灯底下一点一点地看，边看嘴里还在念念有词。

他在作法的时候，手上也是拿了一叠草纸，一页一页细细地看，就像我们看书一样，他说，他在上面可以看到阴魂们是如何活动的。

这个巫术做的时间很长，从晚上 7 点做到 11 点，一共 4 个小时。熊玉安做巫术的特点是时间长，用的草绳、棺木、茅人也很多。这里的人觉得他很敬业，也比较灵验，所以请他的人也很多。我们在寨子里几乎很难有机会找到他，因为他总是被不同寨子的人请去。

这一次所有的咒语我们都录下音并请熊光禄翻译了，而且还有录像和照片，这样的记录应该是很全面的。

八、“阿莫”实施过程的案例之三

在考察期间很少有直接观察到整个巫术实施过程的机会，因为我们很难知道寨子里有谁家会请弥拉。其他的寨子都很远，等我们知道了消息，过去后别人已经结束了。为了多了解一些案例，我们让熊光禄留意他所住的寨子，如果有人家要请弥拉做阿莫，来不及通知我们，就自己把过程记录下来告诉我们。

一天，熊光禄告诉我们说，上午有一位女弥拉到他们寨子（高兴寨）里做阿莫。原因是寨子里有一家人的狗爬上了主人的床。在长角苗人的眼里，狗爬到主人的床上睡觉，一般是祖宗想和子孙说话，但是说什么没有人知道，要请弥拉来解。那位女弥拉来了以后，告诉主人说，他们的祖先没钱用了，要他们烧点钱去。另外，在长角苗人的概念中，在阎王那里有本子（生死簿），本子上记载着每个人的生死，上面写满了密密麻麻的字，如果记载自己的那一部分字淡了或没有了，人就会死去。所以这家的祖先告诉他的子孙，他在阎王本子上的那一部分字变淡了，要赶快叫弥拉想办法解。

这位弥拉做阿莫，也是用一升玉米、五支香、四个碗，玉米上插一把杀猪刀，12元钱，然后用一只鸭子解。还做了几面用麻布做成的白旗子放在簸箕里，念："阎王老爷我们来了，你今天放人也得放，不放也得放，我们烧给你一些钱纸。"然后将旗子放在火上烤，有的一烤马上就黑，有的不黑，黑的就有问题，不黑的才好。他们家有多少人就要做多少面旗子。烤过后，发现家里其他人的旗子都是好的，只有这老奶奶和小孙女的旗子有点黑。于是，弥拉为这二人叫魂，将一只鸡拿在手上不停地晃，然后叫这两个人的名字："×× 的三魂七魄回家来啊。"叫完后，把鸡摔在地上，要是鸡一被甩在地上就屙一泡屎，受害者就好了，没事了。要是鸡没屙屎就还有问题，那天摔完鸡就屙屎了，说明阿莫灵验了。然后，将鸡杀掉，吃完鸡肉看鸡卦，看完鸡卦觉得没问题，就算结束了。这次做阿莫没有用茅人、棺材等，仅仅是两只鸡，一只当场杀掉了，另一只由弥拉看完后带回家了。也许是本身问题不大，所以巫术做得很简单。

九、"阿莫"实施过程的案例之四

这一个案例也不是我们亲自参与的，而是由口述记录而成。其缘由是，一天，熊光禄告诉我们，自从他们寨子里摔死了一个中年女性，寨子里就不断地在闹鬼。最厉害的是一个三十几岁的男子。有一次，这位男子在家，突然从房顶上掉下了一个东西，他以为是茅草，用手接着，发现是一撮动物的毛。后来他发现这毛会变成一个人，有时还会变成他妻子的脸。他很害怕，就去打，最后把家里的东西都推翻了，也没打着。白天他出去干活什么事都没有，就是每天晚上，他都能看到这个影子。

他家的床顶上蒙着一块塑料布，那影子一来就听见塑料布上有"嗖嗖"的声音，他害怕得睡不着。寨子里的人到了晚上就去和他做伴，人多就要好一点。但他还是能看见那个影子，只要他一见那影子来了，就会告诉和他做伴的人："请你们注意，它来了。"屋子里的人也都能听见那"嗖嗖"的声音，后来从化董寨请了一个有名的大弥拉来做"阿莫"，但也没用。寨子里的人说：这影子久了就会变成人。他们说这是红虎星，人们将烧红的煤炭放在屋子里的四周，因为鬼怕火。

我们听了，觉得不可思议，问熊光禄是不是老鼠或猫，熊光禄说不是，因为谁也没见到猫或老鼠。熊光禄的爸爸这两天也在那里守，所以他知道。这位男子家闹鬼，全村的人都不安宁，轮流去陪他，安慰他。对于长角苗人来讲，鬼的确存在，大家看不见却能感受得到，只有如此弥拉也才重要，我们很想知道最后的结果，因为我们也想知道弥拉的作用。

过了几天，熊光禄告诉我们，他们寨子里的那位年轻人已经好了，鬼离开他家了。我们问是谁治好的，他说是王洪祥。我们听了觉得很有意思，决定到高兴寨去拜访王洪祥。

王洪祥家正在盖房子，他在工地上沾了一身泥巴。他告诉我们说，昨天那位撞着了鬼的年轻人，拿了一瓶酒来请他到他家去了。

去后，他根据情况判断，这年轻人是撞到了山上的一种鬼，这种鬼很厉害，当地

方李莉正在和王洪祥交谈 孟凡行摄

人称其为“老变婆”，要用一只狗来解。我们问他，你是如何知道的？他说：“是我的海兵（夸）看到的，它看到后就开始坐坛治鬼。”我们又问他：“你是如何将你的海兵请来的？你可以用苗语讲给我们听吗？”他说：“没事不能乱喊他，你一喊他就会真的来了，一看没什么事会不高兴的。”

是“海兵”告诉他，要用一只狗来追这“老变婆”。方法是先把狗杀了，将这狗的血喷在墙上和床上，然后挖一个“土棺”让那位撞到了鬼的男青年去钻。兵分两路，王洪祥在这里杀狗、喷血的时候，另一些人则到山上的斜坡上挖一个洞，然后又从侧面挖一个孔，让那位撞到了鬼的男青年先钻到洞里，再从侧面的孔中钻出来。钻出来后在洞里放上一只假棺木，然后埋上，做这一切的目的就是为了骗“老变婆”，意思是这位年轻人已经死了，让它不要再追他，或者再跟着他。王洪祥说，被“老变婆”撞到以后，老变婆就会一直附在你的身上，它跳崖你就要跟着跳崖，它跳水你就要跟着跳水，它钻山洞你也要跟着钻山洞，这样你会不停地受折磨，一直到死，非常吓人。年轻人钻了“木棺”以后，相当于他死了以后被埋了，“老变婆”就以为他死了，就不再来了。

他告诉我们整个仪式的程序是：先用簸箕装上一升玉米，插上一把杀猪刀，放上四个碗，一只碗装点酒，一只碗装半碗水，再插上五支香。另外，点燃一盏煤油灯，再烧两张钱纸放在装水的碗里，然后在水上画符请“海兵”坐坛。“海兵”坐上坛后，开始巡视，巡视完毕杀狗，用狗血来追“老变婆”，然后钻土棺，这些事结束后就要退坛，就是朝天撒玉米。其一般程序是：请神、坐坛、退坛。

我问他：“你坐坛的时候要说什么呢？”他说：“我不能说，一说这‘海兵’来了怎么办？”看来如果不做阿莫，我们是无法知道他是如何念咒语的。

他说：“我做完阿莫以后，昨天晚上鬼没有再来，但还很难肯定就把这个鬼赶走了，要今晚再不来了，才能证明真正好了。”我们知道，最早还请了一个化董的弥拉来解。王洪祥说，那化董的弥拉看了，和他的意见是一样的，都认为是“老变婆”，但他们的解法不一样。化董的那位弥拉是用一只“寡蛋”来解的，所谓的“寡蛋”就是用来孵小鸡而没有孵出来的蛋；他是使用狗来解的。看来同样的鬼，不同的弥拉解的方法还不一样。

我们问“老变婆”是什么变的，他说是老虎死了变的。以前这里山上的老虎很多，但现在已经看不到老虎了，但老虎变成的鬼却还存在。他的儿子在旁边说：“这种‘老变婆’不能和人在一起太长时间，时间长了，他得到了人身上的魂后，就开始会变成人的模样引诱那个撞到了鬼的人，通常是变成一个漂亮的小姑娘引诱对方，让对方跟他一起走，一起跳水或跳崖，那个年轻男子撞到鬼已经有 10 天了，要再过几天就没救了，一旦‘老变婆’能变成小姑娘，基本就没救了。”

他说，昨天在坐坛时，为了将鬼赶走，他还“穿红脚”了。所谓的“穿红脚”就是将铁铧口放在火上烧得通红，然后将脚踏上去。我们问他：“你踏上去时脚痛吗？”他的老婆在旁边说：“要是别的人可不得了，但是弥拉就不痛了，有他的‘海兵’保护着他。”我们问：“你为什么要‘穿红脚’？”他说：“鬼最怕火，他看见我连火都不怕，他就更怕我了。”我们问他：“你什么时候‘穿红脚’？”他说：“先请夸，请了夸来，再穿红脚，穿完红脚再杀狗。这个‘老变婆’见到了狗血后，害怕就跑了。”

王洪祥告诉我们说，不同的鬼用不同的方法解，而且不同的弥拉也有自己不同的解法。但扎茅人、做假棺木几乎是每个弥拉都用的重要手段。有时为了欺骗阎王，弥拉会做一个假棺木，里面装着茅人，另外用两个小木板，再用草纸剪两个纸人抬着棺木，就像真的出殡一样。说完他用纸为我们剪了两个纸人，剪得非常好。我们考察的弥拉几乎都是心灵手巧的人。无论他讲的话是真是假，在长角苗人的心目中，鬼确实存在，而弥拉的工作也非常重要。后来那位遇到了鬼的年轻人就这样被治好了，直至我们离开，鬼也没再找过他了。

十、“阿莫”实施过程的案例之五

尽管我们记录了熊玉安的两次做阿莫的经过，熊光禄也为我们记录了高兴寨另一位弥拉的阿莫，王洪祥还为我们描述了他自己做阿莫的经过，但为了更深刻地理解长角苗人的巫术，我们想从头到尾作为被施行巫术的对象自己亲历一次。

于是，我们告诉熊金祥，我们中间有一位成员的脚痛，其实也是真的痛，希望他能为我们这名成员做阿莫。熊金祥答应了。我们问要做些什么准备，他告诉我们，一般请弥拉要拿一瓶酒来，病人先在酒上哈三口气，然后派人拿着这瓶酒去请弥拉，去请弥拉的人一定是知情人，要能把病人的病情清楚地描述给弥拉听。另外，也可以用鸡蛋，让病人在鸡蛋上哈三口气，然后用鸡蛋去请弥拉。弥拉听了来者的叙述和看了酒后，就断定患者是遇到了什么鬼，要用什么方式来解。一般是弥拉到患者家去施法，但由于我们是外来者，我们就定在熊金祥家做。

我们先到集上买了一只鸡、一瓶酒，来到熊金祥家。患者在鸡蛋上哈三口气，熊金祥拿来一个小碗，里面装了半碗水，他将鸡蛋打在碗里，碗里出现了好几个大气泡

熊金祥正在做茅人，为做阿莫做准备。方李莉摄

在熊金祥家做阿莫设的坛 方李莉摄

和两个小气泡。熊金祥告诉我们，每一个气泡就代表撞着了一个鬼。他指着碗里的一个大气泡说，这是天龙地碗鬼，一双小气泡是双骑鬼和乌龟鬼。

他说是因为患者撞到了这些鬼，所以脚疼，是被这些鬼找到了，把细菌散在了患者的脚上。他说："鬼想你什么地方痛就会在你的什么地方散布细菌。"细菌，对于长角苗人来说，是一个全新的名词，他的这些新名词是从哪里来的呢？这里的人是不看书的，但现在有了电视就不一样了，也许是从电视里听来的？在我们认识的弥拉里，熊金祥是最年轻的，而且也是唯一家里有电视的人，他思想活跃，爱看电视，所以和其他的弥拉比较起来，夹杂了更多新的东西。看来弥拉的法术也在与时俱进。

看完鸡蛋后，熊金祥就要开始准备材料。首先他到山上去割来了一大把茅草，然后，坐在那里搓起绳子来。按常规，这些事都是请弥拉的人家里准备的，但我们不懂也不会，只好熊金祥自己动手了。搓完绳子，熊金祥又开始扎茅人，他用几根茅草绳，没花多少时间就扎成了一个既形象又简洁的茅人。这种茅人在这里几乎每个人都会扎。

熊金祥扎完了茅人，又拿来一叠草纸，一块木墩，把草纸放在木墩上用专门的"钱击"来打眼，熊金祥说，这些钱纸是用来送给白华公主和小鬼们的。

他又在客厅里放了一张桌子，桌子中间放满了各种道具：桃树枝做成的弓（nen）和箭（fu lei，是用来射乌龟鬼和双骑鬼的），一根绳子上拴了两个茅人，拔点鸡毛粘在茅人上，一把捆着红布的杀猪刀，红公鸡（公鸡是叫天子，它一来鬼就害怕），鸡毛（很重要，是给阎王送信用的），花棍（是用来打鬼和开山修路的），破碗、破锅（用来破天龙地碗鬼的），五个碗（有几个重点的夸就用几个碗），一个碗放水一个碗放酒，其他三个碗是空的，用升装着的一升玉米，上面插了五支香。

仪式过程：

先烧一张钱纸放到中间的碗里，再在碗里放上水，用手指在碗里的水上画符，再拜几拜，最后口里念念有词请白华公主下凡。然后喝几口酒往外喷，撒几粒玉米，再烧一张钱纸在桌底下，抱着公鸡晃几下，然后把公鸡夹在两腿之间，念几句，再把公鸡的冠掐破用三张钱纸蘸上公鸡的血盖在三个碗上。这一过程就是请夸的过程。

解天龙地碗鬼的木棚

请来夸以后就是坐坛治鬼，不同的鬼有不同的治法。第一个治的是天龙地碗鬼。程序是：先搓一根绳子，用12根木棍捆好，搭成一个棚子，呈一个棚架状，拴木棍的绳子不能有节疤，用一个破碗放在木棚架前面，一口破锅放在木棚架顶上，再用一根木棍上面放一把杀猪刀，一把剪刀，在木棚架前放一个小木凳，让患者坐在那里。前面是一只装了煤灰的破碗，一口破锅，熊金祥念几句，然后用棍子挥舞起来。患者用木棒槌将碗打碎。熊金祥继续挥舞，挥舞完毕，将木架推倒，然后将破碗木架拿到路口扔掉。回来时在一个盆子装点水，水里放一个燃着的煤块，大家进来时必须用手在水里摸一下。

第二个治的是双骑鬼。程序是：先做两个茅人，搓两三根绳子拴两个茅人，放在地上，弥拉对着茅人念几下，然后在患者的背上画符，用弓箭射地上的两个茅人，让患者站在火炉边，将茅人挂在鸡的后面，请属牛的牵着鸡，拖着茅人在房子里走。弥拉在后面边念边用木槌打茅人，最后围着火炉转一圈然后将茅人扔掉，放在十字路口去，放些钱纸一起烧掉。大家出去烧茅人时，患者不能出去。

第三个治的是乌龟鬼。程序是：准备一根白棍，木棍上捆着一根绳子，绳子上有一个茅人，患者站在中间，弥拉手端碗念，然后将绳子割断，患者拉着绳子的一端，弥拉用杀猪刀反复在绳子上割，念完将绳子割断，然后将雄鸡在患者头上晃，晃完后将雄鸡扔在地上，雄鸡要屙屎才好。然后用弓将箭射在茅人的心脏部位，念几遍又将这些东西拿到外面路口扔掉。

将这些鬼治完后，弥拉在一只碗里倒上酒，然后走出门，抓一把玉米从门口撒进来。他进来时一人递上酒给他喝，弥拉又在地上捡起12粒玉米。他说，12粒代表12个月，用红布包起叫月月红，每一个月都火红，每一个月都能挣钱，将患者的魂魄装在里面。

他叫患者回去以后要找个地方放好月月红，不要乱丢。然后他念道："某某（患者）三魂七魄请进来，北方请进来，南方请进来，东方请进来，西方请进来。请进来和某某一起坐，千年不回头，万年不离开，三魂七魄进家来，口嘴进不来，凶山进不来，五鬼进不来，棺木进不来。熊家大门开得高送来的银子金子几丈高，熊家大门开得远送来金子银子千千万，保佑某某百代的兴盛，万代的富贵。"念完，他告诉患者说："这是把你的魂魄叫回来，还要让你挣钱发财。"

说完，他拿一只鸡蛋放在玉米中间，拿来一碗米又将鸡蛋放在米里，他在门口放一个小凳，把装了鸡蛋的碗放在凳子中间，拿来一把弯刀，在碗上晃动，边念念有词，然后将刀在地上敲敲，在凳子的两边打完后将刀往后一摔，又将凳子搬回来，把鸡蛋拿起让患者在上面哈几口气，然后将鸡蛋用水煮。

再在门口烧了一张钱纸，又另烧一张钱纸在碗里，在患者背上画符，然后用弓箭往地上射了一下，让患者喝三口画了符的水，再用酒对着空中喷三口，然后将玉米抛到上空，边抛边不断讲："慢走，再见。"将酒喝尽，香扔在地上，米倒回米缸。然后将碗里剩的酒一口喝净，熊金祥说这相当于是和白华公主干杯，将酒喷出，相当于请白华公主喝酒。喝完酒，整个仪式就结束了。

熊金祥说，结束后，要把桌上所有的东西撤了，那些神才会走，不撤神还会在屋里。

熊金祥所做的巫术比起熊玉安的来，要简单多了，只做了一个多小时。而我们两次记录的熊玉安的巫术都是三四个小时，时间长程序也复杂，咒语也多得多。

我们问："你为什么开坛和下坛都要撒包谷？"他说，这些包谷是给夸的马吃的。

我们又问："熊玉安做弥拉时要用许多的棺木，你为什么不用？"他说："要撞着了棺木鬼才用棺木，或者是阎王要来追魂了，或者是丢了魂，也都要用棺木。但这个不需要，因为撞着的是天龙地碗鬼、乌龟鬼和双骑鬼，所以要用这种方式解。"

他还告诉我们说，苗族人把吵架叫口嘴，破财叫白虎消财，意外死亡叫棺木，这是苗族人最忌讳的，也是弥拉最要替人解的灾难。难怪我们每次都听熊金祥念"口嘴不要来，白虎消财不要来，棺木不要来"等。

十一、结语

通过考察，我们对长角苗的巫术有了一个基本的了解。而且认识到，巫术作为所有传统和制度与生俱来的部分，是不能用创造和发明这些字眼来形容的，它是一贯存在的，是一代一代流传下来的。正因为巫术是所有传统和制度与生俱来的部分，所以它也是随着时代的发展而发展，随着时代的变化而变化。马林诺夫斯基曾说："事实上巫术无疑是在不断变化的。人类的记忆是不可能原封不动地传递知识的，而咒语就像任何传统事物一样，当又一代传递给另一代时，实际上是不断更新的（这种更新甚至在同一个人的头脑中也会发生）。"[21] 这是马林诺夫斯基在20世纪初讲的话，而人类社会发展到今天更是进入了一个快速发展的社会，长角苗人不再是被封闭在一个狭小地域里生活的族群。尤其是生态博物馆的建立，一群群出外打工的人们，还有正在逐步普及的电视媒体，一下子把他们拉到了一个全球化的大空间中。他们的巫术会产生变化是必然的。在考察中我们还发现，"阎王"二字是用汉语来表达的，还有在弥拉咒语中的"东西南北中"、乘法九九表等都是用汉语表达的，说明在他们巫术发展的过程中是不断吸收外来文化的。这种变化不仅表现在过去，也表现在当下，如熊金祥在为我们做巫术的过程中，曾用到"细菌"这样的现代科学术语。在他向我们描述不同弥拉的夸之间的打斗形式时，也用了武打电影里的一些动作。这些都是由于现代教育和电视文化传播的结果。

现代教育和电视文化的传播，不仅使弥拉的想象空间和巫术的术语产生了变化，也使长角苗人对巫术的认识产生了变化。在考察中，我们经常会在寨子的路口上看到一些做阿莫以后扔的东西，可见尽管进入了现代社会，还是有不少长角苗人仍然在请弥拉。但其信的程度和心理状态已和以前有所改变。

我们在熊玉方家记录熊玉安做阿莫结束后，在饭桌上，坐了一个中年男子，他是我们见过的打扮得最周正的苗寨人，穿着一身藏青色的西装，里面是浅灰色的毛衣，已经和汉人没什么区别。他叫熊金学，今年38岁，他半年在外面打工，半年在家。他是到这里来请弥拉的，等吃完饭熊玉安就要到他家去做弥拉，他在这里等着，怕万一熊玉安被别人请走。

我们问："这里请弥拉的人多不多？"熊金学说："多，一旦寨子里的人遇到了一些不顺利的事，或有人生病就会请弥拉。"他说："毛泽东要我们相信科学，破除迷信，但我认为要科学和迷信双管齐下。比如我们这里的一个医生叫熊开光，他的老婆肚子疼，按道理他是医生，应该知道怎么治，但最后他自己也没法，还是请熊金祥做阿莫做好的。弥拉看病也便宜，可以拿1.2元，3.6元，也有12元的，拿多少，弥拉都不会讲价，只是做完后，他要把那只鸡和那升玉米拿走。这都值不了多少钱。"

他说："我们科学也相信，弥拉也相信。生病了，吊盐水、吃药不好，我们就请弥拉。"他来请弥拉是因为昨天发现在家里的梁上吊了一条白蛇。他已请熊玉安去看过，熊玉安认为这个蛇是鬼，一旦它爬到人的脚上、缠到身上就麻烦。熊金学说："我只知道是蛇，不知道是鬼，熊先生知道是鬼，所以我要请他来解。人生在世，安全最重要，他帮我解了，让我一家人身体健康，人身安全，我就安心了。蛇的出现实际上就是鬼在暗示你，你不知道，就有危险来临。请弥拉也只不过是一只鸡一点钱，买个安全。像我这样经常出门、坐车、挖煤，都难免有危险，经弥拉解过了，就安心了，就可以得到人生的快乐。前几天我就来请熊先生，他说他的夸去过年了，还没回来。夸不来，熊先生和我们一样，没得啥子特殊的本事，只有夸来了他才和我们不一样。"

从以上的叙述我们可以看到，虽然现在医学发达了，苗寨里的人看病也方便了，但人们仍然需要弥拉。因为弥拉对于人们来讲，他不仅可以治病，而且可以带来安全感。对此，这里讲得最形象的就是"神药两解"，即弥拉也信、科学也信。医生治不好的病就请弥拉，医院解决不了的问题也请弥拉。弥拉不光是解决人的生理疾病，也解决人的心理疾病，后者才是更重要的。

当然，在科学昌明的今天，在受过教育的长角苗人中，也有了不信者。比如村长王兴洪就是长角苗人中的一位革新者。他对弥拉一点不信。他说，鬼怕恶人。他认为，弥拉纯粹是骗人的，没有用的。他妈妈生病要他去请弥拉，他不肯去。他说，请一个弥拉，你要送一只公鸡给他，还有一升玉米，还要请七八个人来帮忙，帮完忙后还要请他们吃饭，算下来也得要好几十元钱，有这些钱还不如去请医生。他说，他从小就看到做弥拉，灵验的很少，有时人都病死在床上了，弥拉都不知道，还在继续作法。

在长角苗人中像熊金学那样的人不少，像王兴洪一样的人也有，还有不少是半信半疑。总之，弥拉还会存在下去，阿莫也还是有不少人会做，但方式和咒语也会逐步地有所变化。未来的结论还很难下，这需要不断地追踪考察。

第六节　数的概念与符号

一、数的概念

对于数的认识是人类根据自身的需要产生的，在不同的宇宙哲学中数有着不同的位置，数是人类认知世界的一个重要方式之一，任何一个民族对于数的认识，都不是天生的，是需要后天的学习。在一些人类学著作中，我们看到许多土著民族对于数的概念都是比较模糊的，有的只能数到10以内，再多了就不会数了，而且只会加减，不会乘除。而长角苗人在这一方面又是什么样的呢？我们听周围的彝族人讲，长角苗人在集市上买东西时，总是被人吼，也经常被人骗，主要是因为买东西时讲不来价钱，又不会算数。他们自己也说，一些读书较少的人出去打工也经常会遇到不会算数受人欺负的问题，尤其是妇女，基本不会单独到集市上去，因为她们算数比男性还要差。50岁的王大秀是陇戛寨最聪明和最能干的女性之一，年轻时还当过妇女代表到六枝特区开过会，在陇戛寨算是有见识的人。有一次，我们问她，两只手一共有多少手指，她说，有10个。我们说再加一只手呢？她笑起来说，不知道。我们还问了几个与她年龄相仿的女性都是如此，在她那样的年龄，女性基本都是文盲，她们所掌握的只是自己本民族的知识。通过这样的测试，我们大概可以断定，这里没有读过书的妇女所掌握的数字在10以内。

那么男性呢？从20世纪60年代开始，这里开始有了汉文化的教育，至今这种教育已经普及了。男性比女性受教育普遍，我们认识的许多中年男性，虽然受教育程度不高，但也有不少读过小学或初中，像这样的人都会数数，所以了解男性对自己本民族的数的掌握比女性难。针对这样的情况，我们做了两方面的研究，一方面是访谈，一方面是了解他们是如何用苗语来表达数的。

在访谈中我们了解到，一位叫沙云伍的彝族老师，他是最早把汉文化传播到长角苗寨子的人。1958年成立人民公社，长角苗寨子和其他农村一样，在人民公社下面还成立了生产队，每个人的劳动都需要记工分，然后根据工分来领取报酬。在这之前长角苗人从未接受过汉族文化的教育，长期在他们自己的文化体系中生活，并不需要和外界有更多的交往，但现在要接受国家一体化的管理制度，就必须要纳入到一个统一的文化体系中。于是政府决定要让他们学文化受教育，但实际上是很不容易的，一方面是他们不懂得汉话，另一方面也找不到能听懂他们语言的人。当时政府派了一位20岁出头、初中还没毕业的沙云伍到长角苗寨子当小学老师，他家就住在离陇戛寨不远的一座彝族寨子里，比较了解长角苗人。他花了两年的时间学习长角苗人的语言。

他告诉我们说："我家住在离这里不远的新华寨，那时我才20岁出头，不通语言。那时的长角苗寨子不能和现在比，寨子里全是一些小茅草房，歪东倒西，破破烂烂。公路也不通，只有一些小毛毛路，根本就没有外人来过这里。那时寨子里无人识字，大家劳动完了要记工分，寨子里的人不会记工分也不会算数，就拿一块木头或竹子来在上面刻记号，还有的用麻绳来打疙瘩记。这样的方法很难准确，大家经常会因为有误差而发生争执。我看到他们太困难了，就主动要求到这里来当老师，组织一些年轻人上夜校，我教他们识字和算数。先教他们人名、地名、各种庄稼的名字、各种工具的叫法等，还有就是加减乘除的算术。总之，都是一些最常用也最急需用的东西。花了一年多的时间，有些青年学会了，就勉强到各个小队当记工员。

"那时大队连会计也请不到，因为外来的人到这里不懂语言，和当地人说不清。而当地人又没文化当不了会计，困难得很。后来我把五年级的学生都教出来了，他们开始会算基本的数了，也会记一些基本的事情，这样才解决了大队会计的问题。成立以前，长角苗人从未接受过汉族的文化教育，在那个时候数字的概念对于生活"单纯"的长角苗人而言是薄弱的、模糊的。他们不能在书面上表达数字，最多只能将他们所想记住的数字刻在竹子上或打成疙瘩记在麻绳上，这样的数字是非常有限的，这样的抽象化的记号也是非常单一的，这些内容在后面会专门介绍。

在考察中我们了解到，在传统的长角苗生活中，只要不对外交流，对于数字的需要并不是太多，而且他们所从事的手工技艺也比较简单，与数字有关的活也不是很多。但重要的是他们需要赶集，在集市上需要进行物质交易，对长角苗人来说，最早在集市上的交易主要是以物易物，并不需要知道太复杂的数字换算。

那么长角苗人对于数字的了解到底有多少？寨子里的人告诉我们，他们的女人不会数数，但男人们能数。但能数到多少？我们从长角苗人有关表示数的词开始了解，他们对于数字的发音"一（依，yi）、二（凹，au）、三（憋，biae）、四（卜聋，blom）、五（滋，dzi）、六（朱，dru）、七（虾，hsiae）、八（疑，yi）、九（甲，gjia）、十（骨，gu）"，这里是一到十的发音，"二十"发音为"冷骨"（len gu），"三十"发音为"憋骨"（biae gu），这些发音与汉字完全不同，应该是纯苗语发音。但当数字超过100以上，其数字的发音就与汉语发音相似了，甚至是汉字的谐音。我们对此的猜测是，陇戛寨人原来自己并没有100以上的数字概念，他们是在与汉族交往中从汉语中借过来，因此对100以上的数字在发音上与汉语相似。从中也可以看到，在长角苗人的传统生活中，是不怎么需要100以上的数字的，而只是在与其他民族交往之后才有此需要，也才逐步锻炼出100以上数字的识别能力。这也说明在长角苗的传统生活中，对数字的认识并不是太重要，他们只是按照自然的需要，凭着自身生活而掌握数量有限的数字，只有模糊的数字概念，这模糊而薄弱的数字概念，限制了他们与其他民族发展更加广泛的经济交易，使他们更加落后于周围其他的民族。

但在这样一个开放的时代，尤其是生态博物馆的建立，他们必然难以再封闭下去，为了在一个更广泛的空间谋生，为了取得和其他民族同等的经济地位，长角苗人正在改变这一状况，这在后面的章节会专门叙述。

二、数的记忆方式

虽然长角苗人对数的概念很模糊，也没有文字的表达方式，但在其日常生活中，对于数的简单表达和记忆还是非常重要的，而这种表达和记忆形成了一系列的简单符号被刻在竹子上，成为人们常说的"刻竹记事"。人类文化的形成和延续都应该是从表达与记忆开始的。虽然人类对文化的表达和记忆的方式有很多种，也经历了漫长的历史，但从大的方面来看，可以归纳成三个方面，即：声音→图形→文字。这三个大的方面也代表了人类对文化表达与记忆的三个不同的历史阶段，正如有学者说"吾人知文必先知图，知图必先知声"。[22] 也就是说，人类最早对文化和记忆的表达主要是声音，也就是口授，然后是图画，通过不同的图画，将需要记忆的对象和经验或事件变成一种可视的可以相对长久保存下来的符号。这种图画式的符号有具象的也有抽象的，还有开始时具象的，后来为了便于表达变成了抽象，再抽象下去就变成了象形文字或文字了。声音的记忆和表达是无形的，模糊的，不够精确的，因此只有发展出了图式的符号，人类的经验才能相对精确地积累下来。

在长角苗的文化中虽然没有发展出文字，但也有一系列的表达数字及其他方面内容的图式符号，这些图式符号的载体主要集中在两个方面，一方面是刻在竹子上，一方面是刺绣在服饰上。刻在竹子上的不仅是有关一些物的表达，更重要的是与这些物有关的数的表达。因此，我们把这一部分放在数的概念中论述，其他的符号我们将有专门的章节讨论。长角苗人数的记忆方式除"刻竹记事"外，还有"结绳记事"，只是后者更简单，基本很难成为复杂的符号体系，以下就将它们分别介绍。

（一）刻竹记事

频繁的战争、落后的经济、分散的驻地，使苗族在历史上未曾建立过地方政权。即使在土司林立的西南地区，也没有一个可以确指是由苗族为领袖的低级土司——长官司。族内的社会组织普遍停留在以血缘为基础的，房族、家族、村寨为单位，以族长、头人或者老寨为首领的原始形态上。人们的生产、生活和交往基本上是在其所属的狭小亲缘圈内按照传统的规范进行。家庭的纠纷、族内的不合、族际间的矛盾，皆依赖所属群体解决。狭小范围内亲缘关系的简单交往，不可能引起对文字的强烈需求，也不能为文字的产生提供条件。

没有文字，苗族人为了记录只好另寻其他的途径，他们发明了"刻竹记事"。所谓刻竹记事，便是将自己要记录的事件雕刻在竹子上以做记录和将来核对的凭据。《清一统志》载，"苗族无文字，刻木为信"，所刻之木为枫木，对外交往则使用竹刻，《清平县志》也有类似的记载说，"苗性质朴，犯买卖田土等事，用小竹剖为刻数，谓之木刻，彼此剖分，各执其半为信，永不改悔"。

在陇戛寨的长角苗生活中，刻竹记事最集中地应用在丧事等比较重要的人生礼仪中。在长角苗人所有的仪式中葬礼是最重要的，在举行葬礼的过程中，由于送礼的繁杂、来往账目的频繁，"刻竹记事"发挥的是一种账本的作用。就是将在举行葬礼时所发生的来往账目都记在一根长长的竹棍上，竹子上天然的竹节正好成为记录不同内容的天然区域。

在丧事时，竹棍不仅是“刻竹记事”的工具，也是一种身份权力的象征，在一定程度上还是一种减少疲劳的辅助工具。并不是每一个人都有权力“刻竹记事”，实际上只有两个人可以持有用来“刻竹记事”的竹棍，他们是主持丧事的总管，一名主要分管记账，一名主要分管接客送客。记账的总管负责将打嘎时亲友送来的礼物清楚准确地记录下来，他通常是竹棍不离手的，因为他要对他“刻竹记事”的账目负责，在丧事结束之后要当着众亲友的面向主人家报账。如果在报账的时候出现错误，自己的威信就会由此降低。因此，竹棍对于记账管事而言，还是他身份的标志，他的威信和荣誉都系于竹棍上记录的账目准确与否。接待客人的管事手里的竹棍对他也有双重作用：接待客人的管事在请客人的时候需要单腿下跪以示郑重，跪的时候要转一个弧度，动作较为复杂，而由于接待的客人很多，所以接待客人的管事进行这个动作的时间也特别长，大概要从午夜后一直到凌晨，一直要下跪，此时接待客人的管事可以扶着竹棍以缓解疲劳，这个竹棍可以起一个支撑的作用。此外，从各个寨子来的本家以及客人都是带着作为礼物的牛羊或者包谷而来的，诸如接待一类的诸多事情都需要寻找总管事，此时竹棍就成为接待客人的身份象征。

打嘎时亲友所送的礼物多为牛、羊、猪、鸡、布、钱、包谷等，刻竹记录的内容也围绕这些展开。传统上，按照规矩，所送礼物按照与死者关系远近亲密不同而有严格的区分。

1．普通亲友以及乡亲们送包谷。

2．关系比较近的亲戚送鸡。

3．亲女儿以及侄女或孙女送牛，女儿必须送牛，侄女或孙女若实在没有牛可以送羊。

4．孙子辈要拉活猪，在到达门口的时候必须杀掉。

5．布匹是作为附属的礼物送来的，分为黑色和白色两种。礼物是牛或猪的人们，也就是女儿或者孙子辈的晚辈送白布，与死者平辈的女人，如姑妈等，送黑布，其中年龄最大的平辈女老人——通常是死者的姐姐或者妹妹，要送一丈二的黑布，这一丈二黑布用来为死去的男老人缠头。布匹的尺寸是一米，挂在牛头上，在进门时用来拜祭，不装棺不搭，在上山埋葬之前把布拿回来。

这些都是传统的送法，主要是送物品，但现在除还继续送包谷和牛羊之外，其他的礼物都不送了，主要是送钱。

这么多复杂的礼品，长角苗人又是如何将它们记在竹子上的呢？首先是竹子的选择和使用。“刻竹记事”用的竹子在选择上有一定的标准，在使用上也有一定的标准。一般而言，竹子立起来的时候长度要在人腰上一点，但不能超过人的胳肢窝，之所以选择这样的尺寸主要是为了持竹棍的管事人的方便。另外，竹子材质要选择韧性好的紫竹，或者用金竹，也可以用绿色的苦竹。在“刻竹记事”时一般以竹节为标志，不同的节记载不同的东西，这是一个重要的原则，以天然的竹节为区分标志而记录不同的事件，这有利于记录人在一段时间之后的记忆和区分。

长角苗人没有存留东西的习惯，凡是用来“刻竹记事”的竹棍，在打嘎结束对账无误后便被销毁。所以到现在在我们的考察中，并未找到一根原始意义上在葬礼中用过的“刻竹记事”的竹棍。就是在生态博物馆也没有一根真实用过的记账的竹棍，有也是找人专门仿照着刻出来的。在生态博物馆建立初期，他们曾请陇戛寨的熊振清老人叙述“刻竹记事”，其记录如下：

1．对钱币、包谷、布匹和酒的记录是数量和表示实体的符号合二为一记录，也就是这几类东西并没有专门的符号来表示，只记录数量。具体方法是：在竹棍上刻“一”表示1，刻“=”表示2，刻“≡”表示3，刻“≣”表示4，刻“≠”表示5；刻“[符号]”表示6，刻“[符号]”表示7，刻“[符号]”表示8，刻“[符号]”表示9，刻“[符号]”表示10，刻“[符号]一”表示11……在表示数量的后面并没有专门的符号用来表示这记录的数量是针对钱币、包谷、布匹还是酒的，例如在竹棍上刻“一”，可以表示一瓶酒，也可能表示一升包谷，到底表示的是酒还是包谷，只有记录人自已心中清楚。

2．对于牛羊猪鸡这些贵重的、由比较近的亲戚送来的、数量相对较少的物品采用专门的差不多一一相对的符号记录，具体方法是：一只鸡用“[符号]”来表示，两只鸡用“[符号]”表示，以此类推；一只猪用“≠”表示，两只猪用“[符号]”，以此类推；送牛羊的人比较少，一般用一个符号表示，刻为“#”，两头牛（羊）刻为“[符号]”……

熊振清老人叙述的“刻竹记事”的方法是比较详尽的，这种记录方式只能记得数量，而谁送了什么东西，则是需要总管事自己心里记住的，竹子上并不能表现出来是谁家送的。我们来到陇戛寨时，熊振清老人已经过世，我们找到了他的儿子熊玉文，然而熊玉文却讲述了一套跟父亲不同的刻竹记事的方法。熊玉文是做过总管的人，在他的口中，他使用的“刻竹记事”的符号与当年博物馆建立时候采访的其父亲所记述的符号并不完全相同：

1．用符号“一”表示包谷的数目，一个横线表示一升包谷，“=”表示两升，即用横线来记载包谷的数量，依次类推。

2．用符号“#”表示布，下面也用横线的多少来表示共有多少人送了布。

3．用符号“[符号]”表示钱，下面用横线表示多少人来送了钱。

4．用“×”表示牛，而不是用“#”，下面用横线表示牛的数目，而不是其父亲所说的用多个“#”累加的方法来表示。

5．用“≠”表示鸡，多个数目采用多个“≠”累加的方法表示，即与熊振清老人所叙述的表示猪的方法相同，而不是熊振清老人所说的用“[符号]”表示。

6．用符号“[符号]”表示猪，下面用横线表示数目，与熊振清所说表示猪的符号不同，表示数目的方法也不同。

为什么同在陇戛寨中生活，身为两代可以直接接触传承的父子至亲，所说的“刻竹记事”的方法不同，所采用的“刻竹记事”的符号不同呢？是由于时间的原因而发生的一种变化吗？在后来的采访调查中，通过对比熊振清老人叙述的方法，对比熊玉文的描述，对比其他众多当过总管的长角苗人的描述，我们发现，不同的总管所使用的符号都不一样，比如有些人会在“刻竹记事”时刻画圈圈表示某种礼物，这与熊振清、熊玉文讲述的“刻竹记事”符号都不相同。也许只有这样一种解释：刻竹记事只是为了让作为总管的本人保持记忆，以防止遗忘，只有总管本人可以认识，也只需要总管本人明白即可。因为这种记录只停留在记录功能的第一个阶段，即它与文字等其他的记录方式的记录功能完全不一样，它不需要起到传播和交流的作用，也不需要承担传承的责任。在后来的调查中证实了这种判断，“刻竹记事”中并没有通行的符号系统，每个总管可以采用自己的符号，只要自己认识，不会搞混就行。一般来说，葬礼最后的晚上，管事会召集众人根据自己刻记竹棍上的符号当众报出往来礼物的账目，进行核对，如果核对之后没有错误就要销账，用腿弄断竹子，然后烧掉。

（二）结绳记事

在陇戛寨的传统记录系统中，除了刻竹记事以外，还有结绳记事的形式。所谓结绳记事，是用一条麻绳打结子来记录事件。与刻竹记事主要用于陇戛寨人认为很重要的丧事中一样，结绳记事更集中地被应用于陇戛寨人生活中的另一件重要的事情——婚礼。以前在陇戛寨结婚也有一套繁杂的仪式，称为打婚，在打婚的时候，结绳记事与刻竹记事一样，是被用来记录往来的繁杂账目的。打婚的主事人用一根草绳打上结头，插上茅草，记录送礼金的人与数量，具体方法是：系一个结，表示一个人送了礼金，系两个结表示两个人送了礼金，以此类推。如果在绳结上插上小茅草，则表示礼金的数量。与刻竹记事一样，喜事办完后，主管事当着众位亲友的面报账，无异议后，则将麻绳销毁。

结绳记事除用于结婚时记礼金外，还用于女人们计算日子。在长角苗人中，女子在接受汉族教育方面比男子少而晚。长角苗的男性从 19 世纪 60 年代就开始接受汉族教育，长角苗的女子们普遍上学则是从 1998 年生态博物馆建立时，高兴村开办女童班才开始的。在这之前她们没有任何算术的常识，平时赶集都是和丈夫一起去，如果单独去她们将不知如何付账和算钱。除了上集市买卖需要有数的概念，其实平时计算日子也需要有简单的数的概念，比如结婚的日子或者赶场的日子，这些都需要自己记住。怎么记？女人们就采取这最简单的记法，那就是结绳记事。

现在，无论是刻竹记事还是结绳记事，在长角苗的生活中都已经消失了，这都是汉文化普及的结果，在考察期间我们一共参加过三次葬礼，在每次的葬礼上我们都看到那记得密密麻麻的账本，也就是说汉文化的记账方式已经取代了长角苗人传统的记账方式。但作为管事地位象征的竹棍却保留下来了，只要传统的葬礼形式不改变，这根竹棍也就不会消失，但它原本的用途已经改变了。

第七节　长角苗人的家庭

一、家庭结构

和任何一个民族一样，家庭是社会构成的细胞，不同的社会有不同的家庭结构。

据了解，苗族绝大多数是小家庭，成员一般不超过三代，极少有五代同堂的情况。儿子（除幼子外）结婚后，通常就与父母分居，自成家庭。也有的要到所有兄弟都结婚后，才自立门户。父母大多与幼子同住，也有随他比较喜爱的儿子同住的。[23] 解放初期，苗族学者石朝江曾对贵州台江县反排寨 144 户苗族家庭调查，核心家庭 101 户，占 70% 以上；主干家庭 26 户，占 18%；单亲家庭 11 户，占 0.8%；复合家庭 6 户，占 0.42%。[24] 这是半个多世纪以前的调查，和我们目前所见的长角苗人的家庭结构基本相似。

有学者认为，苗族家庭结构小型化有利于提高家庭成员的劳动生产积极性，有效避免了家庭成员中因劳逸程度不同而引发的各种矛盾，这是优点之一。优点之二，家庭结构小型化，使父母对子女的抚养义务得以贯彻落实。它增强了父母子女的感情，也有利于未成年子女的身心健康，更有利于家庭职能的体现。优点之三，苗族家庭分家时通行的财产平分原则，体现全体家庭成员的民主意识，实现了分家不分心，实现了家庭成员之间权利义务的平等化。优点之四，苗族家庭制定了不予分家的特殊条款，充分体现了保护弱者的治家原则。它是苗族家庭得以巩固发展的重要手段，也是家庭成员互相帮助、团结友爱的象征。优点之五，实行长子分家原则，清除了成年子女对家长的依赖，为子女创家立业、自强不息提供了有利的环境。[25] 但通过考察，我们则有不同的看法，那就是苗族人因为经济原因，也由于建筑材料和技术的限制，其建筑的面积都非常小，大约只有 50 平方米，这样的面积只适合核心家庭居住，如果像汉族农村家庭那样，四世同堂或几兄弟结婚后还住在一起，几乎是不可能的。因此，并不是因为他们意识到核心家庭的优势，而是住房的面积限制了他们，使他们别无选择地只能形成核心家庭。

二、家庭财产的继承制度

长角苗同多数农村地区一样，女儿不享有财产继承权。家庭可以继承的最重要的财产有两个部分，一个是土地，一个是房屋。分家时，先留父母的“养老田”，其余财产由兄弟均分。至于房屋，一对父母如果有两个以上的儿子，年长的孩子成家之后会马上分家出去，新房由父母帮助修建，大多是土房（按照现在的物价，三间土房的造价不会超过 1 万元），结婚的费用也由父母提供帮助，另外会得到一块属于父母的土地。而父母通常是和小儿子住在一块儿，父母去世后，房屋自然由小儿子继承。也就是说，在中国的广大农村，民宅建筑通常是家庭遗产内容中最为重要的一项转让项目。在汉族的传统中，祖居的房产继承权一般通行的是长子继承制，传统的汉族人认为，长子往往是一个家庭中地位仅次于父母的重要成员，他很可能最先形成独立生存能力，处世经验比他的弟妹们要更丰富，也比弟妹们更能体贴父母，有能力保护父母，因此长子是父母优先考虑的对象，这不仅体现在房产上，也包括其他各种职权的继承上。然而在长角苗族群中，房产则是幼子主承制，即房产全部或大部分由最幼小的儿子来继承。不过，实际上每个儿子分得的财产不相上下。重要的是，他们可以继承的财产实在是少得可怜，除土地和房子外几乎很少有其他的家产，而房子也非常的简陋易建。

三、传统的生育观与法制观念

在长角苗的社会中，家庭财产只有男子有继承权。年老无子的，如丈夫先死，由妻管业，妻死后，由丈夫的同胞兄弟继承。老而无子，可收亲侄或本家族的晚辈为养子，本家族无适当的人才收养外姓亲友的男孩。正因为如此，对于长角苗的家庭来讲，生儿子就非常重要。一个女人结了婚最重要的就是要为夫家生儿子，如果一个女人结了婚不会生孩子或者只生了女孩，男方可以和其离婚，这样的理由很正当，可以得到家族的老人及双方的父母默认，男方不但可以轻易和女方离婚，而且女方还要归还结婚时男方给其娘家的彩礼钱。理由是男方还要娶妻，还需要这笔彩礼。以前这是约定俗成的规矩，谁也不会反抗，但现在人们的观念也在改变，女方也在抗拒这种不公平的待遇。

村长王兴洪曾告诉我们说，前一段时间一对夫妇离婚闹到他这里来了，就是因为女方没有生男孩，男方不但要和女方闹离婚，而且还要女方家赔彩礼钱，而女方不同意就告到村长这里来了，希望自己的合法权益能得到保护。王兴洪告诉男方说，按法律如果你要和你的老婆离婚，她不但不需要还你当时给她家的彩礼，你们共同生活了这么多年，她应该还有权利分你的一半家产。男方一听就愣了，因为他们从来不知道这条法律。

在这一族群中，繁衍后代仍然是人生最重要的功课，因为谁家子女多谁家的家族力量就强大。王兴洪说，我家里只有一儿一女，我很满足了，在你们看来我这个人很开通，思想很进步，但在寨子里人的眼里我很落后，很跟不上形势，因为家里人少就会成为弱势群体。但他们不知道，人多势众的年代已经过去了，如果是谁真要违法侵犯我，我只要打个手机报警就行了，在国家机器面前谁也不敢不服，根本用不着找家族的人过来打群架，这种家族的聚众斗殴反而是违法的。王兴洪受过初中教育，又是村长，通过学习懂得国家法律与政策。通过他的谈话，我们得知，在历史上这里有家族和寨子之间械斗的历史，包括现在还有残余。但随着法律制度的完善、法律知识的普及，当地的许多习惯法终会随之改变。

第八节　“小名”、“老名”与“学名”

我们一进寨子，博物馆的徐馆长就告诉我们说，直到 20 世纪 70 年代他第一次来长角苗寨，这里的女性还没有自己的名字。如杨姓的女子，就叫杨大妹、杨二妹、杨三妹等，如果在寨子里叫一声杨大妹，就有可能一下子跑出来好几个人。

那么长角苗人是如何称呼自己的名字的呢？通过考察我们了解到，每个长角苗人都有三个名字：小名、老名与学名。结婚以前的名字叫小名，结婚以后生了第一个孩子，就可以取老名。老名是夫妇两人共有的一个名字，在苗寨中，结婚生子了的人，人们不再叫他们的小名，而是叫“老名”。苗族有敬老的传统，很重视辈分，对于长辈都冠上辈分称呼，如对父辈，则在名字之前冠上“补”；对年长于自己或已成年的兄弟辈，都冠以“依”的称呼；对于母亲辈，则在名字前冠上“波”，对平辈或已成年的姐妹则称“阿波”，如果不冠上这些词，会被认为不尊重对方。至于学名就是汉名，有的党员干部还称其为党名，因为这个名字只是在政府开会的时候或登记户口时用，在寨子里，大家相互之间称呼的都是小名或老名。

比如杨朝忠是他的学名，他还有一个老名，叫“阳”（音译），小辈们就要叫他“补阳”，而同辈和老辈则叫他“依阳”。他和他老婆共一个名，但老婆则叫“波阳”，同辈和晚辈称她“阿波阳”。老名从取名的那天开始一直用到去世，后代祭祀时用的也是这个老名。

苗族既然有自己土生土长的苗姓，为什么还要配上一个汉姓？有关苗族人的姓氏我们查过一些文献。有学者认为，苗族历史悠久，族系繁多，各个不同的支系和宗族逐步演化成不同的姓氏。他们或以原来的氏族部落名称相称，或以某某氏族之名为姓，世代相承，形成苗族内部的姓氏，这就是苗姓。由于苗姓只在本民族的内部使用，因而各人在与其他民族交际时，一般只讲名字，不说苗姓，外人往往不谙其情，故清以前的汉文献多记载说苗人“有名无姓”。

还有的文献说，苗族社会曾有过血缘近亲集团的专称，很类似姓。黔东南地区，同类服饰有同一专称或几个专称，湘西和贵州松桃地区，同一支系有同一专称，呼名时有的把支系专称冠上，有的则不冠。但一般来说，苗族并不以此作姓，而通用汉姓。

现在苗族公开使用的姓均属汉姓。据文献记载，清雍正四年（1726年），云贵总督鄂尔泰在陈奏“苗疆十一事”时，即提出“苗人多同名”，“应令各照祖先造册”，凡“不知本姓者，官为立姓”。由于有依头人或户主苗姓译音为姓的，有自择汉姓的，还有“官为立姓的”，所以各地苗族有同一苗姓改成某一汉姓的，也有同一苗姓使用两三个不同汉姓的，或不同的苗姓借用同一个汉姓的，造成同一苗姓其汉姓不一定相同、同一汉姓其苗姓却不相同的现象。

虽然有文献说，苗族也有姓，但我们在这里只查到了他们的名，还未查到他们的姓。但可以肯定，三限杨和五限杨、三限熊和五限熊虽然同姓，但宗族是不同的，因为他们之间可以通婚。但三限与三限之间、五限与五限之间是不能通婚的。

另外还有文献说，苗族人的姓氏除了有苗姓与汉姓之分以外，还普遍实行子父连名制和子祖连名制。即：子名、父名、始祖名的联结。子名为九，父名为汪，按子父连名制排列，则子之姓名为九汪。以此方式连名，可上溯若干代数。如：九汪→汪宝→宝荣→荣卡→卡略→略斗→斗金→金香→香长→长友→……[26]

对照这些文献来分析长角苗人的名字，一个我们没发现有姓，再一个我们也没发现有父子连名的现象。就这个问题我们访问过杨朝忠，他告诉我们说：“我家爸爸叫补公、爷爷叫补简、补简的上头补冲，再往上叫补采。”补公、补简、补冲、补采加上他自己这一代，刚好五代，这是长角苗人所能记住的家谱。在这些名字中没有姓，也没有发现父子连名制。

同时我们还了解到，他父亲的学名叫杨少盛，爷爷叫杨洪盛，再往上的前辈就没学名了。杨朝忠出生于1941年，他爷爷大概是在20世纪初或19世纪末出生。从中可以推断，对于长角苗人来说，官府最早是在清末时才赐姓给他们的。

这些长角苗人的姓是如何来的，除文献的记载外，当地还有一个这样的传说：

"很早以前地上涨大水，所有的人都被淹死了，只剩下姐弟两人，他们结为夫妻。没过多久，姐姐就怀孕了。到了分娩的时候，弟弟不在家，姐姐生出了一个不像人也不像野兽的怪物。

"姐姐觉得非常奇怪，就用刀把这个怪物砍成了很多块。又因为特别生气，就将这些碎块拿到外边到处乱扔。

"第二天，姐姐突然发现外面有许多人，他们还互相询问姓名。原来他们都是那些肉块变成的。有些落在了野兽的背上，他们就以这个野兽作为自己的姓氏。羊背上的后来就姓杨，熊背上的后来就姓熊，而落在泥巴上的就姓王了（普天之下，莫非王土）。这就是现在的以长角为头饰的苗族三大姓的由来。"

这样的传说是不准确的，因为虽然高兴村的四个寨子里的确只有"熊、杨、王"三姓，但在其他寨子里还有朱姓、郭姓和李姓等。当然，这个传说是在博物馆的资料中查到的，我们并未听到当地老百姓说起，因此，是否准确，不能确定。

第九节　长角苗人的医药知识

在前面一节我们已经讲到了在1992年以前，梭戛乡还没建立，更没有什么卫生院，也没有公路，这些长角苗寨子的人走得最远的地方也只不过是方圆五十里，那么人们生了病怎么办？经过考察我们了解到，在没有卫生院以前，长角苗人都是请弥拉来看病。弥拉治病的方法主要是"巫术"，但仅仅是"巫术"也不行，所以大多数弥拉除会做"巫术"外，也懂一些草医草药和偏方，在巫术无效的情况下会采用草医草药和偏方来治疗。在现代医学的眼里，这些草医草药和偏方是不科学的，因此，当有了现代的医疗条件后，人们往往会忘记这些曾经治好过他们许多疾病甚至是挽救过他们性命的草医草药。但这些草医草药没有污染，治某些疾病有它自己的特效，因此，记录它们和了解它们也是非常重要的，我们担心随着时间的推移，这些草医草药会被失传。

我们没有多少医学知识，但我们至少可以和弥拉一起到山上去采药，了解不同的药的生长环境、习性，不同的药用效果。因此，我们请求陇戛寨的弥拉熊金祥带我们上山去采药，我们带着摄像机，一路拍摄他采药的地点和环境，同时带着笔记本记录所采药的名称及采药的地点与方式。熊金祥在草药的生长地边挖边讲，使我们对长角苗人常用草药的生长地点、自然环境、使用方法、药用价值等有了一个具体的了解。

熊金祥带领我们到陇戛寨后“野马大山”前面的平地上，这个地方及其左边的小鱼塘的坡地是陇戛人所用草药的集中地。这里的土层较厚，土壤中所含的水分也较多。熊金祥用镰刀不停地拨拉着路边的草丛，寻找着草药。

大约过了半个小时，他找到了一种。这种草药为对生叶植物，主干上生叶，没有枝杈，高约 20 厘米，其每叶腋里有花一朵。它的苗语名称为聂芥（nie gjie），其作用是治疗跌打损伤，并且要伤处没有伤口时方可使用。这种药与路边的一种小草十分相像，其叶是完全一样的。鉴别办法是其蔓秆是红色的，杂草则是绿色的。这种药必须与下面的另一种配合使用。

第二种草药是在此路下的土坡上找到的，它一般也是生在这种地方。这种草药是枝杈状植物，叶小，其味道类似豆芽菜。它需与第一种草药配合使用，将两种草药揉烂，敷在伤处即可，每天换药三至四次直到伤愈。这种草药的名字叫小白花草（mi rzi ba ndou），顾名思义，它能开出白色的小花。两种药混合亦可治疗关节炎。在此潮寒地带，得关节炎的人颇多，因此这两种药比较常用。

第三种草药是在鱼塘边土坡上找到的，植株高约 80 厘米，主干硬似灌木，实为草本。其入药的部分为根，其根粗长并多毛细根，白色，味苦。这种药的名称叫补清藤，主治由气寒引起的肠子绞痛。药用方法为：将根切成小块于水中熬（与冷水一齐入锅或等水开了再放皆可）。熬好之后喝汤，根亦可吃。

第四种草药也多生在鱼塘的坡坎平地上，植株高约 25 厘米，很像凡·高画中的松柏树，叶似冲天的针一样。其名为小豆草、小红豆、小红豌豆。其入药部分为根部，专治由于砂石进眼后的眼睑红肿、眼球出现白色小点儿等病症。其使用方法为：将根切块（块都切成菱形，以使其与水的接触面增大，下同），放入沸水中煮熬，煮好后，冷却，以其水滴入眼中，每天数次。

第五种草药的生长地与第四种同，名为阿促莱（a tsu lai），灌木状，植株高约 1 米。药用部位亦为根，主治红痢疾。制药方法为将其根切块置于沸水中，煮好后，饮其汤。

第六种草药的生长地也与第四种同。名为小马鞭，其叶如一串红花，味苦。主治由于食用不洁食物或喝生水引起的肚子痛、白痢疾。其药用部位为叶，由于其叶味苦，不好直接食用，本地吃的方法为用其叶炒鸡蛋（鸡蛋起调味作用并无药用）。

第七种草药的生长地亦与第四种同。名为小米草，又名刀口药，小米草以其果实中所包的种子似多粒小米而名；刀口药则以其药效命名。其药用部位为叶，具体用药方法为：将其叶放入口中嚼烂，敷于正流血的伤口上，便可止血消痛。

第八种草药生长在离熊金祥家不远的土路边，蔓生植物，其叶边有齿，似野葡萄。名为小瓢药，以其叶形状似瓢而言。主治皮肤痛痒、皮肤过敏、中毒等症。其药用方法为：以清水煮后，拿其外擦患处，一天四至五次，直至痊愈。

第九种草药是在陇戛寨附近的小屯山上找到的。此种药为蔓生植物，名叫小血藤。它生长在深山中山坡上的石头岩缝里，十分难找，也非常难挖，因为它的药效都集中于其根，所以务必保证其根完整，长角苗人并没有专门的挖药器具，只有镰刀，对于挖药来说，镰刀的功能有限，他们只能借助大量的徒手作业。熊金祥挖石头、抠黏土，小血藤的根终于露出了面目。小血藤的根生得弯弯曲曲十分耐看，表皮呈紫黑色，一看就是一种非常像药（十分有药相）的植物，熊金祥整整挖了15分钟才挖出了它的一部分根，剩下的压在一块大石头下，取不出只好放弃。此药的作用是治疗骨折。这种药也是熊金祥平时行医时唯一能赚钱的药。熊金祥经常应邀为寨民看病，大多数是义务的。但是碰到亲属关系稍远的一些乡亲要收一些钱，其中唯治疗骨折（熊金祥称做“打断脚手杆”）为大宗。如果一人因胳膊或腿骨折来求医，熊金祥上山挖药给他治好，总共收取120元钱。

此药的使用方法是，先将其放在盛有大半盆水的洗菜盆中清洗，由于小血藤根的表面粗糙，土多牢固地嵌于表皮的凹坑中，长角苗人常常借助玉米骨头，仔细打磨，直到磨光。之后，将小血藤根切成片状，其断面必为斜度很大的椭圆形，如此其截面则大。之后将小血藤的切片放到酒中浸泡，用的酒最好是纯粮食酿造的米酒。泡一个小时后即可使用。药酒可外擦亦可内服，内外兼用，效果更佳。

第十种草药生长的地方其环境与第九种相仿。这种药，叶宽大肥厚，有点像芋头叶子，其秆粗、中空、色绿，根部为块状，似一洋葱头。从根部生出一秆，秆头结的果实呈红色，与小个儿的黏玉米棒子外观类似。整株看起来十分美观，似是一种专门的观赏植物。当地人以其形命名为红芋头（勒高芜，nae gau wu）。其药用部位为块状根，主治腰部酸痛。

熊金祥说附近的药就这十种，也是他常用的十种，其他还有治感冒的、头疼的、烂疮的、胆囊炎的等等，皆在远处，有的要到几百里远的纳雍县去找。我们这里记下的也许只是一些皮毛，但我们希望它对后来的研究者会有所帮助，起码可以提供一个研究的线索。

第十节　周边文化的相互影响

在长角苗所居住的环境中，除有各种不同的苗族分支外，还有汉族、彝族、布依族等民族，要想真正了解长角苗的文化，要从多个角度去透视，其中我们不仅要了解哪些文化是它自已特有的，哪些文化是从周边民族中借用而来的，还要了解他们和周边的民族是如何接触、交流、并相互影响的。同时，这些不同的民族又是如何看待和认识这些长角苗的。任何一种研究都不是孤立的，而是网状的，有它的经度与纬度。在前面我们曾从时间上对长角苗的族源进行过梳理，在这里，我们试图从空间对其文化进行一些对比研究，以形成一个横向对比的坐标。

一、物质文化

物质文化往往是反映民族文化特质的一个重要方面，包括衣食住行等。在我们的考察中发现，长角苗除在服饰方面有自己鲜明的特点外，在其他物质文化上基本和当地其他民族一样，没有什么不同。

长角苗的建筑和器具的式样，虽然和周边民族没有多大的差别，但其做工更粗糙，如其使用的器具与工具大多是用斧子砍出来的，基本没有后期加工，比如用刨子刨光滑一些，或加上一些装饰性的线条。另外，还有一个特点，就是长角苗的许多器具都是自制的，而周边这些民族大多是在市场购买的，因此，他们所使用的工业化的产品更多一些，也可以说是周边的民族比陇戛的长角苗汉化得更快一些，现代化的进程也更快。

为了将长角苗文化与周边民族的文化进行对比，我们特地到了离陇戛寨不远的水沟村做考察，在这个村庄里居住着彝族人和布依族人。我们发现，在这里居住的彝族人与布依族人的物质文化几乎没有区别。将这里的物质文化和陇戛苗寨人的物质文化做一粗略对比，从交通工具来看，他们出去赶集都是走路，要去买东西或卖东西都是用背篓背，个别也有用马驮的，1997年以后这里通了公路，才开始有了马车，在这一点和陇戛寨基本一样。在运水方面，陇戛苗人还保持着用木桶背水的传统习惯，而布依族早就和汉族人一样用扁担挑水了，他们觉得这样更省力，也能挑得更多。以前布依族人和陇戛苗寨人一样穿的是麻布衣服，可是现在早就不穿了。

布依族的村民陈文亮介绍说，长角苗的手工艺非常落后，以前他们没人会做木工，都是请周围其他民族的工匠去做，近十年学会了，但手艺还是很差，简单的器具自己做，复杂的器具，包括铜器和铁器都需要买，不会自己生产。也就是说，他们居住在这一地方，向其他的民族学习手工技艺，向其他的民族购买自己所不能生产的各种器具，但他们自己却无法为周边的民族提供任何技术或与众不同的器具。从他的介绍来看，长角苗与周边的民族比较起来，是一个在物质文化与生产技术方面比较落后的族群。

这我们很能理解。一方面技术层面和器物层面的东西本来就很容易相互影响和互相借用，更何况长角苗属于一个迁徙的民族，也许他们来到此地时，就只有身上穿着的衣服和头脑中的习俗及语言是自己的，其他的都是来后才从其他民族那里学来的。

二、精神文化

在我们的想象中，他们的文化习俗应该是自己的传统的、独特的。通过考察，我们发现在文化习俗方面，长角苗人和汉族人区别很大，几乎没有什么相似之处，但与彝族和布依族人却很相似。物质文化相似很容易，因为不需要语言的交流，通过看就可以模仿，但精神层面的东西如果语言不同就很难相互影响。我们知道彝族、布依族、苗族之间语言并不相同，那他们的文化习俗是如何互相影响的呢？在哪些方面有相同之处？这都是我们想知道的。

彝族、布依族、苗族之间在文化习俗方面，至少有三个共同点：第一，这三个民族都有祭山仪式，每个寨子都有神树林，而且在祭山时都看鸡卦，还要扎茅人到各家去扫寨，目的是防白雨（冰雹），防瘟疫。当然，尽管在大的方面基本一样，但在仪式的许多细节上还是有所不同。第二，这三个民族在老人去世的葬礼上都要打嘎。都崇拜祖先，在葬礼上都要唱“开路歌”，内容都是送死者的灵魂上路，先到自己的出生地，再到阴曹地府去找自己的亲生父母和祖先。在所有的祭祀活动中祭祖是最重要的，主持祭祖活动的人苗族中是松丹，彝族中叫毕摩；布依族中也有这样的祭师，他们称做“布摩”，但现在已很少见了。在打嘎时都要绕棺木，只有将这些仪式完成后，方可择地安葬，这样亡灵才可回故乡。嘎房（苗语音念 gu lio）很讲究，不但要美观大方、华丽，还要按经书上的式样建成。丧家杀一头牛、猪、羊，用来祭老人，招待自家亲戚朋友，姑、舅家则自带牛、猪、羊等到丧家杀来招待自家亲戚朋友，饭则由丧家提供。若姑、舅家所带的东西吃不完，丧事结束后带回家去。这些规矩都很相似，唯一不同的是，苗族“打嘎”只杀牛、羊，而彝族人不仅杀牛、羊，也杀猪。另外，苗族人没有经书，一切礼仪都是靠老人们指点，而彝族和布依族都有经书指导。第三，三个民族都有酒令歌，而且都是在婚礼、丧礼上唱。布依族和苗族一样也是一个没有文字的民族，他们的历史也是通过一代又一代的言传口授继承下来的。资料显示：“酒令歌就是布依族人代代传授民族文化发展史的活标本。它从盘古分天地唱到成家立业，从春耕播种唱到夏锄秋收，从起房座室唱到接亲嫁女，从刀耕火种唱到良种良法，从猎擒生食唱到烹调酿酒，从散漫粗野唱到家规礼节，从无知愚昧唱到文明礼仪，从婚姻买卖唱到婚姻自由，从生产唱到生活，从自然唱到人类，从经济唱到政治，从家庭唱到社会……。用唱歌的形式将民族生存的历史从远古到现代，诉说得一清二楚，酒令歌不仅是布依族人民繁衍生存过程的一部历史记录，而且是教育后人立业、交际、为善的活教材。”[27]苗族的“酒令歌”也是如此，是他们传承民族文化和记忆民族文化的一种重要方式。

这三个民族的另一个共同特点就是都相信巫术，都有自己的巫师，苗族的巫师叫弥拉（mi la），彝族和布依族人的叫法和当地的汉族人一样叫先生。为什么叫先生，我们不理解，只是推测，这些巫师都是自己本民族或本阶层中能读书断字的人。因为我们了解到，无论是汉族的、彝族的、布依族的先生，他们都是“照本宣科”。“照本宣科”是他们当地的术语，意思是这些先生们无论是念巫术的咒语还是看风水、打卦等都是照着书本来进行的，是可以学习的。彝族人有自己的文字，布依族人虽然没有自己的文字，但他们很早就开始借用汉字来表达自己的历史，所以我们认识的彝族和布依族的先生家里都有相关的文字书籍。只有苗族人，他们没有文字，所以他们称他们的巫术是无师自通的，是阴师附体，是人不能自主的。

水沟村的布依族先生王成友告诉我们，他虽然是布依族，但他打卦、算命和看病的方法是和汉族一样的。他的本领不像苗族人的弥拉是无师自通，而是师父教的。他拿出了许多有关算命、打卦、看风水的书给我们看，有的是旧的，有的是新的，还有几本手抄本。他说，那几本手抄本是他们民族自己的书，但我们看见的却是抄着汉字的本子。我们问：“以前布依族打卦也是用书吗？”他说：“我们一向是照本宣科，以

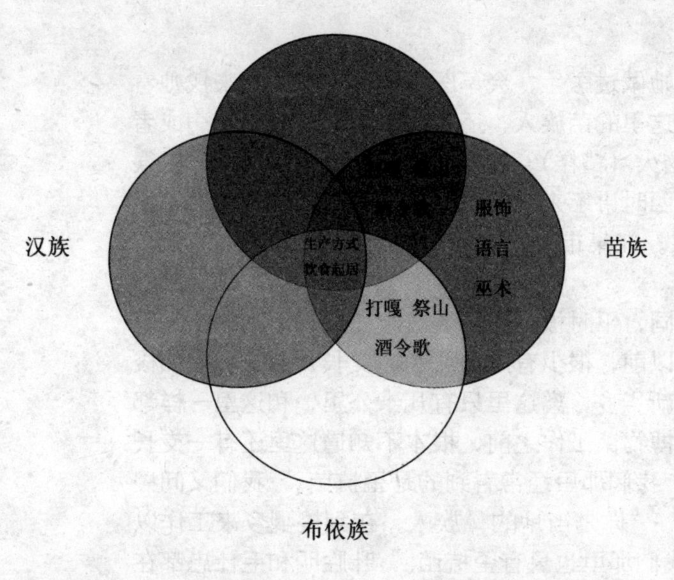

民族文化重叠图

前的书很少，就是我抄的那几本，虽然是汉字，但是布依族的语言就像翻译成英语一样，内容和表达的方式都是布依族的，只是借用了汉字。”他们虽然没有文字，但会借用汉字，不过由于借用得太多，自己的文化也就慢慢地汉化了。

他们的巫师还是有许多相似之处，邻寨的彝族人杨建荣告诉我们说，彝族人和苗族人一样，按传统，生了病往往不去医院治，而是请先生来打卦。但现在医学发达了，技术高了，一般生了病都会去医院看，不过有时医院看不好的病、要花很多钱的病，还会请先生看。他说，有一次，女儿生了病，在医院花了800多元钱看病，一点感觉都没有，医生叫他赶紧抽血化验，但他没有照办，而是请先生打卦，先生说是撞到了鬼，举行了一次巫术仪式就好了。我们问：“什么鬼？”杨建荣说：“我也搞不清楚。我们这里的人都说，先生和弥拉都是睁着眼睛讲神话。”我们问：“他们是怎样看病的？”他回答说：“就是烧点纸，念点咒语。”这里的人非常有意思，他们信鬼神，但不知道究竟有哪些鬼和神，这些问题只有弥拉及先生才能搞得清楚。同时，他们既信巫术，有时也怀疑巫术，彝族人讲先生和弥拉是睁着眼睛讲神话，而长角苗人也有“要讲大话就学弥拉”的俗语。

看来，长角苗人的文化并不是完全封闭的，而是和其他民族一起交流而共同发展的，因此，无论在物质文化还是在精神文化方面，都在不同程度上受到其他民族文化的影响。综上所述，在物质文化上，他们和当地其他民族基本没有区别，在精神文化方面有一部分和彝族及布依族重叠。那么他们自己的文化特质究竟体现在什么地方呢？我们认为主要是服饰和语言，在这一方面他们是完全不同于其他民族的，是可以进行文化认同的重要标志。

三、不同民族对长角苗的理解与认识

正因为长角苗人的语言独特，因此，他们虽然和其他民族杂居在一起，但很少和其他民族来往，同时也正因为他们服饰的独特，所以，无论是在赶集的人群中还是在劳动的田野里，人们一眼就能将他们和其他的群体区分开来。也正因为这样的因素，使他们无论迁徙到什么地方，都仍然会在一起聚居，仍然会形成自己的生活区域，而很少和其他的民族混杂。

那么和他们居住在一个区域的其他民族的人们是怎样和他们交往，又是如何看待他们的呢？一位彝族60多岁的妇女告诉我们，这一带以前没有医院，连医务所都没有，她作为赤脚医生被培训过两个月，她做过医生，会草医草药，许多人会来找她看病，包括四周的苗族人，所以她很了解这里的苗族人，还常常去陇戛寨帮人看病或者接生。她说："以前这些苗族人生活很恼火（糟糕），没有文化，又不懂汉语，所以很少讲话。他们赶集时经常被人骗，买东西时讲不来价钱，又不会算数，讲理也讲不赢人家，所以出去总是受欺负，可怜得很。在集市上买东西时，也总是被人吼。"他们不仅不懂汉话，也不懂彝语。

正因为他们和当地其他民族语言不同，平时极少和其他民族交往，活动的空间范围也很小，所以在梭戛生态博物馆建立以前，很少有人注意到这支长角苗人。比如梭戛生态博物馆的司机叶胜明，家就住在新华乡，离这里只有几十公里，和这里一样都是属于六枝特区管辖，他在到这个梭戛博物馆工作之前，根本不知道这里还有一支长角苗人。他说："这里的苗族支系很多，我们那里经常看到的是歪梳苗。"我们又问梭戛生态博物馆的另一位工作人员毛仕忠："你是当地的彝族人，在到梭戛乡来工作以前知道长角苗吗？"他说："不知道，我们那里也只有歪梳苗。"叶胜明和毛仕忠都在这个地区土生土长，六枝特区也只是一个县级地区而已，一同生活在一个县里，竟然不知道还有长角苗这样一个苗族的分支，说明当地的文化非常封闭。

我们又接着问小叶："当地汉人和苗族有往来吗？"

"没有。只有赶场天在场上看到他们。"

"在当地汉人眼里，苗族是一个什么样的民族？"

"很神秘，我们很怕他们，因为他们会放蛊。而且很野蛮，经常聚集在一起，只要是得罪了其中的一个，大家就群起而攻之。这里的人不讲法律，讲义气。他们和别的民族比起来要更讲团结，更顽强，所以他们祖祖辈辈和汉人斗，在深山里生活，但他们的民族还总是不断地繁衍和发展。"

毛仕忠说："这里的苗族人可惹不得，我们要说谁顽固，不讲理，就会说你这个人苗得很。"

小叶说："我以前从来没有和他们交往过，但到梭戛生态博物馆工作后，倒是和他们打交道的机会多了。当我了解了他们的生活以后，觉得其实他们很软弱，很善良，很惧怕汉族人。他们之所以很凶，很团结，对外树立一个强悍的形象，是害怕受欺负。"

这是不太了解苗族人的汉族人的看法。那些长期和苗族人杂居在一起的汉族人又是如何看待他们的呢？居住在安柱寨的汉族人高大鹏，他们的寨子是汉人和长角苗人杂居的寨子，他当过梭戛乡的乡长，还和长角苗的书记共过事。他说："我们认为长角苗对人温顺，胆小。做事一是一、二是二，没有非分之想，遵纪守法。"我们在考察中和长角苗人接触，感受和高大鹏一样，他们为人温顺厚道，诚实淳朴。

汉族人对他们的误解以及他们对汉族人的误解都是由于语言的隔阂、文化的隔阂所造成的。

注释

[1] [法]涂尔干著，林宗锦、彭守义译：《宗教生活的初级形式》，第43页，北京：中央民族大学出版社，2002年。

[2] 同上，第77页。

[3] 李廷贵、张山、周光大：《苗族历史与文化》，第177页，北京：中央民族大学出版社，1996年。

[4] 同上，第178页。

[5] 龙生庭等：《中国苗族民间制度文化》，第220页，长沙：湖南人民出版社，2004年。

[6] [法]涂尔干著，林宗锦、彭守义译：《宗教生活的初级形式》，第48–49页，北京：中央民族大学出版社，2002年。

[7] 同上，第52–53页。

[8] 同上，第64页。

[9] 李廷贵、张山、周光大：《苗族历史与文化》，第179页，北京：中央民族大学出版社，1996年。

[10] [英]维克多·特纳著，黄剑波译：《仪式过程：结构与反结构》，第4页，北京：中国人民大学出版社，2006年。

[11] 同上，第6页。

[12] [英]埃文思·普里查德著，褚建芳等译：《努尔人》，第107页，北京：华夏出版社，2002年。

[13] [美] M.E. 斯皮罗著，徐俊等译：《文化与人性》，第232页，北京：社会科学文献出版社，1996年。

[14] 李廷贵、张山、周光大：《苗族历史与文化》，第186页，北京：中央民族大学出版社，1996年。

[15] 同上，第185页。

[16] [法]涂尔干著，林宗锦、彭守义译：《宗教生活的初级形式》，第308页，北京：中央民族大学出版社，2002年。

[17] 同上，第312–313页。

[18] 同上，第313页。

[19] 吴晓东：《苗族图腾与神话》，第259–260页，北京：社会科学文献出版社，2002年。

[20] [英]马林诺夫斯基著，梁永佳、李绍明译：《西太平洋的航海者》，第350–351页，北京：华夏出版社，2002年。

[21] 同上，第347页。

[22] 史作柽：《艺术的本质》，第26页，台北：书乡文化事业有限公司出版，1993年。

[23] 中国科学院民族研究所贵州少数民族社会历史调查组：《苗族简史简志合编》（初稿），第267–268页。

[24] 石朝江：《中国苗族》，第543页，贵阳：贵州人民出版社，1999年。

[25] 龙生庭等：《中国苗族民间制度文化》，第93页，长沙：湖南人民出版社，2004年。

[26] 伍新福：《苗族文化史》，第96—97页，成都：四川民族出版社，2000年。

[27] 中国人民政治协商会议贵州省六枝特区委员会学习文史委员会：《夜郎文化研究》，第53页，内部资料，2004年。

第五章　建筑与村落

建筑体现了人类的习俗活动、宗教信仰、社会生活、美学观念及人与社会的关系。正是这些内容构成了建筑的社会文化背景，并可最终通过建筑的空间布局、外观形式、细部装饰等表露出来。建筑体本身是一种可以被我们所直接感知的研究对象，而围绕着建筑而处在产生或衰亡中的手工艺则是非物质文化，这二者都是我们非常重要的研究内容。美国古典进化论学者摩尔根认为，人类的文化从本质上没有区别，应当在同质一般的历史环境中理解特定的文化。他曾研究美洲土著人的房屋，发现家庭生活方式、风俗习惯都是与一定的房屋的构成相适应的。早在20世纪60年代，加拿大传播学者马歇尔·麦克卢汉（Marshall McLuhan）就提出了“地球村”的概念。如今，“全球化”现象已日益成为人们关注的问题。近些年来，正是由于交通、信息等方面条件的改变，现代生活方式的影响力在梭戛山区得以迅速上升，传统与现代之间的关系变得十分微妙，一个不争的事实是，长角苗人正在步入一个变化加快的文化转型期。长角苗建筑文化传统该如何继续，引起了多方学者的关注。于今世界各民族的文化传统而言，这种被新技术和新生活方式所造成的困境是一个具有普遍意义的文化困境，因此，在梭戛山区所做的考察与研究对于观照这些处在即将消失状态中的古老文明，可以说具有重要的现实意义。

第一节　居住的空间与聚落

大量史料和考古发现证明，中国境内诸民族的建筑历史悠久，如《韩非子·五蠹》载：“上古之世，人民少而禽兽众，人民不胜禽兽虫蛇，有圣人作，构木为巢，以避群害。”《孟子·滕文公》说：“下者为巢，上者为营窟。”西藏昌都卡若遗址的考古发掘证明，在距今约4000年前，中国西南地区就已出现了干栏式楼居建筑。西南山地各民族的建筑形式丰富多样，位于贵州省西部的六枝特区梭戛乡、新华乡与织金县鸡场乡、阿弓镇交界地带的长角苗十二寨的各类建筑及民居建筑群则生动如实地反映出他们不断发展变化着的文化历程。由于长角苗人群长年生活在贵州西部高山上的森林与石漠相邻的地带，林木、岩石等建筑材料资源丰富，加之环境相对较为闭塞，至今仍保留了一大批非常珍贵的传统文化资源，其中包括他们依然保持着的自古以来淳朴风貌的建筑艺术。

一、长角苗村寨与梭戛的生态环境

分布于六枝特区与织金县相邻地带的多数长角苗村寨所处的地形位置都是背靠一整个山坡，如高兴寨、小坝田寨和下安柱寨；有的村寨分布于两个山坡之间的谷地，如陇戛寨、补空寨、化董寨。除了背靠山以外，一些村寨还靠着树林，森林曾经是长角苗的家。长角苗每逢农历三月的第一个龙日，都要举行“祭箐”仪式，向村寨附近保存最古老的几棵“神树”杀鸡献祭，由此可见树木对于他们而言十分重要。

梭戛长角苗人群所聚居的村寨大多是建在海拔1000米以上的山坡高地，由于远

长角苗人一年一度的“祭箐”仪式

离河流，加之喀斯特地貌，这些村寨的取水并不十分方便。与讲究“依山傍水”的附近汉族和布依族村寨不同，这些长角苗村寨通常只依山而不傍水，苗族常被冠以“高山苗”的称呼，就是这种情况的真实写照。[1]

抗日战争期间，中国人类学家吴泽霖、陈国均在《贵州苗夷社会研究》中描述道：“苗夷族多结寨而居于山上，唯夷族中之仲家与水家则近水而居，故有‘高山苗，水仲家’之称。一般传说苗裔民必高山上方适生存，苟居山下，则灾疠渐至，死亡枕藉矣。惟今苗夷民习于低地生活者渐多，如富客佃户，逐利而居山下者不少，疠疫虽不免，但未必甚于山上；大多苗夷民墨守先人遗训，而局促高山岩壁之间，其生活落后殊甚。他们的住屋，大多为平房。东南路有楼居之房，平房为人畜共居地面，楼房者，人居楼上，下蓄牲畜。通常之住屋为一间至三间，屋内间隔小室，若一家仅一小间，炊爨饮食，日作夜息均于兹矣。房屋构造甚简单，除少数村寨中的富户各用木墙或土墙，与泥瓦或石块为顶之屋外，普通多用竹竿、包谷之秆，或树皮为墙，用茅草作瓦，支离破碎，欹则倾斜不堪。甚之，最穷的花苗、青苗，现有少数尚居于深崖洞穴之内，其简陋困苦之情甚于置身地狱之中。”[2]

虽然我们无从得知吴泽霖、陈国均两位先生是否接触过长角苗族群，但他们身后所留下的这份珍贵的资料足以证明贵州的苗族居民在民国年间仍然还住在茅草屋中，饱受艰苦环境和传染性疾病的困扰，这和我们走访梭戛长角苗村寨时听当地老人们所回忆到的昔日景况是相同的，只是建筑的形制略有些差异。

上文提到《贵州苗夷社会研究》所描述的“东南路”可以确定是指的今天黔东南苗族侗族自治州操东部方言的苗族聚居区，他们的建筑样式以四脚悬空的吊脚楼较多，其中还有一些建筑如今仍然保留树皮房的特色，房屋狭小，或住岩洞。但他们的居住习俗跟黔西北地区的长角苗人家有明显的区别。

首先是长角苗村寨中木结构干栏式建筑的缺失问题。干栏式建筑俗称吊脚楼，此类房屋在长角苗村落中几乎没有。虽然长角苗居民长期居住木屋，但他们的木屋样式是穿斗式三开间吞口屋，其来源很可能是四川的汉族民居建筑样式。黔东南苗族虽然也有很多穿斗式三开间吞口屋，但黔西北长角苗村寨却极少有干栏式建筑。西南山区的干栏式建筑分布十分普遍，例如分布于湘鄂渝黔四省交界地带的土家吊脚楼，云南西双版纳地区的傣族竹楼以及黔东南地区的苗族吊脚楼都堪称干栏式建筑的典范之作。黔西北一带靠近云南、四川、贵州交界处，按道理说当地民居受到干栏式建筑的影响是非常自然的事情，但这里的民居，尤其是长角苗人家极少采用这种建筑形式，他们的穿斗木屋由于采用了瓜柱骑墙的技术，可以将山墙落地柱所能承受的房屋高度再增加将近一倍，从而得以获得更多的室内空间。这也使得他们满足于室内采光并不好的穿斗式木屋，而不重视发展具有半户外空间特点的干栏结构民居。

其次，室内取暖设施有差异。黔东南苗族人家有很多采用地坑式的火塘作为取暖和炊煮设施。按建筑文化学者张良皋先生的说法，这种生活方式是古代席居制度的遗存，应该说是与干栏式建筑历来配套的，如鄂西、湘西、川东一带的土家族吊脚楼也是采用地坑式的火塘作为取暖和炊煮设施。[3]其他取暖、炊煮设施，如火炉、土灶等则常常与平房配套。火塘的位置在地面以下，不仅可以暖脚，也可以暖和周身，缺点就是比较费燃料，主要用的是柴草类天然可再生燃料；火炉的主要发热部分在地面二尺以上的位置，暖上身还可以，但是脚、膝盖等部位就无法顾及得到了，它的优点是比较省燃料，尤其是在产煤较多的地区，使用煤炭作为燃料，火力更为持久。黔西北地区是煤矿富集带，长角苗居民对煤这种资源十分熟悉，不仅附近织金县鸡场乡和六枝特区都有中小型煤矿，而且他们外出打工的主要工种也是煤矿矿工。因此，使用炉灶一类燃具而不采用火塘也是于自然条件而言最有利的选择。

最后，梭戛一带的长角苗村寨比黔东南地区的苗族村寨的聚居规模要小许多，一个著名的例子就是黔东南雷山县的"西江千户苗寨"，而长角苗十二寨里人口最多的陇戛寨和补空寨也不过只有120余户人家。如果成年人口的基数稍有增长，就要采取分流搬迁措施，例如织金县阿弓镇的化董寨在数年前就因人口密度过大不得不将50余户居民分流迁居到附近的汉族村落，如今还剩80余户居民，生存压力才得以缓解。这与他们所处的生态环境海拔高、地势险恶、水和土地资源紧张、卫生条件差以及农业生产水平欠发达等原因有关。

二、长角苗村寨之间的同与异

（一）梭戛长角苗村寨建筑的共同特点

为了便于管理耕地和较为便利地获得充足的燃料、水源和其他各种资源，位于渝、湘、鄂、川、黔、滇等地的广大山地民居建筑通常是采取零散分布于山间地头的布局；如果有高密度的定居点，那它们通常也必须位于交通要道附近，如河流、三岔路口或者矿产资源较丰富的地带，形成以贸易交换作为重要经济支柱的镇子。但长角苗的大多数村寨都不是这样，它们总是处在远离河流、平畴及交通要冲的高山荒凉贫瘠之地。梭戛长角苗建筑的总体特点是背靠坡地，居高临下，聚居成寨。

陇戛寨地形示意图

就一般情况而言，上百户人家鳞次栉比地聚居在一起必然会造成许多不便，如火灾隐患问题、生活污水的排放与粪便垃圾的处理问题、瘟疫疾病的防治问题、耕作地与住宅距离过远的问题以及如何维护家庭隐私问题等等。而这些问题正好十分尖锐地反映在梭戛生态社区。例如1991年高兴村补空寨的一位105岁老妪不慎将茅屋点燃，导致100多户房屋被烧毁。又如1994年秋季，陇戛寨一居民因伤寒病暴亡，在丧葬期间，由于村民们没有进行及时的防疫消毒措施，陇戛寨山下的水源（即今之"幸福泉"）被伤寒杆菌污染，导致40多人迅速受到感染，后经六枝特区防疫站抢救方才全部脱险。

梭戛长角苗人群生活的十二寨大都选择并且坚持这种紧密相邻的聚居方式，或许主要是出于他们对孤独本能的恐惧感。就其自然环境而言，梭戛一带荒凉偏僻、人烟稀少，自古以来森林植被丰富，蛇、鹰、虎、豹、狼以及各种毒虫成为人们现实生活中的严重生存威胁；就其历史文化传统而言，这里自古以来就不算是太平之地，长角苗老人们经常唱的一些叙事民歌中充满着许多对古代与近代的战争、土匪抢亲、“摸宝”（当地泛指盗窃及抢劫村民财物的土匪行为）、老虎吃人等暴力话题的深刻记忆。可想而知，在一个充满邪恶暴力的自然和人文历史环境条件下，一群在箐林里开荒的人更需要加强团结互助，他们怀着恐惧，本能地运用复杂的姻亲关系、统一的服饰着装以及紧密聚居的建筑群来强化这种团结的需要，逐渐使之成为传统的重要内容之一。

此外，荒凉闭塞的自然环境与各种疾病非常容易引起人类内心深处的另一种恐惧，即对鬼神的恐惧。这两种恐惧所反映的是人类在孤独无援状态下普遍具有的心理压力，也可以说是弱者集体无意识的一种反映，一种精神需要。正因如此，长角苗先民们丝毫不妥协于自然环境条件的限制，创建了这些在高寒山坡上紧密聚居的村寨。

梭戛长角苗建筑的个体建筑的风格样式基本上与周边民族一致，而且紧紧跟随着时代的发展而呈现出不断改进翻新的趋势，但是总体而言，他们的建筑工艺要简陋一些，而且由于这些寨子地处边远，交通不便，经济欠发达，因此保留下大批晚清和民国时代的民居建筑，且仍在使用之中。虽然这种总体而言并不方便的生活状况或许应该随着时代的发展而逐步得以改善，但作为一种现存的民族民间传统文化的痕迹，对于我们研究这些建筑的结构、造型、应用功能以及长角苗人家的生活起居习俗等方面的文化传统，其研究价值的宝贵性不言而喻。

（二）村寨建筑的风格差异比较

虽然上面谈到长角苗村寨的建筑群落具有一些大致的共同特点，但是即使同是长角苗村寨，或者长角苗人口占主体的村寨，每个村寨之间也还是有一些差异。以下是陇戛寨与下安柱寨、补空寨以及依中底寨的建筑风格的比较与分析。

1. 下安柱寨与陇戛的民居建筑风格比较

陇戛寨以木屋或木石复合式建筑为主要风格，砖石结构的建筑虽然后来逐渐增多，但目前仍不是建筑主体类型。下安柱寨如今则全寨已没有人住木屋，绝大部分都是石墙房和砖墙房，还有少数是水泥平顶房，仅有的一两间木屋已经荒败不堪，没有人住了。安柱的石墙房还有一些保留着茅草屋顶，其房屋样式多变，有双层小楼、带石围篱的庭院式建筑、单体平顶房等多种样式格局，不过，还有少数房屋可以明显看出是木屋改建而成的石屋，其内部仍然保留了榫卯结构的穿斗和枋柱。

究其差异原因，一方面陇戛、高兴、小坝田三寨是长角苗高密度聚居区，因此建筑风格不易受到周边民族的影响，而安柱村则不然，它是苗汉杂居地带，汉族与苗族村民之间交往十分频繁，因此苗族民居的建筑风格很容易受到汉族人的影响。

安柱民居 吴昶摄

高兴村一带虽然自然条件不算好，石漠化现象也比较严重，但是和安柱村比较起来情况要好许多，陇戛林场可以为人们提供比较丰富的建筑木材资源。有木材就尽可能不采用石料，能建一座木屋就不会去建一座石墙房，这是一种长角苗人家的传统价值观。而下安柱寨则只有大面积的麦田和石漠，唯有村落四周是十分稀疏的树丛和竹林，因此首选的建筑材料是石头而不是木材。值得注意的是，安柱村的石料质地疏松，极易风化，不如高兴村的石料棱角分明，因此建成的石墙房有一种天然的沧桑感，容易使人误以为这些建筑已经经历了 100 多年的漫长岁月。此外，安柱一带的土壤性质属黄棕壤，因为缺少森林资源和充足的地下水滋养，土地干燥瘠薄，且多含碎石屑，只能种小麦、玉米，甚至马铃薯也不适宜种，这种土质同样也不适宜于夯制土墙房。

同样是长角苗人群，因为生活环境的截然不同而导致民居建筑的风格截然不同，可见民居建筑的样式风格与环境的关系较之与该民族本身的文化传统而言，要更近一些。因此我们几乎可以说，下安柱寨的长角苗建筑风格实际上就等于安柱资源加上当地汉族工匠所带来的建筑技术。但是我们仍然可以发现陇戛寨和下安柱寨在一些细节上还是具有相似之处的，比如都使用竹篾或树枝编成的笆板来作为大门或墙体。

2．补空寨与陇戛寨的民居建筑风格比较

由于补空寨在 1991 年遭遇了一场大火，全寨除了沟底北坡的 20 来户得以幸免外，其余全被烧毁。火灾是因一位 105 岁老太太点火照明时不慎引发的。因当时正逢农忙，人们都下地干活去了，加之补空寨绝大多数民居建筑都是草顶木屋和草顶土墙房，火势无法控制，后来大火熄灭以后，全寨共有 80 多户人家流离失所。政府当时

补空建筑群 吴昶摄

的政策是补贴受灾户每家5000元，供他们修建新居。由于火灾给补空居民造成了很大麻烦，因此在集体修建新居时所有人都选择用石料作为建筑材料，绝大多数人都选择用水泥瓦来盖顶，只有三四家人和北坡原来的20多户人家还在使用茅草顶。到今天为止，补空全寨120多户的民居建筑中盖茅草顶的房屋仅有20户左右，而木屋建筑的栋数为零。

补空火灾之后重建的建筑群面貌焕然一新，除少数几间房子是草顶土墙房以外，其余绝大多数都已变成砖、石墙房，它们要么是水泥瓦顶，要么是混凝土平顶，整个寨子远看去就是一片水泥灰色。

3. 依中底寨与陇戛寨的民居建筑风格比较

依中底寨有100余户人家，布局比较特别，它坐落于一座小山脚下，地势较陇戛、化董、补空、高兴等寨平缓。依中底寨不像陇戛寨那样地势复杂、房屋朝向参差、小路纵横贯穿全寨，它的主体聚落建筑体朝向基本统一，皆为坐北朝南，寨子正对着的是比较平坦的一小块林地。房屋形成四列，每一列之间有一条可以通行马车的街道，给人一种井井有条、一目了然的印象。依中底寨的房屋绝大多数也都换成了石墙房、砖墙房，叫人很容易联想到补空寨，但是依中底寨的房屋还有50%左右保留着茅草屋顶。由于地处长角苗十二寨的最北端，因此交通最为不便。马车成为他们极为重要的交通工具——甚至可以说是唯一的交通工具，因为我们一行三人乘坐摩托车一路开到此寨，所见一路尽是泥泞坎坷、高坡陡坎，有的路段因山体坍塌风化，碎石屑将路面垫成斜坡，险象环生，当地人说，极少有摩托车开到这里来。我们在从左家小寨到依中底寨的路段上只见到三辆缓慢行驶的马车，其生活状况之艰苦可想而知。

依中底寨全景 吴昶摄

三、聚落（rau）的形成

四处迁徙的游居生活方式给生活在梭戛的长角苗族群留下了很深的文化记忆。这种游居生活使得临时性建筑及快速施工的建筑技术[4]逐渐成为将他们的生活空间与自然紧密联系起来的重要纽带，并且使他们在像“原始人”那样遭受风吹雨淋及野兽威胁等不利因素影响的同时，也和“原始人”几乎一样享有着可从容搬迁的生活便利。长角苗居民对树木有着深厚的感情，除了他们每年农历三月必须的祭箐仪式可以为证之外，他们在举行“打嘎”（葬礼仪式）时为亡灵所唱的“引路歌”中也留下关于树木的远古记忆（见附录）。

长角苗人的祖先曾经在森林之间过着游荡的生活，他们亲近大树，在大树下喝酒、吃饭，梳妆打扮，哺育幼小的生命；他们种下树种，期待它们长成大树，然后期待子孙们可以用先人栽下的大树建造起木屋。而森林里会有树干非常庞大的大树。[5]按照惯例，在“打嘎”过程中，死者的长子必须身负一副弓箭和一把砍柴刀向父亲的灵柩行跪拜礼，这一细节也从侧面反映出长角苗族群与“大箐”（luo zrong，森林）悠久的历史渊源。

在不断游居迁徙的过程中，在与周边的稻作定居民族（如汉族和布依族）有了不断的接触以后，长角苗居民们渐渐从他们那里获得了来自四川汉族地区的建筑技术，这使得他们逐渐形成了两套建筑系统，即带有很深的民族记忆的临时性建筑和定居建筑。临时性建筑如今还有许多遗存，而且在成年男子们所讲述的一些古代故事里也经常出现。定居建筑采用的几乎全部是来源于汉族鲁班体系的技术，而且几乎所有围绕建筑所作的仪式、法术都是与定居性建筑有着密切关系，而与临时性的建筑关系不大。

早期人类在自然中的迁居往往是出于一种趋利避害的需要。趋利，主要是为了食物来源，在不习惯使用积攒各种肥料和休耕、间作技术之前，游耕方式是农业民族的首选生存方式。倘使赖以栖居的土地肥力耗尽，人们就必须迁移到别的地方重新垦荒耕作，一般来说是就近迁移，例如在漫长的100多年间，陇戛熊氏家族就只是从纳雍、织金等邻县迁居到六枝。因农田占地面积比牧场小得多，因此无须经常长途迁徙，待某地地力恢复，还可以被后来的游耕者所利用。避害，主要是躲避瘟疫和战争冲突。这些原因使得这一支苗族长期以来除了做房屋地基需要少量石料以外，并没有把漫山遍野的石头纳入他们寻找建筑材料的视野。建造石墙房，不仅成本高，而且对习惯于搬迁的人们来说，是一件费力不讨好的事情，他们宁可选择便于运输加工的木料和取材方便的葛藤、茅草等建筑材料。

从清末至20世纪中叶的漫长岁月里，长角苗人的先民逐渐从游居、半定居的生活方式进入到完全的定居生活。在这半个世纪里，人们的生活发生了许许多多的变化，如疾病的控制和治疗水平比以往提高了许多，这就不至于使经常出现的因瘟疫而大举迁徙的景象重演。人口迅速增长，一个陇戛寨，从解放初期仅有15户繁衍到今天的120余户。从当年稀疏分布在山间谷地里的几间低矮狭小的茅草房逐渐演变成今天家挨家、户靠户，房屋鳞次栉比的大寨子，其他十余个寨子的情况也大致与陇戛寨差不多。这些变化于这个弱小族群的生存历史而言，不能不说是一个惊人的成就。

第二节　陇戛寨民居建筑的类型划分

长角苗民居的建筑基本结构大多并不复杂，除大量修建两开间或三开间的单层房以外，寨中还有少量的两层和三层的独体石碉楼以及一些简易的棚屋。由于各长角苗村寨建筑存在着差异，细分下来各条目不胜枚举，因此我们在这里选择接触最频繁的陇戛寨作为主要考察对象。由于陇戛寨的民居建筑目前都基本处于材料与手段“大换血”状况，传统样式的草顶木屋和草顶土墙房已随着时间的推移而越发显得破败不堪，而新修的建筑大多已是水泥瓦顶或混凝土平顶的砖、石墙房。再过不到10年的时间，这些村寨的建筑风貌将发生根本性的改变，正因如此，对陇戛寨的民居建筑作一个详细的记录描述与类型划分，应该说是颇为紧要的一件事。长角苗村落里的民居建筑按建筑结构可划分为单层房和楼房两类；按其主体材料可划分为木房、土墙房、石墙房以及综合式四类。让我们先从它们的建筑基本结构开始来了解。

一、建筑基本结构

梭戛长角苗民居的室内空间的分割与构成比较简单。传统的长角苗民居建筑通常为穿斗式三开间吞口木屋。

穿斗式，指用穿枋把柱子串联起来，形成一榀榀的房架；檩条直接搁置在柱头上；在沿檩条方向，再用斗枋把柱子串联起来，由此形成了一个整体框架。[6] 开间，即我国木构建筑正面相邻两檐柱之间的水平距离（又叫“面阔”）。[7] 吞口式，是指房屋正门部分退后，使外屋檐下留出一块室外空间，整个房屋平面上形成“凹”字形的营造样式，这种造型常见于中国广大农村的木屋和石墙房建筑。

无论砖石结构还是木结构，多数房屋内部都有一至两个楼枕层（即横隔层），是在楼枕木上面铺上细树枝、竹枝等制成的上层分隔空间，用以堆放杂物和烘干玉米，因此这个横隔层又被当地人称为“炕笆”。楼枕层除了枕木之外的其他部分十分脆弱，人在上面行走需要留神。一般情况下，楼枕层是不住人的。

（一）屋顶 (si dzae)

陇戛寨的传统民居建筑的屋顶主要分草顶与瓦顶两种。

《考工记》说：“匠人为沟洫，葺屋三分，瓦屋四分。”说明早在战国时代，人们已经对草顶和瓦顶屋面规定了不同的坡度。在陇戛寨，以茅草做顶，檩木上不钉子磴，[8] 只需用藤条缠绑住各种竹枝、树条，就可以在上面铺草了，它的两坡倾斜度比较大，其目的是避免雨水在屋顶滞留时间太长，从而渗入屋内；但瓦顶房的大梁、檩都与之不同，为了防止瓦片下滑，必须使两坡的阻力增强，因此要降低两坡的倾斜度，并钉加子磴。

铺设草顶的详细制作程序是：初春三月的时候，在山坡上割取茅草，将草扎成直径约 30 厘米的草捆，攒到 1000 多捆草的时候就可以上房换草了。盖房顶要把以前的旧茅草全部清除掉，然后再铺盖新的茅草。盖房顶只需要一天的工夫就可以完成。其方法是先将一捆捆草解开，然后用藤条或篾条反复地“穿进穿出”，把每捆草都绑在椽条上，然后用力勒紧，在椽条和檩、椽的交叉处还要作十字形的交叉绕法。草顶所用的椽条和檩、椽比瓦房顶的要细韧一些，因此捆扎起来较容易。

用藤条编扎的茅草屋顶

而制作水泥瓦的房顶最优越之处就是不需要殚心竭虑地去寻找那些资源越来越稀缺、且保质期仅为 3

年的茅草。况且自 1996 年公路修通以后，买袋装水泥修房子已经成为陇戛寨建筑领域内的一种时尚。

陇戛寨绝大部分房屋都没有使用南方传统民居一般必不可少的火瓦（陶瓦），瓦房所用的瓦大多是水泥瓦。水泥瓦是 10 年之内新出现的事物。我们且看：首先，一块方形水泥瓦板的面积为 54×54 平方厘米，是一块青瓦的四倍大，装葺起来快捷高效；其次，和火瓦比起来，水泥瓦的制作过程不需要高温密闭的烧制环境，随处可以制作，技术难度更低。由此两点可以说明，这些建筑的屋顶材料从茅草直接过渡到水泥是合乎情理的，这个阶段并不需要向周边其他民族学习使用火瓦作为过渡的必要。

水泥瓦板只需要用一枚水泥钉便可以稳稳当当地钉在檩和椽上。既牢固方便又整齐美观，既可以盖在木屋和土墙房上，又可以盖在石墙房上，可以完全取代茅草屋顶。

（二）柱、梁

建造穿斗式木屋，在打好地基之后，首先要做的就是立好落地柱。房屋的高宽大小不同，则落地柱的数量也不同。落地柱呈方阵布局，按横行来看，每一行必须为偶数，由于通常是三间房，因此必须是四行柱；按纵列来看，每一列（即一面山墙）必须为奇数，其中以 11 根山墙柱为最大，可以建造一丈八尺八甚至两丈以上的大屋，但通常是用每列 5 或 7 根，也就是总柱数为 20 或 28 根。每一列柱的数量必须为奇数，是为了使大梁能够坐落在房屋的正中间，也就是四根中柱的上方；倘使每一列柱数为偶数的话，房子就需要两条大梁，而且屋顶就容易出现一个很大的长条形漏雨区域，麻烦会更多。可以说，两坡式的建筑，绝大多数的山墙柱都是采取奇数，为的是房屋形制的周正稳固。有了一个稳固的梁柱框架，墙体的装修就成为易事了。这里顺便说明一下，修建一栋标准的长角苗木屋所需要的建筑知识实际上绝大部分都是当地各族居民在修建穿斗式木屋时的通行法则，并非长角苗居民们所独有的知识。

（三）装修（墙体）

1. 槽门结构的木墙体

其结构原理与槽门相似，只是装填的木板不可以随意拆装，因为作为墙体，这些木板需要结实稳固，它们装填在木屋两侧山墙的大柱、二柱、三柱之间，起着防风、挡雨、抵御野兽袭击的作用。

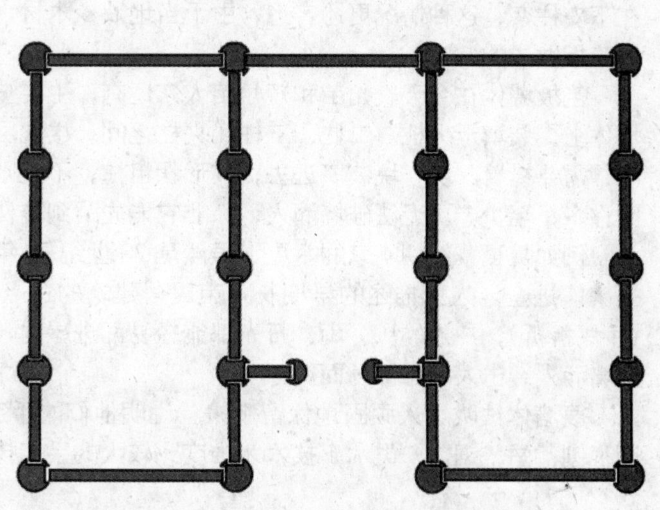

山墙为五柱的木屋的墙体结构

但由于这些木板多是由手工斧劈而成，厚薄不均，而且比较短小，因此并不能起到拉紧山墙的作用。

2. 篾墙体（zra drou）

以竹篾为原材料制作的笆板又叫篾墙体、竹笆，按长角苗语言读做“咋帚”（zra drou）。潘谷西先生所著《中国建筑史》中称其为“编条夹泥墙”，称其“多见于南方穿斗式建筑，可作外墙，也可作内墙。它是在柱与穿枋之间以竹条、树枝等编成壁体，两面涂泥，再施粉刷。特点是取材简易，施工方便，墙体轻薄，外观也很美观，适用于气候温暖地区”。[9]

长角苗民居中的笆板是用藤或竹篾或者树枝条编成，并以牛粪、黄泥、石灰粉的混合物来涂抹缝隙，所以又有一个不雅的俗名叫做“牛屎折折”。它的优点是质轻，韧性较好，便于装卸，在建筑中可以起到防风、防雨的作用，但缺点是不具备承重和巩固墙体平衡的能力，且防撞击性很差，过去就曾发生过野兽破墙而入袭击人的事件。该事件发生于1930年梭戛建集场的当天晚上，遇难者桑萧（san hsio）是长地村长角苗一户三限杨家美丽可爱的小女儿。她随父亲到梭戛去参加“跳场”（即跳花坡），回来借宿在高兴寨一栋篱笆墙的木屋里（屋址在今杨学忠家），晚上有三只老虎破墙而入，将桑萧叼走。当晚长角苗居民与山下乐群村布依族居民合力围捕，才在一块水田里打死两只虎，并将死去的桑萧从虎腹中取出，安葬在高兴寨附近人们常去放牧牛羊的草坡上，此处草坡后来被人们叫做“san hsio zraen”（桑萧坟），而这个故事至今仍然为村民们所熟知。[10]

长角苗人显然长于编织扎制，而不善于精细刀工，因此原本要用木板装填的墙体被大量竹笆板所取代。在梭戛乡一带，周边多数民居建筑中一般只将笆板用于山墙楼枕以上部分的装修，但在长角苗社区应用更为广泛，甚至地墙和大门都是用笆板制成。1949年以前，高兴村的很多民房都是用它来做墙体。如今，笆板在陇戛寨、下安柱寨和高兴寨都有存留。陇戛寨杨朝明家迄今仍使用这种构件来安装墙体和大门。在下安柱寨，这种情况更为普遍，由于当地缺少木材，不少石墙房建筑的大门也是采用笆板做成的。

笆板墙体在今天长角苗和短角苗人家还有，主要被应用在位于楼枕层之上的周围墙体上，装填于大柱、二柱、三柱和夹柱之间。楼枕层之下的墙体部分一般是用木板墙，需要横着一块一块装填进去，其形状粗糙，不规则。但木板墙总比笆墙板墙要稳固许多，至少老虎无法破墙而入，除非它能先跳到楼枕上去再想办法。

例如陇戛寨熊朝明家的木屋，虽然是20世纪70年代的产物，但却保留了许多高兴寨熊进全老人所描述的早期长角苗民居建筑的特点，比如大量使用脆薄的篾墙体（牛屎折折），户外的风、雨、日光都能轻易漏进屋内，更叫人不难想象当年三只猛虎破墙而入袭击人的恐怖场面。

篾墙体被陇戛人顽固地保留下来，说明他们的手工艺明显倾向于编织扎制方面，而视刨、凿、锯这一类木工技术为难度比较大的手工技术。

（四）门（drom）

1．单页门

古人称单页门为“户”，主要指装在侧门口和后门口，以前的“老班子”木匠（如今已年过 50 岁的木匠）多是采用长短不一的木板随意钉成的，还有一些单页门是用竹条或树条编成的竹笆板做成的，这些门通常没有门框。现在比较专业的单页门是“目”字形门框，门框内侧都有用小锯子锯成的细槽，所有的门板都是用刨子统一推平了之后装在门框细槽里，并用乳胶固定的。门枢是用门口上侧的木轴孔和门口下侧的石轴孔固定起来的。安装单页门必须在房屋内部装，方法是先装下轴孔，然后将有轴孔的木块套在门枢上，涂上乳胶，并用铁钉钉紧在门外框上。

2．双页门（nian drom）

古人将双页门写做“門”，表示两扇可以转动开合的门板。传统的双页门主要是用在大门上，它由门楣、门板、门槛、门簪、础石五部分组成，其制作方法比较复杂。门板需要门簪来固定，利用的主要是榫卯结构，通过门楣背后的一块门簪板将一对门板的上下轴固定在门楣和门槛内侧的轴孔中，以利于门板灵活地开合转动，而不至于垮掉。现如今制作双页门的方法跟单页门原理是大体一致的，门槛、门簪用得都比较少，土墙房和石墙房的大门完全不用门簪。

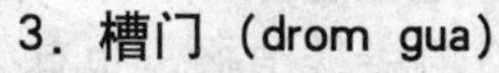

3．槽门（drom gua）

槽门非常具有西南山地民居建筑的特色。基本原理是在两个固定好的平行槽体之间装填木板，使之成为类似墙体的封堵门。槽门的两个槽体都是碗口粗的原木制成，槽口上方不能凿穿顶，必须留有余地。槽体必须垂直于地面，槽口相对，以利于木板装填之后稳固。由于它具有明显的封堵性，抗撞击能力强，用它来做牲口棚的门是最合适的。主人需要牲口出来时，就会拔掉槽板两边的木楔子，将槽板一块一块取出，牲口进棚以后，主人再将槽板一块一块装填进去，塞上木楔子，猪、牛、羊就无法拱开门了。

槽门

4．台基（gua dzae）

无论木屋、土墙房或石墙房，都必须要有台基，也就是当地人常说的“下基脚”。所有的台基都是用石头垒砌而成，因此“下基脚”又被称为“下石”。基脚的外层要用“腰墙石”（通过钎凿或爆破、砸碎方法取得的小型石料）与“材料石”（只能通过钎凿方法取得的大型石料）砌成厚度约50厘米的地基墙，高度因地质需要而异，一般至少高出地面70厘米，内部地面填以碎石、泥土，然后用煤灰和石灰来封住地表（水泥出现以后，改用水泥封涂台基面）。土墙房的台基外墙须高出地面15厘米左右，并用黏土和煤灰糊住石隙，以避免雨水浸透墙根，流入室内。

二、建筑形态的结构类型

（一）单层房

绝大多数陇戛人居住在单层的房屋里。传统的木屋建筑内部有一至两个楼枕层（即横隔层），如前所述，在家里人住得下的情况下，楼枕层一般是不住人的，所以传统的木屋应当算做单层房的一种。

砖石砌的平房如今天陇戛寨的杨洪祥宅、王兴洪宅，都是以水泥灌注的平顶，房屋的样式跟当地城市郊区和乡镇的多数平顶房样式无二，只是主要由石头和空心砖砌成，这种建筑样式可以确定是由在外打工的人从外面带回来的，而非陇戛单层房的传统样式。

（二）楼房

陇戛寨历史上曾经出现过土墙碉楼房，现在的楼房多是石碉楼。

独体的石碉楼多为双层塔楼结构，也有少数修至三层（如陇戛寨熊朝进家），但面积都不会比普通木屋的次间大。上面住人，底层是牲畜棚，之间用楼枕木板铺就而成。如是三层楼，则可以在二、三层之间开一个楼梯口，供人上下之用。二楼必须要开一个门洞，并修一个石阶延伸到地面，如果倚靠一面山坡的话，则可以省掉这一环节。

还有一种附属式的二层石楼，依附于木屋或石屋的一侧，一层也只做牲口棚，槽门开在外面，二层则在与主体建筑相邻的内壁开门洞，需要用木梯接到地面。二层的主要功用是储藏粮食、堆放杂物。20世纪80年代尚有简易的干栏式双层木建筑，上层住人，下层养牛和猪，当地人也称其为吊脚楼，但数量极少，今已不存。

三、建筑形态的主体材料类型

（一）木屋（dze dzai）

被梭戛苗族居民认为最正统的建筑形式是木屋。在这里，木屋的公认标准是穿斗式三开间草顶吞口木屋。吞口不仅要有双页的正大门，而且两个次间还往往要开单页的侧门（也有不少房子只开左次间侧门）。大门门楣上的一对门簪（当地人俗称“门头”）往往被雕成各种花样，以示与邻居家的区别。还有少数一些木屋是非正规的棚屋，除中柱斗拱必须存在以外，主要靠顶端分丫的木杆和槽板结构的墙体来支撑茅草屋顶，这类建筑在小坝田寨和高兴寨还保留有不到10户，在陇戛寨已无存，其制作的工艺水平介于三脚窝棚和穿斗木屋之间，应当属于当地更古老的一种建筑形制。此外，各种形式的窝棚也是十分常见的，它们或依附于大住宅或石缝、山洞的一侧，或独自成形。

（二）土墙房（dze tu chiang）

土墙房是用当地匠人所谓的“板舂法”（即北方人所说的“干打垒”），以黄黏土掺入风化的岩石碎屑（有时也掺杂少量动物毛发和植物纤维）夯筑而成的。土墙房的修建速度特别快，在人力充足且天气晴朗的条件下，最快只需要7天时间就能舂好墙体。有的由于是用湿泥夯制而成，刚修成的土墙房里面很潮湿，这种潮湿的环境要经4–5年的室内煤火烘烤才会逐渐变得干燥。

土墙房没有像木屋那样复杂的内部结构，一般只是单间或两开间，少数为三开间。因为取材方便，利于运输加工，而且建筑施工速度快，只需要六七天时间就可以造好，所以土墙房在人口迅速增长的20世纪下半叶曾一度是陇戛寨普及最广的。

舂造土墙房的步骤及方法较简单。跟所有民居建筑一样，首先需要开山取石挖好地基。挖地基时，土坑的深浅因土质而论，一般来说，如果是较松软一些的土壤，建造平房要挖至1米深，建楼房则要深至2米，如果遇到“本土”或者岩石就可以不挖了。装填土石方至距地面半米，然后就可以直接在地基壕两边置上夹板，将泥料充填进去，进行夯制。

虽然用“板舂法”建造房屋速度非常快，但其缺点是怕雨淋，尤其是在夯筑过程中。因此一般要在每天夯筑完毕之后用蓑衣、木板、塑料膜等将其覆盖。由于地处海拔1600米以上的石漠化山区，梭戛一带每年的冬月、腊月至次年仲春时节往往干旱少雨，因此人们通常会选择这段时间来构筑土墙房。土墙房由于是靠天然黏土之间的自然结合，而且这里的黏土富含石屑，颗粒十分松散，墙体内部只有很少的木构件，因此一旦受到暴风雨袭击，就很容易被雨水冲垮。[11] 如果土墙房的内部没有优良的木质梁柱结构，就很难修筑起两层以上的土楼；而且同样因为材料的原因，土墙房的占地面积也十分有限，单体建筑最宽不能超过三间以上（每一个房间通常不会超过15平方米），否则将难以确保房梁、屋顶的稳固。这就是土墙房的规模普遍窄小的原因。土墙房倘若要做成吞口门的样式也很费劲，因为这样转角的部位太多。舂墙最麻烦的技术问题之一就是如何在转角处使两堵墙紧密结合起来，这需要在舂造的时候不断用手工去填补。而且这些地方很容易成为最先开裂的地方，吞口两边的侧墙面很窄小，一旦发生裂口，就很容易发生倒塌。因此长角苗居民们都不在土墙房上做吞口样式的门面。

陇戛寨的土墙房历史可以追溯到1922年“老寨”熊正芳兴修的土碉房。1988年六枝特区干部叶华到陇戛寨所看到的建筑基本上都是土墙房，木屋非常稀少。2002年政府投资修建的新村小区落成时，从陇戛迁走40户人家。他们在老寨留下了大量废弃的土墙房。他们的迁走使得如今陇戛寨的土墙房居住者仅余下零星的10来户人家。

（三）石墙房（dze si chiang）

修石墙房的技术难度较木屋要低许多，又比土墙房要复杂一些。如今，随着木材价格上涨和采石、碎石设备的增加，越来越多的陇戛人学会了独立建造石墙房。因为修建木屋要涉及斗拱、榫卯和复杂精细的尺寸等专业性很强的木工活，一般的人家虽然可以做槽门、门板、楼枕等比较简单的活计，但遇到如何放置梁、柱，如何开榫眼等问题时则必须求助于有经验的木匠师傅。但修石房，因为结构原理比较简单，如果直接用钢筋水泥封成平顶的话，有的人家不用请师傅，自己就能修成。

修建石墙房的施工步骤如下：

1．开山取石

在动工之前，首先要去开采石料。建筑用的石料主要是青石，一般取自寨子附近石漠化的荒山上。大部分石料建材可以通过雷管爆破取得，当地人称其为“腰墙石”；还有少部分大块的石料需要用人工进行斧锤钎凿才能获得，叫做“材料石”。材料石需要用“吊墨”的办法刻凿出至少两个互相垂直的平面；腰墙石最多只需要刻凿出一个平面，有很多石墙建筑是直接把未经刻凿的腰墙石砌进去的。为了达到石料表面平整的目的，用钢钎刻凿的时候要注意用力均衡，凿纹是大体上互相平行的直线，如果能凿成这样，墙面就会显得比较平整。此外，开山取石的时候要用一只活的红公鸡来顶敬“鲁班祖师爷”，[12] 祈求其保佑施工人员安全、采石顺利，这个仪式叫做“祭开山鸡”。

2．砌台基

台基面积要比房屋略大一点点，挖地基坑的深浅要视土层厚薄而定，如无岩石层，一般要挖到 2 米深左右，修建三层以上的石墙房或遇到地质较松软的情况时则须挖到 3 米左右。主要目的是为了造成一个稳固坚实的水平地面，因此在挖地基坑的时候，只要挖到岩石层就可以了（当地属石漠化地带，许多地方土层薄，岩石直接裸露出地表，选择山坡建房可以节省很多填充石料方的费用）。地基坑的形状与房主所需要的房屋结构有着直接的关系，凡是地面上有墙存在的地方，地面以下都必须有石基支撑，其余的空间就可以浅浅地用一层碎石和黄土铺平。砌台基时地基的

台基 吴昶摄

转角部和接合部要使用材料石，其余部分可以使用大块的腰墙石。

此外，在砌台基时也要杀一只公鸡顶敬鲁班先师，以保佑基础牢固、房屋周正，这个仪式叫做“下石鸡”。

3．砌墙

台基砌好以后就要开始接着往上砌墙，砌墙时石缝之间所使用的黏结剂是用水泥粉和沙子配制而成的混凝土。[13]

取材料石一块，在台基内一角竖立起来，以之为高度准线，齐腰墙石，砌至与之水平对齐的高度时再往上添加第二块材料石，这时要注意，如果第一块材料石的延伸部分是靠向山墙的话，那么第二块材料石就应该与之错开，水平旋转 90 度角，靠向正墙或后墙。按如是之法砌至墙顶。砌石墙的时候要在转角部和接合部不断地使用吊线检测，以确保墙体垂直于台基面（水平面）。腰墙石有大有小，一般是将大块的腰墙石砌在墙体的底部，体积稍小一些的砌在中间，最小的砌在顶部，这样既美观又符合力学稳定原理。

砌墙时遇到门窗的位置时，需用形状较平整一些的材料石砌，尤其门、窗的顶楣部分需要用一整块较长的材料石横架在两边的石料上做成。

石墙快砌到顶的时候，先要用准线拉出水平面，然后用腰墙石依据准线砌平，不能用材料石。

4．盖顶

如果要葺草顶，则要请木匠师傅按修建草顶木屋的方法葺成；如果要用钢筋水泥来封水泥顶做成平房的话，则要在正墙和后墙的墙体顶端留出可放置“草行”（当地木匠术语，用以指彼此平行的楼枕木）的垛口。铺上“草行”，在“草行”上铺满木板，并盖一层防渗用的报纸（现改为铺铁皮，可以使做出来的天花板更为平整），将 6.5 毫米盘圆钢拉直，编成与屋顶面积相等的网状钢筋骨架，将其固定在防渗层上，并用木板将房顶边缘围挡起来，然后将拌好的水泥砂浆浇在钢筋骨架中，待其凝固，即成屋顶。

5．装门

门、窗等木构件需要另请木匠来制作，或者直接到镇上木工房里购买现成的门窗件来进行安装。门窗装毕，房主就要打扫房屋内外，布置家具，并请出共同出过力的亲戚、朋友和客人来家吃饭。

（四）综合式

所谓综合式，是指一个建筑主体包含土木、石木、土石或三种材质兼而有之的形态样式。它们最开始往往是单一材质的建筑，因后来维修或改扩建的需要而加入新的材质成分，其中较多的是“木改石”类型，即保留原木房堂屋左右的两列立柱中的 10 根或 8 根，外围的木板墙体全部换成石墙。这种改建方式曾经在 1968 年至 2000 年间广泛流行。

四、时间维度中的陇戛民居形态

我们将陇戛苗族社区的建筑历史大致划分为彼此或有交叉的几个大的时代，即树居－垛木房与窝棚时代（远古至20世纪中叶）、鲁班时代（19世纪初至20世纪60年代）、夯土时代（20世纪初至1971年）、护草时代（1966年至1996年）、石墙－混凝土时代（1960年至今）。

（一）树居－垛木房与窝棚时代（远古至20世纪中叶）

贵州被当地汉族居民自古称为“黑阳大箐”，曾经遍布温带和亚热带丛林，荆棘、灌木、蕨类和藤本植物丛生，野生动物也十分多。自古以来人类在这里与大型野生动物所发生的冲突屡见不鲜，由于有毒蛇猛兽等各种来自自然界的威胁，短期内最方便有效的居宿方式是树巢居和依山石或大树而建的窝棚，一旦有了这样的“根据地”，人就可以逐渐地在深山丛林中一边刀耕火种，一边坎坎伐檀，为建造自己的正式居所做准备了。

现存于小坝田寨、补作寨和左家小寨的垛木房。吴昶摄

有关小坝田寨的起源有一则这样的故事：相传很久以前，今天当地长角苗王氏“开”字辈的五代先祖——兄弟三人带着各自的家眷——来到此地时，发现虎豹虫蛇太多，人根本无立足之地。愁闷之中，兄弟三人发现了一株巨大的核桃树，树分三个丫枝，仿佛是天意，于是三家人便以自然平伸开来的三个丫枝为梁，搭建窝棚，过起了巢居和狩猎开荒的生活，三兄弟以三个丫枝为家，直接在树枝上巢居，在此树上住了很多年。[14] 这棵核桃树位于今小坝田寨中心的岩石边，仍然枝繁叶绿，但仅剩下半截树身，上半部分因树心枯朽而早已无存。许多王姓村民都相信这段故事是史实，倘按两代之间25岁的差距来推算，这个故事所发生的时间大约是在晚清到民国初年。

此外，还有一些窝棚类（pom pom）的临时建筑。其中一种三脚窝棚是在土地上挖三个两尺深的小坑（呈等腰三角形分布），然后伐取三根如人手腕粗细的杉树条，其中一根长一丈二尺或一丈三尺，余下两根长约八九尺，两短一长，各杵一坑，三根木头的顶部以藤条勒紧固定在一起；再用藤条将长短不一的树枝、竹棍与地面平行地绑定在长木和两根短木之间，并留出正面的出入口；最后还是用藤条将采集来的茅草绑定

陇戛寨建筑历史时代划分示意图

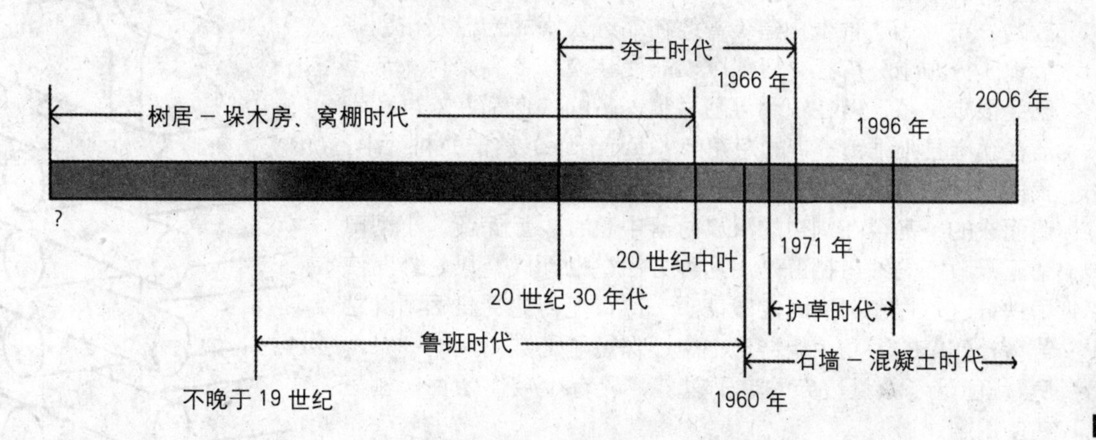

在树枝、竹棍上，以形成遮蔽墙，然后修葺好棚内的枝条，打扫一下地面，就可以姑且安身。还有一种四脚窝棚，即将三脚窝棚的那支长木另外用两支短木抬起，变成独梁，形状类似露营用的行军帐篷，是极其简陋的一种临时建筑。这种样式的历史久远，西南山区一些偏远贫困的地区都有遗存，例如在湖北的鄂西南山区，当地人称之为"狗爪棚"。

这两种窝棚现在尚有保留，只是尺寸已经缩小，一般作简易茅厕之用。除这些之外，还有许多依附于山洞石隙、大树或者民房的非独立性窝棚，它们多是靠树杈而不是木柱来支撑茅草屋顶的，狭窄简陋，多是投亲靠友的搬家户在没有修起自己的新房子之前所栖息的临时居所。

在穿斗式木屋建筑技术传到梭戛长角苗社区之前，长角苗最早的建筑样式是一种叫做"垛木房"(dze duo lang) 的小型木构建筑，熊光禄曾就此事采访过高兴寨老人熊进全，后者描述道："这种房屋是用整棵整棵的树干交叉叠放，垒砌而成。由于每棵树的长短不一，所以只能以最短的树木长度为最宽标准来修造房屋，因此当时的房屋大多都很窄小，并且低矮。树干交叠之处要用斧头砍出上下两个浅弧形的缺口以利于它们相互咬合，但缺口不能过深，否则中间太薄就容易断掉，至于树干与树干之间的缝隙，一般是用草塞住，然后用牛粪和黄黏土封涂。"

这种"垛木房"实际上就是建筑专业术语所说的"木构井干式建筑"，所谓"井干"是指四根原木呈"井"字状相互咬合在一起，然后一层一层往上叠加，从而形成墙体。

梭戛长角苗人家的垛木房屋顶基本为悬山式。人们需要在树干之间的缝隙处塞上干草，抹上黄泥牛粪之类的东西，目的主要是为了抵御风寒。一些井干式建筑的屋顶是用茅草、木片乃至树皮做成的。一般而言，以木构井干方式建造的民居村寨常以大分散、小集中的形式组成村落，其原因主要是为了减少火灾隐患，从陇戛寨解放前保留下来的 10 多户人家建筑分布的位置来看，也是比较疏散的，只是后来人口迅速增加以后才密集成群。

垛木房虽然窄小，使人在里面不便行动，但是比较稳固、安全，御寒能力也比较好，它们在纳雍、织金、六枝之间零散的分布说明这种木构建筑曾经在靠近云南的六盘水市、毕节地区分布十分广泛。但如今，即使在梭戛乡高兴村一带也已经很少见了，但在织金县阿弓镇一带的"道都"族群和生活在纳雍县张维镇一带的短角苗（dau bpie）族群的村落中，我们尚发现有一些牲口棚和行将废弃的危房是以井干方法建造而成的，甚至在周边的汉族村落中也有少量保留。小坝田寨王开政家的牲口棚就是用这种方法垒砌而成，只是外面使用铁钉、竹片和树皮固定覆盖了一下，免得饱受日晒雨淋之苦。补作寨的短角苗族群现在也还保留了为数不少的"垛木房"，但除了大量废弃的宅子以外，只有少数作为牲口棚还在使用中。

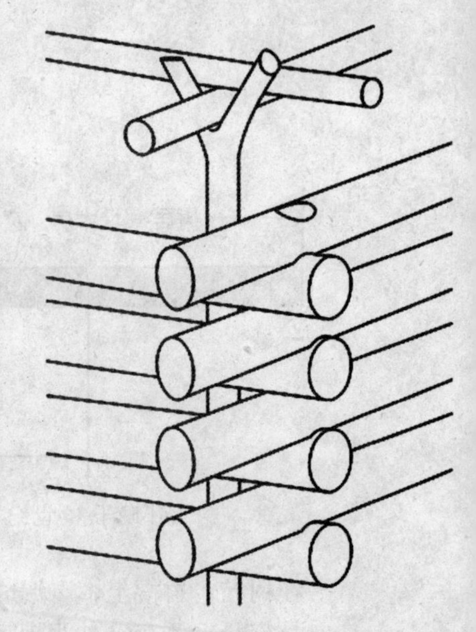
"垛木房"的一角

我们注意到，在长角苗"祭山"（祭箐）仪式中，主祭者要在"神树"前用小树棍搭建一个小小的祭台架子，横条都是搁在顶端分杈的小柱上的。这种利用树杈的天然形状特征来构筑小空间的办法对于今天的长角苗居民来说依然十分熟悉，因为在一些破败了的土墙房和废弃了的窝棚中，经常存在一些被用做柱子的树料，它们都有一个共同特点，那就是顶端分杈。长角苗居民们就是这样利用树杈一定范围内的承重能力，将大梁及屋顶支撑起来的。但屋顶只能是茅草屋顶，其他如水泥瓦、火瓦做成的屋顶的重量，它都无法承受。

这种使用利用朝上分杈的天然原木作为杈杈柱的房子被当地人称为"杈杈房"。实际上，"杈杈"一词强调的是利用木柱天然分杈来承重的特征，而"杈杈"又经常出现在垛木房和窝棚之中，与其垛木房技术相匹配。"垛木"与"杈杈"是最原始形态的木构建筑形态特征之一，是受鲁班技术影响之前就已经出现了的建筑手段。

但有必要指出的是，长角苗居民很可能在学会修建穿斗式木屋之后仍然还有修造、居住窝棚和垛木房的习惯，小坝田寨居民王开忠曾提到他的高祖父在移居至此之前就住在山上面，后来因为豺狼等野兽很多，就想搬家，听到下面大箐林（今天的小坝田寨所在位置）里有哗哗的流水声，就知道有水源，可以住人。于是兄弟几人一合计，就决定搬下来，他们白天下来伐取木材，在核桃树下搭了个简易的窝棚供临时居住，晚上又跑回山上住，待木材准备好以后，就开始建造穿斗式的木屋。当时由于没有锯子，所以墙体所使用的木板都是用斧头削砍出来的。他们只花了 7 天的时间就把房子建造完成了。王开忠现在所住的房子就是那时留下来的百年老屋，是小坝田寨建寨时的第一批房子之一。小坝田寨聚落形成时间比较晚，但这足以说明当时他们已经具备建造穿斗式木屋的能力了。

（二）鲁班时代（19 世纪初至 20 世纪 60 年代）

梭戛的苗族村寨处在多民族大杂居小聚居的环境之中，世代如此，彼此总会有文化技术方面的交流。汉族工匠们熟练使用的斧、刨、凿、锯、木马（杩杈）、墨斗等各种建筑木作工具很早就传入了长角苗聚落。这些工具自古都被当地各族工匠们认为是鲁班师傅所创。现在高兴村一带的木石二匠“老班子”们还保留着在动土施工的程序中必须祭鲁班师傅的记忆。把鲁班技术带进长角苗聚落的人，据说是一批“四川木匠”。[15] 由于老人们不识字，也没有准确的时间观念，想要确证“鲁班工具”进入长角苗聚落的时间并不容易，但是据陇戛居民杨朝忠回忆说，他所居住的房屋是在100多年前由其祖父从熊氏家族手中购买的百年老房所重新整修的。如果这段回忆是可信的，那么这个时间至少是在19世纪初就开始了的。我们把这个时间段划分到20世纪60年代开始出现“木改石”（木屋撤围柱改成石墙房）为止，姑且将这个穿斗式木屋建筑全面普及的漫长时代命名为鲁班时代。

因为有了专业性很强的木作工具，第二代木屋就不再是垛木房形式，而是采用了以悬山、穿斗、三开间为特点的汉族民居样式，这就比垛木房要高大宽敞许多，但由于木匠们几乎不具备使用大锯解板解枋的能力，柱与柱之间的空隙主要是用脆薄的笆板来装填，不能保障人的安全。高兴寨在清末的时候就曾经发生了老虎撞倒笆板墙进入房屋内袭击人的事情。

由于笆板系由竹条或树枝编成，十分脆薄，既不防风雨，又不能防止猛兽侵袭，所以后来技术又有所改进，采用木板来装填墙体，加强了墙体的厚度和坚固性。但似乎当时木匠们并没有打算将刨子和锯应用进来，木板主要还是用斧头砍削而成，因此制作木板的工艺仍然十分粗糙，而且材料浪费很大。

鲁班时代的到来意味着大型木材被充分利用成为可能，同时，人们也开始认真了解各种树木的材质属性及其建筑用途。这些变化使得梭戛长角苗民居的建筑风格开始出现高大、坚固、有秩序的审美倾向。

（三）夯土时代（20世纪初至1971年）

20世纪初，土墙房就开始兴起，从那时到20世纪中叶，一直是土墙房林立的时代。

1922年，陇戛“老寨”熊正芳（熊玉成之父）在陇戛寨小花坡脚下兴修了一栋三层楼的土碉房以避匪患困扰。解放后，土碉房改成两层楼全木结构，做牲口棚之用，其建筑内空间嵌入地面以下近两米。因2002年熊玉成搬迁新村，暂借给熊朝进做猪舍之用，此屋得以保存至今。

（四）护草时代（1966年至1996年）

在1966年之前，长角苗十二寨大都以叶长的茅草（gen）为建筑材料，结为屋顶，倘使不悉心烘烤养护，三五年后，旧草腐朽，新草不续，则会使房顶无所遮蔽。由于梭戛苗族居民长期以来结草为庐的习俗，他们早已视长在山头荒地中的野茅草为一项重要的建筑材料资源。因此，长角苗每座寨子以前都拥有自己的“护草山”。陇戛寨以前的护草山在寨北垭口的东北侧山顶上，截止到1996年还有人护草。1996年以后，护草坡已逐渐荒弃，渐成放牧之地。

护草制度的基本法则是需草户提前一年向寨里的村民组长提出申请，一家护一年，轮流护养，每年只能一家割草。护草的规矩是从很早以前就有了的，但如今陇戛和补空两个寨子都无草可护了，只有高兴、小坝田两个寨子还在继续实行护草制度。

小坝田护草户的轮值次序如今是由村民组长和寨上几位老人进行商议得出的。小坝田的护草山就只有一片小山坡了。这个小山坡大约要花两三个星期才能全部割完，一天能割 40–50 捆草（每一捆直径约 30 厘米，重 0.7–1.0 公斤）。整个护草区能割 1000 多捆草，除开自己家可以全部翻新以外，别家还可以用来补漏，只是他们要用这坡上的草必须事先跟本年的护草户打招呼。

有的护草户茅草有多的，或者刚换成瓦房顶了，就可以把草卖掉，一捆草可以卖 3 毛钱，花钱盖一个房顶的成本就是 100 多元钱。像陇戛这样的寨子已经没有了护草山，却还有茅草房，就有人家要花钱买草。还有的是用麦秸秆代替茅草，但麦秸秆不如茅草耐用，不到两年就要换，而且一方面防水性能差，一方面又因为有残剩的麦穗，容易招鸟、鼠，但由于取材方便，还是有许多家庭选用麦秸秆来做屋顶覆盖物。

茅草是牛也能吃的，所以护草山必须要有人去护，护草的办法就是护草者每天都在附近的山地里或者马路边劳动（如割猪菜、放牛等），如果看见有人割草或者放牧，可以以护草者的身份对其进行处罚，处罚的结果比较严厉，一般是让对方掏 20、30 元钱或者送一壶酒（按当地打酒所普遍使用的塑料壶来计算，一壶酒大约 10 斤）才可以了事。护草者还有一个职责：经常要将护草山上的杂木清除，让山坡上只长茅草。

据贵州省文物处胡朝相先生介绍，解放前这里的苗族人口是呈负增长的。1966 年陇戛寨人口才 40 余户，合计 200 人左右；1996 年，就增至 90 多户，人口飙升到了 450 人。人口的快速增长使得新建的房屋越来越多，而人均占有茅草资源的比重逐年下降，以致无草可护。护草制度被迫终止之后，人们在原护草山的地表上开荒种地、造林，剩余茅草的面积越来越小，找不到可供为房顶添换的新草，加之 1996 年梭戛至陇戛的公路修通，方便了袋装水泥等其他建筑设备和物资的运输。但即使到了 2004 年，陇戛老寨还有 57.69%的民居建筑的房顶是以茅草顶为主。

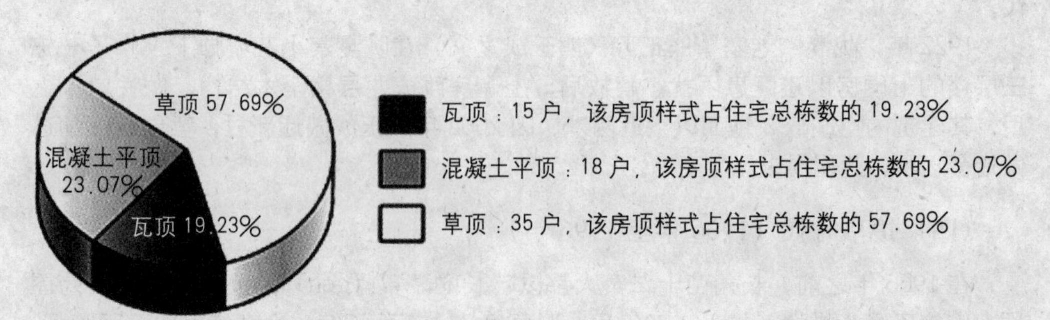

2004年陇戛老寨民宅建筑房顶种类比例图

（五）石墙－混凝土时代（1960 年至今）

石墙房技术大约是在 20 世纪 60 年代传入陇戛寨的。石墙房的出现标志着长角苗人家成为完全定居化的居民，因为使用石材作为民居建筑的主体材料在高度石漠化、遍地岩石的梭戛北部山区几乎从未听说过，即使在陇戛寨山下的乐群村（一个由汉族、彝族、布依族居民组成的杂居村寨），石墙房也是1956年左右才出现的新鲜事物。

早在1960年，陇戛寨杨少州、杨少益家就曾在水沟村汉族、布依族石匠们帮助下，将木屋改建为保留草顶、穿斗和梁柱的石墙房。长角苗居民自建石墙房的第一轮热潮兴起于20世纪70年代初。1971年至1972年间，杨洪祥、杨学富、熊朝进三家率先建起各自的石墙房，当时使用的黏结剂是煤灰（tsu dzua）、石灰（rae si）和黏土（la dan）的混合物。到1972年底，陇戛寨自建石墙房的人家已经有7户，包括熊玉明家、杨洪祥家、杨学富家、杨洪国家，杨少云家、熊玉方家各自的正屋以及熊朝进家厢房。

从20世纪60年代到90年代，由于木材价格还没有上涨，相比较而言，修石墙房的开销要大许多，主要是购买雷管炸药、放炮及运输的费用，但到现在，从成本核算上来讲，石材更划算。

1972年，熊朝进在家门口东侧修建了全寨第一座三层的石墙小楼，迄今保存完好，仍在使用之中，是小儿子熊伟的家。从屋基到楼顶的高度已经超过5米，最下层是牲口棚，中层是夫妇俩的卧室，顶楼供堆放杂物之用。他们当时的建筑工具低劣、施工方法粗糙，且没有水泥、钢筋等材料，能修造这样的一栋房子，当属十分不易。如今陇戛寨的两层石墙房开始增多，如杨学忠宅、杨学富宅、熊光华宅、杨朝众宅等。它的优点是楼上较干燥通风，便于人居，楼下空间可以充分利用来豢养猪牛鸡鸭，较平房的卫生条件要好，可减少人畜交叉感染疾病的几率，但造价至少在6000元以上，因此对惯于自给自足、很少从事经济交换的村民们来说，也不容易。

到1994年，由于袋装水泥的出现，黏结剂问题得到了很好的解决。这个时期，还出现了用钢筋混凝土浇筑封顶的平顶石墙房，例如陇戛寨熊少文宅、熊金成宅等。陇戛人逐渐发现了石墙房有着实在太多的优点：附近山上木材渐少，而石料资源丰富，取材可自随其便；石墙房承力结构简单，自己叫上亲戚朋友就可以修，而不需要付给专职木匠以高昂的报酬来拼合那些结构繁琐的斗拱、榫卯；石墙房坚固耐用、冬

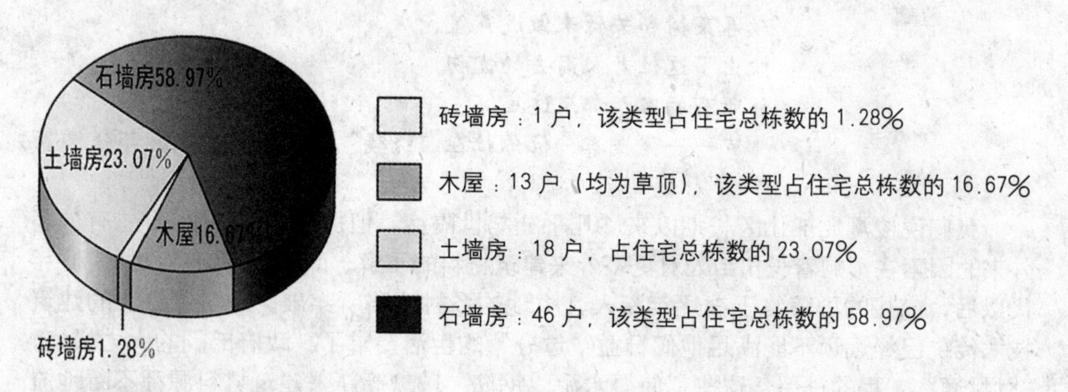

2004年陇戛老寨民宅建筑墙体种类比例图

暖夏凉、居住舒服，如果采用水泥封顶的话，还不易着火。诸如此类的有利因素使得偏爱石墙房的人越来越多，木屋改石墙房、土墙房改石墙房（当地人简称为“土改石”）的情况日趋增多，石墙房的数量正在迅速增加。截至2004年，陇戛寨的石墙房已经达到58.97%。至2006年4月初我们离开陇戛寨时，寨内还有一队队的人背负着沉重的石料行走在曲曲折折的山间小道上，准备修建新的石墙房。

第三节　“我们的材料”和“你们的材料”

长角苗居民们关于建筑材料的知识记忆十分丰富。按照传统的生活方式，他们平时要花费很多时间来搜集木本、草本和野生藤本植物茎干为主的各种资源，还包括石头和泥土。人在这种自然环境中仅凭着简陋的生产工具生存，就无法摆脱对天然物的直接而巧妙的利用这一思路，对见诸记载的世界上各初民社会而言，这一类例子不胜枚举。当然，并非所有的天然物都对人有意义，当它们中的一部分被人类视为“材料”以后，它们才具有了文化意义。一些具有材料性的天然物，如受祭的神树，甚至从人类那里获得了姓名和神祇的身份，长角苗人相信寨子附近的两三棵有名字的大树可以庇佑他们的庄稼地不旱、人不生瘟病。对于这些本地的自然资源，长角苗人有着特殊的感情，他们使用铺排的文学手法，在他们的丧葬仪式“打嘎”时吟唱的诗歌中，表露着他们对自己所熟悉的这一方水土上的一草一木的好感，和对草木的实用性的赞美：

> 晴天时花儿阵阵香，
> 结出的果实串串红，
> 阎王老爷让这位老人死去，
> 砍杉树来做他的嘎房，
> 砍春菜树和苦竹来做成芦笙，
> 吹出了这位老人离去的忧伤，
> 让所有的客人都来这里哭。
>
> ——陇戛寨一位弥拉在“绕嘎”时所唱《孝歌》部分章节

我们说梭戛北部山区长期以来“几乎”与世隔绝，但那只是“几乎”，总有很多外来的因素在影响着长角苗人对更多外来建筑材料的了解。而且，在自20世纪70年代以后，高山的屏障终于被逐年深入其腹地的乡村公路所穿破。此时，古老的建筑技术传统已经远远不能满足他们日益“过分”的生活要求了。政府部门的大力投资，“村村通”工程的进展，这些都使得水泥、钢筋、玻璃等新兴建筑材料源源不断地流

小坝田寨的神树林

入长角苗人的栖息地。生活要求的现代化使长角苗居民们的建筑文化大为改变。因此，这些正在“颠覆‘长角苗’文化（生活方式）”的外来建筑材料是不能被民族志者视而不见的。

在这些五花八门的建筑材料中，我们按照其材质属性，可大致归纳为木、竹、藤、土、草、石、五金、桐油、水泥、火砖火瓦、玻璃、瓷砖、沥青等13类。年纪大一些的长角苗居民在谈论这些材料的时候，常会指出哪些材料“一直是我们自己的”，哪些则是“你们带进来的”，他们对材料来源这一细节的注意引起了我们的浓厚兴趣。倘若换一种更为客观的语言来描述，“我们（长角苗）的”和“你们（非长角苗）的”两类物质材料所要说明的就是“建筑材料中的当地天然采集物”和“建筑材料中的外来物资”。

一、建筑材料中的当地天然采集物

（一）木 (lom)

传统的中国人总是崇尚木质的建筑材料，而对石材用之甚少。这个传统可上溯至上古神话中有巢氏筑木为巢的故事。[16] 自干栏式木建筑从殷商文化和楚文化推广以后，长期以来使得中国宫廷建筑以木构建筑为主的营造正统得以成形，并深刻影响了中国南方民居建筑的选材取向。[17]

木材曾经是陇戛人传统民居最主要的建筑材料，这一点应该说是得益于陇戛周围比较丰富的森林资源。

由于高兴村一带地势高，土壤适宜多种树木生长，加之与外界相对封闭，森林资源较为集中，木料一般取自周围林场。树种以杉树为主，还包括柳杉、桦槔树等当地特有树种。1986 年的时候，林场就已经有了专职的护林员，他们由陇戛寨的苗族村民和附近老高田寨的彝族村民（一说是汉族）组成，常在干旱无雨的季节站在高处瞭望，以保障森林财产的安全。除林场外，陇戛和小坝田一带的神树林（祭山时的活动场地）、跳花场和村落间还残留着以前原始森林中的一些传统树种，如楸树、核桃树、樱桃树、棕树、椿菜树（即香椿树）等。由于当时林木资源十分丰富，1952 年一棵成材的大树价钱也就在 7000 元左右（货币改革前的旧人民币，折合今天的人民币 0.8 元左右）。但由于 20 世纪 50 年代以来，当地定居人口迅速增长，建筑用材需求量增加，加之"大跃进"时期当地居民"大炼钢铁"，伐去了许多杂木做燃料，由是不仅使森林覆盖面积逐年缩小，而且破坏了地表植被，许多地方的岩石大量裸露。当地的生态环境完全改变。

至 20 世纪 90 年代，陇戛一带的森林资源面临枯竭危险。政府颁布法令禁止乱砍滥伐，当地居民如果要伐取树木必须获得梭戛乡林业站的正式批文。据担任护林员 20 多年的陈文仲解释说，获得批文的允许范围仅仅只是危房改造户数量有限的伐木，新修木房子则是绝对不允许的。事实上，在 1996 年以后，陇戛全寨也的确没有新建任何一座木屋的记录。

在所有木材资源中，排在首位的是杉木。杉木修直、体轻、不易变形，宜做梁柱。在打嘎仪式时，杉木则是修建嘎房最基本的材料，如果在杉树稀缺的村寨（如安柱），也必须用杉树叶予以缀饰。剥下来的杉树皮可以做屋顶，以前有人用过，但只能是杉树皮，其他如桦槔皮、楸树皮不是薄就是脆，都不可用。例如 2005 年 7 月陇戛寨熊朝荣为其兄熊朝忠家买木料时就特意将杉树皮剥下并收集起来，做将来搭小棚时盖屋顶之用。

其次是楸树，性能与杉树相差无几，也是建筑用的主要木材，只是断面比较容易起丝，不太容易用刨推平整，宜做门窗和楼枕。

当地还有一种长着三角叶的枫香树，也是上好的建筑用材，适合做中柱和各种枋，百年不坏。陇戛老寨熊朝进家的房屋已住了五辈人了，它的中柱和地脚枋都是用"攀枝树"（可能是当地一种树材的俗称，不是枫香树）的树干做成，高一丈五尺八寸，已是 100 多年的老木，其手感仍然坚硬致密。

虽然 1996 年以来国家实行封山育林政策，可供建筑施工用的木材已基本停止供应，但私人土地上的少量树木还是可以伐取的，据高兴村的一些木匠说，在附近寨子里还可以买得到建筑用的木材。

陇戛寨周边常见木材及其应用一览表

木材名	苗语读音	材质性能	适用范围	建筑使用量	实例
杉树	yi gjiae	牢实不变形，干透后质轻	可做薄板，常用做梁、柱	极多	所有木建筑必用
楸树	yi ntsu	牢实不变形，易起丝，质轻	可做厚板，常用做枋	极多	所有木建筑必用
松树	tuo	轻，易脆断	可做薄板、枋子	除枋外，应用很少	熊朝进、杨正开家的排列枋
桦槔木	yi du	光滑细致，质轻，不变形，遇水易粉化	可做小枋、家具	很少	多数木建筑必用，如杨德忠家的牛棚门
梨树	dzi thua	光滑，硬重，材体细小	做犁头、背架	不用	无
核桃树	dzi ndou	质重，坚固，光滑，但遇水易烂	做床和犁头	不用	无
枫香树	yi mang	不重不轻，光滑，不变形，遇水易粉化	做床，砌房，楼枕（炕笆）	不常用	熊朝进家已逾百年历史的中柱
毛栗树	dze thae	硬重，光滑，牢实	果树，材质可做扁担	不用	无
苦李树	dzi kou	光滑，质硬，材体细小	做薅刀、镰刀手柄等，以果树结实为主	不用	无
棕树	dzou	松软，易粉化，粗糙，不牢固，湿重干轻	做马车的刹车木及唢呐盘	很少	熊玉方家木制楼梯
香椿树	zru yio	能经水泡，但质轻粗糙、易裂，易变形	做中柱、二柱、床、枋子、小盆、背水桶	较少	熊开文家的楼枕和行条，熊光武家的楼枕
杨梅树	（通汉语）	（略）	果树	不用	无
漆树	yi tsain	易裂，易变形，光滑	做犁头、楼枕	偶尔	熊金祥家牛舍的楼枕
构皮树	gji nio	粗糙，牢实绵匝，遇水易粉化	做犁头	不用	无
梧桐树	yi lang	轻巧，不易变形，粗糙	做解板、柜子及唢呐盘	较多	熊朝荣家大门

（二）竹 (duo dreu)

当地竹类包括以下五种：

金竹，竹干及叶片色泽浅黄绿，可用于建嘎房，陇戛寨有出产；

刺竹，竹干略带棕红色，较细，比金竹略矮，可用于葬礼上的竹卦、刻竹记事和编制竹笆板，高兴寨有出产；

苦竹，竹干及叶片色泽翠绿，可用于建嘎房，小坝田寨有出产；

钓鱼竹，竹干及叶片色泽深绿，高大，竹梢低垂，可用于建嘎房，安柱寨有出产；

“a zrou”，一种介于芦苇和竹之间的高两米左右的植物，可用于做竹笆板，陇戛山下乐群村有出产。

竹材是一项重要的建筑材料，它在编扎房顶肋条、笆板和横隔层等方面应用十分广泛。

除了用做木料的替代品和剖成篾条编织笆板墙体以外，竹子还可以削制成竹钉。竹钉的制作工艺很简单，将竹子削成小楔形状，然后放在菜油灯上炙烤，待竹子的青色变成黄色，就可以不怕虫蠹了。这种竹钉在没有铁钉的漫长年代里，无论是在建筑领域还是手工艺领域都曾起过很重要的作用。

（三）藤（man）

一般常用做绑定较细的竹木建材之间的固定材料。

藤条取自附近天然林中，截取的葛藤长度自5尺至1丈5尺不等。如葛藤太粗，须用手将其撕成5毫米左右粗细的细藤条，无须其他的加工措施。在今天小坝田寨乡村公路附近的神树林中仍留有直径超过10厘米的粗藤。

（四）土（a la）

关于该地区的土料，《六枝特区志》作了如下描述：“黄壤是六枝特区主要土壤类型，广泛分布于海拔1000–1700米的山区，面积达85.80万亩，占全区总面积的32.01%，分黄壤、黄壤性土、灰化黄壤、黄泥土四个亚类……其中黄泥土为耕种黄壤，是主要旱作土，分布广，面积37.8万亩，占黄壤总面积的44.10%，占全区旱作土面积的66.34%，土体厚，耕作层15–18厘米，有机质含量高，平均5.46%，速效磷含量较低，一般5–8毫克／千克，pH值在6.2–7.2之间……紫色土分布于梭戛等地。”[18]

由于梭戛乡几乎全境都是石漠化山地，岩石风化的过程中使得大量石屑掺入黄土中，陇戛人夯制土墙房所用的黄黏土本身就含有碎石屑。虽然这些石屑会使墙体不够紧密，但是也能增强抵挡雨水冲刷的能力。

陇戛、高兴等寨的建筑老手艺人评价这一带的泥土并不适宜烧造砖瓦，但是用来打土墙房还是比较耐用的，而且建土墙房速度快，效率高，只需7天便可以打好。

泥土还可以掺杂煤灰、石灰，作为砖石建筑的黏结剂，这在1971年至1996年间曾是水泥砂浆的最佳代替品。

（五）草（an dza）

各种草类是六枝特区北部、织金县西部和纳雍县南部一带农村各族居民修建屋舍的一项重要的传统建筑资源，建筑用草主要包括茅草和麦秸秆、玉米秸秆等，其中最重要的资源是茅草。

茅草的选材以草茎长、纤维韧者为上品。护草山上的茅草良莠不齐，一般来说，向阳坡上的茅草长得高且茂盛，坡背面的草长得低矮稀疏一些。割草一般是在每年农历二三月份的晴天带上镰刀去割，因为平时的茅草都是青绿的，容易烂，只有这个时候茅草才干透了，便于盖房。雨雾天不适合割草，同样也是为了保证茅草的干燥。每次割完草要把草堆放在山坡上，所需要的草全部割完以后，就喊兄弟朋友们一起来背草，一天可以把草全部背回家。背回家以后就可以盖房了。

房屋内部能长期保持干燥，茅草就会保养得好，长则可以保持 7–8 年。

按我们对陇戛寨杨成学和小坝田寨王强的采访所了解到的情况来看，盖一栋茅草房大约需要 1 万斤茅草，那么陇戛寨的 35 户未改造和未搬迁户以及 10 户古建维修户一共需要 45 万斤茅草。小坝田与陇戛寨之间的护草山（接近于一个标准足球场的面积）每年产干茅草 1400–2200 多斤，则需要 200 多年才可以使陇戛全寨的茅草屋都能盖上茅草，而且这还不算每户 3–8 年换一次草的消耗。于是，很多人家采取向外人购买或者用麦秸秆替代茅草的办法，然而最终必然会彻底放弃这种让人颇费精力的无谓劳动，转而选择方便快捷而又经久耐用的水泥瓦或者平顶房。

（六）石（then duo）

当地的石料，按石匠们的描述，大致可分为青石、绿石、扁砂石（页岩）、红砂石、青砂石、青红砂石等，用于建筑的石料主要是青石、青砂石和青红砂石。其中，青红砂石主要用于烧制石灰，其他石料因质地酥脆或防水性差，很少投入使用。

由于梭戛乡与织金县鸡场乡相邻一带石漠化丘陵很多，山体岩石大量裸露，取材十分方便。但长期以来，因石料的运输需要租赁马车，费用高，而用人力背负又不方便、不安全，故开采规模小。

石头在梭戛是很常见的建筑材料，明代彝族土司安氏家族在安柱村至今尚有遗留下来的墓石，这说明梭戛一带人工开采建筑用石料的历史不会晚于明代。如今，长角苗居民和他们的汉族、彝族邻居们都已经习惯了居住在石墙房里。在梭戛乡北部的高兴村一带，一些上百年的老建筑以及更古老的房屋旧址上至今保留着石块垒砌而成的台基，这些说明长角苗居民们 100 多年以前就已经在开采石料供建筑地基之用了。由于长角苗人的房屋通常是背倚山坡、面朝山谷，因此建造台基时石料往往是房前多、房后少，有的房屋甚至在屋后直接将山体岩石部分挖平，而不用石料筑砌。

但在高兴村一带，石料的利用率一直很低，主要是用来铺地基，只是近年来才被人们大量开采以供修建各种石墙体建筑之用。长角苗人口最为集中的高兴村一带出现以石头为墙体的建筑是晚近的事情。即使陇戛山坡下的乐群村田坝寨（汉族、彝族、布依族混居的自然村落）也是在 20 世纪 50 年代方才引进石墙房。80 年代以后，封山育林和退耕还林政策使得木材价格上涨，如今造石墙房的成本要比造木屋便宜 1/3。加之人们的价值观发生了变化，越来越相信坚固的石墙房更利于久住，因此现在大量开采和背运石料成为陇戛寨及其他寨长角苗居民们经常要做的事情之一。1998 年以后所修的新房子基本上都是用石头垒砌，或将石料粉碎后与水泥混合做成空心砖建成。如今，高兴村的居民们开采石料已经越来越趋于使用电力设备，他们所能够获取的石材资源比以往任何时候都要丰富，这对于他们建筑形制的整体改观而言是非常重要的一个前提。

（七）桐油（drau kui yi）

桐油是从油桐的果实中榨取而得的一种油脂。油桐属大戟科油桐属，原产于中国南方，栽培历史悠久，唐代即有记载。桐油是干性植物油，具有干燥快、比重轻、光泽度好、附着力强、耐热、耐酸、耐碱等诸多优点，是优质的木材防腐剂，可以起到保护木建筑不受虫蛀和真菌侵蚀的作用。

过去的长角苗人曾经常使用桐油从事木构建筑或木器的髹涂工作。对于生活在梭戛一带的长角苗居民而言，桐油有其苗语对应名称，说明他们很早以前就了解这是什么东西；但如今在梭戛乡一带，由于高寒缺水，加之近半个世纪以来的物候变化明显，油桐作物难以广泛栽培。事实上，如今桐油算是比较奢侈的一种建筑用耗材，能够郑重其事地将木屋内外髹上桐油的住户并不多。

2000 年，贵州省文物处与梭戛生态博物馆在对陇戛寨的 10 户民居改扩建工程进行维修施工时，由国家财政出资，给每家购买了 45 斤桐油。

二、建筑材料中的外来物

（一）五金

金属建材进入陇戛寨的时间并不晚，经历过晚清民国时代的陇戛寨老人们就知道有“洋钉”一说，但大规模普及则是一件进展很缓慢的事。铁钉当时很可能已经出现在他们身边，但是当时他们并没有真正形成对它的依赖性需要，因为他们在从那时一直到 20 世纪 90 年代，还大量使用当地野生的藤本植物、竹篾、树棍之类作为建筑物的固定材料，用榫卯一类的办法来解决建筑力学上的难题，实在需要钉子的情况下他们还可以削制出竹钉来用。

熊玉明回忆说，1964 年他在修房子之前，就是先到梭戛乡农村合作社花了 30 元钱买来钢钎，然后就是用这些钢钎上山去把石料“拗”下来的——因为当时没有民用炸药。

据陇戛寨 25 岁的男青年杨光称，他小时候就没有见过铁钉，20 世纪 80 年代，陇戛寨才开始有了使用铁钉的木匠，当时主要用于钉制背架等工具器物上，后来才广泛应用于建筑领域中。

目前梭戛长角苗族群所使用的金属建材主要是钢筋类的钢铁件，尤其是直径为 6.5 毫米的盘圆钢，人们在修建混凝土平顶房的时候必须使用它作为屋顶骨架。作为建筑材料的螺纹钢用得很少，螺纹钢由于比较粗，一般用做钢钎工具。我们注意到，高兴村的居民们并不用钢筋混凝土来做墙柱体，他们宁可使用垒砌隅石的办法来做。

（二）水泥

水泥是从 1996 年才开始小规模引入陇戛寨的，主要是用做石墙房和砖墙房的黏

高兴寨熊光福家的砖模 吴昶摄

结剂，再就是掺上石砂，做成混凝土砖或者水泥瓦。

陇戛等十二寨民居使用的混凝土砖的材料除了用水泥做调和剂外，主要成分是石砂。石砂需要用大功率的粉碎机粉碎研磨得到。想要修建砖墙房的长角苗居民们常常是自己亲自开凿石头，然后再租用别人的粉碎机来研磨石砂。他们很少去购买现成的河砂，因为一方面梭戛北部山区离北盘江很远，砂料的运输成本太高；另一方面，石砂本身的质料比河砂优越，用石砂和水泥灌注的混凝土砖具有坚固紧凑的特点。

混凝土砖需要用模具来定型，样式包括空心砖和实心砖两种。空心砖又有单孔砖和双孔砖两种，其制造方法是将砖模内的两个铁筒架好，然后灌注混凝土浆。由于铁筒占据了很大部分空间，因此主人家可以节省许多原料，同时圆形内壁又可以起到传递压强的作用，因此用在单层平房或者两层以上楼房的最顶层都是很好的建筑材料。空心砖的砖模中间配备有一个横隔片，如果抽掉它，就可以做成双孔砖；如果加上它，就可以做成两个单孔砖。当然，空心砖是空的，毕竟承受的压力有限，如果用它来做楼房下层的承重墙是很不安全的，因此在这些地方要用实心的混凝土砖。实心砖的砖模与空心砖的一样，只要抽去那两个铁筒，就可以灌注实心砖了。在高兴村的居民们看来，这种建筑材料是目前他们所能承受得起的最现代化的墙体材料之一。1996年陇戛苗族希望小学的建筑墙体就是使用的这种混凝土砖。

水泥瓦的制作如果只有两三天时间做准备工作，则只能一次性制成所有的水泥瓦，这就需要很大的场地，在陇戛寨显然是不现实的。因此，水泥瓦早就提前半个月开始分批制作了。具体制作方法下文有详述。

（三）火砖、火瓦

火砖、火瓦（烧造而成的陶砖瓦）在高兴村一带没有生产，要在织金县鸡场乡附近的汉族人那里买，他们会做。据陇戛寨的杨学富说，他们制砖瓦的办法是先挖一个大坑，把泥和好后放到坑里反复搅拌，然后拿出来用模子制好、阴干，再经窑火烧制而成。而即使在鸡场乡一带，自1972年之后的很长一段时期，一块瓦都可以卖到2毛钱。高兴村没有火瓦的原因是一方面没有人会做，造价比较高；另一方面原因就是这里的酸性的紫色土和混有碎石渣的黄黏土较多，而适合做砖瓦的黏土少，不适合开砖瓦窑。因此高兴村也没有用火砖、火瓦修房的人家。陇戛坡下的乐群村布依族人倘若要用砖瓦修房子，还须到织金鸡场乡或其他地方去买。

墙身贴满白瓷砖的熊玉方宅

（四）玻璃

玻璃出现在陇戛寨的时间非常晚，据一位村民说，1996 年以前，寨里的房屋都不用玻璃，博物馆信息中心破土动工以后，村民们才注意到信息中心的建筑装的是玻璃窗。最早使用者当包括从越南战场退伍后一直在六枝当工人的陇戛寨人熊玉方，他退休后不想待在城里，便回到陇戛居住。我们根据周边村寨的情况推测，建筑用的玻璃材料应该至少在 1949 年就已为出门在外的陇戛人所耳闻目睹过，但真正意义上的“进入”可能确实只是在 2000 年以后。

（五）瓷砖

陇戛全寨的建筑，唯有一户人家使用了瓷砖材料作为墙壁贴面，这就是前文所说的退休工人熊玉方。多年以来，他一直是陇戛寨里为房屋改门换面的积极分子，在游客和文化保护者们的眼中，他的房子是陇戛寨最刺眼、最叫人感到不安的异数。但是他自己却不这么看，他说以前是因为买不到才没有人用，如今这些材料很便宜，也很方便就能买到。2004 年他在梭戛街上只花了不到 200 元人民币就买足了贴墙的瓷砖，瓷砖分白红两色，他用白色瓷砖贴满墙体，而用红色瓷砖在墙体转角处镶边。虽然熊玉方认为水泥石墙房和瓷砖让人感觉干净舒服，但是他却谨慎地保留下木雕窗花和门簪，看来，只要是他认为美的东西，是无所谓新旧的。

（六）沥青

目前，陇戛寨的沥青建筑材料只见于 1998 年以后的各项政府资助工程之中。例如梭戛生态博物馆给 10 户民居木建筑屋顶改扩建所用的封顶木板上就用沥青制成的油毡进行覆盖封涂，防止木板被雨水泡久后发霉腐烂。当地人还很少使用沥青作为建筑材料。

第四节　民居建筑中的装饰美

一、木构建筑材料中的装饰工艺

（一）门簪（drom bplo）

门簪，是中国传统民居建筑中常见的部件之一，无论在南方北方的古代民居建筑中，我们都不难发现门簪的踪影。在贵州，特别是苗族聚居区有很多木构建筑保留了这一特色。梭戛长角苗民居建筑中的门簪亦有其特色。在当地汉语口语中，门簪通常被叫做“门头”，因为它们总是在门楣外侧露出其雕饰成花朵或其他形状的簪头部分。

顾名思义，门簪的形状和原理跟古人绾头发的簪子是大致相同的。门簪由簪头、簪体、门簪插销、门簪板四部分构成，我们所看到的总是成对出现在门楣上的部分是簪头。簪头必然成对出现，左右两个簪头的形状必须保持一致。

门簪的特点是利用榫卯原理，通过门楣背后的一块门簪板将一对门板的上下轴固定在门楣和门槛内侧轴孔中，这样就可以使两扇门板灵活地开合转动而不至于垮掉。

苗族普通人家的门簪头一般比较朴素简单，多为几何形体，富裕一些的人家则通常把门簪头做成花卉图案。我们在陇戛寨所常见到的十字花纹样的门簪头，大多是2002年由贵州省文物处委派黔东南古建筑施工队赴陇戛寨对10户木建筑老宅进行重建和维修时的设计造型。而陇戛寨现保存最古老的门簪则是熊朝进家的一对门簪，约有140年以上的历史，其结构比较复杂，分三层：上层为南瓜状，直径13厘米，厚7.4厘米，由28条瓜楞组成。瓜楞呈旋涡纹最终汇聚于瓜面正中心凹陷部位。中层略薄，厚度为4.2厘米，由表面布满辐射状褶皱纹的花托做成波浪起伏的正五边形。下层为周身刻有34条竖棱纹的圆盘，厚度为4.8厘米。小坝田寨王开政家的百年老木屋门楣上也有一对这种样式的门簪头，除此之外，我们没有在周边其他非长角苗族群的任何民居建筑中见到过，很可能这种门簪头造型与长角苗族群有着非常密切的关系。当地长角苗木匠们习惯称这种门簪造型为“萝卜花”。

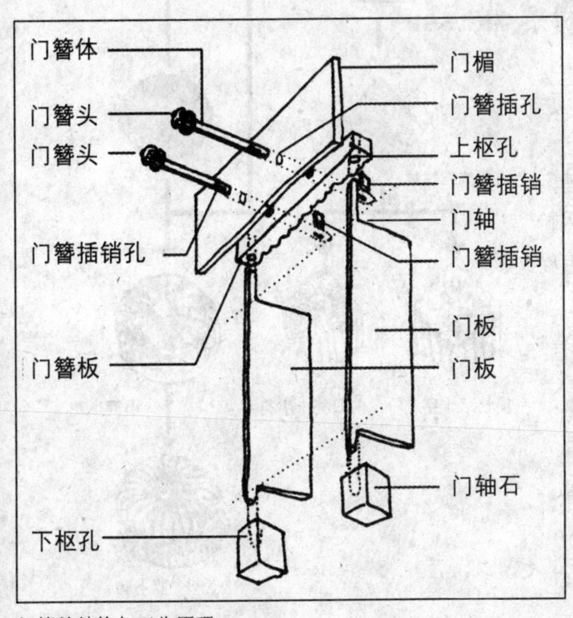

门簪的结构与工作原理

我们将搜集到的门簪头样式归纳了一下，发现至少有8种造型。只要对这8种造型稍作对比和分析，我们就不难发现它们之间有着密切的关系。

造型手法简单的门簪头包括圆柱体、方柱体、球体。其中方柱体又分平置式和斜立式两种。

圆柱体造型的门簪头是制作起来最简单的门簪头，因为木料的天然形状就是圆柱体，只需要将材料拦腰锯断，并去掉树皮，略加切削，形状就出来了，如陇戛寨杨德忠家，2000年以前他们家所沿用的旧门簪头就是这种类型。这种样式基本上没有体现出人类的艺术思维特长，仅仅只是考虑其功能实用性。杨德忠说，以前的门头大部分是不用雕花的。

平置式方柱体造型的门簪头是将圆柱体切削出互呈直角的四个侧面而成的门簪头样式，比起圆柱体而言，这就出现了人为设计塑造的因素。

斜立式方柱体与平置式不同之处在于门簪头于穿入门楣的榫眼而言呈45度角的水平倾斜错动。陇戛老寨熊玉方家的门簪头（1973年请汉族木匠所做）就是这种样式，它的造型又比平置式方柱体多了一层"错位"的构思理念。

球体造型的门簪头也是从圆柱体的基本形态演化过来的。树干天然的圆柱体形态增强了工匠们在设计造型时联想到球体形态的可能性。他们如果将圆柱的横截面按"滚刀边"慢慢切削，就会得到一个球体或者扁球体状的半球面。计算好门簪体所需要的长度和直径以后，门簪头的另一面也可以慢慢切削成与之相匹配的球面或者扁球面。与前面的几种造型相比，球体造型的门簪头打破了门簪头必须是断面的惯例，体现出了制作者的圆雕意识。

"小萝卜花"造型的门簪头如今可见于陇戛老寨杨光家。它的基本形态是圆台体——介于圆柱体和球体之间，顶端为小的圆形平面，因此可以说既包含了圆柱体的因素，又包含了球体的因素。而且，"小萝卜花"造型的门簪头表面上开始出现犬牙交错状的槽纹，圆台下面也出现了花托状的底座，簪头被分成了前后两层，这就使它的结构更趋于复杂化，有了明显的装饰意义。

"萝卜花"造型的门簪头则是在"小萝卜花"的形式上更趋复杂。制作者显然对繁琐细密的装饰效果十分着迷，旋涡纹、细密的竖楞纹、辐射纹、南瓜体、镂雕的五边形花托、前中后三层结构——这

"萝卜花"门簪（熊朝进宅）

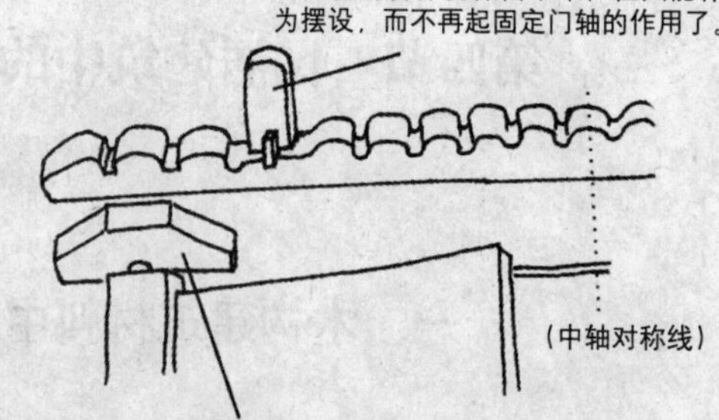

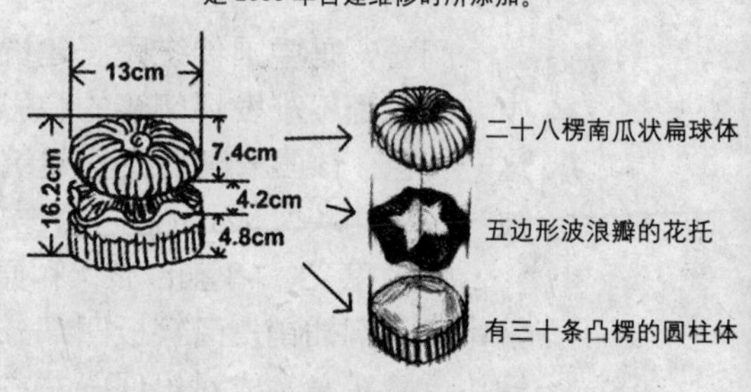

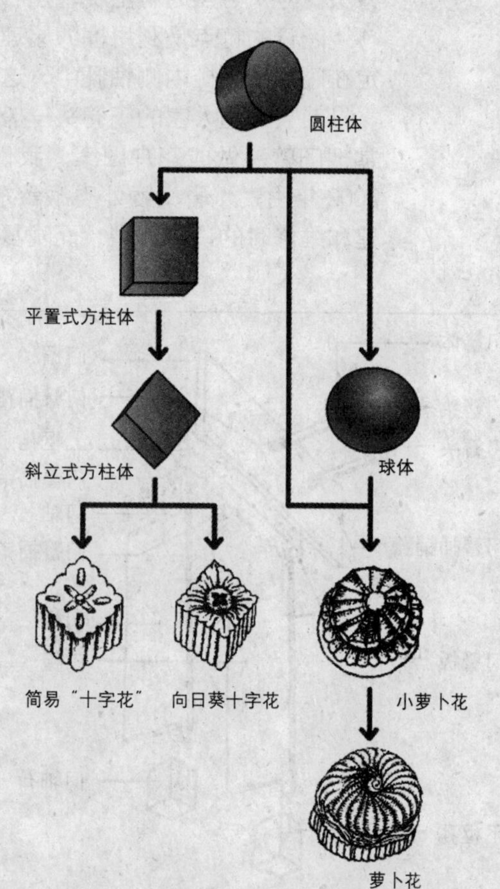

梭戛箐苗建筑中门簪头的谱系

两种十字花门簪头

些设计充分反映出制作者内心丰富多样、充满乐趣的想象力及其娴熟精湛的造型技法。

“十字花”门簪头样式是在陇戛寨2000年古建筑维修以后才出现的，它的造型特点是利用斜立式方柱体的方形面进行花卉题材的浮雕创作，并在其余四个面各雕刻7条棱柱纹。这28条棱柱并非均匀排列或任意刻画的，而是沿着28个花瓣的外轮廓平移下来的轨迹，因此这种造型具有典型的浮雕特征。如图所示，右图为杨德忠家2000年改换的新样式的门簪头，其造型与乐群村布依族居民陈光荣家的门簪头十分相似，都是在斜立式方柱体的原型上细细雕刻而成的向日葵图案，向日葵的上、下、左、右4个花瓣比较夸张，呈现出十字花科植物的一些特点。左图为杨德学家的新门簪头，是他仿照邻家的样式自己做的，造型比较粗糙简陋，显然只是用凿子凿成的，是对前者样式的一种简单模仿，虽然出自长角苗工匠之手，但比起“小萝卜花”或者“萝卜花”而言确实要逊色很多。我们注意到，“向日葵十字花”的造型图案与中国解放初期的公共建筑和纪念碑上的向日葵浮雕造型方法十分相似。从时间上来看，这种类型的花纹都产生于1949年以后，应属于一定时代政治文化背景下的产物。

虽然我们能够意识到这些门簪头造型应该而且必须有一个由简单到复杂的演化过程，但事实似乎给我们制造了一个完全相反的结论，那就是现存越古老的门簪头，其造型越是复杂，制作时间越是靠近今天的门簪头，其造型反而越简单（贵州省文物处对陇戛寨10户老宅重建时采用的设计方案除外）。实际上，这涉及的是另外一个问题，就是纪念意义或者说文物价值问题。“物以稀为贵”这条价值法则从古到今一直发挥着重要的作用，例如黄土高原上出土了西周时期的穿孔海贝，只能说明它们是古人在当地留下来的财产，而不能说明当时此地就是沿海地区。同样的道理，长角苗民居建筑里“萝卜花”造型的门簪头能够保留到今天，并不能说明140多年以前就没有其他造型更为简单的门簪存在，倒是能够说明对于长角苗居民们而言，这是造型奇特、值得保留下来的纪念物。而从圆柱体门簪头到“十字花”或者“萝卜花”造型的门簪头这一演变过程更多的是蕴藏在建筑工匠们的思维逻辑之中。

门簪板有矩形、锯齿形、波浪形和莲瓣形，它们是两扇大门的上门轴最直接的固定装置，因此两端各有两个朝向地面的小轴孔。矩形是最为常见的一种门簪板造型，解放后修建的绝大多数木屋建筑都使用这种朴素的门簪板，它只是一块厚度不到二指宽的普通木板，身上没有体现出任何装饰性因素；锯齿形的门簪板只见于陇戛寨百年老屋熊朝进宅中，17个齿头都是圆形，均匀分布在门簪板朝向堂屋的边缘上；波浪形的门簪板见于陇戛寨熊玉方宅，状貌如同从两边向中轴线滚滚而来的汹涌波涛；而莲瓣形的门簪板则只见于2000年古建维修之后的一部分维修户宅中，如陇戛寨杨德学宅。无论门簪板的造型多么奇特，却有一个不变的法则，即门簪板左、右两边总是关于门缝中轴线对称的。

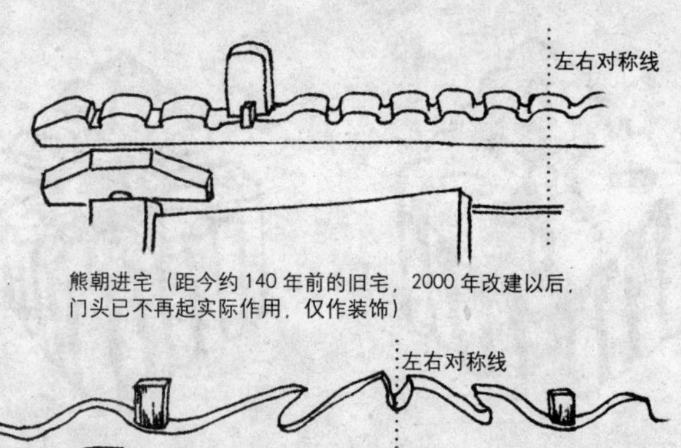

熊朝进宅（距今约140年前的旧宅，2000年改建以后，门头已不再起实际作用，仅作装饰）

熊玉方宅（1973年由梭戛乡苏家寨汉族木匠曹顺昌制作）

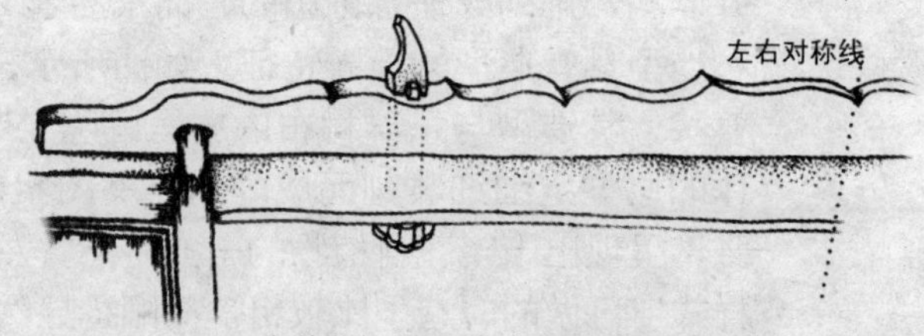

杨德学宅（2000年古建筑维修项目）

三种不同样式的门簪体和三种不同样式的门簪板

门簪体的尾梢造型大致可分为直体、圆弧体和弯体三种样式。直体的门簪体最为常见，制作起来也最方便，如陇戛寨熊玉方宅的门簪，就是采用直体尾梢的设计，只需要将一小段圆木的1/5保留作为雕刻门簪头所需，而剩余的部分都可以用锯、刨，甚至斧砍刀削的办法做成横截面为宽矩形的榫头。圆弧体的门簪尾梢则是在直体尾梢的基础上做了一道修饰工艺，即将横截面切削成圆弧形，这样既比较容易插进门簪插孔里去，又具有圆润的美感。尾梢为弯头的门簪体则来历不明，六枝当地也有学者认为，尾梢为弯头的门簪体只见于苗族人的建筑之中，其他民族没有，它的弯角造型模仿的是牛角，象征着长角苗居民对牛的崇拜——正如他们的妇女绾在脑后的牛角状大木梳一样。然而，根据我们观察，虽然在一些未经改造的旧民居中确有弯头的样式，但是不仅苗族，包括汉族和布依族的民居（如乐群村陈光荣宅等）中都偶有现身，可见这种样式是一种地方性的共享传统，而不是民族族群所独有的传统，与长角苗自身的历史并不一定有着图腾意义或者象征性的对应联系。在2000年古建维修中得以翻新的陇戛寨10户民居建筑中，多数换成了簪头为十字向日葵花、簪尾为牛角弯头造型的新木质的门簪样式，明显可见这是相关部门的施工方案内容之一，至少不具备在建筑领域为长角苗“牛图腾”立论的说服力，至于在安柱新村的房屋墙体上人们所看见的牛头窗孔也只不过是建筑设计部门的凭空附会，外人强加的图腾符号无法说明任何历史本貌的问题。有必要指出的是，当地汉族民居建筑中的门簪簪头多是八卦图案，簪体多是直的。而在陇戛、小坝田、高兴一带的长角苗民居，虽然多数门簪体是直的，亦有不少老房的门簪体做成向两边弯曲的牛角状，但这些苗族人家的门簪头没有一个做成八卦图案。这至少可以象征性地说明在弥拉制度下的长角苗社区里，道教文化所带来的一系列巫术符号在当地长角苗村寨中也并不那么容易深入人心。

（二）**花窗**（kau daze）

古人称窗为“牖”。《说文》“牖”字解：“穿壁以木为交窗也。”即“凿穿墙壁，用木板做成横直相交的窗棂”。长角苗人家工艺最原始的窗户就是在木板墙壁上砍挖出来的正方形窗洞，简单到连横直相交的窗棂都没有。在锯子传入长角苗村寨以后，也有许多窗户是锯出来的（如高兴寨熊开文家），后来有了刨类工具，就出现了窗棂。

长角苗村寨中有花窗的人家并不多见，有的也只是比较简单的样式，如陇戛寨熊玉方、杨成达、杨学富三宅。比较之下，我们不难发现这三户人家的花窗都出现了一种图案，即“卐”图案，这种图案是窗花图案中最为常见的一种，形制结构颇类似编制的竹席，一说也叫做“卐字花”，与佛教文化有着一定的关系。虽然它的渊源我们已无从定论，但是有一点是可以肯定的，那就是这种花纹图案显然与古代汉族居民的生活方式关系要更为密切一些。

穿榫技巧十分讲究的木质花窗格是南方民居常见的建筑装饰工艺。陇戛寨的花窗主要采用榫卯原理将各种尺寸的四方棱木条拼接成复杂的分割图案。“卐”元素要么被画在每个九宫格子里机械排列；要么改单线条为双线条，略作长宽变形，均匀分布在中心空白窗眼的四周；要么就将某些部分反转过来，做成左右对称的合抱形象，其中还出现了“田”字纹和斜菱形纹。这些图案较湖南湘西地区苗族民居的花窗可说简单朴素许多，木条也要粗一些，主要呈横向和纵向穿插，斜向穿插的很少，曲线型的木条则没有。木条及窗棂没有装饰性的雕饰花纹，也没有髹上桐油或生漆之类考究的养护措施。

花窗属于小木作一类活计，并非所有能修造房屋的木匠都可以制作，需要擅长细木工活的木匠才可以完成。所谓慢工出细活，花窗制作需要一定耐心和时间。长时间以来，高兴村一带的长角苗木匠都是不会做花窗的。陇戛寨熊玉方家石墙房上的花窗是他 1973 年从部队复员回家后请梭戛乡苏家寨汉族工匠曹顺昌所造；杨学富家的花窗则是 1988 年由织金县呢聋村大田寨的汉族木匠李龙明制造。时至 20 世纪 80 年代末，高兴村高兴寨以家具、门窗为主业的木匠熊国富的出现才打破了这一

高兴寨熊开文家的窗户 吴昶摄

陇戛寨的三种花窗样式 吴昶摄

局面。

（三）花檐板

花檐板又叫风檐板，常见于悬山式屋顶两坡面的檐下，因为传统的风檐板的下缘往往被锯成各种花边形状，所以才叫花檐板。这种花边造型在南方很常见，比如广东、福建的汉族民居住宅中，还有鄂西南、渝东、湘西的土家族、苗族和黔东南苗族、侗族所居住的吊脚楼建筑中都可以见到。它有莲花瓣、锯齿、弧边等各种造型，广东佛山兆祥黄公祠的祖庙山门上还有以粤剧《六国大封相》为题材精工镂雕的金漆木雕花檐板。花檐板一方面起着阻挡雨水流入房内的作用，另一方面又使屋顶与墙体接合部显得整齐好看，具有装饰作用。

花檐板适用于各种木屋、土墙房和非混凝土顶的石墙房、砖墙房，也无论是歇山或硬山，只要屋顶是两坡式，且需要木质的大梁做支撑，两坡的外缘就必须由花檐板遮挡。花檐板必须用铁抓钉或钉子固定好，然后再钉上子磴，然后才可以在上面钉椽板。在安装好以后，两端离石椽头的高度如果尚有落差，就需要用石块和锯下的木墩做垫抬起花檐板。

梭戛长角苗人家的花檐板造型比较简单，多为锯齿状，或者没有花纹，经古建维修以后的10栋木屋大部分则被换成莲花瓣状的花檐板。但是如今这道花边已经被他们简化成粗糙的平直木面，年轻一代的木匠师傅认为锯花边是一件麻烦事，因此不再做花边了，但花檐板这个名称沿用至今，只是越来越多的人称其为“风檐板”了。

二、石体建筑材料中的装饰工艺

在长角苗人群长期栖居的梭戛北部山区，早期的军事建筑如大屯山和小屯山营盘还基本上是依山形草草而建，既没有煤渣粉石灰混合物或者水泥这样的专门黏合剂，也没有太多的造型章法方面的讲究，因此石头与石头之间的空隙比较大，如今墙体坍塌处比比皆是。高兴村一带的民居石墙体建筑是在20世纪50年代崭露头角的，但真正意义上大规模建造是在20世纪70年代初和90年代以后掀起过两次比较大的高潮。由于民居石墙体建筑的起步非常晚，关于石料如何运用才能达到坚固、美观、实用的要求，长角苗居民们也是在不断向周边各族邻居“取经”和自己实践摸索中总结出的一套经验办法。在这些经验办法中，包含了一些与实用价值紧密结合的朴素美的因素，主要体现在他们在修造房屋时如何安排各种石料的位置，以及对各种石材的刻意修琢造型方面。

石匠们可以熟练地借助吊线和墨斗在平石料表面上做印记，然后用钢钎和锤子（或小斧背）按照墨线印记凿平石料的表面。许多的“材料石”表面上留有交错填充的平行线凿痕，为了达到石料表面平整的目的，用钢钎刻凿的时候要注意用力均衡，凿纹是大体上互相平行的直线，如能凿成这样，墙面就会显得比较平整。虽然还有很多石墙建筑是用未经刻凿平整的腰墙石直接砌成的，但这些现有的技术表明，在石匠行业起步非常晚的梭戛北部山区，匠人们已经非常善于用钎凿技术整平石料表面了。

（一）腰墙石

腰墙石，即构筑墙体的主要石材，体积小而不规则，是通过爆破或钎凿手段从岩体上分解下来的，除了有的人家经济条件允许的话，在腰墙石外侧面需要用钎凿的办法略打理平整外，并没有太多工艺。但一些石墙体建筑的石料布局还是有讲究的，比如最大的石块要放在下面靠近地基的地方，越小越往上放，最小的石块则放在墙体最上面，这一方面有利于墙体的稳定，另一方面也使墙体的外观体现出一种松紧有序的秩序美。陇戛寨、高兴寨都可以见到这样的石墙房；也有的石墙房并没有按照“下大上小”的方法来砌，但也是上下大小差不多，绝少出现“下小上大”的情况。

（二）隅石

隅石是指石墙体转角处所使用的形状特殊的石料。隅石位于墙角处，它的周正与否直接关系到整个墙体的稳固，因此需要有十分平直且有一定长度的表面。由于隅石要求体积比较大（有的长度甚至超过 1 米），爆破技术容易使岩石碎裂成小块，因此一般只能用钎凿锤打的办法获取。梭戛当地汉语称这种大石料为“材料石”。隅石是材料石的用途之一，其加工方法比腰墙石麻烦一些。首先，用做隅石的材料石大多数都是长度在 30—120 厘米的长条形状，并且要将其凿打出两个或三个比较平整的表面。相邻的平面之间必须是互相垂直的，这就需要事先用墨斗和曲尺或其他工具在其表面做出记号，然后凿出来。

隅石的排列也有讲究，从下到上要互相错开排列，因为它们的形状通常是扁的，有延伸出来并且外缘很不规则的一边，比如房屋右前角第一块隅石是侧向山墙，那么上面第二块隅石就应该侧向正墙，第三块再侧向山墙……在从梭戛到六枝以及六枝到新窑乡的公路附近，有大量汉族民居建筑，都循同此理。这与欧洲传统教堂建筑的楼体转角处处理方法如出一辙，由于长角苗居民们的石墙体民居建筑毕竟起步很晚，也很有可能受到了后者的间接影响。

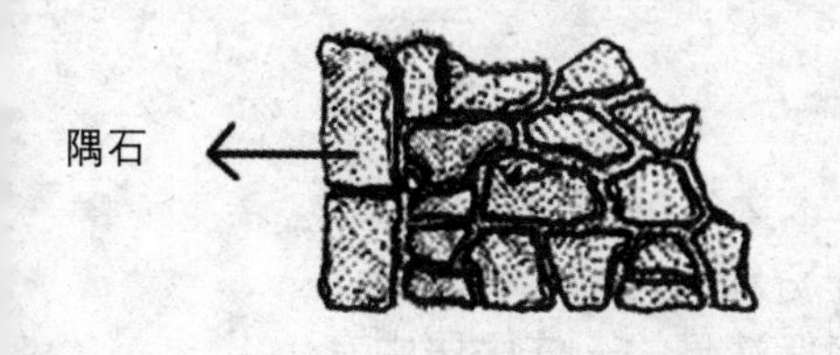

（三）门顶石和窗顶石

从结构而论，石墙房与木屋的墙体有一个很大的区别，就是墙体的拼接结合方式不一样，木屋的墙体可以采用榫卯、穿枋、槽板嵌合等办法紧密结合在一起，即使在墙体上临时开一个小窗也是很容易的事；但石墙房就不一样，它的墙体虽然可以用水泥粘接起来，但是由于石块本身是单个单个的，又比较沉重，因此门和窗的位置都要事先设计、确定好，施工的时候用材料石将两边砌周正（窗户底还要用材料石铺平），然后再在门或窗户的顶上压一块略呈等腰三角形、可以骑在两边石头上的材料石。压在门顶上的我们姑且称做门

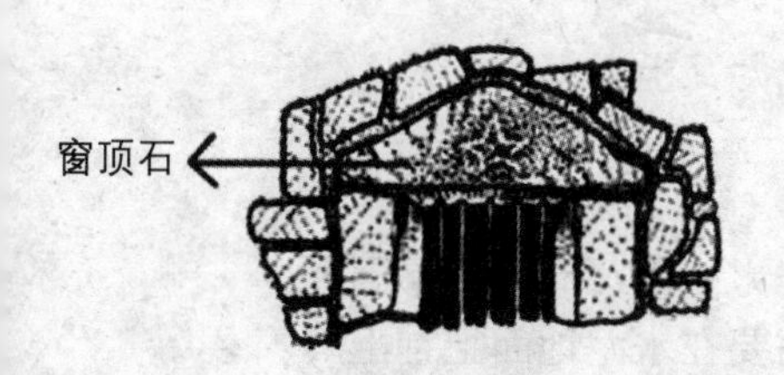

顶石；压在窗顶上的姑且称之为窗顶石。这些石料的表面都用钎子凿打得比较平整。

一些长角苗石匠习惯于在门顶石和窗顶石的表面雕刻一些简单的装饰图案，如位于陇戛寨垭口杨洪国家的山墙正中位置的窗顶石，石匠（杨洪国本人）采用单线阴刻的手法在石料表面刻下了一个五角星符号，并用红色油漆顺着阴刻线勾勒了一遍。又如位于陇戛寨杨学忠家的侧门门顶石，是杨学忠的哥哥杨学才制作的。房屋原本是一栋木屋，后来改造成了石墙房。这块门顶石的表面也留下了作者当年采用单线阴刻的手法刻下的三个互相交叠的菱形符号。这两种符号都常见于 1949 年以来中国的各机关单位建筑、学校建筑以及桥梁中，是具有 20 世纪下半叶追求简单朴素的典型中国特色的公共符号。这些简单好记的符号给长角苗居民们留下比较深刻的印象，他们并不了解这些符号的来历与意义（甚至我们也未必能说得出其来龙去脉），但或许正因为它们反反复复地出现于陇戛寨人的经验世界中，他们才决定让这些公共符号成为他们装饰房屋的首选，同时也在这种集体无意识之中再次强化了这些符号的公共性。

（四）挑水石

“挑水石”即石椽头的别称，它位于石体房屋墙体的转角处，用以承载屋顶外缘的椽角。两进式的石墙房需要六块挑水石承担整个悬山式房屋屋顶两坡的重量，并通过一层层的隅石把压力传送到地面以下的台基上。

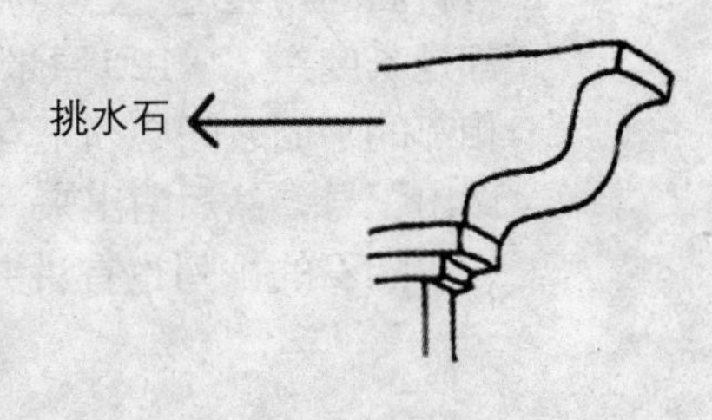

挑水石的造型很独特，需要用长条形的材料石细细凿打成上宽下窄的船头形状。造型朴素的挑水石外轮廓是一条简单的弧边；略为讲究一点的则呈现出卷草曲线或者花托曲线的剪影。

不难发现，这种对椽头造型的讲究实际上源自中国南方木构建筑的传统，在江西、安徽、湖南、贵州的许多古代木建筑中，都有着雕刻得十分精细的木椽头，有的雕成大象头，有的雕成狮子头，我们甚至在 1998 年见到湖南保靖县的一栋民居中有雕刻成象鼻托莲花形状的，即使最朴素的木屋，椽头本身也一定要用大的原木解成的枋子做成略往上翘的形状。梭戛长角苗的木屋造型虽然简朴，也是很在意椽头质量的。但挑水石的造型不同于他们当地木屋椽头的造型特征，可能是源自这种石墙房建筑样式形成的地方，今已无法考证清楚了。

三、混凝土建筑材料中的装饰工艺

混凝土建筑材料的装饰因素极少，主要集中体现在各种水泥瓦上。

（一）大水泥瓦

大水泥瓦分方瓦、缺角方瓦、三角瓦和弯瓦四种，其制作方法因瓦的形状不同而略有差异，如做方瓦、缺角方瓦和三角瓦一类的平板瓦，只需要在水泥地面上铺上隔

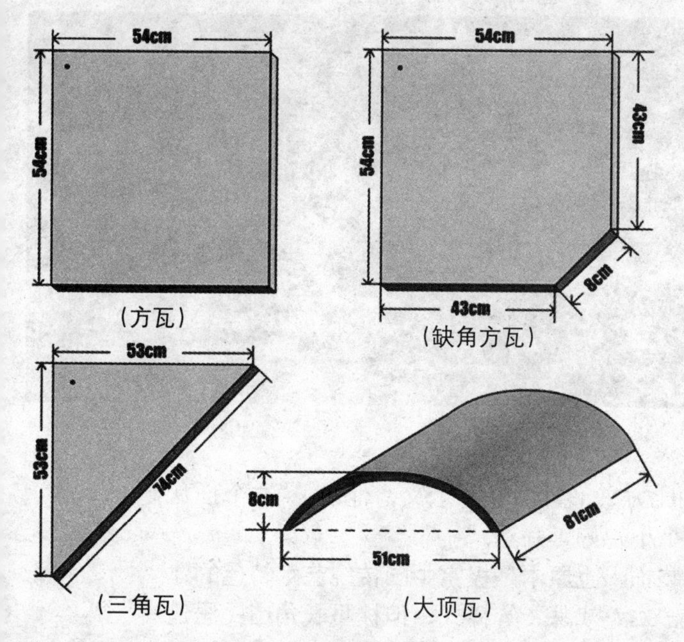

部分水泥瓦的样式及尺寸（注：瓦板的平均厚度约2.3cm）

纸，并在纸上置好正方形的木范，就可以往内倾倒砂浆了。制作弯瓦，则需要先在地面上按规定尺寸用碎砂细心地铺成长条形的底模，为避免瓦与碎砂黏结，要用表面无皱褶的废报纸隔上，然后将黏稠的水泥砂浆糊在报纸上，并用水泥刀将其分段切开。水泥凝固之前，先要在瓦板的一个角扎上一个钉孔。待水泥凝固变硬后，便可一块一块揭起来，搬到一旁风干；然后整理好底模，铺上隔纸，还可再做下一批。

方瓦、缺角方瓦与三角瓦是配合成套覆盖在屋顶上的。匠人们只需要用一枚水泥钉便可以将 54×54 平方厘米的方形水泥瓦板自下而上、稳稳当当地钉在檩和椽上，边缘位置用缺角方瓦和三角瓦来补，无须再用水泥砂浆来固定。一张张水泥瓦如鱼鳞一般整齐美观，既可以盖在木屋和土墙房上，又可以盖在石墙房上，可以完全取代茅草屋顶了。

弯瓦的覆盖方法则是一仰一伏，彼此相扣——跟青瓦是完全一样的。

（二）顶瓦

顶瓦是压在大梁上的弧形的小瓦板，有大小之分，是纯装饰性的建筑附件。大瓦长度一般在 80 厘米左右，也有几块较长的；小瓦则跟南方民居所用的普通青瓦大小差不多。一般，下面先用大瓦铺一层，然后再用小瓦侧立起来堆放在大瓦上，摆成两头翘起、大梁正中作镂空五角星花图案的样式，算是弥补了一些太过讲求实用的不足吧。整个过程不用水泥黏结，半个小时不到就可以完工。顶瓦在房顶上中间隆起，两头上翘，仿佛要展翅起飞，使整个房屋的形象轻盈灵动起来，不再显得沉闷呆板。

顶瓦装饰（中间部分）

顶瓦装饰（外缘部分）

补空寨的一位木匠用了一个很奇怪的比方来形容顶瓦的意义，他说："这个顶瓦没有别的用处，就是为了好看，就像是娶个小媳妇，好看。"

在南方民居中，顶瓦是很常见的屋顶装饰，也原本是极富中国传统艺术特色的建筑装饰部件。在很多地方，顶瓦常常做成"二龙戏珠"等样式，但梭戛长角苗民居建筑上的顶瓦却没有这些内容，它们被做成五角星形状，或许也是与1949年以后政府所习用的"红五角星"符号在民间的传播有着密切的联系。

第五节　建房习俗与相关信仰

一、民居建筑施工的组织形式

（一）婚俗与建房

按照自古的传统，长角苗人的青年男女一般在13岁至20多岁的年纪就正式参加"走寨"、"坐坡"等活动了，如果男有情、女有意，就可以考虑彼此之间的婚姻大事。结婚不仅意味着一个新家庭的诞生，也意味着这个家庭所赖以存身的物质空间必须得到确保。也就是说，必须有一座新房，或者，至少能够确保男方的父母能够答应让小两口住在他们的房子里——这种运气一般只有最小的儿子能够遇到（见后文）。如果女方家的男劳动力不足，要他来"上门"，则他也往往不用为住的地方发愁（在长角苗族群中，"上门女婿"并不是一种卑微的身份，只是出于对农村土地分配合理化的一种很常见的自然调节方式）。但是除以上两种情况外，在结婚前，每个成年男子一般都要在本寨内或边缘修建一栋新房，这是准新郎官在婚礼之前所有准备工作中的头一桩大事。

按长角苗人的传统，大多修建的是三开间穿斗式木屋，他就要亲自或委托有号召力的兄长来召集他的兄弟及父系和母系的同辈分男性青年来共同修建房屋，人数一般少则5–7人，多则10余人，并没有一定之规。召集人还要请到熟稔于建筑的师傅，开始兴建他的新居。如果他的亲戚里面没有足够的青年男子，那么家里的男性长辈们就要参加，如果人手还是不够，女人们就要参加。

高兴村建筑施工合作者与房主关系示意图

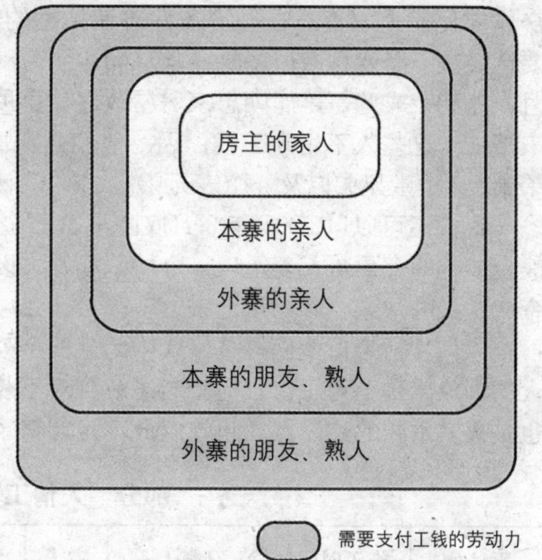

（二）建房合作中的血缘关系

建房合作中的血缘关系即血缘合作，是指施工召集人（不一定是房主本人）集合房主在本寨内的直系亲属、姻亲及远亲亲属中的劳动力来进行建筑施工的合作，是一种非市场化运作的传统互助形式。凡属这一身份类型的帮工者，陇戛人都称做“人情工”。

血缘合作在高兴村一带长角苗人的建筑活动中占据重要地位，替自己的亲人出力建房不仅是免费的义务，而且也是互相之间交流感情的重要场合。陇

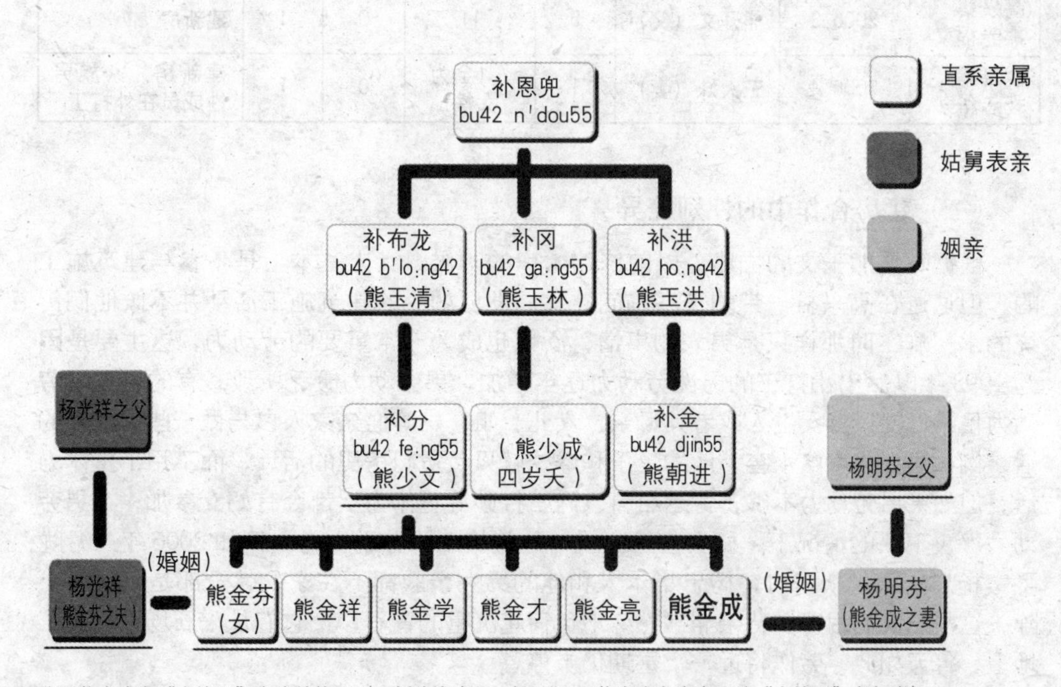

陇戛熊金成家“人情工”亲缘结构图（下划线者为2005年8月22日熊金成家水窖工地“人情工”参与者）

戛寨一位年轻村民熊朝荣的解释是："自家兄弟相互帮忙才做得成，要是各干各的，那就哪样也搞不好了。"也就是说，亲人家中有忙要帮，他就必须要参与。正是这种合作才促使大家都能在经济条件普遍拮据的情况下住得上房子。血缘合作的一个重要意义是不需要积攒很多的钱，从而达到劳动力与劳动力直接交换的目的。2005 年 8 月，熊朝荣成为哥哥熊朝忠家房屋改建"草顶换瓦"的召集人，他召集了 9 位亲人前来帮忙。这些人不用开工钱，因为他们分别是他的养父——仡佬族木匠杨正华、1 个弟弟、3 个堂兄弟以及 4 个表兄弟。

我们还可以以 2005 年 8 月底陇戛寨熊金成家的水窖施工过程为例：施工现场除熊金成的四个哥哥、妻子、一个妹妹和妹夫以及熊金成的父亲、岳父和伯父之外，熊金成妹夫的父亲也参与了进来。

人们常常会对他们打嘎仪式中为某一个死者奔丧的各寨亲戚通常有数百乃至上千人的现象感到不可思议，但倘若了解到对于长角苗族群而言，即使比较远的亲缘关系也是极其重要的这一点，也就对此不足为奇了。

部分"人情工"关系表

案　例	施工时间	召集人	家人	其他寨内亲人	寨外亲人	专业工匠	备　注
陇戛寨熊朝忠家	2005.8	熊朝荣（弟）	1	7	0	2	旧房改建
陇戛寨熊金成家	2005.8	熊金成	7	5	0	0	修水窖
高兴寨熊光福家	2006.3	熊开文（父）	5	11	0	1	建新房
陇戛寨杨忠华家	2006.4	王大妹（妻）	1	7（全为女性）	0	1	建新房，家族男性成员在外打工

（三）建房合作中的性别差异

根据陇戛熊玉文的描述，以前修建木房的时候，女人基本上是不参与建筑施工的。但通过在高兴村一带的观察询问，我们发现如今的建筑施工活动并不像他们传统的木屋施工时那样只是男人的事情，女性也成为非常重要的劳动力，这主要是因为 1998 年以后出山打工的男性劳动力逐年增加，男劳动力匮乏所致。有的村寨男劳动力足够，就只有女主人或者其母亲、女儿、姐、妹等血亲家人参与做一些比较轻的活，例如熊金成家修水窖，他的妻子和妹妹就只负责厨房里的活计，而不用干重体力活。但如果男劳动力不够，背运石料、碎石打砂等重体力活都会有妇女参加，在男劳动力严重不足的情况下，妇女甚至会成为建筑施工的劳动主力。例如 2006 年 4 月陇戛寨杨忠华家起新房时，杨忠华本人和他的男性亲戚都不在家，就全部是妇女们上阵。这些妇女们用背箩背架非常熟练地负荷起沉重的青石，把它们从采石场背运到工地上，每天如此，劳作将近一个星期仍未停息。

但是，即使在现如今男劳动力最缺乏的施工班子中，凡是涉及房屋质量问题的技术环节，如砌墙、盖房顶、大小木作等，仍然由男性木匠和男性家族成员支配，女性成员虽然在其中付出大量体力劳动，但因为既没有女人做木匠、石匠的先例，也没有人会木匠或懂建筑原理，因此在建筑活动中通常只是居于从属和辅助地位。

（四）建房合作中的资金分配

建筑施工的召集人掌握着资金的分配使用权，这笔钱一般不会很多，在几千至五六万元左右不等。除了支付给专业建筑师的工钱以外，还有两种人是要开工钱的。第一种是外寨的直系、旁系亲戚；第二种是没有亲戚关系的雇工，他们不论是外寨还是本寨的人，都一律要开工钱。自己家的亲人如果是在本寨，一般是不开工钱的。其余的资金主要用在建材、设备租用、伙食、烟酒方面。工钱以该劳动力“出了多少个工”来计。劳动了一整天，就算是一个工。随着物价上涨和生活水平逐渐提高，劳动力对自身的要求也不断提高，高兴村 1988 年时每出一个工是 6 元，1996 年是 10 元，2000 年是 15 元，2005 年是 18 元。

有关资金的详细分配情况，以 2005 年 8 月陇戛寨熊朝忠家“草顶换瓦”为例。工期是 10 天。他事先预备的开支金额是 6200 元，他介绍说这笔费用包括买木料、买水泥、打砂子（指开山取石以及租用他人的碎石机粉碎石砂）、制作水泥瓦、请两个木匠，其他的开销如烟酒饭菜之类，计 400 多元。除木匠之外，他还叫了 8 个人前来帮忙，这些人不用另开工钱，因为他们分别是他的 1 个弟弟、3 个堂兄弟以及 4 个表兄弟。

2005 年 8 月 14 日，陇戛寨熊朝进家修水窖，请 6 个人帮忙，其中 2 个人钻孔点炮（引爆雷管，雷管在村长王兴洪处购得），5 个人用背垫和背架背上 100 多斤的石头从山背后运到陇戛熊家的水窖处。我跟着走了两趟，坡陡路滑，一个来回要 8 分钟，这样要五六天才能背完，整个工程下来要花 1000 多元，一个半月才搞得完。窖坑直径 4 米，高 4 米，可容 5–6 吨水，仅供自己家吃。工钱是放一个炮 5 元，背一天石头 15 元。

此外，在特殊情况下，还有某些额外支出，以 2006 年 3 月高兴寨熊光福家修建石墙房为例，他们所请的建筑师是乐群村的一位回族石匠师傅，因为信仰禁忌的原因，石匠师傅不吃猪肉，也不能跟他们使用碗筷共同吃饭，因此主人家还特地另宰鸡鸭（当地一只活鸡的价格在 20–40 元钱，活鸭价格在 20 元钱左右），煮了一些土豆来招待。这一开支项反映出这个长角苗家庭关心他人的良好品质和与周边民族较强的沟通合作能力。

（五）民居建筑的改造、维修与重建

有关建筑的改造、维修与重建习俗，主要是指如下三种情况：样式改造、老旧房的维修和在灾害事故中已倒塌或毁坏、危险房屋的原址重建。一般而言也是依靠以血缘合作为主的人情工及雇工方式来进行。

1．样式改造

样式改造包括屋顶换草、草顶换瓦、木墙改石墙、仿古翻新等情况。

梭戛长角苗人家以往的民居建筑多是茅草木屋，但从实用的角度而言，茅草屋总是存在着技术缺陷和质量隐患的，并非人们所真正喜欢的建筑形式，只是因为其取材方便、价格低廉，才成为贫困家庭迫不得已的选择。当然，不能否认的是，在很长的一段时间里，茅草屋顶在梭戛长角苗人那里形成了一种文化传统，这种文化的惯性与他们知足常乐、甘愿被动适应环境而不是主动改造环境的气质性格相结合，使得他们终究没有发展起砖瓦烧造技术。

如今，由于新的技术设备与新材料的冲击，很多人家不满足于现状，因此草顶换瓦的维修改建情况十分普遍。如果一个家庭因为苦于房屋长年漏雨，就很有可能将草顶全部换成水泥瓦顶（如陇戛熊朝忠宅）。

木墙改石墙的习俗是在1960年前后兴起的，陇戛寨最早的一户木墙改石墙是杨少州家，当时他将木屋周围破烂不堪的木柱和木板墙全部拆除，换成石墙，保留用于隔开堂屋与两次间的十根木柱和两面装填式的木板墙，因此这种改造后的房屋样式也被当地人称为“木套石”（实际应为“石套木”）。这一维修改建方法后来逐渐为邻居们所效仿，例如1973年，住在杨少州屋后坡上的熊玉方将自己住的木柱土墙房改建成了木柱石墙房，后来陇戛寨有的人家起新房就直接采用“木套石”样式。

仿古翻新的技术含量比较高，资金要求也很高，苗族居民本身既没有这种愿望，也没有这个经济实力。目前在梭戛所有长角苗村寨中只有陇戛老寨的10户人家，在2000年由贵州省文物处拨专款聘请黔东南古建筑施工队对其木建筑老宅按照“修旧如旧”原则进行了重建和维修。

2．老旧房的维修

许多木结构房屋都会因年代过久而必须重新维修，对这些房屋进行维修，所面对的主要问题是老化倾斜。略微倾斜的房子，其维修一般只需要房主自己和家里人合作，用几根长树干或树杈，利用三角形稳定性的原理将房屋倾斜的一面顶起来，就可以很好地解决这一问题（整个西南山区的木建筑几乎都用这种方法）；房屋有严重倾斜的，则需要请木匠师傅拆去房梁、屋顶，重新将柱、墙扶正，甚至拆掉朽坏的柱、墙，换上新的材料，这样的话他就需要攒一笔伙食费和工钱（2005年至2006年间的价格至少在500元以上），并召集“人情工”和雇工进行维修。

3．在灾害事故中已倒塌或毁坏、危险房屋的原址重建

对中国西南山区的民居建筑而言，能够构成威胁的灾难事故一般主要是风灾、泥石流和火灾。梭戛北部山区风速不大，又处在石漠化程度很高的喀斯特地质环境中，干旱现象严重，也罕有泥石流现象出现，因此这些因素对于梭戛民居建筑的破坏力几乎可以忽略不计。但是来自火灾方面的威胁却显得十分突出，由于长角苗村寨建筑密集，加之传统的房屋多是草顶木结构，因此人们在火灾面前尤其显得脆弱无助。

一个特殊例子是高兴村补空寨在1991年发生大火灾以后，政府部门给每一受灾户拨发了6000元救灾款，让他们重新修建房舍。由于都需要盖房，工程量空前浩大，

为解决劳动力不足的问题，补空寨村民所采取的对策是请求其他长角苗村寨的亲人及朋友前来帮忙出力。按照传统惯例，外寨的亲人或朋友都是雇工，需要付钱的，但毕竟由于情况特殊，少部分家族内帮工者并没有接受工钱。由于新修的全是石墙房和砖房，补空火灾还产生了另外一个影响，那就是使很多参与重建的长角苗帮工者学会了石匠手艺，例如陇戛寨杨学富就是因为这件事学会砌石墙房的。

二、与建筑相关的信仰崇拜类别

（一）行业祖师崇拜

由于木工、石工技术及各种传统的建筑工具主要是由四川的汉族木匠传到梭戛的，这里的木石二匠传统上同中原汉族一样，都顶敬鲁班先师。在梭戛长角苗建筑者中，至今还流传着一些关于鲁班的传说与禁忌，例如木马（杩杈）的传说。据陇戛寨的木匠们说，相传鲁班发明了木马，当时他做的木马可以在天空中飞行。每天天蒙蒙亮的时候，鲁班都要骑着它去很远的地方做活。晚上很晚才飞回来，为的是不让鲁班的老母亲看到了吓坏。老母亲一直很奇怪为什么儿子每天早起晚归，于是就趁半夜披着一件单衣偷偷到屋外面去看，最后发现了这个木马，于是骑上去。木马“腾”的一下就飞起来了，一直飞到一个荒远的雪山上。发现母亲被冻死了以后，鲁班就立了个规矩：今后女人和孩子再也不许碰触木马！

这个关于木马的禁忌直到今天还挂在长角苗木匠们嘴边。虽然小孩们并不担心被木马带到雪山上去，经常在木马上玩耍，但是木匠们有时候也会拿这个故事来向孩子们唠叨，实际上，他们是因为并不希望看到孩子们从木马上摔下来，发生危险事故。这个故事并不是长角苗木匠们的想象，而是很久以来至少从湖北到贵州都流传着的古老传说。

“鲁班尺”在长角苗木匠们口里也屡屡被提到。陇戛寨“老班子”木匠熊玉明说，跟师学的木匠和自学的木匠有一个很大的区别就在于其会不会做“鲁班尺”。那么鲁班尺究竟是什么样的东西呢？长角苗居民们中间有一种说法：鲁班尺是鲁班发明的一种法器，木匠拿着它在房梁上行走，房梁的宽度可以从一两尺变成一两丈，这样，拿着鲁班尺的木匠可以放心大胆地在房梁上小跑而不会跌落下来。木匠们自己还有一种说法，高兴寨木匠熊国富说，鲁班尺只是“老班子”们懂得的一种有法力的木工测量工具。但我们尚没有发现长角苗各村寨中有能说清楚鲁班尺如何使用的人。

《鲁班经》是盛行于中国传统建筑行业的一本法术书，其中“鲁般真尺”一文说：“按鲁般真尺乃有曲尺一尺四寸四分，其尺间有八寸，一寸准曲尺一寸八分。内有财、病、离、义、官、劫、害、本也。凡人造门，用依尺法也。假如单扇门，小者开二尺一寸，一白，般尺在‘义’上。单扇门开二尺八寸在八百，般尺合‘吉’上。双扇门者用四尺三寸一分，合四禄一白，则为本门，在‘吉’上。如财门者，用四尺三寸八分，合‘财’门吉。大双扇门，用广五尺六寸六分，合两白又在吉上今时匠人则开门阔四尺二寸乃为二黑，般尺又在‘吉’上。及五尺六寸者，则‘吉’上二分，加六分正在吉中，为佳也。皆用依法，百无一失，则为良匠也。”[19]

根据上文，我们可大致了解到鲁班尺是一种神秘的、带有一定巫术色彩的建筑测量工具，其刻度与普通的尺寸刻度稍有区别，匠人们可以用它来计算出门板等建筑部件的尺寸究竟为多少才能确保吉利平安。这和长角苗木匠的解释基本上是吻合的，由是可见，“老班子”的专业知识结构是受传统汉族民间文化影响十分深刻的。

由于新一代建筑者受的教育与老人们完全不同，加上他们主要是采用自学方式掌握木匠技术，因此也无人教授他们相关的仪式、法术，多数人只是纯技术意义上的木匠。但由于新的机电设备技术手段发挥出省工、省料、省钱的强大优势，对于年轻的未来房主们而言，这些变化的价值意义比鲁班师傅的法力更为重要。

石匠行业则稍有不同，他们需要使用雷管炸药进行开山放炮取石，其危险性更甚于木匠，出于对不可知的危险因素的恐惧与神秘感，他们的工作环节中还遗留下来一些信仰的痕迹。陇戛寨一位村民说：“开石头要敬神的，要请‘师傅’来帮忙，保佑我们开山（爆破取石）不伤人，下石（打地基）才下得稳。”石匠们要用“开山鸡”、“下石鸡”来顶敬鲁班祖师爷，希望借此获得神灵的庇佑，以免石匠们在放炮取石料时被炸药炸伤、被石头砸伤，并防止鬼魅作祟引起台基不稳固。这两个旨在祈祷施工平安的仪式仍然在“新班子”里不断被使用，这也是他们学习石匠知识时所需要掌握的两项重要的法术。

但是，受过小学教育的建筑者对这些法术并不是十分重视，陇戛寨现在的木匠都不会使法术，有的虽然会但也并不是场场不落。高兴寨的 38 岁建筑工匠杨成方被问到会不会做“开山鸡”和“下石鸡”仪式的时候就明确回答说：“现在只要主人家需要，我们就可以给他做；不需要，我们通常就不做。”

如今，技术对我们的生活之影响已经越来越大，很多文化的问题已经显得不那么重要，唯有技术方面的话题正日益凸现出来，成为人类社会最在乎、最忧虑和最寄予希望的焦点。

（二）自然崇拜

在梭戛乡一带，先前有很多村寨，包括苗族、布依族、穿青人村寨都有祭山的自然崇拜仪式，祭山又叫“祭箐”，或者“祭神树”。相传在古代，长角苗的先民们正是依靠森林获取食物和躲避敌人的追杀，同时原始森林也给他们提供了建造房屋用的木材，民国时代尚有很多直径在两人合抱以上的大树，有的大树只需要一棵便可以修成一栋木屋。出于对森林树木的感恩，村民们都习惯在寨子附近保留下几小片天然树林，作为膜拜祭祀的对象，即神树林。陇戛、小坝田两个寨的长角苗居民目前尚保留着神树崇拜的传统，其他的长角苗村寨虽然还保留着神树林，但祭山活动已经在 2000 年以后逐渐停止。其他如乐群村布依族、老高田寨穿青人的祭山仪式活动在 1960 年以前就已经废止了。

值得注意的是，在祭神树时，祭祀者会用小树枝搭建一个并无实用意义的小祭台，这种小祭台是用顶端开杈的树枝做柱、用两端都没有开杈的树枝做枕木，运用了很多原始的木构建筑原理。这种小祭台的制作方法极可能显现出了他们脑海里残存的最简朴的一些传统建筑技术知识。

（三）数字崇拜

梭戛长角苗人在建筑施工及相关信仰活动中对吉利的数字十分喜欢，他们所喜欢的主要是“8”和“12”这两个数字。

对数字“8”的喜好源于南方汉语中“八”与“发”的谐音，是为祝愿这一户人家将来可以发财发福。长角苗人虽然平日使用自己的语言，但与外界交流还是普遍依赖汉语。对于吉祥如意的祝福，不论是因为汉语谐音还是别的什么原因，只要是他们能够理解的，也十分乐意接受并容纳到自己的价值观里面去。建筑领域里用“八”的情况十分普遍，用陇戛寨熊玉文的话说：“按农村的规矩，要得发，不离八。”例如开山取石做“开山鸡”仪式必须是在早晨八点钟；修建木屋时最高的中柱高度要么是一丈四尺八，要么是一丈五尺八，要么是一张六尺八……总之，都是为了取“八”—“发”之意。

他们对数字“12”的普遍好感主要体现在礼金、红包、祭祀这方面。因为一年有12个月，长角苗人家希望每一个月都会给自己带来好运气，所以他们管这个数字叫做“月月红”。周边的各族居民也有这个说法，应当说是一种地方习俗，而不是长角苗人所特有的族群习俗。例如在祭鲁班的时候，祭台上的斗里面要放1.2元钱，升子里面要放12元钱，富裕一些的家庭也有放120元钱的。这些“月月红”在仪式结束之后又成为赏给木匠师傅的红包，并寓有了“托鲁班祖师爷保佑，月月发红财”的象征祝福意义。建造房屋过程中和完工以后，屋主经常还要请当地的弥拉来“看”三次，并请他吃饭，给他发1.2元的“月月红”。如今已经涨到12元，三次一共就要花费36元和一升包谷，但就在20世纪80年代初，修建起一栋木屋整个的花费也就12元钱。

（四）吉日与忌日

房屋动土日期需要根据主人家自己的生辰推算，推算的原理仍然是中国传统的甲子纪年法。贵州许多农村居民如今依然保持着几百年前使用农历推算日子的习惯，他们是按十二天干（十二生肖）的顺序循环记载日期，用“鼠（子）、牛（丑）、猫（寅，即虎，当地自古多虎患，为了不让人产生恐惧的联想，遂改称“虎”为“猫”）、兔（卯）、龙（辰）、蛇（巳）、马（午）、羊（未）、猴（申）、鸡（酉）、狗（戌）、猪（亥）”十二种生肖动物来形象地表示每一天，并以这十二天为一个“赶场”周期。在陇戛寨，人们普遍相信鸡日、龙日、狗日为常见的起房日，猪日、蛇日、猴日、猫（虎）日这几天为动土忌日。

房屋修造好之后，主人家还要择吉日，用上好的饭菜敬奉祖先，三限家庭和五限家庭的敬法还不一样。一般是先用簸箕装一升米或包谷，并奉献一只鸡。

上梁、竣工也很讲究择吉日，大梁造好以后，就不着急了，可以请人吃饭喝酒以后再慢慢做。动土、上大梁、上大门（完工）之前要请弥拉来三次，让他看看屋里是否有妖、鬼气或者不祥或对屋主人不利的东西。弥拉最后要根据主人的生辰八字来配合，选择适合竣工的吉日。

（五）风水崇拜

陇戛人在建筑朝向上有一些朴素的风水讲究，并接受了周边汉族和布依族所共用的一些风水理论，但从笔者调查了解到的情况来看，并没有形成自己独立的风水理论系统。高兴寨的建筑工匠杨成方说，看风水本来是汉族的说法，对于他们苗族而言，其实就是选位置。长角苗人家并不讲汉族先生看风水的那些规矩，一般是按照主人家的个人喜好决定，每个人的喜好不同，有的人爱把房子修在向阳坡，有的人爱修在垭口边，选择的位置和朝向都各不相同，只要自己喜欢，都可以。

那么，长角苗人的“风水”是否与周边其他民族的风水概念无关呢？也不尽然。他们和周边各民族的交流使得他们对这一类知识是不陌生的。梭戛苗族人居住区附近的汉族和布依族村寨都有一些通晓风水知识的人，例如曾给长角苗居民堪舆过的乐群村布依族“先生”王成友，就可以给村子里的人家看风水，我们发现他家收藏有很多风水乘舆、法术、占卜方面的书籍，这些书既有印刷品，如《鸡卦》、《鲁班弄法》、《水龙经》等，也有《呼山地脉龙神真诀》等线装手抄本。而且，王成友的手抄本有两种，一种是用汉字直接抄写的书册，还有一种是借用汉字的谐音和象形特点，部分或全部用布依族语言抄写的书册。这说明就非物质文化的保存、保护而言，布依族居民们由于懂得文字书写，就能够自己想办法找到自己文化的寄载体；而他们的邻人——长角苗族群目前就面临着严峻的困境，因为他们长期没有找到记载他们语言文化的文字，这些东西只能凭着老人们顽强的记忆力口耳传承着。[20]

在陇戛寨，一些长角苗居民认为：把宅子的风水看好，就可以保证牛马不会生病，养鸡不会闹鸡瘟，人在宅子里面住着也不会生病，这样就很好了。他们并不了解汉族人所在意的风水朝向讲究，尤其是现在的屋主们更不在乎这些事情，倒是上年岁的老人们还知道一些。

我们在陇戛寨找到一位32岁的弥拉，他对建筑风水这方面还能说一些情况。他谈到房屋的位置应该是在背靠山而前方比较开阔的地方，并且最好是“青龙抱白虎”，也就是左面的山形在外，右面的山形在内，叫做“青龙抱白虎，辈辈出财主”；如果左面的山形在内，而右面的山形在外的话，则不算好也不算坏，叫做“白虎抱青龙，一辈阴，一辈阳；一辈强，一辈穷”。如果房屋两边有两棵凉山树（当地的一种乔木名），开门就能看得见“白岩”（如果山的一面有天然裸露而未经植物覆盖的石灰岩表面，这一面就可以被称为白岩），这一家就能有贵人降生。弥拉补充道，人为开采所造成的岩石裸露是不可以算做白岩的。

关于阴宅的风水，这位弥拉认为，如果死者下葬的地方风水看得好，将来这一家的后世子孙中就可以出现“贵人”。一般来说，埋人要埋在尖顶的山下，就很好，将来子孙中可以出武将。向山（坟墓正前方的山）是尖山，子孙就可以升官；如果向山是文笔山（中间一个大山坡，两边各有一个小山坡，形如笔架）的话，子孙中就可以出文官。坟墓所在的山倘若是虎形或狮子形，即大山与小山相连，倘若埋在狮子口，也就是小山前面，家里就要出大官；埋在山腰上也很好，但是具体如何好法，他也说不清了。

周边汉族居民传言，苗族人看风水是使用他们独特的“木刻刻”——一种两边带有锯齿纹路的木尺来测算风水和建房时间的凶吉，这位弥拉对此予以否认，他说苗族人的风水主要是按照上面所说的观察地形的方法测得的。他是陇戛寨为数不多的几个会制作和使用“木刻刻”占卜的人，因此对此方面问题的解释还是很重要的。

三、信仰仪式

（一）开山下石（gji si）

在所有的民宅建筑破土动工开始之前，第一道工序总是采集石料，俗话叫做“开山”，因为无论木屋、土墙房还是石墙房，都需要一个稳固的地基，这就不得不倚赖于石建筑材料。由于古代采石需要费很多精力，而且也容易发生危险，因此梭戛的长角苗匠人们在开山的时候需要祭“开山鸡”，祈求鲁班祖师爷和各路神灵予以襄助。他们用一只红色羽毛的雄鸡作为献祭品，用鸡冠血和鸡毛涂在岩石上（这个仪式在湖北利川的石匠开山过程中也有，而且几乎完全相同），同时还要念《开山鸡诀》。

《开山鸡诀》言简意赅，颂念一遍即可，时间很短，都是用当地苗语念的，以下是我们请高兴村高兴寨建筑工匠杨成方唱念，并请熊光禄翻译出来的《开山鸡诀》：

“你这只鸡是从哪儿飞来？是从黑龙大海那边飞来。别人都说你没用，但是鲁班师傅说你是一个开山鸡。”

我们在听杨成方颂念时注意到，在整段诀咒中，“大海”、“鲁班师傅”、“开山鸡”这几个因无法被翻译的重要词语都是用的汉语西南官话发音，这说明这极有可能是一段被苗语化了的汉语诀咒。

关于“开山鸡”的说法，除了顶敬鲁班祖师爷以外，还有一种说法是顶敬一位“张师傅”。据陇戛寨的熊金祥弥拉说，“‘张师傅’是一位彝族的神匠，会使开山破石的法术。手一抠动岩石，石头就会起来”。“张师傅”可以保佑石匠们在放炮取石料时不会被炸药炸伤，不会被石头砸伤。

除了“开山鸡”以外，“下石”（砌台基）的时候要用“下石鸡”，除了末尾词不一样以外，《下石鸡诀》跟《开山鸡诀》几乎完全相同：

“你这只鸡是从哪儿飞来？是从黑龙大海那边飞来。别人都说你没用，但是鲁班师傅说你是一个下石鸡。”

下石鸡同样要行血祭，将新鲜鸡血和鸡毛粘在一块普通的石头上。祭完以后要马上宰杀，留给石匠或木匠师傅吃。

前面提到下石时受了祭的那块石头由于被赋予了神性，因此就不能跟其他石料一起填入土石方中，而是要拿去“还山”，即在房屋背后的“阳沟”（当地方言，即阴沟）附近找个隐蔽的地方埋藏起来。据说倘若跟其他的石料一起填入土石方中，会导致地基不稳，房屋倾倒。长角苗工匠们都认为，下石鸡的献祭对象就是鲁班祖师爷。

（二）上梁仪式

对鲁班祖师爷的崇拜现象更多体现在木屋建造过程中的一些仪式上，例如建房之初，倘若地基已经筑好，就要一边立柱、穿斗、穿枋，搭好屋架，一边在未来的堂屋正中设一个顶敬鲁班祖师爷的神坛，边修造，边献祭。以下是陇戛寨居民、梭戛生态博物馆名誉馆长熊玉文所述修木屋时敬鲁班仪式的基本过程：

根据熊玉文口述所绘的上梁仪式中“祭鲁班”时所用的供桌

1．屋主人在方桌脚下烧三张钱纸；

2．将事先准备好的公鸡抱出来，用手指将鸡的肉冠掐出血来，并将鸡血滴入置放在斗正中的水碗里；

3．开始念敬鲁班的祷词；

4．把斧头、凿子、锯子三样物件放在斗上；

5．念完祷词后，将公鸡拴在方桌的左前腿上；

6．开始正式动工，首先立中柱，经过两三个小时，立好各柱以后，方可撤去升、斗；

7．用刀在左中柱上砍三刀，喊“正房起”、“负房起”各三声；

8．娘舅家的人带来一根大木，并将其一剖为二，一为正梁（大梁），二为印梁（堂门正上方的梁），并买来一丈二尺长的红布和鞭炮，预备庆祝上梁之用；

9．娘舅家送来1.2元钱（后来涨到12元、120元不等，用“12”是取“月月红”的吉利之意），木匠方才开梁口，将大梁拉上柱顶，将一块红布置在大梁中间，上面又覆一块白布，再覆盖一块黑布，三块布都只有五寸见方，用斧子和四枚侧立起来的硬币将三块布钉在梁上；

10．在印梁正中处画一条龙，并写上“紫微高照，万宝来朝”字样，写完以后，木匠高喊：“上梁咯！”

11．娘舅家要请一个会说“四句”的人来应和木匠师傅，爬一枋，就要说一句；

12．大梁上好以后，吊一桶水到大梁中间，木匠师傅与娘舅家来的人轮换着抛洒上梁粑粑和铜钱（解放以后改为硬币），仪式即告完成。

（三）扫寨仪式

每年祭箐之日，也就是扫寨仪式开始之时。所谓扫寨，是指一种巫术，由本寨的一位弥拉手牵一只红毛公鸡，围绕本寨各家各户走上一遭，他的身后有一个年轻人肩负一竹枝，每到一户人家，这户人家就要将自家灶孔里的炉灰捧一捂盛在塑料口袋里交给负竹枝者，由他系在竹枝的枝杈上，以表示神鸡已将这些人家的病邪之气带走，可保大家不会受瘟疫疾病的侵害。陇戛寨一位村民解释说：扫寨主要是求神保佑这个寨子不闹牛瘟、猪瘟、羊瘟、鸡瘟，人不得传染病。

由于梭戛长角苗村寨建筑密集，又无排水系统和固定的垃圾处理场，因此至今传染性疾病仍是他们的心头大患。扫寨仪式是弥拉们每年必组织的最大型仪式活动。[21]

第六节　人倚赖的空间

相对于周边农村居民而言，长角苗居民的建筑内空间显得十分狭小。我们曾对2004年梭戛生态博物馆“高兴村陇戛寨未改造和未搬迁户基本情况统计表”中的数据进行分析，结果表明：陇戛老寨没有一户住宅面积超过85平方米，大多数人是住在平均建筑面积36.18平方米的单层狭窄小屋内的，人均住宅用地面积仅为8.71平方米。此外，陇戛全寨125户居民中还有3.2%的家庭根本没有房屋可以居住，只能与父母、兄弟三家人挤在一起，或者在亲友家临时寄居。这种居住条件对于购物方便的城镇非农业人口家庭而言，尚可以接受，但对于长期从事农业生产的家庭来说，则是非常困难的，因为各种农具、牲畜、粮食饲料都需要占用较大的室内空间，如果空间有限，就只能混杂于人的卧室、厨房之中，美观自然是谈不上了，而且还很不卫生，容易诱发传染性疾病。[22]

有学者曾经作了如此描述：苗夷民为生活限制，不能讲究卫生，在冬春寒冷之时，正因他们自然锻炼的关系，极少有生病者；但至秋夏两季难免生病。病后苗夷区内无能医者，唯听其自然，或请迷喇与鬼师来禳鬼神，迷喇一称迷婆，鬼师又称端公……每年贵州各县病疫流行，迷喇鬼师乘机活动，死亡无数，殊甚痛心！[23]

长角苗人称堂屋（明间）为“掐咋”（chia zre），称右次间为“夸咋”（kua zre），称左次间为“巴觉”（ba gjio），前二者词根相同，而后者词根却不同，可见左次间的地位在三开间的房屋内是比较特殊的。从事实来看，通常左次间是屋主人夫妇的寝室，有厨具和其他各种家具，并砌有直径通常在54厘米左右的大土灶（gjion dza）或火炉，通常也被长角苗居民用汉语称做“火房”，而右次间这样的情况就不太多。通常右次间的用处是老人、孩子的寝室；如果空着，且有客人来，屋主人将右次间打扫一番，就可以作为客房。由于火房煤烟重，加之主人很早就要起床剁猪菜，做早饭，怕吵醒客人，因此不宜做客房。也有少数一些人家拥有两个或两个以上的土灶，有的是为客房供暖之用，还有的纯粹是因为一间屋子两家人住，各自所需而使然。火房楼上的一层空间叫做楼枕，楼枕与火房之间用碗口粗细、互相平行的原木隔开，这个隔层被包括长角苗族群在内的梭戛当地各族居民习惯上称为“草行”。楼枕层通常是囤积粮食的地方，长角苗人家有一句揶揄或恭维人家富裕的话叫做“把楼枕都压断了”，就是说这家的粮食多得吃不完。长角苗族群除有诸如上述的这些生活特点以外，他们的居家习俗跟附近其他民族和族群的生活还存在着一定的区别。

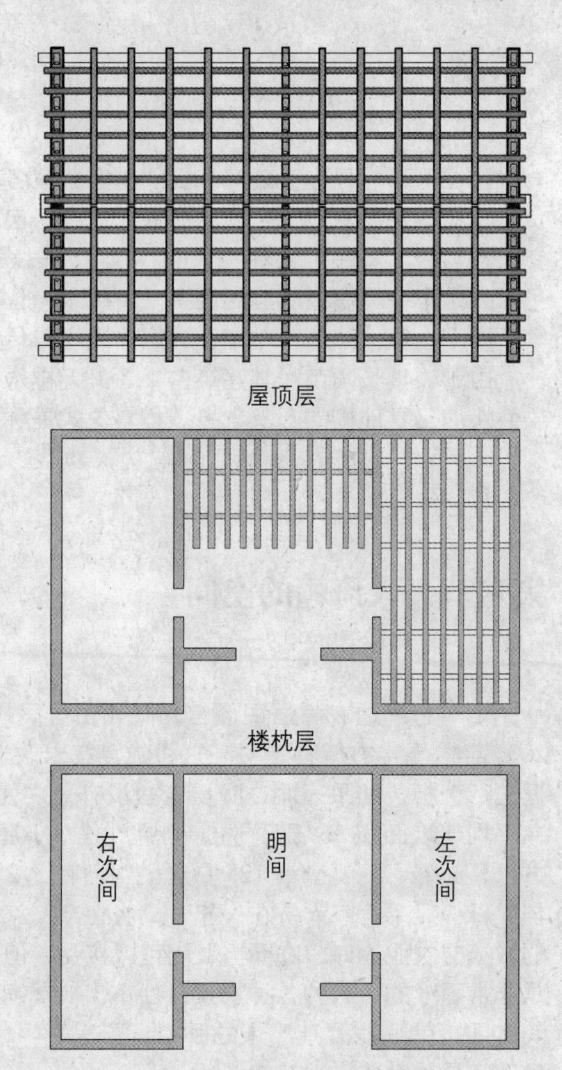

陇戛寨民居建筑（石墙房）纵面结构分层示意图

一、房产的分配

同全世界大多数民族的传统一样，如今我们所了解的长角苗人的成年男子，一旦婚娶并另立门户，建有新居，就自然而然是这栋新居的产权所有人。当然，他也可以选择与长辈居住在一起，也就是说让老人也随之迁入新居（当然，由于经济实力等多方面的原因，这种情况至少在陇戛是不多见的），或者并不需要再大兴土木，而只是将就老人的旧房子凑合着住。倘若是这样，老人就必须同意把房产的所有权移交给年轻人，以便他们得心应手地操持家业。这一点不似许多汉族人群的“大家庭”传统，因为后者常常容易形成十多人乃至数十、上百人的大家庭，他们唯有依靠形体巨大的建筑（如北京的四合院或者福建永定县的客家土楼）才可以确保一个完整的四世同堂大家庭能够保持不分裂，房屋的所有权往往是属于这个大家庭中最尊贵的长辈。梭戛长角苗家庭无法形成这样大规模的大家庭，与他们的建筑工艺手段有限、资财短缺也是有着重要关系的。

二、房屋的使用

除上述内容之外，长角苗人在利用建筑空间的经验习俗方面，还有其他的一些特点。

（一）牲口棚(gua)的综合利用

陇戛人习惯把猪、牛、羊混养在一起，令人惊讶的是牲口棚内各种牲畜都能彼此和睦相处，井河不犯。然而，陇戛人对牲口棚内地面上粪便的清理却并不如乐群村布依族居民那样勤快，他们甚至把玉米秆、麦秸等饲料倾倒在圈内，牲畜们吃不完的就被踩烂在粪污里，经它们反复踩拌大约 3 个月之后，主人就会把这些即将沤成的肥料挖出来，堆在屋外发酵，数天以后这些肥料会发热、并散发出蒸汽。这个时候，屋主人就可以将发酵物挖起来，用背篓背到地里去进行施肥，这一工作当地人谓之“出粪”。长期以来，“出粪”需要由人用背篓一筐一筐地从家背到地里。长角苗人家的庄稼地一般离家都很远，不论男女老少，整个春季有一半的时间几乎都是在山路上负重来回，劳作十分辛苦，且效率十分低下。如今，有的家庭因庄稼地离马路不远，且经济上还比较宽裕，也采用包租农用车的办法来运输肥料，节省了很多时间，但还有许多家庭因为贫困或交通不便，仍然要用人力背负粪肥，即使在附近织金县阿弓镇的一些汉族农村，如左家小寨，这种情况也很普遍。

由于每年的农历正月底栽种洋芋前要施肥，三、四月间包谷也需要施肥，所以这段时间牲口棚会被清淤。这种偷懒之举比起附近乐群村布依族人家不厌其烦打扫干净的猪舍而言，可以说更聪明一些，只是不太卫生。

高兴寨一居民正在“出粪” 吴昶摄

（二）制作简陋的厕所

跟西南地区其他山地民族所不同的是，这里的厕所与猪牛圈是完全分开的，厕所一般修建在离房屋 100 米以外的树林或灌木丛里，一般是用树枝搭建成不到一人高的小棚，树枝上覆盖杉树叶作为遮蔽，然后在棚内地面上掘出一个浅坑，由于排污不通畅，比较脏；石头砌的厕所也比较常见，一般是在路边，或者房前屋后。

（三）人畜混居及疾病隐患

由于人畜共居，传染病交叉感染的几率大，发病率比较高。前文已提到几个例子，据陇戛新村卫生站的所才海医生说，最近的一次疫情是在 2005 年 6 月中旬，陇戛老寨一居民的妻子与儿子在家突然得了急性菌痢。据所才海调查了解，这一家的住房狭窄拥挤，人睡在床上，猪就养在床下面，时间久了，猪的粪便就淌了出来，也没有打扫干净。当时，丈夫在外打工，家人到梭戛街上买了两斤新鲜肉搁在屋里，由于苍蝇吸了猪粪里的污物，又飞到肉里去产卵，30 多岁的妻子与 10 多岁的小孩吃了这肉以后，当天就上吐下泻。母子俩后来被治愈。因其家境贫寒，六枝特区防疫站免除了她们的医药费用。

（四）大土灶（gjion dza）

普通人家只能烧得起一个大土灶，它一般位于房屋的左次间，因为那里往往是厨房，也有少数位于右次间。制作土灶的材料是由煤灰和含有碎石的黄黏土按 1∶1 的比例混合打造而成的，造好以后需要等 3 个月的时间让其慢慢干透，才烧得着煤火。

大土灶

梭戛长角苗民居通常在左手第一间设一常年不熄的火炉，做饭、取暖、煮蜡都靠这个火炉。全家人都保护这个火炉，使其常年不熄，因为它象征着这户人家的生活红火。

穷困人家一般就只有一间草房，上述设施都集中在一间草房里。土灶一般位于房间中央，这是为了方便更多的人围坐取暖。大土灶分长期性和临时性两种，造型大同小异，长期性的大土灶一年四季煤火不灭，可以起到防潮作用，新葺的茅草屋顶可以通过加旺煤火烘干的办法来延长其使用寿命；临时性的大土灶则只在农历正月初一到十五“走寨”时投入使用，其作用是方便来来往往的姑娘小伙取暖，人会来得很多，所以煤火一般添得都很旺。

大土灶可供煮汤食、猪菜及供人取暖之用，原先烧的是柴火，烧柴火的坏处就在于烟气大，熏得让人难受，随着小兴寨等附近地带的煤矿被开采以后，当地人普遍使用煤炭做燃料，当时梭戛乡煤炭的价格是1元钱50市斤，2005年政府宣布关闭一批小煤窑以后，价格涨到12.5元50市斤，但苗族居民们仍然喜欢用土灶烧煤块，甚至连蜂窝煤也用得很少。

每逢农历"三月三",陇戛寨要举行一年一度的由弥拉组织的除秽驱邪的仪式——"扫寨"，扫寨时每家每户要从大土灶的灶膛外抓一把灶灰装进小口袋，然后让扫寨的人用一棵小竹枝挂起来带到寨子外的三岔路口扔掉。

大土灶是梭戛长角苗人家的爱物，在他们葬礼时为逝者所唱的《开路歌》中就有这样的歌词："大土灶啊，我就要走了。我生病的时候你不管我，我呻吟的时候你沉默不语，如今我就要走了，不要再难过……"饱含着人们对它犹如看待亲人儿女一般的深情。

大土灶常见于陇戛、高兴、小坝田等村寨，纳雍、织金等地的长角苗和短角苗聚居区。其他民族用得不多，取暖方式也是多种多样的，例如陇戛寨山下的乐群村田坝寨的布依族和彝族居民家中使用的是与汉族地区相同的双孔大灶、小煤炉、火盆或火塘。长角苗十二寨之一的安柱寨由于灌木稀少，且山高路远，运煤不便，因此用比较小的煤炉，这一点与陇戛等寨不同。

（五）混凝土顶的石墙房要留出排烟孔

由于石墙房不如木屋透气，尤其是混凝土平顶的石墙房，主人家一般在墙壁上端与天花板相接处都保留有在建房浇注天花板时搁放棚木的槽口，保留这些孔洞对于常年烧煤炭取暖的家庭而言是很有用的，因为烧煤的烟气很容易引起人咳嗽，通风透气对于人的健康是一件很重要的事情。

（六）床位（dzan）的讲究

标准的民居建筑是三开间式，一般来说，主人的床多数是在房屋的左次间，都放在左次间的大土灶旁，以便于取暖。幼童一般与父母合住一个房间，因为年迈的老人多数是住在右次间的，也有一些家庭是反过来的。

夫妇的床很窄小，很少有超过150厘米的大双人床，一般都在80—120厘米之间，看来必定很拥挤。老人的床大致也一样。

儿童一般长到八九岁左右，就要与父母分开，睡到其他房间里去，如果家里没有老人，就可以在

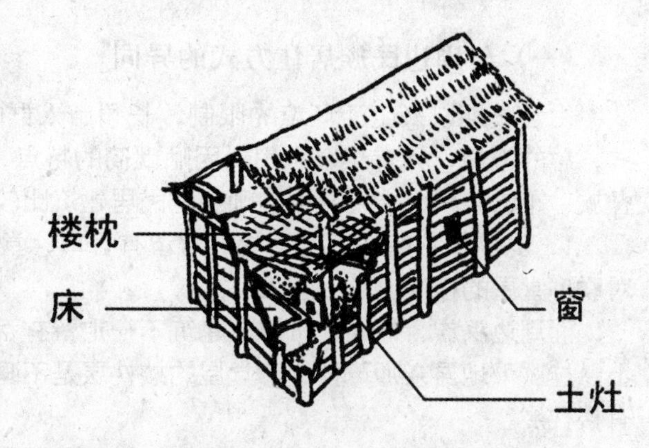

床在房屋中的位置

另外一个次间开一架床铺，如果房间不够，或者空间太过狭小，他就要睡到楼上去。由于长角苗人家两次间的楼枕层非常薄脆，是用芦柴棒、竹子之类的东西草草编成的，并不能睡人，所以只能睡在堂屋正墙的楼枕上，这一部分是小树干搁在枋子上铺成的，比较牢固。但是很高，小孩子不免会感到危险。熊光禄曾对我们说，他自幼睡了10多年的楼枕，后来哥哥结了婚，分家出去以后，他才可睡到堂屋下面的床上去(他们家是半边房，没有右次间)。熊光禄说，至今他抬头看见堂屋里高高的楼枕，都会回忆起小时候恐惧和焦虑的心情。

此外，还有一种孩子们之间的习俗。小孩经常可以跟在一起玩的感情很好的本寨小伙伴一起睡，只是吃饭各在各家。他们可以一直睡到彼此长大成年，无论男孩群体或女孩群体中都有这种习惯，父母们也不加干涉，这种习俗至今还保存着，一般不太有人注意。

倘若家里空间极为狭窄，比如来了很多客人的情况下，还有一种临时缓解床位的办法就是打地铺。长角苗人打地铺的方法极其简单，就是在地面上铺一层玉米秸秆，然后将被褥铺到玉米秸秆上去，甚至根本不用被褥。我们在梭戛乡下安柱寨王坐清葬礼守夜时就亲眼目睹5–8名成年男子和两名儿童在走廊过道里和衣卧倒在玉米秸秆上昏然入睡，冬夜里的取暖设备仅仅只是一个装满了烧红的蜂窝煤的大铁锅。

（七）女人上楼梯的禁忌

安柱和陇戛的少数“五限杨”家庭有不允许妇女在室内蹬爬楼梯的禁忌，但他们没有人肯解释原因，只是流传这样的说法：女的不能上楼，女人上楼不会瞎也会掰(bāi，汉语西南官话中表示“腿瘸”的意思)。这一规矩很可能是为了防止楼下的人看到妇女隐私处而设的。据我们了解，出于生产生活的需要，由于妇女是长角苗家庭劳动力不可缺少的重要组成部分，因此多数家庭还是允许妇女蹬梯上下楼的，加上如今中青年妇女都在裙下着长短裤装，更无走光之虞。

三、与邻居们居住方式的异同比较

（一）与周边民族居住方式的异同

由于长期以来生活环境的限制，长角苗人群的居住习俗与周边民族有很大的差异，总的来说，具有综合利用、因陋就简的特点。以陇戛寨的民居建筑和附近汉族、彝族、布依族聚居的乐群村、顺利村民居建筑比较，就能说明一些问题。

1．陇戛长角苗人家的堂屋外常留有吞口，堂屋正壁不挂中堂、神位，也很少贴对联。堂屋的楼枕层可以睡人。

而周边汉族、彝族、布依族建筑不一定留有吞口，他们的传统习惯是在堂屋正墙上悬挂“天地君亲师”神位，堂屋的楼枕层是不睡人的，只用于堆放杂物，或者就没有楼枕层。

2．陇戛长角苗人家的厨房通常在左次间，兼作卧室，可供当家的夫妇居住。室

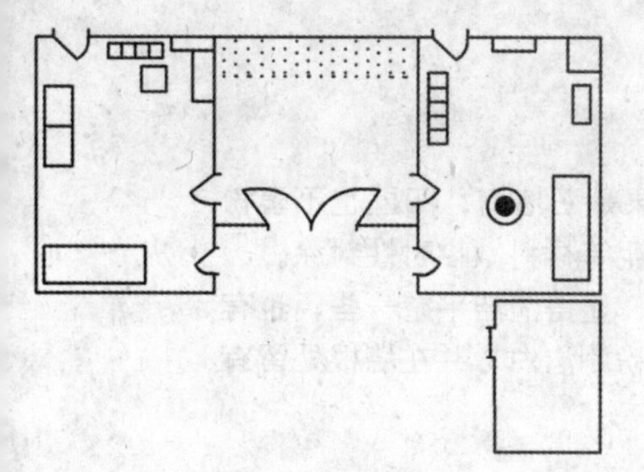

高兴村长角苗民居室内布局

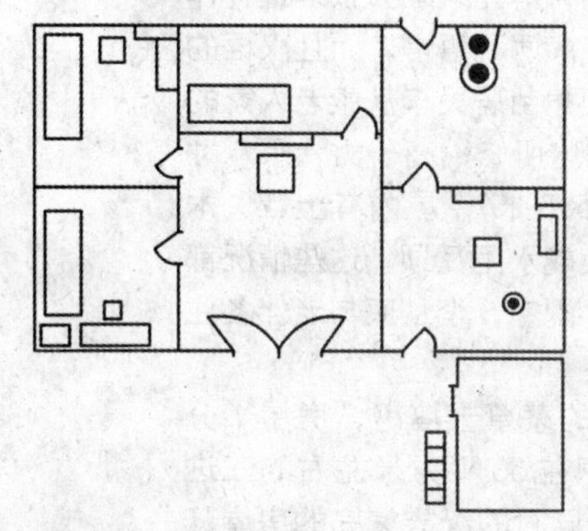

乐群村布依族民居室内布局

内同时还有鸡鸭笼、鸽巢，它们往往置于室内边角处。厨房中央有一个长年不熄的大土灶，既烹制人的食物，也兼做剁、煮猪菜的地方。

周边汉族、彝族、布依族虽然也常将左次间作为厨房，但极少有在厨房饲养禽畜动物的习惯。有的家庭将厨房空间一分为二，前一间做人的饭食，吃饭也在此；后一间有一个双孔的大灶台，是剁煮猪菜的地方，兼作柴火房。

3．陇戛长角苗人家的右次间通常为老人、孩童的居所，有客人住时做客房。室内也有鸡鸭笼或鸽巢，有些家庭在床下饲养猪。房间中央有时也会有一个大土灶，但并非长年不熄，书桌、衣橱之类的家具很少见。

周边汉族、彝族、布依族的老人、孩子卧室和客房通常也在右次间，一些人家会把大的次间分割成小间，以便于成人、孩子、客人的床位能够分开。卧室里常能见到供阅读学习用的书桌。如有鸡鸭笼，通常是放在室外。

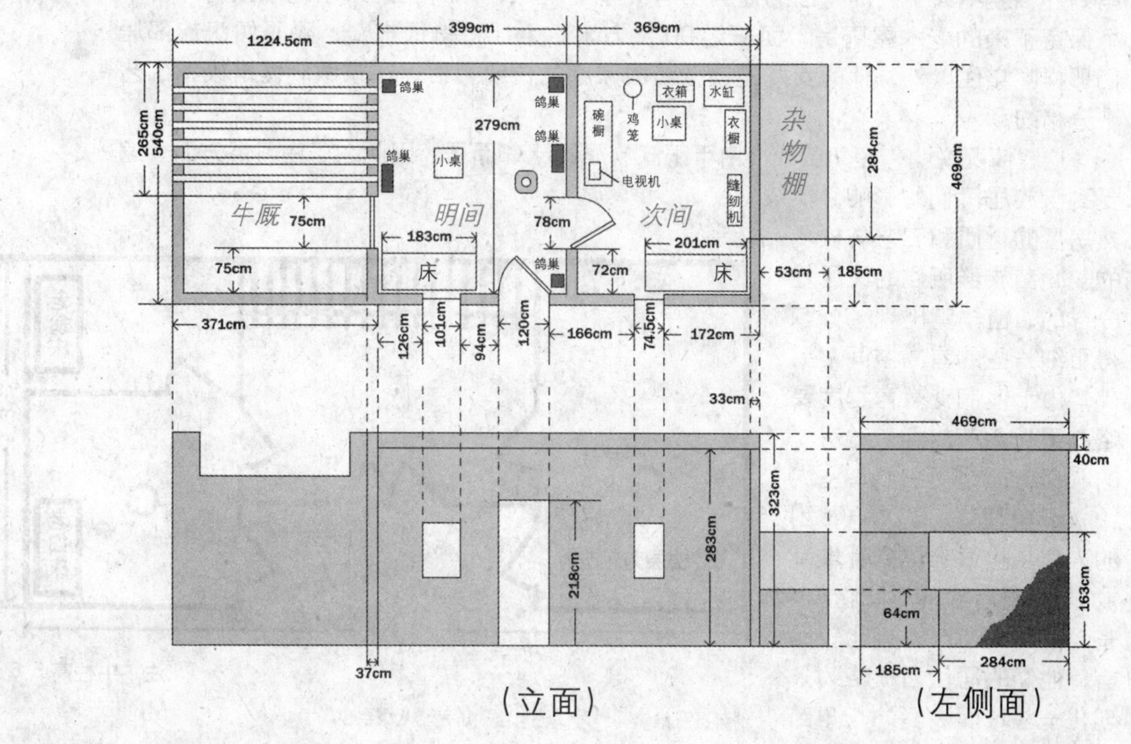

陇戛寨熊金祥家建筑空间结构图

4．陇戛长角苗人家的房屋地面为土质，不平整。如果是石墙房，四壁也不事粉刷，保留石质表面；如果墙体有缝隙，一般只用干草、黄泥等材料做临时性封涂。

周边汉族、彝族、布依族民居多数是用水泥封涂地面，显得清洁平整一些，也有部分民居是土质地面。砖石结构的墙壁一般要用水泥石灰粉刷洁白，并在墙根处留有墙裙。

（二）与短角苗（dau bpie）族群居住方式的异同

短角苗主要分布在纳雍县东南部，我们所考察的短角苗村落在纳雍县张维镇补作村。补作村是一个苗汉杂居的村落，苗族村民们都能说苗、汉两种语言，而且汉语的听力和表达能力都要强于梭戛一带的长角苗人群。补作村短角苗居民李从康老人家的三开间穿斗式木屋是1978年由附近二道河村汉族木匠何明达所修，高一丈六尺八寸（合5.6米），宽三丈四尺（合11.3米），深一丈六尺（合5.3米）。屋内有土灶、木板床、楼枕层，楼枕层贮存粮食，以前是茅草屋顶，后来换成水泥瓦顶，这些情况都跟梭戛长角苗的民居建筑颇为相似。但房屋左开间分为内外两室，李从康与老伴各住一屋，儿子住在附近的新房里。

该村86岁短角苗老人李洪道所住的依然还是两进式的茅草土墙房，房屋十分狭小，屋内有土灶、木板床。李洪道老人屋旁是一幢面积在60平方米左右的三进式单层水泥平顶房，主人名叫李隆孝，59岁，他家已经跟同村的汉族家庭的房屋从里到外相差不大了。而下面的短角苗居民李隆平家，则有三进式水泥平顶房外带一个保留下来的老木屋厨房，面积约90平方米，生活过得很丰富，除了像汉族邻居们那样吃穿住以外，他的女儿还遵循苗族家庭的传统习俗，在家做刺绣蜡染，工艺十分精细。

这些情况说明，短角苗族群由于跟汉族居民比邻而居，因此在居住习俗方面普遍受到汉族居民们的影响。虽然房屋的材质和工艺与梭戛的长角苗族群所住的民居是一样的，但毕竟出现了分割得更细一些的室内空间；另外，由于他们受教育程度要略高于长角苗族群，对房屋的利用方面也更细心，室内比较干净利落，即使再贫困的人家，也很难见到乱堆乱放杂物或者在室内饲养家畜、家禽的情况。相比较而言，他们的居住习惯略为条理化一些，而梭戛的长角苗族群则要笼统、概括一些。

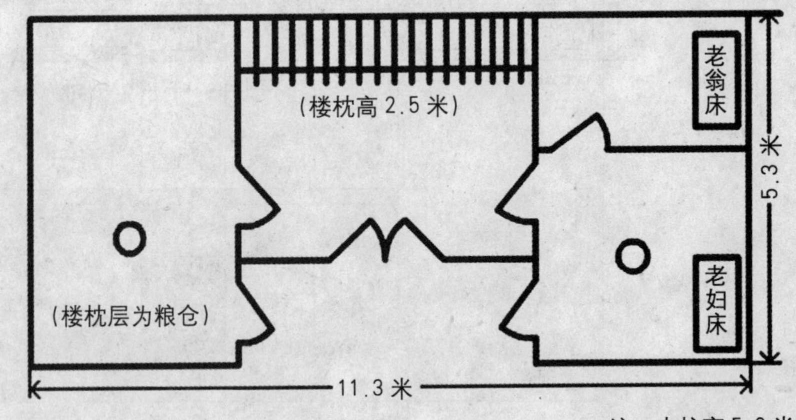

纳雍县张维镇补作村“短角苗”居民李从康宅

第七节　其他建筑种类简述

一、临时性的丧葬仪式建筑——嘎房

以建嘎房和杀牛祭祀为特征的打嘎是一种地方性习俗，在梭戛一带的彝族、苗族、布依族群众的丧葬传统中都曾有过。这里我们来仔细分析一下梭戛长角苗嘎房的建筑风格和特征。

凡长角苗十二寨都实行一种彼此都认可的葬礼仪式，当地方言叫做“打嘎”（打嘎可能为彝语，苗语读做“啊抠，a kiu”），就是“做丧事”的意思（“嘎”在当地苗语中有丧事祭奠之意）。大多数民间丧事活动都需要一个临时性的场所，“打嘎”也不例外，它需要一种可供人们举行宗教仪式的临时性的简易建筑——“嘎房”（苗语读做“姑略，gu lio”）。

长角苗人的嘎房 吴昶摄

修建嘎房不用正式的建筑木料或土石方，而是用细且柔韧的小树条和竹条弯成，两头插入土中，再以稻草缠挽树条，形成穹门，这种穹门是构成嘎房的基本建筑语言。称其为“房”是因为它有梁有柱，有供仪式之需的内、外空间。嘎房是由五根直径 6–10 厘米的杉木做柱而立成的——四根短柱呈方阵排列，一根长柱做中轴柱，落在整个嘎房的核心点，然后将事先用同样粗的树条捆扎成形的方锥形房顶放到四根柱的顶端绑固好，并在房顶上覆盖杉树枝叶。

嘎房及周围环绕的围穹呈中心对称分布，围穹部分可以是两层，也可以是三层、四层，但最里层必须是八个呈辐射状排布的穹门；外层则是呈环抱状围绕中心的。外层的层数视“绕嘎”参与者的众寡而定，但无论多少层，都必须做成八个穹门，正对内室的四个角柱和四个室门，而且围穹的穹门之间彼此相连，并以稻草缠挽。这样使八个门在人们“绕嘎”时能够形成“四进四出”的规则，避免人们在“绕嘎”中互相踩碰。“绕嘎”是“打嘎”活动的一项重要环节，即由死者大女婿家派来的人打头，带领客人们排成长龙，在嘎房的围穹中绕走出入，行慰灵之礼。

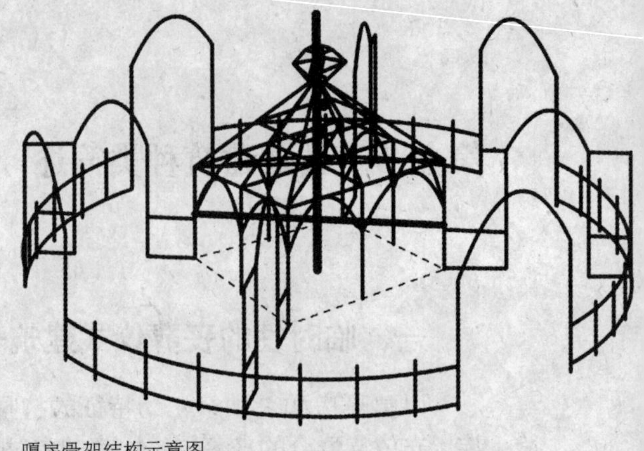
嘎房骨架结构示意图

在绘制嘎房结构图的时候，我们发现，由于偶数倍的原因，绕嘎路线可以形成首尾相连的封闭曲线，这段封闭曲线形成的是一个形状优美的十字花图案，与长角苗妇女刺绣、蜡染图案中屡屡出现的“十字马蹄花”纹样极为相似。这究竟是一种巧合，还是隐含着某种内在的寓意联系，值得深究。

孝家一般会赶在举行打嘎仪式的头一天或之前伐取杉树枝条，寻来稻草，修建嘎房。而在第二天黄昏，也就是仪式结束之后，他们会一起将嘎房推倒，以示打嘎活动结束。所以，一座嘎房的寿命不会超过 24 小时。而打嘎的仪式必须在死人之后才可以做，长角苗人至今都断然不会纯粹为了取悦游客赚钱而做表演性质的打嘎。

嘎房修建的大致过程是：

孝家指派一个总管，总管下面有两个管事，再下面有若干小管事，修建嘎房要由两个管事带领孝家的子侄和亲族中的男性青年伐取树料，然后一起将树料运到嘎场上。之后各自分工：儿童一般都会扎制英雄鸟（nong tsien）；成年人是建造嘎房的主力，他们除了要建嘎房之外，还兼要制作大鼓的鼓架和英雄鸟旗杆；老人们则坐在一旁边聊天喝酒，边作技术指导，人手不够时他们也乐于替补上阵。

嘎房的选址规则是在死者生前居住的房屋与下葬地之间的路线附近寻找一块地势较为平坦的土地作为嘎场，嘎场中心地带不能是岩石，而必须是较深的土壤，以利于嘎房支柱的插入。嘎场主要由嘎房、嘎房外围穹门、杀牛台、鼓架、引路杆五部分组成。

建造嘎房所用的树料，一般必须是新砍下的杉树，高 5 米左右，平均直径在 30 厘米左右，杉树不易得，有时可用竹和冬青树代替，但必须在嘎房周身象征性地缠上杉树叶，而且也用了很多竹叶作为装饰。此外，麦秸秆也是必不可少的材料，用以缠绕嘎房的伞架和伞顶；孩子们扎制引路的“英雄鸟”用的也是麦秸秆。

嘎房底面近似正方形，四条底边正对着东、南、西、北四个方向；其形如一把大伞，支柱由一根中轴柱、四根角柱和四根边柱组成，形成八个小门，每个小门的上缘都用细树条弯成穹形，以稻草捆绑固定。嘎房内从东至西绑了一根木杆，棺木停放在木栏杆的南边。伞盖部分整体呈四棱锥体形状，伞盖上方的枝条折成灯笼状的伞顶。伞盖与伞顶都以稻草、杉树叶缠饰，树条转折和交叉处都要缀上一只形状简易的英雄鸟，鸟尾朝向棺木，鸟头朝外，上翘。嘎房顶上和引路杆上各有一只扎制精细的英雄鸟，它们的头都朝向西方，因为他们相信，死者的魂灵将在英雄鸟的指引下向西而去。

周边各民族嘎房与苗族嘎房的形制异同。根据梭戛乡顺利村彝族教师沙云伍和乐群村布依族居民王成友、陈文亮等人的口述可以知道，梭戛乡一带的汉族、回族在葬礼过程中并没有杀牛、建嘎房等打嘎的习俗，但苗族、布依族、彝族都有打嘎和建嘎房的传统。

彝族打嘎的规模比苗族要隆重，花费的资财也要多一些，现在很少打嘎了，除非去世的是德高望重的长寿老人。彝族人的嘎房形状像把伞，结构大体和苗族的差不多，也是底边为正方形，但是有几个区别：彝族的嘎房比苗族大；彝族的嘎房只有一层顶，苗族的有两层顶；彝族的嘎房中心的木柱是刺楸木，苗族用的是杉木。

布依族以前也打嘎，但大约是在40年前，乐群村布依族的打嘎仪式就已经废止了。布依族打嘎用的嘎房也是要用杉木或楸木为柱，亦可用杂木代替，但不允许用“鼎木”、“凉山树”两种木材。也要在树干上缠上树叶与稻草，但建筑体的造型是模仿人居住的三开间吞口屋，完全不同于苗族人的嘎房。

长角苗居民们自己被问到嘎房是什么样子的时候，他们就说“像一把伞”，祭祀仪式中的伞形物件在中原汉族地区的丧葬与祭奠活动中也屡见不鲜，如宝盖、停柩棚等，都具有伞形特征。这种伞形的简易建筑起着遮蔽阳光风雨，以便于死者的灵魂能够躲避强烈的阳光，平静安详地进入阴间，等待来生的轮回。

二、年轻人的恋爱场所——花棚

梭戛乡一带的彝族、苗族都有“坐坡”、“晒月亮”（都指未婚男女谈恋爱）的习俗，但据我们所了解的情况来看，有关梭戛长角苗社区“花棚”（或“妹妹棚”，苗族年轻男女“晒月亮”的隐私场所）的见证者只有梭戛生态博物馆第一任副馆长徐美陵先生和六枝特区史志办公室叶华先生。据他们所说，他们分别是在1972年和1988年在陇戛附近的山中见到过，其外观大概如前文所述之三脚窝棚或四脚窝棚。徐美陵先生称花棚内铺有旧衣和垫草，似与他们长期以来男女青年“坐坡”的习俗有关。

吴泽霖先生曾于抗日战争时期到黔西北做过人类学考察，他曾提到一种“玩郎房”：“这是一种简单的小屋，专为青年男女说爱或私奔时休息的场所，这种设备在东路南路于苗族中已没有踪迹，唯在西路的大花苗中仍还流行，在贵阳附近的花苗中事实上没有这种建筑，而在这传说中，则明明有这种制度，关于这一点有两种可能的解释：第一，贵阳的花苗是西路分殖过来的，在迁移分散之后把原有的制度，加以改革，故事中得窥见原来的痕迹；第二，西路的大花苗也是由东南方面传播出去的，在遥远偏僻的区域，旧有的制度，倒反能保持下去的，而贵州东南路的苗族因与汉族接触机会较多，若干原来的风俗反而消失改变……”[24]

这种“玩郎房”基本上可以确定就是人们所说的苗族“花棚”或“妹妹棚”。但据六盘水市的文化学者们认为，“花棚”只见于“小花苗”生活的山区，梭戛长角苗族群则没有。即使长角苗与“小花苗”的语言有80%可以相通，但也未必在生活习俗上具有一致性，而当我们问及梭戛长角苗居民有没有过这段历史，则无人可以回答，他们抑或是出于戒备心理，或者是因为羞于言谈这些话题，总之，采访的意义并不大。我们唯一了解到的是，如今陇戛寨的年轻人“晒月亮”是不用花棚的。

三、墓葬建筑（阴宅）——坟茔

梭戛乡一带各民族的坟茔(zraen)因受汉文化影响很深，大都讲究“有封有树”。

汉族人的坟墓一般修得比较高大，呈正圆形，有墓，有碑，有尾。墓尾是墓体顺接到背后山坡上的很短的一小部分，由碎石砌成。墓碑通常是以汉文书写“故考（妣）××老大（孺）人之墓”及下葬时的国号、年号。高兴寨山后的汉人坟地中现存最老的碑石是一块清代嘉庆十六年（1812年）的陈李氏墓，造型如石屋正门。墓体外围以细凿成带有弧形边的墓石砌成正圆形，墓顶培土。如今梭戛镇上的石匠们还在打凿着与190多年前同样形制的墓石与碑。乐群村的布依族、彝族人的墓碑形制跟汉族墓碑一样，信仰基督教者则在墓石上刻有十字架标记；回族人的墓则是正圆形，因为他们不信风水理论，所以坟墓一般不带拖尾。

但迄今为止，梭戛长角苗人家的坟茔与周边汉族、彝族、布依族、回族的坟茔样式都有所不同。它们的一大特征就是“封而不树”，即有墓无碑。因为长角苗人家能识文断字者很少，文字对于他们来说不是自己的传统，因此坟墓前面都是没有碑的。长期以来，长角苗人大多不识字，他们凭着顽强的记忆力来找到自己祖先的坟墓。就在2006年正月初一，还有陇戛熊氏家族的人带着妻子儿女走了一天的山路到织金县鸡场乡烂田寨大屯脚（也就是他们常说的古地名“三家苗”）去拜祭祖先“补谷”（bu gu）的坟。

梭戛长角苗人家的坟茔一般比较低矮，也不是正圆形，而是呈长圆形，头部大，尾部小，有墓尾。围石的材料也不像其他民族那样讲究造型，只是用与一般石墙房的腰墙石一样大小的石块垒成。此外，在往坟茔顶上培土时还要栽种一蓬他们的茅草房顶所用的那种茅草。与活人住的“阳宅”意义相对而言，坟墓又称“阴宅”，在坟顶栽种茅草的象征意义正如在阳宅顶上盖茅草一样。

四、古代军事设施遗址——大屯山营盘和小屯山营盘

陇戛地图东北方位和南部，各有一大一小两个石头营盘（luo rlong），它们都是在陡峭的青石山丘的顶上筑成的石砌堡垒。东北部靠近老高田寨的大营盘山名字叫做沙家大屯，居高临下，扼守隘口，据说是当地彝族沙氏家族修建的防御土匪的军事设施；陇戛寨南坡紧靠博物馆信息中心的小营盘山头被树藤掩蔽，也是扼守着一条进寨的路。这些营盘跟贵州境内遍布的大小营盘一样，是自古以来当地居民用来躲避土匪抢掠人口财物的重要堡垒设施，现在都已经被废弃。

这两个营盘所用的石头与附近山中的青石无二，而且形状细碎无规则，应是就地取材。如今，我们还可以见到当地各族村民熟练使用背架和背垫在山上搬运石料的场景。宽度超过一米的石头很少见，它们一般垫在墙体最下方的大缝隙处，疑为古人直接开凿

大屯山营盘遗址地形图 吴昶绘制

山头之石以用之。石与石之间没有任何黏结剂，全靠循形拼砌，而且砌成的石墙转角处亦无隅石，因此并不牢固。沙家大屯的西坡石寨的石墙和当地人传说中的拱门已经坍落成了乱石堆。陇戛寨南坡小营盘山则坍坏得更为严重，墙体没有一处完整，一些石头在滚落山坡时卡在灌木缝中。不难想象，重型火药武器出现于此之后，营盘原有的价值就必然会逐渐萎缩，直至彻底荒弃。

如果把这两个营盘算入陇戛的建筑文化史的话，它们很可能是整个陇戛现存最古老的石建筑遗迹了。这两个营盘从其石料表面的风化磨损程度来看，年代不会太古老。它们应该在明、清至民国初年期间还处在使用之中。当年避守山上的人们不仅可以眺望远方敌情，用弩箭和火铳以及储存的大量磙石檑木阻击来犯之敌，还能在山头利用天然的青石洞隙略略加工做成灶坑以供生火做饭之用。2005 年 8 月 6 日，我们在登上陇戛寨南坡小营盘时就意外发现一孔天然旧灶坑，上覆厚厚的青苔，其底部尚存留黑灰土层，与附近的泥土颜色完全不同。值得注意的是，沙家大屯的垛口朝南，应主要是防御梭戛、新华方向之敌的。这两个乡在清代都属于郎岱县（其域为今六盘水地区的六枝特区）管辖，自古饱受匪患。于此，我们只能说，修建沙家大屯者的最初动机显然不是用来拱卫陇戛寨；而陇戛寨南坡小营盘则可以起到拱卫陇戛寨的作用。这两个营盘遗址不仅是古代黔西北地区战争文化的烙印，也为我们了解梭戛社区石建筑工艺的发展变化提供了依据。

五、学校教育设施

高兴村最早的学校建筑设施是 1958 年 9 月 1 日草创于小坝田寨的高兴小学，其建筑现仍尚存，位于今小坝田寨靠近高兴寨坡下的沟底。高兴小学当时的创办人是梭戛乡新发村的彝族代课教师沙云伍。当时开设了 6 个年级，6 个班，全是男生，没有女生。校舍最初借的是王忠成（当时的高兴村村支书，民兵连长）、王忠达、王忠华（当时的乡长、书记）三家的谷仓，由于每年 7 月以后到 9 月之间收获粮食后，粮食要占屋子，学生们上课还得到寨子附近以往用以防匪藏身的狭小山洞里去。在这种半借住、半穴居的恶劣条件下，当时的 51 个学生大多数人都

高兴小学岩洞教室旧址

陇戛逸夫小学综合楼

读完了小学。

“牛棚小学”校址是一栋室内面积只有40多平方米的小木楼，原为一栋老屋，是由陇戛的“老寨”熊正芳于1922年所建，解放以前还是土碉房，解放以后，土碉房改成两层楼全木结构，做牲口棚之用，其建筑内空间嵌入地面以下近两米。因2002年熊正芳之子熊玉成搬迁至新村时将此屋暂借给族人熊朝进做猪舍之用，故而此屋得以保存至今。当时此屋下层一间养猪（今犹做猪圈）、一间养牛，中间楼上部分才是学校校舍。

“牛棚小学”因地处生态博物馆核心保护区内，受到社会媒体关注，随后贵州省人大等单位特地拨款在今陇戛寨寨门下面的山坡上兴修了高兴希望小学。

由贵州省政府和香港邵逸夫基金会投资40万元兴建的新的陇戛逸夫小学三层综合楼于2002年破土动工，2004年5月27日正式投入使用。高兴村300多名小学生搬进了宽敞明亮的教室，开始使用电脑和远程教育播放设备进行教学。原希望小学校址今做高兴村村委会活动室之用。

六、政府安居工程——新村（陇戛新寨）

2003年落成的陇戛新寨

陇戛新寨被人们习惯性地呼为“新村”，包括40套住宅、2个公共厕所和1个可容纳多匹牲口的公共厩。2002年12月动工，2003年10月份竣工入住。

新村建筑群使搬迁人群的生活质量得到很大的提高，但同时也存在着一些问题：原设计单门独户的卫生厩方案被施工方取消以后，40户的牲口被集中到新村背后的大厩里饲养。居民们在为自己终于喜迁新居而感谢政府积极帮助的同时，对此又承认自己正感到困惑和不安。因为一方面牲口的饲养变得很麻烦，需要背负大量秸秆草料走很远才能喂得着自己的牲口。另一方面，由于当地偷盗耕牛的现象十分严重，牲口远离人居，这让居民们心里十分不安，熊朝富家和熊朝荣家的耕牛都是在新村后面的大厩连续被盗。每户室内面积 70 多平方米，但厨房和楼梯间比较窄，楼梯间的宽度只有 53 厘米（外观与新村建筑相统一的卫生室的楼梯间宽度是 73 厘米），成年男子上下楼比较不方便。

刚搬到新村来的时候大家的生活习惯不好，有的人看到房屋里比较空，就把牛饲养在堂屋里。卫生习惯的转变需要一个过程。现在虽然还有一些问题，但比刚搬来的时候已经好多了。

第八节　民间建筑者的知识

一、民间建筑的知识结构

20 世纪初以前，梭戛长角苗村寨的建筑基本上是被木匠群体垄断的，但在“板舂法”这一土墙房的夯造技术传入以后，木匠行业在建筑领域内就开始受到冲击。到了 20 世纪 60—70 年代，由于与外界接触增多，石墙房开始出现。石墙房的兴起带动了他们自己的石匠行业。但木匠是人们公认的能工巧匠，他们多数是善于学习的，掌握一门对其原有技术构成威胁的新技术对于他们来说是十分重要的事，因此他们往往身兼木石二匠之职。也正因如此，作为农民兼建筑者，他们的职业身份还是十分稳定的。如今，长角苗族群尚拥有许多自己的民间建筑者，他们无论三十出头还是七八十岁，往往都是村寨中颇有才华或威望的人，他们的心智禀赋以及他们关于建筑业的知识记忆都得益于他们平日里长时间的磨练与积累。但如今，建筑工匠们对这一行业的认识理解正在悄然发生着变化。本节将对他们目前的知识构成状况做进一步分析。

（一）民间建筑者的学习方式

长角苗建筑者有两套获得建筑技术知识的方式，即“跟师”和“自学”。“跟师”的情况很少，“跟师”出身的木匠中的多数人是 1956 年以前出生的男性村民，主要是跟从外面的师傅或者家族内懂木匠技术的前辈和兄长学习，他们大都懂得一些来自汉族木匠行业的法术仪式，如在上梁、下石过程中举行敬鲁班、抛上梁粑粑的仪式、画各种道符字讳等等，这些老人被后来的同行们习惯性地称为“老班子”（lau gu，“老班子”中也有一些是通过自学而成为木匠的，他们也懂得一些法术和仪式），他们中多数已谢世，如陇戛寨的熊玉清（1927−1999）、王少华（1928−1990）等。

陇戛寨老木匠熊玉明是现今不多的几个健在的“跟师”学出来的木匠之一，他说，以前要正式拜师学木工手艺是一件很不简单的事，首先要给师傅交得起“学钱”；其次，跟师傅学不像读书那样跟先生学知识，还要跟着师傅做很多活，只管吃饭，不拿钱的，学个三五年就可以出师了。他从16岁开始学起，此后忙了一辈子，到现在已经68岁了，体力越来越跟不上，又没有人请他去指导修木头的穿斗房，只好在家“待业”。

当我们问起“跟师”能学到些什么别人偷学学不来的本领时，熊玉明说，现在修的是石头房子，不用费多少脑筋，以前专业的木匠都要会立“高架”，所谓“高架”，是指穿斗木屋的山墙为十一个柱头、中柱要高过一丈六尺八以上。偷学而成的木匠是不敢冒这个险的，因为他算不出来。

熊玉明的师傅也是长角苗人，名叫杨朝文，生于1919年，卒于1998年，会搭高架，会敬鲁班，是陇戛寨村民杨正方的父亲。

现今大多数建筑者，尤其是50岁以下的新一代建筑者们主要是采用自学方式掌握木石二匠的技术。所谓“自学”，也并不是“闭门造车”，而是在参与血缘合作的建房活动中跟木匠或石匠师傅“蹭学”，就木工领域而言，一些初学者甚至是在路过一些集镇的木工房时靠在门口依靠眼观心记来“偷学”，回家后又不断琢磨这些木工原理，经过许多次摸索试验而掌握这门手艺的。因此，相对于“老班子”而言，这批“新班子”并没有经过职业木匠的传道授业，也无人教授他们相关的仪式、法术，多数人只是纯技术意义上的木匠，但由于手提刨、锯木机等新型电动工具的引入，技术手段的优势逐渐发挥出来，省工、省料、省钱，这些对于年轻的未来房主们而言，其价值意义比鲁班师傅的法力更为重要。石工技术的情况也大致一样，悟性好的初学者们都是在增长了建筑营造方面实践经验的同时以“蹭学”“偷学”的方式来成就自己后来的专业工匠地位。

简而言之，要想在长角苗社区寻找到一个清晰的民间建筑工匠的师承谱系几乎是不可能的。他们内向的学习心态和重视自悟的学习方式一方面使长角苗社区的建筑样式能够不拘泥古制；另一方面又无法使前人摸索出的经验得到系统的传承，每个人都是自己从零开始摸索，并且在狭小的圈子里进行有限的技术交流。所以迄今为止，即使他们中间最优秀的工匠也未能将业务范围扩大到长角苗人群之外的客户中去，这不能不说是一种遗憾。

（二）民间建筑者的专业词汇语言

长角苗建筑者自古以来在他们自己的探索和实践中形成了一套关于建筑的苗语词汇。他们称“房子”为“泽”（dzei），称“修建、建造”为“波”（bo），他们所从事的工作就是“波泽”（bo dzei）——盖房子。他们所读出的许多建筑常用和专用名词的苗语对应单词大都是定语后置式词法结构。“立柱”“窗”“走马板”“屋顶”“明间”“台基”的对应单词都以“dzei”为尾音，读做“掸泽，daen dzei”“蒿泽，Hau dzei”“拉泽，la dzei”“卓泽，dro dzei”“掐泽，chia dzei”“瓜泽，gua dzei”，定语按汉语习惯前置后直译过来，即是“屋柱”“屋窗”“屋印梁板”“屋顶”“屋堂”“屋基”之意。

与大门相连带的部分，都是以“drom”为尾音，如大门、门簪、门槛就叫做“liae drom”“drom bplo”“ba drom”。其中“ba drom”一词既有“门槛”的意思，又有“吞口”（大门外、屋檐下、两次间侧门之间的空间部分）的意思，因而“ba drom”在他们的概念中就是一整块区域。

“大梁”“翘枋”“檩角”“花檐板”等术语，则无法用当地苗语进行翻译，他们解释说，平时提到这些在祖先传下的苗语中找不到对应词汇的概念时，往往要借用汉语来表述——这可以说明在他们的文化记忆中，有很多材料和技术是近世才出现的，或者消失了很久，以至于他们都未曾听族人说过，因此才借用汉语。此外，值得注意的是，从苗语中称“重垂吊线”为“le suo”、称“椽条”为“追挖，drei va”、称“瓜柱”为“多当，dua dam”等情况来看，显然在他们自己的建筑史进程中，他们很早就掌握了比较专业的建筑技术，从而形成了自己的一套术语。只是由于他们没有自己的文字，口耳相授的知识毕竟不能承载太多的历史记忆，他们便无法解释这些属于他们自己的专用术语的由来。

这些基础的语言分析有助于帮助我们了解历史。结合当地1996年方才修通公路的交通状况，以及对现存的几幢百年老屋（如小坝田寨王海清家、陇戛寨熊朝进家）的实地考察，我们可以大致推测他们在从迁居黔西北以后至广泛利用鲁班工具进行建筑活动的时代之前，家境较富裕者所居住的木屋应该是有柱、枋、槽板、楼梯且主次分间的，大门处在很重要的位置，而且有门簪（肿扑落，drom bplo），甚至曾经用过锁（纵蓬，dzom pom），但是，从还有大量词汇借用汉语的迹象表明：陇戛房屋营建过程的关键环节（如大梁、翘枋等）很可能一早就是由外来木匠指挥实施的。

由于考察时间有限，仅凭只言片语所下的结论自然还不十分完整，加上熟练掌握长角苗语言也毕竟不是我们在100来天里挤出时间可以做到的事情，但我们相信涉及他们建筑工作的语言信息还十分丰富，留待人们日后再进一步去发掘。

二、民间建筑者知识结构的异同

在陇戛寨、高兴寨和补空寨，我们走访了许多建筑者以及他们的主顾——普通的村民，发现长角苗建筑者们因学习建筑技术时的年龄差异很容易形成两个圈子。1956年以后出生的年轻的木匠们在被问及是否还有顶敬鲁班的习俗，或者如何进行上梁仪式等问题时，多数只是笑着摇摇头，说：“那是老班子才会做的，我们不会。”只有高兴寨的杨成方说：“如果主人家需要的话，我可以做祭鲁班。”在被问到为什么有的门有镶框有的没有时，年轻人们也会说：“老班子手艺粗一些，不会做细木工活……”总之，“老班子”这个名字在他们的头脑中就是一个概念。

那么除了年龄差别以外，“老班子”跟“新班子”有哪些不同之处？我们大致归纳为四点。

首先，最明显的一点是“老班子”的技术集中体现在建造穿斗式木屋上，他们多数已经去世，现在70岁以下的少数人，如熊玉明等人会修石墙房。而“新班子”则倾向于砖石体建筑多一些。陇戛寨居民熊金祥在谈如何修石墙房的问题时说，修石房跟修木屋不一样，因为修木屋要涉及斗拱、榫卯和复杂精细的尺寸等专业性很强的木工活，一般的人家虽然可以做槽门、门板、楼枕等比较简单的活计，遇到如何放置梁、柱，如何开榫眼等问题则必须求助于有经验的木匠师傅。但修石房一般不用请师傅，因为结构原理比较简单，只是开销比较大，如放炮（使用爆破技术开山取石）。

其次，"老班子"们的知识是笼统而粗糙的，而"新班子"们则出现了很多精细的业务分工。例如"老班子"里的陇戛寨工匠熊玉明既能修造一丈六尺八高的大型木屋，又只花买几根钢钎的钱就可以建造起一栋石墙房，但对电动机械一无所知。"新班子"里的补空寨工匠杨光明虽然既会木工又会石工，但因为他家购置的有锯木机、碎石机等电力机械设备，因此他的特长主要体现在解料、刨制门窗、开山下石等方面；高兴寨木匠熊国富虽然以前长期从事建筑行业，由于他明显地在细木工活方面体现出很强的优势，能够自制木工车床车出各种样式的花柱，打制桌、椅、床、橱、柜、箱一类的东西，后来他就逐渐从建筑领域中退出，专门以制作家具为主业。一说起这些工匠，周围的苗族村民们大体上都清楚，有什么样的需求就要找哪一位工匠才是最好的。

再次，"老班子"们的知识结构是取法于汉族木匠，因此也包含了很多汉族传统民间文化的因素，而新班子则尽量地"去文化"化，而从实际施工效率方面考虑问题，因此对于仪式活动方面的事情知之甚少，有的即使知道，也只是跟别人说，很少从事这方面的活动。从这个角度而言，汉族工匠们如今的发展趋势也正是如此——实用技术的第一性很难再被来自神秘文化方面的因素所干扰，倘若有更好的技术手段去解决他们所面临的困难或危险，而且只要他们能够了解并且能够在经济上承担得起的话，他们就肯定不愿意在祈求神灵的庇佑方面多费心思。

最后，工具的演进使工匠们产生代沟。在高兴村一带，我们注意到多数年轻的建筑工匠对"老班子"的手艺不以为然。当我们问一位青年木匠如何做镜面板门（即只在门板背面用两根横木作固定，无需外框的简易门板样式）时，他这样回答："那都是老班子做的，我们现在做的都是有框框的，周正多了。"许多居民都更愿意找年轻工匠来做房子，因为他们修的房子更像下面梭戛镇上的房子，高大，宽敞，又有玻璃窗，屋里采光也比老房子强很多。这些情况使得年轻一辈的建筑工匠们显得更底气十足一些。他们所使用的代表性工具材料是钢钎、碎石机、锯木机、手提刨、雷管、炸药、钢筋、水泥、水泥砖模具等等，虽然也包括墨斗、斧、凿、锯等必不可少的传统建筑工具，但比起老一代手艺人们而言，他们的工具种类更为丰富，工作更为方便一些了。

三、技术体系的更替与工匠思维的现代化

我们在前面提到工具、技术方面的问题，这方面的详细情况深究起来，可以发现更多的东西，因为长角苗建筑工匠中这两辈人的知识结构确实存在着明显的差异。

老班子重视对传统木工工具的熟练使用。木工工具主要包括墨斗、斧、锯、刨

类、凿类、木马（杩杈）、站竿、手钻等等。这些工具的使用技能一般是通过学艺者们的观察和实践掌握的，师傅们通常会在施工的过程中予以扼要指导。

墨斗是木石二匠的专业工具。形制与汉族木匠所使用的无异，用靛墨做染料。木匠师傅们计算好所需的尺寸长短以后，用墨斗在木料上画直的辅助线，以利于斧、锯对木料的整齐切割。使用墨斗是造房子的第一步，在汉语西南官话区中，有一个常用口头语叫做"架墨"，就是"开始"的意思。长角苗居民在使用汉语交谈的时候也经常使用这个原本出自于木匠行业的汉语词汇。

斧在汉语西南官话区很多地方都被俚称为"开山子"，是梭戛长角苗工匠最重要的木工工具，长角苗工匠们所使用的斧子一般是柄长在100厘米以内、刃宽在18厘米以内的木质直柄斧。梭戛长角苗工匠使用斧子不讲究型号大小，斧头为熟铁质单面斧头，可以在梭戛市场上买得到。斧主要应用于砍伐树木、削砍板枋，平时也用于劈柴。由于长角苗木匠对锯和细木工工具不擅运用，木板、木枋的平面悉赖斧子削砍而成，虽然工艺粗糙，但以斧子而论，也需要十分熟练的技术才可以做得到。因此学徒们对斧子的使用必须十分熟练。

锯引入梭戛长角苗村寨的时间非常晚，应是在1930年以后，分大锯、小锯和钢丝锯三种。大锯主要用来拦腰截断木头；小锯很少见，用法同于大锯；钢丝锯则是1950年以后才出现的细木工工具，只用于小木件的裁切，用一根木棍弯曲绷直，形如小弓。一直以来，绝大多数长角苗工匠们不懂得如何使用各种锯来解枋、解板，他们对于这种需要控制肌体协调匀速运动的精细工作方式感到十分棘手，因此也不做更深的学习要求。以陇戛寨为例，锯子的作用主要是将树料锯断，很少用于解枋、解板，老班子工匠们干这些活都用斧子，因此既费木料，木料表面又显得十分简陋粗糙。高兴寨的一位木匠熊国富评"老班子"们时说："他们用一把锯、一把斧、一把凿子就够了。"新班子建筑工匠虽然也没有多少人会用锯解料，但他们舍得花钱购置电动锯木机，这就体现出新、老班子之间价值观的差异。

陇戛寨木匠杨德学使用木马、推刨加工木枋。

刨类工具引入梭戛长角苗村寨的时间也大约是在1930年以后。刨的种类很多，包括推刨（初推、二推）、清刨、铣刨、槽刨等。初推、二推、清刨、铣刨的形制大小各不同，主要是刨刀的厚度、倾斜度以及刃口的锋利程度不同，因此各自在推刨木料的程序中扮演着不同的角色；槽刨则属于细木工工具，刨刀为细长条形，短平口，可以推玻璃窗的窗槽之类的东西。槽刨是在1990年以后才有比较多的应用，老班子木匠一般不用。

凿主要分圆凿、四分凿、铣凿三种。圆凿形如其名，其刃口为圆弧形，可用于钻凿门窗的轴眼；四分凿为平口，用于打凿矩形的榫眼；铣凿的凿刃很薄，且十分锋利，主要用于清理木料表面的不光滑之处。

木马即杩杈。据《史记·河渠书》记载，战国时秦蜀守李冰就曾用此木工工具修治都江堰的水利设备，由此可知其出现的年代不会晚于战国时代。木马相传为鲁班所发明，这一说法也是陇戛寨的木匠们所认可的。木马是用三根木头穿插固定结成的整体，其特点是充分利用三角形的稳定性原理，用一对木马牢牢地将木料固定在平地上，以便于加工。木马是老班子木匠必须使用的辅助器械，新班子的建筑工匠只要是涉及解料、凿榫眼这一类的活也离不开木马。

站竿是一种特殊的测量工具，用一棵金竹截成，与所要修建的房屋中柱必须一样高，通用的高度一般是一丈四尺八寸。其作用是测量定位。陇戛寨熊玉文说，一栋房屋的长、宽、高比例全部要靠站竿的定位才能确定。换句话说，站竿就是一把放大的直尺。对于测量知识十分有限的长角苗工匠们而言，站竿的意义在于可以绕开建筑测量标准化的文化因素，以最实用的"笨办法"达到最终目的。

手钻是一种人类初民社会所常见到的钻孔工具，老班子工匠们都会利用弓的张力与绳在木轴上缠绕后的螺旋惯性相配合，熟练进行钻孔操作。手钻主要应用于木器的钻孔，较少应用于建筑木工，但也是老班子工匠们的绝活。

当然，也有少数"老班子"建筑者是通晓一些石匠技术的，但他们的相关知识十分有限，完全凭着"硬功"——不用雷管炸药，而仅凭钢钎、斧、锤来完成整个采石过程，并用黄泥、煤炉渣的混合物作为黏结剂，工艺既粗糙，劳动强度也太大。

如今，"新班子"建筑工匠极少从事木屋建造，他们主要经营的是石墙房和水泥砖房。他们所采用的手段和工具材料体现出了工业化时代的科技特征，主要有钢钎、锤子、碎石机、砂木机、手提刨、雷管炸药、钢筋、水泥、水泥砖模具等，当然也包括墨斗、斧、凿、锯等必不可少的传统建筑工具。

锤子、斧头、钢钎是石匠们必备的基本工具。使用锤子或斧头背与钢钎配合，可以从岩体上敲下来大块的石料。"老班子"匠人们做这些活差不多全是依靠这几种工具。[25]

关于雷管、炸药一类危险品，"新班子"工匠们则都多有接触，他们虽然并不一定都要亲自去安置雷管、炸药，但可以把这件事推给召集人，让他去雇本寨或外面比较有经验的人来"放炮"，这在如今也是很通常的做法。陇戛寨村民杨学富 1998 年曾参与修过同寨熊朝武家的石墙房，当时他们是 8 个人合作，每出一个工 5 元钱。石料就是从如今陇戛跳花场一带的乱石岗上开采来的。当时每放一炮 2 元钱，各家都可以放，如今国家不允许了，私自放炮是违法的，必须到政府指定的代销户去购买。以高兴村为例，购买这一类爆破器材的指定代销户就是村长家。

钢筋水泥对于"新班子"们而言并不是陌生的建筑材料，因为有很多家庭修的是混凝土平顶房，如果施工者们不懂得如何支顶棚和将 6.5 毫米盘圆钢拉直，并交叉编织成细密均匀的钢筋骨架的话，他们就只能请教这些懂行的"师傅"们了。"新班子"

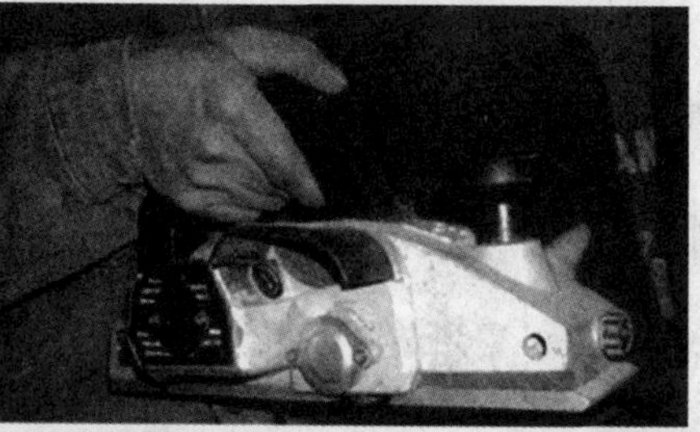

高兴寨建筑工匠杨成方所购买的上海产电动手提刨 吴昶摄

师傅会协调组织大家把钢筋编成与屋顶面积相等的网状钢筋骨架，将其固定在防渗层上，并用木板将房顶边缘围挡起来，然后将拌好的水泥砂浆浇在钢筋骨架中，待其凝固，即成屋顶。

手提刨，是目前建筑木工行业最重要的工具设备之一，它的优点是快，一次成型，刃口可以调节，不用像传统刨类工具讲求“推”“清”“洗”那样麻烦，携带也很方便，虽然沉了一点，但毕竟替木匠师傅免除了带那么多各种不同型号刨具到工地上去的麻烦。

锯木机也是目前建筑木工行业最重要的工具设备之一，它既可以锯解厚木枋，也可以锯解薄板。当地人称之为“砂木机”，因为在汉语西南官话区中，“砂”有用锯轮切割的意思。这种设备的方便有效性连“老班子”木匠们也不得不承认，陇戛寨一位老木匠杨正华说，以前做椽条，他们是用小锯慢慢锯，现在用电动的砂木机，省事多了，很方便。

目前，在传统技术方面，“新班子”并不能全然抛弃，墨斗、吊线一类的工具还没有更好的替代物，因此他们还必须借助吊线和墨斗来校正石料，然后用钢钎和锤子（或小斧背）按照墨线印记凿平石料的表面。

有的建筑工匠主要擅长石匠活，并不过问门、窗方面的事情，如果是这样，这些木构件则往往需要施工召集人去另请木匠来制作，或者到梭戛、吹聋等周边集镇上去购买现成的门窗部件来进行安装。

2006 年高兴村建筑工匠基本情况表

姓名	出生年月	性别	民族	家庭住址	从业时间	手艺特长	学艺方式	文化程度
杨正华	1940 年	男	仡佬	陇戛寨	43 年	小木作、石工	跟师	小学
杨光明	1963 年 6 月	男	苗	补空寨	14 年	门窗、瓦顶、石工	自学	小学
熊国进	1963 年 4 月	男	苗	陇戛寨	15 年	大木作、石工	自学	初中
杨德学	1953 年 4 月	男	苗	陇戛寨	25 年	木器、玩具、门窗	自学	小学
熊国富	1964 年 7 月	男	苗	高兴寨	20 年	家具、门窗、石工	自学	小学
熊玉明	1938 年 12 月	男	苗	陇戛寨	53 年	大木作、石工	跟师	文盲
杨成方	1968 年 3 月	男	苗	高兴寨	18 年	大木作、石工	自学	小学
王兴洪	1966 年 9 月	男	苗	陇戛寨	22 年	大木作、石工	自学	小学
杨成富	1956 年	男	苗	陇戛寨	30 年	石工	自学	小学

四、外界对建筑者的影响

随着“老班子”建筑者的衰老和故去，鲁班先师不再是长角苗人心中那位需要用红公鸡来祭奠的大神，他的光辉形象正越来越黯淡下来。森林资源被林业局控制起来了，不再是长角苗人的“箐林”，人们伐不到木材，也不敢冒着违法的危险去维系木构建筑传统，而包括鲁班信仰在内的一系列“借来的传统”随着穿斗式木屋一栋一栋地被人们废弃而注定将要被这里的人们所遗忘。

从历史的整体面貌而言，“封山育林”并不是什么重要的事情，因为这远远不及古代的历次瘟疫和战乱施加给他们的游徙生活重大，后者很容易使他们的生活水平倒退到几个世纪以前，而前者则使他们被迫要选择更适宜的生活方式，比如选择石头等以前从未大规模尝试过的建筑材料来盖房子。

事实上，长角苗人的生活传统历来受着外部的影响，同时他们又会把外部所施加的影响反馈给外部环境，只是这种信息的交换并不及山下各族之间的文化交流那样频繁。长角苗人的发型、服饰、建筑都可以说是森林边生存的经验馈赠给他们的礼物，也是他们对自然对象施以充满想象力的加工而得出的文化成果。我们断不可说这段我们所不甚了解的历史就是一段密封起来的部落史，因为我们至少有鲁班崇拜的遗迹作证，异文化曾经被他们所消化；而且，我们还必须注意，长角苗这一文化形态是在他们的祖先手中被创造出来的，这个系统掺杂着来自各族的文化经验——当然，也包括来自汉族的建筑知识。

（一）汉族木匠的介入

虽然，长角苗人的建筑文化与他们的邻居之间存在种种区别，但是有一点却是不容否认的，即他们和他们邻居的穿斗式木屋建筑形态差别并不很大，这与房屋设计者们的文化背景是有密切关系的，因为他们多是文化上较为发达一些的汉族人，或者受他们技艺启发的当地本民族工匠。小坝田寨一栋木屋的男主人曾明确地表示，他住的这栋“标准的‘长角苗’房子”是民国年间父亲请织金县蒯家坝的汉族木匠张启才所修，这栋房子历经 50 多年，迄今已经住了三代人。这位男主人说，汉族木匠们每修一栋木屋都必定要祭鲁班的，小坝田寨历史上也曾经出过一位名叫王作清的长角苗木匠，他的业务甚至扩展到了附近汉族龚氏家族居住的沙子河村。龚家的房屋今已不存，据说当年这栋房屋一半是由四川木匠所修，另一半是由王作清完成的。

按照通常的说法，涉足长角苗生活空间的汉族木匠除了本地周边村落的汉族人以外，主要来源于四川。当我们问长角苗木匠们这种夯制土墙房的“板舂法”技术的来历的时候，他们都会说出“四川木匠”这四个字，其传播到此地的时间大约是在 20 世纪 20 年代初。不过，“四川木匠”与“老班子”之间似乎很少发生明显且直接的师承关系。“四川木匠”显然不是特指某一个人，因为六盘水地区正好处在四川、云南、贵州三省交界处，四川人流落此地做木匠的并不在少数。经过多方面打问，我们了解到梭戛乡顺利村卡拉寨如今还住着一位王姓汉族居民，其父亲是民国年间来到贵州的四川木匠。这些“四川木匠”落户山乡，与当地各族居民通婚、育子，逐渐也就演变成了当地人。

当地的汉族木匠也很多，他们较之长角苗木匠们而言，通常更长于制作一些灵巧精致的细木工活，例如花窗、门簪以及各种家具书桌等等，他们有的人在梭戛、吹聋等镇上开有木工作坊，这些作坊的门外倘若经常有一些不愿离开的身影，他们很可能就是特地前来“蹭学”手艺的农人。

（二）返乡的打工仔

20世纪90年代以来，长角苗人生活方式的最大改变之处是出山打工。长角苗青年出山打工的目的地主要是省会贵阳和浙江的湖州、金华等地，目的通常只有两个：见世面和挣钱。离乡的长角苗打工仔们干的全都是体力活，主要工种包括挖煤、“地面工”、“进厂”。

挖煤是所有外出务工者们收入最实惠的一个选择，这种工作不需要识文断字，不需要复杂的计算，只要身体素质好，能够吃苦，不恐惧黑暗，都可以每个月挣上600至1000多元钱。他们服务的煤矿大多数在贵阳，因为贵阳到六枝的路比较近便，火车票只需20元钱，因此长角苗的青壮年男子大多数都非常主动地选择挖煤这一行当。在周边民族的影响下，他们也逐渐视“不能出门打工挣钱使家庭脱贫”为一种成年人的耻辱，因此，即使冒着煤矿塌方和瓦斯爆炸的危险也在所不惜。

在贵州大学读书的熊光禄曾告诉我们，他在贵阳有一段时间经常要去贵阳市郊的一个煤矿，因为他的哥哥在那里挖煤。第一次去那个地方时，他看到了令他惊讶的景象：几乎所有的煤矿工人都是他的族胞、熟人——他们大多是长角苗十二寨来的打工者。打工者们背着背篓，在阴暗的坑道里从事着极其危险的采掘作业，工作时彼此之间常常使用自己的语言进行交流，但他们的性情非常温和，他们说，煤矿老板对他们的评价很好。

长期的采掘作业使他们熟悉了钢钎、铁镐，也使他们熟悉了炸药、雷管，他们也越来越对用背篓负重前行的劳作生活感到习以为常。这些采掘作业时用到的工具材料，他们此后回家开山采石的时候还将用到。

针对于暗无天日的“地下工”——挖煤而言，还有一类工作他们称为“地面工”，包括“打砂”、“上工地”、“背石头”。

“打砂”（du sa），是指在山坡上采掘石料，并将其粉碎成可供建筑施工需要的石砂，出于效率成本考虑，“打砂场”的包工头多采用雷管定点爆破的方式获取石料，加之工人经常要蹬踩在山崖险要处作业，因此，这一工种的危险性不亚于挖煤。长角苗人参与“打砂”行业的人非常多，甚至有的村寨还自发组织了打砂队，后来终于因为发生事故而被迫停业。或许，这一类工作对于他们而言，也算得上是充满挑战和利润刺激的、新的生活方式，因为毕竟他们生活在一个充满机遇的、躁动的大时代里，谁也不甘于向贫困屈服。

“上工地”是指上建筑工地当建筑工人，这一类工作机会也多是在贵州省内。收入要比挖煤、“打砂”低数百元钱，但是选择这一行当的人也并不少，他们在城市建设的过程中已经和正在接触各种各样的建筑材料、施工技术以及来自五湖四海的同行业者。

“背石头”（dri dzae）是一种借代的说法，实际就是砌坟，因为是“为死人背石头”。这种工作一般的南方农村居民是不屑于去做的，在长角苗人那里同样也不是一件吉利的事，但是，一些有远见的父亲为了供孩子念完高中、考上大学，都有过“背石头”的经历，他们往往很少谈这些事，倒是邻居和他们的孩子出于敬佩的缘由会主动说出来。

令打工者们最为羡慕的莫过于那些有机会“进厂”（chiu tsang）的人了，“进厂”是指到工厂里面去上班，按时领取月薪的劳动方式。长角苗人“进厂”可以做的事主要是“剥皮子”（剥离电缆线胶皮）或者在木器加工厂里做油漆工。由于“进厂”需要一定的文化知识和相关专业技能，而且更重要的是得有熟人，这样才能有就业机会，继而在其中慢慢步入正轨。但长角苗人在这两方面都不占优势，倒是附近的汉族打工者“进厂”的几率比较高，所以当他们中的大多数被问起“进厂”一事时，常常只能流露出临渊羡鱼的神色。

每年的农历三、六、九、腊月，都会有大批的长角苗务工人员返乡参加农忙。三月是出粪、栽洋芋的关键时刻，六月施肥，九月收获，正月过年，这些都离不开男劳动力的参与。每次回家，男人们都要在地里忙上15天左右。对于这些多年以来处事不惊的长角苗村寨而言，这支浩浩荡荡的、往返于都市和故土之间的“打工大军”又会带来一些什么变化呢？他们会不断地告诉身边的亲人们，外面的世界很精彩，虽然也时常很无奈，但肯定是要比家乡好的，外面的人们住在宽敞明亮的楼房里面，过着舒服的日子，这种情形让越来越多的乡人感到兴奋和焦虑。总之，他们的心情是不安分、不平静的，他们要把这种不安分、不平静的心情又如布道者一般传播到乡邻四舍，直到他们也开始为之而动心，从而对自己的生活现状愈发地不满起来。这些复杂的变化使得长角苗人开始重新评估他们的建筑传统，身为建筑者的他们，越来越不关心那些所谓的建筑传统——况且那还是从汉族人那里“借”来的“鲁班师傅的传统”。它的被遗忘似乎仅仅是个早晚的问题。

（三）政府行为的影响

在谈到能够对民间建筑者的知识记忆起到影响作用的各种因素时，我们不能不提到来自政府方面的各种举措。因为地方政府出于自身职能的需要，经常也会拨一部分资金和物资给长角苗居民们，希望他们能按照政府的指引，做一些有利于改变他们贫困落后形象的事情。这些事情通常是针对他们的人居环境而来的，更明确地说，是与建筑有关系的。每一次拨款，都会使他们的某些村寨的景观发生显著的改观；而每一次大兴土木，则必然又会带动当地一大批懵懵懂懂的初学艺者在施工过程中逐渐变成经验丰富的建筑工匠。变化，不仅体现于环境上，也影响着长角苗工匠们原本淡泊宁静的内心世界。

长角苗人的独特文化风貌引起了20世纪末的文化人——学者和政府官员们的密切关注，在他们的推动下，“梭戛生态博物馆”主体工程于1995年3月开始破土动工。两年以后，中国国家主席江泽民和挪威国王哈拉尔五世出席了中挪文化合作项目——中国贵州六枝梭戛生态博物馆等 5 个项目的签字仪式。1998 年 10 月 31 日，“梭戛生态博物馆”落成。2000 年，贵州省文物处拨专款对陇戛寨 10 户木建筑老宅进行重建和维修。2002 年 12 月，六枝特区政府拨款修建的新村小区在陇戛寨山下落成，40 户陇戛居民乔迁新居。2005 年 8 月，政府拨款在陇戛寨推广修沼气池和储水窖。

形势看来发展得非常快，来自政府方面的资金投入几乎都是无偿的，政府最多要求被帮扶对象出具相关的财产证明，以使政府方面能够确信这些资助款项的投入能够立竿见影达到他们帮扶行为的效果。

当然，政府所扮演的角色并非全然是在“打文化牌，唱经济戏”。在更早的 1991 年，发生过一场意外的灾难——高兴村补空寨的一位年逾百岁的老妪因点火照明不慎引发火灾，全寨 100 多户茅草房被焚毁，此后政府补助受灾户每户 5000 元新建石墙房，如今补空全寨 150 余户民居建筑已全部是砖石结构，无一栋木屋遗存，茅草房顶也只有 20 余户，护草制度废止。

我们常听到一些当地干部抱怨省里和地方政府对高兴村扶贫行为太过频繁，以至于使当地人养成了“等”“靠”“要”的依赖心理，但是在这里我们也可以说，如果不是自 20 世纪下半叶以来政府对长角苗社区的帮扶政策，他们恐怕不会有这么多年轻的木匠、石匠出现——尤其是在封山育林政策落实以后、木材资源愈来愈紧缺的今天。

第九节　结语

由于长期处在半封闭的自然与人文环境中，梭戛保留下来长角苗人祖祖辈辈亲手建造和居住的、形形色色的各式建筑。如今，这些建筑正受到当地居民们的遗弃或改造。虽然他们目前建筑技术水平和家居卫生条件给人们留下了真实而难忘的印象，但他们目前也正在为改变这种状况而不断努力地采取各种建筑工艺和设计指标上的变革行动。此外，我们还有必要看到的是，越来越多的人接受了九年义务教育，希望借此摆脱他们贫困的生活所带来的精神困扰，这可以说是他们的现实生活中的最主要的愿望之一。诸如此类的因素，都直接或间接地影响着长角苗人的建筑形制转变。

从三种基本的房屋样式和两种基本的屋顶样式背后的社会成因而言，传统的木屋、土墙房并不如石墙房给人的安全感更强，草顶也不如水泥瓦顶实用。若不是因为囊中羞涩，多数村民都一定会改、扩建自己的房子，这种建筑样式革命的速度会快得远远超乎我们的想象。

同时我们也看到：民居建筑原本是一地一族群文化精神的重要物质载体，大量传统房屋的消失势必对原有的村落景观产生巨大的改变。对于关爱他们的人们（包括他们自己）而言，这就是一个明显的两难处境：保护其旧有文化就必然阻碍其生活水平提高，提高其生活水平就必然要破坏其旧有文化。如今，能够真正对现代梭戛人的生活产生直接作用的外部力量主要是政府官员和文化学者，学者们的介入是最早的，他们正是因为“发现”了这里尚未被现代文明与汉文化深度同化，才使这里备受世人关注。地方政府官员有着比学者们更为直接有效的行政权力，他们的目的是要实现对此地的有效管理，尤其是当1998年梭戛建成生态博物馆正式向全世界开放的时候，采取一系列扶贫措施来予以解决当地居民生活极度贫困的生活状况。一系列的扶贫措施，对梭戛苗族文化受影响最大、触及层面最深、改变最明显的就是他们的民居建筑面貌。从文化保护者的立场而言，这是令人感到非常无奈和遗憾的，但也正说明了一个严峻的现实——地域族群的文化特色经常与贫穷之间存在着难以割断的联系。

在围绕文化与贫穷的一系列争论中，人们都渐渐意识到梭戛苗族村民们自身的思考是不应该缺席的——陇戛寨的苗族村民们又是怎么想的呢？他们又是如何以自己的方式回答的呢？

博物馆的会议记录证实：在历年的生态博物馆所召开的村民会议中，村民们并没有主动提出多少关于自身发展的建设性构想，他们多是以附和或沉默的方式来回应政府或学者馈赠给他们的各种建设与保护的方案。然而，在现实生活中，他们却在以自己的现实判断力努力改变着自己的生活，不断拉近和外人的生活水平差距，追求着被公认的幸福。[26]

现代化的人畜分居、室内水泥地面和饮用自来水系统比之陇戛人过去的人畜混居、室内泥土地面以及露天公共水源，都可以有效地降低传染性疾病的暴发率——大量的事实都非常清楚。因此，毫不犹豫地引入现代建筑工具和手段来改造和新建自己的房子，已成为目前陇戛村民们的时尚之一。他们用这些实际行动回答了“按照自己的意愿去解释和认同他们的文化的权力”的观念和做法。正因如此，我们现在可以比较清楚地得出一个结论：长角苗村寨的建筑风貌正在从整体上向“现代化”迈进，长角苗村落建筑文化的保护工作也将会越来越凸显其艰难和紧迫。

注释

[1] 例如陇戛寨，每年还会遭遇2–4个月的枯水期，生活十分困难。由于缺水已是家常便饭，长角苗妇女们经年背负水桶走山道，已经形成了摆手走路的“本族群姿势”，并且一代代传承下来。

[2] 吴泽霖、陈国均：《贵州苗夷社会研究》，第6–7页，北京：民族出版社，2004年。

[3] 参见张良皋：《干栏——平摆着的中国建筑史》，《重庆建筑大学学报》（社会科学版），2000年12月第1卷第4期。

[4] 小坝田寨居民王开忠就曾经提到他家的百年老房是他的高祖父在短短的七天之内修建起来的。

[5] 陇戛曾长期受彝族金氏家族管理，我们采访金家后裔金开玉先生时，他曾回忆

说，从他记事起，当地的树木就十分巨大，曾经有“砍两棵树就能盖一座小学”的说法。

[6] 潘谷西主编：《中国建筑史》（第四版），第2页，北京：中国建筑工业出版社，2001年。

[7] 同上，第250页。

[8] 子磴，当地人对一种固定于檩木之上，以防椽条、瓦片滑落的小木楔的称呼。

[9] 潘谷西：《中国建筑史》（第四版），第266页，北京：中国建筑工业出版社，2001年。

[10] 高兴寨老人熊进全和陇戛寨老人杨朝忠分别提到过此事。

[11] 2005年8月，当我们采访到陇戛寨居民杨云芬时，她告诉我们她家的土墙房几年前就被暴雨淋坏，正在设法维修。

[12] 一说为彝族神匠“张师傅”，详见本章第五节。

[13] 1996年以前由于缺少水泥，陇戛人大量采用黄泥、煤灰和石灰的混合物作为黏结剂。

[14] 当地还流传着另一种不同的描述：当时王氏祖先并非专门在此巢居，而是在此拓殖。由于丛林里的各种野兽让他们感到非常害怕，因此临时修建这个树屋，白天在树屋旁伐木、开荒、劳作，晚上则要翻山到高兴寨的族人那里去睡，一直坚持到新屋落成，越来越多的人都跟着搬迁来了，最后才形成了今天的小坝田寨。

[15] 踞陇戛寨不远的梭戛乡顺利村卡拉寨就住着一位“四川木匠”的后裔。

[16] 从如今出土的大量古代文物中的器物造型和花纹图案来看，商和楚都有崇尚鸟的习俗。“良禽择木而栖”，鸟类大多选择树木高处筑巢为家，古代的殷人、楚人与民居木建筑也都是有着密切联系的。

[17] 参见张良皋：《土家吊脚楼与楚建筑》，载《湖北民族学院学报》（社会科学版），第98页，1990年1月。

[18] 六枝特区地方志编纂委员会编：《六枝特区志》，第86页，贵阳：贵州人民出版社，2002年。

[19] （明）午荣编：《新镌京版工师雕斫正式鲁班经匠家镜》，李峰整理，第39页，海口：海南出版社，2003年。这是《鲁班经》较近的版本。

[20] 这些线装手抄本多是王成友自己亲自用毛笔抄写下来的。王成友说，他正是按这些书上所教授的方法替主顾们选择阴宅阳宅，他的法术与山上（陇戛寨）苗族人的弥拉们的占卜预测有两个不同之处。首先，他基本上是照本宣科来推算的，而苗族弥拉们是靠“通灵”来决定；其次，他如果占卜到凶灾厄相，还可以在书中找到相应的化解办法，但苗族弥拉们往往是完全尊重占卜的结果，没有解救的办法（颇有些“是福不是祸，是祸躲不过”的意思）。

[21] 吴泽霖、陈国均：《贵州苗夷社会研究》，北京：民族出版社，2004年。

[22] 根据梭戛生态博物馆留存的2005年《高兴村陇戛寨未改造和未搬迁户基本情况统计表》得到的分析结果，详细情况如下：除2000年古建维修的10户以及2002年迁居至新寨的40户以外，尚有无房户4户、建筑面积在10平方米以内者1户、20平方米以内者3户、25平方米以内者4户、30平方米11户、35平方米以内者3户、40平方米以内者14户、55平方米以内者1户、50平方米以内者11户、60平方米以内者7户、65平方米以内者3户、70平方米以内者2户、75平方米以内者2户、80平方米以内者3户、85平方米以内者1户。

[23] 吴泽霖、陈国钧：《贵州苗夷社会研究》，第6、7页，北京：民族出版社，2004年。

[24] 吴泽霖：《贵阳苗族的跳花场》，原载《社会研究》第九期，民国二十九年十一月十日，引自吴泽霖、陈国均：《贵州苗夷社会研究》，第173–174页，北京：民族出版社，2004年。

[25] 陇戛寨“老班子”工匠熊玉明1964年独立修成的自家石墙房就是全凭锤子和钢钎完成的，他那个时候还接触不到雷管一类的爆破器材。

[26] 我们曾经问过当时的村长王兴洪：“如果按你们现在的想法，陇戛这些房子将来跟外面没有什么区别了，以后也没有人愿意上来看了，这个问题你想过没有哪？”王回答道：“这个问题我不是没有想过，你不许他们修（新式房屋），他们就只好住这种土墙房。你说是文化保护，大雨一来，土墙房（里的人）多半都找不到躲处，到处漏雨，不好搞呢！”

第六章　民具·技艺与生活

第一节　概述

“民具”，大体相当于我国学界所用的民间器具一词。本章对民具的界定参考了日本学界的定义：首先创用民具一词的民具学家涩泽敬三认为，民具是“基于日常生活的需要，采用某些技术而制作出来的身边寻常的道具”，“它涉及生活的所有方面，包括一切基于人们生活的需要而制作和使用的传承性的民具和造型物”。后来又有不少日本民具学家如宫本馨太郎、宫本常一、岩井宏实等提出了各自心目中的民具的定义，虽有所差别，但均是以涩泽敬三的定义为基本出发点。小谷方明教授通过对大阪民具的调查和研究，曾经提出了民具的“流通论”，他以具体事例说明了民具还应包括那些通过流通领域而进入民众使用领域的器具和用具。[1] 本章注重从民具与其所在社区文化的关系的角度考察之，将一个社区中存在和使用的现代工业生产的器具称做工业器具，将其他的传统意义上的器具称做民具。之所以做出这样的划分，是因为前者涌入地方社区，往往能够引起大规模的文化变迁，后者则不然。

长角苗人所用民具的大类别齐全，但是每一类别中的民具的种类较为贫乏，样式也较为单一，所有民具的种类不过百余种。

在较为发达的农村社区，每件民具的功能较为单一，这种单一是在其功能走向“专业化”、“专职化”之后形成的，不同于民具的初级功能。长角苗寨多数民具的功能是笼统的，还没有达到细分化、“专业化”的阶段。也就是说，同一件民具具备多种功能的情况较多。

长角苗民具的另一大特点是大多民具没有装饰因素（主要指的是装饰性的纹样）。说长角苗人的民具上缺少装饰的纹样，并不意味着长角苗人缺少制作艺术品的能力。正如博厄斯所说：“多数日常用品也应该认为是艺术品。各种工具的柄、石刀、器皿、衣服、房屋和独木舟造出以后，它们的形状都具有艺术价值。”[2] 确是如此，长角苗人制作的犁头、背篓（构，gou）、甑子（多瑙，dzuo nau）等民具，其本身的形状和纹理就具有一定的艺术价值，那是一种朴素的美。

梭戛生态博物馆建立之前，长角苗女性生产的染织品基本能够满足自用。而男性从事的木工就不能完全满足本社区的需要；至于竹编工艺则更多的是一种个人行为。石工则基本要依赖周边民族。因此，长角苗人对周边民族的依赖性很大。我们可以说，他们从一来到梭戛这个地区，就开始了文化变迁之旅。进入 20 世纪 90 年代，特别是梭戛生态博物馆建立之后，这一过程进入了快速发展的阶段。

从基础理论层面上来看，民具是物质文化的重要内容，民间手工艺是人们日常生活中接触最多的人类技术和艺术的结合体。一个社区的发展程度越低，民具和手工艺文化占的比重往往越大。从通常意义上来看，陇戛寨的经济和“文化”尚处于较低的阶段。在他们的所有财产中，民具占的比重较大；在他们所从事的“业余”劳动以及娱乐活动中，手工艺占了很大的比例。而他们的民具绝大多数是就地取材手工制作的，这体现了当地的自然环境对其文化的影响和制约。

民具特别是生产民具是一个民族（或族群）的生产力的重要表现之一，[3] 也是其文明发展的重要标志，和文化中最基础最根本的文化因子。与生产民具相联系的是生产方式，不同的生产民具会促使人们采用不同的生产方式。生产方式是生产力的重要内容。生产力会促使人们调整并最终形成相对固定的生产关系。而这些又会对这个民族（或族群）的上层建筑产生决定性的影响。按照美国人类学家威斯勒（C.Wissler）的理解，每一件民具都是一个文化特质，而研究一个民族的文化要从这些文化特质人手，研究这些文化特质及其之间的关系。一些文化特质又组合成更高一级的“文化丛”，“文化丛”又上升到“文化型”，以至“文化带”，最后到“文化区”。他进而讲到“文化区”内的上层建筑是和该区的物质文化结合成一个丛体存在的观点。[4] 从这里我们也可以看出研究物质文化的意义。

人类进入全球经济一体化阶段之后，从物质文化人手研究一个民族（或族群）的文化的办法似乎遇到了困难。当一个民族（或族群）的文化受到外界强势文化的冲击时，最先受到冲击的往往是物质文化，在物质文化中又以其传统民具为先。因为民具的首要功能是实用。最保守的民族（或族群）也不会弃能给自己的生产和生活带来极大方便的现代工业器具于不顾，而坚守自己古老的民具的阵地。对于这样的民族（或族群）来说，比较好接受的方法或许就是“中体西用”。这种情况，萨林斯（Marshall Sahlins）在其《甜蜜的悲哀》中已有关注：“爱斯基摩人早就用上了雪橇机、来复枪甚至飞机，但是他们仍然坚持着自己的文化传统，他们要用现代化的器具为自己的文化服务。”[5] 这样物质文化不就和精神文化脱节了吗？我们该如何从物质文化人手去解读一个民族（或族群）精神层面上的内核性的文化？幸运的是正如本尼迪克特（Ruth Benedict）所说：“我作为一个文化人类学家，还确信这样的前提，即：最孤立的细小行为，彼此之间也有某些系统性的联系。”[6] 虽然本尼迪克特讲的是行为，但在我们这里同样适用。人们与物质文化发生关系的时候会有种种行为，无论这些物质文化是如何相同，不同文化区的人在与它们发生关系时都会有些许不同的行为，这些行为重构和发展了传统。萨林斯也指出：“最近几个世纪以来，与被西方资本主义的扩张所统一的同时，世界也被土著社会对全球化的不可抗力量的适应重新分化了。在某种程度上，全球的同质化与地方差异性是同步发展的，后者无非是在土著文化的自主性这样的名义下做出的对前者的反应。”[7]由此看来，“新传统”是一种外来文化和本土文化相互融合、相互适应、相互妥协的产物，而并不仅仅是强势的外来文化对弱势的本土文化的改造，甚至是摧毁后的取而代之。现代工业器具（特别是机械和电器）进入传统社区，会得到原住民族（或族群）的改造和重新创造，这种改造往往体现在使用方法（包括学习器具的使用方法）和人们对这些器具的感情上。这些使用方法和感情受到了固有文化的影响。只要坚信这一点，我们就仍然能够重组维斯勒的“文化区”。况且还可以利用物质文化易变迁的特点研究一个民族（或族群）的文化和社会变迁。

费孝通先生把传统农业社会的特点概括为：“乡土社会在地方性的限制下，成了生于斯，死于斯的社会。”[8]他所概括的乡土社会的“安土重迁”的特点不仅仅是指人口的流动性小，而且其赖以生存的土地资源也是很少变动的。这些决定了人们的物质文化的稳定性。一个地区，或者一个时代的物质文化是相对稳定的，通过这些物质文化我们可以窥探一个地区或者一个时代的文化，特别是对于已经逝去的时代而言。似乎考古学把这一点发挥到了极致。但是人类学家并不局限于此，也不满足于此。一架牛耕用的犁，历千年而（基本结构）未变。但是不同地区、不同时代的人对这架犁却有着不同的认识。研究犁的材质、尺寸和结构固然重要，但是研究人们对它的使用方法、对它的认识、围绕着它进行的交换、发生的故事则更加有意义。考古学家面对的是挖掘出来的实物，他们根据这些实物，依靠具有些许臆测成分的想象复原古人的生产和生活。而人类学家则更关心共时性的研究，他们力争在民具的主人还健在或者主人的后人还保存着对这些民具的记忆的时候就把这件民具和围绕着这件民具发生的一系列事情弄清楚。显然，这两个学科有相互借用的地方和必要，事实上考古学家和人类学家正在这样做。当然，仅仅靠研究物质文化所能解决的问题是有限的，从阐释文化这个整体概念的意义上说，也是远远不够的。要对一个社区的文化得出一个整体的结论，需要从大处着眼，从小处着手，大胆假设，小心求证，研究文化的各个方面，最后再回归整体。

在注重整体的情况下，我们应该对一个民族（或族群）的文化与周边民族的文化进行比较，努力寻找这个民族（或族群）的文化特质。正如本尼迪克特所言：“一个部落的习俗也许百分之九十与临近部落相同，却可以做些修改以适应与周围任何民族都不相同的生活方式和价值观念。在这一过程中会排斥某些基本习俗，不论其对整体的比率是多么小，都可能使这个民族的未来向独特的方向发展。”[9]虽然本尼迪克特讨论的是习俗问题，但这样的说法对于我们的民具和手工艺研究也同样适用。

在研究这些物质文化时，有一个应该避免的缺点就是就民具谈民具的研究和描述方法。而这正是以前中国多数的民具研究成果所体现出来的缺点之一。以往的民具研究走的多是著录的路子，除了有限的图片，我们所能得到的多是对于这件民具的起源、年代、用途、形制等的简单描述。而没有将产生这些民具的文化环境考虑进去，这些文化环境包括民具所在社区的自然环境、社会环境以及个人情景。个人情景具体来说，还应该包括民具的制作者和使用者的文化习性以及设计和制作过程中的一些偶然因素。将一些民具客观而真实地展现出来不是文化研究的唯一目的，通过民具的研究应该能够得到对一个社区，甚至更广大范围的文化的整体认识。因此在研究民具时，不应脱离作为主体的人的生活。况且民具的制作、使用、储存也是当地人生活的一部分。人的文化创造活动既受到文化情境（客观结构）的制约，又有所突破（主观创造)。因此，我们既要关注近乎机械的客观结构，又不能忽视像大海中的潜流一样不停流动的个人情感创造。前者从某种程度上规定了文化的整体发展方向，而后者则是文化得以前进的不竭动力。我们在对长角苗人的民具进行研究的过程中试图对上述研究方略进行初步的探索。

第二节　分工与合作——陇戛民具群

如果说每一件民具就是一个鲜明的文化特质的话，那么文化丛对应的可以是民具的组合，而一个寨子的民具因其构成了足以应付特定生活方式的体系，则可称之为民具群，这个民具群可以对应美国人类学历史学派的文化类型了。本章把陇戛寨的民具称做陇戛民具群。由于整个长角苗的民具文化具有高度同质性，因此陇戛民具群的主要特征也是长角苗民具群的特征。

要描述一个社区的民具首先遇到的是如何分类的问题。对民具进行分类，可依据的原则很多，但常用的分类原则不外乎材质、功用两种。陇戛寨的民具，尤其是其传统民具的材质相对单一。用长角苗人的观点来看，相对于民具的材质或者其他方面，他们更注重民具的功用。因此，按照人类学民族志调查和写作中所注重的主位法，我们也应该以功用作为对陇戛寨的民具进行分类的原则。

我们将陇戛寨的民具分为生产民具、生活民具、交通运输民具三大部分。任何社会中的人不管他们处于什么样的社会发展阶段，必须先学会生产，才能顾及别的。因此，相对来说，每个民族的生产民具都是整个民具中最为丰富的。本章也是把生产民具作为一个重点来对待的。

对于一般社区的民具进行分类还会涉及医药卫生民具和宗教巫术祭礼民具两大部分，本章未能涉及。但此举并非表明长角苗人不拥有和不使用这两类民具，也不是说这两类民具在长角苗人的世界中不占有重要的地位。而是由于长角苗人的传统“医生”和他们的“弥拉”（类似巫师）合二为一，而长角苗人传统上又没有专门的医药卫生民具；专门的宗教祭祀民具（长角苗人没有礼器，因此我们把这类内容简称为“宗教祭祀民具”）也绝少。加之本书是合作课题，考察时分工有别，医药卫生、宗教祭祀以及音乐、蜡染和服装部分由另外的考察队员负责，具体内容详见本书相关章节。

本章在对陇戛寨的民具进行描述的时候，采用了日本民具学界常用的概念——民具组合。“民具的地域特色固然重要，但还应考虑到民具的组合，尽量体系化地在民具彼此的相互关联中，在民具与其他民俗事象及地域之自然条件、历史传统和经济状况的关联中理解和把握民具。”[10]

梭戛生态博物馆的建设，使陇戛寨由“闭关守寨”进入了“全面开放”阶段。这段时间，由于政府财政扶持力度的加大，外出打工人员的增多，使得他们的经济水平急剧提升。大量现代的生产民具、生活民具、交通运输民具等进入了他们的世界。我们将一些小型非机器动力的现代民具，放在各类传统民具的后面做简要的介绍。而涉及机器动力的一些现代民具，特别是一些机械，是引起长角苗人文化变迁的重要力量之一，我们将在“现代工业技术的力量”部分对其做相关的探讨。

一、“母”民具——制作民具的木工工具组合

木工工具是当地较成体系的专用工具，是陇戛民具的“母”民具，他们利用这些木工民具和掌握的技术制作出了族人所用的多数重要民具。木工工艺是长角苗人最重要的传统手工艺之一，也是最发达的手工艺之一。他们不仅制作出了精美的甑子和木桶（乔，chiau），还利用这门手艺建造出了结实美观的木头房子。木头房子可以说是长角苗人传统木工技术的最高峰，也是他们传统建筑技术的最高峰。

任务的繁重和工艺的发展促使木工工具向专业化和细分化前进。比如，要制作一座木房的门窗，特别是门时，往往需要将许多块较窄的木板合成较宽的整块木板。这样，一块木板的侧面需要起槽，而另一块则要凿相应的卯，将卯插到槽中，两块木板就紧紧地拼合到了一块。但是这项技术的要求相当高，需要固定性的起槽和凿卯的工具。诸如此类，人类总在不断的摸索中应变，前进。我们注意到，从陇戛木匠单纯的木工用具斧子（阿嘟，a ndu）到锯子（勾，gou），再到简单的刨子，再到各种槽刨，这不仅仅是一个技术的改进过程，还是一个“美的历程”。我们甚至可以说，刨子是一种应审美需要而产生的工具。在长角苗人不算久远的历史上，他们用着用斧头砍出的坑坑洼洼的木板做成的门，那个时候他们没有物力和财力制作平整光滑的木门。因此，当地的木匠也没有必要拥有刨子这种工具。因为刨子的作用不是创造“温饱”，而是更高的“享受”，那是一种视觉的享受。刨子进入陇戛木匠的工具箱之后，长角苗人的门窗、家具的表面变得平整光滑了。而自从刨子出现之后，木匠们在做木工的时候，最苦最累、花费时间最多的活儿也集中在了推刨子上。这些都是对美的付出。

在远离现代城市文化的农村中，人们对专利一词体会不深，有的甚至是一无所知。但一种东西只要好用，大家就会不自觉地竞相模仿复制。雷同并不被视为平淡和枯燥。因为对于长角苗人来说，工具最重要的是功能。

长角苗不同木匠的同种木工工具绝大多数相同，其形制几乎一样，其尺寸也相差甚微，这种差别是手工制作的局限所致，对其功能没有丝毫影响。且这些工具全部是传统遗留形式，个人少有创新（虽然有木匠声称他的工具是他创造的，这可能是他们混淆了“制造”和“创造”两词的意义）。因此，对一位典型木匠的工具的介绍，可

以对研究全寨木匠的工具起到以一斑窥全豹的作用。本部分介绍的工具绝大多数来自陇戛寨木匠杨得学。

（一）斧子

斧子是人类最早发明和使用的工具之一。早在石器时代，原始先民就开始应用石斧了。陇戛长角苗木匠的斧子有两种，一为单刃斧，一为双刃斧，两种斧子均由斧头和斧把儿两部分构成。其中斧头又分斧口（斧刃）、斧背、斧身三部分。斧头部分皆为铁质，斧口淬过火，带钢。单刃斧由于刃的一面平直，利于砍出较规整的面儿，常为木工专用；而双刃斧以斧刃居中利于劈柴，所以多为家常斧。然而长角苗的木匠则多使用双刃斧，单刃斧反而少见。当地的双刃斧其斧头一般长 16 厘米，斧口宽 11 厘米，斧背长 8 厘米、宽 5 厘米，斧子的把儿较长，多在 30 厘米到 50 厘米之间。双刃斧的妙处是：如果用单刃斧则只能以一条胳膊持斧砍木头，双刃斧则两条胳膊都适用，这样就使木匠的两条胳膊都得到了休息。或者单刃斧只能在大木料的一边使用，要砍另一边就需要转到另一个方向，双刃斧就不需要这样，它两边刃子的斜度是一样的，只需要站在木料的一边就可以同时砍木料的两边，而且由于变换了姿势，身体也得到了休息。但由于双刃斧的斧口两面均为斜面，所以操作起来需要更高的技术。

我们推测当地人在木工工艺还没成形之前，经常拿双刃斧砍柴，之后他们做木工活儿也就顺便拿双刃斧头用了。对于木匠们来说，双刃斧要比单刃斧难用得多，但是长角苗的木匠们克服困难，练就了一身过硬的斧功。技术水平高的木匠甚至不借用任何辅助工具，就能将一根杉木砍成一根形状别致的犁盘（劳屋，lau wu）。他们还针对当地的需要，创造了一些省时省力的双刃斧操作技术。

斧子是长角苗木匠最常用的工具，寨民们常常称某某能砍织布机、某某能砍甑子。他们将做木工活儿称为“砍”。“砍”也的确是长角苗木匠做木工活儿中最多的动作，这反映了当地木匠的木工工艺比较原始。当地 20 世纪 80 年代以前的木房子、木民具都相当简单、粗陋，大多数木板都是用斧子砍出来的，因此木板很不平滑，但因为大家的都一样，也就不觉得别扭。

（二）刨子

刨子在木工工具中有着特殊的地位。如果说斧子的出现是为了满足人们的基本生产需要的话，刨子的诞生则更多是为了满足人类的某些审美要求。熟悉木工的人应该知道，无论一个木匠的斧工如何高超，要将一根哪怕是木质最疏松的粗糙的木头砍出一个光滑平整的平面也不是一件容易的事，更不用说砍出厚薄均匀、表面平滑的木板了。千万不要小视那根粗糙的木头上的那个平面，正如美国著名人类学家博厄斯在其名著《原始艺术》中所指出的：“概括地说，优美的工艺来自形状的规整和表面的平滑，这是大多数原始工艺生产的特色。”[11] 毫无疑问，表面是否光滑平整是评价一件木工产品优劣的重要标准。刨子的出现，使得这个要求变得容易起来。当然，木匠们也要练就熟练使用刨子的技术，并时刻磨利自己的刨刀，随时校正好刨刀的位置，只有这样才能圆满地完成任务。

槽甲刨（下），槽乙刨（上）。

长角苗人的刨子有推刨、清刨、铣刨、槽刨等种类。其中推刨又有初推刨和二推刨之分。槽刨则有槽甲刨、槽乙刨、边刨之分。推刨、清刨、铣刨等刨子根据具体的需要和大小不同有若干不固定的型号。这些型号的制定有很大的灵活性，往往依照主人的喜好而定。从使用的角度来说，推刨、清刨、铣刨是将木料由粗到精加工的过程中依次使用的。刨子并不是长角苗木匠的固有工具，而是仿造自周边民族。“刨子原来都没的（没有），1960年（20世纪60年代）就有了”（小坝田寨农民王开云）。

长角苗人的刨子没有什么特别之处。较大的推刨的刨床一般通长69厘米，宽7厘米，高4厘米；刨刀长19厘米，宽5厘米，厚0.2厘米，与刨床夹角约75度；刨把长26厘米，横截面直径3.4厘米。平刨的形体较大，主要用来刨平大面积的木面。也可将其反用，也就是让其工作面儿朝上，直接拿木板在其上反刨，这样刨的大多数是木板的侧面。槽刨，以其功能命名，是一种起槽的工具。这种刨子算是长角苗木匠所使用的最为精密的工具之一。拥有这种刨子的木匠一般是技能较全的木匠。陇戛寨年龄较长的木匠杨正华的木工工具中最具有特色的就是他的二分槽甲刨和二分槽乙刨，这两种刨子配合使用，一个起凹槽，一个起凸槽，将两块木板拼合成一块，不用铁钉，十分牢固。这两种刨子均有控制木柄，可以调整其卡隙的宽度，从而能够从容地衔住木板，无需打墨线而起槽的位置准确无误，十分先进。边刨，是起边的刨子，用于将木器的边缘刻上一道阴线，或者是将边加工成弧形等，是一种用于修饰木器边缘的工具。

（三）墨斗（妹陡，mei dou，近似当地汉语）

同全国大多数地区一样，墨斗也是长角苗木匠们的常用工具之一。当地木匠用的墨斗按材质分为两种：一为木质，多为自制；一为黑塑料质，皆为购买。两种墨斗均由墨盒、墨线、锥锥、转轮、转把、墨斗笔六部分组成。其中墨斗笔是当地木匠的创造（其他地区的木匠多用铅笔等物，他们工作时常将铅笔别在耳朵上方，在梭戛见不到这种现象），其做法较简单：将一薄竹片削成一头尖、一头似笔刷的形状，笔刷削薄，并劈成竹丝。画墨线主要用笔刷一端。墨盒中的墨汁是用炭粉或者电池棒粉加水调成的。木匠们在墨线的尽头装上了一小块圆木棒，在其不与线连接的一端装上了一根锋利的针头。打墨线时，只要将锥锥钉在木头上，墨线的一端就被固定住了，另一端则可任意摆动，根据需要随意打线。杨得学的墨斗为自制的木质墨斗，长15.5厘米，宽6.8厘米，高4.2厘米。

（四）锯子

锯子是和斧子一样伟大的发明。这种工具使斧子的功能得到了延伸，并在一些功能上（如扳倒大树）大大提高了效率，并使人类一些更为美好的愿望得以实现。如将一根圆木锯成厚薄均匀的木板而又尽可能地节约木料。

长角苗人使用的锯子可分为四种。当地人对这几种锯并没有专门的称呼，也没有将其分类的意图。我们所采用的对这些锯的称呼是他们的通用名。因为长角苗人不会制作铁器，他们所用的民具上的铁器部分都是从附近的集市上买来的，这些产品多出自汉族人之手。因此在锯这种需要金属锯条的工具上，长角苗的匠人们没有发挥才能的机会，其样式和材质均与周边民族相同，很可能是直接借用其他民族的。

这四种锯常见的有两种，即带锯和截锯。带锯，也叫马锯。顾名思义，就是形状像一根带子的锯，这种锯一般长150厘米左右，锯条宽约12厘米，没有锯框，锯条的两端直接焊接铁套，铁套装上20厘米左右的短木柄。带锯只用于伐树。这种锯需要两个人同时操作，并且由于带锯的锯条较宽，锯齿较大，锯起树来摩擦力很大，非两个健壮的年轻人不能为之。但是这种带锯并不是长角苗木匠人人都拥有的伐木工具，且其进入长角苗社区的时间较晚，并没有对长角苗人的伐木活动产生大的影响。

长角苗人所用的最常见的锯是截锯（有的地方也称为“框锯”），他们把这种锯子称为手锯，意思是这种锯子单手即能操作，这样的名称似乎比截锯更加科学一些。因为任何锯子都可以用来截断木材。当然，长角苗人对这种锯的命名方法也遇到了麻烦。那就要涉及本章要介绍的另两种锯。其中一种是用废弃的截锯的锯条的一部分，通过给其绑上一个简易的木柄而制成的短锯，这样的锯可以用来锯断较细小的树枝，但是长角苗的木匠们多用这种自制的锯锯划浅卯。另一种锯子的形制较为奇特，这种锯子的锯条是圆的，是在一根直径约2毫米的钢丝上起了许多小而锋利的锯齿做成的。这种锯条装在一根直径约2.5厘米、长约60厘米的富有极强弹性的杂木棍上，以铁钉将锯条的两端与木棍的两端分别结合。制作完成后的锯，其形状类似一张弓。如果对当地的木工工具不熟悉，极有可能将当地人挂在墙上的这种锯子误认为小孩子的玩具弓。长角苗人把上面叙述的后两种锯子也称做手锯。

长角苗木匠使用的截锯有两种大的尺寸。大截锯锯条的长度达到了160厘米，这样的截锯主要用来伐树，以及将大树的树干剖开。小截锯锯条的长度从40厘米到100厘米不等，这种截锯的功能较杂，可以锯制木板，也可以用来截断木头。对陇戛木匠来说，锯子的大规模使用是近几十年的事情，无论是伐树还是做其他的多数木工活儿，他们所依赖的主要工具仍是斧。

（五）拐尺

拐尺，即鲁班尺。是当地木匠必备的木工工具，当地人称之为尺子。顾名思义，拐尺是拐角形状。其角为直角，一条边长一条边短。其材质分为木和硬塑料两种，木尺多为自制，塑料尺皆为购买。其计量单位为尺、寸、分。拐尺不光量尺寸，还担负着量直角的任务。杨得学的拐尺长边为40.6厘米（此边有缺损，原全长约49.9

钳扣

厘米，为旧计量单位的一尺半左右)，短边为33厘米（合旧计量单位的一尺)，木质，自制。

（六）钳扣（楞陡，le ndou，一说为“擒扣”)

铁质，是当地木匠使用的较有地方特色的工具，以其外形类似钳子得名。通长21厘米，最宽处2.5厘米，最厚处0.8厘米，钳口长4.5厘米，固定爪长3.5厘米，距钳尾端2厘米。钳扣与钳子的不同之处是，钳扣的两条把儿上多了两个用于固定的与把儿垂直的“铁爪”。木匠们将钳扣固定于木头上，就可以将需要刨的木板等抵住钳扣的后把儿，从而得到固定。

（七）木槌（刀姑，dau gu)

木槌分大木槌和小木槌两种。大木槌是当地最常见的工具，简单易做。由于它充当的是铁锤的角色，所以要求所用木料必须质地坚硬、分量重，多用当地常见的青杆木（音）制造。杨得学的木槌通长40厘米，锤头长28厘米，横截面直径11厘米，锤把儿横截面直径4厘米。木槌横截面为圆形，其他木匠的木槌横截面也有方形的。小木槌与大木槌外形相同，只不过体量要小许多，材质也多是质地较为柔软的杉木。通长28.5厘米，其中把儿长10厘米；锤头一端大一端小，大的一端横截面长6.5厘米、宽6.5厘米，小的一端长5.5厘米、宽6厘米。在制作甑子和水桶等民具的过程中，它主要用于拼装板时将拼板敲实。其实这只不过是小木槌的业余工作，小木槌与圆凿是成套的工具，主要用于给冥币凿花（当地人买来的冥币都是素面，无镂花、印花)。

木马

（八）木马（杩杈，能哝，nein nong)

木马是长角苗木匠不可缺少的工具，其制作木料没有什么特别要求，大小尺寸也因人而异，杨得学的木马高约45厘米。其制作方法也较简单：三根木棍组合成了一个稳固的三脚架。其中两根等长，较粗壮，这两根先结合成一个木叉，另一根则从前两根木棍的交叉处穿过稍许，这根木棍较长，其作用就是撑住前两根木棍。

由于当地的许多民具都是用斧头直接砍成的，所以就需要木马这种与之相配合（套）的工具。比如要将一根杉木砍成一个犁盘，就需要将其固定在一个平台上，若用北方地区常用的木工长凳的话，圆木不好固定。而用木马就变得容易多了。随便将沉重的木头架在两个木马的两叉之间，就十分牢固，随便怎么砍也不会动。况且要转面也很方便。长角苗的每位木匠都至少有两个木马。木马也可单独使用，也可与其他简易工具组合使用。两个木马架上一块木板，就组成了一条长木凳。架上一根直径十六七厘米的木头，就可以组成新的固定工具，这样的工具可用于固定圆桶状的民具。

（九）凿子（竹，dru）

长角苗人的凿子有铣凿、四分凿、圆凿等种类。铣凿的工作面为长方形，便于凿出横截面为长方形的卯，圆凿则可凿出横截面为圆形的卯。四分凿凿出的卯宽 4 分，约 1.32 厘米。一般的铣凿通长 25.5 厘米，凿头为钢质；木把长 13 厘米，横截面直径 4 厘米；凿口宽 2.5 厘米。长角苗木匠的凿子全是从集市上买的，没有什么特色。其使用年限很长，像杨得学的铣凿已经使用了 20 多年，凿子头已经磨得比刚买来时短了 1 厘米多。其尾部的木把儿也已经换了四五次，现在的木把儿也被斧头砸得木皮翻卷。当地的木匠多在木把儿上箍上一根铁丝，以防止木把开裂。木把儿所用木料多为质地坚硬的杂木。

（十）踩脚（侧兹，tsae dzi）

踩脚是当地木匠做甑子、背桶（啰通直列，luo tong dri lia）的专用打孔工具。它所用的木料为木质坚硬的杂木。此种工具甚为奇特，它完全为甑子以及背桶的拼板打孔而生，颇符合人机工程学原理。踩脚主要由主杆（长 101 厘米，横截面直径 4 厘米）、弯棍（两角点间直线距离 30 厘米）、钻杆（长 22 厘米，横截面直径 4 厘米）、钻头（长 3.2 厘米，横截面直径 0.3 厘米）、棕绳（长 200 厘米，横截面直径 0.8 厘米）等部分构成。其主杆与拐耙（瓜爬，gua pa，近似当地汉语。拐耙的构造较简单：一根长约 80 厘米、横截面直径约 5 厘米的圆木棍一端装上一根与其垂直的弯木棍。当地人用背篓长距离背煤时，中途休息则将拐耙置于身后，撑住背篓）并无二致，聪明的木匠们在其主杆上与主杆垂直装上了一柄钻杆，在钻头一端的钻头后方，以一弧形圆木与主杆连接做另一点支撑。如此，主杆、钻杆和弧形圆木就构成了一个牢固的三角结构，三角中部往往再加固一根横木。主杆最上端的大约呈 150 度角的弯棍则可与人的胸部很好地结合在一

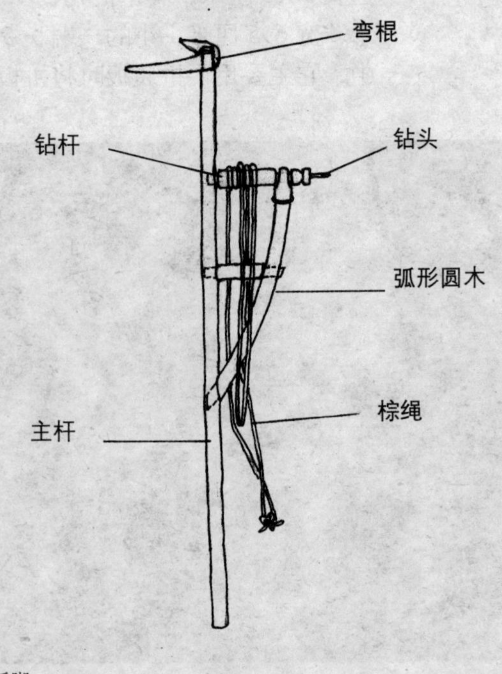

踩脚

刮刀

块。一条长约200厘米的棕绳是土钻的动力传输带。

（十一）刮刀

铁质，通长30厘米，从刀头顶端到第一弯处6厘米，到第二弯处11厘米；刀宽1.7厘米，刀头扭转度约30度。在制作甑子的工具中，刮刀是一件不可替代的工具。这种刀专门用来刮甑子的内壁，由于甑子壁呈弧形，所以任何形状的刨子都派不上用场。在这种情况下，制作甑子的先人们就发明了刮刀。刮刀乍看起来类似镰刀，它与镰刀的不同之处是，刮刀的刀头与刀杆连接处的弯度比镰刀要大得多；镰刀是单手使用，而刮刀则是双手使用。由于刮刀的刀刃本身有一定的弧度，所以操作起来非常方便，但是如果想熟练操作的话，也需要较长时间的练习。

（十二）篾刀

长角苗人称之为“弯刀”（阿得，a dae）。铁质，通长57厘米；铁头部长21厘米，最宽处4.5厘米；弯头部长11厘米。弯刀也是以其形命名，刀背较厚实，整把刀分量很重，加之刀把较长、刀刃锋利，所以其“杀伤力”很强，可以轻易砍断手腕粗的树枝和竹子，也可用来劈竹、修树。劈竹子不是一件简单的活儿，要将竹篾劈得均匀细致并不容易，杨得学是陇戛寨的竹编能手，劈竹功夫一流。他先用弯刀将鲜竹竿从粗的一头劈成均匀的四部分，但每刀都只劈进去20厘米左右。然后他找来两根直径约10厘米的短木棍，将木棍呈十字形插进竹竿分开的裂缝中，左手抓住劈开的一端，右手持十字架，让四片竹从十字架的四个空儿中穿出，用力拉，则竹管被均匀地劈成了四片儿，又快又匀。之后，再用锐利的弯刀将每片劈成两半，以此类推。用弯刀劈竹，不能像用十字架木棍那样潇洒，因为用弯刀劈竹，无所凭借，所以一刀一刀劈进去非常慢，而且每砍进一刀都要不停地扭动刀身，好让竹子分开。劈到了竹节的部位，更要缓慢，且由于竹节较为坚硬，所以需稍微加力一砍方可通过。用弯刀劈竹和用十字架劈竹，可比之在狭窄的盘山公路上行车，如果两边没有护栏，则车自然行驶得慢一些，一旦装上了护栏，人的心理有了凭借，就能“放心行驶”了。

二、与自然的斗争与合作——生产民具组合

诚如上文所述，生产工具在任何传统农业社会中都占据着比其他民具更根本的位置。结合长角苗人的生产民具的实际情况，本节将其分为狩猎民具、耕种农具、收获农具、存储民具、粮食及食品加工民具、饲养用具、纺织民具几个部分。

（一）从弯刀到弩（嘞，lei）——狩猎民具组合

就通常情况来说，如果一个民族的发展经过了人类历史上所有的发展阶段的话，那么他们所经历过的这些阶段的顺序往往先是狩猎—采集阶段，其后是农业阶段，再后是工业阶段。据我们现在掌握的材料来看，长角苗人也经过了这样的发展阶段，当然他们现在还没有步入工业阶段。由于这个族群的历史比较短暂，他们所经历的狩猎阶段也是短暂的。因此，相对于那些有着长久狩猎文明的民族来说，长角苗人的狩猎民具和狩猎方法就显得简单多了。但是，从另一角度来说，这也是长角苗人的特点。因此，我们有必要对这些狩猎民具和狩猎方法做出尽可能准确的描述。

世界上的民族或族群大多经过了采集—狩猎阶段，并且这个阶段多是其民族历史的第一个阶段，这与当时的自然界能直接给他们提供维持生存的衣食有莫大关系。战国思想家韩非在其名篇《五蠹》中有这样的记述："古者丈夫不耕，草木之实足食也；妇人不织，禽兽之皮足衣也。"以草木之实为生的手段就是采集，而以禽兽之皮为衣则是狩猎的结果。虽然韩非没有刻意强调狩猎对人们的食物所起的作用，但是既然人们取动物的皮毛制衣，就不会将肉扔掉，肉食是补充人体必需的蛋白质和脂肪、提高人体素质的最好食物。

"《民国邱北县志》第二册《种人》亦载：'苗人，有青、花、黑三种……喜居箐林，烧火山种植，林败则迁，无定所，好猎善用强弩。'"[12] 据高兴村村长王兴洪讲，长角苗人的祖先善于攀岩附石，爱好打猎。他们常年赤脚在山林间穿行，脚底下竟磨起了厚达2厘米的老茧，又频用桐油抹于其上，使得脚底坚硬无比，踏石可断。他们常年游走于山林之中，身形矫健，加之手握硬弩，是打猎的好手。长角苗人为数不多的舞蹈中有打猎的动作，这也是长角苗人曾经是狩猎民族的佐证。

20世纪50年代（或更早）之前，现长角苗人生活的地区为茂密的箐林所覆盖，林中常有虎豹出没，鹿、麂子等猎人爱好的食草动物众多。在这种情况下，后到这个地区又擅长打猎的长角苗人的先民无疑会优先选择打猎这种直接获取食物的生产方式。虽然他们为了获得在这片土地上的生存权而不得不时不时到当地的地主家里去干苦力，但这丝毫不影响打猎作为他们主要的生存来源。因为那时他们的人口很少，只有不到现在的1/12，树林中的野物足够他们生存。这从他们并不高明的农业耕作和种植技术也可以看出来，他们从事农业种植是比较晚的事了。20世纪五六十年代的大炼钢铁运动使当地大片原始箐林遭到彻底毁灭，猎物不复存在。长角苗人遂从亦猎亦耕的民族转为纯农耕民族。这是随着人口的增加和人为生态破坏造成的生存压力逼迫的结果。从我们获得的信息来看，长角苗人的狩猎民具并不复杂，没有其他地区用于捕猎的弹弓、捕机、捕扣、捕笼、夹兽器等专门狩猎工具。他们用的狩猎民具主要有同时作为生产民具和武器的砍刀、弩箭、火药枪（谷凑，gu tsou）等。砍刀是各个民族都拥有的一种多用途工具，长角苗人用的砍刀有两种，一种平头直身，类似菜刀，总长40厘米，其中刀身长30厘米，刀柄10厘米，刀身顶端宽7厘米，另一端略窄，宽6厘米，刀背厚0.8厘米，刀身与刀把一体。整把刀用铁棍锻打而成，因此刀把留着铁棍的原貌。这样的刀非常结实，适合猛烈砍击较硬较粗的木头或者牲畜的

砍刀

大骨头。另一种长度和厚度与上一种相似，只不过其宽度只有五六厘米，靠近刀身顶端约 6 厘米的地方，刀身弯了下去，因此当地人又把这种刀称做弯刀。这种刀在竹编发达的地方还有一个名字——篾刀。实际上它承担着砍伐竹木、劈竹划竹等多种任务。这两种刀都可以做打猎或防身的工具或武器。但是专门用于打猎的砍刀应该比现在的砍刀长，俗话说“一寸长，一寸强”，如果要与野兽特别是猛兽搏斗，40 厘米的长度显然是不太理想的。云南善于打猎且喜爱使用长刀的独龙族、怒族、傈僳族、景颇族、阿昌族、德昂族等用的砍刀（长刀），长度多在 80 到 90 厘米。[13] 可以想象长角苗先民用于打猎的砍刀的长度也应该在那个长度。在考察的过程中，高兴寨农民王天学说他在 5 年以前还在寨子中见到过八九十厘米长的马刀（阿得勒，a dae nlae），这种马刀作为武器的可能性更大一些，但是如果拿来打猎也未尝不可。实际上长角苗的先民并不直接用他们的砍刀猎杀野兽，而是带着这种砍刀或者弯刀进入树林或者竹林，用它们披荆斩棘，并制作用于猎杀野物的木棍或者标枪。在采访的过程中，上到 70 岁的老人、下到 20 岁的青年，都没有见到过带金属头的标枪。这可能与它们缺少铁等金属有关，但是从事狩猎的民族制作竹木标枪是再正常不过的事情。其他如木、竹标枪一样古老的捕猎民具和设施像陷阱之类也存在过。现在长角人对他们祖先打猎的情景已经知之甚少了。

即便现在已经没有野兽可猎，路上也极少会遇到拦路抢劫或寻衅滋事的歹人，但是有些民族的人出门的时候仍然习惯于佩刀，刀具成了他们民族服装的一部分。像我国的独龙、阿昌、藏、蒙古等族即是这样。虽然，现在长角苗的男人们已没人像上述的狩猎或游牧民族的男人那样，出门身上就佩刀，但是长角苗人仍有着狩猎民族的性格，这一点从其年轻的男子在他们民族最大、最重要的集体活动——打嘎（丧葬仪式）杀牛时的表现就可以看出：在长角苗人的丧葬仪式上，最引人注目的就是杀牛的场面。有些大家族的老人的打嘎仪式要杀掉 20 多头牛。负责杀牛的多是本寨的年轻男子。杀牛之前，看不出那些负责杀牛的人同其他的人有什么不一样。也没有看到他们用于杀牛的刀放在什么地方，是主人家提供还是杀牛者自带，这些都全然不知。杀牛开始后，就会看到三四人分成一组，两三人站在牛的前面两侧拽住拴牛的缰绳，一人则站在牛的前面。他快速地从腰中拽出一把 20 多厘米长的匕首，闪电般捅向牛的颈部，正中牛颈部的大动脉，牛受到这猛然的致命一击，惨烈的狂吼一声，四蹄腾空，但是再也没有站立的机会，轰然倒地。要知道这些杀牛人并不是专业的屠户。这“稳、准、狠”的杀牛技艺，可能与他们族群以前狩猎的经历有关。杀完牛以后，负责拽牛缰绳的那几个人都从自己的腰中拽出了磨得锋利闪光的匕首，加入了剥皮、开膛的行列。原来他们的刀都藏在腰间。看来长角苗的男子们不是不佩刀（当然，现在的情况是有需要的时候才佩刀），只不过不似前面提到的几个民族的男子将刀佩带在外，而是藏在看不见的腰间的衣服里面。将刀佩挂在衣服外面，可以给人一种威慑力，将刀藏在腰间的衣服下面则有绵里藏针的性质。这似乎可以说明长角苗人是一支性格内敛外柔内刚的族群。

像其他爱好狩猎的民族一样，长角人也善于使用弩箭。虽然长角苗人已对其祖先狩猎的事实所知不多，但是只要一提到打猎，他们都会提到弩箭，只不过他们对这种民具只用弩一个字来称呼。弩箭是以前的苗人打猎的主要工具，也是其自卫的主要武器。弓箭是古代人类最伟大的发明之一，它的问世大大加强了人们猎取禽兽的能力和范围。弩则在弓（能，nen）的基础上前进了一大步，突破了拉弓人体力的限制，克服了人拉弓的时间不能持久的弱点，瞄得更准，射得更远。

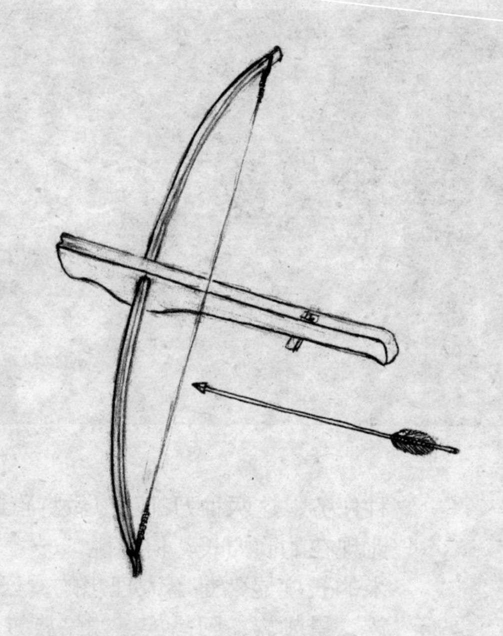
陇戛弩箭示意图

据金开玉讲，20 世纪 60 年代时，长角苗人还有打猎用的弩箭。弩上的弓长达 1.45 米，弹力强劲，给弩上弦时，必须用双脚踩住弓，弯腰两手扣住弓弦，铆足力气才能拉起。现在梭戛生态博物馆的陈列厅中还陈列有一把失去弩机和箭的残弩。但是这把弩上的弩臂（弓）没有金开玉讲得那样长，只有 90 厘米左右。我们曾经在梭戛的集市上见到过另一把当地汉族人的弩，其弩臂的长度也在 90 厘米上下。高兴寨的王天学称见到过弓长 150 厘米的弩，看来弓长 90 厘米的弩在当地是小型弩。长角苗人的弩几近绝迹了，正所谓："飞鸟尽，良弓藏。"长角苗人远离狩猎生活半个多世纪了。他们的猎具也就随着那段模糊的记忆一同烟消云散了。仅剩的那几张弩，前几年也被游人特别是外国游人买走了。我们只能将现在长角苗人对他们的弩的所有知识和我们对生态博物馆中仅存的一架长角苗的弩的观察所得记载下来，这些知识无疑是粗浅的，也是模糊不全的。

长角苗人用的弩可以分为五部分，即：弩身（射弩时手持的扁木）、弩臂（长角苗人称为"弓"）、弩弦（长角苗人称为"弦"）、弩机（长角苗人称为"机子"）、弩箭（长角苗人称为"箭"，或"竹箭"）。

弩身所用的木料是质地坚硬的杂木，没有特别的要求。弩臂是一张弩最关键的部件，其所采用的材料是长角苗人现在经常用来做扁担（久单，gjiu ndan）的那几种木料，皆是在向阳的山坡上生长了多年的杂木。其共同特点是坚实，并具有出众的弹性和韧性。做弩臂的木材必须选用生长了多年且仍生长茂盛、绝无枯枝的挺直的树干，而且这段树干绝对不能有任何节疤。简言之，就是必须选用当地最坚韧、最完美的木材。弩弦是用麻搓成的（梭戛生态博物馆中的那张弩的弩弦是用两股麻搓成的，粗约 0.5 厘米），也有的用牛皮、阳坡上生长的坚韧的藤的纤维和麻线绞在一块儿搓成。箭杆是用芥棕做的，总长约 60 厘米，直径 1.5 厘米。箭镞是铁质的，长约 9 厘米，整张弩箭只有箭镞这一个部件必须请外族的铁匠锻造（本民族没有铁匠）。像很多狩猎民族用的箭镞一样，长角苗人用于打猎的箭镞上也经常涂药，但是不同于其他很多民族的是，长角苗猎人用的药并不是什么见血封喉的毒药，而是能在很短的时间内让中箭的野兽产生巨大的疼痛从而痉挛不能行动的草药。但是考察中未能找到懂这种药方的人，这种药方很可能已经失传。箭尾有用以控制箭飞行的箭羽，长的箭的箭羽能达到 20 厘米，所用的羽毛是老鹰、野鸡或者孔雀的漂亮尾羽。其与箭杆的结合方式是先将箭杆的尾端正中刨开约 20 厘米，将羽毛塞进去后以麻绳固定。一张弓长 150 厘米、箭（夫嘞，fu lei）长六七十厘米的弩箭，其有效射程可达 200 多米。威力是相当强劲的。

可惜的是，现在我们已没有机会看到长角苗人制作弩箭的过程，也没有人再能将长角苗人制作弩的工序过程和技术要点讲清楚了。

据长角苗人讲，他们民族的人也有用火药枪打猎的，但是极少。其火药枪的样式与步枪相仿，尺寸也差不多。但是火药枪装的不是子弹，而是铁砂。其动力是靠黑火药爆炸产生的瞬间推力。每个使用火药枪的猎人都有一个专门装火药的药罐，多用葫芦做成。使用火药枪前，先将一定量的黑火药从枪口灌入，且要晃动枪身使火药全部落入枪膛的末端，之后再从枪口灌入铁砂。在枪的引发处（药池）填上少量的优质火药，之后就可以瞄准猎物射击了。这种使用铁砂做子弹的火药枪最适合打动作敏捷的小动物，像兔子之类。由于枪内铁砂的数量较多，其击发出枪管以后呈发散状，不用准确瞄准即可击中猎物。但是这样的枪也有缺点，那就是有效射程较短。经过考察得知，火药枪进入长角苗人居住区的时间不会早于 20 世纪中期。那时，大规模的狩猎活动已经结束，所以这种火药枪在长角苗人的打猎生涯中并没有留下多么光辉的战绩，拥有火药枪的人也极少。本民族没有人会制作火药枪，他们的火药枪和火药均是从附近的集市上买来的。

（二）从薅刀（夺给，duo gae）到犁头——耕种农具组合

狩猎经济会受到多种客观条件的限制。由于生态环境的变化，近现代中国境内，绝少有哪个民族或地区的人能够仅靠狩猎生存。即使最擅长狩猎的民族，最终也不得不把他们的弩箭收起来，而操起农耕民族擅长的锄头。

长角苗人的先祖到达梭戛地区时，当地的汉、彝等族已处于较为成熟的农业阶段。长角苗人的先祖不可能不受影响。但是长角苗人的祖先们可能在原居住地也从事过农业（关于这一点现有资料无法提供强有力的论证，但是就长角苗人百余年的历史，和其在梭戛之前的居住地纳雍的情况来看，这种可能性很大）。所以说，长角苗人所经历的狩猎阶段不是原生的，而是由于客观条件的改变，促使他们采取的临时应对措施而已。等到适应当地的环境之后，他们还是要操起锄头。但是由于迁徙的原因，原有的农业生产民具不可能悉数携带。当他们重新开始农业时，更多的是向周边的民族学习。还有一个原因是，长角苗作为外来民族，在当地没有自己的土地。他们最开始只不过是给当地的彝族和汉族大地主（主要是彝族地主）做工而已。在这种情况下，他们使用的农业生产民具也应该多是由地主家提供的。后来，他们有了自己的

土地，但是生产民具的制作和生产方式还是在地主家里学习的那一套为主，当然也有他们自己民族的一部分。这可能就是一个与周边的汉族、彝族等操着完全不同的语言，从来不与外族通婚，以保守著称的民族，其农业生产民具和生产方式却与其周边民族如此相似的原因。

1．翻地刨土——粮食下种

长角苗人的耕种民具的种类并不繁杂。其中最重要的可能要数犁头和薅刀了。

(1) 犁头

犁头是长角苗人用于耕地的主要工具，但犁头是不能直接和牛配合在一起工作的，两者之间需要有配套的连接工具。这些工具是牛夹担和牛搭脚，还有一定长度的绳索。因此在讲述犁头时，不能不提到牛夹担和牛搭脚。只有先学会将三者准确地套到牛的身上，才能谈犁地的问题。犁头、牛夹担（牛轭，挂虐，gua lio）和牛搭脚（嘎轴虐：ga drou lio，搭杠，陕甘地区常称之为“臭棍”）是长角苗人耕地用的三件套。这些民具都是长角苗最开始在梭戛耕田的祖先使用的。

牛夹担和牛搭脚都是用自然弯曲的木棍制成的，其形状像是没有底边的等腰三角形的两腰。牛夹担这个“三角形”两腰间的夹角有约90度，角的顶点部分是整个牛夹担最粗的地方，宽约5厘米，厚约3厘米，依次向腰的两端点逐渐减细，到了两端点，变成宽约4.5厘米，厚约2.5厘米。第三条边长约为60厘米，这个三角形的高约为30厘米。而牛搭脚两腰之间的夹角则有约135度，顶点部分直径约5厘米，从顶点向两腰的另外两个端点逐渐减细，两端点处的直径约为3厘米。牛夹担套在牛的肩部，有一条绳子从牛的脖子底下绕过，两端分别与牛夹担的两端相连，以固定牛夹担。牛夹担以绳索（绳索的长度按照牛的身长而定，一般装好的牛搭脚距牛后腿约50厘米，离地约20厘米。）连接牛搭脚，牛夹担与牛搭脚前后联合，形成一个拉长的菱形，绕在牛的周围。这样牛就可以不受绳索的牵绊，自如地行走。牛搭脚的中部装有一个能转动的铁钩，铁钩再以绳索牵引犁头。

牛夹担

梭戛苗族所谓的犁头即是牛耕用的犁，犁的主体近“S”状，姿态优美。整架犁头由犁盘、犁引、犁筋（兰略，lan lio)、铧口（劳亏，lau kei）四个部分组成，犁盘是整架犁头最主要的部件，长约150厘米，最宽处约20厘米，最厚处达10厘米。其尾端即是操犁的手柄，而其头部则套戴着剖开土壤的铧。犁引是犁头第二重要的部件，长约140厘米，最宽处约12厘米，最厚处约10厘米。其一端牢牢固定在了犁盘的腹部，另一端则连接着牛牵引犁的绳索。犁筋（长、宽、厚分别约为70厘米、7

厘米、5 厘米）则成 15 度角贯穿犁盘和犁引，从而更加强了犁盘和犁引的关系，使二者牢不可分。这样的结构和形式，不可不谓简单，但是其腰身壮健，又不失灵动之美。犁盘、犁引、犁筋三个木质构件的穿插方式，均为木工工艺传统联结方式中最为牢固的榫卯结构。犁头上的榫卯均是大榫大卯，干净利落，爽透大气，有唐代曲辕犁的神韵。

在整件犁头的结构中，犁盘和犁引的穿插是最重要的部分。因为整架犁头的力量传输是驾犁者的手给予犁头手柄的向其手前下方的力，和牛通过犁引牵拉的向其手前上方的力，这两股力的合力即是犁盘通过铧剖开土壤的力。由于驾犁者给予犁盘的力量较小，主要的力量是牛通过犁引给予犁盘的牵引力。如果把犁筋和犁盘看做一个整体的话，那么这个整体最脆弱的部位就是犁引穿入犁盘腹部的榫，此榫成了整架犁能保持正常工作的关键。因此在整架犁头的砍制过程中，此榫所占的技术比重很大。这个榫是一个长达 17.2 厘米的榫，而且榫面是个不规则的四边形。犁引的木质要求是很高的，需要用当地木质坚硬的“绿绿树”（当地人所称，其科属种不详）或者楸树。相应的对犁盘上对应的卯的要求也是很高的，此卯是一个有固定倾斜度的卯，十分难凿。卯凿通以后，就直接将犁引进行试装，如果装不进去，就拿凿子慢慢打磨榫卯，直到恰好契合（用斧头能够将其紧紧地揳进去，这个松紧度要靠经验来把握，用斧头揳犁引的力量也要靠经验来把握，如果榫卯的紧度过了，又用斧头揳进的力量太大，则卯容易开裂，这样就会损坏犁盘；榫卯的紧度过松则不牢靠）。在试着装进的同时，也要保证犁盘与犁引的中线（事先打好的墨线）位于一个平面上，即使稍歪，亦会影响犁引力的传导，从而损坏犁头，犁头的美感也会大打折扣了。为了加固犁引和犁盘的联结关系，制作犁头的木匠们又给犁引和犁盘之间穿插上了一根横截面为长方形的犁筋，从名称就可以看出这个部件有很强的韧性。犁盘、犁引、犁筋组成了一个稳固的三角形，从而使犁头的坚固性得到了加强。但是犁头使用多年后，最先损坏的还是犁引和犁盘连接处的卯或榫（犁引相对于犁盘来说制作难度大，因此这里的卯要比榫

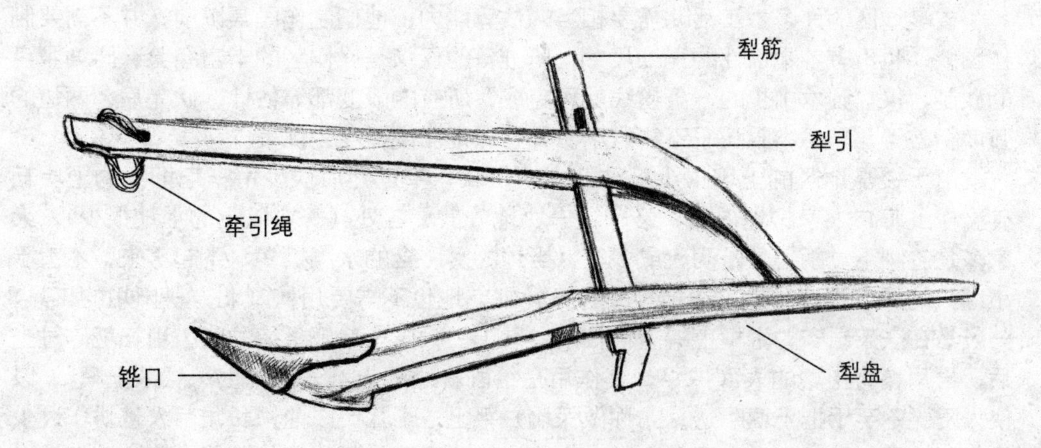

陇戛犁头示意图

牛耕

重要)。这样平面结构的犁头主要还是运用于南方水田地带的松软土壤。梭戛苗族垦殖的虽是旱田，但是这个地方终年多雨雾，空气湿度相当大，土壤的含水量也很高，土质松软。我们在梭戛曾经看到当地的农民用没有装犁筋的犁头耕地的场景，说明当地的土质是非常松软的，驾犁者几乎不需要给犁向下的压力，仅仅依靠犁本身的重量就足以使铧插到所需的深度，驾犁者只需保证犁的方向就行了。因此，梭戛犁的手柄是犁盘的一个部分，即是犁盘之尾。

梭戛的犁用一只手足以掌握，驾犁者可以腾出一只手来赶牛。他们都是左手拽着长长的牛缰绳，右手掌握着犁的方向，主要是保证犁不歪倒。驾牛耕田者也有两人合作的，但是前面人的任务不是牵牛，而是拿着一根竹竿赶牛，牛缰绳还是掌握在驾犁者的手中。每当转弯时，驾犁者在提着犁头的同时还要拽着缰绳，喊特定口令使牛调转方向。在考察的过程中，我们经常看见面对耕作劳累不愿前进的牛一筹莫展的耕作者。

梭戛地区的许多木工活儿需要相当的估算能力，他们制作民具以前，并不需要制作图纸，也没有各个部件的详细尺寸，所准备的仅仅是操作者的丰富经验。比如犁盘的砍制，仅靠圆木中央的一条墨线就可完成，所有的弧度都靠估计。砍完后，两边的弧度相差无几，用肉眼几乎不能辨出。并且保证曲度适度、优美。

由于梭戛地区的土壤很少板结，土质松软，犁过之后很少用耘耙把大的土块耘碎。梭戛每户人家的地很少，又一块一块地分散于各处（一亩以上的平地很少），大家多是趁刚下过雨，且是阴天或多雾（当地的雾所含的水汽极多，下起雾来，不啻于小雨）的天气，边犁地，边把种子种下。犁完地也不需要用耱（北方耕田用的工具，一般是在一架结实的木框上编上粗枝条，看上去颇像一扇藤条编的门。用耘耙碎过土后，再用耱将土壤的表面抹平，其作用是给刚耕过的土壤表面铺上一层“土膜”，以使太阳光不至于把土壤晒透。亦称做保墒）平土。十几年以前，长角苗人也耕作过少量水田，那时用过耘耙，因为水田对土壤的松软度要求更高。长角苗人称这种耙为老耙。它的主体构件是一根长100厘米到120厘米、直径20多厘米的木头，在木头上装上七八根直径六七厘米、长约20厘米的木锥（木锥一般用当地人称做“刺”的一种木材制作），在木头上与木锥相反的一侧安装两根高约120厘米的竖木，两根竖木的上端安装一根横木，横木的两端长出竖木十几厘米，便于手握。最底下的那根粗木头上拴上两根麻绳，与牛身上套的牛搭脚相连。

用犁头犁过地以后，再用老耙将土块刨松软（长角苗人谓之“刨融”）。具体操作方法是，耘地的人手握老耙的手柄，掌握耙齿插入泥的深度，赶牛耘地。

在长角苗人的传统农业耕种民具中，犁头及其配套民具是他们最大型的工具。其余都是独立的单柄农具。计有铁锹（斯兹翘，si dzi chiau）、薅刀、钉耙（佳腊，gjia la）等几种，接下来我们将分别介绍这三种工具。

(2) 铁锹

铁锹是全国各地常见的多用途工具，但是在陇戛及周边地区，其位置则次要得多，大多数用途被薅刀代替了。铁锹在陇戛寨的历史也短，是20世纪80到90年代才有的。其铁头儿不像北方地区农村的那般平直，它的形状更像一个撮子，这样的造型更适合铲、撒东西。事实上，梭戛地区的铁锹主要就是用来铲撒东西。在农业上的应用也不过是撒粪肥。在日常生活中，它被用来铲垃圾和湿煤。而在北方特别是中原地区的农村，铁锹是翻地和挖坑的主力。直到现在，北方一些农村地区的农民还用它来翻耕小块的土地。在北方的很多地区，铁锹的使用是很频繁的，其木柄大多是木质细腻结实的槐木，光滑平直，锹面都被土壤“擦抹”得亮亮的。梭戛地区的铁锹就没有这样风光了，常常是锈迹斑斑，其木柄也多是疙疙瘩瘩的糟木棍。

(3) 薅刀（多伽，duo ga）

薅刀是长角苗人的主要农具之一，在长角苗人中的历史也比铁锹长。陇戛寨的老年人讲：“解放前就有薅刀了，早喽！”这种工具是锄头跟镢头的混合物。弯弯的铁头连接一根直直的短木柄，就是薅刀的结构。既可以轻而易举地将垃圾、粪肥扒进撮箕（长角苗人类似簸箕的一种工具，后文有介绍），又可以轻松地刨坑种籽，对于长角苗人在石坷垃里垦殖的小块山地来说，这样的工具比铁锹要好用多了。另外，由于当地的土壤比较松软潮湿，所以耕种时，翻土的深度不用太深（约20厘米），这样的深度，薅刀足以应付（薅刀刨土的深度一般为20厘米左右，而铁锹的翻土深度可达30厘米）。况且用薅刀翻土，要比用铁锹翻土省力。在北方平原地区的农村，我们经常可以看到外出干农活或者是傍晚从田里回家的农民们总是肩扛铁锹。而长角苗人则代之以薅刀。农忙时节，每天上午9点钟左右（之前）割草，下午3点钟许，在长角苗人的寨

薅刀

门口可以看到成群结队、背着背篓（长角苗人的一种背运工具，下文有介绍）赴田干活的农人。每人的背篓里面准放着几把薅刀。长角苗人每次进田干活都用背篓装着薅刀，与其他地区的“荷锄”或“荷锹”不同。这是他们独特的工作方式。这里的背篓并不是专为背薅刀而带着的，而是别有用处。他们在干完下午的农活后，还要割一背篓草背回家去。但无论如何，这形成了长角苗人携带工具的独特方式。其他农具甚至像体积颇大的犁头也多是用背篓背运的。

铲土、沙石或者粪肥时，薅刀与撮箕又形成了新的工具组合：先用薅刀将沙土等扒进撮箕，然后再由撮箕将沙土等倒入背篓中背走。

(4) 钉耙

钉耙也是南北方常见的生产工具。其形制类似薅刀，主要的区别就是将薅刀的刀面换成了钉齿。钉耙在长角苗人的生产和生活中只有一个作用，刨粪。将粪肥从牲畜栏中刨出，和将粪肥刨到背篓中都离不开钉耙。梭戛苗人的主要肥料是由牲畜的粪尿掺杂猪牛吃剩的草料及其他东西沤制成的，虽然近几年已有农户使用化肥，[14]但数量尚少。而且这些用化肥的农户在使用化肥的同时并没有放弃粪肥，并且仍将粪肥作为他们的主要肥料。因为粪肥中含有大量的植物纤维，薅刀和铁锹在试图铲起粪肥时会受到植物纤维的阻隔，而钉耙尖锐的钉齿就可以轻松地插入植物纤维的缝隙，刨起粪肥。因此，钉耙是必不可少的工具，且会沿用较长一段时间。梭戛集市卖铁制工具的摊位上摆满了钉耙，可见其使用广泛。

(三) 从撮箕（不箕，bu gji）到夹棍（唠苦，lau ku）——收获民具组合

严格地讲，本部分的描述，超出了单纯的收获农具的范畴。本部分没有像上一部分那样，就民具谈民具，而是将相关的收获民具放到一个完整的种收过程中去介绍，这样或许更能将这些民具的真实面貌展现出来。

长角苗人种植的粮食作物主要有玉米（安糟，an dzau）和[15]小麦（牤不老，mang blau），[16]较有代表性的蔬菜是土豆（高依，gau yi，当地称之为洋芋）和菜豆（独撒，du sa）。这些农作物的种收所用的民具有薅刀、背篓、撮箕、夹棍、竹锥锥等。

竹撮箕（左），橡胶撮箕（右）。

土豆是当地重要的农产品，主要用于喂猪，少量自己吃（做菜或煮熟后蘸辣椒食之），再有剩下的就拿到梭戛市场上出售。

土豆在每年的农历二月底三月初栽种，所用的民具不外乎薅刀、撮箕、背篓，近几年又多了塑料尼龙袋。

背篓是当地较有特色的盛运工具。详见本节第四部分交通运输工具中的描述。

撮箕，竹编，其外形类似簸箕，但是材质不是棘柳，而是梭戛地区常见的金竹。撮箕的边框有竹和木两种。主要用来撮煤灰和土石等，其功能则类似各地市场上常见的用于撮垃圾的撮子。当地撮子的尺寸有两种，较小的一般长 46.5 厘米，上口最宽处 48.5 厘米，高 8 厘米。较大的一般长 50 厘米，最宽处 40 厘米，最深处 20 厘米。虽然长角苗人会自已编制撮箕，但是技术并不十分成熟，多是买当地汉族人编制的。

20 世纪 90 年代中期以来出现了用汽车的废旧轮胎制成的撮箕（长角苗人从梭戛或者吹聋集市上买来），其形状与竹编撮箕无异，但其牢固性大大加强，可以想象这种新型的撮箕是竹编撮箕的替代品，但这并不是说竹编撮箕就会因此退出长角苗人的历史舞台。新型的橡胶撮箕出现之后，促进了撮箕功能的分化。竹编撮箕的主要功能向盛收干净的粮食、食品靠拢，而原先同样由竹编撮箕承担的盛收沙石、土块、粪肥、垃圾的任务，则让给了橡胶撮箕。这样的分工是由两种撮箕的材质决定的。如果再向后推演，则橡胶撮箕收垃圾的功能很可能会让给工业生产的塑料撮箕，或者如梭戛生态博物馆信息资料中心用的带长柄的铁皮撮箕。

我们选取对长角苗人种收土豆和收获菜豆的过程的记述，来介绍上述几种工具的使用。

一般选刚下过雨的一天，以背篓将做种子的小土豆或切成小块的土豆及复合肥（梭戛地区种植粮食作物用的肥料有两种：一种是自家用人、牛、马、鸡、鸭的粪便混合粮食的秸秆枝叶沤制的有机粪肥；另一种是购买的贵阳农学院生产的复合肥。如果要施粪肥，则在耕地以前就将肥料早早背到田里。每年的正月间，随处可见用背篓背粪的苗族男女，他们直接将整篓的粪肥倒扣在地里，粪肥往往还保持着背篓的形状，一排排，颇为壮观）背到地边。男人们以牛耕地。耕过的土地则由妇女（多是一个家庭的女主人）用薅刀挖沟（也有的用挖坑的方式，但较少），其后，女儿们拿盛着化肥的撮箕将化肥撒进坑中，再后面的人将一颗颗的土豆种子撒进土沟（这一项工作多由未成年的孩子们完成），接下来人们会用薅刀将种上土豆的沟掩埋起来（若是采用挖坑的方式，则由种土豆的人边投土豆种子边用脚掩埋土坑），种土豆的过程完成。

每年的农历六月间，是当地收获土豆的季节。这个时期是长角苗人的农忙时节，每天除了要给猪、牛打好草以外，只要不下大雨，人们就会整天“藏在”玉米地里（玉米地里套种土豆）挖土豆。挖土豆也要靠薅刀，用薅刀小心地将土豆挖出，然后拾到撮箕中，再倒进背篓中背回家。土豆刚收下来时，一般散放在堂屋的地面上，等土豆上附着的泥块干了以后，以装化肥的编织袋装起来，放于房间里的阁楼上。少数家庭直接将土豆堆放在房间的角落里，但如果房中的温度较高，容易过早发芽。

菜豆是长角苗人的重要蔬菜之一，其种植的时间比土豆略晚，收获的时间则与土豆相当。当地人一般用这种菜豆的种子做汤，以当地野生的野蒜（闹叨，ndau，当地人称苦蒜）佐之，味道鲜美。当地人收获菜豆不是将豆荚从菜豆的茎上采摘下来，而是将菜豆连根拔起，豆荚、茎叶、根全收。收获完菜豆后，将其置于通风干燥处晾

杨得学持夹棍打菜豆

晒，等菜豆的茎叶、荚壳干燥之后，就持夹棍抽打，这样就可以将菜豆的种子击出荚壳。剩下的菜豆的茎叶及根则拿去喂牛。

夹棍的制作和工作原理及用途与连枷相同。连枷的手柄比打击杆要长得多，这样便于用力，长角苗人的夹棍则手柄与打击杆同长，显然较之连枷落后。连枷的打击杆工作面较宽（一般在 10 厘米以上），多为藤编或竹编而成。打击杆与手柄的连接为转轴结构。而夹棍的打击杆则同其手柄的材质一样，都是较硬的木头。两者以绳连接，拴绳处刻上了防止绳滑脱的凹槽。

陇戛长角苗的夹棍主要用来打菜豆和少量的油菜籽，周边的汉族、彝族、布依族则主要用夹棍打油菜籽。

竹锥锥是当地人在掰玉米（当地人称之为“揪包谷”）的时候使用的工具，这种工具是就地取材制作的民具。其结构非常简单，制作也相当容易，但就这样一件工具，也可以看出当地人为省力和提高劳动效率而做的努力。竹锥锥的主体是一根用竹子削成的长约 30 厘米的锥子，一端平钝，另一端尖锐。在锥体上钻上两洞，两洞间距约 4 厘米，离锥尖最近的一洞距锥尖约 10 厘米。两洞之间穿上用玉米衣拧成的绳子，出洞的绳头以挽上疙瘩的形式固定在锥体上。绳子的长度则可以根据主人的需要随时调节。由于玉米衣非常容易找到，换绳也是极其容易的。这个竹锥锥的用途并不像一些人想象的那样是用于剥玉米粒的，这样的工具还胜任不了那样的任务。竹锥锥的用途是在掰玉米的时候豁开玉米衣的，从而将玉米棒子掰下来。

竹锥锥

（四）从囤箩（粘偷，nia dtou）到水窖——存储民具组合

本部分所介绍的盛储器也比较局限，主要是针对储藏粮食的囤箩和盛水的水缸和水窖。这些相对来说都是储藏时间比较长的民具。而像背箩、水桶等民具也有盛储功能，但是其盛储功能是暂时的，运输功能长久一些，归入相应的运输类、汲水类要比盛储类更合适。

说起盛储器，马林诺夫斯基描述的特罗布里恩德岛人用来储藏甘薯的木头粮仓给我们留下了很深的印象。那些粮仓独立于室外，木栏草顶，颇具田园气息。且仓库的木栏之间的距离较大，大得足以看到整块甘薯的面貌。这无疑给人一种诱惑感，这是土著人炫耀财富的方式之一。长角苗人没有特罗布里恩德岛人炫耀财富的习俗，他们习惯于将自己的粮食（在20世纪80年代之前这可能是他们最重要的、也可能是唯一能称得上是财富的东西）散放到房间的阁楼上，或者放到阁楼上面的竹篾编成的大囤箩中。相对于热带地区的特罗布里恩德岛人来说，饮用水对于长角苗人来说也是宝贵的，他们制作了专门的木桶来储存它。

前面我们谈到长角苗人的土炉的时候，曾经提到长角苗人用于储存粮食的阁楼的构造。由于长角苗人的土豆和未脱粒的玉米棒子往往散放在阁楼上，所以阁楼也可以看做是一个大的盛储设备。它盛装着其他的严格意义上的盛储具，像囤箩。

囤箩是长角苗人储存粮食的重要民具，一般用宽2–3厘米的竹篾编成，腹部呈圆柱形，口小，似罐头瓶。这种造型易盖，在一定程度上可以减少老鼠对粮食的损害。当然，长角苗人也知道它的局限性，老鼠可以轻易地咬破竹壁而偷吃粮食。在

囤箩

这种情况下，就只能指望主人家的猫的能力和勤奋了。囤箩一般通高 130 厘米，腹径 130 厘米，口径 100 厘米，竹墙厚约 1 厘米。囤箩一般用来盛储剥下来的玉米粒和小麦。这些脱粒后的粮食，一般是供近期吃或者卖的。粮食进囤箩之前必须晒干，以防霉烂。

前文在耕种民具的"钉耙"部分提到长角苗人在 20 世纪 90 年代引进了化肥。化肥使用完之后，装化肥的编织袋成了他们喜爱的盛储具。他们用这种编织袋装玉米、小麦、土豆，每逢梭戛的赶场天，我们便可以看到集市的街道两边"站"满了装着土豆的编织袋。编织袋似乎有一统长角苗人的粮食盛储具的局面。我们在许多居民家中，看到过码在一起的满装玉米和小麦的编织袋。但是这些编织袋并不能放到阁楼上去，因为阁楼下面的炉火会把它们烤化。因此，用编织袋装着的粮食要不就是暂时放在那里，要不就是近期要拿去磨面粉或者卖掉，多数并不准备长时间以这样的方式储存，因为堆在一起的粮食在潮湿的环境中很容易霉烂掉。长角苗人并没有为储存粮食而专门购买编织袋，那些袋子都是用过的化肥袋。

近年来，有少数长角苗家庭（特别是那些听不到猫叫的家庭）用木箱子装粮食。这些家庭相信，木头的厚度和硬度能够更好地应付老鼠的啮咬。木箱多为长方体，其容积有 1 立方米左右，采用当地质地较硬的木材制作，不具有普遍性。如果仅仅是信赖木头对老鼠的阻挡作用，还不如选择质优价廉的水泥做材料。在北方的一些农村，水泥粮柜（水泥缸，它叠，ta ndie）被认为是储存粮食的首选民具。随着长角苗人对水泥这种现代建筑材料了解的加深，用于储存粮食的水泥粮柜会更有前景。下面将要讲到的水泥缸为长角苗人建造水泥粮柜提供了模本，关键是他们要学会建造水泥缸盖，只有这样，才能有效地防鼠和防潮。石头墙房和砖墙房平屋顶的水泥预制技术的发展使建造水泥缸盖变得更加现实，但是长角苗人现在还没有预制水泥缸盖的行动。

长角苗人为了应付生活用水紧缺的情况，制作了大木缸储水，但是随着政府发放的水泥缸进入他们的家庭，这种木头水缸已很少用了。木缸的形状与背桶相似，只不过形体放大了，其制作工艺和应用的木料也与背桶相同。其高度达到了 60 多厘米，上口内径也达到了 60 厘米，底内径 40 厘米左右，壁厚 3 厘米。

前面讲到，政府部门作为扶贫项目给长角苗家庭配备了水泥缸。这种缸长 60 厘米，宽 40 厘米，高 80 厘米，口比底略大。这种水缸的外壁上有一花型纹样，与当地的民具上多没有装饰纹样有明显的区别。虽然这样的水缸盛水十分方便，但是当地的很多人似乎对它不太喜欢，很多人家的水泥缸都被扔在了门口，成了盛放杂物的平台。纯粹外来的文化因素要想在一个陌生的环境中扎下根并不容易，尤其不是应本地人的意志要求而出现的文化因素，即便这个文化因素能够给当地人带来实际的好处。

近两年，为了进一步解决陇戛寨的吃水问题，当地政府作为一种扶贫项目，部分出资帮助当地居民修建水窖。水窖的大小根据修建家庭的财力和意愿而定，但多数水窖的容积在 10 立方米以内。水窖有方形和圆柱形两种，以后一种为多。水窖的底部和墙体用青石、水泥砌建，表面水泥抹光。顶上制作水泥盖，有的水泥盖中加了木梁或钢筋。盖上留有方形的小口，方便蓄取水。但要完全解决当地人的吃水问题，仅靠这种方法还不够，因为即便在雨水丰沛的夏季，从山洞中引出的自来水的水量也很有限。要想彻底解决陇戛寨缺水的情况，首先要继续进一步封山育林，改善环境。当务之急是找到更优质的水源，并切实做好节约用水。

（五）从石磨（泽节，thae gjie）到研碓（丹尼牙，dae nia）——粮食加工民具组合

长角苗人的主食是玉米，而在工业化的民具传入之前，将玉米碾成面粉要用石磨，蒸玉米饭要用甑子，分饭则用簸簸（完搓，vaen tsuo）。长角苗人喜食辣椒，并且喜欢将干红辣椒捣碎来吃，这又要用到石质的研碓。长角苗人还喜欢粑粑这种甜食，过去每逢重要的节日，特别是过耗子粑节的时候，多数家庭要打些粑粑。打粑粑用的材料是糯米或糯玉米，工具则是粑粑盆和粑粑棰。本部分将对长角苗人使用的这些民具进行描述，并探讨与这些民具相关的一些问题。

1. 石磨（涩界，thae gjie）

长角苗人用的石磨的磨盘直径一般为 40 多厘米，厚度则多在十五六厘米。磨子分为上下两扇，上扇的上面儿的边缘处雕上了一道宽四五厘米、高三四厘米的挡墙，这样可使粮食粒不溢出磨扇。上扇离磨子边缘六七厘米的地方，雕镂上了一个直径 6 厘米的圆孔，圆孔的下侧则雕上了一道与圆孔直径相差不多的螺旋凹槽，以使磨子在转动时粮食颗粒从上扇的圆孔中漏到两扇磨子的咬合缝隙之间。上下两扇的咬合处雕刻上了许多方向相反的斜纹（即为磨齿），易于将粮食磨碎。一般两扇磨子栽在一石质的底盘上，环绕下扇磨子的是底盘的石槽，磨下的面粉会落在这道石槽里，石槽设有出口，便于面粉输出。梭戛当地磨子的底盘有些是木质的，而且为数不少的石磨没有底盘。没有底盘的磨子以一个大簸簸（后文有介绍）接收面粉。簸簸放在磨子正下方磨架下的地上，这要求簸簸的尺寸必须足够大，也要求磨子的尺寸不能太大。因为磨成粉末的粮食并不会像水那样规规矩矩地流到指定的容器里。在磨子上扇的侧面凿有一个深约 10 厘米的洞，以备插上摇柄转动磨子。这个摇柄是一个自然成直角的木棍，棍

石磨

子与磨盘相接的部分一般横截面为长方形，以防止摇柄左右转动，而摇柄的上端则被刮得光滑溜圆，便于手握。陇戛寨中现存石磨的手柄下端大多已被推架磨得凹了一圈，且整个手柄的颜色已呈黑红色，显然使用年头都不短了。这是我们在长角苗居住的几个寨子见到的石磨的基本形制。但实际上，长角苗人传统石磨的摇柄上还配备有“推架”。

长角苗人对这个辅助性的工具，确切地说是部件，没有专门的名称，“推架”是我们为了叙述方便而暂起的名字。当地的石磨较小，可以用单臂摇动。但在实际劳动中，单人长时间持续摇动是很困难的。长角苗人的解决办法是运用推架。推架是一个榫卯结构的“丁”字形木架，这个架子长的一端凿上了一孔，套在摇柄的下端，另一端则是一个手柄。推架靠近石磨的一端以绳子吊于房顶上（也有不吊的），使之悬起，这样能保证推架水平，方便用力。推磨时，或一人持推架，另一人持摇柄，二人合力推摇磨子；或一人通过推架推摇磨子；或一人独持摇柄摇磨子。以第三种情况为最少。

2005 年 8 月份的考察中，我们曾经观察过陇戛旧寨的一位妇女用石磨磨粮食：她家的磨子放在堂屋左后角的位置，这与其他家的石磨放置在室外任凭风吹雨淋不同。显然，这位妇女家的石磨还在使用之中。她在最上面的磨扇上撒上一把小麦，然后右手握转杆转动磨盘。磨盘转动起来时，她右手不停，左手持小扫帚不时朝投粮孔中填扫小麦，整个动作协调、轻快。看得出她在转石磨时是用全身的力量的，而不是只用胳膊上的劲儿。我们试着转了几圈，感觉要使这台磨转动起来是需要较大力气的。更困难的是，摇柄是死的，外面没有活套，转动起来磨得手生痛。

她家的磨子的直径达到了 45 厘米，这样的磨子显然不是靠单人手摇操作的。随着电动碾米机的引进，石磨逐渐遭到淘汰，但由于陇戛是梭戛生态博物馆信息资料中心的驻地，经常接待前来参观的国内外游客，所以大多数家庭的石磨还没有丢掉，大多被要求放在每家房子的吞口的一边，作为这支民族的一种民俗道具向游人展示。但是推架大多被丢弃了，连陈列在生态博物馆展览厅门口的那一台作为“标准器”的石磨也没有配备推架。每当游人要求寨民为其演示石磨的使用时，主人仅仅是以上述第三种方式摇摇磨子，这对游人可以说是一种误导。

陇戛妇女在摇磨子

长角苗人的绝大多数传统民具上都没有用于装饰的花纹。然而我们在陇戛旧寨杨光家的石磨上发现了此类花纹。它的上扇的侧面装饰了四层花纹：从上至下依次为竖条纹、波浪纹、斜线纹、与其上面方向相反的斜线纹。石线排列均匀、细致，石线本身粗细适中，美感强。

据杨光说，这台石磨已有 50 多年的历史了，是请寨中的老石匠打的。但据小坝田寨的王开云说，20 世纪 80 年代以前，长角苗人不会打石磨，甚至连维修都不会。寨子中的石磨都是向汉族人买的。结合陇戛寨现有石匠的水平来看，这台磨子应该不是陇戛寨的人打制的。

20 世纪 80 年代以来，长角苗的个别石匠才逐渐学会打制石磨。由于长角苗人多有亲缘关系，所以请本族的石匠给打制民具一般不用付报酬，仅仅是请吃饭、喝酒而已。“石匠打磨子，如果不要钱，给他整（煮）只鸡，整（买）两瓶酒就行了。在家里得不到鸡吃，这下得到了。”（王开云）用这种“奢侈”方式招待匠人，表明了长角苗人尊重匠人、崇尚技术。

甑子

2. 甑子（多瑙，dzuo nau）

甑子是当地蒸包谷饭和米饭[17]的主要民具之一，其功能类似蒸笼。长角苗人的甑子的材质都是柳杉木，其尺寸有大有小，并不统一。一般两口之家或者核心家庭所用的甑子较小，而大家庭用的甑子较大。当地最常见的甑子的尺寸是：上口内径约 25 厘米，下口内径约 20 厘米，高约 30 厘米，内深约 23 厘米，壁厚约 1.5 厘米。对甑子的详细描述参见本章第三节中对甑子制作工艺的考察。

分饭簸簸及其使用

3. 分饭簸簸

分饭簸簸是长角苗人做包谷饭必不可少的工具之一，是分饭的承载工具。其形状类似一个大型的圆筐箩，用竹子最外层划出的竹篾编成，四周边沿以竹片做骨，竹骨外面再缠绕薄竹篾，整洁环保。其尺寸一般为：上外径 42.5 厘米，上内径 39 厘米，深 8 厘米。一个分饭簸簸大约能使用五六年，如果簸簸的某一个部分有破损，则以布补之，尚能够坚持用一年半载。

甑子和分饭簸簸是当地较有特色的成套工

具，缺一不可。长角苗人蒸玉米饭时，先将磨好的玉米面粉放到面盆中，加少量水，用手搅拌均匀。然后将和好的面粉放到甑子中，加上木盖。之后将甑子放到锅（耶，yae）上蒸（也有的家庭直接将甑子放到一个盛有1/3盆水的铝盆中蒸）。蒸得半熟，将玉米饭盛到分饭簸簸中，用勺子将面块打散，打匀，再放到甑子中蒸，直到熟透为止。

长角苗人蒸包谷饭和稻米饭都是分两个阶段进行，中间都有分饭的过程。据他们称，之所以这样做是为了蒸出来的饭好吃。这样的说法对于蒸玉米饭或许合适，因为包谷粉的颗粒很小，蒸过极易粘成团，而经过分饭再蒸，可使其变得松散可口。但是同样的做法并非适合稻米饭，这样做出来的米饭并不比一遍蒸出来的好吃，结果只是浪费了时间和体力。长角苗人如此蒸稻米饭，可能有我们未知的原因。

4．研碓（呆那，dae nia）

研碓由研窝和研把（姑哑，gu thae）两部分组成。其形制酷似市场上常见的捣蒜用的蒜窝（或称蒜臼）。长角苗人主要用研碓来捣碎辣椒。长角苗人爱吃辣椒，与其高山生存环境有很大关系。长角苗人生活的地区气候潮湿阴冷，吃辣椒可驱湿避寒。长角苗人多是将辣椒捣碎了吃，或将捣碎的辣椒油炸后拌饭，或捣碎了炒菜时当作料，或将嫩辣椒切碎，加盐、味精、香料（多是当地山上产的木姜子）等蘸土豆吃。研碓是当地人家家必备的工具，多是用一整块石灰石凿成的，十分厚实。有手柄的不多，高兴村高兴寨熊开文家的研碓有手握的把柄，这样整个研碓的体积和重量又增加了不少，重二十四五斤，算是比较沉的了。其具体尺寸为：通高21厘米，上口外径19.5厘米，上口内径13厘米，深13厘米。研把长15厘米，宽3厘米，厚3厘米；木勺（须搂，hsui lou，当地人称做小瓢，从研碓里掘取辣椒用）长16厘米，头内径6厘米，深1厘米。研碓的核心技术在于其内底的凹形与研把底部的凸形要尽量契合。熊开文家的这个研碓已经使用了10年，现仍在使用中。为高兴寨现年56岁的石匠熊国忠凿制。

研碓

现在长角苗人用于掘取辣椒的多是工业生产的铝勺子或铁勺子，而熊开文家的勺子是用木头挖成的，更接近于当地勺子的原始状态。

长角苗人还有一种类似研碓但比研碓形体大的民具——碓窝（高度大约有50厘米，上口径约有30厘米，石质），是用来舂米（长角苗人有过短暂的小规模的种植稻米的历史）或者捣碎制作植物染料的蓝靛（现已很少制作）的。其把是一根质地坚硬、手持

碓窝及其使用

粑粑盆、粑粑棰及其使用。

端细另一端粗（直径约 10 厘米）的木棍。

粑粑盆和粑粑棰并不像研碓那样普遍，特别是近些年打粑粑的人少了，这种民具也少见了。粑粑盆是用一整根木头凿成的，照片中的粑粑盆通长 91 厘米，内长 64 厘米；通宽 34 厘米，内宽 26 厘米；通高 22 厘米，内高 13 厘米。粑粑棰则通长 82 厘米；棰头长 39 厘米，大头直径 9 厘米，小头直径 7 厘米；把直径 3.5 厘米。捶打粑粑需要较大的力量，相应的需要粑粑盆和粑粑棰必须够坚固，粑粑棰还需要较大的重量。这样就要求粑粑盆用整块木头凿成，且必须用硬度和韧性都较好的木料，照片中的粑粑盆用的是当地人称为刺红木的木料。粑粑棰用的是绿绿树，两者都是当地有名的硬度、韧性、密度较高的木料。制作粑粑的时候，将糯米或糯包谷放在粑粑盆中，用粑粑棰长时间棰击，直到糯米全部粉碎并变成黏度很高的粑粑。等其变硬之后，用刀切成薄片，或蒸或煮，或直接吃，或加糖、蜂蜜等，有多种做法和吃法。

（六）从镰刀[18]（莱洒，lae sa）到鸡笼（购嘿，gou hae）——禽畜饲养用具组合

20 世纪 90 年代之前，长角苗人的牲畜大多数是放养的（猪除外），但由于当时人们的经济水平较低，能够喂养的牲口（主要是牛）很少。而现在，整个高兴村一半以上的家庭每家至少有一头牛。且随着人们经济水平的提高，牛的数量大量增加，草场渐渐不堪重负，继续施行放养的办法会使生态遭到严重的破坏（2003 年以来，为了恢复、保护当地的生态环境，当地政府实行了退耕还林、禁止上山放牧等政策）。并且，如果没有专人看管，这些牛羊会啃吃庄稼和蔬菜。而且现在偷窃事故也时有发生。[19] 苗民遂对牛马[20] 实行了圈养。以前生态环境好的时候，当地还放养过黑山羊，现在养殖黑山羊的家庭已经很少了。我们在考察中只在小坝田寨的一户居民家中见到过黑山羊，并见到过山沟中放养的几只黑山羊。

在长角苗人饲养的几种禽畜中，以牛、鸡、猪最为重要，这几种动物长久以来与长角苗人为伴。长角苗人的《引路歌》中也重点提到了这几种动物。

1. 镰刀、磨刀石（匝豁，zrae huo）

圈养猪、牛，需要上山割草，用到的主要民具有镰刀、磨刀石、背箩等。

镰刀是很普遍的收获工具。

磨刀石也很普通。但是梭戛当地不产这种石材，陇戛苗寨的磨刀石大多是贵阳产的。值得一提的是当地有的人家的磨刀石的独特的固定方式，和磨完镰刀之后测试刀锋利程度的方法。陇戛寨的磨刀石以熊金祥家的最有特色。熊金祥的磨刀石不是一块石头，而是一块磨刀石与一根圆木的结合体。圆木为杉木，长 40 厘米，直径 15 厘米，磨石工作面长 24 厘米，最宽处 4.2 厘米，最窄处 2.8 厘米。由于与地面接触的是圆木，所以能很方便地调整磨刀石表面的倾斜度，以利于不同身高、不同姿势（蹲或坐）磨刀的需要。陇戛寨的熊金祥磨完镰刀后，竟然用镰刀刮胡子，可能这是当地人独具特色的试刀方法。

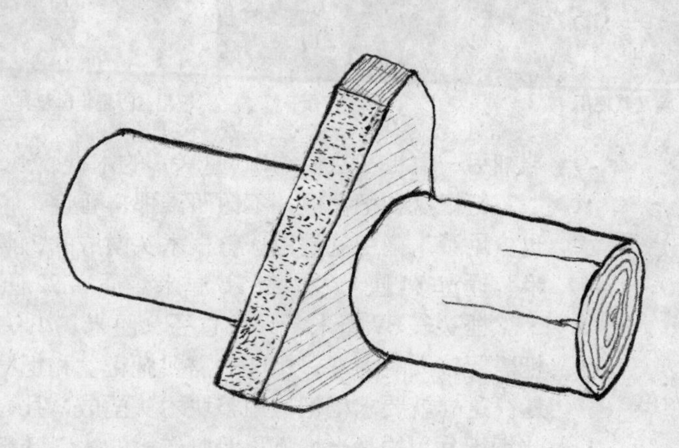

熊金祥的磨刀石示意图

由于猪、牛是长角苗人的主要经济来源之一，而当地喂养猪、牛的主要饲料是草，所以割草用的镰刀就成了重要的饲养民具。

在陇戛地区，每年农历的三月到十月，是草最繁茂的时期，自然而然也是当地人割草喂猪、牛的重要时节。这一时期，每天早上的七八点钟，和下午的四五点钟经常可以看到背着背箩、握着镰刀走在山路上前去割草的长角苗人。猪、牛的食量很大，且大多数当地的家庭都养着不止一头猪、一头牛，所以要全家的成年人全部出动割草，小孩子放学后也帮着割。到了上午的 10 点钟左右、下午的 6 点钟左右，可以看到山路上背着冒尖的草箩、抱着镰刀缓步行走的长角苗人。大人背着大草箩，小孩背着小草箩。背箩上的草装得太多了，远远高出了他们的头顶，盖住了他们的脸颊。以至于站在高处，远远望去，不见人形，只见一座座移动的小草山。

长角苗人所割的猪草（他们称为猪菜）比较低矮，所以他们割草的方法与割较高的草的方法不同：用镰刀贴着地皮割，不用另一只手抓住草的上半部分，所以镰刀必须够锋利。割草时背箩并不摘下来，割完一把草随手向后抛进背箩，等割满背箩后，将草倒在地上。割满第二箩后，先将背箩放到一个齐腰的土台上，再将地上的草堆于其上，以绳捆缚，背回家中。

2. 食桶（琼巴，chio mba）、猪食槽（暂巴，dza mba）

猪和牛是长角苗人的主要财产之一，由养猪和牛所获得的收入也是其主要的经济来源之一。长角苗人每家一般要养两头以上的猪，一头留着过年的时候杀掉吃，剩下的则卖掉。猪肉绝大部分会被做成腊肉，这样可以保存较长的时间，平常有亲朋好友来了，或者是劳作累了，就割下一块来吃。每年春节后，可以看到长角苗人房子的角落里吊着多块猪肉，下面多用木柴生着一堆火，以便将猪肉熏烤成腊肉。当然，并不是每个家庭过年时都有经济能力宰掉一头猪，现在陇戛寨大约有1/3的家庭能够达到这个条件。20世纪90年代之前，大家的生活条件更差，几乎看不到熏烤腊肉的场面，那时人们仅仅能割点猪油来吃。20世纪80年代以前，连用猪油炒菜也是一种奢侈行为。大家多是将腌过的肥猪肉放在坛子里，所谓的吃油不过是将一块肥肉从坛子里捞出来，放到盛有水的碗（得，dei）里浸一下，水面上飘起的油花就是他们能吃到的油。然后，这块已经被涮了不知多少次的肥肉将被放回坛子，以备下一次再用。长角苗人的牛主要用于耕作，也养来卖钱，但除了打嘎，一般不会被杀掉吃肉。

喂牛特别是猪不能仅靠草料，总要或多或少掺上一些对这些家畜来说更有营养的东西，如玉米面、菜叶、菜汤等等。这些东西要有相应的民具盛运，长角苗人用的是木桶和塑料桶。这里用的木桶其实是过去当地人用来挑水的。近六七年来，大家用上了轻便的塑料水桶，木水桶遭到了废弃。有的家庭拿它来拌猪、牛食。即使这样，现在用这样的桶的家庭也已经很少了。绝大多数家庭调送猪、牛食用上了塑料水桶。我们在陇戛寨见到的木水桶不超过10只（多有盛过猪食的痕迹），另外还见到过一只装有长柄的用以喂猪的木盆（通高65厘米，手柄横梁长55厘米，盆口直径44厘米，盆深13厘米），这种木盆似乎是比木桶更专业的喂猪、牛民具，因为它的口更阔，使用这样的木盆喂猪，可以省了猪食槽。而木桶、塑料桶仅是盛放和运输猪、牛食配料，桶中的东西最终要倒入猪、牛食槽中。用当地有些小孩子的话说，猪吃食要用“大碗”（槽子）。

独木猪食槽（上），橡胶猪食槽（下）。

猪、牛食槽是长角苗人家家必备的喂猪、牛的民具。2000年以前，当地猪、牛食槽的主要形式是木头（木板拼制）、石头、水泥制食槽，以木板拼制的形状像木盆的为多。独木凿成的简易猪食槽是当地猪食槽的最原始形式。除木板拼制的食槽以外，所有猪食槽的纵剖面均是长方形；横截面均是上大下小的梯形。2000年以后出现了用废旧汽车轮胎制成的横剖面为圆形的猪、牛食槽（上口直径50多厘米，深约20厘米）。近两三年来，这种猪食槽获得了空前的发展，在当地的猪食槽中已经占有了绝对的比重。

做猪食时，先用大锅将大约5斤土豆（就喂一头成年猪而言）煮熟。煮土豆期间，用菜刀将打来的猪草剁碎。先将猪草倒入猪食槽中，然后将煮熟的土豆均匀盖于草上。拿薅刀上下压、挤，左右搅拌，直到将土豆与猪草搅拌均匀。这时的猪食刚好也不烫了，就可以放出猪来吃了。

这里交代一下长角苗人喂牛的方式。在北方农村，大多数牛圈里都有一个很大的牛食槽（暂略，dza lio），草料倒进槽子中，牛从中取食。即使在离陇戛寨不远的彝族人的村落，牛棚中也有这样的槽子。但是在长角苗人的牛棚中，则大多没有槽子。这并不是说长角苗人的牛进食不需要这个“碗”，而是长角苗人的喂牛方式有所不同。长角苗人把牛棚里的肥料称为“牛踩下来的肥料”，每当种土豆和玉米前的半个月，寨子里的空地上就堆满了刚挖出来的这种肥料。无需仔细观察，也能发现这些肥料中掺杂着大量的未腐烂的草纤维和玉米秸秆。据估计，这些玉米秸秆能占到肥料总量的1/3强。那些玉米的秸秆并不是将牛粪挖出以后才掺进去的，因为许多玉米秸秆被施以重力捣烂了，且牛粪已经深深浸透到这些秸秆中去了。经过考察发现，长角苗人在早上大约9点左右给牛喂的那餐是“正餐”（农忙需要牛下地干活的时候可针对具体情况加“餐”。也有的家庭把牛的“正餐”放到晚上，但这样的情况比较少）。牛的“正餐”是拌上玉米面的草料，盛在食桶或者食盆中，放在牛棚外面的空地上，这样牛只能出来吃。之后，牛整天（下地耕作时除外，实际上耕作的时间并不多）都被关在牛棚中。它所能享受的另外几“餐”是不定时的，有草的季节还能享用新鲜的青草，在冬季则只有干玉米秸秆和叶子可吃。它们在食用玉米秸秆和玉米叶时，并不像吃草那样，将能吃的东西全部吃掉，而是只吃掉秸秆上面的玉米叶和秸秆顶端的一部分，它们不用担心没有足够的玉米秸秆吃，主人们会想尽办法满足它们的要求。而主人们（多是家中的妇女）给它们喂食时，是直接将整捆的玉米秸秆或者草投进牛棚中的，吃剩下的秸秆和草渣就被它们踩在蹄子之下。日复一日，牛粪和这些玉米秸秆就有机地混合在一块，变成了很好的肥料。这种肥料远远不如将牛粪和植物的秸秆放到发酵池中制造出的肥料肥力强，因为我们发现肥料中的玉米秸秆很多都没有完全腐烂，但是用这种积肥方法无疑会省很多事。

3．鸡笼（勾亥，gou hae）

现在，陇戛每家都有十几二十只鸡。长角苗人养鸡很少喂，所以陇戛经常可以看见成群结队到处觅食的鸡。这些鸡白天在主人家的房子周围游走，到了晚上就要被关进鸡笼。所以每家都有一个鸡笼。他们的鸡笼有两种，一种为竹编，一种是木制。竹编的历史比较长，据王开云讲，当地人解放前用的鸡笼全部是竹编的，之后有了木制的。现在这两种鸡笼并行使用，但木制鸡笼的数量已经超过了竹编鸡笼。

竹编鸡笼有大小两种，分别关大小鸡。这两种鸡笼对材料和编制技术都要求不高，所用的竹子一般是金竹，劈成的竹篾的宽度和厚度（一般是竹皮的厚度）没有什么特别要求，小鸡笼的竹条一般宽0.5厘米左右，大鸡笼的竹条则宽约1厘米。两种

竹鸡笼（上），木鸡笼（下）。

鸡笼的编制方法大同小异，一般都是长竹篾交叉打成方格子做底儿，之上相邻的两根竹篾交叉成上下长于左右的菱形（一个中等大小的鸡笼，从上到下约编成5个菱形），编到整个鸡笼的1/2处时逐渐收口，到了最上，则将竹篾编成环形的竹辫。从竹辫到竹辫以下约占整个鸡笼的1/5处，以更窄的竹篾间次穿过与竹辫连接的竹篾，以加固笼口。有的鸡笼还配备了竹编的盖子。大多数大鸡笼没有盖子，多是随便找一个木板做盖。小鸡笼则不但有原配的盖子，盖子的一边还用绳子固定在笼子上。装上小鸡后，只要扎住另一端，小鸡就出不来了。

木制鸡笼多是关大鸡用的，其结构亦简单，随便找几根木棒钉成一个笼子即可，近年也有用刨光的横截面为长方形的木棍钉成的较美观的鸡笼。木制鸡笼大多是用铁钉钉成，榫卯结构的少见。尺寸一般较大，长度有120厘米左右，宽度则达到近60厘米，高度约80厘米。木制鸡笼不像竹编鸡笼那样轻便，可以随处放置，一般是固定的。

长角苗人的鸡笼一般置于房中，多数放置在卧室里。这样做主要是出于安全考虑。因为长角苗人的房屋都没有院子，放在室外易被偷走。梭戛地区野兽多的时候，放在室外的鸡还会成为野兽的猎物。但是这使屋子里的空气变得混浊难闻，甚至会引发传染病。近几年，寨子里经济情况较好的家庭，房子多盖两三层，就可以专门辟出房间来关鸡了，长角苗人鸡同屋的场景也就逐渐消失了。

（七）从纺麻机（擦，tsa）到织布机（践诺，ngjian nuo）——纺织民具组合

20世纪90年代之前，陇戛所有女人、多数男人，还穿着用自种的麻纺的布缝成的衣服，因此，纺麻机和织布机是长角苗人尤其是女性日常生活中的重要民具。关于这些民具的由来，虽然我们采访的长角苗人都说是他们自己创造的，而且反复强调这项技术是由他们迁徙至此的祖宗带来的，但是长角苗人的历史并不长，而且其迁出地纳雍县张维镇离此并不遥远，在这个区域内，各民族的纺织机等纺织工具的形制并没有大的差别，很难说这些机械究竟是出自哪个民族、哪个地区的人之手。

棉布和化纤布料早已进入了长角苗人的生活，20世纪90年代之后，随着外出打

工人员和学生的增多，长角苗人的审美观念也发生了很大的变化。现在寨子中几乎看不到男人穿长角苗的民族服装了。年轻的姑娘们除了节日庆典、婚丧嫁娶等特殊日子也很少穿民族服装了。只有那些已婚妇女特别是年纪较大的妇女还保留着穿民族服装的习惯。对年轻人来说，民族服装多半变成了表演服装。对整天劳作的男人们来说，笨重的民族服装甚至变成了一种累赘。长角苗女性也逐渐放弃了麻布，她们更喜欢在光滑平整的机织布上画蜡、绣花。在她们看来，机织布缝衣服更好看，穿在身上更舒服。在这种情况下，纺线织布几乎变成了仅仅是老年妇女乐意做的活儿。她们认为，儿女结婚应该穿用麻布（至少是手工棉布）手工缝制的民族服装。在长角苗寨中经常可以看到废弃的只剩下框架的纺麻机和织布机。整个陇戛寨，还能正常工作的纺麻机不到 10 架，织布机也只有不到 10 架了（这是寨民们的说法，我们只调查到了 3 架）。当地的木匠们也说已经没有人再请他们打制纺麻机或织布机了。

梭戛生态博物馆的建立引来了大批游人。虽然吸引游人、发展旅游业并不是梭戛生态博物馆倡导者和建立者的初衷，但是梭戛生态博物馆的管理者为了扩大博物馆的知名度，希望游人到来；长角苗人为了赚取表演费和卖掉更多的工艺品，更渴望游人踏足山寨。但仅仅是一座空空的山寨无法引起普通游人和官员们的兴趣，大家更愿意看看他们的日常生产和生活，特别是传统意义上的生产和生活，纺麻机和织布机在这样的背景下找到了生存的理由——担当旅游的道具。

1．纺麻机

本章中的纺麻机（擦，tsa），在更多的地方被称做纺纱机、纺线机。或许长角苗人只用它纺麻的缘故，更愿意将其称为纺麻机。我们既然是对一种地方知识的解读，采用当地人自己对民具的称呼应该更稳妥些，因为名称也是他们文化的一部分。

长角苗人使用的纺麻机由六个部分构成，为底座支架（长约 140 厘米，宽约 80 厘米，两端方木横截面长约 17 厘米，宽约 8 厘米）、弧形木靠[21]（长

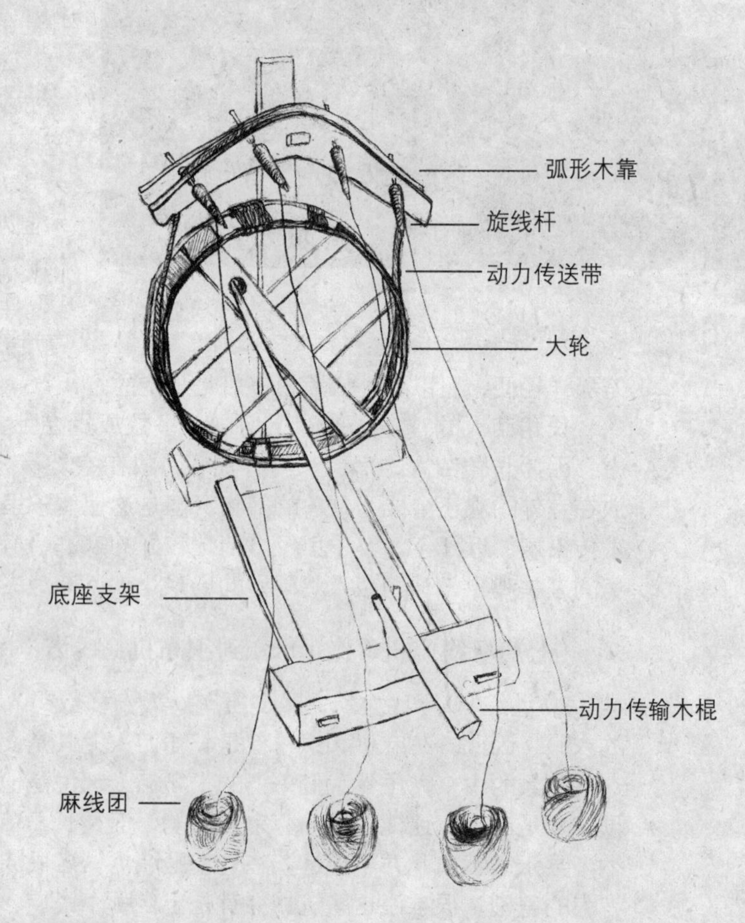

陇戛纺麻机示意图

约60厘米，两板间距离约13厘米）、大轮（直径约70厘米，宽约22厘米）、旋线杆[22]（间距不等，一般在16厘米到18厘米之间）、动力传送带、[23]动力传输棍[24]（长约120厘米，直径大端约6厘米，小端约4厘米）。底座支架、弧形木靠、大轮、动力传输棍全为木质，这些部件对木质的要求不高，只要木质不过于疏松（像梧桐木等不适用）即可。当地的纺麻机所用的木料一般为柳杉，是当地的主要树种，其木质硬度适中，质量也适中。

底座支架全为榫卯结构，除构成与地面接触的木框的木料较为粗重外，其他部分的木料都较轻。弧形木靠是四根旋线杆的支撑部件，这个部件是制作整架纺麻机的最大难点。其难处并不在于制作技术，而是这个部件一般为整块木头砍凿而成（如果用几块木头拼制，那么其牢固度就会大大降低，况且拼制这个部件的技术也很难掌握），这就需要寻找既合乎尺寸又自然长成的弧形木头，寻找这样的木头难度颇大。如果找到了这种木头，剩下的工作就容易多了。先将这根弧形的木头砍成横截面为长方形的木料，然后在其外弧面上凿出一道宽10余厘米、深六七厘米的凹槽。在凹槽的双壁上等距离凿出4对两边平行、其底儿为半圆形的豁口，以备安装旋线杆。旋线杆旋线的部分为细竹竿，与传送带相接的部分穿上了比其直径大一倍的木筒，木头的表面比竹竿表面粗糙，这样可以增大与动力传送带之间的摩擦力。动力传送带为粗加工的牛皮（当地多数纺麻机的传送带向外的一面儿还保留着牛毛）制成。大轮可用木棍（板）组合而成，亦可用竹竿拼合而成。

2. 织布机

关于名称问题，相对于纺麻机而言，大家对于织布机的认识要统一得多了。我们曾注意到，古今南北，多数人认同织布机这个名称。尽管在多数地区，织布机用于织棉布，但是这些地区的人不会称其为织棉机。而因为纺麻将纺线机称为纺麻机的长角苗人也没有将他们更多是用来织麻布的机械称为织麻机。这是一个很复杂的问题。长角苗人对纺线机的命名根据是用于纺线的材料——麻，而不是其生产出来的产品的形式——线。但在给织布机命名时，长角苗人改变了方法，他们的命名依据不再是机械所用的原材料，而是生产出来的产品的形式——布。如果因此就断定长角苗人的思维方式是无逻辑的，可能是将问题简单化了，他们有自己认识问题的方法和角度。有一种带有几分猜测的说法或许能够解释这个现象：这支民族在迁徙的过程中受到了不同文化的影响，他们对这两种机械的称呼，很可能是借用了两个区域文化的人对这两种机械的名称。但是要充分地加以证明，需要更深入的田野考察和研究。

在这里，我们不打算对织布机的结构和制作过程做详细的描述，因为长角苗人所用的织布机就是普通的水平式织布机，这种织布机不难见到，且学界关于这种织布机的研究资料也很多。但是我们有必要对陇戛木匠制作织布机的基本知识做出必要的交代。同全国其他地区的织布机一样，长角苗人制作织布机所用的材料也不外乎木、竹两种。竹仅限于制作定幅筘（长角苗人称之为“梳子”）。长角苗人的织布机大多数是用柳杉木和楸木做成的。他们之所以选择这两种木头，除了陇戛地区盛产这两种木材以外，还因为它们“牢，不弯，不扭”。这是长角苗人对这两种木头木质的准确认识。

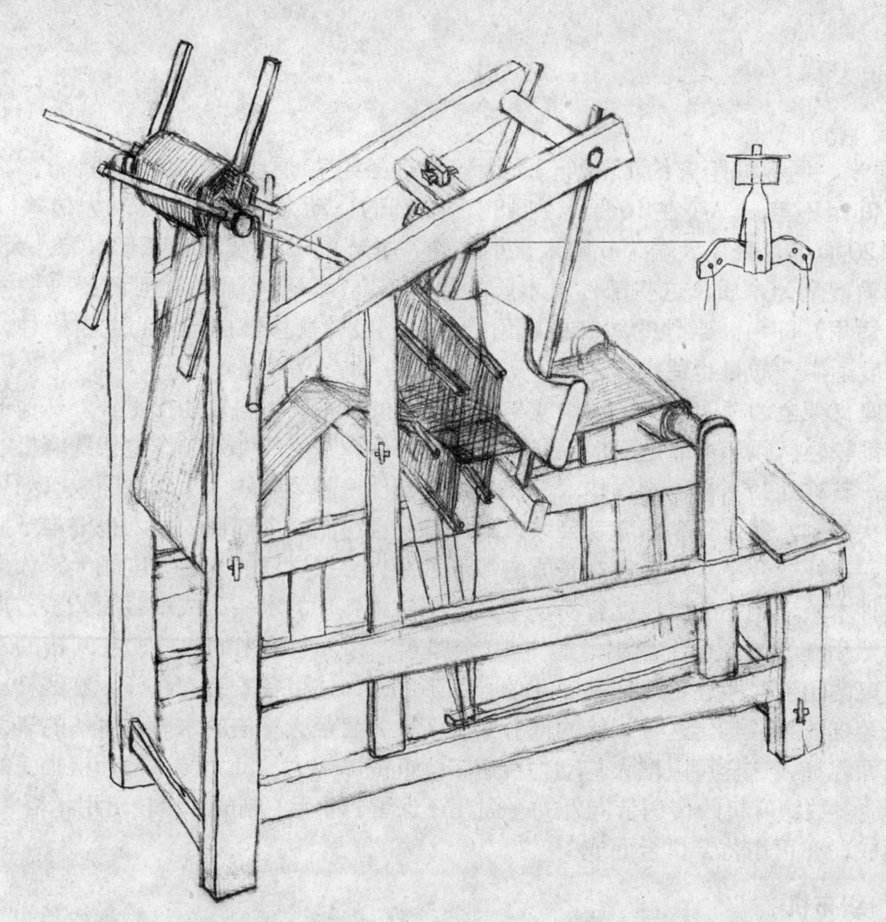

陇戛织布机示意图

牢，就是结实耐用；不弯不扭则是不易变形。织布机是一种手动机械，这种机械对结构要求很严格，不然就织不出规整的布。因此，所用木料不易变形是首要的要求，结实耐用则是普遍的要求。制作织布机最重要的技术要求是把握好各个部件之间的尺寸（长角苗人称之为“拿尺寸”），大多数陇戛木匠的心中并没有固定的尺寸，他们的办法多是比照着现有的织布机拟定新织布机的尺寸（长角苗人的织布机通长约160厘米，通高约140厘米，宽约60厘米；织出的布宽约28厘米）。但这并非说技术的难度降低了，实际上是提高了。因为比量的尺寸总不如图纸的尺寸精确。木匠们要靠自己的经验和技术使各个部件结合成一架结构严密且能够长期正常使用的机械。这里面有估量的能力，估量的能力要靠经验的积累。这里所说的经验主要有两方面：一是大脑对制作纺织机这件事的分析和认识的积累；一是在长期的制作实践中所获得的手感。按照我们惯常的知识来说，前者是理性的，后者则是感性的。无论如何归纳，就手工艺来说，这两者大多数时候是相合相融的，但其分开发挥作用的时候也不少。这种情况似乎在陶瓷的制作和鉴赏中更为明显。

3．绞线机（哭力，ku li）

绞线机是当地专门用以缠线（当地人把“缠线”称为“绞线”）的工具。它的基本结构是将两根木棍中部咬合，形成一个交叉的木架，在木架的四角各插一根细竹

绞线机

棍，线就缠绕在这四根竹棍上。插竹棍的孔儿有多个（两孔之间的距离约10厘米），移动细竹棍可以调节所缠绕的线圈的大小。交叉木架咬合处穿上了一根细铁棍，铁棍固定在交叉木架下的木架上（多是用自然长有三根木杈的树杈做成的），两木架之间多垫有一个薄铁片或塑料片。如此，木框就可以转动了。

长角苗人的绞线机一般高约80厘米，用于缠线的两根木棍可长可短，我们采集的长的多在230厘米到240厘米之间，短的也有200厘米，很多绞线机的两根木棍并不等长。缠线没有特别的技术要求，所以这项工作常常交给帮忙、学习纺线的小姑娘完成。

（八）修修补补——新的民具，新的需要

中国民间流传着一句关于穿衣服的话："新三年，旧三年，缝缝补补又三年。"中国农民素尚节俭，对于自己的家什总是敝帚自珍，即使坏了、破了，也舍不得扔。那些物什在修修补补中继续履行着原来的功能。修补存在于多数人的生活之中。形形色色的修补业，存在于各种人类文明之中。但是长角苗人对修补作为一个行业的理解最多不超过50年。之前，长角苗人的房屋、服饰和大多数民具都是自产自用的，所用的材料也大多是就地取材的熟悉的材料。后来，新的材料、新的工业器具、新的服饰（主要是鞋子）的出现，使得原本清贫但简单——"修修补补又一年"的农村生活变得复杂起来。这些新出现的事物远非长角苗人所能修补，修补的主角变成了那些以修补为职业的外乡人，而且这些活动集中在集市上进行。即使是修补这样看似简单的事情也逼迫着长角苗人不断扩大着自己的对外交流圈子。

修补这种职业是陇戛寨长角苗人的生产和生活所不可或缺的，反映了长角苗人生活场景的一个侧面。但是因为长角苗人没有人参与这一职业，所以本章对修补业所用的工具和材料，以及详细的修补工序都不做详细的描述。

长角苗人使用的民具按材质不外乎分为木器、藤器、铁器、陶器、石器、铜器、铝器、瓷器、塑料器、橡胶器等几大类。长角苗人会制作木器和藤器，这两种民具自己能够修理。陶器仅有陶土锅（牙沓，ya da）一种，长角苗人对破裂的土锅不加修理。石器有石磨和研碓两种，长角苗人直到20世纪80年代才学会凿制石磨和修理石磨，石磨用的时间久了，两扇磨之间咬合的磨齿（两扇磨之间凿上的横截面呈三角形的石棱）会被磨秃，修理这种磨齿，只需要用錾子，顺着以前的磨齿两边的沟槽将磨齿凿锐即可。铜器仅仅有当地女性佩戴的铜项圈和画蜡用的蜡刀两种，这两种民具都

不用修理。塑料器则仅局限于一些塑料桶和塑料盆。这些桶和盆如果破裂了多拿绳或铁丝随便固定了事。实际上，长角苗人所使用的民具需要修理的就集中在了铝、铁器和买的鞋子上。长角苗人所使用的铝器有铝锅（有少量的铁锅）和铝盆。铝锅和铝盆的价格相对较高，损坏的部位多是底部，需要补底或换底。修理过的铝锅和铝盆并不妨碍使用，况且相对于买新的盆或者锅，修补的费用少得多。因此，当他们的铝盆或者铝锅破损时，都要修理。但是这种技术不是每一个人都能掌握的，整个陇戛寨也没有能修补铝盆和铝锅的人。长角苗人只好将破损的锅、盆拿到集市上请别的民族（多是汉族，梭戛场上经常有一个织金汉族人做这方面的工作）的补锅匠修理。长角苗人所使用的传统铁器多是一些笨重的农具的部件，只能拿到场上请人修理。

在长角苗人自己做鞋的历史上，只有草鞋、麻布鞋。这两种鞋完全是长角苗人用当地的材料做成的，因此不存在不能修理的问题。但是随着胶鞋（包括橡胶底的解放鞋、足球鞋，还有完全橡胶的雨鞋）甚至皮革鞋的普及，修理鞋子也成了让长角苗人感到头痛的问题。最好的解决方法就是拿到集市上请职业修鞋匠解决。

从上面可以看出，涉及小手工修理业的铝器、铁器和橡胶鞋都是拿到集市（一般是梭戛场）上解决的。而从事这些修理业的人都是外族人。因此，修理工作无疑加强了长角苗人同其他民族的交往。

梭戛场上的补锅匠和修鞋匠

三、劳动果实的享用——生活民具组合

（一）从水瓢（须跌，hsui ndiae）到背桶——汲水民具组合

梭戛地区缺水，如果寨子近处没有山泉，则寨民生活用水就成为一个大问题。即使多雨也不能解决实际问题。因为限于经济条件，寨民没有能力修筑大规模水泥平台用于集水。寨中现有石头水泥平顶房的户尚数少数，况且即便是拥有水泥房的寨民，仅靠房顶上接下的雨水也解决不了吃水问题（这些水主要用来洗衣）。庆幸的是梭戛地区多雨的气候至少保证了粮食蔬菜等作物的正常生长。

陇戛寨属于缺水的寨子。20 世纪 90 年代中期之前，每年的农历十月份到来年的四五月份是吃水最困难的时期，那时可以看到成群结队日夜排队接水的寨民。现在陇戛寨通了自来水，日夜接水的场景不复存在。但由于自来水的源头是不远的山泉，到冬季时仍供水不足，接水、挑水的场景仍能看到。只不过规模要小多了，多是单个人，最多也就是三五人。最近的接水处是寨子下面的“幸福泉”。泉水最缺的时候，水流很细，一桶水要接上很长时间。接到水后，就需要用一个盛水器将水运到寨子上面去。这时水瓢、扁担、桶、背桶就派上用场了。

1．水瓢（遂碟，hsui ndiae）

20 世纪 80 年代之前，长角苗人的水瓢多是用粗竹筒或葫芦皮做成的，也有用整块木头抠成的。梭戛生态博物馆内藏的一把木瓢，内径约 16 厘米，深 6 厘米，瓢壁厚约 1.3 厘米。20 世纪 80 年代，特别是 20 世纪 90 年代以后，随着当地经济水平的提升，外面的工业产品进入陇戛地区，现在竹筒已经遭到淘汰了；极少数家庭还有用于舀酒的葫芦瓢。舀水用的大木瓢已经完全被工业生产的红色塑料水瓢代替了。专门用于舀取猪食的小木瓢还有一定的市场，但也仅仅是部分农户用于舀猪食的用具而已，在长角苗人的活动范围内，只有吹聋场上才卖这种木瓢。长角苗人最常赶的梭戛场上已经没有这种木瓢的影子了。制作这种小木瓢的绝大多数是 60 岁以上的老年人。这种小木瓢是用一整块较大的木头抠挖而成的，先用斧头将一块质地较软的木头砍成勺子的样子，然后用一种类似刮甑子内面儿的小刮刀慢慢地刮出勺子的内面，这个过程十分耗时间，抠制一把小木瓢约需一天的时间，而其售价仅仅是二三元人民币（这种小木勺之所以没有被工业生产的塑料或金属勺子取代，其根本原因就是其便宜的价格，并非因其质地如何优良）。这与当地一个人一天的工作报酬极为不符。当地人打一天工的工资已经到了二三十元，多的已经达到了五六十元。制作这种小木瓢的老人显

木水瓢

然没有考虑这些，他制作小木瓢靠的是一种十几年前制作这种东西的惯性和兴趣。这种惯性之所以到现在还能发挥作用，是因为老年人除了制作这些东西也没有其他赚钱的手段和机会。最重要的是，当地人尤其是老年人还没有建立起经济意义上的时间观念。一旦这种时间观念形成，仅靠兴趣是不能维持这种小木瓢的前途的。除非将其开发成选料精细、工艺精良的旅游纪念品。

2．扁担（揪担，gjiu ndan）

陇戛扁担的材质有两种，一为竹，一为木，以后者为多。

竹扁担选择生长期长、横截面直径10厘米左右、壁厚1厘米左右，且竹节较为密集的金竹。从竹子的下半部分截取约120厘米，且截取的竹子均为单数整竹节，或三节、五节、七节不等（这是为了保证制成的扁担中部恰好为一整竹节，方便肩挑），劈取其竹筒的1/4，两头削得比中部略窄，离竹片顶端3厘米左右，在其两边砍上凹槽（或者不砍凹槽，仅仅以竹节做挡头），以备拴绳。绳子一般为自己搓制的麻绳，近几年来也有人用尼龙绳。绳子连接铁钩，以备挂桶。

木扁担所用的木材是向阳的山坡上生长了多年的“老木”（长角苗人语，意即生长期长的木材）。这种木材坚实，韧性强。常见的有株栝杚、内柞、尹杷、芥棕等（据苗语发音记录，其科属种不详）。一些扁担还在中部附上一根约占整条扁担长度2/3的粗木条（竹扁担一般在其下面加固，木扁担则上下面皆可），附着方式一般为绳子捆绑，使扁担得到加固。即使木料或者竹料稍次，也不至于影响扁担的正常使用。扁担多用于挑水，但是陇戛寨建立新村以后，住户和他们的牲口棚离得远了，扁担又承担起了挑猪食的任务。现在，当地人挑水用的桶都是从集市上购置的塑料桶（在此之前，皆为木桶）。这种桶的容积较小，且本身重量轻，挑起水来很省力。当地人对这种桶有着自己的认识和鉴别知识。正如高兴寨年轻农民王天付说得那样：梭戛场上卖10多块钱一只的塑料桶，多是红色或绿色的，这样的桶用的塑料质量比较好，当地人一般用来盛饮用水。卖五六块钱的那种一般是黑色的，这种塑料桶较厚重，当地人认为它有“毒”，一般用来盛猪食。

3．背桶

背桶是长角苗人背水用的民具，其材质和制作方法与甑子相似，不过背桶的制作要求更高，要求各个拼板以及桶壁和桶底之间必须严丝合缝。在此基础上，再以当地产的土漆和锯末的混合物填缝，之后再以土漆遍涂其内外。一则防漏，二则防止水浸入木头，造成木头腐烂。近几年，随着制作背桶的树木的减少和木工制作成本的升高，背桶的数量有所减少。有些人尝试着用背篓背水，用竹编的背篓背水要有与之配套的塑料袋。事先在背篓内垫上干草或者编织袋以及破布一类质地较软的东西，然后将大塑料袋装到背篓里面，直接将水注入塑料袋里，装上适量的水（一般水面离背篓的口沿约10厘米），以布条或者麻绳扎紧其口。与此同时，还出现了一种完全可以替代背桶的背水工具。这种工具的核心部分是一个白色扁长立方体状的塑料水箱，大约能装50斤水。还有比这稍小一些的水箱。这些水箱只有一个直径约6厘米的进／出水口，所以注水时不太方便，如果配上漏斗则方便得多，但是使用漏斗的尚少。即使如此，这样的水箱也并不是没有一点好处，首先，与背桶比较起来，它轻便很多，一般的背桶少说也有七八斤，而塑料水箱只有1斤许。其次，由于它只有一个小的进／出水口，且口上有塑料盖子，装上水以后不容易洒出。更重要的是如果直接用这样的水箱储水，要比其他水缸、背桶一类敞口的容器干净卫生。长角苗人为这些塑料水箱量身定做了木头架筐，用编织袋或布条缝制的背带固定，则整个民具使用起来就像双肩旅行背包一样便利、省力。背回水以后，还可以将塑料水桶从木架筐中取出，随用随倒，比起背箩加塑料袋的方式方便多了。可以想象，木架筐加塑料水箱的背水工具最终会成为当地人背水工具的首选，这是由于新的民具的引进而导致的运输工具的变迁。

在陇戛地区，背桶几乎是女性的专用工具。长角苗妇女背水是一绝，桶里的水装满，背在身上走陡峭的山路，一点儿都洒不出来。诀窍是苗族妇女在长期走山路的过程中形成了一种小幅度扭动的动作，这种动作带有一点前后的扭动，从而抵消了人在走路换步时所形成的颠簸。为了防止桶中的水的波动，当地妇女还会在装满（一般水面离桶沿儿3厘米左右）桶的水面放上一两枝带叶的嫩竹枝，使水的波动性减弱。接水时是一水瓢、一水瓢地舀到水桶里去，而倒出的时候则桶不下背，人直接站在水缸边，对准缸口向左或向右倾身，直接将整桶水倒到水缸里去。

2005年8月我们考察了小坝田寨的年轻妇女杨云芬背水。虽然小坝田寨通了自

杨云芬背水

来水，但自来水是直接接的山泉，一到枯水季节，或其他原因，往往供应不上，寨民仍需要自己找水。每个寨子附近都有一些小泉眼，大多是寨子较低处的一些小石缝里沁出的水形成的细流。杨云芬拿一条系成环形的绳子将背桶的上部套在肩部，桶底则抵住腰部，走下坡去。路虽不长，但陡峭泥泞，十分难走。

杨云芬背水的地方，在她家前面坡下的低地根部，亦是一条石缝挤出的水。寨民在水流尽头挖了个小水坑，水便聚在那里，等待人们去舀。坑中的水还算清澈。她从小水坑里舀起一瓢人们已等待很久的水，倒进背桶里，便又开始了等水的过程。虽然这过程只不过三四分钟，但用惯了自来水的我们已很着急。杨云芬不紧不慢，显然她已经过惯了这样的生活，这是她们的生活节奏。杨云芬接满一桶水大约花了20分钟，接满水后，她让水瓢自由漂浮在桶的水面上，背起水桶便向坡上“攀”去。水桶很重，但她丝毫没有吃力的样子。山路很陡，但杨云芬身子有节奏的摆动，使桶中的水和木桶仿佛成了一体，竟一滴也没有溅出来。到了房前的水缸旁边，她左手抓住肩部的背带，右手抠住桶底儿，上身稍一倾侧，只见白水如练，水便倒进了水缸里。

我们在上文提到，新的背水民具的出现使背桶的地位岌岌可危。女性引以为豪的背水技术，原本是她们相对于男子的优势。但是新民具的出现，降低了背水的难度，使男子也可以轻而易举地背水。但是女性用背桶背水的场景并没有完全消失，只不过更多的是为表演而存在罢了。

（二）从弯刀、斧子到煤池（仁旮，zren ga）——燃料收集和加工民具组合

对于陇戛这样一个发展程度较为滞后的村寨来说，燃料是其最重要的损耗物资之一。20世纪50年代之前，长角苗人生活的地域上覆盖着茂密的原始森林，长角苗人不缺柴烧。那时他们的燃料收集工具就是砍柴用的斧子和弯刀，运柴工具则是背架和背篓。20世纪中期的“大跃进”运动葬送了长角苗人赖以生存的箐林。这个需要终年在室内燃火的民族就只好买煤烧了。长角苗人买的煤多是质量较次的碎煤和煤渣。长角苗人对煤的需求量很大，这项支出占了他们收入相当大的一部分。因此，即使买来的煤中有质量上乘的块儿煤，长角苗人也多舍不得直接填到炉子中。而是砸成更小的块儿和煤粉与煤渣掺到一块儿做成湿煤烧。为了使用这些煤渣，陇戛寨每家都在户外砌了一个简单的煤池。这个煤池其实就是一个土坑，仅仅在土坑的四周砌上了几块做挡墙的不规则的石头或废弃的砖头。并且这些石头和砖头还不是紧紧地靠在一起，而是相互之间留有与每块石头或砖头的尺寸相当的缝隙，使得这些石头或砖头所组成的挡墙的作用大打折扣，至少有一半是象征性的。少数家庭的煤池是用水泥砌成的，还有将废弃的石头猪食槽半埋进地中做煤池的。这个土坑的底面并没用石头、砖头或者三合土修砌，甚至都没有用夯砸实。因此煤池用的时间一长，其底面就不再平整，而是形成了中间低四周高的洼坑。煤池的尺寸最大不过长70厘米，宽40厘米，深30厘米。光有煤池还不能制作出湿煤来，煤池有专门的配套工具——捣煤槌（棍杂，gun dza）。捣煤槌是在一根长约100厘米的木棍上装了一个凿制的石槌头做成的，这个槌头的纵剖面一般为圆形，方形的也有，但较少。其直径约15厘米，高10

简易煤池

厘米，其底面不是平的，而是圆心向外凸了出去，凸度较小。

长角苗人用煤池和捣煤槌制作湿煤。先将煤渣倒入煤池中，加入 1/4 到 1/3 的黄黏土，放入少量水，用煤槌反复冲捣，直到煤渣和黄土完全黏合。这样做成的煤就是湿煤。长角苗人铲这些湿煤时并不像大多数地方的居民那样用专门的煤铲，而是用薅刀，少数家庭用破旧的铁锹。他们在给炉子填煤时，也不是只将煤填入炉膛内，而是将炉膛填满之后，还要在炉口上堆成一座小山，再用炉针（捅炉子的铁棒）在这个小山上捅几个小孔，炉火就从这几个小孔里蹿出来。等到火焰完全把炉口上的煤烧透，整座小山就燃烧起来了。但是由于土炉子没有烟囱，其进风口也没有鼓风装置，加之煤中掺杂了黄土，火焰不会太猛烈。炉火映红了围坐在火炉旁烤火人的脸，亲切而宁静。当然，长角苗人的土炉并不是仅仅用来取暖的，它还担负着烧饭菜、煮猪食、煮蜡的任务。长角苗的妇女用土炉做饭或者煮猪食时，或者直接将锅放在凸起的小煤山上，或者将煤全部捅到炉膛中，然后在炉子口的四周放上三块弧形的土炉砖，固定锅子。

20 世纪 90 年代之后，越来越多的长角苗人用上了铁皮蜂窝煤炉，燃料是蜂窝煤。燃烧蜂窝煤就必须有用于夹煤块的煤钳。这种煤钳的构造很简单，是用两根直径约 1 厘米、长约 70 厘米的铁棍锻造而成的。以一短轴将两根铁棍连接起来，连接点位于铁棍的 1/3 处，手柄部大约相当于全长的 1/3，将铁棍向外弯折成扁圆状手柄，十分类似剪刀的手柄。夹蜂窝煤时，直接将煤钳的长端伸入煤块的圆孔中，稍稍用力就能夹起，极易操作。但即使这样简单的煤钳，长角苗人也不能制作。这样说并不是贬低他们的创造和制造能力，因为经济条件的限制和贸易的方便，他们一直没能掌握打铁技术，直到现在他们也没有打铁的工具。随着梭戛生态博物馆建立后经济条件的改善，加上梭戛场到陇戛寨公路的贯通，便于到梭戛场上购物。梭戛场上出售的大量价格便宜的铁器工具和器皿完全能够满足长角苗人的需要。在未来的发展中，长角苗人即使具备了制作简单铁器的条件，也不太可能自己生产铁器。

（三）从土炉（姜咋，gjion dza）到锅碗瓢盆（旮通，ga tong）——炊厨具组合

民以食为天，煮食要得法，还要得器，锅碗瓢盆不可少。长角苗人的生活虽然简单，但也少不了煮饭烧菜这一道人皆共有的程序。下面我们对长角苗人的“锅碗瓢盆”做民族志意义上的描述。

传统的陇戛民居没有专门的厨房，[25] 他们多在房屋的次间（往往也是卧室）里设置一座土炉（对于炉子在房间中的具体位置没有明确的要求，但为了同时满足取暖之需，炉子多安排在房间的中部）。在这个房间的一角放一台碗柜，存放他们日常用

的碗碟和筷勺。比较讲究的家庭会在碗柜的外面罩上一层塑料薄膜或布。最讲究的家庭使用的碗柜则装有隔尘的玻璃门，这种碗柜能够更好地遮挡灰尘。使用简陋碗柜的家庭，若讲究些，会在墙上钉上竹编的筷箩和碗箩。虽然这些人家会将常用的筷子放进筷箩，但是碗箩里的碗则多不是常用的。常用的碗往往放在简易的碗柜里，这样取放会更方便些。而使用最新式碗柜的人家就无需如此费劲了，他们会把能够放进碗柜的厨炊具一股脑儿放在里面。这种新式的碗柜在一定意义上结束了传统的筷箩和碗箩在陇戛寨存在的历史。

锅就没有碗筷那样幸运了，由于它们的体积太大，又因外面多附着脏兮兮的烟灰，不适合放进碗柜。这些锅子多被顺手搁置在炉子旁边的地面上。

1．炉

长角苗人的厨房中最引人注目的无疑是那座终年不熄的土炉（也称土灶）了。它完全用黏土筑成，是陇戛家庭活动的中心。土炉在长角苗人中的地位可以从《引路歌》中看出来："补刮（死者苗名），现在你待在土炉边。我跟你说，你离开土炉的时候，土炉对你说，你还不能走。"[26]值得注意的是，长角苗人在其《引路歌》中还提到了煤灰："补刮，现在你来到煤灰堆旁，煤灰堆对你说，你还不能走。"[27]

陇戛寨的土炉一般在房子建立起来筑好就不再变换位置，终年不熄。火炉的作用有四：一者，烘烤阁楼上的包谷，使其不至于潮湿腐烂；二者，做饭，煮猪食；三者，取暖；四者，蜡染时煮蜡。

精简形式的炉是在一口废弃的大铁锅（或类似的东西）的里面儿搪泥做成，出火口很大，直径达到了三四十厘米。出火口直接以湿煤糊住，上面留两三个出气、出火孔。其作用单一，"只在农历正月初一到十五'走寨'时投入使用，作用是方便来来往往的姑娘、小伙儿取暖，人会来得很多，所以煤火一般添得都很旺"。[28]其高度多在40厘米到50厘米之间。这是一种临时性的火炉，其机动性较前一种要强。这种火炉多是一家的第二座火炉，又因为其烧煤量较大，所

用土炉蒸饭

以不是每家都有的，只是经济情况较好且房子较大的家庭才会置办。

约 20 世纪 90 年代中期以后，烧蜂窝煤的体型较小的简易铁皮炉子进入了陇戛社区。之后又有了用废弃的铁桶制作的大型的铁皮炉子（铁皮的内部搪上黏土和沙子的混合物）。近几年，少数家庭用上了贵州城市中颇为时兴的带有炉桌的铸铁炉子。后面几种炉子的“侵入”，颇有逼土炉下台的态势。但是迄今为止，土炉仍在陇戛寨占据着首要位置。虽然有的家庭拥有了其他样式的炉子，但是多半并没有将土炉拆除，形成了四种炉子并存的局面。土炉的前途无疑与长角苗人房屋的形制及内部的装修有直接的关系。长角苗人认为，土炉跟土地面的土墙茅草房和石房待在一块，无疑更和谐。而相对来说，更加整洁的蜂窝煤炉子、铁皮炉子则更宜于与水泥地面、石灰白墙的砖石房结合在一起。这种观点与各种因素促成的他们的卫生观念的提高有很大关系，其中一个重要的因素就是通过外出打工和看电视而带来的外部视野。陇戛寨中，多数由年轻人当家的家庭，如果他们有能力盖起水泥白墙的新房，那房中的炉子一般不再是土炉了。虽然要这些家庭都使用上城市人中意的带有桌式平台的铸铁炉子（这种炉子颇似炉桌）还为时尚早，因为大部分家庭的财力还达不到。但是这些由年轻人主导的家庭多数已经不再满意他们的父母那一辈人家中的陈设和卫生状况了，他们更认同城市人的生活。因此在经济情况允许的情况下，他们就会毫不犹豫地将家中的炉子换成最时髦的铁炉子。不得已时，至少也使用稍次一些的蜂窝煤炉子。在考察过程中我们注意到，铁炉子对于长角苗人来讲，不仅仅是改善生活的问题，更重要的一点是，这种炉子成了一种显富的手段。拥有这种炉子被认为是富裕的象征，也是家庭的主人有能力的表现。在平时，拥有这种炉子的家庭并不经常使用这种炉子，而是使用土炉子或者铁皮炉子。只是当过年的时候，主人才把它摆在最显眼的位置。如果有客人来，主人肯定招呼他们围坐在铁炉子的四周。每当围在铁炉子边的客人们表现出舒服的样子，进而表示羡慕时，主人的内心就无比高兴。毫无疑问，铁炉子给主人带来了荣耀。

长角苗人的炉子的最大特点就是它除了烧饭做菜、取暖等功能外，还有一项重要的功能——烘烤玉米。长角苗人居住的地区终年多雨潮湿，玉米的储存成了一个大问题。他们的办法是将未剥下粒的玉米放到房间里的阁楼上。阁楼是用粗木棍做架、上面铺上粗糙的树枝、木板等做成的隔层。树枝与树枝之间的缝隙通常较大，从下面能看到半漏出来的玉米棒子。剥下粒的玉米（多是不久就要用的）则会装到大的竹编囤箩里，再放到阁楼上面。两种玉米在上架之前都要晒干，并喷上适量的农药以防虫蛀。阁楼的下面有一个终年不熄的炉子（当然这多亏了六盘水产煤，使这种储存粮食的方式变得简单起来——与燃烧木柴相比），靠这个炉子源源不断地供给热量，使玉米保持干燥。但是地面与阁楼的距离尚远，要充分发挥炉子的热量，必须使炉子足够接近玉米。这就需要一种支撑炉子的民具，长角苗人采用了炉架和炉桌。

炉架多是一个三条腿的木架子，不过它的三条腿一直向上延伸，高出了架子的平面。相对于炉架，炉桌的用处则多一些。很多居民家的炉桌有三四十年的“工龄”。我们特意考察过陇戛寨朱进芬家的炉桌。她的这张炉桌已有 40 年的“高龄”。由于“年事”已高，桌面中央放火炉的地方被烤出了一个直径 21 厘米、最深处达 3.5 厘米的坑。现在它已经光荣退役，但又成了剁猪菜的案板。还好，一如此地的山民，虽然生存环境恶劣，但身板还结实，人坐上去不晃不响。其形状也不像南方人长得那般小巧，而称得上粗壮、敦实。这是陇戛民具的特点，虽然做工粗糙了点，但其功能不会打任何折扣。

在这里有一点需要加以特别说明，长角苗人的厨炊具和取暖具基本重合，其基本工具都是炉。人们在煮饭做菜的同时，炉子本身就在发挥着取暖的功能。为了避免重复介绍，我们将取暖一部分放在这里做简要的介绍。

长角苗人生活的地方冬季寒冷潮湿，而且传统上长角苗人也没有内衣和棉衣，很多人仅仅穿着几层薄薄的麻布单衣过冬，因此取暖成了他们日常生活的大问题。他们的取暖历史经历了平地烧柴，土炉烧煤，土炉烧煤、蜂窝煤炉烧煤、铁炉烧煤并行三个阶段。

平地烧柴是最原始的取暖方式，现在当地人在房子内烧木头熏烤腊肉的方式，是平地烧柴取暖方式的遗存。每逢冬季，长角苗人也还经常用这种方式招待客人取暖。取暖的地点多选在挂腊肉的架子下面，这样既能取暖，又可熏烤腊肉，一举两得（周边的其他民族也多如此）。他们多是简单地用砖头圈起一块地，放柴在里面烧。也有的加上了火盆（多是废弃的铁锅），总之要让燃烧完的灰烬有所限制，避免四处播散。还有的人为了取暖（多是招待客人），在室外的一角落处，用塑料薄膜搭起棚子，将木柴在棚子的中央点燃，由于限定的空间小，温度更高。长角苗人围坐在火堆旁烤火时，并不像外来的客人那样只是静静地坐着和主人聊天。他们（男人们）会不时地拾起燃烧的树枝点燃他们的旱烟，或者是用树枝（男女都有）不停地翻烧着的专门款待客人的土豆（即使没有客人时，他们自己也这么做，尽可能地利用火堆的能量）。

烧柴的取暖方式需要大量的木柴，只有在森林资源丰富的时候才有可能大规模采用。这种方式大约维持到20世纪的六七十年代。之后，由于森林资源匮乏，大家只好买煤烧。取暖的工具变成了炉子，燃烧的原料也随之变成了煤炭。

2．锅碗瓢盆

一说起厨具，自然就会联系到锅碗瓢盆。在传统社会中，任何家庭主妇都与锅碗瓢盆结下了“不解之缘”。“巧妇难为无米之炊”，同样，巧妇也难为无“锅碗瓢盆”之炊。总之，长角苗人的生活虽然简单，但是再简单的生活也缺少不了锅碗瓢盆奏出的交响乐。

长角苗人的锅碗瓢盆有着自己的历史和面貌。下面我们依据从长角苗数位老人口中得来的资料以及对现实情况的观察，对这些民具进行简要的描述。

先说锅。在20世纪80年代中期之前，长角苗人所用的锅多是从织金县阿贡镇集市上的汉族人手中买来的陶锅。之后，有了铁锅（页苏，ye su）。虽然陶锅的历史已经终结了20多年了，但是现在在大多数长角苗人的家里还很容易发现这种锅子。这种陶锅的颜色、形制颇像一般的砂锅（塔得，ta dei），只不过体积要大许多。

当地常见的陶锅主要有两种型号，其形貌均为阔口（口沿外翻），缩颈，鼓腹，平底。较大的一种，上口内径49厘米，深21厘米；较小的上口内径38厘米，深23

土锅

厘米。以上两种陶锅的壁厚相差不大，都在1.5厘米左右。这样的陶锅在铁锅出现之前的价钱是3角上下，现在的价格约为5元。

我们可以想象，这样容积的锅针对的多半是大家庭，而不是现在的核心家庭。相似的陶锅也存在于其他文化中。在马林诺夫斯基的《西太平洋的航海者》中有名为“安富列特陶器的上品”的图片。图注写道：“专门用做煮芋头布丁的大陶锅，价值巨大。经常在礼仪性分配食物和公共煮食中展示和使用。”[29]安富列特原始居民的大陶锅与长角苗人使用的陶锅十分相似。这样大的锅使我们联想到我国集体经济时代吃食堂的情景，那时的吃饭被称为“吃大锅饭”，其时铁锅的形体比长角苗人的陶锅还巨大。现在“大锅饭”已经成了不可口的饭菜的代名词了，而“开小灶”则成了例外照顾和加营养餐的同义语。详细追述那段历史有违民族志的写作准则，我们提到这些只是想证明长角苗人使用的大陶锅是大家庭就餐时代的产物。从这一点上也可以推测，那时的长角苗家庭不像现在，只要结了婚就早早地分家。

陶锅有自己的特点和优点，但是它的优点却不是那个时代的长角苗人有条件和心情享受的。用过陶锅的人都知道，陶锅的导热性能较之铁锅和铝锅要差。一方面，因为陶锅要比铁锅或者铝锅厚；另一方面，陶的导热性能不及铁和铝。因此正像长角苗人说的那样，“土锅用来煮肉最好了，味道好”。但是他们又说，使用土锅的年代，“大伙穷得很，没有那么多煤烧，饭快点熟，最好了”，一语中的。陶锅实际上是“奢侈时代”的美食享受品。这不仅对他们是这样，对我们也是这样。城市中的人一般会用砂锅来炖肉或者煲汤，但是绝少有人用它来煮米饭或者哪怕是煮粥。砂锅对于现代城市人讲，是一种功能非常单一的民具。但是土锅时代的长角苗人却不得不用它解决一切食品的蒸煮工作。再说，那个时代的长角苗人食肉的机会并不多。在燃料稀缺的情况下，很难想象几个饥肠辘辘的长角苗人会愿意花上几个小时慢慢等待土锅中的肉熟。事实上，那时长角苗人所吃的东西不过是一些土豆、玉米面和菜豆、青菜的混合物（现在的长角苗人还习惯于将土豆、刀豆、青菜放在锅里乱炖的煮食方式，他们往往是炖一整锅，这些食物往往要吃几天。即使在夏天，他们也常这样做，很少考虑蔬菜会变质的问题）。那时长角苗人对“炒菜”这个词是没有概念的，因为土锅的瞬时热度根本达不到炒菜所需的温度。事实上，土锅时代的长角苗人也并没有将严格意义上的饭和菜分开。

现在长角苗人使用的铁锅是20世纪80年代中期出现的，铁锅全是从附近的集市上购买的。铁锅出现后，炒菜成为可能。因此，长角苗人菜饭分开的就餐方式的上限是20世纪80年代中期。

长角苗人以勺子（遂斗，hsi ndou）直接从锅里舀食物吃的就餐方式，是长角苗人使用碗之前的就餐方式，其时间的上限尚不能确定。那时的勺子是用质地较软的木头挖成的，现在差不多样子的木勺还存在。这种木勺是用一整块木头做成的，勺子总长近30厘米，勺子头的内径有七八厘米，深约3厘米。勺子尾部呈圆润的三角形，中间有孔，便于穿绳悬挂。大多数勺子的做工比较粗糙，表面并不平整，均无抛光。这种木勺可以帮助我们想象长角苗人原始木勺的形制。现在还使用的木勺的功能已经发生了变化，在前面的汲水民具部分我们也讨论过这种小木勺的现状。之后则出现了用整截木头抠的木碗（得耨，dei nou），这种碗只是内部形状呈现出现在的碗的凹形，而外部则很少受重视。从这一点上也可看出，相对于其他如外观等要素，长角苗人更关注民具的功能。

木勺和木碗的使用下限是20世纪50年代后期，之后就是铁勺或铝勺、大瓷碗。20世纪90年代，大家用上了较小的瓷碗，部分人用上了不锈钢勺。长角苗人使用的铝锅、铝壶等器具大约在20世纪90年代后出现，但是使用并不普遍，因为长角苗人似乎很少喝粥，也没有吃馒头的习惯，而现在的铝锅更适合煮粥和蒸馒头。他们的铝锅主要用来烧水和煮肉（如煮鸡）。虽然煮肉用土锅味道会更美，但是长角苗人似乎“没有那份闲工夫”去等。更确切地说是他们宁愿以肉的味道打折扣为代价，也要花较少的时间把肉煮熟。但总的来说，他们更习惯于用铁锅。专门用于烧水的铝壶很少，大多数家庭更愿意用铝锅烧水。

在长角苗人的厨炊具中，碟子（得胎，dei tai）很少。长角苗人盛菜和盛饭更喜欢用碗（长角苗人的碗还有一项重要的功能就是装酒，作为酒具的碗，我们将在下文的烟酒茶具部分讨论），而不是像城市人一样用碟。因为他们炒菜与城市人很不同。这表现在，城市人往往一餐炒上几个不同的菜，每种菜的量较小，适合用碟子装。而长角苗人（很多其他农村地区也如此）则没有这样“奢华”的餐饮习惯。他们每顿饭多是一个菜，大多数时候就是上文提到的“大杂烩”。既然是一个菜，就无需分成几份。再说这种菜多汤，不适合用碟子盛。长角苗人的碟子，一般在春节招呼客人，或者是举办大型活动，如婚礼、打嘎招待客人时才能派上用场。宴席上菜的种类较多，况且有切成片的腊肉这样的凉菜，适合用碟子盛装。但是在大型的活动中，碟子常常不够用，还是以碗为主。长角苗人的碗柜中碟子较多的，主人一般是经常出外打工的人，像陇戛寨的熊玉方，他曾经在六枝矿务局当过多年的工人。我们发现，他家的碟子就远远超过了碗的数量（在一般家庭中正相反）。有一次他招待我们，桌上非汤菜均用碟子装。可见长角苗人用碟子的行动，深受外来文化的影响。

在长角苗人用勺子直接舀饭吃的时代，筷子显然没有什么用处。至少到了“大杂烩”的煮菜时代，长角苗人才有必要使用筷子。在以后的很长一段时间内筷子一直是长角苗人同碗一样重要的餐具之一。长角苗人对筷子的重视，从专门为筷子编的竹筷箩可以看出。这种竹编筷箩长约 20 厘米，横截面长 6–10 厘米，宽 4–6 厘米。一般用钉子钉于墙上，刷洗完的筷子插在里面可以很快控干，以利保存。

还有一点似乎应该值得关注。那就是长角苗人的锅碗瓢盆和中国的其他农村地区一样，呈现出一种小型化的趋势。硕大的土锅换成了小铝锅，大海碗也被只能盛“几口饭”的小花碗所代替。农村人跟城市里的人比赶时髦，虽然他们每一顿饭要盛饭好多次（不像城市里的人吃的那样少，其实根本原因是，农村人吃饭是真正的吃饭，因为他们的菜不丰富，但是城市人吃饭更多的是吃菜），但是家庭主妇们还是选择那些越来越小的碗来承担盛饭这项任务。同时，大家对其他一些东西的要求则恰好相反，像房子越盖越宽敞、房子的窗户越盖越大等等。这些是人们的生活条件得到了改善的表现，但改用小碗的行动，则更可能是农民们对“现代”和“时髦”一类词汇的误解造成的。

吃完饭之后需要将碗锅洗刷干净，便于下一次再用。对长角苗人来讲，洗碗不需要特别的器具，而刷锅仅靠手是不够的。与其他地方的农村人一样，长角苗人用于刷锅的工具是去籽的高粱穗子扎成的炊帚。长角苗人所用的炊帚的手柄的末端编结成了螺旋阶梯状的花纹，极具审美意味。这样精致的炊帚在北方的大多数地区是很难见到的。但是长角苗人并不制作这种炊帚，他们所用的炊帚都是从附近的集市上买来的。

炊帚

3. 辣椒针

为了驱寒防潮，长角苗人有吃辣椒的习惯，几乎是无椒不成饭。在多年与辣椒打交道的过程中，他们总结出了一些吃辣椒的方法。用研碓捣碎的吃法前文已介绍过，这种吃法并不新鲜，在很多地区可见。但是长角苗人烤辣椒的吃法却可称得上独特。长角苗人为烤辣椒专门制作了一种工具，谓之辣椒针，或者铁钎。以陇戛寨熊金祥家的辣椒针为例。熊金祥家的辣椒针是用一根铁丝（熊金祥声称：这种铁丝多为盖房子剩下的钢筋——实际为铁）锻造而成的。其锻造方法为：铁丝的一端锻打成扁条状，其头磨尖。另一端弯成钩状，以便于手持。这支辣椒针总长 68.5 厘米，扁条部分长 42 厘米，手柄部分长 3.5 厘米、宽 3.5 厘米。烤辣椒之前，先将辣椒整齐地穿在辣椒针上，在火苗上翻烤，烤到辣椒呈现黄色时，拆下，切碎，以盐、味精、木姜子（当地山中产的一种野生植物，味香，长角苗人常以之做香料）佐之，其味鲜美。长角苗人常以煮熟的土豆蘸这种辣椒吃，味道更佳。

按照长角苗人的说法，烤过的辣椒，其辣味有所减轻，且有一种特别的香味。我们亲口尝过，此话不虚。

（四）从木盆（伽桶，ga tong）到梳妆镜——洗漱化妆民具组合

似乎"落后"民族的人向来对洗漱不太在意，当然，这其中多半有客观条件上的限制。但是，这是他们的文化，他们习惯于这样的生活，我们说他们对洗漱不太在意，没有丝毫贬低的意思。20 世纪 80 年代之前，长角苗人很少洗澡。即使现在，他们洗澡的频率也很低。但洗手、净面已经是成年人早上起来的必修课了，而晚上睡觉前洗脚则属选修，女性往往执行得较勤。

在长角苗人的洗漱文化中，最具特色的是洗衣。他们洗衣不是用手在盆中揉搓，而是用脚在地上翻踩。下面让我们从民具的角度来领略他们的洗漱文化。

在现代工业生产的脸盘出现之前（约 20 世纪 90 年代），长角苗人的脸盆和洗衣盆是杉木制作的木盆，样子与一般常见的脸盆相仿，只不过其壁的纵剖面不像大多数脸盘那样呈弧形，而是笔直。木盆通高 18.5 厘米，口内径 33 厘米，底内径 30.5 厘米，壁厚 2 厘米。这是较小的一种，较大的尺寸可达到上口内径 50.5 厘米，底内径 46.5 厘米，通高 18.5 厘米，壁厚 2 厘米。一般的木盆都在这个范围内波动。长角苗人也称这种盆为大盆，认为是其传统民具，一般用来洗手、洗脸、洗脚、洗衣服。木盆的制作方法同背桶相似，外壁一般用 20 块木板穿竹钉拼成，外壁箍一道竹箍，以土漆填缝，内外涂生漆而成。

至于洗漱用的毛巾则更是简单。在采用现在工业生产的各种面料的毛巾之前（具体时间约在 20 世纪 80 年代），长角苗人的毛巾就是一小块麻布。麻布的吸水性比较差，更糟糕的是麻布质地粗糙，用长角苗人的话说，"麻布磨人"。因此棉布毛巾出现之后，麻布毛巾马上被放弃了。

由于当地缺水，所以洗衣服就成了妇女们的大事。大家一般都是积攒了成堆的脏衣物时，才会用背桶背到泉水的出口处洗涤。因此长角苗人洗衣服俨然成了一景。

木盆

陇戛妇女洗衣服时，先在盆中加水，然后将洗衣粉（多用雕牌洗衣粉）放入盆中，用手搅拌使其溶解。之后将多件衣服放入盆中，等她们认为衣服已浸泡好后（约10分钟，有的泡在盆中很久才洗。也有人并不将衣物在盆中浸泡，而是直接放在石头地上，浇湿，直接将洗衣粉洒在上面踩洗），找一块石头地儿，用水冲洗干净，或者在地上铺上一层干净的塑料薄膜，将衣服放于其上，挽起裤管，用脚踩（即便是在寒冷的冬季，她们仍然是用脚洗着衣服，丝毫没有寒冷的表现），动作十分轻快。妇女们踩衣时，左手撩着她们的花裙子，右手则持水瓢从身边的水桶中不断地舀水泼到衣物上。踩过四五下，就用脚翻面儿，并加入少量清水，[30] 继续踩洗。踩洗完则放到盆中用清水冲洗干净，搭在竹竿上晾晒。

随着长角苗中女性上学的人增多，长角苗妇女赤脚洗衣服的传统方式已经有了少许改变。有的女学生将衣物放到盆中用手搓洗，还有的少女穿着橡胶雨鞋踩洗衣服。但是那些已经结了婚的妇女们大多还保持着传统的洗衣方式。

木盆较重，使用起来不方便，2000年左右，寨子中引进了橡胶盆和塑料盆，木盆遂被逐渐替代，少量木盆转做猪食盆（但巴，nda mba）了。橡胶盆用废旧的汽车轮胎做成，帮和底儿用胶粘在一起，盆沿儿向外翻起，盆沿儿翻起的中间穿上了一根钢丝做骨。

寨子中的红色塑料盆是近几年出现的塑料盆的代表，盆外壁上有三角组合四方连续纹样，也有的盆是素面的。这种盆的尺寸一般为上口内径33厘米（沿儿外翻2.25厘米），底内径27厘米，内深13厘米，壁厚约0.2厘米。一般售价2元，质地好则要四五元。可以用来洗脸、洗脚、洗衣服，有人亦用来和面、分饭。这种盆容易损坏，但价钱便宜（木盆的造价要高得多，至少要花掉一位手艺熟练的木匠一整天的时间），轻便，所以大家争用，逐渐成为当地木盆的代用品。

长角苗人对于刷牙概念的理解，更多的是从正在上学的孩子们的身上得来的。但是要让大多数人在让自己的牙齿更坚固和不必每天刷牙就能减少很多麻烦之间做一个选择，他们更倾向于选择后者。生态博物馆的建立带来了一些新的变化，在陇戛新村的家庭中，每家的墙上几乎都钉着一模一样的洗漱架，这是政府部门统一配备的。这个洗漱架是一个蓝色的塑料架子，由两部分构成，上半部分是一面小镜子，另一部分则是一个盒子，一般装着牙刷和牙膏。牙膏的牌子有两面针、高露洁等。但是在老寨居民的家中就很少看到牙刷等物。调查发现，长角苗人很少刷牙，刷牙的多是年轻人和一些学生，尤其是年轻的女性。即使是这些人，也极少有坚持一天早晚各刷一次牙的。在新村的小卖部中虽有牙刷牙膏出售（这是近一两年出现的新事物），但是牙膏的表面布满了灰尘，很明显，卖得并不好。

另一个是他们对刷牙功能的认识问题。坚持刷牙的长角苗年轻妇女认为经常刷牙可以防止牙齿变黑，而不是首先将牙齿的健康放在首位。但不管是健康的原因还是审美的原因，抑或是追求现代生活方式的原因，都能促使长角苗人养成刷牙的习惯，尽管他们对刷牙的效用还有所怀疑，尽管这段时间会有些漫长。

关于洗澡，似乎应该多说两句。由于条件的限制，长角苗人要在自己家里洗澡，只能在晚上以脸盆盛水，用毛巾草草擦洗一番而已。这使得原本能够洗掉"烦恼"的洗澡，变成了一件烦恼的事。当人们感觉由洗澡带来的烦恼超过了不洗澡带来的不舒服时，大家就干脆不洗澡。实际上长角苗的男人们一个月能真正地洗一次澡就算“勤快”的了。但是爱美的姑娘们，并不仅仅满足于脸上的干净，她们的洗澡频率就高些。经常外出打工的人在城市中享受过了热乎乎的淋浴所带来的美好感觉之后，对久不洗澡带来的不舒服的感觉的忍耐性变得差了起来。在这种情况下，梭戛场上善于经营的小商人就顺势做起了澡堂的生意。在梭戛乡集市街道的两边经常可以看到“洗澡3元”的牌子。随着对外交流的加强，长角苗人的洗漱观念必然会发生变化，而城里人的洗漱方式则是他们可看得见的模本。

洗漱化妆民具是民具的重要组成部分。通过洗漱化妆民具的变化，我们可以了解人们对自身形象和健康的关注程度。但是长角苗人的洗漱化妆用具很少，并且以近几年出现的为多。虽然像塑料胭脂盒、红色的木梳子、塑料边镜子等等都是外来的工业产品，但是这些民具很快就赢得了长角苗年轻女性的喜爱，已经融入了长角苗人的文化之中。

（五）箱柜桌椅——家具组合

家具一词的范围十分含糊，不同地区的人有着不同的界定和认识，特别是在农村地区。就农村地区来说，或将其限定为箱子、柜子（根日，gien zri）、桌椅等竹木器；或将电器、缝纫机、自行车也加入进去；还有的人干脆将家中除房屋、生物之外的一切物什均列入家具的范围。长角苗人认定的家具基本上包括了坐具、卧具、箱柜三部分。像其他经济条件比较差的农村一样，长角苗人的家中“没有什么像样的家具”（长角苗人语）。所谓的坐具主要是长条板凳，而卧具则是简单的硬板木床，而箱柜更是可有可无。下面我们分别考察长角苗人的这几类家具。

长角苗人最原始的坐具是一截未经任何加工的圆木桩，他们把这种凳子称为“卢岛”（lu dau）。这种凳子可由任何木质制作。实际上这些木料大多数是制作别的木器剩下的废料。这种凳子的尺寸灵活，可以按照自己的喜好任意制作，较普遍的尺寸是直径约20厘米，高约30厘米，可以称之为木墩。我们还发现过在圆木顶钉上一块方木板做成的简易凳子。

木凳

类似的小凳还有榫卯结构的三条腿的小凳和四条腿的小凳。前者的凳面一般是圆形的，而后者的凳面则多是长方形的。凳子的腿与腿之间都由木掌儿加固。这两种凳子的高度一般在30厘米左右，凳子坐面的面积则多在750平方厘米上下。

长角苗人的坐具的主体是长条板凳（仲足，drong dzu），这种长凳多用杉木、楸木和桦槔木（亦度，yi du）为材料，多在外表面漆上黑漆。其尺寸一般为长92厘米，凳面宽16厘米，通高46

厘米。虽然长角苗的木匠能够很容易制作出这样的凳子，但是现在长角苗人所使用的长条板凳多是从附近的集市上的汉族人手中买来的。这些从集市上买来的凳子要比长角苗木匠做的精致。其最明显的区别是，从集市上买的凳子，往往有修饰的花边。这种板凳比较长，可以同时坐 2–3 人，如果客人较多时，可以有效地节省空间。但是这种凳子也有严重的缺点，那就是当两个人分别坐在凳子的两端时，一个人起身，则另一个人就要小心了，不然很容易坐空。

由凳子到椅子似乎是享受的升级。凳子可以缓解站立的疲劳，但是坐在没有靠背的凳子上，很难谈得上享受。如果坐在椅子上，身子懒洋洋地向后倚在靠背上，再跷起二郎腿，半闭着眼睛抽起皮烟，则完全是享受的姿态了。长角苗人没有高大的靠背椅，有的仅仅是低矮的小靠背椅子，通高不过 60 厘米，靠背高约 30 厘米，更像是小孩子坐的，也多是出自汉族木匠之手。

沙发是长角苗人家中的稀罕家具。高兴村村长王兴洪、陇戛旧寨村民组长熊朝贵、六枝矿务局退休职工熊玉方等家中有沙发，这些家庭都是陇戛寨的富户。对大多数长角苗家庭来说，沙发还是一种可望而不可即的“奢侈品”。

在陇戛寨中，最穷的家庭和最富裕的家庭的卧具相差无几，作为卧具主体的床(簪，dzan)，绝大部分是简陋的木架床。木架床用木头做主体架构，其床面可以铺木板也可以铺竹条和细木棍。长角苗人的床面多铺的是后两者，其中又以竹片为多。这种床对木料没有什么特别的要求，当地的床多用的是当地盛产的杉木和楸木。床的骨架的连接方式是榫卯，床面部分的骨架和组成床面的竹片或者木棍则以铁钉或者是铁丝固定，更早的时候则用绳捆绑固定。长角苗人的木床有两种，一种有床头，一种没有。

木床结构简单，两长两短的四根木头组成一个长方形，下装床腿。然后在两长木（床帮）之间设置多根方木，组成床面的框架。有的床的床帮下面还附有一根加固的掌子。之后就可以钉上竹片或者细木棍了。木床骨架木料全为方木，表面多粗糙，素面无装饰。长角苗人的床的尺寸大体为通高 64.5 厘米，长 184 厘米，宽 107 厘米(此为单人床，双人床宽约 120 厘米)，床头高约 15 厘米。

我们在考察过程中仅在陇戛旧寨的熊朝进家发现过一张从外地买来的床，这张床的床头有 30 多厘米高，上面用于装饰的掌子刻成了葫芦形，整个床的床面也比长角苗人传统的木架床高约 5 厘米，宽度则达到了 140 厘米以上。整张床遍刷黑漆，与别的床区别明显。

长角苗人不仅不太在意他们的床，对床上的卧具更是很少上心。除了极少数特别注意卫生的家庭（这样的家庭中多有在外上学的学生或经常外出打工的年轻人），多数人家的床上用品大多数时间是一团糟。昨天晚上刚刚有人睡过的床，就如同很久没人躺上去一样。被子（袍盘，bpan）翻卷着，露出的褥子皱皱巴巴、角也翻卷着，且堆在床上的脏衣服和其他杂物占满了整个床的一半还多。床上甚至没有枕头（峰旧，fu ngjiu)，这些人的枕头往往就是扔在床上的乱糟糟的脏衣服或者是晚上脱下来的衣服。即便有枕头，也已经被枕得变了形，而且都是黑乎乎、油腻腻的。被褥也是一样。即使是在寒冷的冬季，多数人也习惯于铺着一层薄薄的褥子，盖着一层薄薄的被子入睡。只有那些最要干净的年轻人，或者是新婚夫妇才会在褥子的外面再罩上一层床单。而且这些人不像其他农村的多数人做的那样，将超过床面的床单从床沿上垂下来，遮住床底下杂乱的鞋子等物。他们宁愿费力将床单裹在褥子底下，看来他们不太在乎外人怎样看待他们的摆设。同时也可以看出，长角苗人对睡觉的条件不太在乎。我们参加当地人的打嘎仪式时，发现在寒冷的冬季的凌晨，参加打嘎疲倦了的人们蜷缩在铺着薄薄一层玉米秸秆的地上呼呼大睡。再脏乱的床，也比这个条件好多了。毫无疑问，在这方面他们很容易得到满足。

长角苗人在女儿出嫁时，有给女儿送嫁妆的义务和风俗，“在婚礼上，女方一般以箱子一口、柜子一个、被子一床、碗柜一个作为陪嫁之礼”。[31]但就我们现在掌握的田野资料来看，这种义务贯彻得并不彻底，实际上父母能否给女儿准备嫁妆，准备多少嫁妆，取决于这家的经济情况，如果条件允许，多数人会按规矩办事。在长角苗人的婚礼上，新娘到了夫家须请新郎的母舅为其开柜，在开柜的时候还要念诵祝福性质的“开柜词”。从这一点上也可以看出箱柜在长角苗人中是占有一定的地位的。

长角苗人的箱子的形制与汉族地区常见的衣箱相当，但是不像很多地区作为嫁妆的箱子那样考究。那些作为嫁妆的箱子往往装饰着豪华的铜锁，表面多描绘着精美的花纹。长角苗人的箱子则多是用木板简单组合成的盒子而已，多数没有锁，如果有锁，也是普通的毫无装饰意味的小铁锁，更没有装饰花纹。这些箱子装的东西并不是主人比较珍视的贵重或者是有纪念意义的衣物、首饰或者相片，而是五花八门，有的人甚至拿这样的箱子装粮食。在调查过程中仅在陇戛寨新村熊玉文家中见到过外来的较为精致的箱子，共三个，尺寸不一，均以黑漆涂面，都有装饰性的锁。最小的箱子长 60 厘米，宽 40 厘米，高 22 厘米。次小的长 70.5 厘米，宽 49.5，高 49.5 厘米。最大的长 91.5 厘米，宽 58.5 厘米，高 78 厘米。三个箱子从上到下按大小顺序叠放形成一个整体。最大的一个箱子的正面饰有图案。图案分上、下两部分，其上为三个平行排列的竖立的双边长方形，长方形距箱子上沿儿 9.5 厘米，距下沿儿 5 厘米。三个长方形之间的距离均为 1.8 厘米。三个长方形的高均为 36 厘米，但是其宽则不一，分别为 25.3 厘米，26 厘米，25.3 厘米。图案的下部分为两个平行的横向双边长方形，两个长方形之间的距离为 1.8 厘米。两个长方形等大，均为长 39 厘米，高 15 厘米。从这个箱子的装饰风格上来看，不是长角苗人的传统民具，长角苗的木匠做不出这样的箱子。

长角苗人还有两种有专门用途的柜子（艮睿，gien zri），装粮食的粮柜和装面粉的面柜，其尺寸不定，多为长方体。在陇戛寨，用木箱或木柜装粮食、面粉是近几年的事，故用的人家还不多。

柜子和箱子似乎是一对孪生子，两者又经常结合为一件组合家具。柜子和箱子最直观的区别可能就是箱子多是仅有一个盖子的闭合整体，而柜子通常有两扇以上的门，更讲究些的还或多或少地有几个抽屉；再就是箱子无足，而柜子有。两者一个含蓄内向，一个则充满激情，这恰好反映了两者功用上的差别，这种差别导致了人们不同的使用。箱子的封闭性吸引人们将过季或临时不想穿的衣饰等放入其中，而将需要经常使用的小工具，像针凿用具等放入开放性的柜子的一个抽屉，而另一个抽屉则可

碗柜

能装的是糖果和其他东西。抽屉下面较大的空间则可以放被褥等床上用品。实际上，抽屉下面（也有的抽屉在下面，但这样的情况少见）的方形空间也有箱子的功能，因此柜子的功能更综合，也更强大。故在经济不太宽裕的情况下，制作一个柜子似乎要比制作两个箱子更合算。

长角苗人的情况正是如此。在长角苗人的家庭中，很少看到箱子的踪影，但柜子不少。长角苗人的柜子可分为两类。一类是碗柜（有的地方称为“饭橱”），一类是衣柜。较早时期的碗柜是一个用粗糙的木板甚至木棍拼凑起来的搁架，最上层先以木棍铺排，再以泥填缝，做成较平整的“柜面儿”。现在，这样的“碗柜”还被一些家庭使用着，但其家数不会超过全寨总数的1/5，它们已经被真正意义上的碗柜取代了。从最简陋的有隔层的方形木架架，到上下两层、装有门窗和抽屉的真正意义上的碗柜，反映了长角苗人的这一民具的演化形式。而装有玻璃门的更现代的碗柜则是在旧的民具形式上运用了新材料的结果。长角苗人的主体碗柜的形式如下：整个柜子分为两部分，上部分又分割为两层，其外以两扇门封之。下部分则是一个容积较大的方形空间，也以两扇门封了起来。整个碗柜的高度约有150厘米，上下两部分的比例大约是3：5。各家的碗柜相差无几。

衣柜则是另一种情况。在长角苗人的传统中本没有衣柜这种民具，他们的衣服也很少像现代城市人一样珍爱地挂起来。因此我们现在在长角苗人的家庭中见到的涂了漆的高大的衣柜，都是外来之物。其实这样的衣柜也仅仅存在于少数家庭，陇戛寨的退休工人熊玉方和农民熊朝进家中有这样的衣柜。这种衣柜的高度达到了180厘米左右，与长角苗人的家庭主妇140多厘米的平均身高非常不符，因此不具有代表性。随着生活条件的提高，长角苗家庭或许会大规模地使用上述形制的大衣柜，但是制作商应该考虑实际情况，制作出适合长角苗人使用的衣柜，这个任务由长角苗人的木匠来完成再好不过，不过现在长角苗木匠所掌握的木工技术还不能胜任。

（六）从油灯（堆掏，dei dtau）到电灯，从向日葵秆到手电筒——照明民具组合

1997年陇戛寨通电之前，照明全靠油灯。油灯的演变大致以20世纪50年代为界。之前，油灯的储油罐用的是用黏土烧的陶瓶。之后，出现小口玻璃瓶（多数是墨水瓶）或者小口铁瓶的储油罐（长角苗人泛称为“罐罐”），在其口上安装了一个用铁片箍成的直径约0.2厘米的小圆筒做灯头。小圆筒的中部箍上一个比储油罐的口略大的金属圆片，现存的油灯用的多是铝片，以固定灯头。另外，这个金属片可以盖住储油罐口，防止油的挥发。这种玻璃瓶油灯多是从附近的集市上买来的，现在大多数家庭还有这种油灯，以备停电的时候使用（在陇戛寨地区，停电是常有的事。由于此地海拔高，每逢雷雨天，为避免雷电对高压线产生破坏，必会停电，而这个地区的雷雨又很频繁。另外，还有许多未知名目的停电）。20世纪50年代之前，灯芯用的是随便从一块破麻布上撕下来的布条，之后有了棉布，灯芯也就以棉布代之。

灯油则大致经过了以下三个阶段的演变：20世纪50年代之前，用的是桐油，这些桐油有的是自己提炼的，大多数人还是从附近的集市上买的。之后，用的是当地种的油菜籽榨的菜油，多是从集市上购买。菜油只用了六七年，之后就用上了煤油。据陇戛寨农民王云芬回忆，第一次用煤油点灯时，感觉太亮了，很兴奋。

以上所介绍的油灯是固定性的灯具，也可以说是室内照明灯具。夜晚山路漆黑，当地的山民用什么灯具照亮回家的道路呢？我们有必要对长角苗人所用的便携式灯具做出描述。

提起便携式灯具，大多数人的第一反应是手电筒，往前推可能会记起马灯、灯笼、火把（租，dzu）……相对于此，长角苗人的照明历史就简单得多了。但是简单并不代表无趣，相反，长角苗人独特的便携式照明民具无疑会令熟悉中国照明民具的人眼前一亮。

据陇戛寨六七十岁的老人回忆，20世纪六七十年代之前，他们夜间走路所使用的照明工具是火把（卒，dzu）。火把在人们的记忆中并不陌生，但为什么我们说长角苗人的火把特殊呢？那是因为长角苗人的火把所用的材料比较特殊。大家知道，通常意义上的火把是在木棒顶端缠上破布做成的，比较完整的火把还要浸油。火把赖以燃烧的材料主要是油。但是长角苗人的火把却仅仅是一根光秃秃的向日葵茎秆。这样的茎秆无疑是很容易烧完的，因此我们可以推测人们利用这样的照明工具肯定走不远。当以这个问题询问陇戛寨的老人们时，他们往往说，也能走远，但是要带许多根。只是这样的情况很少，人们利用向日葵茎秆照明，顶多是在寨子里转悠罢了。值得注意的是，长角苗人执火把的方式肯定与那些用油火把的不同，我们知道执油火把的人在走路时，一般是将火把擎在手中的。但是长角苗人用的火把的特殊材质决定了他们的火把不能以直立的方式执在手中，有这方面经验的人知道，这样的火把如果直立起来是无法燃烧下去的。要想让火把很好地燃烧，就得使燃烧的一端比手拿的一端低，燃烧的一端越低，火把就会燃烧得越旺。由此我们得出了长角苗人晚上执火把走路的样子，看来就像在寻找东西似的。

这种火把的历史终结之时，就是手电筒登上长角苗人的历史舞台之刻。由火把到手电筒，是一种跨越式的前进，这种变化使很多长角苗人感到兴奋。通过调查得知，现在陇戛寨每家都至少有一把手电筒。较为富裕的家庭则每人有一把，近几年大家更加喜欢能够充电的手电筒。仅就便携式照明工具来说，长角苗人的水平不低。

（七）其他民具

像梯子(堆，ndei)这样的民具不好归类，且暂以其他民具名之。

长角苗人的梯子按其用途可以分为两种：一种专门在室外使用，其形制较为普通；一种专门用于室内，这是当地最有特色的梯子。

前者与其他地区的梯子没有什么不同，其最原始、最简单的是用一根自然的长树杈做梯帮，随便在两根树杈上绑上几根粗细不等的木棒做梯阶。再进一步的梯子的梯帮就变成了两根没有经过多少加工的长木棒了，更考究一点的梯子的所有部件都经过了木工处理，木阶已经是钉在梯帮上了。这种梯子是全国各地农村地区最为普遍的梯子。再进一步，则是全木榫卯结构的梯子，这种梯子更加牢固、耐用。虽然榫卯结构方式在铁钉之前，但是就先进性、适用性和牢固性而言，榫卯结构的木梯子还是最考究的。

熊玉方家的梯子

陇戛寨熊玉方家的梯子较有特色，可作为陇戛寨梯子的代表。这个梯子的梯帮（梯子两边的木框）是将一棵棕榈树的树干从中间锯开后做成的，因此看上去浑然天成，别有一番情趣，同一般的梯子僵硬的外表产生了强烈的对比。而且，由于做梯子的时候棕榈树的树干还没有完全干透，梯子制成，由于树干中央的水分蒸发，木头有所收缩，而棕榈树的树皮十分坚硬，不容易缩水，所以梯帮的内面就变成了弧形。两个弧形相对，更增加了梯子的整体性。梯子中间的梯阶是杉木做成的，由于梯阶只是锯开并没有刨光，其色、形与棕榈树粗糙的树干正相合。

该梯子通高240厘米；梯帮下部外宽49厘米，内宽（木阶宽度）33厘米；梯帮上部外宽40厘米，内宽26厘米；木阶长38.5厘米，宽14厘米，厚2厘米；木阶间隔22厘米。

做梯子的工序简单，一般就是准备两根直径约10厘米的树干做梯帮（长度随便，一般不短于2米），这是最简陋的梯帮，这样的梯帮的外面儿没有经过任何处理。较为考究的梯帮都是经过砍制或锯制后，又经过刨光的截面为长方形的木头。这两根木头一般是上头（木头的上下头按照此木头来源的树干的本末确定）比下头略细，这样的目的有二：一是为了好看；二是为了尽量减轻梯子的重量，增加其便携性。

然后，确定梯帮之间的距离以及木阶之间的

距离，这样就同时确定了需要木阶的块数。梯帮之间的距离一般是由上到下逐渐扩大的，但是相差得很小，一般最上面的宽度和最下面的宽度相差10厘米左右。这样设计的意图和梯帮的设计原因相同。之后确定梯阶的位置，在应该凿卯的位置画上墨线凿卯，还要在最上面一块梯阶的上方以及最下面一块木阶的下方，凿出紧固梯帮的两根方木的安装处的卯。然后就是砍制做木阶的木板（现在一般是锯），这一工程没有特别的技术要求，只要把木板锯得合乎尺寸即可。之后就可以安装梯阶了。

梯阶和紧固两根梯帮的方木安装好以后，还需要砍木楔子填塞梯阶和梯帮的榫卯之间的空隙。至此，一架梯子做成，并可以马上投入使用了。

这种梯子是按照长角苗社区独特建筑的需要而制作的，是能够代表他们的文化特色的梯子。长角苗人的传统房屋的内部分为上、下两层，下层为人住或堂屋的空间，上面则是盛放粮食和杂物的阁楼。因为经济条件的限制和生活习惯的原因，长角苗人的房屋都比较低矮，而且空间较小。为了充分利用空间，长角苗人没有设计建造固定性的楼梯，而是代之以木头梯子。虽然梯子不总是架在阁楼的入口下面，但多数人家的梯子至少有2/3的时间是架在那里的。人们要通过梯子向阁楼上搬运粮食和其他重物，因此它必须足够坚固，而不是像一般的梯子那样单薄。因此，长角苗人专用于房屋内部的梯子不光是一种辅助性的工具，还是其房屋的延伸，是房屋建筑的一个有机组成部分。

四、货物的搬运——交通运输民具组合

在任何社会中，交通运输都是一个大问题，现代社会中尤甚。一个地区的发展在很大程度上要受交通的制约，交通为文化的接触和传播提供了条件。一个民族的文化与其活动的范围有着很大的关系。交通运输的研究对理解一个民族或者社区的文化有很大的帮助，而且其本身就是一个民族或社区文化的有机组成部分。研究交通运输有很多入手处，而作为交通重要因素之一的交通运输民具无疑是一个很好的着眼点。一个社区不同历史阶段的交通运输民具能够反映出其不同时期的交通状况。我们力图通过对长角苗人交通民具的考察描述出他们的交通状况，并考察这种交通状况对其文化的影响。

陇戛寨地处高原山地，地势崎岖不平，寨子全部建在山坡上，他们赖以生存耕种的土地也全位于陡峭的山坡上和狭窄的山谷中。他们世世代代走过的路都是蜿蜒曲折的羊肠小道，且多碎石，地面坑坑洼洼，极不平整。雨天或雨后，泥土附在石头上，非常滑。狭窄的山路估计只有善于攀缘的山羊才感到不是那么费力。这样的交通条件无法行车，骡马的用处也极为有限，他们就只能靠肩扛背驮了，“背”成了他们主要的货物运输方式。在这项劳动的过程中，他们针对各种货物的特点，采用了不同的背负工具。

（一）缓解背上的压力——背运民具组合

背架、背篓（构，gou）、背桶是长角苗人适应当地独特自然地理环境采用的背运

民具，这几种民具也是长角苗人的典型民具。

1. 背架、背垫（剖臧，pou dzang）

陇戛苗寨的背架有两种：一种为梯形结构，上端稍弯曲，为叙述方便起见，我们姑且名之“梯式背架”；另一种背架的下端则设计上了一个木凳式的木架台，为叙述方便起见，暂且名之“台式背架”。梯式背架的形体普遍比台式背架大。背架上设置背带，将背架和人体联系起来，长角苗人背架的背带现在全部是用化肥编织袋做成的（与木架连接的部分为绳），之前是用麻线锁过边的棕皮（10 年前还有人用），其宽度和现在差不多。背带是用绳子系在背架上的，很方便调节长度，以满足不同人的需

背架、背垫及其使用。

要。实际上，长角苗人的背架多是专人专用，很少有调节背带的需要。

背垫是背架的“伴侣”。制作背架的材料是木料，如果背负着重物的背架压在人的背上，很难承受。长角苗人使用背垫解决了这个问题。这种用当地多见的玉米皮编结成的酷似马甲的工具，垫在背架下面，大大缓解了背部皮肉所承受的痛苦。劳作之前，先将背垫穿在身上（冬天还有防寒的作用），然后将背架立起，蹲下身，将背架的背带套在两肩上，双手向后抓住框柱，或像背旅行包一样，双手抓住背带，立起，十分稳固。回到家中，可以直接背进屋，找好地方后慢慢下蹲，背架着地后，扶着背架，将背架从肩部卸下，然后转过身抓住背架最上端的一根横梁，将背架慢慢放平。背架的高度达到了120—130厘米，人们背起背架时，背架的下端一般与臀部下限齐平。人们中途休息时很方便地就能将背负着沉重物品的背架落到实处。

梯式背架和台式背架的功能是有差别的，其形体的不同是满足不同功能的结果。梯式背架的大尺寸和开放性更适合背草类的东西，长角苗人用它背玉米秸秆、小麦、豆蔓、草之类。而有平台的台式背架则更适合背块状和袋状之物，长角苗人用它来背石头、袋装水泥、袋装化肥等。

用背架背石头，在将石头从背架上卸下来时需要很高的技术。长角苗人背石头“卸货”时，背架并不下肩，而是直接将石头抖落。我们看到过多例往深坑里卸石头的场景：背石人站在深坑的边上，两手牢牢抓住肩上背架的背带，稍弯腰，侧偏身，猛一用力，石头即从背架上滚落坑中。这样卸石头，如果动作不到位，由于石头向坑中落去的惯性，整个人很可能被带下坑去，十分危险。

2．背篓（构，gou）、拐耙（挂耙，gua pa）

背篓也是长角苗人家家必备的背负工具。背篓就是加了两条背带的竹篓；也有的背篓上不装背带，而是将一条绳子结成圈，将绳圈套在竹篓上，再将绳圈的另一端套在身上。绳子的落点在肩头下约10厘米的地方。背篓主要用于背土豆、玉米、石块等块状物品，有时也用于背草，但背篓背草远不如背架方便和运载量大。如前文所述，也有人拿套进塑料袋的背篓背水。背篓也有伴侣，但不是背垫而是拐耙。拐耙是一根不规则的半圆状木棍与一条直木棍的组合（类似一个小木耙），现在年纪较大的苗民还在使用。背篓背起草状的东西来效率远不如背架，但背土豆等东西，非它不可。而且相对背架，背篓装的物品体积小，但密度大，十分沉重。这样在山路上走一段时间，就需要休息。这时拐耙就派上了用场。苗民将拐耙放在背后抵住背篓，从而将背篓的重量转移到拐耙上，身体得到了休息。等休息够了，背起背篓，收起拐耙，继续上路。当然，如果走到一个路边恰好有高石台阶的地方，则可以直接将背篓靠在上面休息。这时的石台起的就是拐耙的作用。通向陇戛的柏油马路两边，有许多固定的自然形成的休息点，平时尤其是赶场的日子，路边背土豆靠山休息的人随处可见。

长角苗人也用背篓背土、水泥等物，一篓土豆一般要七八十斤，而一袋水泥则达到了100斤。我们曾在陇戛寨的寨门口碰上几位背水泥的寨民。每人每次一袋（男女等同）朝寨子上背。从此处上寨子有一段很陡的路，平时我们不拿东西上去都有点气喘吁吁，而他们背上100斤的水泥却心平气和。背水泥队伍中的妇女尤其令人佩服，

背篓、拐耙及其使用。

每当两人抬起一袋水泥朝她们背的背篓里一放时，随着背篓往下一沉，我们的心也跟着一沉。然而她们信步走上坡路，迈着缓慢的步子，身子一颤一颤地调节着身体的平衡，一切都是那样自然。

3. 背兜

背兜是长角苗人的背包，这种背包是缝有双肩背带（实际上多是绳）的布袋。功能同我们的背包相仿。一切量小的物品均可装在里面，长角苗人经常背着这种背兜去赶场。

还有一种背兜则是专门用于背小孩的。这种背兜是长角苗人重要的艺术品之一，上面往往有精美的蜡染和刺绣。不像其他一些地区，背孩子主要是女人（或者老人）的事务，在长角苗社会中，任何人都可能随时担负起背孩子的工作来。尽管如此，还是女性背孩子的居多，可能是孩子的母亲，也可能是孩子的奶奶。显然，长角苗妇女们早已习惯了背孩子的生活。她们几乎在干任何活的时候都背着她们的小孩，尽管有些孩子早已到了满地跑的年龄，但大人们仍然允许他们待在自己的背上。背小孩这种习惯是从小养成的，人们往往在十一二岁的时候，就替她们的姐姐或者妈妈背孩子了。我们遇到过一个背着弟弟的男孩，尽管这个男孩只有 11 岁，而他的弟弟已经到了 4 岁，但是他仍然毫不犹豫地将想让人背的弟弟用背兜负在背上。而这并没有妨碍他同其他伙伴的玩耍。当他的小伙伴喊他时，他背着弟弟轻快地跑了过去，很显然他已经习惯了这样的工作。几乎每个人都要学会使用这种民具，要知道使用这种民具可不像使用其他民具那样简单——只要自己用着顺手就行——在使用这种背兜时要特别照顾到孩子的感受。

上面所介绍的民具都是专门的背负民具。长角苗人利用这些民具完成他们大多数运输工作。但是总是有一些物品不适合用现成的民具装载，而这类问题却往往可以用最简单的工具和原始的办法解决。长角苗人的绳子是一种万能的背负工具。长角苗人常用一条绳子背负玉米秸秆。他们将玉米秸秆捆好，用绳子拦腰一束，两端打结。再将绳圈套到胸前。请注意，这种背负的方法，是让玉米秸秆的体积向上下伸展，与人体平行，而不是通常意义上的垂直于人体向左右伸展。这种背法可以有效地避免走林间小路或者小巷子时被阻的情况发生。停歇时也方便将其竖立在地上。通常，长角苗人背的玉米秸秆捆得很大，以至于在雾中（长角苗人生活的地区多雾）常常看到一垛垛的玉米秸秆在移动，走近了才能看到人。绳子还被运用到背成袋的化肥和成袋的粮食上。

值得注意的是，背运工作并非仅仅是成年人的任务。虽然没有专门针对儿童和少年的背架，但是有这样的背篓。六七岁的儿童已经跟着父母去割草了，他们有自己的小背篓。每次割草回来，他们背篓里的草也堆得高过了头顶。十四五岁的孩子已经用成年人的背架和背篓背足量的物品了。他们开始从事背负劳动的年龄是如此之小，而背负的物品又是如此之重，劳动的任务是如此之繁（几乎所有物品的搬运都靠背，如每天割的草、种粮食用的粪、收获的粮食、盖房子用的石头和水泥等等。而空闲时间有许多人又要承担起背孩子的任务），从事这项劳动的时间又是如此之长（大多数人终生脱离不了这项劳动）。这些不得不让人联系到他们普遍的低身高和多数约 45 岁以上的人的膝盖疼痛病。

（二）“背”的短时解放——车马挽具组合

陇戛寨通往附近村寨和集市的能够行走马车的公路在 20 世纪 90 年代中期才修成，所以长角苗人的车马挽具并不发达，现在的马车都是近年的产物。长角苗人养的马都是本地马种。马车全部是铁质，有完备的刹车系统。

马车通行之前，长角苗人所需要卖出的粮食只能靠人背马驮，猪则只能赶着步行。要买进的煤也只能靠人背马驮的形式运输。煤是长角苗人必需的重要能源物资，驮煤是长角苗人的一项重要活动。经统计，多数长角苗家庭有 1/3 的收入用于买煤（1990 年以前这一比例更大，因那时长角苗人的收入更困难）。20 世纪 90 年代之前他们买煤的主要地点是织金县阿贡镇关寨村的小煤场。那时由于陇戛诸寨没有通往阿贡的车路，很少有贩卖煤的商人，长角苗人只能用马将煤驮回家。没有马的人只有自己去背。

驮煤要有专门的民具。长角苗人用的是驮篮和驮架，驮篮必须是左右对称的两个。每个驮篮的形状跟背篓差不多，只不过其横截面是椭圆形。驮篮一般是用藤条编成的。长角苗人的驮篮最大的能够装 300 斤煤，但是这样的重量很少有马能够承受。大多数马的承受能力在 150—200 斤之间。主人可以根据自己马的能力制作适当大小的驮篮。驮篮无法直接放在马背上，还必须有驮架和鞍子。驮架的作用类似背架，呈拱形，一般与驮篮绑在一块。马鞍是单独的，可以灵活拆卸。光是这些还不行，还要有将这些民具固定到马背上的工具。这些工具是牛皮做成的马襻、坐皮和皮条等。马襻套在马的胸前（由挂在马颈上的皮条拉住，防其下落），后两端拉住驮架。坐皮则套在马的臀后（由马尾上部的皮条拉住，防其下落），前两端拉住驮架。这样驮篮就

驮篮、驮架及其使用。

被牢牢固定在了马背上。

由于路途遥远，陇戛寨参加驮煤的人凌晨就得喂饱马，整顿好装备赶马上路。他们常常联合附近几个寨子的族人同往，驮煤的马队经常能凑到一二十匹马。这些马习惯了这样的工作和路途，自觉排成一队，不急不躁地走着。只要不遇上异常陡峭难走的悬崖路，一般不用人牵，但是每匹马至少要有一人照看。到了吹聋煤场，人们卸下驮篮，将煤装满。之后要吃饭喂马，稍事休息。完事后，将装满煤的驮篮抬到马背上去，并迅速将马襻、坐皮、皮条等收拾到位，捆绑停当。队伍上路，到傍晚夜幕降临时，方能回到陇戛寨。

在驮煤的过程中有一件事要特别谨慎。那就是在煤场休息、喂马时和在马驮煤行走的过程中要严格限制马的进食量。因为在爬坡的时候，马襻由于驮篮的拉力会紧紧地勒住马的脖根。如果马吃了太多的食物，会影响呼吸，很容易出问题，甚至窒息而死。控制马进食量的方法很简单，那就是运用马嘴笼（长角苗人也称之为笼套）。每匹马的脖子上都挂着一个竹篾编的马嘴笼，不让马进食的时候就给它们带上马嘴笼。这是长角苗人的说法，其实控制剧烈运动前的马的饮食，也避免了因马的胃部与其运动部位争血液而引起的马的不适。

并不是每家长角苗人都能养得起马，没有马的人需要借用别人的马驮煤，或者是让别人代运。代运往往要支付少量的费用。梭戛场通向陇戛寨的柏油路修通以后，拉煤的三轮车和汽车可以将煤直接拉到陇戛寨，背煤的场景没有了，用马驮煤的情况也很少了。考察期间，我们曾遇到过一例用马驮煤的事件，但是驮煤的并不是长角苗人，而是产煤地的汉人。买煤的这家因为突办丧事，急需用煤，但是又联系不上用三轮车卖煤的商人，只好求还用老法运煤的小贩。可见驮煤这种运煤的形式现在仅仅为那些应急的人家采用，大多数人家大可在年初就从梭戛来的汽车或者三轮车上买够一年烧的煤。

五、学习和耍——文化娱乐民具组合

首先，我们有必要对这一部分的名称稍加解释。从人类学的意义上来说，一切与人发生了关系的元素都具有了文化的意义。因此，在人类世界中，文化是一个极广的范畴，它无所不在、无时不有。在“文化娱乐民具”这个名称里面的“文化”一词，实是从文化的最狭隘的意义上来说的，它仅仅指的是学校教育所用的民具，即文具。娱乐民具部分，我们将从长角苗人的娱乐民具和场所的角度介绍其休闲娱乐文化，这也是本部分的重点。学习和耍（长角苗人对娱乐的称呼）从来就不是一对绝对对立的概念，比如我们很难说小孩子的游戏就不是一种很好的学习过程。即使是成年人的很多看似娱乐的活动也有很多学习的因素。因此我们这里的学习也是狭义的。

（一）从铅笔头到双肩背包——小学生的装备

长角苗人原不识汉字，也不会运算数学。直到 1958 年，才由附近寨子的彝族老师沙云伍开办学校，教长角苗人学习汉字、运算数学。但是真正上学读书的人很少。直到 1996 年，在陇戛寨创立的牛棚小学才算是初步走上正轨。因此，和长角苗人发生关系的文具实在是太少。学生们的“家当”不外乎一块石板和几支石笔，或者一根铅笔和几张纸，因此无需书包。教师并不用专门的教材，用的黑板就是刷上黑漆的一小块木板。1996 年之后的发展就和其他地方差不多了，现在全新的陇戛小学是三层的楼房，教室中的教具也一应俱全。学生们也背上了花哨的双肩小背包（背母亲缝的布书包的已少见），里面课本、练习本、铅笔、橡皮、铅笔刀等等一一齐备，同国内发达地区农村小学生的“装备”相比也毫不逊色。

（二）从基儿棍（阿蛋，a dam）到梭戛场——耍

我们将长角苗人的耍划分成两大部分来叙述，其一是儿童的游戏，其二是成年人

的休闲和娱乐。儿童和幼小的动物一样，常常利用游戏的机会学习生存的技能。对于一只小狮子来说，它常常在与同伴的打闹嬉戏中锻炼体能，强化本能，并学习新的狩猎技巧。在它们所学习的狩猎技能中，重要的一项就是学会如何与同伴更好地相处、更好地合作。与幼年的动物相似，儿童也通过游戏学习一些日后的“生存之道”。但是人类的情况远比动物复杂，即便是懵懂儿童的行为也会受到文化的影响。正如马林诺夫斯基所说：“婴儿最早期行为之被模塑的程度，及其言语动作组织成的表情，都在受着传统的影响，这种影响是经社会环境而施之于婴儿的。”[32] 通过游戏他们将会学到一些“文化规则”。“研究小儿游戏行为的重要之点在注意游戏中所含的教育影响。及其成人与其他小孩的合作。因此最早期游戏的主要功能就是教育”。[33]

相对于儿童游戏的教育功能来说，同样是“耍”的成年人的休闲和娱乐则更多的是为接下来的工作养精蓄锐。我们这样说并不表明休闲娱乐仅仅就是“无所作为”，相反，休闲娱乐时的轻松和静心，往往能够解放人们的思想。因此，休闲和娱乐活动往往是创造和发明的温床。马林诺夫斯基也说过：“娱乐不但能引人离开厌腻的工作，而且，还含有一种建设的或创造的元素。较高文化中的艺术家，常常能产生极好的作品，并且能致全力于他的爱好。原始社会里，进步的先锋，也常常是见于闲暇和额外的工作中，技术的进步，科学上的发现，艺术上的新动机，都易于由娱乐中产生出来的。他们是以娱乐的名义获得存在的权利。因此，他们所遭遇的传统的阻力是最小的，如同其他未被人重视的活动一样。”[34]

群体性的娱乐活动则往往能够化解人们的矛盾，加深、建立友谊，达成新的合作协议，使年轻男女建立恋爱关系，等等，从而对维护、加强和改变社会结构有重要的作用。

1．儿童的游戏

陇戛儿童的游戏主要有叠纸钞、打石头、弹珠珠、基儿（音）棍、抓石子（该居，gai ju）等等，主要的玩具则是童车（多车，duo tsae）。值得注意的是，陇戛儿童的游戏几乎全是男孩子的游戏，女孩子的游戏很少。这显然与女孩子从很小就要学习雕花、刺绣有关。

（1）叠纸钞

叠纸钞是一种两人游戏。长角苗儿童的纸钞是一张约10厘米长、5厘米宽的纸，这些纸钞均被折过，其与长边垂直的横截面呈“V”形，“V”形夹角约150度。每个儿童都有多张纸钞。叠纸钞时，每个儿童手中持同样多的纸钞。先以猜拳的方式决出叠的先后顺序。然后，取得先叠权的儿童将自己的纸钞用力甩到地上（甩的方式与打牌时甩牌的方式相似）。随后，另一儿童将自己的纸钞也甩到地上。谁的纸钞正面的多，算谁赢。输者给赢者一张纸钞。

（2）打石头

打石头是一项多人分组游戏。相对于叠纸钞来说，打石头需要较大的场地。参加游戏的人数一般是4的倍数，如此好平均分成两组。我们以亲见的一例来描述这种游戏。游戏场是陇戛寨接待室前的小广场。参加打石头的四名儿童（6–8岁）以猜拳的方式分为两组，并用同样的方式决定打石头的先后次序（我们以先打的一组为甲组，另一组为乙组）。每组中各有一人持有相同数量的桃仁，此人兼任本组的“出纳”。游戏开始，两组人马各将自己手中的一块石头（自己寻找的最满意的石头）丢在地上。按次序，甲组的人打乙组人的石头，如果打中，则乙组的“出纳”就要付给甲组的“出纳”一颗桃仁。若甲组两人的石头都没有打中对方的石头，则改由乙组的两人打甲组的石头。如此循环反复。桃仁是他们的“钱”，一颗桃仁可以买一次失败。如果哪一组的桃仁先花光了，即为输家。但是如果输的一方要求，赢方可以“全额”返还输方的桃仁，并可以重新比赛，或者重新分组比赛。如果年龄较大的人想参与他们的比赛，则年龄较大的一人要顶两人的名额。我们考察的上面一组游戏，中途就插进了一个 11 岁的少年。那只能分成由他和一人组成一组，对战其他三人。

儿童们喜欢扎堆，每天傍晚，在陇戛寨接待室前的小广场上，一般都有十几个不同年龄的儿童在玩耍。他们按照自己的兴趣分组游戏。但总有不被人喜欢或者因年龄太小而被“主流”人群排斥的。我们在观察打石头游戏的当天下午，就有两个 3 岁多的小孩，因年龄太小被排斥在主流游戏之外。那他们两个就自然成了一组。这两个小家伙很有意思，一个瘦瘦的，一个胖胖的，肚子鼓得老大。看到我们拿摄像机拍其他人玩游戏，就跑过来抢镜头。一会儿扮鬼脸，一会儿在地上打滚，一会儿爬树，一会儿两人换着背着对方到处跑，一会儿去给别的组的人捣乱，精力充沛，全然不知疲倦。这种没有游戏规则的游戏对他们的身体是一种很好的锻炼。而且，他们面对陌生人，全然没有回避的意识，并主动跑到我们的镜头前表演他们的“绝活儿”。那些年龄稍大特别是正在上学的儿童就没有这么坦然了，他们往往是躲开镜头，并尽可能避免回答问题。人们的年龄越大，接受的文化越多，受到文化的限制也越大，自然流露的东西减少了，表演的胆量变小了。可见，文化既会增强人们的表达能力，又会限制人们的表达；既会给人以创造力，又会限制人们的创造。人们所要做的就是如何使这两个方面达到一个合适的比例。

(3) 基儿棍

基儿棍也是一项多人分组游戏，是梭戛儿童最钟爱的游戏之一。玩这种游戏需要比较大的场地，至少要长约 30 米、宽约 10 米。这项游戏需要的民具主要是一长一短的两根木棍，较长的一根长约 40 厘米，其直径约 3 厘米，另一根尺寸比较自由，其长度约 20 厘米，直径约 2.5 厘米。两根木棍的木材都是质地较为坚硬的杂木，棍子都用镰刀削过，表面光滑。

玩游戏之前，先在场地的一端设置两块并列的石头，石头的尺寸一般在 35 厘米长、10 厘米宽、30 厘米高之内，两块石头之间的距离一般不超过 15 厘米。这是基儿棍游戏的必需设施。

下面是我们观察的陇戛新村四名少年玩基儿棍游戏的情形。游戏的参与者是 13 岁的熊强（小学三年级学生）、8 岁的杨进（小学一年级学生），7 岁的熊壮勇（小学一年级学生）、约 7 岁的杨付洪（小学一年级学生，这位小朋友忘记了自己的年龄）。由于熊强的年龄偏大，所以分组的时候，本着公正的原则，熊强一人一组，其他三人一组。以压指头决定开赛的顺序（三人选出一名代表跟熊强压）。结果熊强胜出。

熊强将短棍置于两块石头上，以长棍挑抛，使之飞远。另外三人则早已在其对面摆开阵势，准备接住短棍。如果有其中的一人接住短棍，则熊强输，换由另一组的三人掷棍。如果熊强的短棍没人接住，则熊强将长棍平放于两块石头上，由三人当中的一人站在短棍的落地处将短棍抛向石头上的长棍，如果击中长棍就算熊强输。如果未击中则由熊强将短棍抛入空中，接着以长棍将落下来的短棍击向三人站的方向，如果三人中的一人接住，则熊强输，反之则由三人中的一人站在短棍落地处，将短棍掷向两块石头，若落地处距石头不足一长棍距离则熊强输。否则由熊强将短棍置于距两块石头三四十厘米地方的一块有凹坑的地方，以长棍击短棍悬空处，使之蹦入空中，紧接着以长棍击空中的短棍，如果没有击中则熊强输，如果击中，则由三人接，若接住，则熊强输，若没有接住，则由三人中的一人站在短棍落地处，将短棍抛向两块石头，若短棍落地处距石头不足一长棍，则熊强输，若短棍落地处距石头超过一长棍，则由熊强以长棍丈量石头与短棍落地处之间有几长棍。这几长棍，就是熊强这一轮的战绩。然后改由另一组的三人掷棍，熊强接棍，其规则悉如上述。

掷棍者有三次不同形式的掷棍机会，但是这三次不是一次的重复，而是完全不同的三种掷棍形式，而且三次都有被击败的可能，十分类似闯关的形式。

一局有五轮，五轮每组将自己所赢得的长棍数量相加，多者为赢家，输者要受罚。这一局熊强赢，由他主罚。在执行处罚的过程中，受罚者还有免罚的机会。因为主罚者是以掷棍的形式主罚。熊强以长棍挑石头上的短棍，若三人中的一人接住了短棍，则此人免罚，熊强以同样的方式罚另外两人。若接不住，则熊强将长棍置于两石头上，受罚者中选一人站在短棍落地处将短棍掷向长棍，若击中长棍则此人免罚，或者短棍落地处距石头不超过一长棍此人亦可免罚，如果超过一长棍则由熊强用长棍丈量有几棍，如果有六棍，则三人从石头开始快速跑向熊强最后一次掷棍的落地处，跑三圈。跑完后，再重新罚，直到三人以自己的能力解除惩罚。如果三人中的一人跑不动了，又没有能力解除惩罚，就向熊强说明，由熊强击其一棍代跑。但是这样的人会被视为懦弱者，所以采用这种方式解除惩罚的很少。

这场游戏其实是一场并不公平的游戏，虽然熊强只有一人，但是他的年龄大得多，比其他人的力气大得多。其掷棍的熟练程度尤其是力度较之三人要强两三倍，所以在第一次挑棍时全部都能过关，因为他挑出的棍距离石头太远了，三人不可能将短棍击中长棍或者使之落地的距离距石头不足一长棍。所以熊强失败的机会仅仅存在于第二次和第三次击棍时是否因疏忽而击不中，但是这样的情况很少发生，即使熊强失败几次，也没有什么关系。因为三个小孩子击棍的距离较近，即使他们闯过了三次掷棍，所得的棍数也很少。所以三人根本就没有赢的机会。以至于整个游戏从头到尾都由熊强控制了。

三人受罚时又都不能以“法定”的方式解除自己的惩罚，只能不情愿地来回跑，每当谁偷懒时，熊强就以大孩子的威严威胁之，直到累得三个小孩子精疲力竭方才罢休。

当地的小孩子参加这样的游戏时大多带有自己的民具，十分类似城市中酷爱羽毛球或者乒乓球运动的人每次参加运动都自带球拍和球一般。

（4）打珠珠

打珠珠是近几年才出现的游戏种类。珠珠是常见的玻璃珠子。这项游戏的参加者不定，并不分组，每人携带自己的珠珠参加。场地并不需要太大，方圆有 15 平方米的地面足够。游戏开始前，需要在场地的某处挖上一个深三四厘米、直径三四厘米的小浅坑。

参加者以压指头的方式决出弹珠珠的先后顺序。参加者都站在距小浅坑约 2 米的地方。按照顺序依次将自己的珠珠弹向小坑，等大家的珠珠都弹出后，由距离小坑最近（如果谁的珠珠弹进了坑中，则是毫无争议的领先者）的一个珠珠的主人，持自己的珠珠弹向附近者，若击中，则被击中者的珠珠被赢走。之后再由距离小坑的距离第二近的珠珠的主人弹击附近的珠珠，依此类推。直到此轮所有人的珠珠被对方赢完。

这种游戏看起来很简单，但是它既需要技术又需要头脑。比如当轮到一个人的珠珠击打珠珠的密集区内的珠珠时，他就要格外小心了，如果用力不当，自己的珠珠没有打中人家的珠珠，反而落入敌人的包围圈，那就很可能被消灭。

在考察中我们发现，如果有年龄较大的孩子参与这项游戏，则有不平等的情况出现。由于珠珠是孩子们的重要“财产”，所以每个人在操作时都十分谨慎。年龄大的孩子除了更加谨慎之外，还经常耍弄一些小手腕。他们常用的方法是，轮到他击打别人的珠珠时，换用自己最大的珠珠，而被别人击打时，则换用最小最差的珠珠。其他人或有不满，但迫于大孩子的“淫威”，只能安于现状，最多发几句不痛不痒的牢骚而已。更有为了博得大孩子的“开心”，自愿做出牺牲者。在大孩子面前，一切游戏规则都显得那样苍白。考察这种现象是不是在受到了外来文化的影响后出现的文化变迁，是一个有趣的研究，但我们现在掌握的材料还不足以对这个问题展开讨论。

（5）耍童车

童车（长角苗人对此并没有专门的名称，泛泛地称做“车车”）是当地苗寨儿童最重要的玩具，也是最主要的玩具。其最初级和最简单的样式是在一根木棍的一端装上一个钢轮（常见的车床上的滚轮）。其安装方式是将木棍的一端劈开，捆一短横棍，在横棍上装上钢轮。其玩法是推着跑。类似于其他地区儿童用竹竿或竹片推赶自行车圈的游戏。更加先进的是现在在长角苗寨最常见的双棍单轮式童车。这种童车的车架类似一个梯子，但两根木棍的一端以短木棍连接，短木棍上安装有钢轮。木棍的另一端左右分开，作为童车的推柄。这两根推柄上又绑上了两三根木棍。小孩子往往用这种童车推载自己的伙伴。也有年龄较大的少年用较大的童车推石头的。我们见过陇戛寨十四五岁的熊金团用他的童车推石头的场景。熊金团的童车的车架下端装上了两根与车架垂直的短棍，方便了石头等物品的放置。这种小推车在地势平坦、地面坚硬的地方使用方便。装石头时，将小车平放于地上，石头装好后，抬起推柄推走，到了目的地，将车子朝左或右一翻，则石头卸下，因为该车的轮子非常小（直径约 10 厘米），所以朝左右翻车方便。限于当地路的状况，这种轮式车不太可能得到大的发展。但是从这里我们却可以看出，玩具也可以变成劳动工具，这可以说是游戏带来的发明。

寨中有名的木匠杨得学给孙子做的童车是全寨中最先进的。这个童车是全木质的，其样式也别致：三轮，装有能转动的车把，只不过没有脚踏和链条，不能像自行

童车及其耍法（右上角为杨得学制作的童车）

车一般地骑行。小孩子坐在上面两腿可着地，他们常常是以脚蹬地，驱动车子前进或后退。杨得学的童车的车身上还用歪歪扭扭的汉字写有生产日期和注意事项——“只准小孩骑，不准大人坐”。三轮的童车也见于别家，但是车把均不能转动。孩子们坐在三轮车上，由其伙伴用绳子拉行。或者将车放于柏油路的上坡处，两三人或坐或站于车上，快速滑下。

前文提到，长角苗儿童的游戏几乎全是男孩子的游戏，女孩们没有自己特有的游戏项目。现知的有女孩子参加的游戏只有抓石子一种。这种游戏男孩子也能参加。这也是男女儿童可以共同参加的唯一一种游戏。这种游戏很普遍，游戏规则并不特殊，此处不赘述。

既然长角苗的女孩没有多少游戏，那她们的童年是怎样度过的呢？长角苗女孩的处境似乎比男孩糟糕得多。以前，她们在三四岁的时候就要学习雕花（蜡染）、刺绣，到10岁左右又要学习纺麻、织布，没有闲时。现在情况虽已经发生了变化，但是多数女孩仍要学习雕花、刺绣。所以，即使有抓石子的游戏，她们也极少有时间参加。

从上面的打石头和基儿棍游戏中我们可以看出：不管是为了集体的利益还是为了自己的利益，每组人只有通力合作才有可能赢，否则，就要输"钱"或者集体受罚。但是这并不意味着大家是在吃"大锅饭"。如基儿棍游戏的游戏规则体现出，在集体受罚的大环境下，个人又能通过自己的聪明才智和能力最大限度地降低受罚的程度。而打石头游戏中的"出纳"的设立，让人感觉似乎他们体会到了专业分工带来的好处。大孩子一人占两个名额的分组规则则体现出了他们对平等观念的初步认识。而"桃仁制度"则是他们的经济观念和意识。

长角苗儿童在游戏中获得的知识和能力，在他们成年后得到了体现。长角苗人能够迅速组织打嘎和盖房子等大型活动，并且每人在活动中各司其职，尽心尽力。整个活动往往秩序井然，圆满结束。这与他们在分组游戏中的所得可能是有关联的。但是我们又注意到，长角苗人在儿童时期所形成的朋友联盟和情谊，在成年时的活动中得到了某种削弱。那是因为长角苗人牢固的家族观念所致。在打嘎、盖房子之类的活动中，前来帮忙的更多的是其兄弟和其他亲属，而不是朋友。但是这种关系在很多经济发达的农村地区已经颠倒过来了。在那里，多数的年轻的当家人更喜欢同年龄相当的朋友合作，而对兄长们的热情已经变得很淡了，认为和相对自己体弱的兄长合作会"吃亏"的，除非能从兄长那里获得额外的好处。因此，长角苗人信奉亲情至上，而我们上面提到的一些发达地区的人是利益至上。我们不知道后者是不是长角苗人的发展方向，但是从现在的情况看，有这种趋势。

在长角苗人的社会中，社交范围内的事情均由男人包办，女人们很少有这样的机会，这并不是说有什么限制性的规定，而是大多数女人们根本就没有这方面的能力。我们相信，这跟她们从小没有得到游戏的锻炼是有一定关系的。

2. 成年人的休闲娱乐

若问起陇戛成年人有什么娱乐，男人们的回答是"喂牛、喂猪"，女人们则说是"雕花、刺绣"。对于从事繁重体力劳动的长角苗人来说，喂猪、喂牛，雕花、刺绣当然要轻松舒适得多，称其为休闲娱乐也未尝不可。这也是农村人生活的特点之一，一些轻体力劳动与休闲娱乐合为一体。但除此之外，长角苗人还有其他的娱乐活动吗？

（1）男人们的爱好——烟酒

陇戛的男人们嗜好烟酒。他们抽烟喝酒多是为了满足身体的需要和自己的兴趣，而很少是为了应酬。虽然长角苗人的烟酒文化几乎同他们的历史一样长，但是，除了人面竹烟杆（扎艺，dra yi）以外，他们并没有专门为此制造出更多的精美民具。下面我们将围绕长角苗人几种简单的烟酒民具介绍其烟酒文化。

关于吸食烟草的问题，不难理解。这种东西似乎能够让人缓解精神上的紧张和疲劳，并能够解闷。可能大多数人是冲着它的第二个功能去吸食烟草的。农村社区没有什么娱乐设施和娱乐活动，尤其像长角苗人居住的那种小型山寨，到了晚上更是一片漆黑，毫无生机。为了缓解这种苦闷，男人们借助烟草打发时间。

从传统文化的意义上来说，长角苗人抽的烟是皮烟（伊，yi，长角苗人也称“土烟”，即晒干的烟叶）。抽皮烟要借助烟杆，[35] 在民具上不注重装饰的长角苗男人们，却在制作他们的烟杆上下足了工夫。烟杆一般由三部分构成：中间是一段竹根或蒿子秆（艾索，a suo），两端则是铜质的烟嘴和烟锅。我们还发现了用整个竹根做成的烟杆和用土烧成的烟锅配合蒿子秆做成的烟杆。铜质的烟嘴和烟锅固然精美，但他们是长角苗人请外族的铜匠制作的，并不是长角苗人的固有文化元素。竹根和蒿子秆是烟杆的主体，都不是随意为之的，而是有着很高的要求。竹根必须是“人面竹”。长角苗人对人面竹的定义是，主根形体呈各种优美的弧形（主要有圆润的对号形或“S”形），竹节密集均匀，主根两边的侧根均齐美观。而对蒿子秆的首要要求是粗大，长角苗人选取的蒿子秆的最大横截面直径往往能够达到五六厘米。上面所描述的人面竹和大的蒿子秆都不容易找到，因此制作一支烟杆最重要的工作是寻找美观的人面竹和蒿子秆。实际上，用蒿子秆制作的烟杆并不多，因为这种类型的蒿子秆在梭戛地区更难找到。本族的农民熊开文称长角苗人制作烟杆的蒿子秆多是从外地找来的，他的那支是在去贵阳打工时在贵阳飞机场附近的荒地上找到的。这些蒿子秆在别处可能被视为和杂草一样的废物，但是经过长角苗人的加工则成了精美的工艺品。

长角苗人的人面竹被处理成多种样式，但主要有三种。最常见的一种是将侧根全部割掉，之后再将其磨光滑，竹节和稍微凸起的侧根茬将竹根装饰得宛若天成，再加上竹根本身的弧形，整条竹根成了节奏感很强的工艺品。另一种是将竹根的侧根留下约四五厘米，整条竹根宛若蜈蚣，颇有天趣。再一种则是将一些须根也留了下来，类似老翁的胡须，使用这种烟杆的多是年龄较大的老者，似以烟杆喻己，亦有情趣。竹烟杆从十几厘米的袖珍型到100多厘米的巨型均有。蒿子秆没有这么多讲究，仅仅是将其处理光滑就行了。蒿子秆烟杆一般都较长，低于60厘米的很少。

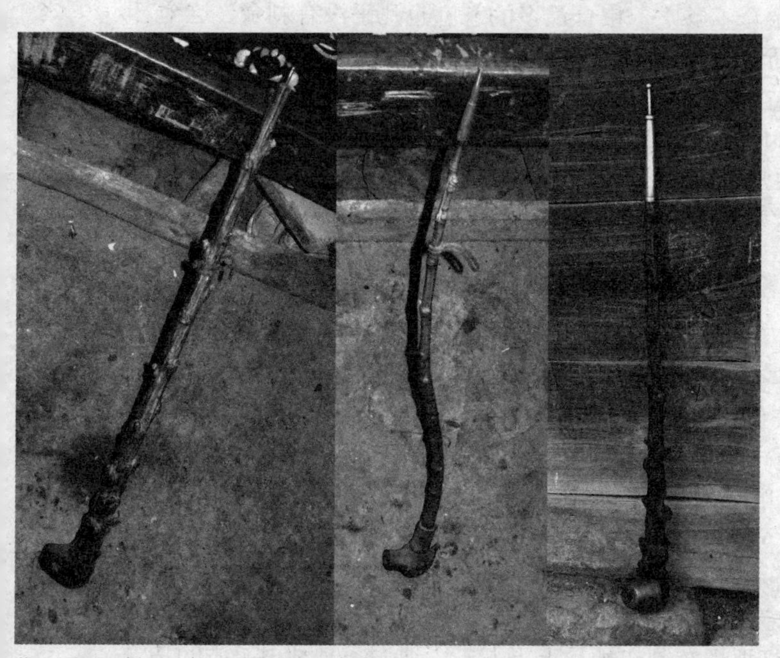

蒿子秆烟杆（左、右），人面竹烟杆（中）。

长角苗人在制作烟杆上并不是那么固守程式。有些人常常在这方面充分发挥他们的创造力，这些人的作品也往往是最有特色的。陇戛寨的杨得学就利用水龙头做烟锅，他的这件“作品”颇具有后现代的意味。

长角苗人的烟杆还有一个特点，好多烟杆具有继承性。很多人的烟杆是由其上辈人传下来的，虽然他们并没有表现出把这种东西当做传家宝的意思（只要出高价钱，主人就会出售），但至少可以说明他们对这种民具的珍爱程度。陇戛寨杨学富每天使用的烟杆是其爷爷传下来的。这支烟杆有着 70 年的历史，其烟锅是直接用竹子制成的，已被烧掉了一部分。

长角苗人自己种植皮烟，每人每年种植 100 棵可满足需求。现在梭戛、吹聋等场上也有切好的烟丝出售，这些烟丝保证了那些不愿种烟或者没有条件种烟的人的需求。长角苗人的烟杆上多附着一根短铁丝。他们用这根铁丝挑出烟锅中的烟灰，并保证烟杆通畅。烟叶放置在防潮的塑料袋里。抽烟时，从烟叶上掐下一段，卷起，插到烟锅中。用火柴或者炉火（近几年有人用上了打火机）引燃，但是点皮烟并不像点香烟那样一劳永逸，皮烟常常熄灭，长角苗人经常反复点烟，点一次，抽几口。其实多数长角苗人都有两根以上的烟杆，至少有一大一小，小的可以放入口袋，随时随地抽，大烟杆则多在家中使用。

现在香烟已经进入了陇戛寨，但是大多数 50 岁以上的人还是钟情皮烟。这些抽惯了皮烟的人宣称：香烟的“劲头”太小，抽起来不过瘾。年轻人则认为抽皮烟太麻烦，而抽香烟不但方便而且更时髦。

对于长角苗人嗜酒这个问题，似乎不能简单地按照上文所持的对待吸食烟草的思维去理解。因为酒这种东西并不像烟草那样廉价和易得。一般说来，人们只会拿剩余的粮食酿酒。在温饱尚未解决时，酿酒至多是一种浪漫的想法罢了。那些没有条件酿酒的民族，要想经常有酒喝，就得购买。

现在我们来看长角苗人是否拥有酿酒的条件。这要从他们的粮食方面着手。即便现在，尚有不低于 1/5 的家庭粮食不够吃，粮食最多的家庭也几乎没有剩余。这个比例，在 10 年前达到了 1/2。而长角苗人的经济从来没有比现在更好过。这就可以看出，长角苗人绝对不可能有持久的酿酒活动。[36] 因此，他们要经常喝酒只能从周边民族处买，而如果没有足够的钱（主要以粮食换得），也不可能经常买酒。那么，他们为什么冒着饥饿的危险还要坚持卖掉粮食买酒喝呢?

在这方面，美国早期社会学家罗斯教授的著作[37]给我们提供了一些有益的启示。罗斯教授谈到，20 世纪初，他在中国见到的苦力们往往借助鸦片来解除自身因寒冷、疼痛、劳累造成的痛苦。以前，特别是 20 世纪六七十年代之前，长角苗人并不比罗斯笔下的苦力们的境遇好多少，那些苦力们至少能够填饱肚子。但是大多数长角苗人一年所种的粮食还维持不了半年，剩下的日子就只能靠野菜、野果等物充饥了。他们没有内衣和棉衣，在寒冷的冬天仅仅靠两三件粗糙的麻布单衣御寒，虽然可以用燃烧柴草的方式取暖，但是在户外就没有什么办法了。在这样的情况下，吃大量的辣椒、饮用大量的酒无疑能够帮助他们御寒和解乏。经过一天的辛苦劳作之后，酒精能够帮助他们“解除”痛苦从而入睡。

现在，情况已经转变了。随着长角苗人生活水平的提高，酒业已变成了亲戚、朋友聚会聊天时不可缺少的调节气氛的东西。

长角苗人并没有像制作烟杆那样在制作酒具上下工夫，他们多是利用了酒的功能。长角苗人的酒具的历史和他们的餐具一样——他们没有多少专门的酒具。[38] 在他们的历史上，曾用葫芦装过酒，但是现在早已看不到了。现在的酒具是玻璃酒瓶和矿泉水瓶、瓷碗等等。

多数长角苗人没有独自喝酒的习惯，但是只要有亲戚或朋友来访，必定要喝。他们喝酒时，多数情况下并不置办菜肴，而是“干喝”，也不每人持有自己的酒具，而是一碗酒（或者直接拿着瓶子）转着喝（“喝转转酒”）。这样的喝酒方式，无疑是大家互相信任、感情深厚的表现，而且这种过程的本身还能增进感情。对于外人他们则多不采用这种方法，如果一个外人能够得到这样的礼遇，那证明他们已经把这个人当做自己人了。

（2）晚上的时光

劳动了一整天的长角苗人晚上会干些什么？是早早上床睡觉吗？不然。晚饭过后，男主人如果不出去串门就会坐在床沿上抽皮烟，而女性则在炉子边搭起一个小台子，边雕花、刺绣，边同丈夫聊天。但是陇戛寨的男人们往往耐不住家里的寂寞，晚上他们会到兄弟、亲戚、朋友或邻居家串门。这时主人都会拿出白酒，大家边喝酒，边抽皮烟，边聊天。冬天的晚上，这种情形更常见，几个人围着炉子坐成一圈，只见白酒碗转了一圈又一圈，皮烟的火光也闪耀成一个又一个的圆。有时大家在床沿儿上坐成一排，烟杆则排成了一张“篱笆”。在聚会上，大家缓解了疲劳，化解了某些人之间的矛盾，分担了某些人的忧愁，分享了某些人的快乐。这种聚会也提供了信息交换的平台。

在男人们抽烟、喝酒、聊天的时候，女人们自觉地雕着花、刺着绣，很少参与男人们的讨论，也不进入男人们的“领地”，除非为炉子添煤和为男人们添酒。晚上的时光几乎是属于男人们的。

对于年轻男女，夜高风轻、皓月当空的夜晚，更能激起他们的浪漫情怀。这些年轻男女会在山上吹起三眼箫或口弦，对起歌，从悠扬的箫声和畅婉的歌声中寻找着自己的未来。有的男孩还会带上三眼箫到女孩的门前窗下与房中的意中人对歌。这是一种特殊的娱乐，其目的性很强。女孩子持着找情人的理由，往往能够暂时摆脱繁重的雕花和刺绣劳动。

进入打工时代之后，人们的休闲娱乐方式有了一些变化。但是，即使在外打工的人也奉行勤俭节约的作风，没有人从事抽烟、喝酒、聊天之外的娱乐活动。如果说有的话，那就是不用花费分文的逛街。

1998 年第一台黑白电视机进入陇戛寨。之后数目逐渐增加，迄今为止，全寨共有电视机 19 台。[39] 从有电视开始，有些寨民的娱乐生活就加上了看电视这一项。有电视的家庭晚饭后全家会看着电视聊天，一些没有电视的人则会到有电视的人家中看。这几年，长角苗人的经济水平提升得很快，大多数的电视是 2000 年以后买的。拥有电视的家庭会越来越多，相信人们的娱乐活动会因此有一个较大的转变。串门的人会变得越来越少（现在有电视的人晚上很少串门），人们坐在一起聊天的机会随之减少，相互之间的感情紧密程度不如以前了。现代科学技术在给人们的生活带来诸多方便的同时，往往剥夺了人们一些不易觉察的但重要的东西。

(3) 作为娱乐场所的“梭戛场”

任何乡村集市（特别是不发达地区的），除了承担贸易职能外，也在最大限度上承担起了娱乐的功能，这些集市往往是乡村最大的定期娱乐场所。对于长角苗人来讲，如何强调梭戛场的重要性都不为过。梭戛场是他们最主要的贸易场所，也是他们最重要的娱乐场所。绝大多数长角苗人不会缺席六天一次的梭戛场，年轻人尤其如此。对年轻人来说，梭戛场还是他们理发、洗澡和其他活动的场所。下面的长角苗人赶场数据表很能说明一些问题。从表中可以看出，多数人在场上的停留时间超过半天。年轻人特别是没有结婚的年轻人的数据没有列入，因为他们的情况基本相似，那就是只要没有急事，都会在场上停留一整天。

长角苗人赶场情况统计表

姓名	性别	年龄	文化程度	赶场频率	逗留时间①	平均花费（元）	赶场娱乐		
							喝酒	吃炸洋芋	其他
杨振军	男	25	初二	逢场必赶	B	10	较少	有	闲逛
杨　光	男	26	初中	同上	C	30 以上	多	有	闲逛
熊金亮	男	33	初二	同上	B	40 以上	多	有	
杨德贵	男	35	初二	同上	B	20	较多	很少	
杨正昆	男	46	初中	同上	B	20	多	很少	
熊　氏	女	50	文盲	同上	A	20		无	
杨德学	男	53	小三	同上	C	20	多	无	
杨学富	男	52	小三	同上	A	45	较多	无	
杨少益	男	67	文盲	同上	A	10	较少	无	

注：① A. 有时半天，有时一天，一天为多；B. 绝大多数是整天；C. 有时半天有时整天，多是半天。

男人们凑到场上就会喝酒、聊天。长角苗的三四十岁的家长们说，在场上不遇到亲戚朋友就不会喝酒，但是由于那一天大家都去赶场，所以绝大多数会遇到朋友，喝酒不可避免。这种说法似乎是在为自己喝酒的嗜好找借口。以前没有通公路的时候，男人们在场上喝酒往往不能尽兴，因为喝醉了回不了家。但是“现在有三轮车，喝醉了可以坐车回来”（陇戛寨农民熊金亮）。可见，三轮车的通行，延长了陇戛寨好喝酒的人在场上的逗留时间。当然，大多数长角苗家庭的当家人（长角苗人对家长的称呼）有自

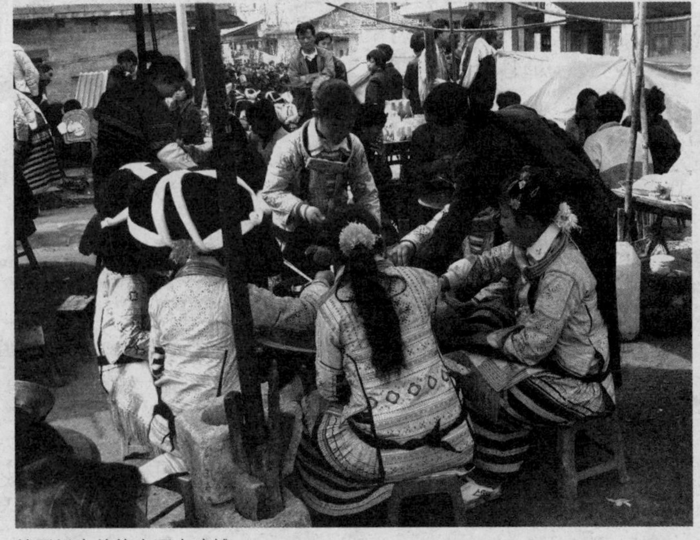
梭戛场上的炸土豆小吃摊

己的打算，他们不会为了喝酒而误事。

男女青年会在场上闲逛，吃小吃，谈恋爱。小孩子们则在人群里钻来钻去寻找着自己的乐趣。这时，很少放松下来的家庭主妇也可以随意地在场上闲逛，走到每一个小摊前，都要驻足观望一番。尽管大多数时候她们不买什么“奢侈之物”，但也要过一下“眼瘾”。梭戛场上有一个大型的小吃摊，摊主们多是汉族的妇女。她们用平底的煎锅炸土豆、豆腐等食品，吸引了众多的长角苗男女前往。其实长角苗人最不缺的就是土豆，因此来小吃摊上吃土豆更多的是为了娱乐。男青年在这时会趁机大献殷勤，他们会邀请漂亮的女孩子吃炸土豆。他们的慷慨和体贴，会赢得女孩子的芳心。

除此之外，几乎长角苗人的所有大型活动和仪式都有着不同程度的娱乐成分，这些活动和仪式主要有婚礼、打嘎（葬礼）以及跳花（节日庆祝活动）等。随着时间的推移，这些活动的原本功能会有所减弱，而娱乐成分会越来越多。

六、陇戛寨的民具与附近寨子的民具的比较

乐群村布依族田坝寨距陇戛寨的距离不过 2 公里，在同一个地理区域内，在相互影响下，其民具、工艺的绝大多数应该相同。本着这样的假设，我们于 2006 年 2 月 17 日考察了田坝寨。由于陇戛寨周边的汉族、彝族寨子的民具同布依族基本相同，所以布依族的情况颇能代表陇戛寨周边民族的民具文化，在这个意义上，二者比较的结果能够说明更大范围内的问题。

田坝寨的陈文亮家一年的经济收入是三四千元，与陇戛寨的年收入中等户相当，所以可以排除纯粹的经济因素的干扰。

从竹编民具上来看，自编民具的牢固度和从集市上买来的民具的牢固度不相上下，因此可以排除苗族人用自编民具是因为自制的民具更结实的原因。从陈文亮家阁楼上自编的竹篾墙来看，布依族人的竹编技术相当好，可以排除布依族选用汉族人的民具是因为自己不会这项技术。

据田坝寨新村的陈文亮和王成友陈述，该寨子的布依族的民具、工艺，和陇戛寨的民具和工艺完全相同，在历史的演变上也一样。

经过考察我们发现：两个寨子的民具绝大多数相同，但是布依族所用的民具在选材和做工方面明显要更好、更精致，这主要表现在竹器和木器上；一些典型的民具则存在着较大的差别。如火炉，陇戛寨的炉子以土炉子占多数；而田坝寨的炉子多是蜂窝煤炉子和铁炉子。有的家庭在蜂窝煤炉子的周边还装上了方便取暖时脚踩的木架。田坝新村的陈文亮家除了蜂窝煤炉子外，还建造了水泥大锅灶，据陈文亮称，这个灶的作用主要是煮猪食。

又如背箩：陇戛寨的背箩是平底、圆身、圆口；田坝寨的背箩则是平底、方身、圆角、阔口，这和当地汉族用的背箩完全相同。田坝寨的竹筷箩上编有花纹，而陇戛寨的筷箩则是素面无纹。

陈文亮凿制的鸡食槽，不是简单地将石头凿上一洼浅槽就算了，而是在浅槽的中央留下了一个高出食槽平面约 5 厘米的石突，这和汉族所用的鸡食槽完全相同。这样

的器形在陇戛寨中并不存在。陈文亮对凿制石突的解释是为了好看。

田坝寨运水用的民具是扁担，而20年前也如同陇戛寨一样用过背桶。

其他民具的形制相同。但田坝寨从集市上买来的汉族人制作的民具数量远远大于本民族自制的数量，这和陇戛寨正好相反。

仅从民具上来看，布依族人的审美意识要强于陇戛长角苗人，其汉化的程度也高于长角苗人，其“现代化”的意识也更强。布依族人更会计算民具的生产成本，比如，编一个撮箕至少要花上大半天的时间，从集市上买不过三五元人民币，节省出这一天的时间外出打工，少说也能纯挣十几元。随着外出打工者的增多，长角苗人也逐渐具有了这种观念，但这只不过是近10年的事情，布依族人早在几十年前就这样计算了。

从上面的考察似乎能够得出这样的结论：传统的长角苗人的封闭性比周边民族要强，或者说其接受能力相对要弱，或者二者兼备，其生活更倾向于自给自足。

陇戛长角苗人的筷箩（上），田坝布依族人的筷箩（下）。

七、陇戛寨的生态环境和民具的互动

弗思写道：“任何一种环境在一定程度上总要迫使生活在其中的人们接受一种物质生活方式。澳洲中部的土著居民，不论气候如何变化，总是能不穿半点衣服，不需要坚固的住宅；但是这种缺乏水源、土地贫瘠和动植物很少的环境迫使他们流浪无定，靠狩猎和劫掠为生。爱斯基摩人一定要穿衣服，住房屋，以抵御风雪严寒，在这种严酷的环境中他们也无法从事农业。”[40] 弗思论述了环境和生活方式的密切关系，我们可以照直推理下去：一种生态环境必然催生一套让当地人凭借为生的民具。这可以说是环境的迫力的结果。

陇戛寨的地理和生态环境让长角苗人选择了采集－狩猎、农耕的生活方式，这种生活方式催生了长角苗人的各种民具，长角苗人的先辈生活在密林当中必然需要弩箭、砍刀等自卫、打猎工具和开荒工具；从事耕作则需要犁、锄等农具；缺水的现实和山路的崎岖催生了背架、背桶等运输工具等。

当然，“环境一方面广泛地限制人们的成就，另一方面却为满足人们的需要提供物质”。[41] 陇戛的山林和土地不光为采集－狩猎年代的长角苗人提供野果、块茎、昆虫和各种动物，更重要的是它还为长角苗人提供了各种建筑房屋、制作民具的材料。

就地取材是很多采集－狩猎社会和农业社会的人制作民具的基本特点。从传统的意义上来说，这也是长角苗人制作民具的特点之一。自然界为长角苗人提供了必要的制作民具的材料，这是生态环境对民具制作的直接影响。长角苗人的民具制作所牵扯到的材料主要有木材、竹材、藤材以及石材等。

长角苗人对其周围生长的木材的特性有相当的了解，并能够因材施用。其中以杉树的用途最广，因此这个族群对杉树的记忆也最深，我们在当地采集到的长角苗的《引路歌》和《孝歌》中提到最多的树种就是杉树。[42]

陇戛寨周围生长的竹子主要有金竹、刺竹、苦竹、钓鱼竹等种类。对于制作民具来说，以金竹应用最广。金竹韧性较好，适合编制背箩、鸡笼等民具。在陇戛寨，寨民们的房前屋后均可看到一丛丛繁茂的浅黄绿色的金竹。

刺竹则主要用于制作当地人葬礼上的竹卦、以前刻竹记事的竹竿，以及分饭的篾篾，或者用于盖房。刺竹是我们采集到的长角苗的《引路歌》中唯一提到的竹种，这大概是因为刺竹的“宗教”用途所致。

藤材分布于密林之中，就陇戛现存的民具来看，大宗的葛藤用来编制马驮货物的驮篮，其他使用较少。当然，过去葛藤是很重要的“绳子”，这种绳子可以是单根的葛藤，也可以是由较粗的葛藤分剥而成的一股或几股。邻寨布依族人现在仍有用藤子编制的筷箩，但长角苗人的筷箩多用金竹编成。除此之外就是民俗用途，如编制藤项圈。

陇戛地处山地，石材资源丰富。对于长角苗人来说，最有用的石材是青石和砂石。青石和砂石可以砌墙建房，硬度较高的砂石可以用来錾凿石磨、捣碎辣椒和药材的研碓（石臼）以及捣靛蓝染料的碓窝等等。

一个地方的生态环境不光为人们制作各种民具提供了方便，环境也受到这些民具的影响。“地理学家和人类学家已经不再把人类看做是环境可以塑造的东西，而是看做如一个地理学者所说的一种‘改变地貌的力量’。人类不是消极的住在世界各地，而是改变环境的主要因素。”[43]长角苗人有了砍刀，可以在密林中砍出一条一条的路径来，也可以用砍刀配合火进行刀耕火种；有了弩箭可以射杀更多的猎物；有了斧头和锯可以砍伐大量的树木；有了锄头和犁则可以耕种更多的土地，甚至挖筑规模恢宏的梯田；有了更先进的现代化的民具，则可以开山取石、造屋修路。在人口很少的采集－狩猎或较原始的刀耕火种时代，由于人们对生态环境的索取有限，其对自然环境的影响亦有限。但随着人口的膨胀，大量的土地得到了开垦和耕种，大量的树木和草场遭到了掠夺，原本的“黑阳大箐”变成了荒山秃岭。当人们意识到生态的重要性之后，又利用这些民具对恶劣的环境进行改善，栽种树苗、封山育林等等，又使生态环境发生了新的变化。

可见，自然在人化的过程中不是单向的，在这个过程中，生态环境给人们提供了制作民具的材料，而人们又利用这些民具对自然环境进行了改造，自然生态变成了人为的生态。由是观之，生态环境已成了人类文化的一个重要方面。

第三节　传统的实践——民具的制作

一、陇戛民具制作者的技术

（一）概述

在任何民间文化中，手工艺和民具都难以分割——民具赖手工艺生产，手工艺则依民具等体现。民具属于物质文化，而手工艺则非物质的成分多一些。当然，文化意义上的物质和非物质从来就不可能划出一道清晰的界限。“无形文化总会有‘物质’和有形的载体，有形文化则一定会有‘非物质’的内涵”。[44] 时至今日，再提文化整体论，显然是老生常谈了，但就目前的形势来看，特别就国内文化遗产研究的情势来看，还有再强调的必要。本着这样的想法，我们在描述民具的时候，就把民具本身和它“背后的语法”一并考虑在内了。长角苗人的手工艺主要有木工工艺、石工工艺、竹编（藤编）工艺、染织工艺、刺绣工艺等。本部分介绍的是前三项以及纺织工艺。前三项都是男性的领域，而纺织则是女性的园地。

这些手工艺有一些共同的特点：

1. 男女有别和亦农亦工

长角苗人民具的制作原料大多是就地取材，其制作也多是手工，而且制作这些民具的工具也多是工匠自己制作的。虽然制作这些民具和工具的绝大部分技术是从周边民族学来的，但是既然他们采用了这些技术，而且这些技术和民具支撑了他们的生产和生活，我们就应该对这些成为他们整个文化的组成部分的民具文化给以足够的重视。

由于他们所从事的手工艺的技术含量不高、对制作出来的成品的要求较低，因此像木工、石工这样的手工艺，多数人都或多或少地能做些，但这并不代表他们没有专门的匠人。石工工艺不是长角苗人的传统工艺形式，约 20 世纪 80 年代，他们才从周边民族那里学会了简单的石工技艺。这种工艺的出现主要是为了满足他们修造石头房子的要求。20 世纪 90 年代，随着外出打工者的增多和当地开山修路工程的兴起，大家才掌握了更多的石工技术。但由于当地人对石匠的认定标准仅仅是会砌墙，所以各个寨子里这样的石匠很多，大多数男性都能熟练掌握这门手工艺。当地的编织主要有藤编、竹编、玉米衣编三种，藤编是已经消失了的编织形式，竹编并不是每个男人都会，陇戛寨的杨得学能编织较为精致的常用民具，长角苗十二苗寨的竹编能手主要集中在安柱村的雨滴组。

当地女性所从事的纺织与男性所从事的木工、石工、编织相较，情况有所不同。男性所从事的手工艺大多是在年龄较大的时候才开始的——木工和石工均需要相当的力量，年龄太小无力掌握；竹编这种工艺对力量要求不高，但技术要求高，仅仅劈竹一项就能让大多数少年望而却步。所以，男孩子直到十几岁才开始接触木工、石工和编织工具，之前连给长辈们打下手的机会也没有，因为即使要打下手也需要一定的力量。而长角苗人的女孩子则在十一二岁时就接触纺织了，更小的时候就已经给从事纺织工作的长辈打下手了。更重要的是，织、染、绣的工作量巨大，即使技术十分娴熟的妇女，一年也做不了几件衣服。她们不可能找别人帮忙做，又无处（也无力）购买，因此每个家庭的女性必须尽早学会织、染、绣。而木匠、石匠、编织等工艺的工作量相对要小得多，即使像建木房子这样的大工程也不过需要二三十天的时间，完全可以找人帮忙做。而且一座质量较好的房子可以住上上百年的时间，在人的一生中需要建造的次数也较少。至于其他的一些器皿和家具更是可以找人代做。在这种情况下，长角苗人的传统规矩，女子必须在结婚之前熟练掌握染织和刺绣，如若不然，就会被视为愚钝而找不到婆家。在这方面，男人们就轻松多了，没有什么需要达到的硬性指标。

上文所提到的长角苗人的工艺中，木工和纺织是最发达的工艺种类。但即使这样，当地的木工和纺织工艺也未能完全走出为实用而存在的圈子，装饰因素几乎不存在。

从事木工的人群可以分为两种：一种是拥有较全的木工工具、能够制作较为复杂的民具的人，当地人尊称他们为木匠。这样的木匠并不多，小的寨子有一两个，有的甚至一个也没有，像陇戛这样的较大的寨子，有五六位木匠。还有一种是仅能制作简单的板凳、饭桌等民具的木工爱好者，他们只有几件最基本的木工工具，仅仅是能照着样子将几块粗糙的木头砍成器型而已。这样的男子占到了全寨男子的一半以上。如果将历史向前追溯 50 年，寨子中除了木匠，剩下的都是这样的人。既然有不会木工的人，那么会木工的人所制作的东西就应该有市场，但是长角苗的现实情况是由于其以前奉行近亲结婚的习俗，使寨子中的人亲连亲、戚结戚，因此一点都不会木匠的人也不用为自己的处境感到忧愁，他们可以请他们的木匠亲戚帮忙制作这些东西。除了请亲戚吃顿家常便饭，他并不用为此付出更多。而木匠们就要为此付出自己的时间和技术，出门前还要带上自己的工具。这种情况限制了木匠这种身份向职业方向发展。当然，随着市场经济大潮的冲击，人们的时间和经济意识逐渐加强，这种情况一定会得到改变。实际上，从过去的情况来看，长角苗人习惯于简单的生活，只要自己家里的民具能够让他们吃得上饭、睡得着觉就可以了。他们一般不会用一些享受型、娱乐型的家具填充自己的房间（这绝对不仅仅是因为经济落后），尤其是那些不会木匠的人。所以，整个长角苗的木匠中没有人完全从事木工（或其他手工业）职业。当地的木匠没有固定的工作场地、固定的工作时间，更没有形成一定的组织。纺织工艺的从事人群是女性。前面已经讲过，女性的情况比较特殊，所有的女性必须从事染织和刺绣，由于没有人不会这项技术，也就没有市场。所以长角苗女性所从事的女红工艺同男子所从事的其他工艺一样，都没有形成相关的职业和行业。长角苗的农民处于亦农亦工、以农为主的状况。这是典型的中国传统农村的从业结构。

由于长角苗在此地的居住历史不长，况且 20 世纪 50 年代以前他们主要依附于当地的彝族和汉族地主生存，其经济和社会处于低位，这样的条件限制了他们的创造力，除了满足其基本生活需要的简易工艺以外，其他像金属、陶瓷等需要更高技术的工艺，他们都没有涉及。

2．“砍”（服捣，fu dau）的技术

长角苗人的木工技术值得特别提一提。从“鲁班门前玩斧”这个俗语中我们至少可以了解到，最能代表木工这门技艺的工具是斧。

迄今为止，长角苗人的木匠用的主要工具还是斧头，虽然锯子已经普及，但是丝毫没有威胁到斧子的地位。尽管很多人都知道用锯子伐树会比用斧子一点一点地砍速度快，但是长角苗人的木匠用锯子伐树的并不多，大多数人还是提着一把斧子上山砍树。尽管有些木构件是先用锯子粗处理后，再用斧子加工速度要快得多，并且这样做并没有使做出来的东西的质量打折扣，但是长角苗人的木匠们还是义无反顾地用他们擅长的斧头一点一点地将民具的构件砍出来。长期的运用斧子，使长角苗人的木匠练就了一身过硬的斧工，这种斧工需要一种高超的估计能力。长角苗人的木匠在用斧头砍制民具时，并不需要事先打详细的墨线，更不需要画图纸，而仅仅是靠一根中轴线就能将一根粗糙的木头砍成一个形状别致的犁盘。因此当地人并不把制作一件木头民具的过程或动作称为“做”或“制”（这是一种综合的动作），而是称之为“砍”。虽然他们也有其他如锯、刨、凿之类的技术，但是“砍”的技术无疑是他们最有特色的技术，这项技术是长角苗人木匠的成年礼。

直到20世纪的五六十年代，他们房子上的门窗用的木料还是直接用斧头砍成的。虽然我们可能会因为这样的木料具有某种原始的意味而对其产生好感，但是用世俗的眼光来看，这些木料，包括木板，坑坑洼洼、厚薄不均，丝毫没有美感可言。长角苗人也并不认为那种粗糙的木料是美的事物。很明显，仅仅靠斧头这种工具所制作出来的木器必然是不够精致的。就制作木板这一项，无论一位木匠有多娴熟、多高超的用斧技术，也不可能比用锯子、刨子制作出来的木板厚薄均匀、表面光滑。但是他们很少试图改善。那么，为什么直到现在长角苗人的木匠们还会选用斧头作为他们主要的木工工具呢？他们自己认为是受到了经济条件的限制。但仅把经济和市场当做产生这种现象的原因显然不能让人满意，因为一把小锯子并不比一把斧头的价格高多少，能买到斧头的地方锯子也不难买到。更深层次的原因可能还要到他们比较保守的民族心理中去找寻。

下面，我们将用个案分析的方式来讲述长角苗人的木工、石工、编织以及纺织等民具制作工艺。

（二）木匠砍器

长角苗人对木匠的认定标准比较模糊，或认为必须能砌木房子，或认为必须能砍家具，或认为必须能砍甑子、背桶，或认为能“合”（制作）棺材，等等。但不管他们的认定标准如何不同，陇戛寨的大多数人认为杨正华、杨得学、熊国俊、杨洪国、王兴洪等是他们寨子中的木匠。

陇戛寨主要木匠基本情况表

姓名	性别	年龄	民族（族群）	文化程度	开始从艺年龄	能够制作的民具	备注
杨正华	男	69岁	仡佬族	初中①	约20岁	木房子、门窗、简单家具、纺织机、甑子、背桶等	已经不再做木工
杨得学	男	53岁	长角苗	小学三年级	20岁	木房子、门窗、简单家具、纺织机、甑子、背桶等	仍在做木工
熊国俊	男	43岁	长角苗	初中	28岁	棺材、简单家具、纺织机、甑子、背桶等	2005年王兴洪没有当村主任之前，3人常合作做棺材，之后王兴洪退出，其余两人继续合作。现在王兴洪已不再做木工
杨洪国	男	40岁	长角苗	小学	30岁	棺材、简单家具、纺织机、甑子、背桶等	
王兴洪	男	40岁	长角苗	初中	约20岁	棺材、简单家具、纺织机、甑子、背桶等	

注：①杨正华曾考中织金师范学校，因故没入学。

这几位的基本情况如上表。从表中可以看出，有3人拥有初中文化。陇戛寨40岁以上的人达到初中文化程度的极少，说明从事木工的人的平均文化程度较高；除杨洪国的从业年限是10年以外，其他人的从业年限都达到了15年，说明陇戛寨从事木工的人比较固定，即陇戛寨的“行业结构”较稳定。几位木匠均能够制作简单家具、纺织机、背桶、甑子等，看来一个木匠至少要能够制作这几样民具。长角苗人认为砌木房子是难度最大的木工活，但是“术业有专攻”，会砌房子的不一定会合棺材，会合棺材的不一定能砍织布机……长角苗木匠没有“全才”。年龄越大的木匠掌握的工艺种类越多（此项表中的数据不能完全说明问题，我们借助了口述资料），说明陇戛寨传统意义上的木工手艺正在走下坡路。

我们在木工个案的选择上，按照大小结合的原则，选择了砍甑子的工艺和合棺材的工艺。

1．砍甑子

我们选取甑子还有一个原因，那就是甑子和背桶的制作工艺大同小异，这样可以起到举一反三的效果。通过描述长角苗人使用甑子的客观必然性和制作甑子的整个工艺过程，我们可以了解陇戛木匠对细节的处理技术和能力，进而揭示这支民族特有的性格和文化。

(1) 长角苗人使用甑子的客观必然性

长角苗人生活的山地是喀斯特石灰岩地貌，地表土层薄，地下多石缝、漏斗、溶洞，储水能力差，所以尽管此地区每年的降水量丰沛，但仍然面临着缺水的境况。况且此地区是海拔1500米到2200米的高原，高原上丘陵起伏，几无平地，可耕地面积很少。这使得长角苗人的粮食作物趋向单一。每户（约4到6人）3到5亩这样的山地，如果想保证全年的粮食够吃，必须栽种耐旱、产量大的作物。长角苗族在长期的耕作实践中形成了玉米套种马铃薯的耕种习惯（也有少量冬小麦）。玉米是苗民的主食，马铃薯是主要的蔬菜，也是牲畜的主要粮食。苗人参照水稻民族（其附近低洼多水处有少量种植水稻的布依族，历史上有彝族）做米饭的方法，发明了如同大米干饭一样的包谷饭。

包谷饭的制作是需要技巧的，当然光有技巧没有特定的工具，巧妇也难为无“具”之炊。包谷饭是先将玉米磨成玉米面，在玉米面的基础上做成的。但是大米颗粒之间具有较强的独立性，而玉米面颗粒是将整颗玉米粒粉碎后形成的，加水后黏性大增，如果像蒸米饭那样将玉米面直接放在锅中蒸，则整锅玉米面必成一个大玉米“馒头”，味道也就大打折扣了。在这种情况下，当地人采用了甑子。甑作为炊具在新石器时代就已经出现，多为陶质，底部多孔，多放在鬲上蒸食物。之后演变成一种木壁竹底儿、外形酷似小木桶的民具。虽然甑子不是专为包谷饭而生，但如果没有甑子，要做出像米饭那样松、散、软、香的包谷饭就费劲多了。米饭、馒头、红薯离开了甑子也可以蒸出来，其形、色、香、味也不会打多少折扣，但是包谷饭就大不相同了，因此可以说甑子和包谷饭是最佳拍档。

甑子的出现与长角苗人生活的地区多杉树、金竹资源也是分不开的。杉树生长速度较快，木质较疏松，木丝较顺，遇水不易变形。它还有一个特点，那就是当地人常讲的“重也杉树，轻也杉树”，意思是杉树刚砍下来的时候质重，但完全干燥后非常轻。木头质量重则易于固定，因在陇戛木工中材料的固定是一个不可忽视的问题；当民具完全干燥后，质量变轻，便于拿取。金竹质地柔韧，可塑性强，是竹编的上等材料，甑子的竹底儿多用金竹编成。

可见，长角苗人用的甑子是在多种因素的综合作用下出现的。

(2) 陇戛木匠制作甑子的场地和工具

陇戛苗民尚生活在较为贫困的境况之中，其木房子越来越少，其所用的工具、器皿非常简单，数量种类都非常少（我们做过详细的统计，陇戛寨每户的平均工具加民具在 45 件左右，木质工具和民具不超过 20 件），也就是说当地的木匠多无活儿可做。他们也没有固定的做木工的时间，只是在农闲时节或雨天不能下田时，才会应邀为寨民们做一些东西。为自家兄弟或近亲做活儿不收钱，给关系稍远的人做会收少量钱，能赚钱的机会很少，因为每个家族中大多有一两位木匠。因此可以说，长角苗的木匠都处在业余状态。在此种情况下，加之寨民们住房紧张（一般四到六口人住三间房子，共 30 平方米左右），他们不可能有专门的工作场地。多亏他们的典型住房前都有“吞口”，“吞口”类似于开放式的阳台，晴天晒不伤皮肤（此地紫外线照射非常强烈），雨天淋不着雨水，是做木工的理想地方。但是“吞口”比较狭小（约 3 平方米），所以木匠们一般是将堂屋（明间）的大门敞开，他们的工作场地就是“吞口”加上堂屋的一部分。下文中叙述的陇戛寨木匠杨得学的工作场地就是如此。当然，也有在小路边找一块地儿铺开场子的。

比起工作场地来，长角苗木匠们的工具就耀眼得多了。当地木匠的工具（除了铁件儿）多是自制自用，样式传统，各有特点。杨得学做甑子的木工工具有斧子、墨斗、大木槌、木马、钳扣、弯刀、拐尺、踩脚、平刨、净刨、凿子、刮刀、小木槌。杨得学的这些工具除大小木槌外，均已用了20多年。

（3）甑子的制作工艺

陇戛寨的杨得学是一位技术较好的木匠，但他十分不好采访，每次采访他，他总以这样那样的理由推托掉或敷衍了事。2005年8月21日上午，本想找老木匠杨正学采访。若在平日里，上午绝不是一个采访人的好时候，但从昨天傍晚持续到现在的雨为我们的采访提供了一个好时机，雨天里下不了田，只得待在家中，但他们又很少闲得住，于是会编织的就编织起来了，会木匠的就"砍"起来了……从博物馆资料信息中心到旧寨，其中一条我们常走的路正经过杨得学家，并且他家是由此路进寨的第一家。我们刚刚走到半山腰，就看见杨得学正在猫着腰做木匠活儿。真是踏破铁鞋无觅处，得来全不费工夫。

走近一看，只见地上躺着七八块长约20厘米，宽8–10厘米不等的短木板，与他打过招呼才知道他正在做甑子。我们再三向杨得学保证，绝不会打扰他干活，他仅仅是礼节性地回了句：不得事（没关系），不得事。虽然今天碰上了杨得学做木匠活，但遗憾的是我们来晚了一步，砍木板的活儿他似乎已经完成了。但幸运得很，当杨得学将事先砍好的8块木板穿上竹钉合围时，发现拼板少了两块，所以又砍了两块木板，我们遂得以了解制作甑子的全过程（加上杨得学及其儿子杨振军的口述补充，因为砍树过程未得见）。

a. 伐树

杨得学拿一把两刃斧头到自家的杉树林中砍倒一棵直径13厘米的杉树，然后用弯刀砍掉其枝杈，将树干扛回家中。

他在其屋前的较宽敞的小街上架起木马，用密齿锯条截锯截下树干尾部斧头砍烂的一小段，然后根据其想要造的饭甑的高度截下20厘米的几段。将其中的一段圆木竖起，左手拿两刃斧将其斧刃垂直对准木头距树皮约2.5厘米处，右手持大木槌猛击斧背，直到木板与圆木完全分开。然后依此为界向内延伸，劈下一厚约2.5厘米的木板。以此方法复制此种木板10块。用斧子和大木槌结合解木的方法，能够控制解出的木板厚度，并能节约木材。

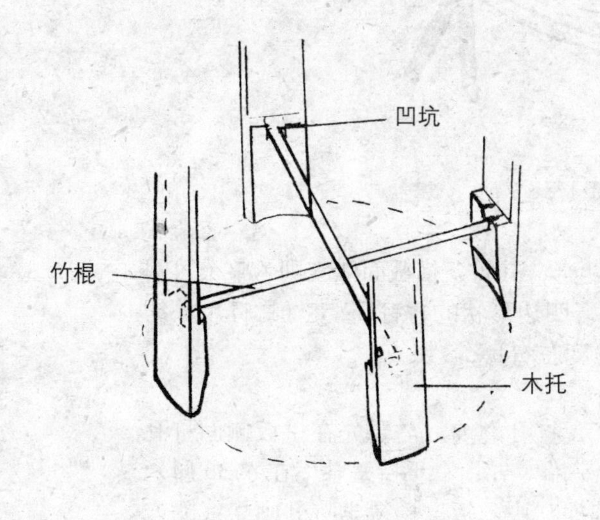

甑子底儿支架示意图

b. 砍板

取砍好的10块木板中的一块，侧立于木马的平板上，用斧子砍出木板内外面儿大体的弧度，如法炮制5块。由于用斧头操作的过程完全是一个估计的过程，所以需要极高的技术，需要多年的实际操作训练，看似简单，实则不易。砍完5块板后，其余4块别有处理方法。这4块板担负着托底儿的任务，所以每块板下端都要做一个托儿，其中的凹坑用凿子凿出，一对凹坑要比另一对高出约 1 厘米。

c. 刨拼板侧面

在墨斗的墨盒中加少量清水，用墨斗笔的后端按压墨盒中的海绵，将其调成稀墨汁。找一根笔直的薄木条，用墨汁笔蘸少许墨汁，以木条的一头为起点，以做成后的甑子口的半径为长度画一条短横线。在木马平板上也画出间距为甑子口半径长度的短线两根，木条一端与木马平板上的一根短线重合组成卡尺。

在木马的长平板上钉牢钳扣，将大平刨反置，将其手柄处卡住木马平板，其头部抵住自己的大腿正面中上部（股四头肌正面中上部），双手前后紧紧握住拼板，向前推去，每推二至三下，则用“卡尺”卡其斜度，直至拼板侧面两斜度与“卡尺”上的标准刚好吻合。以同样的方法刨好其他 19 个拼板侧面。

d. 劈竹（做竹钉）

杨得学拿弯刀去自家竹林中（陇戛寨的寨民每户都有一定的竹林和树林，有多有少，杨得学家拥有约 400 平方米的竹林一处）砍了长约 6 厘米、直径约 2.5 厘米的金竹一根，削去枝杈，带回家中。拿弯刀从竹子根部沿其横截面直径劈进约 20 厘米，再与此直径垂直劈进约 20 厘米。找两根长约 12 厘米、直径约 1 厘米的细木棍，呈十字形放入劈开的缝中，然后左手抓住已劈开的竹子的上部，右手抓住十字木棍用力向后拉，则整棵竹子被等弧度劈成了四条。之后，再用劈竹刀将劈好的竹条再劈成两半，其竹条横截面弧度则为整个竹圆周的 1/8。取其中的一条，用斧头将其截成平行四边形状的竹钉 22 支（竹钉尺寸约为 4.2 厘米 ×0.4 厘米 ×0.4 厘米，锐角为 15 度左右）。

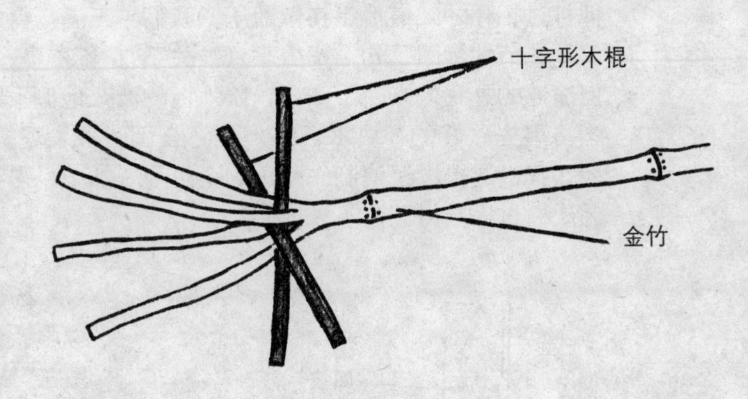

劈竹“十”字形木棍示意图

e. 打孔（钻眼眼）

拼板和竹钉准备好之后就要给拼板打孔了。打孔之前，需要先在拼板侧面打孔处画上墨线。杨得学将拐尺的零刻度线与拼板一端对齐，右手持墨斗笔在 4.35 厘米和 17.85 厘米处画下两条短横线。如法炮制其他 9 块木板。杨得学打孔画墨线的方式有点“偷懒”，因为他缺少画眼专用工具——划眼尺。此后我在采访陇戛寨最年长的木匠杨正华时，杨正华向我展示了他的划眼尺，并且说当地年轻点的木匠多半没有这种工具。划眼尺类似于游标卡尺，其一端有一固定的钉头，另一端的钉头则是可以滑动的，如此便能按照所做甑子或背桶的大小，调整两钉头之间的距离，画出钉眼。

画完墨线后，杨得学从其房子的左次间中拿出了踩脚（由此可以看出杨得学对此

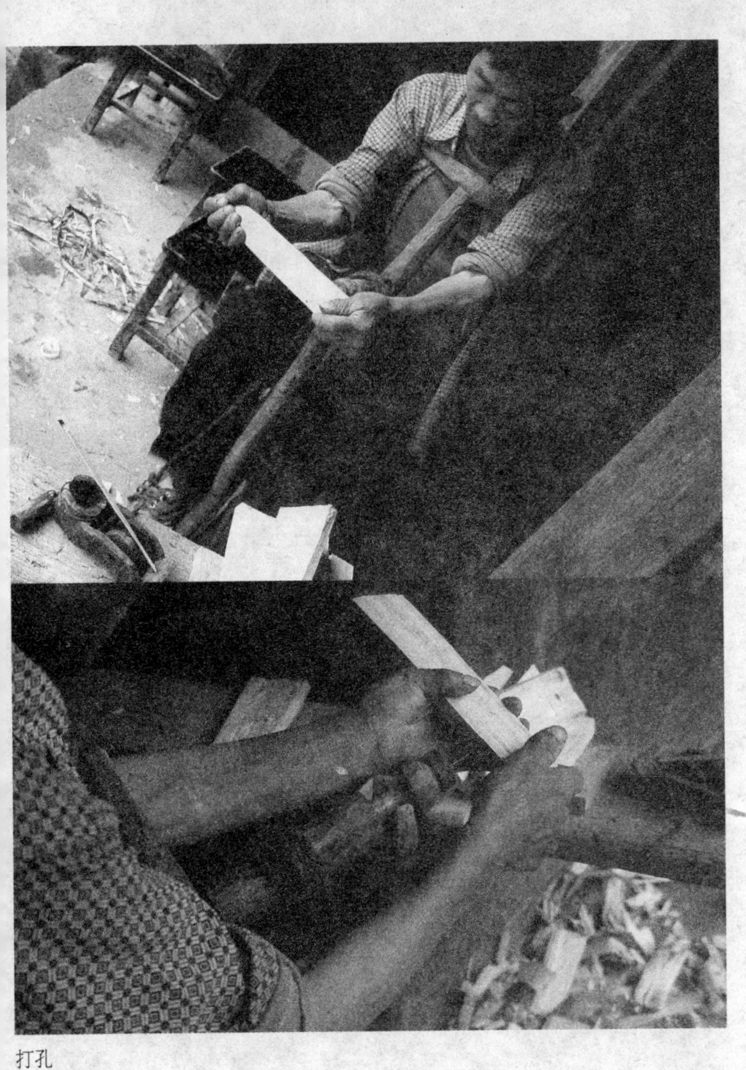

打孔

工具的珍视程度）。杨得学拿一条棕绳折成双股，在踩脚的钻杆上缠了三圈，两头等距离垂下。其后，他坐于长凳上，将踩脚主杆顶端的弯棍抵在两腋之间的胸部，弯棍两端恰好可以抵在两胳肢窝部。则整个踩脚与身体倾斜成25度左右的角。两脚伸入垂下的绳套并踩住。杨得学两手紧握拼板两端，将钻头对准打孔线，并估计在其板中央，两脚交替踩下，则绳带动钻杆转动，钻头亦同动，同时手握拼板朝钻头相反方向用力拉，则钻头钻入板中，孔儿打出。由于钻头的长度是一定的，所以孔儿的深度是固定的，如法炮制其余39孔。

f．拼装板

杨得学在一块拼板的两孔里插入两根竹钉，竹钉另一端则插入另一拼板两孔之中，将两板拼在一起，之后左手按住一板并用小木槌酌力敲打另一块拼板外侧面，则两板紧密拼接。以其法同样拼接其他8块板。

g．箍紧拼板

先用竹条编成一股竹箍，套在桶上，将其调整为比桶中部外周长短四五厘米的大小。摘下，编成多股竹箍，编好后仍套在木桶上，用一块木板的一端抵住竹箍上侧，用小木槌酌力敲打木板另一端，如此冲打完一圈，竹箍就牢牢地箍在了木桶上，拼板之间也被箍得很紧密。箍紧拼板后，拆下竹箍，准备刨外面儿。

h．刨外面儿

调整好小平刨刨刀的伸出长度。固定好钳扣，在钳扣尾部固定一块小木板，此木板后端有一弧形凹坑。将木桶大的一头的木壁压住小木板的弧形凹坑，则桶的凸面与木板的凹面吻合，利于固定。其后拿净刨将木桶的外面儿刨平光，刨完一面转一下，直到整个桶外面儿被刨光。杨得学刨木桶时，他在手心吐一口唾沫，双手一搓，然后用力握紧刨子的把手，左腿在前，右腿在后，猫腰，弓背，刨向前。胳膊完全伸直后，复位，重复以上动作。推刨子时需要在两胳膊前伸的同时，整个身体也跟着前移，如此才能用上最大的力。杨得学推刨子时手上青筋暴露，显然要用较大的劲儿。外面儿刨完后，重新箍上竹箍。

刨外面儿

i. 刮内面儿

杨得学先取一木条，并估量好桶壁的厚度，然后用左手拇指和食指捏住木条（木条伸出的一段长度为甑子壁的厚度），并卡住桶壁，右手拿墨斗笔抵住木条，沿桶壁边量边画。之后，他用凿子沿墨线凿去木桶内壁多余的木头。其后，杨得学在桶上搭上两条棕绳，他骑在木马平板上，两脚踏住绳的两端，则桶被牢牢固定住。他左手握刮刀把，右手握紧刮刀头部第一弯处，抵住桶内壁不平处用力朝自己的方向刮去，则凸处被刮平。

j. 锯口

他左手按住木桶，右手持手锯锯平桶口，先大口后小口。

k. 装甑子底儿十字架

杨得学用弯刀砍来一截直径1厘米左右的金竹，以相对的两木托处的圆桶的内径为准，比量好应用竹棍的长度。用手锯截下两小段，然后将竹棍放入木托的凹槽中，则

刮内面儿

编竹底儿

形成一十字形的托架。

l. 编竹底儿

杨得学先用一横截面长0.6厘米、宽0.3厘米左右的竹条编成一个圆圈，其直径要比木托处的桶的直径短约2厘米，竹圈的连接重合处用麻绳捆好。用弯刀劈几条截面长0.3厘米、宽0.2厘米、长约300厘米的竹条，然后截四段比木托处木桶直径稍短的木条，均匀放于竹圈上，用一木板压住四竹条。然后将长竹条光面朝上以经纬式编在竹圈上和四竹条上。其关键动作是每当细竹条编过竹圈处时，则需用力拧转使细竹条翻面，以使其光面朝上。

m. 做盖儿

杨得学找了一截长30厘米、直径25厘米的杉木段，用双刃斧对准圆杉木的截面取厚约2.5厘米，用大木槌猛击斧背，将圆木劈成约2.5厘米厚的木板多块。用净刨刨平木板的两面。取其中3块，用平刨刨平木板侧面。拿踩脚钻孔，之后拿竹钉将3块木板连成一整块木板。截一块比甑子上口儿外径长约4厘米的细薄木条，找出其中心点，用一枚小钉子从其中心点钉下，将木条钉在准备做木盖儿的木板上。拿墨斗笔抵住木条一端画圆。用手锯沿圆墨线锯下，则形成一圆毛盖儿。拿墨斗在毛盖儿上打两道墨线，墨线与三板排列方向垂直，其位置可位于毛盖儿正中，亦可稍偏，两墨线一端距离2.5厘米，另一端距离3厘米。用凿子沿墨线凿深2厘米、口宽2.5－3厘米、底宽4－4.5厘米的凹横槽一道。找一块长等同于墨线、宽7厘米、厚4.5厘米的木板一块，刨平正侧面，在板一侧用凿子凿出与毛盖儿上的凹横槽对应的凸槽。将木板凸槽的小头从毛盖儿凹槽的大头揳入，若太紧则退出用凿子修理其凸面，直至揳入，若稍显松，则以细竹条填其隙，直至木把与毛盖儿紧密结合。将木盖儿反放，用钳扣固定于木马平板上，拿净刨将其反面刨平。用弯刀将木桶木盖上所有的锐沿儿割平滑。

至此，整个甑子完工。

杨得学讲，如果做工中间不停且一切材料都事先准备好，则仅需要两三个小时，整个饭甑就可以做成。由于此次材料没有备全，如临时到竹林伐竹；工具没有备齐，中间他花了大约一个小时去朋友家借刮刀（他的刀被外寨人借走了），他从砍板到完成（中间吃饭40分钟，就是吃了四块煮熟的土豆）大约花了6个小时。

此甑子是杨得学应邀给织金县阿贡镇新寨杨得学大儿子的岳父杨新付家做的。会手艺的寨民在给大家做东西的过程中，不自觉地提高了自己在这个社会中的地位。因为寨民知道，艺人是他们需要的人，并且不可或缺。在他们那个产品匮乏的社会中，大家在互相馈赠礼物时没有什么特色品，而艺人们就可以将他们的手艺作为交换的礼品，而好的手艺大部分人做不到，因主观因素不同，其制作出来的工艺品必定相异，所以他们的手艺是维系其较高社会地位的良药。杨得学给亲家做了一个甑子，一方面加强了两家的感情，另一方面也提高了他在亲家心目中的地位。如此一个甑子，如果用得“在意”，可用 15 年。在这 15 年中，杨得学的亲家每次用这个甑子做饭时都会想到杨得学的好处，因此对于贫穷的寨民们来说，会手艺比会别的什么都强。就像杨得学自己说的：“我会砍东西，人家会用着我，不会说我坏，有好处咧！”

(4) 几个要点

a. 卡尺原理

长角苗的木匠们做像甑子这样的木工活儿，绝对不用图纸，也很少借助直尺、圆规等现代工具的帮助。他们更多是靠估计，但我们注意到一个问题：那就是任凭他们的估计能力如何超群，也不太可能将几块木板轻易地砍成具有科学计算精度的弧度一致的木板，从而拼成一个浑圆的桶。后来得知他们不自觉地运用了一个圆中圆弧与其对应的角的两条边的数学关系：先要确定要做的甑子的口儿的半径，将其标在一条笔直的木条的一端（陇戛寨的木匠现多用此种简易方法），在光滑的平板上也画出甑子口儿的半径，使木条上“半径”的端点与木板上“半径”的端点相重合，这样无论木条怎样上下开合，其“半径”与木板“半径”始终在一个固定的圆的轨迹上。两“半径”形成的角也始终是这个圆上的角。因此，这个角所对应的弧的两侧斜度就可以由两条边来控制。这样在确定甑子拼板的两侧斜度的时候，只要拿拼板去卡木条和木板组成的角即可（当然，木条和木板组成的是一个面角），只要使拼板的外侧刚好卡到这个面角的两条横线上，则其两侧的斜度就固定下来了。如果斜度不够就拿它在刨子上反复刨，这时动作要轻，并刨几下就卡卡试试，直到拼板与面角紧密切合。木条和木板组成的这个面角是可以任意扩大缩小的，所以不管拼板有多大的宽度，都可以让它乖乖就范。这个操作过程也需要相当的实践经验，杨得学刨拼板侧面非常快，几乎每板刨不到十下就可以达到要求。

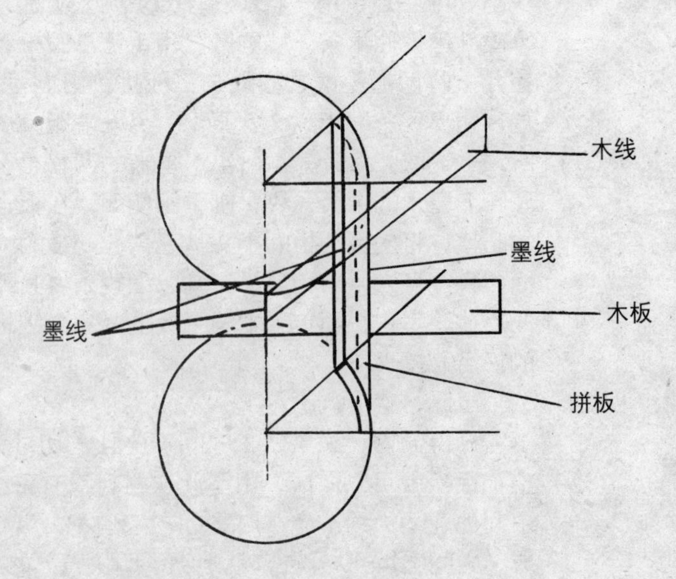

卡尺原理示意图

长角苗木匠的这一土招的确奏效，在这种经济文化相对落后的社会中，出现这样的技术有点让人兴奋。但我们不知道也许永远也不会知道，当地的木匠们是如何发明这种方法的，抑或是长角苗的先辈从外族学来的，一切都无从查证，因为村寨中最年长的老人也说不出这种方法的来源。在这种没有文字只有语言的民族中，口头传承是他们记载本民族历史的唯一方法，随着老人的相继离世，这种尴尬会越来越多，甚至会有越来越多的人不知道自己民族的“身世”！

长角苗的木匠们潜意识地运用了许多科学技术，其结果同我们有意识地运用科学计算是一样的。不同之处在于，我们往往先在实践的基础上总结出理论，然后在理论的指导下从事实践，并且这两个过程是由不同专业的人分开去做的；他们则是从实践到实践。因此对于他们来说，经验比什么都重要。他们的经验暗合了许多科学的东西、规律性的东西。他们的经验靠无数次实践的失败换来，但更可靠，有些规律我们运用科学可能解释不了，但他们却成功地运用了多年。

b. 启示

如果让我们来做一个甑子，那我们可能要先画出精确的图纸，详细标记各构件的尺寸数据，之后才能动手。如此这般，麻烦多了，成本远远高过了它的实际价值（就单做一个甑子而言）。我们的方法看似科学，但其速度远不如长角苗木匠的“土”法子，对于他们来说，我们这样的做法也不符合他们的实际情况，况且他们用“土”方法做出来的甑子，质量并不低，完全满足实际需要。

很多人来到类似长角苗这样的民族中的时候，总感觉他们是贫穷的、落后的、愚昧的。但是我们从长角苗木匠们做甑子的过程中就可以看到许多独到的技术和智慧。其实无论如何“落后”的民族或人群，他们既然在与自然共生的环境中成功生存下来，就必有其生存之道，其道也必有高明之处。我们应该非常郑重地看待他们的创造能力和生存适应能力。他们的那一套智慧能够对付他们的生存环境，从而使人得到满足（没有外文化干扰的情况下）。我们的一套智慧用于应付我们的生存环境，但是我们很少满足过。因此，简单地从表面意义上轻视他们的文化和生活方式是非常不理智和缺乏思考的表现。

2. 合棺材

对木匠们来说，他们使用工具处理木料的方法因制作民具的不同而产生的变化很小。在考察中我们发现，长角苗木匠在这方面的差异似乎更小，小到了可以忽略不计的程度。这与他们民具的结构相对简单是有关系的。故这一部分我们不准备像上一部分那样做较详细的木工技术的描述，而更倾向于叙述木匠们对大型民具的整体结构的把握和部件的拼合程序。

长角苗人有这样的习俗：父母到了高龄阶段（70 岁左右），儿子们要给他们准备棺材，以祝福他们更加健康长寿。除此之外，还有一个实际应用上的原因，也是最主要的原因，是怕老人去世得太突然，来不及准备棺材。

我们所记述和分析的个案是陇戛寨的熊光学请木匠熊国俊和杨洪国给其父做棺材的过程。做棺材不同于制作甑子、木桶或者织布机等民具，由于棺材体大、质重，一个人很难操作。如果只有一个木匠制作，那这个木匠至少需要一名助手，而且这名助手也不能对木工一无所知，他至少得懂得与木匠合作锯木（如将一根圆木锯成木板）。就陇戛寨的情况来说，2005 年之前，熊国俊、杨洪国、王兴洪是比较固定的“合”

棺材的工作组合。之后，王兴洪因当上了高兴村的村委会主任退出，熊国俊和杨洪国继续合作。

棺材的结构简单说来是“四长两短”，即整个棺材是由六个部分构成。为：一个底子（棺材最底下的木板），两个墙子（棺材两侧的木板），两个挡头（棺材两头的木板），一个棺盖儿。这六个部分越完整越好，“棺材板儿”越厚越好。棺材板儿越厚，父母越有尊严。而父母的“棺材板儿”的厚薄往往是人们评价儿子们孝顺程度的重要标准。因此，只要条件允许，每个人都会将父母的棺材做到最好。就这个观念来说，长角苗人同汉族人没有什么区别。“棺材板儿”既要厚重，又要完整，这就要求制作棺材的木料越大越好，最好树的直径大于棺材上最宽的部件。长角苗人的棺材多数是用一大棵树做成的。极少数极端贫困的家庭用较小的树来做，这样的棺材的“棺材板儿”就是轻薄的，而且木板大多是用较窄的木板拼成的。在没有现代化的木工工具的情况下，“对付”一棵直径达六七十厘米的树，其难度可想而知。在这种情况下，木匠们的合作就显得十分重要了。

制作棺材这样的大型民具，地点一般选在棺材的主人家里，所需的木料由主人事先准备好。熊光学的房子是近年新盖的石头水泥平房，不同于多数家庭狭小的房间，熊光学的房子有一间面积特别宽敞，大约有 30 多平方米。这间房子为制作棺材提供了绝好的工作场所。3 人就在这个房间里摆开了场子。

熊光学请熊国俊和杨洪国给其父“合”棺材，两人的工钱是每人每天 20 元，两个木匠“合”一口棺材一般需要三天时间。另外，主人还应该至少供给木匠中午饭和晚饭，由于制作棺材是一项极累的活儿，因此主人给木匠准备的饭中一般要有肉。这样，制作一口棺材的费用大约 140 元。

木匠要自带工具，主人家可以提供部分非专业民具，如用于垫起“棺材板儿”的长板凳等。主人一般还有责任提供一些力所能及的帮助。在我们的个案中，由于熊光学懂一些木工技术，故给熊朝俊和杨洪国提供了不少帮助。

据熊朝俊称，制作棺材的楸树（长角苗人“合”棺材多用楸树和杉树）是熊光学自己家的（多数寨民或多或少有些树），没有树的只能到别的地方买。虽然六枝县城有专门卖棺材的店，但是买成品棺材的长角苗人极少，除非人逝去得太突然，儿子们还没有给他准备棺材。这样逝去的人多较年轻，还没到“合”棺材的年龄。考察中，我们遇上一例这样的情况，是高兴寨的人。成品棺材的价格不菲，一般的棺材也将近 2000 元，好的则能达到三四千元，主要是木材的价格高。因此，对于没有树的人家来说，棺材的费用是一项相当大的开支。树必须在制作棺材之前伐倒，以便使木材晾干。用干木材制作的民具不易变形。即使是现在，很多人还习惯于用斧子将树砍倒，用锯子锯的不多。其原因可能是用斧子伐树一个人可以应付，而用锯至少要两个人。熊玉明的树也是用斧子砍倒的。等树干得差不多了以后，将其按照要做的棺材的尺寸截成几段（这项工作亦可在树木刚伐下来的时候完成）。之后，几人将沉重的圆木抬到木马上，熊朝俊和杨洪国操锯条长达 160 厘米的截锯（长角苗人称之“大手锯”）将圆木锯成若干木板，这是一项大工程，至少需要一天的时间。

锯完木头之后，熊朝俊和杨洪国分别加工不同的部件。

长角苗人对棺材的盖子有特别的要求，它一般是用树最根部一节圆木的一半砍成的（这口棺材的盖子用了整个圆木的一半多）。杨洪国先用斧子砍出棺材盖的形状，再用刨子将其表面刨平滑。制作好的棺材盖其大头翘起，给人无比厚重的感觉。

墙子则用同一棵树的第二截制作，是将整截木头平均剖成两半，每一半制成一个墙子。熊国进负责制作墙子，其方法同上。

底子是第二重要的部件，但是由于底子的宽度太宽（这口棺材的底子），很少是由一整块木头做成的。这口棺材的底子的大头达到了 75.7 厘米，是用三块木板拼成的。这三块木板是用同一棵树的第三截做成的。底子的制作由两人合作，先分别将三块木板处理到位，然后给位于底子两侧的木板的侧面起榫，相对应的底子中间的木板的两侧就得凿卯。起榫、卯之前先打墨线。掌握打线的人是熊国俊（也就是说熊国俊是“拿”尺寸的木匠，“拿”尺寸往往在工程中起主导作用），杨洪国辅助打线。之后两人起榫、凿卯，起榫用边刨，凿卯则用槽刨。完成后用凿子修理平滑。然后进行安装，安装过程常常需要重复多遍，因为任何人都很难保证榫和卯完全合拍，所以，安装到一半如果进行不下去，就得退出来针对重点修理之后重装，而不能强行硬装，不然很可能会撑裂卯。由于榫和卯都是由一端向另一端逐渐缩小，这样安装的时候，由小的一端装进，无比坚固。长角苗木匠在每一个榫卯安装之前都要给榫卯涂上黏稠的土漆，其牢固性又得到了进一步的加强。

挡头的面积较小，其对木料的要求很好满足。挡头也是技术含量最少的部件，熊光学参与了挡头的前期制作。这口棺材的挡头由上下两块木板组成，两块木板之间以两个长榫连接。

制作这几个部件没有严格的先后顺序，因为棺材只有在所有的部件全部完成后才能组装。

因为长角苗人的棺材全部是榫卯结构，制作衔接六大部分的榫卯的技术难度很高，故而将六个部件组装起来需要相当的技术、经验和耐心。

先将挡头和墙子安装起来，这一次安装是试装，故榫卯上没有涂漆。安装好之后，将其抬到底子上，摆正位置，用竹笔[45]记下两者之间的相对位置，抬下。依照记下的墨线，凿出榫卯。底子上的卯共有四道，装墙子的两道，装挡头的两道。装墙子的两道较窄较深，用槽刨起出，而装挡头的两道要将挡头的宽度全部包含进去，故较宽，但浅。这样的卯不适合用槽刨处理。杨洪国先依墨线用手锯锯出两道沟，之后拿凿子将两道沟里面的木头起出，则卯形成。底子上的卯全部起好以后，以土漆涂面。不用担心这些漆在底子上的榫还没起出的时候干掉，这种土漆即使在阳光底下，其有效黏稠度也能坚持 3 天。长角苗人做棺材的漆多是从自家的漆树上割的，少数没有漆树的人家只能买。梭戛场上有售，70 元 1 斤。

当杨洪国起底子上的卯的时候，熊朝俊则依墨线用边刨刨墙子侧面的榫。装到底子上的墙子是倾斜的，所以墙子上的榫要有一定的角度，这也是一项至关紧要的技术，长角苗的木匠们靠他们的经验来估计完成。

墙子上的榫刨好后，就可以进入到棺材的拼装阶段了（除了棺材盖）。墙子、挡头四个部件并不是一件一件地安装上去的，而是四管齐下。这项工作需要四个人，熊光学喊

装墙子

来了一个年轻人帮忙。整个安装过程由熊朝俊统筹，其他三人配合。过程如下：

先将底子放置在两根直径约8厘米的杉木棍上（以方便底子滑动），棺材的大头前面必须是一个牢固的障碍物（这个障碍物十之八九是院子中的房屋凸出的屋基，或者是房门前伸出来的台阶），且与棺材大头相对的那一边要放置一块质地较软的木板。然后用四个抓钉将底子的三块木板加固。熊朝俊在前面指挥，杨洪国居于棺材的最后全面掌控，另外两人扶住墙子，按照熊国俊的口令帮助杨洪国操作。等墙子装得不能再前进时（一般是装到了全程的1/4），就要推动墙子撞向前面的障碍物，则墙子的榫就逐步朝底子的卯里前进。直到墙子完全装到底子上。

装好墙子后，再将挡头装紧，这个需要用斧子反复用力捶击，待挡头装到底以后，用斧子将超出墙子的那一部分砍掉，再用木刨刨平。

之后，给每个榫卯的接合处的缝隙里填塞木楔。

再后，拿斧子将墙子、挡头的上面部分砍成一个平面，之后再用推刨将其刨平。在刨平的过程中，要抬棺材盖子反复试验（将棺材盖子装到墙子、挡头上看，两者之间合不合缝，要求两者紧密结合。如果有的地方结合得不好，那么就需要将棺材盖子抬下，抬倒到木马上，用推刨接着刨，这时是盖子和墙子、挡头一块儿刨），直到两者紧密结合。拿竹笔记下盖子和墙子的相对位置。依据墨线给墙子起榫，盖子起卯。起好后，将盖子装到墙子上。

木匠的任务完成，但是棺材并未做完。剩下给棺材外表面涂黑漆的一项工程由棺材的主人或其他人完成。

熊光学家制作的这口棺材的总长度达到了205厘米；大头最宽处为75.7厘米，小头最窄处为61厘米；大头最高处为68厘米，小头最低处为51厘米；棺材内部长约170厘米，宽约60厘米（最宽处）。据两位木匠称这是一口中型的棺材。就棺材的内部来讲，长角苗人的棺材最长的可达到180厘米，最短的则只有160厘米左右（多是女性的棺材）；宽度（最宽处）从50厘米到70厘米不等。

我们看到，制作棺材是多人合作的过程，在这个过程中，技术最好、经验最丰富、资格最老的木匠熊国俊是“拿”尺寸的人。“拿”尺寸的木匠自然成为工程中的领导，这是其多人合作工程的一个特点。

长角苗人的棺材稳重又不失美感。长角苗的木匠们将棺材的盖子和墙子努力经营成饱满的弧面，这不仅从增加民具的形状变化的角度增加了棺材的美感，而且更重要的是增加了棺材的体量感。棺材的正面（即棺材大头的一面），被处理成翘起的模样，而这种翘起在没有削弱棺材美感的同时又进一步增加了棺材的体量感。从这里

上漆前（上图）和上漆后（下图）的棺材

我们看出，长角苗人的棺材首先注重其体量感（棺材的实际重量也很重，我们作为个案的这口棺材达到了500斤），这也就是平常意义上的“棺材板儿”的厚薄问题。棺材的体量感越强，则越能显示死者的高贵身份，这样的棺材才跟死者盛大的葬礼相称。但可贵的是，长角苗人在加强棺材的体量感的时候，丝毫没有以牺牲棺材的美观为代价。棺材不仅有着整体上的体量美感。而且细部也得到了加强。棺材正面，盖子（图中的盖子还没有经过刻画）、墙子、底子的朝里的内边都被处理成了圆边，而且与边平行，刻上了一道浅沟。有的棺材上的这道浅沟刻得深了些，又距离木板的边较远，以至看上去像是在棺材盖子、墙子、挡头的内面又衬上了一块等大的薄木板。当我们问木匠们这些装饰的作用时，他们毫不犹豫地回答说：“为了好看。”这些装饰手段丰富了棺材正面的内容，还不会影响到人们对棺材最重要的印象——庄重、肃穆。因为棺材的外表面还会涂上黑色的土漆，黑漆将棺材统一成一个庄严的整体。这表达了人们在追悼死去的老人时的沉痛心情。

（三）石匠砌墙

长角苗人对石匠的认定标准是打石头、砌墙，这说明了他们的石工工艺技术比较简单。实际上，长角苗人的生产和生活所能涉及的石工工艺，有打石头、砌墙、打石磨、凿碓窝等几项。20世纪80年代之前，长角苗人几乎不会打制石磨（甚至连修理都不会），现在寨子里的石磨多出自外族人（多是汉族人）之手。由于打制碓窝的技术极为简单，长角苗人很早就掌握了这项技术。长角苗人的石墙房子出现的年代很晚，所以长角苗人掌握这项技术的时间不长。这项技术是外出做建筑工的打工人员带回来的。实际上这项技术的难度也不大，大约一个月就能学会，现在长角苗的男性几乎都会这项手艺。砌墙的技术变得越来越重要了，其重要性甚至超过了木工工艺。由于现在没有见到打制石磨的机会了，加之长角苗人对打制石磨参与得较少，我们仅以砌墙为例，略谈长角苗人的石工技艺。

砌水窖石墙

学习石工技术没有固定的师傅，这项技术是边干边学的。先给一个石匠打下手，边看边干，就慢慢学会了。由于当地砌的墙较粗糙，做石工活儿所需要的工具也不是很多，很容易就能买到，加之每家每户都多多少少有点石工活儿，所以当石匠是最普通不过的事情了。很多人家的房子都是主人自己盖成的。

要砌墙，先要采石头。在梭戛，石头遍山都是，走在梭戛通向各个寨子的路上经常可以看到小型的采石场。采石场一般选在大路边，这样便于运输。采石头的工具有大锤、手锤、钎子、钢凿、撮箕、背篓、背架、薅刀等等。找到合适的采石场（好的采石场一般要离用石的地点近，而且石块较大、较整，完全没有风化。而且，不能是片岩区）后，用薅刀将覆盖在石头上的土清理干净。之后就用大铁钎撬石缝，先将能撬动的石头撬下，之后再用大锤、钢凿慢慢地开采。采出一定的数量之后，就将大石块用背篓运到用石的地点。碎石用镐刀铲进撮箕，然后倒到背篓里背走，这样的工作一般需要两个人，因为背篓是不下肩的。

大的石块和碎石都要经过再加工才能使用。对于大石块，当地石匠的加工方法是，先在不规整的大石块的石面上用拐尺画出凿成的长方体的线（或正方体，多是长方体），然后沿所画线慢慢凿，直到凿成所规定的长方体。这项工程相当浩繁。在雕凿了大量的长方形石块后，才能砌墙，盖房。因此，当地人在有限的人力、财力情况下，不可能将房屋所有墙体所用的石块都雕成规规矩矩的长方体石砖，有限的规整石块只用在房屋墙体的转角、拐弯，或门口、窗口等承重处。其他部分则可以用一些不规整的碎小石头，石头和石头之间以石灰砂浆填缝、黏结。1996 年前后当地各寨通了石子路之后，引进了水泥，使建筑技术、建筑形式大变——水泥砂浆代替了石灰砂浆。水泥砂浆的黏结性能要远远大于石灰砂浆，因此，所需规则石块的数量又有所减少。以至于放眼望去，现在很多家庭房屋的墙体几乎都是用碎石砌成的。不过有了水泥的加入，这样的房子的坚固性丝毫不次于用大多数规则石块、用石灰砂浆做黏结剂的房屋。

砌墙的时候，必须先挖地基，当地的房子的墙体一般要挖七八十厘米的地基沟，然后在沟底平铺上由石灰、沙子、土拌成的三合土，每铺一层都要用木夯夯实，大约要铺三四层，厚约二三十厘米，之上就可以砌石了。从三合土到地基露出地面的那一部分还不是墙体，这一部分一般要宽出墙体 10 厘米左右，宽出的部分都在屋子的外边。地基一般要高 100 厘米左右，之上就可以正式砌墙了。砌墙的时候先要砌好墙角（石头建筑的墙角常常用一块大的石头砌成，以加固墙体。这块石头被称为“角柱石”，[46] 也有人称之为转角石或隅石。长角苗人对此没有专门的名称。在修造一栋房子的工程里面，墙角最重要，它是墙体的主要支撑体之一，因此一般要由技术最娴熟的石匠来完成）。砌�子的时候必须吊线。当地的吊线锤很简单，多是在一条细绳上拴一块小石头。依靠这个简单的吊线锤就可以纠正�子是否垂直于地面。岭子垒好后，在两个岭子的边角处水平拉线，则岭子中间部分的墙体就有了依据，石匠只需要依线垒墙就可以了。

（四）篾匠编器

陇戛寨的编制工艺不发达，因为这项手艺同长角苗人的生产和生活关系并不大。长角苗人对篾匠的认定标准是会编织背箩和鸡笼等。现在全寨只有杨得学和杨德才堂兄弟两人会竹编（以前有过藤编，但藤编的大多是筷箩等小民具）。其中杨得学更胜一筹，手艺更精湛，更全面。两人编的民具多是自用，因为很容易就可以从场上买到其他族的人编的便宜的竹编民具，所以其他人家中的竹编民具都是从附近的集市（主要是梭戛场）上买来的。集市上的竹编民具以汉族的为多。安柱村雨滴组编的�箕[47] 在长角苗人中享有盛名。

编织和木工一样没有专门的工作场地。在这里，仅就杨得学的情况做一些简单的介绍。

陇戛寨杨得学竹编数据统计表

篾匠姓名：杨得学　从艺年龄：16 岁　学艺方式：自学

编的主要民具种类	背箩	筲箕	撮箕	鸡笼	簸簸	提篮	碗箩
迄今为止所编民具数量	20 多个	20 多个	30 多个	30 多个	30 多个	20 多个	10 多个
单个民具平均所用工时	1 天 1 个	1 天 1 个	1 天 3 个	1 天 1 个	1 天 1 个	1 天 1 个	1 天 1 个
单个民具平均使用寿命	1–2 年	1–2 年	约 1 年	约 1 年	约 1 年	1–2 年	约 3 年
上述民具所用竹子量 *	4 棵	0.5 棵	1 棵	2 棵	约 3 棵	2 棵	1 棵

* 以直径 4 厘米左右、高约 500 厘米的金竹为例。

从上表可以看出，按照每种民具的使用寿命和杨得学所编的数量来看，这些民具仅够自用。这也是大多数长角苗篾匠的共性。结合每种民具所用的竹子的数量，再从寨民们现在拥有的竹子的情况来看（很多人家没有竹林，有的也就几十棵到几百棵），寨子里没有足够的竹子供每家编民具所用。

据杨得学称，在他16岁的时候，从梭戛场上买了一个背篓，他就照着编了一个。他觉得他编的第一个背篓很粗糙，之后就常常编背篓和鸡笼。虽然他的父亲也会竹编，但是能编的民具种类较少，他没有向父亲学习。实际上，长角苗人的竹编手艺自学和家学的情况都有，自学为多。安柱寨的篾匠熊德友、熊玉强叔侄的手艺是家学。

陇戛寨周围有小丛小丛的金竹。这些竹子都是寨民自己栽的，以备自用。杨得学家的竹子较多，这些竹子是他为了编竹器准备的。

杨得学等人的竹编技艺同其他地方的没有什么区别。以编背篓为例，像背篓这样的竹器，底和口最重要，所以编背篓的重点是铺底和收口。首先是劈竹，这是一项技术活儿。根据要编的民具的大小，将新鲜的竹子砍成若干段，用篾刀将竹子劈成若干条。将每一条竹条劈成两层，只留下外面坚韧的一层。之后以纵横交叉的方式编结起来。下面合上一层以圆形竹篾加固的米字形竹片结构，编出背篓的底之后，两层合一。其后，在外面等距离编进八根大的承重竹片。以上的部分全是纵横式编结法（实际上是以细竹条绕着竖立的竹片和八根大竹片做圆周运动），竹篓口处以辫子结锁紧。其他民具的编结方法与背篓相似。

辫子结既是加固民具的需要，又客观上加强了背篓的美感。我们发现，就美感而言，长角苗人用的背篓远逊于周边其他民族的背篓。汉、彝、布依等族的背篓有外翻的阔口，而长角苗人的背篓则是自然收的小口（我们所采访的数位长角苗的篾匠，没有一个会制作阔口背篓）。还有一点，长角苗人用的背篓上没有纹样装饰。而汉、彝、布依等族有一种用适合纹样装饰的背篓。这种背篓与那种专门用于背土石或者重物的阔口背篓不同，形体要小很多，且多是作为背包使用，如他们赶场时就经常背着这样的背篓。长角苗人没有这种背篓。

（五）织匠织布

在长角苗人的历史上，每一个健康的妇女都必须会纺线、织布、蜡染、刺绣，不然必定找不到婆家，因此，这里没有所谓织布的匠人，长角苗妇女人人都是纺织手艺人。但在20世纪90年代之后，随着工业布的普及，大多数的长角苗年轻妇女已经不再从事纺织了。

陇戛寨的妇女无论是剥麻，还是分线、绩麻，抑或是纺线、织布、蜡染、刺绣，都是趁空闲做的，没有整块的时间可以利用，因此我们经常可以看到某一家的织布机上缠着纺了一半的布，或者某一家的床上放着绣了1/3的绣片。

纺织技艺一般都是母亲传授女儿，也有的是女孩子们在一起切磋、研究学会的。纺织机一般放在堂屋中，因此纺织工艺的工作地点不像木工、石工、篾工那样随意，她们主要在堂屋中完成土布的制造。

长角苗人对布的评价标准是经纬线紧密，布的表面线疙瘩少，平滑。当然，织的布要实用，它并不是需要精雕细刻的艺术品，因此织布的速度也是重要的评判标准。简单说就是“又好又快”。

下面我们对长角苗人纺织的三个环节，种收麻、纺线、织布做简要的描述。

1．种收麻

长角苗生活的地区不产棉花，他们的布是用麻织成的。

当地种的麻有两种：一种麻的叶子是窄尖的，其植株高约150厘米，当地人谓之火麻（答，da）；另一种麻的叶子则呈卵圆形或心脏形，其植株高120厘米左右，当地人谓之亚麻（漫，man）。

火麻产量高，但是质量不好，与其相比，亚麻的产麻量低，但是能剖出较细的麻皮，且剖出的麻皮韧性要强得多。火麻必须年年栽种；亚麻只要种上一年，保留其根系，则第二年自然会重新发芽，生长成新的植株。长角苗人的土地很少，种粮食尚且不够，留出来种麻的地就更少了，因此在长角苗人的历史上，他们种植的大多是火麻。也有少数条件较好、土地较多的家庭会种植一些亚麻用于纺线织布。

火麻（上），亚麻（下）。

每年的三四月间种麻，七月收麻。收麻的时候要用到两种工具，一种是割草的镰刀，另一种是自己用竹子削制的竹刀。竹刀，顾名思义，就是用竹片做成的刀。其刃要尽量光滑秃钝一些，这样在用它削下麻叶的同时不至于损伤麻皮。

我们在2005年夏季的考察中曾经见到过陇戛寨的一对夫妇收麻：麻地不大，不超过40平方米，显然是自产自用的。这样大的一块麻地，产的麻能纺成麻线10公斤，够做10套成年人的衣服。丈夫拿镰刀将麻割倒，妻子持竹刀将麻叶连叶柄一起削下。种麻户每年都要留下一定数量的麻打种，以便循环往复。

麻割下来之后，放在沟水里泡10天，就可以剥麻了。剥麻，当地人称为揭皮，就是将麻皮从麻茎上剥下。我们曾经考察过杨红强（陇戛寨人，原梭戛乡乡长）现年80多岁的母亲剥麻。考察中发现：剥麻这样一个看似简单的动作也是需要技巧的。剥麻时先用两手的拇指和食指捏紧麻秆中部（两手间距约为5厘米），两手同时交错用力，将麻秆错断，则两股麻皮分开，将食指插入两股麻皮中间，上下一划则皮从麻秆上剥离。没有从事过长时间这种劳动的人的手是经不住那样一划的，只有经常做的人的手才能那样坚韧。

剥完麻后，将其分成细的麻条（宽两三毫米），用碓舂皱，然后将这些细麻条接成长的麻条（绩麻）。其接线不是以系扣的方式，而是将两根麻条重合约20厘米，将非线头两处剖开，将线头塞进去各约5厘米，然后将两股线搓紧，两条麻皮就连接到了一块。在连线之前，将麻条需重合部分用嘴一抿，麻条便湿，这样麻条拧到一块儿就会更加结实。现在这样的工作一般都由寨子中50岁以上的妇女来做。她们背着孙子坐在火炉旁，将一捆劈好的麻条搭到左边胳膊的臂弯里，左手捻着麻条要衔接的部分，右手从臂弯里的那捆麻线里抽出一条，迅速将要与另一根线重合的一段放到嘴里从左到右一抽，将线浸湿，同时左手捻线的部位已经用指甲戳开了一道小口，将第二根线浸湿的一段的尾部放进小口，两手的拇指和食指捻住小口处的麻线以相反的方向一搓，则两根线就拧到了一块儿。整套动作不到半分钟就可完成。这样接法的优点在于：不会造成线疙瘩，从而使整条线保持平滑，由于每一条麻皮的两端都是较之中间为细，因此两股麻皮结合在一块不会增加整条麻皮的粗度。将接好的长麻皮挽成一捆[48]一捆的，就可以上纺麻机纺线了。

2. 纺麻

我们以陇戛新村杨学芬的纺麻过程为例。

杨学芬拿来一个脸盆，将四团麻皮丢到盆中，倒入开水使麻软化。然后她给纺麻机装上四根旋线杆，系上牛皮动力传输带，插上动力传输木棍。之后她拿出装有少许柴油的油碗（没柴油前用桐油），用小竹竿蘸油滴于旋线杆与轮磨合处，同时踩动力传输木棍使其快速转动几圈，以使油均匀地涂于旋线杆四周，其后将房中的小方桌搬到跟前。大约过了15分钟，麻烫好了。杨学芬将四根麻线分别系到四根旋线杆上，每个绳结距竹竿头十一二厘米。之后，杨学芬坐在小方桌的一角上，右手拿一根长约100厘米的“赶线棍”（笔者命名），左手拿一根长约10厘米、横截面直径约1厘米的小木棍，将四根线用赶线棍一赶、一收，收到左手中，分别从左手四个指缝中穿出。线从小木棍上绕过，其作用一是控线，一是用手指与棍子的力夹住线以让线的一端固定住。然后杨学芬踏转动力传输木棍带动大轮，大轮通过牛皮传送带带动四根竹棍转动，竹棍转动则会将麻皮拧成线。大轮转一圈，小竹棍能转二十多圈。四根竹棍带动四条麻皮一起转动，则一次性就拧成了四条麻线。由于麻线缠一段就会从竹棍上滑下来，需要不时用赶线棍将线赶到竹棍的中部靠里的地方。如此循环往复，纺完整条麻线。

在纺麻的过程中，断线是常事，接线方法如前所述。当纺完一锭麻时，杨学芬把竹棍带线从纺麻机上拿下，拆下纺好的线后将竹棍重新装到纺麻机上，进行下一轮的纺麻工作。有时准备的麻皮过长，则在竹棍上的麻绳缠到一定的粗度后将其用镰刀割断拆下。杨学芬纺的麻线是为纺织机做吊绳用的，需要粗线，故又将纺成的较细的线

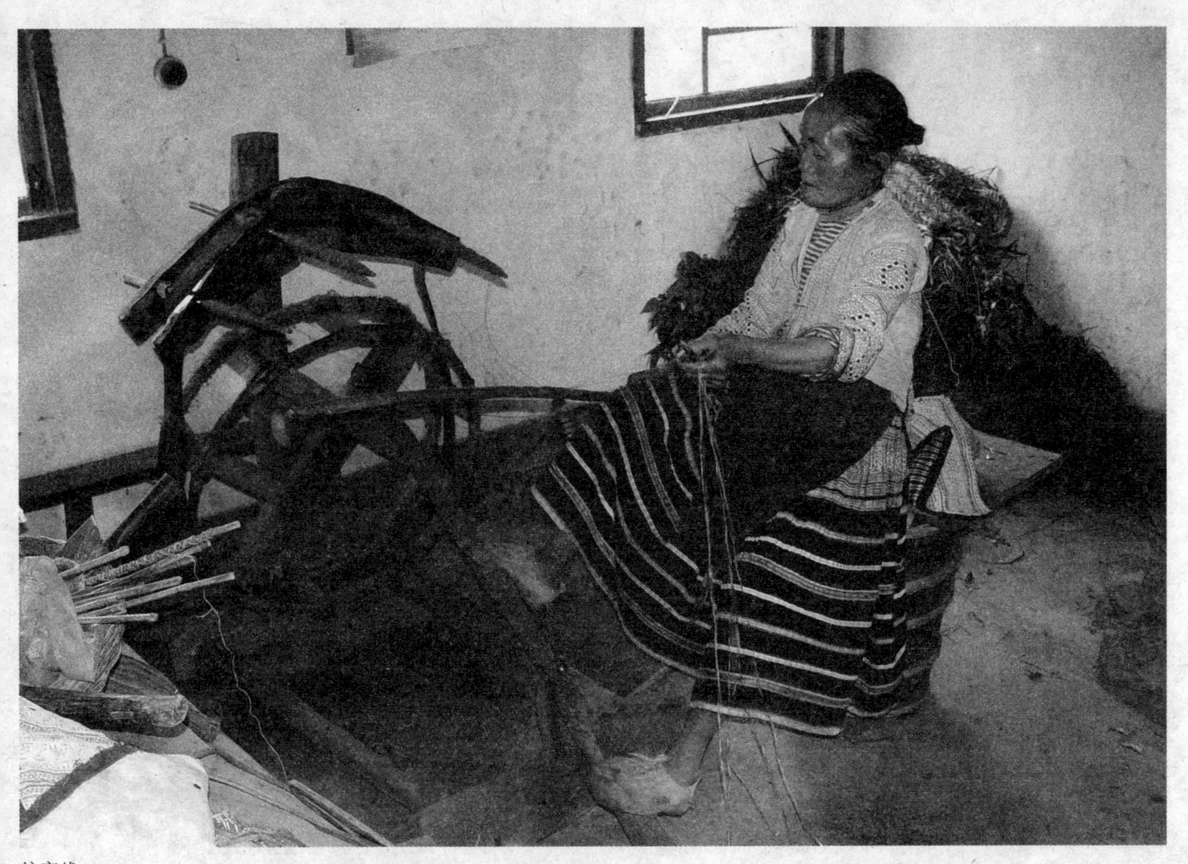

纺麻线

二合一，反向转动纺麻机，将其纺粗。如此下去，以至达到所需的粗度。由于纺麻机大多数时候是逆时针转动，此时则需要顺时针转，所以皮带易从大轮上掉下（脱轨），这需要较高的踩棍技术。

由于纺完的线较长、较乱，需要用绞线机将其理顺（当地人称之为“绞线”）。麻线绞过后，用细绳分段扎起，以使麻绳不乱。之后将其放于锅中煮，直到将水煮干（需要三四个小时）。然后清洗，在清洗的过程中，边洗边用木槌敲打，将脏物清洗干净。第二天，重复煮洗，如此直到麻线完全变成白色为止，达到这样的程度一般需要反复五六次。

之后，将煮洗净的麻线重新装上绞线机绞线。如果上次绞线时绞线机转的是顺时针，那么这次就需要逆时针方向缠绞，以便倒回原初的样子（当地人称之为倒线）。线倒完用细绳分段扎起备用。

3．织布

织布以前，先根据要织的布的长短，在地上钉上两个小木橛子，将线缠绕在两个木橛子上。这些线就是将来织出的布的经线。1 尺宽的布大约有 370 根经线，这些线的一端分股绑在织布机的卷线辊上的竹竿上，然后将这些线均匀分开，并卷起来。另一端按单双数穿过前后综片（第一根穿过前综片，则第二根就穿过后综片，第三根前，第四根后，依此类推），再仔细地从定幅筘（梳子）的孔中穿过，固定在织布机的卷布辊上。纬线则缠在梭子的扦子上，装到梭子里。这就完成了织布前的准备工作。织布时，双脚交替踏下纺织机的脚踏板，则前后综片将经线引成一个个交口，左手拿梭子飞快地从交口中穿过去，右手则接住，左手抓住定幅箝朝自己的方向用力一靠，则经纬线就交织在了一块。如此循环往复。织一段时间，经线松了，这时只需要将卷布辊旋转，则经线又恢复到了原来的紧度，用别尺子别住，继续织造。麻布织完后，折叠起来，用石板滚碾，直至麻布平滑光亮。

长角苗女性一般在十三四岁时就开始学习纺线织布。据她们讲，这两项技艺都不难，只要有人教，两三天时间就能学会，但是要将布织得又快又好，则既需要天赋，又要长时间的勤奋练习。织布一般是在农闲的季节进行，但是冬天太冷，不易织布，人们一般在农历的十月份就开始织布，直到织够全家所用的布。

在20世纪90年代之前，多数长角苗的妇女还要为全家人制造做衣服的麻布。棉线出现之后，先是经线用棉、纬线用麻，后来棉线用得多了起来，现在织的布有的已经是全棉的了。全家每人至少要有一套衣服。成年男人一身衣裤要用22.5尺[49]布（包括上衣4.5尺，裤子10.5尺，围腰4.5尺，腰带3尺），成年女性一身衣裙要用12尺布（包括上衣4.5尺，裙子7.5尺），孩子衣服用布减半。一个六口之家（两成年男性，两成年女性，一男孩，一女孩）至少需要布86.25尺，而每人每天能织布5尺左右。如果每人两套服装，即使是织布速度一般的女子也能在40天左右完成。照这样看来，她们的担子似乎不重。实际上，在20世纪90年代之前，很多长角苗妇女每年要织近200尺的布，做衣服剩下的布拿到场上卖掉，以补贴家用。加上绣花、蜡染，几乎没有闲下来的时候。

20世纪90年代之后，随着工业服装的进入，长角苗妇女织的布少了很多。像今年63岁的王云芬，以前每年都要织100多尺布，而现在最多织60尺，并且用这些布做成的衣服和绣片一般是卖给外国游人，做自己穿的衣服少了。至于年青一代的家庭妇女现在织的布就更少了，全寨公认的织布能手熊启珍每年也仅仅织不到30尺的布，这些布有半数会做成衣服卖掉。由此看来，除非陇戛寨的旅游业获得大的发展，否则，土布将越来越少。

二、基于功能、材料和耗费的考量

在现代商品经济社会中，生产一件商品，必须要考虑的要素有商品的目标消费者、商品的功能、商品所需要的材料，更重要的是商品的成本。那么在像陇戛寨这样的小型农业社会中，民具的制作者在制作民具时，是否要考虑这些要素呢？这个问题我们分做两个部分来讨论。

（一）自做自用

在小农经济社会中，自给自足是很普遍的特点，这种情况也反映在陇戛寨的民具制作上，尤其是在20世纪90年代之前。陇戛寨的男人们会制作简单民具的很多，制作这类民具不需要专门的木工民具，至于必需的斧子和锯子之类，是几乎每家都有的。像陇戛老寨的熊金亮和熊玉方等人就经常自己制作简单的民具，但是没有人承认他们是木匠，即使水平再高一些的人，如果非要为自己争取名声的话，长角苗人可能会给予他们“毛毛木匠”的称号。真正的木匠（和篾匠、石匠）们也为自己制作民具，在自做自用的层面上来说，他们和上述的两类人制作民具的性质是一样的，尽管他们制作的民具的质量可能要好得多。

自制自用的民具，自然不用像商品那样考虑目标消费群体。长角苗人在日常生活中是崇尚简约的，民具制作者在制作民具的时候，自然会考虑“成本”。比如制作一个墩子，他们通常的做法是砍（或锯）一截不能作他用的树干根部的木头充当，制作一口猪食槽是用一截不能制作其他更有用的民具的木头挖成，或者更先进一点，用五块粗糙的木板钉成。由于长角苗人多数是在农闲的时候制作这些简单的民具，有的人甚至以此为乐，所以他们是很少计算劳动和时间“成本”的。特别是在制作自己喜爱的烟杆上，尤其不惜时间。

功能是陇戛的民具制作者最先要考虑的因素，也是最重要的因素。因为制作民具就是为了使用。如果我们向他们问讯，怎样的纺麻机和织布机才算是好的，他们会不假思索地说，能够顺利纺线和织布的机子就是好机子。至于民具的外形他们是不太在意的，当然也不是完全不注重。以前之所以没有很好地关注，可能跟他们的经济水平低下很有关系。就木器来说，如果没有刨子就很难将木头的表面处理平滑。但是长角苗人，包括整支的长角苗人是不会冶炼铁器的，凡是牵扯到铁的东西都要购买，在饭尚且不够吃的过去，他们不去购买那些民具来修饰自己的民具是很容易理解的。当然，就长角苗人的历史来看，他们是越来越注重民具和其他的装饰了，这不仅和他们的经济水平的提高相关，也和外来文化的影响关系密切。

材料也是陇戛民具制作者考虑的要素之一。任何像陇戛寨这样的小型社会中的人，在制作民具的时候对材料的选择都受到环境很大的影响。当然，如果他们所处的环境中有各种材料可供选用的话，人们可能发掘出一系列“物尽其材”的制作方法和传统。但如果大自然提供的材料有限，那最丰富的可用的材料毫无疑问会用得最多。像在竹子资源丰富的地区，就有繁多的竹器，木材丰富的地区，就会有较多的木器。各个地区的人会充分发掘当地的资源，用来制作民具。在宁夏南部山区，人们用当地盛产的芨芨草扎扫帚，而在多数地区，扫帚是由竹子扎成的；生活在我国东北桦树林中的人，用桦树皮制作的民具闻名中外。同样功能的盛器，在产竹的地方是竹制的，在产陶的地方是陶制的，沙漠地区的人适应环境并采用当地的材料制作出了专门盛水的皮囊等等。陇戛寨地区木、竹、石资源较丰富，于是长角苗人制作出了大量的木器、竹器和石器。当然，石器相对来说少一些，仅有的大型石器——石磨，也是当地的汉族人凿制的，这可能与其缺乏铁制工具有关。民具制作者对材料的选择也受到自身技术的制约，长角苗人相对落后的技术制约了他们制作民具时对材料的选择。比如长角苗人除了用竹子编制的箩、笼，并没有发展出其他诸如竹凳、带盖的提篮之类民具，这在很多产竹区是很普遍的器形。用木材制作简单民具的技术是相对简单的，所以陇戛寨的大多数民具是木器。值得注意的是，长角苗人在制作民具的时候特别注意材料的特性，比如同一株树木的不同部位往往用来制作不同的民具，他们的《引路歌》中唱道：“树种会发芽，芽长大之后会成树，九棵用来做你子孙们的房子。中间这棵根部的这一段，用来做你的房子（棺材），中间这一段用来做你的脸盆，顶部的这一段，用来做你的梳头的木梳。”可以看出，长角苗人做到了因材施用：树的根部最粗壮，可以出大料，制作棺材最合适；中部的材料大小适中，可以制作诸如脸盆这样的中型民具，而顶部的材料偏小，用来制作梳子等小型民具再合适不过。其他诸如在砌墙的时候，大的石料加工之后做隅石，中等的石料垒下部墙体，小石料砌上部墙体，碎石料用来填缝，等等。这样的例子颇多。

（二）为他人制作

就陇戛寨来说，为他人制作民具是匠人（木匠、篾匠、石匠）们的工作，也是有能力的表现。在中国很长的历史时期中，“重道”、“轻器”被奉为正统，“同时工作是分等级的，‘基本’的生产性活动是农业，政府把它看成是工作的本质形式。其他形式的工作比之耕作皆处于辅助性地位，……手工业所需的技艺像木工、金属业普遍地与法术相联系。在中古时代的中国，手工业者被划为‘贱民’，他们的职业是世袭的，不能与普通人结婚，不许参加科举考试。耕作不是贬低身份的事，而是一项使士大夫在隐退之后能得到自豪和乐趣的事”。[50] 现在，中国社会的情况早已发生了翻天覆地的变化，在很多地方，有技术的手工艺人的地位不再低于农人。在很多情况下，手工艺人反而成了农人羡慕的对象。在很多地方的农村，家长面对没有考上大学的孩子，总是希望他（她）能学一门手艺。但就我们考察的结果来看，手工艺人的地位比农人低的情况在陇戛的历史上不曾存在。这说明，在这种观念上，他们受汉族传统思想的影响有限，或者说成功地抵制了这种影响。由于长角苗人的民具，特别是具有一定技术难度的民具匮乏，加之他们又没有足够的财力向周围的其他民族购买，本族中能够制作这些民具的匠人就成了十分宝贵的“公共资源”。而且通常情况下，匠人，尤其是木匠的综合能力也较高。这些匠人因此获得了比较高的社会地位，这种地位是精神意义上的而非政治意义上的。如果这位匠人足够慷慨，他就会有相当好的人缘。这种人缘最起码使他的家庭在寻求帮助的时候一呼百应，而且这种人缘也可能向政治方向发展，从而使其获得真正的政治地位。陇戛寨担任高兴村村长的几位，像王兴洪、熊玉文、熊玉文的父亲都是寨中技艺出众的木匠。

在长角苗人的历史上，匠人们只应邀给本族人制作民具，像长凳、甑子、背桶、背架、梯子、纺织机、棺材等等都是制作的内容。在很长的一段时期内，匠人们给族人制作民具属于帮忙的性质，并不收取费用。这也因为长角苗族大多数人之间有或远或近的亲缘关系。当然，这种帮工也并非分文不取，只不过他们采用的是以美食款待的方式。比如长角苗人平常很少吃到鸡肉，如果匠人们为族人帮忙盖房或者打制民具，族人就有可能以鸡和酒来招待匠人。由于鸡是长角苗人重要的财产之一，因此也相当有了花费。

匠人们在制作民具的时候，除了与自制自用的民具那样考虑民具的功能、材料之外，也需要考虑“成本”和委托者。由于为他人而做的民具的材料由主人提供，因此民具的材料“成本”是匠人和主人协商的结果。一方面主人要珍惜自己的材料，另一方面还要达到匠人基于民具的功能所提出的要求。但时间“成本”还是很少考虑的内容。由于是为他人而做，匠人在设计制作的时候，要考虑到委托人的具体情况，比如为三口之家和五口之家制作的甑子的大小是不同的；给个子高的人砍制的织布机和给个子矮的人砍制的织布机的大小也是有区别的。

最近一些年情况发生了很大的变化，这种变化从20世纪90年代开始明显起来。长角苗人的经济意识越来越强，人们认识到时间可以变成他们急需的金钱。在这样的情况下，劳务和金钱也挂上了钩。匠人们也不再随便就把自己的时间花在给别人免费做民具上，除非是对近亲提出的要求。人们参照在当地打工的价格来给制作民具制定了价格，比如打一口棺材要花费两个木匠三天的时间，参照打工每天能赚20元左右，其价格就是120元左右。除此之外，主人还要管匠人们中午饭和晚饭，而且一般要有肉菜。在民具有了较为固定的价值的情况下，匠人们就会计算时间成本，能够尽快完成最好。实际上，多数需要木匠制作的民具的使用年限很长，像织布机等等往往能用几十年，所以木匠们也并不总是有活儿干。

事情总有特殊的一面。长角苗人在吃、穿、住、用、行等各方面都非常节俭，包括制作民具。但有一个例外，就是制作棺材。上文中已经指出，长角苗人在棺材上的花费很高，一般的棺材都要花费两三千元，这与他们四五千元的家庭年收入很不相称。也就是说，长角苗人在制作棺材上是很舍得花费的。长角苗人的民具很少有装饰的，但棺材例外，除了要有精雕细刻的外形，还要用黑漆髹饰。长角苗人在打嘎仪式上的花费更巨，这都是他们对死亡重视的表现。一个民族或族群文化中的“反常”部分，往往是其文化的核心部分，应该倍加重视。

三、基于人体结构的考量

人类在造物的过程中不可避免要考虑民具和人体结构的关系，到了20世纪中期，更是发展出了专门研究民具和人的身体结构适应关系的科学——人类工效学（人体工程学)。“人类工效学是研究人自然尺度的科学，如其中的工程人体测量学，研究用一定的仪器设备和方法测量产品设计时所需要的人体参量，并将这种参量合理地运用到设计中，目的是为了在人—机—环境系统中取得最佳的匹配”。[51] 那么在长角苗人的民具制作中，是否考虑到了这种关系呢？

我们看到陇戛的民具制作者是在这方面做了一些思考的，当然他们的思考是相对简单的，也不可能上升到理论的高度。但是两者要达到的目标是一致的，那就是如何使人们在使用民具的时候感到更加舒适，更能够提高工作效率。对于这个问题，我们可以考察一下几种民具或者民具的部件：背架、背桶、扁担、犁、各种需要手持边沿的民具，如筲箕等等。长角苗人的背架的上1/3是有一个柔和的弯曲的，这个弯曲使得背架能够和人的肩部贴紧，而且能够保证尽可能多地装载货物，且货物的重心不至于偏后。为了背东西的时候更加舒适，长角苗人还设计制作了背垫，垫在人的背和背架之间，缓解了背的疼痛；长角苗人的背桶底小口阔，这样的设计可以使背桶在贴紧人的背部的时候，能够保持直立（人背水的时候，腰稍弯），水不至于洒出。长角苗人的竹扁担其光面都是朝下的，这样的设计能够使肩部感到更加舒适。犁在犁地的时候要承受较大的力，因此其各部分用的木料是较粗壮的。但是为了人能够更舒适、更有效地控制它，陇戛的木匠们将犁盘沿着把手的方向逐渐减细，到了把手部位达到直径四五厘米，并将把手部位尽量刨光滑，这样就便于手持了。长角苗人的筲箕一般在其边沿裹上圆木棍，这样更便于手持。这样的例子可以举出很多。

而且当地木匠在设计制作民具的时候，还考虑到了当地人身体的实际情况，比如长角苗人身高偏低，所以陇戛薅刀的长度一般在80厘米上下。陇戛寨有的薅刀的长度甚至只有60—70厘米，这样的薅刀可供当地的妇女使用。长角苗人的床的宽度很少有超过120厘米的，这也与他们身形相对瘦小是有关系的。

四、基于审美的考量

陇戛民具的一大特点是大多没有装饰性的纹样，但其本身的形状和纹理就具有一定的艺术价值。

比如陇戛的木匠们在制作犁的时候，并没有仅仅考虑犁的功能，他们给犁引和犁盘赋予了各种曲线，从而使犁呈现出优美的外形，显得灵动而不笨重。篾匠在编制背箩、鸡笼、碗笼等竹器的时候，没有采用一成不变的编制方式，他们注意了竹篾的穿插关系，或者使竹篾之间尽量紧凑，呈现出一种均衡的美。并且这样的民具，如背箩往往以“辫子”收口，使原本略显单调的编法变得丰富起来，而且还使背箩得到了加固。对于鸡笼等不需要承重的民具，长角苗人会编出规则的菱形、三角形、五边形等作为修饰。妇女们在织布的时候，追求经纬线结合紧密，而且布表面尽量平整，少线头，追求一种平整的美。男人们会为了寻找一根曲度优美的制作烟杆的人面竹不惜花费大量时间，而且还花钱让人装上铜烟嘴和烟锅。人们对弩的精心加工使其成了珍贵的艺术品。只要条件允许，匠人们都会将民具的表面处理得尽量光滑。这些都可看做是对美的追求。

值得注意的是我们在研究这个问题的时候要区分两种情况，那就是有意的装饰和无意的装饰。这是一种主位的观点，只能靠询问当地人得知。像给民具的表面装饰上花纹等等是一种最明显的有意的装饰。但有些则不是，比如有些石材的表面（比如长角苗人的磨盘）布满了錾子錾的平行纹，这实际上是匠人们为了工作方便，是一种对功能的考量，但这对于外人来说可以算做是一种装饰，这就是无意的装饰。对长角苗人来说，最无意的装饰可能就是他们的背架、背垫、背箩和背兜了。由于这些民具和长角苗人的背结合得如此频繁，使得我们甚至可以将它们看做是长角苗人的一种“服饰”，正如现代社会中女性的挎包。背着背架、背垫、背箩的长角苗人的形象可以视做长角苗人的一种文化符号，尤其是穿着民族服装背着这类民具的长角苗人的形象。

五、估算的应用

在长角苗人的民具制作中，有一个很明显的特点就是估算的应用空间很大，这是一种感性的操作。传统的陇戛木匠在制作任何民具之前并不对材料进行精确的测量，而是凭着自己对这些民具的已有印象，估摸着制作出来。他们并不在具体的尺寸上斤斤计较，当然在制作结构较复杂的民具，如织布机或者棺材的时候，需要借助墨斗标示出各部件的相对位置。有时候也会用到尺子，但相比现代的木匠用得很少。比如犁盘的砍制，仅靠圆木中央的一条墨线就可完成，所有的弧度都靠估计。砍完后，两边的弧度相差无几，用肉眼几乎不能辨出，并且保证曲度适度、优美。这可能就是中国传统文化中所描述的“胸有成竹”和“巧”了。在制作织布机的时候，技艺熟练的木匠会凭着头脑中的印象来制作，而多数木匠会仿照着已有的织布机制作，他们比量着已有的织布机的各个部分截取材料，但是并不追求准确。但由于纺织机是一种简单机械，它的有些部件是需要活动做功的，因此各部件之间的比例协调很重要，这要求木匠有更高的估算能力。如果遇到诸如榫卯的安装等问题，他们也往往不是事先量好榫卯的准确尺寸，保证一次安装成功。更多的情况是靠估计，如果安装不上，就细细地刮削，一次次地试装，直到安装成功。总之，在陇戛匠人们的民具制作范围内，几乎没有需要精确测算的地方，因为人们对民具的外形并没有严格的要求。

长角苗人估算能力之所以较高可能与他们数学知识的缺乏相关。陇戛寨的中老年妇女直到现在也很少有能数到百以上数字的，更不擅长计算。这样的情况可能在几十年以前也发生在男性的身上。对数字概念的模糊增强了他们的估算能力。

随着外来文化影响的加深，年轻的匠人逐渐向科学靠拢，他们学会了熟练地使用卷尺。在这样的情况下，他们的估算能力也就逐渐降低了。

第四节　适应与改造——陇戛民具的“行为”

行为处于原因和结果之间，是原因和结果之间的过程。因此，抓住行为这个中间环节，更有利于掌控处于两端的原因和结果。而终极目的还是为了更好地把握事物发展的整个过程。我们将民具当做生命来看待，赋予民具以“行为”，只是为了研究的方便。实际上民具的行为就是人的行为，研究民具的这些“行为”，对理解人和民具之间的关系有莫大的裨益。

一、民具制作者和使用者对民具的理解差异和基于实践的互动

在现代社会的商品生产特别是民具生产中，制作者和使用者是分离的（设计者和生产者也多是分离的），因此制作者和使用者对民具的理解是存在差异的。制作者对民具的设计和制作受利润的驱动，会对民具的潜在使用者的种种要求进行市场调查，能够间接地得到民具使用者的部分信息，但由于民具的制作者和使用者不可能得到完全的交流，所以制作出来的民具就不可能完全合乎使用者的使用要求和目的。为了能

够让潜在的使用者购买这些民具，厂家和商家往往要花巨资制作广告，以刺激潜在使用者的购买欲望。为了能够让使用者正确使用这些民具，厂家往往会在民具的包装盒里附使用说明书。一些电器的使用说明书达一二百页，很多消费者很难完全读懂（大多数情况是根本没有耐心读完），以至于民具的很多功能被浪费掉了。

在陇戛这样的小型社会中，民具的制作者也都是使用者，因此能够很好地处理民具的适用性问题。像大多数人都能够制作的最简单的民具，自然不存在民具的适用性问题，因为民具的制作者往往是针对自己需要的某一单项目的制作的，诸如小板凳、原始的猪食槽等。而像犁这样较为复杂的农具，其适用性往往要得到检验。虽然犁的结构非常固定，但由于每个人的使用习惯有些许的差别，使用者可以要求木匠师傅按照自己的意思稍加改动。这样的要求很容易得到满足，因为木匠在制作犁的时候，其未来的使用者往往就站在旁边，况且使用者还往往担当木匠的助手。因此，民具的制作是木匠及其民具的使用者面对面充分互动的结果。比如如果自家准备的木料稍差，那就可以和木匠商量将民具的关键受力部件加粗，反之亦然。更重要的是，木匠和民具的使用者一起使用他制作的民具劳作的机会也相当多，两人还可以在实践中检验民具的适用度，从而加以改进，如可以调整犁铧的倾斜度等等。

有一种情况可以算做例外，那就是纺麻机、织布机等机械的制作。由于这些民具为陇戛寨女性所专用，因此制作这些民具的木匠们没有这些民具的实际使用经验。陇戛寨的木匠们按照传统样式复制出纺麻机和织布机的结构，妇女们更多的是被动地使用这些机械，要求木匠们按照自己的要求对机械进行改进的机会相当少，现实的问题是绝大多数陇戛寨妇女根本不会提出任何改动的要求。

二、民具的借用和现代民具的租用

在像陇戛寨这样的经济水平较低的小型社会中，民具是非常重要的财产。限于财力，很多较大型的民具并不是每家都能置办得起的；每家的民具数量也总是有限的，在遇到较大规模的需要找别人帮忙的劳动中就需要增加民具，特别是劳动工具。这些都增加了借用民具的频率。

（一）民具的借用

就陇戛寨而言，民具的借用发生在很多场合，既有一家向另一家的小规模借用，这种借用多发生在日常劳作或日常生活中；亦有一家向多家的大规模借用，多发生在大规模的劳动或活动中。

在陇戛寨，两家之间的民具借用非常频繁，是一种不容易看出的隐性行为，不借助有意识的访谈不得而知，因为各家的民具在外人看来并没有特征可循。

例如，一家在犁地的过程中，犁头断损了，为了不耽误农时，就会向他家借用，且只能向那些已经完成耕作、犁正在闲置的人家借用。这种借用是偶然性的，并不具有指向性（不一定向哪家借用）。但事实上，这种借用往往发生在亲戚或者关系较好的邻里之间，而且借用的人往往会习惯性地按照关系的亲密程度依次选择。因此，关系好的人家因为民具的频繁借用而“亲上加亲”，关系较好的人家会因为民具的借用变得更好。

像纺麻机尤其是织布机这样的较大型的机械，制作费用较高，并不是每家都有，陇戛寨即使在纺织事业最兴盛的时期也达不到每三家有一架，因此，有 2/3 以上的家庭需要借用别人家的纺麻机和织布机。

两家之间的借用有一种情况较为特殊——那就是借用匠人们的专用民具。由于匠人们的专用民具具有专属性和稀缺性，因此被借用得颇为频繁。例如木匠的木工民具。一般家庭并不具有专门的木工工具，如果有小规模使用，就只能向木匠借用（那些需要专门技术的工具只可能被别的木匠借用），木匠师傅也因此获得了不少人情。石匠、篾匠等的工具专属性很弱，被借用的几率较小。

陇戛寨一家向多家借用民具主要发生在建房这样的大型多人劳动中，和婚礼（打亲）、丧礼（打嘎）之类的大型仪礼活动中。在这些集体行为中，任何人家都没有能力单独承担需用的民具，只能向别家借用，有时甚至需要动员全寨提供民具。这样的民具借用有相当大的必然性，也就是说只要举行这样的活动必然要大量借用民具，因此大家都会尽力支持，以备自家需要时好有所借。

可见，在陇戛寨，民具的借用是一种很重要的活动。它反映的是家庭之间人情的互动和交换。这种互动和交换将人们的关系交织成了一张网，使我们能够更好、更容易地理解整个寨子的家庭关系和结构。

（二）现代工业器具的租用

进入 20 世纪 90 年代，现代工业器具出现。由于这种器具的稀缺性，器具的租用在所难免。这种状况随着梭戛生态博物馆的建立日益明朗化。具体租用情况及其引起的文化变迁，我们将在第五节中介绍。

在我们的考察中，曾经了解到一例长角苗人在葬礼这种大型活动中租用碗的情况。此事发生在 2006 年 2 月安柱寨王坐清的丧礼上，负责租碗的是王坐清的亲戚安柱寨农民杨忠敏。杨曾经在外打工数年，并做过打砂场的小老板，学会了用金钱代替人情交换的交往方式。更重要的是，族人很自然地接受了杨租碗的做法。我们可以预测，随着经济的发展，长角苗人租用民具的情况将越来越普遍。这是一种以人情为纽带的文化向以金钱为纽带的文化的转变。而杨忠敏的租碗事件则可以说是长角苗文化转变的标志之一。

三、反客为主——民具对人的反作用

（一）民具对人的身体的形塑

民具及其制作技艺形塑了使用者的身体。Jacob Eyferth 教授在利用四川夹江县的造纸技术讨论技术的位置的文章中提到，“在严格意义上造纸被物化了，因为它改造人们的身体并使身体变形：手足肿胀，皮肤变粗，并在水和腐蚀性苏打的影响下产生裂纹。那些仍然使用脚踏舂碓式粉碎机（粉碎竹子）的男人们因为每天 8 到 10 个小时上上下下地踩杠杆，一边大腿都明显增粗了”。[52] 又如木匠的眼光准、铁匠的胳膊粗、挑夫的肩部厚，这些都表明了民具以及技术对人的身体的直接影响。

在陇戛寨，大多数中年人都有膝盖疼痛的毛病，这与他们从年轻时就背负重物爬坡有很大关系；大多数老年人的腰都驼得厉害，也是长期背重物以及从事犁地、锄地、割草、撒种等需要长时间弯腰的劳作造成的；长期的野外劳动还使他们的皮肤粗糙、手脚粗大。陇戛妇女们两个堪称经典的动作——走路前后微晃的走姿和叉腰站的姿势，与背水以及背其他重物（力量不够，叉腰可增加上身的支撑力量）有一定的相关性。

（二）民具对人的精神的影响

布罗代尔说：“我们的调查研究不是简单地把我们带入一个物质的‘物’的领域，而是把我们带入一个‘词与物’的世界——在更广义上解释后一个词，意味着，人们贡献出的、或是潜移默化形成的对应每一个事物的词语，人们在其日常生活的过程中使自己成了它们的无意识的奴隶——就在他的米饭碗或面包片面前。”[53] 布罗代尔强调了“物”的强大辐射范围和力量。在发达的汉族文化中，我们可以找到无数这种“物”的隐喻力量对人所起的作用，如“规矩”一词来源于“规”和“矩”两种木工工具属性的引申，“模范”也是这样的词汇。“陶器制造的工艺、木工和碧玉雕刻为早期中国哲学文献提供了使用最为频繁的隐喻，制陶工匠把泥土压进模子中，木匠弯曲木料使之成型，这对于道德人格的塑造都是关键性的隐喻。”[54] 人们创造和使用民具，这些民具及其制作民具的技艺和技艺过程又反过来影响甚至帮助塑造了人。

在长角苗人的世界中，我们还没有发现将民具和民具的制作技艺等上升到哲学高度的情况，但是这并不表示长角苗人在各种行为的养成中不受到他们的民具的模塑。马林诺夫斯基指出：“人工的环境或文化的物质设备，是机体在幼年时代养成反射作用，冲动，及情感倾向的实验室。四肢五官在应用工具时养成了文化所需的技术。神经系统亦因之养成了一切构成社会中通行的科学，宗教，及道德的概念，情感，及情操。”[55] 在陇戛寨，孩子们正是在各种简易的玩具和民具中学习和成长的，他们在双人游戏中学会了谦让和交易，在多人游戏中学会了合作和协调，他们玩弄大人的工具的过程也是承传传统的过程。等他们稍大，有了专用的小背篓、拿着大人们的镰刀学着大人们的样子割草和背草，则是在直接接受民具的塑造了。陇戛寨的匠人们大多其他能力也较强，这与其从事的手艺是分不开的：民具的制作锻炼了匠人们的观察、组织等能力；在犁耕时所养成的协作习惯，在建造房屋的过程中的组织、分工和合作习惯，也对他们的亲属和社会结构的形成起了很大作用。

以他们的木工固定工具与其生活习性和民族性之间的关系为例。长角苗的木匠们所用的固定工具为木马和钳扣。木马可以任意拆装组合，钳扣也可以随时拆卸，这适应了制作当地民具、工具的需要。可见，即使是他们的固定工具也是不够“固定”的，更深一层说，长角苗与长期定居的民族相比，他们的一切都是“不固定”的。

长角苗的木匠们没有选用木工长凳固定钳扣，而用了木马，这可能有一些深层次

背着小背箩的陇戛小孩

的原因，可能是他们频繁迁徙所形成的“不固定”心理的反应。当然，流动性大则灵活。长角苗的生活状态如果用两个字来概括，那就是“灵活”。灵活是为了“实用”。这不光体现在做木工活儿中；他们的体形小，钻山穿林是灵活的；他们民族的男女青年恋爱初期的爱巢——妹妹棚（花棚）是在山林中随地而建的，也是灵活的……

我们不敢武断地说他们的这些“习惯法”或者“民族性”一定受到了民具制作的启示，但又有谁能证明两者决然没有关系呢？

四、对传统的活用——民具制作者和使用者对民具的改装

在传统社会尤其是传统农业社会中，下一代人践行的是上一代人的活动，在某种意义上可以说他们是上辈人的重复。他们的生活轨迹是相对固定的，即使遇到一些意外，也会从传统中寻找到解决的办法。在这种情况下，人们是很少突破传统的（人们也没有突破传统的意识）。即使最有条件在传统方面有所突破的匠人也很少有所行动，正如罗瑞德所言：“在自发设计（指手工业时代的设计——笔者注）中，设计者并不遭遇新问题，他所面对的是世世代代的老套。……对于不断出现的问题，传统能够逐渐淡化并提供适当的答案。”[56]

但是在每一个社会中，都有“创造者”。有时候这些所谓的“创造”看起来似乎微不足道，但是在像陇戛寨这样的社会中，哪怕是半点的“创造”，也应该值得重视。

陇戛寨的王兴洪将自家废弃的石头猪食槽改做成了煤池，还有一家将石磨改做成了猪食槽。陇戛寨杨得学的烟杆上的烟锅用的是废弃的水龙头。这些都是对废旧物品的二次利用。一件废弃的民具，经过改造之后其功能完全改变。从这个意义上说，主人制作了一件新的民具。王兴洪和杨得学都是陇戛寨颇有能力的人：王兴洪是高兴村的村长，杨得学是陇戛寨最好的木匠之一。这些改造是一种创造力的表现，从文化意义上来说，这是民具制作者对自己惯习的些许突破，但其间伴有较大的偶然因素。

五、死亡和再生——民具的生命史

各种民具有不同的生命轨迹：像犁这种陇戛寨重要的农具，由寨中的木匠赐予生命，每年农历的九月和十二月前后，是它的活跃期，分别要为种植小麦和洋芋犁地，之前主人会为它“检查身体”，如果有问题赶紧请木匠“诊治”。但一年中的大多数时间，它都处于“冬眠”状态。背篓、背桶一类的背运工具，以及碗筷一类的食具则一年四季都很少“休息”。而镰刀等民具，在夏秋牛草、猪菜繁茂时，它们也就随着主人每天“出勤”，到了冬春，牛草、猪菜的生命力蓄于地下，它们也随之“足不出户”。

民具的生死不同于生物的生死。费孝通先生认为：“凡是昔日曾满足过昔日人们的需要的器具和行为方式，而不能满足当前人们的需要，也就会被人们所抛弃，成为死的历史了。当然说‘死的历史’并不正确，因为文化的活和死并不同于生物的生和死。文化中的要素，不论是物质的或是精神的，在对人们发生‘功能’时是活的，不再发生‘功能’时还不能说‘死’。因为在生物界死者不能复生，而在文化界或人文世界里，一件文物或一种制度的功能可以变化，从满足这种需要转向去满足另一种需要，而且一时失去功能的文物、制度也可在另一时又起作用，重又复活。”[57]一件器具失去了它最初的功能，可以算做是它生命的终结，但如果它有幸被改作他用，则又得到了重生。比如陇戛寨的很多早已被淘汰了的传统民具，像弩、木水瓢等，就其最初功能来说，它们已经死去，但有机会被放置在陈列馆中作为陈列品展示，它们又获得了新生。这些民具和周围的人结成了另一种关系，由其原初主要为当地人服务变成了主要为外人（游客）服务。

民具的生与死，不同的地区有不同的原因，当然也可能有共同的因由。就中国现在的情况来说，各地的农人受城市人的影响，往往将“粗陋”的传统民具视做落后的符号，如果稍有条件，便急于用现代工业生产的一些器具代之，唯恐“落了后”。实际上，就功能来说，一些传统的民具并不逊于现代器具，一些传统器具成了“现代”、“先进”等象征意识的牺牲品；大工业器具低廉的成本给传统民具带来了巨大的威胁，经济条件还不富裕的农人是很难抵御低价的诱惑的。近几年，随着经济条件的提高，陇戛寨人“破旧立新”意识逐渐蔓延。各种不锈钢制品、塑料制品获得了极大的欢迎，而传统的木器、竹器、陶器则被很“自然”地抛弃掉了。

民具的生死也与其诞生之地的具体情况的变化相关。就陇戛寨来说，生态的变化造成了民具的原材料的缺失，这给制作传统民具带来了极大的困难。譬如，编草鞋的草很难找到了，草鞋就不可能再大量出现了。树林中的藤条已很鲜见，藤编民具就不可能再得到生产。

现代器具强大的功能则是传统民具最大的杀手。无论工作质量还是工作效率，手推刨都是无法跟电动手提推刨相比的，更不用说刨木机了。胶鞋便宜又耐穿，加速了人们对草鞋和自制布鞋的遗忘。有些传统民具虽然在功能上与现代器具不相上下，但其受材质所限，方便程度低于现代器具。如传统的陶盆、木盆与不锈钢盆、铝盆、塑料盆就盛器的功能来说是没有什么区别的，但却显得笨重，也容易被新器具取代。但有一点是值得注意的，那就是在这场“现代化”和“全球化”的过程中，当地人并不仅仅是被动接受的，而是像一些学者认为的那样，全球化和地方化是同时进行的。长角苗人背水用的背桶是有相当大的局限性的，它自身的重量很重；背水时容易溢出，即使陇戛妇女们有高超的背水技艺，但是背着水仍然要小心翼翼，这样就不能走快。现在，她们中的一些人买来了带盖儿的塑料水桶，但是新的器具并没有改变她们的背水方式。他们将扁方的塑料水桶装进一个自己制作的木框架中，在木框架上缚上背带，像背背桶那样背起它。还有一种方式就是将大而厚的塑料口袋放入背箩中，装入水然后扎起口做“背桶”。这个例子表现出了长角苗人在活用外来器具、尽可能地将它们变成自己的东西方面所做的努力。

即使长角苗人非常欢迎工业大生产的现代器具，尤其热衷于凿岩机、粉碎机、碾米机等现代机械以及不锈钢、铝、塑料制品，但是他们对这些外来器具的承认是很谨慎的。这在长角苗人文化核心之一的葬礼中可见一斑：陪伴死去的长角苗人的民具是棺材、简易的弓箭和网兜等，绝对不允许出现现代器具，不然到了祖先居地不能被相认和接收，可见长角苗人与其传统文化的紧密程度。

已经死去的民具，在特定的需要下还可以复活。比如发展旅游经济的需要、为开展文化遗产活动收集展品的需要等等。一些民具虽然退出了当地人的生产和生活，但是仍然留在一些人的记忆中，如果抢救及时，则可能将其复活。这需要细致的田野考察和口述史访谈，如果能够将一些失去的民具详细地记录追寻出来，对于学术研究、文化遗产保护、当地后人的乡土历史教育都有莫大的裨益。

第五节　接受与拒绝——本地文化和外来文化的博弈

一、现代工业技术的力量

我们所描述的长角苗人的民具大多数是他们的传统民具。这些民具大多没有牵扯到现代动力的问题，它们相对来说是静止的，或者说是安静的。它们不能自己移动，也不能自己做工，这些民具同长角苗人的心那样平静。从某种意义上来说，这些民具在使长角苗人的心安静方面也起到了一定的作用。这些都是工业社会之前的社会形态的特征，没有外力的干扰，一切都是那样的平静和趋同。这样的社会，其节奏是缓慢的。人们的欲望是有限的，因为他们所能想象的东西，并不能逃出他们活动的小圈子。这样的社会也是稳定的，人们很少远离家乡，日复一日、年复一年地重复着上一代的生产和生活，前辈们的经验是他们遵循的戒条，他们靠这些足以应付生命中发生的大多数事件。他们在安享宁静生活的同时，创造力被压抑了，年轻人活跃的天性被压抑了。没有什么像样的娱乐活动，大家以烟酒麻醉自己的神经，好让时间过得快些。十几年前，长角苗人的社区就呈现出这样的面貌。他们好比是在大海中砌了一道围墙，围墙中的水位远远低于墙外。这样的社会，一旦打开闸门。外面的“海水”就会疯狂涌进，围墙内生性活泼的“小鱼”也会趁机逃到外面去探寻未知的世界。况且，即使不打开闸门，等到海水灌满围墙内的那一小块区域，围墙也就自行拆除了。

对长角苗人来说，现代机械就是那冲破闸门的撞门木。近十多年来，长角苗人引进了许多现代工业机械和器具，这为我们考察长角苗人文化的变迁提供了一个视角。这些器具对我们来说可能已司空见惯，但它们大大改善了长角苗人的生产和生活条件，同时，也对他们传统意义上的社会结构、人际关系以及人们的心理产生了相当大的影响，甚至引起了改变。以下，我们重点介绍长角苗人与这些机械的关系，而非机械本身。

（一）电视机和新的交通工具带来的新视野

电视机使人们不出家门便知天下事成为可能，公路改善了交通条件，使人们的活动范围迅速扩大：这都极大地开阔了人们的视野。

20 世纪 90 年代之前，多数的长角苗人没有到过六枝，更不用说贵阳和省外了。他们的活动范围大致也就在方圆三四十公里，在这个范围之内，最大、最繁华的城镇是岩脚镇。

之后，情况发生了变化。20 世纪 90 年代初，部分长角苗人开始外出打工，了解外面的世界，将外面的信息带回苗寨。1996 年，由于生态博物馆的筹建，使当地政府把目光投向苗寨，尤其资助博物馆信息资料中心所在地陇戛寨的基础设施建设，于年内就通了电。1998 年，电视机进入陇戛寨。寨民们从电视上获得了大量的外界信息。高兴村村长王兴洪讲，寨子中的成年人看电视，主要是看那些新闻性质的带有大量致富信息和知识的节目，电视的引进，大大增加了人们对外界的了解，改变了人们的观念。

同时期，陇戛寨通了柏油马路。公路的修建使现代交通工具找到了发挥能力的地方。虽然陇戛寨现在拥有现代交通工具的家庭还极少，但是他们早就搭乘外人驾驶的这类工具了。不用说外出打工、上学的人坐上了汽车、火车，就连六天一次的赶场，也有越来越多的人搭乘摩托车、摩托三轮车了。对于外出打工的人来说，汽车、火车的速度大大节省了他们的时间，这也是他们得以外出打工的条件之一。对于大多数赶场的人来说，他们考虑更多的可能是避免走路的辛苦，而不是赶时间。每逢赶场的日子，坐三轮车的人很多，在寨门口待客的三轮车送下一批人就匆忙返回。在非赶场的日子里，客人稀少，三轮车不会在寨门口待客，但是寨子里的人知道一些以摩托车载客为生的人，如果需要，他们会设法找到。梭戛的场上则有通往附近城镇的客车。

电视机的采用、现代交通工具的运用，使长角苗人大大开阔了视野，密切了和城镇的联系。这些都是引起他们的文化变迁的诱因。

（二）新的器具和技术引起的文化变迁

物质文化的改变可以引起其他文化的变迁，民具是物质文化的重要内容，新的民具的出现也必将导致其他文化的变迁。

长角苗人从电视机里了解到了外面的世界；先行者们（最早出去打工的少数人）取得的成绩鼓励其他人踏上“异域”的征程；公路和现代的交通工具进一步怂恿他们走向打工的希望之路。20 世纪 90 年代中期，长角苗人掀起了外出打工的狂潮。他们在外面接触到了各种机械设备，机器的高工作效率吸引了他们。政府的各种扶贫项目也使得当地人的经济水平有了质的提高，这使人们有能力使用那些机械设备。在这样的条件下，各个寨子中较富裕又有经营头脑的人就购置了许多机械。

陇戛寨现有的机械设备有碾米机、碎石机、发电机、凿岩机等，其价格从七八百元到五六千元不等，不是一般家庭所能购买的。陇戛寨的大部分机械集中在高兴村前任村长熊玉文和现任村长王兴洪，以及陇戛寨新村村民熊光国家中。

长角苗人所用的碾米机有两种型号，一大，一小。小型碾米机售价人民币 700 多元，配备两相电的电动机；大型碾米机售价人民币 2000 多元，以三相电电动机驱动。临近的小坝田寨和高兴寨也都用上了电动碾米机，小坝田寨没有大型碾米机，高兴寨则有一台。拥有碾米机的家庭都是村子中经济情况较好并且有经营意识的人。因为购买这些机械所需的资金不是长角苗一般家庭所能承受的；而且这些机械不像石磨和纺

熊玉文面粉厂的大小两种碾米机

织机，要使这些机械转动起来工作就必须借助电力，而用电是花钱的（当地的照明电是 0.4 元／度）。因此寨子中的人在使用这些机械的时候就要交费（大型碾米机和小型碾米机都是每粉碎 100 斤粮食收 3 元到 5 元，一般大型碾米机收的费用要较小型碾米机稍低），即使是亲戚也不能免除，因为在一个尚处于贫困阶段的社会中，没有任何一个人有义务养一个除了父母、子女以外的人。

大小两种碾米机的使用方式存在一定的差别。虽然小型碾米机除了自己使用也提供给其他需要的人使用并收取一定的费用，但是相对于大型碾米机，它的劣势非常明显，因为它在将玉米粒粉碎成碎片和粉末的时候，并不能将玉米粒外面的壳与壳里面的面粉分离开，这样的面粉给牲口吃更适合。由于这样的原因，在将玉米粒投入小碾米机的时候，并不需将其打湿，而用大型碾米机粉碎的玉米粒在投入碾米机之前必须将其打湿。当地人正是根据这样的特点来给这两种碾米机命名——小型碾米机叫小干磨，而大型碾米机则直接称呼“碾米机”或者“粉碎机”。小型碾米机的工作效率远没有大型碾米机高；在拥有小型碾米机的人家中，他们的碾米机大多时候是处于不工作的状态；况且，小型碾米机都是放置在主人房子的堂屋里，并没有专门的类似于工作间一样的场所。相对于此，陇戛寨和高兴寨的大型碾米机则都有自己专门的工作作坊，在当地人较为空闲的时间段里（农忙时节如果有人需要，这些碾米机的主人也会毫不犹豫地把它们开动起来），这些大型碾米机绝大多数时间在工作。很明显：小型碾米机在更大程度上是家用机型；而大型碾米机则是为主人赚取利润的加工业机型。

陇戛寨唯一一台大型碾米机的主人是高兴村的前任村长熊玉文。熊玉文确实是一个比较有能力的人，他在寨子中开办了一个小型的面粉加工厂（更准确地说，应该是个面粉加工作坊）。这个厂子中的主要机械就是一大一小两台碾米机，还有一台木制手摇风车。熊玉文的大约 40 平方米的厂房在去年下半年才得以真正建成，之前则仅建筑了水泥地基，砌了低矮的围墙，之后他又把这些围墙加高，并在上面盖上了石棉瓦。这样的一个小工厂全靠熊玉文和他的妻子打理。经过熊玉文的小厂的时候，经常可以看到在粉尘飞扬的面粉厂内辛勤劳作的熊玉文夫妇，偶尔可以看到活像面人的熊玉文从厂房里出来，坐在地上抽烟休息。不过几分钟后又“面”尘仆仆地钻进了厂房里面。在这个沉寂了 100 多年的小山寨里，熊玉文面粉厂里机器的“轰鸣”声向四周扩散开去，打破了原本属于自然的宁静。每当那些钢铁机器进入大自然的每一个角落的时候，那些角落就逐渐沸腾起来了，从而不再是角落，自然状态的角落越来越少了。

但是碾米机毕竟在室内作业，能够让长角苗人对现代工业更加热血沸腾的是凿岩机（钻石机）和打砂机（碎石机）的轰鸣声，以及雷管轰山的震撼感。

随着人口的增加，环境逐渐恶化。长角苗人原先盖房葺顶所依赖的茅草逐渐耗尽（当地的其他寨子也不能幸免），大家只能选择别的原料构建自己的房屋。1996 年梭戛乡政府到陇戛寨的公路修通，为水泥的进入提供了条件。外出打工做建筑的人熟悉了水泥屋顶的建筑结构以后，将其应用在了自己的房屋上。水泥屋顶的基本黏合剂是水泥砂浆，而主体填充材料则是青石粉碎后的石子。而陇戛当地没有大河，因而缺少制作水泥混合砂浆的沙子，在这样的情况下，沙子的唯一来源也变成了粉碎后的青石。因而用于粉碎青石的粉碎机被引进。长角苗人引进的粉碎机都是由 18 马力的柴油机提供动力。这种粉碎机是2000年左右出现的，陇戛寨最早置办粉碎机的是新村的熊光国。如果寨子中谁家盖房子需用粉碎机，可以拉去用。收费的标准是按照粉碎完的沙子计量，每立方米收费（他们多是大体量一下，并不准确）14到15元。一台砂石粉碎机的售价是5000多元，再加上1000多元的柴油机，总价在6000元以上，这样的价钱足以让绝大多数长角苗人望而却步，所以能经营得起的极少（陇戛寨只有熊光国和村长王兴洪经营此项）。熊光国在2005年底卖掉了第一台粉碎机，又购置了一台新的，说明这项生意经营得不错。用户在使用粉碎机时必须自己购置柴油，熊光国提供技术支持。

砂子粉碎之后，其大小不一，有些甚至大得超标，需要将其进行一次筛选，这就要用到筛子。出租粉碎机的业主也备有配套的筛子，如王兴洪家就有两架。筛网的钢丝呈小波浪弯曲状，网孔呈正方形，其边长约为0.5厘米。这些筛子的租用费包括在粉碎机的租费里面。置办这样的筛子成本较低，梭戛场上出售的筛网的价格是每平方米6元。陇戛寨的砂筛尺寸一般为高120厘米，宽100厘米。筛网四周固定有长8.5厘米、宽5.5厘米的木框。筛砂子时，用两根横截面为长方形的硬度较软的木棍从筛子的后面将其撑起来，筛子与地面相交的锐角约为60度，若角度太大，砂子顺着砂网下流的速度太快，大量的细砂漏不过去；角度太小，则大块的砂子也能从网孔流下，起不到很好的过滤效果。筛砂的人站在筛子的左前方或右前方持铁锹将砂子从下至上扬向砂筛，较大的砂子受到筛网的阻隔滑落下来，符合要求的细砂则漏到另一边。

砂子是靠粉碎石块得到的，这需要有可靠的石料来源。虽然陇戛寨周边山体的表面上满布青石，但这些表面的石头经受了风雨的侵蚀，坚固性或多或少降低了，事实上，很多石块已经变成了半土质，根本不能用来做建筑材料。要想获得优良坚固的石材，必须将这一层疏松的石头除去，深挖下面的石头。下面的石头往往是一个整体，首先的工作是解构那个浑然一体的大石头。在没有出现现代化的爆破工具之前，长角苗人要想获取大量的石块，只能靠大锤一点一点地砸，铁钎一点一点地撬。他们没有能力大规模地开采坚硬的石材，所能开采的仅是一些位于山脚下的断裂岩层的片岩而已。他们使用这些石材的目的仅仅是修筑高度甚低的房屋和猪牛圈，但在现代化的爆破工具出现之前，即使是这样的房屋和猪牛圈也很少。这样的劳动方式无疑是效率低下的。

2000年左右，整个梭戛地区或早或晚地引进了凿岩机和雷管。这些工具的引进无疑与生态博物馆的建设有着密切的关系。从这个意义上来说，地处生态博物馆信息资料中心驻地的陇戛寨无疑受益最多。

凿岩机靠柴油机带动的空气压缩机制造出的高压强气流工作，它是一种打孔工具。这种机械在大型的采石场以及公路的施工现场都能见到。其钻杆是用硬度很高的钢材制造的，长角苗人使用的钻杆一般在一米到两米不等的长度。毫无疑问，钻杆越长越难控制。

用凿岩机凿好了石洞之后，将用两斤炸药制造的雷管投入进去，以电池引爆。乱石飞溅，制造出了大量的石块，但是仅仅靠这两斤的炸药炸出的石头数量还是有限，主要还是制造一个能够开凿石头的“边缘”，这种边缘比用铁锤、铁钎凿成的边缘强多了，因为炸药的爆破作用使石头产生了许多可资利用的裂缝。在长角苗人没有采用水泥和石子筑造平顶房屋之前，他们在开采石头的时候只对较大的成形的石块感兴趣，而开采过程中的碎石则被当做垃圾扔掉了。自从开始建造平顶房屋，这些碎石也成了十分抢手的材料，因为利用这些碎石制作砂子要比用大石块省力得多。大的石块必须用铁锤打成小石块，才能用碎石机顺利地打成砂子。因此，当地人建房子开采石料时操作的自由度比纯开采整块石材时大多了，大块的形状较规整的石材加以处理后用来砌墙，而那些昔日的下脚料和垃圾则用碎石机粉碎成砂子和石子。

陇戛寨只有现任村长王兴洪有全套的爆破工具，因为只有他一个人办理了“爆破证”，拥有这张证明才能经营爆破生意。王兴洪将其凿岩机租赁给陇戛寨以及周边的长角苗人使用，打一个 1 米深的石洞，收费 5 元。当然他所赚取的还不仅仅是这 5 元的器材使用费，寨民还要从他那里购买爆破用的雷管。现在一包炸药 60 元，12 斤，能配 6 支雷管。王兴洪将炸药买回来，配好之后再卖给寨民，赚取一定的利润。

虽然用凿岩机钻一个深 1 米的石洞才 5 元钱，但是对于经济收入比较少的陇戛长角苗来讲，这 5 元钱也要慎重地花出去，也要花到实处。因此他们在租用凿岩机之前，必须选好采石的地点，找到自己最中意的石材。

近几年，随着外出打工者的增多，当地人的经济状况有了较大的改善。长角苗人没有将这些钱用在改善吃穿上，而是花费在了修建房屋上。当大家的心思用到一块去时，王兴洪那一套爆破工具就显得势单力孤了。在这种情况下，陇戛寨以及其他寨子的长角苗人也会请周边的汉族兄弟帮忙，汉族人的收费标准和王兴洪的是一样的。

机警有商业头脑的人也从当地的建筑行动中嗅到了商机，他们利用打工赚来的钱购置了全套的爆破和碎石器具，找到一块石料较为集中且交通便利的地方，开起了打砂场（当然这要征得当地有关政府部门的同意）。距离陇戛寨不远的同是长角苗的安柱村农民杨忠敏就曾开过砂厂。行驶在通向陇戛寨的公路上，经常可以看到路两边曾经开采过石头、打过砂的大石坑和正在作业的砂厂。长角苗年轻的男子有不少在这样的砂厂做工人。这样的小砂厂大多没有什么安全保障，工作的危险性很大。但这种行当无疑是财力微薄的长角苗人创业的极少选择中的一种。事实证明，经营这项事业的人的经济情况要比一般的寨民好很多。更重要的是这些经营商业或者小工厂成功的人，会给寨民们做出榜样，促使大家向追求富裕的生活道路上迈进。

当然，像王兴洪这样的人，他的机械还有商业之外的另一种用途，那就是“沟通人情”。其他拥有机械的人，机械给其他寨民使用收取费用是理所当然的，而王兴洪家的碾米机在给其他人用时就经常不收费用，或者收的费用较少，因为他是陇戛寨所在的行政村高兴村的村长，需要村民的支持。在经济远未达到发达水平的山村，大家只能依靠相互帮工的形式完成诸如盖房之类的大型项目。但是村长与一般的村民比较起来，其花费在这方面的时间要少得多了，毕竟他要管理 1000 多人的高兴村，在整个高兴村，如果说有人政务缠身的话，那这个人非村长莫属。但是大家并不会因为某某人是村长就从心底里免除了他该尽帮工的义务，当然村长也不想彻底跳出这个圈子。如果他真的耍起村长的威风来，与其他的村民划清界限，那他家一旦有什么事情需要大家帮忙时，大家就会装做什么事情都没有发生了。最根本的原因是，整个寨子并没有由强烈的经济或政治因素结合成一个实体。在这样的情况下，村长的“权威”有限，更多的是给广大村民服务，也就是说，村长的权力还没有大到可以转化成可以抵消帮工的情况。对大多数寨民来说，村长的权力并不能给自己带来好处，所以村长必须找到一种抵消帮工的方法，王兴洪的做法无疑是明智的：他利用自己辛勤劳动赚来的钱购置了大多数寨民买不起的机械，即使大家使用这些机械是收费的，但只要认为收费还算合理，就会对他持感激的态度。客观情况是，大家不得不对他产生依赖。所以，即使王兴洪没有像大多数寨民那样对寨子中的人“逢忙必帮”，但是他如果需要帮忙，大家同样会到。更重要的一点是，他这种忙可以说是不可替代的，所以有助于维持他的高支持率，也有利于他村长工作的开展。事实也是这样，大多数村民对他们的这个村长还是持正面态度的。

在木工领域，现代工业机械的引进似乎也有使传统局面重新洗牌的趋势。我们在前文所介绍的木工工具都是长角苗木匠手工制作木器所使用的，虽然锯等工具的使用年代不长、使用范围不广，但是这些工具的引进没有对长角苗木匠的生产格局产生“革命性”的影响。因为锯子的引进并没有减少斧子的使用率。因此本节将以上工具一并视为长角苗民族木匠的传统工具。除了几种锯子，其他工具的使用年代可以称得上久远，这些器具历时长久而得不到替代，这使得长角苗木匠的木工技术保持了稳定，技术的稳定也维持了器具种类的稳定。

艰苦的生活条件使他们的器具的数量稀少，质量粗陋。产品需求的稀少限制了寨子中以专门为大家制作木器为生的职业木匠的出现。但是电推刨和刨木机的出现彻底改变了这种状况。

手提电动推刨的外形类似电熨斗，底部有一道与电熨斗机身垂直的槽，里面装有能旋转的刨刀。手提电动推刨将手动推刨刨刀的水平运动变成了圆周运动，这种运动由电力带动，效率大大提高，刨出的木头表面的质量也大有改观，更加平整、光滑。刨木机则是一种更先进的多用途木工机械，用它可以截木、解板、铣榫、钻卯、刻槽，可以说任何中小型木构件都能通过刨木机来完成。它实际上是一台机床，因此用它制作出的木器更加合乎规范。由于陇戛寨的通电时间是 1996 年，所以手提电动推刨的引进上限是 1996 年。陇戛寨手提电动推刨的引进并不是陇戛木匠主动的结果，直到 1996—1998 年当地政府组织黔东南和陇戛寨的木匠们修建梭戛生态博物馆的时候，陇戛寨的个别木匠，像王兴洪、杨洪国等人才得以见到黔东南苗族木匠使用的手提电动推刨。但是直到现在，陇戛寨正在使用手提电动推刨的木匠也很少（杨洪国有 1 台，王兴洪有 1 台，但已经报废），这并不是因为这种刨子的价格贵得让他们承受不起，也不是寨子中的木匠活儿少得用不着这种效率较高的刨子，而是因为他们缺乏从这种电动工具中寻找商机的想法。高兴寨的木匠杨成明就拥有三台这样的推刨，而且还买了大型的刨木机。杨成明已经不再满足于做点木工活儿给自己用的古老范畴了，他利用这些先进的电动木工工具批量生产门窗的木框。显然，杨成明把握住了利用新的电力以及新的电动木工工具谋生的机会。而等到杨成明的资金和技术积累到一定的程度，他就不会仅仅满足于制作门窗的木框了，最终的结果是所有的木器他都会涉及。在我们的考察中，曾经遇到过陇戛寨的寨民请杨成明给砌房子的情况。杨成明有了电动工具，效率提高了，木工活儿的质量也提高了，请他做活儿的人必然多了起来。其他即使手工技术比他好的木匠在这场角力中也只能甘拜下风。杨成明逐渐就会包揽本寨和周边其他苗族寨子的木工生意。这无疑会使他与众不同。等其他的木匠醒悟过来，杨成明已经羽翼丰满了。长角苗居住的地方木工市场有限。一个木匠足以供应几百户人所需要的木器。从这个意义上来说，电刨子的引进，促使了一些木匠思想的转变，这种转变最终会改变陇戛寨、高兴村，甚至是整个长角苗民族传统木工技艺的格局和面貌。木工技艺会成为一个人或者几个人掌握的技术，而且这些技术的分量会被提高，而其他的木匠会因为错过这场技术“革命”而失去继续做木匠的机会。当然，如果长角苗的木匠没有竞争过其他民族的木匠，也可能整个民族所使用的木器都是从集市上买来的异族产品，整个民族的人都成为看客和顾客。

有一个问题值得多说几句。前文中曾经提到，在长角苗人的历史上，大家更多的是靠人情换人情的方式解决诸如盖房、打嘎这样的个人难以完成的“大工程”，在这些工程中，大家庭的亲属是其中的主力。而机械的引进，使得这种交换方式变得岌岌可危。拥有某种或几种机械的人从人群中凸现了出来。过去，人多势众是一种莫大的优势，然而现在情况发生了变化。像开石、打砂这样的工程依靠的是现代化的凿岩机和碎石机，而拥有这些机械的人毕竟是少数，大家要想利用这些机械，除了交钱之外，还要讨好机械的主人，这样，金钱成了“劳务”交换的媒介之一。而那些机械的主人还可以以机械的使用权换取人情，这种人情又可以换来劳务。从表面上看来，就是机械换劳务。这部分拥有机械的人获得的这种权利打破了传统。相信这会迫使长角苗人的亲情关系和人际关系网络发生根本的改变。

总之，这些机械拉近了陇戛寨和外界的距离，并最终将其拉到全球化的洪流当中。在这个关键时刻，长角苗人的价值观、人生观无疑会遭受一次巨大的冲击。

二、民具组合的变迁和重构

寨门大开，人们的购买力也有了提高，现代工业生产的器具大量出现在长角苗人常赶的梭戛、吹聋等场上，长角苗人开始了现代器具的选择进程。从现有的田野资料来看，资金实力较强的长角苗人，诸如王兴洪、熊玉文等人引进了一些以电能为动力的机械。这些机械超出了绝大多数陇戛寨人的购买力水平，很难进入一般人家。当然，陇戛寨的生产力规模也无需那么多大型现代机械。虽然这些机械影响到了多数长角苗人的生产和生活，但是它们并没有改变长角苗人的家庭民具“系谱”。大幅度地改变了长角苗人的家庭民具“系谱”的是那些小型的生活器具和电视等文化娱乐器具，诸如各种价廉物美的厨炊具和食具等，这些器具都是长角苗人无力制作的。

新的器具采用，往往有几个阶段，第一个阶段是少量器具进入一个民具群，这时旧器具仍然占统治地位；第二个阶段是两种器具“势均力敌”；第三个阶段是新器具占领了大部分领域，旧器具已经很少。三个阶段又可以各自划分出初、中、晚期。这三个阶段的划分是以器具的原初功能为基准的。换言之，就是一件器具被新器具淘汰，是指它的原初功能被新的器具代替了，有的甚至被“排挤”出了它原属的器具组合，但不是说这件器具被完全放弃了，它往往被转做他用。实际上，在经济水平尚低的小型农业社会中，器具被完全放弃的情况不多。但值得注意的是，就本地人来说，转做他用的器具的地位往往有很大的下降。

陇戛寨现在正处于第二个阶段的初期，变动最大的是生活民具。

汲水民具组合中的木水瓢基本上已经被新式的塑料红水瓢取代，背桶有了新的替代品——外套木架、小口带盖的塑料水桶、装在背箩中的塑料水袋，但背桶仍然占据主要地位；扁担仍然履行其原有的职责，但原配的木挑桶已经完全被轻便的红色塑料水桶代替。

由于长角苗人已很少烧柴，燃料收集加工民具组合中的砍柴工具已经很少再执行原来的功能，燃煤工具的作用大大加强。

厨炊具组合的变动较大，原属于长角苗人自有文化元素的土锅、木碗、木勺已经很少存在，由铁锅、铝锅、不锈钢锅、瓷碗、铁勺、铝勺、不锈钢勺，以及新出现的碟类和长角苗人的土炉组成新的厨炊具组合。土锅被取代后，并没有退出长角苗人的生活，一些人家用它来装水，一些人家在其内铺上干草，让其变成了鸡鸭孵蛋的安乐窝。在陇戛新村，厨炊具方面的变化尤其大。由于政府修建的新房设置了专门的厨房，厨房中有水泥预制的碗柜和炉子，使得新村的厨炊具有了新的存放和工作环境，和老寨区别开来。

洗漱民具组合的变化更大，长角苗人传统的洗漱民具非常简单，只有木盆和土布毛巾。但现在除了少数人用木盆洗脚外，木盆基本上退出了这一组合，有的木盆沦落为脏兮兮的猪食盆。红色的塑料盆、棉布毛巾，塑料胭脂盒、红色的木梳子、塑料边镜子，牙刷、牙刷杯等组成了新的洗漱民具组合。

对绝大多数家庭来说，家具组合则几乎没有什么变化。沙发是新出现的家具，这样的家具出现在了曾在外当工人的熊玉方家（还有一组大衣柜）、当时的村长王兴洪家、当时的村民组长熊朝贵家不是偶然的。从这种追求舒适的家具上，可以看出三家有较好的经济条件，三家的主人也有较开阔的眼界。家电是新出现的事物，也是一种奢侈品，极少数年轻家庭配备了碟机和音响设备。

照明民具发生了质的改变，火把、油灯已经成为历史，电灯和手电筒照亮了人们的新生活。

生产民具的变化没有生活民具的变化大，但也出现了一些变化。

在木工民具组合中，手提电动推刨以及刨木机的出现，使整个民具组合的结构和整个木工“行当”的结构都发生了深刻的变化。但基本的木工工具仍然位列组合，用于精加工的槽刨等工具则被综合性的刨木机代替。

由于生态环境的变化，狩猎活动早已停止，狩猎民具组合也已不存在，只有生态博物馆中残缺的弩箭能够勾起人们少许的回忆。

耕种农具、收获民具几乎没有什么变化，可以看出当地农耕活动的稳定性。

在存储民具中，水泥缸和水窖都是在当地政府的主导下出现的新器具。用木箱子装粮食和面粉则是长角苗人近些年自己的创建。原先大量使用的囤箩已趋没落，随着住房条件的改善，更多的人使用编织袋盛装粮食。

粮食加工民具中的主力——石磨已经基本上被碾米机取代了，其他诸如打粑粑的粑粑盆和粑粑棰的少见是因为打粑粑的活动减少的缘故，并非是遭到了替代。

畜牧饲养用具中唯一的变化就是橡胶猪、牛食槽大量取代了传统的木食槽。

纺织民具组合的结构较为稳固，但是随着传统纺织活动的减少，整个纺织民具组合也遭到了重创。

在交通运输民具、车马挽具组合中，由于陇戛寨的驮煤活动早已结束，除了在梭戛生态博物馆的展厅中尚存有一套驮煤工具外，家庭中已寻觅不见。摩托车出现在极少数年轻人家庭中，但因为极少，对文化的影响也极其微弱。寨外可以租用的三轮车和摩托车大大地改变了长角苗人的出行和交通生活。

作为陇戛寨最传统和最具有地区特色的背运民具则没有任何变化，诸如背架、背箩等工具仍被频繁使用，近期这种劳作不可能被取消，也不可能有替代器具出现。

在文化娱乐民具中，儿童们的玩具没有大的变化。由于电视的出现，人们的休闲活动发生了很大的变化。但是传统的休闲娱乐活动并没有因此而消失，而是出现了多种休闲娱乐活动并存的局面。

第六节　民具的栖息——民具的存储与保管

一、民具的存放和维护

如果仅从时间方面考虑，那么只有两种民具：处于工作状态的民具和处于闲置状态的民具。前者因有着明显的“行为”，较容易观察，是民具研究的主要内容之一。后者更隐性一些，故而常常被忽视。人类学家哈维兰认为：“人们制造这些东西做什么用、人们怎样安置这些东西以及他们怎样丢弃这些东西，都反映了人类行为的某些方面。”[58] 因此，我们通过探究人们对待处于闲置状态的民具的行为，除了可以在完整的意义上解读民具之外，尚能就人和民具之间的隐性关系做出一些探究。为了叙述的方便，我们把陇戛寨的民具分做固定性民具和非固定性民具两类。

（一）固定性民具

固定性民具指的是在使用过程中并不移动的民具，就陇戛来说主要是各种家具。这类民具比较特殊，它们似乎总是在服役状态中，因为这些民具除了具有实用的功能外，还兼有摆设装饰功能。大型家具进屋之后很少移动，正因为如此，它们的摆放位置往往有着很强的文化意义。

长角苗人的床一般放在左右次间里，放床，特别是放家长床的那间，往往还兼做厨房、鸡舍，家庭中的大部分家具也集中在这一间屋中。床往往靠墙角放，左次间则多靠向左前角，右次间则多是放在右前角。箱柜也是靠墙，且多是靠向房子后墙。土炉往往置于家长房中，或床头，或床边，无定规。碗柜也往往靠墙角放置，且多在家长房中。长角苗人的堂屋是一个用处颇多的处所，可以祭祖、操办红白喜事，可以作为娱乐和待客场所，但更多的是作为劳动和放置大量工具和收获物的场所。石磨有的放在堂屋，有的放在吞口一角，有的置于房前窗下；其他的固定民具像水缸则依据如何取水方便或放置于次间或放置于堂屋，以放置于次间的为多；囤箩则多置于阁楼上，主要为了防止鼠类偷食粮食。虽然长角苗人的固定民具的摆放有一定的规律，但并不是说这些民具的摆放位置是有成法规定的。这一点与汉族不同，汉民族的四合院的每个房间的居住人，每个房间的用途，甚至房间中的民具的摆设都有着甚严格的规矩，不可逾越。像堂屋一般是供奉神仙和祖先的地方，是神圣之地，不可以用做劳动场所。相对于此，长角苗人则随便得多，它们房中的摆设主要是追求功能的最大化。如家长所居之屋往往是一家的中心，所有重要的东西几乎齐聚进来：土炉是为了取暖，兼做厨房则是因为土炉在这一间屋中，放置鸡笼是为了防盗，等等。

（二）非固定性民具

非固定性民具包括了绝大多数工具。这类工具中的很大一部分往往具有季节性，譬如农具。

1. 季节性民具

在长角苗人现有的民具中，季节性民具主要是有限的几种农具和食品加工工具。这些农具的使用和闲置与陇戛当地的农时一致。一年当中，犁及其配套用具主要用两次，分别是农历的九月犁地种小麦和十二月犁地种洋芋，在此之前主人要检查犁是否完好，如果有损，要请木匠修缮，如果犁铧钝了则必须拿到场上请铁匠锻修，使其足够锐利。无论犁“去往”哪里，都由主人背负，其待遇颇高。背负的方式有二：一则直接扛于肩上，犁引与肩部相合；一则将犁平缚于背篓上，犁引向前。第二种方式适合载犁的同时在背篓内盛运其他工具。每次犁地结束，细心的主人都要将犁铧上的泥土揩擦干净，防止犁铧生锈。每一茬的耕地完全结束后，则要更仔细地将犁铧擦净，放置于阁楼上，或悬挂于堂屋中的后墙壁上。在陇戛寨，犁是男人的工具，不管是制作犁、工作途中运犁，还是犁地或找人修犁，都是男人的工作，女人并不参与。这就像男人从来不坐在织布机前织布一样。钉耙则主要在作物种植前背箩的时候使用，大规模的背粪在农历的一二月间。其他的季节性民具有夹棍、镰刀、剥玉米锥锥等。夹棍主要在农历六月间收获豆时使用；镰刀则用于牛草和猪菜繁茂的夏秋季，收获小麦的时候也使用，但是长角苗人种植的小麦很少。薅刀、镰刀等工具都以背箩盛运，而不是扛于肩上或提在手里（镰刀在回家途中有时也拿在手里）。季节性的食品加工工具主要是制作粑粑的粑粑盆和粑粑棰，因为长角苗人主要在过农历十一月的耗子粑节和其他节日时才制作这种美食。但现在在陇戛寨中已很少能够看到制作粑粑的民具了，长角苗人已经很少自己制作这种食物，因为可以从场上买到。长角苗人对待薅刀等季节性民具远没有犁上心，这些民具用完后甚至不经过最起码的清理就随手放置在堂屋的角落里，镰刀等小型民具往往悬挂于内墙上，其他则多倚靠在墙边角落里。

2. 非季节性民具

非季节性民具最为繁多，大到马车，小到筷子，均属此类。长角苗人对于这样的民具都是边使用边修缮。

马车这种大型民具陇戛寨非常少，而且由于长角苗人并没有掌握制作马车的技术，所以马车的修理都是请外人代劳的。马车闲置的时候，多放置在房前的空地上，由于马车多为铁质，见水易生锈，故在闲置的时候往往覆盖上塑料膜等遮雨布，给轮轴处上油是最普通的养护手段。

背篓、背架等背运民具，多依墙放置在堂屋中，有的也悬挂于墙上，损坏只能请木匠修缮。

纺织机械一般放置于堂屋的角落里，如果使用则抬到堂屋门口，以充分利用光线，除了绞线机，别的纺织器械很少拿出堂屋，如果损坏，请木匠修缮。

甑子、分饭簸簸等食器，要放置于桌面或柜面等木质平面上，这样的地方可以保持清洁。甑子如果损坏，只能请木匠修缮；分饭簸簸常被磨损出小洞，陇戛妇女的办法是以布缝补，继续使用。

碗、盘、筷、勺等厨具、食具，有专门的碗柜盛储，一般损坏即弃。

匠人专用的民具显得较为特殊，可能是这些民具对于匠人来说比较珍贵，所以得到了最好的照顾。这些民具一般被主人装入木箱或者袋子中，藏于床下或阁楼上。匠人们的工具尤其是木匠们的工具多为自己制作，如果损坏，自己修缮。

陇戛寨的民具中最为人们珍视的是男人们的烟杆，烟杆往往被把玩得光滑溜亮，只要空闲，男人们都掌在手中，爱不释手，甚至劳作中也忙里偷闲抽上几口，这样的烟杆不用刻意养护也不会轻易损坏。它栖息的位置也和主人挨得最近，因为主人要随时能拿到它。

二、日久生情——主人对自己民具的情感

在较低级的社会中，民具是人们的重要财产，人们对这些民具往往爱惜有加，时间既长，这种做法逐渐形成了一种传统。俗语有言："新三年，旧三年，缝缝补补又三年。"这句话讲的是穿衣，实际上，中国的老百姓也是以这样的态度对待他们的民具的（当然一些民具的使用年限要长得多）。这种爱惜主要基于实用因素，但也有文化的因素（如对民具的情感因素）。

长角苗人对待其民具也做到了敝帚自珍。犁铧、薅刀头、铁锹头、镰刀、砍刀等铁器，直到磨秃了仍坚持使用；分饭簸簸、筲箕、背篓等竹器如果磨损有洞，必反复修补，直至用到完全解体；甑子、背桶、桌椅等木器的使用情况也大致如此，有些人家的四条腿的木凳折了一腿，无法修缮，但仍然坚持使用。下面的事例颇可表现长角

苗人对待他们的民具的珍惜程度：土锅是早已被长角苗人淘汰多年的炊煮器，但是人们仍舍不得扔掉，而是想方设法作他用。完好无损和口部稍有破损的土锅用来盛装水；整体保存完好但有较严重裂纹不能装水的则用来盛装面粉；破损一半或破损大半但底部尚好的则铺上草芥做鸡或鸭的孵蛋窝。

人们在使用民具（特别是那些使用年限较长的民具，或者是较称手的民具）的过程中，逐渐对这些民具产生了一定的感情，并以丰富的方式表达出来。猎手珍惜自己的猎枪，每逢空闲，习惯于用软布仔细地擦拭它，更细心的还要定时给自己的爱枪上油。农人爱惜自己的锄头，每天用完之后总要将锄头上的泥土揩擦干净。至于对待烟杆之类的休闲民具，很多人更是达到了溺爱的程度，轻易不许别人碰触，还要给烟杆有所装饰。

《引路歌》是长角苗人最重要的传统口传文化之一。从长角苗人的《引路歌》中描述死者和自己民具的依依不舍，也可见其对待自己的民具的深厚感情。（详见附录）

长角苗人对民具的珍爱之情并不容易考察，但我们仍能找到一些具体的表现。譬如，我们发现一些长角苗人仍将自家早已不用且仅剩下骨架的织布机、纺麻机放在遮雨的屋檐下；那些早已失去功能、遭到淘汰的石磨也有这样的待遇；一些磨损得厉害、已不能使用的背架仍然挂在屋内的墙壁上，废弃不用的研碓仍旧置于房内的角落里；等等。这在一定程度上反映了长角苗人对自己民具的珍爱之情。

第七节　结语

陇戛民具的产生和使用既受到了长角苗人文化观念的影响，也参与了长角苗人文化观念的创造，其自身也是陇戛文化的重要组成部分。陇戛寨的民具使我们体会到：民具并不仅仅存在于物质层面，其所联系的非物质的精神文化超乎想象，而且两者之间绝难分开，无论丢弃了民具的物质形体还是舍弃了民具背后的"语法规则"，这件民具都将不复存在。这就从一个侧面说明了我们在进行文化遗产研究和保护的时候，应尽量采取整体的视角和手段，避免为了研究的方便而进行物质文化和非物质文化的简单划分，以免造成片面的认识。

从另一个层面上来说，长角苗人的民具，尤其是生产工具的演变，不是遵循着由简到繁、由初级到高级、由原始到现代的普通渐进模式演变和发展的，而是由于受到外界环境的压迫产生的跨越式的巨变。毫无疑问，长角苗人还没有为这巨大的变革做好准备。事实上，他们也没有这种准备意识。于是，他们对外面传入的新式的生产工具和生产方式感到有些无所适从，在这种情况下，最明智的方法就是全盘"现代化"，这种"现代化"可能会使他们传统的物质文化（尤其是民具文化）荡然无存。所以他们的文化"现代化"的过程，同时也是传统文化消亡的过程。"现代化"的速度越快，其民族文化消亡的速度也就越迅速，而梭戛生态博物馆的建立，无疑打开了长角苗人的大门，加速了他们“现代化”的速度。

在这样的关节上，我们应该怎样帮助长角苗人认识到自己传统文化的价值呢？以政府为主导的文化保护工程应该怎样帮助长角苗人保护自己的文化呢？现在的梭戛生态博物馆是不是起到了保护长角苗人的文化的作用？

我们在前文提到，长角苗人的文化已经进入了急速变迁的阶段。在这个阶段，任何人都难以抵挡市场经济中的种种诱惑，更不用说初尝市场经济甜头的长角苗人了。随着新式机械和器具的涌入，大量传统民具会遭到淘汰，这些民具变成了废物，即使它的部分被改造成新的民具，继续发挥余热，但是作为完整意义上的一件民具已经消失了。长角苗人的民具也本该逃不脱这样的命运，但是生态博物馆的介入，改变了一些程度较新的民具的命运。那就是或者它们被放到博物馆的展览馆中供游人参观；或者被允许待在主人的家里，被安排到显眼的地方，作为陇戛民俗风情的一部分供游人参观。但是在没有专家的研究和指导下，旅游往往催生很多伪民俗。在这里，我们并不是要竭力反对将一些民族、地区的文化加以“改进”，如果这种变化能够更好地改善当地人的生活条件的话。但是，在“改进”之前，我们是否要为文化多样性和为这支民族或者是这个地区的民众的未来做点什么呢？

就民具来说，任何人都没有权力要求长角苗人永久使用着传统的民具，过着传统的生活。但是不是将这些民具贴上标签放到博物馆或者展览厅中就可以了？不然。保存民具的意义在于让人们通过这些民具认识到其背后的人文意义，这种人文意义是整体的。这就要求保护这些民具的使用和存储环境。就这个意义上来说，似乎只有生态博物馆这样的理念方能实现。但是，梭戛生态博物馆的事实证明，在现阶段，此路还很难走。我们可以求其次，用文字、图片、影像的方式忠实地记录下这些民具的原生态样式、民具的制作过程、民具的使用方式，等等。而其储存的环境则可以和建筑的保护结合在一起。这种方法类似于保护名人故居：修葺好几座典型的长角苗传统住宅，将各种民具摆放在农民日常存放的位置。我们知道，处在这样的房屋之中，被各种民具和房内的其他设施环绕，阅读各种关于长角苗人的文本文件，观赏他们的照片、录像，无疑是较好的文化体会方式。利用实物和历史记录构造一个活态的次真实的虚拟场景是延续长角苗人的记忆的较好和较可行的方法。要实现这些，最首要的是建立一支靠得住的、高水平的学术队伍，或者顾问团队。

对于围绕民具的技艺的保护所涉及的问题也不像想象的那样简单。从理论上来说，在民族地区的小学里开设民族传统工艺课程是一种理想的方法。但是这能取得多少实际的效用呢？当地很多人上学的第一目的是为外出打工做知识储备，其次就是对传统工艺活动的逃避（陇戛年轻人往往以此表示与传统生活的决裂），在此情况下开设这样的课程，取得的效果可想而知。我们想，除了教育[59]以外，似乎从旅游的角度加以引导更容易取得效果。在尽可能保护文化的情况下发展旅游业，[60]开发旅游产品，让人们得到从事民族工艺的实惠，看到从事民族工艺的前景，真正对这种劳动产生兴趣，培养起保护和发展自己民族的文化的自觉，将文化的保护和社会的发展合二为一，进而走上可持续发展的路子。

注释

[1] 参考周星：《日本民具研究的理论和方法》，周星主编：《民俗学的历史、理论与方法》（上册），第277–279页，北京：商务印书馆，2006年。

[2] [美]博厄斯著，金辉译：《原始艺术》，第22页，上海：上海文艺出版社，1989年。

[3] 恩格斯在《家庭、私有制和国家的起源》中写道："有犁以后，大规模耕种土地，即田野农业，从而生产资料在当时条件下实际上无限制的增加，便都有可能了；从而也能够清除森林使之变为耕地和牧场了，这一点，如果没有铁斧和铁锹，也不可能大规模进行。"《家庭、私有制和国家的起源》，中共中央马克思、恩格斯、列宁、斯大林著作编译局译，第25页，北京：人民出版社，1999年。

[4] 黄淑娉、龚佩华：《文化人类学理论方法研究》，第188–190页，广州：广东高等教育出版社，2004年。

[5] [美]萨林斯著，王铭铭、胡宗泽译：《甜蜜的悲哀》，第118–121页，北京：三联书店，2000年。

[6] [美]本尼迪克特著，吕万和、熊达云、王智新译：《菊与刀》，第8页，北京：商务印书馆，1990年。

[7] [美]萨林斯著，王铭铭、胡宗泽译：《甜蜜的悲哀》，第123页，北京：三联书店，2000年。

[8] 费孝通：《费孝通全集》（第5卷），第319页，北京：群言出版社，1999年。

[9] [美]本尼迪克特著，吕万和、熊达云、王智新译：《菊与刀》，第7页，北京：商务印书馆，1990年。

[10] 周星：《日本民具研究的理论和方法》，周星主编：《民俗学的历史、理论与方法》（上册），第276–325页，北京：商务印书馆，2006年。

[11] [美]博厄斯著，金辉译：《原始艺术》，第21–22页，上海：上海文艺出版社，1989年。

[12] （民国）徐孝喆修、缪云章纂：《民国邱北县志》第二册，石印本，1926年。转引自尹绍亭：《人与森林》，第45页，昆明：云南教育出版社，2000年。

[13] 尹绍亭、何学惠主编：《云南物质文化》，罗钰著：《云南物质文化·采集渔猎卷》，第206页，昆明：云南教育出版社，1996年。

[14] 20世纪90年代，长角苗人开始在农业生产中使用化肥。这一现象的出现与经济情况的好转和人们时间观念的转变直接相关，而这些又与打工的出现相关。关于农民打工与使用化肥的关系问题，读者可以参考田敏、沈再新《论少数民族劳动力打工的原因及其影响》，《广西民族学院学报》，第70–73页，2005年5月。

[15] 长角苗人称玉米为包谷。当地的玉米品种有白包谷（玉米粒呈白色，为当地土种，产量低）、黄包谷（杂交玉米，西山7号，产量高，但不好吃）、糯包谷（种得很少，过去用来打粑粑用）三种。玉米农历三月下种，五月中旬薅苗，八月中旬到九月间收获。

[16] 当地的小麦种得较少，且产量很低，不是长角苗人的主要粮食作物。小麦农历十月份下种，来年五月份收获。

[17] 陇戛寨只是近几年才吃上白米饭，但也只是极少数最富裕的家庭才能常年吃米。

一个年收入三四千元的家庭，每月只能买上几十斤的白米，和着包谷面吃。最穷的家庭终年吃的是包谷饭，只有过节和招待亲友时才舍得吃点白米饭。当地人已经形成了吃包谷饭的习惯。据陇戛旧寨的熊玉方先生讲，米饭虽然爽口，但不易吃饱。只能在农闲时节吃一些，在需要出力气的农忙时节，“还是吃包谷饭更顶事一些”。

[18] 就一般的民具分类来说，多将镰刀归于收获民具一类。但是在长角苗人的生产中，镰刀用于割草的功能要重要于收获农作物，如割麦。因此本章将镰刀归于禽畜饲养民具组合。

[19] 据高兴寨农民王天学讲，20 世纪 90 年代中期以前，放牛的很多，当时人们白天将牛牵到有草的山坡上，牛自己吃草，人则到田里或者回家干活，天黑了再牵牛回家。有的人特别忙就让牛在山上过夜。也有的人图方便，将几头牛赶到山坡下的山洞里，天亮了再赶出来，十几天不牵牛回家。现在则没人敢这样做了，他们说现在社会风气坏了，要是放牛，必须要有人守着，不然准被偷走。至于是什么人偷的，他们也不清楚，但一般是外地人。按照长角苗人的规矩，如果谁家丢了牛，整个寨子的人会成批成批地来慰问，主人家则必须安排酒饭招待，这样的招待往往能持续几天，大的寨子甚至能持续一周。折腾下来，主人家相当于丢失了两头大牛，这显然不是一般人家所能承受的。

[20] 长角苗人饲养的马的数量很少。饲养马最多的时期，不过平均约每 10 户 1 匹，现在则更少。小坝田寨只有 1 匹，陇戛寨也不超过 3 匹。

[21] 长角苗人原没有统一和固定的名称，我们以其用途暂称此名。

[22] 同上。

[23] 同上。

[24] 同上。

[25] 当地政府帮助修建的陇戛新村的室内有专门的厨房，厨房长 253 厘米，宽 200 厘米，高 280 厘米。厨房内建有连体的水泥炉子和碗柜。

[26] 熊玉安吟唱，熊光禄译，方李莉整理，“高兴寨引路歌”，2006 年。

[27] 同上。

[28] 吴昶著：《梭戛长角苗民居建筑文化及其变迁》，中国艺术研究院硕士论文，2007 年。

[29] 马林诺夫斯基著，梁永佳、李绍明译：《西太平洋的航海者》，第 278 页，北京：华夏出版社，2002 年。

[30] 加水的方式有两种：一种是直接用软塑料管接自来水浇洗，这样的洗法只有在多水的夏季才有可能；一种是用水瓢从桶中舀水泼洗，这种洗法四季适用。冬季由于缺水，自来水供水不足，大家就直接到寨子下面的幸福泉洗衣服，用完的洗衣粉袋子扔得遍地。泉水池前面的地上也都踩满了烂泥，泥中又夹杂着落枝、败叶。面对这样的环境，正在洗衣的苗族妇女们泰然自若，显然她们已经习惯了这种生活。幸福泉的泉池中的水是陇戛寨冬季重要的饮用水源，但是在这里洗衣服的人们就用她们的洗衣盆从里面往外舀水。前来挑水、背水吃的寨民也习以为常地从池中取着水，丝毫没有对此感到别扭。

[31] “开柜词”，陇戛寨杨光亮整理。

[32] 马林诺夫斯基著，费孝通译：《文化论》，《费孝通译文集》（上册），第 276 页，北京：群言出版社，2002 年。

[33] 同上。

[34] 马林诺夫斯基著，费孝通译：《文化论》，《费孝通译文集》（上册），第 276 页，北京：群言出版社，2002 年。

[35] 烟杆，即旱烟袋。但是长角苗人的这种烟具没有装烟叶或烟末的袋子，所以与烟袋不同，他们称之为烟杆，突出了“杆”，是抓住了这种烟具的特点。就像烟袋抓住了“袋”这个特点一样。

[36] 长角苗人曾经酿过玉米酒，他们称之为苦酒。由于酿酒的成本太高，加之玉米酒的味道远远不如白酒，很快就放弃了。我们从梭嘎卫生院的刘院长处听到过一个故事，故事大概是这样的：一个长角苗人到一个汉族酒商处赊酒，酒商的酒均以白色的坛子盛装。他赊了一坛子酒。在记账的时候，酒商使了个心眼，他欺负长角苗人不认识汉字，在记账簿上记了某某某赊酒一百（将“白”写成了“百”）坛，并念给长角苗人听，长角苗人听着没有什么问题，就在账本上画了押。等到他来还账的时候，酒商坚持要他付一百坛酒的钱，长角苗人不服。两人对簿公堂，法官只以证据断案，判酒商胜。故事的真实性我们姑且存疑，但是从故事上可以看出，长角苗人有向汉族人买酒的事情，证明他们自己当时没有或很少酿酒。

[37] E.A. 罗斯著，公茂虹、张浩译：《变化中的中国人》，第 149 页，北京：时事出版社，1998 年。

[38] 现在长角苗人用于给“进寨”的客人们敬酒的牛角杯、牛角酒壶、瓷酒壶等等多是外来之物。

[39] 其中熊玉方 2 台，村委会 1 台，其他每户 1 台，分别是王兴洪、王新富、杨学富、杨明伟、杨中伟、杨宏强、杨明进、杨正强、杨德贵、杨家祥、所才海（村卫生站站长，回族）、熊朝贵、熊光武、熊金亮、熊朝蓉、熊光贵、熊朝光家。村民的电视全为彩电，最小的 14 吋，最大的 21 吋。

[40] [英]雷蒙德·弗思著，费孝通译：《人文类型》，载《费孝通译文集》，上册，第 339 页，北京：群言出版社，2002 年。

[41] 同上。

[42] “晴天，蘑菇长在麻秆上，雨天，蘑菇长在杉树旁。现在这位老人死去，喊两位年轻女子去哭，喊两位青年男子去吹芦笙。”（“安柱寨引路仪式歌”，熊师傅吟唱，熊光禄翻译，杨秀整理）；“晴天时花儿阵阵香，结出的果实串串红，阎王老爷让这位老人死去，砍杉树来做他的嘎房，砍椿菜树和苦竹来做成芦笙，吹出了这位老人离去的忧伤，让所有的客人都来这里哭。”（熊玉安吟唱，熊光禄翻译，方李莉整理“孝歌”）

[43] [英]雷蒙德·弗思著，费孝通译：《人文类型》，载《费孝通译文集》，上册，第 340 页，北京：群言出版社，2002 年。

[44] 周星：《垃圾还是“国宝”？这是一个问题——以日本福岛县只见町的民具保存与活用运动为例》，中国艺术研究院和台湾东吴大学联合举办的“非物质文化遗产保护中的田野考察工作方法”学术研讨会（2007 年 6 月 1–4 日，北京）与会论文。

[45] 这种竹笔与墨斗上的墨斗竹笔不同。而是将竹片的一端从中间剖开，然后外折，形成一个拥有两个笔头的竹笔，这样的笔一次可以画两道线。在制作棺材的过程中，熊朝俊用这种竹笔记录下了墙子和底子的相对位置。

[46] 梁思成：《中国建筑史》，第 5 页，天津：百花文艺出版社，2005 年。

[47] 当地的一种竹器，腹宽口窄，类似簸箕，一般长约 30 厘米，宽约 20 厘米。多用于淘米。

[48] 长角人的计量单位。将线缠绕在手掌上，缠满谓之1捆。

[49] 对于线和布来说，长角苗妇女所使用的计量单位有卷、派（音）、丈、尺等等。1卷就是卷布辊上卷满的1卷布，1卷等于2派等于3丈，1丈等于3尺。

[50] [美]白馥兰著，江湄、邓京力译：《技术与性别——晚期帝制中国的权力经纬》，第34页，南京：江苏人民出版社，2006年。

[51] 李砚祖：《艺术设计概论》，第112页，武汉：湖北美术出版社，2002年。

[52] [德] Jacob Eyferth. The Locations of Skill in a Chinese Handicraft Industry. Manuscript.2006.

[53] [法]布罗代尔：《物质文明、经济和资本主义》，转引自（美）白馥兰（Francesca Bray）：《技术与性别——晚期帝制中国的权力经纬》，江湄、邓京力译，第11页，南京：江苏人民出版社，2006年。

[54] [美]白馥兰著，江湄、邓京力译：《技术与性别——晚期帝制中国的权力经纬》，第34页，南京：江苏人民出版社，2006年。

[55] [英]马林诺夫斯基著，费孝通译：《文化论》，载《费孝通译文集》（上），第201页，北京：群言出版社，2003年。

[56] 潘纳格迪斯·罗瑞德：《设计作为"修补术"：当设计遭遇人类学》，转引自李砚祖《设计之维》，第78页，重庆：重庆大学出版社，2006年。

[57] 费孝通：《费孝通文集》（第14卷），第41–42页，北京：群言出版社，1999年。

[58] [美]威廉·A.哈维兰：《当代人类学》，转引自方李莉：《新工艺文化论 人类造物观念大趋势》，第10页，北京：清华大学出版社，1995年。

[59] 我们这里所说的教育，不同于仅仅是在小学里开设民族工艺课程的做法，而更重要的是要在实践中让学生们体会到为什么要开设这样的课。

[60] 对于长角苗人来说，发展文化和生态旅游业是唯一能发挥出他们的长处的办法，也是具有前瞻性的办法。打工不但能带来本土文化的迅速改变，给文化多样性造成损失，而且就打工本身来说，长角苗人在外地丝毫不占优势，不能维持自身长久发展的局面。

第七章　服饰与文化符号

第一节　长角苗人的服饰文化特征

服饰是人类文明的象征，有着深厚的文化底蕴。克虏伯在《人类学》一书中提到，服饰作为“深深根植于特定文化模式中的社会活动的一种表现形式”，有着与社会背景相对应的特性。剖析服饰的文化内涵，可以将其分为浅表性和深层性两个层面。当我们提起服饰的时候，头脑里最先浮现的是其物质属性，即款式、颜色色调、图案、面料、加工工艺等，属于浅层文化结构，也称显性文化，具有符号性特征。而潜藏在形态背后的文化意向、价值观，甚至哲学、社会学、心理学、美学等意蕴，则属于深层文化结构，亦称隐性文化。二者互相统一，前者是后者的外部表现形态，后者是前者的内在规定和灵魂。我们要保护的不仅仅是服饰的形式，即我们可以通过视觉来识别的服饰文化系统浅表性的表征，还有需要我们用理性思维去联系与归纳的深层性文化象征。

一、民族服饰的符号性

（一）作为一种标示性符号

德国文化哲学创始人卡西尔曾提出：“我们应当把人定义为符号的动物来取代把人定义为理性的动物。”[1] 服饰是记录人类物质文明和精神文明的历史文化符号，而服饰的创造和传承又是以符号为媒介的。在服饰文化中，纹样是典型的艺术符号，苏珊·朗格在《情感与形式》中指出：“一个艺术符号的意味不能像一篇论文的含义那样去建立，首先必须进行全面性观察，就是说，‘理解’一个艺术品是从关于整个被表现的情感之直觉开始的。通过沉思，渐渐地对作品的复杂性有了了解，并揭示出其意。”[2]如果我们对长角苗人的服饰做一些“全面性观察”，就能对其服饰从情感之直觉进入理念的思辨，揭示出民族服饰这个文化符号系统的含义。

我们刚刚接触到长角苗的时候，就发现这支民族的名称与其特殊的服饰特征——长角有关。在长角苗的周围还生活着“花背苗”（大花苗）、“歪梳苗”这些不同分支的苗族，为什么人们在称呼苗族的时候经常用服饰的一个部分作为一个民族支系的名称呢？服饰对于长角苗人来说又有什么特殊涵义呢？

其一，服饰可以作为区别民族的一个标志。比如说长角苗人生活在一个多民族地区，方圆8公里以内就有穿青人、布依族、回族、汉族、彝族等多种民族，这些民族虽然在长期的相同地域中由于生产生活而有所交流，但是他们知道不同的民族有着不同的习惯，为了避免冲突，尊重其他的民族，不造成误解，最直观的方式是大家不同民族的人穿着不同的衣服。所以，服饰成为其本民族认同以及与其他民族区别的一种重要的标志。听梭戛寨的老人们讲，当初苗家人的祖先刚刚来到水西的时候，水西是彝族人的地盘。彝族的头领隔着水望见来的一群群的人是少数民族的打扮，就认为不是官军打来，便接他们过河，并给他们划拨了土地来居住和生活，从此苗家人就在这里安家了。

其二，进行族内识别。由于历史的原因，苗族的祖先经过了很多颠沛流离的迁徙，他们在迁徙过程中，需要用最明显的服饰特征来团结失散的族人。苗族的分支众多，清代就已将其称为“百苗”，这么多分支间的亲疏关系同样是通过服装的形制、配饰以及纹饰来判断的。苗族关于服饰有这样一个传说：苗族在跋山涉水沿河西迁的时候，都是一样的服饰，一种花样，一种打扮。当迁徙到一个叫做“条溪”的地方的时候，由于人多地窄，不便集中在一起生活，便在那儿栽下一块大石头，议定各自带一支儿女去寻找生路，十三年后再来这里聚会，礼宗认祖。在十三年后，大家集中到“条溪”聚会时，儿孙多了，认不清楚，两个奶奶为抢一个小女孩，吵起架来，出了人命。大家又开始商量，于是议定一个支系各制一套服装，各饰一种花色，各有一种打扮，以后聚会才不会认错孩童，发生争吵。于是议定后，去高坡寻找生活的奶奶，为了爬坡上坎方便，就把裙子做成短的；去平地的那支，奶奶就把裙子做得长长的；去不高不矮的那支，奶奶则把裙子做得长不长、短不短，只齐膝盖；去森林的那支，奶奶怕被野刺攀挂，就只拴两块围片。而且各有一种花色。现在，苗族的服饰与花色，千种百样，头饰发髻也各有特点，相传就是从那时候开始的。[3]所以，各支系的服装款式具有同一性，存在着纵向的和横向的联系。

用服饰以及纹样来识别族群分支的一个重要目的是婚配，苗族的各个分支由于分开年代久远，逐渐形成了独特的习俗以及语言等，为了使交流方便，他们可以根据服饰以及纹样是否接近来判断是否可以通婚，因为服饰相似的说明渊源更多一些，在语言和习俗上都比较接近，可以生活在一起。普列汉诺夫在《论艺术》一书中也提到：“在原始氏族中间存在着一定两性间相互关系的复杂的规矩。要是破坏了这些规矩，就要进行严格的追究。如为了避免婚配的错误，就在达到性成熟时期的人的皮肤上做一定的记号。”[4]而服饰正是人的第二皮肤，在服饰上做记号是非常直观简便的一种方式。

其三，在一个族群内部，统一的服饰能在人们的心理上造成一种认同感，可以增进本民族的凝聚力，共同面对并战胜困难。服饰就是对增强民族认同感起到强化作用的象征物。就像涂尔干在《宗教生活的初级形式》中提到的：象征物把社会的统一以一种具体的形式表现出来，它能使所有的人都明显地感觉到这种统一，因为这种原因，观念一旦产生，利用标志性象征物的做法就迅速得到了普及。此外，这种观念应该自发地产生于人们共同生活的环境中；因为象征物不仅仅是使社会本身具有的感情比较明显地表现出来的简便方法，它还产生这种感情，象征物本身也是社会感情的一个组成部分。[5] 如果社会感情没有象征物，那么其存在就只能是不稳当的。只要人们聚在一起，而且互相影响，社会感情就很强烈。当仪式结束时，这感情就只能以回忆的形式存在下去。而当只剩下感情本身时，这些回忆就会日益淡漠，因为当时群体已不复存在，而且也不再起作用了，个性就很容易重占优势。但是如果这种感情的活动能被刻在一些可以长期保存的物体上，这些活动就能长期存在下去。这些物体能不断使人们回忆那些活动，而且能提醒人们经常举行这些活动。因此，这是社会获得自我意识所必需的，也是确保这种意识长期存在所不可缺少的。长角苗人的服饰就是这样一种可以无形中增强民族认同感的象征物。

（二）服饰作为承载民族记忆符号的一个载体

这或许是长角苗服饰最为特殊、最为重要的意义。在长角苗的文化系统中，没有文字，但是他们用另外的途径将自己的文化进行传承。男子主要靠学习传唱酒令歌来学习与继承自己的历史与文化，妇女则是通过服饰的制作以及服饰上面的刺绣（a dzom），来记载自己民族的值得纪念的事情。从服饰上我们可以看出他们所生活的环境、气候，也可以看出服饰主人的年龄性别，可以看出服饰的主人结婚还是未婚，甚至可以从她们对服饰的态度上，看到她们的灵魂世界。从刺绣图案上我们可以看到，这些苗族妇女恪守祖训，在刺绣蜡染图案上长期以来保持基本不变，然而这并没有束缚苗族妇女智慧的发挥，她们在尽可能的范围内将这些几何花纹进行组合、配色，在布料上进行改进，在审美上进行探索，使得服饰图案跟随时代产生微妙的变化。这些长期流传下来的特定纹饰以及特殊的服饰，也就成为今天我们破解没有文字记录的长角苗人历史文化的一把钥匙。

二、民族服饰的实用性

服饰是人类日常生活中的重要必需品，它的发展亦是人类社会物质文明的显著标志。长角苗人的服装以及配饰都非常的实用，可以遮羞避寒，是切实根据其经济状况、生活状况、自然气候条件制作的。例如服装前短后长，适合爬坡；长角苗人生活在海拔较高的高山箐林上，气候比较寒冷且荆棘密布，羊毛毡裹腿可以使得夏季避免蚊虫叮咬，冬季可以防寒保暖；女性的章围（bu dzi zren）可以护住腹部，维护身体健康；头上的角是牛角与木梳的合体，首先是其可以将头发固定，其次是可以迷惑野兽。由此可见，人类的一切“文化”活动都是从发展自身的需要出发的。

三、民族服饰的审美艺术性

民族服饰艺术，作为一种特殊的审美对象而言，它在制作上主要以纺织、印染、缝绣等工艺技术来负载其审美品性，在造型艺术上又主要以各种款式的服装和各种不同的装饰手段来显示其固有的美学价值及其属性。许多学者认为：服饰的产生最早或许不是因为人们追求美，而是作为某种象征而出现的，到后来才逐渐演变为衣饰。他们认为这些艳丽夺目、易于识别的装饰品是为了显示自己的财富、智慧、勇敢和美丽，是装饰性的原始表现，也是自我力量和魅力的象征，所以服饰最先担负的社会职能应该是标志作用。

制作工艺，是服饰美的基础。长角苗人服饰的制作，主要采取纺织 (tsan ta)、蜡染、刺绣 (a dzom) 等工艺技术。蜡染，是指利用蜡作为防涂原料，用天然植物做染料将纹样绘制在服饰上的一种手工艺。与其他地区风格疏朗不同的是，长角苗人的蜡染纹样较为密集。长角苗人的刺绣工艺主要为挑花，又称戳纱绣。通过上述三种不同的工艺技术而制成的服装，获取了色、图、质、形等各自不同的审美构成要素。就色彩这种最大众化的审美形式而言，不同民族以及同一民族的不同支系都有各自所推崇的服饰色彩，长角苗人的色彩感觉是素雅中见浓艳。就服饰纹样这种特殊的艺术符号而言，抽象几何纹的简化方式、组合方式，无不是长角苗妇女在长期的审美实践中的情趣表现。就服装配饰搭配的繁与简、服饰的形制及造型而言，都暗示着与实用价值俱存的审美价值。

第二节　长角苗人的现代民族服饰类型与特征

纵观五千年的中国服饰，尽管千变万化，各具特色，但在形制上，只有两种基本式样，即上衣下裳制和衣裳连属制。在服饰流变史上，这两种式样的服装交相使用，兼容并蓄。长角苗的传统服饰的构成要素有服装与配饰。服装是上衣下裳的形制，也就是现在说的上装与下装；配饰是指除了衣服之外与服装相关的所有饰物，有头饰、项圈、围腰、腰帕、羊毡裹腿、鞋帽等等。在长角苗的服饰当中，服装款式虽然单一，但配饰变化较多，起着相当重要的作用。一般情况下，服饰配件如果脱离了服装这一基础，就不能发出迷人的光彩，服装如果离开了配件，也会显得黯淡无光。二者之间相互依赖，是不可分割的一个整体，是相关又不相同的两个方面。它们不是孤立存在的，它们不可避免地要受到社会环境、时尚、风格、审美等诸多因素的影响，经过不断地发展和完善，才形成了今天的这种形式。

一、长角苗人的现代民族服饰类型

叶梦珠在《阅世编》中提到："一代之兴，必有一代冠服之制，其时尚随时变更，无不小有异同，要不过与世迁流，以新一时耳目，其大端大体终莫敢易也。"[6] 中国历代王朝都对冠服加以礼法的约束，一般来说，即使老百姓追求时尚，民间老百姓的服饰也只是在改朝换代后稍有不同。在许多关于民族服饰的调查中，一些研究者的时间观念比较淡薄，将不同年代的服饰拿出来作为其传统服饰，忽略其服饰在历史过程中的演变，殊不知，哪个具体时间段的具体状态能够代表这个民族的传统服饰呢？没有时间感的服饰调查会使得我们难以把握传统服饰的演变规律以及成因。更有些研究者偏重于对年轻人盛装的研究，而对儿童或者老人的装扮忽略不记，尽管作为民族标志的民族服饰有着一致性，但对于很多民族来说，都会在人生不同的年龄段拥有不同的装扮。长角苗人就是如此。以下为 2005–2006 年内考察到的长角苗从儿童到老年的各种服饰形象。

（一）儿童服饰形象

1. 男童的服饰

在长角苗人的概念中，孩子都成熟的早，一般 15 岁以上就可以算成年了，男童的年龄范围一般在 3–15 岁之间。在长角苗的寨子中，男童的传统服装只有上装，其余部分例如裤子、鞋子等均为市场购买来的商品。男童的传统上装款式与材料与成年男子的大褂一样，由靛蓝麻布制作，领子、袖口、布兜均为刺绣片。但是这种衣服只是作为节日服装穿着，平时这些孩子们身上也都是其父母从市场买回来的比较廉价的汉族服装，也有一些家庭比较困难的仍然制作这种传统服装日常穿着。除此之外，2000 年后，男孩的传统服装出现一种变体，那就是绣花坎肩，款式就是传统男子青色麻布大褂去掉两个袖子，再在背后腰上加上两个带子改造而成。据了解，绣花坎肩是最近几年来陇戛寨长角苗妇女的创造，她们从电视上和一些游客身上见到坎肩，觉得好看，就将传统的男子麻布衣服进行了改造，一般用于学龄前男童穿着。由于坎肩的布料以及手工艺均与原来相同，而且现在成为一种新形成的儿童服饰穿着传统，所以我们也将其列入传统民族服饰的一种。关于男童的饰物，最常见的是红绳了。红绳一般是男童的长辈在跳花节

长角苗男童服装

的时候从场中间的树上抢到的，回来系在男童的脖子上，以保佑其健康。

长角苗女童服装

2. 女童的传统服饰

一般来说，3–12 岁间的长角苗女孩有着特定的传统服饰。由于学校是一个特殊的场合，进入学校后的女孩大多数穿着改为购买来的汉民族服装。所以我们以学龄 7 岁再划一条分界，即学龄前与入学后。学龄前，女孩子们的日常穿着仍为其母亲制作的传统服饰。入学后，女孩们在学校穿的都是汉族服装，放学回来或者放假之后大多数女孩还是换上她们的传统服饰。现在仍使用的头饰有三种：第一种是马尾辫，头上为各色街上购买的头花；第二种为戴帽子，垂满流苏的盖帽，一般为 5 岁以下女童佩戴；还有一种就是长角苗人的标志，假发与长角。每个女孩在五六岁后，家里就会为其准备好假发与角木梳。第一种是日常装扮，而后两种只有节日以及重大场合才会佩戴。女童们的节日与非节日服饰只表现在头饰以及颈饰上，其余部分均与日常服饰无差别。女童的服饰组件与成人女装基本接近，但是稍有不同。日常的服饰要素有蜡染或刺绣对襟低领上衣、条纹百褶裙、绣花小章围，章围上挂四条粉红色刺绣腰帕，脚下穿的是从集市上购买的鞋子。服装原料为各色棉布以及彩色棉线。制作工艺为刺绣与蜡染。需要注意的是，女童的章围是双层的，可以当兜。自 80 年代以来，部分女童身上的服装以及章围的刺绣材料由棉线变成了红色毛线，这样一是色彩比较集中鲜明，二是毛线比棉线粗，使用毛线就使得制作一件刺绣服装的时间大大缩短。现在两种小章围并存。

（二）青年服饰形象

在人生的全过程中，不同时期将以不同的形式和深度表现自我。心理学家研究指出，青少年把服装看成是他人认可和赞赏的方式，他们希望在服装上得以表现自我。这个时期称为未成熟的青春期，达到了自我意识的高度。而处在求爱时期的青年们则是一生中最注意装饰打扮的时期，他们的衣服最为精致、艳丽，他们的配饰最为齐全。几乎各个民族的服饰都是以青年服饰为其代表。在长角苗人的着装方式上也是如此，年轻人身上的服饰配套是这个民族服饰审美的集中代表。

许多民族服饰都有其配套惯例，长角苗人亦然。服饰配套，包括多种概念的配套。首先是主服的搭配适宜，其中有款式配套、纹饰配套、颜色配套等等。其次是主服与首服、足服的配套，以及足服与首服的配套和全身衣服体现在同一格调之中。除了衣服本身的配套，还有服与饰的配套，头上佩饰与颈、手、腰等处佩饰的配套，以及整体着装形象与服饰随件，如伞套、手电筒套、背包等的配套。这些服饰配件有些是以装饰性为主，略带有实用性，包括刺绣围腰以及腰帕等，有些是在使用的前提下起装饰作用，包括麻线背包、裹腿等。

1．青年男子服饰形象

对于长角苗男青年来说，有两种服饰形象：一种是汉民族服装形象，为日常穿着；另一种是盛装形象，只出现在重大的活动场合，例如结婚、走寨坐坡等等。每个长角苗男子从 12 岁左右便会有一套其母亲或者姐妹为其制作的全套盛装服饰，用于其走寨、坐坡时穿着。对于长角苗小伙子们来说，这个时期是人一辈子中具有决定意义的一个时期，注重外表显得异常重要，平时在外面打工的小伙子们也纷纷赶回来脱掉汉族服饰，换上母亲与姐妹给准备好的精致整齐的民族服饰，去寻找自己理想的伴侣。在结婚的时候，新郎也是穿着母亲与姐妹制作的全套服饰去迎娶新娘，到新娘家后会换上新娘制作的全套服饰，用背包将换下来的服饰背回来。

这套服饰配件较多，由内外两个包头巾、两件上装、一件裙裤、两个围腰、两对腰帕、一对裹腿组成。

对襟大褂

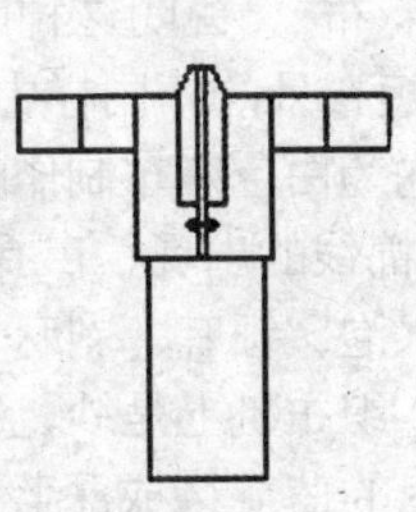

对襟长短衫

内围腰

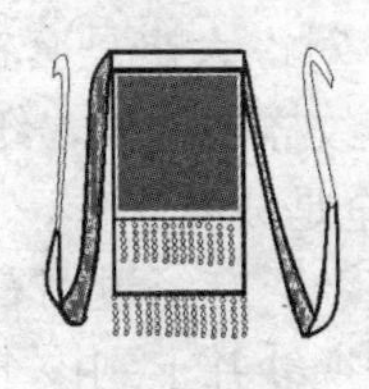

刺绣外围腰

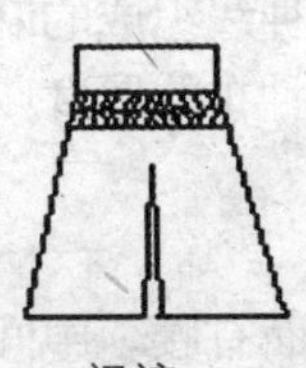

裙裤

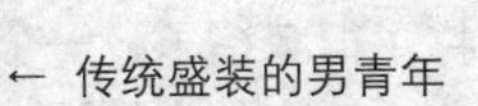

← 传统盛装的男青年

传统服饰组件名称	分类	材料
对襟大褂	上装	绣片以及靛染麻布
对襟长短衫	上装	靛染麻布
裙裤	下装	白色麻布
内围腰	配饰	白色麻布
刺绣外围腰	配饰	绣片以及塑料珠等
内包头巾	首服	黑纱
外包头巾	首服	黑棉布
羊毛毡裹腿	配饰	白色羊毛毡
腰帕	配饰	蜡染或者绣片以及尼龙流苏

长角苗青年男子服饰

(1)包头巾

头上缠的是青色布的外包头巾和内头巾。形状均为长带形。内包头巾为棉布制作，尺寸一般为宽 6.2 厘米、长 520 厘米，外包头巾为纱布制作，尺寸一般为宽 8.6 厘米、长 560 厘米。在 20 世纪 60 年代之前，青年男子也是要戴角的，这种角的结构跟女子的完全一样，都是由假发、角、花组成，同样是需要搜集母亲以及祖母等的头发制成假发和自己的头发缠在一起，不过这个角要比女子的小得多，头发缠得也少。这个时候的男子都是有辫子的，他们的发式有点类似于清代的发式，只是留上面一圈的头发，下面一圈都剃了，留在上面的长发编成辫子。当时男子平时不戴角，不戴假发，只是将发辫编起来绑着头帕绕在头上，有时候要少量假发挽在头上，然后再缠头帕，这样可以更美观一些。60 年代以后，越来越多的男子将发辫剪掉，男子没有长辫子后就无法将长角固定在头上，角也就挽不起来了。到了 80 年代以后，就再见不到戴角的青年男子了，不过裹头巾的习俗并没有改变，十分普遍。在博物馆建立后，就是 90 年代中期之后，则只有在重大节日或者重要活动的场合他们才会穿上民族服装，头上缠起帕子。

(2)上装

长角苗青年男子的上装与清朝时候的长袍马褂非常相似，里面是对襟长短衫，外面套个大褂。在清代贵州巡抚爱必达的《黔南识略》中提到平远州（即今天的织金县）、黔西州（水城一代）以及毕节县都是“归流已久，风俗人情渐通华夏……间有苗民，不成寨落”。[7] 长角苗人现在仍然生活在织金县、水城以及毕节的交界处。在改土归流中有一条就是关于服饰改装的规定，即要求改土归流的区域内男子需剃发换衣，这可能成为目前类似长袍马褂的男装形式的成因之一。不过，与清朝长衫不同的是，长角苗人青年男子的长衫前短后长，前短至腰际，后长至脚踝，而长衫是前后皆至脚踝，无纹样无花边，这其实与女装上衣形制相同。关于男子的这种穿着，爱必达在《黔南识略》中还提到黔西北一带“男子结发作髻，以色线扎之，加梳于顶前。衣前短后长，无衿纽，窍其上而纳首焉，裤及缠胫皆麻布”，说明这种前短后长的长衫形式至少在清代中期就形成了。对襟大褂是套在长短衫外的，同样由靛染麻布制作，并在领口、袖口以及口袋镶几何纹样的绣片，纽扣均为白色麻布制作的飞蛾状盘扣。

在 60 年代以前，男子服装全是纯麻制作，随着棉线的出现，自 60 年代开始使用棉线与麻线纺成的麻布，沿袭至今。麻经过用石灰水泡、锤麻、剥麻、分麻、纺麻几道工序后纺出麻线。麻线制成后挽纱并上到梭子上，织布机上是纱，也就是说纬线是麻，经线是纱（即棉线），然后织出来的布用染缸里的蓝靛染成深蓝色，一般要染 4 道，这样不容易掉色。用棉麻两种线织成的麻布服装要比全用麻线织成的服装穿着舒适得多。从布料构成上来说，这种布的厚度以及质感都与麻布接近，所以我们仍将这种布称为麻布。

(3)裙裤（dre nju）

裙裤是由白色麻布制成，上面有腰，中间过渡打了很多褶子，一个裤腿需要八片一尺宽的方布做成，所以做出来的裤子相当肥大，非常适合种水稻田。在种地的时候可以把裤腿别在腰上，就可以不湿到衣服。但据调查得知，陇戛寨附近的田地由于特殊的地形与地貌，根本存不住水，不适合种水稻田。现在，长角苗人的农作物主要是土豆与包谷，并没有水稻。然而稻米对于这支民族非常的重要，他们有个传统节日叫耗子粑节，就是用稻米来做的，草鞋也都是用稻草打制的。以前交易很不发达，必须要自己种，所以家家在比较远的田坝有一小块水稻田。不过现在经济发展了，稻米可以很方便地买到，于是寨子里面的人都把自己的水稻田与下面的布依族换为山上稍近的旱地，由此，陇戛寨再没有了水稻田。但是长角苗人生活中对于水稻的重视以及他们的服饰对于水稻田的实用性都反映了他们的祖先是由水稻丰盛的地方迁徙来的。现在由于不再耕种水稻田，裙裤的实用性逐渐消失了，形式只成为形式，作为节日服饰的一个部分保留下来。

(4)围腰

围腰分两种：内围腰与刺绣外围腰。内围腰为白色麻布制作，一般系在里面，而刺绣外围腰系在外面，所以在外观上看，我们只能看到外围腰。刺绣外围腰整体布满刺绣四方连续几何纹，外围腰的带子上也同样绣满纹样，非常长，一般至少160厘米以上。穿着时，紧紧缠绕在腰间。当地有一句小伙子们穿上民族服饰后常说的俗话："腰带捆得走不动，毡袜加绳绑。"

(5)腰帕

在外围腰的带子上一般悬挂有四条刺绣腰帕，一边两条。这种腰帕有两种：一种是白底加红色刺绣图案的，为正方形尼龙布制作；一种是蜡染图案的，由棉布制作。这两种腰帕都是一尺见方，对折后挂在腰际，呈三角状，在边角绣有红色角隅几何纹样，在底部垂五彩掉穗。此外，腰帕还是一种定情信物。

(6)白色羊毛毡裹腿

裹腿在苗族的众多分支中都很盛行，但是长角苗的裹腿比较特殊，因为用料并不是布，而是厚实的羊毛毡。这种羊毛毡裹腿是长角苗人服饰适应当时"黑林大箐"这样的生存环境的一种体现。它是集防荆棘、防虫蛇以及防寒三重作用于一身的实用性非常强的服装配件，是成年之后的男女必备的一个服饰配件。但是随着环境的改变，现在绑腿的实用性逐渐退化，只是作为传统长角苗服饰审美上的一个必备部分。这个绑腿由两部分组成，一个是腿套，一个是绑绳。穿着的时候先把套子套进小腿，然后用绑带把脚踝缠紧，这样可以有效地保护小腿。

(7)手电筒套

手电筒套是走寨的小伙子们的一个主要的配饰。这跟长角苗的"走寨坐坡"习俗有关。男孩走寨经常在晚上，长角苗的寨子之间最近的也要几里的崎岖山路，就这样，80年代以后，手电筒成为走寨小伙子必备的东西。然而男子传统服装中的荷包比较小，手电筒没有地方放，聪明的长角苗妇女便用灵巧的双手制作出绣满花纹的手电筒套来送给自己的兄弟以及情人，渐渐地，手电筒的绣花套子成为走寨小伙子身上必备的一个很实用的物品。

(8)伞套

近20年来，雨伞与手电筒一样同为走寨的小伙子们身上必备的物品，一是因为许多寨子之间路途遥远，而当地经常下雨，所以雨具是必备的。二来打伞是小伙子走寨身份的一个标志，打起伞进寨就可以让寨子里的人知道你是走寨来了，所以就算是晴天，路上不打，但是进入寨子的时候都要打起伞来。此外，打伞还有一个用途是遮羞，走寨的时候小伙子们打起伞来在门外与门内的姑娘们对歌，如果对不过，就赶紧走人，那对歌的姑娘就看不到是谁对输了；如果对歌对赢了，就堂堂正正地收起伞进屋，与姑娘们彻夜长谈。由于走寨的小伙子身上的服饰都是非常讲究的，而雨伞是走寨的小伙子身上必备的物品之一，所以伞套的制作也是非常精良的，上面布满精致的刺绣纹样。伞套的样式与手电筒套一样，可以斜挎背在身上，成为80年代后又一件融装饰性与实用性于一体的饰品。

⑼麻线背包

这是长角苗的传统背包，近几十年来原料与工艺都没有发生改变，现在使用仍很普遍。长角苗人在出门做客的时候会用麻线背包背起要换的新衣服；在打嘎的时候，儿子需要背起弓箭以及装着已逝者服饰的麻线背包；在结婚的时候，新郎到新娘家后会换上新娘亲手缝制的衣服，并将新娘缝制的其他服饰以及自已换下的服饰背在背上，背包装得越满越表示新娘灵巧能干；过年走寨的时候，小伙子背上崭新的传统服饰，在进下一个寨子之前就可以把身上的便装脱下来放进背包，换上传统服饰，好向这个即将进入的寨子的人们亮明自己走寨的身份。此包的主要用途是装衣服，各个年龄段的男女都有使用。背包由白色麻线编织而成，跟网兜非常接近，由于制作工艺复杂，比较费时，所以现在寨子里已很少有人做了。这个包的背法也比较特别，不是双肩背，而是一根带子绕过人的膀子，着力点是前胸和臂膀。

2. 青年女性服饰

12—20岁这个阶段，传统民族服饰仍是长角苗年轻女性的日常服饰，不过也有少数长角苗女性日常穿着汉民族服装。这个时期的女子传统服饰有三种典型装扮，三种服饰形象在服装上款式相同，属于对襟裙装型，主要在于配饰不同。第一种是结婚服饰，用于新娘穿着，头上巨大的∞形头饰，颈上戴包铜项圈，身上穿全刺绣的上装，戴黑色章围，下着百褶裙（dei），腿上白羊毛毡裹腿（drong dzei），脚上绣花鞋（ku dzou ndu）。第二种服饰装扮主要是年轻女子们在除当新娘以外的重大场合的穿着，例如跳坡、走寨期间或者在做客、赶场的时候穿。头上戴∞形头饰，身上穿蜡染对襟低领上装，以及条纹状百褶裙；颈上戴刺绣包铜项圈，黑色羊毛毡围腰上一边各挂两条刺绣腰帕（pa），腿上白色羊毛毡裹腿，脚上是粉红色尼龙袜以及白色球鞋。第三种是最为日常的穿着形式。与第二种的服装基本相同，只是在头饰上不再佩戴巨大的∞形假发，而是梳起马尾辫，别上各种鲜艳的夹子，辫子上插上从集市买来的花。后两种与第一种在服装上最重要的不同是上装制作工艺不同，第一种上装全部为刺绣工艺，而第二种和第三种上装的工艺主要为蜡染，并用粉红色毛线将一些几何纹样进行勾边，使得原本蓝白两色的服装色彩更加丰富。

在长角苗的生活中，女性服饰与男性服饰不同，男性服饰的服装在人生各个时期的形制各不相同，而长角苗女性的服装形制从童年一直到老年都是相同的，不同的只是一些服装的细节以及配饰。下面我们来看一下长角苗青年女性服饰的构成要素。

长角苗青年女子服饰

(1)头饰

作为装饰的部位来说，头远比其他部位来得庄重、明显。E．B．赫洛克曾说过："大多数人（不管是文明人还是野蛮人）都倾向于装饰头部胜于任何部位。"[8] 在古往今来人们的生活中，头饰不仅成为体现礼俗的一个重要方面，也是人们审美的一个重要标准。长角苗妇女的头饰呈牛角形，由假发、角木梳、花组成，威武雄壮，蕴涵着丰富、深刻的文化内涵。长角苗人称这种头饰为"角"，分普通头饰与新娘头饰两种，主要区别是毛线在头发上的缠法不同。

a．假发

以前头饰上的假发是由真发搓麻线制成，一般有 170 厘米长左右，轻则三四斤，重则十多斤。长角苗人非常重视头发，每个青年女性的假发都是由母亲及其外婆每一根脱落的头发掺着麻线搓成的一小股一小股的辫子缠成的，很多小股的辫子挽成一圈，一圈是一代人的头发，一般人的有 2 － 3 圈，即两三代人的头发，有的戴在角上的有 5 圈 5 代人的头发，每代人的头发颜色不同。如果自己家的头发不够做一个大的假发髻，就会用自己织的麻布去跟周围的汉族换头发。在 70 年代及以前，这种头饰在日常生产生活中都需佩戴。由于当时全是真发，所以这个头饰的重量很大，这样沉的假发髻顶在脑袋上，必然会对头发的毛囊造成伤害。据老人讲，以前戴着头饰去地里挖洋芋，因为头饰太重，所以需要牢牢地捆在头上，弯腰的时候整个脑袋都几乎要栽下来。进入 80 年代以后，随着生活水平的提高、经济的繁荣、交流的频繁，这里的苗族妇女开始购买混纺的黑色毛线制作假发，这种头饰的优点是非常轻。但是祖宗的传统不能丢，所以现在一般妇女的头饰所用的假发仍然有一部分是母亲与祖母的头发。这样，长角苗妇女头上的负担比以前减轻很多，戴更大形状的头饰成为可能。在博物馆建立之后，大的头饰更加流行，以前的头饰没超过肩膀，现在却是又长又高，长度最少有50厘米，而且非常高，最少有26厘米，给这支身材矮小的民族增添了几分魁伟感。

牛角头饰历史悠久，它的形成与苗族社会的发展有着密切的关系，同时也是仿生学在苗族妇女头饰中的一种反映。牛角形头饰流行于贵阳、毕节以及六枝等地。牛角用木头制成，长达50厘米，两端角尖竖起，中间有梳齿，便于缠绕固定。姑娘们先把长发挽髻于头顶，然后用假发和黑色棉线或丝线把木制牛角形头饰缠绕固定在头顶上。这种头饰形似水牛头与角，故称为“牛角形头饰”。

b. 角木梳（luo zra）

长角苗人的角木梳一般用桦槔木或者梨木制作。梨木制作的角木梳颜色发暗，但是结实不容易断裂；桦槔木制作的角木梳的颜色很白很细腻，但是由于木质很脆，容易断裂。以前都是戴小角，而现在角戴得更长更厚，越来越大，现在的长度一般在65厘米左右，厚度在1－1.5厘米之间。角追随妇女的一生，从5岁左右的长角苗女童就有了自己的小角木梳，12岁之后开始戴大些尺寸的角木梳，这个角一直戴到坏了为止。角木梳具有双重功用，既可以装饰又可以作为梳头与盘头的工具。在盘头的时候，要在梳子中间拴一股长长的白色的毛线，一般为400厘米长。

c. 花

头饰后面的小花是未婚的标志，未婚男女会在跳坡时候佩戴在自己的头饰后面，后来男子剪掉发髻之后不再佩戴角，也不再佩戴花了。这个花的制作工艺比较简单，一般是用红色与白色的细毛线制作。在跳花坡的时候，小伙子通过看脑后是否有花来识别哪

老人与女童佩戴的小角

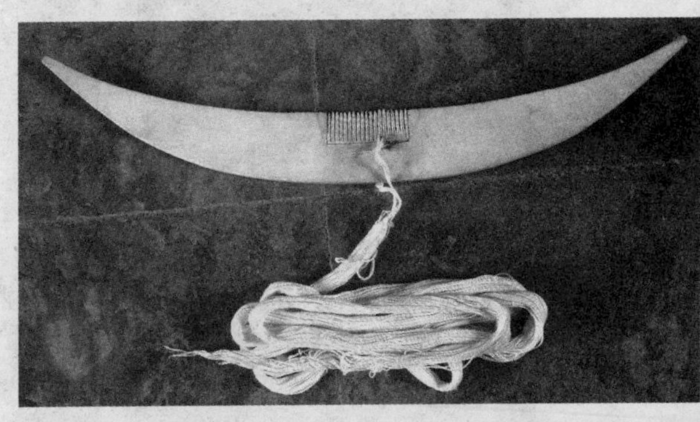
中青年妇女佩戴的角

假发

头饰后面的花

些是未婚的姑娘，再上前唱歌或者吹芦笙。现在陇戛寨的表演队女成员在表演的时候，无论结婚与否都会戴花，更有的会戴上三朵，这些都是出于表演的需要而并不符合长角苗人传统服饰的讲究。

⑵颈饰

从90年代末开始，小女娃与年轻女孩的项圈佩戴出现了一种新的形式，那就是包铜绣花项圈。每个铜项圈都用红色毛线缠绕起来，将4–5个缠好后的铜项圈用透明胶带固定起来，项圈的前部分再用一块长约17厘米、宽约7厘米的绣片包裹起来，用透明胶带固定。这种样式被所有的姑娘们接受并成为了这个时期的佩戴传统。一般来说，这些装饰性很强的项圈只是姑娘以及刚结婚的妇女佩戴，生育后的长角苗妇女就不再佩戴此类项圈，而是改为佩戴一个铜项圈。

⑶上装（tsau）

上装是对襟低领上衣，这种对襟上衣的特点是前短后长，前襟短至腹部，后襟长至小腿。她们自己称这个后襟为“尾巴”，当我问起是什么的尾巴的时候，她们回答是“野鸡的尾巴”。据史书上记载，苗族先民“织绩木皮染以草实，好五色衣服，制裁皆有尾形”，此外，黔东南苗族也有“百鸟衣”是模仿鸟的尾巴，这或许是苗先民对鸟的一种崇拜。

⑷裙装

长角苗女性裙装长度属中长，裙子主要由红黄蓝白黑几种颜色构成。一般来说，裙子由三部分组成，即白色麻布腰，蓝白色的宽幅蜡染带以及镶嵌着5条宽1.5厘米红黄黑白为主色的刺绣带，4条宽约0.5厘米蓝白相间的蜡染条的黑色底裙。在调查当中，偶尔还可以见到镶嵌有不同数量的刺绣带及蜡染条的裙装。据苗族老人讲，这种裙子又称迁徙裙，上面的条纹代表了其祖先迁徙过程中经过的江河、山川、田地等。

⑸围腰

在当地又叫章围，是长角苗女子必备的配饰之一。成年之后的长角苗女子的围腰是由一块黑色羊毛毡制成。这个围腰纵向有带子绕过脖子，横向绕在腰后系起来。因陇戛寨建在海拔1870米的山上，年平均气温12–14摄氏度，多雨潮湿，虽无酷寒却非常阴冷，这个羊毛毡围腰可以保护腹部不受风寒；在寒冷的冬季，长角苗妇女可以把手揣在羊毛毡围腰里取暖；此外，当妇女坐下绣花的时候，围腰还可以用作绣花的小桌，很是方便。

自从90年代出现缝纫机以后，机打的黑色棉布围腰出现了，这种围腰样式与羊毛毡围腰完全一样，只是原料以及制作方法不同。由于羊毛毡围腰比较昂贵而棉布围腰制作简易，所以寨子里的妇女平时就戴棉布围腰，在过节的时候才戴上羊毛毡围腰。羊毛毡围腰是长角苗女子成人的标志，一般在12岁以上的长角苗姑娘都会拥有自己的黑色羊毛毡围腰。

⑹女鞋

每个青年女性都有自己的绣花凉鞋，不过现在主要用于结婚或者表演时穿着，平时穿的都是白色球鞋。绣花凉鞋是用白色棉布做成，款式非常类似我们平时所穿的凉鞋，上面的花纹以及鞋子上刺绣的工艺跟女童的帽子相同，即先将白色或者红色棉布蜡染出花纹，然后沿着花纹进行一种辫绣，剪成鞋样之后上布底子做成绣花凉鞋。现在长角苗姑娘在过节以及表演的时候脚上都是穿的这种绣花凉鞋。这种绣花凉鞋的前身是花草鞋，是用稻米草打成，然后用彩线在上面绣上花作为节日时候的穿着，这种花草鞋在 70 年代后期已经消失。

自从 80 年代以来，陇戛寨的妇女四季日常穿着的鞋子都是从集市上购买回来的白球鞋。因为长角苗的寨子多建造在山坡上，而且经常下雨，山路泥泞并且很滑，而这种鞋子的底部有很多的突起，在下雨时上坡下坡可以防止打滑，所以这种胶鞋在本地非常受欢迎。

在青年女子的配饰中，裹腿以及腰帕与青年男子同，此处不赘述。

（三）中年服饰形象

1．中年男子形象

由于长角苗男子日常服装的汉化，走进陇戛寨看到的很多身穿劣质西服、脚穿皮鞋或者球鞋的长角苗男子，与周围民族的穿着已经无异。现在当我们在梭戛赶场的时候，人群中我们已经不能从服饰上区别出哪些是苗族男子，哪些是汉族或者彝族男子了。

在节日以及重大场合，部分长角苗男子就会穿起对襟大褂，与长角苗青年男子套在外面的大褂款式相同，在领、袖口以及兜上有刺绣，纽扣为飞蛾盘扣。而其余部分即裤子与鞋子皆为街市上购买的服装。也就是说中年男子的民族服饰目前仅仅在大褂上得以显示。

在长角苗人的观念中，“老”了就必须把全套青年服饰放入箱底而只能改穿大褂。那么，一个长角苗男人是从何时起就算步入中年了呢？我们在调查中得知，这与其传统观念有关。原来他们认为结婚并不算老，婚后的男子仍然可以去走寨、坐坡，可以对山歌，出去谈恋爱。但是以生小孩为分水岭，生了小孩的夫妻就要给自己取一个老名，表示自己老了，在生小孩过满月的时候告诉亲戚。因为跳坡是给年轻人谈恋爱提供场所的，有了小孩的人就不可以再去了。不过

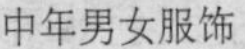
中年男女服饰

现在这种观念有些改观，婚后去跳坡、走寨的男子少了。

2. 中年妇女形象

长角苗中年妇女的穿着仍然以传统服饰为主。这个阶段的服饰与青年女性的服饰大体相同。对于中年妇女来说，她们的服饰分为节日服饰及日常服饰两种，区别主要为头饰。这个年纪的妇女都是家务劳动的主力，她们每天都在兢兢业业地劳作。用她们自己的话来讲，现在穿衣以方便为主了，以前平时劳作头上都是要戴角的，非常不方便，现在不一样了，平时不再戴那沉重的角或者角木梳了，而是就用一把红梳与白色毛线将头发缠绕成个发髻。需要强调的是，梳发髻与扎马尾辫的意义是不一样的，未婚少女是不可以挽髻的。中年妇女颈上一般佩戴一个铜项圈，不像未婚少女佩戴四五个以上。日常劳作服饰跟少女的服饰并无什么区别，也是穿蜡染的对襟低领上装，下面套条纹百褶裙，腿上穿蓝色运动裤，脚上着白色球鞋，不过章围上挂着的毛巾不再是鲜艳的腰帕，脚下袜子的颜色不再是明亮的粉红，而换成比较暗的颜色。这个时候头发上挽起的发髻、脖子上戴的单个的铜项圈以及章围上的绣花腰饰换成了毛巾，都是已婚的标志。由于长角苗女性服装都是相同的，我们这里只介绍这一阶段与其他年龄阶段不同的配饰。

(1) 红梳子

红梳子也是长角苗妇女服饰的一部分，作为角的补充，主要用在不戴大头饰只戴角的时候。因为角的梳理头发的功能减弱，主要变成了缠头发的工具，梳子作为补充插在用角盘成的髻的上面，一是为了好看，二是可以在头发乱了的时候，拿下来进行梳理。有的妇女干脆把红梳子当成角的替代品，直接用缠角的方法将红梳子缠在头上，表示戴角了。这种红梳子使用比较普遍，在陇戛寨周围其他的民族也有使用，离陇戛不远的梭戛场上就可以买到。

(2) 腰帕

是在毛巾上加上个绣花的小带子制成，上面不再有挑花刺绣或者蜡染图案，也不再带穗子。观赏性降低，实用性增强。长角苗妇女将这种腰帕挂在围腰上，主要是为了在劳动的时候方便擦手擦汗。现在在梭戛寨，表演队的已婚妇女或者男子都是戴着绣花腰帕的，那是为了表演的需要，所以把自己民族最漂亮的东西穿戴了出来。

（四）老年服饰形象

1. 老年男子服饰形象

寨子里面的老年男子的服装也是绝大多数已汉化，不过也有少数老年人仍然穿着传统服饰——长衫、围腰、草鞋。这个围腰与青年服饰中的内围腰相似，只是更加宽大。很多男性老人身上穿着汉族服装，却喜欢在腰上绑一个围腰一样的白布，这可能就是传统服饰习惯的印记吧。长衫的款式与清朝长袍的样式基本一致，现在大部分男性老人穿的鞋子是解放鞋，不过在寨子中也看到穿草鞋以及钉子鞋的老人们。

(1) 草鞋(ku niaeng)

草鞋曾经是长角苗人最重要的足服。草鞋的制作需要稻草、棕榈皮与叶子，然而此地的稻草与棕榈并不多。据老人们讲，在以前的时候，家家户户都会有一小块水稻田。有的人种在山上，有的人种在山下。在山上种水稻的人需要从井中挑水来养稻田，但是总的来说，在山顶这个地方种水稻田主要是地势不允许，以前人少水够，现在寨子里面的人口增长太快，水仅够人喝，再不够去挑水种水稻了。而在山下种水稻田的长角苗人因为下山耕作遥远，便与住在山下却在山上有地的布依族人进行了换地。到90年代后期，寨子里不再有人耕种水稻田。以前的男子个个会编草鞋，就和妇女个个会绣花一样。据老人们讲，一般情况下一个人一天可以打4双草鞋。然而，这些草鞋非常不结实，在雨天劳作或者平日里进行重体力劳动的时候，一天可能会穿破三四双。所以许多人在干活的时候干脆脱去草鞋，光着脚进行劳作。故在周围民族的印象中，长角苗男人除了节日或者重要活动时候穿草鞋，平日里并不穿鞋。

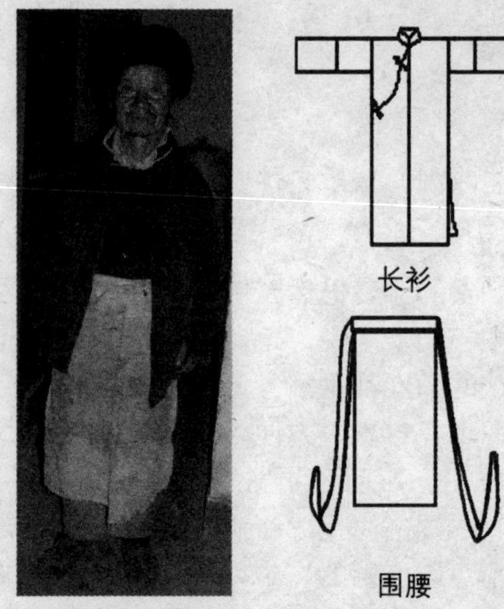
老年男性装束

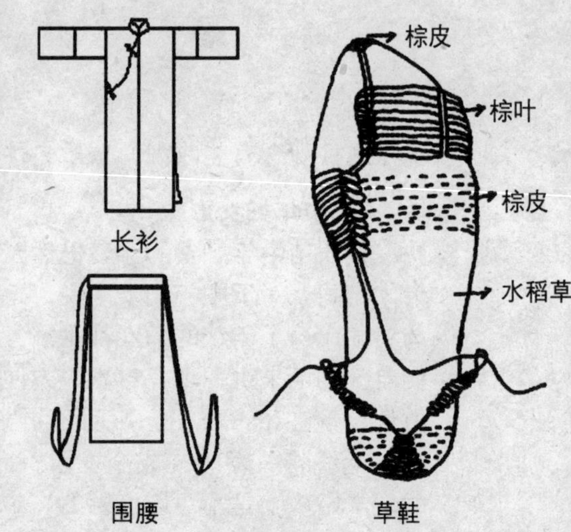

草鞋还有一种特殊样式，就是花草鞋，这是“跳坡”的小伙子们的专利，与平时寨子里面中老年男子的草鞋不大一样。一般草鞋是直接用稻草以及棕榈皮来做的，而花草鞋都是抽稻谷草的芯子来打的，因为芯细，打出来会比较好看。抽出芯子后再棰蓉，然后慢慢搓，搓成索子，慢慢打，然后挂在房后让每日的露水打、太阳晒，就变成白色的了，这样做出来的是精致的白色草鞋，非常漂亮。这个草鞋对于小伙子们来说，还有着特殊的意义。因为草鞋不仅具有保护脚板的功能，还具有许多社会功能，比如说传统的花草鞋是青年男女定情的一种信物。小伙子在跳坡的时候看上哪个姑娘就会跟她要来她的铜项圈戴，戴几天就还的说明两个人没有下文了，但是在戴三个月以上的时候就说明小伙子对这个姑娘是非常有决心的，这个时候就该去还这个铜项圈了，到姑娘家去时不能空着手，腰里得别着几双花草鞋来送给姑娘当做定情信物，如果姑娘也愿意，就绣一对绣花荷包给小伙子，这样就算是你情我愿，就可以进行婚姻事项的讨论了。随着时代的发展，在80年代之后，男人们的脚上渐渐都替换成了从市场上买来的胶鞋，穿草鞋的人越来越少了，作为青年们信物的花草鞋也渐渐替换成了市场上买来的球鞋等。然而草鞋作为男子丧葬服饰的一部分，从来没有改变过。

（2）**钉子靴**

钉子靴是用于冬季穿的，主要由牛皮或者青色麻布制成，靴底钉有12颗钉子。以前寒冷的季节，长角苗男子都是穿这种靴子，在其他季节一般都是光脚或者穿草鞋。这种靴子底是钉钉的，因为长角苗都住在山坡上，在阴雨连绵的冬天坡度很大而且又滑，穿带铁钉的鞋子可以防滑。但是据老人们讲，这种钉子靴穿起来并不舒服。从60年代起，鞋底带胶钉的胶鞋进入长角苗人的生活，逐渐替代了传统的钉子靴。在80年代之后，寨子里已经基本看不到年轻人穿传统钉子靴了，只有少数男性老者仍然穿着此类鞋子。

2. **老年妇女形象**

老年妇女仍然将传统民族服饰作为日常服饰。老年妇女由于年轻的时候挽角导致头顶两侧的头发大部分脱掉，剩下一点头发就换个小角来戴，这个一直戴的角会在老人去世的时候放在其坟上或者留给自己的孙女。老人们身上的穿着仍然是对襟裙装，但是与年轻人稍微不同的是这个袖子上面的两块蜡染布不再用粉红色棉布镶边。在老年妇女的服饰中，纯装饰性的配件基本都不用了，这些细致的差别就是一种标志，在近似的服装上有老年人特有的标志。我们看下图，左侧为一 82 岁的老人，头发稀疏，不能继续挽角，所以戴一黑色帽子，由于年迈不能继续劳作，所以没有佩戴围腰，一般年纪较大的长角苗女性都是此种装扮。右上为 50 岁左右的长角苗老年妇女的典型

老年妇女

装扮，我们见到的大多数老年长角苗妇女都做此种装扮。右下的头饰为长角加毛巾，是部分老年女性由于年轻时戴沉重的头饰使得两鬓头发脱落，且脱落较为严重者的装扮。这个头巾有两个作用：一个是在冬天可以当帽子保暖；还有一个是要遮挡因为戴头饰头发脱落露出的头皮。

二、现代长角苗人民族服饰的特征

从长角苗人的各种服饰上我们看到很多与其他民族不同的特征，从这些特征中我们可以了解到长角苗人长期平等的社会状况、对恶劣生态环境的顽强适应，以及其有活力的变化等，服饰给我们打开一道通向长角苗物质生活与精神生活的大门。

（一）不具备个性化特征

服饰发展的历史可分为五种形制——编制型、织制型、缝制型、拼合型、剪裁型。[9] 长角苗的男女民族服装基本上都处在服装发展形态的中级阶段上，具体地说就是第三阶段“缝制型”的中晚期和第四阶段“拼合型”的早期。这时的服装构形完全采用规则的正方形或者矩形等几何图形剪裁而成的布片进行缝制，一件上衣一般由15块方形布片构成，臂片、袖片、背片都为正方形，领子、上臂片、前襟为矩形；一条裙子一般只要2–3块1丈长的矩形布缝制，有的则用整段布缝制。做成的服装不具有个体化特征，加之长角苗人的身材非常接近，故只要是同属一个年龄段同一性别的人都可以互相更换服饰。陇戛寨附近的“短角苗”、“大花苗”、“歪梳苗”的服装也都具有这个共同特征：缝制衣服时，布料一般不用剪刀裁，仅凭手撕，撕后的布片系完整的矩形，常常两两相对，可以任意调换而不影响服装缝制；有的甚至仅将布料按大致尺寸横断，立即缝制，为节省缝工，将原有布边用做花边，以免再去缝衣边。一般只有肩部和袖子缝合，并且缝合线较短，缝合量也小。制衣过程不产生任何边角布料，整匹布完整无缺地缝进衣服中去。凡具备这些特征的服装，自然不用剪刀，故有人名之为“缝合型”服装。

说起长角苗人的服装制作，不得不提到他们的织布机。长角苗人的织布机的特点是非常纤小，可拆卸，比较适宜迁徙生活。这种机器织出来的布为1尺宽，故长角苗人服装上的组成部件基本都是1尺宽。这样的服装结构大大减少了剪裁量。在居住在附近的“大花苗”聚居区中考察发现，那里的织布机织出来的麻布幅面要比长角苗人的宽10厘米左右，而他们的服饰也是处于“缝制型”的中晚期与“拼合型”的早期，衣服样式比较宽大。由于长期以来，长角苗人生活在非常闭塞的深山中，针线供应相当困难，所以他们有意识地减少了缝合加工量。苗族服装如“大花苗”上衣的两袖部分并不完全缝合，仅前后襟肩部缝合，靠头穿戴，才能将衣服披在身上，甚至上衣腋下部分也不完全缝合。在这方面，长角苗的服装还算是稍微先进一些，袖子是完全缝合的。据说在70年代之前，长角苗妇女的裙子都不是缝起来的，而是用小绳将整块布系起来。作为“横拼式”基础上的发展，“直拼式”服装的缝合加工量有了成倍的增加，这种方式缝制的衣服能较好地覆盖在身体上，也不必另着背牌、披肩之类的附加物，并且“直拼式”服装已经能初步按不同年龄和人体高矮胖瘦来缝制，表明其服装较此前有了较大进步，然而，它终究没有突破剪裁难关，仍为整片布料投人缝制。可以这么说，越原始的服装，缝合量越少，因而覆盖身体的功能越低。从当前看到的长角苗日常穿着的服装，我们可以分析出长角苗人长期以来所处的这种缺乏工具、自给自足的生活状态。这几十年来，这种服装结构基本没有发生变化。

长角苗女服上装部件情况表

女服上装部件名称	数量（条）	材料	特征与尺寸
领片	1	蜡染（刺绣）的棉布	纹样为二方连续，长方形布片。长 34 厘米，宽 6 厘米。
背片	1	蜡染（刺绣）的棉布	纹样主体为四方连续。呈方形，边长为 31 厘米。上部有一块长方形未上纹样部分。
袖片	2	蜡染（刺绣）的棉（麻）布	纹样以四方连续为主，呈方形，边长为 31 厘米房基状，左右两侧各有一块长方形未上纹样部分。
襟片	2	蜡染（刺绣）的棉（麻）布	纹样为二方连续，襟片上绘制有纵横纹，纵纹标示领子，制作时与领片相接。宽为 31 厘米。
臂片	2	蜡染（刺绣）的棉（麻）布	为一个单位纹样，正方形边长 15 厘米。
小尾片	6	蜡染（刺绣）的棉（麻）布	纹样以二方连续为主，长方形，宽一般为 7 厘米，长为 30 － 32 厘米。
尾片	1	蜡染（刺绣）的棉（麻）布	纹样以四方连续为主，正方形边长 31 厘米。
蜡染条或者刺绣条	5	蜡染（刺绣）的棉（麻）布	纹样以二方连续为主，长 31 厘米，宽 1 厘米。
上臂连接布片	2	市场上购买花布或者自制蜡染蓝色布块	无纹样，以花布本色作装饰，宽 12 厘米，长 31 厘米。

正是由于长角苗人做成的服装不具有个体化特征，所以我们在长角苗盛大的节日——跳花节的时候，看到数千妇女完全相同的装束，而青年男子也穿着同样的服饰。作为民族服饰来说，一致性是其非常重要的一个特点，因为作为民族区别标志的服饰必然需要穿着相同。可以说，这种可以区分族别、增强民族认同的服饰产生有其目的性，同时也有客观条件的限制性。

（二）具有性别的区别

我们从服饰发展史中得知，古代许多民族都曾有过男女同装的阶段。根据文献资料反映，许多苗族分支的服饰是男女不分的，民国年间石启贵先生《湘西苗族调查报告》一书中记述，清代中叶以前当地苗族男女一律“上身穿花衣，下着百褶裙，头蓄长发，包赭石花帕，脚着船形花鞋，佩以各种银饰”，男装女装都是色彩斑斓的，样式相近。在康熙四十二年（1703）到道光十二（1832）年，清王朝在多次强迫苗族改

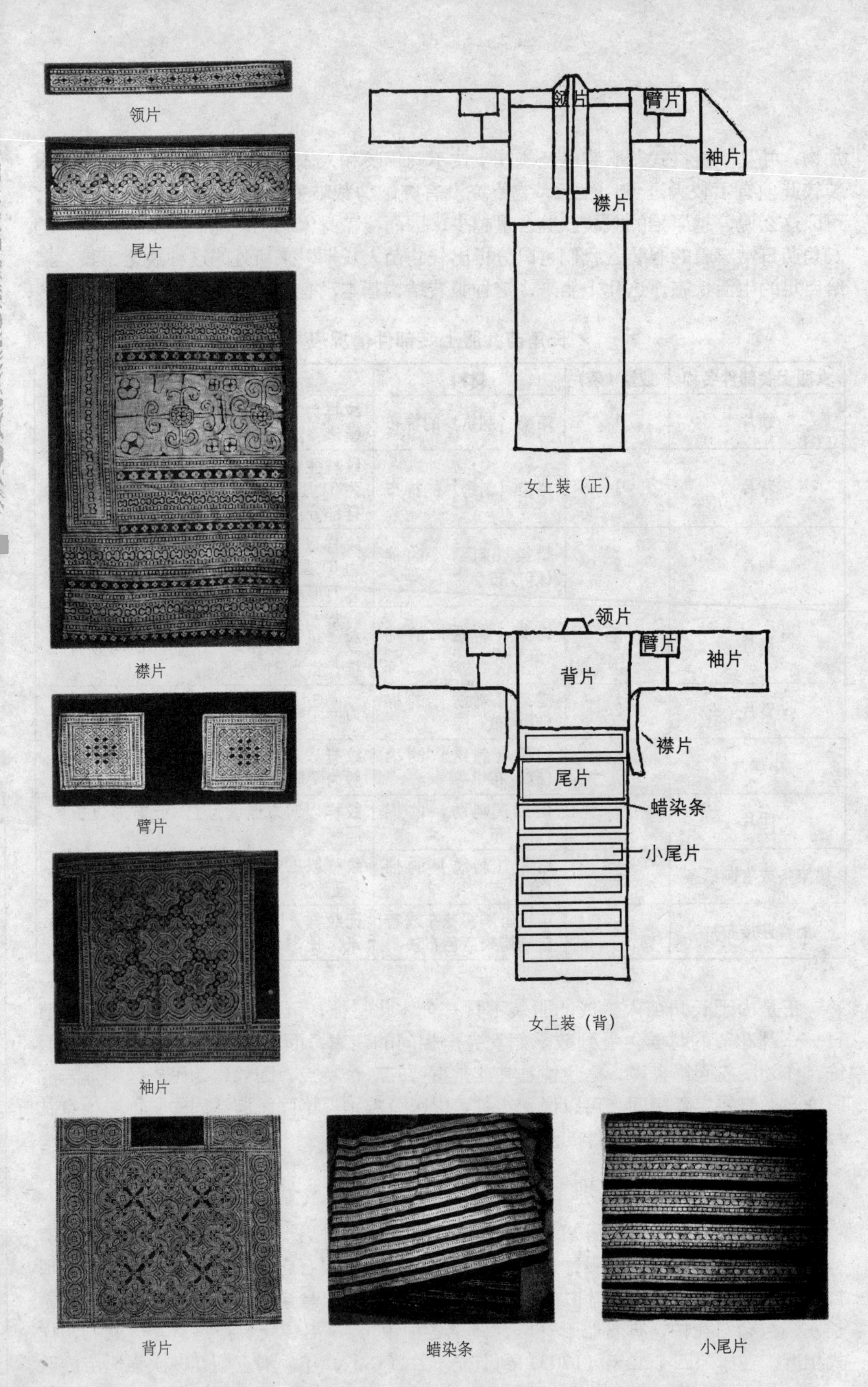
领片
尾片
襟片
臂片
袖片
领片
臂片
袖片
襟片
女上装（正）
领片
臂片
袖片
背片
襟片
尾片
蜡染条
小尾片
女上装（背）
背片
蜡染条
小尾片

姓氏、改发型、改服饰，下令“服饰宜分男女”[10]后，许多苗族分支的男装与女装逐渐分化，男性服饰趋向色彩沉着、样式单一。在清代大规模的改土归流后，只有部分住在偏僻山区的苗族支系仍然保持原来的服饰传统。

一直到现代，在长角苗的服饰中，男装女装已完全不同，从色彩到款式都不同，二者有着风格上的差别。女式服装的色彩要斑斓得多，由红白蓝黑四色构成，看起来鲜艳明快。男式服装从色彩上说以蓝白为主，以红色绣花为点缀，颜色沉着稳重。在男装中一般只在上衣袖口、领口、荷包上出现刺绣图案，不过青年男子的盛装服饰中有一件全刺绣且色彩鲜艳的围腰，但是一旦过了这个年龄段，成为“老人”后，这件围腰也就必须压在柜子底了，这件同女性刺绣服饰一样斑斓的服饰配件可能是以前男装、女装不分的服饰形制的一种遗迹吧。

（三）不具有季节性差异

关于苗族人的服饰没有季节性差异在清代的时候已有记载，清人徐家干所著的《苗疆见闻录》云：“苗人衣短服，尚青色，其妇女所服，则皆短袖无襟，下体围裙，无亵衣，其裙以青棉布为之，如百褶裙式，腰束以带，冬夏无异。”长角苗人也是如此。许多民族会在不同的季节穿着不同的衣服，而长角苗人不是这样。这里的女子服装不仅老少相同，而且四季完全相同；男子服装有老少的区别，但是同样没有四季的区别。

女子典型的穿着是穿着蜡染的或者刺绣上衣以及条纹状裙子，腰前戴一个羊毛章围，手上带着毛线手套，脚下套红色尼龙袜，腿上套白色羊毛毡。据老人们讲，以前没有毛衣衬衣这些衣服，就是把上衣与裙子多穿几件，现在有了毛衣，便一年四季都将毛衣套在里面。用周围民族的话来讲，“苗族人夏天赶场的时候也是穿毛衣戴毛线手套，穿着厚厚的尼龙粉红色的袜子，不知道她们热不热，在冬天的时候再冷她们也还是穿个裙子，光着腿，只在那个小腿上裹着个羊毛毡，也不知道她们冷不冷”。

在众多的苗族分支中，有相当多的分支的服饰都是没有季节性差异的，不过据调查，这些分支一般生活在亚热带地区。然而陇戛寨以及其他长角苗族村寨的海拔普遍比较高，冬天非常阴湿寒冷，可是长角苗人为什么会没有冬装呢？首先，因为这里冬季虽然阴冷，却没有严寒，冬季最低温在摄氏0度左右，最冷的时段不算长，也就是几个星期左右。其次，因为长角苗人长期生活困苦，制成一件衣服非常花费时间，长角苗妇女需要自己种麻、纺织、制作，而填饱肚子是长角苗人的首要任务，所以她们没有更多的时间来制作更多的衣服。再次，本地不产棉花，棉花是80年代之后才流传到这个地区的，据老人讲以前睡觉都是盖秧被的，即用草编织成的被子。那在冬天长角苗人怎样适应这种潮湿寒冷的气候呢？据老人讲有两点：第一，此地不远的地方产煤，家家都有泥盘的火塘，冬腊月不做农活的时候就在家里烤火取暖。第二，干重活的时候运动起来就不觉得冷了。

除却民族识别的功能外，经济因素是长角苗人服饰没有季节性区别的重要原因，随着经济的发展，长角苗人的服饰也在发生变化。

（四）具有流行性与时代性

这个特征主要是针对长角苗妇女的服饰而言的。与许多已经成为节日盛装的民族传统服饰不同的是：节日盛装由于穿着机会较少，材料与款式非常稳定，服饰要素不容易受市场上流行的新出现的材料与颜色的左右；而长角苗妇女的传统服饰仍作为一种日常服饰在穿着，具有非常鲜明的跟随市场变化的流行性，不断地采用新的材料、融入新的流行因素，如制作材料从麻布到棉布，章围上挂着的手帕由蜡染的蓝布变成黄布、变成红布又变回蜡染的蓝布，头饰由纯头发到毛线，在服饰的形制上也不断形成新的组件等等。同时，许多汉族的服饰也被吸收进来成为长角苗妇女传统服饰的一部分。不过，服装变化相当缓慢，相比较而言，配饰的变化反而快一些。

从流行特点的普及性上来看，一种新的服装款式要在社会上广泛流行，必须要求社会具有大量提供该款式服饰用品的物质能力，同时人们也必须具备相应的经济购买能力。在 80 年代以前，长角苗村寨的经济水平普遍落后，相当多的长角苗人仍过着食不果腹的生活，所以服饰流行现象在那个时代非常少见，即使十分关心服饰流行，社会也不可能提供那么多的物品。那时候人们购买基本生活用品也要凭有限的票据，当时国家能供应的布料数量少，品种就更少，颜色也不丰富，人们的选择余地很小，很多人甚至没有选择的机会。在 90 年代生态博物馆建立以后，随着打工潮以及游客的涌入、政府的扶持，长角苗人的生活条件得到明显改善，服饰的改变呈加速的趋势，出现了明显的服饰流行趋势，并且伴随着经济的进一步发展，这种服饰流行现象越来越频繁。

第三节　文化传播与服饰演变

文化传播总是和人类生活的各个方面交织在一起，成为人与人之间、民族与民族之间、国家与国家之间必不可少的交往活动。正如人的生存离不开空气一样，我们也离不开文化传播。英国学者特伦斯·霍克斯认为：“人在世界上的作用，最重要的是交流。”[11] 当代人对社会生活的阐释，当代人的文化实践活动和文化创造活动，都与传播息息相关。文化传播成了当代人类的主要生活方式和生存空间。服饰作为文化的一部分，在文化的传播过程中变化着。长角苗人服饰的演变有两种方式：一个以女服为代表，自身在文化传播过程中进行选择性演变；另一个以男服为代表，在外来强势文化冲击下被动涵化。

一、女性服饰的文化整合

由于苗族没有文字，也没有任何文献记载，我们对其服装演变史只能从现在仍然在世的老人的描述中，以及现在仍然可以看到的老服饰实物中去推测。在长期的考察过程中，我们逐渐摸清了从50年代至今的服饰以及着装配套方式的演变过程。总体来讲，长角苗人的女装没有太大变化，只是随着服装组件的增加，样式发生了轻微的变化，最明显的是布料的变化与绣花蜡染使用的变化。

（一）20世纪50年代女子服装样式

在20世纪50年代的时候，长角苗人的生活仍然非常贫寒，这个时期女子服装只有上衣与下裙，并没有棉衣、夹衣、内衣等。上装样式为交叉前襟、斜领，一般冬天也就是穿两三件上衣，下面一条裙子。服装的材料都是自己种自己织的麻布。衣服整体为蓝白两色，蓝色即靛蓝染的蜡染布，白色为麻布自身颜色。当时的蜡染片并不像我们现在看到的这样多，只有袖片、背片、臂片、胸片是蜡染、刺绣的，其余部分均为用靛染过的浅蓝色麻布。这个时期，彩色绣嫁衣与三色蜡染已经出现，但是十分少见。

（二）20世纪60年代至80年代之间的女子服装样式

这个时期的女装仍然分为上装与下装。只是在1965到1967年，随着衬衣的出现，衣服的领子发生变化，由交叉领变成了对襟领。裙子没有发生变化。在70年代，服装样式没有变化，但是随着制作材料的变化，女子服装的细节出现很多新鲜的因素。这个时候布票出现，长角苗人开始使用棉布与棉线。女子服装材料渐渐由麻布改为棉麻布以及棉布。棉布比麻布更容易进行绣花与蜡染的加工。这带来两个方面的改进：一是传统的全麻布得以改进，经线用麻，纬线用棉线，这样织出的麻布穿着舒适，质地也比以前精细；二是随着彩色棉线的出现，绣花嫁衣的色彩悄然发生着变化，由于彩色棉线比染过的麻线细得多，更容易绣花，嫁衣上面的绣片增多，面积增大，常用颜色也从蓝白色变为红、黄、蓝，在60年代很少出现的彩色绣花、三色蜡染在这个民族开始成为比较普遍的制作工艺。从现存的老服饰看来，那个年代的服装图案颜色整体偏红，似乎这个民族对红色有着特别的偏好。

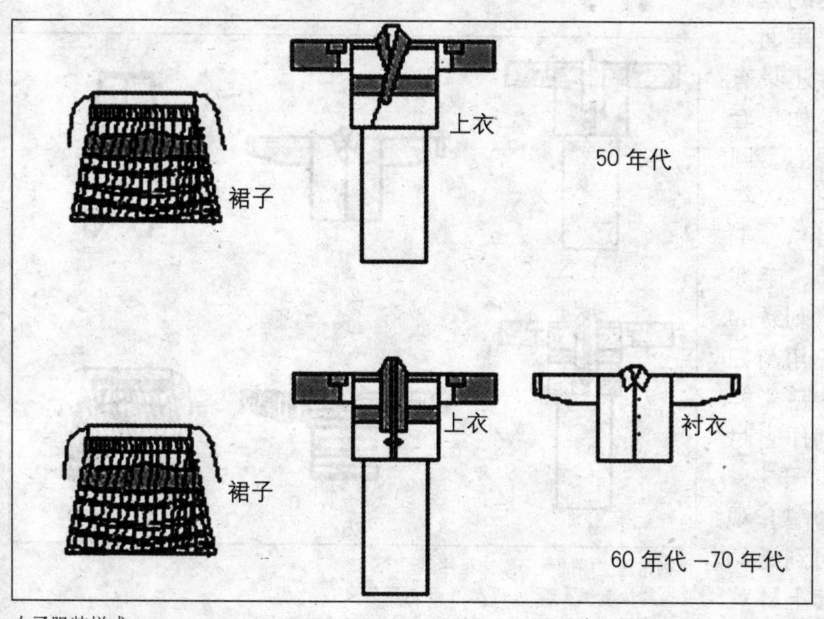

女子服装样式

（三）20 世纪 80 年代至生态博物馆建立之前的女子服装样式

在 20 世纪 80 年代之后至 90 年代中期博物馆建立之前，长角苗人的生存环境得到了很大改观，长角苗妇女也有了更多的时间投入到她们热爱的绣花与蜡染上去。在这个时期，服装样式仍未产生较为明显的变化，但是服装的色彩却与前一个时期有了很大的不同。前一个时期穿着较多的三色蜡染上装逐渐变成蓝白两色。据老人们讲，淘汰三色蜡染的服装是因为有着黄红蓝白四色的图案整体看起来比较暗淡，在寒冬雾气缭绕的山上，辨别人身上的花纹是非常困难的，去掉黄色与红色之后，图案只剩下鲜明的蓝白两色，对比十分鲜明，所以三色套染服装逐渐消失，蓝白两色蜡染服装成为主流。这个时期需要注意的是，服装上的非蜡染刺绣部分的布料发生了变化，服装上使用的自己用靛染成的蓝色棉布被从集市上购买的碎花布取代。服饰配套组件仍与前一个时期相同。

（四）生态博物馆建立后至今的女子服装样式

在 90 年代中期之后，梭戛长角苗生态博物馆建成，长角苗人的生活更是向前迈出了一大步。不过，这个时期的传统服装同前一个时期差不多，也是仅仅在细节上发生变化，刺绣蜡染部分继续增多，出现了全蜡染的上衣，以及全刺绣的上衣。

这个时期，非刺绣蜡染部分已经由上个时期用碎花布逐渐变成用条纹布。同时，服装组件增多，上装内部除了套橘黄或者白色衬衣为固定的穿着外，里面套条纹毛线衣的打扮也成为固定穿着。此外，在 1992 年之后，下装也出现了新的组件，就是在裙子里面套上侧面带白条的蓝色运动裤，并且这种搭配也成为长角苗妇女的固定穿着方式，在这之前，长角苗妇女是从来不穿裤的。长角苗妇女接受这种运动裤并将其变成与裙子的固定搭配最重要的是她们认为这种运动裤套在裙子里面不影响美观，并且这种运动裤还具有便宜、舒适且保暖的特点，如果套上其他的裤子她们会认为很丑。同时，随着场上彩色毛线的出现，年轻的妇女与儿童开始穿着用粉红毛线沿着蜡染图刺绣成的服装，毛线刺绣的优点是线本身较粗，刺绣的时候要比棉线省时得多，长角苗妇女可以在短时间内绣出一件色彩鲜艳的衣服。这种绣花服装制作省时并且外观美观，于是逐渐流行开来。

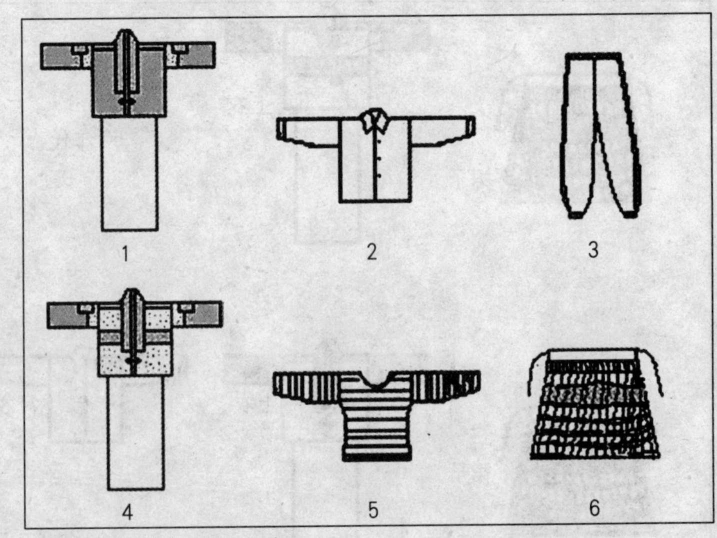

博物馆建立后的女子服饰组件

1. 全蜡染刺绣上装 2. 衬衣 3. 蓝色运动裤

4. 块状蜡染刺绣上装 5. 条纹毛线衣 6. 刺绣蜡染裙

长角苗女性有着很强的配套观念，在考察中，每当我们问到她们为什么要在传统上装里面套上橘黄的衬衣、百褶裙内套着深蓝的运动裤的时候，她们都会说“这样配起来才好看”。从50年代的传统上衣下裙发展到80年代的内套衬衣的固定搭配，再一直到90年代以来的上衣三件套，即衬衣、条纹毛线衣、将领子翻出来最外面穿上传统上装，和裙子内套蓝色运动裤：这就是长角苗人每个时间段内“最配”的服饰。她们接受汉民族服饰的因素作为自己传统服饰的一部分，这是服饰在两种文化碰撞中能动选择的结果，也是文化在传播过程中融合的一种表现。

二、男性服饰的涵化

涵化，或称文化移入，也有人称文化接触变容，是一种特殊的传播，它是指两个独立的文化传统由于持续的接触而引起一个或两个文化产生广泛的变迁。只有通过大量的相互传播，涵化才能最后实现。涵化强调两种文化长期的持续互动和全面的接触，其结果是使得双方或一方原有文化体系发生大规模变迁；而一般意义的传播不强调互动的长期性、接触的全面性以及变迁的广泛性。

男子民族服装与女子服装有着很大的不同。首先是形制不同。男子服装在款式上分老幼，不像女装那样，各个年龄段的服装款式都一样。其次是演变不同。50年代的时候，男童、中年男子以及老者都有与靛蓝麻布上装配套的白色麻布裙裤。不过从60年代开始，越来越多的长角苗男子改穿汉族服装，汉族服装逐渐取代了民族服装成为日常服装。在70年代之后，男子的民族服装已经成为节日服装，即日常穿着与汉族无异，传统民族服装仅在本民族的重大节日或者走亲访友时穿，而且除了婚恋期的青年外，男性服装即使在节日都不是配套的，例如男童以及中年男子都只有对襟大褂，并没有与之固定搭配的裤子、衬衣等，也就是说现代意义上的传统服饰只是过去的一部分。比较而言，女子民族服装仍然作为日常服装穿着，在这几十年来女装从布料运用到款式都发生着微妙的变化。然而，男子的传统服装无论是布料还是款式都停留在了成为节日服装的那个年代。也就是说，男子民族服装自从70年代变成节日服饰之后就基本不再变化。需要注意的是，由于男子服装在建立博物馆之前就已经完成了从日常服装到节日服装的转化，所以博物馆建立后对男子民族服装的影响并不大。

为什么在同样空间生活的男性、女性的民族服饰发展竟然有着这样的不同呢?据调查，是否会使用汉语是重要的因素之一，因为语言是文化交流与传播的重要工具。语言“在信息的交换中使自己具有一种能够无限延长自己感觉器官的手段，从而在无形之中无限地扩大自己的认识范围和生活范围，在广阔的领域里开展创造文化的活动”。[12] 我们来看一下寨子里面的汉语使用状况：在陇戛寨40岁以下的男子都能说汉语；而妇女中的情况是老年妇女几乎根本不会说汉语，三四十岁的通常只会少量的汉语，20岁以下的读过书的都会汉语，但是未入学女童仍然是根本不懂汉语。汉语是长角苗人认识汉族文化的一种媒介。“当一个群体或社会与一个更为强大的社会接触的时候，弱小的群体常常被迫从支配者群体那里获得文化要素。在社会之间处于支配－从属关系条件下的广泛借取过程通常被称为涵化。与传播相比，涵化是某种外部压力作用的结果”。[13] 懂得汉语的长角苗男人经常与外界交流，强势文化会对其产生涵化的作用，为了更好地适应外面的生活，长角苗男人逐渐改变了自己的服饰，日常服饰变得与汉族服饰趋同；然而不懂汉语的妇女长期生活在自己本族群的社会视野中，接触不到外面的世界，她们的服饰随着市场上的材料的变化缓慢地发展着，语言的隔阂像层屏障，在很大程度上减弱了汉族服饰文化作为一种强势力量对于长角苗妇女造成的影响。

任何文化在涵化过程中都会经历一个由撞击、适应到融合的过程，文化间的相互撞击、冲突一方面造成文化本身的危机，另一方面也提供文化发展的机会，为新文化的诞生提供条件，因此，文化的撞击也是传统民族服饰发展的契机。

三、聚居的力量

各个民族地区之间的服饰有着不同的特质，反映不同的民族传统和地区差异，但是服饰作为人类的共同文化形式，在御寒、遮羞的实用以及伦理方面是有共同特征的，在反映某些观念、信仰和思想方面，也是有人类共有的特征。这些共享性便成为民族服饰文化交流的共同基础，使服饰交流成为可能。在长期的交往过程中，或者通过友好往来，或者通过战争等，各民族、各地区间的服饰发生互动，导致服饰的文化特征的冲突与整合。

我们已经了解了长角苗的民族服饰现状，那么生活在长角苗人周围的几个民族的民族服饰发展到了一种什么样的境地？是否跟长角苗同步？他们的发展有什么共同点与不同点？我们可以以这些少数民族服饰发展不同阶段来做参照，思考民族服饰发展的规律。由于考察时间所限，我们选择了离陇戛寨最近的乐群村中的两个民族来比较。

首先看当地的布依族。从陇戛寨望下去，不远处有石头房子的地方就是布依族人的寨子——乐群村八组。八组有 50 多户、200 多人，大多是布依族，还有 5 户长角苗、1 户彝族。走进寨子看到的基本都是汉族打扮的人。当我们走到一户王姓人家问起传统服饰的情况时，女主人去翻了半天拿出来一个破旧的口袋，打开取出衣裙给我们看，没想到有的衣服拿起来已经朽掉了，成了尘土。40 多岁的女主人告诉我们这是她 10 多岁时候的嫁衣，30 年前的时候布依族也都是穿麻布绣花衣服，只是样式与长角苗的不同，后来慢慢地穿着的人少了，现在虽然寨子里面仍然有民族服饰，但是非常难找了，会绣花的人都还活着，可是没有人再绣了，因为平时根本穿不着，而且太费工夫了。邻居刘家 30 多岁的媳妇给我们也翻出一件上衣，是 10 多年前自己结婚的嫁衣。这是一件对襟刺绣上衣，在袖子上面是十字挑花绣，后背的粗粗的花边都是街上买的花边，并不是手工的；还拿出来一条白色的腰带，上面绣的很像蝴蝶花，也有的类似八角花。这些刺绣基本还是几何纹样，隐约出现人形，这些花纹连她们的老人也讲不出来是什么意思了。当我们问到为什么只有上衣的时候，她讲，那时候结婚还都是要穿这个服装的，可是如果没做出来就只能在寨子里面借别人的穿，之后还给人家，自己当初只做了这件上衣。据她讲现在结婚都不穿了。

另外一个姓刘的夫妇给我们讲道：“我们以前也穿麻布衣服，早就不穿了，解放后就开始一点点改变了，那些都是牛鬼蛇神。那个衣服好多花，就是很沉，不方便，我们现在都穿新式的衣服，又方便也好看。寨子里面还有两个 70 多岁的老婆婆现在还穿。整个寨子的家里也只有个把人家保留衣服了。”

从这些布依族村民的叙述中，我们可以看出布依族服饰发展到今天的一个脉络。首先是也经过一个由日常服饰变为节日服饰的短暂过程，之后仅仅作为一种结婚时使用的仪式服装存在，到现在基本上什么都没有了，留下的只是几块绣片、半件衣服。如果寨子里面老人去世了，这些绣片也就不再保存了，或许在以后，这里的布依人的脑海里都不会再记得自己民族曾经有自己的服饰了，即不仅从生活中而且从记忆里都消失了。

其次来看这个村子的彝族。彝族在乐群村八组只有一户人家，就是陈家，他们的服装已与汉族无异。彝族是远古时代的羌人南下定居贵州的，东汉、魏、晋、南北朝时的“夷”、“缥”；唐、宋时期的“乌蛮”；元、明时期的“罗罗”、“保罗”等，都是当时对西南彝族先民的称呼。以前这大片的土地都是属于彝族土司的，苗族人得以在此处安居也是通过租用彝族土司的土地。陈家老太今年 70 岁了，身上穿着汉族服装，不过头上缠着青布帕子。她回忆自己年轻的时候也还是穿麻布衣服的，寨子里经常有挑了蓝靛来卖的，自己也画蜡也织布，后来周围的布依族都改装了，自己家也就跟着改装了。当我们问为什么你们彝族的衣服没有了，而上面长角苗的衣服都还有的原因时，老人回答道：“这个寨子有好几样民族，大多数是布依族，我们彝族在这个寨子就我们一户。苗族的寨子大，几个寨子都是他们的人，他们就可以穿，他们的人多所以互相不会说。我们的人在别的地方也多，但是在这个寨子里少。布依人改装之后老跟我们讲：别穿了，你们的衣服太丑。只有自己穿的不一样，一讲一讲就改变了，我们人少，跟大家穿的不一样会被人笑话。”

据实地考察，陇戛寨所属的梭戛乡是一个多民族杂居的民族乡，在陇戛寨周围方圆八里地内就生活着 6 个不同的族群，有汉族、布依族、彝族、仡佬族、青族，还有另外一个苗族分支——大花苗。在这些族群中，除了大花苗和长角苗之外，其他在建国后逐渐改装，现在的服装已经与汉族毫无差别了。结合上面这几个族群的改装，我们可以思考一个问题，在同一民族地区都碰到了外界强势文化的力量，为什么同区域内的彝族、布依族、青族、仡佬族的民族服饰都基本汉化了，而苗族人的却保持相对比较完好呢？首先一个原因是居住地的闭塞程度。当地有句谚语：“高苗族，水仲家，不高不低是彝家”。这是关于民族分布的形象描述，苗族住得最高，在接近山顶的山坡上，布依族住在水边，彝族住在半山腰的平地上。地势最高、交通最不方便的是苗族生活的山顶，布依族与彝族靠近山脚下，经济略为发达，与外界交流也相对频繁，所以最容易改装。第一个原因比较容易看到，我们这里需要注意的是第二个，即苗族人聚居。青族与仡佬族人数非常少，杂居于其他几个民族中，也都改装了。而长角苗和大花苗由于单民族聚居，有着相对固定的较为封闭的交际圈，不像其他的少数民族杂居，聚居有利于民族服装的保留。杂居在黔东南的苗族更加聚集，所以尽管经济发展了，服饰也保留得非常完好，大家互相有个民族认同，自己穿自己民族的服装也不会有人笑话。而布依族、彝族与汉族混居，在强大的异文化的长期冲击下，这种强势涵化就显得非常突出。

对比布依族服饰消亡的路径我们可以看到一条在强势文化下民族服饰发展的规律，即先从日常服饰到节日服饰再到仪式服饰，在最后这个阶段如果没有保护好的话，传统服饰就会消失殆尽。而要想保护好民族服饰，就需要根据服饰发展的阶段规律以及当前其所处的阶段进行引导。目前长角苗的传统服饰尤其是女子的还保存得非常完好，属于整个大环境下强势文化刚开始冲击的状态，处于前文提到过的第一个阶段与第二个阶段之间。在这个阶段，我们能够做到的就是引导其民族服饰成为节日服饰长久保存在其生活当中，就好像日本的和服、韩国的韩服一样。或许这是保存民族服饰不使其消亡的最好方法，其他的民族服饰亦如此。

第四节　仪俗中的服饰

一、成年礼与服饰

在人生阶梯上，现代人已不再利用服饰划分和表现成长过程了。一个少女的服饰款式可以和她妈妈的完全相同，老太太也可以戴起孙子的棒球帽，老爷爷可以穿起牛仔裤。而长角苗人仍十分讲究以服饰来区分人生几个主要的年龄段。儿童一旦进入成年就意味着他可以从此参与议事，可以谈情说爱等等。这正如华梅在《华梅谈服饰文化》一书中所说，“服饰作为最普遍直接的外显形式，成了保持社会有序的工具”。[14]在长角苗的生活中，不同角色的衣着打扮都是传统仪俗中的重要组成部分。

成年礼是专门为进入成年的人举行的一种仪式活动，几乎在世界上任何一个民族以及同一民族的不同分支之间都有一套接纳其群体成员进人成年的千差万别的仪式程序。在这诸多的仪式程序中，都会按照所属群体的习惯向受礼者赋予某种不同于孩童时代的外部形象标志，如文身、墨齿、穿戴某种特定的服装或饰物等等。长角苗女孩在十二三岁的时候，其家庭会为其准备一整套的传统服饰。其中，黑色羊毛毡章围和白色羊毛毡裹腿取代了儿童阶段的围兜，是表明她们已成年的标志。儿童围兜，虽然在形制上十分接近大人的黑色章围，但其为棉布制作，上面多为刺绣纹样，且此围兜的后面还有三条带子。在那年的大年初一，穿上这全套崭新的成年女性服饰，就可以参加走寨、跳坡等传统婚恋活动了。长角苗男孩同样在进入成熟年龄后，由家长准备一整套的传统青年服饰披挂在身上，准备参加当年的走寨活动。与女子成年礼用配饰作为标志不同的是，由于男子各个年龄段的服饰并不相同，所以长角苗男子进入成熟期是以整套服饰来进行区别的。

长角苗人是以服饰的改变来使得受礼者接受并且使得社会承认其为“成熟的人”

这个身份。这是通过改变外部形象来改变一个人的社会角色的标志。

二、婚礼中的服饰

婚礼是长角苗人的生活中非常重要的一件大事。在婚礼中，新娘会穿起盛装，这身衣服上有大量的绣片并且有着全套的配饰。长角苗姑娘在订婚之后，未婚夫会送来布，姑娘从这个时候一直到婚礼之前都在赶制绣花嫁衣，这几套绣花盛装一生中只能穿一段特殊时期，即只能从举行婚礼当天穿到第一个小孩出生，孩子一出生，这身衣服就要放在衣柜底了，此后只能穿着蜡染服装。因为这种刺绣盛装是年轻新娘的专利，“老人”是不可以穿的。我们在前文提到过，在长角苗的思想中，“老”的概念与年龄没有关系而是与孩子有关系，一旦一个妇女生育了小孩，她和她的丈夫就得自称为老人了。由于新娘装是长角苗女性最美丽的服饰，所以在表演的时候，姑娘们以及年轻的妇女们仍然会穿起这种盛装。在以前，长角苗人结婚的时候有一种繁杂仪式叫做“打亲”，这是当时寨子里有威望、稍微富裕点的人家才有能力举办的婚礼，近 20 多年来都没有出现过了。据老人们回忆，“打亲”的时候，新娘与伴娘的装扮除了角上白毛线的缠法不同用

打亲新娘头饰（左为正面，右为背面）

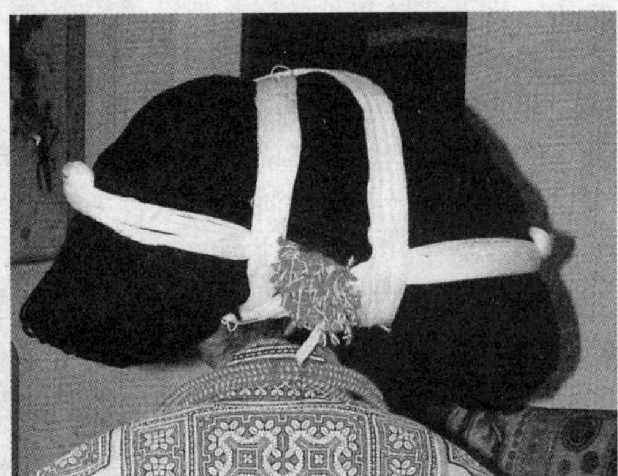

女性传统头饰（左为正面，右为背面）

以区分外，其余相同。但是在一般的长角苗人的婚礼中，新娘与伴娘的打扮是完全一样的。婚礼中，新娘穿起自己做好的全部绣花衣，冬天的时候经常会穿到七八件以上。新郎的衣服也是与跳坡服饰完全相同。前文提到过男子 50 年代以前是也戴角的，婚礼与跳坡都需要戴起。新郎还必须手撑一把伞，背上背一伞套，与走寨跳坡不同的是不用挎手电筒。婚礼是非常热闹的事情，在这一天，所有的亲朋好友老乡都会赶来，其中中年妇女们都戴起角来，换上干净的蜡染衣服，年轻的伴娘们都穿起跳坡时候的全套服装来送新娘。去迎亲的人当中有三个人必须身穿传统服饰，那就是新郎、伴郎与媒人。新郎和伴郎是穿同样的服饰，都打着伞，不过不用担心众人会分不清楚新郎与伴郎，用他们的原话说是“我们族别的人比较少，所以都认得哪个是新郎”，另外一个就是媒人，媒人的年纪一般稍长，穿件青色麻布大褂即可。

三、葬礼中的服饰

长角苗的葬礼“打嘎”是非常盛大的，它是长角苗人内部增进相互信任、相互帮助的一种方式。在这个繁杂的仪式上，就死者所穿的衣服来看，传统服饰在陪伴一个长角苗人走过的一生之后发挥着其最后的作用，这个衣服也体现了长角苗人对自己祖先的一种精神追求以及对后人的美好期望。需要注意的是，在这个仪式上未死者的穿着更是体现了他们不仅仅是对死者，而且是对祖先的一种敬重。

（一）男性死者服饰

入殓的时候，男性死者的头发剪也行，不剪也行，但是一定要梳好，不能乱。头上一般要缠青色帕子，棉质，长度为 3–4 米，宽度大概有 15 厘米左右，缠的时候将帕子纵向对折，然后在膝盖处挽起套在脑袋上，一圈圈地缠起。这个帕子一般是自己家里买的，也有人不缠帕子就入殓的。死者身上穿青色麻布长衫，这个长衫不像年轻人穿的那种前短后长，而是前后同长，长衫的尾部还是双层麻布制成，搭一条白色麻布围腰，下面穿白色麻布裙裤，现在也有的人家是用棉布制成的裙裤。腰上搭一条腰带，青色麻布的，长 6 尺、宽 1 尺，一般是姐妹送的，如果没有亲姐妹就由堂姐妹送一条。脚下要穿布靴，样子与钉子靴相同，只是没有铁钉。鞋面与鞋底均为青色棉麻布制成，鞋底一般有一个手指厚，至少 5–6 层被子（被子由一层布一层纸用浆浆起来，一个被子由 3–4 层布做成，所以这个鞋底又称千层底）。死者的鞋子是要穿两双的，即在布靴的外面还需套一双草鞋。而且，布靴与草鞋都需要左右脚换穿，用他们的话来讲就是“老人成神的时候鞋子要反着穿，是因为人和人一样，鬼和鬼一样，人是正着穿鞋子的，成神了就跟鬼在一起了，草鞋与布靴都是反着套在脚丫上，这样就可以跟都成鬼的老祖先一条路走了”。男性死者的服饰一般都是由自己妻子制作的。因为长年累月的刺绣与画蜡使得长角苗妇女的眼睛在四五十岁的时候就会花掉，不能再做复杂的针线活，所以很多妇女很早就为自己的丈夫预备下去世时所穿的服饰。男性死者的服装正是以前男性老者平时穿着的民族服饰，现在日常很少见到有人这样穿着了，不过这套衣服却在丧葬仪式中保留下来。

（二）女性死者服饰

入殓的时候，女性死者的头发也要梳好挽起，然后戴个帕子，这个帕子一般是由其兄弟家送，长短及材质与男性死者头戴的帕子相同。陪伴长角苗妇女多半生的长角以及项圈都不跟随死者入土，这些东西要留给自己的孙女，一代一代传下去，直到戴坏了。至于身上穿的服装，有的女性老者去世的时候都还是穿自己平时的蜡染对襟裙装，只要洗干净即可。也有的妇女在年轻时候勤快一些，提早给自己备上去世后的服装，那么在成神的时候她就可以穿上新的衣服。这里与汉族不太相同的就是子女没有义务给父母准备老衣，每个妇女要为自己的配偶以及自己准备去世时所穿的衣服。女性死者的腰前戴黑色羊毛毡围腰，腿上套白色羊毛毡裹腿，鞋子为绣花布靴，上面图案多为云纹、波浪纹以及太阳纹。绣花布靴以前主要用于妇女冬季穿着，用棉布缝制而成，制作工艺与现在的绣花凉鞋一样。但是自从 70 年代之后，这种绣花布靴不再作为长角苗妇女冬季日常穿着的鞋子，而逐渐变成了“寿鞋”，只供去世的女性死者使用。现在陇戛寨老年妇女都给自己准备了这种鞋子，以备自己过世时使用，同时也是想作为商品出售给对其民族文化感兴趣的游人。我们在寨子里面见到很多女性老者给自己制作的老鞋都十分的粗糙，多是因为年纪大了，眼睛不好使。布靴的外面同样需要套一双草鞋并左右脚反穿，以示人鬼殊途，更重要的是可以让死者去追寻祖先。

随着时代的变化，老衣也发生着一些微妙的变化，例如有的人将布靴换成了球鞋，有的人干脆不再套草鞋，有的人将麻布裙裤换成了棉制裙裤，等等。但总的来说，丧葬仪式在长角苗的生活中还是保存得非常好的一个传统仪式，内容与形式并存。

（三）葬礼中其余人的服饰

整个葬礼要举行三四天，打嘎只要一天，之前所有的事情都是为了打嘎做准备的。死者在断气之后，这一消息会最快地传送到各个寨子里面，本家的亲属会尽快赶到死者的家，帮忙办理丧事，其余的亲戚朋友则在打嘎当天赶到即可，叫做客家。死者的家属因为要忙碌各种事情，所以穿戴比较随便，外寨的本家赶到的时候一定要衣帽整齐，尤其是妇女，一定要戴起角，换上崭新的民族服饰，背上背着白色麻线包赶来吊唁，这个背包里面是装的另外的新衣服以及崭新的角，专门等打嘎的那天穿起，表示对死者以及祖先的敬重。赶到主人家之后，才可以将自己的角摘下，去参与帮忙各种事项。所以，打嘎之前在主人家看到不戴角的妇女就知道是本家，而戴角的妇女则是前来吊唁的客家。男子虽然没有都穿民族服装，但从一个寨子来的一队人里面也总有一个人背起白色麻线背包来帮大家装打嘎那天所穿的干净衣服。

一般来说，在葬礼中有着潜在的规定，即各个寨子前来吊唁的女子须是已婚，未婚姑娘不许来；男子并不限制是否未婚，只要是在他们的概念中属于成人的小伙子都可以来。但是，在打嘎的当天，场地边上会出现一排排多打起伞、头上戴花梳马尾辫、身上穿盛装的姑娘们，这是怎么回事呢？原来这些姑娘们并不是来吊唁的，她们是本寨子以及邻近寨子的姑娘们。因为打嘎是长角苗人规模很大的一种仪式活动，聚集了大量的各个寨子的本民族青年，这是除了跳花节之外姑娘小伙子们可以公开见面与认识的一个机会。这样的机会并不多，所以绕完嘎房的小伙子们不会像已婚男人那样离去，而是徘徊在这一排排花枝招展的姑娘们中间，寻找自己喜欢的人。所以，姑娘们非常仔细地打扮自己，脸上擦上粉，嘴巴涂上红，并将全套的服饰穿起。由于现在最新流行的头饰是集市上买来的纱花，所以姑娘们大多数梳起马尾辫戴起花，打起伞，这成为其隆重葬礼上的一道别样风景。

第五节　民族服饰的价值取向

一、服饰与择偶的价值判断观

“所有的社会都有对劳动的某些分工，按习惯给不同种类的人分配不同类型的劳动。所有社会的传统劳动分工方法都在某种程度上利用了性别的差异。民族志资料表明：几乎在所有的社会中某些劳动总是分配给男人，而另一些则是分配给妇女的，男人修建房屋，跟硬东西打交道，例如金属，石头，木材。妇女常做的是家务劳动，妇女不仅是儿童的主要照管者，还要做饭，清扫房舍，洗衣服以及找柴和取水。”[15]在长角苗的生活里面也是如此。用村民的话来讲，“有的重活女的干不了，修房子背煤什么的。以劳力为主的都是男的来做，如果女的干活太厉害，很多人会笑话的，女的最主要就是做衣服绣花做饭带孩子什么的，而且对外打交道都是男人的事情”。在长角苗人的生活中，女主内男主外是其典型的生活模式。由于长角苗人长期生活在比较闭塞的深山里面，许多东西需要自给自足，每个家庭都是一个独立的生产消费个体。在艰苦的生存条件下，男人与女人分工非常明显，需要各司其职。能够自己生产制作出全家人的衣服是一项长角苗妇女的基本技能，这与我们现在的都市社会中服装由专门的裁缝制作或者是由专门的工厂生产不一样，妇女们不再需要从小去学养蚕、制丝、织布、做衣服，不再将做女红作为自己生活职能的一部分。

由于服饰的生产与制作是妇女的专门职责，如果男子娶来的媳妇不会制作衣服，那就意味着自己没有衣服穿，自己的小孩也没有衣服穿。所以，会制作服饰是长角苗妇女能够婚配的前提，其次才是容貌家境人品等等。绣花与蜡染是长角苗女子必须从小学习的一门技艺，如果女孩长大了不会画蜡、不会绣花，就会被寨子里的人们称呼为“憨包”，这是对脑子迟钝的人的蔑称。这种女孩在本民族是没有人要的，她只能嫁给汉族中有缺陷的人，例如说瞎子聋子拐子等等。“在苗族传统社会中，妇女的服饰与择偶和婚配密切相关，妇女的服饰（特别是盛装）在某些特定的场合成为表明自身价值的一种尺度，有些时候，服饰甚至成为决定婚姻的重要因素”。[16]可以这样讲，刺绣蜡染工艺的好坏是长角苗妇女社会价值实现的最大体现。在这一点上，几乎所有苗族分支的传统观念都是一致的，例如在《苗族史诗》里面有一段讲9个姐妹中的一个的说道："七姐叫阿丢，歌儿不会唱，花儿不会绣，怕没人来娶，妈妈好发愁。将她送给汉人家，起初拿她当丫头，后来娶她作媳妇。"正因为如此强大的社会价值评判体系，使得现在读书的小姑娘们一放学的首要任务并不是写作业而是几个人聚集在一起刺绣或者画蜡。

二、族内的婚姻与族外婚姻对服饰传承的影响

长角苗人生活在一个多民族地区，在这个地方的通婚习惯是各个民族内部通婚，不过长角苗的情况有点特殊。因为苗族有很多支系，长角苗只是其中之一，他们并不像外界宣传的那样只在本支系内部通婚，他们会与语言相通的其他苗族支系通婚。长角苗的构成主体是由歪梳苗与箐苗转化而来的，所以他们长期以来都有与纳雍县箐苗以及水城县歪梳苗通婚的习惯，这都属于族内婚姻。附近的大花苗由于语言不通所以不与其通婚。不过长角苗女子历来就有嫁入汉族的历史，这种婚姻属于族外婚姻。

（一）族内通婚下民族服饰传承状况

族内通婚指的是长角苗与短角苗、长角苗与歪梳苗等苗族分支内部的婚姻。由于地域临近，风俗习惯类似，语言相通，这几个支系之间经常会有通婚。我们在纳雍县张家湾老翁村调查到有几个长角苗妇女嫁入箐苗这里，一直到老并没有改变其服饰。在陇戛寨，杨得学的母亲就是箐苗，她嫁过来几十年也仍然为箐苗的打扮。不过，在这片土地上，这个环境下，她的后代就变成了长角苗的装扮。我们在陇戛寨遇到一个姑娘杨芳，她是与老卜底的歪梳苗小伙子订的婚，我们谈到这个服饰的问题。

我们问她喜欢绣花衣服吗，杨芳回答："我很喜欢，这个服装比汉族服装要好看的。""你未婚夫那边的穿戴跟这边一样吗？""不一样，头上戴的角不一样，身上穿的花不一样。""那你会绣那边的花吗？过节的时候穿什么？""我不会绣那个地方的花，我们苗族人只要会绣花就可以了，我就绣我们这边的花就行，过节的时候我就穿我们长角苗的衣服。在张维有个老太太就是长角苗嫁过去的，到现在仍然是长角苗的打扮。"

就目前来说，由于本区域苗族内部对刺绣蜡染作为女性社会价值评判的标准仍然存在，即不会刺绣蜡染或者做得不好的媳妇都会被整个族群嘲笑，所以，苗族这几个支系之间通婚并不会引起刺绣蜡染技术的直接遗失。但是需要注意的是，民族服饰主体会根据通婚对方服饰的发展阶段而穿戴。

（二）族外通婚下民族服饰传承状况

前文提到过苗族一般只跟本民族的人通婚，但是偶尔也跟汉族人通婚，不过一般情况下是不会刺绣不会蜡染的姑娘由于本民族没人要，所以只能去嫁给有残疾的汉族人。民族之间不通婚除了语言不通、习惯不通的问题以外，还有相互敌视的情绪，所以长期以来汉族苗族基本不通婚，如果寨子里讲起来谁家的姑娘嫁了汉人都觉得这是

一件比较悲哀的事情，如果哪家的小伙子娶了汉族的姑娘会遭到整个族群的反对。不过自从 1996 年女娃开始读书后，婚姻观产生了重大变化。1996 年读书的第一届女童有 40 个，现在有七八个还在读六年级，有三四个在读初中，还有一个师范毕业了，一个在读，这个从师范毕业了的杨大姐于 2007 年春嫁了汉人。这次婚姻是陇戛寨长角苗人婚姻观转变的一个标志，比较冰封的族外婚姻开始有了改观，从这之后，就像村民说的那样，“以前是只有不会绣花的憨包才嫁给汉族人，现在不一样咯，还有读过书的、有出息了的姑娘会去嫁那种有稳定收入和工作的汉族人。除了这两类，我们族别一般情况下还是不会跟汉族人通婚的”。我们去调查了寨子里面的未婚姑娘们对于与汉族人通婚的看法，抽样调查显示，30%的姑娘表达了希望嫁给汉族人，其中一个王姓姑娘的回答比较典型：

我们问她：“你们想不想嫁给汉族人？”

王芬：“想啊，就是没有人要呢，周围的汉族人看不上我们的人，骂我们苗子。”

“如果看上了你们嫁吗？为什么想嫁给汉族人呢？”

“嗯，嫁的，汉族人家境好一些。”

“嫁了汉族人可就穿不了你们的衣服了，你不想吗？”

“不穿了，也不用做了。如果在我们这里现在过节不穿就会有人说：这个小笨蛋，肯定不会绣花啦，没有出息。”

“那嫁了汉族人是不是就随便了，不用绣花也没人笑话了？”

“嗯，是的，可能就没有人说了吧。”

可以这样讲，以前嫁给汉族人的女孩都是不成器的代表，现在嫁给汉族人则成为一种时尚。苗族姑娘嫁给汉族人后，刺绣、蜡染就不再继续作为其生活中的重要部分了。

民族服饰的存在是有一定的社会文化机制的，在艰苦的环境下，不会制衣的苗族女孩势必遭到大家的唾弃，做不好刺绣蜡染也会被大家笑话，更会没有人娶。但当苗族女孩嫁入汉族之后，汉族社区并不存在这种氛围，衣服可以直接去购买而不是自己一针一线地制作，因此嫁进来的不做女红的苗族媳妇也不会受到大家的谴责。

总之，长角苗女子结婚观发生变化对其服饰以及服饰的制作传承有直接的影响。如果在本民族内通婚，姑娘必须学会女红，这是族内婚姻的前提；如果与并不崇尚刺绣的汉族结婚，就不需要这个前提，而且嫁入汉族后，因为没有用

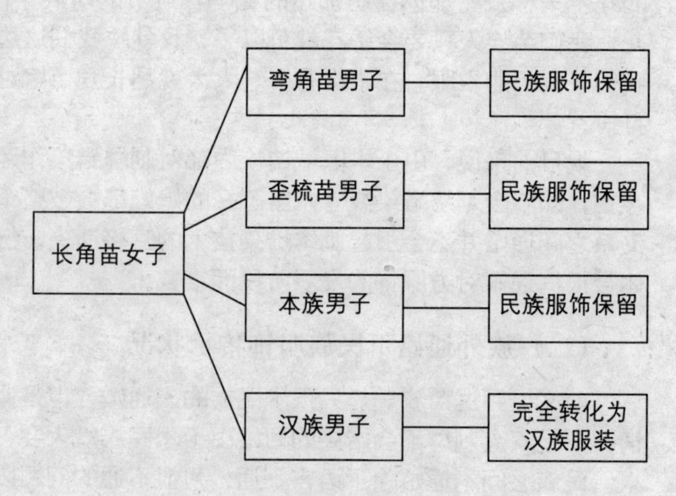

长角苗女子族外通婚后民族服饰的传承状况

武之地，也逐渐会使得这种技艺丧失。

第六节　长角苗服饰中有意味的符号

纹样是一个民族的文化标记。长角苗服饰上无论是刺绣纹样还是蜡染纹样都是我们难以辨别的几何形纹样，几何纹样就是长角苗服饰的灵魂。为什么这么说呢？首先，许多研究者都称苗族人的服饰就是穿在身上的史书，其实，能使服饰有这个称号的最重要的原因就是纹样。在苗族古歌和一些传说中，苗族服饰上的纹样就是其祖传的文字。据我们的调查，这种“文字”所记载的是其非常丰富的精神世界以及物质生活。其次，服饰是一个族群认同的重要标志，在族群内部更小的群体乃至个体之间的认同或区别就是依靠服饰上的纹样。最后，从审美角度说，人们是通过视觉来感知服饰纹样所负载的各种符号功能的，其感知的对象是形，通过感知形来知道其“所指”。这样，作为符号的纹样同时需要富有美感，给人愉悦的享受。无论是蜡染纹样还是刺绣纹样，其造型以及色彩都对一种服饰的风格具有决定性影响，通过几何纹样的物理结构表现而产生的主体审美意味，我们称之为服饰纹样的美学功能。在本节中我们将探讨长角苗服饰纹样的本质，以及服饰纹样是怎样构成一个包含形式与意义的视觉艺术符号系统的。

一、长角苗服饰纹样的本质

纹样是装饰花纹的总称，又称花纹、花样，也有泛称纹饰或者图案的。从其艺术本质来说，它必须附存于工艺品或者工业品的本体。长角苗人的几何形纹样就附存于长角苗人的服装以及配饰上。我们知道，几何形纹样在世界各国原始纹样中具有普遍的性质，是共同的工艺文化现象。就我国来说，在新石器时代，几何纹样就出现在各种各样的彩陶上。这些几何纹样既包括几何形纹，又包括动物、植物等经过简化或者抽象化了的具有几何形态的纹饰。

在原始文化阶段，几何纹具有它重要的生活意义，即它由人对自然现象的认识中得到初级的提炼，具有符号的性质。那么长角苗人服饰上的这些几何纹样是否与原始纹样一样也是符号呢？还是单纯的装饰呢？如果说它也具有符号的性质，那么它又怎么构建着长角苗人的文化呢？

考察发现，陇戛寨的生活生产用具、建筑上都没有纹样特征，所有的纹样都集中在长角苗人的服饰上。究其本源，这是长角苗人重要的文化特质的再现，它不仅能够标示是哪个民族，还能区分支系的亲疏关系，最重要的是它还有记录的功能，是长角苗人最重要的记录方式，记录着其物质生活和文化生活中最重要的一些特征。

我们这里的艺术符号指的是不同于语言符号的特殊的视觉符号形式，即具有符号功能的民间艺术品。艺术符号的概念自从苏姗·朗格在1953年版的《情感与形式》一书中提出后，就一直是美学界引起争论的话题。苏珊·朗格认为许多人对艺术符号存在两种误解，一种是把艺术符号当成一种纯粹的语言或语言符号看待；另外一种把艺术符号混同于艺术中所使用的符号，即肖像学家和现代心理分析家们所说的那种符号。[17]

艺术符号系统的特殊性，在于艺术符号具有独特的能指和所指。艺术形象为艺术符号的能指，而形式所传达的情感则是所指，它们的结合构成了艺术符号。长角苗人的服饰纹样从本质上可以说是艺术符号。

首先，纹样不能独立存在，它要依附于服饰。纹样不像服饰那样具有非常强的物理实用性，例如遮体保暖等，但是纹样却有着与生俱来的艺术性。在服饰上精心绘制蜡染以及飞针走线地刺绣，可以说是每个长角苗妇女一生中重要的组成部分。在长角苗人的社会中，艺术是被所有人分享的一种艺术语言，可以说人人都是艺术家，每个出生、生长在长角苗群体中的女性都会绘制自己服饰上的纹样，并且在这个群体中几乎所有的社会成员都在一定时期内了解这些艺术符号所包含的意义。这与城市社会中的情况不太相同，城市社会中艺术家和社会集团之间有一定的界限与区别，并且只有一个小而有艺术鉴赏力的集团被认为是真正能领略艺术家语言和他们艺术作品的象征性再现的人，这种情况在长角苗人中并不存在。

其次，也是最重要的一点，长角苗人的纹样所再现的对象的意义往往超出了它的物质存在，与宗教信仰、精神生活以及其他的社会力量联系在一起，它们是长角苗人重要的记录手段和其民族支系的识别标志。由于其具有符号的功能，所以在纹样元素以及题材内容上都在相当长的历史长河中较为完整和稳固地被传承下来，它是集体的现象，不能由个体随意发挥更改。

最后，纹样作为视觉艺术纹饰，本身具有装饰作用，具有很强的审美特性。由于艺术符号本身具有不确定性，所以在一定程度上“能指”与“所指”也产生一些意义的不符合。从功能论上讲，这些符号在当前这个比较和平的社会中用途不是很大，这些能指留下了，然而所指就逐渐遗失了，这时候就留下审美需要仍然在起作用，以后长角苗人纹饰发展的趋势很可能是意义的消失辅以形式的愈加华丽。

二、有意味的形式

形式主义美学代表人物贝尔审视了原始的、古代的和近现代的艺术发展历程，他认为近现代众多的艺术包括未来的艺术基本上不能被称为有意味的形式，只有原始的和古代的艺术作品才能够称得上是最优秀的艺术，“一般来说，原始主义的艺术是杰出的。在此，可以再度用上我的前提。因为，作为一种规则，原始主义艺术也脱离了描述的形制。在原始主义艺术中，你找不到精确的再现，而只有有意味的形式”。[18]长角苗人的纹饰可以称得上“有意味的形式”。

这里我们先从其几何形纹样的形式谈起。在苗族妇女衣服的胸前背后胳膊上，服装的“尾巴”，佩戴的手帕上，脚下踩的绣花鞋上，我们可以看到令人惊叹的细致的几何纹样，这些纹样乍一看颜色款式差不多，仔细看竟有很多固定的元素和千变万化的地方。与黔东南苗族不一样的是，长角苗人的这些蜡染刺绣纹样图案全是非常抽象的几何纹样，根本看不出来是什么东西，而黔东南的服饰纹样都是象形性的，我们可以看到人物、鱼龙、牛龙等等。这些几何纹样是怎么来的呢？有什么意义？是不是传说中的文字？在梭戛生态博物馆的资料集上有一个关于女子在衣服上绣字的传说，讲的是很久以前长角苗人有着自己的文字，那时候女人非常的聪明，于是男人就把记录文字的任务交给女人，女人就把这些文字绣在衣服上，谁知道时间长了，女人记不清文字的意思，于是这支苗族服饰上的花纹符号仍然在，然而没有人认得了。这或许只是个传说，但却使我们更加认识到考察服饰图案涵义对于我们这次考察的重要性。

长角苗人的服饰主要运用的是蜡染与刺绣工艺，而蜡染的纹样与刺绣的纹样在很大程度上是重合的，只不过是以不同的方式表现出来，一种是画的，一种是绣的，不过总的来说，蜡染的纹样相对较少些，刺绣的纹样更加丰富一些。刺绣的主要技法是挑花技法中的十字挑花，构成图案的最小元素是两针构成的 × 形。长角苗人的基本图案只有 20 多种，这些有限的基本图案以不同的组合方式构成了貌似一致却又千变万化的服饰图案。在这些基本图案中，有的主要是用做基本形纹的，有的是用做纹样元素的，这些元素构成服饰上的大块绣片（ba dzom）或者蜡染片，此外还有专门用做装饰性辅助图案的，来配合主体图案组成一个单位花纹，即一个相对完整的图案。服装是图案花纹的最主要的载体。女装在诸如袖片、臂片、胸片、领片、背片、尾片、小尾片上都有相应的刺绣或者蜡染片，每一块都是一个独立完整的图案。男装上并未使用蜡染技术，只在有限的部位采用刺绣工艺，例如荷包以及腰片。服装上的这些纹样从图案形式上说没有单独出现的，一般都有着连续性和重复性。在背片、袖片以及大尾片上出现的主体花纹多为单位花纹向上下左右四个方向重复排列，在图案学上称为四方连续；在小尾片、胸片以及领片上出现的多是二方连续，即单位花纹向左右两个方向重复排列，呈带状连续结构；在臂片上出现的多为一个单位花纹。总的来说，主体纹样是有规定的，不是所有的纹样都可以作为主体纹样的。

长角苗人的服装纹样可以分三类。第一类是基本形纹，它是服饰整体纹样的风格基础。第二类是元素纹，这是长角苗历代妇女从生活中提炼的纹样，有表现动物、植物，还有用具、建筑乃至宗教生活等方面内容的各种几何纹样。这些纹样验证了艺术符号的一个重要特征，那就是通过物体引起一系列对宗教生活的回忆，这种回忆出现的幻象又唤醒整个族群向心团结的情感。第三类是作为个人的标志与族群的标志的隐形纹。每个妇女都有自己喜欢的隐形纹，然而千变万化的隐形纹后面是族群自古不变的“十”字原则。所以，千变万化的隐形纹成为个体的标志，而万变不离的“十”则成为其族群的标志。

（一）决定纹样风格的基本形纹

长角苗妇女对女式服装的命名只有三种，即“欧”、“阿苏”、“莫边”。这三种服装的名字就是依据背片的基本形纹来命名的。“欧”（ou），在苗语里面是小狗呼叫的意思，以弧形线为标志，在背片上以四个弧形构成一个基本单位成为四方连续，在其他部位以一个圆形弧作为一个基本单位。“阿苏”（a su），意思是芦笙眼纹。是由四个花瓣形围着一朵小花为一个单位。“莫边”（mu biae），是由四个长方形组成一个单位，每个长方形边上带锯齿且中心有十字。“莫边”在刺绣纹样中组合起来则被称为“得黑”（deu hei）。一件长角苗妇女的服装的风格就取决于背片的纹样，如果是“欧”的服装则“欧”这个基本形会成为尾片、臂片、领片、袖片、襟片的主体纹样的基本形；如果准备做件“莫边”的衣服，那么身上各个部件的基本形就会是“莫边”。这并不是说每个长角苗妇女穿“欧”或者“莫边”或者“阿苏”的蜡染服装纹样都是一模一样的。为了不使画面单调，主体旋律定下来之后，中间填空就稍微自由一些，一般是用狗耳朵纹（zren di）来填空，周围用牙齿纹（niae tsi）、爬蛇纹（nku na）、杠道以及斧头背（ga du）等形成装饰纹，这种组合以及留出空白的位置都比较主观，由制作者自己控制。不过一般来说，上装的尾部即尾片以及小尾片上的纹样，相对来说比较丰富多彩，各种传统元素纹样都可以自由组合出现，体现制作者的审美情趣以及风格。由于蜡染与刺绣是两种不同的表现形式，所以同样的纹样在视觉上会给我们不同的感受。

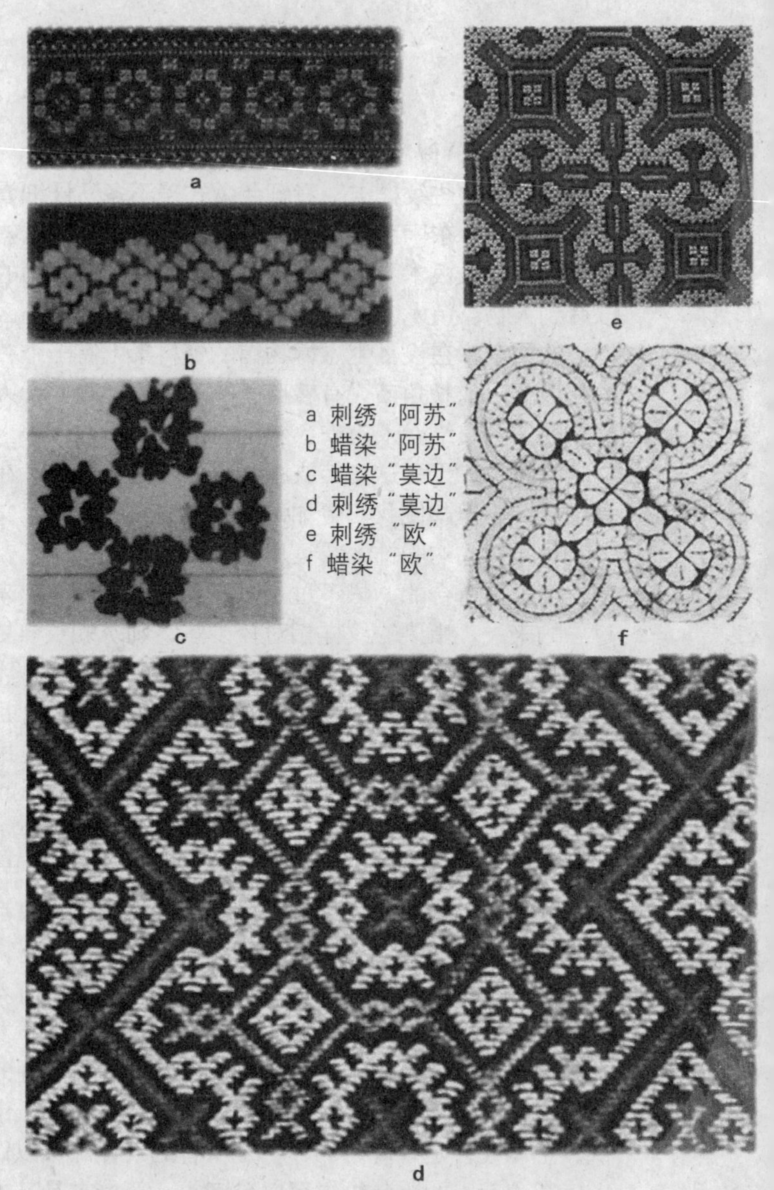

a 刺绣“阿苏”
b 蜡染“阿苏”
c 蜡染“莫边”
d 刺绣“莫边”
e 刺绣“欧”
f 蜡染“欧”

（二）能唤起民族情感的元素纹

元素纹指的是构成服饰纹样众多组成部分的单位纹样，这些纹样一般都是有名称、有内涵的，可以说是非常典型的“有意思的形式”。例如各种动物纹、植物纹、用具纹等等。元素纹多采用二方连续或者四方连续的排列方法。总的来说，长角苗人的纹样排列方式为满地图案，即将纹样分布得很密，露地很少，有丰富多彩的效果。

在这众多元素纹中，按其使用位置又分主体纹与辅助纹，辅助纹一般特征为纹样较小，主要对主体纹样起装饰作用，使用比较自由。例如牙齿纹、蛇纹、羊角纹 (guo yang)、瓜面纹 (a mlei du)、斧头纹、卷草纹、大牛眼睛纹、狗耳朵纹 (zren di)、刀豆花、波浪纹。一般来说，服装上的刺绣或者蜡染块都是封闭式的，也就是说有个封闭的轮廓线将四方连续与二方连续框起来。牙齿纹与斧头纹是最常见的边框所运用的纹样。

若以其存在现状进行分类，长角苗人服饰上的元素纹基本可以分为两类：一种是逐渐消失的古老元素纹，只出现在老年人收藏的以前的服饰上面，现在因为"不时兴"所以逐渐被年轻人所淘汰；另一种是仍然具有旺盛生命力的传统元素纹，并且产生了一些微小的改变。为什么同样作为传统纹样，一部分渐渐消失，而另一部分却继续非常有生命力呢？

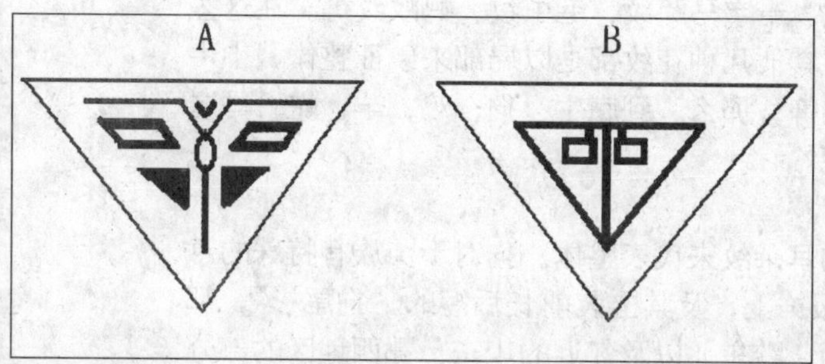

旗子纹

巢居纹

地花纹

这些逐渐消失的古老的纹样，一般由多个纹样元素组合在一起，具有浓重的历史印记，现在这种纹样已经不多见，寨子里的老人们也只能依稀记得点这些纹样的代表涵义。例如旗子纹，主要由直线、三角形及正方形组成，直线象征旗杆，左右两个正方形象征两面旗帜。这可能是以前苗族出战时候用的旗帜。由于制作者不同，配色可能略有不同，所以不同的服装上面的旗子纹的颜色并不完全相同，但是大体呈现出长角苗妇女喜欢的红色。再如巢居纹，这种纹样在一个单位图案中呈对称性，再细分为三种图案，第一是树杈，用下面两条左右伸展开来的黑色条纹表示树杈；第二是树杈上有四片树叶；第三是空中四个鸟形图案。据老人讲有树杈花配小鸟花才说明那是树杈，在树杈的上面铺一些树枝树叶可以住人，有小鸟表示人住在很高的树杈上。这或许就是长角苗先人曾经居住在树上的记录吧。再如地花纹，由曲线、方形以及"×"构成，其中方块表示田地，"×"表示田里结的果子，曲线表示梯田，这个花纹包含了关于开垦田地的信息。云野花是由四片花瓣形状组成，每个花瓣呈桃形，据说这个是生在水中的花，浮在水面上开花，这可能是苗族祖先留下的曾经生活在水边的标记。长角苗先人创造的几何图形以简洁、单纯、丰富的想象给他们的生活带来无比丰富的内涵。然而年轻的姑娘们并不知道这些复杂花纹的意思，而且随着花纹象征的物品的消失以及古老生活的远去，绣的人也越来越少了。

另外一种仍然具有旺盛生命力的传统纹样，大量出现在现在长角苗妇女的服饰上。与上一种花纹不同的是，这种花纹描述的内容仍然与长角苗人当今的生活紧密相关。这些纹样大体可以分成四类：动物纹、植物纹、工具纹、与人或者人的活动有关的综合纹。

1．动物纹

动物纹中最常见的有小牛眼睛纹、大牛眼睛纹、小狗耳朵纹、鸡眼睛纹、羊角纹、老蛇纹、爬蛇纹、双蛇纹、小蛇排纹、十字马蹄纹、毛虫纹、蚂蚁纹等。在这些花纹里面除了蚂蚁纹与毛虫纹是整体外，其他几种花纹都是以局部来象征整体，小牛眼睛纹象征绣了牛、鸡眼睛纹象征绣了鸡等。那么，到底牛、狗、鸡、羊、蛇、马这些动物对长角苗的生活有着怎样的意义呢？

(1) **狗纹** (en di)

长角苗人服饰上的狗纹主要是以小狗耳朵纹来代表整体。狗对于苗族有特殊的意义，长角苗人把象征狗的狗耳朵纹绣在服饰上，及其上装前长后短的“狗尾衫”，都是传达他们对自己祖先的一种铭记。湘西、黔东北以及邻近的川东、鄂西地区的部分苗族先民奉“盘瓠”即狗为自己的祖先，长角苗人也是如此。在现实生活中，长角苗人与狗的关系也十分密切，我在寨子里就听到一个说法，丧葬仪式上有的人在绕嘎的时候最终“呼呼”地叫，是因为长角苗人祖先曾经以狩猎为生，“呼呼”的声音是呼唤自家的狗。

(2) **牛纹** (lio)

牛纹是长角苗服饰几何花纹中主要的纹样元素之一。在长角苗人服饰上出现的与牛相关的纹样是大牛眼睛纹与小牛眼睛纹，由简单的点、圆、十字组成。大牛眼睛与小牛眼睛纹的区别是大牛眼睛纹里面是个十字，寨子里的老人告诉我们这个十字代表大牛眼睛放出来的光，小牛眼睛里面有两个圈。牛在这支民族的生活中更是有重要的意义。苗族是一个古老的农耕民族，在其长期的农耕生活中，对牛结下了特殊的情感，至今在苗族各个分支仍保持着对牛的敬爱与崇拜心理。在长角苗人的葬礼上，即老人“成神”的时候，其女儿及侄女都需要牵牛来杀以

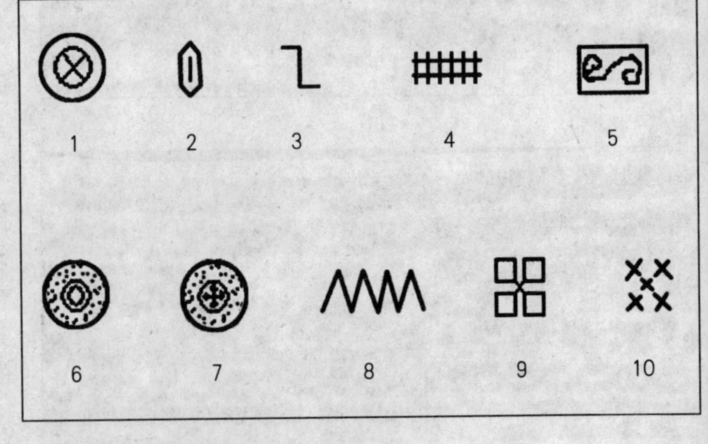

1 鸡眼睛　2 狗耳朵　3 小羊　4 牙齿　5 羊角
6 小牛眼睛　7 大牛眼睛　8 弯蛇　9 斧头　10 包谷种

陪伴老人去追随祖先，不管多穷也必须想尽办法买到牛来祭祀，表示对死者及祖先的敬重。在《苗族简史》中提到苗族人的族属渊源，和远古时代的“九黎”、“三苗”、“南蛮”有着密切的关系。而“九黎”部落的首领是蚩尤，在《史记》中提到“蚩尤有角，牛首人身”。可能牛纹就是长角苗人在服饰上表达对祖先的一种崇拜与记录。从长角苗人的头饰上我们看到是水牛角的模仿，牛眼睛纹也应该是象征水牛。然而现在的长角苗人由于居住在高山上面，所以家家养的都是黄牛。环境改变了，纹样与头饰仍然保留下来，给了我们一个了解其祖先的线索。

（3）鸡纹(gei)

鸡纹也是在长角苗人服饰上出现的比较普遍的纹样元素，由圆与 × 组成。鸡眼睛纹与牛眼睛纹不一样的是两个圈的中央是个 ×，照样是以局部象征整体。在长角苗人的思维中，眼睛是生命的标志，人和动物的眼睛都是睁开可以发出光芒的，一旦死去就会黯淡无光，所以祖先用牛眼睛来代表牛、鸡眼睛代表鸡，用他们觉得动物身上最有代表性的东西来象征整体。在中国传统文化里，鸡与“吉”谐音，“大鸡”被视为“大吉”，是阳性的象征，人们认为太阳的升落与鸡有关，雄鸡一鸣，太阳驱散阴霾。鸡又在长角苗人的生活中有着什么重要意义呢？第一，当做祭品。长角苗的最重要传统节日之一就是祭山，祭祀时需要用鸡血及其羽毛涂抹在神树上。第二，用于招魂。据说公鸡以其驱邪通天的神性，可以引死者平安抵达极乐世界。具体用法是老人成神打嘎的时候，后辈在安放棺木时，将一只公鸡置于棺下，称“开路鸡”。此外，寨子里面有人生病以后，弥拉要去家里为其叫魂，需要用鸡蛋还有一对鸡。有的得病了就需要公鸡来驱鬼。第三，用做鸡卜，即以鸡骨占卜。过年的时候家家要杀鸡，看鸡卦，来看一下这家人一年中的运气。鸡卜者亦是取“吉”之谐音，谓求吉也。唐代大诗人柳宗元在柳州任刺史时，见当地人都用鸡骨占卜年景丰歉，于是在《柳州峒氓诗》中写下了“鸡骨占年拜水神”的诗句，为古人的鸡卜习俗留下了文字依据。鸡卦还是决定长角苗年轻男女能否结婚的决定力量。在青年男女自由恋爱后，男方去女方家提亲，女方要杀一对鸡看鸡卦，看这两个年轻人能不能在一起，如果得出的鸡卦不好，两个人只能分开。第四，作为待客的最高礼遇。长角苗人家来了客人就会宰鸡招待，其中鸡的头会给最年长有威望的人食用。

（4）羊角纹(guo yang)

羊角纹是长角苗妇女领片上最常用的一种花纹，同样是以最典型的羊角来象征整头羊。它以左右延伸开的两个小勾表示羊角，又被长角苗妇女称为勾勾花。她们说，这个勾勾花的勾就是长角苗妇女脖子上佩戴的铜项圈上面的那个勾，也就是说长角苗妇女的项圈同样是用来象征羊对于长角苗人的重要性的。羊也是一种祭祀祖先的牲畜，在老人“成神”的时候，死者的侄女如果实在拉不出牛来的时候就可以改为牵羊前来参加打嘎仪式。此外，长角苗人在包坟的时候也需要用到羊。包坟就是在老人去世几年后给老人的坟上加土，表示给老人盖房子。熊开清给我们讲述了包坟的讲究，“一般是三年包一次，在清明的时候要用羊来祭祖先，羊子比猪贵；等再三年后就再来用羊祭，如果这个时候实在拿不出羊就可以用猪代替，再过三年后就可以用鸡来祭。但是每次还是尽量用羊，实在用不了羊就用猪，如果猪也出不起就可以用鸡”。

现在在陇戛寨，养羊的人并不多，需要用羊来祭祀的时候还需去集市上购买，不过羊角纹并没有因为长角苗人不再养羊而消失，而是随着这支民族对祖先的敬重在服饰中继续保持下来。

（5）**蛇纹** (laen)

在长角苗服饰纹样中，蛇的表现形式似乎是最多的一种，有老蛇纹、爬蛇纹、双蛇纹、小蛇排纹等等。有的是用一条曲线来表示爬行的蛇，有的则是用三角形来表示蛇头，以蛇头来象征蛇。自古以来，人们对蛇都有一个来无影去无踪的神秘印象。神秘导致人们对蛇的敬畏。上古人们对蛇的危害和威胁无能为力，人们把它当做神来敬仰和崇拜。由神秘而带来的是种种禁忌。我国各地各民族都有各种蛇的禁忌。陇戛寨这里以前全是黑色箐林，到处是参天大树，地上灌木丛生，生活着各种虫和兽，其中蛇最多。长角苗的祖先披荆斩棘，千辛万苦生存下来，所以蛇在服饰上成为回忆其祖先艰苦生活的一个缩影。在长角苗的观念里面，蛇是死去祖先派来的使者，如果祖先发现主人家将有不好的事情发生就会派蛇来通知。所以一旦有蛇进家就将蛇抓住拿到山上去烧，看蛇死的时候的形状，如果蛇是弯曲的说明祖先需要钱，或者说明主人家最近可能要失点财，例如丢牛、丢鸡这一类，这是预告小事要发生，烧点纸钱就可以渡过；如果蛇被烧死后是直的就是大凶，预示着家里要出人命，没有办法避免。

（6）**虎纹** (bu dzuo lio)

老虎在长角苗的服饰上以老虎爪的形式出现，是由五个正方形组成，非常接近方形梅花印，多出现在男子上衣的领口、袖口以及荷包上。将老虎绣在衣服上一方面是纪念自己祖先在豺虎横行的大箐林中披荆斩棘的生活，另一方面是寄希望于男子能像老虎一样威武雄壮。

（7）**马蹄纹** (ku len)

这就是被称为“欧”的纹样，由半圆形与十字组成，也是所有纹样中最为复杂的一个花纹，出现在男子跳坡服饰中的刺绣围腰上以及女子嫁衣的大尾片上。据老人们讲，将马掌纹绣在服饰上是妇女们为了纪念苗族祖先骑马长途迁徙而来。在《苗族服饰与民间传说》一文中提到，“古时候，苗族居住在北方，后来跨过黄河、越过长江，向南迁移。在迁移的时候，哥哥骑马走在前，那马鞍垫上的图案是由许多双双交叉着的箭头组成的，这就是滇东北、贵州威宁一代苗族披肩上的图案。有了这种图案，箭射不进，有驱邪恶、保平安的作用。[19]同样在黔西北地区苗族，纹样有着相似的传说与意义，而这里提到的双双交叉的箭头可能就是马掌里面的图案吧。我

上图为蜡染“欧”，下图为刺绣“欧”。

们在长角苗人的酒令歌里也找到了关于“欧”的传说。(见附录中的“六、酒令歌部分”中的第五首)

总的来说，长角苗人服饰上所出现的狗纹、牛纹、鸡纹、蛇纹、羊纹等等这些与动物有关的纹样都是与其祖先有着千丝万缕关系的，例如传说中的狗祖先，祖先的蛇使者，还有可以指点死去的长角苗人寻找祖先的引魂鸡等等。这些服饰上的动物是祖先崇拜的巫术以及仪式上不可缺少的动物。动物纹随着时代的变换并没有消失，是因为其所附着的对祖先的精神一向非常稳定，没有什么变化。正因为如此，动物纹成为一类有特征的纹样，可以引导我们去了解更多长角苗人历史上的以及现在的精神世界、信仰世界。

2. 植物纹

这类花纹主要有葵花纹、弯瓜花纹、瓜面纹、包谷种纹、七支花纹等，大多是长角苗人生活中用以食用的植物或者果实。

(1) 葵花纹 (ban li)

这个纹样以八个瓜子形组成一个圆形，四个十字表示葵花的花蕊。葵花纹作为一种主体纹样存在，主要用于女童及新娘服装上的刺绣图案，在蜡染上较少用到。在葵花成熟的季节，常可以看到长角苗儿童手里拿的都是折下来的葵花盘，边玩边往嘴里送。葵花籽就是在长角苗长期的贫困生活下儿童及妇女们的零食了。

(2) 弯瓜花纹 (du chian)

弯瓜花纹由十二个椭圆形组成。它在蜡染中出现较多，主要搭配在主体图案的旁边，较多出现在女童的服装上，外面一圈经常用红色毛线填补刺绣。弯瓜是长角苗的食物之一，这个纹样是表示瓜未长熟之前在瓜蒂结的那朵小黄花。

(3) 瓜面纹 (a mlei du)

瓜面纹呈椭圆形，是模仿菜瓜的横切面，也是一个比较主要的辅助纹样，适用于各个年龄段的妇女，较多用做蜡染图案，有时也做刺绣图案的辅助纹样。出现时常并排成一排，也可以成折线排成一排。

(4) 包谷种纹 (ra dou)

这个纹样也是一个非常常用的配纹，由五个小叉组成。女童往往从学这个花纹开始她们的刺绣生涯。长角苗人长期以来住在高山上，除了打猎就是以种包谷为主要的粮食作物，所以包谷种对他们有着极其重要的意义。

(5) 七支花纹 (dou sa)

这也是一种主体花纹，主要用做刺绣图案，出现在新娘的刺绣嫁衣上。它是由七个瓜子形状的纹样组合而成。关于此纹有两种说法：一种说法是它代表长在山坡上的一种花，有七个花瓣；另外一种说法是代表竹子的七片叶子。这个纹样到底是什么花，我们还无从得知，不过可以肯定的是，这种花肯定与苗族祖先的生活有着密切的关系。

总之，植物纹也是代表了长角苗人生活的一个方面，跟动物纹所记录的精神世界不同的就是植物纹记载了他们的物质生活以及生活的环境。

3. 用具纹

这类纹样主要有升子纹、斧头纹、芦笙纹、舂碓纹、犁引纹等。这些都是长角苗人日常生产或者生活中非常重要的器具。

(1) 升子纹 (ga tpu zru gein)

这种花纹很细小，呈十字交叉状，一般为单色，红色或者黑色。共有五个正方形，每个方形代表一个升子。主要作为配纹出现，用于补充其他主体花纹，可以在任何空白的地方进行填充，运用非常灵活。升子据老人讲是以前彝族土司收租时候的一种用具，四方形，上口大，下底小。在陇戛寨很多人家还能见到这种升子，不过不再是用来交租使用了，而是用于请“弥拉”驱鬼的时候祭祀各路神仙的装粮食的用具。

(2) 斧头纹 (ga du)

斧头纹是最常见的配纹，可以用在服饰任何空白的地方，以两种方式出现：第一种就是一个小长方形，然后横为一排；第二种是用斜叉表示斧头柄，小方块表示斧头背，一组四个出现，十分接近升子纹，不仔细辨别容易搞混。长角苗所有的器具都非常简单，性能适应于山地耕作的特点，有半数以上的工具专用于开伐山林，如斧头之类。考察发现，长角苗人的许多用具都是用一把斧子砍出来的。大量斧头纹的使用证明着斧头从古到今在其生活中的作用有多么重要。

(3) 芦笙纹

这种纹样以圆与四边形组成，表示芦笙眼，以此代表芦笙，在服饰上出现的方式同样是以局部代整体。此种纹样用做主体花纹，较多出现在女子服饰的小尾片上。芦笙在苗族中是最为盛行、最有代表性的乐器，被誉为苗族“文化的象征”。至今三大方言的苗族，无论居住何地，生活中都渗透着芦笙文化。长角苗人就是以这种独特的方式来增强自己民族的凝聚力。

(4) 舂碓纹

这也是一种十分常见的配纹，就是Z形纹。这个几何图形非常形象地描绘了人在舂碓时的场景。如果我们仅仅看到这个Z而没有长角苗老者提醒的话，无论怎样都想象不出这个场景与这个纹样的关系。舂碓是10年前长角苗常用的一种将包谷制成粉末的工具，现在在长角苗的寨子里基本看不到了。不过这段使用舂碓的历史被记录在长角苗妇女的服饰当中。

(5) 犁引纹 (ga nuo)

这种花纹主要用做主体纹样，出现在长角苗妇女嫁衣的大尾片上，由横波浪式曲线与点组成。表现手法仍为以犁的主要部分犁引来代表犁对长角苗人的重要意义。犁是长期处于农业社会的苗族人们“牛耕”生产的主要农具，现在的长角苗人进行生产时仍然离不开犁。

此外还有一些不能得到确证的工具纹，例如卡钳花，在这次考察中并没有找到与该纹样有关的任何信息，只知道它也是一种工具。

工具纹也是记载现实生活中属于物质生活的这一部分，它将历史上曾经或者一直到今天仍然对长角苗人生活有着重要作用的工具进行了记录。

a

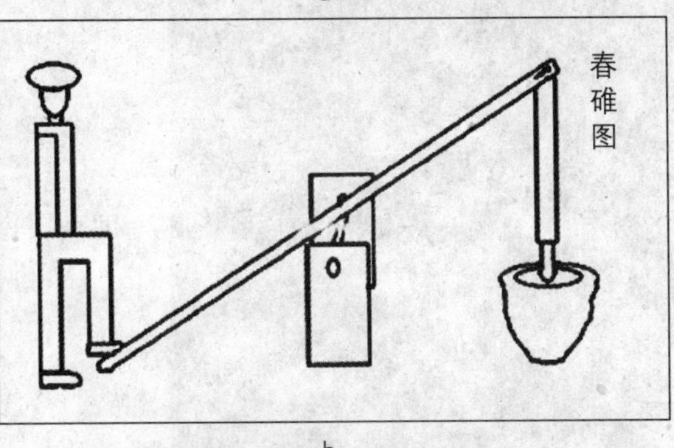

b

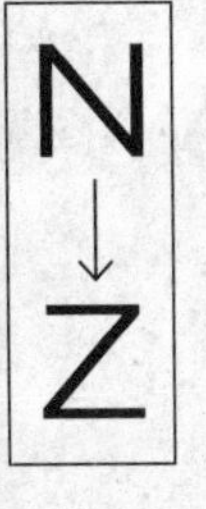

c

d

a．寨子里已经废弃的石制舂碓
b．舂碓使用示意图
c．抽象为字母，翻转 90 度成为服饰纹样
d．刺绣舂碓纹

4．人形纹

在长角苗的传统服饰纹样中不存在形象的人形纹，采用的同样是局部代替整体的手法，如牙齿纹、美口纹等。

（1）牙齿纹

为连续的几字形，也是长角苗服饰图案中使用非常频繁的一种配纹，一般用来做图案中的边框，有时为半圆形，用在“欧”里面，有时为方形，用在“得黑”里面。

（2）美口纹

为菱形，经常作为主体纹样出现。美口纹比较特殊的是经常要与芦笙眼纹相配出现，美口纹出现在大尾片上，那么芦笙眼纹就作为小尾片的主要纹样。这种特殊的纹样搭配具有特殊的意义，美口纹与芦笙眼纹组合在一起表示人吹起芦笙跳起舞。

5．其他纹样

房基与田地纹：妇女背片的整个结构，被称为房基纹，长方形与正方形用来表示苗家故土旧居的房屋基脚为长条石垒砌，里面由直线构成一组组对称的几何图案，周围装饰的牙齿纹、锯齿纹、波浪纹以及“杠道”（在长角苗的花纹中有很多直线组成的正方形或者长方形，这些直线称为杠道）表示苗家故地良田千顷、群山环抱。在长角苗的服饰中，我们可以看到不同单位花纹的组合。仔细观察这些古老的几何花纹，都是与长角苗平时的生活息息相关的内容，包含非常丰富的社会历史信息。

6．小结

总的来说，在传统纹样中我们没有看到一个完整的人物形象以及动物形象，基本上都是用其最典型的部分来表示一个整体。现在在长角苗的纹样中我们看到出现了文字，许多读书的小姑娘把自己的汉语名字写在蜡染布的空白处当做纹样。而且在一次苗绣市场上，我们竟然发现了一个带人形的图案出现。问了很多老人，据说这是为了迎合旅游者的需要。看来旅游者的审美改变着长角苗人的审美，这种审美观、价值观的转变又逐渐表现在服饰的形式上。这些都是一种互动式的变化。纹样作为长角苗人重要的传承手

上图为长角苗人传统木质结构房屋，长角苗人有个说法是衣服上的背片就是他们祖宗的房基。

左图为长角苗妇女仍在绘制的蜡染背片图。

右上角为长角苗人居住的木质结构房屋的剖面图。

段、记忆方式、审美功能的载体，它不仅可以记录长角苗人的精神生活，对于其所经历的物质生活同样有所反映；同时，还可以培养一种民族稳定的审美观。研究长角苗的服饰纹样对整体把握长角苗人的物质生活与精神生活的发展有非常重要的意义。研究长角苗服饰及纹样的发展我们可以看到，涉及民族信仰的服饰纹样非常地稳定，很少产生变化，保留得非常完整，然而纯粹装饰性的服饰纹样的稳定性就相对比较差。现在，纹样这种记录方式逐渐被文字代替，随着这种记录功能的丧失，纹样也逐渐从其相应的生活方式中抽离出来，如果不能及时从长角苗的记忆里将其挖掘出来并予以

a

b

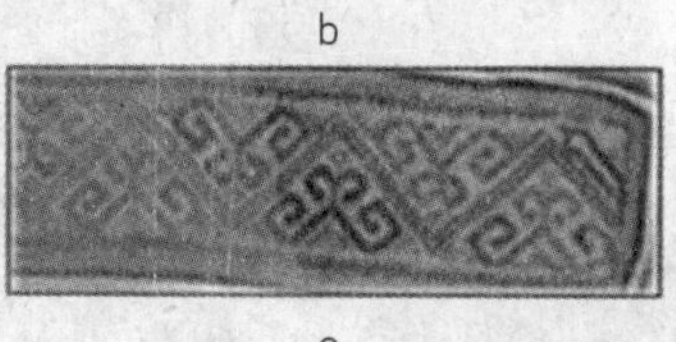

c

d

e

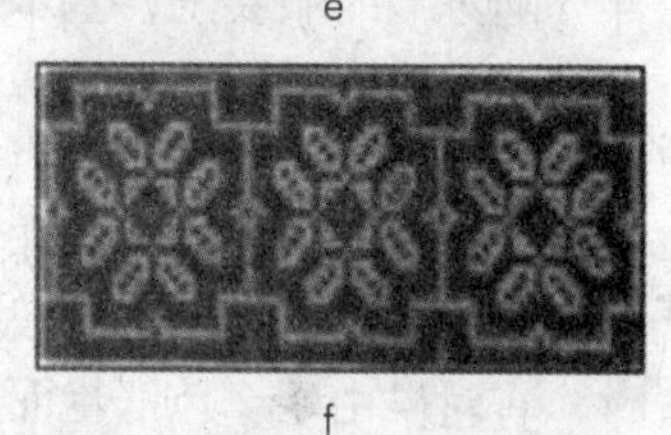

f

a、c、f 分别为长角苗人服饰上的小牛眼睛纹、羊角纹、狗耳朵纹。d、b、e 分别为弯角苗人服饰上的小牛眼睛纹、羊角纹、狗耳朵纹。

记录的话，以后这些花纹就会比甲骨文更艰涩难辨。

为什么说元素纹具有唤起民族情感的作用呢？因为元素纹中的动物纹与植物纹等都是从现实中抽象出来的一个物项，这个物项可以在这个群体中被还原成为整体，例如牛眼睛让人想到牛，继而脑中出现隆重的“打嘎”仪式。这个仪式具有增强民族凝聚力的作用，但这个仪式是暂时的，过后，这种情感可能会淡化，而长角苗妇女身上天天穿着带有这些动物纹样的服饰，则能引起人的回忆，从而强化人的这种情感。

元素纹的功能十分强大，对内可以增强族群内的凝聚力，对外可以识别苗族内不同支系的亲疏。也就是说，在苗族支系中，相同的元素纹越多，说明其关系越近。也就是说，在 50 年前或者 100 年前他们本是一支，后来又因为各种历史原因散入深山，在新的环境中出现新的纹样，但是仍然保留的纹样证明了他们之间的关系。例如长角苗人与箐苗，我们发现箐苗的许多元素纹与长角苗人的元素纹完全相同，发音也相同，例如狗耳朵纹、牙齿纹、锯齿纹、羊角纹等。此外，我们对比长角苗人与黔西小花苗身上的几何纹样发现，竟然也有很多相似，加之前面服饰部分所做的考据，长角苗人与花苗应该有一定的渊源关系，在寨子里采访的时候也有个别老人提到过长角苗与花苗的关系。这就是说，在苗族人这里，服饰纹样与服饰款式一起，可以作为辨别族源的依据。所以，搞清楚纹样的识别作用，对我们民族研究中的许多问题有很大帮助。

（三）隐形纹——个人的标志与族群的标志

1．隐形纹

隐形纹的表现形式是个人的标志，而其本质可能为一个族群迁徙的记录。当笔者给这种纹样命名为隐形纹的时候，总觉得不是十分妥当，其实这类纹样是区别不同个体最重要的标志纹样。尽管长角苗妇女所有的衣服都由三种基本形纹组成，即“得黑”“阿苏”“莫边”，但并不是每件“阿苏”的纹样都是一样的，也就是说在一件“阿苏”的服装上，基本形纹一样，然后组合出来的隐形纹却各不相同。母亲喜欢制作的方式会导致特定的隐形纹出现。这种隐形纹在一个群体内部对识别个体非常重要，成为识别母女关系或者亲属关系的一种方式，可以称其为标志纹。然而从形式上来说，隐形纹与基本形纹和元素纹最大的不同就是以蜡染形式出现的时候，它不是绘制出来的，而是由基本形纹和元素纹的空白连接而成的一个图案；而以刺绣形式出现时，有时候由于颜色鲜艳而非常醒目，有时候由于颜色太多而难以辨别。不过总的来说，刺绣服装作为仪式服装穿着的时间在长角苗妇女的一生中非常短暂，而且近年来彩色棉线颜色品种的增加更加模糊了刺绣隐形纹的视觉效果，而蜡染服装却是长角苗妇女的日常服装，作为标记的隐形纹也尤为重要。隐形纹是在长角苗妇女制作服饰纹样过程中约定俗成的一种区分个体的形式，非常难以被外来者发现，所以笔者以客位的角度将其称为隐形纹。隐形纹主要依附的位置是背片，也就是说，长角苗妇女区别个体的最主要的是背部的纹样。

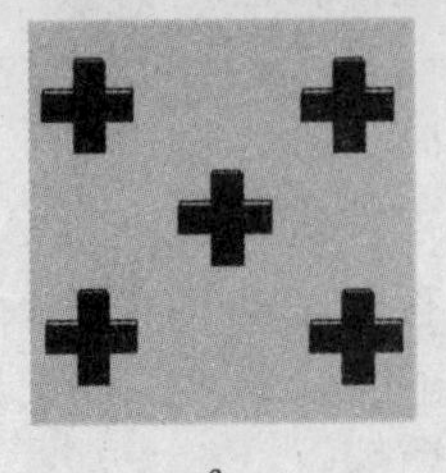

a

b

c

背片隐形纹

上文提到的基本形纹以及元素纹都是不能随意改变的，尽管有少量的组合和尺寸上的自由，但是由于只能用祖宗传下来的规定的种类与基本形状，也就是说元素都相同，所以这两种纹样难以体现长角苗妇女的个性，我们也难以根据元素纹来判断长角苗妇女的个体。不过，每个家族的隐形纹样各不相同。我们看图中三个妇女的背片，中间与右侧妇女都是穿着叫做基本形纹为“欧”的服装，但是我们把眼睛眯起来，或者站得远一些，出现在我们面前的是两个另外的由直线与长方形组成的几何图案，见图 b 与图 c。左边妇女也一样，她穿的服装是件“阿苏”风格的上衣，然而她的背片隐形纹样却又是一种样子。隐形纹样具有个体性，完全取决于绘制蜡染图案的这个妇女的空点的摆放，也就是说在画纹样的时候并不画满，留下的空形成有规律的几何纹样，每个制作者做出来的隐形纹都不一样。可以说，我们识别是不是一家人，或者是否有特殊的关系的时候就可以根据隐形纹样去判断。

2．隐形纹的规律

尽管每个长角苗妇女都有着自己的隐形纹，每一件衣服都可能更换新的隐形纹，可以说这些隐形纹样千变万化，但是当我把所有的隐形纹画出来之后，却发现这些隐藏纹样基本上都是“十”或者“×”或者“米”的变形。我们来看下面一组随意找到的长角苗妇女的背片图，我们将图 a、图 b、图 c 的散点用虚线连接起来会发现，这五个点正好构成的也是“×”，是以“×”为隐形纹；图 d、图 e 是以“十”的变体为隐形纹；图 f、图 g 是以“十”加“×”也就是“米”的变体为隐形纹。所有的长角苗服饰纹样的隐形纹都可归纳为这三类，实际上无论“×”还是“米”，都可以看做是“十”的变体。也就是说，隐形纹其实究其本源只有“十”。有的调查者看到了这些千变万化的“十”纹变体后，就对每个妇女身上的隐形纹寻找内涵与名称，殊不知万变不离其宗，终究只有一个没有名称的十字标志纹。

隐形纹的形成是以十字形式露出底色（蓝色）形成各种标志纹。隐形纹有的以散点纹样出现，即以散点的方式配置在底布上而互无连续关系，也可分布为菱形或者方形。正因为隐形纹“十”“×”或者“米”以各种变体形式出现，使得她们的服饰看起来既千变万化、有个体性创造的空间，又有着相同的符号特征，易于族群识别。也就是说，既可以根据自己的审美观进行创作，又不失去族群的标志。

那么，这个“十”到底有什么意义呢？纯粹是一种装饰纹吗？在陇戛寨的调查中我们并没有找到当地人的解读，不过在中国原始彩陶以及国外许多古代艺术品上都有这样的纹样，对它们的解读或许对我们解读长角苗人的“十”字纹样能带来启发。

十字纹出现于世界上许多地区，不过在各地的含义不尽相同。有人认为十字变体形符号是用图形来象征性地表达向四方放射光芒的太阳；有人认为这是生殖器的象征符号；有人认为是雌性本原的象征；有人认为是怀孕和生育的象征；有人则认为仅仅是古代的一种商标或者只是一种装饰；有人认为代表水；有人认为这是一种天文符号；有人认为它象征着古代印度的四大种姓；而有人则认为乃是一种宗教性或军事性的旗帜；也有人认为它是魟鱼或章鱼的象征符号。如此等等，不一而足。[20]

现在武定彝族尚有一些习俗同此种“卍”符纹样有关，彝族习惯于把“卐”纹同“十”“×”纹看做是同一纹样的变体。如乃苏人当婴儿满月初次带出门，或父母带小孩上街，临行前须用黑锅烟灰在小孩额头画一个“十”或“×”，意即可辟邪，以祈平安健康。结婚时，当媒人迎娶新娘来到女方家，女方家选定一人，给媒人抹黑花脸，亦在媒人额上画“十”或“×”表示吉祥。所有这些文化现象，都是发端于彝族的羊角占卜的宗教性活动。“卍”或“十”在彝族文化中，其实就是一对相交的羊角。彝族祭司认为，这种阴阳相交的十字形是吉卦。这种思想与《周易 · 系辞上传》中所说“一阴一阳谓之道，继之者善也”相一致。在彝族中，十字图纹归根结底是阴阳相交的反映，而双“十”重叠成“米”图形本身，又含有太阳的象征意义。[21] 在这里，“卍”字符与“十”字符有着同样的渊源，这就是羊角，相交的羊角。彝族用羊作为通神的工具，不仅是羊角，羊的其他部分如羊的胛骨也可以作为这种工具，“烧羊胛骨”就是一种重要的占卜通神手段。即使巫师运用羊胛骨进行占卜通神，其所判断吉凶的依据，依然使用羊角所交叉的“十”字纹来表示。羊胛骨被火烧裂的纹路若是正好裂出两条纹路，并且向上下左右

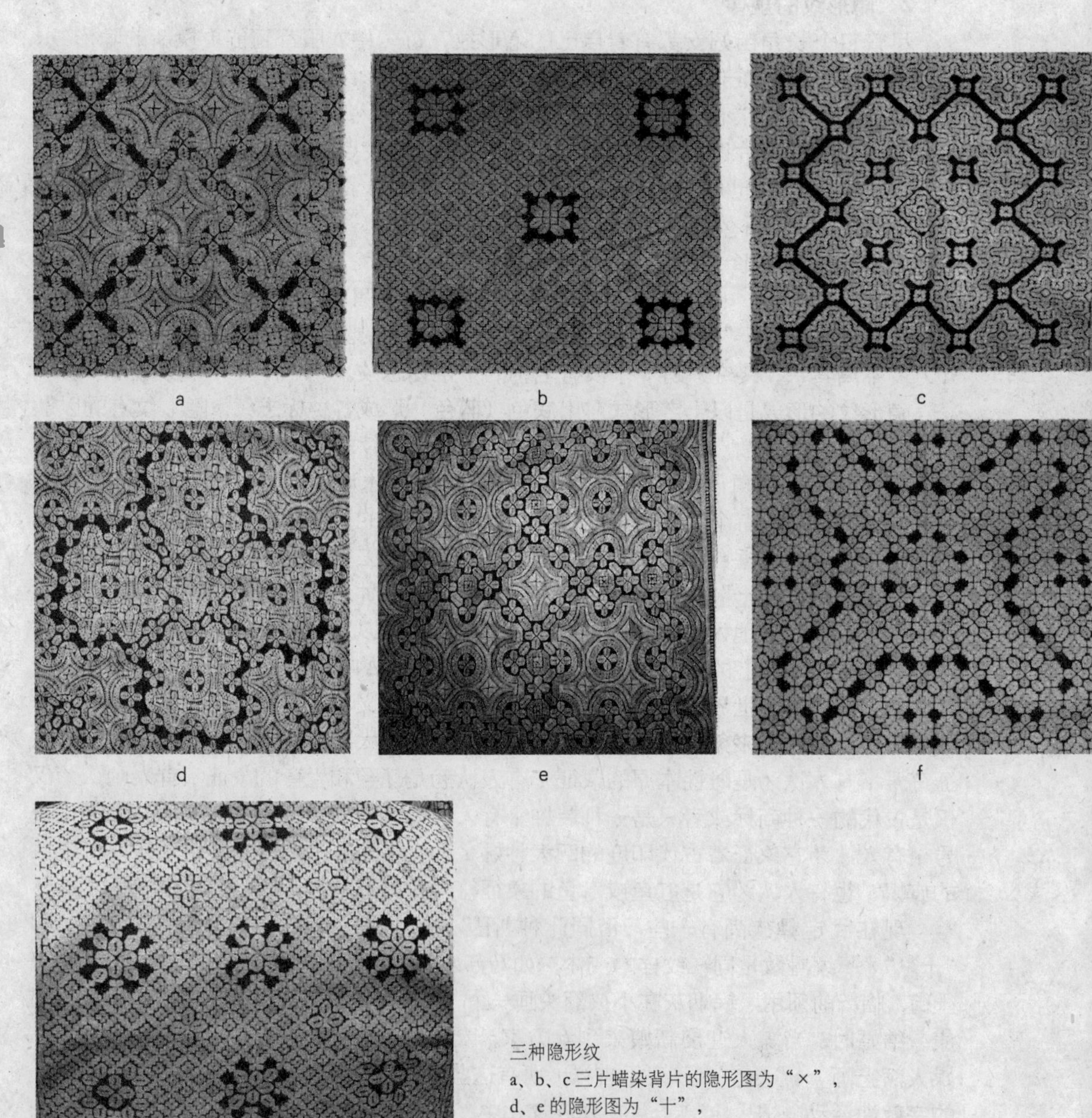

三种隐形纹
a、b、c 三片蜡染背片的隐形图为“×”，
d、e 的隐形图为“十”，
f、g 的隐形图为“米”。

四方直直延伸，成“十”形，就认为是四平四稳的“大吉”。[22]由羊角相交的“十”字符号所形成的涵义在历史长河中不断延伸，最后包含至通神之巫师本人。中国古代的“巫”其实就是“十”字。杨树达在《积微居金文说·史懋壶跋》中认为“十”即筮，又是巫师。古代巫音筮。说明“巫师皆卜”。[23]

3．解读“十”字纹

受到这些解读的启发，我们结合长角苗人的文化事象，可以找到两种关于“十”字纹从起源到发展、从巫术实践到哲学观念、从社会科学知识到自然科学知识的解释。这就是族源标志说以及宇宙方位说。

（1）*作为同一族群的标志纹*

实际上，不是所有苗族支系都这样全部使用几何形纹。在杨正文《苗族服饰文化》一书中将苗族的服饰纹样风格分为三大板块，正好与三大方言区相吻合，这就是湘西黔东板块、黔东南板块和川黔滇板块。

湘西黔东板块以折枝花卉和龙、凤、喜鹊等为重要纹饰主题，并主要运用平绣、织锦工艺技术。这一板块临近中原，又是历代封建王朝征服苗民、镇压苗民首先要经过的地区，因而受到中原文化影响冲击也较其他苗族地区更深。从现今保存的服饰纹饰看，已经接受了相当多的中原文化的内容，如二龙抢宝、老鼠娶亲、松鹤延年等主题，已经逐渐脱离了苗族自身的文化特点，或者说已经把许多原本苗族文化没有的象征意义附着在古老的纹饰上。湘西一带的苗绣实际上已成为著名湘绣的组成部分。黔东南板块是苗族纹饰品种最丰富的板块，大量的动植物写实、写意图案在这一地区都可以找到。它还兼有湘西黔东板块和川黔滇板块纹饰的风格。这也许是因为这一地区是至今为止苗族聚居的最大一块地区，也是保持苗族社会特征和文化特点最为完整的地区。这一板块的纹饰突出的特点是动植物大胆写意夸张，每一幅图案都是织、染、

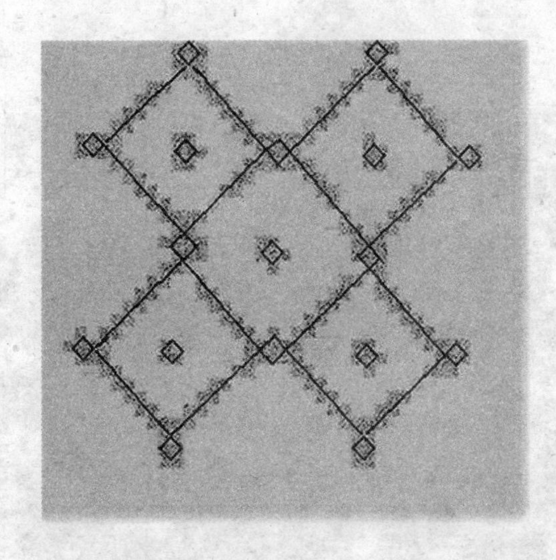

流行于贵州西部的小花苗服装上的“九曲江河纹”

长角苗人常用十字隐形纹变体之一，此纹样基本形为“莫边”。

绣特别是刺绣工艺的多种技法的运用。这一板块的纹饰十分古朴，几乎每一幅图案就有一个相应的故事传说。[24] 如我后来在苗绣市场上考察所见，黔东南地区的刺绣纹样中尽管有几何纹样，但是仍以写意的动植物纹为主体。

长角苗人属于川黔滇板块，这一地区也运用动植物纹饰，但多以几何形状出现。这与他们运用的挑花技法和表现手段不无关系。也就是说，纹饰造型及风格的形成是与工艺技术有密切联系的。不过这同时也表现了这个板块纹样的原始古朴，没有受到太多外来影响。

我们对比了一系列属于同一板块的黔西小花苗与长角苗人服饰中纹样的几何图案，发现有许多相同的纹样，其中杨鹛国在《苗族服饰 · 符号与象征》一书中提到考察到的小花苗的一个纹样为“九曲江河纹”，与长角苗的“X”形隐形纹完全一样。“×”其实就是“九曲江河纹”的简化形式。此纹样不仅具有特殊的形式美，还有深沉的内涵。苗族历史上经历的离乡背井的大迁徙，在由北而南的迁徙中渡过许多江河溪沟，这是个悲壮的历程，苗族人民对其是刻骨铭心的。流行这类纹样的地区有这样的说法：这些纹样是表现故土的风光和祖先迁徙的经过，如百褶裙上的黄色横线表示黄河，绿色横线表示长江，中间的空白表示田野。我们对比两个图可以看到，长角苗人如此广泛运用的“十”极有可能也是“九曲江河纹”的简化体，与迁徙群一样记载自己祖先的历史。“十”字纹也成为证明长角苗人与小花苗有族源关系的标志纹，也就是说可能在 100 年前，长角苗人和黔西小花苗是一支，由于各种历史原因，分散后逃入不同的地区，从而根据新的生活产生出了不同的新的纹样。

(2) 作为苗族先人宇宙方位的标示图

结合对长角苗人生活的考察，我们观察到这个“米”也很可能作为其宇宙方位的标示图。即“十”字指代东、南、西、北四个方向，“×”代表东南、东北、西南、西北四个方向，而“米”字指代两者叠加的八个方向。长角苗人的方位感意识非常强，以他们最隆重的丧葬仪式“打嘎”为例。给死者搭起的嘎房一般分内外两层，内层有八个圆拱形门，分别指向东、南、西、北、东南、东北、西南、西北八个方向，外层有四个门，分别在东南西北四个方向。每队从各个寨子赶来的男人们，端着酒碗，唱着酒令歌，领头人则吹着芦笙带着大家在“嘎房”的四个门出人，进行绕嘎，方向非常严格，不能绕错。此外，能体现长角苗人方向意识的还有嘎房顶上的“英

嘎房方位图

雄鸟”，它的头向西方，引领死者走到祖先的地方，而嘎房推倒也一定要朝向太阳落山的西方。

（四）长角苗人纹样造型的基本方式

1. 简化

在贝尔看来，“没有简化，艺术不可能存在，因为艺术家创造的是有意味的形式，而只有简化才能把有意味的东西从大量无意味的东西中提取出来”。[25] 在长角苗人这里，简化也有两种形式，一种是出于理性，由于传达信息的需要而创作的符号或信号，例如九曲江河纹，记载了迁徙路线；另外一种是无意识的，是情感按照自身的逻辑自动地选择和删除，例如各种动物的眼睛纹样，长角苗人都是选取动物身上一个部位——眼睛来象征整个整体，再来形成幻象，达到传递情感的作用。

对于无文字社会的群体来说，经验非常重要。老虎的爪印是判断老虎出现的重要依据，斧头背是最容易抽象简化出来的斧头的形象。涂尔干曾经提到，当一个圣物分裂时，分开后的各部分中的圣物仍等于原来的整体。换句话说，根据宗教观念，局部就等于整体；局部具有相同的能力和相同的效力。一块圣骨的碎片具有整块圣骨的各种效力。[26] 他还提出从物体的局部能使人想到其整体，局部也能使人产生其整体使人产生的感情。战旗的一个普通碎片和战旗一样代表着祖国。[27] 在长角苗人的生活中，一个鸡眼睛或者一个羊角都是一个指代鸡或者羊这个整体的符号，就与我们的文字一样。也就是说，简化其实是长角苗人得到服饰上的符号的重要方法。

长角苗人简化的方式有两种：一种是局部简化，即以局部代替整体，例如房基、狗耳朵、鸡眼睛、鸡脚、羊角等纹样。另一种是整体简化，例如爬蛇、毛虫、蚂蚁、包谷种等纹样，不过有一种较为特别的整体简化就是将人的劳动状态与生产工具一起简化为简单的几何形，例如舂碓纹样中将人的劳动状态简化为几何形纹“Z”的形状。

2. 添加

多为装饰纹样，主要是在三种类型服饰确定之后以一定的方式来用适形纹样填补空间，以增加丰富感。例如“欧”（ou）的背片，确定做“欧”的主体纹样后，先画出大的结构，然后再在里面以十字纹的形式添上小狗耳朵纹，再次在空白的地方陆续加上斧头背纹、升子纹、包谷种纹等。

3. 组合

即将纹样元素在整个服饰部件上重新加以排列和构成。完全相同的纹样元素，往往由于组合方式的不同，从而形成每个人独特的艺术风貌。不过我们可以看到长角苗人的服饰纹样的总体风格很少变化，人们极少接受任何新的、不熟悉的形状。所有的长角苗妇女都恪守着祖宗传下来的基本形纹以及元素纹，最大的创新就是将这些纹样进行排列组合。稍微需要注意的是，长角苗人的隐形纹赋予了妇女们创作的许多权利，她们可以使用祖先留下的“十”字纹，也可以使用各种自己想出来的变体。长角苗人对于纹样的保守性并不只是由于习惯而造成的对形的适应心理，这还与纹样的符号作用有很大的关系。根据纹样，长角苗人可以告诉我们哪些是他们的人，哪些不是。即使从穿着式样完全一样的服饰上，她们也能根据纹样来判断自己族别的人。如果有人擅自改变了基本形纹或者元素纹，那么这些纹样的符号功能就失去了，只剩下形式了。

长角苗人的服饰纹样有两种组合方式：一是固定组合。首先一种情况是，两种纹样要表现一个主题内容，所以不能分开，例如芦笙眼纹与口纹，结合在一起就构成一个吹芦笙的幻象，继而令人联想到年轻人们载歌载舞的跳花节。其次是同一纹样的不同表现形式经常搭配在一起。有些固定的组合是传承下来的，例如一件服装上主要为蛇头纹与蛇身纹，旗子纹就背片、尾片都是不同的旗子纹。二是适形组合。适形组合带有较强的主观色彩，可以根据自己的喜好进行组合排列，排列的时候按照基本形纹所留出的空白进行适形排列。例如牛眼睛纹与小狗耳朵纹，犁引纹与小狗耳朵纹，老蛇纹与小狗耳朵纹，将较小的小狗耳朵纹排成各种效果，有附着在牛眼睛上的，有附着在犁引上的，有的自己排列成花朵的形状，给人造成这是花纹的假象。如果仍有空白则再使用更小的元素纹进行填补。几何纹样的变化丰富多彩，一般运用点、线、面单独地或交叉地组成变化无穷的几何形状。

（五）纹样的构成规律

1. 统一中求得变化

这个统一是指大家所运用的元素是一样的，并且构成的隐形纹皆为十字的变体。变化在于个人对元素的分布排列组合可以根据自己喜爱的感觉去留下空间，形成独特的散点图案，而隐形纹更是有无数的变体，多少件服装就可能会有多少种隐形纹的变体。

2. 对称

长角苗人的几何形纹一般都呈现二方连续或者四方连续，非常对称，由固定的中心向不同方向发展，并使纹样的配置形式基本相同，分量相等。

（六）服饰纹样的色彩

长角苗人服饰上的几何纹样的美是由色彩、造型以及构成三个要素组成的，它们是有机的整体。其中以色彩最醒目、最活跃、最敏感。长角苗人服装的色彩很大程度上取决于纹样制作时候的颜色。例如蜡染，蜡染一般为蓝白两色，对比非常鲜明。据考察，在二三十年前长角苗妇女平时较多使用三色套染，即红黄蓝三种染料，加上白布底色，一共为四色，红色为主色。由于色彩纯度不高，红黄蓝三色结合在一起颜色较为黯淡，洗涤多了掉色后更加混浊。当时，刺绣的颜色同蜡染一样。在经济迅速发展的近二十年，彩色棉线出现后，在刺绣纹样上，长角苗人仍然较多使用红、黄、黑、白四色线，以红色为主色。偶尔作为填充空间的小纹样使用一些绿色。

为什么红色在长角苗妇女身上这样重要呢？格罗塞说过：“我们只要留神查看我们的小孩，就可以晓得人类对于这种颜色的爱好至今还很少改变。在每一个水彩画的颜料匣中，装朱砂红的管子总是最先用空的。”[28] 这里格罗塞旨在说明儿童对色泽鲜艳的红色有一种天生的偏爱心理。在对待红色的问题上，格罗塞认为，不但儿童的情形是这样，成人的情形也是如此。格罗塞又以欧洲军队为例，他说，在欧洲，“得胜的将军用红色涂身的习惯，虽则已和罗马共和国俱逝，但直到上世纪（指 18 世纪）为止，深红色终还是男性正服中最时行的颜色，在远距离的射击发明之后，欧洲的军装还仍然保留着过多的红色”。[29] 歌德生前对各种颜色颇有研究，格罗塞所持的观点，基本上同歌德一致。歌德在他的《色彩学》中，对橙红的颜色在情感上能使人激发无比力量这一点也大为赞叹，他说：“橙红色！这种颜色最能表示力气，无怪那些强有力的、健康的、裸体的男人都特别喜爱此种颜色。野蛮人对这种颜色的爱好，是到处彰著的。”[30] 从上所述，我们足以看出红颜色在人体装饰上的地位。

从物理特性上来说，红色的波长最长，空间穿透力是最强的，不易消失，这也是为什么用它做信号灯颜色使用的原因。此外，长角苗人的生活地属于高寒地区，阴湿潮冷，长角苗人冬季由于服装单薄，经常除了必要的劳动外蜷缩在家里的火堆旁，这是他们能够健康度过高山上的冬季的最主要的办法；他们的粮食包谷也需要熏才可以存放住；此外，长角苗人长期以来住的为草顶房屋，如果室内没有火，则在如此阴湿的气候下，茅草会很快腐烂，所以，雨后，在室内火炉的烘烤下，我们可以看到长角苗人草顶上升起缕缕白色雾气。火还可以做饭，还可以烧林种田。所以红色——这种火的颜色在长角苗人这里是这样受喜爱。在一件刺绣嫁衣上使用最多的恐怕就是红色棉线了。在日常的蜡染装上，灰暗的红黄蓝三色套染被蓝色蜡染所替代，因为在经常浓雾缭绕的山中，蓝白对比鲜明的服装纹样更容易被识别。

（七）小结

由于语言是以人的发音器官所发出的语音作为物质材料的，语言的交际功能要受到空间和时间两方面的限制。而文字真正帮助语言克服了在时空两方面受到的限制。文字起源于图画。原始图画有着悠久的历史，它既是古代人们的艺术和宗教信仰的表现，又有记事和传递信息的实用价值。在文字出现之前，结绳和契刻可能是普遍采用过的一种用以记录事件、传递信息的方法。南美秘鲁的印第安人曾有过十分发达的结绳记事方法。他们用一根主绳或树根，上面并排系上各种不同颜色、粗细、长短的绳索；红绳表示士兵和战争，黄绳表示金子，白绳表示银子或和平。绳子上可以打上不同的结用来记数，一个单结表示十，两个单结表示二十；一个双结表示一百，两个双结表示二百，等等。还有一种类似结绳的方法称为编贝，北美印第安人的易洛魁部落不久前还在使用这种方法。他们把不同颜色和花纹的贝壳穿在绳子上表示各种事物或不同事件。契刻也是一种古老的记数、记事方法。[31] 清代以前，苗族没有统一的文字，长期以来“苗不知书算，但刻木记事而已”。[32] 文字作为语言学术语是指用来记录语言的书写符号体系，通常也指利用这种书写符号体系所记录的话语。在苗族古歌与传说中，曾提到苗族有自己的文字，后来在迁徙渡河时不慎掉进水中，苗文从此失传，不过到现在都还有很多传说苗族的刺绣就是他们古代文字的传说。在《造字歌》中说：“老师写的字，一划成五朵，五朵成文字，常养写的字，一挥成五行，就划成马脚。”[33] 也就是说，长角苗人长期以来就是生活在无文字社会中，不过他们的记录方式并不仅仅是刻木记事。在他们的生活中，有着三种记录方式，一种是刻竹记事，一种是结绳记事，第三种就是通过服饰上的纹样来记事，用这三种符号来克服语言在时间上以及空间上的局限。也就是说，这三种符号都是文字的萌芽形式而并非文字。据我们的考察，刻竹记事与结绳记事主要是用特定的符号记录仪式中与数字有关的事物，这主要是怕因为遗忘而产生人事上的纠纷。对于长角苗人来说，最重要的记录方式就是长角苗妇女制作的服饰。长角苗服饰上的动物纹多与其祭祀、丧葬仪式、驱鬼活动中所使用的动物有关，植物纹与动物纹的种类数量差不多，植物纹较多与其日常生活中耕种的作物有关，例如包谷种纹、弯瓜纹等。可以说，动物纹较多与其宗教形式有关，即较为原始的祖先崇拜，从中我们可以分析长角苗人以前以及现在的精神世界与信仰状况，而植物纹则更多的体现其长期以来的生活状态，人纹与器具及房基纹则反映了其生产生活中的方方面面，而江河纹等则反映其祖先迁徙的漫漫长路。他们的服饰上有着千变万化的纹样，这些纹样并不是随意制作，而是遵循千百年来祖宗遗训绘制而成，这上面记载的有这支长角苗人长期以来物质生活与精神生活中最重要的一些事物，还记载描绘了祖先曾经生活的地方。这就是为什么人们将苗族服饰称为穿在身上的史书的原因了。

表现主义美学家苏珊·朗格对有意味的形式进行了进一步的论述：“那为什么我们又要称它为‘意味’呢？这主要是因为这种意味是通过像生命体一样的形式‘传达’出来的。”[34] 朗格在这里所说的生命意味，是指艺术符号所包含的情感。服饰上的几何纹样又包含了什么样的情感呢？对祖先的尊敬，对故土的怀念，这两种情感在长角苗人的服饰上表现得特别明显。朗格强调的情感表现形式就是艺术符号，她说：“生命的意味是运用艺术将情感生活客观化的结果，只有通过这种客观化（外化），人们才能对情感生活理解或把握，正是在这种意义上，我们才称艺术品为符号。”[35] 长角苗人的几何纹样，既有单独图案的符号含义，又有综合图案的构成的符号意义，既有对自然与生活的摹写，也有对其时间与空间上发生事件的抽象性概括。颇有些像汉字的象形文字与指事文字，用几何造型来传达其社会生活所适合的符号体系。它们造型丰富，意义深远，真可以称得上“有意义的形式”。不过，艺术符号的缺点是由于意义不确定，由新的族群在新的环境中产生并创造，故它并不通行于整个苗族，造成了符号意义的模糊性与不确定性，一旦被一个族群遗忘就难以恢复，所以造成同样一个纹样会有众多的说法和解释的现象。

第七节　长角苗纹样的制作工艺及现状

在长角苗社会里，制作服饰的责任完全由女子来承担，其醒目而复杂的民族服饰纹样有着一套自己制作的工艺方法。这工艺方法是长角苗女子在稳固的传统中，通过代代相传的方式和长期的技巧训练得来的，既是制作民族服饰的方法，又是她们必须学习的一项技能，如前文所说，只有学会刺绣蜡染以后穿上自己精心制作的服饰，才会得到整个族群的认可。同时，她们制作服饰的传统工艺方法是稳定的，每个妇女都在恪守祖训的前提下进行着自己独特的发挥与创造。

本节主要介绍长角苗的蜡染和刺绣两种服饰工艺制作的方法。

一、蜡染（dru du）的制作工艺与现状

蜡染，即涂蜡防染，是用蜡刀蘸熔化了的适当温度的蜡绘花于布，然后以蓝靛将画好的白布浸染，既染去蜡，布面就呈现出蓝底白花或白底蓝花的多种图案。

中国古代称蜡染为“蜡缬”，其中“缬”指的便是染色显花的织物，传说秦汉时就有了“缬”，因此蜡染是一项具有悠久历史的印染技术，这可以从马王堆出土的大量印染织品中得到证实。如今，蜡染在中国布依、苗、瑶、仡佬等少数民族中仍很流行，其中在苗族使用最广泛。[36] 作为苗族的一支，长角苗人在制作自己的服饰时也大量采用蜡染的方法，那么他们的工艺方法到底是一番什么样子呢？随着岁月更替，他们的蜡染工艺有没有变化呢？

（一）蜡染的工具与材料

长角苗人的蜡染工具主要有蜡刀和蜡锅，材料就是蜡、染料、白棉布。

蜡刀用来在布上雕花。这种蜡刀一般手柄部分为木制，刀身则是梯形的铜制簧片。蜡刀的簧片可以是一个也可以有多个，多个簧片的形状通常是相同的，于是就叠加起来，一般小蜡刀是一个簧片，大的则是两到三个簧片。一般来说，蜡刀配备的簧片越多，其画出来的线条就越粗，但有时候，即使是一个铜簧片组成的蜡刀，由于铜簧片的厚薄是不同的，所以画出的线条粗细也不相同。

一般而言，每个长角苗妇女都有十多把蜡刀，但是常用的只有四把，一把小的蜡刀用来做“欧”；一把稍微大点的蜡刀用来画“牙齿花”形状的花纹；再一把大的蜡刀用来制作“杠道”花纹；还有一个很大的铁制针状蜡刀，它是在一个木头手柄上并排插有几十个针头，类似打印机的针式端口，是专门画裙子上蜡染的主体图案的。

长角苗人使用的蜡刀并不是自己制作，而是有专门制作蜡刀的人。对此，长角苗妇女说：“一年要用几把，经常用两把小的、一把大的。如果坏了就重新去买，大的那个十多块，小的两块，大的画那种粗线，里面小的花都是用小蜡刀。”长角苗人通常去高兴寨购买蜡刀，有时候也会有走寨子挑担来卖的。陇戛寨的一位姓杨的大叔告诉我们：“在高兴寨有做蜡刀的，一般用铜片做，有时候用口弦（长角苗的传统乐器）的那个簧片来做，因为少，所以贵，要 15 元一把刀，这个蜡刀也很难做的。”

蜡染的工具还有蜡锅。蜡锅用来煮蜡，使蜡熔化并保持合适的温度，以便于使用。长角苗人使用的蜡锅通常是一个口径约 8 厘米、高约 2 厘米的小铁锅。染缸（ta gam）当然是家家都有的。

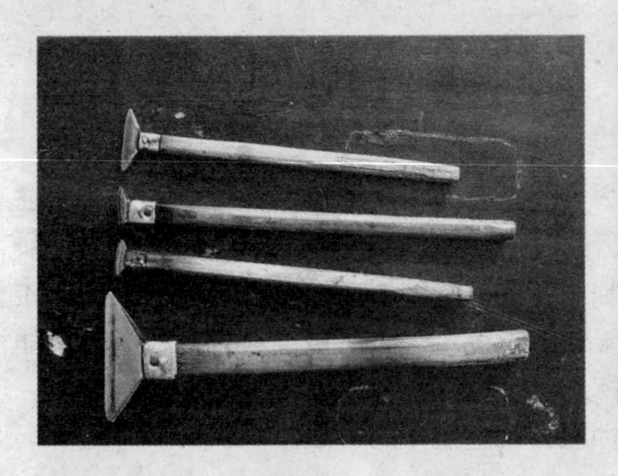

从上至下四把蜡刀分别注为 a 、b 、c 、d

专画裙子的蜡染刀

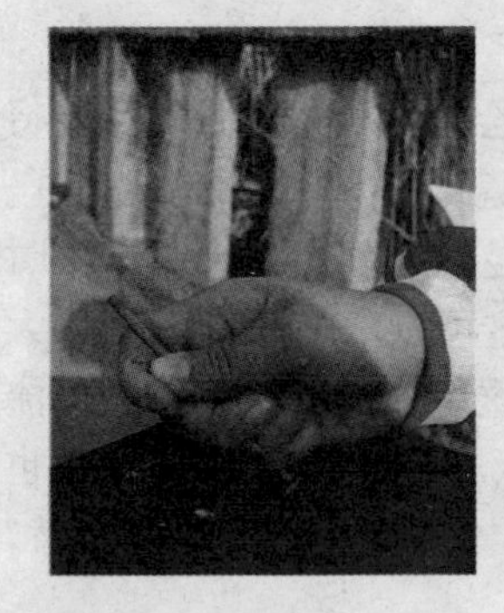

蜡刀a 、b、 c 使用方法

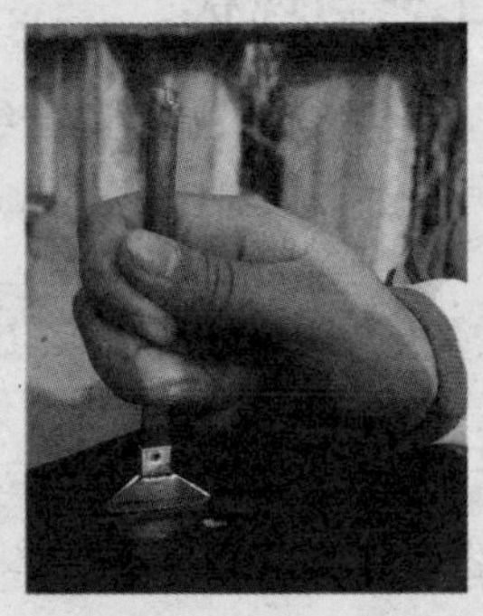

蜡刀d 使用方法

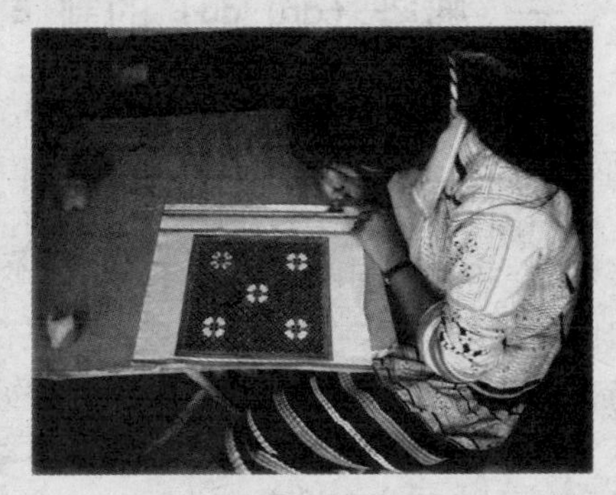

正在绘制蜡染纹样的长角苗少女

蜡染中最为重要的材料之一就是防染材料蜡。蜡染之所以被称为蜡染，正是因为蜡在这一过程中的防染作用。长角苗在蜡染中使用的蜡主要有蜂蜡、漆蜡和石蜡，其中蜂蜡和漆蜡是传统使用的蜡，而石蜡是现在最常用的。对此，长角苗老人说："以前的时候都是用漆蜡和蜂蜡,在 70 年代的时候场上出现石蜡才开始用石蜡来画衣服。"从蜂蜡、漆蜡到石蜡，这也算是长角苗人蜡染工艺随时间而做的一个改变。

蜂蜡，从名字中便可以看出其与蜜蜂相关，实际上它便是从蜂窝中煮出来的天然动物蜡，是蜜蜂腹部蜡腺的分泌物。长角苗人要得到蜂蜡，便需要得到蜂巢。由于每一年长角苗人制作服饰所需要蜡染的数量很大，使用天然蜂巢显然不可能满足需要，因此许多年来长角苗人都有养蜂的习惯。据陇戛寨的熊大叔讲，在以前的时候总有很多家是养蜂的，在 20 世纪 80 年代中旬还有很多家在养蜂，我们在调查时也看到，现在在陇戛寨新村和老寨里仍然有少量的人家在养蜂。

蜂窝

"若看到蜂王落在山上，就拿一把土一扬，蜂王就会晕倒，这时候就拿个桶把蜂王以及跟随的蜜蜂带回家养。这个与专业养蜂不同，那个专业蜂来的话就会把糖吸掉把这种蜂咬死。"

这是长角苗人养蜜蜂的一个小技巧。他们养蜂并不是专业地养蜂，不是一年一年地养下去，而是直接从自然界中取蜜蜂养。每年长角苗都会将自然的蜜蜂捕来养着，然后从蜂巢中取蜡，从而破坏了蜂巢，如此第二年之后再去寻找自然界里的蜜蜂。正因为如此，在长角苗人寨子存在一个现象，寨子里养蜜蜂的人家数量会在一年中随时间而变化。从每年 3 月份蜜蜂活动频繁的时候开始，陇戛寨养蜂的人家也随之增多，我们在 2 月份看到老寨新村一共只有两家养蜂，然而在 4 月份的时候看到至少有七八家在养蜂。

得到蜂巢后长角苗人将其放在锅里加水煮，随着温度的升高，慢慢地在上面漂起一层天然的动物蜡，将其捞起来，等其凝固，便成为蜡染需要的蜂蜡。

漆蜡也是取自天然，它来自于一种漆树的果子。在长角苗生活的空间里天然地生长着一种漆树，长角苗把这种漆树的果子舂成粉末，用甑子蒸后压出液体来，然后凝固成漆蜡。

至于石蜡，它是工业产品，需要购买。使用石蜡节省了制作蜂蜡和漆蜡的过程，这于长角苗人的蜡染大大小小算是一种进步。

（二）染料制作和蜡染的工艺过程

长角苗人的蜡染多是蓝白蜡染，其中白色是取布之天然颜色，而蓝色是由染料印染产生。长角苗人采用的蓝色染料来自于一种天然的植物，称为蓝靛草。这是一种蓼科植物，茎高约二三尺，在贵州有广泛的分布。然而在长角苗人的生活空间内却并没有蓝靛草，长角苗人使用的蓝靛草来自于六枝特区一个名叫落别的地方，在每年蜡染的时期都有来自落别的背着蓝靛来卖的货郎，陇戛寨的杨学富说："背上来卖，本地不产，在落别那有，六枝下去，10 多元的车费，背上来卖不用下去买了，卖靛的，3 元一斤，一般在 7 月间，这两天没的，这时候冷得很，不能染。7 月染，5 月染。"

在买下了蓝靛草之后，长角苗人便开始制作染料。这染料由两部分组成，一部分是蓝靛草制作的主要材料，一部分是由从山上挖来的其他草木做的辅助材料。主料制作很简单，长角苗人将蓝靛草（不用砸碎）放在缸里泡 2–3 天，捞出来加点石灰水，于是颜色变为蓝色，用小罐子装起来，便是可以使用的蓝靛了。而辅料的制作相对复杂，长角苗人首先烧两锅温开水（比较烫一点），拿草木灰（最好是杉树灰）装在簸箕上，上面铺一块布，将水放进染缸里，然后从山上采来"依秋"（也称"依秋蒜"）的根茎叶、何首乌的根、酸汤杆（学名虎仗，多年生草本，叶片是暗红色的，高 1–2 米，根茎粗大，带木质，外皮棕色，断面黄色）的根，混合起来，舂融后加一点碱或者石灰水放进一个空染缸里，这之后则把染缸盖上封住，待十多天后，掀开盖子观察，如果颜色呈暗黄色则成功了，呈灰黑色则不成功。制作良好的辅料甚至可以使用 2–3 年，而失败了只好重做。在蓝靛和辅助材料制作好之后，蜡染时长角苗人只要将两者在染缸中混合便可以使用了。但这混合也有成功和失败，在长角苗中流传有一首民歌，其中提到了关于染缸的制作：

鸟儿落在树枝上，妹妹正在做染缸。

鸟儿正好飞在天空上，妹妹看了扛着镐刀去干活。
染缸好颜色会变蓝，水泡会变绿。
伤了妹妹的心，妹妹抓起麻秆去搅和染缸的水，
水泡融化伤了妹妹的心，也伤了哥哥的肝。
然后妹妹就送哥哥到了草坪上。
（安丽哲采录整理 熊光禄翻译）

歌曲中说“染缸好颜色会变蓝，水泡会变绿”，这是染缸成功的标志，而如果蓝靛放进去，在搅拌之后，水泡有点灰色，则表明染缸不成功。可以说，长角苗最终要得到自己蜡染所需要的染料并不轻松容易。

长角苗人的蜡染并不是在一年的所有时候都进行，而只是在气温合适的5月或7月进行，尤其是7月。每到这个时候，长角苗便开始了大规模的蜡染活动。“6月开始挖洋芋，年轻的小女孩都不干活，都是在7月画蜡，画一个月，两件衣服的。绣花天天绣，有空就绣，没规定时间，画蜡只能7月份，如果冬天那个水刚端起来冷了，蜡就凝固了，7月边画边染，做一块染一块”。每年7月的蜡染在她们口中显得热闹而忙碌。

长角苗人蜡染工艺的过程就是将防染的材料——蜡放在蜡锅里加热成液体，然后用蜡刀蘸着这些防染液，在用指甲画好经纬线的白色棉、麻布上绘成图案，等蜡液凝固之后将布投入蓝靛染液中进行加染，最后将染好的布放入清水锅中加热，溶解了防染的蜡渍，就得到了蓝白相间的蜡染布。可以看出，蜡染工艺过程总体上可以分为两个步骤：一是画蜡，即用蜡刀蘸着蜡在准备蜡染的布上画出自己想要的图案；一个是印染，即在染缸里将布染上蓝色，再去蜡晾干。

何首乌

依秋蒜

酸汤杆

杉树

作为苗族的一支，传统习惯上，长角苗女子必须掌握蜡染的技艺，一般女子在很小的时候便开始学习制作服饰，而学习蜡染中的画蜡则在十多岁时候，一般经过2到3年方可

红黄蓝三色套染

红黄蓝三色套染

红蓝两色套染

黄蓝两色套染

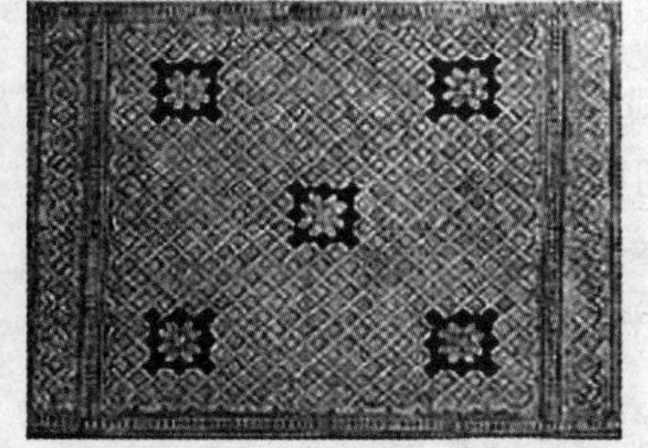
蓝白两色蜡染

完全掌握。画蜡不是一个容易掌握的技艺，因为传统蜡染中的画蜡并不用笔和尺子，完全凭借心中的构思，靠手劲掌握线条的曲直粗细，一来要求蜡的温度要合适，一来要求人手的力道要恰当好处。陇戛寨的熊壮艳在回忆起自己学画蜡的经历时告诉我们："画蜡还是一门比较复杂的技术，需要拿刀稳，下刀准，对速度以及画图的准确度都要求很高。就绣花与蜡染来说，蜡染的难度要比绣花大，所以女孩子们先开始学刺绣，然后学画蜡。我两年才学会画蜡，一方面要保证蜡刀的拿法，一方面要保证冷热温度，因为冷了蜡就下不来，热了就流一片，我是三岁开始学（做衣服），绣花五六岁，蜡染是十一二岁。"另一位陇戛人杨光芬叙述的与熊壮艳相似，她在说起自己女儿学画蜡过程时说："绣花比画蜡早学，各人有各人的路路才好看，每个人都会两三样的花，喜欢哪个就画哪个。我的女儿十多岁才会画蜡，她的脑筋还没开始转，不会的，十多岁脑筋开始转动，也就会了。"一般而言，熟练掌握画蜡技艺的长角苗姑娘，她们画蜡不但快而精准，而且蜡液落布即干，似乎可以用神乎奇技来形容。

画蜡完毕便是印染了。染布的头一天，将需要印染的棉布用温水打湿，放进染缸里半个小时，然后拿出来，晾在缸上的架子上，颜色水依然滴进缸里，等到晾干以后便用清水洗，洗的方式是轻轻地拍和冲洗，一天重复 4–5 次。第二天重复这道工序。一般而言，如果一块要蜡染的布容易上色的话，2–3 天便可以结束印染的过程，如果上色不好，则需要 6–7 天。长角苗人认为棉布比较好上色，而麻布就要差一点。等到布被染得颜色渐渐地深了之后，便可以用开水烫掉防染材料蜡，于是花纹就出来了。

（三）长角苗蜡染的种类与变迁

除了最常见的蓝白蜡染之外，在长角苗的历史中还有一种形式的蜡染，被称为彩色蜡染，这种蜡染可以把服饰蜡染成蓝、红、黄三种颜色，加上布本身的白色一共是四色，色彩更加多样，有时候长角苗妇女还会使用黄蓝或者红蓝两色搭配。彩色蜡染也是一种分布广泛的传统蜡染形式，不仅在长角苗的历史中有所出现，在与六枝交界的普定、织金、纳雍等县的苗族中，都有彩色蜡染的工艺。

彩色蜡染的工艺，是按一般蜡染的方法，先染成蓝白两色，漂净晾干以后，再在白色的地方填上红、黄色彩。在彩色蜡染时，长角苗人首先将布按照蓝白蜡染的流程染成蓝白两色，然后去街上购买黄色与红色两种染色粉末，加入适量的水，然后用小木棒上裹上布蘸着开始在蜡染布上画，等黄色干透之后，再将红色粉末加水用另外一根木棒画上去。也就是说，蓝色花纹是用“蜡去花现”的方法制成，而红色与黄色都是在制作好的蓝白色蜡染布上进行填充而成的。在这个填充的过程中需要注意的是：“先染黄色的，再染红色的，如果先染红色的就会染到这个蓝色的底色”。长角苗人彩色蜡染时使用的红色和黄色染料都是从附近岩脚市场上买来的。据她们讲，这些黄色红色粉末都是非常昂贵的，一次只用一点，然而那个年代这些粉末到底是由什么制成，我们已经无从而知了。在20世纪70年代以后，长角苗妇女不再用红色粉末，而改用了从附近场上买来的红墨水。

可惜的是，现在长角苗人已经很少进行彩色蜡染了，彩色蜡染在长角苗人的生活和服饰制作中基本上消失了。当我们向长角苗人问起这其中的原因时她们说，“这个（指蓝白蜡染中的画蜡）画的好，这三种（指彩色蜡染中的蓝、红和黄的三色结合色）很黯淡，不亮”。实际上，彩色蜡染的式微并不是技艺的失传和因为落后而被淘汰，它之所以在长角苗的服饰制作中慢慢消失，更多的是因为长角苗人的审美观随社会经济状况变化而产生了变化。在以前，长角苗人大部分妇女身上穿着的都是蓝白两色的蜡染服饰，只有富裕一点的人家才能做得起三种颜色的彩色蜡染服饰，于是在当时长角苗人的审美中，都认为身上穿着三种颜色的彩色蜡染服饰是富贵的象征，是值得艳羡的。后来，等大家经济条件都好点之后，在这样的审美观的引导下，普通长角苗人也开始做三色蜡染的衣服。于是拥有三色蜡染衣服的长角苗人越来越多，在三色蜡染成为比较普遍的服装之后，为了突出自己，长角苗人反而改变了原来的审美，认为三色蜡染的服饰比蓝白蜡染的衣服要灰暗些，不容易让别人瞩目自己。长角苗人多在雾气迷漫的高山上活动，要想让自己醒目，服饰的颜色是不是明亮显得非常重要，尽管黄色和红色本身并不灰暗，但是由于彩色蜡染所使用的颜料的关系，以及它们与蓝色搭配的关系，与目前靛蓝色和白色组成的蓝白蜡染衣服相比较，在视觉上的确要暗得多。正因为如此，慢慢地，他们去掉了使衣服显得灰暗的黄、红两色，而只专注于蓝白两色组成的蓝白蜡染服饰。

二、刺绣的种类与工艺现状

（一）刺绣用具与材料

刺绣（a dzom）又名“针绣”“绣花”，指用各种颜色的丝、绒、棉、麻线在绸缎、棉、麻布等材料上，借助手针的运行穿刺，构成花纹、图像或者文字图案。作为织物纹样制作的三种工艺（绣、染、织）之一，刺绣在中国的历史非常悠久。相传“舜令禹刺五彩绣”。《尚书·虞书》：下裳“宗彝、藻、火、粉米、黼、黻、绨绣”。这是用麻布做底布、用针引线绣花纹的最早记载。刺绣与蜡染一样是苗族服饰最重要的装饰手段之一。

长角苗刺绣常用的用具有针与针筒、荷包。在长角苗妇女的腰上长期系着一个小竹筒做的针筒，大中小号的针都装在里面，用的时候只要倒过来拉开线就可以取出使用，由于长角苗妇女一般都戴着章围，所以很少有人看到这个针筒。荷包是装彩线以及绣片的，挎在脖子上，隐在黑色羊毛毡章围后面，所以一般也看不到，刺绣的时候可以很方便地取出彩线以及绣片。

她们刺绣的用具多少年以来并没有发生改变，然而刺绣的材料却不停地变化着，并因此又影响了刺绣工艺的发展。现在长角苗常用的材料有麻布、棉布、化纤布、彩色棉线、彩色混纺毛线等。

在70年代之前，棉布与棉线非常缺乏，长角苗人都是用自己制作的麻线染成靛蓝色，间以白色在白色麻布上刺绣，所以那个年代的绣花衣主要为蓝白两色。彩色刺绣品也存在，只是非常罕见。彩色刺绣品需要买来黄色、红色染料，自己将麻线染色然后刺绣而成，整体颜色比较黯淡。在布票出现之后，寨子里的长角苗妇女逐渐开始用彩色棉线在棉布上刺绣，这样制成的图案非常细致，而且相比于以前自己染的麻线，颜色明亮了很多。随着生活条件的好转，长角苗人的刺绣技术随着材料的改进也前进着，以前作为嫁衣的刺绣服饰上绣片只是几片，到彩色棉线出现后，绣片的面积越来越大，到后来形成了全刺绣的嫁衣。

在80年代之后，集市上出现了一种新的刺绣用线材料，即彩色的开司米细毛线，这是一种比较细的混纺毛线，但是比起棉线来要粗许多。妇女们采用了这种材料来制作女童的绣花衣。在长角苗的生活里，每个女童都需要母亲给制作绣花衣服打扮得漂漂亮亮的，如果哪个母亲发懒，给自己的女儿穿起没有绣花的蜡染衣服就会被整个族群的人耻笑。然而用彩色棉线刺绣要花费大量的时间，而且女童一般身高变化比较快，今年做的明年就不能穿了，用长角苗妇女的话来讲就是“太不划算了”。自从彩色开司米细毛线出现后，这些妈妈们发现用这种毛线刺绣起花纹来要比棉线刺绣省时间得多，所以渐渐的女童身上的绣花衣由彩色棉线替换成了彩色的细毛线。不过，长角苗女子结婚时所穿的绣花衣服，仍然是由彩色棉线一针一针细细制成的。

在90年代博物馆建立之后，除了继续使用棉麻布以外，长角苗妇女又引进了一种新的布料，那就是彩色化纤布料。这种布料的特点就是线比较粗，刺绣的时候比较容易数纱，而且非常省工省时。这种布料出现的原因是在生态博物馆建立之后，大量的游客以及专家学者来到此地后需要购买纪念品，于是利益的驱动使得一些长角苗妇女不再低价出售自己成本较高的在棉布上进行细纱刺绣的刺绣品，而是改成了由化纤粗纱为材料的刺绣工艺品。

（二）刺绣技法

苗绣被广泛地使用在服装以及配饰上面，在长角苗男性服饰中主要用在服装的衣领、袖口、口袋、衣摆、围腰，以及腰帕、手电筒套、伞套等配饰上；长角苗女性服饰中主要用在衣领、衽襟、袖子、袖腰、衣肩、衣背、衣摆、裙子、腰帕、鞋子上，此外背扇又称为“背儿袋”，也是苗绣装饰最多的用品。苗族的刺绣技法是非常丰富的，不同的支系在不同技法上各有所长，综合各支苗绣，其技法大致有12类，即“平绣、挑花、锁绣、堆花、贴布、打籽绣、破线绣、钉线绣、辫绣、绉绣、锡绣、马尾绣等”。[37] 长角苗妇女常用的技法是挑花、辫绣以及平绣三种。使用不同的绣法可以形成不同风格的图案，与黔东南苗绣形象性图案不同的是长角苗的图案主要为古朴抽象的几何形图案。

1. 挑花技法

挑花技法是长角苗妇女常用的三种技法中最主要的技法。男女服饰的最主要的刺绣部分都是运用这种技法的，它的特点是不用事先画好图样，而是用指甲画好大概的尺寸后，凭记忆与想象依据布料的经纬线入针绣成图案，具体又分为平挑与十字挑两种基本技法。有的文章将挑花中的平挑又称为数纱绣或者纳锦绣，以区别交叉运针的十字挑花技法。平挑是根据布料上面的经纬线的结构，以平行线构成图案；而十字挑花法则是以 X 形构成图的基本单位。彩色挑花的步骤一般是先用白线挑好大致轮廓，然后用其他颜色依次填补，最后绣满整块绣片。长角苗女孩一般从五六岁就开始学习这种技法，练习在布料上面缝制“嘎都”“嘎塞”“松太”等等由十字针法组成的最简单的图形，随着年龄的增长逐渐可以缝制更为复杂的十字挑花。

2. 辫绣技法

此技法又称为“盘花”，先根据需要选好色布，裁成细条，缝成灯芯状的“辫料”，再将彩线编成辫带，然后在需要装饰的部位上盘出花样，牵滚成连续波纹、云纹、菱纹等，颇有立体感，是一种装饰性很强的工艺。这种技法在长角苗妇女这里有着独特的运用，总是结合着蜡染图案进行刺绣。在长角苗的刺绣技法中，辫绣技法运用并不广，一般只用于丧葬中女性死者的鞋子以及刚刚出生的婴儿的帽子上面，不过现在这种绣法也出现在挎包上。由于这是特定时期服饰制作使用的技法，所以长角苗年轻的姑娘们一般都不会，在结婚后才开始学习这些针法给小孩做帽子。

3. 平绣技法

平绣在其他苗族支系里面广泛应用，然而在长角苗的常用技法中则是最少用到的一种技法，多用于女性寿鞋上的绣花以及年轻姑娘及女童的日常蜡染服饰的填色。通常意义上的平绣一般是布料上绘制图案或者贴好剪纸样子之后，以平针走线构图的一种绣法，而长角苗的平绣却完全不同于此。长角苗的平绣一般可以称为填空，因为长角苗通常将平绣运用在蜡染布的图案上，用以填充颜色，所以根本不用绘制图案。同时，由于这是近年来长角苗妇女在服饰上面进行的尝试，所以她们的平绣一般比较杂乱，并不平整，不过填充颜色的确使得蓝白两色的日常服饰变得漂亮了许多。

与其他苗族分支将平绣、辫绣、锡纸绣、绉绣、破线绣、打籽绣等多种技法综合运用在服饰上不同的是，长角苗的刺绣技法比较单一，以挑花为主，少量运用辫绣与平绣，所以我们在长角苗的寨子里可以看到的绣花衣服多为挑花技法制作。数百年来，长角苗服饰上几何形图案稳定地保持到现在或许跟这单一的绣法有着极大的关系。

第八节 传统价值观的倾斜

一、被服饰束缚的长角苗妇女

据统计，在长角苗妇女的一生中，围绕服饰的劳动占用了其生命中除了睡眠外1/3强的时间。一个长角苗女性在结婚之前重要的任务是学习制作服饰的各项工艺以及为自己准备嫁衣，结婚之后则要为自己的丈夫、孩子、婆婆以及自己制作服饰。

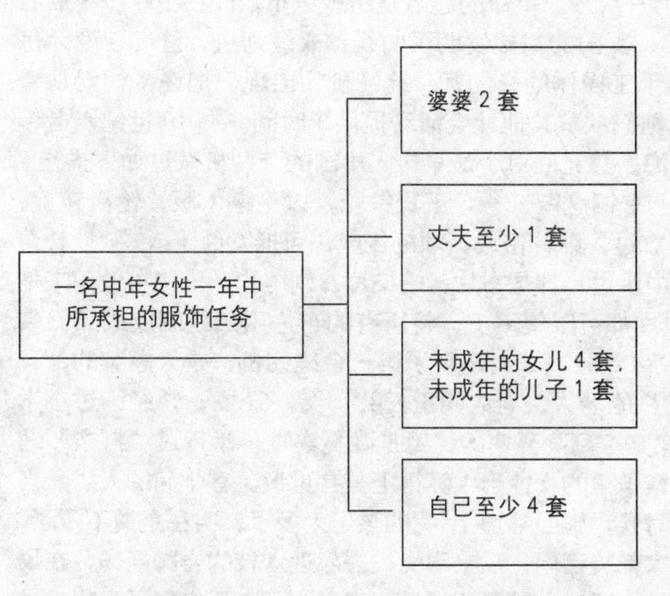

在目前，蜡染服装仍作为长角苗妇女的日常服装，她们每天从清晨忙到傍晚，经常背水、背粪，所以衣服磨损得也比较厉害，一个成年妇女平均一年要穿破4件蜡染服装。所以，每个已婚的长角苗妇女首要的任务是至少给自己做4件才能保证自己不穿破烂的衣裳，而且还要尽量地多画蜡片、多做衣服，以备自己老了眼花了不能继续画蜡时穿用，我们经常可以看到有的中年妇女攒了一柜子的做好的蜡染衣服，以备老后使用。一个长角苗妇女制作蜡染刺绣工艺的年龄段一般从十五六岁全部学会到40多岁为止，她们白天劳累一天，晚上在昏暗的灯光下画蜡，日复一日，年复一年。就这样，一般在40多岁，长角苗妇女的眼睛就开始老花了，不能够继续绘制细致的蜡染纹样以及刺绣。在70岁以后，逐渐衰老的长角苗妇女不能再做沉重的体力活，服装也就磨损没那么严重了，一般来说，一年两套就够穿了。

此外，每年还要给丈夫、孩子制作。由于长角苗男性的传统服饰仅仅作为节日及仪式服饰出现，平时并不用穿，所以一个已婚男性一年做1套就可以了，男孩也是，相比较来说，男式的服装较为省时，因为不用画蜡，刺绣面积不是太大。家中的女儿则从会走路开始就每年需要2－3套，在10多岁学会画蜡之前都由母亲负责。一个待婚女孩需要给自己制作4套刺绣的、3套蜡染的衣服，一般为7套，并且需要给自己未来的丈夫制作5－7套服饰，在迎娶那天给他换上自己制作的服饰，制作的越多越显示自己的聪明能干。这样大的任务量使得女孩纵使从12岁开始做到17岁都难以完成，为了女儿的终身大事，每个母亲在自己女儿10岁以后便开始帮她制作嫁衣。

我们统计了衣服制作所花费的时间。蜡染衣服的一块背片需要两天，胳膊上的臂片需要半天。据调查，画完一件完整的蜡染上衣与裙子大概需要 1 个月左右的时间，加上将各种布片缝制在一起也需要三天左右的时间。若是刺绣的服装就更复杂了，做一件刺绣的衣服大概需要四五个月的时间。每个已婚的长角苗女性所承担的丈夫、孩子、自己以及老人的服饰制作任务总共所花费的时间我们可想而知。

二、缝纫机的出现

物质资料生产的工具与他们的技能“对于人类的优越程度和支配自然的程度具有决定的意义”。[38] 我们知道，第一次工业革命的起点是纺纱织布，而在 100 多年后服装生产才实现机械化，1845 年，美国的霍威发明了曲线锁式缝纫机，缝纫速度为每分钟 300 针，效率超过了 5 名手工操作的缝纫师。缝纫机的出现，把许多妇女从繁杂的手工缝制中解放出来，为她们从事其他社会活动提供了时间。在 19 世纪六七十年代，外国人把缝纫机带入上海。葛元煦对于最早传入中国的缝纫机做过如下描述：“器仅尺许，可置于几案上。上有铜盘衔针一，下置铁轮，以足蹴木版，轮自转旋。将布帛置其上，针能引线上下穿过。细针密缕，顷刻告成，可抵女红十人。”[39] 长角苗人的服装形制我们在第一章中讲过，都是布片、蜡染片、刺绣片，一块布做下来是没有下脚料的，大大小小的布片都可以使用上，将所有的布片手工缝制成成品服装还需要相当大的劳动量。在 1988 年，高兴村出现了第一台缝纫机，是太湖牌的。我们走访了这位第一位购买缝纫机的老人。老人叫王云芬，女，63 岁，曾经读过小学二年级，是 40 多年前从易中底寨嫁到陇戛寨的。她是陇戛寨唯一举行过“打亲”迎亲的女性，她这样经历的人在寨子里的女性当中算得上是有见识、有学问的人了。当我问起她为什么要买缝纫机的时候，她回答道：“我的孩子太多了，实在是做不了了，孩子没衣服穿或者穿破的，人家都笑话你，后来跟丈夫去靠近六枝的岩脚赶场，在场上见到有缝纫机，那么快，我想有了这个就再不怕做不完衣服了，后来想了又想就去买回来了，从岩脚背回来的，走了一整天。”

据老人讲当时是花了 200 多元买的，是她和丈夫所有的积蓄，买回来后这成为整个高兴村四个寨子里妇女们口中的新闻。缝纫机买回来后给大家打衣服，打裙子的一条一毛钱，每天都有很多妇女跑来打衣服。我又走访了些中老年妇女，她们都说：“缝纫机这个东西好得很，那个做得比较快。当时打一件裙子要两三天，要一针一针地雕，现在机子打一会儿就好了。你去做客的时候没有裙子穿，打一小会儿就有了。”

据调查，1994 年之后，女孩子们结婚要缝纫机当嫁妆的情况开始多了起来。对于长角苗妇女来说，缝纫机进入家庭是一场革命，极大地解放了她们，使她们可以有更多的时间从事其他副业，从而改善生活。不过值得思考的是，当传统手工艺成为商品的时候，不再作为自己的角色组成部分的时候，追求剩余价值、追求高效率必然成为目的，那么整天刺绣与蜡染的长角苗妇女们会在有一天接触到绣花机，同样用机械代替自己的手工，这使我联想到人类学者方李莉研究员在《景德镇民窑》一书中提到的景德镇传统手工业“手工（繁荣）一机械（走向衰败）一手工（繁荣）”的发展模式。可能有一天长角苗妇女的传统服饰的市场需求量远远超出她们的供应量，那么其中必然有人会想到利用机械来代替手工，而一旦机械化之后，机械的千篇一律会磨灭长角苗妇女个体的智慧，那时候不会再是一件衣服一个风格、每个人都有自己的标志了，而成了大家都是穿着一样风格的廉价工业商品了，这时个体制作的昂贵的服装将被淘汰，手工业衰败。不过随着人们的文化自觉，又恢复对于手工智慧的需要，那么手工制作会重新繁荣起来。

三、长角苗妇女视野的变化

由于语言的障碍、“男主外女主内”的思想以及交通的不便，长角苗妇女长期生活在自己的族群里面，极少与外界交流。许多长角苗妇女一生中去过最远的地方也就是自己族群的这十多个寨子，从来没有到过稍微远点的地方，甚至是六枝。在博物馆建立后，寨子里的青年男子开始逐渐出外打工，同时大量的游客进入长角苗人生活的社区，这一切都丰富着原本相对封闭的长角苗人的视野。博物馆像是一扇通向外界的窗户，长角苗人通过它观察着外界的生活，而外界的人又通过这个窗户来观察他们。作为服饰的制作主体，长角苗女子的对外交流状况直接关系到她们对服饰的审美观以及价值观。

据调查，目前，长角苗妇女可以接触到的自己族群以外的媒介大体为 4 种：

媒介	使用人群	使用时期
表演队	主要为青少年男女	从 20 世纪 80 年代开始
集市	全体社区成员，包括男性女性	从古至今
电视媒体	主要为中年、青年、少年男女	从 20 世纪 90 年代中期开始
访客	主要为全体社区女性	从 20 世纪 90 年代中期开始

（一）通过生态博物馆表演队与外界进行交流

早在 80 年代的时候，陇戛寨就成立了表演队。当时的队长为杨洪祥，偶尔会带着队员去六盘水的其他苗族地区进行交流学习，不过那个时候表演队只有男性没有女性，学习的内容是吹短芦笙以及跳芦笙舞，后来逐渐增加了女性队员。在生态博物馆建立后，男女队员比例基本持平，表演队出外交流的机会也大大增加。据杨洪祥回忆，以前出去的次数是屈指可数的，几年才会一趟，自从博物馆建立后，每年出外表演以及学习的机会增加了很多，以至于现在的队长王兴洪都记不清楚一年要出去多少趟了。我们从生态博物馆信息资料中心的相关记录里面整理出一份 2005 年的对外交流表，里面记录了 2005 年陇戛寨表演队所参加的比较大的活动。

时间	参加活动名称	参加人员名单
2003 年 4 月 13–18 日	云南思茅地区参加全国少数民族茶艺表演	熊朝贵（1969 男）熊光祥（1977 男）杨琼（1977 女）杨二妹（1979 女）
2005 年 5 月 18 日	贵阳“多彩贵州”文艺会演	组长：王兴洪 副组长：熊朝贵 熊华艳 王芬 杨梅 王家英 熊壮芬 熊壮艳 熊莉
2005 年 6 月 10–11 日	水城县陡箐乡“多彩坪箐”五月苗族对歌会	王兴洪 熊光祥 杨明近 杨明文 杨家文 李洪芬 王家美 王家芬 王家英 熊金美 杨光美
2005 年 10 月 10 日	六盘水演出参加第三届少数民族文艺会演	组长：王兴洪 队员：熊光祥 杨明近 熊金海 杨家文 王武 熊朝贵 熊华艳 杨梅 王芬 王家英 熊壮艳 熊壮芬
2005 年 11 月 3–9 日	江西全国乡村民间文化旅游节	组长：王兴洪 队员：杨明文 杨光亮 王家美 王家芬 杨光美
2005 年 11 月 4 日	贵阳演出参加“贵州省第三届少数民族文艺会”	组长：熊朝贵 队员：熊光祥 杨明近 熊金海 熊华艳 熊金美 熊金芬 李洪芬

从表格中我们可以看到，寨子里的表演队是非常繁忙的，全年除了经常外出参加一些表演及比赛等活动外，还担负着给游客表演的任务，因为来生态博物馆旅游的游客最主要的是要看生态博物馆表演队的演出。据调查我们了解到，陇戛寨表演队里面的女子分为两组，一组为仍在就读的少女，一般在 12–17 岁；另一组是寨子里已婚的媳妇们，年纪在 22–26 岁之间。如果是节假日，表演队就主要使用少女，如果是平时，为了不影响女孩子们的学业，就会召集寨子里的这些年轻的媳妇们来表演。男性成员同样如此，不过成年人多一些，读书的只是个别的。目前就表演队的节目单来说，不可能由老人组成队员对外界进行交流，所以说表演队只是给相对比较年轻一点的社区成员提供了一些对外交流的机会。

（二）通过“赶场”开阔眼界

在这些民族地区，去集市进行交易叫做赶场，在这种场上，有各个民族的人进行交易，有各种各样的商品。就陇戛寨的人来说，附近的梭戛场、岩脚场都是大的集市，有当地各个民族参与贸易。从来没有出过远门的长角苗中老年妇女就在这种集市上获取着各种感兴趣的消息。繁华的集市、拥挤的人群、丰富而廉价的各种商品，这些都是从来不外出的长角苗老年人观察外面世界的一个小窗口。不过，由于她们的汉语水平非常有限，她们只是在需要买油盐或者其他东西的时候才去赶场，而且她们极少与外族的人交流。对于长角苗的中老年妇女来说，现在依然如此。陇戛寨的老人们经常给我们讲起寨子里的中老年妇女因为不懂汉语与汉族人打交道过程中闹出的笑话，其中一个笑话是：“陇戛寨里的一个老年妇女想去梭戛场上买几个钉子钉马掌。

她到了场上跟汉族人说，‘我要棰的棰，打的打’，这样说了半天汉族人也不知道她要什么；没有办法，买不上，她就回来了。”

（三）通过媒体感受外面的世界

电视是传播信息以及文化的重要手段。自从博物馆建立后，陇戛寨就架上了电线，通了电灯。据老馆长说，生态博物馆里面的电视机自从博物馆建立后是长期对村民开着的，寨子里的老少都跑来看匣子里面的小人，不过后来大家都知道了这是电视。寨子里面杨宏祥在1997年通电后购买了全寨子里的第一台电视机，到2006年4月份为止，新寨老寨大概有20户左右的人家都有了电视机，电视成为陇戛寨人接触外界的一个重要渠道。据调查，老年人一般不看电视，原因是根本看不懂也听不懂。不过中年人、青年人还有小孩都比较喜欢看电视。我们两次考察的时间间隔4个月，也就是这4个月后我们再到陇戛寨，发现以前认识的一些中年妇女的听力大大提高，上次完全不可以交流的，这次可以听懂个只言片语，究其原因原来是家里买了电视，这些妇女经常看电视剧，总听，也就逐渐可以听懂了。看来电视对于较少出门的苗族妇女学习汉语起着相当重要的作用。读过书可以听懂汉语的年轻人们更是喜欢通过电视了解外面的世界。

（1）我们对少女的访谈（熊壮艳 女 14岁 初一）

“喜欢看电视吗？”

“很喜欢看。”

“你家有电视吗？”

“没有，我都是去王芬家（高兴村村长家）看。”

“那你喜欢看什么节目呢？”

“我喜欢看电视剧。”

“电视剧有很多种，你喜欢哪一种？”

“我喜欢女士片。”

“什么叫女士片？”

“就是主要演那些有工作的穿得很漂亮的女士的片子。”

（2）我们对中年男子的访谈（王兴洪，男，40岁）

“您家里有电视，是不是您特别喜欢看电视呢？”

“也不是特别喜欢看，就是喜欢看。”

“那您主要看什么类的电视呢？”

“我就是喜欢看新闻。”

“为什么喜欢看新闻呢？”

“我想看看国家有个什么政策，贵州有什么政策，电视剧都是假的多，不喜欢看。”

“村长就是村长，关心大事。那你家的娃娃们喜欢看什么电视呢？”

“他们就是喜欢看武打片、都市片，看起来都不动地方。”

“看电视有什么想法没有的？”

“通过看电视，比起人家的生活，真是一句话，‘人比人，气死人’。”

（3）我们对已婚妇女的访谈（王开亮，女，30岁）

“你家有电视吗，喜欢看吗？”

“有，很喜欢看的，经常看的。”

“能听懂电视里面人说话吗？”

“刚开始听不懂，现在听懂些了。”

（4）我们对老年妇女的访谈记录（王大秀，女，50岁）

“您家有电视吗？”

“我家没有，我儿子家有。”

“您喜欢看电视吗？”

“不喜欢看，看不懂，不知道那里面演的什么。”

通过抽样调查，绝大多数40岁以上的长角苗人对电视并不接受，他们中有98%的人认为里面演的都是假的，听也听不懂，看也看不懂。而40岁以下的中青年以及儿童都对电视有兴趣。电视机主要是寨子里的中年人、青少年人了解与观察山外世界的一个窗口，同时，电视内容所掺杂的道德准则、价值观以及审美情趣等等也渗透到观看者的内心世界。

（四）通过到博物馆的形形色色的观光者与学者记者等外来者接触外界

1. 来访者的成分结构

由于生态博物馆的特殊性质决定了访客与旅游景点的不同。生态博物馆以保护为目的，所以不收门票，不开发旅游项目，并不能吸引一般的游客。

根据博物馆的访客记录制作的图表中，我们可以看到，游客与媒体人数占来访者总数的87%，当然这87%中媒体的比例较小，人数最多的为游客。不过，据调查，这些游客大多数为本地游客，即贵州本省，主要为六枝、贵阳两地游客以及团体游客。根据我们对游客的访谈发现，几乎全部的当地游客都认为没什么好看的，一点意思也没有。我们选取一个具有代表性的访谈。

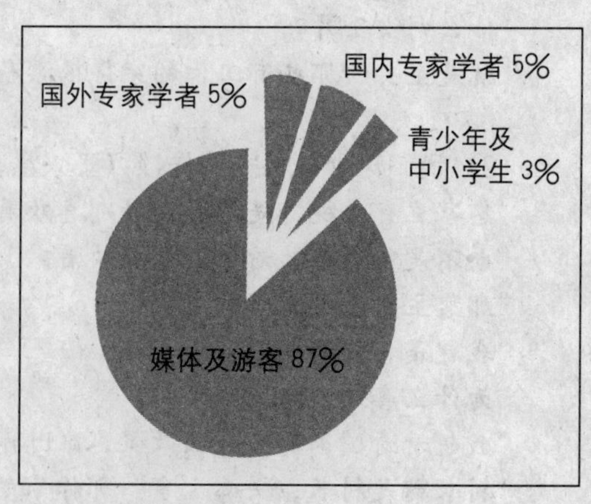

来访者成分结构图

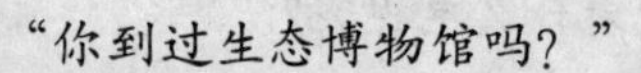

“你到过生态博物馆吗？”

“到过的，去过一回。”

“你觉得那好玩吗？”

“一点也不好玩，就几个房子，没什么看头。”

“那为什么去呢？”

“那很有名，去看看。”

“知道那为什么那么多人来看吗？”

“都是好奇吧，有人说那苗族人是日本人的祖宗，都矮，说说话都差不多，大家都想看看。”

在普通游客中，真正的散客非常少，多为各地主要为贵州各个单位组织的活动，自己配备车辆，当天往返。由于交通非常不便利，外地到这里旅游的人实际上非常少。陇戛寨隶属六枝特区梭戛乡，梭戛乡位于六枝特区西北部，距六枝特区政府驻地32公里，这是有公交车的，然而从梭戛乡政府至生态博物馆信息中心的3.5公里的路程是没有公交车的，在1997年道路修好之前，这里为二级土路，雨天泥泞，只能步行。现在除由乡政府驻地至生态博物馆的3.5公里是新改造的油路之外，从陇戛寨去往其他民族村寨的道路仍旧为便道形初级土路。

从2005年梭戛生态博物馆的访客记录表我们看到，春夏为旅游旺季，访客较多，2月份是访客最多的月份，这个月份是长角苗人举行跳花节的时候。其次，5月黄金周的时候人较多。其余月份为淡季。

由于梭戛生态博物馆是亚洲第一座生态博物馆，也是中国第一座生态博物馆，是中国与挪威合作建立的，在世界上的知名度非常高，自2004年年底，共接待了中外客人8万余人，先后有美国、英国、法国、日本、加拿大、新加坡、挪威等20多个国家的专家、学者到馆进行考察。我们从2005年生态博物馆接待人数统计表可以看到国外来客占有非常大的比重，在一年中只有12月份最寒冷的时候是没有游客来的。不过需要提出的是，由于只有梭戛到陇戛寨的柏油路是通的，到其余寨子的路仍然是二级土路，所以大量的慕名而来的国外及国内的学者以及游客一般都停留在陇戛寨，在陇戛寨看一看，然后在博物馆资料中心大院里面看一下表演队的演出就离开了，生态博物馆的其他民族村寨很少有外来者进入。从记录表中我们可以看到，外来专家或者游客在陇戛寨的流动是非常频繁的，寨子里的老老少少对于高鼻子蓝眼睛的外国人早已见怪不怪。刚开始，他们的知识概念里没有美国、日本、英国，汉语对于他

2005年访客人数表

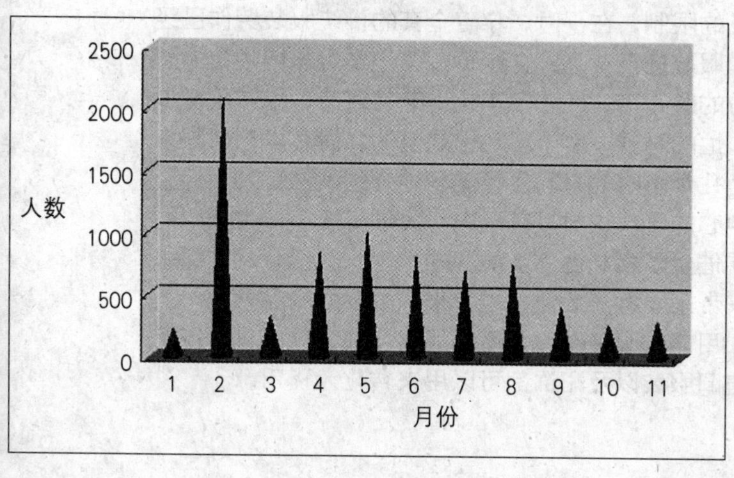

们来讲在很长一段时间内同英语、日语、法语、葡萄牙语一样也完全听不懂，所以对于所有的外来者，无论是国外的还是国内的专家或者游客，在长角苗的脑海里是同一个概念，都是“外国人”。我们在寨子里考察一个婚礼的时候一位喝酒的熊姓老人对我们即兴唱了一首歌，翻译过来的内容是这样的：“开门嘎吱叫，关门嘎吱响。开门等你这个外国的热心人，关门等那些冷血人呀。开门嘎吱叫，关门嘎吱响。开门等你这个外国的热心人，关门等那些没有好心肠的人呀。漂亮的也漂亮，帅又帅，我们做着饭菜等着你们外国的热心肠呀。”老人知道我们从北京来，可是他不知道北京是哪里，把我们一律归为好心的外国人。可以这样说，因为生态博物馆的信息中心建在陇戛寨，陇戛寨里从来不出门的老人们坐在家里都可以接触到这些外来者；蹦蹦跳跳的会讲汉语的年轻姑娘们经常会与这些游客或者专家交流，从而了解外面的世界。

2. 访客带来了什么？

访客的动机不同，记者为了采访到好的风情，电视台则为了拍出人们喜爱的片子，摄影师为了捕捉最美的镜头，学者为了取得研究资料，游客为了满足精神需要。无论来访者的身份是什么，他们具有的共同点是功利性色彩浓厚。因为现代社会讲究效率，为了不虚此行，满足自己的好奇，来访者必然尽可能多地获取有效信息，拍摄足够的具有独特风情的照片以及影片，采集最有特色的生活片断等等。然而在有限的时间内，这在梭戛生态博物馆都是非常不现实的。

第一，长角苗人的生活社区并没有修建旅游设施，在信息资料中心只能招待非常有限的访客住宿吃饭。第二，这里没有专业的解说导游，只有几个博物馆工作人员。生态博物馆的创始人雨果·黛瓦兰说过：“我们都知道旅游团体、工业污染和经济危机能严重地和快速地损害文化遗产或文化环境，而且也损害遗产地居民的文化和生活方式，我们必须对这些外来损害因素加以预防和进行教育。所以我们需要一种工具，在地区和全球范围内，教育现在和将来一代怎样认识、尊重、利用、传承和发展人类精华。”在这里，生态博物馆是作为一种教育工具为保护活态文化遗产而存在的，并不是专门针对游客的需要建立的，所以在此理念指引下的生态博物馆有上面两种情况的出现。第三，因为长角苗人有着自己生活的节奏与内容，无论其纺麻、织布、画蜡、背水都有着季节的限制以及时段的限制，在平时，穿着全套的传统服装劳作已经成为负担，长角苗妇女都穿着轻便的服装进行背粪、打猪草等。梭戛生态博物馆旅游的黄金时段为春夏两季，以及2月份的跳花节。因为冬季山上非常寒冷，经常雨雾缭绕，不适合旅游。但春夏两季正是农忙的时候，寨子里几乎是空的。游客多来自国家机关、相关部门团体，他们想用短短几个小时的时间尽可能多地看到其独特的生活方式。这些需要使得生态博物馆信息中心的工作人员只有组织村民进行表演，由开始的不收费到现在的收费。也就是说需要催生了赢利性“表演”的产生，对纪念品的需求催生了服饰市场的产生。访客的到来带来了经济效益，也带来了浓厚的商品意识。长角苗人从此知道可以用梳头来换钱，用穿衣服来换钱，用纺线来换钱，这些日常行为都可以转化为经济效益，同时，出售旧服装以及配饰都可以用来转化为货币。

四、传统服饰的发展趋向

无论是出外打工的男人们还是就在家中与游客交流的女人们，在全球一体化的今天，商品意识都渗透到他们每个人的头脑中。传统服饰制作开始成为一种经济手段，一方面他们将自己的手工刺绣蜡染服饰作为商品或者商品的一部分，另一方面自己去购买廉价的工业商品。不过对于长角苗妇女自己来说，美的服饰是她们永远的追求，是外来的服装美还是自己传统的美，还是结合起来美，一切都在发展，一切源于她们本心。

（一）民族工艺品市场的形成

自从博物馆建立之后，每年大批专家、学者、游客进入陇戛寨，众多来访者在离开的时候总是希望能购买一套民族服饰或者其他民族工艺制作的东西作为纪念。然而由于语言问题以及长角苗人的商品意识非常淡薄，在陇戛寨长期以来并没有民族用品店，这些来访者不得不自己跑到社区成员家中去上门购买长角苗妇女穿旧的或者还没有穿的服饰作为纪念品。渐渐的，长角苗的妇女们认识到，自己的服饰实际上是很有价值的，自己可以用对自己来说毫无用处的破衣服换来大量货币。

随着游客的增多，对于纪念品也有着进一步的要求，例如游客并不像专家那样去有目的地搜集各个阶段变化的旧服饰，而是想买来自己穿或者送给朋友，所以要求是新的而不是旧的；再有需要一些小的工艺品，例如小块的蜡染布或者刺绣做成的小包等等。长角苗妇女发现出售服饰有着很大的利益后，她们也在根据游客的需求调整着自己的思维方式。发展到今天，陇戛寨已经形成一个活动的民族工艺品市场。一旦有旅游团前来或其他游客上山，寨子里的妇女会立刻奔走相告，成群结队地背着装满民族饰品的包下来兜售，如果来客较多，这些妇女会自动在生态博物馆接待站前面的场子上摆出自己的商品，有全套的服装以及配件，也有一些做到一半的刺绣绣片和蜡染片，俨然一个成形的民族服饰小市场。说这个市场是活动的是因为在较多游客来的时候这个市场会非常迅速地形成，游客散去的时候这个市场也会自动解散，妇女们返回家中继续自己的劳动，非常灵活。我对 2006 年 2 月份一次市场形成的情况做了抽样调查，商品共有 9 类，分别为刺绣蜡染上装、裙子、绣花鞋、手电筒套、伞套、背儿带、儿童围兜与婴儿帽，共计 202 件服饰商品，根据调查的具体数字我们看到，出售的商品中以刺绣蜡染女装为最多，其次为裙子及儿童围兜。由于每次市场形成都是机动的，所以来出售的长角苗妇女可能不同，出售的种类也不同，不过我们也可以从这次调查中看出一些较为普遍的现象。我们在调查过程中了解到，蜡染与刺绣服装是其招牌商品，数量是最多的；而婴儿帽的数量最少，是因为这种蜡染刺绣的传统手工艺在其传承中面临危机，只有老年人会制作，年轻一代都不会了；背儿带不多倒不是因为手艺失传，而是因为这次市场的主要成员年龄普遍偏大，几乎都是中老年妇女，家中不用的背儿带早已出售得差不多了，若来的是年轻妇女，可能背儿带会占有较大分量。可以说，目前的市场还没有定型，没有专业的销售人员，仍然非常的随机。游客人数的多少以及是否农闲直接影响到市场规模的大小。游客多正好又是农闲时分，形成的市场较大；若游客较少，就会只有少数妇女前来兜售。

长角苗人服饰市场调查

时间：2006 年 2 月 25 日 天气：阴

来访者：24 名日本游客组成的旅行团

出售人员：28 名长角苗妇女

婴儿帽	绣花鞋	手帕	女上装	裙子	儿童围兜	背儿带	伞套	手电筒套
1	3	20	78	25	25	3	5	15

民族服饰市场商品构成图

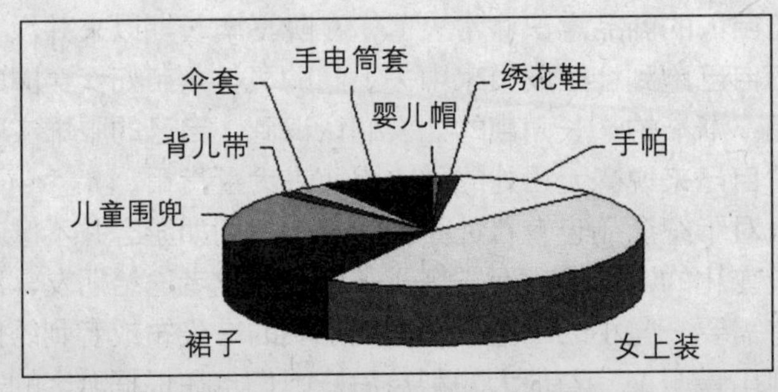

临时的民族服饰市场

（二）传统服饰职业制作群体的出现与服饰商品化

随着这个市场的产生，寨子里出现了职业的以传统手工艺为业的老年妇女。寨子里的年轻妇女平时要背粪、打猪草，只在闲暇时刻做些蜡染刺绣服饰工艺品来出售。但是老人不能继续做田地里的体力活，当她们认识到出售民族服饰也可以赚钱后，就将制作刺绣蜡染当做了自己的主业，专门针对游客的需求制作工艺商品。熊金祥的母亲就是其中一个，我们对其进行了访谈。

“老人家你平时在家里都做什么？”

“我老了，也老咳嗽，做不得其他活路，所以只能绣点绣片来卖。”

“那您绣的这些东西好卖吗？”

“好卖，那些游客要新的我就做新的，要包我就做包，他们觉得什么好看我就做什么。”

“您今年多大年纪了，眼睛花不花？”

“70 多了，花，花得很，不过有老花镜。”

我们仔细观察了这位老人制作的民族工艺品，她主要制作刺绣背儿带以及刺绣片，然后将这些绣片缝制成各种具有自己民族特色的刺绣工艺品出售。老人制作绣片的布料主要有两种，一种是细纱的棉布，自己身上一般穿的是棉布的；另外一种是粗纱的尼龙布。这种尼龙布料价格便宜而且网眼比较大，比在细纱的棉布上进行戳纱绣要容易得多，制作时间大大缩短。据老人讲，绣一块绣片实在太慢了，现在就是要用大网眼的布料，或者针法粗糙一些才能做出来快一些。在市场上继续调查了成为商品的服装及其配件后我们可以看到，在民族服饰作为商品存在的时候，制作者就有了完全不同的心理，她们不再是一针一线为了自己在自己族群中得到大家认可，而是以盈利为目的，这必然促使她们用最少的投入去换来更多的利润。两种完全不同的目的导致这种绣花过程中的态度的不同，其最后的产品当然也不同。

作为商品的民族服饰也会影响穿着中的民族服饰，因为原料改进后，制作针法变得简单，使得在当前这个社会中，更重视时间的长角苗妇女会在自己穿着的服饰内使用这些方法。同时，购买者对于商品的要求也会影响民族服饰的发展，我们在一次市场调查中发现，在一个背儿袋上的刺绣图案中竟然出现了人物形象，在长角苗的传统纹样中都是抽象的几何纹样，从来没有如此形象整体的图案，制作者说这是因为有些游客希望有能看懂的纹样，例如人物、鸟兽等等。可以这么说，民族服饰作为商品存在后，不断地去迎合购买者的需要，这在一定程度上影响到了民族服饰的发展。

（三）传统服饰的流行观念——朝着表演性服饰转变

传统服饰另外一个变化的趋向是朝着表演性服饰转变。无论寨子里的表演队是出外表演还是就在生态博物馆的信息资料中心为外来的客人进行表演都是表演，表演艺术本身就是一种综合艺术，除了动态美之外，还有静态美的成分在内。而静态美中主要是服饰，表演服饰可以刺激人的视觉，使得整个演出更具有美感，它远比演员容貌更能在远距离外形成观赏效果。我们通过访谈以及观察现在表演队的服饰可以看出，在 80 年代以前，表演队的服饰跟寨子里其他姑娘小伙子的服饰没有任何区别，随着表演的愈加频繁，表演队的姑娘小伙子的服饰也发生了微妙的变化。例如跳花节时候的未婚姑娘的头饰后面只需戴一朵花，但是现在为了表演时更加好看，变成了戴三朵花。以前绣花腰帕是挂在腰上的章围上的，但是现在有的表演队的姑娘为了漂亮就将手帕挂在了大头饰的两侧。还有个别经常出去演出的妇女在绣花衣服上钉上了金光闪闪的塑料片，表演队的姑娘们把这些变化带入了生活。因为表演队的成员都是寨子里的年轻漂亮的姑娘以及媳妇，她们是陇戛寨时尚的领军人物，服饰在她们身上的变化会影响到其他非表演队的姑娘们。可以说，服饰流行是一种社会现象，当漂亮的服饰刚刚产生时，往往只被极少数人穿着，由于生活在社会中的每个人，都会或有意或无意、或强或弱地影响周围的人群，所以穿着漂亮衣服的这些人就会影响到她周围的人们，当这样的服饰符合她们的审美标准时，就会对此产生认同感，于是这些人也就会对其进行模仿，甚至是马上去购买或者缝制相似的饰品，这种款式的服饰逐步在更多的人群中间传播开来，于是形成服饰流行现象。

我们看到传统服饰的发展有着多个因素，大量的游客对于服饰及刺绣蜡染的审美会直接影响民族服饰的趋向，大量的表演也同样会影响民族服饰发展的趋向。

五、传统服饰何去何从

前文提到长角苗男子的服饰早已改装，而长角苗妇女的年轻一代在博物馆建立之后才逐渐开始改装，这个变化并不只是我们外来者在关注，走进陇戛寨我们就会发现，这变化是整个寨子的男女老少都注意到的并且不能回避思考的一个问题，他们对于民族服饰以及汉族服饰的态度直接影响到以后民族服饰的发展方向。那么在这个问题上，全寨的男女老少究竟是什么看法呢？他们对于传统服饰的未来抱着一种什么态度呢？

（一）寨子里的男人们对换装的看法

尽管在年轻时代都已经将日常服装改为汉装，但这些长角苗老者们对年轻妇女们身上所穿的汉装还是抱以否定的态度。用老汉杨朝忠的话来说是“女的穿这汉族衣服太难看了，肯定还是穿我们民族的服装好看一些”。关于妇女的传统服饰技艺会不会失传的问题，寨子里面男性老者也都持有比较积极的态度。例如一位杨姓老者对传统服装充满信心，认为女娃娃读书后并不会造成传统刺绣蜡染工艺的流失。以他的话来讲是：“现在的女娃娃了不得，书也读得，是花也绣得，丢是肯定不会丢，她们从小看着家里母亲做、姐姐做，看都看会了，怎么会丢？”说完他指着自己两个七八岁的外孙给我说：“你看到没，他们两个男娃娃都会绣几下呢，整天看都看会了，何况是女娃娃。”这时旁边的长角苗男大学生熊光禄也补充道：“的确是这样，我整天不在家，但是从小看，也会绣一些。”另外一位杨姓老者（杨少宇，男，67 岁）也表示换装的确在发生，然而传统的蜡染刺绣等制作服饰的工艺并不会因此而消失，他说：“现在的衣服都很方便，买上就可以穿了。以前都说苗族女的不会改变，现在都是买上穿起来就走，很方便，但是肯定这个东西也不会丢，肯定有人学的，很多小男孩都会雕的，估计丢不了的。以前的苗族妇女不读书，就是雕花画蜡，现在的女生厉害得很，又读书又画蜡，放学了回家都画蜡。那个日本的姑娘在这里待了三个月学那个雕花画蜡。”在这个老者看来，日本人都跑过来蹲在这里三个月来学自己民族的蜡染工艺，自己人又怎么会丢弃这些老祖宗传下的技艺呢。

（二）从服饰中解放——老一辈长角苗妇女的期望

采访了一些寨子里的女性老者对传统服装改变成汉装的看法之后，我们惊讶地发现，这些服饰的制作主体们竟然有着与男性老者完全相反的看法，她们竟然都赞同改装，用她们的话来讲，“改装好啊，我们这个做得太磨人了，每天都要做啊做啊，全家才有的穿，现在汉装出去买上就能穿，多好啊”。对于刺绣蜡染技术的丢失，在老年妇女们看来也是无所谓的问题。

为什么付一生心血于服饰上面的制作者们会对于传统技术丢失毫不可惜呢？随着采访我们看到，这些老一代的长角苗妇女都饱受制作衣服的艰辛。

访谈一：（王幺妹，79岁）

“现在寨子里的女娃娃们都换装了，您觉得换装好不好？”

“改变是好的，现在去街上买来就穿上了，不像自己的衣服（做起来）很磨人的，很久才做得一件，可是还容易坏，没有现在街上卖的结实。”

“年轻的时候多久穿破一件衣服？”

“那时候比较苦，一件衣服要穿两三年，破了补破了补。”

“那时候不是都是自己种麻吗，为什么不多做几件？”

“自己的孩子比较多，花的时间比较多，有时候还要去找吃的，没时间做。”

访谈二：（伯然，80岁）

“您对孙女不穿咱们民族的裙子了怎么看？”

“很正常，人家读书了，都要改变的，穿那个好看。”

“那您的孙女不穿苗族衣服也不学着做了，以后都不会做了怎么办？”

“那就买着穿，买来就能穿上。”

访谈三：（李龙芬，42岁）

“你们现在怎么都不穿你们的衣服了？”

“那个麻烦得很，不穿了，不过红喜老喜（指结婚与丧事）的时候穿，去做客的时候也穿。”

“你们现在还戴不戴角？”

“还是戴的，也是红喜老喜的时候戴。”

“你普通话讲的这样好肯定在外面打工过吧？”

“是的，我在外面待了几年，在湖南一个建筑公司，没有文化，年纪大了就回来了。我跑过几个省。”

“以后的女娃娃们都不穿你们的衣服了你觉得可惜吗？”

“以后都改变了，没的办法，正常的。”

访谈四：(王云芬，70 岁)

“对娃娃穿汉族衣服怎么看？”

“好啊，什么都一样，这个好，不磨人，不耽误时间，你看人家打工的一天 15 块钱，7 天就 100 多，我这经常做几个星期做一个包包，卖不了几个钱。”

(三) 传统服饰与汉族服装——新生代的选择

1. 青少年男性的观点

读过书或者是出外打过工的青少年男子对于长角苗妇女的改装问题持无所谓态度的居多。我们在前面章节提到过，做衣服是长角苗妇女必须学习的技术之一，只有会制作衣服，才具备了可以出嫁的前提，因为传统的长角苗妇女承担着给全家人制作服饰的任务，如果这些技艺不会，就意味着丈夫和小孩都没有衣服穿。然而，现在这种状况改变了，出外打过工的也读过书的年轻人们更加讲究效率以及时间的观念，传统服饰对于他们来说并不重要，只要赚钱买了衣服可以穿上就行了，如果妇女具备可以赚钱的能力，那么就可以从传统技艺里面摆脱出来。对寨子里的青年男性杨光的访谈较为集中地反映了这种观点。

“你希望你的妻子穿汉族服装还是苗族服装？”

“穿什么都行，不过我更希望她穿汉族服装。”

“为什么？”

“这个老衣服需要画蜡，太浪费时间了，有这个时间可以做很多事情然后去买来穿。”

“如果你的妻子不会做衣服了，你觉不觉得可惜？”

“不可惜，有的穿就行。”

不过就审美上来说，调查中的绝大部分人还是认为妇女着传统服装较汉族服饰略微好看一些。用另外一位杨姓年轻人的话来说：“看那群读书的姑娘，都穿的汉装，个个都是灰头土脸的，可是当都换上民族服装后，还都看着挺好看，都很鲜艳。几个女孩站在一起就觉得各个亮眼。”

2. 青少年女性的观点

青少年女子对于改装的看法对传统服饰是否会存在下去有着非常大的关系，因为她们是传统蜡染刺绣工艺的继承者，如果说传统服饰开始对她们失去了吸引力，那就意味着传统服饰即将消亡；如果她们仍然热爱穿着传统服饰，那么即使传统服饰可能逐渐会由日常服饰转化为节日服饰，但传统服饰不会消亡，这门工艺不会消亡。已婚的长角苗青年妇女对于换装的问题有着比较一致的看法，她们由于方便、保暖等原因选择平时穿着汉族服装，然而从审美上讲，传统服饰的美是汉族服饰不可替代的，而且她们深深热爱着蜡染刺绣工艺，这对她们来说不是工作而是一种爱好或者可以说是娱乐。选择穿着汉族服装的长角苗妇女仍然认为自己的民族服装很漂亮，穿上能打扮人，去做客的时候一定要穿自己精心制作的民族服装才可以，如果穿汉族服装去做客，会被人笑话。被人笑话有几个方面：一个是很懒，不肯再自己做衣服；再是很笨，可能做不好衣服；另外是穿汉族衣服很难看。对村民熊光英的访谈集中表现了这些观点。（熊光英，29 岁，文盲）

“你喜欢你们的衣服还是喜欢汉族衣服？”
“我喜欢我们的衣服。”
“你过节的时候穿你们的衣服还是汉族衣服？”
“穿我们的衣服，汉族衣服不好看。”
“那你为什么现在穿的是汉族的衣服？”
“汉族衣服穿起来干活方便，洗起来也方便，冬天穿起来也暖和。”

寨子里的未婚少女是自从 1996 年女童班创立后在学堂里面成长起来的第一批有文化的长角苗妇女，她们能讲汉语，看得懂电视，其中还有一部分作为表演队成员到过几个城市，她们的视野比传统长角苗妇女要广阔得多，她们在两种不同的生活方式中选择着自己的人生道路。总的来说，这些少女对于换装的观点分为两派，一部分认为传统服饰好看，她们会坚持不懈地制作并穿着下去。

访谈一：（杨芬，17 岁，小学六年级，已经辍学与苗族青年订婚打算去打工）
“你觉得你们民族的衣服好看还是汉族的衣服好看？”
“我们的衣服好看。”
“那你为什么穿汉族衣服？”
“我们的衣服我放着过节的时候穿，做一件太花时间，所以平时都不穿。”
“那你喜欢画蜡刺绣？”
“喜欢，有个空的话就做一点，但是一年还是做不了两件。”

访谈二：（杨美，初二，16 岁）
“你觉得你们这种衣服漂亮吗？”
“漂亮啊，很漂亮。”
“那你觉得你们的衣服和汉族衣服哪个更好看？”
“都好看的。”
“那你以后会不会嫁给汉族人？”
“不会，我找我们的人。”
“为什么现在不找男朋友？”

“得先读书，读完初三。”

“读到初三就不读了？为什么？”

“读完初三出去打工。”

“打工的时候穿你们的衣服还是汉族衣服？”

“当然是汉族衣服，不过回来穿我们的衣服。”

然而另外一部分女孩则具有相反的观点，她们向往电视中不用绣花不用画蜡的生活，可以自己想做什么就做什么，不会被做衣服限制住。对女孩王家英（14 岁，现就读于陇戛小学六年级）的访谈集中代表这种观点。

“你喜欢你们的衣服还是喜欢汉族的衣服呢？”

“喜欢汉族的。”

“为什么？”

“比我们这个衣服好看。”

“如果让你嫁给汉族人你嫁不嫁？”

“嫁。”

“为什么？”

“可以不用整天做我们这个衣服，太浪费时间了。”

“那一旦你真的嫁给汉族人，就再也不用穿你们的衣服了，你会不会还想以前的衣服，或者说还想做以前的衣服？”

“不想！”

青年妇女之所以对于换装的观点比较一致是因为青年妇女的配偶都是本民族的人，她们中的绝大多数不太懂汉语，没有学过文化，她们都还生活在自己族群这个人文环境中，制作衣服以及刺绣蜡染工艺的好坏仍然是长角苗妇女的最重要的社会价值评判标准。这种价值评判标准是传统服饰存在的土壤，同时对于妇女精通本民族技艺具有很强的约束力，所以我们可以预测在新的妇女的价值评判标准形成之前，民族服饰都会保存下去。

更年轻的长角苗少女则不同，她们熟悉汉语，面临很多选择，她们可以选择脱离自己母亲祖母一直生活的这个族群而投入另外一个完全不同的群体，可以不用绣花不用画蜡而没有任何人嘲笑；她们也可以继续生活在自己这个族群，继续适应这里的妇女的价值评判标准，继续热爱她们的服饰、她们的技艺。

对于仍然喜欢民族服饰的长角苗青少年女子来说，她们总觉得汉族服装难看却又为什么平时穿汉族服装较多呢？据调查有三个方面的原因。首先是不需制作，省时省力，买来就可以穿在身上，不像自己的民族服装要一年四季辛辛苦苦地做，穿着劳动很快就磨损坏了。其次是劳动起来很方便，民族服装带尾巴，穿裙子而且很多配饰，干起活来不大方便，不如汉族衣服穿起来方便。最后一个原因是汉族衣服在冬天比自己的衣裙保暖，因为汉族服装穿裤子，比裙子要暖和得多。同时，由于民族服饰有个固定的搭配，就是必须里面穿条纹状薄毛衣或者橘黄或者纯白的衬衣才可以，如果穿的多了就会觉得不合规矩，非常难看，还会被寨子里的人笑话不会穿衣服。但是一旦穿上汉族服装就不是这样了，在天气冷的情况下里面套再多件都不会有人笑话，因为寨子里的人不知道在汉族里面是不是这样穿着的，当然他们也就不好指责了。

（四）本寨的知识分子对这个问题的思考

对于长角苗人来说，初中毕业就是自己民族的知识分子了，杨中法老师是其中较为代表性的人物。他 1978 年出生，初中毕业，自 1996 年当民办教师至今。已婚，妻子熊光英，与他同岁，文盲。关于换装的问题以及传统工艺是否会消失的问题，杨老师是持忧虑态度的。他说："据我观察，年轻的这一班姑娘现在仍然会画蜡会绣花，然而她们都没有学过织布、纺麻，这一套的工序都不会，只会用棉布来画蜡。而男子的衣服全身都是麻布做的，以后老人们都去世了，年轻的这帮不大会做，恐怕男装就要消失掉了。"这种说法是有一定道理的，不过据我们推测还有两种可能：第一，如果男子的节日服装在经济发展起来后仍然在生活中很必要的话，可能样式并不发生变化，布料会发生变化。就是说男装布料由麻布变成棉布的，染料不再用蓝靛而使用工业染料，这样制作成本降低从而使得老百姓们能够接受。另外一种可能是不改变服装的布料与染料，也就是说要想继续用麻布蓝靛做服装，就必须使得蓝靛染的手工织就的麻布服装成为一种商品才可以，就是说这种服装能够带来市场效应。那么，长角苗妇女会自然地去承继这种工艺手法，而不会使其失去传承。

（五）我们关于换装的思考

在进行服饰观念的考察时我们发现，长角苗人经常用难看来形容汉族服装，如果真的是这样，那么长角苗人的民族服饰会消失的状况就不值得去忧虑。因为长角苗对于民族服饰具有非常稳固的审美心理结构，所以民族服饰又怎么会消失呢？但是当我们穿着做工精细的汉族服装去问她们是否好看的时候，她们啧啧称赞，都说好看。当我们又拿着电脑里面的精美的汉族流行服饰给她们看的时候她们更是惊叹好看。到后来我们终于明白了一件事：她们说的汉族服装难看是指的她们身上穿的廉价的汉族服装。这种做工粗糙、布料劣质的汉族衣服比起绣工精细、颜色绚烂的民族婚服以及由蜡染工艺制作的日常民族服装当然是黯然失色，真的可以说是到了丑的地步。以长角苗目前的经济情况只能在交易场所买到这样廉价的汉族衣服，这个衣服与长角苗人的传统民族服饰比较起来的确占劣势地位。但是可以想见，一旦陇戛长角苗人的经济发展起来，她们还是会买高档的漂亮的汉族服饰作为以后的节日服饰，目的与我们汉族一样，穿得漂漂亮亮去走亲戚，让大家看到自己现在经济好转了，很时髦了，等到那个时候，恐怕传统服饰的审美惯性就会发生变化，传统服饰便有了消失的危险。当然，这只是一种假设，但是却有这个可能。

第九节 小结

一、民族服饰的演变

长角苗人服饰的演变有两种方式，一个以女服为代表，自身在文化交流过程中进行能动性演变；另一个以男服为代表，在外来强势文化冲击下被动变迁。这两种方式的服饰变迁不仅仅发生在长角苗人这里，这也是当今我国乃至世界范围内民族服饰演变的最主要的两种方式。

第一种民族服饰的演变，主动权在民族主体自己手中，他们的审美观跟随时代不断变化，基于此，他们有选择地挑选布料、纹样、款式，将原有的服饰进行改进。长角苗女性服饰目前基本都是以这种方式进行演变，布料有所更新，纹样将外来纹样融合到传统纹样当中，不过在形制上并没有太大变化，穿着仍较为普遍。长角苗妇女的能动性选择主要建立在其仍然生活在封闭的且较为稳定的传统生活方式下。在外来强势文化下，由于语言障碍，减弱了强势文化对其的冲击，她们在一个长期的缓慢的观察外来文化的过程中，有选择地进行接受。而有些民族例如宁夏回族、藏族以及维吾尔族的民族服饰在外来强势文化的冲击下，仍然能够维持极强的稳定性，并对外来文化服饰因素进行能动选择性融合，很重要的因素是与其信仰的宗教有关。如果其信仰的宗教教义中有关于服饰部分的讲究，那么这支民族的服饰会有更强的稳定性。

第二种民族服饰的演变是服饰主体自动放弃主动权，完全接受异民族的服饰。国内目前有大量的少数民族服饰现状属于这种情况，即弱势民族在经济基础较为薄弱、生活方式相对比较原始的情况下，经过与汉民族文化长期互动、全面接触后，其结果是民族服饰拥有者自卑地放弃主动权，从思想上认同主流社会的方方面面，在服饰上，完全放弃自己的民族服饰，改为汉民族服饰装扮，使得原有文化体系发生大规模变迁，传统民族服饰基本消亡。

此外，还有一种演变方式就是强制演变。历史上很多男子服饰的改变都是由于强制改装的。例如清朝改土归流时候规定所有男子需剃发易装，“留发不留头”要求“男从女不从”，在如此强硬的手段下，苗族以及其他民族的男子都被迫进行服饰装扮上的改变。

二、民族服饰的消亡

美国学者本尼迪克特·安德森提出，民族是一个“想象的共同体”。[40]民族是一个历史范畴，有其产生、形成、发展、变化和消亡的规律。依附在民族概念之上的民族服饰也同样如此。如果当民族服饰的标示性、传承性及认同性都不再存在社会意义的时候，那么这个民族服饰就会消失。不过，任何作为一定时期一个民族通行的装扮

民族服饰消亡步骤示意图

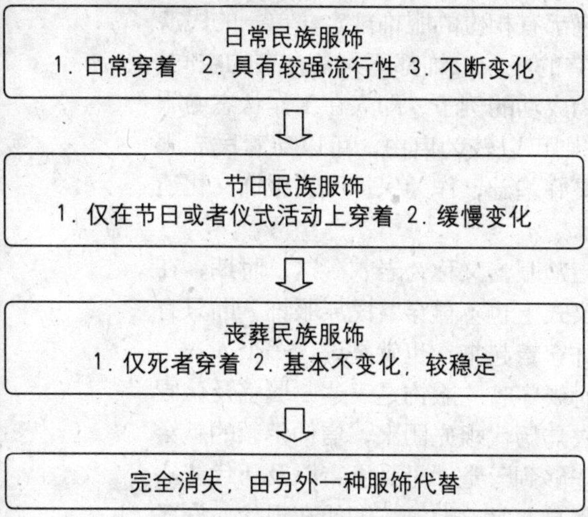

日常民族服饰 1. 日常穿着　2. 具有较强流行性 3. 不断变化
⇩
节日民族服饰 1. 仅在节日或者仪式活动上穿着 2. 缓慢变化
⇩
丧葬民族服饰 1. 仅死者穿着 2. 基本不变化，较稳定
⇩
完全消失，由另外一种服饰代替

并且逐渐演化为一种象征的民族服饰的消失都是有一个过程的，并不是说一下子就消失了。因为任何民族服饰的形成都是在历史进程中人们所进行的主动选择的结果，但是，一旦这种选择经过保存而得到了独立性，它就会顽强地维护自己的存在，并不会因为人们主观意志的变化而在瞬间转换或是消失。通过对比众多民族服饰的不同分期，我们可以得到一个民族服饰消亡的流变过程图。

我们将民族服饰的消亡步骤分为四个阶段。

第一个阶段为日常服饰时期。指的是一个民族将民族服饰作为日常服饰穿着。一般来说，大多数少数民族过着较为简单的渔猎或者游牧生活，他们人数有限，一般过着小聚居的生活。与复杂的社会中不同职业有可以识别其身份的服装不同，在少数民族社会中，分工较为简单，且由于在多民族地区，服饰作为识别族群的主要视觉标记，势必全体成员在各种情况下的服饰差别较小。在较长的历史时期内，民族服饰都作为所有这些民族成员的日常服装穿着。作为日常服饰的民族服饰有个显著的特点：就是流行速度快，流行本身是带有时段性的。追求美是人的本性，追求"时髦"也是人们在温饱基础后上一个层次的精神需要。也就是说，作为日常服饰的民族服饰一般都具有很强的流行性，在每个新的历史时期都会有新的变化。由于民族服饰有个本质属性就是民族标志性，所以民族服饰在形制不变的情况下，可以从服装采用布料上、配件的款式上进行创新式改变。

第二个阶段为节日服饰时期。指的是民族服饰已经不作为日常服饰穿着，但是每个成员至少都有一套作为重大仪式或者节日时候穿着的礼服。

一般来说，由于各个地区的生产力的发展阶段并不是平衡的，人数相对较少的处于农业社会的少数民族社会，在与外界文化相交流的时候，有的接触到的是工业社会，有的个别地区则直接与后工业社会的文化相碰撞，例如贵州六枝梭戛生态博物馆，大量访客的流入使得当地居民直接接触到后工业社会的一些社会文化信息。在两种文化的接触中，生产力较为落后的民族会向生产力较高的民族或地区学习。经济落后地区的社会成员会向往经济发达地区的社会生产与生活方式。在稳定的现代社会生活中，民族服饰作为标示不再成为时刻的需要，融入主流社会的民族成员会根据新的社会角色进行服装改扮，成为警察的要换上警服，成为工人的要换上工作服，护士要穿护士服。由于成为节日服饰的民族服饰平时是不穿的，追求时髦的心理普遍反映在其对日常服装的要求上，所以对于仅仅在节日以及重大场合偶尔穿着的民族服饰来说，民族服饰变化的速度放慢，无论布料还是配饰都不产生明显变化。总之，这个时期的民族服饰成为一种仪式化服饰，朝着制作精良方向发展。

就现代的世界而言，地球越来越像个“村庄”。大家生活方式趋同，传统农业社会都在向工业社会乃至后工业社会转变，不再像以前具有多种生活方式，这使得服饰发生趋同。工业社会的分工模式以及各种行业角色都有相应的服饰规定，单一的民族服饰必然为这个世界所淘汰。但这并不意味着所有的民族服饰都不具备存在的空间。在日本、韩国、苏格兰、泰国、印度等地都有较为成功的例子。即人在工作状态中服从行业角色的服饰规定，但是非工作状态的服饰则可以较为自由，可以穿着民族服饰。这个阶段其实是当前社会中民族服饰存在的最好基础，作为保护民族服饰文化遗产的方向来说，我们应将其保护在这个阶段。

第三个阶段是丧葬服饰时期。丧葬服饰主要指殓服，又称为老衣。这一时期，在日常生活中不再穿着民族服饰，在重大节日以及仪式上也不再穿着民族服饰，而只有在人死去的时候才将以前作为自己民族标示的服饰穿着起来。也就是说，一个人一生就穿一次。人在死亡前会有很强的归属感，死的时候穿着的服饰是表达归属感及认同感的重要方式。祖先崇拜的民族成员会幻想死后去与历代祖先团聚，信仰佛教的就会向往西方极乐世界，见到佛祖；基督教徒会幻想能够到天堂，见到上帝以及历代能够进入天堂的人们。在中国的农业社会中，祖先崇拜是非常普遍的，即使在现代，许多农村中仍然设有祠堂，供奉历代祖先，定期举行祭祀仪式，以祈求他们保佑后代子孙。处于丧葬服饰时期的民族服饰的特征是非常稳定的，从布料到配饰都尽量保持上一个历史时期服饰的原貌。中国古代，等级制度森严，受这种“礼”的影响，古代服饰文化作为社会物质和精神的外化是“礼”的重要内容，为巩固自身地位，统治阶级把服饰的装身功能提高到突出地位。纵观中国服饰史，几乎在每一个新的朝代建立的时候，统治者都要颁布新的服饰准则，而民间的丧葬服饰总是由上一个朝代的日常服饰演变而来。即使是清代用暴力手段强迫百姓剃发改装，到最后也不得不妥协为“阳从阴不从”，也就是说活着的人必须改装，死了的人可以穿着前代服饰下葬，给不肯改衣冠的人们一个死后追寻祖先的道路。

这个时期是民族服饰走向灭亡的前兆，如果大多数民族成员在死亡的时候都不对民族服饰有所眷恋的话，这意味着这支民族的认同心理以及归属心理的淡化，其民族服饰就离消亡不远了。

第四个阶段就是民族服饰的消失。民族是一个历史范畴，民族服饰是建立在这个历史范畴之上的。在一个民族成员的心灵深处，对于本民族文化不再具备民族认同感与归属感的时候，那么对于民族服饰的心理需求基础就瓦解了。文化丧失的最严重后果莫过于一个民族的消失。

一般来说，在文化交流过程中，民族服饰的消亡是按照这四个阶段一步步进行演化的，不过在外制强力的作用下，也可能会跳跃式变化，例如在清代，众多民族服饰直接由日常服饰阶段演变为丧葬服饰阶段，而未经历节日服饰阶段。

注释

[1] [德]卡西尔：《人论》，第34页，上海：上海译文出版社，1985年。

[2] [美]苏珊·朗格：《情感与形式》，第339-340页，北京：中国社会科学出版社，1986年。

[3] 王志成、宋晓明：《苗族花衣的由来》，载《中国苗族风情》，贵阳：贵州民族出版社，1990年。

[4] [俄]普列汉诺夫：《论艺术》，第115页，北京：人民出版社，1985年。

[5] [法] E. 涂尔干著，林宗锦、彭守义译：《宗教生活的初级形式》，第252-254页，北京：中央民族大学出版社，1999年。

[6] (清)叶梦珠撰，来新夏点校：《阅世编》，上海古籍出版社，1981年。

[7] (清)爱必达：《黔南识略·黔南职方纪略》卷三，第301页，贵阳：贵州人民出版社，1992年。

[8] [美]伊丽莎白·赫洛克著，孔凡军等译：《服饰心理学——兼析赶时髦及其动机》，第128页，北京：中国人民大学出版社，1990年。

[9] 贵州《民族志资料汇编》第五集，第428页，1995年。

[10] 龙晓飞：《苗族服饰文化探析》，载《民族论坛》，2005年第12期。

[11] [英]特伦斯·霍克斯：《结构主义和符号学》，第127页，上海：上海译文出版社，1987年。

[12] 刘守华主编：《文化学通论》，第130页，北京：高等教育出版社，1995年。

[13] [美]恩伯(Enber, C.)，恩伯(Enber, M.)著，杜彬彬译：《文化的变异——现代文化人类学通论》，第565页，沈阳：辽宁人民出版社，1988年。

[14] 华梅：《华梅谈服饰文化》，第243页，北京：人民美术出版社，2001年。

[15] [美] C. 恩伯、M. 恩伯著，杜彬彬译：《文化的变异——现代文化人类学通论》，第197页，沈阳：辽宁人民出版社，1988年。

[16] 索晓霞：《苗族传统社会中妇女服饰的社会文化功能》，载《贵州社会科学》，1997年第2期。

[17] 苏珊·朗格于1955年在奥斯丁·雷格斯精神病学研究中心的讲演，转引自蒋孔阳编辑：《二十世纪西方美学名著选·下》，第49页，上海：复旦大学出版社，1998年。

[18] [英]克莱夫·贝尔：《艺术》，第165页，北京：中国文联出版公司，1986年。

[19] 何晏文：《苗族服饰与民间传说》，《民族志资料汇编》第二集，贵州民族志编委会，1986年。

[20] 芮传明、余太山：《中西纹饰比较》，第51-73页，上海：上海古籍出版社，1995年。

[21] 刘小幸：《母体崇拜》，第189页，昆明：云南人民出版社，1990年。

[22] 吉克·则伙：《我在神鬼之间》，第189页，昆明：云南人民出版社，1990年。

[23] 宋兆麟：《巫与巫术》，第149页，成都：四川民族出版社，1989年。

[24] 杨正文：《苗族服饰文化》，第169页，贵阳：贵州民族出版社，1998年。

[25] [英]克莱夫·贝尔：《艺术》，第149-150页，北京：中国文联出版公司，1986年。

[26] [法] E. 涂尔干著，林宗锦等译：《宗教生活的初级形式》，第 251 页，北京：中央民族大学出版社，1999 年。

[27] [法] E. 涂尔干著，林宗锦等译：《宗教生活的初级形式》，第 252 页，北京：中央民族大学出版社，1999 年。

[28] [德] 格罗塞著，蔡慕晖译：《艺术的起源》，第 47 页，北京：商务印书馆，1984 年。

[29] 同上，第 47—48 页。

[30] 转引自歌德《色彩学》，见于朱介英《色彩学》，第 775 页，北京：中国青年出版社，2004 年。

[31] 转引于王纲编著《普通语言学基础》，第 173 页，长沙：湖南教育出版社，1988 年。

[32] （清）吴省兰：《楚峒志略》，丛书集成本。

[33] 姜永兴：《苗文探究》，载《西南民族学院学报》，1989 年第 1 期。

[34] 苏珊·朗格：《艺术问题》，第 57 页，北京：中国社会科学出版社，1983 年。

[35] 同上。

[36] 杨正文：《鸟纹羽衣——苗族服饰及制作技艺考察》，第 108 页，成都：四川人民出版社，2003 年。

[37] 杨正文：《苗族服饰文化》，第 235 页，贵阳：贵州人民出版社，2003 年。

[38] 《马克思恩格斯选集》第四卷，第 18 页，北京：人民出版社，1995 年。

[39] 葛元煦：《沪游杂记·淞南梦影录·沪游梦影》，第 29 页，上海：上海古籍出版社，1989 年。

[40] [美] 本尼迪克特·安德森著，吴叡人译：《想象的共同体》，上海：上海人民出版社，2003 年。

第八章　人生仪礼与岁时节日民俗

第一节　人生仪礼民俗

人生仪礼是指人在其生命周期中经历的几个重要仪礼。根据在梭戛的调查资料，本书这一部分将详细介绍梭戛长角苗人的诞生礼、婚礼和丧葬礼习俗以及穿插于这些仪礼当中的过渡时期的一些习俗。从生命历程来看，长角苗人借由这些礼俗完成其一生中不同时期的身份转换；若从社会关系网络来看，他们又在这些仪式过程中实现了与亲属、乡邻等人的互动。

一、诞生礼俗

从对长角苗人的考察中，我们认识到，一个新生儿的诞生，尤其是头生孩子，带给一个家庭的绝不仅仅是添丁进口的喜悦，同时还会改变家庭成员的原有身份和社会地位。这后一项改变，对新生儿父母而言，意义尤其重大：在家族血脉相继中，他们实现了“绵绵瓜瓞”的子嗣传承，可以无愧于祖先了；在地缘关系网中，他们取得了社区传统给予社会意义上的成人地位，有资格在社区往来和一些集体性活动中担负成人权益和义务。可以说，这些改变是生活在这里的在生理年龄上已达成年的人一生中应该经历的成年礼。鉴于此，当地人的新生儿诞生礼仪就格外受重视。

根据对考察资料的汇总、分类，这里主要围绕孕、产、育三个环节对当地的诞生礼习俗予以关注。

（一）求子习俗

对于一个新家庭来说，如果婚后能够如期生得一男半女，孩子又健康乖顺的话，这是再幸福不过的事情了。但若事不如所愿，迟迟不见儿女面的话，就要想办法解决这难题，依长角苗人的传统习俗，他们最常用的解决办法就是求神灵赐子。他们的求子习俗可分为两种情形：一是自己家出去求子；二是别人进来送子。

自己家求子的，主要有“偷老瓜”求子和求神灵赐子的习俗。在陇戛寨，借助熊光禄的翻译，我们从60多岁的王云飞老人那里了解到这两种求子习俗的大致情况。“老瓜”就是我们常说的南瓜。在每年农历八月十五晚上，婚后多年不孕的家庭，夫妻俩要到别人家的地里偷老瓜，拿回来煮着吃，传统观念认为吃了老瓜之后就可以怀孕生子了。在偷老瓜的往返途中，夫妻俩不能跟别人说话；偷老瓜时若是被人发现了，就是挨骂也不能还口，也不能开口解释。一般情况下，同一个寨子里的人相互之间都熟悉，又都生活在同一个习俗圈里，对方醒悟过来是怎么回事之后，也不多加怪罪。另一种求神灵赐子习俗，主要是到附近的一个溶洞里求子，溶洞里有一颗很大的竖直的钟乳石。求子的日期多选在农历上半月的某一天，最晚不超过农历二十。去求子的夫妻要在晚上去，在往返的路上不与别人说话。去的时候要带上几尺红布，一只公鸡，还有香、纸钱和供品等。到了洞里后，把红布挂到钟乳石上，再掐一点鸡冠血粘到石柱上，摆好供品，点上香和纸钱，嘴里说“菩萨，今天我给你钱、布，给你上香，你要送给我一个孩子”之类的话。拜完之后，把公鸡带回家宰吃了，然后看鸡卦，从卦相上看神灵是否赐子了。如果求子以后真的如愿得子的话，就要及时给神灵还愿；如仍未有孕，还要再去求，也可以去别的地方向据说更灵验的神灵求。

花树

别人来送子的，主要指送“花树”习俗。陇戛寨杨朝忠老人介绍说，按当地传统，周边不管哪个民族每新开一个“场”（农贸市场），在初始的前三个赶场日，都要请长角苗的姑娘小伙去“跳场”。跳场时，要在场上选一个地方临时栽一棵杉树，树上系一些红毛线，这棵树就是“花树”。小伙子和姑娘们围着花树吹芦笙、唱歌，活跃气氛，热热闹闹地招徕乡邻前来赶场。到第三场结束时，人们会把这棵花树送给寨子里没有孩子的人家，意谓“送子”。得到花树的人家要设酒款待前来送子的人。近10多年来，即从梭戛生态博物馆建立前后开始，每年的正月初十被定为“跳花节”，原本只用于“跳场”的花树被借用到“跳花节”的表演场地，这棵花树的送子功能也被同时移植过来了。近些年，政府每年都要敦促组织跳花节活动，每年也都要栽一棵花树，有的年份花树被送到寨中没有孩子的人家，但更多时候是被闲置在场地没人理会。

从信仰对象上看，不论是求子中的“老瓜”、钟乳石，还是送子中的“花树”，都是对男女生殖器象征物的崇拜，基本上属于古老的物的崇拜阶段。虽然求子的时候寨民们会向神灵诉求，但神的形象比较模糊。从信仰程度上看，上述的求子习俗在生态博物馆建立前还比较盛行，后来，政府对当地科学知识的宣传逐步加强，另一方面，寨里出外打工的中青年人越来越多，他们不仅带回了金钱等物质，同时也把外面的生活方式和观念意识带回寨子。这使得长角苗人固守的一些习俗出现松动，在求子习俗方面也有所表现。我们在2006年正月初十的陇戛鱼塘附近的“跳花节”现场，看到那棵据说早年要被人哄抢的花树，倒在场地上，被散场的人们随意踩踏。

前面说过，妇女怀孕是一个家庭乃至家族中的大事，但孕妇并不因此享受多少特别的待遇。2005年8月份，我们借助陇戛小学六年级学生王芬的翻译，从她妈妈熊启珍那里了解了一些这方面的情况。时年36岁的熊启珍还给我们讲述了她自己的两次生育经历。她说，这里的孕妇在怀孕期间不能像往常那样干重体力活，但也要尽己所能地做一些田间地头的杂活和家务活，一直忙活到临产，基本上没有人是在家静养几天待产的。她一共生了两个孩子，生头一个时是在早晨，刚睡醒时，觉得不舒服，她就让丈夫去喊婆婆，婆婆来时，儿子已经出生了；后来生女儿时，她是从地里割猪草回来，刚到家就生了。另外，孕妇在饮食方面没有什么特殊的禁忌；平时不能到太吵闹的地方去，以防受强刺激或惊吓等；遵循长角苗的禁忌习俗，孕妇也不能去未满月的新生儿家里，否则，新生儿会没有奶水吃。

（二）落草而生习俗

就长角苗人的生育习俗问题，我们对年轻的村妇女主任熊华艳进行了访谈。熊华艳是长角苗女性中较早接受过中学教育的“高学历”者，能说一口流利且标准的普通话。她告诉我们，依照当地长角苗人的传统生育习俗，孩子都是出生在家里，一般多是由孩子的奶奶等有经验的老年妇女来接生，也有的人家还要请一个经验比较丰富的接生婆来帮忙，要给接生婆一件衣服或12块钱作为酬谢，当天再请吃一顿饭。吃这顿饭时，一般都要杀一只鸡，生女孩的杀公鸡，生男孩的杀母鸡。另据以前在乡里当过卫生员的安柱下寨的杨忠敏讲，按长角苗老规矩，孩子都是出生在铺有稻草的屋里地上，即人们常说的“落草”。负责接生的一些老年妇女都是完全凭着经验按常规做事，一旦出现意外情形，她们就难以应付了。而且她们也没有医用剪刀、药棉之类的东西，多是用破碗片割脐带，用之前，先把碗片在火上烧一下，算做消毒。他在乡做卫生员期间，常常向这些老年妇女宣传卫生消毒常识。

直到2002年政府在村里建了卫生室之后，这种习俗才略有改观，但改得很慢，也不够彻底。村卫生室负责人、年轻的回族小伙子所才海职业医士对这种接生习俗及其变化深有感触。刚开始接手卫生室工作的时候，他主要是做一些诊病治疗及宣传工作，虽然他手里有专业接生资格证，但村民依旧是找那些有经验的老婆婆来接生。在这样一个保守自足的传统社区，生养过几个孩子的老婆婆，其生养行为本身就是一种资历，就是一份真实可见的证明，这远胜过一纸文字证书；还有一个重要原因就是村民们习惯认为，生孩子都是“女人”的事，哪里能想象要一个年轻小伙子参与其中！所才海回忆说，他第一次被村里人请去接生，是因为那家的产妇难产，几个老年妇女实在没有办法了，觉得有危险了，才慌忙找他去帮忙。他去到那里，发现婴儿是逆生，只有脚部露出了一点点，已经胎死腹中了，他就赶紧顺胎位，取出死婴，大人的性命算是给保住了。他说，像当时那种情况，懂得一些接生技术的专业人员，都能够妥善处理，以保证母子平安。有了这一次教训，村里再有人家生孩子时，接生婆遇上了麻烦的，就会赶紧找他去救急。后来，有的比较开通的人家为防不测，就干脆直接请他去给接生了。他负责接生时，要做必要的常规消毒，还能及时地给孩子接种疫苗，常常给村民讲解一些卫生防病知识。慢慢的，他的接生资格就得到了村民的认可，一些有碍健康的陈旧习俗也逐渐有所改观，新生儿“落草而生”的现象越来越少，产妇和孩子也不再像以前那样要先在床铺的稻草上躺到满月，才能撤掉稻草换上床单，而是可以直接在干净的床铺上安寝了。这在很大程度上保证了母子健康。为进一步保证接生安全，村卫生室还配备了一些专用设施，动员产妇离开自家到卫生室生产。从 2005 年开始，约有 30% 的产妇被家里送到卫生室生孩子。近两年来，村里请所才海去给接生的基本上达到了 90% 以上。所才海说，真正做到高标准的优生还需要一个过程，一方面是村民转变观念需要时间，另一方面是资金不够，要添置齐必要的设备也不是短时间内能解决的事情。他说，从村民请他去给接生，到产妇来村卫生室生产，这都是不小的进步，每一步都是个突破。下一步就是要动员产妇去乡里的卫生院生产，因为那里有吸氧设备，一旦出现新生儿窒息、产后出血等意外状况，抢救时就要用到氧气机，村里卫生室现在还没有这一设备。以前那些接生婆负责接生时，她们没条件，也不太注意消毒，新生儿容易患破伤风，死亡率比较高。经他手接生的孩子，没有一例患破伤风的。近几年，国家对当地的扶助力度也增强了，免费提供各种疫苗，可以有效地预防婴幼儿患百日咳、破伤风、白喉和乙肝等疾病。村里妇幼保健工作的成效也显而易见，这不仅表现在物质条件有所改善，更重要的是，村民们不再固守旧习，不再对卫生员等人的宣传有防备或抵触情绪，逐渐认识到科学知识的重要性了。

闯过了生产这一关，母子平安便是一家人的幸事了。不管是谁给接生，孩子出生后，一般都是由奶奶给孩子洗洗澡。洗的时候，澡盆里要放一枚圆形银币或者铜钱，这是老辈人传下来的习惯做法。据说，放这些东西，可以保佑孩子不生病。以后每次洗都要放，一直洗到 3 个月左右。洗完了直接用棉布包裹，平时都缠系好胳膊腿，让孩子在襁褓中老实不动地躺着。要在几个月以后才给穿衣服，孩子的衣服多是外婆、奶奶等用白棉布做成的偏襟系带的小褂子。

如果孩子出生时出现不会啼哭等异常情形，家里人就去请弥拉来作法解厄。弥拉通常把孩子不哭的原因说成是被“天罗地网”罩住了，要借助神力指导这家人打破罗网，救出孩子。具体做法是：用树枝搭成一个拱形的小棚子，这个小棚子就相当于天罗地网。妈妈抱着孩子坐在“网”下，家人在网上面放一个破沙锅，弥拉一阵念念有词后，站在罗网旁边的爸爸就用刀背打碎沙锅。孩子受到沙锅破碎响声的刺激，会被惊得大哭。这样，就认为罩住孩子的天罗地网得以破除了，孩子也因此获救。然后，再把搭罗网的树枝扔到户外的三岔路口上，任过往的行人禽畜随意碾踏，这个用天罗地网作孽的鬼就会在碾踏中支离破碎，彻底消失。前几年，杨朝忠老人的一个小孙子刚出生时就不会啼哭，家人赶紧请来弥拉解救，弥拉就是用上述方法成功驱鬼，使孩子恢复了常态。

（三）起名、叫魂习俗

前面说过，一个新生儿的诞生，会改变其父母的家庭身份和社会地位，这一改变在传统的起名仪式中得以具体展现。起名包括给父母起“老名”和给孩子起“小名”，通过这一起名仪式，受名者在家族谱系上就获得了一个传承人的位置，同时，也在长角苗社区中得到族内人的身份认可。

起名是在新生儿出生后的第三天晚上进行。是时，要请本家族内的男性长辈老人来，一起商量着先给孩子的父母起个“老名”，然后再依这个老名给孩子起个小名。说是给父母起老名，其实主要指的是父母因此获得了新的名字和身份，在实际的具体操作过程中，则是落实在给父亲起老名上面，因为当地人在起老名习俗中，有着妻从夫名的固定的传统称谓模式，只要父亲的老名确定下来了，母亲的老名也就随之出来了。父亲的老名和孩子的小名也具有父子联名的特点。在长角苗这一社会关系网络中，根据名字称谓就能判断出相互之间的辈分高低和亲疏远近来。

比如陇戛寨熊少文老人的老名叫“飞”(fei)，他的妻子、孩子也就以“飞”为名。一般情况下，称呼熊少文时，要在老名前加个“补”(bu)音，叫“补飞”(bu fei)。在“飞”前加个“波”(bo)音，连成“波飞”(bo fei)，就是他妻子的老名了。在老名前加“补”和“波”是当地夫妻起老名时通用的模式，换言之，“补”和“波”分别是夫妻老名的固定前缀。熟悉当地命名习俗的人，只要知其一，就完全可以凭此规律准确地推导出其二来。老名为“飞”的人其孩子的小名中最后的音也一定是“飞”，熊少文大儿子的小名叫“哥飞”，二儿子的小名叫“二飞”，大女儿叫“妹飞”。

起名是用来确认身份、供人称呼的，不同辈分的人要用不同的称呼。仍以熊少文为例，与他平辈的人喊他时，直接叫“补飞”就行；晚辈的称呼他时，要在亲属称谓后面加老名“飞”或“补飞”，如“爷爷飞”“爷爷补飞”；长辈人叫他时，要在老名前加个“依”音，如“依飞”(yi fei)；一时分辨不出辈分高低、彼此还有些陌生的族人称呼对方时，在老名前加“补”音就可以了，如“补飞”。

起名字时，一般都是取听起来比较好听的名字，要避免与别人重复，有时候，兄弟几个人的老名还讲究押韵，如陇戛寨杨忠学的老名是“饶”(rau)音，他的弟弟杨忠明的老名是“瓢”(piao)音，两人同用一个韵脚。

老名和小名定下来后，就基本不变了，如果有特殊情况发生，也可以改动。比如起了老名后，孩子却不幸夭折了，再有孩子出生时，如果觉得以前的老名不吉利，想转转运气的话，就可以邀集家族中的老人来重新起名。孩子小名的改动一般是在孩子很小的时候，给其认干亲时，由干亲给另起一个小名。在传统的长角苗社区，每一个成年人一生中都会有小名和老名两个苗语名字。小名叫到结婚生子时为止；以后获得的老名不仅伴随其余生，其死后，子孙祭祀时，也都以老名追奠之。后来，随着政府户籍登记制度和汉语教育的进入，长角苗人又多了一个汉语名字。只是这个后来的汉语名字起得比较随意，在族内往来中也很少被提及，他们更习惯用苗语名字，汉语名的“知名度”和使用率都远不及他们的老名和小名。我们在调查中得知，寨里的中青年男人由于有过上学受教育等其他面向社会的机会，他们的汉语名字多少还有一些人知道，而老年人和妇女的汉语名字更多情况下只存在于户口簿上。妇女的汉语名字随意性很大，查阅一下村里的户口簿，“大妹”“二妹”这样的名字会不时地出现在眼前，加上村中姓氏比较单一，就有很多人重名。她们的汉语名不仅邻人说不上来，就是其本人多数情况下也不自知。这应该与她们没机会接受汉语学校教育、不会说汉话有直接关系，其深层原因当与“重男轻女”的社会偏见和“男主外女主内”的传统生活模式有关系。在当地，只是近 10 年左右，学龄女童入学就读才基本上得以真正普及，但学生们的汉语学名也只是在学校才用，在家里和寨中仍以小名被指称。

起完了老名和小名之后，还要给孩子举行一个“叫魂”仪式。负责给孩子“叫魂”的一般都是爷爷或者其他有威望的族内男性长者。家里要准备好一对鸡，公鸡母鸡各一只，还要用一把镰刀。仪式开始时，叫魂者左腋下抱一对鸡，右手拿着镰刀。打开堂屋的大门，站在门里对着大门外面用苗语吟唱“叫魂歌”。

以陇戛寨杨朝忠老人为其孙子“品饶”(pin rau)叫魂时吟唱的“叫魂歌”为例(见附录中的“四、叫魂歌”)，从唱词中可以看出家族长者对这个新生命到来的热切欢迎和殷殷喜悦，一唱三叠，反复告慰小“品饶”现在是良辰吉日，我们执意派鸡去把你的魂一定带回来；你来了之后，可以住在温暖的“火炉边”，还有“妹饶”陪你玩耍；“叫你来活一千年，一百岁”。有这样的美好前景，你就别犹豫或者害怕，“快来”吧。

吟唱完叫魂歌，叫魂者就将右手的镰刀从头上向身后抛去，镰刀落地之后，如果镰刀口朝屋里面，就意味着魂已经叫回来了，不用再叫了；如果镰刀口对着大门，就说明魂还没有叫回来，需要再唱一遍“叫魂歌”，再扔一次镰刀，直到落地的镰刀口向里，叫魂仪式才算完成。

叫魂之后，就可以宰鸡，准备晚饭了。全家人，包括被请来的族内老人都在一起吃饭。鸡肉做熟后，大家都可以享用。只是先要留出一只鸡腿和一只鸡翅膀，再用白纸剪一个纸人，一并挂在小孩子床铺的头上方，直到孩子满月才取下来。纸人代表孩子本人，鸡腿和鸡翅膀象征着孩子有口福。这一仪式预示着孩子一生都将过着有吃有穿的富裕生活。

如果说给孩子起名是一个家族借此程序给新出生的小生命一个身份确认的话，那么随后的“叫魂”则完全可以看做是有丰富人生阅历的长者为欢迎这初涉人世的小生命而慎重举行的“压惊安魂”仪式。从这两个环节中不难体会到长角苗人对子嗣降生的重视和对新生命的敬畏之情。

（四）坐月子习俗

产妇在坐月子期间，主要吃炖鸡肉、鸡蛋汤补养，再加一些清淡的东西，主食是米饭。满月前，产妇穿用的东西不能带到别人家。她的脏衣服也只能在家中洗，不能带到寨中仅有的几处井泉地去洗，否则井泉的枯水期会加长，这样的后果对一直生活在水资源短缺环境中的长角苗人来说是很严重的。另外，这期间产妇不能去别人家里。如果她走出自己家门的话，还要注意不能让她的影子映照到别人家的屋墙上。如果她一时忘了身份去了别人家或者她的影子不小心映到了人家的屋墙上，她的这一不慎行为，将会导致后者家中日后发生一些不顺意的事情，比如将会爱吵架、做生意不顺、饲养的牲畜容易生病之类。为避免这些不幸事件的发生，产妇家就要及时请弥拉去给人家扫屋子去秽，解除致灾源。陇戛寨开朗精明的王大秀，是我们在寨里见到的四五十岁年龄段的妇女中唯一能用汉语跟我们交流的人，她给我们讲述了她见过多次的扫屋子仪式。首先是去请弥拉，弥拉要从产妇家带上一只公鸡，用于扫屋子的鸡不能太小，得长到会鸣叫了以后才行。传统习俗认为，鸣叫是鸡的语言，只有会鸣叫的鸡才能跟鬼通话，才能完成驱鬼使命。除了鸡，弥拉还要带一些鞭炮，去那家给除晦气。扫屋子时，弥拉用绳子拴好鸡的翅膀和脖子，拉着鸡绕灶走三圈，边走边说“所有的灾难，像鬼神之类的东西，都统统出门”这样一些话，然后，在堂屋点燃鞭炮，门里门外都有噼里啪啦的鞭炮响。在火光声响中，产妇带去的不洁鬼之类不祥物就都被吓跑了。放过鞭炮，扫屋子仪式就基本结束了。弥拉再带着鸡回到产妇家，在产妇家把鸡宰了吃掉，或者不宰送给弥拉。产妇家除了要请弥拉吃这顿饭外，还要给他12块钱。从调查中我们了解到，弥拉作为当地能驱鬼治病的巫医，受请的这顿饭和得到的12块钱，基本上是他“出诊”的常规收入，10多年前一般是给1.2元，近几年也有的人家给36元。要是遇有特殊情况，也可以不要报酬或者要得更多。

在月子里这段特殊时日，不仅对产妇外出有禁忌，同时对外人进入也有限制。尤其是孕妇不能进入产妇家里，如果误入了，产妇的奶水就会被孕妇夺走，这对目前还基本上全靠母乳喂养孩子的长角苗人家庭而言，是个不小的资源侵夺。为保住孩子的给养，孩子的奶奶就会带个小瓶子，去到孕妇家里，也不跟孕妇家的人说话，她直接找到饭甑子，取一点饭放到瓶里，再放进一点盐巴，然后到水缸里舀点水，把瓶子装满，带回去。回到家以后，把这种盐水饭烧开后给产妇吃三口，剩下的全都倒在产妇的床头下面，再搬一块大点的石板压在水饭上面，这样就象征性地保住了奶水，别人再带不走了。

一般情况下，有新生孩子的人家，在孩子满月前，会在屋门口插一根高一米左右的竹竿，在竹竿顶部横挂着一个用茅草编结的长约20厘米的草标，熟悉本民族习俗的长角苗人见到这草标，就知道轻易不能进这家家门，也不能在其屋外大声喊叫等。插在门外的这种草标可以说是当地人约定俗成的一种禁忌符号，它的文字解码类似于我们常见的“保持肃静”“闲人免进”之类标示牌。在当地，除了产妇坐月子期间要在门外插草标之外，家有病人不希望有外人滋扰时，也会用到这个草标。

在这一个月内，家里家外都小心翼翼地为产妇和新生儿营造安静、安全的起居空间，尽量保证其不被打扰。但这并不意味着对所有人都一概闭门不纳，必要的亲邻往来还是有的。依传统，有一些必要的仪式都是在满月前进行的。比如前面提到的，在孩子出生后第三天召集本家族长者的起名、叫魂仪式。此外，亲属前来庆生的仪式也是在这期间举行的，这也是一项很重要的习俗活动。日期没有固定限制，一般是在孩子出生后七八天左右，招待外婆家的人。外婆家亲戚会带来适合母子俩吃穿用的各类礼物，如果孩子是头生子，会更受重视，来的亲戚和带来的礼物都会相对多一些。一般情况下，外婆、姨妈、舅妈等人会送来背孩子用的刺绣“背儿带”、小孩衣物和其他如甜酒、鸡、米等物品。具体数量多少视各家庭状况而定。据王大秀讲，大约在20年以前，外婆家看望头生的外孙时，一般是给三四块背儿带，一坛甜酒、七八只鸡和三五十斤大米等；以后陆续出生的孩子，外婆家就只给十斤八斤大米，一两只鸡和10尺左右棉布等东西，来的人也少。最近几年，一方面是人们的生活水平提高了，另一方面是这里也落实了计划生育政策，每家生的孩子都少了，这样，亲戚们送的礼物就比以前多了，有的还另外给钱。王大秀说完，一直帮我做翻译的大学生熊光禄又对这一仪式做了补充，他说，前来庆贺的娘家人一般当天都不回去，要在女儿家住一晚，第二天才走。离开的时候，婆家人要舀一点米饭，还有一个熟鸡腿或者半只鸡，把这些都放到娘家人来时装米的袋子里，作为回礼，由娘家人带回去。这一回礼习俗一直到现在还保持着。

如果将月子里的起名、叫魂仪式和庆生习俗联系起来看的话，就会发现，孩子出生三天时的起名、叫魂仪式中，前来参加的都是本家族内的人，属于父系血亲体系；在随后的庆生仪式中，前来庆贺的亲戚主要是外婆家的人，属于母系姻亲体系。通过这两项仪式，处于不同亲属网络中的人都被调动起来，形成了一个相对完整的亲戚流。不唯此，本家族的起名、叫魂仪式主要是从精神上予以身份确认和心理安慰等保障，而外婆家的庆贺活动则侧重于物质馈赠。两方合力，为这个新生儿的顺利成长提供了必要的精神依赖和物质储备。

得此优遇的孩子如果能吃睡正常、不爱哭闹、不生病、顺利成长的话，人们就会夸这孩子很“乖”；反之，要是孩子常常哭闹、不乖的话，就得想办法让孩子变乖。如果是未满月的新生儿爱哭，会被认为是某种鬼闹的，一般都是奶奶给驱鬼。具体做法是：从妈妈以前穿过的破裙子上撕下来一小条，把布条在煤火上点燃，然后拿着这块布条到小孩子睡觉的床边，一边用布条绕着圈，一边说“所有的鬼都走开，让我的孩子乖乖”之类的话。当地习惯认为，妈妈裙布的烟火足以吓退纠缠孩子的鬼，借此保佑孩子不哭，从而平安成长。

从调查资料看，长角苗人没有给小孩子过满月的习俗，即没有过满月的仪式。对于他们来说，满月，更多的是一个时间概念，表示对内对外的一些“非常规”的禁忌解除了，一切开始进入常规状态，如产妇可以去别人家，可以干农活，“闲人”也可以进家门了等等。长角苗人诞生礼习俗中所包括的孕产育习俗也基本上截止于满月，他们没有给孩子过“百岁”、过生日“抓周”等习俗。在随后的养育过程中，如果孩子有身体不好、爱哭闹等不乖表现，或者是受到了惊吓等等，人们都会习惯性地从传统习俗中找到趋吉避凶的解决办法。

对于体弱爱哭的小孩子，找当地医生也不能马上治好，人们就会更倾向于找弥拉看病，或者是给孩子认干亲。找来弥拉，弥拉会根据孩子的种种不正常体征，说出一些鬼的种类或名字，说是这些鬼缠身了等原因闹得孩子不得安宁。解决的方法通常是先作法驱鬼，之后再给孩子戴个长命锁以保佑其长命百岁，或者建议在几年之内给女孩着男装、让男孩留女孩发式等，通过改变原有形象，来混淆鬼的视线，鬼就找不回来了，脱逃之后的孩子就可以不受鬼扰地安全成长了。有时候弥拉也不作法，而是建议家长给孩子认干亲。也有的人家不请弥拉来看，自己直接给孩子认干亲的。据熊光禄介绍，长角苗人给孩子认干亲主要有两种方式。一种是在家里等。在孩子哭的当晚，说："从明天开始的第三天，第一个来家里的本家族外的人，我们就认这个人做小孩的干爹或干妈。"另一种是背着孩子去路上碰，在路上碰到的第一个外家人，就认其给孩子做干爹或干妈。被认做干爹或者干妈的人，没有年龄、婚否和族别等限制。被认亲时，如果这个人手里带有东西，要送给小孩子做礼物，东西很贵重的话，主人家就返回一些钱来弥补；如果这个人空手的话，就从其衣服上扯下三根线，用这三根线搓成一个小细绳子，拴在孩子的脖子或手腕上，干爹或干妈再给孩子重新起个名字，这样，孩子就转换成其干爹干妈的孩子了，原来的亲生父母只是临时抚养而已，通过身份转换孩子获得了安生。当地人的传统观念认为，孩子有爱哭闹之类症状，除了有鬼缠身等原因之外，还有一个原因就是这个孩子投生错了人家，跟这一家的父母没有缘分，不能以现在的亲生父母的孩子身份顺利长大。这个孩子跟在家等来的或者是在路上碰到的那个人有父母子女的缘分。经过那样一个认亲过程，从名义上把干爹干妈和亲生父母的位置对换，就避开了原来的亲子关系，父母把自己生的孩子当成别人的孩子来养育，这样，孩子以后就会乖了。

如果孩子受到意外惊吓，出现寝食不安等异常情形，人们会认为其"魂儿"被吓丢了，即"魂不附体"了，爷爷或者本家族中别的长者就要给孩子叫魂，把魂儿叫回来。此次叫魂时吟唱的"叫魂歌"与孩子出生三天时唱的一样，不同处主要表现在叫魂所用的东西和具体程序上。给受惊吓的小孩子叫魂时，通常是用一个生鸡蛋和一碗生米。把鸡蛋竖放进米碗里，边唱叫魂歌边用手抓米撒到鸡蛋上，如果鸡蛋上粘的米多，就意味着魂被叫回来的可能性比较大。下一步是把鸡蛋煮熟，剥开来看蛋黄，如果蛋黄中间有一个小水珠样的小空隙的话，就说明魂已经回来了；如果蛋黄中间是实心的，没有空隙，就说明魂没叫回来，需要再用鸡蛋重新叫。另外，也有用鸡给受惊的孩子叫魂的，主要是通过看鸡卦来断定是否把魂叫回来了。

我们从调查中了解到，直到今天，长角苗人依旧强调多子多孙的子嗣传承观念，可以说，每一个新生命的降生，都是一家人的众望所归，如果是男孩子就更受欢迎。近几年，计划生育政策在当地得以进一步落实，一家最多只准生两个孩子的行政规定强烈地冲击了长角苗人的传统子嗣观，其"重男轻女"意识也因之突显出来。虽然他们一直秉持着男孩女孩都要有的家庭观念并实践着，但在二者只能占其一的情况下，只有男孩的人家对计划生育政策的接受相对还容易一些，那些只生有女儿的人家基本上都不甘心就此罢休，宁可缴罚款也要继续生，很多人都是拖家带口到外地去，靠打工挣钱营生，几年后，生了儿子再回来。这一部分家庭，由于离家在外，上述的那些诞生礼仪式多数从略，他们更多是本着入乡随俗的态度，依从暂住地人的一些习惯做法，比如到医院生孩子，直接给孩子起汉语名字，等等。

二、婚礼习俗

我们所调查的长角苗人聚居区内，长期以来，都实行比较严格的族内通婚制。他们一直生活在相对封闭的稳定社会里，与外界之间的必要交流更多体现于生产生活等物质方面。与周边其他民族相比，长角苗人的生产生活水平一直处于相对滞后的发展阶段，他们的社会地位也处于底层。长期的同民族人聚居与自闭状态，增强了其对抗外力的内部凝聚意识，使他们本民族诸多传统的文化习俗得以代代相继，一定程度上呈现出比较稳定的模式性，比如在婚姻嫁娶方面基本上形成了一个“内循环”模式。

大约从 20 世纪 90 年代中后期开始，长角苗人的一些青年男子陆续外出打工，这不仅增加了他们的经济收入，重要的是打开了他们的视野；与此同时，梭戛生态博物馆在此地的建立与对外开放，又吸引了大量外地人“闯入”。这一出一入两相呼应，在许多方面不同程度地改变了长角苗人的生活方式，对他们的传统意识造成极大冲击，在婚恋习俗方面也出现了相应变化。比如，长角苗姑娘外嫁给其他民族的小伙子，最近 10 多年来，每到端午节这天，青年男女会相约着上山对歌，他们把这天称为长角苗人自己的“情人节”。另外，传统的订婚、结婚等仪式也有所改变，尤其是近几年，由于政府加强了在婚龄方面的政策干预，直接影响了当地婚礼习俗的改变。

（一）恋爱习俗

当地长角苗的姑娘小伙们在恋爱方面一直有相当大的自由度，一般情况下，本家族以外的本民族内的适龄青年，相互之间基本上都可以通婚。男女双方认识或表白的时机和场合也比较多，比方直接邀约，农忙时田间地头的貌似闲谈，寂静夜空中远远地唱和，往来赶场的路上或场上的有意逗留等等。除了这些零散的比较个人化的交往之外，还有极具地方特色的大规模往来的公众场合，这主要是指一年一度的传统的跳坡活动和近十几年才兴起的在端午节这天的上山对歌活动。

每年正月的跳坡期间，是长角苗的姑娘小伙频繁往来、沟通感情的好时机。一般是在傍晚，小伙子们会找出自己最好的节日服装，穿戴一新，然后再带着芦笙、口弦等乐器，出门搭上同伴，三三两两地走村串寨，到比较被看好的姑娘家去，俗称“走寨”。姑娘们家家都是有备而待：年前就酿好了甜酒，在堂屋砌上取暖用的临时火炉等。姑娘们也不单独行动，都三五成群地聚在某个同伴家里，跟前来造访的小伙子们一起围着火炉唱歌、喝甜酒、聊天等等，通宵达旦。跳坡期间，姑娘们要用甜酒及其他消夜招待上门的小伙子们。有时候，姑娘和小伙子们也相约着白天到山坡上对歌、聊天，也就是人们常说的“坐坡”。端午节到山上对歌的新现象，其形式和功能也都类似于传统的“坐坡”习俗。

那么，姑娘小伙子们参与的这些活动对他们的择偶恋爱有何帮助呢？此时是否就算确定了恋爱关系呢？2006年正月，我们参与观察了跳花节活动之后，产生了上述疑问。在访谈中，熊光禄给出了这样的解释："跳坡时的往来，相当于见面认识的过程，只是认识你是谁。如果这期间你看上了哪个女生，之后你要找对象，你才单独去找她，而不是在跳坡期间。端午节的对歌也是这样。"由此可知，通过跳坡和端午对歌这些集体活动，素日不是很了解对方心思的姑娘和小伙子们只能初步确定对谁有好感，基本上处于投石问路、初步锁定人选阶段，单独约会的谈情说爱是自此以后的事情。当然，这些时节也为已有了感情基础并确定了恋爱对象的男女双方提供了私密约会加深感情的机会。

相对于跳坡和端午对歌而言，年轻人在赶场中相识相恋的机会就更多了。"场"不仅是人们进行生活日用品和生产用具等必需品的交易场所，也是长角苗男男女女放下农活和家务活，走出村寨"一扬其精神"的好去处。在当地，不同的"场"所经营的商品虽然都各有侧重，但基本的常用品每个场都差不多，所以，除非有特殊需要，一般情况下，人们都是就近赶场。根据我们的访谈所得，可以说，赶场是当地人的主要"外事活动"，对女性而言，尤其如此。陇戛寨的老年妇女，除了到别的寨子走亲戚时偶有机会"出门"外，再一个常见机会就是赶场，而且她们当中有许多人最远的外出也只是到离家仅有四五公里远的场上去。"场"成就了许多长角苗男女的浪漫恋情：既可以借此发现自己喜欢的"目标"，也可以互赠礼物拉近距离。依当地习俗，在男女双方最初的投石问路阶段，一般都是姑娘要小伙子给买粑粑吃或其他小物件来试探对方。赶场时，姑娘小伙们都是三五成群地各成一帮，不时地互相打趣取闹，如果姑娘帮中有人喜欢上对方哪个小伙子，她就会在嘻嘻哈哈声中对那个小伙子说"给买粑粑吃吧"，其他姑娘会帮腔说"给我们买粑粑吃吧"之类的话，都不用喊对方名字。从眼神中意会到的那个小伙子如果对姑娘印象也好，他就会心甘情愿地买来粑粑大家吃；要是他不喜欢对方，就可以借故推脱。由于要粑粑的姑娘和可以买粑粑的小伙子都有很多，大家基本上处于"海选"状态，整个过程又一直在轻松玩笑的气氛中进行，所以，拒绝与被拒绝都不会有多少尴尬。不过，据陇戛小伙子杨光亮讲，有时候被人家追着要粑粑吃，自己虽然不喜欢对方，但不好意思拒绝，就给她们买来吃，拒绝之意可以通过眼神或语言的冷落等让对方明白。

我们在调查期间，曾到陇戛西面约4公里外的梭戛鼠场赶了几次场，在场上我们随时都能看到身着民族盛装的长角苗姑娘几个人站在一起，有的在东张西望，有的正跟几个小伙子嘻哈交涉，也有手拿洗衣粉或小食品之类"荣誉品"或可叫"战利品"的，从她们身边经过时，我们听不懂她们的苗语，但那些张扬的笑声任谁都不会陌生。虽然这些笑声最终并不都能引发出爱情来，但至少有一部分长角苗人的婚恋始于赶场。前面提到的王大秀就是当年在赶场时初识了她的丈夫的，后来，又多次在场上互送些礼物。

恋爱中的男女双方经常互送礼物，小伙子常买来一些刺绣、蜡染用的棉布等送给姑娘。在还穿草鞋的年头，小伙子还会把亲手打编的草鞋送给姑娘，现在，则是用买来的防滑白帆布球鞋代替草鞋。姑娘就用自己织的结实麻布做的衣服送给小伙子，或者赠送一些刺绣精美的荷包、帕子等能够展示自己女红手艺的饰品配件等。

这一阶段的恋爱基本上是自由的，更多考虑的是两个当事人的感情，父母不做太多干涉。但若从婚姻目标来看，这期间的男女感情也多数是无效的，因为在当地婚姻习俗中，凡涉及订婚、结婚等实质性问题时，青年男女几乎都得听从父母的选择和安排。如果年轻人的选择有幸得到了双方家长的认可，就可以请媒人出面谋议订婚事宜；否则，年轻人不能擅做主张硬去违背“父母之命，媒妁之言”。其中父母之“命”体现了传统的权威性，而媒妁之“言”则常常充满了夸张的煽动性，有时甚或有一定的欺骗性。从对考察资料的分析看，他们在婚姻方面对父母的“顺从”，除了古来如此的传统观念等习俗影响之外，当与他们谈婚论嫁时年龄偏小，经济不独立，对人生、对世事还懵懂着等因素有一定关系。

（二）订婚习俗

据考察得知，长角苗人至今仍保留着“无媒不成婚”的婚姻习俗。通常情况下，年轻人成婚的途径主要有如下三种：一种是青年男女自己先相爱，后来得到家长认可；一种是双方家长交好，愿意通过儿女联姻结成亲家；一种是媒人主动出面牵线，经双方家长同意，最终促成婚姻。最后一种情形中，自然离不开媒人的穿针引线。而前两种，男女双方都很了解，互相之间已经达成了某种默契，不用媒人再来介绍任一方，似乎不需要动用媒人来说合，但遵照当地习俗，请媒人依旧是必须的，此时，媒人的主要职责是帮助完成习俗仪式中的诸多环节，推动双方订立婚约。总之，不管是哪种情形，都必须经过媒人的媒介作用，有媒人的“在场”，一桩婚姻才算得上是名正言顺的婚姻，才能得到周围邻里乡亲的认可，从而获得约定俗成的合法性。

一般说来，媒人得能言善道，不仅要深谙当地的婚姻礼俗，还得了解双方的家庭情况，能洞察双方家长对子女婚事的态度取向。还有重要的一点是做媒人者得有好脾气，在落实聘礼等关键环节上，得能容得下任何一方的抱怨或质疑等不满言辞，敢于替另一方拍胸脯作保。一个被人称道的媒人必须擅长应对各种人事，用当地人的原话说是“得有大肚囊”。在这里，媒人基本上都是有家室的男人，虽然有些嫁娶事宜实际上是由女性开始给牵线的，但在真正仪式上的出场人却是请来的男性媒人。陇戛杨忠祥的妻子是从几公里外的补空寨嫁过来的，这桩婚事最初的媒人是先从补空嫁过来的他的嫂子，双方家长同意后，到订婚时，杨忠祥家还是请了本寨“会说话”的男性媒人介入到仪式中。我们在考察中明显感觉到，在一些稍微重要一点的家事或其他公众议事场合，抛头露面提看法做决定的都是寨中的成年男人，几乎听不到女人的声音。相比而言，男人基本上代表了见过世面、有智慧、有威信、能力强的形象，女人则正相反。男女地位的倾斜在家里家外都是一致的，类似于杨忠祥那样订婚请媒人的情形在当地很普遍，由此也可窥见传统观念下男女地位的不均等状况。

在择偶倾向上，年轻人与其父辈常常意见相左，他们本人往往更多地看重外表，追求你情我愿的浪漫；而家长则要远虑到他们婚后生活中柴米油盐的现实，并将自己的看法灌输给子女，开导或强迫子女尊奉“父母之命”。我们从访谈中得知，这是当地人司空见惯的合规矩之事，是父母对不更事的子女负责任的表现，高兴寨熊开文大儿子的择偶经历就很有这方面的代表性。下面是根据2006年正月访谈录音整理的与熊开文的部分对话。

“他们一般都是跳坡认识的吗？”

“不，跳坡时玩一下子。一般是达成协议，有媒人。”

“那你的大儿子，他的媳妇是自己跳坡时认识的吗？”

“不，那个是媒人给找的，要问我同意不同意，得老人同意。跳花坡时自己找的对象一般没有用。”

“那你大儿子跳花坡时自己找过吗？”

“找过了，不行。站那儿可以的，值不得吃值不得穿。”

“你不同意，你大儿子不生气吗？”

“不生气。多嘛，东方不红西方红。”

从上述熊开文的讲述中，可以看出当地一些自由恋爱习俗和两辈人在订婚取向上的最终合一过程。他儿子自己找的意中人“站那儿可以的”，属于看着养眼的类型。但熊开文在选儿媳妇时，觉得光有好看的外表没用，“值不得吃值不得穿”，他希望未来的当家媳妇要有“值得吃值得穿”的治家能力，不合适的就不予考虑。平心而论，这是为父母者在养家糊口层面上为子女考虑的最现实问题，算不上是苛刻要求。更何况，熊开文家的经济等状况和他儿子的个人条件在寨中都称得上是偏上等呢。有了这样的后备资源，他们在选择时就显得游刃有余一些，用熊开文自己的话说是“多嘛，东方不红西方红”。在长得漂亮和擅长治家两者中选其一的话，最终是长辈对后者的选择得到落实。在这一组抗衡中，年轻人的人生资历和经济实力等方面都不足以对抗家长的权威，在这样一个厚传统遵祖训的熟人社会里，他们顾不得自己是高兴还是无奈，基本上都能顺从父母之命，维护家庭声誉，免被村人塑成反面典型。

不过，这样的择偶程序基本属于常规范围下的选择，在最近10年左右，父母的传统权威和习俗惯力也偶尔会有面临挑战不奏效的时候。两个交好的年轻人，在其恋情不被家长认可或不敢让家人知晓的情况下，有的就两个人相约，“私奔”到外地，靠打工营生，在异地实践着他们的爱情生活。等到家长对“事已至此”的现实表示接受后，他们再回来。我们在2005年夏天考察期间，先后听说陇戛有两个姑娘“突然失踪”了，后来知晓，感到“突然”的只是家长和乡邻们，她们本人都是和“如意郎君”约好后有备而走的。这里，我们不去判断其做法的对与错，也不去关注其具体生活的苦或甜，许多观点都会因标准或角度的不同而相去甚远，但我们至少可以肯定一点：在长角苗人的生活方式和观念意识逐渐开放的过程中，“私奔”行为至少对生活在这里面临嫁娶的一些姑娘小伙及其家长们是个提醒，对传统的婚俗是个不小的冲击。这一冲击有如入水之石，石头入水的瞬间，会有水花四溅，待涟漪散尽之后，就一切复归平静了，石落水无痕，似乎什么都没发生过。但我们谁都清楚，石头并没有消失，它依旧在水底坚实地存在着。与此对应，不妨把那些顺乎习俗的婚约盟订视为入水之水，举行仪式的过程，就是个体之水与群体之水两水相碰水花喧闹之时，随后，就融为一体，分析不出个体何在了。

回头再接着说订婚程序。订婚日期的选定也有讲究。按习俗惯例，订婚以及结婚日子的选定都由男方负责，在选日子时，要避开家中老人过世的日子，否则，在以后的耕作中，播种入地的种子将会不发芽。这一规矩在今天也没有人愿意去冒犯，更不用说在作物收成更低的早期了。大约在20世纪80年代以前，订婚这天，男方离家前往女方家之前，还要杀鸡看鸡卦。用同一只鸡的两条大腿骨看，鸡腿由媒人吃一只，另一只由家里随便哪个男的吃都行。剔净腿骨后看卦，卦相好了才如期前往；如果卦相不好，当天就不去，需要另择日子前去。

订婚习俗至今还保留着，但我们先后两次在当地调查三个多月，却始终无缘目睹一桩订婚仪式。我们就采取访谈法，根据当事人的回忆资料，梳理出订婚仪式的简单程序。仍以杨忠祥为例。杨忠祥，1977年出生，读过两年书，跟陇戛大多数有同样经历的男人一样，会说比较简单的汉语常用口语，基本上能听懂我们的问话，但在回答时，却常常因为找不到足够的准确的汉语词汇来表达，而显得有些磕磕绊绊，语意破碎。在熊光禄的翻译和追问下，我们的访谈才得以顺利进行。杨忠祥现在已经是三个孩子的父亲了，他是1999年10月订的婚。订婚日那天，杨家先请两位媒人来吃晚饭，商量具体事宜，一个稳重的媒人负责转交聘礼等，杨家拿出2000块钱做聘礼，另加12块钱给女方的祖父母，以示孝敬；另一个口才好的将尽说服之能事。饭后，两个媒人和定亲者杨忠祥一起，摸黑前往补空寨的女方家。

这三个人到了女方家，两个媒人代表男方家长，与女方家长协商订婚礼金数额、以后的其他馈赠等问题；杨忠祥只能静观其变，不能参与表态。由于此前双方已经就聘礼问题达成了初步意向，所以没费太多周折，女方就同意接受2000块钱的聘礼了。获得同意之后，这两个媒人和杨忠祥就给女方父母等长辈一一磕头致谢。磕完一轮之后，要从头再来，直到磕完三遍为止。磕头礼相当于一个认亲仪式，双方的关系因此亲近许多。女方家要留这三个人住一夜，第二天杀鸡摆酒招待他们。饭后，三个人满意返回。订婚仪式就算顺利过关。

熊光禄补充说，请媒人时请一个或两个都行。订婚这天，双方如有分歧的话，基本上都是在聘金数额上谈不拢，女方家要得太多，超出了男方的承受能力，几番商量仍无果的话，最终只能告吹。但考虑到两家基本上都处于同一个熟人圈里，都是十里八村地住着，以后还会有见面、交往的机会，因此双方都不会把事情做得太绝。女方家虽然不同意婚事，但不冷言回绝，多是语焉不详地说些"再考虑考虑"之类的话，仍旧挽留请亲者住宿；请亲者也明白个八九分，只是碍于情面，不能执意立刻半夜返回，多是答应住下。但是，为了避免告别时的尴尬，他们就在次日天亮前悄悄地起身走人，不去惊扰女方家人；女方家就算有觉察，也佯装不知，更愿意他们能溜之大吉。从此，两家不再提及此事。不过，像这种上门请亲却因聘金问题而中断的现象多发生在十几年前。近些年，媒人都是先与双方沟通几个回合，在聘金等方面有了点眉目之后，才和小伙子上门请亲，事情就容易多了。

另据杨朝忠老人讲，在20世纪50年代以前，长角苗人还有一种请亲的方式。比如说，有个小伙子看上谁家的姑娘了，他就找准一个时间，赶在姑娘的父母都在家的时候，一个人来到女方家。进门后，一句话不说就给姑娘的父母亲磕头，磕完头了，再说，我想娶你家哪个女儿。姑娘的父母在毫无准备的情况下受了人家的磕头大礼，不好轻易拒绝，要是觉得男方还可以的话就应承了，这个没有聘金没有媒人的订婚仪式是被习俗认可的。如果觉得男方实在不合适，坚持拒绝的话，女方家就要拿出一对鸡向对方赔礼道歉，说明自己是完全没反应过来才受的礼，不是故意要以此来羞辱对方，希望对方原谅。事情也就了断了。如果女方的父母早有防备或反应够快，没让进门的小伙子跪下磕头，即没有认亲过程，就不用为拒绝而心有歉意了。一般情况下，采取这种方式请亲的小伙子多是家境不太好、拿不出聘金来，或者是有其他缘故致使女方父母不愿接受的。总体来看，这种情况比较少见。

上面所述的订婚情形，不论成功与否，也不管最终是以谁的选择为重，年轻人好歹还具有初步选择的能力，除此之外，当地还有许多婚姻是在当事人尚不具备选择能力的情况下，由父母做主给订下的，即像其他许多民族那样，在一定历史阶段都程度不同地存在的“娃娃亲”，甚至是指腹婚。由访谈得知，以前，长角苗人家订“娃娃亲”的比较多。孩子还在“娃娃”阶段，甚至还未降生，就已经被定下终身大事了。一般都是男方家先给女方家一瓶酒做定亲礼，如果经济条件好的话，再给百八十块钱。近十几年来，订娃娃亲的现象越来越少了，但也还有。随着人们生活条件的改善，聘礼也“随行就市”地涨起来，男方家除了给女方家一瓶酒之外，还要给约1000块的订亲钱。这样，订婚礼就算落实了，被订了娃娃亲的孩子，如果长大了不同意这门婚事，家长也尊重孩子意见的话，双方还可以解除婚约。

进入订婚阶段后，双方的择偶过程算是告一段落，以后就开始了一对一的朝着婚姻方向的往来。

如果事有变故，要解除婚约的话，按当地习俗，先提出的一方通常会被认为是过错方，要在钱物上给对方一些补偿。如果是女方先提出，她就要在返还全部订亲礼金的基础上，再多返一些钱以弥补过错；如果是男方先提出，基本上就意味着他放弃了以前给女方的所有钱物。这样的前提下，如果男方舍不起这笔钱物，又没找到女方有不合礼俗的品行，就很少有舍钱退婚的；退婚多由女方提出，就算要多退，一般也不是难事，她可以从下次婚约中补足。这种现象在当地比较常见。在我们调查的高兴寨，一个小伙子在2005年秋订婚时给了女方4000块钱做聘礼，后来女方不满意这桩婚事了，提出要退婚，在2006年正月她就退回了4400块钱。男方同意收受之后，他们的婚约就彻底解除了。

另外，订了婚之后，如果有一方做出了不合礼俗的事情，或者有其他意外变故，导致婚约解除的话，双方会自行从俗解决，多是找媒人或村中有威望的长者出面斡旋，要顾及到前前后后许多方面，再妥善处理，基本上不用“惊动”政府。

（三）结婚习俗

近几年来，陇戛及其附近的长角苗村寨几乎没有人家举行过结婚仪式，男娶女嫁的事情还有，只是没有了以往那种公开热闹的婚礼仪式。我们关于长角苗人婚礼仪式的描述也只是根据访谈资料整理而来。

与其他民族一样，长角苗人也有自己筹办红白喜事的民族习俗，这些习俗在社会变迁中受各种因素的影响，发生着渐变或剧变。我们从当地几位老年人的口述中得知，近六七十年内，长角苗人婚礼仪式变化显著的有两次：一次是约1950年前后，传统的“打亲”习俗消失；另一次就是近两三年以来，婚礼仪式基本上被迫中断。第一次变化距现在有半个多世纪了，如今健在的老人当年见识“打亲”仪式的时候，年纪还小，他们只能说出一些打亲仪式的内容来，说不清导致这一习俗变化的外力是什么，文字上又不见有记载；这第二次变化就开始于几年前，而且现在还在继续中，老中青长角苗人都能说出原因来：此次结婚仪式的近乎消隐，与政府在婚龄方面的干预有直接关系。

长角苗人在婚龄方面一直呈现着低龄特点，而且许多人在年轻时还不止结一次婚。这样的婚姻多是由家长包办的，婚后相处时觉得不合适，就退婚再嫁娶，具有一些试婚的特点。在结婚年龄上，还讲究男方要“结单不结双”，即逢单数年龄（指虚岁）结婚，比如15岁、17岁等，尤其是第一次婚姻。女方没有这种说法。安柱下寨的杨忠敏生于1965年，第一次接媳妇时刚15岁，当时他还在读中学。接娶过来的姑娘只有13岁，没上过学。他们两个人以前不认识，其父辈是多年的好朋友，希望通过结成儿女亲家，两家能够友情加亲情地密切往来。长辈这种良好的愿望经过两个年轻人三年的实践，杨忠敏对这桩被包办的婚姻不满意，最终以两人分离结束。事过七天，家人又张罗着给他找了一个媳妇，这第二任媳妇在杨家待了两年，也被杨忠敏给“休”了，其原因，杨忠敏说：“当时，我在乡医院里工作，我不在家时，她跟外家人不正规了嘛，作风不正。”

那年月，长角苗人结婚时，还没有到政府登记领结婚证这一程序，离婚也只是双方家长到场，再找寨中几个有威信、办事公正的老人，坐下来评一评是非曲直，然后商量如何解决。在杨忠敏这次离婚事件中，由于“她跟外家人不正规了嘛，作风不正”，导致“她”在离婚的善后处理中处于劣势，她为此付出的代价是除了全部返还当初所收的600元聘金，还要多加100元钱抵过。经历了两次婚姻的杨忠敏，第三次结婚时也才只有23岁。他的初婚年龄和婚变经历在当地不同年龄段中都不少见。到90年代中期以前，低龄成婚还一直为长角苗人所实践和向往着，甚至可以说是一种荣耀。就这问题，我们对杨忠敏进行了简短访谈。

“那70年代以后出生的，比你小10岁左右的人多大年龄结婚啊？”

“比我们小，七几年出生的人基本上都是十五六岁结婚。老规矩都一直没改。大概是从1995年以后，国家宣传要晚婚晚育，我们苗族有点开始实行晚婚晚育。1995年以前，或者是1990年以前，结婚时，都不用到政府登记。以前都是，只要你有钱，娃儿十五六到17岁就把婚结了。”

“一般要是家里很穷的话，结婚就会晚一些？”

“啊，一般家里很穷就晚了嘛。家里要是穷，就是十八九岁呀，20岁就算很晚了。”

当地在结婚年龄方面存在着这样的情况：一般就男方而言，有钱的人家，孩子早早就结了婚；反过来说，孩子早婚，也可以说明这家有钱。这是此特定时空下，崇尚早婚多育的长角苗人在经济实力与婚姻之间建构起来的对应关系。早婚，无疑是对家富人强状况的民俗表达。

后来，当地政府加强了行政干预，强调结婚年龄必须达到《婚姻法》规定：男满20周岁，女满18周岁；随后又改成男满22周岁，女满20周岁。但强调归强调，早早确定了婚约对象的长角苗人没有谁刻意等到法定年龄再登记结婚的，他们都是先依习俗举行婚礼，等到了法定结婚年龄以后再去补办登记手续。此时的婚龄规定，基本上没有被长角苗人主动履行过，政府又督察不力，基本上无人遵守。直到2003年，这纸“空文”才被当地政府成功启用，发挥出应有的实效来。这年秋天，陇戛寨熊玉方的小儿子公开举行婚礼，但新娘没达到法定婚龄，在婚礼当天，梭戛乡政府正式出面制止，当场驱散前来庆贺的客人，遣走新娘，这场合民间习俗却不合国法的婚礼仪式就被彻底取消了。熊玉方是当地屈指可数的“吃皇粮”的工人，家境上乘，属于村寨中有优势的富户。政府对他家婚事的坚决干预，有点“擒贼先擒王”的用意，也确实收到了杀一儆百的效果，此后，当地再也没有人家婚龄不够还敢公开举行婚礼仪式的了。这样一来，尚早婚的长角苗人的传统婚礼仪式就近乎消失了。据说，只是在2004年冬天，有一对够法定婚龄的年轻人举行过一次婚礼，此后，直到2006年4月我们的考察结束时，附近几个长角苗村寨再无一例公开的婚礼仪式可见。

这里说的只是传统婚礼仪式的消隐，不够法定婚龄的年轻人还是要结婚的，只是变通了方式。由访谈得知，世代早婚的长角苗人短时间内不能接受国家这一婚龄规定，但又没有能力与政府抗衡，就采取了有保留的放弃之法，即暗自保留早婚早育习俗，放弃公开的婚礼仪式。主要表现为两种形式：一是双方私下里商定好结婚日期、交接完彩礼等，不宴请乡邻，只以个别亲属一起吃顿饭的形式，先在小范围内促成被认可的事实婚姻；另一种方式是男女双方先不在家里定居，而是一起出外打工，“旅行结婚”。这两种形式都是等到够了法定婚龄时再去政府办理登记结婚手续，其中有许多对“新人”还同时给已经出生的孩子登记落户，有的甚至还不止一个孩子。这样的婚事，在这个稳定的社区里，乡邻自然会有所察，但平时都是低头不见抬头见的，彼此都能够理解，也都心照不宣地过着相安无事的生活；地方官员对这种情况自然有所耳闻，虽然也制定了一系列监督处罚措施，但基本上还处于“民不举，官不究”的状态。到目前为止，长角苗人的早婚习俗仍旧得以变相保留，波澜不惊地存在着。

这里，先对长角苗人近半个世纪以来，直至“变相”以前这一时间段的结婚习俗略做回顾。依照当地规矩，在结婚前男方要再给女方一些聘礼；结婚当天，要请媒人和一个未婚的小伙子做伴郎，与新郎一起去女方家接亲。仍以前面提到的杨忠祥为例，杨忠祥在订婚后两个月，即1999年12月举行了婚礼。婚前，杨家又给了女方1800块钱聘礼。结婚日这天下午，去女方家接亲的三个人修饰一新，当时还都穿民族服装。来到补空寨女方家，媒人领着新郎杨忠祥给女方家在场的长辈依次磕头，也要磕三轮。受礼的长辈要做一番嘱咐或说几句祝福的话，比如“你们以后不要听信别人的坏话，要好好过日子”、“祝愿你们儿女双全”等等。伴郎不用磕头。磕完头之后，双方坐定吃晚饭，女方会事先请来几位男性本家作陪。两方人一起喝酒、唱酒令歌、摆故事，直到天亮。第二天上午，女方家的亲戚就陆续前来，男的会带酒来，女的多送帕子、被单、衣服和箱子等日用品。也有的亲戚直接给些钱。中午，女方家宴请亲朋。午饭后，新娘在伴娘的陪伴下，与来接亲的三个人起程。动身前，媒人和新郎杨忠祥要再给女方家长辈磕头致谢，受礼人再祝福一遍。有一件特殊的“嫁妆”要媒人来背，即装有一袋米饭和一只猪后腿的背篓，这是娘家给女儿的财富，意味着女儿以后能过上米肉不缺的丰裕生活。新娘的嫁妆缝纫机、箱子等其他用品由家人送出本寨，交给杨家派来的人之后，就返回去。只有新娘和伴娘去男方家。当地山路崎岖，具有典型的“地无三尺平”的贵州地形特点，几年前政府投资修建的公路也只通到陇戛寨边，至今也没有延伸到这里。这里的人们往来运输主要是畜驮肩背，婚娶也没有车轿。当晚，男方杨忠祥家摆酒席招待亲朋。席间，也是边喝酒行拳，边唱酒令歌、摆故事，爱热闹的年轻人也聚来助兴，通宵达旦地唱和，第二天才先后散去，一直陪伴新娘左右的伴娘也是在第二天返回。至此，婚礼仪式基本结束。

再来简要回顾一下半个世纪以前，长角苗人曾有过的“打亲”婚俗。我们从访谈中了解到，当地有几位老人小时候见过“打亲”习俗，还有一些人听经历过的长辈讲述过。直到50年代初，长角苗人还有在婚礼中举行打亲仪式的，以后就销声匿迹了。杨朝忠老人给我们讲了他在“打亲”方面的所见所闻。他说，那时候，只有家境好的人家办婚事时才有能力举行“打亲”仪式，景况一般的人家根本办不起。“打亲”时，除了来随礼的亲朋乡邻之外，所有的长角苗人都可以去吃酒席，不用送礼物。届时，男方和女方家都要杀几头猪，各准备五六百斤酒，招待客人。媒人、新郎和伴郎前往女方家接亲时，所有长角苗的小伙子愿意去的都跟着去，姑娘们也都赶来聚集到女方家屋外。接亲的三个人进屋与女方家商量事情，年轻人在屋外大声喊：“搓索子，搓索子拉猪。”表面意思是我们要搓绳索拴猪，实际上是要求男方家的媒人出来唱酒令歌，类似于我们今天常见的集体“拉歌”形式，只是多了一点威吓意味。如果媒人没有及时出来唱歌，他们就继续喊：“猪不吃食，揪猪耳朵！”声明如果再不唱的话，我们就要“揪猪耳朵”，即动手打媒人了。忙碌的双方只好让媒人唱酒令歌以稳定局面。如果媒人始终不出来唱，年轻人就会边喊边抛石子打女方家房门、板墙等，等得不耐烦了，就会群起围堵在屋外，甚至推开房屋板壁，找出屋里的媒人。一般情况下，女方家都轻易不敢怠慢了来人，听到了“搓索子”喊声时，就赶紧让媒人唱歌，再用好吃好喝的招待所有来人，其中不可少的一样是要给每个客人一小块猪肉吃，名曰“吃猪头”。彻夜热闹一番，持续到第二天中午之后，新娘和伴娘跟随接亲的人前往男方家时，小伙子们与之同返，男方家也会有姑娘们聚集。年轻人再在男方家重复“搓索子”、“吃猪头”和“揪猪耳朵”等程序，再欢饮达旦，方尽兴散去。

我们在考察中，就“打亲”的具体所指得到了两种解释：一种即上面杨朝忠说的，指所有的长角苗人可以去“白吃饭”；另一种说法来自梭戛生态博物馆前馆长徐美陵的早期访谈所得，侧重于“打”上，主要指女方姑娘们用树条象征性地打前来接亲的媒人和新郎。由于我们所获的考察资料有限，所以，还不能确切地说“打亲”所指就是哪一种，或许兼有，或许还有另外，都未可知。但就现有资料显示，我们更倾向于认同第一种，不仅仅因为杨朝忠是见识过打亲场面的“局内人”，眼见为实；我们还可以借助在许多地区都有过的“吃大户”习俗来佐证一下，人们习惯于把这种到大户人家集体白吃的行为称为“打秋风”。“打亲”和“打秋风”在实际内容上有相似处。据此两点，暂且说“打亲”主要指“白吃”，而不是落实在“打”上也可能成立。具体为何，我们还需要在以后的考察中进一步明确。

按当地传统习俗，新嫁出的姑娘婚后至少要在三天以后才可以回娘家，结婚当天离家后就不能再返回，否则不吉利。前面提到过，陇戛寨熊玉方小儿子的婚礼被政府阻止了，新娘当天就没直接返回娘家，而是去了一个亲戚家暂住了几天之后，才回到娘家。之后，两个人才一起出外打工生活。

（四）离婚、再婚等婚俗

正常情况下，离婚与前面所说的解除订婚婚约一样，谁先提出来，谁就要在钱物上补偿对方。在这样的习俗环境中，一般多是由女方提出离婚，她应该赔偿给男方的钱物可以到再嫁时由下一任丈夫来支付；男方轻易不提出离婚，除非是女方有“错”在先，“犯规了”，他才会要求离婚，否则他提出离婚的话，就意味着主动放弃了当初给女方的聘礼。用于迎娶的聘金，对于男方来说，不能说是个小数目，如他们在故事歌中所唱的那样：“抗婚的男生如想离婚，他必须有自己的收入，家里必须有一条狗和一只鸡。”这里用狗和鸡来指代他的家产。而当女人不能很好地充任她的家庭角色时，男人可能会因此提出离婚。

据考察可知，由男方提出的离婚，其原因也是多种多样，具体可以划归为如下两类：一是生育问题；二是感情问题。以前者为多。在生育方面，当地长角苗人的传统观念认为，能否生育、生男生女、孩子是否健康存活等问题都取决于女方。这几方面也常被用来衡量一个女人是否是个称职的妻子，其命运也会因此不同。如果一个妻子婚后多年都未能生育，或者只生女孩不生男孩，或者生的孩子都不能存活，只要“犯”了其中一条，男方就有理由提出离婚。因感情问题离婚的主要有两种情况：一是小时候被父母包办订娃娃亲的，奉父母之命结婚后又觉得女方不合适的；另一种是女方婚后对丈夫不忠，另有婚外情，被男方发觉的。从对调查资料的分析看，一般情况下，单纯因感情不和而离婚的家庭比较少，通常要考虑到生育情况才能定夺。出现感情问题时，如果没生孩子，或者生的孩子没活下来，离婚的可能性就很大；如果已经有了健康的孩子，尤其是健康的男孩子的话，多数家庭都能维持下去。综观这两类离婚原因，不难看出，繁衍后代是一个家庭至关重要的使命，它直接影响到这个初建家庭的稳定性，更确切地说，一个健康的男孩子的诞生，可以抹去家庭中曾有的裂痕或成功预防可能会有的嫌隙，最大限度地维系家庭的正常运转。最近几年，人们的观念有了一些转变，只生女娃娃的家庭也很少因此离婚了。

从上面的离婚原因中，可以看出，一个男子提出离婚，若错不在他，几乎可以完全归咎于女方，是女方没尽“妇道”，没承担起一个家庭应有的传宗接代的义务，为此，女方离去前，要从经济上补偿男方。这一点与订婚后解除婚约时，主动提出方为过错方的传统观念有所不同。女方所给予的补偿，通常与当年男方送给女方的聘金相当，稍微多点或少点也可以。如果女方“犯的错误”严重些，还要多给男方一些。具体补偿多少、何时兑现等问题，在当地都有一些约定俗成的做法。

在离婚程序上，如果双方不能私了，就要请人从中周旋。要是男方提出离婚的话，男方就请来双方家长，并从寨中请来几个有威望的长者到场，根据双方的功过是非，协商解决。要是女方提出离婚，程序会复杂一些。女方不回娘家，而是直接到寨里有威望的领导家去，领导要派人请来双方家长等人，一起商量着解决。直到问题解决之前这段时间，她就临时吃住在领导家，帮着干些杂活、洗涮做饭等。这期间，她要交付生活费等其他费用。每一项开销都有名目，且已经相沿成习了。直到解决好之后才住回娘家。从1956年到2002年，杨朝忠一直是陇戛寨的村民组长，40多年来，他每年都要参与处理一些离婚事件，家中也住过不少等待离婚“判决”的女人。关于离婚所需的费用等问题，我们曾在一次访谈中专门提到过，杨朝忠做了如下解释：“女娃娃住在领导家要开煤油费，因为她晚上要雕花啊，点煤油灯。你像我是个干部，要先把事情搞清楚，按照我们民族规矩处理。要是你姑娘娃不同意这男娃娃，人家男娃娃家老人就会说：是你女方家不同意我家的，那么，在我家期间的生活钱你家要拿。还要给领导讲话钱，讲话的钱，一个月是12块嘛。还有脚步钱，比如，你家是在那个寨子，我家是在这个寨子，要放人去喊，放一个人去喊，5块钱的脚步钱。喊你家5块，喊这家5块，这就10块。这个灯油钱、脚步钱和讲话钱要当场给。姑娘娃赔给男娃娃的钱，等女娃娃哪天再结婚时才拿钱。要给好多钱，都是下一个找家的款嘛。那女娃娃把钱送到我们领导手上，领导再送去那男娃娃家；要是那女娃娃结婚了还不拿钱到领导这里，男家就会来找我们领导给要钱。”

从上述叙述中，我们大致可以了解到这种离婚情形下的一些程序及相应的费用偿付习俗。女方要支付在领导家生活期间的生活费，或者是返还当年男方给的聘金等。协议确定下“补偿金”数额后，女方不用马上兑现，可以等到她再嫁时用下一个“找家”的聘金赔付。女方在领导家暂留期间的生活费、“灯油钱”以及领导的“讲话钱”、派人通信的“脚步钱”需要当场给，由女方先垫付，事后由双方分摊。我们还了解到，在这类离婚事件的整个过程中，所有的协议都是口头形式的，需要双方点头认可，领导及另几位在场的长者既是调解人，又是见证人，还要经手事后的协议兑现过程。

也有一些离婚事件，男女双方自行商议解决，不用请外人来帮忙。最近几年，采取私下解决这种途径的比较多，已经很少有请村长等人进行协商、见证的，而且，随着政府对婚姻登记工作管理的逐步正规、严格，离婚再婚时，按习俗处理之余，他们还要及时到政府办理相关手续。

杨朝忠说，这么多年来，离婚的双方都能履行当初的口头协议，没有哪个事后赖账不承认的。而且这种口头的形式一直没变，虽然他本人认识也能写一些汉字，后来接受过汉语教育的年轻人也越来越多，许多人识文断字不成问题，但从来没有人想到去写个文字协议。由此看来，在长角苗人的内部往来中，人们仍旧习惯于循守“口说有凭”的信用，而不是“白纸黑字”的证据。在这样一个稳定的熟人社会中，许多问题都能够内部解决，他们对口碑舆论的审慎与重视，往往超过现代社会中人们对盖有政府钢印的“文书”的态度。因为失信时，后者是通过物化的“违约金”进行补偿；

而前者还要更多地搭上“信誉”“家风”等舆论资本，并会在以后的熟人往来中遭受质疑、不屑等待遇，口碑如何可以用来衡量他们在生息地安身立命的“舒适度”。

按长角苗人的理解，夫妻离婚虽然算不得好事，但也不至于使人陷于绝望中，他们总能找到一些达观的说法来冲淡由此而生的不幸或无奈。他们认为，夫妻俩走向离婚，是他们没有在一起的夫妻命。夫妻不和、不生育或孩子夭折等等，就是两个人没有夫妻命的具体表现。离婚了，分别再嫁娶，景况就会好起来。从调查来看，离婚再婚的事情在当地为数不少。在前面诞生礼部分，曾提到过所才海医生第一次被陇戛人请去接生，是因为那家的产妇难产，所医生去时婴儿已死，他给取出死婴，保全了产妇性命。那个产妇因“犯”了生下死婴这一“规”，几个月之后，就离婚另嫁到别的村寨了。后来，她在新夫家生下了健康的孩子，是请所才海给接生的。用他们的传统观念解释，就是她跟前夫没有夫妻命，跟新丈夫有夫妻命。

在长角苗人的传统观念中，对女人婚前的贞操不是太看重，也不因此看不起离了婚的女人。离了婚的男女都可以坦然地面对再婚，再婚时，双方依旧需要媒人在中间往来撮合，讲好条件等。只是在一些婚礼仪式上会有些简略。

丧偶的人再婚也没有多少观念上的负累。如果是男方再婚，他完全可以依俗讨娶新妻，不用对亡妻采取什么“告别”仪式。而女方再婚前，她的新丈夫在正式接娶前，要带上一些供品，牵一头羊，去给女方的亡夫上坟，杀羊献牲。整个过程可以看做是身份交接的仪式。通过这个仪式，男子为自己从死者处取得了“妻其妻”的资格，同时，也帮女方完成了身份转换，表明该女子与亡夫前一段的姻缘已经了结，此后她就成为新丈夫的妻子了。对丧偶女子再嫁时所做的这番仪式，应该是“既嫁从夫”观念的一种反映，我们也可以从中窥得一些“从夫居”传统习俗中男女地位之不同。另外，已生有子女的女人再嫁时，如果是儿子，就要把儿子给前夫家留下；是女儿的话，可以带女儿出嫁。这也是当地重男轻女子嗣观念的一种表现。同样是在这一观念影响下，入赘婚在当地婚姻情形中占极少数，偶有的几例也多是属于再婚行列。

三、丧葬礼俗

在 2006 年 2 月中下旬 10 余天的时间里，我们在考察地先后赶逢了三场长角苗人的丧事。第一个是在安柱下寨，死者系 60 多岁的男性，是在赶场途中意外遭遇车祸被撞伤致死的；第二个是在高兴寨，死者系 70 岁的男性，久病而死；最后一个也是在高兴寨，死者系 40 多岁的女性，是从房顶上失足坠地而死。安柱下寨位于陇戛西面七八公里处，高兴寨在陇戛东约三四公里处，这两个寨子也都是长角苗聚居村。对这三起丧葬仪式，我们通过现场观察和访谈以及事后追问知情人的方式，获得了比较丰富的一手资料，并借助录音、录像、笔记和拍照等手段对这些内容做了真实记录。但由于我们人力不够，许多并行的仪式，我们只能观其一二而略其余；而且，我们不通苗语，对方很多人不能用汉语清晰表达，这种语言交流的局限，妨碍了我们在现场访谈的连续性和深入追问；加上我们事先对相关背景习俗了解得有限，只略知其仪式轮廓，只能在现场及时记录看到的具体细节。所以，尽管我们都在尽心尽力地奔波、熬夜，持续作业，勤奋记录，但在后期整理资料时，仍像许多考察一样，免不了有调查不详尽的遗憾。

这里，我们以在现场考察到的三场丧葬仪式资料为主要依据，参照相关访谈等信息，对当地长角苗人丧葬礼俗做简要描述与分析。大致以仪式进行的先后为序，其中有个别同时进行的仪式，因其内容不同，也采取分项描述的方式。

（一）放炮。当地习俗称有丧事的人家为"孝家"，称人死为"成神"。确认人成神了之后，孝家首先要到屋外放炮告知寨人。连放三个，寨上人听到炮声就知道这家有丧事了，会及时赶过来帮忙。

（二）净洗、穿"老衣"及入棺。孝家要找人给死者净洗、穿老衣。一般都是死者的子侄等晚辈来做，也可以找寨中胆量大的成年男性给擦洗、穿衣服。主要是擦洗一下脸和手脚，然后给穿丧服，即当地人称的老衣。据高兴寨熊开文讲，依长角苗老辈人传下来的习俗，老衣都是他们传统的民族服装制式，穿老衣要遵守三点"规矩"，一是质地上必须是棉麻类的，不能有后来传入的尼龙等化纤类衣物和钉鞋铁钉、铜扣等金属物。原因是前者埋到地下容易腐烂，这样会保佑后代发达；而后者不容易腐烂，其后果是后代人不容易发达。这可以看做是长角苗人自然长成的朴素的生态民俗观。第二个规矩是老衣上不能有纽扣，如果留有纽扣的话，死者去阴间会有疙疙瘩瘩的不顺利。第三个规矩是件数上"穿单不穿双"，穿三件、五件或七件，具体情况视家境而定，不过最少也要三件。不管男女都穿草鞋、戴头帕。近几十年以来，长角苗人穿得上布鞋以后，又给死者在草鞋里面加穿了一双布鞋。头帕用五尺左右的青布缠成，女性的头帕两端要留出一段耷下来，男性的全部缠裹上。枕头里面装填茅草，茅草是从大门口上方的房顶上扯下来的。以前通行银币的时候，要让死者嘴里含一枚银币，现在则放一块硬币，意为死者以后到阴间花销。嘴上要盖上一小块红布。还要把两只手的拇指、食指和中指用红布套在一起，大脚趾也用红布套上，类似于鸟爪。据说这样死者来世就可以变成鸟禽了。这种信仰观念当与长角苗人祖先长期的丛林生活有关，这里不对其信仰成因做过多缕析。

给死者穿戴好之后，就将之抬放到堂屋内侧墙下搭好的木板上，以房屋朝向为准，按头左脚右的方向停放，如果有备好的棺材，停放几小时之后就抬之入棺。入棺前，先放炮三（或六等三的倍数）响，擦净棺材，里面铺好约半米见方的白纸，将死者从肩部到脚包裹上，盖棺安放好。棺盖是推拉式的，没固定死，在后面的仪式中还可以再打开。我们在安柱下寨的丧礼中观察到，棺材的头部凳子上摆个簸箕，里面放一罐自家酿的甜酒和一些米饭，米饭上面放一只半大的用开水烫后去了毛的鸡。棺材靠着的侧面墙上近头部点着一盏煤油灯，是用来给死者去阴间照明指路的。旁边插了一根用麻皮缠着肉的小木棒，是死者到阎王殿时用来对付守门的恶狗的。中间处挂了一个白色网眼包，里面装有给死者用的腰带等衣物，插着一副用树条弯成的弓箭和一把尖刀，是为死者去阴间的路上防御野兽袭击等凶险而备的。棺材的脚部墙上挂着芦笙、大鼓。大鼓是将原木掏空、两头蒙上牛皮做成的，全寨人公用，专用于丧事。谁家有丧事谁家拿去，用完暂时收起来，不可送回去。下一家有丧事时再来取，用后收好。芦笙和大鼓上都系了一条崭新的红布带，经问询得知，当时还处在正月的年期

棺头簸箕

里，年没过完，遇到丧事不吉利，孝家给系上红布就可以为本家和来帮忙吊唁的亲邻驱除不吉。出于同样的原因，在后面为死者开路的仪式中，负责开路的长者右臂上也系着红布。

（三）开路仪式。在整个丧葬仪式中，孝家会出一个总负责人，负责请总管事、吹芦笙的人和给死者开路的人，还要负责钱物等用度支付等。一般情况下，负责开路仪式的都是熟知本族迁徙途径和丧事习俗等事宜的族中记性好的老年男子。开路也叫指路、引路，意即引领死者的灵魂去阴间，开路仪式要在晚上举行。仪式开始前，死者的儿子要跪下请求老人给死者开路，老人应允并扶起跪者。本家族的几位松丹列坐在棺头处。老人坐在棺头外侧，一手端着酒碗，一手拿着竹卦。竹卦是用刺竹剖成的长约三寸的两个竹片，用时将之交叉拿着，作为给死者献饭和为人收魂的工具。仪式开始后，老人边用苗语吟唱“开路歌”，边用竹卦敲打着棺头，偶尔停下来喝口酒。吟唱过程中穿插着一些仪式，时而献酒饭，时而抱着公鸡唱着献给死者。

右臂系红布的负责开路的老者

开路歌在内容上有一定的模式性。现以我们在安柱观察到的丧礼为例。

首先开路人给死者献饭和酒，告诉死者该去

见祖先了，不能思念自己的亲人，要去得果断。

第二部分唱词描述的是死者在阴间维持生计所需的衣食住类生活用物和农耕生产所需的耕牛等。如唱到带谷种："拿了谷籽之后，用一点撒在山上，留一点栽在地里。种子会发芽，芽儿也会长，芽儿长后就会抽出谷穗，谷穗成熟后就会成为谷子。用谷草做你的鞋子，穿去给你的祖先看；用谷子做你吃的饭。"

带够了这些必需品之后，第三部分唱的是死者与生前起居处的房中物件一一告别，分别提到床、土灶、小门、堂屋、大门、煤灰堆。在与煤灰堆告别时这样唱道："你走到煤灰堆，煤灰堆说：'你不能去。'你就跟煤灰堆说：'我在的时候，我生病你不管我，我呻吟的时候你不听，现在，我吃完了，喝光了，阎王老人已经勾了我的名字，我应该走了。'"

走出家门之后，第四部分的唱词中提到，开路人引领死者的灵魂上路，将其送给其阴间的祖先。死者的儿子和儿媳妇分别背着刀箭和衣服包陪着前往。依照传统习俗，死者必须从出生地前往阴间见祖先。因为安柱寨的这位死者出生地不在安柱，是从别处迁来的，所以必须先带他到出生地去。一路上经过的村寨名都要唱到，直到出生地算告一段落，再从出生地前往祖先住的阴间。每一段的唱词形式基本不变，只在具体地名上随实际路线而有更动，如下面一段："现在你到了平寨，鸡叫的时候，你就跟着鸡走。晴天你躲在鸡翅下，雨天你躲在鸡尾下。请你往龙场方向去。"

引文中的"平寨"和"龙场"是前往死者出生地要经过的村寨名。到了出生地要专门拜别母亲，穿好喜欢的衣服，再重新上路前往祖先们最初居住的地方。这一路上的村寨名也要一一唱到，句型模式与前面同。走到一个有瀑布的地方，死者要喝上这里的三口水，可以停下来休息一下。歌中指出，喝了这里的水，以后"才能与祖先相处融洽"。

这中途的休息也是一种例行的模式，开路人也往往停下来不唱，休息一会儿。这时，开路人或者其他人会唱"孝歌"，芦笙、大鼓和唢呐等也都吹打起来了。孝歌只在丧事上唱，有几种常见的唱词内容，有的提到请人来为死者唱酒令歌、吹芦笙等仪式内容，有的重在倾诉生者面对死亡的无奈与伤心等，整体风格上悲情色彩浓郁。

休息之后，开路人带着死者的灵魂继续一村一寨地走，见到祖先们之前，要先经过阎王殿。阎王殿大门口有两条恶狗守门，开路人会提醒死者用肉骨棒哄骗过关，唱到这里，开路人就让身边的松丹把墙上插着的绑着肉的木棒取下来放到簸簸里，他拿起来敲了敲棺材头，再扔到地上，意思是交给死者喂狗了。从上路起到阎王殿之前这一段路程中，在某个阶段会发现有开路人、背包的儿子儿媳妇和死者灵魂之外的"第三者"跟随，开路人会边唱边用竹卦将跟随者的灵魂打回来，再接着赶路。对"第三者"的发现与打回也基本上成为一个常用模式。开路人还要不断宽慰死者不要畏惧途中各种凶险，比如，见到乌云不用怕，那是亲人们哭的眼泪；听到雷声和虎啸也不用怕，那是子孙放火铳、吹芦笙、敲大鼓为他送行；遇到大风雪也不用怕，可以用红布遮掩嘴、包缠手指和脚趾；如果有人来抢你的牛羊，你就用弓箭等射杀他们。

经过一番行行重行行的辛苦跋涉，终于到达目的地。唱词的第五部分唱的是开路人将死者交给其家族祭祀中的最高辈祖先，并与开头呼应，再次提醒死者："死人不

背网兜和弓刀者

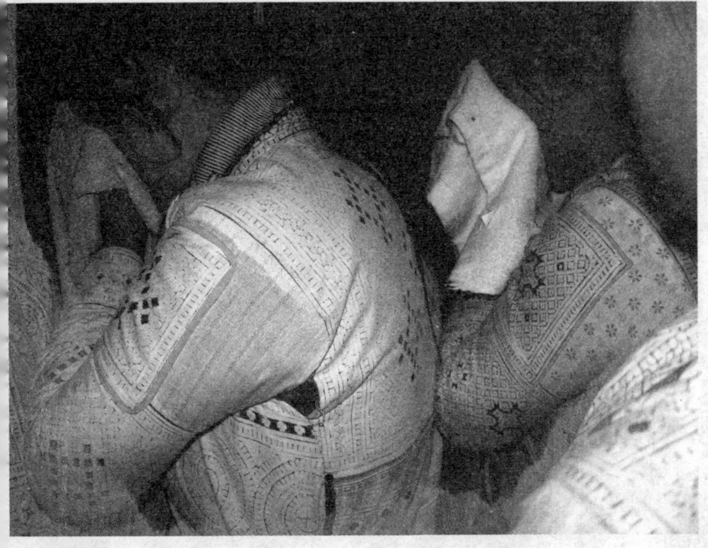

女眷围棺哭

能回头，也不能回去；死人不应该思念兄弟子孙，也不应该思念姐妹；死人不应该思念自己的妻子，也不应该思念自己的爹娘。天地万物都是这样，你应该安心地去。”

之后，开路人用竹卦将自己及为死者背刀箭和衣服包的儿子儿媳的灵魂打回阳间。刚才抱着的公鸡用竹笼扣在地上，靠近簸簸处。到这里，开路仪式基本结束。

开路歌的内容，对整个丧礼中涉及的许多用品和仪式环节给出了明确的民俗解释；开路仪式的行为本身，完成了送达死者灵魂于祖先的任务，是整个丧礼进程中一个重要的环节。

开路仪式结束之后，唢呐重新吹响。死者的家属及众亲属围棺哭泣，边哭边诉，唢呐又停。死者的女儿哭唱得很悲切，将其唱词翻译成汉语则如是：“假如父亲还在，女儿就是吃十碗饭，父亲都不嫌吃得多；现在父亲不在了，虽然有时候只吃一口，别人都说你吃得多……”这是已婚女儿在丧礼中唱的一种“哭歌”，其内容和形式也都基本上具有固定的模式。

哭泣十多分钟之后，众女眷退出。紧接着开始了“阿召”(a zrau)仪式。仪式开始前的空隙里，唢呐又吹起来了，仪式开始则马上又止。死者已婚的儿子或侄儿背起棺材侧面墙上挂的弓箭和刀，儿媳妇或侄媳妇则背起装衣服的网眼包，[1]死者的侄子低头弯腰做哭声，跟着一个一手执刺竹一手拿水牛角的年轻人向门口走去，众人亦做哭样随后走。年轻人吹响水牛角，死者的侄子唱：

"爸爸，我背着刀和弓箭，做你的伙伴，同你一起上路；我用这网包背你的衣服，陪你走。"近门槛处，随着牛角声，这俩人大吼一两声。众人哄笑中，他们已经从门外返回了，刺竹被放在门外，背弓箭和衣服包的两个人弯腰低头进屋，将弓箭和包挂回原处。女眷们返回来围棺再次哭诉，唢呐声也起。孝家的这一"阿召"仪式每天晚上要举行三次。剩下那两次一次是在半夜时分，一次是在天快亮时。仪式的功能是为送死者上路，在开路歌中有所涉及，也不妨将此仪式视为是对"口述"开路歌所做的部分"行为"的演示。"阿召"仪式中既有沉郁的哭诉，也不乏热闹的哄笑，尤其是这有些张扬的哄笑，初看起来似乎与整个丧礼中低抑的气氛有些不和谐，但若从及时发抒积郁情绪、平衡内心的角度看，这一短暂的放松，对深陷于悲痛中的人来说，就显得很必要了。在以悲为主调的丧葬仪式中，偶尔穿插一些活泼笑闹的小片段，于悲中享受片刻狂欢，是许多民族和地区的丧礼中都有的民俗事象。只是在具体表现上，可能会有不同的方式，比如，通过唢呐等乐班在某一特定环节的幽默表演，或者捉弄死者的女婿等亲戚使其出洋相等等，惹得众人围观哄笑。关于丧礼中这一"悲中取乐"的习俗现象及其功能等深入系统的文化分析，需要以后借助更多个案及相关理论来完成，这里不更多展开。

（四）议事分工。第一次"阿召"仪式之后，马上进入议事分工阶段。依长角苗人传统，一家有个大事小情，寨里都会有人来帮忙，尤其是红白喜事，帮忙的人会更多，寨里基本上每家都要出人出力。近几年，随着传统婚姻仪式的消隐，需要动用全寨人协力完成的大规模的传统民俗事象就只有丧葬仪礼了。在这类活动中，寨中办事公正、有威信且愿意出面的一两名成年男子会被公认为总管事，负责分工调度及与主人家协商等事宜。在安柱这起丧事中，孝家的总管请了两名来帮忙的总管事（下文简称"忙管"）。议事分工都是男子在场，仪式开始时，死者的儿子、侄儿等本家晚辈男子要给前来帮忙的人磕头致谢，受礼者一边扶起磕头人一边说"发福发财，步步登高"之类吉祥话。辈分低的帮忙人不便受高辈分人的磕头礼，会及时止住孝家行礼。随后，孝家总管再次感谢寨中人前来帮忙，宣布两名"忙管"的名字，委托忙管主持事务，并表示感谢和信任。忙管之一出来用苗语唱答表态，表示一定会带动大家好好做。接下来就进入正式的分工安排等程序。

从调查看，长角苗人每办一起丧事，不仅要寨人前来帮忙，还需要大家无偿提供切实的物资支援，协力解决吃饭、用煤等问题。届时，忙管会安排人挨家挨户收（包谷）饭、收煤、借碗筷等。长期以来，长角苗社区中邻里间的馈赠虽然也有货币化的"随礼"往来，但仍以日常生活中的必需品馈赠为主。近几年，随着人们货币收入的途径和数目的增多，在家事活动中的支付能力逐渐增强，对邻里们的物质等依赖就相应减弱了，租借、雇工之类方式慢慢被认可。比如，在我们考察的这三起丧事中，孝家都是自己出钱买煤，不再像几年前那样挨家收煤，安柱这家甚至从镇上租来碗筷、饭桌等用具。在安柱忙管的记事本上，我们看到，忙管根据孝家操办丧事的劳务需要，安排了不同的人分别负责收饭、抬菜、做饭、做菜、洗碗、挑水、管吃饭的（安排座位）、放炮等事务。具体的负责人安排如下：

分工	名单
收饭	杨兴权、李洪国、李文达、杨志荣
挑水	杨兴国、杨志祥、王应朋、李文权
做菜	王应祥、李正华
做饭	杨兴学
管吃饭的	熊光文
洗碗	杨学林
抬菜	杨兴中
放炮	熊光中

注：抄录于“忙管”杨兴华的记事本。

除此，寨中人还要分担解决外寨前来吊唁的亲属住宿问题。忙管和孝家总管先估算一下留宿来客的数量，再根据寨中户数，将客人大致均衡地分配到各家。具体哪些客人住哪家，则通过拈阄解决。不同村寨的客人落住谁家，忙管也都标注在记录本上。作为熟知本寨亲戚网络、村寨分布的忙管，在随后的丧葬仪式环节中，会据此记录前往某家迎请亲戚、派送不同的吃用物品等。下表是忙管根据本寨人拈阄情况记录的不同寨的亲戚与招待人的对应名单（截录一部分）：

亲戚所属寨名	招待者姓名	亲戚所属寨名	招待者姓名
小坝田	李洪成、李文志	河动门	王玉祥、杨进
雨得	王祥、杨开祥	化董河边	李洪国、李正贤
水落洞	熊恩万、王应朋	上安柱	杨新华、杨兴忠
化董	李文达、王景奎	吹聋后寨	熊光文
长地	熊光权、熊光志	火烧寨	杨兴前、杨兴国
群寨	熊光文、熊恩虎	高兴寨	熊云祥
后寨	李正华、杨兴友	陇戛寨	杨正才、杨志荣
小兴寨	杨兴付、熊国发	依中底	李洪玉、李洪祥

注：上表中有的亲人所属的寨子如“雨得”、“长地”等寨不是长角苗人聚居寨，这些长角苗与汉族等其他民族杂居，不在生态博物馆那12个寨子之中。

通常情况下，忙管还要从帮忙人中选出几位助手协管，我们翻译为“干事”。在安柱那起丧礼中，有6位办事干练的小伙子被选为干事，其中，手执约一米多长竹杖的小伙子是领头人。这些干事除了随时协助忙管之外，还要负责收取来客带来的粮食、会客、请客等事务。我们从调查中得知，长角苗人没有自己的文字，在学会使用汉字之前，他们在丧礼中有刻竹记事的传统，即将客人带来的物品种类、数量等用族人习用的符号刻录在竹杖上，事后向孝家汇报核实，然后烧掉竹杖。虽然前来吊唁送礼物的人会有很多，但在长期的丧礼惯制中，处于亲属网络中每一个关节点的人该送哪类物品基本上也有俗可循，所以，忙管刻记符号的同时，也将亲属关系做了分类。竹杖既是记账的工具，也是标志忙管身份的权杖。后来，这里的人习得了汉字，也都有了汉语名字，逐渐放弃了刻竹记事传统，改用汉字记账了。我们在安柱考察时，竹杖已被“下放”给领头的干事了。

（五）报丧。按长角苗传统习俗，都是派人去死者的亲属家去报丧。近两年村寨里有了电话，有些亲属就通过电话告知，不再派人去报信了，但姑妈家或娘舅家[2]如今还保留派人报信的习俗。在议事分工仪式中，谁家拈阄要招待姑妈或娘舅家来人，谁家第二天就派一个明事理的人去报信。报信人来到对方家门口，在门外对这家人说：“舀一碗水来，再拿一块炭来。”对方听到这种话，就明白有亲人“成神”了，赶紧舀一碗水放到门槛外，再从炉灶里取出一块炭放入水中。报信人跨过水碗进家门之后才说，某某老人成神了，请你们去跟老人住一晚上。据说，在门外放水和炭，跟随报信人一起来的老人的灵魂就进不了这家门了。然后，这家人要杀鸡招待报信人。据吴秋林 1995 年在陇戛的访谈资料介绍，“这鸡得报信人自己杀，自己煮好”，吃饭前，“报信人就得拿一张板凳搭在大门中间，端着一碗饭，饭上有鸡的肝子，用马勺（小木瓢）舀饭，舀一点鸡肝于上，做献饭状，说‘我来报信，你赶后来，吃了快回去。’整个意思是给同来的去世老人献饭”。[3] 随后，大家才一起进餐。

（六）建嘎房。通常情况下，如果孝家经济条件允许的话，都会为死者杀头牛，在户外的空地上搭建一处嘎房，举行一系列仪式。建嘎房的主要材质和大体形制都要遵循老辈人传下来的规矩。整个嘎房呈伞顶的四角亭子状，四角由四根立柱支撑，四面呈东西南北正向，每一个侧面中间又加增一根立柱，立柱高度多以方便扛棺材进出为参照；中间的“伞把”必须用杉树撑立，只留树头部分的少许枝丫做“伞头”装饰，其余的枝丫都砍削掉。“伞布”也是用杉树枝等苫盖，四边沿用横柱与立柱交接。所有的柱子都用茅草等缠绑，每个交接点上都系一只草编的“引路鸟”。每两根立柱之间都用包缠有草的竹条弯成拱形门顶，八根立柱就被做成八个拱顶门洞。里面顺东西方向横搭一根树干，分别与“伞把”和东西面中间的两根立柱缠系成三点，将内部分成南北两半。如果死者是男性，将顺着横木把棺材放到南边；如果是女性，则放到北边。在嘎房西北方向七八米处单立一根高高的竹竿，顶部系一只头部向西的草编引路鸟；距嘎房西侧五六米远的地方，用粗竹棒搭成三脚架，将为后边的“打嘎”仪式中挂鼓所用。

在我们观察到的三起丧事中，由于安柱寨内杉树很少，没有可用的大杉树，那家建嘎房时中间的“伞把”就临时用别的树代替，在“伞头”部位系上杉树枝，“伞布”也用杉树枝搭苫。仿制成杉树，做比成样。高兴寨两家建的嘎房都用的是真正的杉树，整个嘎房建的也相对规整些，除了这必备的一重之外，还在外面又围了一重，两重之间的距离也以方便扛棺绕行等为参照。外重呈圆形，在东西南北四面开了四个大门洞，形同内重门，只是宽度相当于内重的两倍。每个大门口都用一些约两尺高的细小树枝竖插入地里，再用两道茅草绳横连成篱笆状，类似于敞开的院门。上一道茅草绳上还系有一些草编的“引路鸟”。每两个大门之间也都用这种篱笆连结，在每一段弧形篱笆墙的中间又竖起一立柱，分别与内重四角的立柱相连，在内外重之间又搭连

嘎房　2006年2月杨秀摄

成四个拱门。据考察知，这是常见的嘎房设置及形状，如果孝家家境很好且死者属于寿终正寝的话，在内行人的指导下，建的嘎房要更讲究一些，层高和外延的规模都会更大。

（七）吊丧。吊丧仪式多在出棺去坟地的前一天下午开始。依长角苗习俗，前来吊丧的除了孝家的亲属外，与其亲属同属一个家族的人也在其列。比如死者的女儿女婿一家要来，其女婿所属的那个家族也要来人。这个家族范围与平时祭祖的家族划分相同，在当地，多以三代同祖或五代同祖为限。这样，一起丧事中前来吊唁的人往往会牵涉到 12 个寨子。通常，每个亲属家都要来三四十人，并从其中选出一个会唱酒令歌、善应酬的男子为自家的代言人。死者的女儿家侄女家要牵牛或羊来，不管是牛还是羊，当地人都习惯统称为“拉牛”。姑妈家要送腰带，娘舅家要送头帕等。通常，每家的女宾要背来三四斤包谷、一小团米饭和一小片熟肉或一个熟鸡蛋，男宾们多要带瓶酒。他们除了带供品等物外，还自带一个吹芦笙的和三四个吹唢呐、打铰子的小乐班。吊丧队伍来到孝家前就吹响唢呐等乐器，孝家早就有本家的妇女们在屋外排队迎候。不管是女宾还是本家的女眷都着艳丽的民族盛装，很多人还头戴木角；男子则不穿民族服装，基本上都穿着与汉族无异的便装。每批客人来，都要放至少三声炮，孝家也要放。客人们把背来的包谷交给收粮食的小伙子之后，由本家人带到屋门口，他们就依次进屋给死者献饭。本家的几位松丹坐在棺头处接待，其中一位接过饭倒进篾簸里，把肉或蛋用竹签串联，再一手拿竹卦敲打棺头，一手拿勺不停地做舀饭状，时而舀点甜酒，口中用苗语吟“献饭词”。“献饭词”也有基本固定的唱法，先喊死者的老名，再说是死者的什么亲戚来给献饭或酒了，余下的就是几种常见的固定内容了。有一种固定内容是这样唱的：“给你一瓢（饭），给你两瓢，给你三瓢；给你一片（肉），给你两片，给你三片。你活着是人，你死了是鬼。你在饥饿路上吃，在死亡路上喝，够你去吃千年，够你去喝万年。喝之后，你才能去见祖先，你喜欢男的，就跟着男的去；你喜欢女的，就跟着女的去。”

献饭之后，来客们就围棺哭悼，此时，有人吹芦笙，敲大鼓。来客中若有送腰带或裹脚布的，就交给在棺材侧面的忙管，忙管按顺序将之搭在棺材的中部或脚部，再在本上做个记录。稍后，忙管就安排人带领这些客人到寨中哪些家休息去。吊丧的人陆陆续续前来，一直会持续到夜晚。

（八）“狭岑”（hsia tsien）仪式。“狭岑”是会客、请客的意思，指干事们去探望、邀请住在寨中的客人。主要请女儿家侄女家（拉牛来的）、老表（帮打牛的）和姑妈家或娘舅家（送腰带或裹脚布的）等等客人，一晚上共请三次，忙管先交代请客的先后顺序及分别送去的礼物。“一请”算是会客打招呼。客人们安顿下来之后，约晚间九十点种，领头的干事执竹杖，带领其他干事同去，要带着酒给来客敬酒，唱会客歌。“二请”约在半夜时分，干事们要分别送去酒、挂面、鸡或羊腿等物给这些亲戚，要唱酒令歌。凌晨四五点钟是第三请，“三请”才是真正请亲人去孝家陪死者最

待客的本家女人

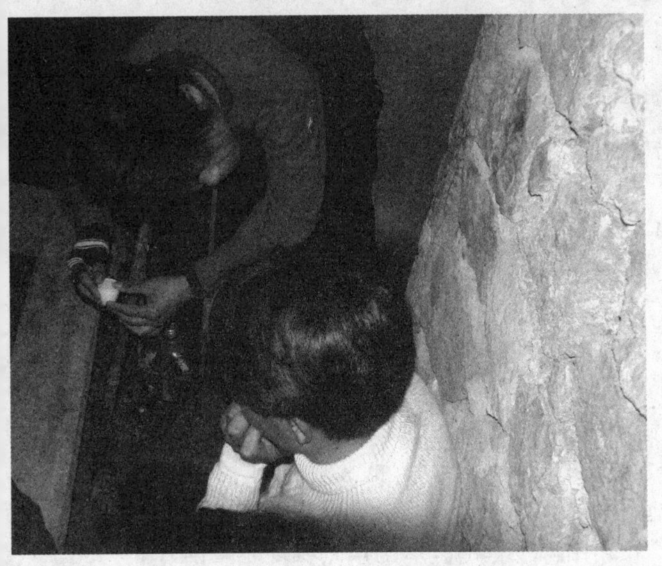

干事请客敬酒仪式　熊光禄摄

后“玩一晚上”，尤其是姑妈家或娘舅家必须去请，其他亲戚有时可以不再去请，他们自己前来。

会客歌也有一定的传习模式。一般由领头的干事唱，其他干事等帮忙的人主要负责带东西。如领头的干事在对歌中出现对答不上的情况时，其他干事可群策群力帮着想对句，仍由领头干事唱。干事唱时，以死者儿子的身份称呼对方，对方的代言人会与之对唱。在内容上，干事们多“低姿态”地唱对方一路赶来奔丧的辛苦，愿意用敬酒和其他食物等来安顿亲人；亲人代言人则多以否定、怀疑的态度责问干事，不愿承认死者的死亡事实等。唱歌前，干事先面对代言人，低头弯腰，屈腿转一圈，一直弯着腰，将竹杖斜靠在肩头，倒一小碗酒，双手执酒碗做敬酒状，随后开始唱。这里，简单举一个回合的对唱：

干事：你来的时候，爬坡也费力，下坡也费劲。用这点水给我姑爹守夜（喝），用这个蛋给我姑爹做菜下饭吧！

客人：我来到河边，唢呐声不叫，鼓声不响嘛。这只是你自己瞎编的吧？[4]

守夜的人们

几个回合之后，对方同意了，接过酒喝下去，然后喊：“把蛋和水都接过来吧。”这才表示他们接受了干事们的“请安”。干事们再递上一瓶酒或一只鸡等，一轮的会客仪式就基本结束了。“三请”结束前，干事会说：“现在饭煮熟了，肉也熟了，我请你们去陪我父（母）亲玩一晚上。”随后，亲人们去孝家跳芦笙、唱孝歌和丧事酒令歌等。一般情况下，最先来的是年纪最大的女儿或侄女家，最后来的是姑妈家或娘舅家。

（九）守夜。在前面的会客歌中，干事曾唱到“我请你们去陪我父（母）亲玩一晚上”，还献酒给客人以便在“守夜”时喝。此处的

"守夜"专指在出棺的前一夜，亲人们自带吹芦笙的、唱酒令歌的等小乐班到孝家来陪死者过最后一夜。其实，按长角苗习俗，直到出棺前，寨中人每天晚上都有人到孝家守夜，帮忙做事，还例行哭灵、唱孝歌等一些仪式，通宵不停，重在"守"上。而这最后一次的"守夜"仪式，其意义重在"告别"，是生死两界的离别仪式，比前几夜要隆重许多。基本上每家亲戚都要来吹芦笙、唱酒令歌等。多是两组对唱，芦笙曲、鼓声、唢呐声、歌声等都有序地进行。到清晨天将亮时，最后一家来唱完之后，就可以准备下一个出棺仪式了。

（十）出棺仪式。出棺前，一人从大门上的房檐处扯下一把草，分给屋里沿棺材两侧站成两排的本家儿媳妇侄媳妇们，再点燃火把，她们手拿火把哭着出门，之后，就扔掉火把，意思是给死者上路照明了。她们先向嘎房方向去。抬棺出门时，脚部先出，放到屋外的木凳上，众人用绳索绑棺。长角苗人一直恪守从出棺到坟地之间棺材不落地的习俗，他们认为在途中如果让棺材在某处落地了，就表明死者想在该处入土，而不是人们事先安排好的埋葬地。通常情况下，这种临时的"变故"对生者不便或不利，所以人们扛棺时尽量避免中途落地。棺材被抬出屋之后，家里有人把堂屋地清扫干净，垃圾外倒。有一个人手拿一根藤条绕房屋一周，边走边用藤条鞭打屋墙，借以除秽。扛棺去嘎房时，本家的松丹等晚辈男子拿着装供饭的簸簸、酒罐、鸡笼等先走，扛棺者随后，接下来是吹唢呐的等人和其他送葬人员。

（十一）打嘎仪式。打嘎具体指丧事中的杀牛环节。如果丧事中不杀牛，就称不打嘎，届时，直接将棺材抬到坟地就行；如果杀牛，就要先建好嘎房，将棺材抬到嘎房，举行献牲、绕嘎等仪式，打嘎可泛指这一系列仪式。这里用"打嘎"一词的泛指。打嘎之后，再扛棺材去坟地。人们常常将举行打嘎仪式这一天称为"打嘎天"。由于长角苗人一直采用12生肖纪日法，选打嘎天时，要注意死者的属相和那一天的属相没冲突才行。比如，如果死者属羊，打嘎天可以选猪天、蛇天和鼠天等，不能选在虎天，因为猪、蛇和鼠都不会伤害羊，而虎会吃了羊。长角苗人还将12生肖分成了两两相应的六组，分别指代周围的六个场，比如猪、蛇一组，这天人们就赶梭戛场，龙、狗一组，这天人们就赶狗场等等。这样，当地人们又常常用"梭戛天"、"狗场天"等来指称日子，打嘎天也常常用赶场天来代称，比如"鸡场天"打嘎等。

是否举行打嘎仪式，除了经济因素之外，还要考虑死者是否是正常死亡，[5]只有正常死亡的人才有资格享受这一仪式。从考察看，一般家庭只要经济条件允许，在杀得起牛的情况下，都为正常死亡的死者举行打嘎仪式。一定意义上，"打嘎"成为衡量一个家庭经济能力强弱的尺度。杀的牛个头大、强壮，会为这家赢来好的口碑。关于这一点，杨朝忠老人曾告诉我们说："打嘎时，把牛都拉到嘎房去，人家好看嘛。主人家买个大牛来，一千七八（百块钱）一大头，好看嘛。你像十二寨的人来了，一看这大牛：哦，人家经济还是可以的。"

"好看"是孝家赢来的脸面，以此在亲邻中证明自家"经济还是可以的"。在这种习俗观念下，孝家基本上都尽量为死者打嘎，只有实在力不能胜的，才不举行打嘎仪式。有的当时没举行打嘎仪式的人家，待日后经济好转时，还为死者补行打嘎仪式、献牲绕嘎等。打嘎仪式在丧事中所具有的这种重要意义，使得"打嘎"一词常常成为

进嘎房

跪谢帮忙人

杀牲 吴昶摄

丧事的代称。

扛棺进嘎房时，并不直接将之放置下来，而是扛棺按逆时针或顺时针方向绕嘎房三或五圈，具体圈数及绕行的方向各家族都有传统约定。本家的晚辈男子都随之绕嘎，芦笙、唢呐等也都吹起来。绕完嘎房，再反方向绕大鼓一圈，这时，有人负责敲鼓。然后再顺着绕鼓的方向绕一下嘎房，最后从东门进入嘎房，脚部先进，按头东脚西的方向[6]放好棺木。众人围在棺材一侧，哭泣一会儿。孝家的绕嘎落棺仪式就基本结束了。绕嘎时方向不能错了，否则就是死者回头了，走得不安心，不顺利，其家中还会有不吉利的事情发生。

落棺之后，孝家的晚辈男子要再次给前来帮忙的寨中男子一一磕头致谢，与前面提到的分工议事仪式中一样，受礼者还要说“发福发财，步步高升”之类祝福话。

接下来开始献牲仪式。所献之牲除了孝家的牛之外，还有女儿家侄女家拉来的牛或羊。依照长角苗人的习俗，孝家打嘎时，死者的女儿家侄女家都要拉牛或羊来，具体拉来牛还是羊、牛或羊的大小也视各家的经济条件而定。献牲仪式即是将孝家及其女儿家侄女家等献给死者的这些牛羊交代给死者，然后将牛羊宰杀。献牲时，把棺材盖错开一条缝，一个松丹先把孝家的牛献给死者。具体做法是：人们牵来牛，松丹把拴牛绳塞进棺材缝，然后告诉死者这是其儿子们献的牛，请死者接收，留做来世使用等等。把其他牛羊也依次献过之后，合上棺盖，将腰带、裹脚布等依原样搭好，众人围棺哭。同时又开始了杀牲献祭的仪式。长角苗人称杀牲为“打牛”，即指死者的一个年长的表兄弟（俗称“老表”）被请来帮死者把牛送往阴间，因此这一表亲家也常常被称为“打牛家”。“打牛家”的这一仪式是象征性的，真正动手宰杀牺牲的是别的帮忙人。打牛前，死者的老表先执斧绕嘎，绕嘎的圈数和方向与孝家同，绕完之后，再围着那些牛羊绕一圈，最后在孝家的牛前，双手托斧在牛头上比画一下，表示打牛了，再躬身拜一下，把斧子放在地上，完成了他的象征性“打牛”仪式。这时，干事要给他献酒，感谢他打牛的辛苦。随后，帮忙人即可将牺牲拉到一旁宰杀了。宰杀后，要从每个牺牲身上割下一小块肉，用一根长竹篾串起来，挂在棺材头部的嘎房门框上，献祭给死者。其余的留与人们在丧事中享用。依从长角苗习俗，要把孝家的牛的一条后腿（俗称“牛巴腿”）送给年长的姑妈家或娘舅家，把牛肩中部的一块肉（俗称“牛汉包”）送给打牛家。女儿家侄女家“拉牛”来的，每样牺牲孝家只留一半，另一半牺牲则由拉牛家的拿去招待同来吊唁的本族人。孝家留下来的这一半，要付给拉牛家的相应的钱，相当于买下来这一半。具体付多少，要由孝家管事和忙管等一起评估得出，打嘎时付给。一般的丧事中都有六七家“拉牛”的，如果丧事中拉牛家很多，孝家的经济负担会很重。我们考察的三起丧事中，最多的一家“拉牛”来的有 18 家。按传统习俗，拉来的牛羊都要宰杀献给死者，不能留着喂养做他用，否则死者收不到拉牛家的献牲，人家会不高兴。

杀牲献祭仪式之后，孝家开始绕嘎，由吹芦笙者边吹边绕，后面跟随几个本家小伙子，边绕边唱孝歌。绕嘎时唱的孝歌内容也有多种，其中有表达对死者离去的不舍与无奈的，如下面的歌词：

晴天云雀叫，
雨天杜鹃啼，
阎王老爷要让这位老人死去，
不留一点情面，
这位老人如果要死去也无可奈何。

绕嘎开始时，女眷们围棺哭，约十多分钟后就陆续离开嘎房，那几个人继续绕，约半个小时左右才停止。整个上午的仪式就基本结束了，一些帮忙人主要忙着处理祭牲等。

近中午时分，拉牛家的亲属绕嘎仪式就开始了。最开始绕嘎的是死者的女儿家及其本族亲戚，由吹芦笙者带队，吹唢呐的、打鼓的等乐班人随后，男宾们在最后跟着绕。绕的方向与孝家同，圈数以能吹完 6 首或 12 首等约定俗成的芦笙曲目为准，可以多绕，具体由吹芦笙者决定。女宾们则围棺哭泣。这期间，不同的“亲友团”陆续赶来，随时加入到绕嘎队伍中，先绕的队伍也陆续退出。每来一家绕嘎的，就放一次炮；每家退出时，都绕鼓一周并打几下鼓以示结束。每个队伍多则绕三四十分钟，少

女眷围棺而哭

则五六分钟。亲属们绕完之后，孝家再次由吹芦笙者带队绕嘎，女儿侄女们围棺哭泣，然后燃放鞭炮，吹奏完一首唢呐曲，整个绕嘎仪式就告一段落了。这种行行重行行的绕嘎仪式通常要持续几个小时，一般说来，拉牛的越多，绕嘎队伍就越多，时间会更长。结合前面开路仪式中“开路歌”里唱到的一个一个村庄的名字来看，如此繁复的唱与绕，都可以看做是送死者去阴间的仪式过程。

下午，牛羊肉都煮熟了之后，还要举行一次献饭仪式，这次主要是给死者献牛肠子之类熟肉食，也可以视之为献牲的延续。孝家请来打牛家的代表来给死者献饭，献饭的唱词中要唱明是谁给死者献饭，并提醒死者吃了饭之后就该上路了。

打牛家的老表献饭之后，孝家再请吃牛巴腿的姑妈家或娘舅家来吹芦笙、绕嘎。随后，孝家要请这次绕嘎的亲戚陪死者象征性地共进最后一顿饭。女宾们吃几口饭，男宾们则喝酒。

倒牛肠子

吃完饭，就开始了下一个“笑马呐”（苗语音译）仪式。孝家先给姑妈家或娘舅家的代言人两碗煮熟的牛肠子，由死者的两个侄女代表死者的女儿去见这个代言人。这两个侄女模仿牛撞人的样子撞一下那位代言人，假哭道：“你来，为什么我爸爸（或妈妈）不来，为什么不带我爸爸（或妈妈）一起来？”代言人说：“好了，你爸（妈）走了，他（她）

不能回头。现在，我用这两个蛋（指牛肠子）给你们，这是他（她）托我带给你们的礼物。”说完，就将两碗牛肠子倒到两位侄女腰间系的帕子里，还给每人一块钱或几毛钱不等。两侄女在大家的哄笑中收下“礼物”，“笑马呐”仪式即告结束。

若将这一部分内容中打牛家的献饭仪式、吃牛巴腿家的绕嘎与陪死者吃最后一顿饭的仪式和“笑马呐”仪式三者联系起来看的话，不难发现这三个仪式中明显的“告别”意味，其中既有不舍的情感之“惜”，也明示了“你活着是人，你死了是鬼”的理智之“别”。在这些“惜别”的仪式里，我们还再次看到了悲痛之后的哄笑场面，即“笑马呐”仪式功能，这与前面提到的“阿召”仪式类同，都具有“悲中取乐”、抒发积郁愁绪以调节心情的作用等。

（十二）收魂仪式。亲友们的告别仪式之后，孝家也来做最后的献饭告别。献饭唱词与前面提到的献饭仪式中提到的基本一样。献饭之后，孝家的松丹要举行收魂仪式，即送死者灵魂上路之前，先将参与丧事的本家族内及来客们等人或物的灵魂都收回来。收魂时，要用竹卦敲打棺头，用苗语唱，唱词也具有模式性，如高兴寨松丹收魂时吟唱道：“补巧是你的表哥，他帮你打牛到阴间去，你去得了，他去不了。现在我用竹卦将他家的一家 12 人、一族 12 户的灵魂打回来。将他家的财富，还有牲畜的灵魂也打回家。”

除了前面的人名及其在丧礼中的角色各有不同之外，其余唱词基本不变，都要唱“一家 12 人，一族 12 户”，还有“财富”和“牲畜”等。收魂顺序上，一般从年长的女儿家或侄女家开始，打牛家的和吃牛巴腿家的放在最后。通常情况下，松丹还会给被收魂的每家一块牛肝吃，表示灵魂被收回来了。如果有的人家当时没人在场，可由别人代拿。

（十三）扛棺去坟地。收魂仪式之后，即扛棺去坟地。送葬的女人们先动身前往坟地，与此同时，帮忙的年轻人将棺材从嘎房西侧门抬出，放到凳子上，众人捆绑棺材以便肩扛。有人将大鼓和芦笙分别送给孝家和芦笙的主人家。一些人协力将嘎房向西面推倒，连同系有引魂鸟的杆子也一并向西推倒。从家中出棺时拿簸簸、酒罐等物的人这次依旧走在扛棺者的前面。如果是难走的山路，常常在棺材上系一根粗绳子，由一些人在前面拽着，既可以稳住方向，又

用竹片箍棺材。杨秀摄

能分担一下棺材的重量。扛棺者随在后边走。到了坟地，把棺材搭放在凳子上之后，孝家的晚辈男子还要给帮忙人一一磕头致谢，形式同前两次一样。

（十四）下葬仪式。与选打嘎天一样，选下葬天也要考虑死者的属相与该天属相的关系，两者不能冲突。同时，还要避开死者配偶及儿子的属相那些天，否则即是将后者埋葬了。综合这两点考虑，最后选定下葬的日子。如果打嘎天合乎上述两方面的条件，可以在打嘎天当日下葬，否则，暂时把棺材用竹片捆好，用两根木棒支撑着放在坟地处，以后另选日子下葬，下葬前棺材依旧不可落地。另外，与下葬天的属相相同的人还要依俗回避下葬现场，否则，这些犯禁的人的灵魂，将会被一同埋葬。

如果是打嘎当天下葬，挖好了墓穴之后，要把簸簸里的饭和肉等倒在棺材头部的墓穴中，扔掉簸簸。如果以后下葬，就把簸簸临时放在棺材下面的头部位置。我们从访谈中得知，约在20世纪90年代以前，埋棺时有时连同簸簸一起埋下去，但簸簸是用竹编成的，不像木质的棺材那样容易腐烂，有时候棺木都烂了，簸簸还没烂，没烂的簸簸容易刺到死者的头骨，这样，死者的后代就容易患头痛病。为避免后代们生此病，后来埋棺时就只埋肉饭等，不埋簸簸了。另外，我们还得知，如果死者是80多岁以后寿终正寝的，其生前又具有为人正直等为亲邻敬重的品行的话，下葬时，簸簸及其里面的肉和饭等、装酒的罐罐和献饭用的勺子、碗等都会被人抢走。他们认为，吃用这些抢来的食物、用具，就会像这位老人那样长寿且品行好。

埋葬完死者，孝家要招待帮忙人和拉牛家等人，忙管要把经手的账目向孝家汇报核实。至此，一场丧葬礼的仪式就基本上结束了。随后，死者就进入了祖先行列，可以在周年忌、年节等特殊日子里享受后代的献祭。除了让祖先享受供品，后代们还要经常去修坟，让坟高高地隆出地面，尽量让坟上的草长得茂盛些。他们认为，这表明埋的位置风水好，死的人走得很安心，对后人没有牵挂。他们忌讳在坟上栽树，也忌讳在坟地附近栽种地瓜等藤状植物，以防止其根部进到棺材里，坏了风水。

这里对丧葬礼的描述，侧重于正常死亡方面，对于非正常死亡的内容未做涉及。从调查可知，跳崖、服毒等自杀而死的非正常死亡者，丧葬仪式从简，不打嘎；死在家外面的人也不打嘎，而且不能将死在外地的人接回村内，只能在村头搭棚子停放尸体，简办丧事，再抬到坟地埋葬即可。将死者从外面拉回来的路上，每经过一个村寨，在进这个寨子的第一家之前就要放一串鞭炮，以把附带的不吉利的东西去掉；否则，人家不让通过。

另外，如果孝家无能力打嘎时，就不建嘎房，也没有打嘎那一系列繁复的仪式。只在家里杀一头猪，以猪为牺牲献给死者，直接从家里送棺到坟地安放或埋葬。总体来看，孝家杀牛打嘎的情况比较多，尤其是近些年，人们的经济条件逐年改善，用于丧事的花费也日渐增多，丧礼中的打嘎仪式很少有被省略的。不仅如此，他们还从附近其他民族借鉴来一些丧礼用品，比如近几年长角苗人的丧礼中出现的周围汉族人习用的纸马等物件。

从整个人生仪礼看，长角苗人给每个阶段的仪礼以不同的重视，赋予了不同的意义。对新生命降生的慎重以待，对新建成家庭的传宗期盼和对新亡者的厚礼相送等，体现了他们朴素的重生厚死观、子嗣传承观和祖灵崇拜观等等。借助这些仪式的举行，使亲属、乡邻等在社会关系网络中参与了流动，构建出一个个亲疏有别的角色支系，又借助不同的关节点通连为一体。同时，这个体系又是变动的，引起变动的原因有的来自政府干预，有的受外地文化影响。这变化究竟是主动还是被动，是利多还是弊大，在不同阶段、不同仪式中都有具体显现。这些内容，在上述人生仪礼各阶段都有过不同程度的涉及与只言片语的论析。

纸马　杨秀摄

第二节　岁时节日民俗

长角苗人的传统民俗节日主要有过年、正月十五、三月三、四月八、五月五、六月六、七月半、九月九和十一月耗子粑节等。这里的日期指的都是农历。依长角苗人的传统，每个节日的“盛餐”都被安排在晚饭上。届时，除了要将饭食准备得比平日讲究一些之外，在开饭时间上还要比平时早一些。“讲究”一方面体现在食品的丰富上，过节能吃顿丰盛点的饭菜，不单单是为了享受当下，还寄予着一家人希望天天能如此的朴素理想；另一方面主要是指对节日里祭祖仪式的遵循，他们每次享用盛餐前，都要先“叫魂”请祖先来歆享子孙们的献祭，然后一家人才可以进餐。提早吃饭则象征着这家人勤快。人勤地不懒，长角苗人至今仍以务农为主，勤快的人将会在当年取得好的农业收入。可以说，每年都能有好的农业收成，是世居在这里的长角苗人一直以来的期盼。虽然近10多年来，长角苗人增加了一部分外出打工的收入，但这没有从根本上改变他们以农为本的生活观念和生产生活方式，在节日里饮食方面的这一习惯依旧被较好地传承着。

当然，长角苗人过节不会仅仅限于对吃喝的讲究上，这里的每个节日基本上都有自己独特的或者是侧重的节俗符号。他们在不同节日里借助一系列传统仪式，或者表达对生活生命的理解与敬重之心，或者传递对祖先的敬畏之情，或者兼顾欢娱、祭祀和趋吉避凶等多种心理诉求。除了这些个体的生命体验之外，长角苗人还经常在节日里进行群体互动，实现家族体系或社区空间中的沟通往来。

在具体的节俗内容上，长角苗人的过节方式有着他们自己世代相袭的本民族特点。这其中，虽然有些成分可能是从附近其他民族借鉴而来的，有的近年来受政府干预等其他因素影响发生了程度不同的变化，但从我们的现场观察和访谈来看，这些外来文化因素融入进来之后，也可以视之为长角苗整体文化的一部分。如果从受重视程度和参与人数的规模等方面来衡量，长角苗人在上述传统节日中的民俗活动有着鲜明的或隐或显的区别。这里主要根据田野调查所得，对长角苗人的不同节日习俗给以相应的介绍。

一、过年习俗

我们从调查中得知，长角苗人不像许多苗族支系那样过传统的“苗年”，而是与汉族等其他民族一样，过我们常说的“春节”这个“年”。当地人称“过年”为“瑙栽”(nau dzai)，“栽”即为“年”的苗语音。[7]从时间跨度来看，长角苗人的“年”与其他地区或民族一样，节期比较长，一般是从腊月开始准备年货，到正月十五过完“小年”结束。年的“正日子”是大年三十、正月初一和初二一共三天。为叙述方便，暂以时间先后为序，分别从年前、年中和年后这三个阶段关注长角苗人在较长“年期”中的一些过年习俗。

（一）年前习俗

年前习俗主要体现在准备充足的年货和体现“新”气象两方面。

一进腊月，长角苗人的家家户户就开始着手准备年货，主要是备足过年期间要用的米、肉和煤等生活日用品。对于长角苗人来说，最好最贵重的年货就是杀年猪。在年终岁尾能杀得起一头猪过年，一定程度上能够说明这户人家当年的收入不错。至今仍旧如此。杀一头年猪，猪油和熏制成的腊肉可以断断续续地吃上一年。不杀猪的人家，要在年前尽量多地买一些猪肉和猪油，以后不够了再随时贴补。必须要磨好足够的粮食，留待过年期间吃。过年前，家家都要打粑粑吃，粑粑是用糯米、小米、高粱米、黏包谷的面做成。这里的人们平时很少做粑粑吃，一是原料少，二是做起来太费工夫。这使粑粑成为当地人的上乘食品，除了自家食用之外，还可以用来招待客人。

在准备吃用物品之余，每家还要在年前清扫房屋，缝制新衣服。一家老少营造出干净清爽的“新”气象以除旧迎新。姑娘们还要忙着画蜡、刺绣，早早缝制好漂亮的民族服装，不仅可以在过年期间的跳坡等活动中“闪亮出场”，还可以为自己赢来“巧手”的夸赞。除了为自己的盛装忙活之外，她们还要绣荷包，等到年后跳坡时可以赠送给自己喜欢的小伙子。

（二）年中习俗

“年中”可做“过年之中”的理解，其具体日期指大年三十、大年初一和初二这三天，即年的“正日子”阈限期。“过年之中”的习俗主要体现在祭祖和求吉等方面。

祭祖集中体现在“叫魂”仪式和上坟祭祖习俗中。“叫魂”意即叫来祖先的灵魂回家，享受子孙们的过年之供。叫魂仪式由每家的松丹在家中主持。依长角苗人的传统习俗，他们在准备大年三十的年夜饭时，至少要杀一对鸡（公鸡、母鸡各一只）。把鸡肉剁成大块，鸡大腿和鸡肝都要整个的，不能剁碎。鸡肉做熟后，要把鸡肉和其他菜、米饭等摆在桌上。再把米饭和整块鸡肝盛到一个碗里留叫魂时用。通常情况下，叫魂时，松丹左手拿一整块鸡肝，右手拿一把勺子，用苗语念家族内祖先的名字，请他们回家过年。松丹边说边用勺子做舀饭和肉之类往地上倒的动作，偶尔也真舀上一点饭，再掐一点鸡肝扔到地上，意思是给祖先吃了。念的时候是按照从长辈到晚辈的顺序，还要念及同辈和晚辈中“成神”的人。具体上溯到哪一辈祖先，不同的长角苗家族各有所依，主要有“三限”和“五限”之分。他们只以三代或五代祖先为限，不祭祀远祖。随着生老病死的自然更替，这个祭祀的谱系名单也始终处于变动中。叫魂的时候，只有本家族的祖先才能进得门内，非本家族的亲戚类先人进不了门。请完了本家族所有的祖先后，松丹会说：“喊到的来吃，喊不到的也来吃。”这一句是家族内每次叫魂祭祖都要说的结束语。一是避免因不小心被漏掉的祖先怪罪，二是请那些进不了家门的外姓亲戚享用到供品。念毕，松丹用勺子舀一点饭和鸡肝，来到大门口，向屋外扬去，这样，非本家族的外姓亲戚就能吃到了。这样，叫魂祭祖仪式就结束了。

年中的另一祭祖习俗是始于大年初一的上坟习俗。从初一开始的几天里，子孙们要带着米饭、肉和纸钱、香、炮之类供品，去给本家族祖先拜坟。一般都是在初一上午去。如果在最近三年内家里有人亡故，死者的儿孙们在年三十下午就要去拜坟。拜坟时，要给祖先磕头，告诉他们晚辈来给过年了，并希望祖先保佑“子孙发达，事情顺利”等等。长角苗人在祭祖时，基本上是叫魂和上坟这两种方式，以叫魂为多；家里不再专门设祭摆供品，也不请神位之类。

年中的求吉习俗主要是通过一些求吉和避凶的言语行为表现出来的。当然，求吉和避凶应该是同一种心理诉求，不能从意义上分开来看；不过，如果从行为的“趋”与“避”上区分，二者还是有所不同的，求吉重在“趋”，而避凶重在“避”。

先看长角苗人年中习俗中“趋”吉的习俗表现。依传统，他们在大年三十这天要把水缸装满水，还要把饭甑子装满饭，这意味着新的一年的收成将会是满满的，人们将会过上吃喝不愁的丰裕生活。三十晚上，家人还要洗头脚，除去陈年旧疾，这预示着新的一年会有好运气降临。另外，他们还习惯于在吃年夜饭时通过看鸡卦来预卜全家人的新年运气。前面我们提到杀鸡叫魂，叫魂之后，一家人就开始吃年夜饭了。不管杀了几只鸡，其中一只鸡的一对鸡大腿要由老夫妻各吃一只，吃完了用这对鸡腿骨看鸡卦。他们有一套传统的解卦方法，具体是通过鸡腿骨上孔眼的位置和数目来判定吉凶。这一对鸡卦卦相的好坏将预示着全家在新的一年里的健康、运气和收成等总的情况。家里的其他人吃其他的鸡腿骨，也可以通过看鸡卦来预测本人一年的运程。如果卦相好，一家人算是求来了吉利，自是高兴欢喜；若卦相不好，也不会束手无策，可以作为未雨绸缪的事先探知，新年一过马上就可以请弥拉来破解禳灾，弥拉作法禳灾之后，好运气还会来。除了上述的行为求吉，他们还借助说“吉祥话”求吉，这主要体现在年初一相互之间的拜年问候上。

通过规避行为来守住吉祥的求吉习俗亦即年中的禁忌习俗。年三十，家家都要在大门上贴纸钱，有纸钱守门，各种不祥的鬼、灾难等都将被拒之门外，可以免灾。与此对应，年初一，除了必要的上坟等活动外，人们都尽量静守在自己家中，不背水，也不干其他活。要是有人来喊，也可以去别人家，但自己一般不好主动进别人家。人们在守住自家“新”气象的同时，尽量避免干扰别人家的“新”，以防冒犯了对方。据陇戛寨熊玉文讲，过年这几天，在自己家中扫地时，还要注意从屋门口向里扫，把扫起来的垃圾堆到一处，不外倒。扫地这一行为，象征着从外往里扫钱米，把财富堆起来了。到初三时，算过了年，才可以把这些垃圾倒出去。人们还忌讳在这几天看到绳子，因为绳子与蛇看起来很像，过年时看到了绳子，以后也会经常看到蛇。年中这几天要晾晒衣服的话，可以挂在家里的炉灶上面等地方，还可以放到离房屋较远的人少的坡地上，不能放在房屋周围晾晒；否则，当年将会有大风袭来，吹坏他们的茅草房。与此有同样禁忌意义的习俗是整个过年期间都不能用石磨磨粮，否则也会招来大风，吹坏草房。

人们不仅让自己过轻闲年，还让平时常用的主要生产生活器具也轻闲“过年”。年三十，家家都在存粮的囤箩、磨粮的石磨等物件上贴上纸钱，过年期间不去动用它们，表示它们也可以过年休息了。

（三）年后习俗

年后习俗主要指初三到十五这一段时间内的习俗。到初三时，年中的许多禁忌就解除了，比如人们可以出远门，可以在屋外晾晒衣服等。这期间，长角苗人有一个很具民族特色的传统习俗，即跳坡习俗。关于“跳坡”习俗的具体内容，将在下文做专门介绍，这里只作为年俗之一提出而已。

相对来说，年后习俗是对“年”的状态的延续，人们可以走亲访友，继续享受吃用和轻闲等“过年”待遇，嫁出去的姑娘也可以回娘家拜年了。这期间禁忌内容相对少一些。据陇戛寨熊少珍老人说，按老辈传下来的规矩，正月初八这天，家家都不可以用生米做饭，要在前一天把饭做好，初八这天要吃时再热一下就行。据传说，初八是谷子之类作物的日子，不能做生米。

亲友往来是这期间的年俗活动之一，亲戚之间利用这个农闲时节走动一下，互致

送亲戚　孟凡行摄

问候，除了加强亲情之外，还可以就开播在即的春耕等“农家经”互通信息，就男婚女嫁、家长里短等话题交流看法等等。近几年出外打工人员逐渐增多，借此过年期间的人员流动还可以探访到出门打工的信息及同伴等。长角苗人的生活中离不开歌，招待客人时也常常是开口便唱，比如送客时要唱送客歌等。年后的习俗活动到正月十五这天就基本结束了。

“小年”叫魂祭祖　吴昶摄

当地长角苗人称正月十五为“小年”。过小年时，也要杀鸡，在吃晚饭前叫魂祭祖，与年三十晚的叫魂仪式相同。这一天，人们还习惯于用刀在果树的树干上划一些口子，据说，这样，这些树就会在当年多结果实。小年一过，整个年期也就过去了。此后，人们就开始进入一年四季的劳作奔忙中，“劳作终岁”，求得下一个年来临时，能够再“一扬其精神”。当然，这一年中还穿插有许多不同类别的节日，其不同的节俗特质有利于表达人们不同的愿望和情绪等。

二、跳坡习俗

前面略提到，长角苗人在正月的“年后习俗”中有一个很有民族特色的跳坡习俗，节期在每年的正月初四到十四这段时间内。“跳坡”具体是指长角苗族内的青年男女一起相约着到山野坡地去相互交流、对唱情歌等传统习俗，又称“坐坡”。“跳”和“坐”突出了活动者的情态，“坡”则指明了活动地点。在当地，人们还习惯于用跳坡来指称这一节期中包括跳坡在内的一系列相关民俗事象，比如，走寨、围炉夜谈等习俗。标题所列的“跳坡习俗”就是泛指这期间的多种民俗事象。

根据对考察资料的分析，可以将长角苗人的跳坡习俗大致分为两个阶段来描述，暂以20世纪90年代中期梭戛生态博物馆等政府部门的开始介入为前后分界。前期可称为“传统散在的跳坡习俗”，后期则为“新式集中的跳花坡习俗”。需要强调说明的是，后期是对前期习俗的一个内容补充，而非取代，即提起长角苗人今天的“跳坡习俗”，实际上同时包含了传统和新的两方面的内容。下面分别描述之。

（一）传统散在的跳坡习俗

在20世纪90年代中期政府等部门介入以前，长角苗人从正月初四到十四持续十余天的跳坡习俗一直呈自发自在的传承状态。活动的主体是未婚的青年男女，女孩子从十二三岁开始跳坡，男孩子多开始于十四五岁，结婚后男女都不再跳坡。跳坡习俗为长角苗的青年男女谈情说爱提供了合民俗法的时间和空间，但这一期间的男女往来，多是三五成群的集体行为，基本上处于“推销”自己、发现目标、探明对方心迹的阶段，家长等成年人基本上不参与也不干预。真正到了谈婚论嫁阶段，一般情况下，是必须有家长和媒人的意志“在场”的。这在前面的婚恋习俗部分曾做过相关介绍。

走寨的小伙子们　安丽哲摄

跳坡习俗中，有一个“走寨”行为，即指小伙子们三两相约，一起在寨中或到别的村寨“走动”，找姑娘们说笑嬉闹、唱情歌，又叫“串寨”。由于长角苗人多是聚族而居，一个村寨往往只由几个家族组成，在寨中很容易遇到“本家”姑娘，小伙子们不能跟本家姐妹或不好意思在她们面前唱情歌。多数情况下，他们是“走”到别的村寨去。走寨前，小伙子们要盛装打扮自己，穿民族服装，上衣下裙，打羊毛裹腿。据说，三四十年以前，他们头上还要戴木角。全副新装以后，还要外带一两件衣服，晚上御寒用，再拿上芦笙、口弦和三眼箫等自己擅长演奏的民族乐器，就可以走寨了。依习俗，走寨多是在每天下午开始，约在天黑时分到达姑娘家。姑娘们早早就穿上自己经蜡染、刺绣等多道程序缝制好的艳丽的民族服装，还要戴上长的木角头饰、项圈和帕子等，穿戴一新。她们不到外寨去，都在自己家中或到邻近同伴家玩耍。小伙子进门前，要在门外用歌声“通报”，姑娘们听到了，就在屋内隔门相问，与小伙子对唱。当地人称之为“进门歌”，一共有12首。“进门歌”也有基本固定的内容模式。开头一首对唱的内容通常是这样的：

（女）啊赛，我的哥们啊，你们怎么来得这么早？

（男）我们来得不早，我们来得很晚。荞子栽晚了会不结果，只是新年到了，我们心慌我们才来的。

（女）你说的真的还是假的啊？

（男）我们来得不早，我们来得很晚。荞子栽晚了会不结果，只是新年到了，我们心慌我们才来的。

（女）你说的真的还是假的啊？我的哥们。

（男）如果不是真的我会这么说吗？

这是我们在访谈时，请杨朝忠老人给我们演唱的他们年轻时唱的一首“进门歌”。多少年来，开头部分的“进门歌”基本上都是这样唱的，没什么变化。近几年，年轻人在唱后几首时，有的在这种模式下添加了新的生活内容，比如“打工”“打电话”等新名词、新现象。唱完了进门歌，再唱山歌。对歌过程中，偶尔出现男方被问倒的场景时，女方会嘻嘻哈哈地唱歌嘲笑他们，有时就不予开门了，男方只好难为情地离开。但总体说来，这种被拒之门外的时候很少，因为一般情况下，姑娘们都是小做刁难，目的在于增加小伙子取得进门权的难度，而不是要赶走他们。再者，小伙子们也都是有备而来，且大家平时都生活在相对稳定的同质社会中，对地方知识基本上有同样的熟悉度。被姑娘们意外问住时，几个人一商量，多数都能急中生智对答上来，最后得到认可，被姑娘们请进家门。这一过程中，如果姑娘偶有对答不上的情况，她们就没有闭门不纳的理由了，只好开门迎客。

小伙子进门后，就与姑娘们一起围坐在临时土砌的大火炉旁，聊天、唱歌，姑娘家还会准备些零食招待他们。整晚不休，第二天吃完早饭，继续聊、唱，直到下午才散。这期间随时会有新同伴加入或者小一点的孩子来旁观凑热闹。

依惯例，分别时，双方要唱歌告别。小伙子在离开时，会唱歌跟姑娘要甜酒喝，据熊光禄讲，[8]歌词大意是：我们要离开了，我们知道你们有甜酒，拿给我们喝吧。姑娘们听后，就唱答：我们有甜酒，只是在坛子里，坛子有个口，要从口倒出来。但是你们的酒令歌还在你们的肚子里，你先把它们吐出来，我们就给你们甜酒。听到这里，小伙子就唱起酒令歌，这家的姑娘就拿出自己在年前就酿好的甜酒。边喝边唱，唱完酒令歌再对唱情歌。双方都尽兴了才陆续散去。小伙子可以继续到别处走寨，姑娘们也可以开门迎接新“走寨帮”的到来。

除了在家里聊、唱之外，他们还常常相约着到山上跳坡。关于跳坡的具体所指及其民俗活动等内容，我们曾在与杨朝忠和熊光禄的访谈中有所涉及，他们给我们的解释是这样的：“跳坡就是在坡上随便玩，根本不是跳，就是在坡上玩。这天如果天气比较好，一般都是白天，青年男女都即兴相约着去哪个山上，随便坐，随便唱。就是跳坡了。”从上述对话看，这里的“跳”不能做“跳舞”解，大概是指年轻人上下山时，在山林中上攀下跳的活跃情态吧。具体为何，以后再去调查时，从民俗溯源和语言翻译等角度细致考证，也许能找到确切答案。现在，不管“跳”字该做何解，与之相对的民俗活动是大家到了山上，随处都可以停歇，“随便坐，随便唱”，“随便玩嘛”，他们也称之为“坐坡”，这个无疑。

在这样一个开阔的空间，他们确实会“随便”自由许多，不像在村寨中，虽然父母等长辈不出来阻挠，但年轻人多少还要顾及到别人的夜间休息。跳坡时就不一样了，在天气晴好的白天，青年男女来到山坡上，可以放开了唱。小伙子带来的芦笙、口弦或三眼箫等乐器，此时算是有了真正的用武之地。跳坡中的对唱，一般都是由小伙子吹芦笙来开场，姑娘们听了芦笙曲，就接着对唱。对长角苗人来说，这些耳熟能详的芦笙曲，不单单是曲谱，同时也有“词”在其中，都有固定的语言所指。吹奏者清楚，听者也能意会。一方吹奏，另一方用歌唱与之呼应。数回合之后，双方再歌唱对答，尽兴而归。这期间，如果两个青年男女相互之间都有好感的话，姑娘会把自己随身带的荷包和帕子等送给小伙子，小伙子会在以后赶场时买来棉布等物回赠，并另找机会与姑娘约会等。

单就这部分内容所述的狭义的跳坡习俗而言，我们有必要强调这样几点：一是“跳坡”之“跳”不能做“跳舞”讲；二是“跳坡”的“坡”是个活动场所的泛指，不是指某一固定不变的地点；三要明确“跳坡”习俗无统一组织的自在的传承性特点等等。

（二）新式集中的跳花坡习俗

20 世纪 90 年代中期，中国贵州六枝梭戛生态博物馆开始动议筹建，这个生态博物馆以长角苗人聚居的 12 个寨子为依托点，对长角苗人世代传承的民族文化给予了极大关注。稍后几年，国内又兴起了民俗文化等旅游热，各地文化、旅游等政府职能部门积极挖掘本地区的“旅游资源”，长角苗社区独特的人文资源，被有关部门作为品牌文化向外宣传，以兴建“民族村”带动旅游经济。在这两方面的持续影响下，国内外的专家、学者和普通游客纷至沓来，感受长角苗人的“现在”。

我们在长角苗社区经过两三个月的深入调查，才从熟悉了的访谈对象那里一点点地探知到，长角苗人展示给外人的部分“现在”并不是其自身文化的原初样态，而是经政府部门一些人士的借用、移植，被整合出来的。当地“跳花坡”习俗的这一“现在”就是被整合出来的长角苗人的“传统习俗”。[9] 在将部分事象进行还原之前，先来观照一下“跳花坡”习俗的“现在”。这里主要以我们 2006 年正月在跳花场的参与观察和其他访谈资料为参照。

从我们的访谈资料看，“跳花坡”“跳花节”和“跳坡”之间原本并没有习俗内容方面的关联。10 多年前，政府有关部门对长角苗文化进行特色打造，不仅将长角苗人代代相承的从正月初四到十四的“跳坡”习俗易名为“跳花坡”，还将正月初十定为“跳花节”，组织长角苗十二寨青年在“跳花节”当天进行节目会演，并发放奖品。这是一项有组织的活动，参与活动的工作人员和演员等都能领到物质报酬。从 2006

年“跳花节”的活动安排表上，我们看到了分组名单及奖品和补贴明细。依次分有唢呐队、会计和出纳人员、拔河队管理组、导演及主持人、入场人员物资安排及后勤组六组。除了误工补贴和部分奖金外，其他发放的物品有饼干、烟、酒、毛巾和床单等日常消费品。

跳花场地的选定，当时颇费了一些周折。因为政府组织的“跳花节”，目的是给外来人看的，这就需要给演员和观众提供足够的空间。刚开始几年，主要是在山上选相对开阔平坦的空地举办。但在2003年底，适合“跳花坡”活动的场地被土地承包者栽上了树苗，每年的“跳花坡”活动过后，都有树苗被往来拥挤的人们毁坏。2006年的跳花场，最初选在博物馆的信息中心与村寨交界处的“跳花坪”处。这个跳花坪水泥地面，建成于2003年10月，面积为688平方米，有时被作为迎宾表演的场地。正月初十早晨，这里一改往日的安静。寨子内外，人来人往，演员们在家人的帮助下，忙着盛装打扮。外村的买卖人早早地前来抢占地盘，并摆好货摊，有卖水果烟糖、瓜子点心的，有卖各种日用品的，还有带着简易小炉灶油煎洋芋的等等。很快，这些人的队伍就有些规模了，沿马路两侧排出去有几十米远。其他村寨及城里来看热闹的人也陆续前来，各种车不断驶来，其中摩托者居多。跳花坪南侧的主席台上摆放了10多个纸箱子、三大桶白酒等物，CD机里传出《两只蝴蝶》《吻别》和《九月九的酒》等不同年月的流行歌曲。

这次活动由高兴村村长具体负责。约9点半左右，村长等人来到跳花坪，试图把一棵挂有红线绳和长串鞭炮的杉树“栽”在场地中间，他们将树根部穿过几块空心砖，竖立树干，再用几块大石头堆砌上，树就“栽”好了。关注此次活动的乡书记和区长等上层领导们也驱车赶来。近11点钟，博物馆的牟馆长前来，并与村长就场地问题交涉。牟馆长的意思是，有我们这些学术考察、媒体报道等外来人员参与这次活动，就要展示“原生态”的跳花坡习俗。村长面有难色，说现场都布置好了，且怕原跳花场地的主人不同意被用地。交涉的结果是听取牟馆长建议，于是各种车辆人马启动，摊贩们、游客们争相转场。新的场地很开阔，人们把花树栽进土里，并以之为圆心，用绳子圈出一个直径约十五六米的圆形表演场地，绳子由前排观众手握着。围观者男女老少层层站满。场地近百米开外的南北两侧为山地，很适合人们登高远观表演，许多盛装的长角苗

烟酒床单等奖品　杨秀摄

跳花场

少女一排排地站在山上，打着花伞，突出于众多观众中。唢呐队坐在南侧山上，节目开始前，不停地吹打助兴。

长角苗十二寨表演队到齐之后，中午1点半前后，村长手持扩音喇叭，要大家安静，并请区长讲话。区长讲完话，宣布跳花节开始。燃放完鞭炮之后，一男一女两位主持人出场，节目表演就正式开始了。基本上是以各村寨表演队为单位出场，另有学校等表演队加入，表演的节目事先都经过专门的编排练习，演员们都着民族服装，女的头戴缠有毛线的长角，男的头裹黑帕。有男女两排相对跳芦笙舞的；有女孩子们一起边唱边跳的；也有男女情歌对唱的；还有女学生们围着花树跳舞，表演《欢乐苗王》的等等。节目相接中，女主持人熊华艳会用汉语普通话偶尔穿插一句“请大家用热烈的掌声欢迎”或“你们热烈的掌声都哪里去了”之类话语，来提醒观众鼓掌等。约一个半小时之后，歌舞表演结束。人们蜂拥

节目表演

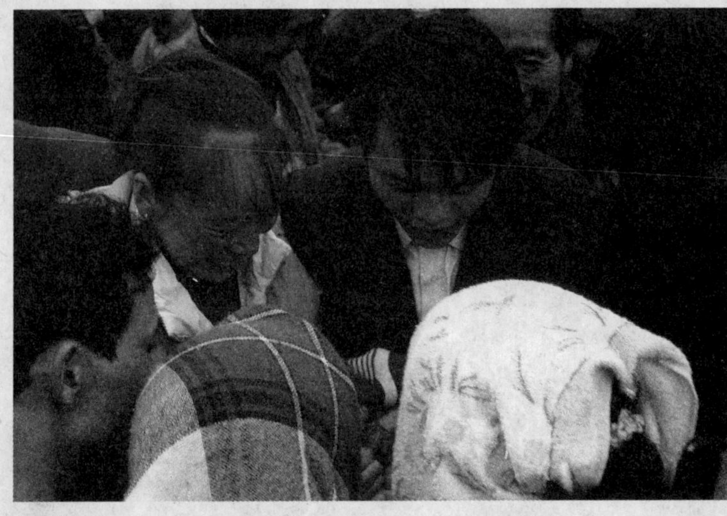
抢红线

着奔向花树，花树倒地之前，上面的红线绳已被抢夺一空。可以说，这是自歌舞表演开始后唯一的一个群心激动的高潮部分。抢到红线绳后，可以戴在手腕上。据长角苗人说，体弱多病的人戴上这些红线绳，可以祛病保健康，爱哭的孩子戴上以后，就会变乖了。抢夺完红线绳，人们很快散开，那棵花树倒在地上，被人随意践踏着。据说，前些年会被人送给婚后不孕的人家，意为“送子”，这在前面“求子习俗”中有所涉及，此不多言。

随后，又开始了女子拔河比赛项目。约下午四五点钟，活动全部结束，观众和摊贩们才相继离去。在活动进行中，摆摊人的生意一直不错。出来走动走动，看看热闹，是过年期间闲散状态中的人们不错的消遣；如再能坐下来吃些洋芋，顺便买个实用的或只是喜欢的小物件等就该是享受了。老少都有所乐。年轻人除了这些消遣欢娱之外，还会借此机会发现意中人、互相示好。在货摊旁，我们常能看到，三两个姑娘相跟着，缠着某个小伙子要买粑粑、糖果吃，或者要洗衣粉等东西。远处山上姑娘们的伞旁，也不时有小伙子的身影。这是“跳花坡”活动给青年男女提供的相识机会。在“恋爱习俗”部分，我们曾提到长角苗的年轻人利用赶场的机会相识，并有买东西的赠与要情节。我们在考察后期，弄清了这个“跳花坡”的活动仪式基本上是参照当地传统的“跳场”习俗仿制的，借用了“跳场”的主体模式，又在具体表演时加入了部分决策人自创的与时俱新的节目。传统的“跳场”活动中没有这些驳杂的表演方式，只是姑娘小伙子都围着花树站好，小伙子吹芦笙，姑娘唱歌，互相唱和。

我们在陇戛还观察到了所谓的“跳花坡”习俗仪式。看到走寨的小伙子们在姑娘家门外，用伞遮颜，与门内的姑娘对歌，后被请入家中。类似内容当属于前面传统的“跳坡”习俗。严格意义上讲，“跳花坡”活动更接近传统的“跳场”习俗，而不应该将之纳入到传统的“跳坡”习俗中。政府部门将不常有机会举行的不定期的“跳场”仪式放到每年都有的“跳坡”习俗中，并以“节”强调，彰显这一习俗特色，使“跳场”仪式每年都有被表演的机会。他们这样做，也许出于“捆绑销售”，强化民族文化特色的考虑？现未可知，也许在以后的考察中能有机会听到他们真诚的解释。

现在，在“跳花坡”习俗被越来越多的局内外人称呼并认可的既成事实面前，而且其活动时间又确实在“跳坡”期间，鉴于此，本章节暂以将错就错的处理方式，将“跳花坡”活动作为“跳坡”习俗一个新的阶段。这个新阶段形式上之“新”表现在如下几点：一、它是有组织的；二、它是集中于一处进行表演的；三、“跳花坡”之“跳”可做“跳舞”解。

将上述跳坡习俗中前后两期的内容稍加比较，就会发现二者的显著不同，现用表格对传统的跳坡习俗与后期跳花坡习俗中新增的“跳花节”内容做一简单对照。

类别	传统散在的“跳坡”习俗	新式集中的“跳花坡”习俗
时间	正月初四到十四	正月初十
地点	散在的“坡”上	集中于“跳花场”；另栽有花树
表达方式	随心即兴唱歌、吹芦笙等“表现”给“自己人”看；“跳”无“跳舞”意	事先排练的歌舞等“表演”给“外人”看；“跳”可指“跳舞”
主要内容	青年男女游乐、“谈爱情”	男女青年、学生等依次表演歌舞；另有“拔河”节目；不同年龄、性别的人参与抢“花线”
参与方式	无人组织，自由依俗活动；无“出场费”	有专人组织，编排节目单；给“出场费”

三、“三月三”习俗

我们在访谈时问长角苗人都过哪些节日，他们都要提到“三月三”。我们再具体问过“三月三”时有哪些习俗，他们的回答几乎都要转到“祭山”习俗上面。他们说长角苗人历来“祭山”，都是在农历三月的第一个“龙天”进行，即在三月初一到十二这些天中，哪天是龙天就在哪天举行祭山仪式，并不固定在“三月三”。令人费解的是，他们明明知道祭山日期的不固定，在说起本民族传统节日时，还是要习惯性地将“三月三”与“七月半”等节日并提，表面上是说“三月三”节，实际说的是“祭山”习俗。这种“明知故犯”的原因也许与他们以日期来指称节日的习惯有关。我们在考察中，问及节日时，除了“年”这个节他们不用日期指称外，其他节日多是用“正月十五”“四月八”和“六月六”等具体农历时间来代称，或者在时间之后再加上节日名称，如“五月五端午节”等。遵循这一思维方式，就要找一个日子来大致代称“祭山”这一节日。至于为何要选“三月三”，也许是受过“三月三”节日的其他民族的影响，也许还可以从语言学的角度考虑。具体原因现在无从探究，这里只是以当地人的习惯性称呼为准，标以“三月三”节日。

从考察内容看，“三月三”的祭山节日当属村寨集体性的祭祀性节日，涉及较多的民间信仰内容。关于这一节日习俗的详细内容，在本书的信仰部分有专门的介绍分析，这里不做更多描述。

四、“五月五”习俗

由考察知，长角苗人的“五月五”节俗除了像其他节日那样在晚饭前有叫魂祭祖仪式之外，还有独具“五月五”特色的节俗活动。特色之一主要体现在祛病除祟习俗方面，之二则可以概括为长角苗版的“情人节”模式。下面分别做进一步的扩展说明。

（一）祛病除祟习俗

每逢“五月五”这天，长角苗人每家都要在门上挂艾蒿和另一种叶子像包谷叶那样的、有臭味的植物“绷跌”（苗语音译），据说，蛇不喜欢这两种草的味道，门上挂过它们，就可以避免以后蛇进家门了。有的人家还用雄黄酒避蛇进屋，具体做法是，用手指蘸上雄黄酒，再不断地将之弹到屋中地上。用这两种方法避蛇的同时，其他邪祟之类不祥的东西也会同时被拒之门外。这些仪式侧重体现的是长角苗人的除祟意识。

另一种具有祛病意味的习俗主要体现在如下两方面：一个是给小孩子戴辟邪物求健康平安习俗；二是上山游百病习俗。前者所说的辟邪物是用“绷跌”的根做成的。具体做法是，把“绷跌”的根切成一片片的，再用线绳把这些薄片串连起来，给小孩子戴到脖子上和手腕上。依他们的解释，小孩子戴了这种特制的“项链”和“手链”，出门就不会遇到蛇，也因此免受蛇的惊吓；同时也可以防鬼等近身。后者的游百病习俗是指“五月五”这天，小孩子们会跑到山上去，到处找各种野果吃。他们认为，小孩子们在山上往来奔跑这种“游”的行为本身，可以舒活筋骨祛“百病”，此日所吃的野果也被视为具有药效功能，类似于我们当下流行的“药膳”之说。同样是在这一观念的影响下，当地识草药的人也会在这一天上山采药，据说药效会更好。

前面介绍过年的禁忌习俗时，曾经提到长角苗人忌讳在大年初一看到绳子，以免在日后遇到蛇。根据上述“五月五”节俗内容所示，可以说，避蛇是人们此时诉求的主题之一。结合当地“五月五”前后湿热的气候条件来看，这正是适宜蛇生存“活跃”的时节。在长角苗人的信仰中，蛇是一种灵异之物，被赋予了传递不祥信息的“信使”的角色功能。如果蛇进屋了，就意味着这家要死人或畜之类的。具体将发生什么程度的灾难，可以通过烧蛇来判定。他们将蛇拿到三岔路口，用火烧它，如果蛇被烧死时蛇身蜷曲，则预示着灾难不严重，至多家中会有个鸡鸭猪狗类亡失之患，或者家人生点小病之类，无大碍，基本不用理会；但如果蛇死时蛇身挺直，则是大灾难的预兆，可能会有牛马类大畜或家人伤亡之类事发生，要赶紧请弥拉到家中作法解难。弥拉常常将这种信息的“发布者”确定为祖先。祖先被后人慢待冷落了，没享受到必要的祭祀之供，或者是后人做事不淑有违祖德等等原因，致使祖先发怒，派蛇进家传递警告。收到“传票”的家人就要检点自己的言行，不再触怒祖先，必要时，还要按弥拉指点，祭祖讨饶。了解了长角苗人这样的信仰观念之后，我们就不难理解他们在“五月五”习俗中对避蛇主旨的一再强调了。

（二）长角苗版的“情人节”

长角苗人传统的“五月五”习俗主要是上述内容。据熊光禄等人提供，大约在1990年前后，五月五这天，小兴寨的一个小伙子，拎了一台录音机和一个扩音喇叭来到高兴寨，和高兴寨的青年男女一起在山上玩闹。当时录音机里放的是小兴寨一个唱歌很出名的小伙子的歌，主要是情歌类。那些人就边听边学唱，持续了近一天。此后，每年的五月五，都会有盛装的姑娘小伙相约着到山上对歌、聊天，结识新朋友或者试探意中人的心迹。这一新的节日活动，类似于跳坡习俗中的对歌、围炉夜谈等习俗。

毋庸置疑，这一对歌习俗是“五月五”节俗中新的增殖点，不仅吸引了长角苗的青年男女积极参与，还得到了老年人的认可与驻足观看。用在省城贵阳读过中专的长角苗小伙子杨光亮的话说这是他们长角苗年轻人自己的“情人节”。

五、“七月半”习俗

“七月半”是长角苗人各家祭祖先的祭祀性节日。这一节俗的具体内容是献饭给祖先，有的人家除了在家里献饭外，还上坟献饭。从考察来看，以只在家里献饭的占多数。依惯例，长角苗人的献饭祭祖仪式是在农历七月十三日的晚饭前进行，附近村寨的汉族人家则定在十四日晚饭前进行，并不像许多地区那样在真正的“七月半”即七月十五日祭祖。

2005 年夏，我们就“七月半”习俗在陇戛寨访谈了几位老人，并在“七月半”当天观察到了几家祭祖的仪式过程。十三日下午，寨中几乎家家都在杀鸡或鸭。依当地习惯，以鸡为常用祭品，也可以用其他禽畜肉，偶尔会有人家赶在“七月半”杀猪卖肉。通常情况下，肉都单独下锅，不再添加其他菜蔬，可以另外再做几个菜。这一献饭仪式，其实与过年期间的“叫魂”祭祖仪式一样，都是喊祖先的灵魂回来过年节，享受子孙供祭并保佑子孙发达。

过“七月半”上坟时，多在傍晚时分去，由家里的男性去给祖先送点好的饭菜、酒和纸钱等。我们在杨学富家看到的纸钱有两种：一种是他们在场上按 3 块钱一斤的价钱买来的黄表纸，回来后，用模子打上铜钱那样的纹印，一般是打 3 行，每行 7 个，都要单数；另一种叫阴票，是机器印刷好了的冥币，不用再加工了，可以直接送给祖先使用，在场上 1 块钱能买一沓。这后一种“钱”是近些年传入的，上坟时可与前一种同用，但前一种纸钱还可以在其他场合用，比如，前面提到过年时家家在门上贴纸钱辟邪，用的就是这种纸钱。新的冥币则没被长角苗人赋予此民俗功能。

六、“十一月耗子粑节”习俗

单从名称上看，长角苗人的十一月“耗子粑”节日与前面提到的“跳花坡”节日，都是政府的命名。我们在考察“耗子粑”节时，最初也获得了一些看似合情理的传说。“耗子粑”节被一些人说成是“鼠灾”或“鼠疫”等与“粑粑”相关联的节日。相关的“传说”有二：

很早的一年冬天，当地闹鼠疫，死很多人。当时人们认为这是一种耗子鬼作孽，为控制它自由出入人体，继续为害，人们用粑粑堵上病人的七窍，令鬼与人同死。鼠疫才得以控制。后来人们每年冬天都做粑粑，以防鼠疫鬼，渐成俗。

早先有一年冬天，耗子泛滥，糟蹋粮食，人们做粑粑祭祀它们才保住粮食。后成每年祭祀之俗。

从字面上看，这种解释在名和实之间建构了直接联系，应当算名实相符，有一定的可信度。但当我们的调查如层层剥笋般日渐具体时，所谓“耗子”与“粑粑”之间在内容上的这种连接就显得有些牵强了。[10]下面，根据我们的考察所得，对长角苗人的“耗子粑”节名称及仪式等分别做简要介绍与分析。

(一)“耗子粑”节的名称及其节日性质

这里是从苗语和汉语各自的字音及苗语翻译等方面入手，得出我们关于“耗子粑”的名称所指和节日性质的归属等推测。长角苗人自己对这个节日的苗语称呼不叫“耗子粑”，而是发“黑栽”(hei dzai)的音。“黑”是“说”的意思，“栽”是指“年”，“黑栽”直译就是“说年”。而他们对小动物“耗子”的称呼是“租拿”(dzu na)。因此，从语义上讲，“耗子粑”节的说法与动物“耗子”之间没有什么对应或关联之处。至此，也初步可以排除“耗子粑”节与动物“耗子”的传说关联。

再从“耗子粑”的节俗内容切入，看其节日所指及其性质等。长角苗人过“耗子粑”节，是以家族为单位，聚族而过。届时，人们聚在某一家，“每家带去一块粑粑，那个粑粑一般叫做‘被窝粑’，相当于给那些死去的老人做被窝”。[11] 因为十一月天气已经很冷了，要给祖先“盖被窝”。不管这个节日的名称意义为何，关于“耗子粑”节的习俗内容及仪式功能等方面，我们从访谈中得到的信息基本是一致的。可以确认这是长角苗人家族式祭祖的一个祭祀性节日，是祖先们过的“年”。不同的家族在具体的祭祀时间、仪式细节等方面有所差异。

同时，我们也了解到，并不是每一个长角苗家族都过“耗子粑”节。有的是同一个姓氏的所有家族都不过；有的是一个姓氏下的一些家族过而另一些家族不过。在陇戛寨的三个姓氏中，杨姓家族都过，熊家和王家有的过有的不过。所有不过这个节日的家族，都用同一个主要情节相同的传说来解释本家族所以不过的原因。传说的情节梗概如下：

(1) 从前，有一家人晚上打粑粑，一阵风吹灭了煤油灯。这家的年轻媳妇就趁黑偷吃了一口粑粑。

(2) 粑粑本身就黏，不好吞咽，这媳妇又吃得太急，被噎住了。

(3) 家人慌忙抢救。

“媳妇偷吃粑粑被噎”是这个传说不同版本中都有的情节母题。王家讲时，这故事就发生在王家祖辈上；熊家讲时，就发生在熊家祖上。祖上当时因粑粑之“噎”而丧命或险些丧命，遂决定从此废食粑粑，后人也谨记不犯，从此不再打粑粑了。这是他们对自己家族关于“耗子粑”节的解释：原先是打粑粑过节的，后来因遭遇上面的变故才终止了。这一传说体现出来的不同之处是符合民间口头叙事的变异性特点和传说所具有的解释功能的。

下面，我们简要关注一下过“耗子粑”节的一些家族的节日仪式等内容。

(二)“耗子粑”节的仪式

每个家族过“耗子粑”节的具体日期并不统一。多数家族都是固定在农历十一月初一到十二这期间的龙天或羊天等某一天。依当地习俗，过“耗子粑”节时一般都是在年纪较大的长辈，即本家族的“族长”家里过。每年由谁家经办，要提前跟家族内的长者商量好，再通报给族内各家，包括居住在别村寨的本家；还要准备好过节时仪式用器物和待客用的酒菜等。如果一个家族内当年谁家有老人“成神”了，那就不用商量，就集中在这家过节。

这里以陇戛“三限杨”家族过“耗子粑”节的仪式内容为说明个案，大致以仪式过程的先后为序，简述如下。

1．给祖先洗脸仪式。陇戛“三限杨”家族是在每年十一月的第一个“鼠天”过这个节。这天晚上，每家的男性家长和其他成年男性都要背一个约七八斤重的圆形大粑粑聚集在操持节日仪式的年长者家中，来给老祖宗“盖被窝”。主人家在堂屋左侧靠里的墙角放两个条凳，上面搭盖凉席。这是举行仪式的主要场所。祭祖的第一个仪式是族长给祖先洗脸。族长坐在凉席旁，一手拿着竹卦和一根燃着的小木条，另一只手拿一个装水的野生小葫芦，叫魂请祖先来，给他们洗脸，每念一人的名字，就说一次“洗”，用小葫芦往地上倒一下水，本家族所有的祖先都要给洗到。洗脸仪式的开始，意味着祖先开始过年了。

2．献酒。洗完脸之后，要给祖先献酒，族长拿一个酒碗，每一个祖先都献到，顺序跟所有的祭祖“叫魂”时一样。

3．摆粑粑。每家都带来了粑粑。到了主人家之后，把粑粑拿出来，一切两半，把其中一半放回袋中第二天再背回去。把留下这一半都切成小块。同时，有人负责在凉席上摆碗，依陇戛“三限杨”的习俗，他们祭三代祖先，就摆三排碗，每行 11 个共 33 个。最里边靠墙角的那排为首排，首排的起手处的三个碗比其他碗大一些，是仪式举办家为祭祀家族内本房（即本支系）祖先特别放置的。这是长角苗人约定俗成的规矩，在谁家举办仪式，这家所属那房的最高辈祖先中的前几位就依次享受大碗祭祀。[12] 人们把切好的小粑粑在每个碗里都放上几块。那三个大碗里要格外再放一块

“五限杨”家摆粑粑祭祖　郭迁摄

大点的粑粑和一整棵煮熟的小白菜。然后再剥一个熟鸡蛋，把蛋壳弄碎，每碗粑粑上面放一点蛋壳做“压碗”用。最后，再在碗里添一点饭。这样，祭祖的食品就基本备齐了。剩下的切好的小粑粑可临时放到一个大簸箕里装好。献祭仪式中的这种差别性对待，直接反映了同一家族体系中血缘关系的亲疏之别。族人对仪式举办家这种特权的习惯性认可，同时也是对这家在家族中的地位认可。

4．再次献酒。摆完粑粑后，再给祖先献酒。这次献酒与第一次不同，因为这次粑粑已经摆好了，每一个祖先都先后能分得一碗粑粑。因为祖先人多而粑粑碗少，献祭时，粑粑被排完一轮后可以循环再用。但首排的三个大碗是本房前三位高祖专用的，不再献给别的祖先，所以在循环时，要让开这三个大碗。另外，每排末尾那一碗粑粑是为每房祖先的亲戚朋友们准备的，祭祖时，这三碗粑粑也不做他用。实际被循环献出的只是首排 7 个碗和二三排各 10 个碗。献祭的顺序都是从本房祖先开始，最高祖与首排的第一个大碗对应，依次顺排。其他各房的最高祖先要依次与二三排的第一碗粑粑对应，即对每房的祭祀必须从对应排的起点开始，不能顺着前一房的结束而在中间某处开始。陇戛的“三限杨”家族共有六房，祭祀二房三房时，分别从第二排和第三排的第一碗粑粑开始；到了四、五房时，再次分别从二、三排第一碗开始；六房则又回到了第二排。也就是说，除了首排，其他每排的第一碗粑粑都可以被循环献出，依次成为祭祀不同房祖先的起点。图示如下：

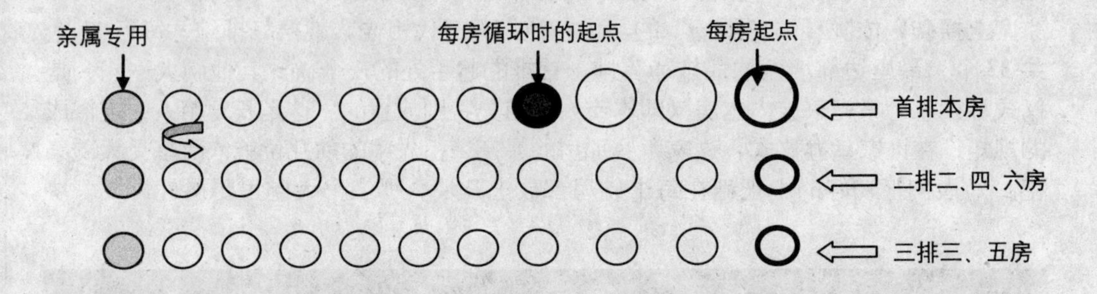

这次献酒时，族长拿着酒碗，每念到一个祖先的名字，就用小木条指着与之对应的那碗粑粑，说明请祖先喝酒。请完所有的祖先之后，再给每房祖先的亲戚朋友们献酒。首排末尾那一碗与第一房祖先的所有亲友对应。其他排的末尾那一碗与对应那一房祖先的所有亲友对应，以此类推，都可以重复献给亲戚。

5．献粑粑。与上述第二次献酒的顺序一样。献粑粑时，族长边说“××，你端这碗”，边在对应的碗上放几棵被截成约三四寸长的茅草，算是给祖先吃粑粑用的筷子。请完所有祖先，再请祖先的亲友。

6．第三次献酒。献完了粑粑，还要一个一个地指着粑粑碗，给所有的祖先及其亲友们第三次献酒。

7．给祖先献饭。献饭前，先把所有的小碗粑粑都撤走，只留三个大碗献祭。献饭时，要请来家族内每一个祖先，其仪式与过年等其他节日中的一样，此不再述及。

8．收魂。这是整个“耗子粑”节的结束仪式，意味着给祖先过完年了，祖先该返回他们的居住地，好好修缮房屋，保暖过冬。依惯例，祖先每次被请来享用完祭祀回返前，都要举行“收魂”仪式，即请祖先把子孙们全家人的灵魂打回来，以免随祖先去了。仪式由族长来做，他要为家族内的每一家收魂，依旧要说把“一家 12 户，一家 12 人的灵魂都打回来”之类的话。这一仪式与“丧礼习俗”部分中提到的收魂仪式类同，此处从略。

所有的祭祖仪式都结束时，通常都到了天将亮时分。主人家要做甜酒粑粑等，招呼参与仪式的人等一起吃。之后，人们就背起那一半粑粑回家了，这粑粑被认为是祖先送给他们的。

另外，在人们聚集于一家过“耗子粑”节的时候，会有一些小姑娘在门外不远处喊着唱着要粑粑吃，如果这家没听到，她们会用石头打门，直到这家的小伙子用簸簸端出粑粑来送给她们为止。通常，来要粑粑的没有男孩子，都是未婚的年纪不大的小姑娘，白天不好意思要，都在晚上要。要时，喊这家未婚的小伙子的名字，让他送出粑粑吃。主人家听到了，都会让一个年轻人拿粑粑给她们，不一定是被喊的那个人。有时候，双方还对唱山歌。这也是“耗子粑”节习俗内容的一部分。

可以将上述关于过“耗子粑”节的仪式流程等内容用下表表示：

仪式前	仪式中	仪式后
本家族男人背整个粑粑前来	给祖先洗脸→献酒→摆粑粑→再献酒→献粑粑→三献酒→献饭→收魂	本家族男人背半个粑粑离去
	小姑娘门外要粑粑	

上述内容主要是以陇戛一个家族为个案参照，对长角苗人“耗子粑”节做了个大致梳理。同样一个“耗子粑”节，在当地不同家族中举行时会有明显的不同。比如，同为“三限杨”，安柱寨的“三限杨”家族过“耗子粑”节的时间是在每年的正月初二，除了献粑粑祭祖外，还要有“猪头供”，因此，过“耗子粑”节还要与过年时杀年猪联系起来。杨忠敏介绍说：“谁家宰了猪，那就在谁家做耗子粑。我家宰了猪就在我家做耗子粑；要是我家这辈子都宰不了猪的话，那就一辈子都不来我家做耗子粑。”除了过节日期的不同外，两个居住地和支系所属都相距不远的“三限杨”家族，在“承办”这一节日的家庭资格上也有不同的参照标准。前者主要看个人身份所体现的权威性；而后者则以经济实力为参照，“宰了猪”，献得出“猪头供”，族人才来过“耗子粑”节，是对其家庭经济能力的认可。从时间段上来推测，也许安柱这个家族过“耗子粑”节习俗中献猪头的做法是近些年才有的现象。因为，对于今天的长角苗人来说，如果一家在岁末能杀得起一头年猪的话，仍可作为这家年景不错乃至家境不错的证明。这两个个案在这一方面体现出来的不同，具体是同一习俗的不同样态，还是其不同阶段，需要在更多调查的基础上去判断了。

七、其他节日习俗

从长角苗人的重视程度和过节的具体仪式等方面看，可以将其节日体系分成两种：一种基本上属于逢节必过的类型，且有相对正规完整的仪式行为；另一种属于可过可不过的节日。对于前一类型节日，本章节采取单列标题的方法给以分别介绍；后一类节日，将放在“其他节日习俗”这一部分几语带过，主要有“四月八”“六月六”和“九月九”这三个节日。

（一）“四月八”习俗

为什么要过“四月八”，怎么过？我们在陇戛当地与人访谈时，年近70的熊少文老人给了我们这样的回答：“四月八，新洋芋熟了，可以吃洋芋了。这是新的一年的第一场收获，是新鲜的。也祭祖先，在家叫魂，喊老人家来家吃饭。”“洋芋”是当地人对“马铃薯”的俗称。为了庆祝新年耕种后的第一次“新”收获，长角苗人要过“尝新节”，并叫魂祭祖与祖先同享。我们还从访谈中得知，现在，这个节日不太受重视，他们有时过有时不过。以前过的人多。过的话，就在四月八这天，宰只鸡或鸭，在晚饭前叫魂献饭，跟七月半的献饭仪式一样，只是节日内容不同，这次是请祖先来尝新。调查资料表明，在与周围其他族群的比较中，长角苗人一直处于耕地少且贫瘠的资源环境中，自产的粮食难以解决全家一年的温饱问题，直到现在，洋芋还是他们的主要食物，既可以做成菜也可以当饭吃，这在很大程度上缓解了粮食不足的生存压力。从这个角度切入，就能够理解在庄稼青黄不接之际，新成熟的洋芋之于长角苗人的重要。他们要将新年的第一次农作收获与祖先同享。

“尝新”节是许多民族和地区都有的传统节日，在我们考察地附近的彝族人，要在九月九过“尝新”节，尝的是新成熟的稻谷。这是农业社会中常见的重要的农事节日之一，表达了农民对收获物的重视和对诸神保佑的感恩之心。在传统的农业社会中，农事耕作等其他行当生产从来就不只是靠单纯的生产技术和物质装备等“科学性因素”获得成功的，他们往往会借助一系列仪式，求神灵保佑丰产丰收。长角苗人的祭山习俗中就有求神灵保佑当年风调雨顺、农业丰收的愿望表达。此外，他们还在节日祭祖中求祖先保佑子孙发达、家业兴旺之类。从人生仪礼习俗和节庆习俗等许多民俗事象中，我们都能看到，祖灵信仰在长角苗人的信仰体系中占据了十分重要的位置。他们能够将生活中农耕生产的重要和祖灵信仰的重要有机地合于一处，既要请祖先出保佑丰收之力，又不忘收获时尝新祭祖。另外，他们对每年第一次播种日的选择也是很慎重的，依传统，首次播种日必须避开本家族中老人“成神”的日子，否则种子会“死”在地里，不发芽。这是他们关于生和死的对立意象的建构。据说，至今没有哪一个长角苗人敢于或者愿意冒犯这一禁忌。祖先和食物都在他们的生活中占据重要位置。

近些年，生产方式的改进和新的作物种类的引进，极大地改善了长角苗人的生产生活状态；科学知识的宣传普及增强了他们“土里刨食”的能力，也在一定程度上影响了他们的信仰观念等。“饭不够吃”的紧张解除了一些，祖灵信仰等意识也出现了松动，“四月八尝新”的节日意识也因此有些模糊了。当然，引发一个地区某种习俗出现变异的因素会有很多，这里只是在现有调查资料的启发下，简单地推测其一二。

（二）“六月六”习俗

“六月六，晒龙皮。”这是熊光禄翻译陇戛熊少珍老人的话。我们追问如何“晒龙皮”，他接着翻译道：“晴天的话，晒衣服、棉被，这些东西就不起虫子；阴雨天，就说今年衣服、棉被要起虫子了。”

这是我们关于“六月六”习俗访谈得来的主要内容。人们视“六月六”天气的阴晴有一定的预示性。六月六晾晒衣物的习俗，是许多民族和地区都有的民俗事象。当然，真正的民俗意义应该在于提示人们利用暑天的“毒日头”晾晒衣物，去霉避虫。

与“四月八”节日一样，如今，长角苗人也很少杀鸡祭祖过“六月六”。更多是在六月六前后或当天，趁天晴晒晒棉衣物类，这期间倒是常会提到“六月六，晒龙皮”说法。可以看做是人们对气象知识的一种掌握与利用。

（三）“九月九”习俗

与“六月六”一样，“九月九”也是当地人在列举他们的节日时会口头提到的，但在现今生活中已经很少有节日仪式了。用熊少珍老人的话说是：“九月九，正是讨包谷时节，忙，很少有空过节；过的话，就杀只鸡吃。”

收割包谷的繁忙，让长角苗人无暇安心过节。如有空闲，就杀只鸡祭祖。刚才顺便提到，附近彝族在九月九尝新稻谷，长角苗人为什么过这个节日，是不是也属于庆贺稻谷或包谷的“尝新节”，在两次的访谈中，我们没有找到能给我们解释的人，需要在以后的调查中继续探讨。

注释

[1] 需要说明的是，在安柱这起丧礼中，由于死者的儿子未婚，按俗该由其侄子和侄媳代替，当时侄媳不在，刀弓和网包就由其侄子一个人全背了。

[2] 这里是从死者子女的亲属称谓的，实指死者的姐妹或兄弟。如果死者系男性，则指姑妈家；如果系女性，则指娘舅家。

[3] 吴秋林、伍新明：《梭嘎苗人文化研究——一个独特的苗族社区文化》，第103页，北京：中国文联出版社，2002年。周国茂主编《贵州本土文化2002》丛书之一。

[4] 译者注：歌中的“姑爹”是对姑妈家代言人的尊称。“水”指的是“酒”，“蛋”指的是“鸡”或者“挂面”。

[5] 当地对“正常死亡”与否的划分在不同阶段弹性很大，我们原本认为自杀、遭意外祸险致死及年轻人未婚即死等都不算正常死亡，但考察发现，当地不管什么原因，只要是有子嗣的人在家里“咽气”都算正常死亡。我们考察的三起丧

事，死者都是在家中死亡的，所以均被视为正常死亡，可以照常打嘎。

[6] 需要说明的是，“东和西”是我们习惯的方位称呼，当地长角苗人更习惯称“太阳出来的方向”和“太阳落下去的方向”。

[7] 需要说明的是，当地懂汉语的人和我们的翻译在口语中都是更多地用“年”、“过年”这类词，偶尔也说“春节”，这里选用更“俗化”的前者，还可以与后面的“小年”对应。

[8] 需要说明的是，村中多数人都会唱这种山歌，熊光禄也会唱，但离开了“跳坡”那种特定情境，对着我们这些局外人，他们不好意思唱，熊光禄就“讲”给我们听。稍后，我们在村子里待得久了，才有机会听年轻人唱。后来，我们恳求杨朝忠夫妻给我们唱他们年轻时唱的山歌，他妻子不好意思开口，只好杨朝忠一人两角地唱给我们听，如上文所引的“进门歌”。

[9] 我们认为有必要对我们最后探知到这一“真相”的过程做一些补充。我们课题组成员初到博物馆时，这里的工作人员热情地接待了我们，并同样热情地回答我们所问，还多次主动介绍长角苗人的文化特色，帮忙推荐、联系寨中合适的信息提供人等，很是尽了地主之谊。这为我们的调查提供了很大便利。我们先后两期的调查持续了四个多月的时间，他们一直耐心地提供必要帮助。至今也深以为谢。但后来，随着调查的深入，我们才知道，他们最初关于长角苗“跳花坡”习俗的一些介绍，提供的却是虚假信息：他们将原本只出现于“跳场”的部分习俗借用过来，添加到“跳坡”习俗中，讲给参观者、各媒体和我们这些来做调查的人听；不仅如此，他们还将此“习俗”告知长角苗人自己，双方“统一口径”，口头重塑新民俗。现在想来，这重塑很有明代《挂枝儿》中爱情歌所言“重捻一个你，再塑一个我”的“泥人”意味。但在当初，他们的这一做法，自然置我们于深信不疑中。多亏了我们是求甚解的较真的人，不断地追问细节，随时提出疑问。我们还找了许多他们推荐之外的人访谈，他们最初的说法不能自圆了，我们才生疑。最后，这些工作人员和长角苗民众半是无奈、半是被我们的认真感动吧，都对我们“知之为知之，不知为不知”地讲真话了。当我们绕了那么大一个弯，又回到了起点重新走时，那一刻我们满怀喜悦：感谢他们能推翻前言真诚相待；庆幸自己因辛苦求索才没被以假乱真。虽然这一过程有些迷离、耗人心力，但好在最终光明尽现。至于几方同绕的那段弯路，我们想，也不算枉然，大家都能达成“同情之理解”吧。如从“田野作业”本身思考，这一调查中的“干扰事象”也完全可以作为一个不错的个案收获。“是知也”。

[10] 我们在当地调查时被“误导”的原因，也许是我们的“为什么”之问，让对方有了要给我们一个“答案”的努力，临时创想出“合理”解释使然；也许又是政府某部门事先创作出的“品牌”传说并授意于民众造成等，需要在以后的调查中澄清。说不定我们在文中现在认可的民俗“真相”，会被以后的调查发现否定了。种种情况，不能妄论。暂以现考察所得为据。另，从考察资料看，传说一的内容曾是20世纪50年代以前当地对付“干痨病”（一种肺病）的真实做法：人们把“死也死不去，活也活不来”的这种患病者用粑粑堵上七窍，送到溶洞里以远祸。

[11] 杨朝忠语。翻译：熊光禄。访谈时间：2006年2月28日。地点：梭戛生态博物馆。

[12] 比如，陇戛“五限杨”人家过“耗子粑”节，就会放五个大碗，本房最高辈祖先的前五人可依次享用大碗。

第九章　长角苗人的音乐

在 20 世纪 60 年代以前，长角苗人的生活还基本处于与外界隔绝的状态。在 1998 年以前，由于没有“车路”（公路），与外界的接触仍然较少。所以，在长角苗的生活中，还保留了古老的习俗与丰富的音乐生活。如“跳坡”“走寨”“晒月亮”等男女青年谈情说爱的活动中，唱山歌 (bu du)、吹芦笙 (gien)、吹三眼箫 (dra zra)、吹木叶 (blom dom) 或吹改制口琴是必不可少的形式。在红喜（婚礼）中，奏唢呐 (sa la)，拉“二胡”（四弦），唱酒令歌等，是基本内容；在老喜（老人去世的丧仪——打嘎）中，吹芦笙曲，奏唢呐曲，唱酒令歌 (nhong gu)、开路歌 (kai gei) 和孝歌等等，都有传统的程序和必要的内容。在串门、走亲戚和朋友交往中，唱拦门歌、敬酒歌、送客歌等，也是其中的重要活动。婚丧嫁娶、吉日佳节等热闹场面，必有唢呐曲相伴，这不但是活跃气氛的需要，也是亲族或寨子间表达敬意、沟通感情的手段。在老喜的仪式中，吹芦笙者在简约的舞步中，用拟语的方式吹奏“开路歌”送老人“上路”，送死者回到祖先的身边。可以说，长角苗是一个山歌人人会唱，芦笙、三眼箫人人会吹，酒令歌人人爱听的苗族族群。音乐在长角苗人的生活中是不可缺少的内容之一。

第一节　酒令歌与开路歌

酒是长角苗人生活中必不可少的饮料。无论是平常的生活，还是四季的节日，无论是祭祀的礼事，还是婚丧的俗仪，酒都是必备的饮料。可以说是无事不酒，无俗不酒。因此，在喝酒时唱“酒令歌”，是长角苗的音乐生活中的主要内容之一。

酒令歌的篇幅较长，据说有“十二谱”之多。酒令歌以叙事为基本特征，以吟唱为主要形式，内容包括历史与故事，风俗与道德，伦理与风俗等内容。根据不同的需要，酒令歌还分在婚礼（苗俗称“红喜”，汉俗称“喝酒”）、在丧礼（苗俗称“打嘎”，汉俗称“埋人”）或在跳坡（现称“跳花坡”）等不同场合中所包含的不同内容：婚礼中主要以对歌的形式唱酒令歌，有比赛的含义；丧礼中主要唱与历史故事、伦理道德有关的歌，内容比较丰富；跳坡中主要唱小伙子在小姑娘家喝甜酒时唱的酒令歌。长角苗人没有文字，酒令歌主要包括长角苗口传心授的文化知识、神话传说、历史故事和风俗伦理等，所以演唱者往往以多唱酒令歌为拥有“知识”和具有“能力”的象征。在长角苗本族大型集体活动——婚礼和丧礼中担任“管事”的人，主要是为主家接待客人，管理客人送来的礼品和财物，是活动的最重要的组织者。管事能否将活动组织好，主家与客家能否满意，除了要有公心，有责任心和有组织能力这些一般意义的道德水准和能力水平外，唱酒令歌的能力与水平也是担此重职必不可少的条件。否则，这个管事就难以应付客人们的各种以歌为形式的仪节，管事的任务就无法圆满完成。

酒令歌演唱的形式以叙事与吟唱为主，其音乐以自由节拍为基本节拍形式，有细细述说、娓娓道来的特点。由于没有文字，长角苗酒令歌的内容所承载的文化内涵在长角苗的传统文化中有重要的地位。

一、婚礼上的酒令歌

在婚礼上，酒令歌是娘家和婆家男女双方“对歌”的主要形式，比试谁了解的历史知识多、了解的故事动人，后来也唱谁了解的国家大事多、知道的国家政策多。“我们没有文字，不像你们汉族讲故事是写在书上，我们讲故事是记在心里。唱酒令歌就是‘摆故事’。”[1]“用歌来摆故事，这些故事一辈人一辈人地唱，一辈人一辈人地‘摆’。我们就是通过这样的唱和摆，苗族人记住了自己的历史，记住了自己的文化，记住了自己祖先们所做的种种事情。”[2]赛歌时，参加红喜的人男方家与女方家要通宵达旦地对唱酒令歌，如对不上来要被罚酒；另外，老人和老人间还在酒席间对唱劝酒词。

下面就是一首在婚礼中唱的酒令歌——《七月开花是什么花》（记录者以歌词的第一句命名。乐谱中的编号为“乐句”的次序，下同）：

歌词大意：七月的花什么花最艳？七月的花是桃花最艳。你自认为自己最能干，到喝酒时还有比你更能干的人。七月的花什么花最红？七月的花是桃花最红。你自认为自己最聪明，到喝酒时还有比你更聪明的人。

这是一首用吟唱演唱的酒令歌。在歌词前都先唱两句衬词，歌词实际上为两句。前两句词（3–4）唱完后重复一遍。重复时（7–8）将“艳”字改唱“红”，将“能干的人”改唱“聪明的人”。即歌词的意思相同但用词不同。歌词在这四句之间相互押韵，形成了独特的句子重复关系和歌词修辞方式。

在婚礼中要用这样的酒令歌来对歌，常常要准备一定数量的词，才可能不输给对

手。事先准备的歌词不一定能完全应付对手，还要根据对歌时的情景即兴编词，否则输给对方就要被罚。在对歌中要有广泛的生活知识，要有非常强的应变能力，还要体现斗智斗勇的精神。不过，婚礼中对酒令歌，并不是所有的人都要参加，而是男方家和女方家各有代表，由双方的代表之间进行酒令歌的对歌。其他人只当观众，不当对歌手。所以，在长角苗人中能唱酒令歌更是体现一个人的知识和能力的重要方面。

2007 年春节期间，我们在梭戛生态博物馆做实地考察时与熊光禄一起记录、整理歌词和乐谱。熊对长角苗苗歌的押韵规律是这样解释的：一首歌的歌词以一“扣”为单位。每一扣中又分两段，每一段中的第 1 句和第 2 句的韵相同；两段间第 1 句和第2句的韵则相近（如第一段押a，第二段押an）。每一扣中的这两段词内容是相同的，但用词不同，如在汉语中第一段先说“死”了，后第二段则说“去”了。《七月的花什么花》中的“艳”字改唱“红”，可将“能干的人”改唱“聪明的人”，就是这样的例子。我们看到苗歌中重复的两段歌词，即为一“扣”。“扣”即长角苗苗歌的基本结构单位。歌词的韵，体现在4句词的第2和第4句的句末上。比较短的歌，如有的山歌、进门歌，每一段只有4句，就第2句和第4句末押韵；比较长的歌，如酒令歌、故事歌，则在最后4句中的第2句和第4句押韵。

熊光禄还告诉我们，不管唱什么歌，长角苗的歌词开头都是用自然界的植物或与歌的基本词意有关系的景物做比喻，之后才唱到基本内容的歌词。如有一首山歌的开头是这样唱的：“所有的花都已开了，只剩下一朵桃花；所有的人都有了家，只剩下我还没有伴。”前面说只剩下一朵“桃花”，后面说只剩下“我”；这样比喻，“桃花”让人怜，“我”也令人悯。比喻生动而形象，再加上长长的拖腔作情绪的渲染，令歌唱者尽情抒发，也令听者回味深长。歌词在结束前也常与最开始的词相呼应。这说明长角苗的歌词大多都采用了“比兴”的手法。

二、丧礼中的酒令歌

由于酒令歌在长角苗传统生活中的地位和作用，过去会唱酒令歌的人比较多。按传统的生活习惯，酒令歌是男孩从小就要开始学唱的。一般的学习方法是由一个师傅教，几个或十几个十来岁的小伙子一起学。这样就形成了人人会唱、个个会歌的场面。酒令歌演唱水平的高低，直接代表了演唱者在族人中的能力和地位。歌唱得越好，说明他知道的故事越多，也就越能受到人们的尊重；酒令歌唱得越好，说明他的“学问”越大。在长角苗人看来，只有记性好、聪明的人，故事才能记得多，歌也才能唱得好。另外，不会唱酒令歌，就当不了管事，也就无法为寨子里的各种活动主事。

2006年2月10日，我们在高兴寨采录到熊进全演唱的几首酒令歌，《洪水滔天》讲述长角苗的历史来源与神话传说，滔天的洪水中是老鹰救了祖先；《秦朝后汉》提倡道德品行与生活仪轨，秦王为行孝道救其母以亲生儿子为食物；《抗婚歌》讲述不幸婚姻与人们的情感，得不到真正爱情的男女无法反抗族人与社会，只能到野外偷偷相会，互相倾诉内心的痛苦；《老人归逝》为死难的族人寄托哀思。2月15日安柱王坐清的丧仪中，我们采录了一首《哭丧》（杨秀录音，杨秀拟名）；2月27日，我们采录了杨忠祥演唱的一首孝歌（杨秀录音），都表达了生者的悲痛心情与对死者的怀念。

酒令歌的吟唱，是演唱者用带有感情的腔调，将语言的声调拉长，在“吟”与“唱”之间“述说”歌词的内容，有点像“说唱音乐”中的“吟诵调”。实际上，酒令歌就是长角苗人的说唱音乐。只是酒令歌只“吟唱”而不“说”，只用吟唱的方式来“说”他们的故事，叙述长角苗人的历史。

酒令歌不仅唱了长角苗与历史有关的故事，也唱了他们的价值观、他们的生活习俗，包括手工技艺制作的方式、民族的文化制度和规则等等。

(一)《抗婚歌》

在这首《抗婚歌》中熊进全唱了6段歌词。歌中述说了一对青年男女曾是恋人，但又各自与不相爱的人结婚。婚后又无法忍受痛苦而去无人的树林里与昔日的恋人相会。下面是这首歌的前两段歌词的曲调：

（注：反复时第6句的句末词将 rzi 换成 can，第8句的句末词将 si 换成 nian。即 rzi 与 si 押韵，can 与 nian 押韵。）

（熊进全唱 崔宪采录／记谱 熊光禄翻译）

这首酒令歌开头的两句和前两段的歌词大意是：

①夜幕阴沉沉，/②有抗婚的小伙，/③（衬词）他（衬词）/④就有抗婚的姑娘。/⑤抗婚的姑娘因悲伤会常跑到荒芜的草地，/⑥抗婚的小伙因悲伤会常跑去无人的树林里。/⑦抗婚的姑娘得不到自己心爱的人，她即使唱了七首或九首悲伤的歌也无人理解；/⑧抗婚的小伙得不到自己心爱的人，他即使唱了七首或九首悲伤的歌也无人能懂。

（以下是未记谱的歌词）

抗婚的姑娘因得不到心爱的人会跑到荒凉的草地，抗婚的小伙因得不到心爱的人会跑去危险的林子。抗婚的姑娘得不到抗婚的小伙，她即使唱了七首或九首悲歌但无人理解；抗婚的小伙得不到抗婚的姑娘，他即使唱了七首或九首悲歌也无人明白。

抗婚的姑娘早晨起来看到了初升的太阳，光芒四射的阳光照射在荒凉的土地上，照着那一棵棵伤感的树苗。抗婚的姑娘看着心爱的人，然后牵着他的手走下去。抗婚的小伙也抓着心上人的手走下去。对方的小伙因心眼不好，对他不喜欢的姑娘动手就打，还将她父母的钱像纸钱一样到处抛撒。

抗婚的姑娘看到了初升的太阳照射着荒凉的大地，阳光照在遍地枯萎小草的身上。抗婚的姑娘看着心爱的人，不顾一切地牵着他的手走去。抗婚的姑娘也抓着他不喜欢的小伙子的手，小伙子因心眼不好，突然对不愿嫁他的姑娘动手就打。还将姑娘父母的牛马牲口全部卖光。

抗婚的姑娘得不到自己心爱的人，父母把她心爱人的钱悄悄地放在了床头上。抗婚的小伙得不到自己心爱的人，与自己心爱的人约定站在他喜欢去的树林里。抗婚的姑娘要想退婚，她必须会做自己的衣服与麻纱。抗婚的小伙要想离婚，他必须有自己的收入，家里要有一条狗和一只鸡。

以上乐谱中的歌词与曲调并不“同步”，即前2句歌词唱了4句曲调（1–4）：第1句“夜幕阴沉沉”是借喻性质的起句，用了1句曲调；第2句“有抗婚的小伙，（衬词）他（衬词）就有抗婚的姑娘”则用了3句曲调，在第3句的曲调中基本上为衬词，只是起到4句曲调的平衡作用。后4句词唱了4句曲调（5–8），歌词与曲调呈同步关系——4句歌词对应于4句曲调。

酒令歌歌词的结构，据王海方说：“酒令歌的歌词一般有长的6‘扣’，每扣2段，共12段；短的有3扣，每扣2段，共6段。”[3]

这首歌的主体（后面没有记谱的歌词是按这4句曲调的重复完成的）为谱上标出的第5句到第8句——4句结构的曲调，在两句结构的歌词重复一次与之同步。歌词的第2句（谱面标示的第6句曲调）句末的“树林”，在重复时改唱“林子”；第4句（谱面标示的第8句曲调）句末的“不理解”，重复时改唱“不明白”。这样的修辞既使歌词有诗歌的意味，也使曲调更添音乐的韵律。从两段歌词所组成的基本结构看，它是在每段的4个乐句中，每两句重复一次；后两句重复前两句时歌词基本相同，只是在4句中第2句与第4句的句末词使用押韵的同义词或近义词。这即应为歌词的一

“扣”。这首吟诵式的歌曲在自由的节拍中体现出“歌诗”（可唱之诗）的韵律，演唱者记得“词”，就能唱出“曲”；词曲一体，也使“诗”“歌”一致。

这首歌在音乐方面的技术特点，表现为用节拍自由的方式演唱，音域也只用了一个“八度”：组成曲调的“音列”由C调的“do、re、mi、sol、la”6个音级构成。8句曲调中每句的结束音分别是re，la，do，do；sol，mi，sol，do。前4句和后4句都结束在“do”，相当于五声的“宫调式”。曲调中包含了较多由大跳音程构成的音调，这是长角苗音乐中特有的音调，与苗语的发音与语气直接相关。它像用低沉的语气，在对人们述说一段不幸的事情；歌词的语调使曲调产生音程的大跳，使音乐委婉而生动；由于歌词的语调作用，也使音乐上产生出大量的“三连音”，这些三连音与歌词的语气相吻合，流畅而有动力感，具有典型的吟唱特征。这本来是一首“叙事”的歌，却又以抒发悲伤的情感为主，因此第1句歌词也以“夜幕阴沉沉”来借喻演唱者“阴沉沉”的心情。全曲前两句歌词用4句曲调唱，明显的“咏叹情感”的成分大于“叙述故事”的意思。

从歌词中我们看到，虽然长角苗有“跳坡”这种“自由恋爱”的活动，也在跳坡中去寻找自己的意中人。但是，由于各种原因并不是所有的人都能如愿。在外在因素的干扰下，姑娘和小伙子都可能与自己并不相爱的人结婚。要解除婚姻还要付出一定的经济代价。

（二）《老人归逝》(an lu da)

在这首《老人归逝》中熊进全唱了23句歌词。歌中叙述在丧礼中两个最重要的角色——摩勾吉缇和姆祖兰茄，他们一个吹芦笙，一个敲“大鼓”（也称“老喜鼓”“木鼓”，只用于老人的丧礼）。这两个角色实际上代表了丧礼中最主要的两种为死者送别的形式：用芦笙吹“开路歌”，用大鼓相配合。没有这两种形式的引导，死者就无法回到祖先的身旁。下面是这首歌前23句歌词的曲调：

(4) *
ga (lei) lu (na) da (lo le) mu ya ga (du) ga (zi ngei ma) nu gei
老 人 死 去 要 叫 谁 (去) 拿 芦笙
(5) (6)
(yo o a rzi) ho zi da dzo (la) rzo rze (lo naio a) hei yi dzi (lei de)
喊 寨(里的人) 来 陪 守 村民 说 一 点
(7) (8)
ho rzao (yao) da rzo lei rzo a zo a lei he heng dzo la hei in zi lei rto rze (lo) ho da ya ga ga
喊 村民 来 村民 说 要 让
(9)
zi (gei) ma (no) gei yao (du) mo gou (jiao) ji (bei) ti (ge) ma (nu) gei
谁 拿 芦笙 是 摩 勾 吉 缇 拿 芦笙
(10) (11)
(ran ncong) jao (ga) lu da (lo) mu ya ga (du) gei (zi gei) ma (du lo be) rzou
老 人 死 去 要 让 谁 拿 (椿菜) 树皮
(12) (13)
yao (du) ao jiao mu zu (lei) lan jia (ma) gei ma (nu) rzo yao ga zi ma (du lo le) gei (na) ngei lou (le) lu
是 两个 姆祖 兰 茄 让 拿 树皮 是 谁 拿 芦笙 去 吹
(14)
yiao du mo gou (jiao) ji (le) ti mo (du lo lei) gei (na gei rzu la) lou (le) lu
要 得 摩 勾 吉 缇 拿 芦笙 吹
(15)
nie a li ma da (be lo zran zi li rao) dzo di fu lo (be) lu
他 才 拿 到 山 上 去 吹
(16) (17)
yao ga zi ma (du lo gei rza) rja (le) lou lu rzo ao jiao mu rzu (le) lan jia ma
是 谁 拿 鼓 奏(击) 两 个 姆 祖 兰 茄 拿

(*注：第4句是演唱者多唱的一句，当删。)

(熊进全唱 崔宪 采录/记谱 熊光禄翻译)

歌词大意：

①晴天竹叶片片宽，/②雨天竹叶片片窄，/③阎王老爷叫这位老人去了。/④要叫谁来吹芦笙，/⑤然后再喊人来守。/⑥人们才说/⑦喊村民来/⑧到底要让谁来取芦笙？/⑨是摩勾吉缇来拿芦笙。/⑩老人死去，/⑪要让谁来拿（椿菜树树皮）做的芦笙？/⑫是姆祖兰茄来拿芦笙。/⑬是谁拿芦笙去吹？/⑭是摩勾吉缇拿芦笙/⑮到山上吹。/⑯是谁在奏大鼓？/⑰是姆祖兰茄拿了大鼓/⑱到山上去敲。/⑲摩勾吉缇背起自己的芦笙，/⑳最大的大鼓就让姆祖兰茄背上。/㉑动听的芦笙是从摩勾吉缇双手按出，/㉒低沉的大鼓/㉓是在姆祖兰茄手中咚咚敲响。

（以下是未记谱的歌词）

晴天竹叶片片宽，雨天竹叶片片窄，阎王老爷要叫这位老人去了。这时才叫附近人都来一起守，人们说到底要让谁才能去拿芦笙？是摩勾吉缇才可以去拿芦笙。今年老人归逝，才喊人们来陪着他。是谁可以去拿大鼓？是姆祖兰茄才可以去拿大鼓。是谁可以吹响芦笙？只有摩勾吉缇才能用芦笙来吹。摩勾吉缇才去拿自己的芦笙。是谁可以去拿大鼓？只有姆祖兰茄才能去拿大鼓，姆祖兰茄才去拿大鼓。摩勾吉缇背起了自己的芦笙，姆祖兰茄背上了自己的大鼓。动听的芦笙是从摩勾吉缇双手按出，低沉的大鼓是在姆祖兰茄手中咚咚敲出。

阎王老爷叫这位老人去了，要让谁来吹响芦笙？现在这位老人归逝了，只有摩勾吉缇才能吹响芦笙。要让谁来敲响大鼓？必须让姆祖兰茄才能敲响大鼓。摩勾吉缇吹起了芦笙，姆祖兰茄敲响了大鼓。芦笙响在它的“肚子”（笙斗）里，大鼓响在它那厚实的牛皮上。

阎王老爷叫这位老人去了，要叫谁来做芦笙，只有摩勾吉缇才能做这芦笙。现在老人归逝了，是谁会做这个大鼓？只有姆祖兰茄才能做这个大鼓。摩勾吉缇砍下椿菜树做芦笙的肚子，用桦橡树皮捆住芦笙的竹子，总共砍了6根竹子，每根都会说话，芦笙的话是从6根竹子发出的，才用簧片截住了芦笙的生命，在竹子上抠出了6个眼，让芦笙能发出6个不同的音高。

阎王老爷叫这位老人归逝了，叫谁来做芦笙，只有摩勾吉缇才能做这芦笙。这位老人归逝了。是谁能做这个大鼓，要姆祖兰茄才能做这个大鼓。摩勾吉缇砍下椿菜树做芦笙的“肚子”，用桦橡树皮捆住芦笙的6根竹子（笙苗），芦笙的话是从6根竹子中发出的，有一个声音是最重的声音。用簧片截住了芦笙的生命，在6根竹子上抠出了6个眼，让芦笙发出6种不同的话语。

阎王老爷叫这位老人归逝了，芦笙吹得如此低回，老人归逝了。大鼓敲得如此响亮，这大鼓声为什么这么凄惨？这芦笙的乐音送老人出了门，这大鼓的响声也送老人出了门。芦笙不能去阴间，大鼓也不能去阴间。芦笙回来挂在了墙上，大鼓回来挂在了屋檐。

阎王老爷叫这位老人归逝了，芦笙吹得如此悲伤，老人归逝了。大鼓敲得如此沉闷。如泣的芦笙送老人出了门，把老人送到了美好的阴间。如雷的大鼓送老人出了门，把老人送到了美好的阴间。芦笙想去不能去，回来挂在了墙上。大鼓想去不能去，回来挂在了火炉边。

（吱哟咿哟）

以上这首《老人归逝》所记出谱子部分第4句应是唱错的一句，全部23句实为22句。这首歌也用节拍自由的方式演唱，音域为“十度”：组成曲调的“音列”由♭B调的“la、do、re、mi、sol、la、do”7个音构成。也相当于五声的“宫调式”。曲调中包含了较多由大跳音程和大量“三连音”构成的音调。它用最低音的“g”（首调唱名的“la”）来形容芦笙最低音la低沉的声音，这个音用芦笙吹出时，大鼓一定与之相配合；这个音在芦笙的6个音中的笙苗最长，在笙苗的顶部用一个牛角装饰。

打嘎中用的神鼓 崔宪摄

长角苗人说，用芦笙吹出最长笙苗的那个音叫“带角的音”。这个带角的音也是芦笙中最低的音（la、do、re、mi、sol、la 中的低音的 la：6、1、2、3、5、6 中的 6），说明这个音在芦笙音乐中有特殊的意义。这首孝歌比较长，基本结构共有四“扣”，四扣之外都是重复地唱歌词。

据熊进全说：“在打嘎前第一天先要去找吹芦笙和打鼓的两个人。芦笙和大鼓一般自己家没有，要到别人家去拿。第二天要在客人来的那一天吹芦笙和敲大鼓。第三天老人要出门，芦笙和大鼓都要背到打嘎的那个地方去。把老人埋了后就把芦笙和大鼓背回来。在这当中要唱孝歌。当听到芦笙的‘嘟……’（按：即“带角的音”）时就要敲鼓了。通常是这家有老人死了，下葬后将鼓背回来了就放在这家，挂在屋里侧墙上，等下次有别的老人去世时再背走。”[4]

芦笙中那个“带角的音”，即上述“芦笙的‘嘟……’时就要敲鼓”的音。从现场的音乐演奏与熊进全的说法比较，说明了芦笙与大鼓的配合在打嘎的孝歌中完成它们最重要的作用。或许我们可以这样理解：在长角苗人最重要的打嘎仪式中，芦笙与大鼓这两件最重要的乐器，已远不是单纯的“乐器”，它们还包含有了“神器”的功能，也象征着老人在人生的最后里程中生与死的纽带，通过这个纽带，既抚慰了生者的悲痛的心灵，也安慰了死者的灵魂。

从歌词中我们可以看到，在长角苗的丧礼中芦笙与大鼓这两件乐器和各自演奏者的重要作用。其中还包括在丧礼的仪式过程中如何招呼族人集中，如何由摩勾吉缇和姆祖兰茄两位“乐神”为死者送行。歌词中也告诉人们，丧礼前如何去取芦笙和大鼓，丧礼后又如何将芦笙和大鼓送回它们应该放置的地方。这与长角苗人的丧礼从头至尾都离不芦笙和大鼓的实际情况完全一致。

（三）芦笙开路歌

芦笙在这里指的是“大芦笙”。长角苗的传统芦笙即大芦笙，而小芦笙是在建立生态博物馆后为了表演舞蹈而从外面学来的，主要用于为外来参观者的表演。

“开路歌”（也称“引路歌”）是在客人来之间唱的“歌”，但在苗语中不叫“歌”。现在能唱开路歌的人，只有安柱的熊少安，陇戛的熊玉安，新寨的朱正明。不是谁都可以去“开”的。用芦笙吹几声，表示老虎叫、雷声（放鞭炮时），死人听到芦笙后就以为是老虎叫和雷声。

同是为死者“引路”，歌唱者不同，引路的长短距离也不同，如熊少安与熊玉安唱各有各的距离。但是，两人的终点却是一样的，都最终将死者引到张维方向。

死者嘴上常常盖有一块小红布，戴头用的小梳子，手指和脚趾上用红布做的小套子，它们的作用在《开路歌》中都有解释。熊光禄问过熊少安为什么这样做，熊少安说“是因为雪山太冷，用红布套住后可以保暖”。

大芦笙用于打嘎，是为了“送老人上路”，所以要用大芦笙吹“开路歌”。在上文《老人归逝》的歌词中已有明确的记载。长角苗人认为，去世的人只听得懂芦笙说的话，所以在打嘎中，吹芦笙是不能缺少的形式。

吹芦笙者奏开路歌在先，演唱者唱开路歌在后。这时吹奏的“十二谱”（12 段，加上“序”，共 13 段，故也有称为“十三谱”的），每一谱都是一段向死者送别的话。

“序”先说“你”生病半月，鬼师也救不起。前六谱为“小谱”（相对较短），先说生前开过的地，用过的犁，用过的麻纺机；又说你成神了儿子、女儿、姑妈、娘舅都没把你忘记；再说你成神要去与祖先相会，请来了芦笙、大鼓和管事的人，你留下犁头、荒地，祖婆、祖公在等着你，你要往西方去。你得病后“弥拉”为你去找药，吃过药也救不了你，你成神后拉着羊赶路。

后六谱（相对较长）进入虚幻的世界：你成神了，娃儿未长成，不会这，不会那，叫天天不应，叫地地不灵；有一天你看见了“大那蛇”，得病后弥拉救不了你，你死后像一座山永远不回来，全寨为你来送行；你成神后回到女儿家，女儿家人只见牛粪和嘎房而见不到你，管事借来芦笙与大鼓，送你去成神；芦笙、大鼓都给你，你安心陪祖婆纺麻线，安心陪祖公吹芦笙。[5]

小坝田村的王开云告诉我们：“芦笙十二谱的前小六谱用于杀牛时，后大六谱用于吃牛腿时。”“在一个寨子中哪个（每个人）都会吹山歌，但‘芦笙谱’一般只有两三个人会。因为那个不容易吹，要专门学，哪家用得着就要去请。”

芦笙十二谱实际上是用芦笙“唱”出“开路歌”，即用芦笙的音乐代替语言与死者对话。因为在长角苗人看来，死人只听得懂芦笙的“话”，所以用芦笙吹开路歌为死人引路，回到祖先的身边，是丧礼中必不可少的内容。

2006 年 2 月 7 日，在安柱乡王坐清的打嘎仪式上，我们采录到熊少安吟唱的一段开路歌。这首歌以“对话”的方式，与死者进行面对面的“交谈”。以吟唱的形式，为死者“开路”。让死者能顺着吟唱者所“指”的“路”，不但回到祖先的身边，也回到长角苗人最早居住的地方。

在“打嘎”中，除了为死者引路，向死者送别，也为死者在另一个世界中找到安宁的归宿祝福。唱酒令歌是生者与死者对话，并引导死者先“上路”，后“成神”；也讲历史故事和风土人情。

开路歌的语气低沉，情感悲伤，所以芦笙吹出的曲调多以下行的音调进行为主。在我们听来，开路歌中充满了感叹与哀悼之情，也充满了抚慰与诀别之意。鬼师熊少安既像对朋友，又像对亲人，有时还带有长辈的叮嘱，在死者耳边喃喃细语，娓娓吟唱；从用竹卦、酒为死者送行唱起，“引导”死者最终平安地回到祖先的身边：

“你在死亡的路上，在饥饿的路上，酒都可以喝。这一群群的山，就像你的子孙；这一堆堆的山，就像你的亲戚朋友。用麻秆来做你的衣服，用谷草做你的鞋子，用谷子做你吃的饭，用刺竹夹着骨头给你去喂狗，让牛到阴间帮你干活。用树来做你的棺材，做你的洗脚盆，做你的木梳。床、土灶、门、堂屋、大门、煤灰堆都在舍不得你。你走到森林边，走出寨子，大树的叶子上滴下来的水，是人们的眼泪。你往平寨、龙场、毛栗坡和死者出生的大森林等地方去。再给你母亲磕个头吧：她生你的时候喘气都成了烟雾，眼睛鼓得像牛眼，血流成了河。走到仓边、梭戛、坷垃寨、干河、鸡场、茅草坪、平坝、小龙场、姆来场等等地方；到河水源头上后，再到北夫乜、半山腰，向张维方向去。到老窝这个地方，妇女要给孩子喂奶，男子要歇下来抽烟，青年男女要停下来打扮。”

这时，当死者也“停下来休息”时，再唱酒令歌和吹芦笙给死者听。

“休息好了往敏扎、蒙扎、犒惹方向去。到了犒惹，从上面那条路走，再往阴间的大门去，这里有两条凶猛的狗，你可以用这两根骨头去哄它们。跨进大门之后，你往补得底方向去。这里有一位身材魁梧的老人，他是阎王老爷。打开他的后门，往阴间的扎办扎哈（dra ban dra ha）方向去。扎办扎哈的花开得迷人，那是你们寨上的女子，或者你的姐妹；果子也是你寨上的男子，或者是你的兄弟、子孙。歌一直唱到把死者交给祖先。死人不应该思念兄弟子孙，也不应该思念姐妹；死人不应该思念自己的妻子，也不应该思念自己的爹娘。你安心地去吧！”

实际上，这首开路歌唱出了对死者的安抚——带着吃穿用品“上路”，唱出了对死者的挽留——生活用具都舍不得他走，还嘱咐了死者不要忘记母亲的养育之恩。到了阴间，反倒嘱咐死者安心地去，不要思念自己的亲人。

（四）丧礼中的其他歌

除酒令歌外，丧礼中还唱会客歌、孝歌和扫魂歌。

唱会客歌，是在打嘎的第一天。当第一次请客人喝第一杯酒算打招呼时就要唱会客歌，主家给客人几杯酒，客人有代表，主家给客人的代表喝酒；第二次接待客人，如客人拉牛，就要回送一只鸡，如送面人家就会不高兴（客人带布就回送面条）。带白布送的面条少一点，带青（黑）布面条就要多一点，意义在于：白布代表猪，青布相当于给姐姐送头上戴的纱帕，因为是姊妹，所以要重一点。唱会客歌时，歌词一般是固定的。死者要用的一切用品都要唱到。这时也吹“芦笙十二谱”的开路歌（在打嘎中第一次吹）。第三次主人过来请客人，就喊（邀请）客人去唱酒令歌，吹芦笙。以上程序主要是针对拉牛、吃牛大腿、吃牛项包（牛背颈部往下的肉）这两家（娘舅家和姑妈家），所以姑妈家也称“打牛家”。《开路歌》唱的也是这时的内容，打牛就相当于帮死者打牛去见阎王。其中“会”娘舅家的人要花一两个小时，唱错了还要挨骂。因为“娘大舅大”，“娘舅”是长角苗家族中最重要的亲属关系。

打嘎中唱孝歌 崔宪摄

第二天基本上天亮的时候开唱孝歌。早晨 8 点前要将棺木抬到嘎房，再请客人去绕嘎。客人绕嘎后就可以走了。客人如何绕嘎，就要看主人怎么绕，如“三限杨”正（反时针）绕三圈，反绕三圈，“五限杨”正绕 5 圈，反绕 5 圈。客人绕不对，主人虽不说但心里不舒服。绕嘎时唱“孝歌”和“芦笙十二谱”。大芦笙只是男的吹，女的不吹；三眼箫、口琴、口弦是男女都可以吹。

唱孝歌时必须敲大鼓（放在西北方向的位置，如地势不合适可略作调整），即当用芦笙吹孝歌时吹出那个“带角的音”（最低音）时，则要敲大鼓来配合。孝歌也是吟唱的歌，主要用以表达生者对死者的怀念，对死者做最后的诀别。

扫魂歌是在绕嘎（俗称“跳脚”）后到打牛家“献饭”时唱的歌，也是献饭仪式的一个组成部分。其歌词的内容仍以与死者的“对话”形式进行。

酒令歌的内容或叙述长篇历史故事，或讲述人生哲理，或表达演唱者愿望、传递风俗理念，孝歌与扫魂歌也叙述生者对死者的情感。在演唱时，演唱者不在于“歌唱”，而在于“叙述”；听者不在于听“歌”，而在于赏“词”。酒令歌述说故事，所以吟唱者的语气常在“吟唱”与“诵唱”之间。情绪平静时则吟唱，有时还像自言自语；情绪激动时则诵唱，像在吟唱与歌唱之间。两种演唱方式都与“引吭高歌”的山歌、迎客歌等演唱不同。所以，“叙事”的性质使酒令歌的演唱带着鲜明的“吟唱”和“诵唱”特点。

酒令歌、孝歌和扫魂歌都是以同样的结构不断反复，吟唱不同的歌词；歌词连续不绝，曲调周而复始。由叙述出发，词曲的关系又以“词多腔少”为特征，即演唱者以吟“词”为主，以唱“腔”为辅。所谓腔，在酒令歌中只在某句的结束时有一两个拖长的音，以表达或宣泄特定的情感。

酒令歌、孝歌和扫魂歌只有男的唱，女的不唱。跳坡期间，还有一种喝甜酒时唱的也称“酒令歌”。它是在小伙子走寨到小姑娘家唱山歌，临走时向小姑娘要甜酒喝，这时小伙子就被要求唱这种酒令歌。唱完后小姑娘再用山歌对答。这种酒令歌和山歌也只在走寨的场合中唱。

第二节　唢呐曲

与低沉的芦笙相比，唢呐曲则充满了欢快、热情的情绪。在各种热闹的场合里，唢呐都是必不可少的乐器，奏唢呐曲也都是必不可少的内容。

关于唢呐的来源及其在民俗活动中的作用，王海方告诉我们有这样的传说：吴王（吴三桂）被清廷封为西南藩王，为统一整个西南地区，多次兵讨贵州郎岱（今六枝特区）的少数民族。当时的苗王朱红刚拒统，但因抵挡不住官军的强势攻击，屡战屡败而伤心成疾，整日昏迷不醒，许多治疗方法均无济于事。后来有人试用南瓜叶柄制成简易的吹具（原始唢呐）一对，对朱红刚两耳一齐吹奏，朱红刚便苏醒过来，率领全族顺利地完成了苗族北上、隐身山林的迁移大计。朱红刚去世后，苗人为了再次实现朱红刚死而复生的愿望，一连吹奏 7 天唢呐。其间，每一天就在叶柄上刻一个洞眼（正面 7 个眼），第 8 天才将朱红刚抬出下葬。于是又在唢呐背面刻了一个眼（背眼）。朱红刚虽然不能死而复生了，但苗人此举则形成了现在苗家办丧事就必须吹奏唢呐的习俗。随着观念的转变和根据实际需要，唢呐还用于热闹场合，起到便于聚众、渲染气氛的作用。

绕嘎中的吹唢呐曲 孟凡行摄

唢呐曲是由两支唢呐演奏，由一枚手持的“小鼓”（与“大鼓”相对而言；也称“唢呐鼓”，主要在唢呐演奏时与之配合应用）和一对“铰子”两种打击乐器伴奏。两支唢呐一大一小，大的称“母”，小的称“公”，演奏时由“公”的领奏，“母”的跟随，据老唢呐手杨振才说：“吹唢呐要‘大扣小’。”意思是用大唢呐跟着小唢呐，然后小鼓跟着唢呐，铰子跟着小鼓。打击乐器随乐曲敲击简单的节奏。

两支唢呐的演奏者要有一定的演奏水准，小鼓和铰子的演奏者基本无固定人员。这由 4 个人组成的“唢呐班子”，在长角苗人的生活中是非常重要的乐队组合。据小坝田村的王开云说：“我们寨子里没有会吹唢呐的人，要打嘎时只有到陇戛寨请人来吹。现在一个晚上都要百把块钱（100 元左右），吹唢呐的两个人分。唢呐的曲子多得很，吹几天都行。打鼓（小鼓）的人随便什么人都可以打，铰子是跟着鼓打的。”

唢呐是用桐木制作的“木唢呐”，前开 7 孔，后开 1 孔，共 8 孔。分大、小唢呐两种。一般大唢呐是 G 调（筒音作 D），小唢呐是 C 调（筒音作 G）；G 调与 C 调相关“纯四度”（与汉族的曲笛与梆笛的关系——A 调与 D 调相同，只是 G 调与 C 调比 A 调与 D 调各低一个“大二度”）。

2006 年 2 月 7 日是正月初十，一年一度的“跳花节”从 1994 年开始被安排在这一天。[6] 在人山人海的节日现场，我们对坐在小山坡上的唢呐手们做了简短的采访。年长的熊玉奎（王海方的娘舅，唢呐师傅）告诉我们：“唢呐有八个眼眼，意思是代表‘八洞神仙’。”[7]

唢呐曲的演奏，可以从头到尾不停地进行，也可以一个班子吹完另一个班子再吹。目的就是要热闹的气氛。在这个“跳花节”上，在正式的节目没开始前，唢呐手们就吹个不停。唢呐曲的曲目之多，可以用“不重复”来说明。至于到底共有多少首，没人能说得清楚。据说至少有 300 首以上。

在唢呐曲中，有的曲子有使用场合的规定，如“《老平谱》（大谱）是一首‘老喜谱’，老人去世吹，在打嘎时用的”。有的曲子是从别的曲子中“派生”出来的，如“《草代花》（小谱）和《黔西花谱》（小谱）都是从老谱《云上谱》（大谱）拆出的，是最好的花谱，也是打嘎时吹的”。而“《大花谱》是在‘跳坡’时吹的”。“《草代花》（花谱，大谱）这一谱‘打嘎’不用。是‘挂红喜’时吹的”。据杨振才说：“大谱不一定长，要吹‘十二方’就长了，可以吹三天三夜。”《云上谱（大谱）》《本地小花谱（大谱）》和《平谱（大谱）》等就属于这类“大谱”。

唢呐曲还有它自己独特的结构特点，青年唢呐手王海方说：我们的唢呐曲分头、中和收尾（汉译名称）三个不同的段落，苗语将“头”叫做“gindran”，“中”叫做“a fu”，“收尾”叫做“sudi”。在实际演奏中，每一首唢呐曲都有这三段，即头、中分别奏两遍后，头和中再一起奏两遍，然后再奏收尾一遍而结束。下面是按这种结构和要求反复演奏的《本地老谱》：

我们分析，这个曲子的“头”，相当于“第一段”，呈“3 + 3”的两句结构，即

（张龙友、杨兴明演奏，王海方记谱　崔宪改记线谱）

3小节为一句，共两句；它的“中”，是曲子的“第二段”，呈“4 + 4”的两句结构，即4小节为一句，共两句；它的“尾”相当于“尾声”，也是两句——前4小节为第一句，后8小节为第二句（前一句的重复后再扩展）。在“头”“中”“尾”三个不同的部分中各自都呈两句结构。各自进行“反复”，与长角苗的山歌、开路歌、酒令歌等歌曲的处理相同，即在结构上都遵循了曲调的主体反复一次的处理方式。如在歌曲中的歌词，为了修辞的需要在句末采用了“换字不换音”的押韵方式，是为了服从这种反复的要求；唢呐曲反复时都以“头”“中”“尾”各自的结构反复一次（“尾”在必要时将4小节的句子再进行扩展）。

有一种被称为“跳谱”的曲子，如《草代花》，据熊玉奎说：“‘跳’就是节奏一起一落的意思。”在我们听来，一般的唢呐曲小鼓的基本节奏型为：×× ×× | ×× ×× | ×× ×× ‖，即相同的八分音符不断重复，有热闹而单纯的特点，如上述《本地老谱》就属于这种情况。相比之下，跳谱则更显得有朝气，有动力。所谓“跳”，实际上是小鼓的基本节奏型比较活泼：× ×× | × ○ ‖；而另一首“跳谱”《云上谱》小鼓的基本节奏型为：×× ×× | ×× × ‖。下面是一首来自梭戛周边地区的“跳谱”：

这首“跳谱”以“鸡场坡”命名，说明它来自梭戛北边的“鸡场坡乡”。此曲一开始的节奏型“××　×｜××　×｜”带有“活泼”“跳跃”的特点，亦即全

（杨文昌、张龙友演奏 王海方记谱 崔宪改记线谱）

曲的情绪特征。从句子的关系上看，这首曲子的“头”分两句，呈“6 + 5”（6 小节 + 5 小节）的结构；“中”也分两句，为“4 + 10”的结构；“收”仍然是两句，为“4 + 6”的结构。三个不同的结构都具有“非方整”的特点（“4 + 4”为方整结构），因而更加加强了曲子本身的动力感。

“转调”是传统音乐中一种特有的作曲技术。在长角苗的唢呐曲中，我们见到了一首按“小三度转调”的曲子，这就是《草代花》：

这首《草代花》，前 5 小节为“C 调”，第 6 小节至第 12 小节为“A 调”，二者相差“小三度”；第 13 小节再转回“C 调”，在“中”的结束前 3 小节再转“A 调”，至

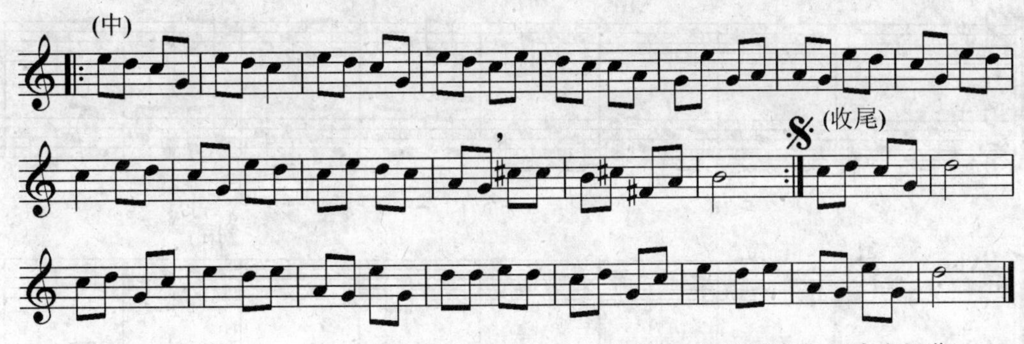

（张龙友、杨兴明演奏 王海方记谱）

“收”则转回“C 调”。从单一的调性到调性的转换，是音乐从简单到复杂、从单一到丰富的标志之一。由于时间关系，我们来不及收集更多的曲子，但这一首曲子的转调技术的应用，相信不是绝无仅有的特例。因为，除了这种特殊的转调关系外，有的曲子如《上番谱》还用了“反调”的指法。这说明了它用的是与“正调”相对应的另一种指法和调名系统。在汉族及其他民族中，“正调”与“反调”正是管子、唢呐和笛子等管乐器常用的两种指法及两种不同调名关系；在戏曲音乐中，“正调”与“反调”也代表了两种不同乐器指法和不同的声腔。仅从“反调”这一名称看，其唢呐曲的背后，还有大量丰富的内容要挖掘、整理，它们与其他民族音乐的关系，也有待更深入的研究。

据王海方告诉我们，这首《草代花》是他向吹聋冲头的彝族唢呐师傅张龙友学来的。张约 60 岁，曾从长角苗师傅学了不少唢呐曲，王去向他请教，再学回这些曲子，得到了张的不少帮助。这种被“学去”又被“学回”的关系，可以证明长角苗的唢呐曲和周边地区与民族存在着音乐文化的交流与传播关系，也对唢呐曲的曲名留下了注脚。另从其他曲名上看，这种交流可能曾是广泛而有影响的。如《黔西谱》《织金谱》《织金二黄腔》《上番谱》等等曲名，都以地名来命名，它们可能就是从“黔西”“织金”和“上番”（指梭戛北边的那雍、毕节等地）直接或间接地传到梭戛长角苗来的曲子。与此相反的曲名，如《老谱》《本地老谱》《本地四平谱》等强调了“老”和“本地”，则有可能就是长角苗本地“土生土长”的曲子。

与其他地方的音乐一样，唢呐曲在原有乐谱的基础上还可以“加花”，加上比原谱更多的一些音符，使音乐更生动活泼，如下曲：

这是一首由生态博物馆记录的唢呐曲。上行是乐曲的原谱，下行是唢呐演奏的实

新四平谱
（唢呐曲）

（梭戛生态博物馆）

际音乐谱。两者相比，上行的音符明显比下行音符少，下行多出来的音符就是加花的结果。加花是我国传统音乐中最重要的音乐发展手法之一，也是即兴演奏必不可少的技巧之一，它在各地的民间音乐中大量应用。上例可以充分说明，加花的手法在长角苗的音乐中也不例外。

喷呐手在长角苗人中是得到众人尊重的，因为各种民俗活动都离不开喷呐曲的演奏，而会吹唢呐的人不多，一个寨子也一般有几个，有的寨子没有，碰到民俗活动时就必须到外寨去请。任何时候吹唢呐，唢呐手都会得到一定报酬的。如2006年“跳花节”的第二天——2月8日我们到杨振才家，他说：昨天“跳花节”吹唢呐是有报酬的。但是给两个年轻人的，我们只是跟着去玩玩。平常一晚上有80到120元，生活困难的（主雇）最少也会给40或50元，由吹唢呐的两个人平分。有的亲戚、朋友就不一定要钱了，如果给10斤酒，就一人5斤；如果割牛肉就一人一半，如10斤牛肉也是一人5斤。过去跟唢呐师傅杨少为学习的时候，主要是一起喝喝酒，现在教唢呐也只是喝点酒就行了。

关于唢呐的制作或来源，2月14日，在熊玉奎家采访时他告诉我们：“我用的这个唢呐是我们自己抠（以“抠”眼来指称“制作”唢呐）的，用桐子木做杆，用梧桐木做口，因为它轻，好收（携带）。抠唢呐我们都有规定的，大家都知道。如果抠不好就音不合（音不准）。唢呐上涂的漆是漆树的漆，苗语叫‘一七’，也叫‘都漆’。”前面采访杨振才时他也说：“我的这两支唢呐已经40多年了，小的是买的，大的是根据小的自己抠的。这个小的声音飞起来一点（声音高一些）。老喜要‘挂红’，所以要用一尺二的红布来挂上。”“正月祭头，腊月祭尾。”即老人去世的打嘎中，逢正月初与腊月末吹唢呐时，都要在唢呐的上端挂红布条。他们用的一个小鼓，据杨说“这个鼓是老人抠的，有一百多年了，用一个整个梧桐树抠的。鼓皮是博物馆拉牛（杀牛）的时候用那头牛的皮蒙的。”从熊金亮处我们又了解到：他的唢呐是一年前从六枝新华火烧寨郭启权（约五十七八岁）处买的，一副（或称一对；小的为公，大的为母），共80元。要是亲戚关系则可便宜些，如高兴寨的朱发明、王天星，安柱村的王德华、杨学文所用的唢呐，1998年只用40元。

熊玉奎是有很高水平的唢呐师傅，关于长角苗传统意义上的传承关系，他说，学唢呐原来是用苗语念谱，把谱念熟了再向师傅学指法。“唢呐有8个眼眼，就好像八洞神仙。向师傅学就是按一个眼眼、一个眼眼地来学。现在是用简谱的‘do、re、mi、fa、sol’来代每个眼眼的音”。之后，我们请熊玉奎用苗语来给我们演示过去如何向师傅学习时的念谱，他用“罗罗里”等“形声词”来念了《上番谱》中的“第一谱”。可见，在用简谱之前，这应该是他们向师傅学习唢呐曲所用的方法：先念会曲调，再移至唢呐上的每一个“眼眼”。完全属于“口传心授”的方法。熊玉奎16岁拜杨少为师傅（1978年74岁时去世）学唢呐，杨参过军，认识简谱，他把唢呐曲的曲调用简谱记录后，学习者则可以按谱学习了。[8]王海方用是就是这种方法。据他说以简谱记录的曲子共有300多首，是熊玉奎手中的传谱，但我们多次询问始终没见到。

从以上的调查中可见，唢呐这件看似普通的乐器，在长角苗人的生活中有它自己特定的文化内涵：八个眼与“八洞神仙”有联系；背后的一眼最重要，它代表了“礼宾神仙”。热闹的唢呐曲，有的曲目在不同场合中有不同的用场。众多的唢呐曲，除了有数量繁多的不同曲子外，有的曲子之间还有不同的内在联系；除了一般的曲子外，还有“跳谱”这一类带有小鼓特殊的节奏型及特殊的音乐性格的曲子。唢呐曲有大有小，有长有短，并随不同的场合有不同的用途，也有不同的讲究，如在老人的丧礼（老喜）中和在正月初与腊月末时，在唢呐上要“挂红”，在唢呐的上端挂上一尺二的红布条。唢呐曲的结构基本上有固定的形式，但在相同形式的情况下每个曲子可能还有自己的特点。以不同地方名称命名的曲名，暗含了不同地区与民族的文化交流……另外，唢呐总是由两人一大一小两支同时演奏，两个人的关系有“大跟小”的说法，即大唢呐跟小唢呐；大的为“公”，小的为“母”，由“公”跟“母”，而不是反之，这是否反映了相关的社会结构关系？或许，这些还只是长角苗人唢呐曲文化的一小部分；我们还可以通过本地与外地唢呐曲内部的音乐技术构成及其中包含的文化内涵，以及二者的关系，进而认识长角苗人的音乐与族外音乐交流中的关系和文化意义。总之，长角苗人的唢呐音乐还有更多、更丰富的内容需要更深入的调查与研究。

第三节 山歌

唱山歌、对情歌是长角苗人在跳花坡、走寨、坐坡和晒月亮等民俗中最主要的音乐活动，也是男女青年进行感情交流最基本的交流方式。因而，唱山歌是长角苗生活中又一项重要的内容。

男青年在每年的跳花坡期间（正月初四至十五），会在长角苗的12个寨子间进行访问，被称为“走寨”，主要目的为寻找异性朋友。走寨之后异性交往更深入的形式，被称为“晒月亮”或“坐坡”。活动或在月夜间，或在山坡上，故有此称。

在每年正月间跳花坡时，有适龄姑娘的人家会在门口放一堆煤，小伙子看到有煤的地方就知道这是有姑娘的人家，可以去找她们对情歌。进屋之前要在外面唱歌，要唱“十二谱”的“关门歌”，一直唱到姑娘愿意开门为止。进门后就开始唱酒令歌，但因为酒令歌一般是唱苗族人历史或故事的歌，一般都很长，也很复杂，所以现在年轻人已不再唱了，只唱山歌或情歌。常常是边喝酒边唱歌。

过去，长角苗的少女十四五岁开始唱山歌，而在八九岁时，她们就会跟着大姐姐们去玩，听大哥哥和大姐姐们唱山歌、情歌。比如在走寨时，小伙子到了小姑娘的屋前，王开云绘声绘色地描述这个场景：“女娃娃会在屋里问：‘你们是来搞哪样的呢？’这时男娃娃就用山歌来对，说得好了就把门开开。进来以后把带的伞、穿的衣服全部挂好。一般时间是在下午的5点到6点钟，坐好以后，女娃娃就想办法去拿点饭、拿点菜大家就吃起来。他不是一个人来，而是一小帮一小帮来。有时有三四个，有时有五六个。一个寨子集中一两帮，年龄大的和大的在一起，年龄小的和小的在一起。年老的就不唱山歌了，因为结了婚就不走寨了。走寨是年轻娃娃找对象，结了婚再走就不妥了嘛。只要没有结婚就可以走，离了婚的也可以。有时结过婚的人在山上唱，不是唱山歌找对象，只是出去玩。有时红、白喜事时大家也可以唱点来玩。”

据说传统的跳花坡，只在山上唱歌，并没有舞蹈。为了接待外来客人，后来才加进了舞蹈表演。有关部门还从六枝特区请了人来教苗人跳舞。如果在跳花坡时碰到雨

唱进门歌

天，就几个人在家里吹芦笙对歌。

一般来说，哪个寨子里的人家有十三四岁年龄的女孩，这家人就是当年被各寨男孩访问的重点。女孩子长得越漂亮，被访问的机会就越多，主人也就越高兴。每年从初四到十五，小伙子们开始通过“走寨”来寻找自己心仪的对象。为此，12 个寨子可以全都走一遍。现在，穿长角苗民族服装的小伙子是专门来唱歌的，不穿服装的就只是跟着来玩的。唱歌的要在屋外打着花伞唱情歌，一直唱到屋内的姑娘把门打开。花伞为遮阳，为遮雨，更为遮羞；或者，花伞只是唱情歌的象征性道具。直到男女双方进入单独相会时，花伞才起到它既不遮阳也不遮雨，而真正为遮羞的作用。

过去，为了得到姑娘的青睐，小伙子会在山歌、三眼箫、芦笙上下工夫。如农闲或工余时，常常三五成群地学吹三眼箫，学吹芦笙，所以几乎人人都会唱，会吹。为了得到小伙子的好感，除了学唱歌外，姑娘们还会在绣花、蜡染及服饰上展现自己的手艺；只要有时间，就会在母亲的指导下学习这些技艺。所以，四五岁的女孩子就要开始学绣花和蜡染。到十三四岁时，小伙子就会在正月中的跳花坡时，到同龄的姑娘家去唱情歌。在传统的习俗中，到姑娘家进门时要唱“十二谱”（段）情歌，每谱都有固定的唱词。你唱这一段，我对下一段，是有严格的规定的。但“现在的年轻人都不按这些规定唱，而是随意编词了”。[9]

王开云说：“现在走寨时年轻人认为带芦笙不方便，也就不怎么带了。我们那帮人年轻时每年跳坡都带把芦笙，晚上小姑娘都和你对山歌。开始，小姑娘看你拿芦笙就让你把芦笙吹一下，吹着吹着她就让你把芦笙放下，说‘我们来对一下山歌’。然后就你一首、我一首地对起山歌。如果姑娘唱不过，父母就拿那个马的鞍子放在姑娘背上，让小伙子骑上三趟。所以，凡是要过春节的时候，各人都要找一个师傅，拿起酒去，说‘师傅，你把我山歌教会’。得不到一百首呢至少也要五六十首，这样才能够玩一晚上。你要唱不过姑娘，人家要你把鞍子背起骑三趟哦！哈哈……要趴在地上背啊。谁输了要被人骑。”王开顺（小坝田村村民组组长）补充：“有时你估计唱不赢呢，你就自己认输了。但我没有输过，因为我哪样都懂一点，所以不会输。”

在初四至十四的“跳坡”期间，有适龄姑娘的家庭，在堂屋会砌起一个泥土做的火炉，等小伙子进门后和小姑娘围坐在炉边对歌。到正月十五时，这个火炉就撤掉了。当我们 2006 年和 2007 年春节期间两次到陇戛时，都碰到了身着长角苗标准服饰的小伙子到适龄姑娘家“走寨”的情景。无论下不下雨，小伙子必拿一把伞，一作遮雨用，更作遮羞使。我们采录了一首《进门歌》（走寨时小伙子在小姑娘门外必唱的歌）。

这首《进门歌》的“第一谱”，就是通常要唱的“固定的词”中的一段。在这首情歌中，前有“问候语”作“引子”，后有“结束句”作“尾”，中间则是歌曲的主

（注：1. *反复时第2句末与第12句末词改另相同字义词。
2. 每一谱演唱时都可唱“长”的或“短”的，长的即第1至第12句全唱，短的即省略第4句至第11句“完了”处。女的唱短的，男的就要用长的答；或女的唱长的，男的则用短的答。）

（熊光强、杨光、熊强珍、熊金梅唱 崔宪采录/记谱 熊光禄翻译）

歌手杨光、熊强珍、熊金梅、熊光祥

体。据杨朝忠老人说，在长角苗的传统中，走寨时唱这首“进门歌”的“程序”是要唱完全部固定的“十二谱”，然后再即兴编词唱。现在的年轻人则只唱其中某几谱后就自己编词随意唱。山歌和情歌的歌腔，大抵由 re、mi、sol、la、do、re(2、3、5、6、1、2) 几个音组成。它的调高，以演唱者的嗓音为依据，演唱自己认为合适的调音。有意思的是，在这首男女对唱的《进门歌》中，女声唱 G 调，男声则唱 A 调。其原因就是男女声各自按自己的嗓音条件来演唱，完全没有考虑与对方是否唱在同一调高上的要求。

固定的歌词唱完后，就开始唱自由编创的歌词。下面是我们采录的一段《进门歌》的对唱《烧火多又多》。

如果说长角苗的酒令歌、孝歌和开路歌主要是以吟唱的方式演唱，那么，长角苗的山歌和情歌则可以用“引吭高歌”来形容。山歌的歌词，由 4 句构成，演唱时同样用

（注：*第2句与第4句的句末chu(灰)与mu(男朋友)押韵；反复后dza(团火)与nia(女朋友)押韵。）

（杨光兰、杨光秀唱 崔宪采录/记谱 熊光禄翻译）

的是自由节拍。在句中或句末的某些音上做“任意延长”处理（如各句句末的“延长号”处）。在自由的节拍中，演唱者可以自由地调整和处理自己的感情和语气；在任意延长的音符中，演唱者可以自由地发挥其中所蕴涵的语义。所以，当演唱者的情绪平和时，节拍的自由度较少，延长音的时值较短；当演唱者的情绪热情或激动时，节拍的自由度就较多，延长音的时值较长。这几个音，也与长角苗的语言有密切关系。和其他民族的民歌一样，长角苗的山歌直接来自本民族的语言。这首歌的结构是：4句歌词中前两句作“比喻”，后两句是其基本结构，唱完4句后要重复再唱一次。就像人们常说的“分节歌”。两段词唱完之后有一句“结束句”，用以结束这首歌。

下面是另一首山歌《平地托上山崖》：

当听完山歌请演唱者用苗语为我们再“念”一遍歌词后得知，所谓山歌的“音

（熊壮艳、杨芬唱 杨秀采录 熊光禄翻译 崔宪记谱）

调”，与苗语的“声调”如出一辙，音调不过是声调的夸张、延长再有所发挥而已。《乐记》中记载说：“歌之为言也，长言之也。说之，故言之；言之不足，故长言之；长言之不足，故嗟叹之。”这段话真像是对长角苗山歌的生动反映。我们多记出一段歌词，可以看出这首歌的结构：4句词是其基本结构，唱完4句后重复。就像人们常说的“分节歌”。两段词唱完之后有一句“结束句”，与《烧火多又多》中的“结束句”作用相同。

日常生活中，长角苗在送客等礼节性的场合也是用“歌”来进行的。2006年2月11日（正月十四）下午2点，我们在去采访的路上，正好碰到陇戛新村的村民熊国富（住陇戛新村16号）一家人送客人时唱“送客歌”。事后我们向熊了解到，歌词唱的无非是“慢慢走”，或者是“回去后不要打架，不要骂架”，或者是“不想去(kè)就转来坐”这样的客气话。我们驻足旁听，就这短短的几句客气话，双方唱了有半个多小时后，主人才在客人越走越远听不到主人的歌声后远去而回家。这时，主人已走出离家半里地远，大有“长亭相送”的意味。

第四节 用三眼箫等乐器吹奏的山歌

除了对歌中演唱的山歌外，山歌还可用三眼箫和芦笙来吹奏，即以乐器的乐音来代替歌唱的山歌，使山歌要表达的意思更含蓄，更委婉，更增添了一份情意。

用当地金竹制作的三眼箫，在长角苗中曾经是人人都会的乐器，因只有三个“眼”（音孔），故称三眼箫，是一种“气鸣单簧振动乐器”。之所以人人都会，是因为它不但是长角苗青年男女用以谈情说爱的工具之一，也是其他场合用以交流的工具。因此，三眼箫是长角苗的一件独特的乐器：它在生活中占有重要的地位，也代表了长角苗音乐生活中的一个侧面。

一、三眼箫的传说及音乐功能

有关三眼箫的传说，长角苗人有不同的说法：[10]

其一，吹三眼箫，主要是用于谈情说爱，交朋结友。很久以前，苗族只会吹芦笙，芦笙声音很大，男女青年谈恋爱晒月亮时总是被人发现，后来一个苗族青年发现竹筒音量小而且好听，于是他便做成了三眼箫，去晒月亮，再也不怕被别人发现。（杨兴口述）

其二，长角苗迁到梭戛时只有杨姓、李姓和熊姓，后来又来了很多人，有很多姓。当时没有文化，怕记不住，就在一起商量办法，正当大家不知该怎么办的时候，苗王看到一个小伙子背着一支三眼箫路过，他便说：三眼箫有三个眼，就代表最先来到这里的三个姓。（杨三伯口述）

其三，苗王与吴三桂打仗，被围在龙里山林之中，苗王便派出几个强壮的青年出去搬救兵，小青年便背上芦笙和三眼箫去各寨找救兵，各寨苗族人只要听到芦笙和三眼箫的声音，就让他们进寨，立即发出救兵。（大湾新寨寨老口述）

按照以上的说法，我们从这些传说中得到的信息是：三眼箫是男女青年谈恋爱的重要工具，即在晒月亮、走寨或跳花坡这些青年男女交流的活动中都会广泛使用的乐器；以三眼箫的"三眼"代表杨、李、熊三姓，不如说这三姓在长角苗的历史中占重要的地位；当遇到部族间的冲突以致发生部族间的战争时，三眼箫是本族人之间相互联系的信号工具。

在传统的习俗中，长角苗的男孩到十四五岁时会从长辈或三眼箫制作人处得到一支三眼箫，或者自己制作三眼箫，并从长辈那里学习演奏技术与演奏方法，以便能够应付即将到来并亲自参与的求偶活动。所以，在传统的习俗中，年轻人常常会在收工后、农闲时，相互切磋三眼箫的制作工艺和演奏技巧，相互比试三眼箫的演奏能力和"斗智"能力。因为三眼箫的"对话"能力远远超过了它的"音乐"性能，参加比试的双方用它进行现编"乐曲"（编词）进行"对歌"，本身就包含了斗智的成分。

在采访中王开云告诉我们："吹三眼箫是去找对象的时候，到姑娘家时，在门外吹起来。家里的老人和姑娘在屋里就知道外面来了人，然后再看看是张三还是李四。屋外的小伙子就会唱，我是哪个寨子来的，是哪个家的娃娃。这时姑娘家就会让他进门来坐了，到屋里来'摆堂'。双方就会再谈，看看你是不是用得着我的人才，我是不是用得着你的人才。如果双方都认为用得着对方的人才，就可以结婚了嘛。用不着呢就你去了，我再考虑别的人才。三眼箫是一种打响声乐器，用它来吹山歌。就是吹姑娘出来玩呀，和我们摆一下（聊一下）。姑娘能听出来他吹什么，如果姑娘不招惹（理会）他，他就走了。一般三眼箫是小伙子在屋外吹，也可以双方对吹。走寨时在家里可以吹，跳坡时在山上也可以吹。走寨是每个正月初四到十五这段时间，平常不来。每年过年这段时间，小伙子就看某某家有姑娘已经大了，我正好用得着（中意的对象），晚上就可以直接到姑娘家谈一下，看你用得着用不着我。双方都用得着我们两个就成对象。正月初四到十五这个阶段，男娃娃和女娃娃就是一小帮、一小帮地玩。比如昨天晚上小伙子来到我们这个寨子，到今天中午这个时候，姑娘家就要给小伙子准备甜酒，小伙子喝了就走了，就往下个寨子去了。如果某个小伙子看准了某个姑娘，以后就跟紧了，逐步逐步就挨拢（靠近）来了。姑娘也是看某个寨子的小伙子以后我用得着，以后也愿意和他来往。如果两个人同时看上了一个小姑娘，就看以后哪个小伙子跟得紧了。你几个月都不来，那个小伙子经常跟着来，那姑娘肯定是同意后面这个了嘛！（哈哈……）按过去的习惯是十三四岁就来找对象，两个人看得差不多了，十七八岁就可以结婚了。我是当兵 1973 年回来才结婚的，那时都 21 岁了。过去十三四岁都有结婚的，现在要按婚姻法规定的年龄结婚了。"

如果说男娃娃找女娃娃时都要吹三眼箫，学吹三眼箫就曾是长角苗人生活中的一件重要事情，三眼箫也因此成为长角苗人的一件非常重要的乐器。

二、三眼箫的拟语功能

在"走寨"时，男娃娃找女娃娃是用三眼箫作工具来对"情歌"，正如唱山歌一样，有时是要以男女对答的方式来对歌。男的吹一段，女的对一段；或者女的吹一段，男的对一段。这样一来一往地用三眼箫而不直接用语言对话，显得更加含蓄。这种用三眼箫吹"情歌"的对话，可以三言两语，也可以细语绵绵，可以高谈阔论，也可以针锋相对。它几乎就是长角苗语言的代表，也几乎代替了语言。

有学者指出，长角苗的"三眼箫乐曲大都被特定的内容固定下来，以乐代语，与当地民歌——阿古都交替唱奏，具有歌乐一体的共溶（融）特点"。[11] 这里，作者指出了三眼箫"以乐代语"并与民歌之间"歌乐一体"的关系，是注意并观察到三眼箫作为"乐器"与人们一般概念中的乐器的不同之处。一般的乐器，主要是以演奏音乐为主，其功能在于音乐，而不在语言。长角苗的三眼箫则不同，它有"语言"的作用与"代语"的功能。"三眼箫的曲目分成即兴的和规约的两类，即兴的曲目很多，没有特定含义，随吹随编，用于'玩意'（娱乐消遣）。规约的曲目有'二十谱'，其中十四谱有明确的内容"。[12]

在采访中我们对长角苗人能用三眼箫来进行"对话"表示不理解，吹的"乐曲"怎么能让对方"听懂"呢？因为常识告诉我们：乐曲表达的是"音乐"，而不是"语言"；音乐更多的是有"语意"的作用，而不能直接代替语言。但在采访中熊玉文十分肯定地告诉我们："吹三眼箫都是两个人面对面坐着吹。在我们这里你吹哪一谱（曲子）大家都认得到（知道），等你吹完了，他会用三眼箫来打发（回答）你。一个字一个字，一个音一个音，每个字，每个音，每句话，他都能听得懂。你吹完了我就马上拿起三眼箫来吹，打发你的话。如果你吹骂人的话，她都能听得懂。有时几个人在一起吹，你吹一句骂我，我吹一句骂你，吹着吹着就不吹了，两个人会闹起架来。如果两个人在谈恋爱，谈得比较深入，你坐这边吹，她坐那边吹，吹着吹着两个人就互相流泪了。还有比如他不相信你，就用谱子来骂你；你听了又会用一个谱子打发他。"这让我们十分吃惊。如果能做到这样的效果的话，那不就是用"语言"在对话吗？说着，熊玉文吹了一段生气的“对话”：（夫妻两个感情不好）男的吹“本身人在世上都是一样好的，但我有了这个爱人让我一辈子心不安”。妻子又可以吹一段打发他，不是怪你就是怪我。又吹一遍生气的话，然后用苗语向我们解释一遍。

熊玉文的解释明确地说明了一个事实，三眼箫可以“说话”。经过观察与分析，我们发现三眼箫不仅有“代语”作用，根本就有“拟语”的功能。长角苗人确实是用三眼箫来“说话”。作为局外人，三眼箫的演奏我们听到的是“乐曲”，而作为局内人长角苗来说，听到的则是“语言”。所以他们说是“每个字，每个音，每句话，他都能听得懂”。下面是熊玉文用三眼箫吹的男问女答的两小段“山歌”的曲调[13]。男先唱：

女答的曲调是：

按熊玉文的解释，女答的曲调大意是：“既然我们两个人都是真情相对，但是我们还是要分开。”他说这是女的对男的并不喜欢，但用客气话来回答。说白了就是“我不喜欢你”。

2006 年 3 月 3 日，我们将这段山歌的录音请熊光禄听，他听后马上就明白了，说男唱山歌的曲调意思是："你父母想让你自由，只怕你婆家要逼着你上天。"意即"婆家使你无法解脱"。熊光禄的解释充分证明了我们的判断是正确的：三眼箫的曲调有拟语功能。为什么能做到这一点？我们做了初步的分析。

当我们将以上曲调的谱例结合三眼箫的音位结构分析发现，这支由熊玉文用"苦竹"自制的三眼箫，它的音位由 re、mi、sol、la、do、re(2、3、5、6、1、2) 构成：三眼箫上的三个眼，分别可奏出 mi、sol、la、do 四个音，最低音 re 和最高音 re（略偏低），分别由"筒音"和它的高八度"超吹音"构成。可以说，三眼箫上虽然只用"三眼"，完全符合长角苗语言上的需要，用它来"模拟语言"，恰好与苗语的基本音节相符。由于苗语的"音调"与三眼箫的"曲调"有"同构关系"，所以只要听得懂长角苗语，就能听懂三眼箫的"曲调"所表达的"语意"。用三眼箫或芦笙这些长角苗人的乐器来对山歌、情歌，双方就都能听懂对方的"语言"，也就不足为奇了。据长角苗人说，不但三眼箫可以这样对话，走寨时过去也有吹芦笙对歌的，作用与三眼箫一样。只是背芦笙不太方便，现在吹的人越来越少了。三眼箫和芦笙具有独特的"拟语功能"，也是长角苗音乐中的独特现象。这种现象背后更多的文化内涵，有待进一步挖掘。

三、三眼箫的吹奏要求及其制作

三眼箫的演奏并不存在十分严格的规矩，它可代替山歌、情歌等的演唱功能，直接用三眼箫来进行对歌和对话。但是，约定俗成的"规矩"，是先吹的人要吹一段"客气话"的曲调，表示"我要开始了"。2005 年 8 月 2 日在陇戛新村熊玉文家采访时，熊告诉我们说："吹三眼箫要有开场的谱，不然就开始不了。"另外，"每吹一段话都会有说明结束的音，表示说完了，不然人家觉得没有结束。"即每一段结束时最后一个"re"或"la"后还有一个高八度"re"或"la"的装饰音。上文《情歌》曲调谱例中最后的"结束句"，就是这个表示"说完了"的曲调。

如果是几个人在一起，吹上这一段"开场谱"，就知道大家都是长角苗了。这也是长角苗在吹三眼箫时必要的礼节。熊说："过去老辈人在一起吹，不管是情歌还是别的歌，开始一定要吹那头一谱。不然的话，人家认为你不懂礼，不懂规矩，不是苗家人。"下面是一段"开场谱"的曲调：

熊玉文解释以上曲调的大意是："我们几个在一起，大家都是苗家人。""如果你不这样吹，人家就会把你的箫拿过来再吹一遍，吹错了更是这样，人家再吹一遍，你就没面子了。你如果吹不完整也是这样，我拿过来吹完整给你听。所以十来岁时就会去听别人的歌，不然到时你不会吹别人就会笑话你了。"

在调查中，我们问得最多的是"三眼箫一共有多少曲子"，"你们的曲调是不是都是一样的"。因为我们的印象中，既然是"歌"，就应有固定的曲调，否则哪是歌呢？但得到的回答是，"我们的调子很多，你想怎么吹就怎么吹"。显然，我们的出发点是长角苗的情歌或三眼箫的曲调应该是固定的，就像有的汉族民歌一样，是在一个固定的曲调中，唱不同的词。顶多是根据不同的词个别的音有变化或有调整。但事实好像不是这样，被采访者始终没有说出一个固定的曲调，而是反复告诉我们，你想怎么吹就怎么吹。固定的只是在开始的时候要吹一个"开场谱"，目的告诉在场的人"我要开始了"，作为一种必要的音乐形式和必要的礼节。

除此之外，三眼箫的象征意义还包括以下内容：首先，制作三眼箫被看成是传达历史文化信息的基本环节之一，是对祖先生命活动的追忆，故制作前要先卜卦以得到祖先的允许和保佑，制成后要向年轻人讲述三眼箫的传说故事；其次，用茂密竹林中的节杆长的竹子制作，寓意人丁兴旺，多子多福；再次，作为公益事业，制作人每年都要做上许多支三眼箫，赠予急需的年轻人，并要教会他们基本的演奏方法和基本曲目。因此，三眼箫的制作人并非普通的"匠人"，而是历史文化的传递者。他们有着特殊的社会地位，受人尊重，被视为榜样。年轻人婚姻成功后，要给三眼箫的制作人赠送两斤米酒，并在婚礼中将其奉为上宾。[14]

长角苗传统中的三眼箫，过去的传承都由老人来完成，吹奏方法上也有讲究："吹低音气要匀倒放，吹高音气要放紧。吹的气要和眼配合，不配合起来吹就不行的。""气太猛，你就吹不出那个低音；如果你气不猛的话，那个高音你就吹不出。和它那个眼子合起来，所以就不好学。""以前从十几岁都学了。开始学小的三眼箫，学会了那个，吹这个大的就简单了。过去我们学都是这样学的。"小三眼箫也是三个眼，与大三眼箫的结构是一样的，只是三个眼都在上面，不像大三眼箫的三个眼是按手指的位置开在不同的侧面。"在我们那时是每个人都会吹，现在年纪小的很多都不会吹了。"

对三眼箫的制作，熊玉文说："选竹子的话很讲究，一要向阳，二要节短，三要竹子越薄越好，和做芦笙一样，竹子薄就响。竹子长短不论，把吹口做好后，主要要开好中间眼，如果这个眼开不好，那个音就不合。如果低音太低，不合唱歌的规格，就多开一个眼，如还不行，再开一个，使音合唱歌为止。中间一眼开好后，用右手的拇指与中指的自然长度开下眼；上眼与中眼的距离比中眼与下眼的距离稍短。中眼在右侧，下眼在左侧，手随便一摸就能摸到，上眼在左侧。根据竹子的厚度在吹口的地方开一半，用背面的竹皮卡在中间，再用草插在这两边，使气能从中间进去，这样吹起来就不费力。吹口后边的圆口开在中间。中间的竹片横在中间，将吹口撑开。""我一吹别人都能听得懂。唱情歌时也用小三眼箫。""现在十几岁的人都不会吹了。过去我们是看谁的三眼箫做得好，大家就坐在一起吹。所以过去一到四五点钟时到处都有人吹。现在读书了没有时间。”产生这种情形与学校及其所代表的现代教育有关，也与流行音乐的传入有关。据说有的小女孩能将一盘流行歌曲从头唱到尾，但三眼箫已经未必都会了。

与三眼箫的功能和作用相同的主要乐器是芦笙、改制口琴和口弦。芦笙携带不太方便，现在基本上没有人走寨时用了。改制口琴是用市场上买来的口琴，将原来以平均律定音的音高改为符合长角苗人审美习惯的音高，用它来吹奏山歌，具有长角苗的苗歌风格。在现在的长角苗人中，会吹口弦的人更少，其音调只有非常熟悉它的长角苗人才能听得懂。

长角苗人的生活是丰富多彩的，他们的音乐也是五彩缤纷的。在他们的音乐和他们离不开音乐的生活中，我们体会到了贫穷生活中音乐带给他们的喜悦、慰藉、安宁和恬静。在生态博物馆建立后，长角苗人的音乐，也因他们生活的改变，因生存环境的改变，更因生活态度的改变而改变。这些本属于长角苗这个族群的“文化遗产”，一部分已经被有意无意地放弃了“继承权”。让曾经与长角苗的生活息息相关的传统音乐在新的环境中得以继承和发展，还是让它们只保留在为旅游而进行“表演”的“文化空壳”中，这不仅是生态博物馆要考虑的事情，也给“文化遗产保护”留下了更多的研究课题！

注释

[1] 高兴寨熊开文（熊光禄父），1956 年生，7 岁上小学，三年级后辍学，曾担任高兴寨党支部书记多年，也曾到贵阳等地打工，现在家务农。

[2] 高兴寨熊进全（熊光禄伯父），1944 年生，属羊。从父熊汉清学酒令歌。其父 1923 年生，1981 年过世，原为“祭宗”（通用 Rshan sheng，也称 Ji Rzhong），过世后由熊进全 44 岁时继任。

[3] 2007 年 3 月 6 日（正月十七），在新华乡大湾新寨王海方家采访。

[4] 2006 年 2 月 11 日（年初十四），在梭戛生态博物馆我们和熊光禄一起记录歌词、整理乐谱时，熊告诉我们他伯父熊进全的说法。

[5] 张应华：《贵州梭戛“长角苗”音乐文化生态考察与研究》（2002 年贵州师范大学硕士学位论文），第 55-56 页。

[6] 长角苗传统意义上的“跳坡”，原来是从正月初四至正月十五间小伙子到有小姑娘所在的寨子“走寨”。在走寨中认识并相互产生好感后再约时间到山上去“晒月亮”“跳坡”。“跳花节”则是自有生态博物馆后确定的统一的节日。

[7] 2006 年 2 月 8 日（正月十一），在陇戛寨的杨振才家得到肯定：“我们吹唢呐都有（唱名）‘1、2、3、4、5、6、7’。唢呐一共八个眼，我们就叫它‘八洞神仙’，后面一个眼是最老的一个，是‘礼宾神仙’。也就是‘八仙过海，各显其灵’的意思，八个眼也就各管各的。但分不出哪个眼是哪个神仙。”

[8] 据熊玉奎说：杨少为的师傅叫“青张帽”。因姓张，又总爱戴一顶青色的帽子而得名，能够一人同时吹两支唢呐。

[9] 在我们的调查采访中，陇戛寨的杨朝忠老人这样评价现在的年轻人。

[10] 张应华：《贵州梭戛“长角苗”音乐文化生态考察与研究》(2002年贵州师范大学硕士学位论文)，第27–28页。张应华：《贵州梭戛“长角苗”标志性乐器三眼箫的调查与研究》，载《贵州大学学报·艺术版》，2005年第1期，第38页。

[11] 张应华：《贵州梭戛“长角苗”音乐文化生态考察与研究》(2002年贵州师范大学硕士学位论文)，第28页。

[12] 同上，第36页。

[13] 这里我们用“曲调”这个词，而不用“曲子”或“曲目”这些概念，旨在说明曲调与曲子、曲目是不一样的。这里的曲调只是一段音调而已，它并没有固定成一个约定俗成的“曲子”或“曲目”。

[14] 张应华：《贵州梭戛“长角苗”音乐文化生态考察与研究》(2002年贵州师范大学硕士学位论文)，第34页。

第十章　长角苗人的经济

第一节　贸易

费孝通先生在其《江村经济》第 14 章中有对类似内容的研究。费先生将这一章分做交换方式、内外购销、小贩等九个部分讨论。虽然我们研究长角苗社区已经比当时费先生研究开弦弓村晚了将近 70 年，近二十几年全国乘改革开放的东风各项事业都得到了快速的发展，应该说陇戛寨的贸易要比当年的开弦弓村发达多了，但我们发现事实并非如此。从这里可以见出地理条件的限制比时间限制的力量还要强大。长角苗人的贸易没有开弦弓村那样复杂，这里没有航船，也没有小贩。他们简单的贸易方式是由长角苗人独有的生活方式决定的。

一、内部交换

中国不同地区的农村，即使处于不同的历史时期，也有着很多的相似性。费先生在《江村经济》第 14 章的第一部分交换方式中谈到家庭义务、社会义务、互相接待和互赠礼物等个人之间、甚至群体之间的交换方式，这在我们所研究的长角苗人的社会中同样存在。但是情况有些不同。在那时的开弦弓村，男女分工明显，妇女很少下田，在丈夫下田苦干的时候，她们则更多的是在家中煮饭。这样就形成了丈夫和妻子劳务的交换。但是在长角苗社区，妇女们就没有那么好的命运了。她们不但要照顾孩子，给全家准备饭菜，还要和丈夫一起割草喂牛、喂猪，下田干活，甚至和丈夫一样承担背粪的繁重劳动（尽管她们的背篓要小一些），晚上，她们还要坐在灯下纺线织布（现在已经很少），刺绣画蜡，而这时她们的丈夫则在悠闲地抽旱烟，或者到邻居家喝酒聊天。因此，如果说长角苗人的家庭成员之间存在劳务交换的话，那这种交换则是由既定的文化传统所限定的，是不平等的，也是不明显的，我们宁愿把这种交换称做传统习俗限定下的感情交换。

亲属和亲属之间的交换也属于感情交换的范围，这种交换往往是能者多劳、下辈多劳，因而也是不平等的。但是存在下辈为长辈出体力、长辈为下辈出智力的情况，比如长辈帮助下辈主持一些如婚礼、打嘎之类的仪式，这些非要长辈不可，因此交换就又变得模糊起来，很难说平等还是不平等。但如果是相同年龄段的亲属，则有平等交换的可能，我们在长角苗社区中看到的也多是这种情况。家庭和家庭之间、朋友和朋友之间的交换则是一种人情交换，这种交换一般是较为平等的。

我们上面所谈论的交换多是劳务层面上的。这些劳务不仅包括实际的体力，如耕田、采石、盖房等，还包括各种人生仪礼方面的大型活动上的"帮忙"，这种帮忙可能是实际的劳动，如帮助做饭、招待客人等，也包括不费多少力气的捧场。捧场也是十分重要的，因为举行一场大的活动的时候，人的多少关乎人气的旺盛与否，在当地人的心理中，这会关乎家庭的发展前途，如人丁兴旺。这种现象也有着社会学的意义，参加人员的多少和参加人员的结构，能够反映这一家人在亲属和社区中的威信和号召力。

至于互相接待这样的交换则视个人的经济情况和好客程度而论，一般情况是会相互回敬。总是有些家庭特别讨别人喜欢，这样的家庭一般能够"聚拢人气"，大家喜欢到他家中串门。而主人也多认为这是一件好事，所以每次有人来串门，必给予招待。这种招待并没有使主人遭到损失，反而往往有所得。因为这种人本身就有好人缘，如果他利用在他家聚会的机会加强这种人缘，则遇到什么需要帮忙的事情大家就会不请自来。这种情况可能是没有公共活动场所的社区（特别是农村）的共同现象。这样的家庭逐渐变成了闲时朋友邻人们的集合地，成了"老地方"。这样的情况出现，打破了小范围的互相接待的交换原则。值得注意的是，现在的情况变得复杂起来，这种聚会家庭形成了两种形式。一种是真正的"老地方"，这种家庭的主人往往年纪偏大，他家中所聚集的多是一些和他同年龄段的老朋友。这些人有多年的交情，这个聚会地的主人也多曾是村子中"叱咤风云"的能人。另一种则是年轻人的聚会地，这种聚会地的主人多是村中的干部，是村子中刚升起不久的新星。他们是村中新的力量的代表，有能力，朝气蓬勃，自然聚拢了不少人气。当然，来聚会的人中不乏想同村干部拉拢关系、进而捞取好处者。这些村干部的家中多半有电视机，因此又吸引了大批来看电视的妇女和儿童，人气更旺。村干部们当然喜欢看到这样的景象，更要招待，因为他要干好村中的工作，就必须尽可能地争取人们的支持。如果说陇戛旧寨的杨学富家是前一种家庭的话，则同是旧寨的王兴洪家和熊朝贵家则是后者。更年轻的没有成家的年轻人的聚会和请客则一般是对等的交换。

在长角苗人的社会中，互赠礼物发生的途径有两种，一种是节日上的例行送礼，礼物的内容多是送给孩子们的糖果和送给长辈的酒，量很少，只是"意思意思"而已。另一种是大型礼仪性活动上的交换，这是最重要的。例如打嘎，死者的女儿、侄女家每家给死者（实际上是给死者的儿子家）敬献一头牛，则死者的儿子一家除给一半牛之外还要给一定数量的钱，钱的数额达到了牛的价钱的一半。如果死者的女儿较多，则儿子们就承担不起了。即使这样，在传统习俗的强大约束力下，大家都遵照执行，即使倾家荡产也在所不惜。实际上，并不仅仅是儿子承受大的压力，因为女儿的丈夫同时又是别人的儿子，他早晚也有着同样的遭遇，所以是全族的人在承受压力。现在情况出现了变化，女儿们给死去的父亲献的牛越来越小，这些牛的价钱很低，有的不到200元钱。相对于两三千元的大牛来说，女儿们的压力减轻了不少。女儿们做出这样的举动非但没被人指责为不孝，反而得到了大家的默认。因为女儿们的做法使儿子们的压力也减轻了，整个社会的压力都减轻了。这说明了一个问题，即使是带有极大感情因素的交换，也必须坚持互惠的原则，才能为大家所执行。

就具体的物质交换形式来看，陇戛寨的情况远没有开弦弓村复杂，这里没有外地来的小贩。但是存在固定的店铺，只不过这些店铺是近两三年才出现的新事物。店铺的出现与生活条件的改善直接相关。当然，就陇戛寨的情况来看，偶然因素也应当在考虑的范围之内。乡医院在陇戛新村设立了卫生站，而卫生站的站长（也是唯一的工作人员）所才海是回族，他并不甘于仅仅从事简单的医疗工作，而是利用医疗站的房子开起了小卖部。小卖部主要交与妻子经营，商店里面的商品有成瓶的酒、散酒、廉价的糖果、洗衣粉等。

每当陇戛小学放学的时候，还有一家用平板车搭成的卖糖果的小摊会摆在校门口，车上的商品显然是针对学生们的。这至少能够证明孩子们有了零用钱。虽然钱往往很少，我们曾见到过一个小孩子抱着父亲的腿哭闹了半天，才得到了1角钱，但是孩子并没有表现出失望的情绪，而是拿着这一角钱飞快地向小卖部跑去了。也有的孩子趁父亲高兴的时候，会偶尔得到一元钱。这已经是很大的成就了，因为我们注意过，很多父亲迫不得已在给孩子掏钱的时候，从口袋里掏出来的一共也就是五六元钱。因此从某种意义上来说，陇戛寨的小卖部主要赚的是“孩子们的”钱。

除此之外，还有一些隐藏的不易被发现的“地下”小卖部，我们在采访中曾经发现过这样的情况。这些小卖部小的只有两三种商品，且每种商品的数量往往只有一袋。比如陇戛旧寨63岁的王云芬就从事这样的买卖。在她家中访谈，经常会看到有小孩跑进来，递给王云芬1角钱，王云芬则会从她身后的塑料袋中拿出几块糖，或者是一张果丹皮递给小孩。整个过程两者没有说一句话。从这一点可以判断，这些小孩子都是王云芬的“老客户”了，因为她知道他们需要什么。王云芬这样的买卖可能是不固定的，但是很明显，她已经有了自己的“客户群”。王云芬是一个有商业头脑的人，这似乎得益于她受的教育，她娘家在依中底寨。她是陇戛寨60岁以上的妇女中唯一一个读过书的人，虽然才读到小学二年级。王云芬意识超前，早在20多年前她就买了全寨最早的缝纫机，利用这架缝纫机给大家缝衣服，给女性的裙子上缝上一条花边（主要是这项活儿）收费1角。

流动性的商贩也有，这些人有长角苗人也有外族人，都住在附近。但是这些人并不在村寨中走街串巷地叫卖，而仅仅是遇到长角苗人举行打嘎之类的重大活动时，他们会追随到野外举行仪式的地点摆起小摊，卖的商品是糖果和饼干。由于打嘎往往持续几个小时，并会吸引很多孩子前来观看，所以小贩的生意往往不错，年轻的成年人有时也会买小贩的东西吃，但是做了父亲的男子很少这样做，因为这样的行为会使他在决定是否给他的孩子零花钱时感到为难。

二、集市贸易

我们以上所讨论的交换形式尽管不同，但总的来说，都是内部交换。虽然这个内部没有被一个寨子和村子局限，而是扩大到了整个民族的范围，但是长角苗人的十几个寨子的产业结构和经济情况基本一样，最重要的是，他们没有金属冶炼业和制造业，亦不能锻造铁器（陇戛寨的熊玉安打过铁，但也仅仅是锻造个锄头什么的，且因工艺过于落后而没能坚持多长时间）、制作陶瓷器。而这些东西又是不可或缺的，因此必须依赖与外部的交流。

费孝通先生指出："每个贸易区域的中心是一个镇，它与村庄的主要区别是，城镇人口的主要职业是非农业工作。镇是农民与外界交换的中心。农民从城镇的中间商人那里购买工业品并向那里的收购的行家出售他们的产品。"[1]

这种论述也适合于我们研究的陇戛寨长角苗社区。

（一）梭戛场（suo ga kiu）

与陇戛寨居民保持着密切经济关系的集市是距离陇戛寨3.5公里的梭戛场（长角苗人把集市称为"场"，称赶集为"赶场"）。这些场的频率都是6天一次。由于梭戛场的距离近，近年又修了柏油马路，因此陇戛寨人赶得更多的是梭戛场。

在农村，集市的所在地往往也是乡级政府的驻地，政府办公大楼、医院和中学的现代化建筑为梭戛场增添了城市的气氛，使场成了梭戛人向往的地方。

梭戛场在一个浅凹里，沿陇戛寨通向梭戛场的柏油路延伸约100米，这100米的前段是土豆和粮食交易专场。柏油路右侧与柏油路垂直伸展大约200米，在其尽头又向左右两边各伸展100米许，左边有家禽买卖的专场，右边是服装的长廊，右边中间则是各种编织器具的集中地，右边的尽头是猪仔交易市场，其他商品分散其间。这些路两边的商店和摊位是梭戛场的主体。商店和摊位上的商品虽然质量不高，但还称得上丰富。有专门卖服饰的商店，也有专卖五金家电的商店，更时髦的专门经营日用化工产品和食品的超市也有四五家。综合性商店的规模较之专门的商店大，里面小到针线，大到铁炉子，花样繁多。各种小饭馆约有八九家。除了这些有固定门头长期经营的商店以外，街道上还有卖各种商品的临时摊位，见缝插针似地布满了每一个角落。这些小摊位是乡村集市的特色，正是它们让乡村市场变得有味道。

长角苗人可以从梭戛场上买到自己所需要的所有日常必需品。虽然场上的商品很丰富，但是这些商品多与长角苗人无关。从下表可以看出，长角苗人赶场购买的主要商品是食油、盐、米等生活必需品。这些商品长角苗人自己不能生产，只能到场上购买。从表中我们也可以看出，全部的长角苗家庭都逢场必赶，当然这里的逢场必赶是有条件的，那就是身体健康，家中无急事。如果在农忙时期，则家庭会派出至少一名代表。长角苗家庭逢场必赶证明了他们的生活对场的依赖。陇戛寨农民杨学富的说法颇具代表性："我一般都是场场赶，每赶一次场买够6天用的东西。如果一次赶场多买一些、下次不去赶场，一则没有那么多钱，二是东西多了不好搁。每次赶场都是买点油、盐、米之类的东西。买够两个人吃用的东西要20块钱，买够4个人吃用的东西要50块钱。”杨学富的话，代表了大多数人的说法。杨学富家的收入在陇戛寨属于中上等（从上表的赶场花费中也可以看出），尚且认为没有足够的钱一次买够十几天的用品。这逐渐形成了一种固定的心理，不舍得一次花那么多的钱。

陇戛寨的杨德贵告诉我们，他也是每场必赶，但是由于没有现钱，一般都是把家中的玉米、洋芋或者鸡鸭卖掉，然后买油盐。因此必须每场都赶。再者，像猪油这样

陇戛人赶场情况统计表

姓名	性别	年龄	文化程度	赶场频率	逗留时间①	平均每场花费	赶场所买物品						赶场娱乐		
				（次）		（元）	猪油（斤）	盐（包）	食品②（斤）	大米	白酒	水果（斤）	喝酒（次）	吃油炸洋芋	其他
杨振军	男	25	初二	逢场必赶	b	10							较少	有	闲逛
杨光	男	26	初中	逢场必赶	c	30以上	4	3	3	5		2	多	有	闲逛
熊金亮	男	33	初二	逢场必赶	b	40以上	5	3	2.5	10	5	3	多	有	
杨德贵	男	35	初二	逢场必赶	b	20	2.5	2		5		很少	较多	很少	
杨正昆	男	46	初中	逢场必赶	b	20	5	3		5	2	很少	多	很少	
熊氏	女	50	没读过书	逢场必赶	a	20	5	3						无	
杨德学	男	53	三年级	逢场必赶	c	20	5	3		5		很少	多	无	
杨学富	男	52	三年级	逢场必赶	a	45	5	3	3	10	5	2	较多	无	
杨少益	男	67	没读过书	逢场必赶	a	10	2.5	2					较少	无	

注释：① a. 有时半天，有时一天，一天为多；b. 绝大多数是整天；c. 有时半天有时整天，多是半天。

②这里的食品主要是指豆腐之类副食品。

易变质的东西，每次赶场买够到下次赶场用的是一个精打细算的选择。

有一些内容没有列到表中，像长角苗人的猪、土豆、鸡鸭及其他农产品多是在梭戛场上卖掉的。必需的农具、肥料、服饰、日常用的器具等等也多在梭戛场上购买。但是农具一次购买可以用很多年，肥料一年也买不了几次。服饰的情况同农具相同，长角苗人的经济情况还没有达到让人们（即使是对服饰最钟情的少女）可以随便选购衣服的水平。长角苗人对自己日常用具非常珍惜，敝帚自珍，购买新器具的情况不多。

胶鞋和铝锅铝盆等现代工业产品进入长角苗人的生活有一段时间了，但目前长角苗人对这些东西只有使用的能力，没有维修的本事。最初级的维修地点就是梭戛场，

长角苗人只能逢场时将自己需要修补的鞋子、铝锅铝盆等拿到场上的修理匠那里去修理。从事修理工作的没有长角苗的人，长角苗人必须请其他民族的人来完成这项工作。

（二）马车

梭戛场到陇戛寨的马路开通之后，为通行马车创造了条件。寨子中有经营兴趣的人买来马和马车，成为寨子和外界的大宗货物运输载体。他们除了自己运东西之外，还承担着给寨子里的人运东西的任务，大多用来运大宗的粮食和煤炭，以及建筑材料。虽然马车的数量不多，但责任重大。各寨的马车在赶场日将寨子中所要卖的粮食和猪等运到场上，并将买的煤炭、肥料等运回寨子。这种马车的特点类似费孝通先生在《江村经济》里面所描述的航船。但是陇戛的马车主赚的是顾客们的运费，而不像航船主那样从供货商那里得到好处。陇戛寨的马车会从梭戛场上拉煤卖给大家，也应群众的要求，在赶场的时候将大家的粮食拉到场上去卖。一切货物都是按斤收钱，从陇戛寨拉 100 斤的东西到梭戛场，大约要收 1 块多钱。马和马车也可以借给别人用，按照双方达成的协议付给价钱。现在陇戛寨有两架马车，附近的小坝田寨有一架马车。实际上，我们在第八章运输器具部分介绍的驮煤的马，可以说是马车贸易的早期形式。

（三）其他场

1. 吹聋场

值得注意的是，长角苗人的活动范围并没有限制在梭戛这个狭小的圈子内，但是原因却不是长角苗人有走得更远的志向，而是有些东西在梭戛场上不能得到，而在其他不同的场上则能够实现。如距陇戛寨约 10 公里的织金县的吹聋场，是长角苗人赶场的第二选择。在吹聋场上人们能够买到在梭戛场上买不到的木梳、铜项圈、蜡刀（高兴寨也有人能做，但人们还是更喜欢到吹聋场上买）、木勺子等等。更重要的是吹聋场设有专门的牛马市场，而梭戛场没有，陇戛寨人经常到这里选购牛崽（也有的人到更远的务卜镇去买牛崽，因为那里的更便宜一些，但是这样做的人很少）。但是成年的牛则不卖到这里，因为这里的成年牛的价格不怎么让长角苗人满意，他们更倾向于将牛卖到更远一些的老卜底大桥那里的牛市，那里的价格高得多了。

这样的情况吸引了一些有商业头脑和兴趣的人从事贩牛的买卖。但是既有商业头脑又有本钱的人毕竟不多。陇戛寨现在只有两个从事贩牛生意的人，一个是杨学富，一个是其女婿熊金亮。毫无疑问，熊金亮从事这样的生意是受到了岳父的影响。杨学富是一个精明能干又胆大的人，他 16 岁时就在亲戚的资助下从事贩牛、马的买卖。不到 20 岁的杨学富拉着牲口从陇戛走鸡场，过安顺，到花溪或者贵阳的市场上卖。要知道，那时候几百里的路程全要靠两条腿；要知道，那时的长角苗人能懂汉语、会算术的还没有几个呢。从这里我们可以看出杨学富的能力。大集体的时候，他也没有间断他的买卖，只不过要小心谨慎地进行，不然会被当做“走资本主义道路”对待，不但会没收牛、马，还要罚钱、批斗。他的这项生意一直没有停下来。前几年有几个人效仿他，也干起了这一行，但都没有支撑多久，看来杨学富30来年积累下来的经商经验还是相当重要的。现在他还是去织金县的吹聋场上买牛，一头牛一般两三千元钱，买回来后，拉到大桥下老卜底去卖，一般一头牛能赚100多元钱。一个星期最多的时候能贩卖3头牛，但并不总是这样幸运，有时一周下来一头也交易不了，有时还赔钱。按照杨学富的计算，平均一个月能赚到两三百元钱。这在当地是一笔颇可观的收入。这使他有能力拿出4万元钱供自己的小儿子杨光亮读完中专（杨光亮是长角苗第一个达到中专学历的学生）。熊金亮每年从事贩牛的收入与岳父差不多，也在2000元上下。

2．更远的足迹

除了吹聋场，繁华的岩脚镇场也让喜欢热闹、喜欢开眼界的长角苗人神往。岩脚镇自古以来就是当地的重镇，经济、商业发达。现在的岩脚镇的集市规模要比梭戛场大两三倍，店铺更多更大，商品更丰富。每逢赶场，人山人海，热闹非凡。这些都吸引着长角苗人前往。但是岩脚场毕竟远，一般的长角苗人又付不起车费，所以只能很长时间才去一次。至于六枝县城，则只有因特殊的事才去，如去县医院看病。20世纪90年代中期以来，打工浪潮汹涌，很多人因打工到了更远的安顺、贵阳，甚至是外省的温州、广州、北京等地，但多数打工者都在省内。这些人都是相对年轻的男性。走得越远的越年轻，越有文化。按照费孝通先生的观点，陇戛寨的“贸易”已经扩大到了全国。即便这样，大多数女性还被限制在以往的圈子中，绝大多数50岁以上妇女的脚步仍止于岩脚镇。

第二节　家庭收支状况

一、收入

首先我们来看一张表格。从这张表中，我们可以看出：多数长角苗人的收入来源主要是农产品、饲养猪、牛以及打工三项。实际上，长角苗人种的粮食绝大多数自己消耗掉了（人主要吃玉米，猪主要吃土豆，长角苗人也种植少量的小麦，仅供人吃），收入就剩下了饲养猪、牛和打工两项来源。20世纪50年代之前，长角苗人的生活来源更多的是农业，他们为当地的地主耕种土地，多数人极端贫困，粮食不够吃，牛和猪的数量也不多，甚至没有足够的盐吃。

20世纪90年代之后，山门大开，打工浪潮席卷山寨。从表中可以看出，现在很多人的打工所得几乎占到了全部收入的一半。打工赚了钱的长角苗家庭每年至少养两

2005年陇戛寨家庭经济状况抽样统计表[①]（收入单位：元）

姓名	性别	年龄	文化程度	兼职	人口	年总收入	年总支出	主要收入项目						主要支出项目					
								农产品		家畜			打工	煤炭	农资	教育	食品	服饰	人情往来
								玉米	土豆	牛	马	猪							
杨光	男	26	初中	表演队队员	4	4650	4630	600	500	1000		800	1750	800	680		2800	200	150
杨忠祥	男	29	小学三年级		5	5000	4730	500	400			1000	3000	800	700	130	2500	200	400
熊壮军	男	30	初中		5	3600	3760	600	500	2头，未卖		1000	1500	800	560	100	1900	200	300
熊金亮	男	33	初中二年级	吹唢呐、贩牛	4	7800	6000	600	900	1头，未卖		800	5500[②]	800	400		3500	300	1000
王兴富	男	33	小学		4	2800	3800	500	500	1头，未卖		800	1000	800	200	800	1900	100	150
杨德贵	男	35	初二		5	3000	2900	600	1500	2头，未卖		800		800	400		1900	100	500
杨德龙	男	38	小学三年级		5	5640	5400	640	1000			2000	2000	800	800	600	2000	200	1000
熊光发	男	43	小学五年级		5	4700	5800	1200	1500	2头，未卖		1000	1000	800	1000	1000	1900	100	1000
杨正昆	男	46	初中		4	2650	3693	1200	450	2头，未卖		1000		800	560	600	1500	200	300
杨学富	男	52	小学三年级	贩牛	3	5700	5300	1800	900	1头，未卖		1000	2000[③]	1000	1000		2500	300	500
杨德学	男	53	小学三年级	木匠篾匠	3	3700	3350	600	600			1000	1500	800	400		1500	150	500
熊玉方[④]	男	56	小学	煤矿电工	3	11400	10300	2750	450	1头，未卖	2	1000		1000	900		4100	300	2000
杨少益[⑤]	男	67	没有读书		2	1120	2000	820	300					700	300		1000		

注：表中有收入小于支出的家庭，或者会得到政府的救济，或者去年尚有打工挣的余款。

①由于当地人的鸡都是放养，很难统计，本表没有将其统计在内，根据当地人保守的估计每家每年大约养10只鸡，这些鸡值人民币250元左右。

②熊金亮这5500元的收入，其中贩牛赚2000元，吹唢呐赚3500元。

③此处所列的杨学富打工收入2000元，实际上是他每年从事贩牛所得。

④熊玉方曾经是六枝矿务局的电工，现在他每个月有600元的退休金，未列入表中。此外从上表所反映出来的他家的支出是8000元，但是熊玉方称他每年并没余款，看来他还有其他不能说明的花销。

⑤杨少益每年的支出大大超过收入，其欠缺的费用由其儿子补贴。

头猪，一头临近春节时卖掉，一头杀掉吃肉，吃不完的肉做成腊肉。不过这只是一少部分人家，还有2/3的家庭达不到过年杀掉一头猪吃的生活水平，这些人家的猪肉多数还是卖掉。长角苗人对自己吃的猪和卖的猪并不同等对待，自己吃的猪全部喂粮食和猪菜，而卖的猪就要多少喂点猪饲料。养猪有道，我们以陇戛旧寨熊朝贵的经历为例。

熊朝贵每年农历二三月份到梭戛集市上“拿”猪仔，他瞅着背宽、头阔、嘴巴粗壮的猪仔选。他有多年的养猪经验，经他挑选的猪仔，头头能吃，贪睡，上膘快，卖价高。一头小猪仔大约20斤，10元钱一斤，约200元，经过5个月到1年的喂养，每头大约耗玉米350斤、土豆550斤、猪菜无数，能长到三四百斤。他的猪一般拉到梭戛集上卖，现在的价格是三元六七。这样算下来，一头猪一年能净赚600元左右。

长角苗人养牛和养猪的情况相当，不像其他地方，养牛只为耕田。长角苗人在每年农历四五月间从吹聋买来较小的牛或者较为瘦弱但有增肥潜力的牛，利用水草丰美的四五个月将牛喂大喂肥然后卖掉，一般每头牛能赚七八百元钱。这就决定了在这几个月内他们要一天也不能间断地割草。

长角苗人每年都要养上十几只鸡、鸭，最多的能养到二三十只，这些鸡鸭多数卖掉。但对多数家庭来说，即使十几只鸡鸭全部卖掉，也只有100元左右的收入。这项收入在20世纪90年代之前举足轻重，但是现在，只不过能给家里添点油盐罢了。

如果说迄今为止打工是男人们的专项收入的话，那么染织、刺绣品则是女性的特别收益。陇戛寨的妇女卖染织、刺绣品是1998年生态博物馆开馆以后的事。她们的产品主要是卖给外国游人，但是需求量并不理想，每个人的售货情况相差悬殊，同一个人每年的情况也很不稳定。我们现在的材料还不能说明这项收入的详细情况，但是从寨民们的总收入和总支出的情况来看，这项收入一般不会超过500元。

一部分参加陇戛演出队（应游人或上级领导的要求表演）的人也会得到一些报酬，但是这样的收入相当不固定。据演出队的老队员杨光介绍，他们每场的报酬从5元到15元不等，有时还是义务演出，一年下来最多能赚四五百元。

我们上面提到的梭戛少数贩牛的商人和近年出现的“运输专业户”都是收入的一种来源，但是这样的人为数尚少。

还有一些人依靠专门的技能获得了丰厚的收入，如陇戛旧寨的熊金亮每年吹唢呐的收入达到了3500元之多。从这里我们也可以看出，在农业社会中，有市场需求的专门技能的重要性。

有公职的干部、教师以及退休职工在陇戛这样的农业寨子往往是最富裕的人。但是陇戛寨这样的人不多。上表中的熊玉方是六枝矿务局的退休职工，每月有600元的退休金。陇戛寨有一名在陇戛小学任教的教师每月可能有六七百元的工资。原梭戛乡的副乡长杨宏强（现在仍在乡政府中任职，具体职务不详）每月有1000多元的工资。杨宏强也因此被村长王兴洪称为村中最富裕的人。实际上，王兴洪的收入超过了杨宏强，只不过王兴洪的收入不像杨宏强这样“整”罢了。据人们的推算，王兴洪的工资（每月有乡政府400元的工资）加上卖炸药、猪仔，租赁打砂机等等，每年的收入绝不低于杨宏强，从而成为全寨也是全村最富裕的人。

二、支出

长角苗人的支出项目有煤炭、农资、教育、吃穿、人情往来、红白喜事等项。

煤炭是每家每年的必须支出项。长角苗地区常年潮湿，他们的炉子不光有做饭和冬季取暖的功能，还有驱潮的功能，因此他们要常年烧煤。这项支出相对稳定，各家之间相差不大。对于多数家庭来说，煤的支出占了总支出的近 1/5。

表中的农资主要包括化肥、农药等项，主要是化肥。这项中我们没有计入农具，因为农具的使用是一次投入多年使用，每年平均下来，数额极小，也不好统计，一般家庭的所有农具折合成人民币不超过 100 元。对于大部分人来说，这项支出占他们总支出的 1/6 左右。

教育一项，很难评定，表中教育一项支出超过 600 元的 4 家都是孩子在上初中的。其他的在上陇戛小学，陇戛小学的收费是相当少的，每年的花费最多几十元，很多女生还免费。但是如果孩子上到了高中（或中专），[2] 那么每年的花费最少也要 5000 元，这样的数目显然不是一般的长角苗人家庭所能承受的。我们以陇戛寨也是长角苗的第一个中专生的个案为例来看。这个中专生是杨学富的儿子杨光亮（2000 年毕业）。据杨学富的统计，杨光亮三年中专总共花了 4 万多元钱。杨学富强调：每个学期的学费 3000 多块，每月的生活费 300 块，这是最低水平了。不用说是 6 年前，就是现在，能拿得出这笔钱的人也屈指可数。这些钱在较为发达的农村也是相当大的一笔。我们来看杨学富是如何凑够这笔钱的。"我（每年）卖牛（贩牛）赚 2000 多元钱，卖一头猪（养猪）赚 1000 多元钱（毛利润）。再就是卖几棵大树，一棵能卖 1500 元钱。现在我们家只有一棵留给两个老人了，现在有一大抱粗。以前有十多棵数，都卖（掉）给杨光亮去读书了。""以前我家五六个牛、五六个马，还有卖了 3000 多元（毛利润）的两个大猪，加上树子十多个，都卖了。"杨学富的前一句话说得是每年的情况，后一句则是总的情况。我们可以看出，在杨光亮上学之前，杨学富的家庭可称得上殷实。然而三年之后，就差不多"倾家荡产"了。是什么让杨学富有这么大的消费决心？下面一句话可以看出杨学富的初衷："杨光亮读了书，也没有分工作，也没有挣到钱。"杨学富是陇戛寨唯一长期从事商业的人（贩牛），他显然是受到了自己商业经验的影响。本希望通过给杨光亮的教育投资会得到高额的回报，但是由于信息的滞后，他并不知道国家政策已经发生了转变——大中专生由国家分配变为自主就业。[3] 这样的政策对少数民族地区的学生相当不利，因为基础教育的条件跟不上，这些学生的成绩往往比不上汉族地区的学生。国家对少数民族学生给予了优惠的入学条件，但没有办法保证他们在由市场主导的就业环境中找到自己的位置。杨光亮没有在他向往的城市中找到"正式"工作，回家待业。杨学富和妻子王大芬对自己的投资表现出失望情绪。这是杨学富做的最大的一笔亏本买卖。在他们的心目中，现代教育的地位可想而知。况且杨光亮早已到了结婚年龄，杨学富正为儿子结婚的事发愁，因为结婚的钱没有筹够！长角苗人结婚的费用在 1 万元钱左右。如果杨光亮没有读书，或者只读到初中，那杨学富就没有什么负担了。从这个个案我们可以看出，长角苗人不可能对现代教育有多大的兴趣。对于很多支持孩子上学的父母来说，投资教育有了更多“赌博”的意味。

长角苗人在食品上的花费在总的消费额中所占比重很大，其中有2家达到了3/5，有8家达到了1/2强，有2家是2/5，只有1家是1/3。绝大多数在1/2以上。这里的食品消费额，多数并没有以货币的形式表现出来，因为他们的粮食大多是自己种的。我们为了研究方便，根据当年粮食的价格将其换算成货币。按照恩格尔定律，长角苗人的生活水平正处于较贫困的状态，这是与实际情况相符的。但是恩格尔的定律并非完全适合我们所研究的长角苗人的情况，比如恩格尔定律的第一条是“收入增加则食的一项所占全部支出的比例将见降低”，[4]就与长角苗的情况相悖。但正如费孝通先生在评价恩格尔定律时所指出的，出现这样的情况是因为“他是用静态来分析，而不是从动态来分析的。因之，他的定律在一个经济变动较小的社会中是正确的，可是在一个财富方在重行分配的社会中（原文如此，疑为“可是在一个财富重新分配的社会中”），他的定例（原文如此，“例”应为“律”——笔者）就不能呆板地应用了”。[5]如我们表中的熊壮军和熊金亮，他们在食品上的花费额都占总消费额的1/2强，但是两者的收入相差悬殊，如果据恩格尔系数来衡量，两者的生活是一个水平。只有用动态的眼光考察长角苗人现在的经济情况才能做出比较科学的判断。实际上，现在多数长角苗人的食品仅限于粮食。而且多数人家的主粮仍然是玉米。像熊金亮这样的收入较高的人，在他们的粮食结构中，大米已经占了相当的比重，而大米的价格比玉米要高得多。熊金亮这样的家庭还要消费更多的油，而且他们还会买豆腐、水果。因此，尽管他花在食品上的钱也占到了总消费额的1/2，但他的生活水平相对来说是高的。当然，并不能依此说熊金亮这样的家庭已经到了享受生活的水平，我们从他的消费结构上来看，他仅仅是达到了“正常”的水平。不过，即使是处于贫困线以下的家庭，也不会在抽烟饮酒上减少开支，我们在本书的娱乐民具部分曾提到，长角苗人嗜好烟酒，但是这方面的数据不好做精确的统计。下面这个事实或许能够说明一点问题。外出打工的人每月在烟酒上的花费多不会低于100元，熊金亮称他在外打工时，每月在烟酒方面的花费一般维持在200元上下，这个数目占到了他总收入的1/5。

长角苗人在服饰上的花费是长角苗人自己的一种粗略的估算。多数女性穿的仍然是民族服装，这些服饰是自己制作的，甚至很多用于做服饰的布也是自己织的，很难给它们定一个确切的价钱。男人们和孩子们更多的是穿“汉人的服装”，成年男子的一件衣服往往能穿好几年。因此，长角苗人在服饰方面的花费主要是针对年轻人特别是没有结婚的年轻人和孩子们的。这项支出很小，大约占每户收入的1/25以下。有少数家庭，特别是年轻女孩子多的家庭，每年花在服饰上的开销会达500元左右。随着经济条件的改善，服饰在总收入中的比重有较大的上升空间。

人情往来一项主要是人们在礼物上的花费，这项花费大多是在节日和重要的人生仪礼上完成的。但是我们在表中所列出的是人们每年的平均花费，即赠送出去的礼物和节日招待客人的花费，并不包括那些在自家成员的人生关口上的支出。长角苗人的节日最隆重的是春节，在除夕到正月十五这段日子里，外出打工的人都回了家。人们走亲访友，喝酒聊天，连续不断。因此，这一段时间是人们在人情往来方面花费最大的时候。

每人一生至少有三大关口，即出生、结婚、死亡。长角苗人的出生礼仪相对于婚丧礼仪来说不算隆重，也花不了多少钱。结婚对于任何民族的人都是一项大事，因为这不仅仅是两个人的仪式，更重要的是两家人甚至是两个家族的人的社会联合。现在即使最贫困的长角苗人家庭在婚姻上的花费也不会少于1万元。这些钱中的绝大部分将送给女方，由女方来安排。与结婚相关的一项是盖房，对于长角苗人来说，他们往往一辈子只盖一次房，盖房子无疑是一笔大的开支。就现在来说，年轻人结婚至少也要盖三间石头水泥房子，这样的房子可能要花费1万元左右，即使自己盖，也要花费四五千元。而且要花费大量的时间。

在人生的三大关口中，长角苗人尤重死亡。即使是生前最没有成就和威望的人，只要自己有儿女，他的葬礼也会被尽可能操办得盛大隆重。在这时，儿女们（主要是儿子们）往往要拿出自己所有的财产。很多人在操办完自己父母亲的葬礼后，经济上一蹶不振，但即使如此他们也在所不惜。由于长角苗人特殊的打嘎仪式，葬礼上的花费往往取决于死者儿女们的多少。我们所遇到的规模最大的葬礼，参与者达2000多人，差不多占到了整个长角苗人数的1/2。据说早一些的葬礼，往往全部的长角苗人都会参加，因此，这样的葬礼往往是一个寨子的事情。规模庞大的人群的消费让死者的亲属难以承担，实际上，来的客人都要带来一定的钱或玉米，死者所在寨子的绝大多数人家也会承担起招待前来参加葬礼者的膳宿，以减轻死者亲属的负担。

第三节　家庭财产的抽样统计

一、财产列表

研究农村社会，农民详细的财产数据往往能够帮助说明很多问题。我们统计的长角苗人的家产项目主要包括了房屋、电视机、家具、生产器具、生活器具、家畜等。前5项可以说是固定财产。家畜虽然不是固定财产，但是在长角苗人的家庭财产中所占的比重很大。粮食没有统计在内，因为每年的粮食要全部食用掉，很少有长角苗人会认为粮食也是财产。我们从下面的表中可以大概了解长角苗人的财产状况。

从表中可以看出，长角苗人的主要财产是房屋和家畜。这样的财产结构，证明了长角苗人的经济处于较贫困的状态。除了极少数从事公职的人之外，大家的财产差距并不是很大。打工时代的到来迅速地打破了原有的财富秩序。年长的人在生产财富方面的优势被有“文化”的年轻人取代。在外面接受了新事物的年轻人会利用自己掌握的财富置办新型的财产，那些价值上万的新型房屋就是打工时代到来之后的事情，电

陇戛寨居民主要财产抽样统计表[①]

户主姓名	性别	年龄	文化程度	兼职（除务农外）	家庭人口	房屋（间）	牛／猪／狗／鸡或鸭	电视机	缝纫机	家具							生产器具						厨炊具							估价（以 2005–2006 年的物价为准）
										床	沙发	木柜	木桌	条凳	靠背凳	梯子	薅刀	背箩	背架	背桶	石磨	其他	铁炉／铁皮炉／土炉／煤气灶	铝锅	铝盆	铁锅	甑子	碗碟	其他	
杨光	男	26	初中	表演队队员	4	旧木房3	1/1/2/18	0	1	2	0	2	1	4	3	1	4	5	3	2	1		0/2/1/1	1	2	1	2	约10	3	约 6956 元，其中房子 2500 元，牛猪 3000 元
熊金亮	男	33	初中二年级	吹唢呐、贩牛	4	砖3，木1	0／1／0／约5	1	1	2	0	1	1	5	0	2	2	2	2	1	0	②	0/0/1/0	3	1	1	1	约10	2	约 15486 元，其中房子 12000 元，猪 1000 元
王兴洪	男	40	小学	村委会主任	5	石房8	3/大1，崽10/0/约10	1	1	4	4	2	3	4	0	1	4	4	3	2	0	③	1/0/1/1	2	4	1	2	约20	0	约 46190 元，其中房子 20000 元，牛 14000 元[④]，猪 2400 元
杨明光	男	40	小学		5	新石房2	0/1/2/3	0	0	2	0	0	1	0	2	1	2	2	1	1	0		0/1/1/0	1	0	1	2	约6	3	约 7698 元。其中房子 6000 元，猪 1000 元
杨云贵	男	42	没读过书		4	旧木房2	1/1/1/	0	1	2	0	4	1	2	0	1	3	3	1	2	0		0/0/1/0	1	2	0	3	约10	3	约 7755 元，其中房子 2000 元，牛 2500 元，猪 1000 元
熊朝进	男	52	小学		4	新石1，新木2	1/1/0/	0	1	2	1	1	2	6	7	1	4	3	2	1	0		0/1/1/0	2	1	0	2	约10	2	约 15355 元，其中房子 10000 元，牛 2000 元，猪 1000 元
杨学富	男	52	小学三年级	贩牛	3	新石4	1／1／0／约10	0	1	2	0	2	1	4	2	1	3	3	2	2	0		0/0/1/0	2	1	1	2	约15		约 16900 元，其中房子 12000 元，牛 2500 元，猪 1000 元
杨德学	男	53	小学三年级	木匠、篾匠	3	新木3	1／2／1／约10	0	1	2	0	2	1	4	3	1	3	3	3	2	1		0/0/1/0	2	1	1	2	约10		约 13474 元，其中房子 10000 元，猪 2000 元
熊玉方[⑤]	男	56	小学	煤矿电工	3	新砖房4	1／1／0／约5，马2	2	1	2	2	1	2	5	0	1	3	2	1	2	0		0/0/1/1	2	2	0	1	约20		约 42500 元，其中房子 30000 元，马 4000 元，牛猪 3000 元
杨少益	男	67	没有读书		2	旧石房3	0/0/2/10		1	1		4	2	2	0	1	2	3	1	1	0		0/0/1/0	1	1	0	2	约10	2	约 6500 元，其中房子和猪牛圈占 5000 元

注：①陇戛寨居民的粮食仅供自己吃，由于粮食每年都消耗掉，本次统计没有将其包括在内，由于技术性的因素，衣服也未统计在内，实际上每家的衣饰大多不超过 500 元。②熊金亮比陇戛寨的其他居民多了三样财产，是他的两把唢呐和一把二胡。③王兴洪的情况比较特殊，他拥有一般居民没有的现代机械，并且这样的机械达到了四台。包括一台碾米机、一台电动机、一台碎石机、一台凿岩机。此外他还拥有一架织布机。④其中有一头是价值 1.2 万元的母种牛。⑤熊玉方的情况也比较特殊，他是六枝矿务局的退休职工，每月有 600 多元的退休金，这使他成为寨子中相对富裕的人。

视机这样的家电也无疑会成为新宠。我们的财产统计单上的项目在未来不远的几年就会有大的变动。

二、财产的继承与子女对父母的赡养

（一）财产的继承

子女们继承的主要财产是父母的房屋。一对父母如果有一个以上的儿子，年长的孩子成家之后，会马上分家出去。新房由父母帮助修建，大多是土房（按照 2006 年的物价，三间土房的造价不会超过 1000 元），结婚的费用也由父母提供帮助，另外，儿子们会得到一块属于父母的土地（土地往往在儿子们之间平分）。父母和结了婚的小儿子住在一块，父母去世后，房屋由小儿子继承。虽然长角苗人奉行财产小儿子继承制，实际上每个儿子分得的财产不相上下。同多数农村地区一样，长角苗人的女儿不享有财产继承权。

（二）子女对父母的赡养

女儿既然享受不到父母的财产，作为一种公平，她们也很少有照顾父母的义务。在长角苗人的习俗里面，女儿在父母生前没有什么必须要承担的义务。即使是父母病重，其医药费也全由儿子们负担。女儿们最多提几只鸡来看望。父母死后，每一个女儿要给父母送一头牛，但实际上儿子们为女儿们支付了买牛的一大部分钱。整体来看，与儿子相比，长角苗女儿们对父母承担的义务是比较少的，这无疑是长角苗人注重生儿子的原因之一。儿子们将平均承担对父母的赡养义务。

第四节　“外向型”经济

以上我们谈论得更多的是传统意义上的长角苗人的经济情况，如果要划一个时间界限，那比较精确的可能是 20 世纪的 90 年代初期，在这之前长角苗人的经济是封闭的、内向的，即使有贸易，其贸易的范围也相当有限。进入 20 世纪 90 年代之后，特别是梭戛生态博物馆建立之后，长角苗人的视野开始打开。人们开始计算时间成本；外出打工的人越来越多……长角苗人的经济逐渐从“内向型”向“外向型”转变。

长角苗人的经济在从“内向型”向“外向型”转变的过程中，计算时间成本意识的养成至关重要。因此，我们有必要先了解一下长角苗人的日常生活。以陇戛寨的熊朝贵一家为例。

熊朝贵早上 6 点钟起床，简单洗漱后，约 6 点半钟喂牛；妻子则做饭。吃完早饭后，孩子们上学去了。他和妻子去山坡上打牛草、猪菜。约10点钟回到家煮土豆，剁猪草喂猪、喂牛；妻子准备午饭。11点钟到12点钟吃午饭，之后两人到田里挖土豆，大约下午6点半钟回到家。妻子做晚饭，他则准备猪食喂猪。大约7点钟，一家人吃晚饭。之后直到10点钟睡觉之前，熊朝贵妻子制作蜡染、刺绣，其他人（因熊朝贵家有电视，晚上经常有邻居来串门）看着电视闲聊。

相信看到熊朝贵一天的生活之后，大家会深深地为长角苗人的勤劳所折服，真的像当地的很多人讲的那样："一年到头不得闲。"但当我们调查了陇戛寨每户人家的土地后，这种看法就站不住脚了。因为陇戛寨的人均耕地只有半亩左右（像陇戛新村现年38岁的杨德龙，家里5兄弟分5亩多地，这样的情况还算可以。但是5个兄弟成家之后，每家的土地只能按照男主人和女主人应得的份数分得，实际人均耕地极少）。

据熊光禄说："我们这里的人一年到头忙活路，干完了自己家的就帮助别人干。我家的地比较少，只有0.9亩地。我爸妈忙完了自己家的活就帮我哥家做，我哥家有1亩地，我家有4口人，我哥家有4口人，其中有两个是小孩。我哥出门打工去了。这1.9亩地要爸爸妈妈妹妹和嫂子种，一年到头忙不完。"在这里就产生了疑问，4个人耕种0.9亩土地，无论如何精耕细作也不至于忙到"一年到头不得闲"的地步，长角苗人最忙的时候实际上只有种植土豆和玉米的一两个月、收获土豆和玉米的一两个月。显然他们有很多时间花在了别的非生产方面。

长角苗人的时间一般是这样分配的：寨子中亲朋好友家（特别是亲戚家）的红白喜事要去参加，特别是像打嘎这样的大型集体活动，至少要花费三天到一周的时间，亲属关系近的人花的时间更长。12个寨子中，平均每人每年要参加打嘎三四次，这就花费了15天左右的时间；互相帮忙做活儿，之后吃酒（有的人喝酒喝得高兴，喝多了第二天就躺着睡觉，不劳动了），这样的事情要花掉大约20天的时间。过春节，大家从年前就开始串门喝酒，一直喝到来年的正月十五，这又耗费掉了20天左右的时间。最能耗费时间的事情是赶场，就陇戛寨人最常赶的梭戛场而言，长角苗人逢梭戛场必赶，况且他们（特别是年轻人）去赶场的目的并不全是买卖东西，娱乐的成分很多。像陇戛旧寨29岁的熊光祥讲，他们一家4口（两个小孩），一个星期要吃两斤油，用两三斤盐（除人食用以外，还要喂猪牛），这些东西都是从梭戛场上买的，他们每次去赶场就买回够到下一个场用的油盐，而不是一次就买够较长时间用的油和盐，这样他们逢场必赶，因为每次赶场都是一种任务。其实，大量的时间就浪费在了赶场上。很多人赶场要花费一整天的时间，不管农活忙还是不忙，这一天是一定要拿出来赶场的。更值得重视的是，长角苗的男人们，聚到场上的小饭馆里或者卖吃食的小摊上就随便要点简单的菜，就着喝很便宜的白酒。从上午一直喝到下午，又喝到晚上，有的人晚上到家之后，还觉得不够过瘾，拉上几个朋友，继续喝，一直喝到凌晨，才醉醺醺地睡去，第二天一般都不能醒来，有的第三天还是醉的，不能下地干活。这样算来，一年有61个梭戛场（6天一次），长角苗的男人们为此就花费了120天左右的时间。

另外，再加上别的琐碎事情花的时间，有很多人一年花费在非劳动事务上的时间达到了180天左右。这让人感觉长角苗人一年到头都在忙活路的说法有很大的出入。

长角苗人的思想是封闭的，他们把自己关在寨子里，只和身边同民族的人比较，大家的生活状态差不多，就没人感觉到自己的生活应该有所改变。村子中少数几个家中的孩子考上了大中专院校的父母，感到如果坚持原来的生活方式，实在是没有办法交上孩子的学费，才很无奈地挣扎着改变了自己的生活方式和节奏。像高兴村第一个大学生熊光禄的父亲熊开文，当过高兴寨的组长、会计，当过高兴村的村长，在同年龄的人当中，他是有文化的，也是比较有能力的。但就是这样一个人，在熊光禄没有考上高中之前，他也仍然是过着他们民族传统的生活方式。熊光禄考上高中了，他就不能再这样过下去了，要不然，就交不上熊光禄的学费，他只好走了当地赚钱最快的路——外出打工。

对大多人来说，外出打工赚钱，是比较理想的脱贫致富的路子。但似乎长角苗人只是感觉到了自己的经济条件很差，而想彻底改变这种状况的决心还压不过他们喝酒的欲望。据熊光禄讲，有想彻底改变自己命运想法的人不多，现在 30 多岁有孩子的父亲一辈，有拼上自己的一辈子，有意识让自己的孩子读书，改变家族命运的人也很少。当然，这也与现代教育很难让长角苗人看到实惠有关（学生们即使上了高中、中专，也很难找到工作）。

长角苗 30 岁以上的男人们，通过外出打工改变自己命运的想法不坚决，有实际的条件限制的原因，比如说大部分人虽然读到小学的二三年级，但也基本上不识字，不会计算，在外面会受到各种歧视。大多数人对这种情况下的打工生活产生了厌倦情绪，也有的人对此感到恐慌。如果不到日子实在过不下去的地步，他们就宁愿在家里受穷，或者在家里“忙活路”，其实大量的时间是在借酒消愁。

然而这样的情况更多代表的是长角苗人的过去，毕竟长角苗人从 20 世纪的 90 年代中期已经走上了“开放”的快车道。等现在大部分读过初中的新一代长角苗人成长起来以后，新一代全新思想的打工者就上路了。这些年轻人懂汉语、识汉字，脱贫的意识称得上是自觉，加上新的交通条件，使新一代的打工者得以走得更远，他们不再局限于他们的父辈们所仅仅到过的六枝、六盘水和贵阳，他们的足迹已经到达了东部沿海城市，如杭州和温州，有的人甚至去了北京。他们所从事的工作的种类也不再局限于其父辈所只能从事的挖煤、打砂等危险劳烦的重体力劳动。像原高兴村村长熊玉文的儿子熊光林（20 岁）就在温州的一家皮鞋厂做皮鞋，虽然从事这种工作也需要付出相当的体力，但无论如何也比挖煤、打砂要舒服得多。其月收入也有 1000 多元。新一代的打工者并没有就此止步，他们没有拿这些钱来和同村寨的人做比较，而是走得更远。熊光林说他的近期目标是赚到 2000 元钱，然后找一所学校继续学习，以赚取更多、更大的生存筹码。这些想法显然是他们的父辈们所望尘莫及的。但是像熊光林这种“知识型”的打工者还很少。

最具有代表性的年轻打工者，就是高兴村的王天付。王天付，现年 21 岁，小学 6 年级毕业。18 岁辍学后就到贵阳打工，每年待在家的时间加起来不到一个半月，也就是春节的时候在家待的时间稍长一些，大约 20 天，出了正月十五就走。他是同寨子里的人一块出去打工的，全寨的未婚青年约 95% 都在外面打工，从事的工作不外乎建筑和挖煤，这两项工作收入差不多。最好的时候每月收入可达 1500 元，但是遇上下雨等天气，不能出工时就赚不到钱，所以每月的收入从五六百元到 1500 元不等。加上吃饭、买烟、买衣服、鞋子，每月开销都在 500 元左右，剩下的钱全部带回家。在城里工作之余就是打牌、逛街、聊天，这是他们的主要娱乐形式，这样的娱乐既能打发时间，又不花钱。迄今为止，没有人染上打游戏机的习气。大多数寨民出去打工的目的就是赚钱盖房子（与传统民居不同，为水泥石头房壁、水泥板顶房），娶媳妇。王天付想 25 岁结婚，对象还是找梭戛 12 个苗寨里的，结了婚以后就回家种地，喂牛、养猪。当然，如果能在城里买上房子的话，他就带他媳妇出去，不再回来，但这样的希望很小。他在外面深深感觉到文化（他所谓的“文化”，应该是通俗意义上城里人用于谋生的知识）的重要性，同时越发感觉到自己的不足。寨民们大多限于经济原因而不能接受更高等的教育，经济状况越糟糕，父母越希望子女早点退学，出去打工，或者种田、喂牛、养猪，以摆脱经济拮据的状况。在这种情况下，大多数寨民受的教育都很少，即使打工的需要使有些人认识到了知识的重要性，但是对于大多数人来说，拥有打工所需要的初中水平的知识就足够了。

但是熊光林一辈绝对是长角苗年轻人的前进方向。等这一代人成家之后，他们的思想就会成为寨子中的主导思想。整个村寨的时间观念得以建立，他们做每一件事情都会有意识地计算成本。像打嘎这样的仪式活动的时间会被缩减，逢“场”必赶的习惯也会消减。在城市中像集市这样的场面天天都可以见到，那时赶场娱乐的目的就会大大减少，赶场仅仅成为一种物资的交换场地。男人们也不会借赶场的时机，聚在一块饮酒，耗费大量的“廉价”的时间。平日里因酗酒而耽误了正常工作的人就会遭到嘲讽。

随着上过小学甚至初中的女孩子的长大，新的打工队伍中又增添了女性的身影。这样，整个寨子中的生活观念会发生翻天覆地的变化。老人们的训诫过时了，民族的一些禁忌为新生代所不屑。男人们不再以能唱山歌，能吹芦笙、三眼箫为能事；纺织、雕花、刺绣也不再是衡量一个女孩子是否有能力、是否能嫁出去的唯一标准。从某种意义上来说，女性得到了解放。她们也可以外出打工，甚至有些女性会嫁到外边。长角苗人不与外界通婚的惯例成为一种落后的思想遭到抛弃。现在十七八岁的年轻女孩子的思想已经发生了很大的变化，像陇戛寨的杨梅和王芬，她们都想嫁汉族人，认为做苗族人的媳妇太累了，家里的条件又不好。

在这种背景下，长角苗人将彻底融入市场经济的洪流当中，他们的习俗中的很大一部分，民具、工艺等等将逐渐烟消云散，仅仅变成长角苗人历史上的一个辉煌篇章合在了书中。

注释

[1] 费孝通：《江村经济》，载《费孝通文集》第二卷，第 182 页，北京：群言出版社，1999 年。

[2] 迄今为止，陇戛寨培养了两名中专生。在读的中专层次的学生有 4 名，其中 2 名在读技校，2 名就读卫校。尚无高中生。

[3] 1995 年，国家已经提出了“统一分配，双向选择”的方针，到 1997 年左右，国家分配实际上已名存实亡。

[4] 费孝通 :《费孝通文集》第二卷，第 446 页，北京 : 群言出版社，1999 年。

[5] 同上，第 447 页。

第十一章　长角苗人教育的转型

第一节　传统教育

每一种文化都有着自己传承发展的方式，长角苗人也一样，他们有他们自己的传统教育内容及方式。

一、传统教育的内容

长角苗人的文化也就是其知识、信仰和行为的整体，其教育的内容包括语言、思想、信仰、风俗习惯、禁忌、法规、制度、工具、技术、艺术品、礼仪、仪式及其他有关成分。在长角苗人的社会生活中，性别角色区分是非常清晰且明显的，所以教育的针对性也很强。男性集中学习工具、建房以及耕作技术、仪式、法规、制度等，因为这些仪式法规制度的执行者都是男性，而对于长角苗女性来说，掌握生活中的各项技能是其童年学习的主要任务，有关服饰的教育是传承其文化最重要的内容。长角苗妇女从小就要学习各种服饰纹样的制作以使得自己族群与其他民族或者本民族的亚族群相区别，用纹样记录自己民族的精神生活与物质生活。

对于长角苗女性来说，她们从刚学会走路就开始了各种生活技能的学习。我们来统计一下长角苗女孩幼年至结婚前的技能学习与训练。一个长角苗女童要从 3 岁左右开始学习打猪草、带更小的孩子、绣花的基本功，有的则从 5 岁开始学习刺绣。这样一直到七八岁左右开始参与各种节日与仪式，学习谈恋爱、唱山歌。在 11 岁左右开始学习蜡染工艺，12 岁以后学习织布、纺纱。从 13 岁开始基本就可以谈恋爱了，但是这也是长角苗姑娘们最忙碌的时候，因为这个时候得加紧开始做自己的嫁衣，嫁衣的工序很繁杂，所以需要较为集中的训练，以便可以独立的制作，十五六岁学习服装的制作。各种技能的学习是根据女童的年龄与能力来的，由浅入深。例如3岁开始学习刺绣的基本纹样，逐渐增多，到10多岁时已经能够绣出各种纹样，并将其进行组合。蜡染要等到10岁以上才开始，因为画蜡的难度很大，需要在女童刺绣所积累的纹样基础上进行画蜡技术的培训，也就是说，在有了对纹样的熟悉上掌握蜡刀的使用方法，掌握蜡的冷热程度，能够使得蜡染最后成功，这样的话大约训练两年就能够比较熟练地掌握蜡染技术了。一般在12岁以后学习织布，因为12岁以下的小孩腿还不够长，够不到踏板。在十五六岁的时候长角苗少女已经能够掌握织布以及蜡染、刺绣的各项工艺，下一步学习的就是将这些制成成品。长角苗女性的结婚就好像是一种结业。也就是说，当一个长角苗女孩结婚的时候，她已经被训练成一个进入角色的女性。

二、传统教育的方式

长角苗人的传统教育方式为“言传身教＋群体参与”。长角苗的男孩子从小就聚在一起学习唱祖先传下来的情歌以及酒令歌，并用在绳子上打个结来标示学会歌的数目，稍微大一些便开始跟随哥哥们去走寨。小姑娘们除了少量的必要劳动之外，最主要的就是学习蜡染、刺绣以及纺麻、织布这一套制作服饰的程序与方法，大量的家务劳动都由其母亲承担。而在一个长角苗女性结婚之前，都是群体集中进行学习并实践这些制衣的技能为主，很少有单独一个小姑娘在家由妈妈教刺绣的，一般都是年龄相仿的女孩子们集中在一家一起进行刺绣、画蜡，互相学习。在长角苗人的生活中，为孩子提供了足够的学习的空间。

第二节　现代教育

这里的现代教育，主要指学校中的学习教育，是教育者根据一定的社会要求，有目的、有计划、有组织地对受教育者的身心施加影响，期望他们发生某种变化的活动。[1]

一、现代教育在长角苗人社会的发展

在1958年之前，整个高兴村——包括陇戛寨、小坝田、高兴寨、补空寨，没有一个人读过书，可以说全村都是文盲。当时整个村子里的人连工分都记不清楚，那个时候被请过来帮忙的沙云伍老师回忆说：“当时这些寨子的苗族老乡去田地里面每天的劳动工分竟然都是在竹子上划道道来记录，或者是用草绳来打结，最后人也多工分

也多，竟然无法计算，实在搞不了，方才从附近的顺利村把我请过来帮忙算，后来村里乡里的干部都说干脆你在这里办个学校吧，让孩子们也识识数，就这样，我开始给苗族孩子当起了老师。”于是，就在这一年，沙老师在小坝田创办了一所学堂，这就是现在高兴小学最早的前身，陇戛寨的人也从此与读书结缘。

（一）教育地点的变换

1958年到1964年，6年多时间里，沙云伍老师的学堂就在小坝田的村民王正民、王中成、王中华三家轮流上课，而且每到一年中春天的农历四月初五收小麦（小坝田有种麦子的）和秋天的农历八月初九开始收包谷时，都因村民的屋里要盛粮食，上课的地方会被粮食占据。在这两个时间段里，沙老师都会带着自己的学生去附近山上的一个山洞去上课，等着那几家村民将粮食收完后再回民房上课。在这个时期，沙老师的课堂是名副其实的“游击课堂”。

1965年，高兴村买下了村民王海清家的木房作为教室。1968年后，政府拨了500元用于高兴村的教育，于是，高兴村村民自发出工出力建造了三间石头房子作为教室。教室的条件改善了，教育地点比较固定了，前来上学的人也多了。在1968年到1985年间，一共有100多名长角苗男孩在这三间石头房子接受教育，除了高兴村本村的，还有零星的大花苗的孩子。

1986年，高兴村开始在小坝田修建高兴小学，现在在小坝田还可以看到这个学校。由于陇戛寨在小坝田读书的孩子越来越多，而小坝田距离陇戛寨大约有5公里的路程，孩子们读书非常不方便，所以要求在陇戛寨开个学堂的呼声越来越高。为了改

陇戛的牛棚小学

陇戛苗族希望小学

变这种状况，1985年应陇戛寨的强烈要求，沙云伍老师从高兴小学分离出来，在陇戛寨开了个学堂，地点就在陇戛寨熊玉成家的一座原来用做牛棚的房子里，所以被称为“牛棚小学”。这个小学成为陇戛教育的转折点。1996年，牛棚小学开始招收长角苗人的第一个女童班。

牛棚小学的历史随着1996年下半年希望小学的建成而结束。在此后8年的时间里，陇戛寨的孩子们就在这里接受教育。2004年，陇戛寨的小学终于搬入了现在陇戛新村对面的宽敞明亮的逸夫小学。

陇戛逸夫小学

（二）教师状况

高兴村的教师一直处于缺乏的状态。在 1958 － 1966 年间，教师只有沙云伍老师一个人。1967 年，前来读书的学生人数增长到了 83 名，此时的沙老师一个人带 5 个年级，确实兼顾不来，于是在这一年教育组派来一个从沙子河来的公办老师夏昌元。夏老师留下来大约一年的时间，由于条件过于艰苦，夏老师在一年的时间里不时在生病，实在不能坚持工作，于是调离此地。1968 年，教育组又派来一个江西籍的公办老师饶玉礼，不过同样由于本地的生活过于艰苦，留驻时间里饶玉礼老师也是疾病不断，饶老师在坚持了 3 年后也离开了。由于人手实在不够，1972 年高兴村聘请了一位本村人——王开富。王开富曾经是沙老师的学生，读过 6 年级。此时，高兴村的老师是两人。然而由于种种原因，1975 年王开富不再继续教书了。这个时候学校已经在行政上拨下来的 500 元而修建的三间石头房里了，学生数目也已经达 130 人，单单是沙云伍老师一个人是不行的，于是从当地彝族寨子调来了初中毕业的公办教师杨继学（复兴寨人氏）以及苗族公办教师熊国发（高兴寨人氏）。高兴村（包括陇戛寨）的小学里第一次有了 3 名教师。

1976 年，读过师范的小坝田王开云作为公办教师调进来。这时高兴小学的教师人数为 4 人。1977 年杨继学调走，同时调人了小坝田的初中毕业生王开进。1984 年小坝田初中毕业生熊开清调人，熊国发调走。1985 年王开得调人，此时高兴小学一共有 5 位教师，130 多名学生，学生的主体为长角苗，还有一少部分下面田坝的布依族、顺利村的彝族以及麻地窝的大花苗孩子。

1985 年，沙云伍从高兴村分离出来，在陇戛寨创办了牛棚小学，陇戛人开始了在自己本寨接受小学教育的历史。刚开始老师自然只有沙老师一人，后来进来了初中毕业的杨中发，在 1996 年 9 月 10 号，牛棚小学转成希望小学以后，又调来了一个民办教师，共 3 名教师。发展到现在的陇戛小学已经有 6 名公办教师、4 名代课教师，共 10 名教师。由于条件艰苦，教师非常不稳定，教师的水平也很有限。从不断变迁的校址再到走马灯一般的老师，我们可以推想长角苗人自 50 年代后期以来受到的教育的大致情况。

二、现代教育的内容与方式

现代学校教育的内容主要为教授的课程。在 1958 － 1966 年长角苗人接受的课程为语文、数学、体育、音乐。在 1966 年之后，加上了自然、政治，自从 1996 年希望小学建成后，课程针对不同年级有了专门的调整。就梭戛小学来说，他们的培养目标是通过文化科学教育，培养孩子们的读、说、写、算的基本能力。学一些自然常识和社会常识，培养观察、思考和动手能力，通过体、美、劳教育，培养健康的身体、审美的情趣、良好的卫生习惯、劳动习惯和初步的生活自理能力。开设的基础课程有语文、数学、音乐、体育、自然、思想品德、美术、社会、劳动 9 门课，此外，针对长角苗人学习汉语的难度，使用双语教学，增加语言、写字两门课。在学校教育中，由老师教学是教育的主要形式。

第三节　两种教育观念的冲突

我们将现代学校教育的内容和形式与传统教育的内容和形式做一比较，就可以发现很大的不同。第一，学校教育中学习的核心是建立起一个可以与外界交流的而不是传统教育下独立封闭的环境系统。第二，教室中有男有女，大家所学习的课程一样，与传统的角色分工下的教育方式不同。

学校传授的是一种媒介，一种手段，学生通过学习“算术”“汉语”“作文”去跟外面的世界交流，都起不到立竿见影的作用。举例子来说，自然课程教授植物动物的分类，可是长角苗人的传统教育不需要跟他们没有关系的知识，他们只需要识别哪些是猪草，哪些是牛草，哪些是野蒜等等；学校教育中的美术课程培养孩子们的色彩感、形式感，然而长角苗人的传统教育需要女性了解自己民族的色彩、自己的纹样、关于服饰的各种制作工艺，否则她就会嫁不到人。两种教育方式的冲突实际上是两种文化的碰撞。在这两种文化的交锋中，孩子们会倾向哪边？

用最小的代价使教育行为能有效地改善受教育者的生存条件，是教育方式的重要特征。若两种教育行为对受教育者生存条件的影响是相同的，或者被认为是相同的，那么人们总是避难就易，选择省时省力的一种。若某人已估计到对他的孩子来说，上学和不上学一个样，就会放弃学业。若读好读差一个样，就不会努力学习。两种教育观念冲突集中表现在入学年龄异常化、女孩辍学现象严重以及小学高年级班学生难教几个方面。

一、入学年龄异常化

在调查长角苗人的教育情况时，我们在陇戛小学发现一个非常奇怪的现象，那就是长角苗学生入学年龄的异常化。这里的孩子上小学的年龄普遍偏大，甚至还有不少十四五岁的孩子刚上小学读一年级。

在1958年之前，整个陇戛寨人的头脑里根本就没有读书的概念，沙云伍回忆说：“在1958年刚开始办学的时候，大家也是很不愿意来读书，那个时候是经过村民组长还有乡里来的干部的动员，才开始让男孩去读书的。一年级的学生有十五六岁的，十二三岁的。整个高兴寨没有人读书，也是动员人去读书，那个时候难度很大。你让他们去读书，他们都说：‘我们庄稼人种庄稼，去读什么书？’经过村民组长和乡里来的干部动员，部分村民才开始让男孩去读书。其他的村民也是一个看一个，慢慢看着别的家一般大的孩子都去读书了，逐渐才想起应该让孩子读书，这个时候孩子的年龄已经偏大了。”因此，陇戛寨人入学年龄异常化的现象在办学一开始就存在了。办学伊始，从来没有上过学的人开始上学，所以学生入学年龄的异常是可以理解，但在这之后，入学年龄的异常化并没有消失，对此，沙老师说：“1958、1959年一直到1961年入学的年龄都还不太正常，都比较偏大，因为那个时候生活上下降，都不愿

2000 年入学年龄比例图

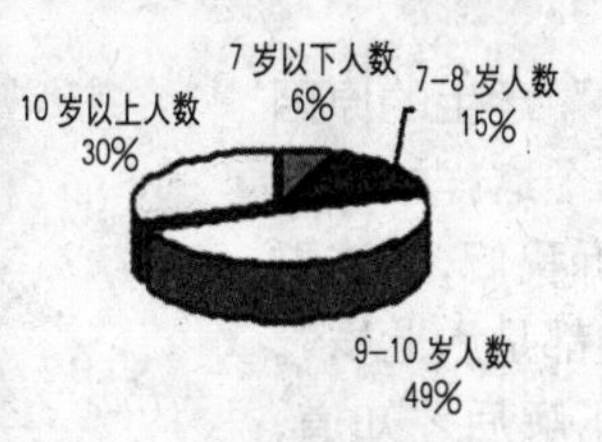

2001 年入学年龄比例图

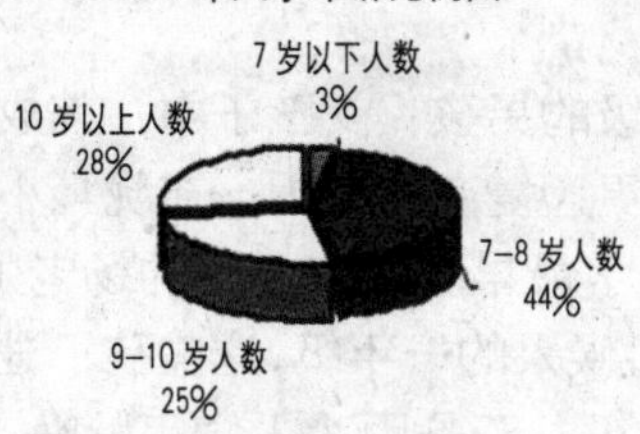

2002 年入学年龄比例图

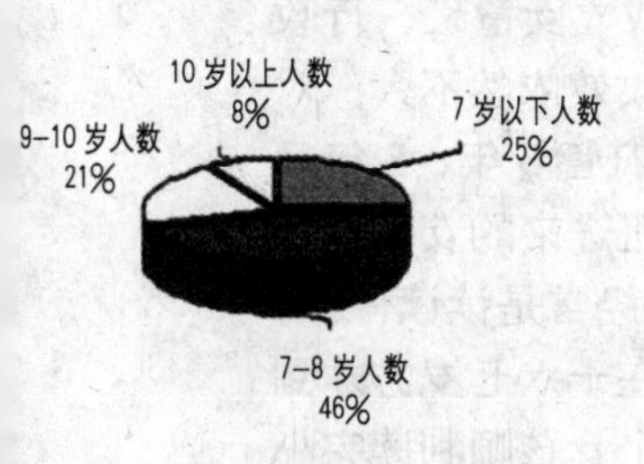

2003 年入学年龄比例图

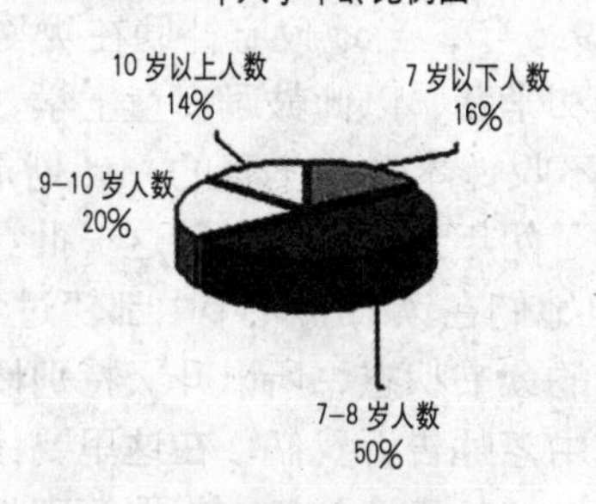

2004 年入学年龄比例图

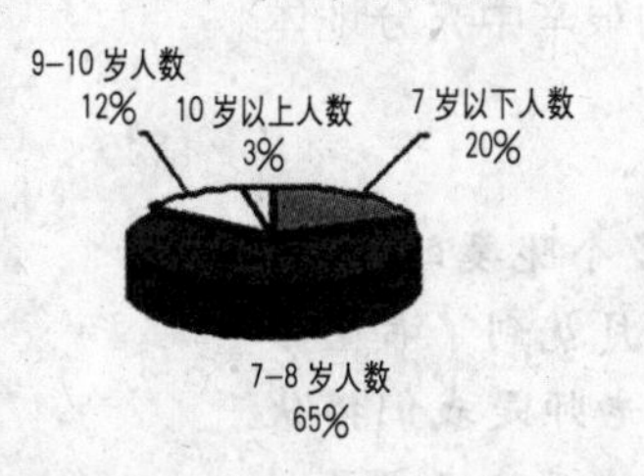

2005 年入学年龄比例图

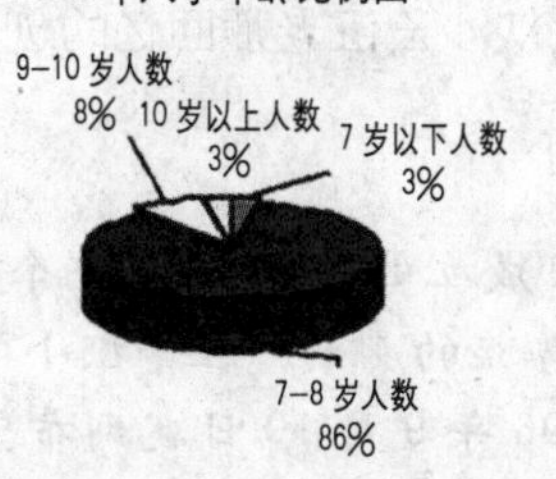

2000-2005年陇戛小学入学年龄比例图

意读书，肚子都饿着，也没有心思去读书。从 1963 年之后，入学学生的年龄开始正常，有些七八岁的孩子开始入学。因为这时候，食堂下放，可以自己做自己家的饭了，所以入学的年龄也正常了。可以说是生活正常了，读书也就正常了。”然而在 1963 年之后也只是开始有正常入学年龄的七八岁的孩子入学，在所有前来上学的学生总数中，适龄入学的学生比例还是不多。学生入学年龄正常化一直到最近两年才真正基本实现。

首先，在传统教育观念上，长角苗社区成员对能够入校学习汉语、数学等等都是不太重视的，他们通常认为读书是无用之举。无论对于男孩还是对于女孩读书，长角苗社区成员都是持淡漠的态度。这观念有历史的原因，也有他们自身生活状态的原因。一直以来，由于苗族人一直过着一种相对封闭的生活，很少与外界交流，他们本来是没有要读书的概念的，尽管长角苗人经常在交换货物的集市上因为算不清楚账而受到欺骗，但是他们仍然认识不到受教育的重要性。他们本身处于物质条件低下的生活状态上，生产水平不高，劳作成果的取得更多地依靠人本身的体力而不是脑力。他们日常的生活也并不需要高深的知识，平常的技能的传递依靠的是经验和记忆，而不是从独立的教育体系中获得。这些都不能让长角苗人在“先天”和“后天”感到读书的重要。他们建立着自己独立的教育体系：男孩从小学唱酒令歌、打猎、种田、起房子，女孩从小学习画蜡以及绣花。这种教育体系比学校里的教育更适用于他们的生活，学校教育在相当长的时期内对于长角苗人是“没有用的”。

此外，由于长角苗人生活条件很差，很多孩子发育比较晚，课题组在给在校的长角苗儿童做体检的时候发现 10 多岁的孩子只有 40 斤，个头矮，脑子发育也晚，接受能力很弱。有些 10 岁的小孩送到学校去，其表现与别处七八岁的孩子差不多，这也是造成这里孩子们入学年龄晚和升级困难的一个原因。

二、女童入学的艰难

不过，在十六七岁仍读五六年级的男孩、女孩子中，其成为“高龄”学生的原因并不一定是入学年龄晚，其中还有更为复杂的原因。在陇戛小学就有几个这样的“高龄”女学生。我们找到了在陇戛小学最早教这些学生的杨老师，他告诉我们，“这群女孩子都是1996年办起女童班的时候入的一年级，这些孩子进来的时候都是六七岁”。原来她们在“高龄”停留在五六年级并不是因为入学年龄晚。进一步了解后才知道，在寨子里的男孩基本都去读书的时候，1996年之前整个高兴村还没有一个女孩读过一天书。为了改变这种状况，在1996年，当地政府补助在陇戛寨成立女童班，行政出资3年，所有女学生免除书本费和学费，以此鼓励女童上学，但收效依然不大。对此，陇戛寨的老师说：“女童班是不收课本费与学费的，计划是政府管3年，3年后自理，但是根据这里的情况又增加了两年到2001年。”这一批女童班进来的女孩子虽然都是在六七岁便已经入了学，但她们在读书的几年中都辍过学，经常是读读停停，停停读读，一直不能够有一个持续的读书状态，所以升级特别慢，在十六七岁方才到五六年级丝毫不让人奇怪。在调查中老师告诉我们，在这里要让一个女孩顺利读完小学是非常困难的，如果一个女孩子能够一直读到初中，那简直是凤毛麟角了。

对于女孩入学难的状况，可以从沙云伍老师回忆的创办女童班的艰辛中充分地体会到：

“女童班是在1996年4月5日成立的，共招了40个女孩，20多个陇戛的女孩，其他的是小坝田和高兴寨的，有彝族的4个，在牛棚小学学了4个月就到了希望小学。女童班成立是在牛棚，在1996年9月10日就到希望小学了。老师是我们搭伙教，初步就是我一个老师了，然后来了杨中发，在1996年9月10日政府办又调了一个民办老师来，叫做杨继学，1996年下半年就4个班了，一个年级一个班，一共4个班。”

“刚开始女童班成立的难度大不大？”

“大，都不让来，说女孩要留在家里学雕花，学画蜡，打猪草，没得时间去上学。”

“那你们是怎么动员这些家长呢？”

“跟他们讲，不识文化，留在家里，出门讲不了话。就说赶场，买一点东西，都无法说话，都不能自己去。说了几回，他们就觉得有道理了。”

“你们开了多少次会呢？”

“跑到家里去，又跑到村民组长家里去，大家一起去做工作，当时的组长是杨朝忠。小组先开一个会，然后大家都下去一家一家的动员。”

“你们动员了多久才动员成功的呢？”

“啊哟，动员了得有一个礼拜。”

“有人去小坝田、高兴寨这些后面的寨子动员过吗？”

“不是，他们人是这样子的，看到有人来了也就自己来了嘛。”

“主要是动员陇戛寨的吗？”

“是的，小坝田、高兴寨的听到就陆续来了。”

“4月5日那天来了多少个女童？”

“那天来了35人了。”

“来了不少啊。”

“是的，是先动员起来的，敲定的那一天都来。剩下5个是小坝田、高兴寨陆续来的。”

“动员女童读书的难度大吗？”

“怎么样难的呢？例如说有一家有两个女孩都是读书的年龄，可是他家就只让一个读书，让一个在家里面，留家里帮忙呀，做点家务事，动员也不行，说人都应该去学习，不能让这个读几天，那个读几天，这样不行。陆续就增加了5个，都是其他寨子的，陇戛的基本成熟。”

“以前（指女童班开办以前）的时候是3个班都是男的吧？”

“有女的，我们彝族有两个女孩在的。”

从沙云伍老师的回忆中可以看出，长角苗人对于女孩读书是非常不情愿的。至于高龄男学生的存在，与此相似，其中有入学年龄晚的原因，也有家中对读书本身并不积极的原因。

究其根源，是两种教育的冲突，传统教育模式下的女孩子们很早就成为家庭中的重要帮手，而读书并不能带来任何眼前的利益。在1996年女童班创立时，有些村民的态度令主抓教育的官员啼笑皆非。村民们的问题是，我送我家女娃读书，你们给不给钱？当得知每天不干活也没什么钱给后，村民就干脆不让自己的女孩去读书。用当地人的话说就是“家里困难，活太多，需要人手”，再加上重男轻女，认为女孩读书没用，早晚是别人家的人，所以一般人家都不想让女孩读书，而选择要女孩在家帮忙做事。女孩们自己也认为：“女的去读书，就不会绣花不会画蜡，读书会读懒的，不会画蜡，不会绣花，以后没人要，嫁不出去。”“不会绣花不会画蜡，人家娶了你，你做不到衣服给人家穿，也给自己做不到穿，人家不要。”刺绣与蜡染是长角苗妇女必备的一种技能，这是传统长角苗妇女在社区中的价值评判系统，也是她作为一名合格的长角苗女性角色必备的前提之一。陇戛寨邻近的彝族村民讲道：“以前都重视男的，不重视女的学习，彝族也重男轻女，但是没他们的人（指长角苗）那种思想严重。他们专门就是让男的去读书，女的就是专门画蜡、雕花、打猪草。”另外，这里的传统，在8岁左右的女孩已经开始练习走寨，谈恋爱，所以在十一二岁基本都开始谈对象，有的女孩成绩太差，即使家里让读，自己到十一二岁的时候先已对读书没了心思。

学生一旦不读了，老师们便去家里做工作，工作做好了，学生回来了，读几天又不读了，然后老师们再去家里做工作，这样的反复拉锯在这里是非常普遍的事情。

三、教师的苦恼

长角苗人的教育中还有一个比较独特的现象，那就是学生在十五六岁之后特别不容易教。这个年龄段的长角苗孩子对读书并不太感兴趣，这种不感兴趣不是由于小孩心性，不是那种通常的小孩子对学习的厌倦，而是与长角苗人生活中的一些风俗有关。对此，老师们道出了其中的缘由："小的时候还好教，在十五六岁之后就不好教了，思想不集中，都忙着找对象，男孩子也没心思看书，一心想去找对象，就是天天晚上在各个寨子里面跑，去聊天呀，去谈婚姻的事情。"于长角苗人而言，无论是男孩还是女孩，十五六岁的时候便已经到了结婚的时候，在这之前也就是 10 多岁的孩子都开始在思想上考虑婚姻了，而通常这个年龄在别处才是孩子们接受教育的中期。早早考虑婚姻，加之长角苗儿童本来入学年龄就晚，所以他们可以用来接受教育的时间并不多。正因为如此，在长角苗的教育中才会看到十五六岁以后学习不专心，对读书没有心思。由于早婚，所以准备婚姻的时间也在提前，家庭需要自己的孩子在很小的时候便帮助家里做活，以准备婚礼，这在男孩是需要做活，在女孩是从小准备结婚的用品、学习结婚以后的技能，当时间被这些有关婚姻的东西占据，上学的时间便没有了。

当然，这种现象，随着时间的推移已经在逐步改变，越来越多读过书的年轻人不再去参加传统的"走寨"或"跳花坡"等长角苗人的爱情活动，而倾向于在同学中找对象。只是这样一来，更加速了长角苗人文化的变迁。

注释

[1] 袁振国主编：《当代教育学》，第 4 页，北京：教育科学出版社，2004 年。

第十二章　文化的断裂与重构

第一节　概述

一个地方性的传统文化是否能用生态博物馆的形式保护起来？这样的方式可行吗？如果可行是为什么？如果不可行又是为什么？这是我们最后要回答的问题。

目前在我国，非物质文化遗产保护成了学术界最关注的研究项目之一，也成了社会上的热门话题。许多学者参与研究，许多学生在自己的毕业论文中加入这一研究的成分，许多媒体甚至普通市民也在热情积极地参与和推动。但在广大的农村，尤其是偏远的少数民族地区，那里人们的态度、那里人们的想法又是如何呢？在城市、在沿海一带的经济发达地区，以上联合国所定义的非物质文化遗产，在近一百年的工业文明及外来文明的冲击下，基本已消逝得差不多了。如果还有少量留存，那说明其有着深厚的民众基础，不用保护也能存在下来。因此，我们目前最要保护的，应该是广大的还停留在农业生产方式的农村及边远的少数民族地区。在那里，农业文明还在继续，农耕文化还存在于民众的生活之中。因此，生活在这些地区的民众才是我们最要关心的拥有非物质文化遗产的主体。

有学者说："一个地区的民众拥有当地文化知识的产权，这是毫无疑问的；他们对于这些文化现象背后的意义有自己的理解，这也是毫无疑义的，然而要把这些理解当做非物质文化遗产叙述出来，只能是调查者和研究者们完成的事情。"对于非物质文化遗产来说，我们这些所谓的学者和研究者已经说得太多了，我们对于各地方文化背后的意义也有了许许多多的解释，对错姑且不论，但我们是不是也要听听那些当地民众的声音，了解了解他们的想法？毕竟他们才是非物质文化遗产的主体，他们才是这些我们要保护的非物质文化遗产的传承者和创造者，离开了他们，离开了他们的参与和传承的积极性，我们所做的一切都是纸上谈兵。

在研究的过程中，我们力求注意纵向的时间维度的对比研究，同时也注意横向的空间维度的对比研究。在这一章中，我们将完成归纳和结论部分。

第二节　归纳与总结

一、长角苗人文化地图的断裂与重构

在研究过程中，我们试图采用格尔兹“深度描写”的方式，强调以小见大、以此类推的观察和认知方式。格尔兹说：“组成文化的不是事物、人、行为和情感，而是由常规和概念以及一套组织这些常规的概念的原则。文化存在于文化持有者的头脑里，每个社会的每个成员的头脑里都有一张‘文化地图’，该成员只有熟知这张地图才能在所处的社会中自由往来。人类学要研究的就是这张‘文化地图’。”[1] 在考察中，我们接触了众多不同年龄层、不同性别以及不同身份的长角苗人，他们的讲述、他们的行为，让我们在眼前描绘出了一幅不断移动的文化地图。我们细心地整理考察得来的所有材料，感受到了长角苗文化变化的速度，也就是说这幅文化地图不是静止的，它在不断地移动。尤其是梭戛生态博物馆建立以后，整个文化地图上的权力中心都迅速地发生了转移。新的文化在各个领域里都取得了全面的胜利，新旧之间的交替使紧系着传统文化的绳索正在发生着断裂。而这种断裂和转移的根源不是来自某一个方向，或者某一个因素，而是整体与全部的。长角苗传统文化面临的，不再是我们常说的变迁，而是迅速的重构。

在研究的过程中我们发现，最不容易变化的是一个民族心灵深处的宗教、语言、习俗及价值观念，即非物质文化部分。而最容易变化的是生活器用、生产工具及建筑等物质文化的部分。以服饰为例，其与信仰无关的式样和布料部分常常会有所变化，但其与信仰有关部分的纹饰及式样部分却始终不变。尤其是去世时穿的寿衣，一定是传统的改变较少的民族服装。而且陪葬的所有物品都是自然材质，没有任何的人工材料，如铁钉、塑料扣子等，因为这些材料都是外来的，与本民族的传统无关。

在生态博物馆没有建立以前，这里的非物质文化的部分基本没有变化。即使生态博物馆建立以后，许多的习俗及文化观念都发生了改变，但唯一没变的就是他们的“打嘎”仪式。他们的信仰是祖先崇拜，因此，他们的葬礼就是他们最重要、也是最盛大的宗教仪式活动。一旦这一活动改变，他们民族的文化根基也就动摇了。在考察中，我们似乎已经看到了这一危机，如果一旦发生，长角苗人的“文化地图”就要重绘，未必是一张最美的图，但一定是一张最新的图。

二、文化变迁的不同模式

任何一种文化都不会是静止的，都是运动的、变化的，因此任何文化的变迁都是不可逆转的。但这种变迁有两种模式，一种是人们为了应对自然生态的改变和社会文化环境的改变而做出来的自主的变迁，也就是文化变迁的选择权和主动权掌握在文化持有者自己手中。通过研究，我们看到在生态博物馆建立以前，长角苗人虽然也有来自外界的迫力，如森林逐步消失，使他们不得不放弃部分的狩猎生活，后来人民公社成立，为了记工分的方便，他们不得不学习汉族文化，但我们还是看到了他们非常自主而又智慧地将外来文化融入自己文化的习俗中，如在 20 世纪 70 年代进入长角苗人生活的手电筒，还有 20 世纪 80 年代进入长角苗生活的折叠伞，到最后都成为了年轻人谈恋爱的重要信物与道具，成为他们文化传统的一部分。他们将外来的文化因素吸纳到自己的文化中，发展出新的民俗和新的传统。他们文化的主体性还很强大，他们对自己的文化也还很自信。

另一种是没有自主性的、不得不为之的被动变迁，与其说是变迁还不如说是重构与重组。比如说，生态博物馆的建立，不是一种文化变迁的自然行为，而是在政府和专家的外来力量的支持下，使长角苗人在非常短的时期内，就从一个封闭的生活空间来到了一个旷阔的、面向世界的全球性空间。不容他们质疑，不容他们想象，必须要迅速地学习，迅速地脱离自己的文化传统，进入到新的时代，融入新的生活当中去。在这样的情况下，他们看到的是自己文化的陈旧与落后和外来文化的先进与进步。于是，他们不但不会为自己的文化感到自豪，反而是自卑。他们不再自主地调适自身文化与外来文化的关系，而是全盘否定自己的传统，全力以赴地投入到新的文化中。因为外面的世界和新的竞争方式在告诉他们，他们的传统文化已不合时宜，必须改变，甚至根除。

因此，尽管政府和专家要他们保护自己的传统文化，但对于他们来讲却是要尽快地从旧的传统文化中解脱出来，以便适应新的生活和新的竞争形式。

三、西方理论与具体实践之间的距离

在这里，我们似乎看到了工业文明早期，一些非洲、美洲、大洋洲土著民族初次接触到欧洲强势文化时所产生的状态。那个时候的人类学家普遍认为，在外来的更先进文化的冲击下，新的文化取代旧的文化是一种必然的规律。在克鲁伯 1948 年所写的《人类学》一书中有一段这样的话："对于原始部落来说，文化接触引起的震撼往往是突然而严重的。他们狩猎的林地或牧地要么会消失，要么会因耕种出现而遭到破坏，他们古老的血亲复仇制度、猎头、献祭等习俗也会受到抑制。"[2] 泰勒在其 1870 年所写的《原始文化》一书中表明，欣赏文化差异性的方法，在于建构文化的进化阶段性。也就是说他认为人类的文化都是朝着一个既定的目标前进，原始人的生活就是人类生活的过去，而欧洲人则代表着人类整体文化所发展的方向。马克思也同样假定"工业高度发达的国家，为工业较不发达国家，展示了它们的未来形象"。[3] 沃特·罗斯托在其《经济增长的阶段》一书中，列举出了一个从“传统社会”到“高度大众消费的时代”的五个发展阶段的单线序列。在罗斯托的图示中，“传统社会”的解体是“经济起飞”的前提条件。而外来支配也有必要，因为它能够实现这种有益的解体，否则传统生产的习俗关系会阻碍经济增长。在传统人类学家的眼里，只有传统的地方文化彻底解体，才会得到经济的发展，从而赶上发达地区的前进步伐。在他们的眼里，传统与变迁是对立的，习俗与理性也是对立的。

但时至今日，社会的文化背景发生了变化，人类学家的看法也发生了变化，如萨林斯写道："非西方民族为了创造自己的现代性文化而展开的斗争，摧毁了在西方人当中业已被广泛接受的传统与变迁的对立、习俗与理性对立的观念，尤其明显的是，摧毁了 20 世纪著名的传统与发展的对立观念。"[4] 他认为，“晚期资本主义”最令人惊叹之处之一就是，“传统”文化并非必然与资本主义不相容，也并非必然是软弱无力已被改造的。他以爱斯基摩人为例，认为他们从 20 世纪 80 年代开始，一方面大规模引进现代的技术与便利的生活设施，另一方面又在恢复他们的传统文化与仪式庆典。同时，岛上移民的出走并没有使他们的文化丧失掉，他们反之将传统文化扩展到像奥里根和加利弗里亚这样遥远的同宗的居住地。[5] 因此，他认为，全球化的同质性与地方差异性是同步发展的。[6]

萨林斯的观点似乎给了我们希望——那就是现代化的本土性发展，在这样的发展过程中，传统与现代未必会对立，保护与发展也可以达到一致。但我们感到困惑的是，在我们对长角苗文化的考察中，还没有发现像萨林斯所讲的那样，人们一方面大规模引进现代化的技术和生活设施，一方面又很热衷于自己的传统文化，同时还能保持自己的传统文化不被改变。我们所看到的却是他们文化的迅速解体与断裂，类似早期人类学家所见到的情景。

萨林斯提出的观点还有一个值得注意，他认为："当人们不能够找到足够的金钱来支撑他们的传统生活时，大问题才会出现。如果人们能像某些人类学家做过的那样的计算的话，那么就知道有多少来自政府的资助基金和商业贸易收入已经被投入与扶植本土生产方式中去了。就会看到土著内部经济显然吸纳并统合了外来经济。更进一步说，在村落当中，以个人或一个家庭，其在金钱经济中越是成功，便越会加入到本土的秩序中去。"[7] 萨林斯所提出来的现代化的本土性，实际上还是要以经济为基础的，经济越发达，他们的传统文化越能保持下去。

但如何发展他们的经济？这就需要我们去思考萨林斯所提出来的现代化的本土性能够得以实现的背后的真正理由。我们认为，这个理由就是，在全球一体化的今天，整个人类社会的政治结构、经济结构和文化结构都在发生巨大的变化。如今在世界范围内的许多地方，民族的文化传统与文化遗产，正成为一种人文资源，被用来建构和产生在全球一体化语境中的民族政治和民族文化的主体意识，同时也被活用成当地的文化和经济的新的建构方式，不仅重新模塑了当地文化，同时也成为当地新的经济增长点。因此，现在在世界范围内，许多原住民文化及各地的民间文化呈一种复兴状态，而这种复兴，就是传统文化的复活，但这种复活并不是在实用层面，而是在精神层面。它是作为一种昔日的精神家园给予人们的寄托，让人们在这里看到自己的过去，或领略到不同地域的人文风光，甚至成为一种可以欣赏的活的艺术。这就是费孝通先生所讲的“一件文物或一种制度的功能可以变化，从满足这种需要转去满足另一种需要”。[8] 从功能上来讲，它不再能从制度上物质上去满足现代生活的需要，但它却能从另一个层面，即人们的心理需求和审美需求去满足人们的需要，这就是文化产业和旅游业能得到发展的根基。也是许多地方文化得以复兴的经济基础，也是萨林斯所讲的本土化的现代性的理念能够得以存在的可能性之一。

在这里我们看到的是，传统文化不仅可以成为我们保护的对象，也可以成为我们发展经济的人文资源，只有做到这一点，传统与现代、保护与开发才不会发生冲突。但作为生态博物馆，如何做到这一点？用什么方式？

英国纽卡斯尔大学博物馆的学者彼特·戴维斯说：“生态博物馆应该有一个过程来解决目标，它要记录过去和现在的状况，以及人与自然的关系。要由不同的项目来执行，要对文化和政治全面的介入，通过媒体展览、教育、游览、出版物等，来诠释当地的人文资源。现在欧美越来越重视对产出资源的诠释，生态博物馆应该积极参与这种诠释，通过媒体的传播，把所有的资源都纳入到其中，有许多意见输入的途径，在这一过程中要让各方面都对其具有拥有感（包括游客）。由于游客的介入，其还可以促进当地经济的发展。”[9] 他这样的理念就是生态博物馆的可持续发展的理念。但梭戛生态博物馆的现状是，这里没有专业的文化研究工作者，更没有所谓的博物馆专家。因此，谁来记录长角苗人文化的过去和现在的状况，以及人与自然的关系？还有谁来诠释当地的人文资源？谁来解释当地的文化？如果博物馆没有这样的专家，当地民众没有这样的自信和自主能力，游客的介入，也许会促进当地的经济发展，但最可怕的也是会彻底破坏当地的文化传统。

挪威博物馆专家马克·摩尔还谈到生态博物馆的功能有三个方面：一方面生态博物馆是一面镜子，当地的民众可以在这面镜子里看到自己的文化、认识自己的文化、接纳自己的文化，并为自己的文化骄傲和自豪，由此学会热爱他人；第二个方面，生态博物馆还与观众和旅游有关系，有很多东西可以展示，可以出卖，因此，其又是一个展示柜；第三个方面，它还是一扇向世界开放的窗户，当地的居民可以和外边来的观众对话。[10] 如果达到了这三点，它的文化保护和经济发展的问题就可以同时得到解决。

在陇戛寨，我们看到生态博物馆的确起到一个展示柜的作用，他们在把他们的生活展示给所有游客的同时，也在出卖自己的传统文化，包括祖祖辈辈流传下来的一些物件；而且也是一面镜子，当地民众从这面镜子里看到了自己的文化、认识了自己的文化，但他们看到的是自己文化的落后性，看到的是由于自己文化的落后而造成了自己的贫困；另外，它也的确是一扇通向世界开放的窗户，在这扇窗户里，长角苗人接触到了来自世界各地不同的游客，也看到了自己与新时代的差距、与其他国家民族人们生活的差距。所以他们要急起而追之，要急切地摆脱自己的传统文化。

在这里，我们看到了中国与欧洲的差距，欧洲生态博物馆概念最早提出来的时间是在20世纪70年代，正是其由工业文明向后工业文明转化的年代，这时的欧洲已经发展到了一定的水准，但却面临着能源危机和生态的压力。在这一文化背景下的反思，使其产生了对文化与生态的保护思想，这是一种自发的文化自觉的行为。而中国的生态博物馆大都建立在偏远的贫困山村，是在经济没有达到一定的富裕程度、当地民众对自己的文化没有一定的自信和认识的情况下建立的。这种生态博物馆的建立是一种被动的行为，或者只是为了在此名义下努力摆脱贫困，这样的生态博物馆很难成为一种教育的工具、一种阻止文化退化的方式。

对于长角苗人来讲，如何才能使自己变得富裕，并在此基础上保护自己的传统文化？他们现在的方式是离开家乡外出打工，为了摆脱贫困他们宁可丢弃自己的传统文化。也许有一天，陇戛寨受过教育的新一代在外面挣到一定的钱以后，会回来开饭店，开旅游品商店，国家将会投资在这里建旅游设施。也许只有这样，他们的传统文化才可能被人们重新重视，并努力地恢复。但这是不是萨林斯所讲的本土化的现代性？也许只有在这时候，生态博物馆的可持续发展的理论才可以得到实现，因为人们已经看到文化是一种可以发展经济的资源。而且受过良好教育的长角苗的新一代也会认识到，自己的文化是自己这一族群得以认同、得以凝聚在一起的重要标示。只有在这个时候，文化的保护才能得以实现。但到那时真正意义上的长角苗文化还会存在吗？而且利用当地的文化资源发展经济，实际上也是一种开发的行为，这种开发如何才能使当地的文化免于破坏，如何才能使当地的文化保持自己的原创力和自主性，这也是生态博物馆理论所面临的一个巨大问题。正因为如此，在许多发展中国家建立的生态博物馆并不是太成功，看来理论与真正的实践还是有一定的距离，还需要我们多探索和多思考。

四、探索与思考

这几年，本课题组的许多学者一直在西部做考察，不仅考察了梭戛生态博物馆，也考察了西部的其他许多地区。通过许多具体个案的研究，我们似乎发现了一种规律：当一种文化还有生命力时，它是人们生活的指南，它存在于人们生活的背景知识[11]中，但当它不能在当今的生活起作用而失去了继续发展的生命力时，它就成为一种遗产，一种可以表演和展示的对象，在表演和展示的过程中，其便由遗产转化成为一种被开发的资源。

也就是说，民间的传统文化一部分随着传统的产业和传统生活方式的改变而瓦解或消失了，但另一部分正在转化和重组，成为现代社会文化和经济发展中所需要的人文资源。在我们考察的西部，许多民俗的仪式和民间的歌舞及民间手工艺，作为艺术的表现形式不仅是保留下来了，而且还有所发展，并成为一种新的文化产业。但是在这一过程中，我们发现许多民间的传统文化成为一种艺术的表演形式，在这些表演形式背后，与农民们的宇宙观、道德观、生命观乃至生产方式紧密相连的传统文化，似乎正在碎片化，甚至空洞化。在这里面隐含了一系列令人担忧的问题。因此，我们的看法没有萨林斯的那么乐观，对于生态博物馆的理念，也觉得有需要商榷的地方。

通过考察我们看到的是，在生态博物馆没有建立以前，当地的文化一直在缓慢地变迁，但它的文化还活着，还在继续发展，甚至还有很强的消化外来文化的能力。生态博物馆建立以后，它的文化在表面上是被保护了，但事实上只是被曝光、被展示出来了，它文化的内涵、文化自身的创造力、生命力却在逐渐萎缩。

基于以上的思考，我们认为，在全国上下一片非物质文化保护的呼声中，我们首先要解决的有几个重要的问题：

一、学者和文化政策的决策者一定要关注开发与保护之间的关系。面对文化遗产，现在多数人只敢提保护，不敢轻言开发和利用。但是实践早就走在了理论的前面，文化产业、旅游业的发展就是这种实践的结果。即使我们提出了许多非物质文化的保护措施，表面是保护，实质是另一种形式的开发。就以生态博物馆为例，其最初的目标是为了保护原住民的文化与自然遗产，但当它将这些文化作为一种教育工具或表演对象展示给世人，作为一种人文资源来使当地的经济得到发展的时候，它就是一种开发的行为。因此，目前是开发的力度远远大于保护的力度。如果学者不敢正视这一现实问题，不做认真的田野调查，就不会理解社会的真正需求、农民的真正需求，就不会发现在现实生活中保护与开发所暴露出来的种种问题。梭戛生态博物馆的实践给予了我们在这方面的种种思考。

文化遗产已经成了一种可以开发的人文资源，从资本经济到知识经济，从物质经济到非物质经济的转化，都说明了人们正在用原有的文化去重构现有的文化，甚至未来的文化，而这一切都是建立在将传统的文化，也就是文化遗产，转化为人文资源的基础上的。因此，对于人文资源的研究，以及人文资源与文化产业之间关系的研究，迫在眉睫。

二、有关文化遗产的保护必须研究先行。在没有任何研究记录或保护措施之前，一定不能开发和利用。现在非物质文化遗产保护的热度很高，但我们认为真正的深入研究还没有跟进，如果没有深入的研究为前提，我们的保护工作将是盲目的，甚至是有风险的。比如，继梭戛生态博物馆之后，在全国许多地方都陆续建立了不少生态博物馆，现在还处于全面开花的状态。但究竟什么是生态博物馆，建立生态博物馆以后我们将如何保护当地文化等等，大家都没有真正弄清楚，我们认为最后的结果可能就是保护性的破坏。也许最初的动机是好的，但结果却相反。

三、亟须建立学术队伍，加强记录、梳理和研究方面的工作。近年我们一直在做西部人文资源保护方面的课题，最大的感受就是，当我们还没有找到切实可行的少数民族文化保护的措施时，第一件事情就是先抢救和记录。其实也许文化就是如此不断向前发展的，我们没有能力也没有必要让所有的文化都保持原态。但无论如何，记录和研究是不可缺少的。即使是建立生态博物馆，我们要做的第一件事也还是考察整理与记录。如果一个生态博物馆没有一套有关其所处社区的主群文化和历史的完整考察和记录，并且这样的记录是经常性的、连续性的，把一个社区或族群文化的变迁过程全面地记录下来，就不能称其为生态博物馆。

通过在梭戛生态博物馆的考察，发现我们国家非常缺乏文化保护工作方面的专业人才。如果我们有一支学术研究力量非常强的专家队伍，来对博物馆社区内的文化进行记录，登记造册，并详细地记录当地的文化历史，以及当地人和自然的关系——而且这种记录不仅是文字的，还是影像等视觉及声音的，最后建成一个数据库，不断扩展和填充里面的内容——它会帮助所有的来访者了解当地的文化，甚至教育下一代，使生态博物馆成为一种教育的工具。如果有这样的前提，生态博物馆的建立才有意义。但在少数民族地区，我们缺少这样的专业人才，以至于贵州梭戛生态博物馆建立了十几年，对长角苗的文化都没有一个完整的详细的记录。所以，我们必须要加强培养，加快培养。

四、唤起当地民众“文化自觉”的意识。生态博物馆的理念不是要让其所保护的社区文化永远不变化，而是要让其在变化中仍然保持自己内在的生命力。这种变化，不是外界强加的，而是其自主发展的，这也就需要当地的民众包括政府具有“文化自觉”的意识，具有对自己文化的热爱和自信。欧洲生态博物馆的建立大多是当地民众及政府的自觉行为，但在我们这里建立生态博物馆，保护传统文化，本身就不是当地政府和当地民众的自觉行为，而是外界的强加。对于当地政府和民众来说，他们需要的是发展经济和脱贫，并不是文化的保护，在这样的前提下，工作做不好是自然的。也就是说，教育和帮助当地政府和民众认识自己的文化，是目前中国生态博物馆必须要做的一项工作。

我们在这里描述的虽然只是一个长角苗人的文化，但它在当前我国的少数民族中是有一定代表意义的，其所面临的问题，也是其他少数民族所共同面对的问题。

在这里，我们想以费孝通先生的一段话作为本研究报告的结束语，他说：“文化的生和死不同于生物的生和死，它有它自己的规律。它有它自己的基因，也就是它的种子，这种种子保留在里面。就像生物学里面要研究种子，要研究遗传因子，那么，文化里面也要研究这粒种子，怎么才能让这粒种子一直留存下去，并且要保持里面的健康基因。也就是文化既要在新的条件下发展，又要适合新的需要，这样，生命才会有意义。脱离了这些就不行，种子种子就是生命的基础，没有了这种能延续下去的种子，生命也就不存在了。文化也是一样，如果要是脱离了基础，脱离了历史和传统，也就发展不起来了。因此，历史和传统就是我们文化延续下去的根和种子。”但如何认识人类不同文化的基因和种子，如何认识我们中华民族文化的根，包括不同民族之间文化的关系，还有我们如何能在认识自己文化的基础上，与世界其他国家及民族的文化之间做到“和而不同”，这似乎是我们永远要努力做的一件事。我们研究梭戛生态博物馆，研究长角苗人的文化，研究西部的人文资源及文化遗产等等，都最终是为了以上的目的。还有最终是为了了解人类的文化，为了让人类未来的发展，多一些可能性，多一些经验和智慧。

注释

[1] [美]克利福德·吉尔兹著，王海龙、张家瑄译：《地方性知识——阐释人类学论文集》，第33页，北京：中央编译出版社，2000年。

[2] 转引自[美]歇尔·萨林斯著，王铭铭、胡宗泽译：《甜蜜的悲哀》，第112页，北京：三联书店，2000年。

[3]　同上。

[4]　[美]歇尔·萨林斯著，王铭铭、胡宗泽译：《甜蜜的悲哀》，第125页，三联书店，2000年。

[5]　同上，第121页。

[6]　同上，第123页。

[7]　同上，第136页。

[8]　方李莉编著：《费孝通晚年思想录》，第48页，湖南：岳麓出版社，2005年。

[9]　[英]彼特·戴维斯：《评价生态博物馆现状和"成功"的标准》，由"2005年贵州生态博物馆群建成暨国际学术论坛"发言整理。

[10]　中国博物馆学会编：《2005年贵州生态博物馆国际论坛论文集》，第114页，北京：紫禁城出版社，2006年。

[11]　所谓的背景知识就是人们在使用它但却意识不到它，它融化在生活中，与其成为一个整体。

附录

长角苗歌曲歌词

说明

长角苗是一个没有文字的族群，他们的宇宙观和包含在其中的各种信念、价值与知识，都是在生活情境中，通过各种声音符号、图形符号的表达和记忆潜移默化到人们的心中，成为生活于其中的人们的“背景知识”，它们是自然过程与社会过程相结合的产物，根植于自然环境的物理性和人的生物性的基础上，其具有一定的时空性，属于连接自然和文化或社会的巨大过程系统。

这些声音符号和图形符号，就是我们考察中的歌曲、散文、音乐、服装的纹饰、器具的造型和装饰图案、建筑的外形与装饰等等，这也就是我们所要考察和记录的艺术。在考察中，我们发现在长角苗人的器具上、工具上或建筑上几乎没有任何纹样的装饰，他们的纹样装饰几乎都集中在服饰上。但他们的歌却非常丰富，有酒令歌、孝歌、开路歌、棍棍歌、山歌、送客歌等。其中酒令歌是用来传承历史或者叙述神话的，不仅内容丰富，而且全是用古苗语来传唱的。一般是在举行婚礼或葬礼时唱，谁能将这些酒令歌唱完整，谁就是寨子里最有“文化”或“学问”的人，因此，在婚礼或葬礼上，不同家族或不同寨子的人会进行比赛。如果说长角苗的女性很小就要开始学习刺绣的话，这里的男性则很小就要开始学习唱歌。因为长角苗的文化是以男性占主导的，而男性要是担任总管、松丹（祭师）、祭宗、族长、弥拉（巫师）等寨子里的重要角色，都必须会唱歌，因为对于长角苗人来说，只要在正式场合，只要是表达重要的事情，只要是举行重要的仪式等，都必然是用歌来表达。

因此，在长角苗这一以口传心授为主要文化传播手段的族群中，要读懂他们的文化，要理解他们的历史，就必须要记录和了解他们的歌。为此，我们努力记录和翻译，但由于时间的关系，我们记录的还不够完整，为了给后来的研究者留下这些珍贵的资料，我们将论著中没有出现的一些歌也一并附录在此。

一、安杜寨开路仪式歌

熊少安吟唱 熊光禄翻译 杨秀采录

依永（王坐清的老名），我用竹卦将这碗酒送给你喝，你活着是人，死去是鬼，在死亡路上，饥饿路上，你都可以喝，这酒给你去喝千年万年，喝了之后你可以去同祖宗们一起，男的就跟着男的在一起，女的就跟着女的在一起。嘿—嘿嘿。

依永，你就要开始上路了，我用竹卦将这碗酒送给你喝，你活着是人，死去是鬼，在死亡路上，饥饿路上，你都可以喝，这酒给你去喝千年万年，喝了之后你可以去同祖宗们一起，男的就跟着男的在一起，女的就跟着女的在一起。嘿—嘿嘿。

依永，我跟你说：世界上的山，一群群的，就像你的子孙一样，这世上的人就要开始做客了。世界上的山，一堆堆的，就像你的亲戚朋友一样，现在的人也要开始打嘎了。所有的山峰就像人一样坐在一起，有的山像你的子孙（意思是子孙在不断高升，要成为贵人），只是你的身体就快要腐烂了，依永。

依永，我跟你说：世界上的山，一群群的，就像你的子孙一样，这世上的人就要开始做客了。世界上的山，一堆堆的，就像你的亲戚朋友一样，现在的人也要开始打嘎了。所有的山峰就像人一样坐在一起，有的山像你的子孙，只是你的骨头就要往山上丢了，依永。

是谁拿来麻籽？是司矣（苗语，苗族人的神的名字）拿来麻籽。在哪儿拿麻籽？在牙甘乜（苗语音，地名）的地里拿的麻籽。拿了麻籽之后，用一点撒在山上，留一点栽在地里。种子会发芽，芽儿也会长，九十九棵麻秆长得一样齐，八十八棵麻秆长得一样长。用中间这一棵来做你的衣服，穿去给你的祖先看；用外边这一棵做你的牛鞭子。

是谁拿来谷籽（稻谷）？是司矣拿来谷籽。在哪儿拿谷籽？在牙甘乜的田里拿的谷籽。拿了谷籽之后，用一点撒在山上，留一点栽在地里。种子会发芽，芽儿也会长，芽儿长后就会抽出谷穗，谷穗成熟后就会成为谷子。用谷草做你的鞋子，穿去给你的祖先看；用谷子做你吃的饭。

是谁拿来慈竹种？是司矣拿来慈竹种。在哪儿拿慈竹种？在牙甘乜的森林里拿的慈竹种。拿了慈竹种之后，九十九棵慈竹长得一样齐，八十八棵慈竹长得一样长。用中间这一棵根部的这一段，来夹着骨头给你去喂狗；用中间这一段，来做成送饭给你吃的这对竹卦。

是谁拿来鸡种（小鸡）？是司矣拿来鸡种。在哪儿拿鸡种？在牙甘七的鸡笼里拿的鸡种。拿了鸡种之后，就有了母鸡，母鸡一天下一个蛋，它下了十三天，有了十三个蛋。然后就有了十三只小鸡。老鹰从天上飞过来，抓走了一只，野猫从地下也抓走了一只，现在只剩下这只，留给你做盖簸簸（笸箩）的鸡。

是谁拿来猪种？是司矣拿来猪种。在哪儿拿猪种？在牙甘七的猪圈里拿的猪种。拿了猪种之后，就有了母猪，母猪一年生下两窝。老鹰从天上飞过来，叼走了一只，狼从地下也叼走了一只，现在只剩下这只，就留给你去做撑起（嘎房）中间那棵树的猪。

是谁拿来牛种？是司矣拿来牛种。在哪儿拿牛种？在牙甘七的牛圈里拿的牛种。拿了牛种之后，就有了母牛，母牛三年生了两个小牛。一头给你的子孙做耕牛，一头就给你带到阴间去帮你干活。

是谁拿来树种？是司矣拿来树种。在哪儿拿树种？在牙甘七的森林里拿的树种。拿了树种之后，种子会发芽，芽儿也会长，九十九棵树长得一样齐，八十八棵树长得一样长。用中间这一棵的根部的一节，来做你的房屋（棺材）；用中部这一节，来做你的洗脚盆；用顶部这一节，来做你的木梳，给你去梳头。

现在我就要跟你说了：依永，现在你就要离开床了，床说："你去不得。"你就跟床说："我在的时候，我生病你不管我，我呻吟的时候你不听，现在，阎王老人已经勾了我的名字，我应该走了。"

依永，你走到土灶边，土灶说："你不能去。"你就跟土灶说："我在的时候，我生病你不管我，我呻吟的时候你不听，现在，阎王老人已经勾了我的名字，我应该走了。"

依永，你走到小门边，小门说："你不能去。"你就跟小门说："我在的时候，我生病你不管我，我呻吟的时候你不听，现在，我吃完了，喝光了，阎王老人已经勾了我的名字，我应该走了。"

依永，你走到堂屋里，堂屋说："你不能去。"你就跟堂屋说："我在的时候，我生病你不管我，我呻吟的时候你不听，现在，我吃完了，喝光了，阎王老人已经勾了我的名字，我应该走了。"

依永，你走到大门边，大门说："你不能去。"你就跟大门说："我在的时候，我生病你不管我，我呻吟的时候你不听，现在，我吃完了，喝光了，阎王老人已经勾了我的名字，我应该走了。"

依永，你走到煤灰堆，煤灰堆说："你不能去。"你就跟煤灰堆说："我在的时候，我生病你不管我，我呻吟的时候你不听，现在，我吃完了，喝光了，阎王老人已经勾了我的名字，我应该走了。"

依永，鸡叫的时候，你就跟着鸡走。你走到森林边，森林说："你不能去。"你就跟森林说："我在的时候，我生病你不管我，我呻吟的时候你不听，现在，我吃完了，喝光了，阎王老人已经勾了我的名字，我应该走了。"

依永，鸡叫的时候，你就跟着鸡走。你走出寨子之后，这里有一棵很大的树，根部这一节要九个人合抱，顶部直顶天，它的枝丫伸向四面八方，树叶非常的茂密，请你别怕：树叶滴下来的水，只是寨上人的眼泪。请你赶快离开这里吧。

鸡叫的时候，你就跟着鸡走。晴天你躲在鸡翅下，雨天你躲在鸡尾下。请你往平寨（向出生的方向去经过的地名）方向去。

现在你到了平寨，鸡叫的时候，你就跟着鸡走。晴天你躲在鸡翅下，雨天你躲在鸡尾下。请你往龙场方向去。

现在你到了龙场，鸡叫的时候，你就跟着鸡走。晴天你躲在鸡翅下，雨天你躲在鸡尾下。请你往毛栗坡方向去。

现在你到了毛栗坡，鸡叫的时候，你就跟着鸡走。晴天你躲在鸡翅下，雨天你躲在鸡尾下。请你往上遥（苗语音，地名）方向去。

现在你到了上遥，鸡叫的时候，你就跟着鸡走。晴天你躲在鸡翅下，雨天你躲在鸡尾下。请你往艾绒（苗语音，大森林的意思，死者的出生地）方向去。

现在你到了艾绒这个地方，去给你母亲磕个头吧。你母亲生你的时候，喘气都成了烟雾；眼睛鼓得像个牛眼；血流成河。她的大腿是你坐的板凳；她的乳房是你的午餐；她的背是你的床。她带你去干活，在山上摘野果给你吃；在山下摘花给你玩。你要记住她。你现在就打开柜子，穿上你最好的衣服，然后打开大门，从这里开始走吧。

你离开了大门之后，请你回头看你母亲的田地三次，你再走。

依永，你衣服穿好了，那田地你也看了，现在你就开始走吧。鸡叫的时候，你就跟着鸡走。晴天你躲在鸡翅下，雨天你躲在鸡尾下。请你往上遥方向去。（去出生地与去阴间的路反向，所以原路返回，再走。）

现在你到了上遥，鸡叫的时候，你就跟着鸡走。晴天你躲在鸡翅下，雨天你躲在鸡尾下。请你往毛栗坡方向去。

现在你到了毛栗坡，鸡叫的时候，你就跟着鸡走。晴天你躲在鸡翅下，雨天你躲在鸡尾下。请你往龙场方向去。

现在你到了龙场，鸡叫的时候，你就跟着鸡走。晴天你躲在鸡翅下，雨天你躲在鸡尾下。请你往平寨方向去。

现在你到了平寨，鸡叫的时候，你就跟着鸡走。晴天你躲在鸡翅下，雨天你躲在鸡尾下。请你往仓边方向去。

现在你到了仓边，鸡叫的时候，你就跟着鸡走。晴天你躲在鸡翅下，雨天你躲在鸡尾下。请你往梭戛方向去。

现在你到了梭戛，鸡叫的时候，你就跟着鸡走。晴天你躲在鸡翅下，雨天你躲在鸡尾下。请你往坷垃寨方向去。

现在你到了坷垃寨，鸡叫的时候，你就跟着鸡走。晴天你躲在鸡翅下，雨天你躲在鸡尾下。请你往干河方向去。

现在你到了干河，鸡叫的时候，你就跟着鸡走。晴天你躲在鸡翅下，雨天你躲在鸡尾下。请你往鸡场方向去。

现在你到了鸡场，鸡叫的时候，你就跟着鸡走。晴天你躲在鸡翅下，雨天你躲在鸡尾下。请你往茅草坪方向去。

现在你到了茅草坪，鸡叫的时候，你就跟着鸡走。晴天你躲在鸡翅下，雨天你躲在鸡尾下。请你往平坝方向去。

现在你到了平坝，鸡叫的时候，你就跟着鸡走。晴天你躲在鸡翅下，雨天你躲在鸡尾下。请你往小龙场方向去。

现在你到了小龙场，鸡叫的时候，你就跟着鸡走。晴天你躲在鸡翅下，雨天你躲在鸡尾下。请你往（？）方向去。

现在你到了（？），鸡叫的时候，你就跟着鸡走。晴天你躲在鸡翅下，雨天你躲在鸡尾下。请你往（姆来场？）方向去。

现在你到了（姆来场？），鸡叫的时候，你就跟着鸡走。晴天你躲在鸡翅下，雨天你躲在鸡尾下。请你往（？）方向去。

现在你到了（？），鸡叫的时候，你就跟着鸡走。晴天你躲在鸡翅下，雨天你躲在鸡尾下。请你往（？）方向去。

现在你到了（？），鸡叫的时候，你就跟着鸡走。晴天你躲在鸡翅下，雨天你躲在鸡尾下。请你往下吾罗（苗语）方向去。

现在你到了下吾罗，鸡叫的时候，你就跟着鸡走。晴天你躲在鸡翅下，雨天你躲在鸡尾下。请你往查二（苗语）岩方向去。

现在你到了查二岩，对面有一个瀑布，从崖上飞奔而下。你在这河里面，甜也要喝三碗，苦也要喝三碗，你去了之后，才能与祖先相处融洽。

（走累了，喝水，休息一会儿）

现在你喝完水了，鸡叫的时候，你就跟着鸡走。晴天你躲在鸡翅下，雨天你躲在鸡尾下。请你往北夫乜（苗语，意：河水源头上）方向去。

现在你到了北夫乜，鸡叫的时候，你就跟着鸡走。晴天你躲在鸡翅下，雨天你躲在鸡尾下。请你往一刀瓢（苗语，意：半山腰）方向去。

现在你到了一刀瓢，鸡叫的时候，你就跟着鸡走。晴天你躲在鸡翅下，雨天你躲在鸡尾下。请你往老窝（隶属张维）方向去。

现在你到老窝这个地方，带着孩子的妇女要在这里给孩子喂奶；中年以上的男子经过这里，要歇下来抽烟；青年男女经过这里，要打扮才走。依永。

（录音时间：33 分钟）

（休息。休息时，唱酒令歌、吹芦笙给死者听）

酒令歌

（一）

1.

（开头约有 1 分钟录音听不清）
老太太活着，
她不知道她会死；
老头子活着，
他不知道他会亡。
现在老太太死去，
（听不清）
现在老头子死去，
（听不清）
老太太死去，
让老头子整天都在想念她；
老头子死去，
让老太太整天都忘不了他。
老太太活着，
她不知道她会死；
老头子活着，
他不知道他会走。
现在老太太死去，
（听不清）
现在老头子死去，
（听不清）
老太太死去，
让老头子整天都在想念她；
老头子死去，
让老太太一个人留在后面。

2.

老太太死去，
老头子端了一碗饭去丢在路边，
回到家里，却没看见老太太待在家里。
老头子死去，
老太太舀了一瓢饭撒到地上，

回到家里，却没看见老头子坐在床上。
老太太端了一碗用水泡过的饭撒在坟头上，
喊老头子起来，和她说一句。
老头子对老太太说：
我的肉已经腐烂了，
我的血已经变成了红土，
即使我和你说，
你也听不见了。
我的肉已经腐烂了，
我的血已经变成了黑土，
即使我和你说，
你也听不到了。
老太太对老头子说：
既然这样，
你应该跟我说些什么呢?
老头子说：
我摘了一片菜叶丢到了路上，
我只希望你去带着孙子好好地生活。
我摘了一片树叶丢在地上，
我只希望你去带着孙子好好地活着。

(二)

1.
晴天，蘑菇长在麻秆上，
雨天，蘑菇长在石头旁。
现在这位老人死去，
喊两位年轻女子去哭，
喊两位青年男子去唱酒令歌。

晴天，蘑菇长在麻秆上，
雨天，蘑菇长在杉树旁。
现在这位老人死去，
喊两位年轻女子去哭，
喊两位青年男子去吹芦笙。

2.
这位老人活着，
他也怕自己会死；

这位老人活着，
他也怕自己会亡。
现在这位老人死了，
让他自己的孩子像一群孤牛；
现在这位老人走了，
让他自己的孩子像一群孤马。
这位老人死去，
他的孩子给他穿上一身很好的衣服，
但是，他却让他自己的孩子哭得像牛叫。

这位老人活着，
他也怕自己会死；
这位老人活着，
他也怕自己会亡。
现在这位老人死了，
让他自己的孩子像一群孤牛；
现在这位老人走了，
让他自己的孩子像一群孤马。
这位老人死去，
他的孩子给他穿上一身很好的衣裳，
但是，他却让他自己的孩子哭得像马嘶。

(三)

现在，阎王老人让这位老头子死去了，
太阳初升的时候，老太太去打开门，
不知道何时才能把自己的孩子养大。

现在，阎王老人让这位老太太死去了，
太阳初升的时候，老头子去打开窗，
不知道何时才让自己的孩子自食其力。
(录音时间：9分钟)

(开路仪式继续)

依永啊，你休息好了，就应该喝点酒，吃点饭。现在我就用竹卦将这碗酒送给你喝。你活着是人，死了是鬼。你在死亡路上，饥饿路上，可以喝酒，也可以吃饭。现在我给你装一瓢（饭），给你装两瓢，给你装三瓢，我给你装一块（肉），给你装两块，给你装三块，让你去吃一辈子。你去了之后，女的要跟女的走，男的要跟男的走。

依永，你吃完之后，鸡叫的时候，你就跟着鸡走。晴天你躲在鸡翅下，雨天你躲在鸡尾下。请你往敏扎（苗语）方向去。

现在你到了敏扎，鸡叫的时候，你就跟着鸡走。晴天你躲在鸡翅下，雨天你躲在鸡尾下。请你往蒙扎（苗语）方向去。

现在你到了蒙扎，鸡叫的时候，你就跟着鸡走。晴天你躲在鸡翅下，雨天你躲在鸡尾下。请你往犒惹（苗语）方向去。

现在你到了犒惹，这里有两条路，上面一条是人走，下面这一条石坷垃比较多，很容易夹断牛腿，所以你应该从上面那条路走。鸡叫的时候，你就跟着鸡走。晴天你躲在鸡翅下，雨天你躲在鸡尾下。请你往阴间的大门方向去。

现在你到了这个大门，这里有两条比较凶猛的狗，请你别怕。你可以用这两根骨头去哄它们，然后你就从这里快步跨过去。

你跨进大门之后，鸡叫的时候，你就跟着鸡走。晴天你躲在鸡翅下，雨天你躲在鸡尾下。请你往补得底（苗语，意：阎王殿）方向去。

现在你到了补得底，这里有一位身材魁梧的老人，他的腰要九个人才能合抱，他的胡子一直垂直到胸部，请你别怕：他是阎王老爷。如果你见了他，他对你说："你不能去。"你就对他说："我在的时候，我生病你不管我，我呻吟的时候，你不同情我。现在，我吃光了，喝完了，你把我的名字勾了，我应该走了。如果不信，请你去翻书吧。"

书翻完了之后，你打开他的后门，鸡叫的时候，你就跟着鸡走。晴天你躲在鸡翅下，雨天你躲在鸡尾下。请你往阴间的扎办扎哈（苗语，意：花盛开的地方）方向去。

现在你到了扎办扎哈，花开得迷人，金黄的果子发出一阵阵香味，请你不要随便摘。迷人的花是你们寨上的女子，或者你的姐妹；果子也是你寨上的男子，或者是你的兄弟、子孙。

鸡叫的时候，你就跟着鸡走。晴天你躲在鸡翅下，雨天你躲在鸡尾下。请你往给才（苗语）方向去。

现在你到了给才，天空乌云密布，请你别怕：即使天下雨了，那只是你亲人的眼泪；那隆隆的雷声，是你的子孙用那铳声为你送行。

鸡叫的时候，你就跟着鸡走。晴天你躲在鸡翅下，雨天你躲在鸡尾下。请你往年德（苗语）方向去。这个地方，到处都能听到老虎呼啸的声音，请你别怕：那是你的子孙，用那芦笙、大鼓，为你送行。

鸡叫的时候，你就跟着鸡走。晴天你躲在鸡翅下，雨天你躲在鸡尾下。请你往岛艾瓤（苗语）方向去。在这个地方，你可能会听到别人说：毛毛虫就像那公绵羊一样大，也像公山羊一样大，请你别怕：其实，毛毛虫只有大拇指一样小，只有大脚趾一样小。现在你可以穿你那双草鞋，踩死它们，从这里走过。

你过了这里之后，鸡叫的时候，你就跟着鸡走。晴天你躲在鸡翅下，雨天你躲在鸡尾下。请你往甘子岛甘边波（苗语，意：山高冰雪大的地方）方向去。在这里，风雪很大，请你用红布盖住你的嘴，用奴迭奴都（苗语，意：鸟爪，用红布套的手指、脚趾，苗族人认为人死了可能会变成鸟）套住你的手指和脚趾。然后你就从这里跨过去吧。

现在你过了甘子岛甘边波，鸡叫的时候，你就跟着鸡走。晴天你躲在鸡翅下，雨天你躲在鸡尾下。请你往斜豁（苗语）方向去。你到这里，这里有一条河，水流湍急，请你别怕，直接从上面跨过去。

鸡叫的时候，你就跟着鸡走。晴天你躲在鸡翅下，雨天你躲在鸡尾下。请你往仰透（苗语）方向去。

现在你到了仰透，一般的人都用身上的银子来买东西吃，但请你不要全都花掉，要留点去买田地，依永。

吃完之后，我们就要上路了，鸡叫的时候，你就跟着鸡走。晴天你躲在鸡翅下，雨天你躲在鸡尾下。请你往敏斗（苗语，意：小垭口）方向去。

你到了敏斗，这里有三个人，他想抢你的牛羊，请你别怕。你先对他们说："这些都是我的，这些牛羊身上都有标记的，你们的牛羊还在后面。"如果他们不听，你就用弓箭和刀杀死他们，离开这里。鸡叫的时候，你就跟着鸡走。晴天你躲在鸡翅下，雨天你躲在鸡尾下。请你往年斗（苗语，意：大垭口）方向去。

现在你到了年斗，你可以看到三个寨子，最上面的一个寨子，是瓦房和平房，那是彝族或者汉族人居住的；中间的寨子，是茅草房，这是你的祖先祭祖的地方；最下面的寨子，也是苗族人居住的。你看见了吗？现在就有一个人来背水了，你不喊她，她就要喊你；你不拉她，她就要拉你。这个人就是你的祖先。

鸡叫的时候，你就跟着鸡走。晴天你躲在鸡翅下，雨天你躲在鸡尾下。请你往水井的方向去。

（有人放鞭炮，熊光禄解释：放早了，应该在后面说到打雷下雨的时候再放。）

现在你到了水井，你去不了，波坂（五限杨最高一辈的女祖先的名字）拉你去；你走不动，喊补坂（五限杨最高一辈的男祖先的名字）来背你走。现在我就又把你交给你的祖先了，依永。

现在我跟你说两句话，我就要回去了：死人不能回头，也不能回去；死人不应该思念兄弟子孙，也不应该思念姐妹；死人不应该思念自己的妻子，也不应该思念自己的爹娘。天地万物都是这样，你应该安心地去。

我话已经说完了。你去得了，我去不了，现在我用这竹卦，把我的灵魂打回家。依丸（死者的侄儿）是你的儿子，他背着弓箭和刀（熊光禄解释：一般要已婚长子背这个弓箭包，因死者长子未婚，由其侄儿背），陪伴着你上路。你去得了，他去不了，我用这竹卦把他的灵魂打回家。娘丸是你的儿媳，她背着衣服包，陪伴着你上路。你去得了，她去不了，我用这竹卦把她的灵魂打回家。（录音时间：17分钟）

二、高兴寨开路歌

熊玉安吟唱　熊光禄译　方李莉采录

补刮（死者的苗语名字，汉名杨学明），我来到你家，我看见一个人，站在路边；我坐在你家床上，我看见一个人正好站在路旁，是你吗？如果是你，请回来吧！让我跟你说两句：

补刮，我用这对竹卦，斟一碗酒给你喝，我准备要带你上路了。给你一瓢（酒），给你两瓢，给你三瓢；给你一片（肉），给你两片，给你三片。让你在饥饿的路上吃，让你在死亡的路上喝，给你去喝千年万年，给你喝了之后，让你能找到祖先。你喜欢男的就跟着男的走，你喜欢女的就跟着女的走。嘿—嘿嘿。

补刮，现在我跟你说，人死是不能复生的，你走之后是不能回头的，在这人世间，死去的人，是不应该思念自己的妻子和儿女的，死去的人是不能思念自己的兄弟姐妹的。

补刮，其实你来到这人世间，你只是来陪着你的兄弟姐妹，玩玩而已。补刮，其实你来到这人世间，你只是来陪着你的妻子儿女，玩玩而已。你现在已经死了，你就应该走。

补刮，在这人世间，岩石一堆堆，山峰一群群，你死了之后，身体就要开始腐烂了。

在这人世间，岩石一堆堆，山峰一群群，你死了之后，你的骨头就要往山上丢了。

补刮，现在我跟你讲，麻籽在牙甘乜地，司矣拿来了麻种，栽下了三颗，一颗在中间，两颗在两边，麻籽会发芽，芽长大之后会成麻，麻会变成纱，纱会变成布。用中间的那棵来给你做衣服，用两边的两棵来做你的腰带和赶蚊子的鞭子。

补刮，现在我跟你讲，树种在牙甘乜森林，司矣拿来了树种，栽下了十颗，一颗在中间，九颗在两边，树种会发芽，芽长大之后会成树，九棵用来做你子孙们的房子。中间这棵根部的这一段，用来做你的房子，中间这一段用来做你的脸盆，顶部的这一段，用来做你的梳头的木梳。

补刮，现在我跟你讲，慈竹种在牙甘乜旮旯，司矣拿来了慈竹种，栽下了十颗，一颗在中间，九颗在两边，慈竹种会发芽，芽长大之后会成竹，九棵用来做你的簸簸。中间这棵根部的这一段，用来做你的拐杖，中间这一段用来做你的竹卦，顶部的这一段，用来做你的牛鞭。

补刮，现在我跟你讲，谷种在牙甘乜田，司矣拿来了谷种，三月撒谷种，五月栽秧，九月丰收谷子，用谷草做你的草鞋，用谷子做你吃的饭。

补刮，现在我跟你讲，鸡种在牙甘乜笼，司矣拿来了鸡种，鸡种就变成了母鸡，母鸡一天下一个蛋，下了十三天，得十三个蛋，然后鸡蛋变成了鸡，老鹰从天上来叼走一只，野猫从地下来抓走一只，现在用一只来做你开路用的鸡，用一只来做你盖簸簸的鸡，用一只来给你做鸡汤喝。

补刮，现在我跟你讲，猪种在牙甘七圈，司矣拿来了猪种，猪种就变成了母猪，母猪一年出两窝猪，老鹰从天上来叼走一头，老虎从地下来抓走一头，现在只剩下一头，就用它来做你的断命之猪。

补刮，现在我跟你讲，牛种在牙甘七圈，司矣拿来了牛种，牛种就变成了母牛，母牛三年出两头牛，留一头给你的子孙做牛种，用一头来送给你，去做你的耕牛。

补刮，现在我就要带你上路了，我跟你说，你离开床的时候，床对你说，你还不能走，你就对他说，我在的时候你不管我，我呻吟的时候，你不同情我，天上有十二种病，地下有十二种鬼，他们找到石头，石头会裂，找到了山，山都会垮，找到了树，树都会翻根，现在找到了我，喊了十二个弥拉，都不能说服他们，喊了十二个药王，也不能救活我。现在我吃完了喝光了，阎王老人勾完了我的名字，我应该走了，你说完之后就离开他。

补刮，现在你呆在火炉边，我跟你说，你离开火炉的时候，火炉对你说，你还不能走，你就对他说，我在的时候你不管我，我呻吟的时候，你不同情我，天上有十二种病，地下有十二种鬼，他们找到石头，石头会裂，找到了山，山都会垮，找到了树，树都会翻根，现在找到了我，喊了十二个弥拉，都不能说服他们，喊了十二个药王，也不能救活我。现在我吃完了喝光了，阎王老人勾完了我的名字，我应该走了，你说完之后就离开他。

补刮，现在你来到小门下，小门对你说，你还不能走，你就对他说，我在的时候你不管我，我呻吟的时候，你不同情我，天上有十二种病，地下有十二种鬼，它们找到石头，石头会裂，找到了山，山都会垮，找到了树，树都会翻根，现在找到了我，喊了十二个弥拉，都不能说服他们，喊了十二个药王，也不能救活我。现在我吃完了喝光了，阎王老人勾完了我的名字，我应该走了，你说完之后就离开他。

补刮，现在你来到大门下，大门对你说，你还不能走，你就对他说，我在的时候你不管我，我呻吟的时候，你不同情我，天上有十二种病，地下有十二种鬼，他们找到石头，石头会裂，找到了山，山都会垮，找到了树，树都会翻根，现在找到了我，喊了十二个弥拉，都不能说服他们，喊了十二个药王，也不能救活我。现在我吃完了喝光了，阎王老人勾完了我的名字，我应该走了，你说完之后就离开他。

补刮，现在你来到煤灰堆旁，煤灰堆对你说，你还不能走，你就对他说，我在的时候你不管我，我呻吟的时候，你不同情我，天上有十二种病，地下有十二种鬼，他们找到石头，石头会裂，找到了山，山都会垮，找到了树，树都会翻根，现在找到了我，喊了十二个弥拉，都不能说服他们，喊了十二个药王，也不能救活我。现在我吃完了喝光了，阎王老人勾完了我的名字，我应该走了，你说完之后就离开他。

补刮，我用竹卦斟这一碗酒给你喝，依云是你的大儿子，让他背着刀子和弓箭送你上路。

补刮，你活着是人，你死了是鬼。你在饥饿路上多吃一点，在死亡路上多喝一点，给你喝千年万年，让你找到你的祖先。你喜欢男的就跟着男的走，你喜欢女的就跟着女的走。嘿－嘿嘿。

补刮，我用竹卦斟这一碗酒给你喝，亚云是你的大儿媳，让她背着包送你上路。

补刮，你活着是人，你死了是鬼。你在饥饿路上多吃一点，在死亡路上多喝一点，给你喝千年万年，让你找到你的祖先。你喜欢男的就跟着男的走，你喜欢女的就跟着女的走。嘿－嘿嘿。

补刮，你生在高兴寨，你父母将你的衣服装在柜子里，你打开柜子，穿上你最喜欢的衣服，然后，向你的父母下跪吧，因为，你父母生你的时候，喘气像牛一样，眼睛鼓得像牛眼睛，血流成河。你父母的大腿是你的板凳，母亲的乳房就是你的午餐，她的背是你睡的床。他们带你出去干活，在山上摘野果给你吃，在路边摘花给你玩。你爬坡的时候是他们拉你的手，你下坡的时候是他们摘棍子给你拄。

你磕完头之后，我就要带你上路了，请你往商扎（地名）看去，这里有一棵很大的树，根部需要九个人合抱，顶部直顶天，枝叶茂密，露水滴滴答答地往下落。请你不要怕它，请把伞打开，离开这里。

补刮，我用这竹卦，斟一碗酒给你喝，补乔是你的表哥，让他帮你打牛，陪你一起上路吧。

补刮，你活着是人，你死了是鬼。你在饥饿路上多吃一点，在死亡路上多喝一点，给你喝千年万年，让你找到你的祖先。你喜欢男的就跟着男的走，你喜欢女的就跟着女的走。嘿－嘿嘿。

补刮，我用竹卦斟这一碗酒给你喝，我就要带你上路了。补刮，你活着是人，你死了是鬼。你在饥饿路上多吃一点，在死亡路上多喝一点，给你喝千年万年，让你找到你的祖先。你喜欢男的就跟着男的走，你喜欢女的就跟着女的走。嘿－嘿嘿。

补刮，你向凉水井看去，到了这里，请你回头再看看你的田地！看看你的妻子儿女！还有你的子孙和兄弟姐妹（说到这里指路人哭了）！

补刮，在死亡路上，是如此的冷清，鸡叫你就跟着鸡走。太阳晒，你就躲在鸡翅下；下雨时，你就躲在鸡尾下，还有芦笙陪伴着你，请你往小坝田方向看去。

补刮，在死亡路上，是如此的冷清，鸡叫你就跟着鸡走。太阳晒，你就躲在鸡翅下；下雨时，你就躲在鸡尾下，还有芦笙陪伴着你，请你往陇戛寨方向看去。

补刮，在死亡路上，是如此的冷清，鸡叫你就跟着鸡走。太阳晒，你就躲在鸡翅下；下雨时，你就躲在鸡尾下，还有芦笙陪伴着你，请你往陇戛新村方向看去。

补刮，在死亡路上，是如此的冷清，鸡叫你就跟着鸡走。太阳晒，你就躲在鸡翅下；下雨时，你就躲在鸡尾下，还有芦笙陪伴着你，请你往新发寨方向看去。

补刮，在死亡路上，是如此的冷清，鸡叫你就跟着鸡走。太阳晒，你就躲在鸡翅下；下雨时，你就躲在鸡尾下，还有芦笙陪伴着你，请你往旮旯寨方向看去。

补刮，在死亡路上，是如此的冷清，鸡叫你就跟着鸡走。太阳晒，你就躲在鸡翅下；下雨时，你就躲在鸡尾下，还有芦笙陪伴着你，请你往七块田方向看去。

补刮，在死亡路上，是如此的冷清，鸡叫你就跟着鸡走。太阳晒，你就躲在鸡翅下；下雨时，你就躲在鸡尾下，还有芦笙陪伴着你，请你往干河方向看去。

补刮，在死亡路上，是如此的冷清，鸡叫你就跟着鸡走。太阳晒，你就躲在鸡翅下；下雨时，你就躲在鸡尾下，还有芦笙陪伴着你，请你往鸡场方向看去。

补刮，在死亡路上，是如此的冷清，鸡叫你就跟着鸡走。太阳晒，你就躲在鸡翅下；下雨时，你就躲在鸡尾下，还有芦笙陪伴着你，请你往犒惹（苗语）方向看去。

补刮，在死亡路上，是如此的冷清，鸡叫你就跟着鸡走。太阳晒，你就躲在鸡翅下；下雨时，你就躲在鸡尾下，还有芦笙陪伴着你，请你往灸石珊（苗语）方向看去。

补刮，在死亡路上，是如此的冷清，鸡叫你就跟着鸡走。太阳晒，你就躲在鸡翅下；下雨时，你就躲在鸡尾下，还有芦笙陪伴着你，请你往茅草坪方向看去。

补刮，在死亡路上，是如此的冷清，鸡叫你就跟着鸡走。太阳晒，你就躲在鸡翅下；下雨时，你就躲在鸡尾下，还有芦笙陪伴着你，请你往三岔河方向看去。

补刮，在死亡路上，是如此的冷清，鸡叫你就跟着鸡走。太阳晒，你就躲在鸡翅下；下雨时，你就躲在鸡尾下，还有芦笙陪伴着你，请你往悉倪土（苗语）方向看去。

补刮，在死亡路上，是如此的冷清，鸡叫你就跟着鸡走。太阳晒，你就躲在鸡翅下；下雨时，你就躲在鸡尾下，还有芦笙陪伴着你，请你往小龙场方向看去。

补刮，在死亡路上，是如此的冷清，鸡叫你就跟着鸡走。太阳晒，你就躲在鸡翅下；下雨时，你就躲在鸡尾下，（你怎么不肯走，该走就要走。）还有芦笙陪伴着你，请你往侯家垭口方向看去。

补刮，在死亡路上，是如此的冷清，鸡叫你就跟着鸡走。太阳晒，你就躲在鸡翅下；下雨时，你就躲在鸡尾下，还有芦笙陪伴着你，请你往木粘渣（苗语）方向看去。

补刮，在死亡路上，是如此的冷清，鸡叫你就跟着鸡走。太阳晒，你就躲在鸡翅下；下雨时，你就躲在鸡尾下，还有芦笙陪伴着你，请你往木粘渣垭口方向看去。

补刮，在死亡路上，是如此的冷清，鸡叫你就跟着鸡走。太阳晒，你就躲在鸡翅下；下雨时，你就躲在鸡尾下，还有芦笙陪伴着你，请你往小鼠场方向看去。

补刮，在死亡路上，是如此的冷清，鸡叫你就跟着鸡走。太阳晒，你就躲在鸡翅下；下雨时，你就躲在鸡尾下，还有芦笙陪伴着你，请你往日箬爵沙（苗语）方向看去。

补刮，在死亡路上，是如此的冷清，鸡叫你就跟着鸡走。太阳晒，你就躲在鸡翅下；下雨时，你就躲在鸡尾下，还有芦笙陪伴着你，请你往查二岩方向看去。

补刮，我跟你说，这里有一条瀑布从山崖上淌下来，你到这里，如果手脏就洗一下；不脏也要摸一下，你去了之后，才能与祖先相处融洽，那崖上很高，你肯定去不了，你必须从小路绕过去，在死亡路上，是如此的冷清，鸡叫你就跟着鸡走。太阳晒，你就躲在鸡翅下；下雨时，你就躲在鸡尾下，还有芦笙陪伴着你，请你往卜得杜瓦（苗语）方向看去。

补刮，在死亡路上，是如此的冷清，鸡叫你就跟着鸡走。太阳晒，你就躲在鸡翅下；下雨时，你就躲在鸡尾下，还有芦笙陪伴着你，请你往卜得饶（苗语）方向看去。

补刮，在死亡路上，是如此的冷清，鸡叫你就跟着鸡走。太阳晒，你就躲在鸡翅下；下雨时，你就躲在鸡尾下，还有芦笙陪伴着你，请你往卜得扎（苗语）方向看去。

补刮，在死亡路上，是如此的冷清，鸡叫你就跟着鸡走。太阳晒，你就躲在鸡翅下；下雨时，你就躲在鸡尾下，还有芦笙陪伴着你，请你往卜得扎巴（苗语）方向看去。

补刮，我跟你说，在这里花开得比较好，那果子也成熟了，请你不要乱摘，花开得好是寨上的人和亲戚朋友，果子是兄弟姐妹和侄儿子孙。在死亡路上，是如此的冷清，鸡叫你就跟着鸡走。太阳晒，你就躲在鸡翅下；下雨时，你就躲在鸡尾下，还有芦笙陪伴着你，请你往汪家冲方向看去。

补刮，在死亡路上，是如此的冷清，鸡叫你就跟着鸡走。太阳晒，你就躲在鸡翅下；下雨时，你就躲在鸡尾下，还有芦笙陪伴着你，请你往龙家坡方向看去。

补刮，在死亡路上，是如此的冷清，鸡叫你就跟着鸡走。太阳晒，你就躲在鸡翅下；下雨时，你就躲在鸡尾下，还有芦笙陪伴着你，请你往嘎比玛磕（苗语）方向看去。

补刮，我跟你说，这里有一棵大树，树根的这一段要九人合抱，顶部直顶天，所有的孩子到这里，都会吊上去吃奶，请你别怕，在这里男人必须歇下来抽烟，喝酒吃午餐，女人带着孩子来到这里，也要喂奶，年轻男女到这里，需要打扮，所以你先吃完午餐后再走。（唱到此处死者和熊玉安休息，芦笙响起，撒拉吹起，二儿子唱孝歌。）

补刮，我用这对竹卦，斟一碗酒给你喝，我准备要带你上路了。给你一瓢（酒），给你两瓢，给你三瓢；给你一片（肉），给你两片，给你三片。让你在饥饿的路上吃，让你在死亡的路上喝，给你去喝千年万年，给你喝了之后，让你能找到祖先。你喜欢男的就跟着男的走，你喜欢女的就跟着女的走。嘿—嘿嘿。

补刮，我用这对竹卦，斟一碗酒给你喝，你吃完午餐之后我就要带你上路了，在死亡路上，是如此的冷清，鸡叫你就跟着鸡走。太阳晒，你就躲在鸡翅下；下雨时，你就躲在鸡尾下，还有芦笙陪伴着你，请你往平津寨的小垭口方向看去。

补刮，在这个地方牛去不了，但有人帮你带去，请你放心走。在死亡路上，是如此的冷清，鸡叫你就跟着鸡走。太阳晒，你就躲在鸡翅下；下雨时，你就躲在鸡尾下，还有芦笙陪伴着你，请你往平津寨的大垭口方向看去。

补刮，在死亡路上，是如此的冷清，鸡叫你就跟着鸡走。太阳晒，你就躲在鸡翅下；下雨时，你就躲在鸡尾下，还有芦笙陪伴着你，请你往平寨方向看去。

补刮，你到了平寨，这条路很难走，在这里请不要伤心，不要想念妻子和儿女，不要想念亲戚朋友和兄弟姐妹（唱者对听众说，补刮哭了，他不想走）。在死亡路上，是如此的冷清，鸡叫你就跟着鸡走。太阳晒，你就躲在鸡翅下；下雨时，你就躲在鸡尾下，还有芦笙陪伴着你，请你往安窦（苗语）方向看去。

补刮，在死亡路上，是如此的冷清，鸡叫你就跟着鸡走。太阳晒，你就躲在鸡翅下；下雨时，你就躲在鸡尾下，还有芦笙陪伴着你，请你往冷坝方向看去。

补刮，你到了冷坝，这里有三股水，两边两股是人喝的，中间这一股是鬼喝的，中间这一股，甜要喝三口，苦也要喝三口，去了才能与祖先相处融洽。在死亡路上，是如此的冷清，鸡叫你就跟着鸡走。太阳晒，你就躲在鸡翅下；下雨时，你就躲在鸡尾下，还有芦笙陪伴着你，请你往捣玛磕（苗语）方向看去。

补刮，在死亡路上，是如此的冷清，鸡叫你就跟着鸡走。太阳晒，你就躲在鸡翅下；下雨时，你就躲在鸡尾下，还有芦笙陪伴着你，请你往箸磕（苗语）方向看去。

补刮，在死亡路上，是如此的冷清，鸡叫你就跟着鸡走。太阳晒，你就躲在鸡翅下；下雨时，你就躲在鸡尾下，还有芦笙陪伴着你，请你往翰犊（苗语）方向看去。

补刮，在这里，草长得很茂盛，时而会听到虎啸的声音，请你别怕，把弓箭扛在肩上，把刀拿在手上，继续上路。其实，这里根本没有老虎，那虎啸声是你的子孙在用芦笙为你送行（芦笙响起）。在死亡路上，是如此的冷清，鸡叫你就跟着鸡走。太阳晒，你就躲在鸡翅下；下雨时，你就躲在鸡尾下，还有芦笙陪伴着你，请你往哈索（苗语）方向看去。

补刮，你到了哈索，这里乌云密布，雷声轰隆，请你别怕，天下雨，是你亲戚朋友的眼泪，隆隆的雷声，是你的子孙用炮声为你送行（此时要鸣三炮）。在死亡路上，是如此的冷清，鸡叫你就跟着鸡走。太阳晒，你就躲在鸡翅下；下雨时，你就躲在鸡尾下，还有芦笙陪伴着你，请你往干卓（苗语）方向看去。

补刮，在这里，毛毛虫像公绵羊一样大，像公山羊一样长，请你别怕，别人是在骗你，其实，毛毛虫只有手指一样大，像脚趾一样长，请穿上你的那双草鞋，踩死它们，离开这里。在死亡路上，是如此的冷清，鸡叫你就跟着鸡走。太阳晒，你就躲在鸡翅下；下雨时，你就躲在鸡尾下，还有芦笙陪伴着你，请你往红河的大垭口方向看去。

补刮，你过了红河之后，在死亡路上，是如此的冷清，鸡叫你就跟着鸡走。太阳晒，你就躲在鸡翅下；下雨时，你就躲在鸡尾下，还有芦笙陪伴着你，请你往兰州街方向看去。

补刮，你到了兰州街，一般的人都要用银子来买少午（中饭到晚饭之间的点心），但你要记住，不要把钱全都花光了，要留一点去买田地。现在你吃完了，现在你朝阴间方向看去，阴间的磨石山。

补刮，在死亡路上，是如此的冷清，鸡叫你就跟着鸡走。太阳晒，你就躲在鸡翅下；下雨时，你就躲在鸡尾下，还有芦笙陪伴着你，请你往阴间上天的梯子方向看去。

补刮，现在你登上了天梯，有人就要抢你了，你就对他们说，你们都在后面，这些（牛和羊）是我的，在他们的身上都标有记号，说完后你就离开这里。在死亡路上，是如此的冷清，鸡叫你就跟着鸡走。太阳晒，你就躲在鸡翅下；下雨时，你就躲在鸡尾下，还有芦笙陪伴着你，请你往阴间的茅草坡方向看去。

补刮，在死亡路上，是如此的冷清，鸡叫你就跟着鸡走。太阳晒，你就躲在鸡翅下；下雨时，你就躲在鸡尾下，还有芦笙陪伴着你，请你往阴间的雪山方向看去。

补刮，到了雪山之后，风雪特别大，请别怕，把鸟脚套在你的脚趾上（一般要用红布做一个套子套住死者的大脚趾），把鸟趾套在你的手指上（一般要用红布做一个套子套住死者手上的大拇指），把红布盖在你的嘴上。在死亡路上，是如此的冷清，鸡叫你就跟着鸡走。太阳晒，你就躲在鸡翅下；下雨时，你就躲在鸡尾下，还有芦笙陪伴着你，请你往阴间田地的方向看去。

补刮，到了这里以后，我就要将这只鸡交给你了。在死亡路上，是如此的冷清，鸡叫你就跟着鸡走。太阳晒，你就躲在鸡翅下；下雨时，你就躲在鸡尾下，还有芦笙陪伴着你，请你往阴间的桥方向看去。

补刮，在死亡路上，是如此的冷清，鸡叫你就跟着鸡走。太阳晒，你就躲在鸡翅下；下雨时，你就躲在鸡尾下，还有芦笙陪伴着你，请你往阴间的水井方向看去。

补刮，在死亡路上，是如此的冷清，鸡叫你就跟着鸡走。太阳晒，你就躲在鸡翅下；下雨时，你就躲在鸡尾下，还有芦笙陪伴着你，请你往阴间的大门方向看去。

补刮，你到了这个大门口，这里有两条狗，它们很凶，你用骨头哄它，就从这里跨过去。

补刮，你过了大门之后，你的三代祖先（死者属三限杨，只记三代祖先）就要来等你了，这里有三条路，左边这一条，是往彝族的寨子去的，右边这一条，是向汉族的寨子去的，中间这一条才是往我们苗族的寨子去的。在这条路上，你会遇到一个人，笑着的不是你的祖先，特别生气的那个才是。现在你遇到他了，我就要把你交给他。

补刮，到了这里，你去不了，波筹（三限杨最高一辈女祖先的名字）拉你去，你走不了，喊补筹（三限杨最高一辈男祖先的名字）背你走，现在我已经将你交给他们了，你去得了，我去不了，我用这对竹卦，将我的灵魂打回家。

补刮，依云，是你的大儿子，他背着刀子和弓箭，送你上路，你去得了，他去不了，我用这对竹卦，将他的灵魂打回家。

补刮，安云，是你的大儿媳，她背着衣服包，送你上路，你去得了，她去不了，我用这对竹卦，将她的灵魂打回家。

补刮，补乔，是你的表哥，他帮你拉牛，送你上路，你去得了，他去不了，我用这对竹卦，将他的灵魂打回家。

三、孝歌

熊玉安吟唱　熊光禄录音并译　方李莉整理

（一）

晴天云雀叫，
雨天杜鹃啼，
阎王老爷要让这位老人死去，
不留一点情面，
这位老人如果要死去也无可奈何。

晴天云雀叫，
雨天杜鹃哭，
阎王老爷要让这位老人死去，
这位老人如果要死去你也喊不回来。

晴天时花儿阵阵香，
结出的果实串串红，
阎王老爷让这位老人死去，
砍杉树来做他的嘎房，
砍椿菜树和苦竹来做成芦笙，
吹出了这位老人离去的忧伤，
让所有的客人都来这里哭。

（二）

晴天时花儿阵阵香，
结出的果实串串黄，
阎王老爷让这位老人死去，
砍杉树来做他的嘎房，
砍椿菜树和苦竹来做成芦笙，
吹出了这位老人离去的忧伤，
让所有的客人都来这里看。

四、叫魂歌

一般是在孩子惊吓或摔跤以后，还有在孩子生下来取老名的时候，唱这叫魂歌。

杨朝忠吟唱　　熊光禄翻译 杨秀录音 方李莉整理

今天是龙日（叫魂这天正值龙日），
龙日是好日子。
今天是龙夜，
龙夜是好夜，
我用这只鸡（有时用的是蛋，但叫时也称鸡），
把小品绕（孩子的名字）的魂叫回来，
他不肯来，
我让鸡把他带回来，
他来不完我让鸡把他召回来（在苗族人的观念中人有三个魂），
喊来不让他倒，
也不让他偏，
喊来以后，
住在火炉边，
喊来与妹绕（指“品绕”的姐妹，主要指玩伴，是泛指，不一定具体实指哪个姐妹）作兄弟姐妹，
快来啦！

今天是龙日，
龙日是好日子。
今天是龙夜，
龙夜是好夜，
我用这只鸡，
把小品绕的魂叫回来，
你在阴间的街道上我也要把你叫回来，
你在干活的地方我也要把你叫回来，
你在商场里我也要把你叫回来，
来不了鸡会把你带回来，
来不完鸡会把你召回来，
快来啦！

今天是龙日，

龙日是好日子。
今天是龙夜，
龙夜是好夜，
我用这只鸡，
把小品绕的魂叫回来，
你变成虫虫蚂蚁也要叫回来，
你倒在门前也要叫回来，
你倒在山上也要叫回来，
我要叫你来活一千年、一百岁，
快来啦！

五、山歌部分

熊光禄翻译　安丽哲录音整理

山歌多为有关爱情的，包括以男性的身份对于辛勤的女性所处的包办婚姻的不幸福的感慨以及对美好爱情的向往，这些最直接的表白让我们想起了《诗经》中的国风，因为这些山歌最常用的方式是起兴，即先从周围的虫、草或者风景说起，说到自己目前的现状以及自己关心的“妹妹”的现状。在搜集酒令歌以及山歌的过程中我们发现。山歌共有 38 首，分为两类，一类是老年人唱的，一类是年轻人唱的。老年人的歌中主要为婚后男女之间的感情，包含了很多关于已婚妇女在包办婚姻后的不幸福生活的信息。而年轻人的歌曲中多为未婚男女反抗包办婚姻的一些比较含蓄的歌曲，例如对由于父母的原因使自己喜欢的人嫁给别人而自己仍然单身一人的感叹。

（一）山歌之老人篇（33 篇）

第一首（杨正学唱　补空寨 72 岁老人）

三月包谷长得很茁壮，妹妹就在婆家做吃又做穿，哥哥来到妹妹没话讲，黎明妹妹送哥到路口，哭得像牛叫。

你怎么才能把这一辈子过完呀。

三月包谷长得很嫩呀，妹妹在婆家做菜又做饭，哥哥来到妹妹没话讲，黎明妹妹送哥到路口，哭得像牛嚎。

你怎么才能把这一辈子过完呀。

第二首（杨正学唱）

我的妹妹呀，你从早到晚都去干活，但你的婆婆说：你是在去找情哥，然后你对她说：你没有那么坏的良心，但你婆婆不听，于是你梳完头之后抱着公鸡去找人解决纠纷。

妹妹啊。

我的妹妹呀，你从早到晚都去种庄稼，但你的婆婆说：你是在去找情哥谈话，然后你对她说：你没有那么坏的良心，但你婆婆不听，于是你梳完头之后抱着公鸡去找人说理。

妹妹啊。

第三首（杨朝忠唱）

有一个汉人骑马下泸州，把名字刻在绿石上，你现在和我说得很开心，只怕你的丈夫与我有冤家。

妹妹啊。

有一个汉人骑马下泸州，把名字刻在红石上，你现在和我说得很开心，只怕你的丈夫与我有仇气。

妹妹啊。

第四首（杨正学唱）

老虎过河尾巴白，别人有伴别去逗，你没有伴我们可以随便谈，如果你有丈夫就别和我谈，让你的丈夫心疼。

我的妹啊。

老虎过河尾巴花，别人有伴别去逗，你没有伴我们可以随便谈，如果你有丈夫就别和我谈，让你的丈夫心痛。

我的妹啊。

第五首（杨正学唱）

水桶箍三道，只有一个底。你有你的丈夫，我有我的妻子。只有我喜欢你，你喜欢我，你离开你的丈夫，我把我的妻子休掉，我们就一起生活啦。

我的妹妹啊。

水桶箍三道，只有一个口。你有你的丈夫，我有我的妻子。只有我喜欢你，你喜欢我，你离开你的丈夫，我把我的妻子休掉，我们就一起成家啦。

我的妹妹啊。

第六首（杨朝忠唱）

妹妹在妹妹家，我的心一直在念着她。

妹妹在干妹妹的事，只是我心里一直在思念。

第七首（杨朝忠唱）

生米难得做成熟饭，如果得不到你，也难得放开你呀。

生米难得煮好，如果得不到你，也难得放开我的手呀。

第八首（杨朝忠唱）

妹妹戴的是桦槔木，哥哥戴的是梨木。

你得不到我，要约我在什么地方。

我得不到你，我约你在雨得的山上。

（以下为杨永富唱）

第九首

姑娘像阳光一样照满山，小伙子像草一样还没有成长起来，姑娘像阳光一样照满坡，小伙子像草一样还没睡醒。七月蜜蜂开始采花，八月姑娘染布布不变蓝，七月蜜蜂开始采果，八月姑娘染布布不上靛。

好的染缸布不变蓝，我得不到你就很难得放，好的染缸染布布不上靛，我得不到你就难得分离。

我巴不得这天地重新变化，那我就可以牵着你的手一起生活到老。

第十首

荞子长在山坡上，毛豆长在平地上，你伤心的时候有你的伴侣说一些安慰的话你就好多啦。

但是我没有伴侣，伤我的心的时候，我的泪水会像雨水一样流下来。

荞子长在山坡上，毛豆长在黄土上，你伤心的时候有你的伴侣说一些安慰的话你就好多啦。

但是我没有伴侣，伤我的心的时候，我的心情就和秋天的树叶一样四处飘落。

第十一首

不要把钱放在别人的包里，不要把银两放在别人的柜子里，

没有伴侣的不要去调戏人家的老伴让人家瞧不起你。

还没有伴的就不要与别人的情人说，让别人生气。

第十二首

姑娘长得漂亮，小伙子长得英俊，漂亮的女孩是别人的新娘，英俊的小伙子是别人的新郎。如果我得不到你，你就不要同我在一起，让你的丈夫恨我，如果你不想嫁给我，就不要骗我，让我的心难受。

第十三首

姑娘的母亲给姑娘穿一件好衣服，但要逼着姑娘去嫁给一个不喜欢的人，姑娘的

母亲给姑娘穿上一件好裙子，但要逼着姑娘去嫁给一个不喜欢的呆子。她跟母亲说：“我吃了他家的饭，就要听他家的话。他家每天都把我当牛作马，如果你们还要逼我的话，我可能会去寻死。”她还说：“你们收他家的钱我就应该帮他作这些活。你们收了他家的银两，即使我做到死他们心里也不满。如果你们还这么逼的话，我宁愿去省外，即使做乞丐我也愿意，无论死在哪里，我都心甘情愿。”

第十四首

我长得不好，但是我也是人，我长得不帅，但我也有爱，所有的花都开啦，只剩一朵菜花还没开，长得帅的人早就已经成家啦，只是我还没有找到自己的伴。

我长得不好，但是我也是人，我长得不帅，但我也有爱，所有的花都开啦，只剩一朵樱花还没开，长得帅的人早就已经成家啦，只是我还没有自己的家。

不知道这一辈子要去与谁一起过。

第十五首

鱼儿不是蛇的儿子，我不是你的对头。

鱼不是蛇的女孩，我不能使你开心。

如果你不喜欢我，你就去你的。

蛇是生活在山上，鱼生活在水里。

蛇的儿子不能与鱼的女孩生活在一起。

我与你也没有缘，你去你的，我去我的吧。

（以下为熊少文演唱）

第十六首

开门嘎吱叫，关门嘎吱响。开门等你这个外国的热心人，关门等那些冷血人呀。（他认为我们不是贵州的，但不知道北京是哪里。）

开门嘎吱叫，关门嘎吱响。开门等你这个外国的热心人，关门等那些没有好心肠的人呀。

第十七首

螳螂睡觉，云雀打盹，你的父母想让你自由，但你的丈夫逼得你走投无路。

螳螂睡觉，云雀休息，你的父母想让你自由，但你的丈夫逼得你泪流满面。

第十八首（这是即兴唱给我们的歌）

漂亮的也漂亮，帅又帅，我们做着饭菜等着你们外国的热心肠呀。

第十九首

开门嘎吱叫，关门嘎吱响，你和我说得这么真实，只怕你回家不肯与你的丈夫离婚。

开门嘎吱叫，关门嘎吱响，你和我说得这么真实，只怕你回家不肯与你的丈夫分居。

第二十首

开门嘎吱叫，关门嘎吱响，开门等你这个没成家的人，关门等我这个没有妻子的光棍。

开门嘎吱叫，关门嘎吱响，开门等你这个漂亮的人，关门等这个还没有成家的你。

第二十一首

姑娘戴着木角，小伙子戴着金角（也是木角，只是为了押韵），姑娘穿着母亲亲手给做的最漂亮的裙子，小伙子看见了就想与她去过一辈子。

姑娘戴着木角，小伙子戴着银角（也是木角，只是为了押韵），姑娘穿着母亲亲手给做的最漂亮的裙子，小伙子看见了就想与她去过一生。

第二十二首

女孩得不到男孩，于是男孩就对女孩说：脱下你的铜项圈给我戴上吧，那以后我们就可以有很多的路一起走啦。女孩就脱下了她的项圈戴在男孩的脖子上，送男孩到大路边，男孩去了一年才回来见女孩一面。

然而，女孩是有夫之妇，男孩在第三年回来之后，女孩已经成家立业，伤了男孩的心，男孩不知这辈子会与谁一起过！

第二十三首

姑娘不能与小伙子在一起，于是姑娘绣了一块花给男孩做枕巾，小伙子不能与姑娘在一起，于是说了两句安慰的话让女孩泪流满面。

小伙子不能与姑娘在一起，于是在街上买了一匹布给女孩做衣服，姑娘不能与小伙子在一起，于是送了男孩一个花围腰让男孩想女孩一直到深夜。

第二十四首

姑娘穿上一双绣花鞋，鞋上绣有三根银线，姑娘很想让父母取消自己的婚约，但她想不到她的背上还背负着别人千万两银子。（如果违反婚约，就要加倍退回别人的彩礼钱）

姑娘穿上一双绣花鞋，鞋上绣有三根金线，姑娘很想让父母取消自己的婚约，但她想不到她的背上还背负着别人千万两金子。

男的不要了，男的要少要钱。只退回一点。

第二十五首

姑娘织了一件很漂亮的衣服，想给小伙子去穿一天，姑娘织了一件很新的衣服，想给小伙子去穿一年，然后小伙子对姑娘说你虽然和我说了这么多，但是你能让你的父母取消你的婚约吗？姑娘对小伙子说：我取消婚约一天，你父母肯定要花掉很多钱，我取消婚约一年，你父母肯定会花掉很多银两。

伤了小伙子的心，小伙子说："只要你能取消婚姻，我死也要跟你在一起。"

即使将来我们的生活很困难，但是只要你有我，我有你，我想我们这一辈子会过得更好的。

第二十六首

铜锅做饭非常好，银瓢舀来金碗装，我父母做的好菜好饭我都不愿吃，我情愿与你一起吃毒药。即使是我死了也值得呀。

铜锅做饭非常好，银瓢舀来金碗盛，我父母做的好菜好饭我都不愿吃，我情愿与你一起去乞讨。即使是我死了也值得呀。

第二十七首

姑娘爬坡费力，小伙子下坡也费劲，姑娘伤心姑娘才到处去，小伙子伤心小伙子才开始离婚。

小伙子下坡费劲，姑娘爬坡也费力，姑娘伤心姑娘才到处去，小伙子伤心小伙子才开始离异。

第二十八首

小伙子骑马在桥上走，风吹马尾翘，我们虽然在一起吃饭，但却不能与你一起生活到老。

小伙子骑马在桥上走，风吹马尾飞，我们虽然在一起吃饭，但却不能与你一起同床共眠。

第二十九首

姑娘穿着她的母亲做的衣服，尾部绣上几朵漂亮的白花，现在她身在父母家，但不知道她怎么去与她不爱的人一起死。

姑娘穿着她的母亲做的衣服，尾部绣上几朵漂亮的红花，现在她身在父母家，但不知道她怎么去与她不爱的人一起走。

第三十首

女儿穿上了母亲给做的衣服，尾部绣上了三朵漂亮的黄花，她每天都穿着这件心爱的衣服和心爱的人谈。

但是也要听父母的话才好呀。

女儿穿上了母亲给做的衣服，尾部绣上了三朵漂亮的红花，她每天都穿着这件心爱的衣服和心爱的人谈。

但她不知道怎么样才能和她不喜欢的那个人过一生。

第三十一首

姑娘戴着木角，小伙子戴着梨木角，小伙子想念姑娘，等得天不会黑，姑娘思念小伙子，等得月亮也不会升起来。(比喻时间长)

姑娘戴着木角，小伙子戴着桃木角，小伙子想念姑娘，等得天不会黑，姑娘思念小伙子，等得月亮难得来。

第三十二首

姑娘母亲做饭给姑娘吃不饱，倒水不满缸，如果我与你没有缘分，我会放开你，去给别人管。

姑娘母亲做饭给姑娘吃不饱，倒水不满河，如果我与你没有缘分，我会放开你，去与别人一起过。

第三十三首

小姑娘就像一个果子，长在树上，别人的手长就可以把她摘下来，但我的手比较短，我才摘不到，于是我只有放开她。

(二) 山歌之年轻篇 (5 首)

第一首　烧火多又多 (译者注：歌名多用第一句歌词命名)
杨光兰、杨光秀唱　熊光禄翻译

烧火多又多，
把泥土烧成了一堆灰。
几年前，
我喜欢的人比较多；
但父母不同意。
让现在的我，
再也找不到一个好的男朋友。
(直译：是父母没有良心，才让我找不到一个好的男朋友)

烧火多又多，
把泥土烧成了黑色的。
几年前，
我喜欢的人比较多；
但父母不同意。
让现在的我，
再也找不到一个好的男朋友。
才害了我一辈子。

第二首

竹子好编箩，背箩有一个好的底。两年前我所喜欢的人很多，但父母却不同意，两年后，我虽然说服了他们，但是我以前喜欢过的人都有了自己的家。

我不知道去找谁来和我过这一辈子呀！

竹子好编箩，背箩有一个好的口。两年前我所喜欢的人很多，但父母却不同意，两年后，我虽然说服了他们，但是我以前喜欢过的人都有了自己的伴。

我不知道去找谁来和我过这一辈子呀！

第三首

三月花开得正旺，七月果实串串红。你找到了自己心爱的人也不跟我说，让我在思念你的时候就像那画眉一样，在那森林里哭好多天都找不到自己的伴。

现在人人都有伴，人人都有家，只剩下我一个人还在流浪，我想我这辈子就这样完啦！

三月花开得正旺，七月果实串串黄。你找到了自己心爱的人也不跟我说，让我在思念你的时候就像那画眉一样，在那森林里哭好多天都找不到自己的孩子。

现在人人都有伴，人人都有家，只剩下我一个人还在流浪，我想我这辈子就这样完啦！

（以下为熊光祥演唱，熊光禄翻译，安丽哲录音整理）

第四首

地撑着山，山抵着天，我的心里巴不得得到我最心爱的人。

但老天安排的不一致，让我得不到自己心爱的人和我一起成家。

地撑着山，山抵着天，我的心里巴不得得到我最心爱的人。

但老天安排的不一致，让我得不到自己心爱的人和我一起做伴。

第五首

鸟儿落在树枝上，妹妹正在做染缸。

鸟儿正好飞在天空上，妹妹看了扛着镐刀去干活。

染缸好颜色会变蓝，水泡会变绿。

伤了妹妹的心。妹妹抓起麻秆去搅和染缸的水，

水泡融化伤了妹妹的心，也伤了哥哥的肝。

然后妹妹就送哥哥到了草坪上。

看到云雀飞上天，伤了妹妹的心。妹妹又回了自己的家里。

看到画眉落在树枝上，伤了妹妹的心。

妹妹又回头往自己的家里看。

伤了哥哥的心。

哥哥带妹妹到草山上。那山特别的高。

草割得手很疼。

刺刺到手也很痛。
伤了妹妹的心，妹妹就开始哭了。
此时，哥哥对妹妹说：我的妹啊，你别哭。
我们就快要过河啦，
我到河的彼岸，我会在河的对岸等你。
哥哥走到了彼岸，妹妹还在此岸。
哥哥的父亲看见了，然后说，彼岸的那个女孩是谁呀，孩子？
哥哥对自己父亲说，那是我以前最心爱的人。
别人有伴，别人的那个伴牵着他的手过河，
但现在的我没有伴，只有像水倒进河里，到处流去。
我这一辈子不知道与谁一起过（结束语）。

六、酒令歌部分

熊国武吟唱 熊光禄翻译 安丽哲采录

第一首

一

（一）
古在（女名）特别漂亮，路仔站在门边背着刀箭守着古在。
古仔（男名）特别美丽，路仔站在门下背着刀箭守着古在。
古仔像花蜘蛛一样漂亮，路仔帅得像一只箐鸡（孔雀）。
古仔恨路仔逃到了草丛里去。路仔恨古仔，偷偷地在山上偷看。
哟。

（二）
古在特别漂亮，路仔站在门边背着刀箭守着古在。
古仔特别美丽，路仔站在门下背着刀箭守着古在。
古仔像花蜘蛛一样漂亮，路仔帅得像一只黑鸟。
古仔恨路仔逃到了街上去。路仔恨古仔，偷偷地在街旁偷窥。
哟。

二

(一)

古仔爬到山上看到一棵椿菜树长在崖上，根部要九人合抱。
顶部偏向日落的方向。
根部是古仔吃午餐的地方，顶部的影子是路仔吹芦笙的地点。
哟。

(二)

古仔爬到山上看到一棵椿菜树长在崖上，根部要九人合抱。
顶部长出三朵红蘑菇，古在漂亮得像个花蜘蛛一样，路仔帅得像那箐鸡一样。
兹哟—哟。(总结束语)

第二首

有一条龙早晨起来，抓了依拉罗丝（人的名字）一个大儿子，
龙鱼傍晚游来抓住了依拉罗丝的一个小儿子。
伤了依拉罗丝的心，伤了依拉罗丝的肝。
依拉罗丝就开始去找那条龙，也去找那条龙鱼。
看见龙在田坝里，看见龙鱼在河里。
哟

有一条龙早晨起来，抓了依拉罗丝（人的名字）一个大儿子，
龙鱼傍晚游来抓住了依拉罗丝的一个小儿子。
伤了依拉罗丝的心，伤了依拉罗丝的肝。
依拉罗丝就开始去找那条龙，也去找那条龙鱼。
看见龙在田坝里，看见龙鱼在石坷垃。
哟

依拉罗丝到处去找这条龙，到处去找这条龙鱼，
找这条龙找了九个地方，找这条龙鱼找了九个地名。
这条龙走遍了九条路，这条鱼就躲到了一个很深的水潭里。
哟

依拉罗丝到处去找这条龙，到处去找这条龙鱼，
找这条龙找了九个地方，找这条龙鱼找了九个地名。
这条龙走遍了九条路，这条鱼就躲到了一个很深的河沟里。
哟

依拉罗丝为了找到这条龙和那条龙鱼，走遍了许多山，跨过了许多水。
看到龙鱼在老目的田坝里，看到龙在老目的崖头上。
母龙害怕了，就开始露面。
雄龙害怕了，就开始起身。
依拉罗丝开始用刀砍，
把母龙杀倒，把雄龙杀翻。
母龙到处跑，
雄龙到处撞。
汉族人知道了，就用笔把它记下来。
苗族人不识字，才把它当做一种传说。
哟

依拉罗丝为了找到这条龙和那条龙鱼，走遍了许多山，跨过了许多水。
看到龙鱼在老目的田坝里，看到龙在老目的崖头上。
母龙害怕了，就开始露面。
雄龙害怕了，就开始起身。
依拉罗丝开始用刀砍，
把母龙杀倒，把雄龙杀翻。
母龙到处跑，
雄龙到处撞。
汉族人知道了，就用笔把它记下来。
苗族人不识字，才把它当做一种神话。
哟

依拉罗丝看见了石山多么美丽，
看见依莫山长在一边，
石山一天可以生出 3600 个小孩，
依莫山一天可以生出 3600 个有智慧的孩子。
母龙睡在石山脚下，
雄龙就把它的女儿叫到了安柱的神树林。
安柱的神树林就成了母龙的一个女儿。
母龙才去认了嘎宗和的一个人做它的娘舅。
哟

依拉罗丝看见了石山多么美丽，
看见依莫山长在一边，
石山一天可以生出 3600 个小孩，
依莫山一天可以生出 3600 个有智慧的孩子。

母龙睡在石山脚下，
雄龙就把它的女儿叫到了安柱的神树林。
安柱的神树林就成了母龙的一个女儿。
母龙才去认了嘎宗和的一个人做它的哥。
哟

依拉罗丝看见了石山多么美丽，
看见依莫山长在一边，
石山一天可以生出 3600 个小孩，
依莫山一天可以生出 3600 个有智慧的孩子。
母龙说：安柱发髻山叫泥发左。
汉族人和彝族人说：发髻山叫依哈要。
苗族人只能把发髻山说成是一种神话。
哟

依拉罗丝看见了石山多么美丽，
看见依莫山长在一边，
石山一天可以生出 3600 个小孩，
依莫山一天可以生出 3600 个有智慧的孩子。
母龙说：安柱发髻山叫泥发左。
汉族人和彝族人说：发髻山叫依哈要。
苗族人只能把发髻山说成是一种传说。
兹哟依哟

第三首

妹妹长得很漂亮，
每天都与大家一起玩。
妹妹长得很美丽，
每天都与大家一起去。
但是她还是没有出客。
伤了她的心，
她就想去死，
但她却死不去，
可她还是没有一个家。
哟

妹妹长得很漂亮，

每天都与大家一起玩。
妹妹长得很美丽，
每天都与大家一起去。
但是她还是没有出客。
伤了她的心，
她就想去死，
但她却死不去，
可她还是没有一个伴。
哟

妹妹长得很漂亮，
每天都与大家一起玩。
妹妹长得很美丽，
每天都与大家一起去。
但是她还没有出客，
于是她走出了家门，
看见有一只画眉唱着歌儿飞去落在慈竹上，
伤了她的心，
于是她想到了死，
但是她死不了，
于是她在白天黑夜里都忙着绣花。
让自己的眼泪在深夜里掉在她所绣的花上。
哟

妹妹长得很漂亮，
每天都与大家一起玩。
妹妹长得很美丽，
每天都与大家一起去。
但是她还没有出客，
于是她走出了家门，
看见有一只画眉唱着歌儿飞去落在椿菜树上，
伤了她的心，
于是她想到了死，
但是她死不了，
于是她在白天黑夜里都忙着织布。
让自己的眼泪在深夜里掉在她所织的布上。
哟

妹妹长得很漂亮，
每天都与大家一起玩。
妹妹长得很美丽，
每天都与大家一起去。
她渐渐的老了，
但还是没有找到一个合适自己的伴。
于是她走到山上，
看到那云雀在天空中鸣叫。
伤了她的心，
于是她只有把她的伤心埋在心里。
整天与父母在地里干活。
哟

妹妹长得很漂亮，
每天都与大家一起玩。
妹妹长得很美丽，
每天都与大家一起去。
她渐渐的老了，
但还是没有找到一个合适自己的伴。
于是她走到山上，
看到那云雀在天空中飞翔。
伤了她的心，
于是她只有把她的伤心埋在心里。
整天与父母在地里劳作。
哟

妹妹长得很漂亮，
每天都与大家一起玩。
妹妹长得很美丽，
每天都与大家一起去。
但是她还是没有出客。
伤了她的心，
她就想去死，
但她却死不去，
可她还是没有一个家。
哟

妹妹长得很漂亮，

每天都与大家一起玩。
妹妹长得很美丽，
每天都与大家一起去。
但是她还是没有出客。
伤了她的心，
她就想去死，
但她却死不去，
可她还是没有一个伴。
兹哟依哟

第四首　提棍棍歌

你母亲带你来到这人世间，
耳朵像牛耳朵一样大，
眼睛鼓得像牛眼睛，
吹气像牛气，
血流成河。
你母亲吃的是饭，
吐出来的是肉，
吃的是草根，
吐出来的是饭。
你母亲带你到山上，
看到花开，
就摘花给你玩。
带你来到山下，
看到果实成熟了，
就摘野果给你吃。
你母亲上山时候拉你的手，
下坡的时候背你下坡。
现在你母亲走了，
你的哥哥富有要杀大牛，
你没有也要杀小牛，
如果你家主人家不这么做，
那么我们干事人员就不会这么说啦，
到时候我会把棍棍交给你家，
你家的亲戚朋友如果有什么话，
都可以告诉我们干事人，
如果我们到时把棍棍丢给你家的时候，

我们就不会这么讲啦。

你母亲带你来到这人世间，
耳朵像牛耳朵一样大，
眼睛鼓得像牛眼睛，
吹气像牛气，
血流成河。
你母亲的大腿是你的板凳，
两个乳房是你的午餐，
她的背是你的床。
你母亲吃的是草根，
吐出来的是饭，
吃的是饭，
吐出来的是肉。
看山上有花就摘花给你玩，
有野果就摘野果给你吃，
上山时候是她拉着你的手，
下坡的时候是她背你下山。
现在你母亲走啦，
哥哥富有就要宰大牛，
弟弟没有也要杀小牛，
如果天明时候我们看到哥哥没有宰大牛，
弟弟没有杀小牛，
改变了我们干事人员的规矩，
我们就不会这么讲啦。
如果我们拿碗你们怕破，
如果我们拿碗你们怕碎，
我们会把棍棍丢给你们家。

第五首

天地万物是有规律的，
人世间的活动也是有规矩的，
诺泊兹（人名）把天建在大路上，
焦麻萨（人名）把地建在天底下，
诺泊兹建天建了许多年，
焦麻萨建地建了许多岁，
诺泊兹建了天之后，自己就像一朵云，

飘在蓝天下，
焦麻萨建了地之后，自己就变成了一朵云，
飘在天空中，
哟

天地万物是有规律的，
人世间的活动也是有规矩的，
诺泊兹把天建在大路旁，
焦麻萨把地建在天底下，
诺泊兹建了天之后，就像一朵云，
飘在天中间，
焦麻萨建了地之后，自己就变成了一朵云，
飘在那天边。
诺泊兹说建天要建得比较平，
焦麻萨说建地要建得比较稳，
但是在这人世间，
有一个兹麻（人名）
他的良心特别不好，
他破坏了天地，
然后诺泊兹说，如果哪天抓到了兹麻，
我就会用刀剑把他杀了，
焦麻萨说，如果哪夜我抓到了兹麻，
我会把他当牛来啦，
哟

诺泊兹说：
这人世间，天要建平，地要建稳，
但是这人世间有一个兹麻，
他的心特别坏，
他的肝特别差，
他破坏了天地，
诺泊兹想重新建好天，
于是有一天他走在深山里，
焦麻萨想重新建好地，
于是他走到了山腰上，
诺泊兹说，如果哪天我抓到兹麻，
我会用这把神剑把他砍死，
焦麻萨说，如果哪天我抓到兹麻，

我会把兹麻给这人类当做耕牛，
哟

诺泊兹没有拿到兹麻，
他就把神剑背在背上，
焦麻萨拿不到兹麻，
他就把神剑扛在肩上，
诺泊兹去拿神剑，
但神剑没有脱下来，
焦麻萨去拿刀，
刀子却拿不下来，
于是诺泊兹特别的伤心，
焦麻萨也很伤心，
然后兹诺（人名）就对他们说，
你们拿不到神剑，
主要是兹麻他把神剑拴住了，
现在兹诺喊了三声，
那个神剑突然就飞到了兹诺的背上，
兹诺就得到了神剑，
他就用这把神剑打兹麻，
一直打到了半山腰上，
兹麻撑不住了，
于是他才飞到了蓝天上，
哟

诺泊兹说，
如果你去拿不到神剑，
肯定是兹麻把它拴住了，
焦麻萨说，
你们拿不到神剑，
肯定是兹麻把它捆起来了，
伤了兹诺的心，
焦麻萨也伤心欲绝，
兹诺说如果你们拿不到神剑，
是兹麻把它藏起来了，
于是兹诺喊三声，
那个神剑突然就飞到了兹诺的背上，
兹诺就得到了神剑，

他就用这把神剑打兹麻，
一直打到了半山腰上，
兹麻撑不住了，
于是他才飞到了白云上，
哟

诺泊兹走在深山里，
诺泊兹怕兹麻看到刀剑在他身上，
诺泊兹才把神剑藏在了慈竹里面，
焦麻萨走在草坪上，
焦麻萨怕兹麻看到神剑在他的肩上，
于是焦麻萨才把神剑藏起来，
兹诺说如果找不到兹麻
他想去把神剑背在他的身上，
焦麻萨抓不到兹麻，
他就把神剑扛在了肩上，
诺依母兹拿不到神剑，
于是他就痛苦欲绝啦，
哟

诺泊兹走在深山里，
诺泊兹怕兹麻看到刀剑在他身上，
诺泊兹才把神剑藏在了慈竹里面，
焦麻萨走在草坪上，
焦麻萨怕兹麻看到神剑在他的肩上，
于是焦麻萨才把神剑藏起来，
兹诺说如果找不到兹麻
他想去把神剑背在他的身上，
焦麻萨抓不到兹麻，
他就把神剑扛在了肩上，
诺依母兹他拿不到神剑，
于是他就不想活了，
哟

诺依母兹说，是谁的力气大，
只有兹诺的力气大，
兹诺才能砍动阎王的那个天梯，
是谁的力气好，

是兹诺的力气好，
兹诺才让阎王的那个天梯人人都能走通，
是谁的心不好，
是兹麻的心不好，
兹麻走到了阎王殿的大门口，
是谁才最聪明，
是阎王殿的鼓母普雷兹（女名）最聪明，
由于兹麻的良心不好，
在一个黎明，
他把鼓母普雷兹杀在了阎王殿旁，
她的肉体开始腐烂，
血到处流动，
她的血液打湿了她背上的蜡染布，
阎王老爷看见了，感觉很痛心，
于是他就把这块蜡染布捡了起来，
白天发出的光是红光，
黑夜发出的光是绿光，
于是阎王老爷就向人类发出了通知，
通知这人间所有的聪明人去学，
她们学不了，
于是个个都哭了，
喊人间的许多聪明人去画，
她们画不了，
于是个个都泣了，
她们只学了其中的一朵，
于是这朵花成为了她们背上的一朵蜡染花，
这个花的名字叫做“欧”，
有许多聪明的才学会了画一朵，
她们把这一朵制成了裙腰上蜡染花，
哟

诺依母兹说，是谁的力气大，
只有兹诺的力气大，
兹诺才能砍动阎王的那个天梯，
是谁的力气好，
是兹诺的力气好，
兹诺才让阎王的那个天梯人人都能走通，
是谁的心不好，

是兹麻的心不好，
兹麻走到了阎王殿的大门口，
是谁才最聪明，
是阎王殿的鼓母普雷兹最聪明，
由于兹麻的良心不好，
在一个黎明，
他把鼓母普雷兹杀在了阎王殿旁，
她的肉体开始腐烂，
血到处流动，
她的血液打湿了她背上的蜡染布，
阎王老爷看见了，感觉很痛心，
于是他就把这块蜡染布剪了下来，
白天发出的光是白光，
黑夜发出的光是绿光，
于是阎王老爷就向人类发出了通知，
通知这人间所有的聪明人去学，
她们学不了，
于是个个都哭了，
喊人间的许多聪明人去画，
她们画不了，
于是个个都泣了，
她们只学了其中的一朵，
于是这朵花成为了她们臂上的一朵蜡染花，
这个花的名字叫做“欧”，
有许多聪明的才学会了画这一朵，
她们把这一朵制成胸布上的这蜡染花，
兹哟依哟

第六首

天地万物都会变化的，
人的心也是变化的，
泊木由带他的孩子到河边去干活，
是谁的心不好，
是泊木由的心不好，
泊木由才带他的孩子去干活，
是谁的心不直，
是泊木由的心不直，

泊木由才把他的孩子带去跟别人干活，
哟

天地万物都会变化的，
人的心也是变化的，
泊木由带他的孩子到河边去干活，
看见有一把剑卡在石坷垃里，
泊木由就把这把剑带回了他的家，
泊木由说是谁的心不好，
是泊木由的孩子的心不好，
泊木由的孩子就用这把剑来打泊木由，
他从来都没有想过他的父母，
哟

泊木由带着他的孩子去岩山上去干活，
看见花开满岩头，
果子结满树枝，
山岩很结实也顶不了天，
刀剑比较锋利也挖不了地，
泊木由说，
说话绣花各学各的父母，
孩子可能吃了皇帝的饭，
他的心才像皇帝的心一样狠呀，
哟

泊木由带着他的孩子去岩山上去干活，
看见花开满岩头，
果子长满树头，
山岩很结实也顶不了天，
刀剑比较锋利也挖不了地，
泊木由说，
说话绣花各学各的父母，
孩子可能吃了皇帝的饭，
他的心才像皇帝的心一样狠呀，
哟

泊木由带着他的孩子走在干活的路上，
看见野菜长满路边，

野鸡野鸭跑在路旁，
泊木由说，
你不是龙儿，
需要转许多弯，
你不是鱼儿，
没有得到龙的肚子，
聪明的人去做客的时候，
看到他的舅父舅母，
他会给他们磕头，
愚蠢的人去做客的时候，
看到他的舅父舅母，
他会去与他们争吵，
如果有一天田地都很硬的时候，
我想他会想到那气壮的牯牛，
有一天，
他有重大的事情的时候，
他才会想到他的舅父舅母，
哟

泊木由带着他的孩子走在干活的路上，
看见野菜长满路边，
野鸡野鸭跑在路上，
泊木由说，
你不是龙儿，
需要转许多弯，
你不是鱼儿，
没有得到龙的肚子（鱼和龙是一个意思吧，鱼是鱼龙），
聪明的人去做客的时候，
看到他的舅父舅母，
他会给他们磕头，
愚蠢的人去做客的时候，
看到他的舅父舅母，
他会去与他们争吵，
如果有一天田地都很硬的时候，
我想他会想到那气壮的牯牛，
有一天，
他有重大的事情的时候，
他才会想到他的兄弟姐妹，

兹哟依哟

（以下为杨永富唱的结婚酒令歌，熊光禄翻译，安丽哲录音整理）

第七首

姑娘在的时候吃的是父母的饭，下的是父母的菜，她长这么大，都没有人喜欢过她，直到今天才来了一个小伙子，说要她去做新娘，哟

姑娘在的时候吃的是父母的饭，穿的是父母的衣服，她长这么大，都没有人喜欢过她，直到今天才来了一个小伙子，说要跟她订婚，哟

姑娘的母亲听了之后，很高兴地拿来一壶酒，宰了一对鸡，放在桌子上，吃完鸡肉看鸡卦。鸡卦的每筹都非常好，于是这门亲事就定下来啦，让这个姑娘也快要有一个家啦。哟

姑娘的母亲听了之后，很高兴地拿来一壶酒，宰了一对鸡，放在桌子上，吃完鸡肉看鸡卦。鸡卦的每筹都十分好，于是这门亲事就定下来啦，让这个姑娘也快要有一个归宿啦。哟

姑娘的父母做的饭菜她不想吃，于是就要让她与这个小伙子带到路上去吃，女的走到半路要吃饭，男的要歇下来抽烟。别人到半路歇下来的时候都是满脸笑容，但是这个姑娘歇下来的时候激动得泪流满面。哟

姑娘的父母做的饭菜她不想吃，于是就要让她与这个小伙子带到路上去吃，女的走到半路要吃饭，男的要歇下来抽烟。别人到半路歇下来的时候都是满脸笑容，但是这个姑娘歇下来的时候想起这么多年都没有人喜欢过她，今天以后她也有了自己的家，就像一朵花一样长在那丛林中，开得如此灿烂。兹哟—哟

第八首　关于孤儿寡女的

（一）晴天蘑菇长在麻秆上，雨天蘑菇长在漆树旁，是谁想要别人的麻布？是孤儿寡女想要别人的麻布，是谁想要别人的麻布裤？是孤儿寡女想要别人的麻布裤，哟

晴天蘑菇长在麻秆上，雨天蘑菇长在杉树旁，是谁想要别人的麻布？是孤儿寡女想要别人的麻布，是谁想要别人的麻布衣？是孤儿寡女想要别人的麻布衣，哟

（二）火麻（蛮）长在山坡上，但孤儿寡女却没有一半，于是孤儿寡女自己去找别人不要的麻，剥下麻皮，纺成纱，那纱纺得特别好，就像蜘蛛线一样细，然后织成布，但是由于继母的心不好，就把他们织的布全都偷走啦。哟

火麻（蛮）长在山坡上，但孤儿寡女却没有一半，于是孤儿寡女自已去找别人不要的麻，剥下麻皮，纺成纱，那纱纺得特别好，就像蜘蛛线一样细，但是由于继母的心不好，就把他们纺的纱全都偷走啦。哟

（三）别人有母亲，他们吃得很饱，寨上的人都说他们吃得少，我们没有母亲的，虽然天天饥饿，但寨上的人都说我们吃得太多，继母给她的亲生孩子吃的是肉，给我们吃的却是骨头，继母的孩子吃得多，也能吃下去，我们虽然吃得少，但我们还是咽不下去，于是只能吐掉给狗吃。哟

别人有母亲，他们吃得很饱，寨上的人都说他们吃得少，我们没有母亲的，虽然天天饥饿，但寨上的人都说我们吃得太多，继母给她的亲生孩子吃的是肉，给我们吃的却是骨头，继母的孩子吃得多，也能吃下去，我们虽然吃得少，但我们还是咽不下去，于是只能吐掉给狗吃。

于是孤儿对寡女说："如果有一天，我们能富起来，我会让世上的人都不敢再说我们一句。如果有一年，我们亲手种下很多菜，让别人也不要把我们当做狗一样对待。"兹哟—哟

七、进门歌

熊光祥演唱 熊光禄翻译 安丽哲录音整理

第一首

（女）啊赛——我的哥们啊，你们怎么来得这么早？

（男）我们来得不早，我们来得很晚。荞子栽完了会不结果，只是新年到了我们心慌我们才来的。

（女）你说的真的还是假的啊？

（男）我们来得不早，我们来得很晚。荞子栽完了会不结果，只是新年到了我们心慌我们才来的。

（女）你说的真的还是假的啊？我的哥们

（男）如果不是真的我会这么说嘛？

第二首

开门咯吱叫，关门咯吱响。开门等你这个热心人。关门等你这位没有伴的人。

两位小朋友啊（开玩笑）

第三首

（女跳坡的时候的开头语）
啊赛——我的哥们啊，你们怎么来得这么早？
（男）是真的还是假的啊？

（女）烟杆长又长，用烟杆装烟抽。
我哥们不来的时候但我已经做了甜酒等。
怕你们来的时候，
掏出荷包来一看，
只是椿菜叶。

（男）是真的还是假的呀？
（女）不是真的我会这样讲吗？砍脑壳。

（男）烟杆长又长，用烟杆装烟吃。
我不来，但我的妹们做甜酒等，怕我们来的时候你们找不到一个位子给我们挂芦笙。

（女）是真的还是假的啊？
（男）不是真的我会这样讲吗？

第四首　芦笙曲

三眼箫吹奏熊光禄　熊光禄译　安丽哲录音整理

芦笙曲的内容实际与山歌一样，用约定的老歌的曲调来提示内容。

开头曲，
开始，如果我们不能在一起，就各走各的路吧。
獐子吃的是白菜，不吃的是漆树叶。
高山把我的妹妹隔在天边，
山峰让我跟我的妹妹分离。

附表1

生态博物馆2005年接待人数统计表

月份	总人数	其中			涉外国家和地区
		国外	专家学者	青少年及中小学生	
1	212	9	2	3	日本
2	2068	64	10	6	荷兰、美国、日本
3	318	14	11	26	挪威、法国、日本
4	837	120	7	9	美国、德国、法国、日本、新加坡
5	992	4	24	8	以色列、新加坡
6	795	58	148	59	挪威、南非、英国、意大利、法国、巴西、澳大利亚、瑞典、日本、韩国、越南、印度、印度尼西亚、菲律宾、中国台湾
7	685	29	11	48	日本、法国
8	739	22	156（人次）	5	日本、美国
9	398	19	8（人次）	42	美国、日本
10	264	21	4	35	法国、西班牙、加拿大
11	291	9	4	12	意大利（7人）、法国（2人）
12					
合计	7599	369	385	253	

附表2

陇戛小学2000－2005年度入学年龄统计表

年份	入学总人数	7岁以下人数	7－8岁人数	9－10岁人数	10岁以上人数
2000－2001	33	2	5	16	10
2001－2002	36	1	16	9	10
2002－2003	24	6	11	5	2
2003－2004	56	9	28	11	8
2004－2005	59	12	38	7	2
2005－2006	65	2	56	5	2

附表3

主要被访谈人资料简表（以姓名汉语拼音为序）

姓名	性别	民族	生年	学历	简　历
柴　健	男	彝	1964		六枝人。1982—2003 年在六枝农业局工作，2003 年 4 月在梭戛苗族彝族回族乡当副乡长，主持农业和扶贫工作。
付文归	男	汉	1957	五年级	顺利村（距陇戛有七八里）人。在博物馆后面挖水窖。
郭　迁	男	汉	1974	中专	1997 年 9 月—2003 年 4 月在梭戛乡农牧站工作，以后一直在梭戛生态博物馆任管理工作。
郭振强	男	长角苗	1956		12 岁从杨少为学唢呐。
李洪成	男	长角苗	1983	六年级	梭戛乡安柱下寨人。
毛仕忠	男	彝		大专	梭戛生态博物馆负责后勤工作。
牟辉绪	男	汉	1958	中专	梭戛生态博物馆副馆长。生于贵州省金沙县，1976 年 11 月—1978 年 11 月在贵州煤田地质勘探公司六枝一四二勘探队工作，1978 年 12 月—1985 年 12 月在云南 35449 部队服兵役，1986 年 1 月—1990 年 10 月在贵州省广播电视厅六枝 763 中波台工作，1990 年 11 月—2004 年 6 月在中共六枝特区委员会宣传部工作，2004 年 7 月至今在梭戛生态博物馆工作。
所才海	男	回	1977	中专	梭戛乡水沟村所家寨（一组）人，1996—1999 年 7 月，在六盘水市卫校读书，在校期间入党，1997 年被评为“省十大杰出青年”，1999 年 9 月，挂职于梭戛乡高兴村卫生站。2000 年取得接生资格证，2001 年取得医士资格，2005 年成为职业医师。
王　芬	女	长角苗	1990	小学	陇戛寨人。陇戛逸夫小学六年级学生，王兴洪的女儿。去六枝表演过民族舞。
王大妹	女	长角苗	1934	文盲	
王大秀	女	长角苗	1956		大湾新寨人，嫁给陇戛寨杨学富。
王德华	男	长角苗	1942	初小	安柱村人。15 岁学唢呐。有时到贵阳等地挖煤。
王海方	男	长角苗	1983	大专	大湾新寨人。六枝地区新华乡冷坝小学教师，六盘水师范专科学校 2004 年中文专业毕业，教初二、初三《历史》课。
王红珍	女	长角苗	1949	三年级	从安柱嫁入陇戛。
王家英	女	长角苗	1994	六年级	
王进学	男	长角苗	1982	初中	高兴村高兴寨人。
王开文	男	长角苗	1978	大专	陇戛逸夫小学校长。居住于梭戛乡沙子村 14 组。自 1998 年 9 月至今一直在小学任教。

（续表）

姓名	性别	民族	生年	学历	简　历
王开云	男	长角苗	1952	小学	小坝田人。1961—1968 年在高兴小学读书；1968 年元月—1973 年元月在中国人民解放军 0091 部队 74 分队服役；1973 年 9 月—1975 年 9 月在六枝特区师范学习；1975 年 9 月—1988 年 10 月在梭戛小学任教；1988 年 10 月—1992 年元月任梭戛乡党委副书记；1992 年元月任梭戛乡民政股股长，2000 年 3 月退休。
王天星	男	长角苗	1971	小学二年级	高兴寨人。5 岁学二胡，10 岁学唢呐。有时到贵阳等地挖煤。
王兴洪	男	长角苗	1966		高兴村陇戛寨人，有名的木匠（"新班子"），高兴村村长。
王幺妹	女	长角苗	1927	文盲	小兴寨子人。
王云飞	女	长角苗	1943		织金人，嫁入陇戛，熊少文妻。
王云芬	女	长角苗	1945	小学二年级	
熊国俊	男	长角苗	1963	初中	高兴村陇戛寨人，有名的木匠，为"新班子"。
熊朝芬	女	长角苗	1965		陇戛寨人，18 岁结婚。生有三女一子。杨明珍的妈妈。
熊光禄	男	长角苗	1982	大学生	高兴村高兴寨人。2003 年考入贵州大学行政管理系（长角苗 12 寨第一个大学生）。小学三年在高兴小学（小坝田）；四至六年级到 5 公里外的梭戛小学，早出晚归，中午不吃饭（当时洋芋很少，吃不饱，都是早晚两顿饭）；梭戛中学，初三住校。全乡有 23 人读到初三并参加中考，3 人读高中，15 人读中专。
熊光英	女	长角苗	1978	文盲	杨中法的妻子。
熊光友	男	长角苗	1976		安柱村人。十五六岁从郭振强学唢呐。
熊国臣	男	长角苗	1960		高兴村陇戛寨人。30 岁学唢呐。
熊国富	男	长角苗	1974	四年级	是熊国武的弟弟，是杨贵华的儿子。
熊华艳	女	长角苗	1981	初中	后寨人，1998 年结婚嫁入陇戛寨（不到婚龄，档案改为 1977 年生）。在六枝读过书。2000 年作为长角苗代表去挪威访问。2003 年当选省人大代表，现任村委会妇女主任。儿子 7 岁，女儿 1 岁半。
熊金亮	男	长角苗	1973	初二	高兴村陇戛寨人。15 岁学唢呐。常到贵阳打工。
熊金祥	男	长角苗	1964	小学	陇戛寨人。
熊进全	男	长角苗	1944		高兴村高兴寨人。寨中有威信的人，会唱酒令歌。
熊开清	男	长角苗	1956	初中	陇戛逸夫小学教师。家住梭戛乡高兴村 3 组（小坝田）。

（续表）

姓名	性别	民族	生年	学历	简　历
熊开文	男	长角苗	1956	三年级	高兴村高兴寨人。17 岁当高兴寨组长，30 岁当高兴村村支书，直到 48 岁，申请辞职，去贵阳打工，供儿子读大学。
熊启珍	女	长角苗	1969	文盲	生于新华乡大湾寨。18 岁结婚嫁入陇戛寨，王兴洪妻，王芬的妈妈。
熊少文	男	长角苗	1939	扫盲班	高兴村陇戛寨人。20 岁在扫盲班（晚班）学习了 1 个月，边学边用，在陇戛组当会计，直至 1979 年“土地下放”。生有六子一女，长子熊金祥。
熊少珍	女	长角苗	1946	文盲	高兴村陇戛寨人。杨朝忠妻。
熊玉方	男	长角苗	1950	四年级	高兴村陇戛寨人。1968 年当兵，援越抗美，四年后复员，1972 年工作，在六枝矿务局当电工，2000 年回家，退休金每月 600 多元。
熊玉奎	男	长角苗	1957		高兴村陇戛寨人。熊玉文兄。16 岁拜杨少为学唢呐，杨已于 1978 年时 74 岁去世。杨的师傅叫“青张帽”，姓张，总爱戴一顶青色的帽子，可一人吹两支唢呐，不知何时去世。
熊玉文	男	长角苗	1961	初中	高兴村陇戛寨人。1979—1983 年在陇戛小学教学；1984—2003 年在高兴村当村长；之后至今，在家开一面厂，买机器加工面条和玉米面。
熊壮芬	女	长角苗	1991	六年级	
熊壮英	女	长角苗	1989	三年级	杨光的妻子。
徐美陵	男	汉	1948	本科	贵州六枝特区文化局副局长，梭戛生态博物馆第一任馆长，副研究员。生于江苏南京，1951 年随父亲至贵州。1966 年，贵州省贵阳第六中学高中毕业，1968—1971 年在贵州三都水族自治县当“知青”。1972—1997 年在六枝特区文化馆工作，任馆长，兼六枝特区文物管理所所长，在此期间，先后在中国摄影函授学院、中央民族大学、中山大学、贵州民族学院等院校研修文博、古建筑、民族学专业。1995 年筹建中国贵州六枝梭戛生态博物馆，1998 年开馆，任梭戛生态博物馆第一任副馆长。
杨　其	男	长角苗	1974	文盲	小兴寨（高兴寨上去一点）安柱去世的老人是他亲三爷。
杨　芬	女	长角苗	1991	六年级	已辍学。准备出去打工，嫁给歪梳苗。
杨朝忠	男	长角苗	1941	二年	陇戛寨人。16 岁至 62 岁当陇戛（队）组长。
杨辰玉	女	长角苗	1960	文盲	高兴村陇戛寨人。
杨得学	男	长角苗	1953	三年级	高兴村陇戛寨人，有名的木匠（“新班子”），篾匠。
杨富明	男	长角苗	1982	四年级	住在新村。
杨光芬	女	长角苗	1980	文盲	高兴村陇戛寨人。王大秀的女儿，熊金亮的妻子。
杨光兰	女	长角苗	1988	中专生	高兴村陇戛寨人。现为六盘水职业技术学院医学系三年级学生。
杨光亮	男	长角苗	1981	中专	陇戛寨人。2000 年毕业于贵州民族学院中专部，2001 年在梭戛生态博物馆工作，2002—2004 年在陇戛小学教学。

（续表）

姓名	性别	民族	生年	学历	简　历
杨贵华	女	长角苗	1926	文盲	汉话讲得很好，当过土改干部。
杨洪国	男	长角苗	1966	小学	高兴村陇戛寨人，有名的木匠，为“新班子”。
杨进	男	长角苗	1973	初中	梭戛乡安柱上寨人。在梭戛乡读的小学，汉语说得好一些。
杨进科	男	长角苗	1975	三年级	高兴村高兴寨人。
杨明光	男	长角苗	1967	二年级	
杨明珍	女	长角苗	1990	初中	高兴村陇戛寨人。初三学生。小时候跟姐姐学跳舞，十一二岁时始去六枝、水城、贵阳表演民族舞，每次酬金约50元。12岁时跟妈妈学做衣服。
杨素琴	女	长角苗	1926	文盲	高兴村陇戛人。当过人大妇女代表，普通话讲得很好，就是耳朵背。
杨兴邦	男	长角苗	1958	初一	梭戛乡安柱上寨人。
杨学富	男	长角苗	1955	二年级	高兴村陇戛寨人。有两子一女。
杨学文	男	长角苗	1947	小学	安柱村人。从杨志清学唢呐。杨约在1966年前后去世。
杨永富	男	长角苗	1940	三年级	当过队长，汉语流利。
杨云朝	男	长角苗	1950	初中	阿弓镇汪寨村人。从朱明武（约2003年去世）学唢呐。会自己做唢呐。
杨振才	男	长角苗	1944	小学	高兴村陇戛寨人。1961年上小学，16岁拜杨少为为师学唢呐，以上二人的师傅。
杨正华	男	仡佬族	1937	初中	高兴村陇戛寨人。有名的木匠，为“老班子”。
杨中法	男	长角苗	1978	初三	在梭戛小学担任老师。
杨中兰	女	长角苗	1992	文盲	高兴村陇戛寨人，常年在外打工。
杨忠发	男	长角苗	1978		陇戛寨人。
杨忠敏	男	长角苗	1965	初中	梭戛乡安柱上寨人。10多年前开始带家属去贵阳打工；后在纳雍承包砂厂，干了5年，2005年回家，开拖拉机跑运输。
叶胜明	男	汉	1970	中专	生于六枝岩脚镇，1990年3月—1992年12月在西藏服兵役。1993年9月—2003年9月在梭戛乡文化站工作，之后，一直在梭戛生态博物馆做驾驶员工作。
朱发明	男	长角苗	1963	小学三年级	高兴寨人。15岁学唢呐。有时到贵阳等地挖煤。

后 记

我们六个人到长角苗的寨子里考察了三个多月的时间，回来后又花了近两年的时间整理、分析、撰写和统稿，现在终于写完了这份研究报告。这是一项集体的成果，我们六个人从不同的角度，以陇戛寨为据点，对长角苗人的文化进行了尽可能详细的描述。长角苗人作为苗族的一个分支，只有4000多人，但就是这4000多人的文化，描述起来也并不像我们想象的那么简单。还有许多部分我们还未来得及完全记录，比如他们的歌，我们只是记录了一部分，但那是表达他们文化的最重要的部分，还有他们的巫术、他们的亲属称谓、家族制度、婚姻制度、他们服饰上图案的种种解释等等，我们都只是做了部分的研究，更详尽的研究，还有待于后来的学者们去进一步考察。

在考察和研究的过程中，我们得到了陇戛寨及其他长角苗寨子，包括张维的一些短角苗寨子的居民们的热情帮助，在此我们首先感谢他们。尤其是陇戛寨的杨朝忠、王兴洪、杨宏祥、熊金祥、熊玉安、熊玉文、熊玉方、熊华艳、熊朝贵、王大秀、杨学富等，高兴寨的王洪祥、熊进全等，安柱寨的熊开安、杨忠敏、王宏等。

我们在考察中和当地的长角苗人们结下了深厚的情谊，我们感觉到了他们的厚道、朴实和正直。在完成这本报告时，按人类学的常规是不应该在报告中写下报道人的真名的，但我们不希望他们在我们的报告中只是一些没有面目和姓名的抽象群体。因为在我们考察的过程中，我们面对的都是一个个具体的有血有肉的人，我们希望在我们的著作中能留下他们的痕迹，甚至他们的思想和他们的音容笑貌，让人们能近距离地了解他们，而不是通过我们去转化他们的语言乃至他们的想法。当然，这对我们也有一个挑战，就是要保持写作的真实性。我们在电脑里也留下了大量的录音，希望我们的考察可以经得起历史的检验。如果在有些地方对某个人的隐私有所触犯，我们希望能得到谅解，当然，在写作中我们会尽可能避开这样的后果。

我们还要感谢的是梭戛生态博物馆的徐美陵副馆长、牟辉绪副馆长、毛仕忠、叶胜明、郭迁，梭戛乡政府的宋邦维书记，六枝特区政府的李用凯副区长，六盘水市文化局的郑学群副局长，六盘水市市委书记辛维光，六盘水市文联的方堃主席，贵州省文化厅的胡朝相处长，文物局的张诗莲副局长等等，是他们的大力帮助，使我们顺利完成了考察任务和研究工作。还要特别感谢的是国家博物馆的苏东海先生，他的思想和精辟见解，一直在影响着我们，他为我们提供了不少有关国际生态博物馆的资料，我们也常到他家一起探讨有关梭戛生态博物馆的种种问题。

我们还想说的就是，无论贵州梭戛生态博物馆做得成功与否，都不能否认这些敢先吃螃蟹的人所作的贡献，他们将欧洲的经验引进中国，至少让我们多了些实践，多了一些认识。还有他们先期对长角苗人文化的研究也给我们后来的研究打下了基础。这些先期的工作者，有苏东海先生、胡朝相处长、张诗莲副局长、郑学群副局长，还有梭戛生态博物馆的徐美陵副馆长、牟辉绪副馆长等全体工作人员。

还有我们要纪念的挪威的博物馆专家杰斯特龙先生，我们虽然从未与他谋面，但我们在考察中处处能听到有关他的事迹。他对长角苗人文化的热爱和珍惜，甚至超过了长角苗人自己，听说他每天扛着摄像机去记录长角苗人的文化，生态博物馆还没有建起来的时候，晚上没有地方住他就睡在地上。梭戛生态博物馆是在他和苏东海先生的倡导下建立起来的，现在十几年过去了，长角苗人的生活发生了翻天覆地的变化，但他却永远地离开了大家。我们常常感到遗憾，不能和他一起探讨有关梭戛生态博物馆的问题。在此，我们以这本书纪念他，感谢他为中国、为长角苗人所做的一切！

另外，在我们的考察组中还有一个非常重要的人物，那就是梭戛乡高兴村的第一个大学生——熊光禄，他一直为我们当翻译，如果没有他的辛勤劳动，我们的考察将不可能进行得如此顺利。我们已经把他当成我们课题组的一员，他的勤奋和努力为我们留下了深刻的印象，我们谢谢他！还有朱阳和 Jacky 两位在英国留学的大学生，他们利用暑假给课题组义务帮忙，帮助课题组照相，并做一些杂务。虽然他们只是义务劳动，在考察中还是起了不少作用。还有汪静渊同学，在崔宪老师的带领下，利用2007年春节的休假时间到梭戛补拍了长角苗的生活影像资料。在此我们感谢他们！

在考察的艰苦工作中，常常给予我们后援的，并让我们的后勤工作得到保障的，就是我们的课题秘书付京华的工作，她虽然没有到过梭戛，但我们所有工作的用具，包括火车票的购买，经费的使用与账单的报销都是由她来一一处理的，还有艺术人类学研究中心办公室的张登封，我们的许多资料都是由他来帮助保管与储存的，在此我们也要感谢他们。

最后要感谢的就是我们的课题指导费孝通先生，他的学术思想，他的研究方法，他在生前为我们制定的西部人文资源的研究方案，一直在指导着我们课题研究的每一步。当我们完成了我们课题的每一部研究著作的时候，都会在心底怀念他，感激他。并愿意以我们的研究来纪念他。

一本好的著作问世需要有好的编辑和好的出版机构的帮助，因此，我们还要感谢本书的责任编辑刘丰先生与学苑出版社。

方李莉

2008 年 7 月 21 日